祝贺《物理学大题典》
在中国科学技术大学
六十周年校庆之际
再次出版

李政道

二〇一八年五月

物理学大题典④/张永德主编

分子、原子与亚原子物理学

（第二版）

杨保忠　王韶舜　宫竹芳
许容宗　范扬眉　金怀诚　编著

科学出版社
中国科学技术大学出版社

内 容 简 介

“物理学大题典”是一套大型工具性、综合性物理题解丛书. 丛书内容涵盖综合性大学本科物理课程内容：从普通物理的力学、热学、光学、电学、近代物理到“四大力学”，以及原子核物理、粒子物理、凝聚态物理、等离子体物理、天体物理、激光物理、量子光学、量子信息等. 内容新颖、注重物理、注重学科交叉、注重与科研结合.

《分子、原子与亚原子物理学(第二版)》卷共 4 篇，包括原子、分子物理，原子核物理，粒子物理，实验方法和粒子束.

丛书可作为物理类本科生的学习辅导用书、研究生的入学考试参考书和各类高校物理教师的教学参考书.

图书在版编目(CIP)数据

分子、原子与亚原子物理学/杨保忠等编著. —2 版. —北京：科学出版社，2018. 9

(物理学大题典/张永德主编；4)

ISBN 978-7-03-058438-0

Ⅰ. ①分… Ⅱ. ①杨… Ⅲ. ①原子物理学-题解②分子物理学-解题 Ⅳ. ①O56-44

中国版本图书馆 CIP 数据核字(2018)第 175725 号

责任编辑：吕 盛 陈曰德 / 责任校对：张凤琴
责任印制：赵 博 / 封面设计：华路天然工作室

科学出版社 出版
北京东黄城根北街 16 号
邮政编码：100717
http://www.sciencep.com
中国科学技术大学出版社
安徽省合肥市金寨路 96 号
邮政编码：230026
北京天宇星印刷厂印刷
科学出版社发行 各地新华书店经销
*
2005 年 10 月第 一 版 开本：787×1092 1/16
2018 年 9 月第 二 版 印张：36 1/4
2025 年 7 月第十一次印刷 字数：850 000

定价：98.00 元

(如有印装质量问题，我社负责调换)

“物理学大题典”编委会

主　编　张永德

编　委　（按姓氏拼音排序）

白贵儒　陈银华　程稼夫　范洪义　范扬眉　宫竹芳　顾恩普

郭光灿　胡友秋　金怀诚　李泽华　林鸿生　刘金英　刘乃乐

柳盛典　潘必才　潘海俊　强元棨　仝茂达　王冠中　王韶舜

翁明其　吴　强　许咨宗　轩植华　杨保忠　杨德田　杨建明

尤峻汉　张家铝　张鹏飞　张永德　章世玲　赵叔平　郑久仁

周又元　周子舫　朱栋培　朱俊杰

丛书序

这套“物理学大题典”源自20世纪80年代末期的“美国物理试题与解答”，而那套丛书则源自80年代的CUSPEA项目(China-United States Physical Examination and Application Program). 这套丛书收录的题目主要源自美国各著名大学物理类研究生入学试题，经筛选后由中国科学技术大学近百位高年级学生和研究生解答，再经中科大数十位老师审定. 所以这套丛书是中国改革开放初期中美文化交流的成果，是中美物理教学合作的结晶，是CUSPEA项目丰硕成果的一朵花絮.

贯穿整个80年代的CUSPEA项目是由李政道先生提出的. 1979年李先生为了配合中国刚刚开始实施的改革开放方针，向中国领导建言，逐步实施美国著名大学在中国高校联合招收赴美攻读物理博士研究生计划. 经李先生与我国各级领导和美国各著名大学反复多次磋商研究，1979年教育部和中国科学院联合发文《关于推荐学生参加赴美研究生考试的通知》，紧接着同年7月14日又联合发出补充通知《关于推荐学生参加赴美物理研究生考试的通知》，直到1980年5月13日，教育部和中国科学院再次联合发文《关于推荐学生参加赴美物理研究生考试的通知》，神州大地正式全面启动这一计划.

1979年最初实施的是Pre-CUSPEA，从李先生任教的哥伦比亚大学开始，通过考试选录了5名同学进入哥大. 此后计划迅速扩大，包括了美国所有著名大学在内的53所大学，后期还包括了加拿大的大学，总数达到97所. 10年CUSPEA共计录取915名中国各高校应届学生，进入所有美国著名大学. 迄今项目过去30年，当年赴美的青年学子早已各有所成，展布全球，许多人回国报效，成绩斐然，可喜可慰.

李先生在他总结文章中回忆说①：“在CUSPEA实施的10年中，粗略估计每年都用去了我约三分之一的精力. 虽然这对我是很重的负担，但我觉得以此回报给我创造成长和发展机会的祖国母校和老师是完全应该的.”文中李先生两次提及他已故夫人秦惠䇹女士和助理Irene女士，为赴美中国年轻学子勤勤恳恳、默默无闻地做了大量细致的服务工作. 编者读到此处，深为感动！这次丛书再版适逢中国科学技术大学60周年校庆，又承李先生题词祝贺，中科大、科学出版社以及丛书编者同仁都十分感谢！

苏轼《花影》诗：“重重叠叠上瑶台，几度呼童扫不开. 刚被太阳收拾去，却教明月送将来.”聚中科大百多位师生之力，历二十余载，唯愿这套丛书对中美教育和文化交流起一点奠基作用，有助于后来学者踏着这些习题有形无迹的斑驳花影，攀登瑶台，观看无边深邃的美景.

张永德　谨识

2018年6月29日

① 李政道，《我和CUSPEA》，载于“知识分子”公众号，2016年11月30日.

前　　言

物理学，由于它在自然科学中所具有的主导作用，在人类文明史，特别是在人类物质文明史中，占据着极其重要的地位. 经典物理学的诞生和发展曾经直接推动了欧洲物质文明的长期飞跃. 20 世纪初诞生并蓬勃发展起来的近代物理学，又造就了上个世纪物质文明的辉煌. 自 20 世纪末到 21 世纪初的当前时代，物理学正以空前的活力，广阔深入地开创着向化学、生物学、生命科学、材料科学、信息科学和能源科学渗透和应用的新局面. 在本世纪里，物理学再一次直接推动新一轮物质文明飞跃的伟大进程已经开始.

然而，经历长足发展至今的物理学，宽广深厚浩瀚无垠. 教授和学习物理学都是相当艰苦而漫长的过程. 在教授和学习过程许多环节中，做习题是其中必要而又重要的环节. 做习题是巩固所学知识的必要手段，是深化拓展所学知识的重要练习，是锻炼科学思维的体操.

但是，和习题有关的事有时并不被看重，似乎求解和编纂练习题是全部教学活动中很次要的环节. 但丛书编委会同仁们觉得，这件事是教学双方的共同需要，只要是需要的，就是合理的，有益的，应当有人去做. 于是大家本着甘为孺子牛的精神，平时在科研教学中一道题一道题地积累，现在又一道题一道题地编审，花费了大量时间做着这种不起眼的事. 正如一个城市的基础建设，不能只去建地面上摩天大楼和纪念碑等“抢眼球”的事，也同样需要去做修马路、建下水道等基础设施的事.

这套“物理学大题典”的前身是中国科技大学出版社出版的“美国物理试题与解答”丛书(7 卷). 那套丛书于 20 世纪 80 年代后期由张永德发起并组织完成，内容包括普通物理的力、热、光、电、近代物理到四大力学的全部基础物理学. 出版时他选择了“中国科学技术大学物理辅导班主编”的署名方式. 自那套丛书出版之后，历经 10 余年，仍然有不断的需求，于是就有了现在的这套丛书——“物理学大题典”.

“题典”编审的大部分教师仍为原来的，只增加了少许新成员. 经过大家着力重订和大量扩充，耗时近两年而成. 现在这次再版，编审工作又增加了几位新成员，复历一年而再成. 此次再版除在原来基础上适当修订审校之外，还有少量扩充，增加了第 6 卷《相对论物理学》，第 7 卷《量子力学》扩充为上、下两分册. 丛书最终为 8 卷 10 分册. 总计起来，丛书编审历时近 20 年，耗费近 40 位富有科研和教学经验的教授、约 150 位 20 世纪 80 年代和现在的研究生及高年级本科生的巨大辛劳. 丛书确实是众人长期合作辛劳的结晶！

现在的再版，题目主要来源当然依旧是美国所有著名大学物理类研究生的入学试题，但也收录了部分编审老师的积累. 内容除涵盖力、热、光、电、近代物理到四大力学全部基础物理学之外，还包括了原子核物理、粒子物理、凝聚态物理、等离子体物理、天体物理、激光物理、量子光学和量子信息物理. 于是，追踪不断发展的科学轨迹，现在这套丛书仍然大体涵盖了综合性大学全部本科物理课程内容.

这里应当强调指出两点：其一，一般地说，人们过去熟悉的苏联习题模式常常偏重基础知识、偏于计算推导、偏向基本功训练；与此相比，美国物理试题涉及的数学并不繁难，但却或多或少具有以下特色：内容新颖，富于“当代感”，思路灵活，涉及面宽广，方法和结论简单实用，试题往往涉及新兴和边沿交叉学科，不少试题本身似乎显得粗糙但却抓住了物理本质，显得“物理味”很足！纵观比较，编审者深切感到，这些考题的集合在一定程度上体现着美国科学文化个性及思维方式特色！唯鉴于此，大家不惮繁重，集众多人力而不怯，耗漫长岁月而不辍，是值得的！另外，扩充修订中增添的题目，也是本着这种精神，摘自编审老师各自科研工作成果，或是来自各人教学心得，实是点滴聚成.

其二，对于学生，的确有一个正确使用习题集的问题. 有的同学，有习题集也不参考，咬牙硬顶，一个晚上自习时间只做了两道题. 这种精神诚应嘉勉，但效率不高，也容易挫伤积极性，不利于培养学习兴趣；另有些同学，逮到合适解答提笔就抄，这样做是浮躁不踏实的. 两种学习方法都不可取. 编审者认为，正确使用习题集是一个“三步曲”过程：遇到一道题，先自己想一想，想出来了自己做最好；如果认真想了些时间还想不出来，就不要老想了，不妨翻开习题集找寻答案，看懂之后，合上书自己把题目做出来；最后，要是参考习题集做出来的，花费一两分钟时间分析解剖一下自己，找找存在的不足，今后注意. 如此“三步曲”下来，就既踏实又有效率. 本来，效率和踏实是一对矛盾，在这一类“治学小道”之下，它俩就统一起来了. 总之，正确使用之下的习题集肯定能够成为学生们有用的“爬山”拐杖.

丛书第一版是在科学出版社胡升华博士倡议和支持下进行的，同时也获得刘万东教授、杜江峰教授的支持. 没有他们推动和支持，丛书面世是不可能的. 这次再版工作又承科学出版社昌盛先生全力支持，并再次获得中国科技大学物理学院和教务处的支持. 对于这些宝贵支持，编审同仁们表示深切谢意.

※　※　※　※　※　※　※　※

本卷第一版为《原子亚原子与相对论物理学》，共计五篇，题目总数为 780 道. 部分来自国际著名大学(包括哥伦比亚大学、加州大学伯克利分校、麻省理工学院、威斯康星大学、芝加哥大学、普林斯顿大学、纽约州立大学布法罗分校等)以及 CUSPEA 考试和丁肇中考试的试题和习题；一部分来自原子物理习题集和教科书(作者分别为阮图南、徐克尊、陈宏芳和杨福家等)、原子核物理(梅镇岳、卢希庭、V. G. Soloviev、颜一鸣、达维达夫)、粒子物理(章乃森、D. C. Cheng 和 G. K. O Neill、汉斯 · 弗朗菲尔德和欧内斯特 · M. 亨利、D. H. Perkins)以及核与粒子物理实验方法教材(徐克尊、王韶舜)；另有一部分是我们自拟的. 本卷大部分内容与我国理科大学的原子和亚原子物理教材是一致的，但也有一部分试题在深度和广度上都超出了通常的习题内容，相当一部分题目内容紧密结合科研发展的前沿课题. 因而，本卷习题不仅有利于加深理解基本物理概念，提高分析解题的能力和熟练解题技巧，而且能开阔视野，活跃学术气氛，有利于教学和科研相结合. 考虑到目前在我国有些综合性大学没有专门开设原子核物理和粒子物理课，在这次编写时，特增加了基本概念内容的题目分量. 另外，相对论是最早，也是最广泛应用于原子、亚原子物理及天体物理的，本卷特增加了相对论物理以及在这两个领域的应用.

由于亚原子物理的特殊性，本卷部分习题使用了自然单位制，这在实际工作中是很方便的.

前后十余年中，参加本卷解题的人有王力军、任勇、钱剑明、戴铁生、萧旭东、唐子洲、马骥、何小东、孟国武、斯其苗、袁卡佳、杨永安、叶坚、辛俭、管怀群、杨仲侠、周平、林辰、胡平、王璜鑫、黄晓舟、周兴宇、吴为民、王富强、吴欣、郭志椿等．其间也听取过刘耀阳、朱栋培、赵淑平、许咨宗、韩良和蒋一等的意见．为了丛书行文简洁，书中不再另行指出他们姓名．另外，陈涛、莫海定、崔凝卓、孔伟、陈刚、陈祥磊、杨建明和周雅瑾分别承当过部分审校、抄写和计算机输入工作．本卷第一、四和五篇由宫竹芳负责审校，第二、三篇由杨保忠负责审校，王韶舜参与了第二篇审校．第五篇由张家铝、周又元负责审校．全书由杨保忠统筹．

第二版修订把原第一版中的第四篇粒子探测第14章高速粒子运动学以及第四篇相对论的全部移出本卷，与丛书另外两卷中的相对论部分一起独立成《相对论物理学》卷．同时本卷改名为《分子、原子与亚原子物理学》．本次修订由杨保忠统筹，第一篇由张鹏飞负责修订，第二篇由王韶舜、张鹏飞负责，第三篇由许咨宗负责，第四篇由宫竹芳负责，对原有题目和解答都做了全面校核和力所能及的改进，并增加了少量新题．本次修订过程中，周融、尹鹏程等参与了部分讨论和协助工作，谨此说明．

编审者谨识

2005年6月

2018年8月修改

目　　录

题 意 要 览

2.69 原子的顺磁性和抗磁性
2.70 由钾原子的顺磁共振计算朗德因子 g
2.71 为做极化散射实验,求在磁场中的温度
2.72 氢原子超精细跃迁在磁场中的塞曼效应
2.73 磁场对中子束的作用
3.1 与自旋单态对应的空间波函数的交换对称性
3.2 氦原子前四个能级、能移、二套的能级的起因及跃迁
3.3 氦原子 $n=1,2,3$ 的能级图、容许跃迁、吸收跃迁和禁戒跃迁
3.4 画出在非相对论近似下氦原子的能级图并和氢原子的能级比较
3.5 考虑库仑作用,自旋-轨道耦合,有外磁场时画出氦原子的能级图
3.6 由波函数的交换对称性确定正氦和仲氦的能量高低
3.7 氦原子 $^3S_1$ 和 $^1S_0$ 能级差,原子基态的电子组态和原子态
3.8 画出氦原子与氢原子的能级图并比较它们的异同
3.9 用变分法和微扰法估计氦原子的能级和电极化率
3.10 用两个自旋为 1 的粒子代替电子时求氦原子基态的简并度
3.11 若电子的自旋为 3/2,讨论氢和氦原子的能级,求惰性气体的 Z 值
3.12 确定惰性气体基态的原子态
3.13 写出原子满壳层外加一个 d 电子的原子态
3.14 稀土元素的电子组态的特点
3.15 求电子组态的简并度
3.16 由多电子原子的电离能的差异,求氦原子的第二电离能
3.17 写出钠原子基态的电子组态和原子态,由 3d 态到基态的跃迁
3.18 分别用 L-S 和 j-j 耦合法求 pd 电子组态可形成的原子态
3.19 用 L-S 耦合求 p^3 电子组态可形成的原子态
3.20 写出 np^2 和 np^4 电子组态可形成的原子态,确定各态的宇称
3.21 写出 2p3p 态电子在 L-S 耦合下的能级及其跃迁
3.22 铅原子基态在 L-S 耦合下的能级及其跃迁和在磁场中的劈裂
3.23 多电子原子在 L-S 耦合下不同微扰的能级图及跃迁
3.24 铍原子的最低激发态的能级顺序及物理起因、能级劈裂值
3.25 原子的光谱学符号,洪德定则及其物理基础
3.26 朗德间隔法则,并予以证明
3.27 惰性气体基态和激发态的原子组态及各符号的意义,g 因子
3.28 碳原子基态的光谱学符号并说明原因
3.29 由 L-S 耦合定原子的电子组态的原子态
3.30 在 L-S 耦合下钪原子基态的原子态及其顺序,粒子数的分布
3.31 sp 电子组态在 L-S 及 j-j 耦合时的能级图
3.32 铝原子基态的电子组态及原子态,在磁场中的能级图
3.33 估算铌和铅核的有效电荷

3.72 用晶体衍射法求中子的能量

3.73 求 X 射线在银晶格上的衍射角和测量精度

3.74 由 X 射线衍射求普朗克常量 h

3.75 X 射线在氯化钠晶体上产生衍射的波长，衍射角度

3.76 使 Cu 和 Zn 的 K_α 线达到一定的比例所需 Ni 吸收片的厚度

3.77 物质对可见光和 X 射线的吸收机制

3.78 产生 X 射线的新机制

3.79 电子自旋共振、核磁共振、穆斯堡尔效应实验及结果

3.80 在自旋回波实验中射频的频率和脉冲宽度，解释回波的形成

3.81 电子自旋共振，核磁共振，穆斯堡尔效应，霍尔效应，约瑟夫森效应的概念，观测及结果解释

3.82 描述下列实验并说明在原子物理发展中的重要性：(1)法拉第电解实验，(2)本生-基尔霍夫实验，(3)汤姆孙电子荷质比实验，(4)盖革-马斯顿 α 散射实验，(5)巴克拉 X 射线散射实验，(6)弗兰克-赫兹实验，(7)施特恩-格拉赫实验，(8)康普顿散射实验，(9)兰姆-卢瑟福实验

3.83 估计：微波炉辐射频率，原子弹爆炸放出的能量，陨石碰撞地球放出的能量，太阳的温度，人体血管的长度

3.84 论述激光冷却的原理并导出制冷的具体条件

4.1 氢分子中两核的间距

4.2 原子间作用力的起因

4.3 比较分子的转动、振动和电子能级的大小

4.4 比较由饱和力与非饱和力结合的分子的性质的差异

4.5 写出 H_2^+ 中电子的势能、两个最低能级的波函数

4.6 由 H_2,D_2 的离解能求 H_2 的零点能

4.7 用实验检验分子存在零点能

4.8 由 H 原子基态波函数导出 H_2 分子波函数和能级，解释“交换力”

4.9 常温和 0K 时正氮和仲氮的相对丰度

4.10 由运动的 H_2 分子离解放出的 H 原子的能量求 H_2 的离解能

4.11 由钾的电离能，Cl 的亲和能和核间距求 KCl 的离解能

4.12 $H_2^+(\mu)$分子的核间距，零点能和结合能

4.13 用夸克 Q 代替分子中的电子 e，求 dQd 中氘核的间距

4.14 用中子激发氧分子转动态的最小能量

4.15 由远红外光谱间隔求 HBr 的核间距

4.16 区分 Cl 的不同同位素的转动光谱对光谱仪分辨率的要求

4.17 计算 $^1H^{17}Cl$ 分子远红外频率间隔

4.18 导出 $^{14}N_2$ 分子相邻转动谱线强度比

4.19 哑铃分子转动能级的能量差，H_2 分子仲态和正态的差别

4.20 双原子分子的转动能级

11.43　$\Xi^- \to \Lambda^0 + \pi^-$ 衰变
11.44　Ξ 粒子的同位旋多重态
11.45　中性超子 Σ^0(1915)的衰变
11.46　$\pi^- p \to K^- \Sigma^+$,$dd \to {}^4He\ \pi^0$ 和 $K^- p \to \Xi^- K^+$,求 $\sigma(pp \to \pi^+ d)/\sigma(np \to \pi^0 d)$
11.47　非轻子弱衰变 $\Lambda \to N + \pi$ 和强相互作用反应 $\pi + p \to K + \Lambda$
11.48　用同位旋耦合处理超子 Λ、Σ 和 Ξ 的衰变分支比
11.49　估计奇异粒子 K、Ω、ω、η、Σ 等粒子的各种衰变道之比
11.50　Σ^*(1385MeV)粒子的性质和衰变
11.51　描述一个实验测量 η^0 粒子性质
11.52　$p\bar{p}$ 碰撞产生中性 K 介子
11.53　分析 K^+ 和 K^- 衰变在泡室的径迹
11.54　$e^+e^- \to \mu^+\mu^-$ 和中微子-核子截面,轻子寿命和 π-核子散射后向峰
11.55　参与所有四种相互作用的粒子
11.56　四种相互作用力
11.57　用三个物理量从守恒定律的角度区分强、电磁和弱作用
11.58　各种相互作用强度和遵守的守恒定律并举例说明
11.59　解释:J/ψ 粒子;中子电偶极矩;协同产生;Fermi 理论;反常磁矩
12.1　地球和月球之间的静电力可以忽略
12.2　中性 Σ 超子的辐射衰变 $\Sigma \to \Lambda^0 + \gamma$
12.3　利用细致平衡原理,讨论 $\gamma + p \to \pi^+ + n$ 和它的逆反应
12.4　电荷为 e,自旋为 1/2,静止质量为 M 的粒子产生和衰变
12.5　由 μ 子衰变计算 g 值
12.6　K^+ 的三 π 衰变
12.7　估计 τ^+ 的平均寿命
12.8　$\Sigma^- \to \Lambda e^- \bar{\nu}_e$ 的衰变率
12.9　计算 $R = \Gamma(\pi^- \to \mu^- \bar{\nu}_\mu)/\Gamma(\pi^- \to e^- \bar{\nu}_e)$
12.10　中微子的性质和第一次对中微子的实验观测
12.11　中微子反应的守恒量和自旋取向,$m_\nu = 0.1\text{eV}/c^2$ 时,3K 温度的中微子速度
12.12　两类中微子实验,中微子螺旋性的定义
12.13　测量电子中微子质量的一个灵敏方法
12.14　能量为 1GeV、通量为 $10^6\text{cm}^{-2}\cdot\text{s}^{-1}$ 的中微子穿过地球时的反应数
12.15　1000GeV 的中微子,通量为 $10^6\text{cm}^{-2}\cdot\text{s}^{-1}$ 时,多长的探测器能测到 1 个事例
12.16　寻找宇宙中的重中微子 ν_H
12.17　实验上证实弱相互作用中宇称不守恒的实验
12.18　π^+ 的级联衰变中,指出宇称不守恒的证据
12.19　级联 $\pi^+ \to \mu^+ \to e^+$ 衰变运动学和比较 $\pi^+ \to \mu^+ \nu_\mu$ 和 $\pi^+ \to e^+ \nu_e$
12.20　用一个波函数来描述一束未极化的电子
12.21　在衰变 $\Lambda \to N + \pi$ 中观察违背时间反演的现象

第一篇　原子、分子物理

1　原子模型和单电子原子

1.1　在早期原子理论中，汤姆孙(J. J. Thomson)提出的“葡萄干布丁”原子模型，是一个半径为 a，总电荷为 Ze 的正电荷球体，这里 Z 为整数，e 是基本电荷单位.带负电 $-e$ 的电子被看成点电荷镶嵌于正电荷球体中.

(1) 试求氢原子中距球心 r 处的电子所受到的力；

(2) 电子将做何种运动？

(3) 给出电子运动频率的表示式.

解　(1) 对氢原子($Z=1$)，正电荷密度为

$$\rho=\frac{e}{\frac{4}{3}\pi a^3}=\frac{3e}{4\pi a^3}$$

当电子距离球心为 r 时，只有半径为 r 的球体内的正电荷对电子有作用，所以电子所受之力为

$$F(r)=-\frac{e}{4\pi\varepsilon_0 r^2}\cdot\frac{4}{3}\pi r^3\rho=-\frac{e^2}{4\pi\varepsilon_0 a^3}r$$

负号表示力的方向指向球心.

(2) 从电子所受作用力 $F(r)$ 的形式不难知道，电子将作简谐振动.

(3) 将 $F(r)$ 写成如下形式：

$$F(r)=-kr$$

其中，$k=\frac{e^2}{4\pi\varepsilon_0 a^3}$.这样，可得简谐振动的角频率为

$$\omega=\sqrt{\frac{k}{m}}=\sqrt{\frac{e^2}{4\pi\varepsilon_0 a^3 m}}$$

其中，m 为电子质量.

1.2　低能电子-原子散射截面为　(　　)

(A) $10^{-16}\,\mathrm{cm}^2$　(B) $10^{-24}\,\mathrm{cm}^2$　(C) $10^{-32}\,\mathrm{cm}^2$　(D) $10^{-40}\,\mathrm{cm}^2$

解　为 $10^{-16}\,\mathrm{cm}^2$.因为原子的大小 $\approx 10^{-8}\,\mathrm{cm}$，所以此散射截面约为 $(10^{-8})^2\,\mathrm{cm}^2=10^{-16}\,\mathrm{cm}^2$.

所以答案为(A).

1.3　在卢瑟福的 α 粒子散射实验中，碰撞参数 b 与 α 粒子的散射角 θ 相对应，则截面 $2\pi b|\mathrm{d}b|$ 表示　(　　)

(A) 单位面积靶内一个原子使 α 粒子散射，且散射角等于 θ 的概率

(B) 单位面积靶内一个原子使 α 粒子散射，且散射角介于 $\theta \to \theta - d\theta$ 之间的概率

(C) 单位面积靶内一个原子使 α 粒子散射，且散射角大于或等于 θ 的概率

(D) 单位面积靶内一个原子使 α 粒子散射至 θ 方向单位立体角内的概率

解　答案为(B).

1.4　一个加速器提供动量为 200MeV/c 和 10^{12}/s 个粒子的质子束，这束粒子穿过 0.01cm 厚的铝片(铝的密度 $\rho=2.7\text{g/cm}^3$，铝的辐射长度 $x_0=24\text{g/cm}^2$，$Z=13$，$A=27$).

(1) 如果你记得，请写下以 cm^2/sr 为单位的卢瑟福散射的微分散射截面公式. 如果记不得，请写出最好的猜测，确定对 Z 的依赖关系及对能量、角度的依赖关系，并要有合理的量纲. 利用你给出的表达式，不论是准确的还是最好的估计，计算下面(2)～(5)中的问题.

(2) 对于上述粒子束，已知散射角 $\theta=30°$，计算在铝中的卢瑟福微分散射截面.

(3) 在 1s 时间内有多少粒子进入一个与粒子束方向成 30°角、位于 2m 远处、半径为 1cm 的圆形计数器中？

(4) 计算散射角>5°的卢瑟福积分散射截面. 提示：$\sin\theta d\theta = 4\sin\frac{\theta}{2}\cos\frac{\theta}{2}d\frac{\theta}{2}$.

(5) 每秒有多少粒子被散射到离开原粒子束 5°以外？

(6) 计算上面的粒子束通过铝片时的多次库仑散射的均方根投影散射角，在多次库仑散射的表达式中的常数取为 15MeV/c.

解　(1) 卢瑟福散射的微分截面为

$$\frac{d\sigma}{d\Omega} \doteq \left(\frac{zZe^2}{4\pi\varepsilon_0 2mv^2}\right)^2 \left(\sin\frac{\theta}{2}\right)^{-4}$$

可以从量纲分析得到上式.

应该记得

$$\frac{d\sigma}{d\Omega} \propto \left(\sin\frac{\theta}{2}\right)^{-4}$$

$\frac{d\sigma}{d\Omega}$的量纲是面积，并假设它依赖 Ze、ze 及 α 粒子的能量 $E=\frac{1}{2}mv^2$.

可以假设

$$\frac{d\sigma}{d\Omega} = k(zZe^2)^x E^y \left(\sin\frac{\theta}{2}\right)^{-4}$$

其中，k 是无量纲的量，由量纲分析得到

$$[\sigma] = [L]^2 = [e^2]^x E^y$$

因为

$$\left[\frac{e^2}{r}\right] = [E]$$

由此得到

$$y=-2, \quad x=-y=2$$

因此，散射截面公式为

$$\frac{d\sigma}{d\Omega} = k\left(\frac{zZe^2}{4\pi\varepsilon_0 2mv^2}\right)^2 \left(\sin\frac{\theta}{2}\right)^{-4}$$

(2) 注意卢瑟福散射公式是在非相对论条件下得到的，对于 $p=200\text{MeV}/c$ 的质子仍可以用非相对论近似 $E=\dfrac{p^2}{2m}$.

另外，由精细结构常数定义：$\alpha=\dfrac{e^2}{4\pi\varepsilon_0\hbar c}=\dfrac{1}{137}$，可得

$$\frac{e^2}{4\pi\varepsilon_0}=\frac{\hbar c}{137}=\frac{197.32}{137}=1.44(\text{MeV}\cdot\text{fm})$$

则有

$$\begin{aligned}\frac{d\sigma}{d\Omega}&=\left(\frac{zZe^2m}{4\pi\varepsilon_0 2p^2}\right)^2\left(\sin\frac{\theta}{2}\right)^{-4}\\&=\left(\frac{13\times1.44\times938\times10^6}{2\times(200\times10^6)^2}\right)^2(\sin15°)^{-4}\\&=1.07\times10^{-25}(\text{cm}^2/\text{sr})\end{aligned}$$

如果考虑相对论效应，则有

$$\beta=\frac{v}{c}=\frac{pc}{\sqrt{m^2c^4+p^2c^2}}=\frac{200}{\sqrt{938^2+200^2}}=0.2085$$

注意关系式

$$\begin{aligned}\frac{d\sigma}{d\Omega}&=\left(\frac{zZe^2}{4\pi\varepsilon_0 2mv^2}\right)^2\left(\sin\frac{\theta}{2}\right)^{-4}=\left(\frac{zZe^2}{4\pi\varepsilon_0 2mc^2\beta^2}\right)^2\left(\sin\frac{\theta}{2}\right)^{-4}\\&=\left[\frac{13\times1.44}{22\times938\times(0.2085)^2}\right]^2(\sin15°)^{-4}=1.18\times10^{-25}(\text{cm}^2/\text{sr})\end{aligned}$$

用非相对论计算的结果与用相对论计算结果的误差为 10%.

(3) 计数器对应的立体角 $\Delta\Omega=\pi r^2/R^2=7.85\times10^{-5}$(立体角弧度)(其中 $r=1\text{cm}$，$R=2\text{m}$). 故单位时间内散射到此立体角中的粒子数为

$$\begin{aligned}\Delta n&=n\frac{\rho t}{A}N_A\frac{d\sigma}{d\Omega}\Delta\Omega\\&=10^{12}\times\frac{2.7\times0.01}{27}\times6.02\times10^{23}\times1.07\times10^{-25}\times7.85\times10^{-5}\\&=5.03\times10^3(\text{s}^{-1})\end{aligned}$$

或用相对论关系得 $\Delta n=5.58\times10^3(\text{s}^{-1})$，式中 t 为铝箔厚度.

(4) 散射角大于 5°时积分散射截面为

$$\begin{aligned}\sigma_I&=\int\frac{d\sigma}{d\Omega}d\Omega=2\pi\int_{5°}^{180°}\left(\frac{Ze^2}{2mv^2}\right)^2\frac{\sin\theta}{\sin^4\dfrac{\theta}{2}}d\theta\\&=8\pi\left(\frac{Ze^2}{2mv^2}\right)^2\int_{5°}^{180°}\left(\sin\frac{\theta}{2}\right)^{-3}d\sin\frac{\theta}{2}\\&=4\pi\left(\frac{Ze^2}{2mv^2}\right)\left[\frac{1}{(\sin2.5°)^2}-1\right]\\&=4\pi\times5.27\times10^{-28}\times\left[\frac{1}{(\sin2.5°)^2}-1\right]\\&=3.47\times10^{-24}(\text{cm}^2)\end{aligned}$$

(5) 散射到 $\theta \geqslant 5°$ 范围内的质子数为

$$\Delta n_I = nNt\sigma_I = n\frac{\rho t}{A}N_A\frac{d\sigma}{d\Omega}\Delta\Omega \cdot \frac{\sigma_I}{\frac{d\sigma}{d\Omega}\Delta\Omega}$$

$$= 5.03\times10^3\times\frac{3.17\times10^{-24}}{1.07\times10^{-25}\times7.85\times10^{-5}}$$

$$= 2.09\times10^9(\text{s}^{-1})$$

(6) 多次库仑散射角的均方根值为①

$$\theta_{\text{rms}} = \frac{k}{\sqrt{2}\beta p}Z\sqrt{\frac{t}{x_0}}\left[1+\frac{1}{9}\ln\left(\frac{t}{x_0}\right)\right]$$

由题设取常数 $k=15\text{MeV}/c$,因为 $Z=13$,$p=200\text{MeV}/c$,$\beta=0.2085$,铝的厚度 $t=0.01\times2.7\text{g/cm}^2$,$x_0=24\text{g/cm}^2$,$t/x_0=1.125\times10^{-3}$. 代入上式得到

$$\theta_{\text{rms}} = \frac{15\times13}{\sqrt{2}\times0.2085\times200}\times\sqrt{1.125\times10^{-3}}\times\left[1+\frac{1}{9}\ln(1.125\times10^{-3})\right]$$

$$= 2.72\times10^{-2}(\text{rad})$$

1.5 动能为 E、质量为 m 的 α 粒子,以瞄准距离 b 射向核电荷数为 Z 的静止的重核. 试求:

(1) 被散射的 α 粒子的动量增量的绝对值;

(2) 对于给定的瞄准距离 b,E 为何值时,动量增量绝对值最大? 此时的散射角 θ 为多大?

解 (1) α 粒子散射前后动量大小不变,但偏转了 θ 角,动量增量绝对值 $|\Delta\boldsymbol{p}|$ 为

$$|\Delta\boldsymbol{p}| = 2p\sin\frac{\theta}{2}$$

由库仑散射公式 $b=\frac{a}{2}\cot\frac{\theta}{2}$ 得

$$\sin\frac{\theta}{2} = \sqrt{\left[1+\left(\frac{2b}{a}\right)^2\right]^{-1}}$$

其中,$a=\frac{Zze^2}{4\pi\varepsilon_0 E}$,$z=2$. 代入 $|\Delta\boldsymbol{p}|$ 中得

$$|\Delta\boldsymbol{p}| = 8mE\left[1+\left(\frac{4\pi\varepsilon_0 bE}{Ze^2}\right)^2\right]^{-1/2}$$

(2) 由 $\left.\frac{\partial|\Delta\boldsymbol{p}|}{\partial E}\right|_{E=E_0}=0$ 及 $\left.\frac{\partial^2|\Delta\boldsymbol{p}|}{\partial E^2}\right|_{E=E_0}<0$ 得 $|\Delta\boldsymbol{p}|E_0=\frac{Ze^2}{4\pi\varepsilon_0 b}$ 时,$|\Delta\boldsymbol{p}|$ 最大.

由库仑散射公式可直接求得相应的散射角 $\theta_0=\pi/2$.

1.6 在 α 粒子通过的路径上,紧挨着放置两块金属薄片,一块是金($Z=79$),一块是银($Z=47$),它们都与 α 粒子束垂直,厚度均为 1.0×10^{-7}m. 试求被散射到散射角在 60°~90°和散射角在 90°~120°的 α 粒子数之比.

① Scott. WT. Rev. Mod. Phys. ,35(2):231-313,1963.

解　α粒子被一种金属散射，散射角大于θ角的概率

$$P_{\geqslant\theta}=nt\pi b^2(\theta)$$

α粒子被两种金属散射，散射到60°～90°及90°～120°的概率分别为

$$\Delta n_{60^\circ\sim90^\circ}\propto In_{金}\ t\pi[b^2(60^\circ)-b^2(90^\circ)]+In_{银}\ t\pi[b'^2(60^\circ)-b'^2(90^\circ)]$$

$$\Delta n_{90^\circ\sim120^\circ}\propto In_{金}\ t\pi[b^2(90^\circ)-b^2(120^\circ)]+In_{银}\ t\pi[b'^2(90^\circ)-b'^2(120^\circ)]$$

其中，瞄准距离$b=\dfrac{a}{2}\cot\dfrac{\theta}{2}$，$a=\dfrac{Zze^2}{4\pi\varepsilon_0 E}$与靶原子有关. 所以

$$\frac{\Delta n_{60^\circ\sim90^\circ}}{\Delta n_{90^\circ\sim120^\circ}}=\frac{n_{金}\left(\frac{a_{金}}{2}\right)^2[\cot^2 30^\circ-\cot^2 45^\circ]+n_{银}\left(\frac{a_{银}}{2}\right)^2[\cot^2 30^\circ-\cot^2 45^\circ]}{n_{金}\left(\frac{a_{金}}{2}\right)^2[\cot^2 45^\circ-\cot^2 60^\circ]+n_{银}\left(\frac{a_{银}}{2}\right)^2[\cot^2 45^\circ-\cot^2 60^\circ]}$$

$$=\frac{\cot^2 30^\circ-\cot^2 45^\circ}{\cot^2 45^\circ-\cot^2 60^\circ}=1.99$$

1.7　试说明用背散射技术分析固体材料组分的原理.

解　单能离子束打到真空靶室的样品(靶)上，在入射能量低于它与靶核发生核反应的条件下，入射离子与靶核发生弹性碰撞(图1.1). 设入射粒子的质量为m_1，电荷为Z_1，能量为E_0；静止的靶原子质量为m_2，电荷为Z_2，散射角θ接收到的离子的能量为E'，由动量、能量守恒定律可以求出

$$E'=K^2E_0$$

其中

$$K=\frac{m_1\cos\theta+\sqrt{m_2^2-m_1^2\sin^2\theta}}{m_1+m_2}$$

称为运动学因子.

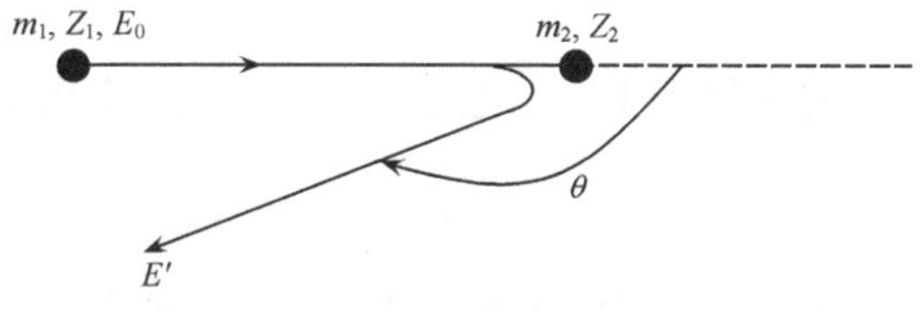

图 1.1

在确定的实验条件下，E'的大小只与m_2有关，而E'峰的面积正比于该元素在靶中的含量和在θ角的卢瑟福散射截面. 因此，只要在θ处测得背散射的离子(如α粒子)的能谱E'图，就可由以上两式算出m_2，确定样品中所含杂质的种类及其相对丰度.

在薄靶情况下，离子在靶内损失的能量可以忽略不计，可以直接利用上述关系计算. 如果是厚靶，必须计算离子在靶中的电离损失，这样被同种元素散射回来的离子的能量与发生碰撞的深度有关. 这样，用卢瑟福背散射离子的能谱分析，就可以得到靶元素深度分布的信息.

由于背散射分析是无损分析，所以背散射技术在材料分析中得到广泛的应用. 例如，可以测量固体薄膜的厚度、化合物的配比、混合物成分的相对含量、半导体材料的掺杂分布等.

1.8　在 10^{10}K 温度下，黑体辐射每立方厘米的能理相应的质量约　（　）

(A)1t　(B)1g　(C)10^{-6}g　(D)10^{-16}g

解　辐射能量密度 $u=4\sigma T^4/c^3$，其中

$\sigma=4.67\times10^{-8}\mathrm{W\cdot m^{-2}\cdot K^{-4}}$为斯特藩-玻尔兹曼(Stefan-Boltzmann)常量. 根据爱因斯坦质能公式不难得到单位体积黑体辐射量为

$$u=4\sigma T^4/c^3=4\times4.67\times10^{-8}\times10^{40}/(3\times10^8)^3$$
$$\approx0.7\times10^8(\mathrm{kg\cdot m^{-3}})=0.1(\mathrm{t\cdot cm^{-3}})$$

答案为(A).

1.9　一个温度为 T_1 的黑体辐射的能量为 10mW 量级，温度为 $2T_1$ 的同种黑体辐射的能量为　（　）

(A)160mW　(B)20mW　(C)40mW　(D)80mW

解　由斯特藩(Stefan)定律，黑体辐射的总能量和它的绝对温度的四次方成正比，$P=\sigma T^4$.

答案为(A).

1.10　波长为 λ 的光子被静止的质子散射，散射到 90°的光子的波长增加为(m_e，m_p 分别为电子和质子的质量)　（　）

(A)$\lambda/137$　(B)$\lambda/1836$　(C)h/m_ec　(D)h/m_pc

解　可以看作广义的康普顿散射

$$\lambda'-\lambda=\frac{h}{m_pc}(1-\cos\theta)$$

m_p 为质子的静止质量. $\lambda_p=\frac{h}{m_pc}=\frac{1240}{938\times10^6}\approx1.3\times10^{-6}(\mathrm{nm})$，是个非常小的量，可以忽略. 对于本题，$\theta=90°$，$\lambda'-\lambda=\frac{h}{m_pc}$.

答案为(D).

1.11　假若一个光子的能量等于一个电子的静能，试问该光子的频率、波长和动量是多少？

解　电子的静能为

$$m_ec^2=8.187\times10^{-14}\mathrm{J}=0.5110\mathrm{MeV}$$

于是，能量等于一个电子静能的光子的频率和波长分别为

$$\nu=\frac{m_ec^2}{h}=1.2356\times10^{20}\mathrm{Hz}$$

$$\lambda=\frac{c}{\nu}=\frac{h}{m_ec}=2.264\times10^{-12}\mathrm{m}$$

即为电子的康普顿波长. 光子的动量为

$$p=\frac{h}{\lambda}=\frac{h\nu}{c}=2.7309\times10^{-22}\mathrm{kg\cdot m\cdot s^{-1}}$$

1.12　试推导康普顿效应中电子的反冲角 φ 和散射光子的散射角 θ 之间的关系式.

解　康普顿散射示意图如图 1.2 所示. 由图，按正弦定理得

$$\frac{h/\lambda}{\sin(\varphi+\theta)}=\frac{h/\lambda'}{\sin\varphi}$$

由于

$$\lambda' = \lambda + \frac{h}{m_e c}(1 - \cos\theta)$$

利用三角函数和角公式展开 $\sin(\varphi+\theta)$得

$$\lambda(\sin\theta\cos\varphi + \cos\theta\sin\varphi) = \left[\lambda + \frac{h}{m_e c}(1-\cos\theta)\right]\sin\varphi$$

整理后得

$$\tan\varphi = \frac{1}{1+\dfrac{h\nu}{m_e c}}\frac{\cot\theta}{2}$$

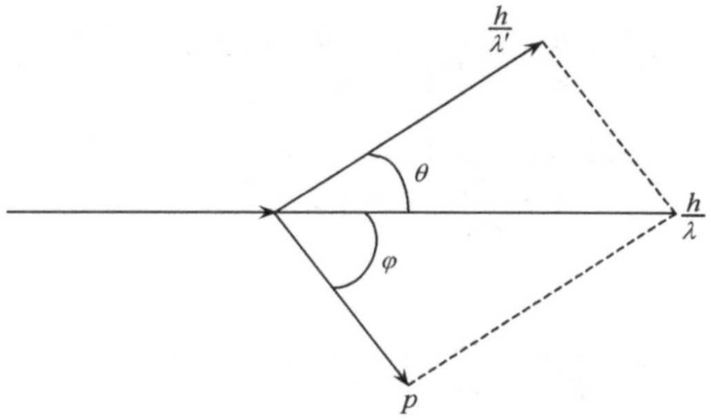

图 1.2

1.13　在康普顿散射过程中，一个波长为 λ 的光子被一个静止的自由电子散射，令 λ'、E'分别为散射到 θ 方向的光子的波长和能量.

(1) 导出 λ'和 E'的表达式；

(2) 导出反冲电子的动能.

解　(1) 康普顿散射示意图如图 1.3 所示，由能量守恒有

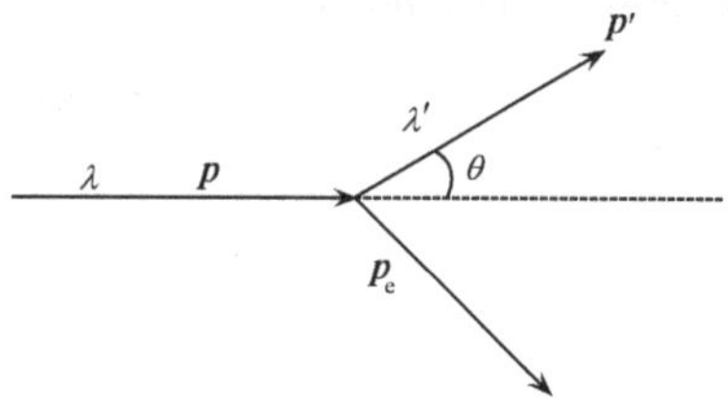

图 1.3

$$pc + mc^2 = p'c + \sqrt{p_e^2c^2 + m^2c^4}$$

或

$$c^2(p - p' + mc)^2 = p_e^2c^2 + m^2c^4 \tag{1}$$

其中，m 是电子的质量. 由动量守恒有

$$\boldsymbol{p} = \boldsymbol{p}' + \boldsymbol{p}_e,$$

或者

$$(\boldsymbol{p} - \boldsymbol{p}')^2 = \boldsymbol{p}_e^2 \tag{2}$$

式(1)－式(2)×c^2 得

$$pp' - \boldsymbol{p}\cdot\boldsymbol{p}' = (p - p')mc$$

即

$$pp'(1-\cos\theta) = (p - p')mc$$

这样

$$\frac{1}{p'} - \frac{1}{p} = \frac{1}{mc}(1-\cos\theta)$$

$$\frac{h}{p'} - \frac{h}{p} = \frac{h}{mc}(1-\cos\theta)$$

因此

$$\lambda' - \lambda = \frac{h}{mc}(1-\cos\theta)$$

或

$$\lambda' = \lambda + \frac{h}{mc}(1-\cos\theta) \tag{3}$$

并有

$$h\nu' = \frac{hc}{\lambda'} = hc\left[\lambda + \frac{h}{mc}(1-\cos\theta)\right]^{-1}$$

$$= \frac{h\nu}{1+\frac{h\nu}{mc^2}(1-\cos\theta)}$$

(2) 由式(1)我们有

$$\frac{1}{p'c} - \frac{1}{pc} = \frac{1}{mc^2}(1-\cos\theta)$$

$$p'c = \frac{1}{\frac{1}{pc}+\frac{1}{mc^2}(1-\cos\theta)} = \frac{mc^2}{1-\cos\theta+\frac{mc}{p}}$$

则反冲电子的动能为

$$T = \sqrt{p_e^2c^2+m^2c^4} - mc^2 = pc - p'c$$

$$= pc - \frac{mc^2}{1-\cos\theta+\frac{mc}{p}} = \frac{pc(1-\cos\theta)}{1-\cos\theta+\frac{mc}{p}}$$

$$= \frac{(1-\cos\theta)\frac{hc}{\lambda}}{1-\cos\theta+\frac{mc\lambda}{h}}$$

或

$$T = h\nu - h\nu' = \frac{h\nu(1-\cos\theta)}{1-\cos\theta+\frac{mc^2}{h\nu}}$$

1.14　波长 $\lambda_0=0.0708\text{nm}$ 的 X 射线在石蜡上受到康普顿散射，求在 $\theta=\pi/2$ 和 $\theta=\pi$ 的方向上所散射的 X 射线的波长以及反冲电子所获得的能量各是多少？

解　康普顿散射公式为

$$\Delta\lambda = \lambda - \lambda_0 \frac{h}{m_e c}(1-\cos\theta)$$

其中康普顿波长为

$$\lambda_C = \frac{h}{m_e c} = 2.4263\times10^{-12}\text{m}$$

由此得到在 $\theta=\pi/2$ 和 $\theta=\pi$ 的方向上散射的 X 射线的波长 $\lambda_{\pi/2}$ 和 λ_π 分别为：

$$\lambda_{\pi/2}=\lambda_0+\lambda_C(1-\cos\theta)=\lambda_0+\lambda_C=0.0732\text{nm}$$

$$\lambda_\pi=\lambda_0+\lambda_C(1-\cos\theta)=\lambda_0+2\lambda_C=0.0756\text{nm}$$

反冲电子所获得的能量 $\Delta E_{\pi/2}$ 和 ΔE_π 分别为

$$\Delta E_{\pi/2}=h\nu_0-h\nu=hc\left(\frac{1}{\lambda_0}-\frac{1}{\lambda_{\pi/2}}\right)=1240\left(\frac{1}{0.0708}-\frac{1}{0.0732}\right)\approx 574.2(\text{eV})$$

$$\Delta E_\pi=hc\left(\frac{1}{\lambda_0}-\frac{1}{\lambda_\pi}\right)=1240\left(\frac{1}{0.0708}-\frac{1}{0.0756}\right)\approx 1.112\times10^3(\text{eV})$$

1.15　频率为 3×10^{19}Hz 的光子与一个静止的电子发生 90°的散射，求出射光子的频率(电子的康普顿波长 $\lambda_C=2.4\times10^{-12}$m).

解　设电子是自由的，则散射光子的波长与散射角及入射光子的波长 λ 的关系为(参见 1.13 题)

$$\lambda'=\lambda+\frac{h}{mc}(1-\cos\theta)$$

$\frac{h}{mc}=\lambda_C$ 是电子的康普顿波长，散射到 90°的光子的波长为 $\lambda'=\lambda+\lambda_C$，频率为

$$\nu=\frac{c}{\lambda_C+c/\nu}=\frac{3\times10^8}{2.4\times10^{-12}+(3\times10^8)/(3\times10^{19})}\approx 2.4\times10^{19}(\text{Hz})$$

1.16　在康普顿散射实验中，当入射光的波长分别为 0.050nm 的 X 射线和 500nm 的可见光时，反冲电子所获得的最大能量为多少？并分析其结果.

解　因为康普顿散射波长的改变与入射光的波长无关. 当散射角 $\theta=180°$时，波长的改变量最大

$$\Delta\lambda_m=\frac{h}{m_e c}(1-\cos180°)=\frac{2hc}{m_e c^2}$$

$$=\frac{2\times1.24\text{keV}\cdot\text{nm}}{0.511\text{MeV}}=0.00485\text{nm}$$

入射光子与散射光子的能量差，即反冲电子的最大能量

$$E_k=\Delta E_\nu=\frac{hc}{\lambda}-\frac{hc}{\lambda'}=\frac{hc}{\lambda}\cdot\frac{\Delta\lambda}{(\lambda+\Delta\lambda)}$$

对于 $\lambda_1=0.050$nm 的 X 射线

$$E_{k_1}=\frac{hc}{\lambda_1}\cdot\frac{\Delta\lambda}{(\lambda_1+\Delta\lambda)}=\frac{1.24\text{keV}\cdot\text{nm}}{0.050\text{nm}}\cdot\frac{0.00485\text{nm}}{(0.05+0.00485)\text{nm}}\approx 2.2\text{keV}$$

对于 $\lambda_2=500$nm 的可见光

$$E_{k_2}=\frac{hc}{\lambda_2}\cdot\frac{\Delta\lambda}{(\lambda_2+\Delta\lambda)}\approx\frac{1.24\text{keV}\cdot\text{nm}}{500\text{nm}}\cdot\frac{0.00485\text{nm}}{500\text{nm}}\approx 2.4\times10^{-5}\text{eV}$$

计算表明波长在可见光范围内的光子传递给电子的能量很小，可忽略不计. 因此，对可见光，一般不必研究它们的康普顿散射效应，即康普顿散射的长波极限为汤姆孙散射. 而且此时光子的能量很低，原子中的束缚电子不能当作静止的自由电子来讨论.

1.17　一个光源发射 0.6W 波长为 6×10^{-7}m 的单色可见光，每秒发射的光子数近似为　　(　　)

(A)2×10^{6}　(B)6×10^{7}　(C)2×10^{18}　(D)6×10^{25}

解　灯泡的发射功率为 $P=nhc/\lambda$，由此解得

$$n=\frac{P\lambda}{hc}=\frac{0.6\times6\times10^{-7}}{6.6\times10^{-34}\times3\times10^{8}}\approx1.8\times10^{18}(\text{s}^{-1})$$

答案为(C).

1.18　在真空室中一个光子打在清洁的铜板表面上，必须加 1V 的阻止电压才能确保发射的光电子是静止的，如果铜板的功函数为 5.0 eV，那么光子的波长接近于（　）

(A)1200nm　(B)400nm　(C)300nm　(D)250nm

解　根据爱因斯坦光电效应的公式

$$\frac{hc}{\lambda}=E_{\text{k}}+A=5.0\ \text{eV}$$

可解得入射光子的波长

$$\lambda=\frac{hc}{E_{\text{k}}+A}=\frac{1240}{5.0}=248(\text{nm})$$

答案为(D).

1.19　当你从原子中心向外看时，电子云密度（　）

(A)像高斯分布一样减弱　(B)按指数分布减弱

(C)振荡并逐步减弱　(D)基本保持不变

解　电子云的密度正比于波函数模的平方，波函数的模随 r 而改变且逐渐减弱，所以电子云分布是振荡并逐步减弱的.

答案为(C).

1.20　如果一个电子被限制在核的尺寸范围内，其动量的不确定度为（　）

(A)0.2 eV/c　(B)200 eV/c　(C)200 keV/c　(D)200 MeV/c

解　根据不确定性关系直接计算

$$\Delta p\approx\frac{\hbar}{\Delta x}\sim\frac{\hbar c}{\Delta xc}=\frac{197.32(\text{MeV}\cdot\text{fm})}{1(\text{fm})c}\approx200\text{MeV}/c$$

答案为(D).

1.21　激发态原子的典型寿命为（　）

(A)10^{-1}s　(B)10^{-8}s　(C)10^{-18}s　(D)10^{-23}s

解　答案为(B).

1.22　两个氢原子之间的相互作用力程近似为 0.4nm，对于处在热平衡状态的气体，从数值上估计在何温度以下，原子-原子散射基本上是 s 波.

解　散射基本上是 s 波的条件为 $ka\leqslant1$，其中 a 为氢原子间相互作用力程，k 代表原子的德布罗意波波数

$$k=\frac{p}{\hbar}=\frac{\sqrt{2mE_{\text{k}}}}{\hbar}=\frac{\sqrt{2m\cdot\frac{3}{2}k_{\text{B}}T}}{\hbar}=\frac{\sqrt{3mk_{\text{B}}T}}{\hbar}$$

得

$$T \leqslant \frac{\hbar^2}{3mk_{\mathrm{B}}a^2}$$

$$= \frac{(1.06 \times 10^{-34})^2}{3 \times 1.67 \times 10^{-27} \times 1.38 \times 10^{-23} \times (4 \times 10^{-10})^2} \approx 1(\mathrm{K})$$

1.23　假如有人宣布利用一种奇妙的方法能把一个物理图书馆里书的内容"存储"到一张非常平滑的明信片上，那么利用电子显微镜可以阅读吗？为什么？

解　作为估计，假设这个图书馆有 10^6 册书，每本书有 500 页，一页书约有两张明信片大小，故需要约 $2 \times 500 \times 10^6 = 10^9$ 平面放大倍数，相当于线放大倍数约 $10^{4.5}$. 若电子显微镜的放大倍数为 80 万倍，其面放大倍数高达近 10^{11}，所以可以阅读该明信片.

1.24　为使电子的德布罗意波波长为 0.100nm，需加多大的加速电压？　（　　）

(A) 1.51×10^6V　(B) 24.4V　(C) 2.44×10^5V　(D) 151V

解　电子的德布罗意波长 $\lambda_{\mathrm{dB}} = \dfrac{h}{p} = \dfrac{hc}{pc}$，电子的动能为

$$T = \sqrt{E^2 - m^2c^4} - mc^2 = \sqrt{\left(\frac{1.24}{0.1}\right)^2 - 511^2} - 511 = 0.151(\mathrm{keV})$$

答案为(D).

1.25　已知电子的质量为 9.11×10^{-31}kg，质子质量约为 1.67×10^{-27}kg，处于 $T=300$K 的热平衡条件下（平均动能为 kT），它们的德布罗意波波长分别为多少？

解　$T = 300$K 时粒子的平均动能为

$$E_{\mathrm{k}} = \frac{3}{2}kT = 1.38 \times 10^{-23} \times 300 = 6.21 \times 10^{-21}(\mathrm{J})$$

$$\lambda_{\mathrm{e}} = \frac{h}{p} = \frac{h}{\sqrt{2mE_{\mathrm{k}}}} = \frac{6.63 \times 10^{-34}}{\sqrt{2 \times 9.11 \times 10^{-31} \times 6.21 \times 10^{-21}}}(\mathrm{m}) = 6.2(\mathrm{nm})$$

$$\lambda_{\mathrm{p}} = \frac{h}{p} = \frac{h}{\sqrt{2mE_{\mathrm{k}}}} = \frac{6.63 \times 10^{-34}}{\sqrt{2 \times 1.67 \times 10^{-27} \times 6.21 \times 10^{-21}}}(\mathrm{m}) = 0.105(\mathrm{nm})$$

或者利用组合常量 $hc = 12.4\mathrm{keV} \cdot \text{Å}$，

$$E_{\mathrm{k}} = \frac{3}{2}kT = \frac{3}{2} \times 8.6 \times 10^{-5} \times 300 = 3.87 \times 10^{-2}(\mathrm{eV})$$

$$\lambda_{\mathrm{e}} = \frac{h}{p} = \frac{hc}{\sqrt{2mc^2E_{\mathrm{k}}}} = \frac{1.24 \times 10^3}{\sqrt{2 \times 0.511 \times 10^6 \times 3.87 \times 10^{-2}}}(\mathrm{nm}) = 6.2(\mathrm{nm})$$

$$\lambda_{\mathrm{p}} = \frac{h}{p} = \frac{hc}{\sqrt{2mc^2E_{\mathrm{k}}}} = \frac{1.24 \times 10^3}{\sqrt{2 \times 938 \times 10^6 \times 3.87 \times 10^{-2}}}(\mathrm{nm}) = 0.105(\mathrm{nm})$$

1.26　一原子的激发态发射波长为 600nm 的光谱线，假设测量波长的精度为 $\dfrac{\Delta\lambda}{\lambda} = 10^{-7}$，试问该原子态的平均寿命为多长？

解　由不确定性关系 $\Delta E \Delta t \geqslant \dfrac{\hbar}{2}$ 得能级的自然宽度与平均寿命的关系为

$$\Gamma\tau \geqslant \hbar$$

由波长和波长差求相应的跃迁的能级宽度

$$\Gamma = hc\Delta\tilde{\nu} = hc\,\frac{\Delta\lambda}{\lambda\lambda}$$

由不确定关系 $\Gamma\tau \geqslant \hbar$ 得

$$\tau \geqslant \frac{\hbar}{\Gamma} = \frac{h}{2\pi}\frac{\lambda}{hc}\frac{\lambda}{\Delta\lambda} = \frac{600\times10^{-9}}{2\pi\times3\times10^{8}}\times10^{7} \approx 3.2\times10^{-9}\,(\mathrm{s})$$

1.27　一个质量为 50g 的子弹和一个电子有相同的速度 $v=300\mathrm{m/s}$. 设测量速率的不精确度为 0.01%，则在同一实验中测量它们位置的不精确度分别应为多少？对结果进行讨论.

解　按题意 x 方向速度分量的不确定度

$$\Delta v_x = 300\mathrm{m/s}\times0.01\% = 3\times10^{-2}\mathrm{m/s}$$

对子弹 x 方向位置的不确定度为

$$\Delta x = \frac{\hbar}{2\Delta p} = \frac{\hbar}{2\Delta(mv)} = \frac{\hbar}{2m\Delta v} = \frac{1.05\times10^{-34}}{2\times5\times10^{-2}\times3\times10^{-2}}\mathrm{m} = 3.5\times10^{-32}\mathrm{m}$$

对电子：$\Delta x=\dfrac{\hbar}{2m_e\Delta v}=\dfrac{1.05\times10^{-34}}{2\times9.1\times10^{-31}\times3\times10^{-2}}\mathrm{m}=1.92\times10^{-3}\mathrm{m}$

结论：宏观的子弹位置的不确定度可以忽略，但对微观的电子则不能忽略.

1.28　一个质量为 m 动量为 p 的粒子垂直入射到具有排斥势 U_0 的表面，$U_0\approx\dfrac{p^2}{m}$，用不确定性关系确定其贯穿深度.

解　由于 $U_0\approx\dfrac{p^2}{2m}$，$\Delta p$ 可大到与 p 相比，由不确定性关系 $\Delta p\Delta x\geqslant\dfrac{\hbar}{2}$，所以有

$$U_0 \approx \frac{(\Delta p)^2}{2m} \approx \frac{\hbar^2}{2m(2\Delta x)^2}$$

贯穿深度

$$D\approx\Delta x\approx\left(\frac{\hbar^2}{8mU_0}\right)^{\frac{1}{2}}$$

1.29　分别用相对论性和非相对论性计算，计算电子的德布罗意波长. 电子动能为多大时，两种计算的误差为 5%？

解　在非相对论性计算中有

$$\lambda_n = \frac{h}{p} = \frac{hc}{pc} = \frac{hc}{\sqrt{2m_0c^2E_k}}$$

在相对论性计算中，有 $(E_k+m_0c^2)^2=(pc)^2+(m_0c^2)^2$，即

$$pc = \left[2m_0c^2E_k\left(1+\frac{E_k}{2m_0c^2}\right)\right]^{\frac{1}{2}}$$

因此德布罗意波长为

$$\lambda_r=\frac{hc}{pc}=\frac{hc}{\sqrt{2m_0c^2E_k\left(1+\dfrac{E_k}{2m_0c^2}\right)}}$$

按题意，有 $\lambda_n-\lambda_r=0.05\lambda_r$，即 $\dfrac{\lambda_n}{\lambda_r}=1.05$. 代入上式，可得

$$\frac{\lambda_n}{\lambda_r}=\sqrt{1+\frac{E_k}{2m_0c^2}}=1.05$$

由此解出 $E_k=0.105\text{MeV}$.

1.30 电子显微镜中所用加速电压一般都很高，电子被加速后的速度很大，因而必须考虑相对论修正. 试证明：电子的德布罗意波长与加速电压的关系应为 $\lambda=\frac{1.226}{\sqrt{U_r}}\text{nm}$，其中，$U_r=U_a(1+0.978\times10^{-6}U_a)$ 称为相对论修正电压，而加速电压 U_a 以 V(伏特)为单位.

证明 由于电子被加速后的速度很大，必须考虑相对论修正. 根据狭义相对论，电子的动量与能量之间的关系为

$$E^2=m_0^2c^4+p^2c^2$$

又由于

$$E=m_0c^2+eU_a$$

因此有

$$(m_0c^2+eU_a)^2=m_0^2c^4+p^2c^2$$

上式整理后，可得

$$p=\sqrt{2m_0eU_a\left(1+\frac{eU_a}{2m_0c^2}\right)}$$

将它代入德布罗意关系式，即得电子的波长为

$$\begin{aligned}\lambda=\frac{h}{p}&=\frac{h}{\sqrt{2m_0eU_a\left(1+\frac{eU_a}{2m_0c^2}\right)}}=\frac{hc}{\sqrt{2m_0c^2eU_a}\cdot\sqrt{1+\frac{eU_a}{2m_0c^2}}}\\&=\frac{1.240\times10^3}{\sqrt{2\times0.511\times10^6}\cdot\sqrt{1+\frac{eU_a}{2\times0.511\times10^6}}}\\&=\frac{1.226}{\sqrt{U_a(1+0.978\times10^{-6}U_a)}}=\frac{1.226}{\sqrt{U_r}}(\text{nm})\end{aligned}$$

式中，$U_r=U_a(1+0.978\times10^{-6}U_a)$，加速电压 U_a 的单位是伏特.

1.31 氢原子能级可用主量子数 n 和一个正的常数 A 表示为下式中的　(　　)

(A) $A\left(n+\frac{1}{2}\right)$　(B) $A(1-n^2)$　(C) $A\left(-\frac{1}{4}+\frac{1}{n^2}\right)$　(D) $-\frac{A}{n^2}$

解 氢原子能级公式为

$$E_n=-\frac{1}{2}\alpha^2m_ec^2\frac{Z^2}{n^2}=-\frac{A}{n^2}$$

$$A=\frac{1}{2}m_ec^2\alpha^2Z^2$$

答案为(D).

1.32 氢原子的可见光光谱的波长的巴耳末公式为 $1/\lambda=R_H(1/2^2-1/n^2)$. 如果巴耳末光谱系中的 H_α 谱线的波长为 656.0nm，那么该系限的波长最接近　(　　)

(A)164.0 nm　　(B)228.1 nm　　(C)364.6 nm　　(D)854.2 nm

解　H_α 线和系限分别对应于 $n=3$ 和 $n=\infty$ 的能级向 $n=1$ 的能级的跃迁，所以

$$\frac{\lambda_\infty}{\lambda_\alpha}=\frac{1/2^2-1/3^2}{1/2^2}=\frac{5}{9}$$

$$\lambda_\infty=\frac{5}{9}\lambda_\alpha=\frac{5}{9}\times 656.3\approx 364.6(\text{nm})$$

答案为(C).

1.33　以下三个因素对计算氢原子能级都有贡献：I. 电子自旋与质子自旋间的相互作用；II. 电子自旋与其轨道运动间的相互作用；III. 电子质量的相对论变化. 下面哪种原因对能级产生了修正?

(A) 由于 I 比 II 和 III 大得多　　(B) 由于 II 比 I 和 III 大得多

(C) 由于 III 比 I 和 II 大得多　　(D) II 和 III 比 I 大得多

解　对于氢原子，相对论效应和自旋-轨道相互作用对能级的影响数量级相同. 同时考虑二者的作用可得到精细结构项. 而核自旋与电子自旋的耦合较弱，从其名字——超精细结构也可想到它对能级改变很小.

答案为(D).

1.34　根据玻尔氢原子模型，$n=100$ 的激发态的半径约为　　(　　)

(A)5nm　　(B)10μm　　(C)500nm　　(D)100nm

解　氢原子的玻尔半径 $a_0=\dfrac{4\pi\varepsilon_0\hbar^2}{m_e e^2}=0.053\text{nm}$. 对 $n=100$ 的激发态，平均半径

$$a_n=na_0=5.3\text{nm}$$

答案为(A).

1.35　与电子的康普顿波长比较，氢原子的玻尔半径大约是它的　　(　　)

(A)20 倍　　(B)100 倍　　(C)1000 倍　　(D)大约相等

解　氢原子玻尔半径为 $a_0=5.3\times10^{-11}\text{m}$. 康普顿波长 $\lambda_C=\dfrac{h}{mc}=2.4\times10^{-12}\text{m}$

$$\frac{a_0}{\lambda_C}=\frac{5.3\times10^{-11}}{2.4\times10^{-12}}=22$$

答案为(A).

1.36　试估计大约在电子绕原子核运动一周的时间内将电子拉离原子所需的电场强度.

解　电子的束缚能近似为 $Z^2\times13.6$ eV(类氢原子)，其中 Z 为核电荷数，则电子的电离能为 $13.6\times Z^2$ eV. 轨道电子距核的平均距离 $a=a_0/z$，$a_0=0.053\text{nm}$ 是玻尔半径. 电子在电场 E 的作用下，运动半圈获得的能量为 eEa，这样拉开电子需要的能量为 $eEa\geqslant 13.6Z^2\text{eV}$，得

$$E\geqslant\frac{13.6Z^3}{ea_0}\approx2\times10^4Z^3\,\text{V/m}$$

1.37　由库仑定律和简单的角动量量子化条件，导出氢原子诸能级.

解　电子与氢原子核之间的库仑引力为

$$F=\frac{e^2}{4\pi\varepsilon_0 r^2}$$

取最简单的模型：电子围绕原子核作圆周运动，其轨道半径为 r，速度为 v，轨道角动量为 $p\varphi$. 按角动量量子化条件

$$p\varphi = mvr = n\hbar, \quad n = 1,2,3,\cdots$$

及电子作圆周运动所满足的方程

$$m\frac{v^2}{r} = \frac{e^2}{4\pi\varepsilon_0 r^2}$$

解得

$$v = \frac{e^2}{4\pi\varepsilon_0 n\hbar}$$

量子化的能量为

$$E_n = T + V = \frac{1}{2}mv^2 - \frac{e^2}{4\pi\varepsilon_0 r^2} = -\frac{1}{2}mv^2$$
$$= -\frac{1}{2}\frac{me^4}{(4\pi\varepsilon_0)^2\hbar^2 n^2}$$
$$= -\frac{1}{2}\alpha^2 mc^2\frac{1}{n^2}$$

1.38　通过代换 $\boldsymbol{p} \to \boldsymbol{p} - \frac{e}{c}\boldsymbol{A}$①，我们可以推广半经典的玻尔-索末菲关系 $\oint \boldsymbol{p} \cdot \mathrm{d}\boldsymbol{r} = \left(n + \frac{1}{2}\right)2\pi\hbar$（其中积分是沿着一封闭轨道进行的），使其适用于电磁场存在的情况. 用它和有关线动量 $\boldsymbol{p}$ 的方程导出半经典电子在均匀恒定磁场 $\boldsymbol{B}$ 中沿任意轨道运动的磁通量量子化条件. 对于固体中的电子，该条件可以用 $\boldsymbol{k}$ 空间中轨道面积大小 S 重新表述，试求出 S 依赖于 $\boldsymbol{B}$ 的量子化条件（忽略自旋效应）.

解　用 C 代表电子运动的一个封闭轨道，由牛顿方程

$$\frac{\mathrm{d}\boldsymbol{p}}{\mathrm{d}t} = -\frac{e}{c}\frac{\mathrm{d}\boldsymbol{r}}{\mathrm{d}t} \times \boldsymbol{B} = -\frac{\mathrm{d}}{\mathrm{d}t}\frac{e}{c}\boldsymbol{r} \times \boldsymbol{B}$$

即得

$$\boldsymbol{p} = -\frac{e}{c}\boldsymbol{r} \times \boldsymbol{B} + \boldsymbol{p}_0$$

其中 $\boldsymbol{p}_0$ 为积分常数，对下面求解不需要确定；对于电子在均匀恒定磁场中的匀速圆周运动，把原点取为圆周运动的中心，则 $\boldsymbol{p}_0 = 0$. 由上式得

$$\oint_C \boldsymbol{p} \cdot \mathrm{d}\boldsymbol{r} = -\frac{e}{c}\oint_C (\boldsymbol{r} \times \boldsymbol{B}) \cdot \mathrm{d}\boldsymbol{r} + \oint_C \boldsymbol{p}_0 \cdot \mathrm{d}\boldsymbol{r}$$
$$= \frac{e}{c}\boldsymbol{B} \cdot \oint_C \boldsymbol{r} \times \mathrm{d}\boldsymbol{r} = \frac{2e}{c}\int_S \boldsymbol{B} \cdot \mathrm{d}\boldsymbol{S} = \frac{2e}{c}\Phi$$

式中，Φ 为穿过封闭轨道 C 包围的面积 S 的磁通量. 利用斯托克斯定理

$$-\frac{e}{c}\oint_C \boldsymbol{A} \cdot \mathrm{d}\boldsymbol{r} = -\frac{e}{c}\int_S (\nabla \times \boldsymbol{A}) \cdot \mathrm{d}\boldsymbol{S} = -\frac{e}{c}\int_S \boldsymbol{B} \cdot \mathrm{d}\boldsymbol{S} = -\frac{e}{c}\Phi$$

故

① 本题中 $\boldsymbol{p}$ 始终表示通常教科书上所称的机械动量，电子电荷为 $-e$，这一替换即把机械动量替换为通常教科书上所称的正则动量.

$$\oint_C\left(\boldsymbol{p}-\frac{e}{c}\boldsymbol{A}\right)\cdot \mathrm{d}\boldsymbol{r}=\oint_C\boldsymbol{p}\cdot \mathrm{d}\boldsymbol{r}-\frac{e}{c}\oint_C\boldsymbol{A}\cdot \mathrm{d}\boldsymbol{r}=\frac{2e}{c}\Phi-\frac{e}{c}\Phi=\frac{e}{c}\Phi$$

由推广的玻尔-索末菲关系，得

$$\frac{e}{c}\Phi=\left(n+\frac{1}{2}\right)2\pi\hbar$$

即

$$\Phi=\left(n+\frac{1}{2}\right)\frac{2\pi\hbar c}{e}$$

这就是所要求的磁通量量子化条件.

从运动方程得知，在垂直于 $\boldsymbol{B}$ 的平面内，$\Delta\boldsymbol{p}=\hbar\Delta\boldsymbol{k}=\frac{e}{c}B\Delta\boldsymbol{r}$，即线元 $\Delta\boldsymbol{r}$ 和 $\Delta\boldsymbol{k}$ 的关系为

$$\Delta\boldsymbol{r}=\frac{\hbar c}{eB}\Delta\boldsymbol{k}$$

所以 $\boldsymbol{k}$ 空间中的面积 S 与 $\boldsymbol{r}$ 空间中的轨道面积 A 之间有如下关系：

$$A=\left(\frac{\hbar c}{eB}\right)^2 S$$

根据前面已经得到的磁通量量子化条件，有

$$A=\frac{\Phi}{B}=\left(n+\frac{1}{2}\right)\frac{2\pi\hbar c}{eB}$$

即

$$\left(\frac{\hbar c}{eB}\right)^2 S=\left(n+\frac{1}{2}\right)\frac{2\pi\hbar c}{eB}$$

最后得到 $\boldsymbol{k}$ 空间中轨道面积 S 满足的量子化条件

$$S=\left(n+\frac{1}{2}\right)\frac{2\pi e}{\hbar c}B$$

1.39 (1) 在玻尔的氢原子理论中，利用了哪个假设来选择容许能级？

(2) 后来，德布罗意指出玻尔假设与电子的德布罗意波波长之间的一个很有意思的关系，叙述并推导这个关系.

解 (1) 玻尔的原始量子化条件是

$$mvr=n\hbar\quad(n=1,2,3,\cdots)$$

其中，m 为电子质量，v 为电子速度，r 为轨道半径. 这个条件，给出了电子角动量具有分立值. 在玻尔的氢原子理论中，就是利用这个量子化条件来选择容许能级的.

(2) 德布罗意发现玻尔提出的圆轨道刚好能容纳整数个电子的德布罗意波波长. 因为$\hbar=h/2\pi$，所以有

$$2\pi rmv=nh$$

即

$$2\pi r=\frac{nh}{mv}=n\frac{h}{p}=n\lambda$$

其中，λ 是电子的德布罗意波波长.

1.40 利用玻尔原子模型：

(1) 导出 He^+ 的能量表达式；

(2) 计算 $l=1$ 态在磁场中的能量(忽略电子自旋).

解　(1) 设电子的轨道半径为 r,角动量大小为 L_φ,电子速率为 v,玻尔假设角动量 L_φ是量子化的

$$L_\varphi = mvr = n\hbar \quad (n=1,2,3,\cdots)$$

在库仑吸引力作用下电子作圆周运动满足的方程为

$$m\frac{v^2}{r} = \frac{2e^2}{4\pi\varepsilon_0 r^2}$$

由上两式得 He^+ 能量为

$$E_n = \frac{1}{2}mv^2 - \frac{2e^2}{4\pi\varepsilon_0 r} = -\frac{1}{2}mv^2 = -\frac{2me^4}{(4\pi\varepsilon_0)^2 n^2\hbar^2}$$

(2) 电子轨道面积为

$$A = \int_0^{2\pi}\frac{r}{2}\cdot r\mathrm{d}\varphi = \frac{1}{2}\int_0^T r^2\omega\mathrm{d}\omega = \frac{L_\varphi}{2m}T$$

其中,T 为运动周期,由 $L_\varphi=mr^2\omega$ 给出角速度 $\omega=\frac{\mathrm{d}\varphi}{\mathrm{d}t}$. 对 $l=1$ 的态来说,$L_\varphi=\hbar$,所以电子运动的轨道磁矩值为

$$\mu = iA = -\frac{e}{T}A = -\frac{e\hbar}{2m}$$

其中,i 为电子轨道运动产生的电流,式中负号表示磁矩方向与轨道运动呈左手系. 所以,$l=1$态时与磁场 $\boldsymbol{B}$ 的作用能为

$$\Delta E = -\boldsymbol{\mu}\cdot\boldsymbol{B} = \begin{cases} \frac{e\hbar}{2m}B & (\boldsymbol{\mu} /\!/ \boldsymbol{B}) \\ 0 & (\boldsymbol{\mu}\perp\boldsymbol{B}) \\ -\frac{e\hbar}{2m}B & (\boldsymbol{\mu} /\!/ (-\boldsymbol{B})) \end{cases}$$

1.41　试考虑氢原子基态和 $n=2$ 激发态(图 1.4). 在图上标出四个能级的完整光谱符号. 为了解释观察到的各种能级分裂,必须计及四种修正:(a)兰姆移位;(b)精细结构;(c)超精细结构;(d)相对论效应.

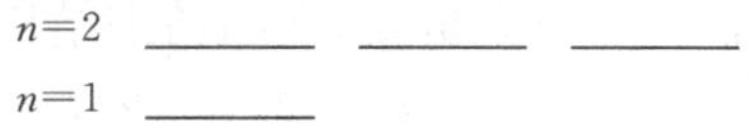

图 1.4

(1) 对 $n=1$ 的态要考虑上述哪几种修正?

(2) 对 $n=2, l=0$ 的态要考虑哪几种修正? $n=2, l=1$ 的态呢?

(3) 根据这些修正的大小,从小到大重新排列,若有同量级修正,请指出.

(4) 简述超精细结构的起因(讨论中应包括费米接触势).

解　氢原子基态及第一激发态的光谱学符号见图 1.5.

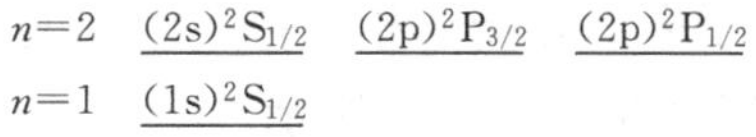

图 1.5

氢原子的精细结构包括三个来源

$$E_f = E_m + E_D + E_{so}$$

其中，E_m 是质量随速度变化的相对论效应引起的，E_D 称为达尔文项，是由电子相对论非局域性引起的，E_{so}则是电子由自旋-轨道耦合引起的.

它们的表达式分别为

$$E_m = -\frac{\alpha^2 Z^4}{4n^4}\left(\frac{4n}{l+\frac{1}{2}} - 3\right) \times 13.6\text{eV}$$

$$E_D = -\frac{\alpha^2 Z^4}{n^3}\delta_{l0} \times 13.6\text{eV}$$

$$E_{so} = \begin{cases} (1-\delta_{l0})\dfrac{\alpha^2 Z^4 l}{n^3 l(l+1)(2l+1)} \times 13.6\text{eV} & \left(j = l+\frac{1}{2}\right) \\ -(1-\delta_{l0})\dfrac{\alpha^2 Z^4 (l+1)}{n^3 l(l+1)(2l+1)} \times 13.6\text{eV} & \left(j = l-\frac{1}{2}\right) \end{cases}$$

其中，$\delta_{l0} = \begin{cases} 1(l=0) \\ 0(l\neq 0) \end{cases}$，$\alpha$ 是精细结构常数.

兰姆移位是由电子和它本身的辐射场的相互作用引起的，叫辐射修正. 将修正按 $Z\alpha$ 展开，其首项为

$$E_l = k(l)\frac{\alpha(Z\alpha)^4 mc^2}{2\pi n^3} = k(l)\frac{\alpha^3 Z^4}{\pi n^3} \times 13.6\text{eV}$$

其中，$k(l)$为与 l 有关的参数.

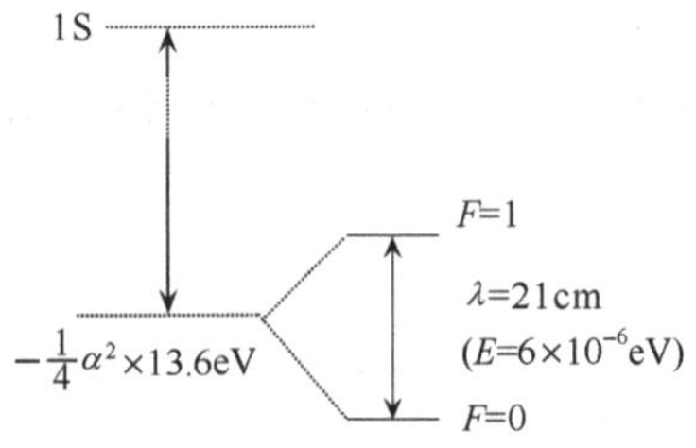

图 1.6

超精细结构是由电子的总角动量和核自旋之间的耦合引起的.

(1) 对 $n=1(l=0)$来说，E_m、E_D、E_l 只能引起能级的整体移动. 又 $E_{so}=0$，精细结构对能级劈裂无贡献，而超精细结构引起能级劈裂(图 1.6).

(2) 对 $n=2(l=0$ 和 $l=1)$，精细结构对 $l=1$ 的能级引起的劈裂最大，超精细结构也有贡献(图 1.7).

(3) E_m、E_D、E_{so}同量级>兰姆移位≥超精细结构.

(4) 超精细结构分为三项：

① 电子轨道运动在质子处产生的磁场和核磁矩的作用；

② 电子和核磁矩的偶极-偶极相互作用；

③ 由电子自旋磁矩和质子内部磁场的相互作用引起的费米接触势.

在各种作用下氢原子能级变化如图 1.7 所示.

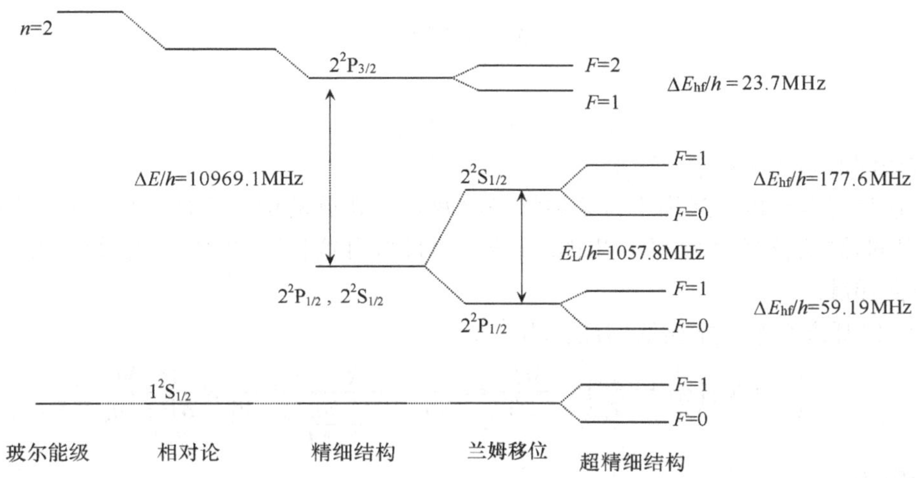

图 1.7

1.42　当氢原子放射出光子时，试计算由氢原子的反冲所引起的光波波长的变化.

解　设氢原子起初静止，发射光子前后的能量和动量分别为：E_1，0；E_2，Mv. 假设氢原子不发生反冲时，光子的频率为 ν，即 $E_1-E_2=h\nu$，有反冲时发射光子的频率为 ν'. 由能量及动量守恒，有

$$E_1=E_2+h\nu'+\frac{1}{2}Mv^2$$

$$0=Mv-\frac{1}{c}h\nu'$$

解得

$$E_1-E_2=h\nu=h\nu'+\frac{h^2\nu'^2}{2Mc^2}$$

即

$$h\nu-h\nu'=\frac{h^2\nu'^2}{2Mc^2}$$

$$\Delta\lambda=c\left(\frac{1}{\nu'}-\frac{1}{\nu}\right)=\frac{\nu-\nu'}{\nu\nu'}c=\frac{c}{\nu\nu'}\frac{h\nu'^2}{2Mc^2}\approx\frac{h}{2Mc}\times 6.6\times 10^{-5}\,\text{nm}$$

可见在原子光谱范围内，由核反冲引起的发射光波长的变化可以忽略不计，同样由核反冲引起的吸收光波长的变化也可以忽略不计，所以原子可以吸收同种原子发射的光.

1.43　假设将一部分质量数为 3 的氢同位素(氚)通入含有正常氢气的放电管中，达到了足够在光谱仪中作观察的程度.

(1) 若不作波长测量，你能否直接从光谱中判断出哪些是 H 光谱，哪些是氚光谱?

(2) 确定应观察到的巴耳末系第一条谱线的间隔(用波长差表示).

解　(1) 考虑核的有限质量后里德伯公式变为

$$\frac{1}{\lambda}=R_M\left(\frac{1}{m^2}-\frac{1}{n^2}\right)=\frac{R_\infty}{1+\frac{m_e}{M}}\times\left(\frac{1}{m^2}-\frac{1}{n^2}\right)$$

因为

$$M_{^3\mathrm{H}} \cong 3M_{^1\mathrm{H}}$$

所以

$$R_{^3\mathrm{H}} > R_{^1\mathrm{H}}$$

对相同的 m 和 n，$\lambda_{^1\mathrm{H}} > \lambda_{^3\mathrm{H}}$.

在这种混合气体的光谱中每条谱线均由两条相邻近的谱线组成，其中波长较长的是 ^{1}H 发出的，波长较短的是 ^{3}H 发出的. 由波长的长短可这样判断：整个光谱线的间隔向着短波方向递减.

(2) 巴耳末系第一条谱线的波长为

$$\frac{1}{\lambda} = R_M\left(\frac{1}{2^2} - \frac{1}{3^2}\right) = \frac{5R_M}{36} = \frac{5}{36} \times \frac{R_\infty}{1 + \dfrac{m_e}{M}} = \frac{5}{36} \times \frac{R_\infty M}{M + m_e}$$

波长间隔为

$$\lambda_{^1\mathrm{H}} - \lambda_{^3\mathrm{H}} = \frac{36}{5R_\infty}\left(\frac{m_e}{M_{^1\mathrm{H}}} - \frac{m_e}{M_{^3\mathrm{H}}}\right) \approx \frac{36}{5R_\infty}\frac{m_e}{M}\left(1 - \frac{1}{3}\right)$$

$$= \frac{36 \times 1240}{5 \times 13.6}\frac{0.511}{938} \times \frac{2}{3} \approx 0.24(\mathrm{nm})$$

1.44 (1) 试证明对于单电子离子和原子，当其电子和原子核的折合质量有一个小变化 $\Delta\mu$ 时，在谱线中产生小改变 $\Delta\lambda$，而$\dfrac{|\Delta\lambda|}{\lambda} = \dfrac{|\Delta\mu|}{\mu}$；

(2) 利用上式估算氘和氢的 H_α 线的差值(已知氢 H_α 线波长 $\lambda = 6.6 \times 10^2\,\mathrm{nm}$)；

(3) 利用上式估计氢原子 H_α 线由于不计入有限核质量修正而引入的相对偏差.

解 (1) 考虑核的有限质量后里德伯公式为

$$\frac{1}{\lambda} = \frac{R_\infty Z^2}{1 + m_e/M} \cdot \left(\frac{1}{m^2} - \frac{1}{n^2}\right) = \frac{R_\infty \mu Z^2}{m_e} \cdot \left(\frac{1}{m^2} - \frac{1}{n^2}\right)$$

由此得到

$$\frac{|\Delta\lambda|}{\lambda^2} = \frac{|\Delta\mu| R_\infty Z^2}{m_e}\left(\frac{1}{m^2} - \frac{1}{n^2}\right) = \frac{|\Delta\mu|}{\mu\lambda}$$

所以

$$\frac{|\Delta\lambda|}{\lambda} = \frac{|\Delta\mu|}{\mu}$$

(2) ^{1}H 与 ^{2}H 的折合质量之差为

$$\Delta\mu = \frac{M_D m_e}{M_D + m_e} - \frac{M_p m_e}{M_p + m_e} \approx \frac{m_e^2}{2M_p}$$

$$\Delta\lambda = \lambda\frac{\Delta\mu}{\mu} \approx 6.6 \times 10^2 \times \frac{1}{2 \times 1836} \approx 0.18(\mathrm{nm})$$

(3) 考虑 ^{1}H 核的有限质量前后折合质量之差为

$$\Delta\mu' = m_e - \frac{M_p m_e}{M_p + m_e} = \frac{m_e^2}{M_p + m_e}$$

波长的偏差为

$$\frac{|\Delta\lambda|}{\lambda}=\frac{|\Delta\mu'|}{\mu}=\frac{m_e}{M_p}=5.4\times10^{-4}$$

1.45　天文学家观察远处星系的光谱时，发现绝大多数星系的原子光谱的波长都比在地球上观察到的光谱的波长长(即红移). 这可以用多普勒效应解释. 从织女座外面一个星系射来的光谱中发现有波长为 411.7nm 和 435.7nm 的两条谱线.

(1) 假设这两条谱线的波长可以由氢原子的两条谱线乘以同一因子得出，它们相应于氢原子的哪两条谱线？相乘因子是多大？

(2) 按多普勒效应计算该星系离开地球的退行速度有多大？

解　(1) 设 $\lambda_1'=411.7\text{nm}$，$\lambda_2'=435.7\text{nm}$，它们分别对应于氢原子光谱的两条谱线 λ_1 和 λ_2，相乘因子为 b，则

$$\lambda_1'=b\lambda_1,\quad \lambda_2'=b\lambda_2$$

由于红移不多，又是可见光，可见这两条谱线应该在巴耳末系中，其波长为

$$\lambda=\frac{1}{R\left(\frac{1}{4}-\frac{1}{n^2}\right)}$$

把 λ_1'、λ_2' 分别代入上式可求得相应的量子数

$$n_1=\frac{1}{\sqrt{\frac{1}{4}-\frac{1}{\lambda_1'R}}}\approx6,\quad n_2=\frac{1}{\sqrt{\frac{1}{4}-\frac{1}{\lambda_2'R}}}\approx5$$

与之对应的氢原子的光谱的波长分别为

$$\lambda_1=\frac{1}{R\left(\frac{1}{4}-\frac{1}{6^2}\right)}=409.9\text{nm}$$

$$\lambda_2=\frac{1}{R\left(\frac{1}{4}-\frac{1}{5^2}\right)}=433.8\text{nm},\quad b=\frac{\lambda_1'}{\lambda_1}=\frac{\lambda_2'}{\lambda_2}=1.04$$

(2) 设该星系离开地球的速度为 v，由于多普勒效应故有如下关系：

$$\nu'=\sqrt{\frac{1-v/c}{1+v/c}}\nu\approx\left(1-\frac{v}{c}\right)\nu,\quad \nu\approx\nu'\left(1+\frac{v}{c}\right)$$

则

$$v=c\left(\frac{\nu}{\nu'}-1\right)=c\left(\frac{\lambda'}{\lambda}-1\right)=c(b-1)=1.10\times10^6(\text{m/s})$$

1.46　由于多普勒效应氢放电管中发出的各种单色光不是单一频率而有一定的频率范围，因而其谱线有一定的宽度. 如果放电管的温度有 300K，试估算所测得的 H_α 谱线(频率为 4.56×10^{14} Hz)的频率范围有多大？

解　由于热运动，作为光源的氢原子，对于观察者有一半是相向的，有一半是远离的，其多普勒效应的关系式分别为

$$\nu'(\text{相向})=\sqrt{\frac{1+v/c}{1-v/c}}\nu_0$$

$$\nu'(\text{远离}) = \sqrt{\frac{1-v/c}{1+v/c}}\nu_0$$

相应地，其频率差

$$\Delta\nu = \nu'(\text{相向}) - \nu'(\text{远离}) = \left(\sqrt{\frac{1+v/c}{1-v/c}} - \sqrt{\frac{1-v/c}{1+v/c}}\right)\nu_0 = 2\frac{v}{c}\nu_0$$

v 取最概然率

$$v_p = 1.41\sqrt{\frac{kT}{M}} = 1.566\times 10^3 \text{m/s}$$

故

$$\Delta\nu = 2\frac{v}{c}\nu_0 = 4.8\times 10^9 \text{Hz}$$

1.47　氢原子和氘原子的巴耳末系的 H_α 和 D_α 线是从 $n=3$ 到 $n=2$ 的能级跃迁发出的光谱线，已知 H_α 和 D_α 的波长分别为 656.280nm 和 656.101nm，由此确定氢核和氘核的质量比.

解　若不考虑原子核的运动，则氢原子的 H_α 线和氘原子的 D_α 线的波长相同，均为

$$\lambda = \left[R\left(\frac{1}{2^2} - \frac{1}{3^2}\right)\right]^{-1}$$

式中，里德伯常量

$$R = \frac{me^4}{8\varepsilon_0^2 h^3 c}$$

若考虑核的运动，用折合质量代替 R 表达式中的电子质量 m，氢原子和氘原子的折合质量分别为

$$\mu_H = \frac{mM_H}{m+M_H}$$

$$\mu_D = \frac{mM_D}{m+M_D}$$

于是，H_α 和 D_α 的波长分别为

$$\lambda_H = \left[\frac{\mu_H e^4}{8\varepsilon_0^2 h^3 c}\left(\frac{1}{2^2} - \frac{1}{3^2}\right)\right]^{-1}$$

$$\lambda_D = \left[\frac{\mu_D e^4}{8\varepsilon_0^2 h^3 c}\left(\frac{1}{2^2} - \frac{1}{3^2}\right)\right]^{-1}$$

两式相除得

$$\frac{\lambda_H}{\lambda_D} = \frac{\mu_D}{\mu_H} = \frac{1+\dfrac{m}{M_H}}{1+\dfrac{m}{M_D}}$$

则

$$\frac{m}{M_D} - \frac{m}{M_H} = \frac{\lambda_D - \lambda_H}{\lambda_H}$$

于是

$$\frac{m}{M_D} = \frac{m}{M_H} - \frac{\lambda_H - \lambda_D}{\lambda_H} = \frac{1}{1836} - \frac{656.280 - 656.101}{656.280} \approx 2.79\times 10^{-4}$$

$$M_D = 3678m$$

$$\frac{M_D}{M_H} = \frac{3678m}{1836m} = 2.003 \approx 2$$

所以,氘原子质量是氢原子质量的两倍,历史上正是通过测量 H_α 和 D_α 谱线波长发现了氘.

1.48　假设原来静止的氢原子从 $n=4$ 的状态一次跃迁到 $n=1$ 的状态.

(1) 试求其反冲速率;

(2) 试将(1)的结果与氢原子在室温下的热运动速率相比较($T=300K$,$kT=1/40eV$)(以上结果均只需一位有效数字).

解　(1) 氢原子的反冲动量为

$$p = \frac{h\nu}{c} = Mv, \quad v = \frac{h\nu}{Mc}$$

$$h\nu = E_4 - E_1 = \frac{15}{16}\mid E_1 \mid$$

$$v = \frac{15}{16}\frac{\mid E_1 \mid}{Mc^2}c = \frac{15}{16}\cdot\frac{13.6c}{938\times10^6} = 4.08\text{m}\cdot\text{s}^{-1}$$

(2) 设氢原子的平均热运动速率为 $\bar{v}_t$,则$\frac{1}{2}M\bar{v}_t^2 = \frac{3}{2}kT$,

$$\sqrt{\bar{v}_t^2} = \sqrt{\frac{3kT}{Mc^2}}\cdot c = \left(\frac{3\times\frac{1}{40}}{938\times10^6}\right)^{1/2}\times3\times10^8 = 3\times10^3(\text{m}\cdot\text{s}^{-1})$$

所以

$$v/\sqrt{\bar{v}_t^2} = 1\times10^{-3}$$

1.49　已知一团处于基态的氢原子被外来单色光激发后,在其发射的莱曼系谱线中仅观察到四条光谱线.

(1) 试求这外来单色光的能量;

(2) 与此同时,还可观察到几条光谱线?它们分属于几个谱线系?算出其中波长最长的一条和最短的一条谱线的波长(以上均不考虑精细结构).

解　(1) 按题意,基态氢原子被激发至 $n=5$ 的状态.

$$h\nu = R_H hc\left(\frac{1}{1^2}-\frac{1}{5^2}\right)$$

$$= 13.6\times\left(\frac{1}{1}-\frac{1}{25}\right)\approx 13.06\text{eV}$$

(2) 氢原子处于 n 能级,向低能级跃迁可发出的总谱线数

$$\frac{n(n-1)}{2} = \frac{5(5-1)}{2} = 10$$

$10-4=6$ 条,属三个谱线系.巴耳末系三条:$m=3,4,5$ 到 $n=2$ 的跃迁;帕邢系两条:$m=4,5$ 到 $n=3$ 的跃迁;布拉开系一条:$m=5$ 到 $n=4$ 的跃迁.其中最长和最短的波长分别为

$$\lambda_{max} = \frac{hc}{E_5-E_4} = \frac{hc}{R_H hc\left(\frac{1}{4^2}-\frac{1}{5^2}\right)}$$

$$=\frac{1240}{13.6\times\left(\frac{1}{16}-\frac{1}{25}\right)}\approx 4052.3(\text{nm})$$

$$\lambda_{\min}=\frac{hc}{E_5-E_2}=\frac{hc}{R_{\mathrm{H}}hc\left(\frac{1}{2^2}-\frac{1}{5^2}\right)}$$

$$=\frac{1240}{13.6\times\left(\frac{1}{4}-\frac{1}{25}\right)}\approx 434.17(\text{nm})$$

1.50　假设原子仅靠万有引力结合在一起，已知原子核(质量为 M)和电子(质量为 m)之间的引力为 $F=GMm/r^2$，其中引力常数 $G=6.67\times10^{-11}\mathrm{N\cdot m\cdot kg^{-2}}$. 试按玻尔理论来讨论这种原子的轨道及能级(结果要求两位有效数字).

(1) 通过角动量量子化，求出用 $\hbar$、G、M 和 m 表示的原子体系的轨道半径 r_n 及能量 E_n；

(2) 求出氢原子基态的轨道半径及能量.

(已知 $\hbar=1.06\times10^{-34}\mathrm{J\cdot s}$，　$m=9.11\times10^{-31}\mathrm{kg}$.)

解　(1) 电子绕原子核轨道运动满足

$$\frac{mv^2}{r}=\frac{GMm}{r^2},\quad v^2=\frac{GM}{r}\tag{1}$$

因而其总能量为

$$E=T+V=-T=-\frac{1}{2}\frac{GMm}{r}\tag{2}$$

轨道角动量量子化

$$L_n=n\hbar,\quad n=1,2,3,\cdots,\quad mr_nv_n=n\hbar\tag{3}$$

由式(1)、(3)得

$$GMm^2r_n=n^2\hbar^2$$

$$r_n=\frac{n^2\hbar^2}{GMm^2},\quad n=1,2,\cdots\tag{4}$$

由式(2)、(4)得

$$E_n=-\frac{G^2M^2m^3}{2\hbar^2}\frac{1}{n^2},\quad n=1,2,\cdots\tag{5}$$

(2) 对于基态

$$r_1=\frac{\hbar^2}{GMm^2}=\frac{(1.06\times10^{-34})^2}{6.67\times10^{-11}\times1836\times(9.11\times10^{-31})^3}\approx1.2\times10^{29}(\text{m})$$

$$E_1=-\frac{G^2M^2m^3}{2\hbar^2}=-\frac{GMm}{2r}$$

$$=-\frac{6.67\times10^{-11}\times1836\times(9.11\times10^{-31})^2}{2\times1.2\times10^{29}}\approx-4.2\times10^{-97}(\text{J})$$

1.51　若一粒子在空间某一区域内其动能变为负值，则该区域对经典运动来说是禁止的. 已知基态氢原子的总能量为-13.6eV，试求该原子中电子的经典禁止区域(即电子的动能变为负值的区域).

解 氢原子的总能量为 $E=T+V=-13.6\text{eV}$,若使动能小于 0,有

$$T=-13.6-V<0$$

或

$$V>-13.6\text{eV}$$

即

$$V=-\frac{e^2}{4\pi\varepsilon_0 r}>-13.6\text{eV}$$

取 $r=2a_0$,得

$$-\frac{e^2}{4\pi\varepsilon_0\cdot 2a_0}>-13.6$$

即当 $r>2a_0=0.106\text{nm}$ 时经典电子是禁戒的. 或

$$E=T-\frac{e^2}{4\pi\varepsilon_0 r},\quad T=E+\frac{e^2}{4\pi\varepsilon_0 r}<0,\quad r>\frac{e^2}{4\pi\varepsilon_0(-E)}=\frac{1.44}{13.6}\approx 0.106(\text{nm})$$

1.52 氢原子的 $n=2,l=1$ 和 $m_l=0,+1,-1$ 三个状态的电子波函数分别为

$$\psi_{2,1,0}(r,\theta,\varphi)=\frac{1}{4\sqrt{2\pi}}(a_0)^{-3/2}\left(\frac{r}{a}\right)\mathrm{e}^{-r/2a_0}\cos\theta$$

$$\psi_{2,1,1}(r,\theta,\varphi)=\frac{1}{8\sqrt{\pi}}(a_0^{-3/2})\left(\frac{r}{a}\right)\mathrm{e}^{-r/2a_0}\sin\theta\mathrm{e}^{\mathrm{i}\varphi}$$

$$\psi_{2,1,-1}(r,\theta,\varphi)=\frac{1}{8\sqrt{\pi}}(a_0^{-3/2})\left(\frac{r}{a}\right)\mathrm{e}^{-r/2a_0}\sin\theta\mathrm{e}^{-\mathrm{i}\varphi}$$

(1) 求每一状态的概率密度分布 $P_{2,1,0}$、$P_{2,1,1}$ 和 $P_{2,1,-1}$,并和对应各态的电子云图对比;

(2) 为什么这三个状态的概率密度之和是球对称的?

(3) 证明 $P_{2,1,0}$对全空间的积分等于 1,并说明其物理意义.

解 (1) 因为电子的概率密度为 $P=|\psi|^2=\psi^*\psi$, 则

$$P_{2,1,0}=\frac{1}{32\pi}a_0^{-3}\frac{r^2}{a_0^2}\mathrm{e}^{-r/a_0}\cos^2\theta$$

当 $\theta=0$ 时, $P_{2,1,0}$最大;而

$$P_{2,1,1}=\frac{1}{64\pi}a_0^{-3}\frac{r^2}{a_0^2}\mathrm{e}^{-r/a_0}\sin^2\theta$$

当 $\theta=0$ 时, $P_{2,1,1}$为 0;而

$$P_{2,1,-1}=\frac{1}{64\pi}a_0^{-3}\frac{r^2}{a_0^2}\mathrm{e}^{-r/a_0}\sin^2\theta$$

当 $\theta=0$ 时, $P_{2,1,-1}$为 0. 上述结果与电子云图符合.

(2) 三状态的概率密度之和

$$P=P_{2,1,0}+P_{2,1,1}+P_{2,1,-1}=\frac{1}{32\pi}a_0^{-3}\frac{r^2}{a_0^2}\mathrm{e}^{-r/a_0}$$

P 与 θ,φ 无关,所以是球对称的.

(3) $P_{2,1,0}$对全空间的积分为

$$P'=\int_0^{2\pi}\int_0^{\pi}\int_0^{\infty}|\psi_{2,1,0}|^2 r^2\mathrm{d}r\sin\theta\mathrm{d}\theta\mathrm{d}\varphi$$

$$=\int_0^{2\pi}\int_0^{\pi}\int_0^{\infty}\frac{1}{32\pi}a_0^{-3}\frac{r^2}{a_0^2}e^{-r/a_0}\cos^2\theta r^2 dr\sin\theta d\theta d\varphi$$

而

$$\int_0^{2\pi}d\varphi=2\pi,\quad \int_0^{\pi}\cos^2\theta\sin\theta d\theta=\frac{2}{3},\int_0^{\infty}r^4e^{-r/a_0}dr=24a_0^5$$

所以

$$P'=\frac{a_0^{-5}}{24}\cdot 24a_0^5=1$$

这说明在整个空间内找到这个电子的总概率为 1.

1.53　在原子序数为 Z 的原子中，第一玻尔轨道上电子的平均速度（以光速 c 为单位）为　　（　　）

(A)$Z^{1/2}$　　(B)Z　　(C)αZ　　(D)$\alpha^2 Z$

解　设电子的速度和质量分别为 v 和 m，原子的玻尔半径为 a_0，因为

$$\frac{mv^2}{a_0}=\frac{Ze^2}{a_0^2},\quad a_0=\frac{\hbar^2}{mZe^2}$$

所以，$v=\frac{Ze^2}{\hbar}=Zc\alpha$，其中 $\alpha=\frac{e^2}{\hbar c}=\frac{1}{137}$是精细结构常数.

答案为(C).

1.54　若 a_0 是氢原子的第一玻尔半径，则带两个正电荷的锂离子（$Z=3$）的第一玻尔半径为　　（　　）

(A)$\frac{a_0}{3}$　　(B)$\frac{a_0}{\sqrt{3}}$　　(C)$3a_0$　　(D)$\sqrt{3}a_0$

解　类氢原子的基态玻尔半径为 $a=\frac{\hbar^2}{Z\mu e^2}$. 因为电子的折合质量近似不变，所以 Li^{++} 的第一玻尔半径为 $a=\frac{1}{Z}a_0=\frac{1}{3}a_0$，其实由于核电荷数的增加，类氢原子将电子束缚得更紧，所以基态半径将会变小.

答案为(A).

1.55　毕克林系是在星球的 He^+ 光谱中被发现的. 它是 He^+ 中的电子从较高能级跃迁到 $n=4$ 能级发射的.

(1) 列出属于这一线系的谱线的波长的准确公式；

(2) 求该线系系限的波长；

(3) 这个线系在光谱的哪个区域？

(4) 若 He^+ 处于基态，求电离能.（计算时取 $R_{He}hc=13.60eV$.）

解　(1) He^+ 粒子（$Z=2$）毕克林系的波长为

$$\frac{1}{\lambda}=R_{He}Z^2\left(\frac{1}{4}-\frac{1}{n^2}\right)=4R_{He}\left(\frac{1}{4}-\frac{1}{n^2}\right),\quad n=5,6,7,\cdots$$

(2) 系限（$n\to\infty$）的波长为

$$\frac{1}{\lambda_\infty}=4R_{He}\cdot\frac{1}{4^2}$$

$$\lambda_{\infty}=\frac{4hc}{R_{\text{He}}hc}=\frac{4\times 1240}{13.6}\approx 364.7(\text{nm})$$

(3) 该系的最大波长为

$$\lambda_{\max}=\frac{hc}{R_{\text{He}}hc\left(\frac{1}{4^2}-\frac{1}{5^2}\right)\times 4}=\frac{1240}{13.60\times\left(\frac{4}{16}-\frac{4}{25}\right)}\approx 1013.1(\text{nm})$$

这个线系属近红外到可见光区.

(4) He^+的基态的电离能为

$$E_{\infty}=|E_1|=R_{\text{He}}hcZ^2=13.60\times 2^2=54.4(\text{eV})$$

1.56　试问 He^+和氢原子至少应以多大的速度相互趋近,才能使 He^+发射的相应于巴耳末系主线的光子可以激发处于基态的氢原子.

解　He^+发射的相应于巴耳末系主线的光子的能量为

$$E_{\text{H}_\alpha}=R_{\text{He}}hcZ^2\left(\frac{1}{2^2}-\frac{1}{3^2}\right)=13.6\times 2^2\times\frac{5}{36}$$

氢原子基态的最小激发能为

$$\Delta E=R_{\text{H}}hc\left(\frac{1}{1^2}-\frac{1}{2^2}\right)=13.6\times\frac{3}{4}$$

设 He^+与氢原子的相对速度为 v,由于多普勒效应增加的能量为

$$\sqrt{\frac{c+v}{c-v}}E_{\text{H}_\alpha}=\Delta E,\quad \sqrt{\frac{c+v}{c-v}}=\frac{\Delta E}{E_{\text{H}_\alpha}}=\frac{13.6\times 3/4}{13.6\times 4\times 5/36}=\frac{27}{20}$$

所以解得它们的相对速度为

$$v=0.29c=8.7\times 10^7\text{m/s}^1$$

1.57　氢原子的莱曼 α 谱线(n=2 到 n=1 跃迁)波长为 121.5nm,试求:

(1) 光致电离基态氢原子(n=1)的光波长范围;

(2) 光致电离第一激发态氢原子(n=2)的光波长范围;

(3) 光致电离基态 He^+(n=1)的光波长范围;

(4) 光致电离第一激发态 He^+(n=2)的光波长范围.

解　(1) 对氢原子莱曼线系,有

$$\tilde{\nu}=\frac{1}{\lambda}=R\left(1-\frac{1}{n^2}\right)$$

氢原子基态电离能即为该系系限能量,相应的波数为

$$\tilde{\nu}=\frac{1}{\lambda_0}=R_0$$

而对莱曼 α 线,有

$$\tilde{\nu}_\alpha=\frac{1}{\lambda_\alpha}=R\left(1-\frac{1}{2^2}\right)=\frac{3}{4}R=\frac{3}{4\lambda_0}$$

已知 λ_α=121.5nm,故 $\lambda_0=\frac{3}{4}\lambda_\alpha$=91.1nm,因此能电离基态氢原子的光波长小于 91.1nm.

(2) 所求波长应小于巴耳末系的系限波长.巴耳末系系限波数为

$$\tilde{\nu}=\frac{1}{\lambda}=\frac{R}{4}=\frac{1}{4\lambda_0}$$

所以光波长应小于 $4\lambda_0=364.4\text{nm}$.

(3) 对 He^+,因 $Z=2$,故莱曼系系限波数为

$$\tilde{\nu}=\frac{1}{\lambda}=4R=\frac{4}{\lambda_0}$$

电离基态 He^+ 的光波长应小于 $\lambda_0/4=22.8\text{nm}$.

(4) 所求波长应该小于 $1/R=\lambda_0=91.1\text{nm}$.

1.58 用 e、$\hbar$、c、k、m_e、m_p 表述下列各量:

(1) 氢原子的电离能;

(2) 氢原子和氘原子莱曼系的 α 线频率之差;

(3) 电子的自旋磁矩;

(4) π^0 质量测量的分散性,已知 π^0 的寿命为 τ;

(5) 温度为 T 时,自由质子在某一自旋方向形成 10^{-4} 额外数目的取向所需要的磁场强度 B;

(6) 氢原子 $n=2$ 态的能级结构分裂.

解 (1) 氢原子的电离能数值等于氢原子基态能量

$$E_{\mathrm{I}}=\left(\frac{e^2}{4\pi\varepsilon_0}\right)\frac{m_e}{2\hbar^2}$$

(2) 此频率之差由里德堡常量随原子核质量变化引起的.氢原子 α 线的波数为

$$\tilde{\nu}_{\mathrm{H}}=R_{\mathrm{H}}\left(1-\frac{1}{4}\right)=\frac{3}{4}R_{\mathrm{H}}$$

氘原子 α 线的波数为

$$\tilde{\nu}_{\mathrm{D}}=\frac{3}{4}R_{\mathrm{D}}$$

R_{D}、R_{H} 分别为氢和氘的里德堡常量.

当原子核的质量 $M\to\infty$时, $R_\infty=\left(\frac{e^2}{4\pi\varepsilon_0}\right)^2\frac{m_e}{4\pi\hbar^3c}$.

当考虑原子核的质量时,式中的 m_e 需用它的折合质量 μ 代替.

对于 H 原子

$$\mu_{\mathrm{H}}=\frac{m_p m_e}{m_p+m_e}$$

对于 D 原子

$$\mu_{\mathrm{D}}=\frac{m_{\mathrm{D}}m_e}{m_{\mathrm{D}}+m_e}\approx 2\frac{m_p m_e}{m_p+m_e}$$

故

$$\Delta\nu=c\Delta\tilde{\nu}=\frac{3}{4}c(R_{2\mathrm{H}}-R_{\mathrm{H}})=\frac{3}{4}cR_\infty\left[\frac{1}{1+\frac{m}{2m_p}}-\frac{1}{1+\frac{m}{m_p}}\right]$$

$$\approx\frac{3}{4}cR_\infty\frac{m_e}{2m_p}=\frac{3}{4}\left(\frac{e^2}{4\pi\varepsilon_0}\right)^2\frac{\pi^2}{h^3}\frac{m_e^2}{m_p}$$

（3）电子的自旋磁矩为

$$\boldsymbol{\mu}=-g_s\frac{\mu_B}{\hbar}\boldsymbol{S}$$

其大小为

$$\mu=g_s\frac{\mu_B}{\hbar}S=g_s\frac{\mu_B}{\hbar}\sqrt{s(s+1)}\,\hbar=\sqrt{3}\mu_B$$

其第三分量为

$$z=-g_s m_s\mu_B=-\mu_B$$

（4）测量 π^0 质量谱的半高宽度 Δm 受海森伯不确定性关系限制

$$\Delta mc^2\tau=2\Delta E\tau\geqslant\hbar$$

所以

$$\Delta mc^2=2\Delta E\tau\geqslant\frac{\hbar}{\tau}$$

（5）若把质子看作理想气体，质子自旋可有两个取向，其能量分别为

自旋平行于 $\boldsymbol{B}$ 时，　$E_p=-\mu_p B$

自旋反平行于 $\boldsymbol{B}$ 时，　$E_p=+\mu_p B$

其中，$\mu_p=\frac{1}{2}g_p\cdot\mu_N=\frac{1}{2}g_p\frac{e\hbar}{2m_p}$ 为质子磁矩. 因为质子的数量密度 $n\propto\exp\left(\frac{-E_D}{kT}\right)$，则有

$$\frac{\exp\left(\frac{\mu_pB}{kT}\right)-\exp\left(-\frac{\mu_pB}{kT}\right)}{\exp\left(\frac{\mu_pB}{kT}\right)+\exp\left(-\frac{\mu_pB}{kT}\right)}=10^{-4}$$

或

$$\exp\left(\frac{2\mu_pB}{kT}\right)=\frac{1+10^{-4}}{1-10^{-4}}$$

所以

$$\frac{2\mu_pB}{kT}\approx2\times10^{-4}$$

即

$$B=\frac{kT}{\mu_p}\times10^{-4}$$

（6）氢原子 $n=2$ 的态量子数为：$n=2,l=1,j_1=\frac{3}{2},j_2=\frac{1}{2}$（$l=0$ 态无结构分裂，故不予考虑）. 由氢原子的精细结构能级公式得到 $n=2$ 态的能级分裂为

$$\Delta E=-\frac{2\pi Rhc\alpha^2}{n^3}\left[\frac{1}{j_1+\frac{1}{2}}-\frac{1}{j_2+\frac{1}{2}}\right]=\frac{\pi Rhc\alpha^2}{16}$$

其中，$\alpha=\frac{e^2}{4\pi\varepsilon_0\hbar c}$，$R=\left(\frac{e^2}{4\pi\varepsilon_0}\right)^2\frac{m_e}{4\pi\hbar^3c}$ 是里德伯常量.

1.59　一个原子由电荷数为 Z 的核及一个电子组成，核半径为 R. 在核中，电荷是均匀分布的，试研究核的有限体积对电子能级的影响.

(1) 计算考虑核具有有限体积时的势能;

(2) 用微扰论计算由于核的有限体积给^{208}Pb 的 1S 态造成的能级移动(假定 R 远小于玻尔半径,波函数也作相应近似);

(3) 给出(2)的数值答案(用 cm^{-1} 为单位,假定 $R=r_0A^{1/3}$, $r_0=1.2fm$);

(4) 计算质子的有限大小引起氢原子基态能级的移动.

解 (1) 这时的势能为

$$V(r)=\begin{cases}-\dfrac{Ze^2}{4\pi\varepsilon_0 r}\left(\dfrac{r}{R}\right)^3-\displaystyle\int_r^R\dfrac{e\rho 4\pi r'^2}{4\pi\varepsilon_0 r'}dr'=-\dfrac{Ze^2}{8\pi\varepsilon_0 R^3}(3R^2-r^2) & (r<R)\\ -\dfrac{Ze^2}{4\pi\varepsilon_0 r} & (r\geqslant R)\end{cases}$$

其中

$$\rho=\frac{Ze}{\dfrac{4}{3}\pi R^3}$$

(2) 原子核不是点电荷而引起的哈密顿微扰项为

$$H'=\begin{cases}\dfrac{Ze^2}{4\pi\varepsilon_0 r}-\dfrac{Ze^2}{4\pi\varepsilon_0 R}\left(\dfrac{3}{2}-\dfrac{r^2}{2R^2}\right) & (r<R)\\ 0 & (r\geqslant R)\end{cases}$$

^{208}Pb 的 1S 态波函数

$$|1S\rangle=2\left(\frac{Z}{a_0}\right)^{3/2}\exp\left(-\frac{2r}{a_0}\right)\cdot\frac{1}{\sqrt{4\pi}}$$

其中,$Z=82$,a_0 为玻尔半径. 当 $r\ll a_0$ 时,$\exp\left(-\dfrac{2r}{a_0}\right)\approx 1$,能级移动

$$\Delta E=\langle 1S\mid H'\mid 1S\rangle\Delta E=-\frac{4Z^4e^2}{4\pi\varepsilon_0 a_0^3}\int_0^R\left(\frac{3}{2R}-\frac{r^2}{2R^3}-\frac{1}{r}\right)r^2dr=\frac{4}{5}Z^2\mid E_0\mid\left(\frac{R}{a_0}\right)^2$$

其中,$E_0=\dfrac{Z^2e^2}{4\pi\varepsilon_0 a_0}$是类氢原子基态能量.

(3) 将上面小题结果代入有关数值计算得

$$\Delta E=\frac{4}{5}\times 82^2\times(82^2\times 13.6)\times\left(\frac{1.2\times 10^{-15}\times 208^{1/3}}{0.529\times 10^{-10}}\right)^2=8.89(eV)$$

$$\Delta\tilde{\nu}=\frac{\Delta E}{hc}\approx 7.2\times 10^4 cm^{-1}$$

(4) 对于氢原子 $Z=1$,$E_0=13.6eV$,能级移动为

$$\Delta E=\frac{4}{5}\times 13.6\times\left(\frac{1.2\times 10^{-15}\times 1^{1/3}}{0.529\times 10^{-10}}\right)^2=5.6\times 10^{-9}(eV)$$

可见质子的有限大小对氢原子能级的影响非常小.

1.60 如果质子近似为一均匀带电的半径为 R 的球,证明氢原子中 s 波能级相对于以质子为点粒子时的能量移动近似为

$$\Delta E_{ns}\approx\frac{2\pi}{5\times 4\pi\varepsilon_0}e^2\mid\psi_{ns}(0)\mid^2R^2$$

其中利用了质子半径远小于玻尔半径的事实. 试问:为什么非 s 态的上述移动小得多?

氢 2s 态的波函数是

$$|2S\rangle=(2a_0)^{-3/2}\pi^{-1/2}\left(1-\frac{r}{2a_0}\right)\exp\left(-\frac{r}{2a_0}\right)$$

2s 和 2p 能级间由此引起的裂距近似为多少(eV)?(对于 H,$a_0=5\times10^{-9}$cm,$R\approx10^{-13}$cm)

解　由质子有限体积而引起微扰为(参见 1.59 题)

$$H'=\begin{cases}\dfrac{e^2}{4\pi\varepsilon_0 r}-\dfrac{e^2}{4\pi\varepsilon_0 R}\left(\dfrac{3}{2}-\dfrac{r^2}{2R^2}\right) & (r<R)\\ 0 & (r\geqslant R)\end{cases}$$

未微扰波函数为

$$\psi_{ns}=N_{n0}\exp\left(-\frac{r}{na_0}\right)F\left(-n+1,2,\frac{2r}{na_0}\right)Y_{00}$$

其中

$$N_{n0}=\frac{2}{(na_0)^{3/2}}\sqrt{\frac{n!}{(n-1)!}}=\frac{2}{(na_0)^{3/2}}$$

$$F\left(-n+1,2,\frac{2r}{na_0}\right)=1-\frac{n-1}{2}\cdot\frac{2r}{na_0}+\frac{(n-1)(n-2)}{2\cdot3}\cdot\frac{1}{2!}\left(\frac{2r}{na_0}\right)^2+\cdots$$

当 $r\ll a_0$ 时,有

$$F\left(-n+1,2,\frac{2r}{na_0}\right)\approx1,\quad \exp\left(-\frac{r}{na_0}\right)\approx1$$

此时

$$\Psi_{ns}=N_{n0}Y_{00}=\frac{2}{(na_0)^{3/2}}Y_{00}$$

$$\Delta E_{ns}=\langle\psi_{ns}^*\mid H'\mid\psi_n\rangle=\int_0^R\left[\frac{e^2}{4\pi\varepsilon_0 r}-\frac{e^2}{4\pi\varepsilon_0 R}\left(\frac{3}{2}-\frac{r^2}{2R^2}\right)\right]\psi_{ns}^*\psi_{ns}r^2\mathrm{d}r\mathrm{d}\Omega$$

$$=\frac{2\pi}{5\times4\pi\varepsilon_0}e^2\frac{1}{\pi(na_0)^3}R^2$$

利用

$$\Psi_{ns}(0)=\frac{2}{(na)^{3/2}}\cdot\frac{1}{\sqrt{4\pi}}=\frac{1}{\sqrt{\pi}(na)^{3/2}}$$

故

$$\Delta E_{ns}=\frac{2\pi}{5\times4\pi\varepsilon_0}e^2|\psi_{ns}(0)|^2R^2$$

因为非 s 态的波函数在核内的部分比 s 态小得多,受到的影响小,因而能级移动小.

对氢原子,由于 $\Delta E_{2p}\ll\Delta E_{2s}$,故

$$\Delta E_{ps}=\Delta E_{2s}-\Delta E_{2p}\approx\Delta E_{2s}$$

$$=\frac{2\pi}{5\times4\pi\varepsilon_0}e^2\mid\psi_{2s}(0)\mid^2R^2$$

而

$$\psi_{2s}(0)=(2a_0)^{-3/2}\pi^{-1/2}$$

故

$$\Delta E_{ps}=\frac{2\pi}{5\times 4\pi\varepsilon_0}e^2[(2a_0)^{-3/2}\pi^{-1/2}]^2R^2=\frac{e^2R^2}{4\pi\varepsilon_0 20a_0^3}=\left(\frac{e^2}{4\pi\varepsilon_0\hbar c}\right)^2\cdot\frac{R^2mc^2}{20a_0^2}$$

$$=\left(\frac{1}{137}\right)^2\times\frac{10^{-26}\times 0.511\times 10^6}{20\times(5\times 10^{-9})^2}\approx 5.76\times 10^{-10}(\text{eV})$$

1.61 把一个锂原子看成类氢离子，试确定其 2S 电子的电离能，并定性地说明它与实验值 5.39eV 差别的原因.

解 若两个内层电子完全屏蔽住锂核，那么对于外层电子只相当于 $Z=1$，$n=2$，于是得到其电离能为

$$E_2=\frac{13.6}{2^2}=3.4(\text{eV})$$

若不考虑两个内层电子，那么这个价电子将处在 $Z=3$ 的 $n=2$ 的玻尔轨道上，则其电离能为

$$E_2=-\frac{3^2\times 13.6}{2^2}=-30.6(\text{eV})$$

实验值 5.39eV 是在上述两个数值之间，这表明：价电子透过原子实“看到”了一些，但又未“看到”全部核电荷，两个内层电子屏蔽了大部分核电荷对价电子的影响.

1.62 给出核电荷数为 Z 的原子的 K 壳层电子的结合能的最简单公式. 要对：

(1) 相对论效应；

(2) 其他电子对有心力场的屏蔽；

(3) 核的大小有限时，这几种修正值进行修正，是增大还是减小？

解 K 层电子与氢原子的结合能公式形式一样，即 $E=\dfrac{me^4Z^2}{2(4\pi\varepsilon_0)^2h^2}$.

(1) 经相对论修正后电子的质量变大，使结合能增大(能级降低).

(2) 其他电子屏蔽的结果使有效电荷值 Z 减小(或使原子核场减弱)，因此，结合能减小.

(3) 如果核电荷是均匀分布的，而且是球对称的，则电子与核之间的相互作用势能就与玻尔原子模型假定电子处于确定的轨道上时一样. 不过，按照量子力学理论，电子有一定的概率跑到原子核内去. 因此，如果核大小是有限的，则结合能较小，能量升高.

1.63 (1) 设 ΔE 是一个原子的基态和第一激发态之间的能量差. 问质量为 m 的电子动能 E_k 至少为多大才能激发质量为 M 的原子(设原子原先静止，并处于基态).

(2) 试计算用电子激发静止基态原子和用运动的基态原子激发同种静止的基态原子情况下 E_k 和 ΔE 的关系.

解 (1) 电子与原子碰撞前后动量和能量必须守恒，因此入射电子的动能除提供 ΔE 外，还必须提供体系平动动能.

设在实验室系中放在静止的原子上，x 和 v 为电子的坐标和速度，则质心的坐标和速度分别为

$$x_c=\frac{mx+M\cdot 0}{m+M}=\frac{m}{m+M}x$$

$$v_c=\frac{dx_c}{dt}=\frac{m}{m+M}v$$

电子在质心系的速度 v' 为

$$v' = v - v_c = \frac{m}{m+M}v$$

原子对于质心的速度大小等于质心的速度 $v_A = v_c$，方向相反. 所以在质心系电子和原子的总动能为

$$E = \frac{1}{2}mv'^2 + \frac{1}{2}Mv_A^2 = \frac{1}{2}m\left(\frac{M}{M+m}\right)^2 v^2 + \frac{1}{2}M\left(\frac{m}{M+m}\right)^2 v^2$$

$$= \frac{1}{2}\frac{Mm}{M+m}v^2 = \frac{M}{M+m}E_k$$

若要激发原子必须满足 $E \geqslant \Delta E$，即 $\frac{M}{m+M}E_k \geqslant \Delta E$，所以

$$E_k \geqslant \frac{M+m}{M}\Delta E = \left(1+\frac{m}{M}\right)\Delta E$$

即电子激发原子所需的最小动能.

(2) 用电子激发原子，因为 $m \ll M$，则 $E_k \approx \Delta E$ 就能使原子激发.

用原子激发同种原子，$m = M$，$E_k = 2\Delta E$ 才能使原子激发.

1.64 利用托马斯-费米近似可描述原子内的电荷密度分布 $\rho(x)$. 单电子可看成在由 $\rho(x)$ 和核电荷 Z_e 共同产生的电势场中运动. 试由下列步骤导出静电势.

(1) 设电子在费米球面上总能量为零，求出静电势 $\Phi(x)$ 和费米动量 p_F 之间的关系；

(2) 利用(1)的结果导出 $\rho(x)$ 和 $\Phi(x)$ 之间的代数关系；

(3) 将(2)中结果代入泊松方程，求出 $\Phi(x)$ 满足的非线性偏微分方程.

解　(1) 我们讨论的是束缚电子，因此电子能量 $E = \frac{p^2}{2m} - e\Phi(x)$ 必定小于费米面上的能量，于是有

$$\frac{p_{\max}^2}{2m} - e\Phi(x) = 0 \quad （其中\ p_{\max} = p_F）$$

故 $p_F^2 = 2me\Phi(x, p_F)$ 为费米动量.

(2) 若认为电子是费米气体，填充动量从 0 到 p_F 所有态的电子数为

$$N = \frac{Vp_F^3}{3\pi^2\hbar^3}$$

那么电荷密度为

$$\rho(x) = \frac{eN}{V} = \frac{ep_F^3}{3\pi^2\hbar^3}$$

$$= \frac{e}{3\pi^2\hbar^3}[2me\Phi(x)]^{\frac{3}{2}}$$

(3) 把 $\rho(x)$ 代入泊松方程

$$\nabla^2\Phi(x) = 4\pi\rho(x)$$

于是得到

$$\left(\frac{\partial^2}{\partial x}+\frac{\partial^2}{\partial y}+\frac{\partial^2}{\partial z}\right)\Phi(x) = \frac{4e}{3\pi\hbar^3}[2me\Phi(x)]^{\frac{3}{2}}$$

若 Φ 是球对称的，则方程可写为

$$\frac{1}{r}\frac{\mathrm{d}^2}{\mathrm{d}r^2}[r\Phi(r)] = \frac{4e}{3\pi\hbar^3}[2me\Phi(r)]^{\frac{3}{2}}$$

1.65 一个电子被禁闭在具有不可穿透的半径为 R 的球形空腔内部，求出电子在基态时施加在空腔壁上的压强(零点压强).

解 从能量上考虑，设想电子碰在空腔壁上时，空腔壁的半径增加了 $\mathrm{d}R$，电子由于对空腔壁做了 $4\pi R^2\mathrm{d}R\cdot P$ 的功，引起能量降低 $\mathrm{d}E$. 所以电子施加在腔壁上的压强为

$$P = \frac{1}{4\pi R^2}\cdot\frac{\mathrm{d}E}{\mathrm{d}R}$$

对电子基态，角动量为零，设波函数 $\Psi=\frac{1}{\sqrt{4\pi}}\cdot\frac{\chi(r)}{r}$，则由薛定谔方程得到 $\chi(r)$满足的方程为

$$\chi''(r) + k^2\chi(r) = 0$$

考虑到 $k^2=\frac{2mE}{\hbar^2}\neq 0$，$\chi(r)$在 $r=0$ 处必须为零，以使波函数处处有限，得

$$\chi(r) = A\sin kr$$

又由于壁是不可穿透的，即 $\chi(r=R)=0$，于是 $k=\pi/R$. 由此电子基态能量为

$$E = \frac{\pi^2\hbar^2}{2mR^2}$$

压强为

$$P = -\frac{1}{4\pi R^2}\frac{\partial E}{\partial R} = \frac{\pi\hbar^2}{4mR^5}$$

1.66 弗兰克-赫兹(Franck-Hertz)实验和相应的散射实验表明 (　　)

(A)电子总是被原子弹性散射

(B)电子从不被原子弹性散射

(C)一定能量范围的电子被原子非弹性散射，电子损失的能量是分立的

(D)当电子被非弹性散射时电子损失的能量总是相同的

解 即使不知道 Franck-Hertz 实验的具体内容，也可发现选项中只有(C)的叙述是正确的. 事实上，因为原子的能级是分立的. 所以电子损失的能量也应该是分立的.

答案为(C).

1.67 试简要说明为什么只有一个栅极的弗兰克-赫兹管只能测量原子的第一激发电势，而改进的有两个栅极的弗兰克-赫兹管则能用来测量原子的较高激发电势.

答 在有一个栅极的弗兰克-赫兹管中，电子的加速，与原子的碰撞在同一区域中进行. 电子一旦获得原子的第一激发能，很快就会与原子发生非弹性碰撞，而损失这些能量. 所以这种装置只能用来测量原子的第一激发电势. 而在有两个栅极的弗兰克-赫兹管中，电子的加速在阴极和第一栅极之间完成，电子与原子的碰撞在第一栅极与第二栅极之间进行. 电子在加速区可以获得较高的能量，然后进入碰撞区与原子发生碰撞，而将原子激发到较高的激发态，所以可以用来测量原子的较高激发电势.

1.68 正电子素是电子和正电子由于库仑引力而形成的类氢原子正电子素，电子和

正电子绕着其质心运动，已知氢原子基态的结合能量为 13.6eV，那么正电子素的基态结合能是多少？　（　　）

(A) $\frac{1}{2^2}\times 13.6\text{eV}$　(B) $\frac{1}{2}\times 13.6\text{eV}$　(C) 13.6eV　(D) 2×13.6 eV

解　可以利用类氢原子的能级公式：$E_n=-\frac{\mu c^2}{2}\left(\frac{e^2}{4\pi\varepsilon_0 \hbar c}\right)^2\frac{1}{n^2}$. 在正电子偶素中，由于正负电子质量相同，其折合质量 $\mu=m_e/2$，而在氢原子折合这里 $\mu_H=m_e$，所以正电子素基态能量为氢原子基态能量的一半.

答案为(B).

1.69　正电子素由电子和正电子结合而成，用 E_0 表示氢原子的电离能，从正电子素的第一激发态跃迁到基态发出的光子的能量是　（　　）

(A)$\frac{3}{2}E_0$　(B)$\frac{3}{4}E_0$　(C)$\frac{3}{8}E_0$　(D)$\frac{1}{8}E_0$

解　因为正电子素的能级计算与氢原子类似，只是其折合质量 $\mu=\frac{1}{2}\mu_H=\frac{1}{2}m_e$. 可以得到

$$a_0'=\frac{4\pi\varepsilon_0 \hbar^2}{\mu e^2}=2a_{0H},\quad E_n'=-\frac{1}{2n^2}\alpha^2\frac{m_e c^2}{2}=\frac{1}{2}E_{nH}$$

所以，从 $n=2$ 的激发态到基态的跃迁能量

$$E=E_1'-E_2'=\frac{1}{2}E_0\left(1-\frac{1}{4}\right)=\frac{3}{8}E_0$$

答案为(C).

1.70　正电子素(e^-e^+)是由 e^- 和 e^+ 组成的类氢束缚态：

(1) 估计其基态($n=1$)的结合能及其拉曼——α 跃迁(2p-1s)的波长；

(2) 氢原子的 2p-1s 跃迁寿命为 1.6ns，估计正电子素同种跃迁的寿命；

(3) 估计对于 $n=1$ 的态电子感受到的由正电子的磁矩产生的磁场强度；

(4) 估计其基态时单态和三态的劈裂能量(图 1.8)；

(5) 其单态衰变成 2 个方向相反、能量为 0.511MeV 的 γ 射线，具有确定的宇称，如果用符合法测量通过线偏振器后的 γ 射线，那么它们的相对角度多大时符合计数率最大(图 1.8)？

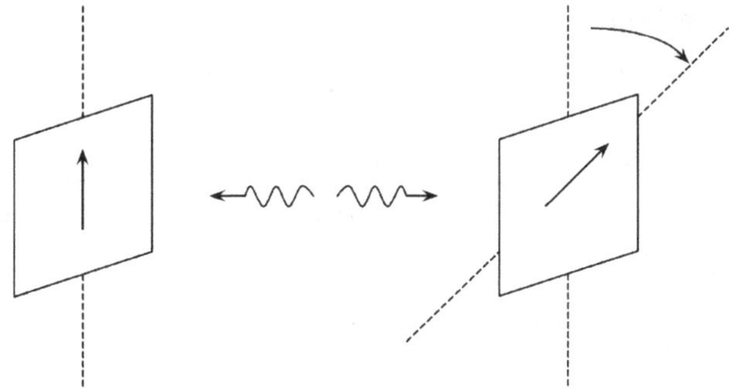

图 1.8

解　(1) 如果忽略精细结构，正电子素的能级为(参见第 1.68 题)：

$$E_n = \frac{1}{2}E_n(\mathrm{H}) \tag{1}$$

$E_1(\mathrm{H})=-13.6\mathrm{eV}$ 是氢原子基态的能量. 这样，正电子素基态($n=1$)的能量是氢原子的一半，即 6.8eV. 由式(1)2p-1s 跃迁相应的能量差为：5.1eV 或者用波长表示为 240nm.

(2) 两态之间电偶极跃迁概率为 $\Gamma\propto\omega^3|\langle \boldsymbol{r}\rangle|^2$，其中$\hbar\omega$是两态之间的能量差，$\boldsymbol{r}$ 是 e^+，e^- 间的相对坐标，比例系数只依赖于自然常数. 由式(1)可知(e^+e^-)的 ω 值是氢原子的一半，其玻尔半径 $a_p\equiv\hbar^3/\mu e^2$ 等于氢原子玻尔半径的两倍. 由于在原子尺度内，长度以玻尔半径为单位，所以，(e^+e^-)正电子素的 1s 态到 2p 态之间的 $\boldsymbol{r}$ 的矩阵元是氢原子同样状态间 $\boldsymbol{r}$ 的矩阵元的两倍. 比较这两个因子，我们得到正电子素的寿命是氢原子寿命($1/\Gamma$)的两倍.

(3)和(4)电子所感受到的正电子绕电子运动所产生的磁场类似氢原子中质子所产生的磁场. 估计作用在电子上的偶极磁场应该是 μ_B/a_P^3，由该磁场引起的能量劈裂的数量级为 $\mu_B(\mu_B/a_P^3)$，不管数字的大小，从量纲分析这个答案应该是对的. 类似地，氢原子 1s 态的劈裂必然是 $\mu_B(\mu_P/a_H^3)$. 质子磁矩 $\mu_P=g_P\mu_N/2$，其中 $g_P=5.16$，μ_N 是核磁子. 再者，氢原子的超精细结构产生 21cm 线(对天体物理很重要)，由此我们可以估计出正电子素的超精细劈裂为

$$\Delta E\approx\frac{2\pi\hbar c}{(21\mathrm{cm})}\left(\frac{\mu_B}{\mu_P}\right)\left(\frac{a_H^3}{a_P^3}\right)=\frac{2\pi\hbar c}{(21\mathrm{cm})}\left(\frac{g_s m_P}{g_P m_e}\right)\left(\frac{1}{8}\right)=5\times10^{-4}(\mathrm{eV}) \tag{2}$$

其中，$m_P\approx 1\mathrm{GeV}/c^2$，是质子的质量. 引起超精细分裂的真正原因很复杂且很小.

根据写哈密顿量的惯例，我们写出(e^+e^-)正电子素的磁偶极矩相互作用经典哈密顿量，然后用分立的 $\boldsymbol{r}$ 和磁矩表示量子力学算符. 距正电子的磁偶极矩 $\boldsymbol{\mu}_{e^+}$ $\boldsymbol{r}$ 处的经典磁场为

$$\boldsymbol{B}(\boldsymbol{r})=\frac{1}{\boldsymbol{r}^3}\left[\frac{3(\boldsymbol{r}\cdot\boldsymbol{\mu}_{e^+})\boldsymbol{r}}{\boldsymbol{r}^2}-\boldsymbol{\mu}_{e^+}\right]+\frac{8\pi}{3}\boldsymbol{\mu}_{e^+}\delta^3(\boldsymbol{r}) \tag{3}$$

它与 e^- 的磁偶极矩 $\boldsymbol{\mu}_{e^-}$ 的作用能为$-[\boldsymbol{\mu}_{e^-}\cdot\boldsymbol{B}(\boldsymbol{r})]$，且

$$\boldsymbol{\mu}_{e^+}=+\frac{g_s\mu_B}{\hbar}\boldsymbol{S}_1\quad 和\quad \boldsymbol{\mu}_{e^-}=-\frac{g_s\mu_B}{\hbar}\boldsymbol{S}_2 \tag{4}$$

其中，$\boldsymbol{S}_1$、$\boldsymbol{S}_2$ 分别是电子和正电子的自旋，$\boldsymbol{r}$ 为矢量算符，把 $\boldsymbol{\mu}_{e^+}$，$\boldsymbol{\mu}_{e^-}$ 代入能量表达式，我们得到超精细作用哈密顿量

$$H=\frac{g_s^2\mu_B^2}{\hbar^2 r^3}\left[\frac{3(\boldsymbol{r}\cdot\boldsymbol{S}_1)(\boldsymbol{r}\cdot\boldsymbol{S}_2)}{r^2}-(\boldsymbol{S}_1\cdot\boldsymbol{S}_2)\right]+\frac{8\pi}{3}\left(\frac{g_s\mu_B}{\hbar}\right)^2|\psi(0)|^2\boldsymbol{S}_1\cdot\boldsymbol{S}_2 \tag{5}$$

其中，$|\psi(0)|^2$ 是电子和正电子处在同样位置的概率. 因为 1s 态是球对称的，对单态和三态很容易求出方括号中的期望值为 0. 式(5)中的第二项是费米接触相互作用，对 s 态它不为 0. 费米接触作用能为

$$H_F=\frac{8\pi}{6}\left(\frac{g_s\mu_B}{\hbar}\right)^2|\psi(0)|^2(S^2-S_1^2-S_2^2) \tag{6}$$

$$=\frac{4\pi}{3}g_s^2\mu_B^2|\psi(0)|^2S(S+1)+常数 \tag{7}$$

其中 $\boldsymbol{S}=\boldsymbol{S}_1+\boldsymbol{S}_2$，根据定义，$S=0$ 为单态，$S=1$ 为三态，单态和三态间的能量差为

$$\Delta E=\langle S=1\mid H_F\mid S=1\rangle-\langle S=0\mid H_F\mid S=0\rangle \tag{8}$$

因此磁相互作用引起的能量分裂为

$$\Delta E=\frac{8\pi}{3}\left(\frac{1}{\pi a_P^3}\right)g_s^2\mu_B^2=\frac{4\mu_B^2}{3a_H^3}=\frac{2}{3}\alpha^2R_y=5\times10^{-4}(\text{eV}) \tag{9}$$

这里我们用了 $|\psi(0)|^2=1/\pi a^3$. 这正是(2)式中用量纲分析得出的结果. 因此电子经受的磁场为

$$B=\Delta E/\mu_B\approx10^5\text{G}.\text{（用了 }\mu_B/h=1.4\text{MHz/G）}$$

正电子素还存在一种“湮没”过程对超精细分裂的贡献，其值为 $\alpha^2\text{Ry}/2$，当然在氢原子中不存在“湮没”项.

(5) 衰变产生的两光子构成 EPR 对 ^{1}S 态的宇称为 $-1(-1)^{L+S}=-1$，因为在电磁作用过程中宇称守恒，因此衰变产生的两个光子必须处在负宇称态. $n=1$ 的单态的总角动量为 0，所以两光子的总角动量必须为 0，宇称为负的对称态. 任何相关的函数都必须具有这些相同的性质，即必须是赝标量. 从这些伴随过程形成的可能的参数是每个光子的极化矢量和相对动量 $\boldsymbol{k}$，三个合成一个赝标量的唯一方法是形成一个标量三态产物：$(\boldsymbol{\varepsilon}\times\boldsymbol{\varepsilon})\cdot\boldsymbol{k}$，或者是互换. 当相对极化角为 90°时，此值最大.

1.71　μ^- 可看成一个“重电子”，其质量约为电子质量的 200 倍，若氢原子的基态能量为 E_0，则 μ^--质子形成的奇异原子的基态能量接近于　(　　)

(A) E_0　(B) 14 E_0　(C) 200 E_0　(D) 4000 E_0

解　μ^- 与质子组成类氢原子时，系统的折合质量为

$$\mu=\frac{M_p m_\mu}{M_p+m_\mu}=\frac{1840m_e\times208m_e}{1840m_e+208m_e}\approx187m_e$$

而氢原子中的折合质量近似为 m_e，且类氢原子能级的大小与折合质量成正比.

答案为(C).

1.72　μ^+ 和 μ^- 的电荷符号相反，大小等于电子电荷，质量都是电子质量的 207 倍，它们可以形成类氢原子($\mu^+\mu^-$). 其基态的能量是(用氢原子的基态能量 E_0 表示)(　　)

(A) 207 E_0　(B) 103.5 E_0　(C) E_0　(D) $E_0/103.5$

解　因为正负粒子体系的折合质量

$$m_\mu^*=207m_e/2=103.5m_e$$

与氢原子类似

$$E_n'=\frac{1}{n^2}E_0'=\frac{m_\mu^*}{m_e}E_n=103.5E_n$$

答案为(B).

1.73　考虑一个裸 Pb 核($Z=82$)束缚一个 Ω^- 粒子所形成的奇异原子.

(1) 计算这个原子由于自旋-轨道相互作用引起 $n=10$，$l=9$ 的能级分裂. Ω^- 粒子的自旋是 $\frac{3}{2}$；假设磁矩 $\mu=\frac{e\hbar}{2mc}g\boldsymbol{p}_s$，$g=2$，$m=1672\text{MeV}/c^2$.

注　对于一个质量为 m 的粒子，束缚在电荷为 Z 的核的类氢轨道(n,l)时有

$$\left\langle\frac{1}{r^3}\right\rangle=\left(\frac{mc^2}{\hbar c}\right)^3(\alpha Z)^3\frac{1}{n^3 l\left(l+\frac{1}{2}\right)(l+1)}$$

(2) 如果 Ω^- 粒子有电四极矩 $Q\approx 10^{-26}\,\mathrm{cm}^2$,那么由于这个电四极矩与库仑场梯度 $\frac{\partial E_z}{\partial z}$ 相互作用而会产生一个能量移动,估计它的数值,与(1)的结果相比较,并与这个原子的 $n=11$ 到 $n=10$ 态跃迁的总跃迁能量相比较.

解 (1) 自旋-轨道耦合能 ΔE_{ls} 可以通过 Ω^- 粒子的自旋磁矩 $\boldsymbol{\mu}_s$ 和轨道磁矩 $\boldsymbol{\mu}_l$ 的相互作用能的计算求得

$$\Delta E_{ls}=Z\boldsymbol{\mu}_l\cdot\boldsymbol{\mu}_s\left\langle\frac{1}{r^3}\right\rangle$$

其中

$$\boldsymbol{\mu}_l=\frac{e}{2mc}\boldsymbol{p}_l=\frac{e\hbar}{2mc}\boldsymbol{l}\quad(\boldsymbol{p}_l\text{:轨道角动量})$$

$$\boldsymbol{\mu}_s=\frac{e}{2mc}\boldsymbol{p}_s=\frac{e\hbar}{mc}\boldsymbol{s}\quad(\boldsymbol{p}_s\text{:自旋角动量})$$

于是

$$\Delta E_{ls}=\frac{Ze^2\hbar^2}{2^2m^2c^2}\left\langle\frac{1}{r^3}\right\rangle\boldsymbol{l}\cdot\boldsymbol{s}$$

因为

$$\boldsymbol{l}\cdot\boldsymbol{s}=\frac{1}{2}(j^2-l^2-s^2)$$

$$\Delta E_{ls}=\frac{Ze^2\hbar^2}{2^2m^2c^2}\left\langle\frac{1}{r^3}\right\rangle\frac{j^2-l^2-s^2}{2}=\frac{(Z\alpha)^4mc^2}{4}\cdot\frac{j(j+1)-l(l+1)-s(s+1)}{n^3l\left(l+\frac{1}{2}\right)(l+1)}$$

已知 $Z=82$,$m=1672\mathrm{MeV}/c^2$,$s=\frac{3}{2}$. 当 $n=10$,$l=9$ 时,利用题中所给的公式求出 $\left\langle\frac{1}{r^3}\right\rangle$,从而可得到 $\Delta E_{ls}=62.75\times j(j+1)-93.75\mathrm{eV}$. 计算结果如下:

j	ΔE_{ls}(eV)	能级裂距(eV)
19/2	377	1193
17/2	−816	1067
15/2	−1883	941
13/2	−2824	

(2) 电四极矩 Q 与库仑场梯度 $\frac{\partial E_z}{\partial z}$ 相互作用产生的能量移动约为

$$\Delta E_Q\approx Q\left\langle\frac{\partial E_z}{\partial z}\right\rangle\text{(采用原子单位)}$$

其中,$\left\langle\frac{\partial E_z}{\partial z}\right\rangle$ 为核所产生的库仑场梯度在 Ω^- 所在位置的平均值.

$$\left\langle\frac{\partial E_z}{\partial z}\right\rangle\approx-\left\langle\frac{1}{r^3}\right\rangle$$

于是

$$\Delta E_Q \approx -Q\left\langle\frac{1}{r^3}\right\rangle$$

对于所考虑的奇异原子，其长度和能量单位分别是

$$a=\frac{\hbar^2}{me^2}=\frac{\hbar c}{mc^2}\left(\frac{\hbar c}{e^2}\right)=\frac{1.97\times10^{11}}{1672}\times137\approx1.61\times10^{-12}(\text{cm})$$

$$\varepsilon=\frac{me^4}{\hbar^2}=mc^2\left(\frac{e^2}{\hbar c}\right)^2=\frac{1672\times10^6}{137^2}\approx8.91\times10^4(\text{eV})$$

当 $n=10, l=9$ 时，由题给公式容易算出

$$\left\langle\frac{1}{r^3}\right\rangle=1.53\times10^{35}\text{cm}^{-3}\approx0.6\text{a.u.}，而\ Q\approx10^{-26}\text{cm}^2\approx4\times10^{-3}\text{a.u.}$$

故

$$\Delta E_Q\approx2.4\times10^{-3}\text{a.u.}\approx2\times10^{-2}(\text{eV})$$

该原子从 $n=11$ 到 $n=10$ 态跃迁的总跃迁能量为

$$\Delta E=\frac{Z^2mc^2}{2}\cdot\left(\frac{e^2}{\hbar c}\right)^2\cdot\left(\frac{1}{10^2}-\frac{1}{11^2}\right)$$

$$=\frac{82^2\times1672\times10^6}{2\times137^2}\cdot\left(\frac{1}{10^2}-\frac{1}{11^2}\right)\approx5\times10^5(\text{eV})$$

1.74　碳-μ 原子从 $n=3$ 到 $n=2$ 的跃迁发出光子的能量是多少？（用氢原子从$n=2$ 到 $n=1$ 的电子跃迁的光子的能量表示）已知 $m_\mu/m_e=207$.

解　碳-μ 原子能级 $E_n(\mu)\approx\frac{Z^2m_\mu}{m_e}E_n(\text{H})$，这里 $E_n(\text{H})$为氢原子能级，$Z=6$.

碳-μ 原子从 $n=3$ 到 $n=2$ 的跃迁发出的光子的能量为

$$\Delta E=\frac{Z^2m_\mu}{m_e}[E_3(\text{H})-E_2(\text{H})]$$

因$-E_n(\text{H})\propto\frac{1}{n^2}$，故

$$\frac{36}{5}[E_3(\text{H})-E_2(\text{H})]=\frac{4}{3}[E_2(\text{H})-E_1(\text{H})]$$

于是

$$\Delta E=\frac{5Z^2m_\mu}{27m_e}[E_2(\text{H})-E_1(\text{H})]$$

$$=1380[E_2(\text{H})-E_1(\text{H})]$$

其中 $E_2(\text{H})-E_1(\text{H})$就是氢原子 $n=2$ 到 $n=1$ 的电子跃迁的光子能量.

1.75　μ 子是寿命相对较长的粒子之一，其质量是电子质量的 207 倍，电荷及其他相互作用性质都与电子完全相同. 中性原子中的一个电子被一个 μ^- 取代，就形成了 μ-原子.

(1) μ-氢原子基态的结合能是多少？

(2) μ-锂原子的化学性质最类似哪种化学元素？为什么？

解　(1) μ-氢原子的折合质量为

$$\mu=\frac{m_pm_\mu}{m_p+m_\mu}=\frac{938\times207\times0.511}{938+207\times0.511}\approx95(\text{MeV})=186m_e$$

类比氢原子基态的结合能 $E_\text{H}=\frac{m_ee^4}{2\hbar^2}=13.6(\text{eV})$，可得 μ-氢原子结合能为

$$E_\mu = \frac{\mu e^4}{2\hbar^2} = \frac{\mu}{m_e} \cdot \frac{m_e e^4}{2\hbar^2} = 186E_H = 2.53 \times 10^3 (\text{eV})$$

(2) μ-锂原子最类似 He 元素. 因为 μ 子和电子是不同的费米子，各自填充自己的能级. μ 子处于自己的基态，其轨道半径比电子的半径约小 186 倍. 两个电子处于基态，恰如在氦原子中一样. 化学性质是由外层电子数目决定的，因此 μ-锂原子的化学性质类似于 He 元素，而不是 Li 元素.

1.76　μ-原子是指 μ 子(质量 $m_\mu = 207m_e$)被原子核束缚在氢原子轨道上. 由于核电荷分布于半径为 R 的区域中，μ-原子的能级相对于点核近似有一位移. 有效库仑位势可以近似为

$$V(r) = \begin{cases} -\dfrac{Ze^2}{r} & (r \geqslant R) \\ -\dfrac{Ze^2}{R}\left(\dfrac{3}{2} - \dfrac{r^2}{2R^2}\right) & (r \leqslant R) \end{cases}$$

(1) 定性说明 1s，2s，2p，3s，3p，3d，μ-原子能级的绝对移动和相互间的相对移动，从物理上解释这些位移的不同，画出这些态没有扰动和有扰动时的能级图；

(2) 给出由于核不是点电荷而引起的 1s 态能量变化的一级表达式；

(3) 估计在假设 $\dfrac{R}{a_\mu} \geqslant 1$ 下的 2s-2p 能级移动，其中 a_μ 是 μ-原子的“玻尔半径”，试表明这一移动，给出 R 的一种量度；

(4) 什么时候(2)的方法不能用？这个方法是低估还是高估了能级移动？从物理上解释答案.

需用到的一些公式：

$$\psi_{1s} = 2N_0 \exp\left(-\frac{r}{a_\mu}\right) Y_{00}(\theta, \varphi)$$

$$\psi_{2s} = \frac{1}{\sqrt{8}} N_0 \left(2 - \frac{r}{a_\mu}\right) \exp\left(-\frac{r}{2a_\mu}\right) Y_{00}(\theta, \varphi)$$

$$\psi_{2p} = \frac{1}{\sqrt{24}} N_0 \frac{r}{a_\mu} \exp\left(-\frac{r}{2a_\mu}\right) Y_{1m}(\theta, \varphi)$$

其中，$N_0 = \dfrac{1}{a_\mu^{3/2}}$.

解　(1) 当核电荷分布在有限体积中时，在核内电场强度比为点核模型时小，能级升高. 相比之下，1s 态在核内概率最大，受影响最大，能级移动也最大，其次为 2s，3s，2p，3p，3d. 能级图如图 1.9 所示.

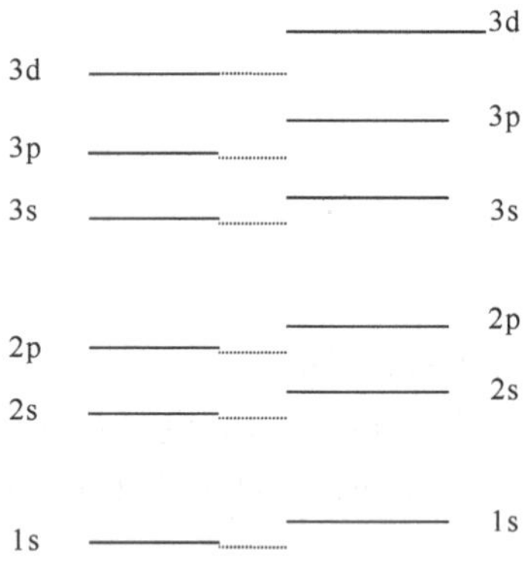

图 1.9

(2) 由于原子核有限大小而引入的微扰势为

$$H' = \begin{cases} 0 & (r \geqslant R) \\ \dfrac{Ze^2}{R}\left(\dfrac{r^2}{2R^2} - \dfrac{3}{2} + \dfrac{R}{r}\right) & (r < R) \end{cases}$$

如果只计及一级近似并假定$\dfrac{R}{a_\mu} \geqslant 1$,则可得到 1s 态能级移动为

$$\begin{aligned} \Delta E_{1s} &= \int \psi_{1s}^* H' \psi_{1s} \mathrm{d}\tau = \frac{Ze^2}{R} 4N_0^2 \int_0^R \exp\left(-\frac{2r}{a_\mu}\right) \cdot \left(\frac{r^2}{2R^2} - \frac{3}{2} + \frac{R}{r}\right) r^2 \mathrm{d}r \\ &\approx \frac{Ze^2}{R} 4N_0^2 \int_0^R \left(\frac{r^2}{2R^2} - \frac{3}{2} + \frac{R}{r}\right) r^2 \mathrm{d}r \\ &= \frac{2Ze^2R^2}{5a_\mu^3} \end{aligned}$$

(3) 2s 和 2p 态的能级移动分别为

$$\begin{aligned} \Delta E_{2s} &= \int \psi_{2s}^* H' \psi_{2s} \mathrm{d}\tau \\ &= \frac{Ze^2 N_0^2}{8R} \int_0^R \left(2 - \frac{r}{a_\mu}\right)^2 \exp\left(-\frac{r}{a_\mu}\right) \cdot \left(\frac{r^2}{2R^2} - \frac{3}{2} + \frac{R}{r}\right) r^2 \mathrm{d}r \\ &\approx \frac{Ze^2 N_0^2}{8R} \int_0^R 4\left(\frac{r^2}{2R^2} - \frac{3}{2} + \frac{R}{r}\right) r^2 \mathrm{d}r \\ &= \frac{Ze^2R^2}{20a_\mu^3} \end{aligned}$$

$$\begin{aligned} \Delta E_{2p} &= \int \psi_{2p}^* \Delta V \psi_{2p} \mathrm{d}\tau \\ &= \frac{Ze^2 N_0^2}{24a_\mu^2 R} \int_0^R r^2 \exp\left(-\frac{r}{a_\mu}\right) \cdot \left(\frac{r^2}{2R^2} - \frac{3}{2} + \frac{R}{r}\right) r^2 \mathrm{d}r \\ &\approx \frac{Ze^2 N_0^2}{24a_\mu^2 R} \int_0^R r^2 \left(\frac{r^2}{2R^2} - \frac{3}{2} + \frac{R}{r}\right) r^2 \mathrm{d}r \\ &= \frac{3Ze^2R^4}{3360a_\mu^5} \ll \Delta E \end{aligned}$$

于是,2s-2p 的能级相对移动为

$$\Delta E_{sp} = \Delta E_{2s} - \Delta E_{2p} \approx \Delta E_{2s} = \frac{Ze^2R^2}{20a_\mu^3}$$

由此可见,从能级相对移动的大小可以得到 R.

(4) 对于较大的核电荷数 Z,$a_\mu = \dfrac{\hbar^2}{Zm_\mu e^2}$较小,此时$\dfrac{R}{a_\mu} \geqslant 1$,按照(2)中的结果,有

$$\Delta E_{1s} = \frac{2Ze^2R^2}{5a_\mu^3} = \frac{4}{5} \mid E_{1s}^0 \mid \left(\frac{R}{a_\mu}\right)^2 > \mid E_{1s}^0 \mid$$

其中

$$E_{1s}^0 = -\frac{m_\mu Z^2 e^4}{2\hbar^2}$$

即 $E_{1s} = E_{1s}^0 + \Delta E_{1s} > 0$,这与实际情况是矛盾的,因此(2)中方法所得到的 ΔE_{1s}偏高. 这种

情况的出现，是由于在(2)中波函数展开 $\exp\left(-\dfrac{2r}{a_\mu}\right)$ 只取了零级量. 若取高级小量，则还可以使修正量降低，结果将与实际接近.

1.77　负 μ 子(μ^-)被铝原子($Z=13$)俘获，μ^- 进入“电子云”后，与铝核形成类氢 μ-原子. μ^- 子质量是 105.7MeV.

(1) 计算 μ-原子从 3d 态衰变时发出的光子波长(以 nm 为单位)(忽略核的运动)；

(2) 计算上述 3d 态 μ-原子的平均寿命(已知氢原子在 3d 态的平均寿命是 1.6×10^{-8}s).

解　3d 态有 $3^2d_{5/2}$ 和 $3^2d_{3/2}$ 两个能级. 3p 态有 $3^2p_{3/2}$ 和 $3^2p_{1/2}$，3s 态有 $3^2s_{1/2}$，2p 态有 $2^2p_{3/2}$ 和 $2^2p_{1/2}$，2s 态有 $2^2s_{1/2}$，1s 态有 $1^2s_{1/2}$.

可能发生的跃迁有

$3^2d_{5/2}\to3^2p_{3/2}$，$3^2d_{5/2}\to2^2p_{3/2}$，$3^2d_{3/2}\to3^2p_{1/2}$，$3^2d_{3/2}\to2^2p_{3/2}$，$3^2d_{3/2}\to2^2p_{1/2}$

$3^2p_{3/2}\to3^2s_{1/2}$，$3^2p_{3/2}\to2^2s_{1/2}$，$3^2p_{3/2}\to1^2s_{1/2}$，$3^2p_{1/2}\to2^2s_{1/2}$，$3^2p_{1/2}\to1^2s_{1/2}$

$3^2s_{1/2}\to2^2p_{3/2}$，$3^2s_{1/2}\to2^2p_{1/2}$

$2^2p_{3/2}\to2^2s_{1/2}$，$2^2p_{3/2}\to1^2s_{1/2}$，$2^2p_{1/2}\to1^2s_{1/2}$

(1) 设类氢 μ^- 原子基态的能量为

$$E_0=-\frac{2\pi^2m_\mu e^4Z^2}{(4\pi\varepsilon_0)^2h^2}=-13.6\times\frac{105.7}{0.511}\times13^2\approx-4.754\times10^5(\text{eV})$$

则类氢 μ^- 原子的能量为

$$E=E_0\left[\frac{1}{n^2}+\frac{\alpha^2Z^2}{n^3}\left(\frac{1}{j+\frac{1}{2}}-\frac{3}{4n}\right)\right]$$

其中

$$\alpha=-\frac{e^2}{4\pi\varepsilon_0\hbar c}=-\frac{1}{137}$$

这样

$$\Delta E(3^2d_{5/2}\to3^2p_{3/2})=26.42(\text{eV})$$
$$\Delta E(3^2d_{5/2}\to2^2p_{3/2})=6.608\times10^4(\text{eV})$$
$$\Delta E(3^2d_{3/2}\to3^2p_{1/2})=79.27(\text{eV})$$
$$\Delta E(3^2d_{3/2}\to2^2p_{3/2})=6.596\times10^4(\text{eV})$$
$$\Delta E(3^2d_{3/2}\to2^2p_{1/2})=6.632\times10^4(\text{eV})$$
$$\Delta E(3^2p_{3/2}\to3^2s_{1/2})=79.27(\text{eV})$$
$$\Delta E(3^2p_{3/2}\to2^2s_{1/2})=6.632\times10^4(\text{eV})$$
$$\Delta E(3^2p_{3/2}\to1^2s_{1/2})=4.236\times10^5(\text{eV})$$
$$\Delta E(3^2p_{1/2}\to2^2s_{1/2})=6.624\times10^4(\text{eV})$$
$$\Delta E(3^2p_{1/2}\to1^2s_{1/2})=4.235\times10^5(\text{eV})$$
$$\Delta E(3^2s_{1/2}\to2^2p_{3/2})=6.598\times10^5(\text{eV})$$
$$\Delta E(3^2s_{1/2}\to2^2p_{1/2})=6.624\times10^4(\text{eV})$$
$$\Delta E(2^2p_{3/2}\to2^2s_{1/2})=267.5(\text{eV})$$

$$\Delta E(2^2\mathrm{p}_{3/2}\rightarrow 1^2\mathrm{s}_{1/2}) = 3.576\times 10^5(\mathrm{eV})$$

$$\Delta E(2^2\mathrm{p}_{1/2}\rightarrow 1^2\mathrm{s}_{1/2}) = 3.573\times 10^5(\mathrm{eV})$$

根据 $\lambda=\frac{hc}{\Delta E}=\frac{1.243\times 10^3(\mathrm{nm})}{\Delta E(\mathrm{eV})}$，可算出衰变中发出的光子波长有 47.0nm，0.0188nm，0.0157nm，0.0188nm，0.0187nm.

(2) 激发态原子自发跃迁概率

$$P\propto\frac{e^2\omega^3}{\hbar c^3}R^2$$

其中

$$\omega\propto\frac{m_\mu(Ze^2)^2}{\hbar^3},\quad R\propto\frac{\hbar^2}{m_\mu Ze^2}$$

于是

$$P\propto\frac{m_\mu(Ze^2)^4}{\hbar^5}$$

平均寿命 $\tau=\frac{1}{P}=\frac{1}{m_\mu(Ze^2)^4}$. 设氢原子在 3d 态的平均寿命为 $\tau_0=1.6\times 10^{-8}\mathrm{s}$，则该原子 3d 态的平均寿命为

$$\tau=\frac{m_\mathrm{e}}{m_\mu}\cdot\frac{1}{Z^4}\tau_0=2.7\times 10^{-15}\mathrm{s}$$

1.78 铅原子(Pb，$Z=82$)俘获一个 μ^- 形成 μ^-Pb 奇异原子，Pb 核的半径 $R=7.1\mathrm{fm}$. 假设所有的电子都在原子核外，μ^- 的基态和第一激发态轨道都在电子轨道之内，但在原子核外. 实验测得 μ^- 从第一激发态跃迁到基态发出的光子的能量为 6.0MeV. 试估算 μ^- 的基态轨道半径和能量. 已知 $m_\mu=207m_\mathrm{e}$.

解　由于 μ^- 的轨道在电子轨道之内，所以可以不考虑电子的影响，μ^-Pb 原子可看成类氢原子，可以利用氢原子能级和轨道公式，

$$E_n=-\frac{1}{2}m_\mu\alpha^2c^2\frac{Z^2}{n^2}=-\frac{m_\mu}{m_\mathrm{e}}\frac{1}{2}m_\mathrm{e}\alpha^2c^2\frac{Z^2}{n^2}=\frac{Z^2}{n^2}\frac{m_\mu}{m_\mathrm{e}}E_1(\mathrm{H})=-13.6\frac{Z^2}{n^2}\frac{m_\mu}{m_\mathrm{e}}(\mathrm{eV})$$

$$r_n=\frac{4\pi\varepsilon_0\hbar^2}{m_\mu e^2}\frac{n^2}{Z}=\frac{m_\mathrm{e}}{m_\mu}\frac{4\pi\varepsilon_0\hbar^2}{m_\mathrm{e}e^2}\frac{n^2}{Z}=\frac{m_\mathrm{e}}{Zm_\mu}r_n(\mathrm{H})=\frac{n^2m_\mathrm{e}}{Zm_\mu}a_0=0.0592\times\frac{n^2m_\mathrm{e}}{Zm_\mu}(\mathrm{nm})$$

这样可以计算到 μ^- 的基态和第一激发态轨道半径和能量分别为

$$r_1=0.0592\times\frac{n^2m_\mathrm{e}}{Zm_\mu}=0.0592\times\frac{1^2}{82\times 207}\approx 3.49(\mathrm{fm})$$

$$r_2=4r_1=13.96(\mathrm{fm})$$

$$E_1=-13.6\frac{Z^2}{n^2}\frac{m_\mu}{m_\mathrm{e}}=-13.6\frac{82^2}{1^2}\times 207\approx -18.9(\mathrm{MeV})$$

$$E_2=\frac{1}{4}E_1=-4.73(\mathrm{MeV})$$

可见：① 从第一激发态跃迁到基态发出的光子的能量为

$$\Delta E=E_2-E_1=14.2(\mathrm{eV})$$

这与实验测出的 6.0MeV 不符.

② $r_2>R$(7.1fm),即 μ^- 的第一激发态轨道在原子核外,与题设相符;但 $r_1<R$,与题设不符,即 μ^- 的基态轨道半径在原子核内.

所以,r_1 和 E_1 不可取.

为了估算 r_1 的大小,可以简单地假设 Pb 原子核内的正电荷 Ze 均匀地分布的半径为 R 的球体内,则球内距球心 r 处的场强大小和电势分别为

$$E(r)=\frac{Zer}{4\pi\varepsilon_0 R^3},\quad r<R$$

$$U(r)=\frac{Ze}{8\pi\varepsilon_0 R}\left(3-\frac{r^2}{R^2}\right),\quad r<R$$

设 μ^- 子在半径 r_1 的基态圆轨道上以速度 v_1 作圆周运动的公式为

$$\frac{m_\mu v_1^2}{r_1}=eE(r_1)=\frac{Ze^2 r_1}{4\pi\varepsilon_0 R^3}$$

基态的能量为

$$E_1=\frac{1}{2}m_\mu v_1^2-U(r_1)=\frac{1}{2}m_\mu v_1^2-\frac{Ze}{8\pi\varepsilon_0 R}\left(3-\frac{r_1^2}{R^2}\right)$$

由以上两式得

$$E_1=\frac{Zer_1^2}{8\pi\varepsilon_0 R^3}-\frac{Ze}{8\pi\varepsilon_0 R}\left(3-\frac{r_1^2}{R^2}\right)=\frac{Ze}{8\pi\varepsilon_0 R}\left(\frac{2r_1^2}{R^2}-3\right)$$

实验数据为

$$E_2-E_1=6.0\text{MeV}$$

故

$$E_1=E_2-6.0\text{MeV}=-10.73\text{MeV}$$

把有关常数代入得

$$-10.73=8.3\left(\frac{2r_1^2}{R^2}-3\right)$$

由此可以算出

$$r_1=0.9R=6.4\text{fm}$$

这里只是估算,实际上,$r_2=13.9$fm,$R=1.7$fm,不满足 $r_2\gg R$ 的条件,也不能把原子核作为点电荷处理.

1.79 一个测量核电荷半径的方法是研究奇异原子的特征 X 射线.

(1) 计算 μ^- 在带电荷为 Ze 的核电场中的能级,假设核为点粒子;

(2) 假设核是半径为 R、电荷为 Ze 的均匀带电球,如果 μ^- 完全在核内,计算其能级;

(3) 用(1)或(2)中的近似,估计 μ-$^{208}_{82}$Pb 原子的 K_X 射线的能量,讨论这些近似的正确性. 已知 $m_\mu=200m_e$.

解 (1) 设核为点粒子,μ^- 子在带电荷为 $+Ze$ 的核场中的能级为(详见 1.78 题)

$$E_n=Z^2\frac{m_\mu}{m_e}E_n(\text{H})=-Z^2\times 200\times\frac{13.6}{n^2}$$

$$=-\frac{2.72\times 10^3}{n^2}Z^2(\text{eV})$$

式中(E_n(H)是氢原子能级).

(2) 若 μ^- 子在半径为 R 的均匀带电球内运动,其势能为

$$V(r)=-\frac{Ze^2}{R}\left(\frac{3}{2}-\frac{r^2}{2R^2}\right)=-\frac{3Ze^2}{2R}+\frac{1}{2}\left(\frac{Ze^2}{R^3}\right)r^2$$

即 μ^- 子在固有频率为 $\omega=\sqrt{Ze^2/m_\mu R^3}$ 的各向同性的谐振子势中运动,其能级为

$$E_n=\hbar\omega\left(n+\frac{3}{2}\right)-\frac{3Ze^2}{2R},\quad n=1,2,\cdots$$

其中,$R\approx r_0A^{1/3}=1.2\times10^{-13}A^{1/3}$(cm).

(3) K_X 射线是 $n=1$ 以外各层电子跃迁到 $n=1$ 壳层的结果. 下面考虑 K_α 线,已知 $Z=82, A=208$.

用(1)中的点核模型,得 X 射线能量为

$$\Delta E=E_2-E_1=-2.72\times10^3\times82^2\left(\frac{1}{2^2}-1\right)$$
$$=1.37\times10^7(\text{eV})$$

用(2)中的谐振子模型,得

$$\Delta E=E_2-E_1=\hbar\omega$$

因

$$\omega=\left(\frac{Ze^2}{m_\mu R^3}\right)^{1/2}=\left(\frac{Ze^2c^2}{200m_ec^2r_0^3A}\right)^{1/2}$$
$$=\left[\frac{82\times1.44\times10^{-9}}{200\times0.511\times(1.2\times10^{-13})^3\times208}\right]^{1/2}\times3\times10^8$$
$$=1.70\times10^{22}(\text{s}^{-1})$$

故

$$\Delta E=\hbar\omega=6.58\times10^{-16}\times1.70\times10^{22}\approx1.12\times10^7(\text{eV})$$

讨论:由于 μ^- 的质量较大,所以它有相当大的概率停留在核内,这使得原子核的有效电荷数 $Z^*<Z$. 由此看来,从点核模型得到的 K_X 射线能量显然是偏高的. 另一方面,从谐振子模型得到的结果则低估了 K_X 射线的能量,因为 μ^- 并不是完全待在核内,它也有一定的概率处在核外. 随着核电荷数 Z 的增大,μ^- 处在核外的概率急速下降,所以说,此时谐振子模型比点核模型更接近于实际情况.

1.80 有人建议通过研究 π^+($m_\pi=273.2m_e$)和 μ^-($m_\mu=206.77m_e$)组成的奇异原子的性质来测量 π 介子的电荷半径. 假设 π 介子的所有电荷均匀地分布在半径为 $r_0=10^{-13}$ cm 的球壳上,μ^- 是一个点电荷. 试把位势表示成一个点电荷的库仑势加上一个微扰,并用微扰理论计算 1s-2p 能级间隔 Δ 移动的百分数(忽略自旋-轨道耦合及兰姆移位). 给定:$a_0=\hbar^2/me^2$,

$$R_{10}(r)=\left(\frac{1}{a_0}\right)^{3/2}2\exp\left(-\frac{r}{a_0}\right)$$

$$R_{21}(r)=\left(\frac{1}{2a_0}\right)^{3/2}\frac{r}{a_0}\exp\left(-\frac{r}{a_0}\right)\cdot\frac{1}{\sqrt{3}}$$

解　势函数的形式为

$$V(r)=\begin{cases}-e^2/r & (r>r_0)\\ -e^2/r_0 & (r<r_0)\end{cases}$$

于是可将哈密顿量写成 $H=H_0+H'$，其中 H_0 为 π 介子是点电荷时的哈密顿量，H' 为微扰项，其形式为

$$H'=\begin{cases}0 & (r>r_0)\\ e^2\left(\dfrac{1}{r}-\dfrac{1}{r_0}\right) & (r<r_0)\end{cases}$$

由 H' 引起的 1s 能级的移动为(只考虑一级修正)

$$\Delta E_{1s}=\int\Psi_{1s}^*H'\Psi_{1s}\mathrm{d}\tau=\int_0^{r_0}R_{10}^2(r)e^2\left(\frac{1}{r}-\frac{1}{r_0}\right)r^2\mathrm{d}r\approx\frac{2e^2r_0^2}{3a_0^3}$$

假设 $r_0>a_0$，2p 能级移动为

$$\Delta E_{2p}=\int\Psi_{2p}^*H'\Psi_{2p}\mathrm{d}\tau=\int_0^{r_0}R_{21}^2(r)e^2\left(\frac{1}{r}-\frac{1}{r_0}\right)r^2\mathrm{d}r\approx\frac{e^2r_0^4}{480a_0^5}\cdot\Delta E_{1s}$$

利用同样的近似，有

$$\Delta E_{1s}-\Delta E_{2p}\approx\Delta E_{1s}=\frac{2e^2r_0^2}{3a_0^3}$$

在不考虑微扰时，1s-2p 能级间隔为

$$\Delta=-\frac{me^4}{2\hbar^2}\left(\frac{1}{2^2}-1\right)=\frac{3me^4}{8\hbar^2}=\frac{3e^2}{8a_0}$$

于是求得 1s-2p 能级间隔移动的百分数为

$$\frac{\Delta E_{1s}-\Delta E_{2p}}{\Delta}\approx\frac{2e^2r_0^2}{3a_0^3}\Big/\frac{3e^2}{8a_0}=\frac{16}{9}\left(\frac{r_0}{a_0}\right)^2$$

由于

$$m=\frac{m_{\mu^-}m_{\pi^+}}{m_{\mu^-}+m_{\pi^+}}=117.7m_e$$

故

$$a_0=\hbar^2/me^2=\left(\frac{\hbar^2}{m_ee^2}\right)\frac{m_e}{m}=\frac{0.53\times10^{-8}}{117.7}\approx4.5\times10^{-11}(\mathrm{cm})$$

最后得到

$$\frac{\Delta E_{1s}-\Delta E_{2p}}{\Delta}=\frac{16}{9}\left(\frac{10^{-3}}{4.49\times10^{-11}}\right)^2=8.8\times10^{-6}$$

1.81　μ^- 粒子(质量 $M\approx210m_e$)被俘获在一个质子的圆轨道上，其初态半径 $R\approx$ 电子绕质子运动的玻尔半径. 估计需要多少时间(用 R、M 和 m_e 表示)μ^- 将辐射掉足够多的能量而达到其基态. 可利用经典论证，包括非相对论加速带电粒子的辐射功率表达式.

解　μ^- 的能量为

$$E(r)=K(r)-\frac{e^2}{r}=-\frac{e^2}{2r}$$

其中，$K(r)$ 为动能项，辐射功率 $P=\dfrac{2e^2a^2}{3c^3}$，式中 a 为加速度. $a=\dfrac{e^2}{r^2M}$ 是向心加速度. 能量

守恒要求$\frac{\mathrm{d}E}{\mathrm{d}t}=-P$，即

$$\frac{e^2}{2r^2}\frac{\mathrm{d}r}{\mathrm{d}t}=-\frac{2e^2}{3c^3}\cdot\frac{e^4}{r^4M^2}$$

积分得

$$R^3-a_B^3(\mu^-)=4c^3\cdot\frac{e^4}{M^2}t$$

式中，$a_B(\mu^-)=\frac{\hbar^2}{Me^2}$是$\mu^-$的玻尔半径，$R=\frac{\hbar^2}{m_e e^2}$为初始轨道半径. 由题设，

$$R\approx a_B(\mathrm{e})\approx2\times10^2a_B(\mu^-)$$

于是

$$\left(\frac{\hbar^2}{e^2}\right)^3\left(\frac{1}{m_e^3}-\frac{1}{M^3}\right)=\frac{4e^4}{c^3M^2}t$$

因为$M\gg m_e$，则μ^-从初始半径R到其基态a_μ所用时间为

$$\begin{aligned}t&\approx\frac{M^2c^3R^3}{4e^4}=\left(\frac{M}{m_e}\right)^2\left(\frac{m_ec^2}{e^2}\right)^2\frac{R^3}{4c}\\&=210^2\times\left(\frac{0.511}{1.44\times10^{-15}}\right)^2\frac{(0.53\times10^{-10})^3}{4\times3\times10^8}\\&=6.9\times10^{-7}(\mathrm{s})\end{aligned}$$

2　电子自旋和原子的磁矩

2.1　施特恩-格拉赫成功地观察到银原子束在不均匀磁场中偏转，他们观测到（　　）

(A) 由于银原子磁矩减小观测到一个偏转束

(B) 由于原子磁矩有两个分量观测到两个偏转束

(C) 三个偏转束，它们分别是由中性原子、负离子和正离子形成的

(D) 因为原子磁矩方向取向随机，观察到连续分布的束流

解　施特恩-格拉赫实验中原子束偏转后分裂为几条线，表明原子角动量只取几个特定的方向. 如果原子只有轨道角动量，则条纹数为$2l+1$，是奇数，但实验观测中会得到偶数个条纹，说明原子中的电子不仅有轨道角动量，还有其他形式的角动量，即自旋. 实验中用的是中性原子，产生偏折由其内禀性质决定，银原子基态总角动量为1/2，其磁矩在磁场中有两个分量束流，将分裂成两束.

答案为(B).

2.2　回答下列有关施特恩-格拉赫实验的问题：

(1) 磁场为什么必须是非均匀的？

(2) 非均匀磁场是怎样产生的？

(3) 用一束处于基态的氢原子，会产生什么样的图形？为什么？

(4) 用一束汞原子(基态$^1S_0$)，会产生什么样的图形，为什么？

解　施特恩-格拉赫实验的描述可参见2.4题及图1.12.

(1) 磁矩为μ的原子在非均匀磁场中受力为(假设$B_x=B_y=0$)：

$$F_z=-\frac{\mathrm{d}}{\mathrm{d}z}(\mu B\cos\theta)=-\mu\frac{\mathrm{d}B}{\mathrm{d}z}\cos\theta$$

其中，θ 是 $\boldsymbol{\mu}$ 和 $\boldsymbol{B}$ 的夹角. 如果磁场均匀的，则原子受力为零，也就是不会有束流线分裂. 通过非均匀磁场，原子束才产生偏转. 而且磁场变化梯度越大，原子受力越大，原子束偏转也越大，更容易观测. 所以在施特恩-格拉赫实验中需用非常不均匀的磁场.

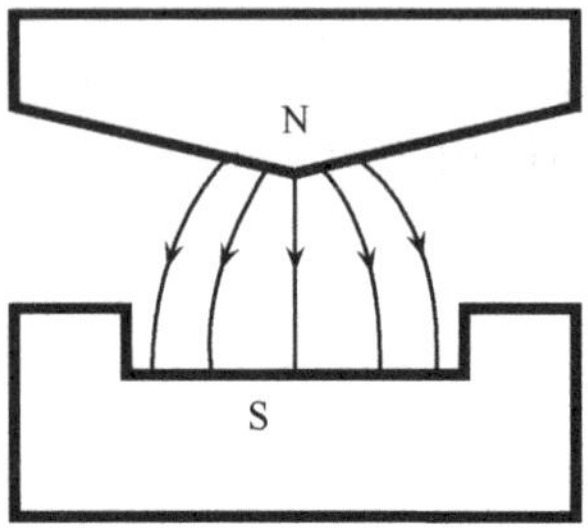

图 1.10

(2) 非均匀磁场可由不对称的磁极产生，如图 1.10 所示.

(3) 氢原子的基态是 $^2s_{1/2}$，原子磁矩 $\boldsymbol{\mu}$ 在磁场梯度方向(z 方向)的分量为 $\pm\mu_B$. 所以原子在 z 方向受力为 $F_z=\pm\mu_B\frac{\mathrm{d}B}{\mathrm{d}z}$. 因此，氢原子束经过非均匀磁场后分裂两条束线，但与通常所用的银原子相比，氢原子两谱线裂距要大些(裂距 $\Delta Z\propto\frac{1}{m}$).

(4) 基态($^1S_0$)汞原子的总角动量 $J=0$，故原子磁矩 $\boldsymbol{\mu}=0$，所以谱线不分裂.

2.3 一窄束自旋为 1/2，磁矩为 $\boldsymbol{\mu}$ 的中性粒子沿 x 方向通过施特恩-格拉赫装置，结果该中性粒子束因粒子的 μ_z 不同而分裂. 施特恩-格拉赫装置主要由一个产生非均匀磁场 $B_z(z)$ 的磁铁构成. 磁场作用于粒子磁矩的力引起正比于 $\mu_z B_z(z)$ 的位移.

(1) 就下列情形描述劈裂的图形：

(i)沿 $+z$ 方向极化的粒子束；(ii)沿 $+x$ 方向极化的粒子束；(iii)沿 $+y$ 方向极化的粒子束；(iv)未极化的粒子束.

(2) 对于那些区别不开的情形，如何进一步利用施特恩-格拉赫装置和某种可能的附加仪器进行实验，从而把它们区分开？

解 (1) (i)沿 $+z$ 方向极化的粒子束不分裂，但有一定程度的偏转.

(ii) 沿 $+x$ 方向极化的粒子束分裂为两束，分别偏向 $+z$ 和 $-z$ 方向.

(iii) 同(ii).

(iv) 未极化的粒子束通过磁场后，也分裂为两束，分别偏向 $+z$ 和 $-z$ 方向.

(2) 上述(ii)、(iii)、(iv)中的粒子束均分裂为两束，尚无法区分，按以下步骤可进一步区分三种情况：

(a) 将施特恩-格拉赫装置中的磁场转到 y 方向，此时情形(iii)的粒子将不产生分裂，不过仍有一定的偏转. (ii)、(iv)的粒子束仍分裂为两束.

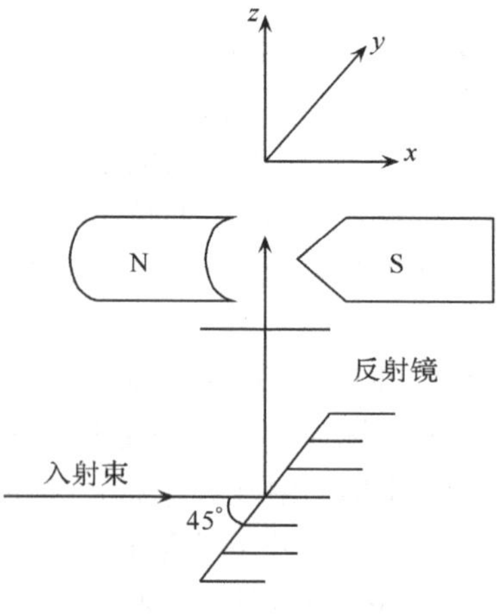

图 1.11

(b) 在原装置前加一反射镜. 相应改变束流源与施特恩-格拉赫装置间的相对位置(如图 1.11)，

则情形(ii)的粒子束通过磁场后不产生分裂(但有一定的偏转),而情形(iv)的粒子束仍分裂为两束.

2.4 估算施特恩-格拉赫实验中氢原子的两谱线分裂间隔,对实验仪器的性质可作任何合理的假设.标出所用的常数的出处及代入公式所要求的单位.

解 设不均匀磁场区域长度为 L_1,磁场梯度为$\frac{\mathrm{d}B}{\mathrm{d}z}$,出磁场后氢原子飞行长度为 L_2(图 1.12).基态氢原子的磁矩 $\boldsymbol{\mu}=g\mu_B\boldsymbol{J}=2\mu_B\boldsymbol{J}$,所以磁矩在磁场方向(即 z 方向)的分量分别为 μ_B 和$-\mu_B$.原子在 z 方向受力为 $F_z=-\mu_z\frac{\mathrm{d}B}{\mathrm{d}z}=\pm\mu_B\frac{\mathrm{d}B}{\mathrm{d}z}$,于是谱线分裂间隔为

$$d=\frac{\mu_B L_1}{mv^2}(2L_2+L_1)\frac{\mathrm{d}B}{\mathrm{d}z}$$

其中,v 为氢原子入射速度,m 为氢原子质量.

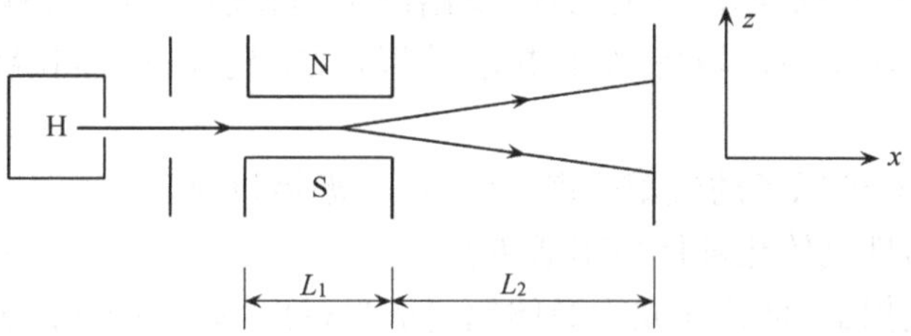

图 1.12

如取 $L_1=0.03\text{m}$,$L_2=0.10\text{m}$,$\frac{\mathrm{d}B}{\mathrm{d}z}=10^3\text{T}\cdot\text{m}^{-1}$,$v=10^3\text{m}\cdot\text{s}^{-1}$,则

$$\begin{aligned}d&=\frac{0.927\times10^{-23}\times0.03}{1.67\times10^{-27}\times10^6}\times(2\times0.10+0.03)\times10^3\\&=3.8\times10^{-2}(\text{m})=3.8(\text{cm})\end{aligned}$$

其中,玻尔磁子 μ_B 及氢原子质量 m(近似等于质子质量)在物理学常数表上均能查到.这些常数均以国际单位制代入公式,μ_B 的单位是 J/T,m 的单位是 kg.当然,用其他单位也行,不过公式中其他各物理量的单位也应作相应改变.

2.5 在施特恩-格拉赫实验中,原子态的氢从温度为 400K 的炉中射出,在屏上接收到两条氢束线,其间距为 0.6cm,若把氢原子换成锰原子(基态为$^6S_{5/2}$),其他条件不变,那么在屏上可以接收到几条束线?其相邻两束的间距是多少?

解 在施特恩-格拉赫实验中,原子束在屏上分裂的条数由总角动量 J 决定:

$$N=2J+1\quad(g\neq0)$$

对氢原子:$J=1/2$, $g=2$, 分裂为 2 条;

对锰原子:基态为$^6S_{5/2}$, $J=\frac{5}{2}$, $S=\frac{5}{2}$, $L=0$,

$$g=\frac{3}{2}+\frac{S(S+1)-L(L+1)}{2J(J+1)}=\frac{3}{2}+\frac{\frac{5}{2}\cdot\left(\frac{5}{2}+1\right)}{2\cdot\frac{5}{2}\cdot\left(\frac{5}{2}+1\right)}=2\neq0$$

所以分裂条数为

$$N = 2J + 1 = 2 \times \frac{5}{2} + 1 = 6$$

原子束在屏上分裂相邻束线的间距为

$$\Delta z = 2(M_2 - M_1) g\mu_B \frac{\partial B_z}{\partial z} \frac{dD}{3kT} = (M_2 - M_1) gA$$

式中，$A = 2\mu_B \frac{\partial B_z}{\partial z} \frac{dD}{3kT}$，$d$ 为磁场的纵向长度，D 为磁极中心到屏的距离，在给定的条件下，A 为常数.

对氢和锰原子的相邻两束有 $M_2 - M_1 = 1$，则 $\frac{\Delta z_H}{\Delta z_{Mn}} = \frac{g_H}{g_{Mn}}$，所以

$$\Delta z_{Mn} = \frac{g_{Mn}}{g_H} \times \Delta z_H = \frac{2}{2} \times 0.6 = 0.6(\text{cm})$$

2.6　简要回答下列问题，如有可能，试给出定理表述及推理过程.

(1) 一束中性原子通过施特恩-格拉赫装置，观察到 5 条等间距的谱线，该原子的总角动量是多少？

(2) 处于 $^3P_0$ 态的原子的磁矩是多少？(不考虑核效应)

(3) 为什么惰性气体化学性质不活泼？

(4) 假设墙是黑的，估计房间内黑体辐射能量密度，以 erg/cm^3 为单位；

(5) 氢气放电时，观察到相应于 $2^2p_{1/2} \to 1^2s_{1/2}$ 和 $2^2p_{3/2} \to 1^2s_{1/2}$ 跃迁的两条谱线，估计它们的强度比.

解　(1) 原子的总角动量量子数为 J，而该中性原子通过施特恩-格拉赫装置后分成 5 条等间距的谱线，即 $5 = 2J + 1$，所以 $J = 2$.

(2) 磁矩 $\boldsymbol{\mu}_J = g\mu_B \boldsymbol{J}$，因 $\boldsymbol{J} = 0$，所以 $\boldsymbol{\mu} = 0$.

(3) 惰性气体原子核外电子为满壳层，不能再从其他原子接纳电子，也不容易失去电子，因此不易与其他原子形成化学键，所以化学性质不活泼.

(4) 黑体辐射的能量密度 $u = \frac{4}{c} J_u$，J_u 为辐射通量密度. 根据斯特藩-玻尔兹曼定律

$$J_u = \sigma T^4 = 5.669 \times 10^{-5} T^4 (\text{erg} \cdot \text{s}^{-1} \cdot \text{cm}^{-1} \cdot \text{K}^{-4})$$

在室温 $T = 300\text{K}$ 下，可得

$$u = \frac{4}{3 \times 10^{10}} \times 5.669 \times 10^{-5} \times 300^4$$
$$= 6.12 \times 10^{-5} (\text{erg} \cdot \text{cm}^{-3})$$

(5) $2^2P_{1/2}$ 的简并度为 2，$2^2p_{3/2}$ 的简并度为 4，而它们与 $1^2s_{1/2}$ 态能量差大致相等，所以它们的自发跃迁 $(2^2p_{1/2} \to 1^2s_{1/2})$ 和 $(2^2p_{3/2} \to 1^2s_{1/2})$ 的强度比为 1 ∶ 2.

2.7　画出锂原子 $n = 2, 3, 4$ 的能级图，在图上标出可以看到的吸收跃迁与辐射跃迁，并在同一图上画出氢原子 $n = 2, 3, 4$ 的能级.

解　由于原子一般都处在基态，故吸收谱线是电子由 2s 态跃迁到 np 态引起的($n = 2, 3, 4$). 能级图如图 1.13 所示，图中虚线表示吸收，实线表示辐射. 图中右边一列能级代

表氢原子的能级.

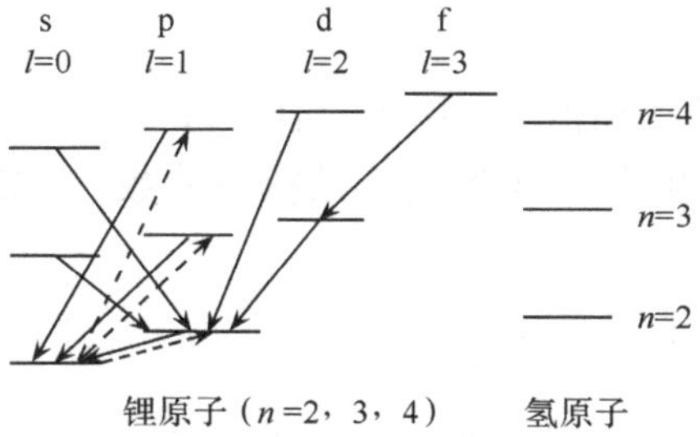

图 1.13

2.8　已知锂原子光谱项的量子数改正值 $\Delta_s=0.40$ 和 $\Delta_p=0.05$. 试估算被激发到 3s 态的锂原子向较低能级跃迁时可观察到的谱线波数(不考虑精细结构).

解　锂原子的谱项为

$$T_{2s}=\frac{R}{(2-\Delta_s)^2}\quad T_{3s}=\frac{R}{(3-\Delta_s)^2},\quad T_{2p}=\frac{R}{(2-\Delta_p)^2}$$

可能发生的跃迁为:3s→2p 和 2p→2s,相应的谱线的波数分别为

$$\begin{aligned}\tilde{\nu}_{3s\to 2p}&=T_{2p}-T_{3s}=\frac{Rhc}{hc(2-\Delta_p)^2}-\frac{Rhc}{hc(3-\Delta_s)^2}\\&=\frac{13.6\times10^{10}}{12400\times(2-0.05)^2}-\frac{13.6\times10^{10}}{12400\times(3-0.40)^2}\\&=1.26\times10^6(\mathrm{m}^{-1})\end{aligned}$$

$$\begin{aligned}\tilde{\nu}_{2p\to 2s}&=T_{2s}-T_{2p}=\frac{Rhc}{hc(2-\Delta_s)^2}-\frac{Rhc}{hc(2-\Delta_p)^2}\\&=\frac{13.6\times10^{10}}{12400\times(2-0.40)^2}-\frac{13.6\times10^{10}}{12400\times(2-0.05)^2}\\&=1.40\times10^6(\mathrm{m}^{-1})\end{aligned}$$

2.9　已知钾原子基态为 4s,钾原子主线系第一条谱线的波长 $\lambda_1=766.5\mathrm{nm}$. 主线系的短波限 $\lambda_\infty=285.8\mathrm{nm}$. 试求 4s、4p 谱项的量子数改正值.

解　λ_∞是由 $n=\infty$到 4s 的跃迁,λ_1 是由 4p 到 4s 的跃迁,产生 λ_1 和 λ_∞的波数公式为

$$\frac{1}{\lambda_\infty}=\frac{R_k}{(4-\Delta_s)^2}$$

$$\frac{1}{\lambda_1}=\frac{R_k}{(4-\Delta_s)^2}-\frac{R_k}{(4-\Delta_p)^2}$$

$R_k\approx R_\infty=1.099\times10^7\mathrm{m}^{-1}$,由上面两式得

$$\Delta_s=4-\sqrt{R_k\lambda_\infty}=2.23$$

$$\Delta_p=4-\sqrt{R_k\frac{\lambda_\infty\lambda_1}{\lambda_1-\lambda_\infty}}=1.76$$

2.10　钠原子($Z=11$)的基态为 3s,已知其共振线波数为 $1.6952\times10^6\mathrm{m}^{-1}$,漫线系第一条线的波数为 $1.2218\times10^6\mathrm{m}^{-1}$,基线系第一条线的波数为 $5.4158\times10^5\mathrm{m}^{-1}$,锐线系

的系限波数为 $2.4492\times10^6\text{m}^{-1}$.

(1) 试画出与上述谱线有关的能级跃迁图，在图中标出各能级的相应量子数及各谱线的波数；

(2) 计算各有关能级的谱项值 T_n(用 m^{-1}表示)；

(3) 计算对 3s，3p，3d 电子，原子实的有效核电荷数(只需两位有效数字)，并简要阐述这一结果的物理意义.

解 (1) 能级跃迁图见图 1.14.

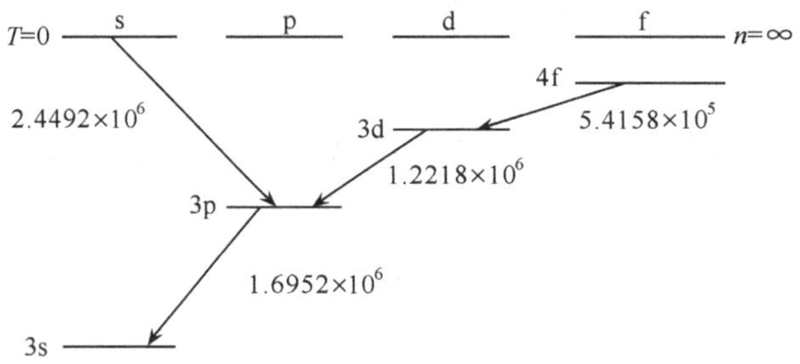

图 1.14

(2) 有关能级的谱项为

$$T(3s)=1.6952\times10^6+2.4492\times10^6=4.1444\times10^6(\text{m}^{-1})$$
$$T(3p)=2.4492\times10^6(\text{m}^{-1})$$
$$T(3d)=T(3p)-1.2218\times10^6=1.2274\times10^6(\text{m}^{-1})$$
$$T(4f)=T(3d)-5.4158\times10^5=6.8582\times10^5(\text{m}^{-1})$$

(3) $Z^*=\left(\dfrac{Tn^2}{R}\right)^{1/2}=\left(\dfrac{Tn^2hc}{Rhc}\right)^{1/2}$，利用 $n=3$，$Rhc=13.6\text{eV}$，$hc=1240\text{eV}\cdot\text{nm}$ 分别求得 3s，3p，3d 电子的有效电荷值为

$$Z_{3s}^*=1.8,\quad Z_{3p}^*=1.4,\quad Z_{3d}^*=1.0$$
$$Z_{3s}^*>Z_{3p}^*>Z_{3d}^*\geqslant1$$

说明价电子有一定的概率穿过原子实而靠近原子核，对于同一 n 而不同 l 的状态，l 越小，电子在原子核附近出现的概率越大，感受到的有效核电荷也越大，在 l 较大时，电子远离原子核和$(Z-1)$个电子，受到一个较完全屏蔽的核的作用，例如 3d 电子，$Z_{3d}^*\to1$.

2.11 用具有连续谱的光照射钾(K，$Z=19$)蒸气，以观测钾的吸收谱.

(1) 在中等温度($T\sim1000\text{K}$)时，实验观察到的吸收谱中波长最长的前四条，其波长和能量列入表 1.1，问这些谱线属于哪一个谱线系？

(2) 在更高温度时，另有三条吸收谱出现，其波长和能量列入表 1.2. 若进一步用分辨本领更高的光谱仪观察，会发现上述各条谱线均由两条线构成. 已知钾的电离能为 4.34eV. 试利用表 1.1 和表 1.2 绘出有关的能级图，并计算各能级的能量值.

表 1.1

序号	1	2	3	4
λ/nm	768.2	404.6	344.8	321.8
E/eV	1.614	3.065	3.596	3.853

表 1.2

序号	5	6	7
λ/nm	1247.9	692.5	579.2
E/eV	0.994	1.792	2.141

解　能级图如图 1.15 所示.

(1) 在 $T=1000\text{K}$ 时，钾原子的平均动能为

$$E_k=\frac{3}{2}kT=0.13(\text{eV})$$

因此钾原子处于基态，由 $\Delta l=\pm1$ 可知这些谱线是 4s→np 态间跃迁，属主线系.

(2) 温度较高时，原子激发到 4p 态，由 $\Delta l=\pm1$ 及谱线精细结构为双线可知表 1.2 谱线为 4p→ns 跃迁，属锐线系.

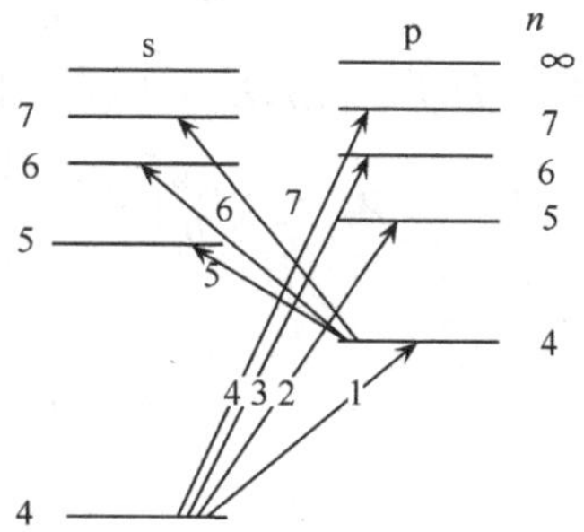

图 1.15

$$\begin{aligned}
E(4s)&=-4.34(\text{eV})\\
E(4p)&=E(4s)+E_1=-2.73(\text{eV})\\
E(5p)&=E(4s)+E_2=-1.28(\text{eV})\\
E(6p)&=E(4s)+E_3=-0.74(\text{eV})\\
E(7p)&=E(4s)+E_4=-0.49(\text{eV})\\
E(5s)&=E(4p)+E_5=-1.73(\text{eV})\\
E(6s)&=E(4p)+E_6=-0.94(\text{eV})\\
E(7s)&=E(4p)+E_7=-0.59(\text{eV})
\end{aligned}$$

2.12　导出朗德因子 g 的表达式.

解　设原子中电子的总轨道角动量为 $\boldsymbol{L}$，总自旋角动量为 $\boldsymbol{S}$，总角动量为 $\boldsymbol{J}$，对应的磁矩分别为 $\boldsymbol{\mu}_L=-\frac{\mu_B}{\hbar}\boldsymbol{L}$，$\boldsymbol{\mu}_S=-2\frac{\mu_B}{\hbar}\boldsymbol{S}$. 原子的磁矩（有效磁矩）为 $\boldsymbol{\mu}_J=-g\mu_B\boldsymbol{J}$，这里 g 就是所要求的朗德因子.

因为

$$\boldsymbol{J}=\boldsymbol{L}+\boldsymbol{S}$$

原子的总磁矩为

$$\boldsymbol{\mu}=\boldsymbol{\mu}_L+\boldsymbol{\mu}_S=-\frac{\mu_B}{\hbar}(\boldsymbol{L}+2\boldsymbol{S})=-\frac{\mu_B}{\hbar}(\boldsymbol{J}+\boldsymbol{S})$$

由原子的矢量模型知：原子的总磁矩 $\boldsymbol{\mu}$ 与总角动量 $\boldsymbol{P}_J$ 不共线，但 $\boldsymbol{\mu}$ 在 $\boldsymbol{P}_J$ 方向上的分量 $\boldsymbol{\mu}_J$ 是有效磁矩，被称作原子磁矩.

$$\boldsymbol{\mu}_J=\frac{\boldsymbol{\mu}\cdot\boldsymbol{J}}{\boldsymbol{J}^2}\boldsymbol{J}=-\mu_B\frac{(\boldsymbol{J}+\boldsymbol{S})\cdot\boldsymbol{J}}{\boldsymbol{J}^2}\boldsymbol{J}=-\frac{\mu_B}{\hbar}\frac{\boldsymbol{J}^2+\boldsymbol{S}\cdot\boldsymbol{J}}{\boldsymbol{J}^2}\boldsymbol{J}=-\frac{\mu_B}{\hbar}\left(1+\frac{\boldsymbol{S}\cdot\boldsymbol{J}}{\boldsymbol{J}^2}\right)\boldsymbol{J}=-\frac{\mu_B}{\hbar}g\boldsymbol{J}$$

定义

$$g=1+\frac{\boldsymbol{P}_S\cdot\boldsymbol{P}_J}{\boldsymbol{P}_J^2}$$

由矢量模型知

$$\boldsymbol{L}\cdot\boldsymbol{L}=(\boldsymbol{J}-\boldsymbol{S})(\boldsymbol{J}-\boldsymbol{S})=\boldsymbol{J}^2+\boldsymbol{S}^2-2\boldsymbol{J}\cdot\boldsymbol{S}$$

所以

$$\boldsymbol{J}\cdot\boldsymbol{S}=\frac{1}{2}(\boldsymbol{J}^2+\boldsymbol{S}^2-\boldsymbol{L}^2)$$

$$\boldsymbol{\mu}_J=-\frac{\mu_B}{\hbar}\left(1+\frac{\boldsymbol{S}\cdot\boldsymbol{J}}{\boldsymbol{J}^2}\right)\boldsymbol{J}=-\frac{\mu_B}{\hbar}\left(1+\frac{\boldsymbol{J}^2+\boldsymbol{S}^2-\boldsymbol{L}^2}{2\boldsymbol{J}^2}\right)\boldsymbol{J}$$

以 $\boldsymbol{J}^2=J(J+1)\hbar,\boldsymbol{L}^2=L(L+1)\hbar,\boldsymbol{S}^2=S(S+1)\hbar$代入

$$\boldsymbol{\mu}_J=-\frac{\mu_B}{\hbar}\left[1+\frac{J(J+1)+S(S+1)-L(L+1)}{2J(J+1)}\right]\boldsymbol{J}=-g\frac{\mu_B}{\hbar}\boldsymbol{J}$$

定义

$$\begin{aligned}g&=1+\frac{J(J+1)+S(S+1)-L(L+1)}{2J(J+1)}\\&=\frac{3}{2}+\frac{S(S+1)-L(L+1)}{2J(J+1)}\end{aligned}$$

2.13 若原子处于$^2d_{3/2}$态，计算电子的总轨道角动量与轨道磁矩，总自旋角动量与自旋磁矩，总角动量与原子的有效磁矩，并按比例将以上各量用矢量图表示出来.

解 各量的矢量图如图 1.16 所示

$$|\boldsymbol{L}|=\sqrt{L(L+1)}\hbar=\sqrt{6}\hbar$$

$$|\boldsymbol{S}|=\sqrt{S(S+1)}\hbar=\frac{\sqrt{3}}{2}\hbar$$

$$|\boldsymbol{J}|=\sqrt{J(J+1)}\hbar=\frac{\sqrt{15}}{2}\hbar$$

$$\cos(L,S)=\frac{J(J+1)-L(L+1)-S(S+1)}{2\sqrt{L(L+1)S(S+1)}}=-\frac{\sqrt{2}}{2}$$

$$(L,S)=135^\circ$$

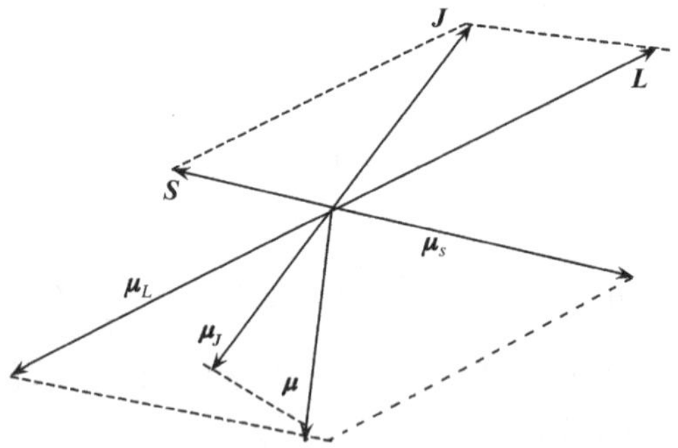

图 1.16

相应的磁矩分别为

$$\mu_L=g_L\sqrt{L(L+1)}\mu_B=\sqrt{6}\mu_B$$

$$\mu_S = g_S \sqrt{S(S+1)}\mu_B = \sqrt{3}\mu_B$$

按计算结果及 $\boldsymbol{L}$,$\boldsymbol{S}$ 夹角画出矢量图,原子的总磁矩 $\boldsymbol{\mu}$ 与 $\boldsymbol{J}$ 不共线,一般用有效磁矩 $\boldsymbol{\mu}_J$ 表征原子的磁矩,$\mu_J = -g\frac{\mu_B}{\hbar}J$,其 g 因子为

$$g = \frac{3}{2} + \frac{1}{2}\frac{S(S+1) - L(L+1)}{J(J+1)} = \frac{4}{5}$$

则 $\mu_J = g\sqrt{J(J+1)}\mu_B = \frac{2}{5}\sqrt{15}\mu_B$.

各量的矢量关系绘于图 1.16.

2.14　求在 $l=1$ 的状态下,电子的自旋角动量与轨道角动量间的夹角.

解　用原子矢量模型描述自旋角动量与轨道角动量的简单关系,轨道角动量与自旋角动量平行与反平行时分别示于如图 1.17(a)和图 1.17(b):

$$J^2 = S^2 + L^2 - 2SL\cos(\pi - \alpha)$$

$$\cos(\pi - \alpha) = \frac{S^2 + L^2 - J^2}{2SL}$$

式中,$S^2 = s(s+1)$,$L^2 = l(l+1)$,$J^2 = j(j+1)$,$J = l \pm 1/2$.代入具体数值计算得

$$\alpha = 65.9°,\quad \beta = 144.7°$$

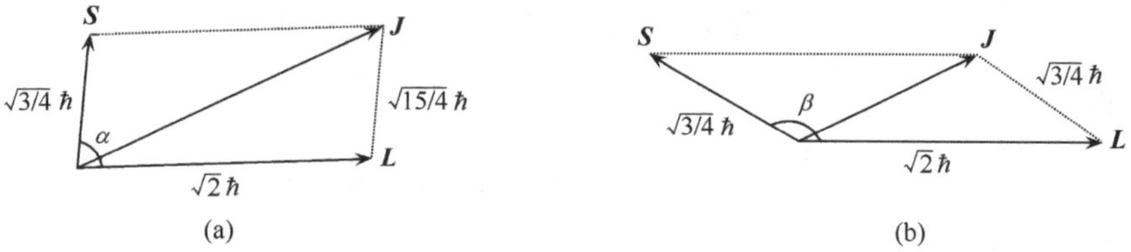

图 1.17

2.15　氢原子 2p 态的自旋-轨道分裂约为　(　　)

(A) 10^{-6}eV　(B) 10^{-4}eV　(C) 10^{-2}eV　(D) 10^{0}eV

解　对于氢原子 2p 态,$n=2$,$l=1$,$s=\frac{1}{2}$,得 $j_1=\frac{3}{2}$,$j_2=\frac{1}{2}$.自旋-轨道耦合引起的能级分裂为

$$\Delta E_{ls} = \frac{hcR\alpha^2}{n^3 l\left(l+\frac{1}{2}\right)(l+1)} \times \frac{j_1(j_1+1) - j_2(j_2+1)}{2}$$

$$= \frac{13.6 \times 5.3 \times 10^{-5}}{8 \times \frac{3}{2} \times 2} \times \frac{\frac{15}{4} - \frac{3}{4}}{2} \approx 4.5 \times 10^{-5}\,(\text{eV})$$

$$\approx 10^{-4}\,(\text{eV})$$

其中,R 是里德伯常量,$hcR = 13.6$eV 是氢原子的电离电位,$\alpha = \frac{1}{137}$是精细结构常数,所以答案是 10^{-4}eV.

答案为(B).

2.16 用光谱项的精细结构公式，计算氢原子中电子轨道运动和自旋相互作用以及相对论修正的能量的最大值.

解 由 $\Delta E=\frac{Rhc\alpha^2}{n^3}\cdot\left(\frac{1}{j+1/2}-\frac{3}{4n}\right)$知，欲使 ΔE 有最大值，则应为 j 值最小$\left(j=\frac{1}{2}\right)$和$\frac{\mathrm{d}(\Delta E)}{\mathrm{d}n}=0$. 由$\frac{\mathrm{d}(\Delta E)}{\mathrm{d}n}=0$ 求得 $n=1$. 所以当 $j=\frac{1}{2}$，$n=1$ 时，ΔE 最大，即

$$\Delta E_{\max}=Rhc\alpha^2\left(1-\frac{3}{4}\right)=1.8\times10^{-4}(\mathrm{eV})$$

2.17 试以普通形式证明，量子数 n 和 j 无论取何种可能的值时，精细结构公式中的修正项都不会消失.

证明 精细结构能量公式为

$$\Delta E=\frac{Rhc\alpha^2}{n^3}\left(\frac{1}{j+1/2}-\frac{3}{4n}\right)$$

为使 $\Delta E=0$，要满足下面的等式：

$$\frac{1}{j+1/2}-\frac{3}{4n}=0$$

即 $j=\frac{4}{3}n-\frac{1}{2}$，因为

$$n=l_{\max}+1=\left(j_{\max}-\frac{1}{2}\right)+1=j_{\max}+\frac{1}{2}$$

代入上式得

$$j=\frac{4}{3}\left(j_{\max}+\frac{1}{2}\right)-\frac{1}{2}=\frac{4}{3}j_{\max}+\frac{1}{6}>j_{\max}$$

这一结果是荒谬的，故修正项不为零，得证.

2.18 由于自旋-轨道耦合效应，氢原子的 $2p_{3/2}$ 和 $2p_{1/2}$ 的能级差为 4.5×10^{-5} eV.

(1) 求莱曼系的最小频率的两条精细结构谱线的频率差和波长差；

(2) 氢原子处于 $n=2$，$l=1$ 的状态时，电子感受到的磁场多大？

解 (1) 用 E_3、E_2、E_1 分别表示 $2p_{3/2}$，$2p_{1/2}$ 和 $1s_{1/2}$ 三个状态的能量，$h\nu_1=E_2-E_1$，$h\nu_2=E_3-E_1$，则两条谱线的频率差为

$$\nu_2-\nu_1=\frac{E_3-E_2}{h}=\frac{(E_3-E_2)c}{hc}=\frac{4.5\times10^{-5}\times3\times10^8\times10^9}{1240}\approx1.1\times10^{10}(\mathrm{Hz})$$

其波长差为

$$\lambda_1-\lambda_2=c\left(\frac{1}{\nu_1}-\frac{1}{\nu_2}\right)\approx\frac{c(\nu_2-\nu_1)}{\nu_1^2}=\frac{(E_3-E_2)c}{h\nu_1^2}$$

式中

$$\nu_1=\frac{E_2-E_1}{h}=\frac{(E_1/4)-E_1}{h}=-\frac{3}{4}\cdot\frac{E_1}{h},\ E_1=-13.6\mathrm{eV}$$

$$\lambda_1-\lambda_2=\frac{(E_3-E_2)c}{h}\cdot\frac{4^2h^2}{3^2E_1^2}=\frac{4.5\times10^{-5}\times1240\times4^2}{3^2\times13.6^2}\approx5.4(\mathrm{pm})$$

(2) 两个能级差为

$$E_3-E_2=\mu_B B-(-\mu_B B)=2\mu_B B$$

则内磁场为

$$B=\frac{E_3-E_2}{2\mu_B}=\frac{4.5\times 10^{-5}}{2\times 5.8\times 10^{-5}}\approx 0.39(\mathrm{T})$$

2.19　钠原子光谱黄色双重线是 $3^2p_{3/2}$ 和 $3^2p_{1/2}$ 能态至基态跃迁发出的，波长分别为 589.0nm 和 589.6nm. 计算：

(1) 这两种波长光子的能量(eV)；

(2) $3^2p_{3/2}$ 和 $3^2p_{1/2}$ 两能级的能量差 ΔE；

(3) $3^2p_{3/2}$ 和 $3^2p_{1/2}$ 的能级差可以看成由电子轨道运动在电子处产生的磁场 $\boldsymbol{B}$ 与电子的自旋磁矩间的相互作用不同引起的，试估算这个内磁场 B 的大小；

(4) 钾原子光谱主线系第一条谱线的双线的波长分别为 $\lambda_1=766.41\mathrm{nm}$，$\lambda_2=769.9\mathrm{nm}$；锂原子光谱主线系第一条谱线的双线的波长分别为 $\lambda_1=670.785\mathrm{nm}$，$\lambda_2=670.800\mathrm{nm}$. 试估算它们的内磁场 $\boldsymbol{B}$ 的强度($\mu_B=5.79\times 10^{-5}\mathrm{eV\cdot T^{-1}}$).

解　(1) 由 $3^2p_{1/2}$ 跃迁的光线的能量为

$$E_1=hc/\lambda_1=1240/589.6=2.10312(\mathrm{eV})$$

由 $3^2p_{3/2}$ 跃迁的光线的能量为

$$E_2=hc/\lambda_2=1240/589.0=2.10526(\mathrm{eV})$$

(2) 两个能级的差为

$$\Delta E=E_2-E_1=2.14\times 10^{-3}\mathrm{eV}$$

(3) 设 $\boldsymbol{B}$ 为内磁场，则电子磁矩 $\boldsymbol{\mu}_s$ 与 $\boldsymbol{B}$ 作用的附加能为

$$u=-\boldsymbol{\mu}_s\cdot\boldsymbol{B}=g_s m_s\mu_B B,\quad m_s=\pm\frac{1}{2},\quad g_s=2$$

$$\Delta E=u_+-u_-=2\mu_B B$$

所以

$$B=\frac{\Delta E}{2\mu_B}=\frac{2.14\times 10^{-3}}{2\times 5.79\times 10^{-5}}\approx 18.5(\mathrm{T})$$

(4) 类似地可估算钾原子的内部磁场为

$$B=\frac{\Delta E}{2\mu_B}=\frac{hc}{2\mu_B}\left(\frac{1}{\lambda_1}-\frac{1}{\lambda_2}\right)\approx 63\mathrm{T}$$

锂原子的内部磁场为

$$B=\frac{\Delta E}{2\mu_B}=\frac{hc}{2\mu_B}\left(\frac{1}{\lambda_1}-\frac{1}{\lambda_2}\right)\approx 0.36\mathrm{T}$$

2.20　已知铯原子主线系的第二条谱线的双重结构成分的波长分别为 459.3nm 和 455.5nm，试求其有效核电荷数 Z^*(铯 $Z=55$). 已知里德伯常量 $R=1.097\times 10^7\mathrm{m^{-1}}$.

解　该谱线对应的能级跃迁为 $7^2p_{3/2}\to 6^2s_{1/2}$，$7^2p_{1/2}\to 6^2s_{1/2}$，由波长可计算两条谱线的波数差为

$$\Delta\tilde{\nu}=\frac{1}{\lambda_2}-\frac{1}{\lambda_1}=\frac{1}{455.5}-\frac{1}{459.3}\approx 18163(\mathrm{m^{-1}})$$

而 $\Delta\tilde{\nu}=\dfrac{R\alpha^2Z^{*4}}{n^3l(l+1)}$. 所以

$$Z^{*}=\left(\frac{\Delta\tilde{\nu}n^{3}l(l+1)}{R\alpha^{2}}\right)^{1/4}=\left[\frac{18163\times7^{3}\times1\times2\times137^{2}}{1.097\times10^{7}}\right]^{1/4}=12.1$$

2.21　考虑精细结构，试画出锂原子从3d态返回到2s态时，所有可能的能级跃迁，有几种跃迁？标明各能级的原子态符号.

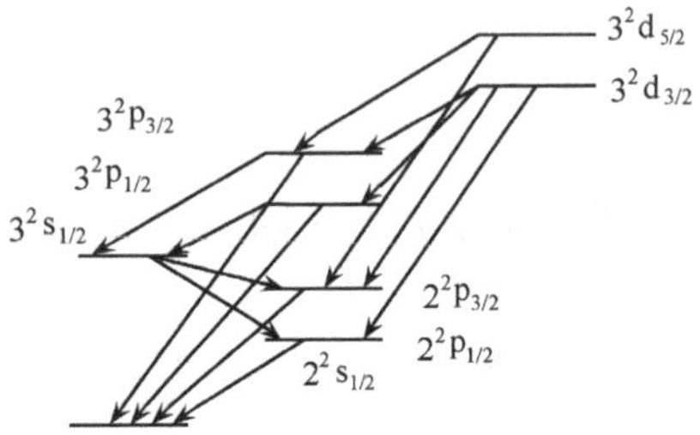

图 1.18

解　考虑精细结构后，除s态能级外，其余能级均分裂成两个子能级. 根据选择定则，$\Delta l=\pm1$，$\Delta j=0,\pm1$，各能级的原子态符号和可能发生的跃迁绘于图1.18中. 共有14种可能的跃迁.

2.22　从钠原子光谱中得知其3p和3d项的项值分别为 $T_{3p}=2.44927\text{m}^{-1}$ 和 $T_{3d}=1.2274\text{m}^{-1}$，试计算它们的精细结构裂距，并与实验值比较.

解　由碱金属原子双层能级间隔的公式，有

$$\Delta\tilde{\nu}=-\frac{R\alpha^{2}Z^{*4}}{n^{3}l(l+1)}=\left(\frac{RZ^{*2}}{n^{2}}\right)^{2}\cdot\frac{n\alpha^{3}}{l(l+1)R}=T_{nl}^{2}\,\frac{n\alpha^{3}}{l(l+1)R}\tag{1}$$

代入数据可算得 T_{3p} 和 T_{3d} 项之精细结构裂距分别为

$$\Delta\tilde{\nu}_{3p}=43.68\text{m}^{-1},\quad\Delta\tilde{\nu}_{3d}=3.66\text{m}^{-1}$$

与实验值 $\Delta\tilde{\nu}_{3p}=1278\text{m}^{-1}$，$\Delta\tilde{\nu}_{3d}=4.467\text{m}^{-1}$ 比较可知，3d项理论值与实验值虽有差别，但量级相同，而3p项理论值与实验值差两个量级！这是因为在碱金属原子的能级公式

$$E=-\frac{RhcZ^{*2}}{n^{2}}-\frac{Rhc\alpha^{2}Z'^{4}}{n^{3}}\cdot\left(\frac{1}{J+1/2}-\frac{3}{4n}\right)\tag{2}$$

中 Z^{*} 和 Z' 这两个有效核电荷数，实验测知它们具有不同的值：$Z^{*}=Z-\sigma$，$Z'=Z-s$，这里 Z 是核电荷数，σ 和 s 都是屏蔽常数，但数值不同. 显然精细结构裂距只与 Z' 有关，而与在能量主项中的 Z^{*} 无关，故知式(1)中的 Z^{*} 应为 Z'. 对于钠原子的3d电子，因轨道呈圆形，屏蔽常数 s 与 σ 相差很小，于是有 $\frac{R(Z-\sigma)^{4}}{n^{2}}=\frac{R(Z-s)^{4}}{n^{2}}\approx T_{3d}$. 从而得到了 $\Delta\tilde{\nu}_{3d}$ 的理论值与实验值数量级一致的结果. 而3p电子的轨道比较扁，它的一部分已穿入原子实，有效核电荷增加，屏蔽常数减小，s 与 σ 相差很大，故而就没有这一近似了. 这一点我们通过如下计算可看出：把 T_{3p} 和 T_{3d} 值代入 $T_{nl}=\frac{R(Z-\sigma)^{2}}{n^{2}}$ 中分别计算出 $\sigma_{p}=9.583$ 和 $\sigma_{d}=9.997$；而由光谱的精细结构裂距数据代入式(1)（注意：式中 Z^{*} 应为 Z'）中分别算得 $s_{p}=7.450$ 和 $s_{d}=9.945$. 可见，σ_{d} 与 s_{d} 很接近，而 σ_{p} 和 s_{p} 相差很大，从而造成上述相差两个量级的结果.

这里需要指出，一般原子物理学书中给出的光谱项值是整个谱项值，它近似等于 $\frac{RZ^{*2}}{n^{2}}$，而不是反映精细结构在主项基础上的附加项值，所以直接用表中谱项值代入式(1)计算，结果当然就与实验值不符，甚至差得很远.

2.23　(1) 给出钠原子双重结构能级(图1.19)的光谱学符号；

(2) 解释引起能级差 E 的物理机制；

(3) 解释引起 ΔE 分裂的物理机制；

(4) 求谱线 D_2 和 D_1 强度比$\frac{I_2}{I_1}$(设 $kT\gg\Delta E$).

解　(1) 各能级的光谱学符号示于图 1.20.

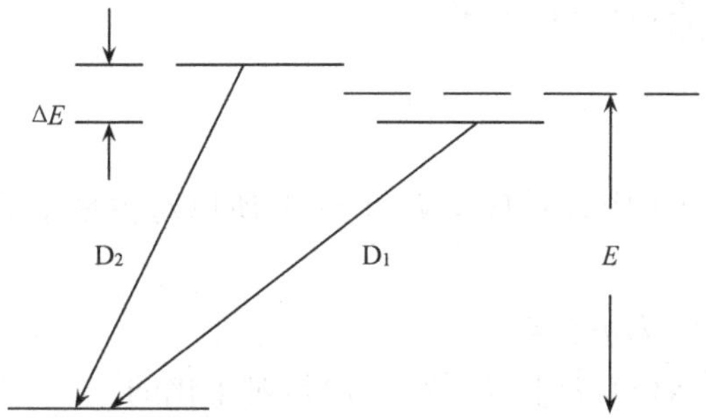

图 1.19

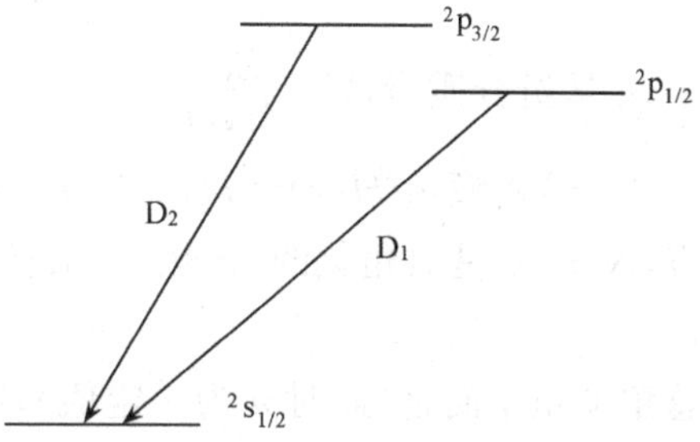

图 1.20

(2) 能级差 E 是由原子实的极化与轨道贯穿引起的.具有不同轨道角动量 l 的轨道引起的原子实的极化和轨道贯穿亦不同,$l=0$ 的 s 轨道是椭圆形的,贯穿到原子实的概率较大,而 p 轨道的电子贯穿概率较小,能量偏高,由此导致能级差 E.

(3) ΔE 是由电子的自旋-轨道耦合作用和相对论效应引起的,p 轨道的电子能级劈裂成两个.

(4) 谱线强度之比$\frac{I_2}{I_1}=\frac{g_2}{g_1}\exp\left(-\frac{\Delta E}{kT}\right)$,当 $kT>\Delta E$ 时,I_2/I_1 由$^2p_{3/2}$与$^2p_{1/2}$的简并度 g_1、g_2 决定

$$\frac{I_2}{I_1}=\frac{2j_2+1}{2j_1+1}=2$$

2.24　电中性碱金属原子从最低能级受激跃迁到 p 态:$n\mathrm{s}\to(n+1)\mathrm{p}$,光谱呈双线结构.对于轻碱金属原子,双线强度之比是 2,但随核电荷数 Z 的增大,双线强度比变大.例如,铯原子的(6s→7p)双线强度比 3.85.

(1) 试写出自旋-轨道耦合项 $N(r)$;

(2) 在氢原子中,对主量子数 n 而言,$N(r)$是不是对角化?对总角动量 J 而言呢?

(3) 利用下列数据,估计铯原子双线强度比的最低级修正.

E_n:np 态能级(cm^{-1}),

I_n:6s→np 跃迁谱线强度.

$$I_6/I_7=125,\quad I_8/I_7=0.5$$

Δ_n:自旋-轨道耦合引起的 np 态能级分裂(cm^{-1}).

$$\Delta_6=554,\quad E_6=-19950$$

$$\Delta_7=181,\quad E_7=-9550$$

$$\Delta_8=80,\quad E_8=-5660$$

在估计修正中的各项时,可认为电子态与氢原子的电子态相同.

提示:对于较小的 r 而言,氢原子的各径向波函数正比于 $f_m(r)=R_{mn}f_n(r)$.因此,下式是好的近似:$\langle 6\mathrm{p}|N(r)|6\mathrm{p}\rangle=R_{67}\langle 7\mathrm{p}|N(r)|6\mathrm{p}\rangle=R_{67}\langle 7\mathrm{p}|N(r)|7\mathrm{p}\rangle$.

解 (1) 自旋-轨道相互作用哈密顿量为

$$N(r)=\frac{1}{2\mu^2c^2r}\frac{\mathrm{d}V}{\mathrm{d}r}\hat{\boldsymbol{S}}\cdot\hat{\boldsymbol{l}}$$
$$=\frac{1}{4\mu^2c^2r}\frac{\mathrm{d}V}{\mathrm{d}r}(\hat{\boldsymbol{j}}^2-\hat{\boldsymbol{l}}^2-\hat{\boldsymbol{S}}^2)$$

其中，μ 是折合质量，$V=\frac{Ze^2}{4\pi\varepsilon_0 r}$.

(2) 哈密顿量 $H(r)=H_0+N(r)$，在氢原子中，因$[H_0,N(r)]\neq 0$，所以对主量子数 n 而言，$N(r)$不是对角化的. 显然，一般情况下

$$\langle nlm \mid N(r) \mid klm\rangle \neq 0$$

对总角动量 j 而言(此时 n 为一定值)，因为$[N(r),\hat{\boldsymbol{j}}^2]=0$，故 $N(r)$是对角化的.

(3) 受激跃迁速率 $W_{k'k}=\frac{4\pi^2e^2}{4\pi\varepsilon_0 3\hbar^2}|\boldsymbol{r}_{k'k}|^2\rho(\omega_{k'k})$，谱线强度 $I(\omega_{k'k})\propto\hbar\,\omega_{k'k}W_{k'k}$.

考虑电子自旋-轨道耦合后，碱金属原子的 np 能级分裂成为两个次能级，对应于电子总角动量 $j=3/2$ 和 $j=1/2$. 而 s 态不分裂，所以 ns→$(n+1)$p 光谱呈双线结构. 由于 np 能级的劈裂很小，ns→$(n+1)$p 双线频率近似相等，所以有 $I\propto|\boldsymbol{r}_{k'k}|^2$.

$j=3/2$ 态是 4 度简并的，对应于 $j_z=3/2,1/2,-1/2,3/2$. 而 $j=1/2$ 态的简并度为 2，对应于 $j_z=1/2,-1/2$，零级近似下，可得双线强度比为

$$\frac{I\left(j=\frac{3}{2}\right)}{I\left(j=\frac{1}{2}\right)}=\frac{\sum\limits_{jz}\left|\left\langle(n+1)\mathrm{p}\,\frac{3}{2}\mid r\mid n\mathrm{s}\right\rangle\right|^2}{\sum\limits_{jz}\left|\left\langle(n+1)\mathrm{p}\,\frac{1}{2}\mid r\mid n\mathrm{s}\right\rangle\right|^2}\approx 2$$

其中，$\langle(n+1)\mathrm{p}1/2|$，$\langle(n+1)\mathrm{p}3/2|$分别表示$(n+1)$p 能级的 $j=1/2$ 和 $j=3/2$ 态零级近似波函数.

下面计算铯原子 6s→7p 双线强度在一级近似下的比值. 将自旋-轨道耦合项 $N(r)$当作微扰，容易求得 $j=3/2$ 态的一级近似波函数为

$$\psi_{3/2}=\left|7\mathrm{p}\,\frac{3}{2}\right\rangle+\sum_{n=6}^{\infty}{}'\frac{\left\langle n\mathrm{p}\,\frac{3}{2}\middle|N(r)\middle|7\mathrm{p}\,\frac{3}{2}\right\rangle}{E_7-E_n}\left|n\mathrm{p}\,\frac{3}{2}\right\rangle$$

$j=1/2$ 态的一级近似波函数为

$$\psi_{1/2}=\left|7\mathrm{p}\,\frac{1}{2}\right\rangle+\sum_{n=6}^{\infty}{}'\frac{\left\langle n\mathrm{p}\,\frac{1}{2}\middle|N(r)\middle|7\mathrm{p}\,\frac{1}{2}\right\rangle}{E_7-E_n}\left|n\mathrm{p}\,\frac{1}{2}\right\rangle$$

于是，矩阵元为

$$|\langle\psi_{3/2}\mid\boldsymbol{r}\mid 6\mathrm{s}\rangle|^2=\left|\left\langle 7\mathrm{p}\,\frac{3}{2}\middle|\boldsymbol{r}\middle|6\mathrm{s}\right\rangle+\sum_{n=6}^{\infty}{}'\frac{\left\langle n\mathrm{p}\,\frac{3}{2}\middle|N(r)\middle|7\mathrm{p}\,\frac{3}{2}\right\rangle}{E_7-E_n}\left\langle n\mathrm{p}\,\frac{3}{2}\middle|\boldsymbol{r}\middle|6\mathrm{s}\right\rangle\right|^2$$
$$\approx\left|\left\langle 7\mathrm{p}\,\frac{3}{2}\middle|\boldsymbol{r}\middle|6\mathrm{s}\right\rangle\right|^2\left|1+\sum_{n=6}^{\infty}{}'\frac{\left\langle n\mathrm{p}\,\frac{3}{2}\middle|N(r)\middle|7\mathrm{p}\,\frac{3}{2}\right\rangle}{E_7-E_n}\sqrt{\frac{I_n}{I_7}}\right|^2$$

$$|\langle\psi_{1/2}|\boldsymbol{r}|6\mathrm{s}\rangle|^2=\left|\left\langle 7\mathrm{p}\frac{1}{2}\middle|\boldsymbol{r}\middle|6\mathrm{s}\right\rangle+\sum_{n=6}^{\infty}{}'\frac{\left\langle n\mathrm{p}\frac{1}{2}\middle|N(r)\middle|7\mathrm{p}\frac{1}{2}\right\rangle}{E_7-E_n}\left\langle n\mathrm{p}\frac{1}{2}\middle|\boldsymbol{r}\middle|6\mathrm{s}\right\rangle\right|^2$$

$$\approx\left|\left\langle 7\mathrm{p}\frac{1}{2}\middle|\boldsymbol{r}\middle|6\mathrm{s}\right\rangle\right|^2\left|1+\sum_{n=6}^{\infty}{}'\frac{\left\langle n\mathrm{p}\frac{1}{2}\middle|N(r)\middle|7\mathrm{p}\frac{1}{2}\right\rangle}{E_7-E_n}\sqrt{\frac{I_n}{I_7}}\right|^2$$

这里

$$\frac{\left\langle n\mathrm{p}\frac{3}{2}\middle|\boldsymbol{r}\middle|6\mathrm{s}\right\rangle}{\left\langle 7\mathrm{p}\frac{3}{2}\middle|\boldsymbol{r}\middle|6\mathrm{s}\right\rangle}\approx\frac{\left\langle n\mathrm{p}\frac{1}{2}\middle|\boldsymbol{r}\middle|6\mathrm{s}\right\rangle}{\left\langle 7\mathrm{p}\frac{1}{2}\middle|\boldsymbol{r}\middle|6\mathrm{s}\right\rangle}\approx\sqrt{\frac{I_n}{I_8}}$$

由于

$$N(r)=\frac{1}{4\mu^2c^2r}\frac{\mathrm{d}V}{\mathrm{d}r}(\hat{\boldsymbol{J}}^2-\hat{\boldsymbol{l}}^2-\hat{\boldsymbol{S}}^2)=F(\boldsymbol{r})(\hat{\boldsymbol{J}}^2-\hat{\boldsymbol{l}}^2-\hat{\boldsymbol{S}}^2)$$

这里

$$F(r)=\frac{1}{4\mu^2c^2r}\frac{\mathrm{d}V}{\mathrm{d}r}$$

故

$$\left\langle n\mathrm{p}\frac{3}{2}\middle|N(r)\middle|7\mathrm{p}\frac{3}{2}\right\rangle=\left\langle n\mathrm{p}\frac{3}{2}\middle|F(r)(\hat{\boldsymbol{J}}^2-\hat{\boldsymbol{l}}^2-\hat{\boldsymbol{S}}^2)\middle|7\mathrm{p}\frac{3}{2}\right\rangle$$

$$=\left[\frac{3}{2}\times\left(\frac{3}{2}+1\right)-1\times(1+1)-\frac{1}{2}\times\left(\frac{1}{2}+1\right)\right]\hbar^2\cdot\langle n\mathrm{p}|F(\boldsymbol{r})|7\mathrm{p}\rangle$$

$$=\hbar^2\langle n\mathrm{p}|F(r)|7\mathrm{p}\rangle$$

$$\left\langle n\mathrm{p}\frac{1}{2}\middle|N(r)\middle|7\mathrm{p}\frac{1}{2}\right\rangle=-2\hbar^2\langle n\mathrm{p}|F(r)|7\mathrm{p}\rangle$$

$n=7$ 时，由于

$$\Delta_7=\left\langle 7\mathrm{p}\frac{3}{2}\middle|N(r)\middle|7\mathrm{p}\frac{3}{2}\right\rangle-\left\langle 7\mathrm{p}\frac{1}{2}\middle|N(r)\middle|7\mathrm{p}\frac{1}{2}\right\rangle$$

$$=3\hbar^2\langle 7\mathrm{p}|F(r)|7\mathrm{p}\rangle$$

所以

$$\langle 7\mathrm{p}|F(r)|7\mathrm{p}\rangle=\frac{\Delta_7}{3\hbar^2}$$

对 $n=6$，有

$$\left\langle 6\mathrm{p}\frac{3}{2}\middle|N(r)\middle|7\mathrm{p}\frac{3}{2}\right\rangle=\hbar^2\langle 6\mathrm{p}|F(r)|7\mathrm{p}\rangle=\hbar^2k_{67}\langle 7\mathrm{p}|F(r)|7\mathrm{p}\rangle=\frac{k_{67}}{3}\Delta_7$$

$$\left\langle 6\mathrm{p}\frac{1}{2}\middle|N(r)\middle|7\mathrm{p}\frac{1}{2}\right\rangle=-2\hbar^2\langle 6\mathrm{p}|F(r)|7\mathrm{p}\rangle=-2\hbar^2k_{67}\langle 7\mathrm{p}|F(r)|7\mathrm{p}\rangle=-\frac{2k_{67}}{3}\Delta_7$$

对 $n=8$，有

$$\left\langle 8\mathrm{p}\frac{3}{2}\middle|N(r)\middle|7\mathrm{p}\frac{3}{2}\right\rangle=\frac{k_{87}}{3}\Delta_7$$

$$\left\langle 8\mathrm{p}\,\frac{1}{2}\,\middle|\, N(r)\,\middle|\, 7\mathrm{p}\,\frac{1}{2}\right\rangle = -\frac{2k_{87}}{3}\Delta_7$$

其中

$$k_{67} = \frac{\langle 6\mathrm{p} \mid F(r) \mid 7\mathrm{p}\rangle}{\langle 7\mathrm{p} \mid F(r) \mid 7\mathrm{p}\rangle}$$

$$k_{87} = \frac{\langle 8\mathrm{p} \mid F(r) \mid 7\mathrm{p}\rangle}{\langle 7\mathrm{p} \mid F(r) \mid 7\mathrm{p}\rangle}$$

故

$$|\langle \Psi_{3/2} \mid \boldsymbol{r} \mid 6\mathrm{s}\rangle|^2 = \left|\left\langle 7\mathrm{p}\,\frac{3}{2}\,\middle|\,\boldsymbol{r}\,\middle|\,6\mathrm{s}\right\rangle\right|^2 \left|1 + \frac{k_{67}\Delta_7}{3(E_7 - E_6)}\sqrt{\frac{I_6}{I_7}} + \frac{k_{87}\Delta_7}{3(E_7 - E_8)}\sqrt{\frac{I_8}{I_7}}\right|^2$$

$$|\langle \Psi_{1/2} \mid \boldsymbol{r} \mid 6\mathrm{s}\rangle|^2 = \left|\left\langle 7\mathrm{p}\,\frac{1}{2}\,\middle|\,\boldsymbol{r}\,\middle|\,6\mathrm{s}\right\rangle\right|^2 \left|1 - \frac{2k_{67}\Delta_7}{3(E_7 - E_6)}\sqrt{\frac{I_6}{I_7}} - \frac{2k_{87}\Delta_7}{3(E_7 - E_8)}\sqrt{\frac{I_8}{I_7}}\right|^2$$

又因为

$$\begin{aligned}\Delta_6 &= \left\langle 6\mathrm{p}\,\frac{3}{2}\,\middle|\, N(r)\,\middle|\, 6\mathrm{p}\,\frac{3}{2}\right\rangle - \left\langle 6\mathrm{p}\,\frac{1}{2}\,\middle|\, N(\boldsymbol{r})\,\middle|\, 6\mathrm{p}\,\frac{1}{2}\right\rangle \\ &= 3\hbar^2\langle 6\mathrm{p} \mid F(r) \mid 6\mathrm{p}\rangle = 3\hbar^2 k_{67}^2\langle 7\mathrm{p} \mid F(r) \mid 7\mathrm{p}\rangle \\ &= k_{67}^2\Delta_7\end{aligned}$$

所以

$$k_{67} = \sqrt{\frac{\Delta_6}{\Delta_7}}$$

这样

$$k_{87} = \sqrt{\frac{\Delta_8}{\Delta_7}}$$

于是

$$\begin{aligned}\frac{I\left(j = \frac{3}{2}\right)}{I\left(j = \frac{1}{2}\right)} &= \frac{\sum\limits_{jz} |\langle \Psi_{3/2} \mid \boldsymbol{r} \mid 6\mathrm{s}\rangle|^2}{\sum\limits_{jz} |\langle \Psi_{1/2} \mid \boldsymbol{r} \mid 6\mathrm{s}\rangle|^2} \\ &\approx 2\cdot\left|\frac{1 + \frac{k_{67}\Delta_7}{3(E_7 - E_6)}\sqrt{\frac{I_6}{I_7}} + \frac{k_{87}\Delta_7}{3(E_7 - E_8)}\sqrt{\frac{I_8}{I_7}}}{1 - \frac{2k_{67}\Delta_7}{3(E_7 - E_6)}\sqrt{\frac{I_6}{I_7}} - \frac{2k_{87}\Delta_7}{3(E_7 - E_8)}\sqrt{\frac{I_8}{I_7}}}\right|^2 \\ &\approx 2\cdot\left|\frac{1 + \frac{\sqrt{\Delta_6\Delta_7}}{3(E_7 - E_6)}\sqrt{\frac{I_6}{I_7}} + \frac{\sqrt{\Delta_8\Delta_7}}{3(E_7 - E_8)}\sqrt{\frac{I_8}{I_7}}}{1 - \frac{2\sqrt{\Delta_6\Delta_7}}{3(E_7 - E_6)}\sqrt{\frac{I_6}{I_7}} - \frac{2\sqrt{\Delta_8\Delta_7}}{3(E_7 - E_8)}\sqrt{\frac{I_8}{I_7}}}\right|^2 \approx 3.94\end{aligned}$$

2.25　某类氢离子其莱曼系第一条谱线是由波数差为 $228.40\mathrm{cm}^{-1}$ 的两条谱线构成的，请问其为何种类氢离子？

解　莱曼系的第一条谱线由下面两种跃迁形成：$2^2\mathrm{P}_{3/2}\rightarrow 1^2\mathrm{S}_{1/2}$ 与 $2^2\mathrm{P}_{1/2}\rightarrow 1^2\mathrm{S}_{1/2}$.

由精细结构公式 $\Delta\tilde{\nu}=\Delta T=\dfrac{R\alpha^2 Z^4}{n^3 l(l+1)}$，且已知 $\Delta\tilde{\nu}=228.40\text{cm}^{-1}$，$R=1.097\times10^7\text{m}^{-1}$，$\alpha=\dfrac{1}{137}$，$n=2$，$l=1$，得

$$Z=\left[\frac{\Delta\tilde{\nu}n^3 l(l+1)}{R\alpha^2}\right]^{1/4}=\left[\frac{228.40\times2^3\times1(1+1)\times137^2}{1.097\times10^7}\right]^{1/4}=5.00$$

所以为四次电离的硼离子.

2.26　对单电离的氦离子，试考虑精细结构，作出主量子数 $n=3$ 和 $n=2$ 的状态之间的容许跃迁能级图，确定多重谱线中两边缘谱线之间的波长差.

解　跃迁能级图可选用图 1.21(a)、(b)任意一种表示法.

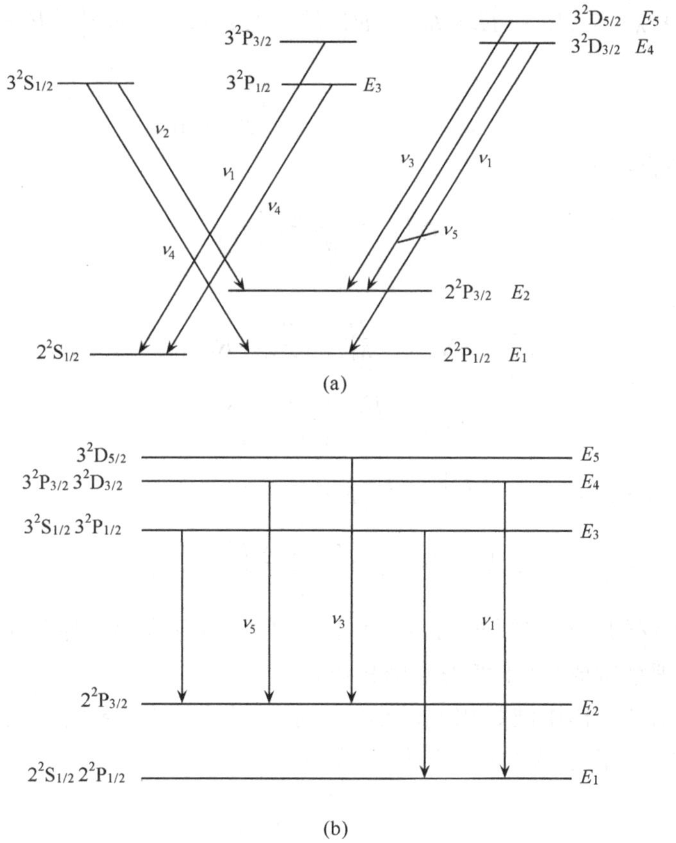

图 1.21

因为类氢离子的能量为

$$E=-\frac{RhcZ^2}{n^2}-\frac{Rhc\alpha^2 Z^4}{n^3}\left(\frac{1}{j+1/2}-\frac{3}{4n}\right)$$

由此可知对于相同的 n 和 j 能级是简并的，相应的能级分别为

$$E_1=-\frac{Rhc\times2^2}{2^2}-\frac{Rhc\alpha^2\times2^4}{2^3}\left(\frac{1}{1/2+1/2}-\frac{3}{4\times2}\right)=-Rhc-\frac{5Rhc\alpha^2}{4}$$

$$E_2 = -\frac{Rhc\times 2^2}{2^2} - \frac{Rhc\alpha^2\times 2^4}{2^3}\left(\frac{1}{3/2+1/2} - \frac{3}{4\times 2}\right) = -Rhc - \frac{Rhc\alpha^2}{4}$$

$$E_3 = -\frac{Rhc\times 2^2}{3^2} - \frac{Rhc\alpha^2\times 2^4}{3^3}\left(\frac{1}{1/2+1/2} - \frac{3}{4\times 3}\right) = -\frac{4Rhc}{9} - \frac{4Rhc\alpha^2}{9}$$

$$E_4 = -\frac{Rhc\times 2^2}{3^2} - \frac{Rhc\alpha^2\times 2^4}{3^3}\left(\frac{1}{3/2+1/2} - \frac{3}{4\times 3}\right) = -\frac{4Rhc}{9} - \frac{4Rhc\alpha^2}{27}$$

$$E_5 = -\frac{Rhc\times 2^2}{3^2} - \frac{Rhc\alpha^2\times 2^4}{3^3}\left(\frac{1}{5/2+1/2} - \frac{3}{4\times 3}\right) = -\frac{4Rhc}{9} - \frac{4Rhc\alpha^2}{27}$$

跃迁中最长和最短的波长分别为

$$\tilde{\nu}_{\max} = 1/\lambda_1 = (E_4 - E_1)/hc = R\left(\frac{5}{9} + \frac{119}{108}\alpha^2\right),\quad \lambda_1 = \left(\frac{5}{9}R + \frac{119}{108}R\alpha^2\right)^{-1}$$

$$\tilde{\nu}_{\min} = 1/\lambda_2 = (E_3 - E_2)/hc = R\left(\frac{5}{9} - \frac{7}{36}\alpha^2\right),\quad \lambda_2 = \left(\frac{5}{9}R - \frac{7}{36}\alpha^2\right)^{-1}$$

波长差为

$$\Delta\lambda = \lambda_2 - \lambda_1 = 0.0204\text{nm}$$

也可以由光谱项直接求出

$$\Delta T_{nl} = \frac{R\alpha^2 Z^4}{n^3 l(l+1)}$$

所以

$$\Delta T_{2\text{p}} = \frac{R\alpha^2\times 2^4}{2^3\times 1\times 2} = R\alpha^2$$

$$\Delta T_{3\text{p}} = \frac{R\alpha^2\times 2^4}{3^3\times 1\times 2} = \frac{8}{27}R\alpha^2$$

不考虑精细结构：$\tilde{\nu} = 1/\lambda = \left(\frac{1}{2^2} - \frac{1}{3^2}\right)RZ^2 = \frac{5}{9}R$，

$$\Delta\lambda = \lambda_2 - \lambda_1 = \frac{\tilde{\nu}_1 - \tilde{\nu}_2}{\tilde{\nu}^2} = \frac{\Delta T_{2\text{p}} + \Delta T_{3\text{p}}}{\tilde{\nu}^2} = \frac{21\alpha^2}{5R} \approx 0.0204\text{nm}$$

2.27　光谱仪的分辨本领 $R = \lambda/\delta\lambda$ 为多大时，可以分辨出氢原子 H_α 线(巴耳末系第一条)的全部精细结构成分(不考虑兰姆移位)？

解　H_α 线精细结构中波数相差最小的两条谱线是 $3^2\text{d}_{3/2} \to 2^2\text{p}_{3/2}$ 与 $3^2\text{d}_{5/2} \to 2^2\text{p}_{3/2}$，它们的波数差为 $\Delta T_{3\text{d}}$，由能级的精细结构公式

$$E = -\frac{R_\text{H}hc}{n^2} - \frac{R_\text{H}hc\alpha^2}{n^3}\left(\frac{1}{j+1/2} - \frac{3}{4n}\right)$$

知 $\text{d}_{3/2}$ 与 $3^2\text{d}_{5/2}$ 之间的光谱项差为

$$\Delta E_{nl} = \frac{R_\text{H}hc\alpha^2}{n^3 l(l+1)},\quad \Delta\tilde{\nu} = \Delta T_{3\text{d}} = \frac{R_\text{H}\alpha^2}{3^3\times 2\times(2+1)} = \frac{R_\text{H}\alpha^2}{162}$$

若忽略精细结构，H_α 线的波数为

$$\tilde{\nu} = R_\text{H}\left(\frac{1}{2^2} - \frac{1}{3^2}\right) = \frac{5}{36}R_\text{H}$$

由于 $\tilde{\nu} = \frac{1}{\lambda}$，所以 $\Delta\tilde{\nu} = \tilde{\nu}\frac{\Delta\lambda}{\lambda}$，即

$$\frac{\lambda}{\Delta\lambda}=\frac{\tilde{\nu}}{\Delta\tilde{\nu}}=\frac{\frac{5}{36}R_{\mathrm{H}}}{\frac{\alpha^2}{162}R_{\mathrm{H}}}=\frac{5\times 162}{36\alpha^2}=4.22\times 10^5$$

所以当谱议的分辨本领 $R\geqslant 4.22\times 10^5$ 时才能分辨氢原子 H_α 线的精细结构.

2.28　一个 μ 子和锶核($Z=38$)形成奇异原子,试就其中的 2p→2s 电磁跃迁估算下列特性的量级.

(1) 精细结构分裂;

(2) 谱线的自然宽度(注:氢的 2p 态寿命为 10^{-9}s).

解　(1) 考虑精细结构后,类氢原子的能级为

$$E=E_0+\Delta E_r+\Delta E_{ls}$$
$$=\begin{cases}-\dfrac{RhcZ^2}{n^2}-\dfrac{Rhc\alpha^2Z^4}{n^3}\left(\dfrac{1}{l}-\dfrac{3}{4n}\right) & \left(j=l-\dfrac{1}{2}\right)\\ -\dfrac{RhcZ^2}{n^2}-\dfrac{Rhc\alpha^2Z^4}{n^3}\left(\dfrac{1}{l+1}-\dfrac{3}{4n}\right) & \left(j=l+\dfrac{1}{2}\right)\end{cases}$$

1s 态不分裂,而 2p 态分为两个次能级,对应于 $j=1/2$ 和 $j=3/2$,两条 2p→1s 谱线的能量差为

$$\Delta E=\frac{Rhc\alpha^2Z^4}{n^3}\left(\frac{1}{l}-\frac{1}{l+1}\right)$$

其中,$Z=38$,$n=2$,$l=1$,而 $R=\frac{m_\mu}{m_{\mathrm{e}}}R_{\mathrm{H}}\approx 200R_{\mathrm{H}}$,$hc=1240\mathrm{eV}\cdot\mathrm{nm}$,于是

$$\Delta E=\frac{1240\times 10^{-9}\times 38^4\times 200\times 1.09\times 10^7}{2^3\times 137^2\times 2}\approx 1.9\times 10^4(\mathrm{eV})$$

(2) 该奇异原子的 2p 态寿命为

$$\tau_\mu=\frac{1}{Z^4}\cdot\frac{m_{\mathrm{e}}}{m_\mu}\tau_{\mathrm{H}}=\frac{1}{38^4}\times\frac{1}{200}\times 10^{-9}=2.4\times 10^{-18}(\mathrm{s})$$

由不确定性关系,可得到能级的自然宽度为

$$\Gamma\approx\hbar/\tau_\mu\approx 2.7\times 10^2\mathrm{eV}$$

2.29　精细结构常数 α 是无量纲的常数,其精度达 10^{-6},这个量的意义是什么? $\alpha\ll 1$,这个事实的物理意义如何?

解　已知电子的约化康普顿波长

$$\lambda\!\!\!^{-}_{\mathrm{C}}=\frac{\hbar}{m_{\mathrm{e}}c}$$

当两电子间距离等于一个约化的康普顿波长时,其作用能与电子静止能量之比即为 α,

$$\frac{E}{mc^2}=\frac{e^2}{4\pi\varepsilon_0\lambda\!\!\!^{-}_{\mathrm{C}}m_{\mathrm{e}}c^2}=\frac{e^2}{4\pi\varepsilon_0\hbar}\frac{m_{\mathrm{e}}c}{m_{\mathrm{e}}c^2}=\frac{e^2}{4\pi\varepsilon_0\hbar c}=\alpha$$

所以 α^2 代表带电粒子间的电磁作用强度.

$\alpha\ll 1$ 表明带电粒子间的电磁作用能与粒子的静止能量相比是个很小的量.

2.30　氢原子基态的超精细分裂约为　(　　)

(A)10^{-7}eV　(B)10^{-5}eV　(C)10^{-3}eV　(D)10^{-1}eV

解　氢原子基态的超精细分裂的能级跃迁辐射的谱线波长为 21cm,

$$\Delta E = h\nu = \frac{hc}{\lambda} = \frac{1240}{21 \times 10^7} = 5.9 \times 10^{-6}\,\mathrm{eV}$$

答案为(A).

2.31 导出原子能级中由超精细结构作用而引起的分裂,并将结论用有关的角动量量子数表示出来.

解 超精细结构是由电子轨道运动及其自旋所产生的磁场与原子核磁矩$\boldsymbol{\mu}$之间的相互作用而引起的. 取原子核所在点为坐标原点,则电子轨道运动在原点产生的磁场为

$$\boldsymbol{B}_e(0) = \frac{\mu_0 e}{4\pi} \frac{\boldsymbol{v} \times \boldsymbol{r}}{r^3} = -\frac{2\mu_0 \mu_B}{4\pi \hbar} \frac{\boldsymbol{l}}{r^3}$$

式中,$\boldsymbol{v}$为电子轨道运动线速度,$\boldsymbol{l} = m\boldsymbol{r} \times \boldsymbol{v}$为轨道角动量,$\mu_B = \frac{e\hbar}{2m_e}$为玻尔磁子.

核磁矩 $\boldsymbol{\mu}$ 与 $\boldsymbol{B}_e(0)$ 相互作用的哈密顿为

$$H_{lI} = -\boldsymbol{\mu} \cdot \boldsymbol{B}_e(0) = \frac{2g_N \mu_0 \mu_B \mu_N}{4\pi \hbar^2 r^3} \boldsymbol{l} \cdot I \tag{1}$$

式中,I 为核自旋,μ_N 为核磁子,g_N 为原子核的朗德因子.

在 $\boldsymbol{r}+\boldsymbol{r}'$处,电子自旋磁矩 $\boldsymbol{\mu}_s = \frac{-2\mu_B \boldsymbol{s}}{\hbar}$产生的矢量势为 $\boldsymbol{A} = \frac{\mu_0}{4\pi}\boldsymbol{\mu}_s \times \frac{\boldsymbol{r}'}{r'^3}$($\boldsymbol{r}'$为从电子所在点 $\boldsymbol{r}$ 到场点的坐标矢量),所以磁场

$$\begin{aligned}
\boldsymbol{B}_s &= \nabla \times \boldsymbol{A} = \frac{\mu_0}{4\pi} \nabla \times \left(\boldsymbol{\mu}_s \times \frac{\boldsymbol{r}'}{r'^3}\right) = -\frac{2\mu_0 \mu_B}{4\pi \hbar} \nabla' \times \left(\boldsymbol{s} \times \nabla' \frac{1}{r'}\right) \\
&= \frac{2\mu_0 \mu_B}{4\pi \hbar} \left[\boldsymbol{s} \times \nabla'^2 \frac{1}{r'} - (\boldsymbol{s} \cdot \nabla') \nabla' \left(\frac{1}{r'}\right)\right] \\
&= -\frac{2\mu_0 \mu_B}{4\pi \hbar} \left[4\pi \boldsymbol{s} \delta(\boldsymbol{r}') + (\boldsymbol{s} \cdot \nabla') \nabla' \frac{1}{r'}\right]
\end{aligned}$$

令 $\boldsymbol{r}' = -\boldsymbol{r}$,便得到由 $\boldsymbol{\mu}_s$ 在原点产生的磁场

$$\boldsymbol{B}_s(0) = -\frac{2\mu_0 \mu_B}{4\pi \hbar} \left[4\pi \boldsymbol{s} \delta(\boldsymbol{r}) + (\boldsymbol{s} \cdot \nabla) \nabla \frac{1}{r}\right]$$

于是,$\boldsymbol{\mu} = \frac{g_N \mu_N}{\hbar} I$ 与 $\boldsymbol{B}_s(0)$之间相互作用的哈密顿量为

$$\begin{aligned}
H_{sI} &= -\boldsymbol{\mu} \cdot \boldsymbol{B}_s(0) \\
&= \frac{2g_N \mu_0 \mu_B \mu_N}{4\pi \hbar^2} \left[4\pi \boldsymbol{I} \cdot \boldsymbol{s} \delta(\boldsymbol{r}) + (\boldsymbol{s} \cdot \nabla)(\boldsymbol{I} \cdot \nabla) \frac{1}{r}\right]
\end{aligned} \tag{2}$$

(1)、(2)两式相加得到总的相互作用哈密顿量

$$\begin{aligned}
H_{hf} &= H_{lI} + H_{sI} \\
&= \frac{2g_N \mu_0 \mu_B \mu_N}{4\pi \hbar^2} \left[\frac{\boldsymbol{l} \cdot \boldsymbol{I}}{r^3} + 4\pi \boldsymbol{s} \cdot \boldsymbol{I} \delta(\boldsymbol{r}) + (\boldsymbol{s} \cdot \nabla)(\boldsymbol{I} \cdot \nabla) \frac{1}{r}\right]
\end{aligned}$$

记零级近似波函数为$\langle lsjIFM_F \rangle$,其中 l,s,j 分别是电子的轨道、自旋和总角动量量子数,I 为核自旋量子数,F 为原子总角动量量子数,而 M_F 是相应的磁量子数. 如果只考虑一级近似,则由 H_{hf}引起的能量改变为

$$\Delta E = \langle lsjIFM_F \mid H_{hf} \mid lsjIFM_F \rangle$$

当 $l\neq0$ 时，电子波函数在原点处等于零，此时对 H_{hf} 只考虑 $\boldsymbol{r}\neq0$ 的情形，于是

$$H_{\text{hf}}=\frac{2g_N\mu_0\mu_B\mu_N}{4\pi\hbar^2}\left[\frac{\boldsymbol{l}\cdot\boldsymbol{I}}{r^3}+(\boldsymbol{s}\cdot\nabla)(\boldsymbol{I}\cdot\nabla)\frac{1}{r}\right]$$

$$=\frac{2g_N\mu_0\mu_B\mu_N}{4\pi\hbar^2r^3}\boldsymbol{G}\cdot\boldsymbol{I}$$

其中

$$\boldsymbol{G}=\boldsymbol{l}-\boldsymbol{s}+3\frac{(\boldsymbol{s}\cdot\boldsymbol{r})\boldsymbol{r}}{r^2}$$

故

$$\Delta E=\frac{2g_N\mu_0\mu_B\mu_N}{4\pi\hbar^2}\left\langle\frac{1}{r^3}\boldsymbol{G}\cdot\boldsymbol{I}\right\rangle$$

$$=\frac{g_N\mu_0\mu_B\mu_N}{4\pi}\cdot\frac{l(l+1)}{j(j+1)}\cdot[F(F+1)-I(I+1)-j(j+1)]\left\langle\frac{1}{r^3}\right\rangle$$

$$=\frac{g_N\mu_0\mu_B\mu_N}{4\pi}\cdot\frac{Z^3}{a_0^3n^3\left(l+\frac{1}{2}\right)j(j+1)}\cdot[F(F+1)-I(I+1)-j(j+1)]$$

其中，a_0 为玻尔半径，Z 为原子序数.

对于 $l=0$，波函数是球对称的，此时

$$\Delta E=\frac{2g_N\mu_0\mu_B\mu_N}{4\pi\hbar^2}\left[4\pi\langle\boldsymbol{s}\cdot\boldsymbol{I}\delta(\boldsymbol{r})\rangle+\left\langle(\boldsymbol{s}\cdot\nabla)(\boldsymbol{I}\cdot\nabla)\frac{1}{r}\right\rangle\right]$$

因为

$$\left\langle(\boldsymbol{s}\cdot\nabla)(\boldsymbol{I}\cdot\nabla)\frac{1}{r}\right\rangle=\left\langle\sum_{i,j=1}^{3}s_iI_j\frac{\partial^2}{\partial x_i\partial x_j}\left(\frac{1}{r}\right)\right\rangle$$

$$=\left\langle\sum_{i,i=1}^{3}s_iI_i\frac{\partial^2}{\partial x_i^2}\left(\frac{1}{r}\right)\right\rangle+\left\langle\sum_{\substack{i,j=1\\ i\neq j}}^{3}s_iI_j\frac{\partial^2}{\partial x_i\partial x_j}\left(\frac{1}{r}\right)\right\rangle$$

$$=\frac{1}{3}\left\langle\boldsymbol{s}\cdot\boldsymbol{I}\cdot\nabla^2\left(\frac{1}{r}\right)\right\rangle=-\frac{4\pi}{3}\langle\boldsymbol{s}\cdot\boldsymbol{I}\delta(\boldsymbol{r})\rangle$$

故

$$\Delta E=\frac{2g_N\mu_0\mu_B\mu_N}{4\pi\hbar^2}\cdot\frac{8\pi}{3}\langle\boldsymbol{s}\cdot\boldsymbol{I}\delta(\boldsymbol{r})\rangle$$

$$=\frac{g_N\mu_0\mu_B\mu_N}{4\pi}[F(F+1)-I(I+1)-s(s+1)]\cdot\frac{8\pi}{3}\langle\delta(\boldsymbol{r})\rangle$$

$$=\frac{2g_N\mu_0\mu_B\mu_N}{3\pi}\cdot\frac{Z^3}{a_0^3n^3}\cdot[F(F+1)-I(I+1)-s(s+1)]$$

2.32　什么是光谱的精细结构和超精细结构？讨论它们的物理起因. 给出例子，估计这两种效应的量级. 简略地讨论这两种效应之一的理论.

解　(a) 精细结构：原来取决于主量子数 n 和轨道角动量量子数 l 的谱项，由于电子自旋和轨道角动量的相互作用而发生劈裂，于是原来能级间的跃迁辐射谱线也因此发生劈裂，例如，钠原子的 3p→3s 跃迁所产生的谱线(D 线 589.3nm)呈双线结构，对应于 D_1 (589.6nm)，D_2(589.0nm)，两条相距很近的钠黄线，这就是原子光谱中的精细结构.

作为例子，下面估算氢原子精细结构分裂的量级，由于轨道运动，电子感受到的磁场强度为 $B=\frac{\mu_0 ev}{4\pi r^2}$，其中 $v=\alpha\frac{c}{n}\approx\alpha c$ 是电子运动速度，r 为电子轨道半径，α 为精细结构常数. 于是得到电子磁矩 $\boldsymbol{\mu}_s$ 与磁场 $\boldsymbol{B}$ 的相互作用能，即精细结构分裂为

$$\Delta E\approx-\mu_s B\approx\frac{\mu_0\mu_B\alpha ec}{4\pi r^2}$$

式中，$\mu_s=-\frac{e\hbar}{2m}=-\mu_B$，$\mu_B$ 为玻尔磁子. 取 $r\approx10^{-10}$m，则有

$$\begin{aligned}\Delta E&\approx10^{-7}\times10^{-23}\times10^{-2}\times10^{-19}\times10^{8}/10^{-20}(\mathrm{J})\\&=10^{-23}(\mathrm{J})=10^{-4}(\mathrm{eV})\end{aligned}$$

实际上，按照上面的思路通过严格计算可以得到在中心力场 $V(r)=-\frac{Ze^2}{4\pi\varepsilon_0 r}$ 中运动的电子，其自旋-轨道相互作用的哈密顿为

$$H'=\frac{1}{2m^2c^2}\frac{1}{r}\frac{\mathrm{d}V}{\mathrm{d}r}(\boldsymbol{s}\cdot\boldsymbol{l})$$

将 H' 作为微扰，并取 $V(r)=-\frac{Ze^2}{r}$，在一级近似下能够得到能量修正为

$$\Delta E_{nlj}=\langle H'\rangle=\frac{Rhc\alpha^2Z^4\times\left[j(j+1)-l(l+1)-\frac{3}{4}\right]}{2n^3l\left(l+\frac{1}{2}\right)(l+1)}$$

式中，R 为里德伯常量，j 为电子总角动量量子数.

从上式可以看到，j 值不同的态，ΔE_{nlj} 也不同，因此原来取决于 n，l 的能级由于 j 的两种不同取值：$j=l+\frac{1}{2}$ 和 $j=l-\frac{1}{2}$ 而一分为二，两能级间的裂距也可以从上式求得.

(b) 超精细结构：进一步考虑核自旋 I 与电子总角动量 j 之间的耦合，可使取决于 j 的能级再次分裂，因而相应的光谱线也随之进一步分裂. 比如采用高分辨率的仪器可以观察到钠原子的 D_1 线由相距为 0.023nm 的双线组成，D_2 线由相距为 0.021nm 的两条谱线组成. 这就是所谓的超精细结构.

就基态氢原子而言，电子在原子核处所产生的磁场强度为 $B=\frac{\mu_0 ev}{4\pi a_0^2}$，其中 a_0 为玻尔半径. 核磁矩 μ_N 与 B 的相互作用能量，也即超精细结构裂距为

$$\begin{aligned}\Delta E&\approx\mu_N B\approx\frac{\mu_0}{4\pi}\frac{\mu_N e\alpha c}{a_0^2}\\&\approx10^{-7}\times\frac{5\times10^{-27}\times1.6\times10^{-19}\times3\times10^{8}}{137\times(0.53\times10^{-10})^2}\\&\approx10^{-7}(\mathrm{eV})\end{aligned}$$

关于超精细结构的理论分析，可参考 2.31 题.

2.33 (1) 超精细相互作用造成了氢原子基态分裂，试给出能级图并根据基本原理说明哪一个态能量较高；

(2) 氢分子的基态分裂成总核自旋的单态和三态，根据基本原理说明哪个态能量较高.

解　(1) 氢原子中的超精细相互作用是质子的内禀磁矩和电子磁矩间的相互作用，其哈密顿量为

$$H_{\text{int}} = -\boldsymbol{\mu}_{\text{p}} \cdot \boldsymbol{B}$$

其中 $\boldsymbol{B}$ 为价电子磁矩所产生的磁场，$\boldsymbol{\mu}_{\text{p}}$ 为质子的内禀磁矩. 考虑超精细相互作用后，氢原子基态能级如图 1.22 所示.

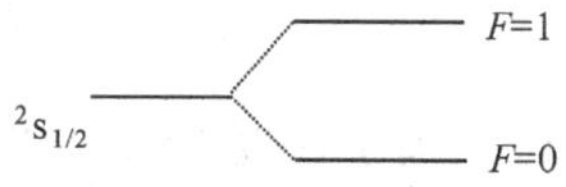

图 1.22

基态时电子的电荷密度分布是球对称的，所以 $\boldsymbol{B}$ 与电子内禀磁矩 $\boldsymbol{\mu}_{\text{e}}$ 方向相同. 电子带负电荷，电子磁矩 $\boldsymbol{\mu}_{\text{e}}$ 与自旋的方向反平行，而质子的自旋 $\boldsymbol{s}_{\text{p}}$ 与磁矩 $\boldsymbol{\mu}_{\text{p}}$ 方向一致. 对于能量最低的态，有 $\langle \boldsymbol{\mu}_{\text{p}} \cdot \boldsymbol{\mu}_{\text{e}} \rangle > 0$，则 $\langle \boldsymbol{s}_{\text{p}} \cdot \boldsymbol{s}_{\text{e}} \rangle < 0$，故单态 $F=0$ 是基态，$F=1$ 的三态是激发态.

(2) 由于氢分子是同核双原子分子，质子的自旋 $s_{\text{p}}=1/2$，所以核系统的态必定是反对称的. 核自旋单态($s=0$，反对称态)，故核转动态必须是对称的，即 $J=0,2,4,\cdots$，其中最低能态为 $J=0$. 对自旋三态($s=1$)，核自旋波函数是对称态，对应于核转动态的反对称态，即 $J=1,3,\cdots$，最低能态为 $J=1$. 因为转动能量与 $J(J+1)$ 成正比，显然三态的最低能态比单态最低能态的能量高.

2.34　氢原子的基态是 $1\text{s}_{1/2}$，当仔细检查时，发现它分裂成两条谱线.

(1) 解释这种分裂的原因；

(2) 估算这两个能级之间的能量差值.

解　(1) 在氢原子的精细结构谱线中，基态 $1\text{s}_{1/2}$ 不分裂，因此这种分裂只能来自核磁矩与电子磁矩的相互作用. 因 $\hat{\boldsymbol{F}} = \hat{\boldsymbol{I}} + \hat{\boldsymbol{J}}$，$I=1/2$，$J=1/2$ 合成的总角动量 $F=1$ 及 $F=0$，从而形成了两个分裂的能级.

(2) 核(质子)磁矩 $\boldsymbol{\mu}_{\text{N}} = \mu_{\text{N}}\boldsymbol{\sigma}_{\text{N}}$，$\boldsymbol{\sigma}_{\text{N}}$ 是作用于核波函数上的泡利矩阵，它产生一磁场 $\hat{\boldsymbol{B}}_{\text{m}} = \nabla \times \nabla \times \left(\dfrac{\mu_{\text{N}}\boldsymbol{\sigma}_{\text{N}}}{r}\right)$，$\hat{\boldsymbol{B}}_{\text{m}}$ 与电子磁矩 $\boldsymbol{\mu}_{\text{e}} = -\mu_{\text{e}}\boldsymbol{\sigma}_{\text{e}}$ 相互作用的哈密顿量为

$$\hat{H} = -\boldsymbol{\mu} \cdot \hat{\boldsymbol{B}}_{\text{m}} = \mu_{\text{e}}\mu_{\text{N}}\boldsymbol{\sigma}_{\text{e}} \cdot \nabla \times \nabla \times \left(\frac{\boldsymbol{\sigma}_{\text{N}}}{r}\right)$$

经过计算可得到超精细结构能级分裂

$$\Delta E = A'\boldsymbol{I} \cdot \boldsymbol{J}$$

其中

$$A' \sim \frac{\mu_{\text{e}}\mu_{\text{N}} 4\pi\varepsilon_0}{e^2 a_0^3} \approx \left(\frac{m_{\text{e}}}{m_{\text{N}}}\right)\left(\frac{m_{\text{e}}c^2}{4}\right) \cdot \left(\frac{e^2}{4\pi\varepsilon_0 \hbar c}\right)^4$$

$$\approx \frac{1}{2000} \times \frac{0.511 \times 10^6}{4} \times \left(\frac{1}{137}\right)^4 \approx 2 \times 10^{-7}(\text{eV})$$

其中，m_{e}，m_{N} 分别为电子、质子的质量，a_0 为玻尔半径.

2.35　计算氢原子能级的超精细结构分裂. 假设电子处在 s 态，结果用 eV 表示.

解　质子与电子产生的磁场间的相互作用能为

$$H = \boldsymbol{\mu}_{\text{p}} \cdot \int \mathrm{d}^3 r \rho(\boldsymbol{r}) \boldsymbol{B}(\boldsymbol{r})$$

其中，$\boldsymbol{\mu}_{\text{p}}$ 是质子的总磁矩，$\rho(\boldsymbol{r})$ 是质子周围的磁矩的密度分布，且有 $\int \mathrm{d}^3 r \rho(\boldsymbol{r}) = 1$. 取 $\rho(\boldsymbol{r})$

为球对称分布. 电子的磁场来源于电子的轨道运动和电子的自旋磁矩，轨道运动形成的概率流 $\boldsymbol{J}\propto\psi^*\nabla\psi-\nabla\psi^*\psi$，因为 s 态的波函数可以选为纯实数，所以 $\boldsymbol{J}$ 为 0.

然而，一个点磁偶极子产生一个矢量势

$$\boldsymbol{A}(\boldsymbol{r})=\frac{(\boldsymbol{\mu}\times\boldsymbol{r})}{r^3}=-\boldsymbol{\mu}\times\nabla\left(\frac{1}{r}\right),\quad \boldsymbol{B}(\boldsymbol{r})=\nabla\times\boldsymbol{A}(\boldsymbol{r})$$

这样磁偶极子密度 $\boldsymbol{M}(\boldsymbol{r}')$ 产生一个矢量势

$$\boldsymbol{A}(\boldsymbol{r})=-\int d^3r'\boldsymbol{M}(\boldsymbol{r}')\times\nabla\left(\frac{1}{|\boldsymbol{r}-\boldsymbol{r}'|}\right)$$

对处在 $\psi(\boldsymbol{r}')$ 状态下的电子，这项变成

$$\boldsymbol{A}(\boldsymbol{r})=-\boldsymbol{\mu}_e\times\nabla\int d^3r'\frac{|\psi(\boldsymbol{r}')|^2}{|\boldsymbol{r}-\boldsymbol{r}'|}\equiv\boldsymbol{\mu}_e\times\nabla\varphi(\boldsymbol{r})$$

其中

$$\varphi(\boldsymbol{r})\equiv\frac{\int d^3r'|\psi(\boldsymbol{r}')|^2}{|\boldsymbol{r}-\boldsymbol{r}'|}$$

能量表达式变成

$$\begin{aligned}H&=\boldsymbol{\mu}_p\cdot\int d^3r\rho(\boldsymbol{r})\,\nabla\times[\boldsymbol{\mu}_e\times\nabla\varphi(\boldsymbol{r})]\\&=\boldsymbol{\mu}_p\cdot\int d^3r\rho(\boldsymbol{r})[\boldsymbol{\mu}_e\nabla^2\varphi(\boldsymbol{r})-(\boldsymbol{\mu}_e\cdot\nabla)\nabla\varphi(\boldsymbol{r})]\end{aligned}$$

注意：因为 $|\psi(\boldsymbol{r})|^2$ 是球对称的，我们发现 $\varphi(\boldsymbol{r})$ 也是球对称的，然后取 $\rho(\boldsymbol{r})$ 也是球对称的.

作下列积分：

$$\int d^3r\rho(r)\frac{\partial^2\varphi(r)}{\partial x_i\partial x_j}=\frac{\delta_{ij}}{3}\int d^3\boldsymbol{r}\rho(\boldsymbol{r})\,\nabla^2\varphi(\boldsymbol{r})$$

这样

$$H=\frac{2}{3}\boldsymbol{\mu}_p\cdot\boldsymbol{\mu}_e\int d^3\boldsymbol{r}\rho(\boldsymbol{r})\,\nabla^2\varphi(\boldsymbol{r})$$

把 $\nabla^2\varphi(\boldsymbol{r})=-4\pi|\psi(\boldsymbol{r})|^2$ 代入上式得

$$H=-\frac{8\pi}{3}\boldsymbol{\mu}_p\cdot\boldsymbol{\mu}_e\int d^3\boldsymbol{r}\rho(\boldsymbol{r})\,|\psi(\boldsymbol{r})|^2$$

另外在质子周围 $|\psi(\boldsymbol{r})|^2$ 变化很慢，则

$$\begin{aligned}H&=-\frac{8\pi}{3}\boldsymbol{\mu}_p\cdot\boldsymbol{\mu}_e|\psi(0)|^2\qquad(\text{费米公式})\\&=-\frac{8}{3}\frac{\mu_p\cdot\mu_e}{\pi a^3n^3}\boldsymbol{\sigma}_p\cdot\boldsymbol{\sigma}_e\end{aligned}$$

其中，n 是主量子数，$a=(\hbar/me^2)$ 是玻尔半径，$\mu_p=2.79\mu_N$.

$$\boldsymbol{\sigma}_p\cdot\boldsymbol{\sigma}_e=\begin{cases}+1,&\text{三态}\\-3,&\text{单态}\end{cases}$$

则单态和三态间的能量差为

$$\Delta E=E_t-E_s=\frac{8\times2.79}{3}\left(\frac{m_e}{m_p}\right)\alpha^4m_ec^2\approx5.89\times10^{-6}(\text{eV})$$

其中

$$\alpha=\frac{e^2}{\hbar c}=\frac{1}{137}$$

2.36　氧的同位素^{17}O的核自旋$I=5/2$，试画出其原子态$(1s^2 2s^2 2p^4)^3P$的间隙和超精细结构劈裂，在每个态上标记相应的角动量量子数.

解　^{17}O原子的$^3P_{0,1,2}$原子态的精细结构和超精细结构如图 1.23 所示. 能态的精细结构由电子的自旋-轨道耦合引起，超精细结构由电子的总角动量$\boldsymbol{J}$与原子核的自旋$\boldsymbol{I}$间的相互作用引起.

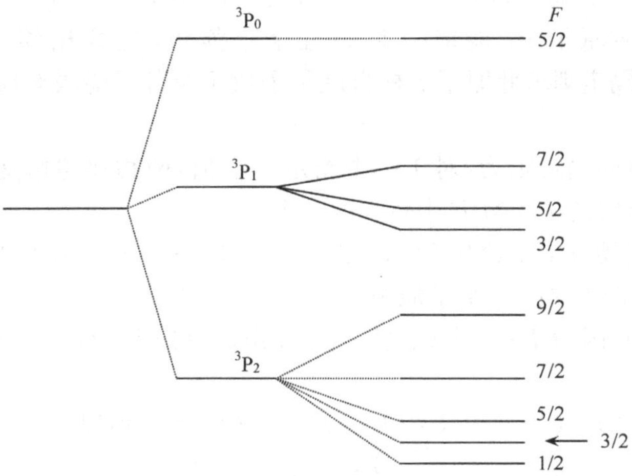

图 1.23

2.37　氢原子的基态分成两个超精细态，裂距为$\Delta\nu=1.42\times10^9\,s^{-1}$，氘原子的超精细分裂是多少？质子和氘核的磁矩分别是$\mu_p=2.8\mu_N$，$\mu_d=0.86\mu_N$，其中μ_N为核磁子.

解　由于电子的自旋$S=1/2(L=0)$与核自旋$I=1/2$的相互作用，氢原子基态的总自旋态的能移为

$$\Delta E'(\mathrm{H})=4A\mu_p\mu_e\boldsymbol{S}_P\cdot\boldsymbol{S}_e$$

而氘的能级移为

$$\Delta E'(\mathrm{D})=2A\mu_D\mu_e\boldsymbol{S}_D\cdot\boldsymbol{S}_e$$

氢原子的谱线裂距为

$$\Delta\nu(\mathrm{H})=4A\mu_p\mu_e$$

则氘原子的谱线裂距为

$$\Delta\nu'(\mathrm{D})=3A\mu_D\mu_e=3A\mu_p\mu_e\frac{\mu_D}{\mu_p}=\Delta\nu(\mathrm{H})\frac{0.861}{2.8}\frac{3}{4}=0.33\times10^9(\mathrm{s}^{-1})$$

2.38　氢的 1420MHz(λ=21cm)发射线是在射电天文学中发现最早、最重要的谱线之一. 利用这条谱线可探测宇宙空间中氢原子的分布情况，它来自于氢原子基态的超精细结构间的跃迁. 试据此计算氢原子基态超精细作用系数a. 已知氢原子的核自旋量子数$I=1/2(a>0)$.

解　氢原子基态为：$1^2s_{1/2}$，$J=1/2$，核的自旋为$I=1/2$；原子的总角动量量子数$F=$

$I+J, I+J-1, \cdots, |I-J|$，即 $F=1,0$. 由 2.31 题知氢原子超精细相互作用引起的能量改变为

$$\Delta E = [F(F+1) - I(I+1) - J(J+1)]a/2$$

对 $F_1=1, \Delta E_1=E_1-E_0=a/4$；对 $F_2=0, \Delta E_2=E_2-E_0=-3a/4$. 两能级的能量差：

$$E_1-E_2=\Delta E_1-\Delta E_2=a=h\nu$$

从而

$$a=h\nu=6.626\times10^{-34}\times1420\times10^6\approx9.409\times10^{-25}(\mathrm{J})$$

或者

$$a=4.136\times10^{-15}\times1420\times10^6\,\mathrm{eV}\approx5.873\times10^{-6}\,\mathrm{eV}$$

2.39 今测得某原子 $^3P_2$ 能级分裂为五个子能级，且其相邻子能级间隔比为 9∶7∶5∶3. 利用间隔定则求此原子的核自旋量子数 I 及各子能级对应的原子总角动量量子数 F.

解 超精细能级间隔定则为：对于一个给定的 J 值，两相邻超精细子能级之间的间隔正比于这两个子能级的量子数 F 中较大的一个.

由于原子的总角动量量子数为 $F=I+J, I+J-1, \cdots, |I-J|$ 所以当 $I\geqslant J$ 时有 $2J+1$ 个子能级；当 $I<J$ 时有 $2I+1$ 个子能级.

现有 5 个子能级，因为 $J=2$，所以 $2J+1=5$. 由此得到 $I\geqslant2$，那么 $F=I+2, I+1, I, I-1, I-2$.

据间隔定则 $(I+2)∶(I+1)∶I∶(I-1)=9∶7∶5∶3$，所以

$$I=5/2$$

则原子各子能级的总角动量量子数为

$$F=9/2, 7/2, 5/2, 3/2, 1/2$$

2.40 $^{39}_{19}\mathrm{K}$ 的光谱项 $d_{5/2}$ 具有 4 个超精细分量.

(1) 该核的自旋是多少？

(2) 4 重超精细态的间隔比的期望值是多少？

解 (1) 电子的总角动量 $J=5/2$，如果核的自旋是 I，则能级的多重数是 $(2I+1)$ 或 $(2J+1)$（取 J, I 中较小的一个），由于 $2J+1=6$，而由题意，能级的超精细分裂只有 4 项，显然由 I 决定，即 $(2I+1)=4$，由此得 $I=3/2$.

(2) 假设由核磁矩与电子形成的磁场间的作用产生超精细结构分裂为

$$\Delta E \sim 2\boldsymbol{I}\cdot\boldsymbol{J} = F(F+1) - I(I+1) - J(J+1)$$

其中，$\boldsymbol{F}=\boldsymbol{I}+\boldsymbol{J}$，则 $F=1,2,3,4$，得到

$$\Delta E(F=1)\approx 2$$

$$\Delta E(F=2)\approx 6$$

$$\Delta E(F=3)\approx 12$$

$$\Delta E(F=4)\approx 20$$

其差值分别为 4、6、8，所以在超精细分裂 4 重态中，能级间隔比的期待值为 2、3、4.

2.41 兰姆移位是 (　　)

(A) 氢原子 1s 和 2s 能级之间的劈裂　　(B)由辐射修正引起的

(C)由托马斯进动引起的　　　　(D) 由轨道-自旋相互作用引起的

解　兰姆移位(以氢原子为例)是指 $2^2s_{1/2}$ 和 $2^2p_{1/2}$ 之间的能级差，是由电子与电子本身的辐射场之间的作用(即辐射修正)引起的. 兰姆移位不能用相对论的量子力学方程解释，它的发现推动了量子电动力学的发展.

答案为(B).

2.42　一个很小的均匀带电球体处于一静电势场 $V(r)$ 中，其势能为

$$U(r) = V(r) + \frac{r_0^2}{6}\nabla^2 V(r) + \cdots$$

这里 r 是带电球球心位置，r_0 是小球的半径，其值很小.

"兰姆位移"可以被认为是由于物理电子确实具有这种性质对氢原子能级产生的极小修正. 如果与库仑势 $V(r) = -e^2/r$ 比较，势能 U 中的 r_0^2 项可作为一个很小的微扰，则氢原子 1s 和 2p 能级的兰姆位移分别是多大？将结果用 r_0 及一些基本常数表示. 未经微扰的波函数为

$$\psi_{1s}(r) = 2a_0^{-3/2}\exp(-r/a_0)Y_0^0$$

$$\psi_{2pm}(r) = 2a_0^{-5/2}r\exp(-r/2a_0)Y_1^m/\sqrt{24}$$

其中，$a_0 = \hbar^2/m_e e^2$ 为玻尔半径.

解　因为

$$\nabla^2 V(r) = -e^2\nabla^2\left(\frac{1}{r}\right) = 4\pi e^2\delta(\boldsymbol{r})$$

其中，$\delta(\boldsymbol{r})$ 是狄拉克函数，其定义为

$$\nabla^2\left(\frac{1}{r}\right) = -4\pi\delta(\boldsymbol{r})$$

于是

$$\int\psi^*\ \nabla^2 V(r)\psi \mathrm{d}^3 r = 4\pi e^2\int\psi^*(r)\psi(r)\delta(r)\mathrm{d}^3 r$$

$$= 4\pi e^2\psi^*(0)\psi(0)$$

从而

$$\Delta E_{1s} = \frac{r_0^2}{6}\cdot 4\pi e^2\psi_{1s}^*(0)\psi_{1s}(0)$$

$$= \frac{r_0^2}{6}\cdot 4\pi e^2\cdot 4a_0^{-3} = \frac{8\pi e^2 r_0^2}{3}a_0^{-3}$$

$$\Delta E_{2p} = \frac{r_0^2}{6}\cdot 4\pi e^2\psi_{2p}^*(0)\psi_{2p}(0) = 0$$

2.43　可以推广兰姆-雷瑟福结果如下：对于氢原子，凡量子数 n 和 j 相同，而 l 不同的能级并不完全相同. 相反，所有的 $^2s_{1/2}$ 能级都要比相应的 $^2p_{1/2}$ 能级高，高出的数量大约等于 $^2p_{3/2}$ 与 $^2p_{1/2}$ 之差的 10%. 今知发生兰姆位移时，氢原子吸收了频率约为 1058MHz 的电磁辐射. 试不使用氢原子能级公式，仅据上述条件计算 $2^2p_{3/2}$ 与 $2^2p_{1/2}$ 间的能级差.

解　令 $\nu = 1058\times 10^6$ Hz，兰姆位移即 $2^2s_{1/2}$ 与 $2^2p_{1/2}$ 间能级差 $\Delta E_1 = h\nu$，$2^2p_{3/2}$ 与 $2^2p_{1/2}$ 间能级差为

$$\Delta E_2 = \frac{\Delta E_1}{0.10} = \frac{h\nu}{0.10}$$

$$= \frac{6.626 \times 10^{-34} \times 1058 \times 10^6}{0.10 \times 1.602 \times 10^{-19}}$$

$$\approx 4.4 \times 10^{-5}(\text{eV})$$

2.44　原子气体在有磁场和没有磁场时发射的光谱不同，这是下面哪种现象？（　　）

(A) 原子气体在磁场中发射的光的谱线数总是大于或等于在无磁场时的谱线数

(B) 斯塔克效应

(C) 是原子核磁矩基本效应

(D) 原子气体在磁场中发射的光的谱线数总是在无磁场时的两倍

解　为正常或反常塞曼效应，磁场的作用使能级简并解除，产生谱线分裂. 但正常塞曼效应一般分裂为三条，反常塞曼分裂可以是更多条. 斯塔克(Stark)效应也可产生谱线分裂，但是是由电场造成的.

答案为(A).

2.45　计算：

(1) 在地磁场($B=5\times10^{-5}$T)中；

(2) 在 $B=5$T 的外磁场中，总自旋为零的原子($^1s_0$ 除外)的拉莫尔频率，并将所得结果与氢原子中的电子在第一玻尔轨道上的转动频率作比较.

解　原子的磁矩在磁场中的拉莫尔频率为

$$\nu_L = g\frac{e}{4\pi m}B$$

对于总自旋为零的原子($^1s_0$ 除外)，$g=1$，于是

$$\nu_L = g\frac{e}{4\pi m}B = (14.0\text{GHz/T})B$$

(1) 当原子处于地磁场中时

$$\nu_{L1}=14.0\times10^9\times5\times10^{-5}=7\times10^5(\text{Hz})$$

(2) 当原子处于 $B_2=5$T 中时

$$\nu_{L1}=7\times10^9(\text{Hz})$$

氢原子中的电子在第一玻尔轨道上绕核转动的频率为

$$f_1 = \frac{\nu_1}{2\pi r_1} = \frac{ac}{2\pi r_1} = 6.6\times10^{15}\text{Hz}$$

可见，$\nu_{L1}\ll\nu_{L2}\ll f_1$. 这一结果表明，当磁场增强时，拉莫尔频率加快，但在通常可达到的磁场强度范围内，拉莫尔频率都比原子中的电子绕核转动的频率低得多. 因此，当原子处于外磁场中时，电子的运动可理解为电子在轨道平面内绕核快速转动，而轨道平面绕外磁场 $\boldsymbol{B}$ 缓慢进动，情况和陀螺进动相似.

2.46　当电子处在 0.5T 的磁场中时，两种自旋取向的电子间的能量差是多少？当自旋取向改变时辐射的光子波长是多少？

解　电子的磁矩

$$\boldsymbol{\mu}_s = g_s\boldsymbol{\mu}_B\frac{\boldsymbol{S}}{\hbar}$$

磁矩在磁场中的附加能量

$$\Delta E=-\boldsymbol{\mu}_s\cdot\boldsymbol{B}=m_s g_s\mu_B B$$

因为 $m_s=\pm1/2, g_s=2$，所以

$$\Delta E_+=\mu_B B,\quad \Delta E_-=-\mu_B B$$

自旋相反态的能量差为

$$\begin{aligned}\Delta E&=\Delta E_+-\Delta E_-=2\mu_B B\\&=2\times0.5\times5.788\times10^{-5}\approx5.79\times10^{-5}(\text{eV})\end{aligned}$$

辐射光子的波长

$$\lambda=\frac{hc}{\Delta E}=\frac{1.24\times10^2}{5.79\times10^{-5}}=2.14(\text{cm})$$

2.47　原子处在状态^{3}F的角动量以角速度 $\omega=5.5\times10^9\,\text{rad}\cdot\text{s}^{-1}$在 $B=0.05\text{T}$ 的磁场中旋进，试确定原子的角动量和磁矩.

解　对^{3}F态 $L=3, S=1, \omega=\dfrac{geB}{2m_e}$，则

$$g=\frac{2m_e\omega}{eB}=\frac{2\times9.1\times10^{-31}\times5.5\times10^9}{1.6\times10^{-19}\times0.05}\approx1.25=\frac{5}{4}$$

又因为

$$g=\frac{3}{2}+\frac{1}{2}\frac{S(S+1)-L(L+1)}{J(J+1)}=\frac{5}{4}$$

所以 $J(J+1)=20$，则 $J=4$，因而 $\boldsymbol{J}^2=20\hbar^2$，$J_z$ 可取

$$J_z=0,\pm1,\pm2,\pm3,\pm4$$

沿磁场方向磁矩可取

$$\mu_J=g\mu_B J_z$$

2.48　一受热的中性锂原子($Z=3$)处于磁场中，下列各态中哪一个能级能量低，试简要给出物理原因.(a) $3^2\text{P}_{1/2}$和 $2^2\text{S}_{1/2}$；(b) $5^2\text{S}_{1/2}$和 $5^2\text{P}_{1/2}$；(c) $5^2\text{P}_{3/2}$和 $5^2\text{P}_{1/2}$；(d) $5^2\text{P}_{3/2}$的各个子态.

解　在外磁场中原子能级产生移动

$$\Delta E=M_J g\mu_B B$$

式中，g 为朗德因子，M_J 为总角动量沿磁场方向分量的磁量子数，B 为外磁场强度. 在 1T 的磁场中，分裂也只有 5×10^{-5}eV.

(a) $2^2\text{S}_{1/2}$中 $M_J=-1/2$ 的态能量最低. $3^2\text{P}_{1/2}$的主量子数大，能量高于 $3^2\text{S}_{1/2}$(约 eV 量级).

(b) $5^2\text{S}_{1/2}$中 $M_J=-1/2$ 者能量最低. 因为^{2}S与^{2}P之间的能量差主要是由轨道贯穿造成的，这一能量差也可达到 eV 量级.

(c) $^2\text{P}_{3/2}$、$^2\text{P}_{1/2}$哪个低要看外磁场的强弱，若外磁场引起的劈裂比自旋-轨道耦合要大，则以$^2\text{P}_{3/2}$中 $M_J=-3/2$ 的态能量最低，否则将是$^2\text{P}_{1/2}$中 $M_J=-1/2$ 的态能量最低.

(d) $^2\text{P}_{3/2}$中以 $M_J=-3/2$ 的态能量最低.

2.49　自旋 $s=1/2$ 的粒子有磁矩 $\boldsymbol{\mu}=\mu_B\boldsymbol{s}$，置于沿 x 方向的恒磁场 B 中. $t=0$ 时刻，粒子处于 $s_z=1/2$ 态，求此后发现粒子处在 $s_y=\pm1/2$ 态的概率.

解　取(s^2,s_x)表象，自旋矩阵为

$$\sigma_z=\begin{pmatrix}1&0\\0&-1\end{pmatrix},\quad \sigma_x=\begin{pmatrix}0&1\\1&0\end{pmatrix},\quad \sigma_y=\begin{pmatrix}0&-\mathrm{i}\\ \mathrm{i}&0\end{pmatrix}$$

它们的本征波函数分别为$\begin{pmatrix}1\\0\end{pmatrix}$，$\begin{pmatrix}1\\1\end{pmatrix}$，$\begin{pmatrix}1\\ \mathrm{i}\end{pmatrix}$，则粒子磁矩与磁场$\boldsymbol{B}$相互作用的哈密顿量为

$$H=-\boldsymbol{\mu}\cdot\boldsymbol{B}=-\frac{\mu_{\mathrm{B}}B}{2}\begin{pmatrix}1&0\\0&-1\end{pmatrix}$$

于是得到薛定谔方程

$$\mathrm{i}\hbar\frac{\mathrm{d}}{\mathrm{d}t}\begin{pmatrix}a(t)\\b(t)\end{pmatrix}=-\frac{\mu_{\mathrm{B}}B}{2}\begin{pmatrix}1&0\\0&-1\end{pmatrix}\begin{pmatrix}a(t)\\b(t)\end{pmatrix}$$

式中，$\begin{pmatrix}a(t)\\b(t)\end{pmatrix}$表示$t$时刻粒子的波函数，由题给条件，易知$\begin{pmatrix}a(t)\\b(t)\end{pmatrix}=\frac{1}{\sqrt{2}}\begin{pmatrix}1\\ \mathrm{i}\end{pmatrix}$，故薛定谔方程的解为

$$\begin{pmatrix}a(t)\\b(t)\end{pmatrix}=\frac{1}{\sqrt{2}}\begin{pmatrix}\exp\left(\mathrm{i}\frac{\mu_{\mathrm{B}}Bt}{2\hbar}\right)\\ \mathrm{i}\exp\left(-\mathrm{i}\frac{\mu_{\mathrm{B}}Bt}{2\hbar}\right)\end{pmatrix}$$

因此t时刻粒子处于$s_y=+\frac{1}{2}$态的概率为

$$\left|(1,1)\frac{1}{\sqrt{2}}\begin{pmatrix}a(t)\\b(t)\end{pmatrix}\right|^2=\frac{1}{4}\left|\exp\left(\mathrm{i}\frac{\mu_{\mathrm{B}}Bt}{2\hbar}\right)+\mathrm{i}\exp\left(-\mathrm{i}\frac{\mu_{\mathrm{B}}Bt}{2\hbar}\right)\right|^2$$
$$=\frac{1}{2}\left(1+\sin\frac{\mu_{\mathrm{B}}Bt}{\hbar}\right)?$$

类似地，粒子处于$s_y=-\frac{1}{2}$态的概率是$\frac{1}{2}\left(1-\sin\frac{\mu_{\mathrm{B}}Bt}{\hbar}\right)$.

2.50　$n=1,l=0$的(μ^+e^-)类原子处于外磁场中的哈密顿量为

$$H=a\boldsymbol{S}_\mu\cdot\boldsymbol{S}_{\mathrm{e}}-\frac{|e|}{m_\mu c}\boldsymbol{S}_\mu\cdot\boldsymbol{B}+\frac{|e|}{m_{\mathrm{e}}c}\boldsymbol{S}_{\mathrm{e}}\cdot\boldsymbol{B}$$

(1) 哈密顿量中各项的物理意义是什么？哪些项表示原子与外场的相互作用？

(2) 选择$\boldsymbol{B}$沿着z轴，利用记号(F,M_{F})（这里$\hat{\boldsymbol{F}}=\hat{\boldsymbol{S}}_\mu+\hat{\boldsymbol{S}}_{\mathrm{e}}$），证明$(1,+1)$是$H$的本征态，并给出本征值.

(3) 外加射频场可引起$(0,0)$态的跃迁. 定性地讨论如何利用衰变$\mu^+\rightarrow e^+\nu_{\mathrm{e}}\bar{\nu}_\mu$来观察这种跃迁.

解　(1) 哈密顿量第一项$a\boldsymbol{S}_{\mu^+}\cdot\boldsymbol{S}_{\mathrm{e}}$描述$\mu^+$与$e^-$两粒子之间的电磁作用. 后两项分别描述电子、$\mu^+$与外磁场的相互作用.

(2) 以ψ表示$F=1,M_{\mathrm{F}}=+1$的态. 由$\hat{\boldsymbol{F}}=\hat{\boldsymbol{S}}_\mu+\hat{\boldsymbol{S}}_{\mathrm{e}}$，得

$$\boldsymbol{S}_\mu\cdot\boldsymbol{S}_{\mathrm{e}}=\frac{1}{2}(\boldsymbol{F}^2-\boldsymbol{S}_\mu^2-\boldsymbol{S}_{\mathrm{e}}^2)$$

故

$$(\boldsymbol{S}_\mu \cdot \boldsymbol{S}_e)\psi = \frac{1}{2}(\boldsymbol{F}^2\psi - \boldsymbol{S}_\mu^2\psi - \boldsymbol{S}_e^2\psi) = \frac{\hbar^2}{2}\left(2\psi - \frac{3}{4}\psi - \frac{3}{4}\psi\right) = \frac{\hbar^2}{4}\psi$$

在 S_e^z、S_μ^z 共同本征矢表象中，用旋量表示的 $\boldsymbol{S}=\begin{pmatrix}1\\0\end{pmatrix}_e \otimes \begin{pmatrix}1\\0\end{pmatrix}_\mu$，所以

$$\boldsymbol{S}_e^z\psi = \frac{\hbar}{2}\sigma_e^z\psi = \frac{\hbar}{2}\psi$$

$$\boldsymbol{S}_\mu^z\psi = \frac{\hbar}{2}\sigma_\mu^z\psi = \frac{\hbar}{2}\psi$$

于是

$$\begin{aligned} H\psi &= a\boldsymbol{S}_e \cdot \boldsymbol{S}_\mu\psi + \frac{e}{m_e c}B\boldsymbol{S}_e^z\psi - \frac{e}{m_\mu c}BS_\mu^z\psi \\ &= a\frac{\hbar^2}{4}\psi + \frac{e}{m_e c}B \cdot \frac{\hbar}{2}\psi - \frac{e}{m_\mu c}B \cdot \frac{\hbar}{2}\psi \\ &= \left(\frac{1}{4}a\hbar^2 + \frac{eB}{2m_e c}\hbar - \frac{eB}{2m_\mu c}\hbar\right)\psi \end{aligned}$$

可见，(1，+1)确实是 H 的本征态，本征值为

$$\frac{1}{4}a\hbar^2 + \frac{eB}{2m_e c}\hbar - \frac{eB}{2m_\mu c}\hbar$$

(3) (1，+1)态表示两个粒子自旋方向相同，(0，0)态表示两个粒子自旋方向相反. 由于这两个态中 μ^+ 的极化方向刚好与电子自旋方向相反，所以这两种情况下极化 μ^+ 衰变出来的正电子相对电子自旋取向也相反，则它们分别湮灭为 3γ 和 2γ. 从而观察 μ^+ 衰变 $\mu^+ \to e^+\nu_e\bar{\nu}_\mu$ 后 e^+ 与 e^- 湮灭为 2γ 的情况便能够探测(1，+1)到(0，0)的跃迁.

2.51　相应于 $J=1\to J=0$ 跃迁的一条特定光谱线，在 0.1T 的磁场中分裂成三条，裂距为 0.00016nm，无磁场时该谱线的波长为 184.9nm.

(1) 研究 g 因子，决定 $J=1$ 态的总自旋是否为零；

(2) 激发态的磁矩是多少？

解　(1) 处于外磁场中的原子的能级将产生劈裂，能级间距为

$$\Delta E = g\mu_B B$$

当 $J=0$ 时，能级不劈裂. 所以由 $J=1\to J=0$ 跃迁谱线的劈裂相当于 $J=1$ 能级的劈裂 $\Delta E(J=1)$.

$$\Delta E(J=1) = hc\Delta\tilde{\nu} = hc\frac{\Delta\lambda}{\lambda^2}$$

即

$$hc\frac{\Delta\lambda}{\lambda^2} = g\mu_B B$$

从而

$$g = \frac{hc}{\mu_B B} \cdot \frac{\Delta\lambda}{\lambda^2} = \frac{1240}{5.788\times10^{-5}\times0.1} \cdot \frac{1.6\times10^{-4}}{(184.9)^2} = 1$$

又因为 $g=1+\dfrac{J(J+1)+S(S+1)-L(L+1)}{2J(J+1)}=1$，对于 $J=1$，只能得到 $L=1$，$S=0$. 这说

明 $J=1$ 的态对塞曼劈裂的贡献只来自轨道磁矩，即总自旋 $S=0$，$L=1$.

(2) 该原子激发态的磁矩为

$$\mu_J = g\mu_B P_J/\hbar = 1\cdot\mu_B\cdot\sqrt{J(J+1)} = \sqrt{2}\mu_B$$

2.52　试比较氦原子在弱磁场中的跃迁：$(1s3s)^1S_0\rightarrow(1s2p)^1P_1$ 和 $(1s3s)^3S_1\rightarrow(1s2p)^3P_1$. 只需定性地说明它们的主要特点.

解　弱磁场引起原子能级的变化为

$$\Delta E = -\boldsymbol{\mu}_J\cdot\boldsymbol{B} = g\mu_B M_J B$$

其中，$g=1+\dfrac{J(J+1)+S(S+1)-L(L+1)}{2J(J+1)}$是朗德因子.

对确定的量子数 J，能级分裂为 $2J+1$ 个等间隔的能级，所以能级 $^3P_1$，$^3S_1$ 和 $^1P_1$ 都劈裂为三个能级. 各谱项在磁场中的裂距为

能级	$(1s3s)\,^1S_0$	$(1s2p)\,^1P_1$	$(1s3s)\,^3S_1$	$(1s2p)\,^3P_1$
(JLS)	(000)	(110)	(101)	(111)
ΔE	0	$\mu_B B$	$2\mu_B B$	$(3/2)\mu_B B$

其中，μ_B 为玻尔磁子，B 为磁场强度.

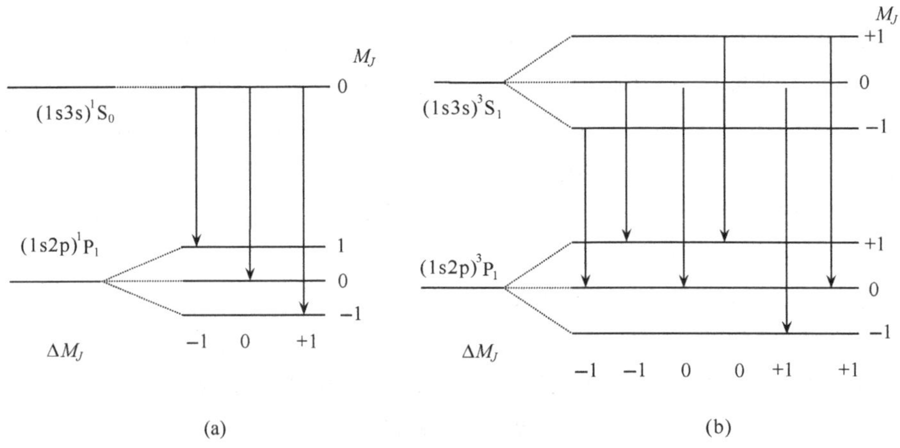

图 1.24

由跃迁选择定则（$\Delta J=0,\pm1$，$\Delta M_J=0,\pm1$）可知，$(1s3s)^1S_0\rightarrow(1s2p)^1P_1$ 分裂成三条谱线，为正常塞曼效应，如图 1.24(a)；$(1s3s)^3S_1\rightarrow(1s2p)^3P_1$ 分裂成六条谱线，为反常塞曼效应，如图 1.24(b)所示.

2.53　试画出 $^2D_{5/2}\rightarrow{}^2P_{3/2}$ 谱线在弱磁场中的能级跃迁图，并计算其塞曼成分与原谱线的波数差（以 L 为单位表示）.

解　能级跃迁图如图 1.25 所示，已知

$$g = 1+\frac{J(J+1)-L(L+1)+S(S+1)}{2J(J+1)}$$

计算各态的 g 因子：

对 $^2D_{5/2}$：$S_2=1/2$，$L_2=2$，$J_2=5/2$，得 $g_2=6/5$

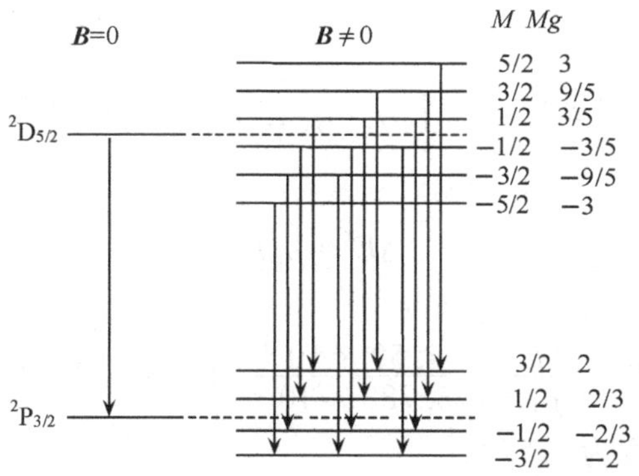

图 1.25

$$M_2=\pm\frac{1}{2},\pm\frac{3}{2},\pm\frac{5}{2}$$

$$M_2g_2=\pm\frac{3}{5},\pm\frac{9}{5},\pm 3$$

能级分裂成 6 个子能级.

对$^2p_{3/2}$：$S_1=1/2,L_1=1,J_1=3/2,g_1=4/3$,

$$M_1=\pm\frac{1}{2},\pm\frac{3}{2}$$

$$M_1g_1=\pm\frac{2}{3},\pm 2$$

能级分裂成 4 个子能级.

在塞曼效应中能级跃迁的选择定则为 $\Delta M=\pm 0,1$，所以$^2D_{5/2}\to{}^2P_{3/2}$跃迁的塞曼成分与原谱线的波数差为

$$\Delta\left(\frac{1}{\lambda}\right)=\left(\pm\frac{1}{15},\pm\frac{1}{5},\pm 1,\pm\frac{17}{15},\pm\frac{19}{15},\pm\frac{7}{5}\right)L$$

2.54　(1) 计算氢原子 2p 态由于自旋-轨道耦合引起的能量差.

(2) 若在外磁场中引起谱线分裂，相邻线的能量差为 $\Delta E_z=4.50\times10^{-4}\text{eV}$，请问在此磁场下发生的是正常塞曼效应、反常塞曼效应还是帕邢-巴克效应？求外磁场的磁感应强度.

解　(1) 氢原子的 2p 态由自旋-轨道耦合引起能量差. 由

$$\Delta E_{nl}=\frac{Rhc\alpha^2}{n^3l(l+1)}$$

可知

$$\Delta E_{2p}=\frac{13.6}{137^2\times2^3\times1\times(1+1)}=4.53\times10^{-5}(\text{eV})$$

(2) ΔE_{2p}是自旋-轨道耦合中最大的一个，而塞曼效应相邻谱线的能级差为

$$\Delta E_z=4.50\times10^{-4}\text{eV}$$

$$\Delta E_z\gg\Delta E_{2p}$$

所以是帕邢-巴克效应.

相邻谱线的波数差为

$$\Delta\left(\frac{1}{\lambda}\right)=(-1,0,1)L=(-1,0,1)\frac{\mu_B B}{hc}$$

相邻谱线能量差

$$\Delta E'=\mu_B B$$

从而

$$B=\frac{\Delta E'}{\mu_B}=\frac{4.50\times10^{-4}}{5.788\times10^{-5}}(\mathrm{T})\approx7.77(\mathrm{T})$$

所以外磁场的磁感应强度为 7.77T.

2.55 就磁场对受激钠蒸气所产生的黄光(600.0nm 左右)光谱结构的影响进行试验(塞曼效应),观测从平行于或垂直于磁场方向发出的光谱.

(1) 描述:(i)磁场引入前的光谱;(ii)磁场引入后,上述两个方向上光谱改变的情况;(iii)上两种情况下光谱成分的偏振态.

(2) 上述结果如何按照原子量子态特性来解释.

(3) 如果有一个分辨率($\lambda/\delta\lambda$)为 100000 的显微镜,需要多大磁场才能清晰地分辨由此引起的分裂.

解 (1) 如图 1.26 所示.在引入磁场前,钠的黄光由 589.6nm 和 589.0nm 两条谱线组成,它们是$^2P_{3/2,1/2}\rightarrow{}^2S_{1/2}$跃迁的结果.这三个能级的 g 因子分别为$^2P_{3/2}$:4/3;$^2P_{1/2}$:2/3;$^2S_{1/2}$:2.引入磁场后,$^2P_{3/2}$、$^2P_{1/2}$和$^2S_{1/2}$分别分裂成 4、2 和 2 个能级,由电偶极跃迁选择定则($\Delta M=0,\pm1$)可知,$^2P_{3/2}\rightarrow{}^2S_1$ 分裂成 6 条谱线. $^2P_{1/2}\rightarrow{}^2S_{1/2}$分裂成 4 条谱线.

(i) 引入磁场前有两条谱线,分别为 589.6nm 和 589.0nm.在各个方向上都可观测到.

(ii) 引入磁场后,在平行于磁场方向可观测到 6 条 σ 线.在垂直于磁场方向可观测到 10 条谱线,即 6 条 σ 线和 4 条 π 线.

(iii) σ^+线对应于 $\Delta M_J=+1$,为左旋圆偏振光,σ^- 线对应于 $\Delta M_J=-1$,为右旋圆偏振光. π 线对应于 $\Delta M_J=0$,为平面偏振光.

(2) 谱线的分裂是原子总角动量在磁场中取向量子化的结果,分裂的数目取决于原子的总角动量和跃迁选择定则,偏振情形是由角动量守恒的要求而产生的.

三个态的总角动量在磁场方向的分量分别为

$^2P_{3/2}$:$M_J=3/2,1/2,-1/2,-3/2$, 分裂为 4 个能级

$^2P_{1/2}$:$M_J=1/2,-1/2$,　　分裂为 2 个能级

$^2S_{1/2}$:$M_J=1/2,-1/2$,　　分裂为 2 个能级

能级的劈裂、能级间的容许跃迁及谱线的偏振性示于图 1.26.这属于反常塞曼效应.

(3) 两条最靠近的谱线的波数差应为

$$\Delta\tilde{\nu}=\frac{|g_2M_2-g_1M_1|\mu_B B}{hc}=\frac{1}{\lambda_1}-\frac{1}{\lambda_2}\approx\frac{\delta\lambda}{\lambda^2}$$

其中,g_1 和 g_2 分别表示上下能级的朗德因子,则要求的磁场约为

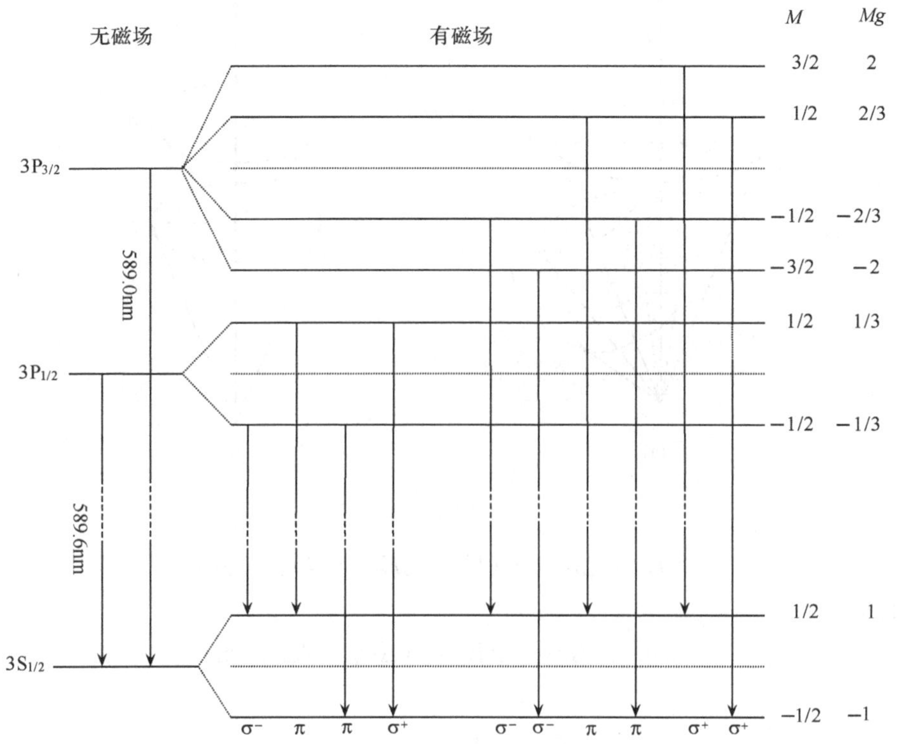

图 1.26

$$B \approx \frac{hc}{|g_2M_2 - g_1M_1|\mu_B} \cdot \frac{\delta\lambda}{\lambda} \cdot \frac{1}{\lambda} \approx \frac{1240}{1\times 5.788\times 10^{-5}} \cdot \frac{10^{-5}}{600.0} \approx 0.36(\mathrm{T})$$

2.56　1912 年帕邢和巴克发现：当磁场由弱变强时，反常塞曼效应又趋于正常塞曼效应.

(1) 以钠原子主线系的第一谱线为例，说明这种现象的发生及其原因；

(2) 已知这条谱线由轨道自旋耦合而形成的双线波长为 589.0nm 和 589.6nm，要想使钠原子发生帕邢-巴克效应，试估计外加磁场至少要多大？

解　当外加磁场的强度比原子内部轨道-自旋相互作用的磁场弱时，不足以破坏自旋-轨道耦合，轨道角动量 $\boldsymbol{L}$ 和自旋角动量 $\boldsymbol{S}$ 分别绕合成的总角动量 $\boldsymbol{J}$ 做快进动，而 $\boldsymbol{J}$ 绕外磁场做慢进动，如图 1.27(a)，会出现反常塞曼效应. 当外加磁场的强度比原子内部自旋-轨道相互作用的磁场大得多时，轨道和自旋磁矩与外磁场的相互作用能显著地超过它们之间的相互作用能，使 L-S 耦合，(又称罗素-桑德斯耦合)被破坏，这时 $\boldsymbol{L}$ 与 $\boldsymbol{S}$ 不再耦合成 $\boldsymbol{J}$，而是分别绕磁场进动，如图 1.27(b).

此时原子与磁场 $\boldsymbol{B}$ 作用的能量为轨道磁矩、自旋磁矩与外场作用能的简单的代数和.

$$\Delta E = \mu_l B\cos(\boldsymbol{L},\boldsymbol{B}) + \mu_s B\cos(\boldsymbol{S},\boldsymbol{B}) = (m_l + 2m_s)h\nu_L$$

式中，$\nu_L = \dfrac{eB}{4\pi m}$为洛伦兹裂距. 在一级近似中，两能级的能量差等于

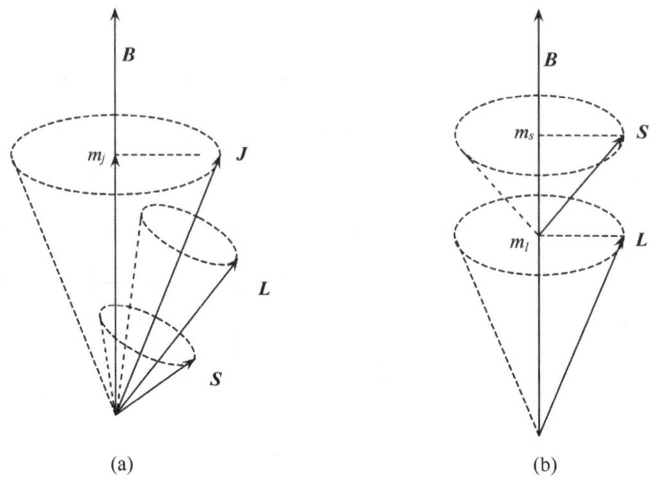

图 1.27

$$(E_1+\Delta E_1)-(E_2+\Delta E_2)=h(\nu+\Delta\nu)$$

由此得到

$$\Delta h\nu=\Delta E_1-\Delta E_2=(\Delta m_l+2\Delta m_s)h\nu_{\rm L}$$

或

$$\Delta\tilde{\nu}=\frac{\Delta E_1-\Delta E_2}{hc}=(\Delta m_l+2\Delta m_s)L$$

其中，$L=\dfrac{Be}{4\pi mc}$为洛伦兹单位. 由选择定则：$\Delta m_l=0,\pm1$；$\Delta m_s=0$. 得到 $\Delta\tilde{\nu}=0,\pm L$. 可见，复杂的分裂图形变为简单的洛伦兹三重线，即在强磁场中反常塞曼现象趋于正常塞曼效应了.

以钠原子 D 线为例，在弱磁场中能级分裂及相应的能级跃迁图如第 2.55 题中的图 1.26 所示，在强磁场中能级分裂及相应的能级跃迁图如图 1.28 所示. 图中右半部分的能级移动是较弱的自旋-轨道耦合所致. 这时的谱线间隔不是严格地相等了.

(1) 帕邢-巴克效应是强磁场效应. 所谓磁场的强弱，是相对原子内部磁场而言的，因此强磁场的条件为 $B_{外}\geqslant B_{内}$.

对于钠的 D 双线，由钠原子 D 线的精细分裂，可以估算出其内部磁场 $B_{内}\approx19{\rm T}$(参考 2.19 题)，故知钠原子产生帕邢-巴克效应的起码磁场的量级为 20T. 而锂原子和铯原子的内部磁场分别约为 0.36T 和 63T. 对于氢原子的 $\rm H_\alpha$ 线(6563Å)，$\Delta\lambda=0.14$Å，可算得 $B_{内}\approx0.35{\rm T}$，帕邢和巴克在 0.32T 时刚好观察到该线的帕邢-巴克效应.

由此可知：①上述估计的量级与实验数据符合；②所谓的磁场“强”与“弱”，完全是相对的，对不同原子，强磁场的大小是不一样的.

(2) 强磁场量级还可由条件 $\Delta\tilde{\nu}_{磁致裂距}=\Delta\tilde{\nu}_{多重裂距}$来估计，其中 $\Delta\tilde{\nu}_{磁致裂距}$可由拉莫尔频率 $\nu_{\rm L}=\dfrac{eB}{4\pi m}$估算 $\tilde{\nu}_{\rm L}=\dfrac{\nu_{\rm L}}{c}=47B{\rm T\cdot m^{-1}}$；而 $\Delta\tilde{\nu}_{多重裂距}=\dfrac{\Delta\lambda}{\lambda^2}$，对于钠的 D 双线为 $1728{\rm m^{-1}}$，故算

得 $B=37\mathrm{T}$. 或由能级演变图直接计算. 对于钠 D 线，产生帕邢-巴克效应时，$^2P_{3/2}$分裂的 $M=-\frac{1}{2}$能级与$^2P_{1/2}$分裂的 $M=\frac{1}{2}$能级应重合，即有$\left(\frac{1}{2}\times\frac{4}{3}+\frac{1}{2}\times\frac{2}{3}\right)\mu_B B=hc\frac{\Delta\lambda}{\lambda^2}$，亦得

$$B=hc\frac{\Delta\lambda}{\lambda^2\mu_B}=37(\mathrm{T})$$

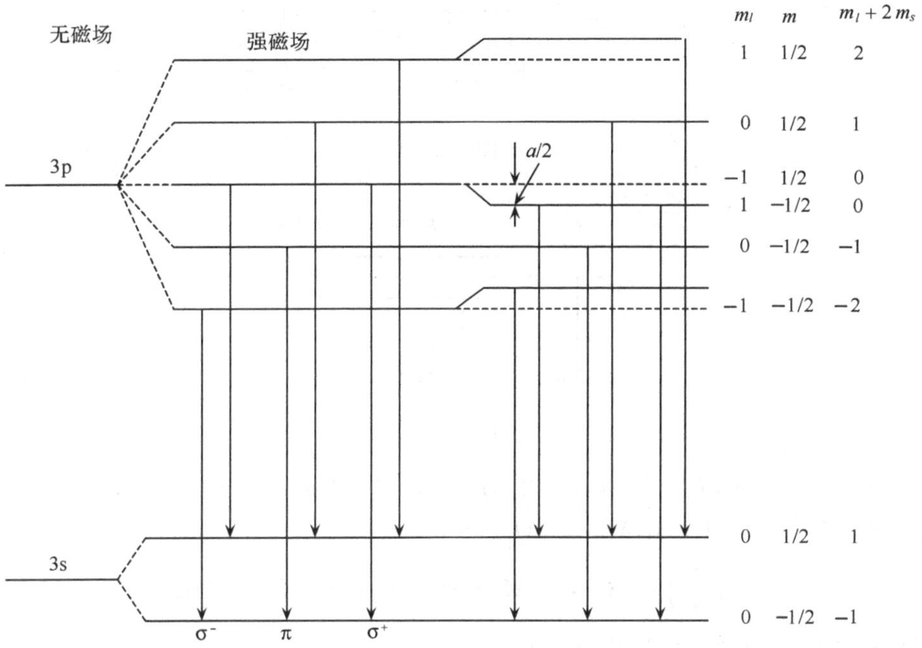

图 1.28

2.57　(1) 画出在强磁场中$^3s\rightarrow{}^3p$ 的能级跃迁图. 共有多少种可能的跃迁？形成多少条谱线？

(2) 在弱磁场中$^3s_1\rightarrow{}^3p_0$ 的跃迁，形成多少条谱线？画出能级跃迁图，它与强场中谱线分裂的情况是否相同？简述理由.

解　(1) 强磁场中$^3s\rightarrow{}^3p$ 跃迁图如图 1.29 所示.

对^3s：$S=1, L=0, M_S=0, \pm1, M_L=0; M_L+2M_S=0, \pm1$.

对 ^3p：$S=1, L=1, M_S=0, \pm1$；$M_L=0, \pm1$；$M_L+2M_S=0, \pm1, \pm2, \pm3$.

跃迁的选择定则

$$\Delta m_l=0, \pm1, \quad \Delta m_S=0$$

共有 9 种跃迁，形成 3 条谱线，它们的波数差为

$$\Delta\left(\frac{1}{\lambda}\right)=(-1,0,1)L$$

(2) 弱磁场中，$^3s_1\rightarrow{}^3p_0$，如图 1.30，

$$g=1+\frac{J(J+1)-L(L+1)+S(S+1)}{2J(J+1)}$$

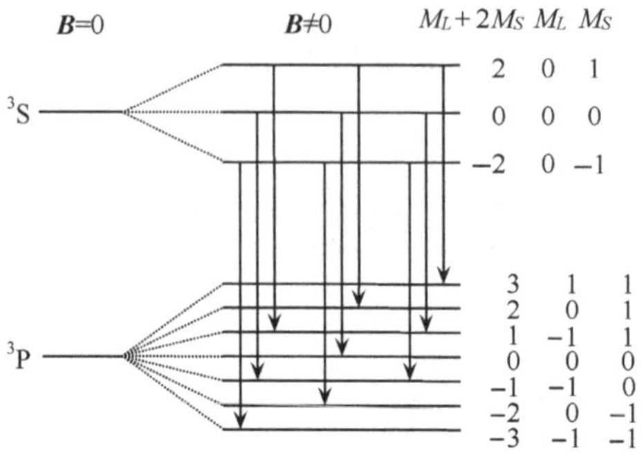

图 1.29

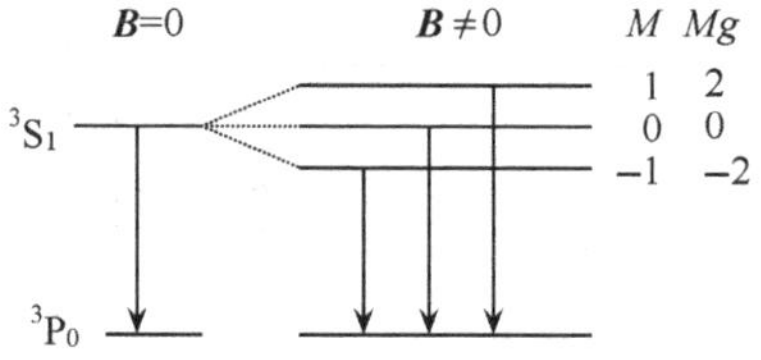

图 1.30

$^3s_1$：$S_2=1, L_2=0, J_2=1$，得 $g_2=2, M_2=0, \pm 1, M_2 g_2=0, \pm 2$.

$^3p_0$：$S_1=1, L_1=1, J_1=0, M_1=0, M_1 g_1=0$.

$$\Delta\left(\frac{1}{\lambda}\right)=(M_2 g_2-M_1 g_1)L=M_2 g_2 L=(0, \pm 2)L$$

所以形成三条谱线，相邻谱线间距是 $2L$.

2.58　在 0.100T 的磁场中，汞的 184.9nm 的谱线分裂成相隔 0.00016nm 的三个分量，确定这种塞曼效应是正常的还是反常的.

解　可由最小电磁耦合原理计算出轨道角动量在磁场中的能量. 该原理有一个规则：哈密顿量中 $\boldsymbol{P} \to (\boldsymbol{P}-e\boldsymbol{A}/c)$. 在磁场中一级近似附加能量为 $(e/mc)\boldsymbol{A} \cdot \boldsymbol{P}$，而在均匀磁场中可取 $\boldsymbol{A}=(\boldsymbol{B}\times\boldsymbol{r})/2$，所以

$$\Delta E=\frac{e}{2mc}(\boldsymbol{B}\times\boldsymbol{r}) \cdot \boldsymbol{P}=\frac{e}{2mc}\boldsymbol{B} \cdot (\boldsymbol{r}\times\boldsymbol{P})=\frac{e\hbar}{2mc}Bm_l$$

其中，$\boldsymbol{B}$ 是 L_z 的量子化轴.

根据电偶极跃迁遵从选择定则 $\Delta m_l=0, \pm 1$ 得到正常塞曼效应的分量间的频率差

$$\Delta\omega=\frac{eB}{2mc}=8.8\times 10^9\,\mathrm{s}^{-1}$$

能级分裂为

$$\Delta E=\Delta\omega\hbar=8.8\times 10^9\times 6.5\times 10^{-16}\approx 5.8\times 10^{-6}(\mathrm{eV})$$

由谱线的间隔得到能级差为

$$\Delta E=hc\Delta\tilde{\nu}=hc\frac{\Delta\lambda}{\lambda^2}=\frac{1240\times 16\times 10^{-6}}{(184.9)^2}\approx 5.8\times 10^{-6}(\mathrm{eV})$$

与计算结果相同，所以是正常塞曼效应. 在自旋起作用的跃迁中必须增加另外的项，那是反常塞曼效应.

2.59　严格计算当磁场 $\boldsymbol{B}$ 施加到一个双重 P 能级（如钠）时的能量本征值（忽略超精细结构）. 其哈密顿量为 $H=\frac{3\varepsilon}{2}\boldsymbol{S}\cdot\boldsymbol{L}+\boldsymbol{\mu}(\boldsymbol{L}+2\boldsymbol{S})\cdot\boldsymbol{B}$，其中 ε 为当 $B=0$ 时的精细结构劈裂.

解　根据上升和下降算符 $S_{\pm}=S_x\pm \mathrm{i}S_y$ 及 $L_{\pm}=L_x\pm \mathrm{i}L_y$，哈密顿量可以写成

$$H=\left[\frac{2\varepsilon}{3}S_zL_z+\mu_0(L_z+2S_z)B\right]+\frac{\varepsilon}{3}(S_+L_-+S_-L_+)$$

如果取 B 沿 z 方向，J_Z 与 H 对易. 用 m_J 表示 J_z 的本征值. 对于 $m_J=\pm\frac{3}{2}$，第二项的矩阵元为 0，第一项给出对角矩阵元，两种情况下的能级为 $E_{\pm 3/2}=\frac{\varepsilon}{3}\pm 2\mu_{\mathrm{B}}B$，对 $m_J=\pm\frac{1}{2}$，对每个 m_J 都有两个态：

$$\begin{pmatrix}\psi_1\\ \psi_2\end{pmatrix}=\begin{pmatrix}\alpha y_1^{m_J-1/2}\\ \beta y_1^{m_J+1/2}\end{pmatrix}$$

在此选择了 L_z 和 S_z 为对角矩阵，y_1^m 是每个 p 态的轨道波函数.

以 $\begin{pmatrix}\psi_1\\ \psi_2\end{pmatrix}$ 为基矢，H 量中第一项的矩阵元是纯对角的，而最后一项没有对角矩阵元，利用上升和下降算符的矩阵元得到非对角矩阵元为

$$\langle\psi_2\mid H\mid\psi_1\rangle=\langle\psi_1\mid H\mid\psi_2\rangle=\frac{\varepsilon}{3}\langle\alpha\mid S_+\mid\beta\rangle\left\langle m_J-\frac{1}{2}\mid L_-\mid m_J+\frac{1}{2}\right\rangle$$

$$\langle J,m_J\pm 1\mid J_{\pm}\mid J,m_J\rangle=\sqrt{J(J+1)-m_J(m_J\pm 1)}$$

得到

$$\langle\psi_1\mid H\mid\psi_2\rangle=\frac{\varepsilon}{3}\sqrt{2-\left(m_J^2-\frac{1}{4}\right)}$$

现在简单地说明如何得到这些结果：以 J,J_z 为对角基，其对易关系为

$$[J_{\pm},J_z]=\pm J_{\pm}$$

其中，$J_+(J_-)$ 只是把状态 $|J,M\rangle$ 与状态 $|J,M+1\rangle(|J,M-1\rangle)$ 联系起来. $J_{\pm}$ 的其他矩阵元都是 0. 利用关系式 $[J_{\pm},J_-]=2J_z$ 和 $J^2=\frac{J_+J_-+J_-J_+}{2}+J_z^2$ 确定不为 0 的矩阵元的值，矩阵元为 $\langle J,M|J^2|J,M\rangle$.

最后要对角化哈密顿量为

$$H=\begin{pmatrix}\frac{\varepsilon}{3}\left(m_J-\frac{1}{2}\right)+\mu_0B\left(m_J+\frac{1}{2}\right) & \frac{\varepsilon}{3}\sqrt{2}\\ \frac{\varepsilon}{3}\sqrt{2} & -\frac{\varepsilon}{3}\left(m_J+\frac{1}{2}\right)+\mu_0B\left(m_J-\frac{1}{2}\right)\end{pmatrix}$$

通过对角化我们可计算出本征值

$$E_{m_J}^{\pm}=\frac{1}{2}\left[-\frac{\varepsilon}{3}+2\mu_0Bm_J\pm\sqrt{\left(\frac{2\varepsilon}{3}m_J+\mu_0B\right)^2+\frac{8}{9}\varepsilon^2}\right]$$

在弱磁场情况下 $\mu B \ll \varepsilon$，这些能量为

$$E_{m_J}^{\pm}(\text{弱}) \approx -\frac{\varepsilon}{6} + \mu_0 B m_J \pm \frac{1}{2}\left(\varepsilon + \frac{2\mu_0 B m_J}{3}\right)$$

在强磁场情况下，能量为

$$E_{m_J}^{\pm}(\text{强}) \approx \mu B\left(m_J \pm \frac{1}{2}\right)$$

这些极限值也可以用微扰论的方法求出：在弱磁场时合适的基矢是把 J^2，J_z 对角化，在强磁场时把 L_z，S_z 对角化.

2.60　电子和正电子具有大小相等，符号相反的磁矩（g 因子符号相反）. 如果确实如此，证明正电子素（e^+e^-）的基态（$^1s_0$，$^3s_1$ 双重线）不可能有线性塞曼效应（该证明依据总磁矩作用算符）.

证明　在线性塞曼效应中，磁矩与磁场的相互作用能为

$$H = -\boldsymbol{\mu} \cdot \boldsymbol{B}$$

其中，$\boldsymbol{\mu} = 2\mu_0(\mathbf{S}^+ - \mathbf{S}^-)$，$\boldsymbol{S}^+$、$\boldsymbol{S}^-$ 分别为 e^+，e^- 的自旋算符.

非微扰态的自旋波函数为

$$\text{三重态：}\begin{cases}[\alpha(+)\alpha(-)] \\ \dfrac{[\alpha(+)\beta(-) + \alpha(-)\beta(+)]}{\sqrt{2}} \\ [\beta(+)\beta(-)]\end{cases}$$

$$\text{单态：}\frac{[\alpha(+)\beta(-) - \alpha(-)\beta(+)]}{\sqrt{2}}$$

由于线性塞曼效应产生的能量位移为：$\langle\psi|H|\psi\rangle$，但因为算符 $\boldsymbol{S}^+ - \boldsymbol{S}^-$ 交换时为负，所以对上面所有的自旋态 $\langle\psi|H|\psi\rangle$ 都为 0. 或者，利用 $S_z\alpha = \alpha/2$，$S_z\beta = -\beta/2$，可以直接计算 H 的期待值，其中取 z 轴沿 $\boldsymbol{B}$ 的方向. 对所有的自旋态直接计算 $\langle\psi|H|\psi\rangle$ 都为 0. 所以不存在线性塞曼效应.

2.61　定性讨论氢原子 $n=2$ 能级由于恒定外电场 E_0 引起的劈裂. 忽略自旋，但需考虑 2s 和 2p 态的零场劈裂 ω. $W = E_{2s} - E_{2p} \approx 10^{-5}$ eV，分别讨论 $eE_0a_0 > W$ 和 $eE_0a_0 < W$ 情形，其中 a_0 为玻尔半径.

解　将外电场作为微扰，则微扰哈密顿量为 $H' = e\boldsymbol{E}_0 \cdot \boldsymbol{r}$，由球谐函数的奇偶性可得：微扰哈密顿量在 $n=2$ 的四个态：$|200\rangle$，$|211\rangle$，$|210\rangle$，$|21-1\rangle$ 只在 $|200\rangle$，$|210\rangle$ 间有非零矩阵元（参看 2.65 题）：

$$\langle 200 \mid H' \mid 210\rangle \equiv u = -3eE_0a_0$$

故 $|210\rangle$ 与 $|21-1\rangle$ 态仍将简并.

（i）对 $W \gg eE_0a_0$ 情形，$W \gg u$，属于非简并微扰，能量直到二级才有非零修正：

$$E_+ = W + u^2/W, \quad E_- = -u^2/W$$

（ii）对 $W \ll eE_0a_0$ 情形，$W \gg u$，属于简并微扰，能量劈裂：

$$E_+ = -u = 3eE_0a_0, \quad E_- = u = -3eE_0a_0$$

2.62　在类氢原子中，2s 和 2p 态之间有一个很小的能级差 Δ，由于 Δ 效应非常小，对这些态的波函数影响可以忽略. 把这个原子放在电场 E 中，忽略对较远能级的影响，求出 $n=2$ 的能级的位移作为电场 E 的函数的一般表达式.（注：在此问题中忽略电子自旋，不必精确计算，求出题中的非零积分.）

解　如果只考虑 2s、2p 态，忽略其他态，系统在电场 E 中的哈密顿量为

$$H=\begin{bmatrix}0 & -aE\\ -aE & \Delta\end{bmatrix}$$

为方便起见，取 2p 态的能量为 0，由微扰作用 $V=eEz$ 得到 $a=\langle 2s|ze|2p,m_Z=0\rangle$，$V$ 的其他矩阵元都等于 0，由于宇称和 Jz 都守恒. 能级 $|2p,m_Z=\pm1\rangle$ 没有位移. 把矩阵元对角化，我们得到 2p 态的能移为

$$\Delta E_{2p}=\frac{\Delta-(\Delta^2+4a^2E^2)^{1/2}}{2}$$

而 2s 能级的位移为

$$\Delta E_{2s}=\frac{(\Delta^2+4a^2E^2)^{1/2}-\Delta}{2}$$

注意：对于强场，$aE\gg\Delta$，我们将得到线性斯塔克效应，即位移正比于 E. 而对于弱场，$aE\ll\Delta$，位移与 E^2 有关.

2.63　如图 1.31 所示，一束处于 2s 激发态的氢原子从电容器的两极板间穿过，在图中长度为 L 的区域内存在均匀电场 E，取氢原子的速度 v 沿 x 轴方向，电场沿 z 方向，在未加外电场的情况下，氢原子所有 $n=2$ 的态都是简并的，当外场存在时，其中某些能级便发生混合.

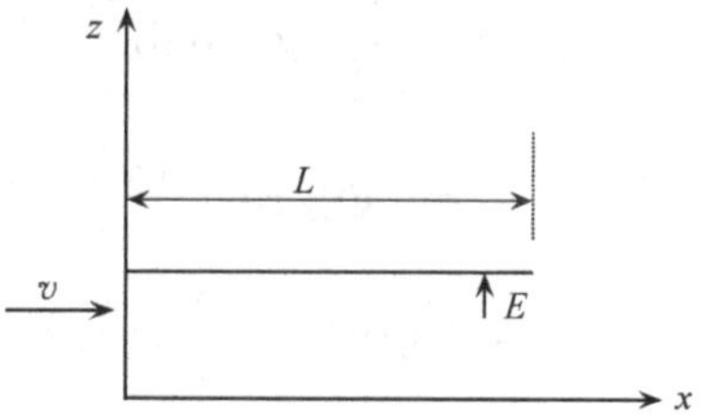

图 1.31

（1）$n=2$ 的哪些能级间微扰矩阵元不为零？

（2）求出使简并得到最大消除的 $n=2$ 态的组合；

（3）对在 $t=0$ 时处于 2s 态的系统，给出在 $t\leqslant(L/v)$ 时的波函数；

（4）求出射束中氢原子处于 $n=2$ 各个态的概率.

解　（1）微扰哈密顿量 $H'=eEr\cos\theta$ 与 $\hat{l}_z=-\mathrm{i}\hbar\frac{\partial}{\partial\varphi}$ 对易，所以 H' 在 m 值不同的态间的矩阵元为零. $n=2$ 能级存在四个简并态：

$$2s:l=0,\quad m=0$$
$$2p:l=1,\quad m=0,\pm1$$

于是非零矩阵元只可能在 2s 态和 2p($m=0$)态之间存在，具体计算得到

$$\begin{aligned}\langle 210\mid eEr\cos\theta\mid 200\rangle\rangle&=eE\int\psi_{210}(\boldsymbol{r})r\cos\theta\psi_{200}(\boldsymbol{r})\mathrm{d}^3\boldsymbol{r}\\&=\frac{eE}{16a_0^4}\int_0^\infty\int_{-1}^1 r^4\left(2-\frac{r}{a_0}\right)\mathrm{e}^{-r/a_0}\cos^2\theta\mathrm{d}\cos\theta\mathrm{d}r=-3eEa_0\end{aligned}$$

其中，a_0 为氢原子玻尔半径.

(2) 决定微扰后能级移动的久期方程为

$$\begin{vmatrix} -\lambda & -3eEa_0 & 0 & 0 \\ -3eEa_0 & -\lambda & 0 & 0 \\ 0 & 0 & -\lambda & 0 \\ 0 & 0 & 0 & -\lambda \end{vmatrix} = 0$$

解得

$$\lambda = 3eEa_0, \quad \Psi^{(-)} = \frac{1}{\sqrt{2}}(\Phi_{200} - \Phi_{210})$$

$$\lambda = -3eEa_0, \quad \Psi^{(+)} = \frac{1}{\sqrt{2}}(\Phi_{200} + \Phi_{210})$$

$$\lambda = 0, \quad \Psi = \Phi_{211}, \Phi_{21-1}$$

(3) 记未受微扰时 $n=2$ 能级的能量为 E_1,则由于

$$\Psi(t=0) = \Phi_{200} = \frac{1}{\sqrt{2}}\left[\frac{1}{\sqrt{2}}(\Phi_{200} - \Phi_{210}) + \frac{1}{\sqrt{2}}(\Phi_{200} + \Phi_{210})\right]$$

$$= \frac{1}{\sqrt{2}}(\Psi^{(-)} + \Psi^{(+)})$$

故

$$\Psi(t) = \frac{1}{\sqrt{2}}\left\{\Psi^{(-)}\exp\left[-\frac{\mathrm{i}}{\hbar}(E_1 + 3eEa_0)t\right] + \Psi^{(+)}\exp\left[-\frac{\mathrm{i}}{\hbar}(E_1 - 3eEa_0)t\right]\right\}$$

$$= \left[\Phi_{200}\cos\left(\frac{3eEa_0t}{\hbar}\right) + \Phi_{210}\sin\left(\frac{3eEa_0t}{\hbar}\right)\right]\cdot\exp\left(-\frac{\mathrm{i}}{\hbar}E_1t\right)$$

(4) 在出射时,$t=\frac{1}{v}$,此时原子处在 2s 态的概率为

$$w_{2s} = \left|\cos\left(\frac{3eEa_0t}{\hbar}\right)\exp\left(-\frac{\mathrm{i}}{\hbar}E_1t\right)\right|^2 = \cos^2\left(\frac{3eEa_0t}{\hbar}\right) = \cos^2\left(\frac{3eEa_0l}{\hbar v}\right)$$

原子处在 $2p(m=0)$ 态的概率为

$$w_{2p} = \left|\sin\left(\frac{3eEa_0t}{\hbar}\right)\exp\left(-\frac{\mathrm{i}}{\hbar}E_1t\right)\right|^2 = \sin^2\left(\frac{3eEa_0L}{\hbar v}\right)$$

原子处在 $2p(m=\pm1)$ 态的概率为零.

2.64　一个电子处在下面的位势中:$V=-\frac{e^2}{r}+\alpha(x^2+y^2)+\beta z^2$,其中 $0<\alpha<-\beta\ll\frac{e^2}{a^3}$. 忽略自旋,其五个最低能量态是什么? 粗略画出它们的相对位置. 计算当磁场 $\boldsymbol{B}$ 平行于 z 轴及 $\boldsymbol{B}$ 平行于 x 轴时的线性塞曼效应.

解　在球坐标下位势可以写作

$$V(r) = -\frac{e^2}{r} + r^2[\alpha + (\beta - \alpha)\cos^2\theta]$$

其中,θ 为极角,由不等式 $0<\alpha<-\beta\ll\frac{e^2}{a^3}$,我们可以把振荡项作为微扰来处理. 用氢原子未微扰的哈密顿量,得到未微扰的五个最低能级的波函数 U_{nlm} 为

$$U_{100}=\frac{1}{(\pi a^3)^{1/2}}\exp\left(-\frac{r}{a}\right)$$

$$U_{200}=\left(\frac{1}{32\pi a^3}\right)^{1/2}\left(2-\frac{r}{a}\right)\exp\left(-\frac{r}{2a}\right)$$

$$U_{210}=\left(\frac{1}{32\pi a^3}\right)^{1/2}\left(\frac{r}{a}\right)\exp\left(-\frac{r}{2a}\right)\cos\theta$$

$$U_{21\pm1}=\left(\frac{1}{64\pi a^3}\right)^{1/2}\left(\frac{r}{a}\right)\exp\left(-\frac{r}{2a}\right)\sin\theta e^{\pm i\varphi}$$

由于 V 与 $L_z=\frac{\hbar}{i}\frac{\partial}{\partial\varphi}$对易，而没有考虑不同 m 值引起的微扰，所以一级近似能量：

$$\Delta E_{100}=(2\alpha+\beta)a^2,\quad \Delta E_{200}=18(2\alpha+\beta)a^2$$

$$\Delta E_{210}=6(2\alpha+3\beta)a^2,\quad \Delta E_{21\pm1}=6(4\alpha+\beta)a^2$$

能级的劈裂如图 1.32 所示.

当磁场 $\boldsymbol{B}$ 沿着 z 轴时 $m_l=+1$ 和 $m_l=-1$ 的能级劈裂，把附加能量 $E_{\max}=\frac{eB}{2mc}m_l\hbar$加到上面的能级上就可以确定能级劈裂的大小.

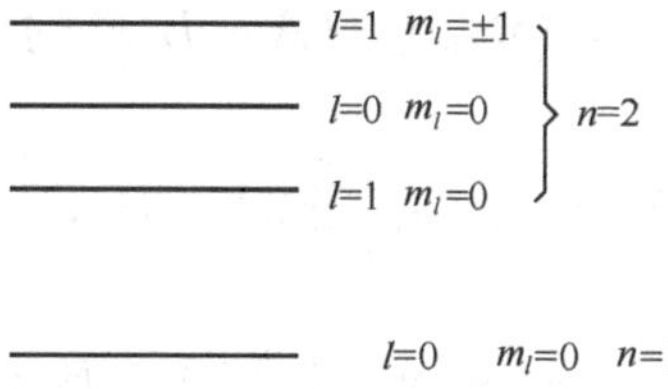

图 1.32

当 $\boldsymbol{B}$ 平行于 x 轴时，磁相互作用由 $E_{\max}=\frac{eB}{2mc}m_l\hbar L_z$ 给出. 因为只有 $\Delta m=0,\pm1$ 时，确定的 m_z 间的矩阵元才不等于 0，所以此状态中这种相互作用既没有期待值，($m_l=0,\pm1$)的简并态也不混合. 所以这种情况下没有线性塞曼效应.

2.65　在分子或晶体中的原子受到周围电场的作用，这个电场对原子基态性质有显著的影响. 一个有趣的例子是铁原子角动量的猝灭现象，铁原子在人体血红蛋白的血红素球中. 但铁和血红蛋白太复杂了，不妨考虑这样一个原子，它带有在中心原子势场中运动的价电子，位于 $l=1$ 轨道，忽略自旋，问电子受到原子周围外力作用时发生什么变化. 设原子核在坐标原点. 外势为

$$V_{\text{pert}}=Ax^2+By^2-(A+B)z^2$$

(1) $l=1$ 分裂为三个能级，可以证明(像我们所提示的那样)，每一能级有一波函数：

$$(\alpha x+\beta y+\gamma z)f(r)$$

其中，$f(r)$是通常的有心函数，而且每一能级有自己的一组需要决定的常数(α,β,γ). 简略画出能级图，根据参数 A,B 标出能级的相对变化 ΔE.

(2) 对每个能级计算角动量 z 分量 L_z 的期望值.

解　(1) 将外势 V 改写为

$$V=\frac{1}{2}(A+B)r^2-\frac{3}{2}(A+B)z^2+\frac{1}{2}(A-B)(x^2-y^2)$$

无外势扰动时，$n=2,l=1$ 态是三度简并的，其波函数分别为

$$\Psi_{210}=\left(\frac{1}{32\pi a^3}\right)^{\frac{1}{2}}\frac{r}{a}\cdot\exp\left(-\frac{r}{2a}\right)\cos\theta$$

$$\Psi_{21\pm1}=\mp\left(\frac{1}{64\pi a^3}\right)^{\frac{1}{2}}\frac{r}{a}\cdot\exp\left(-\frac{r}{2a}\right)\sin\theta\exp(\pm\mathrm{i}\varphi)$$

其中，$a=\hbar^2/\mu e^2$，μ 是价电子的折合质量受外势 V 作用后，设波函数变为

$$\Psi=a_1\Psi_{211}+a_2\Psi_{21-1}+a_3\Psi_{210}$$

简并系统的微扰理论给出微扰能量为 E 的矩阵方程

$$\begin{pmatrix}C+A'-B' & B' & 0\\ B' & C+A'-B' & 0\\ 0 & 0 & C+A'-B'\end{pmatrix}\begin{pmatrix}a_1\\ a_2\\ a_3\end{pmatrix}=0$$

其中，

$$C=\left\langle\Psi_{211}\left|\frac{1}{2}(A+B)r^2\right|\Psi_{211}\right\rangle=\left\langle\Psi_{21-1}\left|\frac{1}{2}(A+B)r^2\right|\Psi_{21-1}\right\rangle$$

$$=\left\langle\Psi_{210}\left|\frac{1}{2}(A+B)r^2\right|\Psi_{210}\right\rangle=15a^2(A+B)$$

$$A'=-\left\langle\Psi_{211}\left|\frac{3}{2}(A+B)z^2\right|\Psi_{211}\right\rangle=-\left\langle\Psi_{21-1}\left|\frac{3}{2}(A+B)z^2\right|\Psi_{21-1}\right\rangle$$

$$=-\frac{1}{3}\left\langle\Psi_{210}\left|\frac{3}{2}(A+B)z^2\right|\Psi_{210}\right\rangle=-9a^2(A+B)$$

$$B'=\left\langle\Psi_{211}\left|\frac{1}{2}(A-B)(x^2-y^2)\right|\Psi_{21-1}\right\rangle=\left\langle\Psi_{21-1}\left|\frac{1}{2}(A-B)(x^2-y^2)\right|\Psi_{211}\right\rangle$$

$$=-6a^2(A-B)$$

由系数行列式等于零，得到能量修正值：

$$E'=C+3A',C+A'\pm B'$$

对 $E'=C+3A'=-12(A+B)\alpha^2$，对应于 $\alpha=\beta=0,\gamma=1$，得波函数

$$\Psi_1=\Psi_{210}=\left(\frac{1}{32\pi a^3}\right)^{\frac{1}{2}}\frac{r}{a}\exp\left(-\frac{r}{2a}\right)\cos\theta=f(r)z$$

式中

$$f(r)=\left(\frac{1}{32\pi a^3}\right)^{\frac{1}{2}}\frac{1}{a}\exp\left(-\frac{r}{2a}\right)$$

对 $E=C+A'+B'=12A\alpha^2$，对应于 $\alpha=\beta=0,\gamma=-\mathrm{i}$，波函数为

$$\Psi_2=\frac{1}{\sqrt{2}}(\Psi_{211}+\Psi_{21-1})=-\mathrm{i}\left(\frac{1}{32\pi a^3}\right)^{\frac{1}{2}}\frac{r}{a}\exp\left(-\frac{r}{2a}\right)\sin\theta\sin\varphi=-\mathrm{i}f(r)y$$

对 $E=C+A'-B'=12B\alpha^2$，对应于 $\alpha=-1,\beta=\gamma=0$，波函数为

$$\Psi_3=\frac{1}{\sqrt{2}}(\Psi_{211}-\Psi_{21-1})=-f(r)x$$

在 V 作用下未微扰的能级 E_2 分裂成 3 个子能级：

$$E_2-12(A+B)a^2,\quad E_2+12Aa^2,\quad E_2+12Ba^2$$

根据以上计算结果，可得到外势 V 作用下的能级如图 1.33 所示.

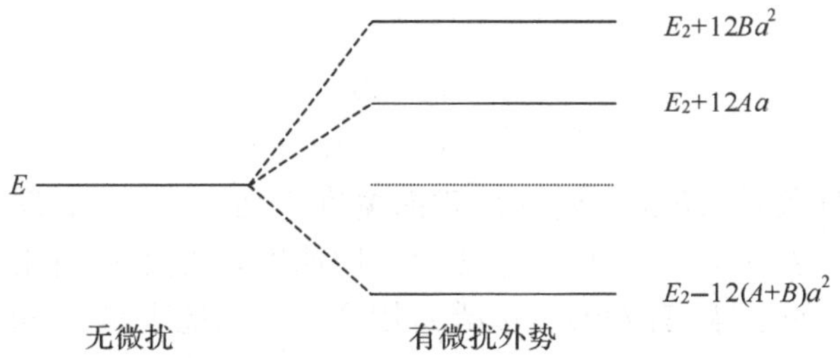

图 1.33

(2) 由上面得到波函数 Ψ_1、Ψ_2、Ψ_3，不难知道

$$\langle \Psi_1 \mid l_z \mid \Psi_1 \rangle = \langle \Psi_2 \mid l_z \mid \Psi_2 \rangle = \langle \Psi_3 \mid l_z \mid \Psi_3 \rangle = 0$$

即对三个能级，角动量 z 分量的期望值为零.

2.66　在星际间有一团氢原子云，其密度为 ρ，温度为 T，写出下列问题的近似表达式：

(1) 由基态到 2p 态跃迁的光线的频率为多少？(忽略精细结构)

(2) 这条谱线的自然宽度是多少？

(3) 这条谱线的多普勒展宽是多少？

(4) 由于碰撞产生的谱线宽度是多少？

(5) 2p 态的精细结构劈裂是多少？

(6) 1s 态的超精细结构劈裂是多少？

解　(1) 氢原子第 n 个能级能量是 $E_n=-\dfrac{1}{2n^2}\alpha^2 m_e c^2$，$\alpha\equiv\dfrac{e^2}{4\pi\varepsilon_0 \hbar c}$为精细结构常数.

$n=1$ 和 $n=2$ 两能级间的能量差为

$$\Delta E = \frac{1}{2}\alpha^2 m_e c^2 \left(\frac{1}{1^2}-\frac{1}{2^2}\right) = \frac{3}{8}\alpha^2 m_e c^2 = hf_a$$

因此吸收线的频率 f_a 为

$$f_a = \frac{3}{16\pi}\frac{m_e c^2}{\hbar}\alpha^2$$

(2) 电偶极辐射所发射的谱线的自然宽度为

$$\Delta E' = h\Delta f_a = \frac{4}{3}\left(\frac{\omega}{c}\right)^3 \mid \boldsymbol{er} \mid^2$$

其中，$|\boldsymbol{er}|$是初态和末态间跃迁的偶极算符的矩阵元. ω 是跃迁的角频率，可以用 $e^2 a_0^2$ 近似地表示$|\boldsymbol{er}|^2$，这样利用 f_a 的表达式，我们可以得到线宽为

$$\Delta f_a \approx \frac{\Delta E}{h} = \frac{4}{3}\left(\frac{2\pi\nu}{c}\right)^3 e^2 \left(\frac{\hbar^2}{me^2}\right)^2 = \frac{9}{256\pi\hbar} m_e c^2 \alpha^5$$

(3) 多普勒展宽是由在温度 T 时分子的热运动产生的. 我们可以用能量均分理论估计氢原子的速度 $m_H v^2/2 \approx (3/2)kT$，所以 $v\approx(3kT/m_H)^{1/2}$，其中 m_H 是氢原子的质量. 为不使氢原子电离，氢原子云必须处在适当的低温下. 我们可以用非相对论多普勒公式求出频率位移：

$f_0/f \approx 1 \pm v/c$. 从数量级分析，我们可以用 $\Delta f_0 \approx fv/c$ 近似表示吸收谱线的宽度. 由 f_a 的表达式可得到

$$\Delta f_a \approx \frac{3}{16\pi}\sqrt{\frac{3kT}{m_H}}\frac{m_e c}{\hbar}\alpha^2$$

(4)由不确定性关系 $\Delta E \Delta t \sim \hbar$，估计碰撞宽度为 $\Delta f_c \approx 1/\tau$，$\tau$ 是原子两次碰撞间的平均时间，可写作 $\tau \approx l/\langle v\rangle$，$\langle v\rangle$是原子运动的平均速度，$l$ 是平均自由程. 由统计力学知，对直径为 d，密度为 ρ 的小球，有 $l \approx 1/(\rho\pi d^2)$，用 $2a_0$ 近似地表示 d，再用热运动表达式表示速度$\langle v\rangle$，这样

$$\Delta f_c \approx \pi\rho\sqrt{\frac{3kT}{m_H}}(2a_0)^2 \approx 4\pi\rho\sqrt{\frac{3kT}{m_H}}\left(\frac{\hbar c}{m_e c^2}\right)^2\frac{1}{\alpha^2}$$

其中 $a_0 \equiv \frac{4\pi\varepsilon_0 \hbar^2}{me^2}$为玻尔半径.

(5) 只是能态的总角动量不同引起的精细分裂正比于 $\alpha^2 E_n$(α 由此而得名——精细结构常数)，这样 $J=1/2$ 和 $J=3/2$ 的 2 个 2p 态间的频率分裂为

$$\Delta f_f \approx \alpha^2\left(\frac{m_e c^2\alpha^2}{\hbar}\right) = \alpha^4\frac{m_e c^2}{\hbar}$$

这个分裂源于电子所看到的由于质子运动产生的磁场与电子自旋磁矩的磁相互作用. 这项试探性的导出参见第 2.32 题.

(6) 超精细结构可以认为是质子的自旋磁矩和电子的自旋磁矩间的相互作用. 电子的自旋磁矩是 $\mu_e = \frac{1}{2}g_s\mu_B$，$g_s=2$，质子自旋磁矩是 $\mu_p = \frac{1}{2}g_p\mu_N$，$g_p=5.6$，$\mu_B = \frac{e\hbar}{m_e c}$，$\mu_N = \frac{e\hbar}{m_p c}$，由于电子和质子间的距离为 a_0，我们可以估算它们之间的磁相互作用能为

$$\Delta f_h \approx \left(\frac{g_s g_p \mu_B \mu_N}{4a_0^3}\right) \approx \alpha^4\frac{m_e}{m_p}\frac{m_e c^2}{\hbar}$$

2.67　没有永久磁矩的原子被称为抗磁原子. 如果忽略电子的自旋，求一个弱磁场 $\boldsymbol{B}$ 作用在基态氢原子上产生的诱导磁矩.

解　在外磁场和核的库仑场中电子的哈密顿量为

$$H = \frac{(\boldsymbol{P} - e\boldsymbol{A}/c)^2}{2m} - \frac{e^2}{r}$$

选择规范场，$A = \frac{1}{2}\boldsymbol{B}\times\boldsymbol{r}$，$\boldsymbol{B}$ 是常磁场，定义 $H_0 = \frac{p^2}{2m} - \frac{e^2}{r}$，哈密顿量变为

$$H = H_0 + H_1,\quad \boldsymbol{L} = \boldsymbol{r}\times\boldsymbol{P}$$

$$H_1 = -\frac{e(\boldsymbol{L}\cdot\boldsymbol{B})}{2mc} + \frac{e^2(\boldsymbol{B}\times\boldsymbol{r})^2}{8mc^2}$$

把 H_1 作为微扰处理，基态能量移动为

$$\Delta E = \langle 1S \mid H_1 \mid 1S\rangle = \frac{e^2\langle 1S \mid (\boldsymbol{B}\times\boldsymbol{r})^2 \mid 1S\rangle}{8mc^2}$$

利用 $L|1S\rangle \equiv 0$，$|1S\rangle = (\pi a^3)^{-1/2}e^{-r/a}$，$a$ 是玻尔半径，则

$$\Delta E = \frac{e^2B^2}{12\pi mc^2a^3}\int 4\pi r^4 e^{-2r/a}dr = \frac{e^2B^2a^2}{96mc^2}$$

由 $\boldsymbol{B}$ 引起的诱导磁矩为

$$\mu \equiv -\frac{\partial(\Delta E)}{\partial B} = -\frac{e^2 a^2}{48mc^2}B$$

2.68　试确定只有一个价电子的原子的朗德因子 g 值的变化范围.

解　一个电子原子的朗德因子

$$g = 1 + \frac{j(j+1) - l(l+1) + s(s+1)}{2j(j+1)}$$

其中，$s=\frac{1}{2}$，j 和 l 的关系则为

$$j = l + \frac{1}{2},\quad j = l - \frac{1}{2}$$

因此可分两种情况讨论：

① 当 $j=l+\frac{1}{2}$ 时，$g_1=1+\frac{1}{2j}$. 因为 j 的取值范围为 $\frac{1}{2}\leqslant j<\infty$，所以 g_1 的取值范围为 $2\geqslant g_1>1$；

② 当 $j=l-\frac{1}{2}$ 时，$g_2=1-\frac{1}{2(j+1)}$. 同理可得 $\frac{2}{3}\leqslant g_1<1$.

综上所述，可知一个电子的原子的 g 因子取值范围为 $\frac{2}{3}\leqslant g\leqslant 2$（$g=1$ 除外）. 其最小值对应于原子态 $^2\mathrm{P}_{1/2}$，最大值对应于原子态 $^2\mathrm{S}_{1/2}$. 而 $g=1$ 对应于 $s=0$，应除去.

2.69　氩原子的基态为 $^1\mathrm{S}_0$，钾原子的基态为 $^2\mathrm{S}_{1/2}$，钙原子的基态为 $^1\mathrm{S}_0$，钪原子（$Z=21$）的基态为 $^2\mathrm{D}_{3/2}$. 这些原子中哪些是抗磁性的？哪些是顺磁性的？为什么？

答　抗磁性是外磁场对电子轨道运动的作用结果，原子受到外磁场的作用时，电子的轨道运动将产生附加的感生电流，使原子获得与外磁场方向相反的感生磁矩，即为抗磁性. 它发生在一切原子和分子中，是普遍存在的. 但只有对于 $J=0$，因而 $\mu_J=0$ 的原子，抗磁性才显示出来. 顺磁性则是外磁场对原子磁矩的作用，使磁矩沿着外磁场的方向排列. 当 $J\neq 0$ 时，较强的顺磁性就会掩盖了抗磁性，显示顺磁性质. 在上列原子中，氩和钙在基态时 J 都为零，所以为抗磁性的. 而钾和钪在基态时的 J 分别为 1/2 和 3/2，都不为零，故是顺磁性的.

2.70　钾原子在 $B=0.3\mathrm{T}$ 的磁场中，当微波发生器的频率调到 $8.4\times10^9\,\mathrm{Hz}$ 时，观察到顺磁共振. 试计算朗德因子 g，并指出原子处于何种状态.

解　由公式 $h\nu=g\mu_\mathrm{B}B$，得

$$g = \frac{h\nu}{\mu_\mathrm{B}B} = \frac{6.63\times10^{-34}\times8.4\times10^9}{9.27\times10^{-24}\times0.3} = 2$$

要确定原子的状态，就是要定出量子数 L、S 和 J，由公式

$$g = 1 + \frac{J(J+1) - L(L+1) + S(S+1)}{2J(J+1)} = 2$$

知，$L=0$. 又因为钾原子只有一个价电子，所以 $S=\frac{1}{2}$，$J=\frac{1}{2}$，故原子所处状态为 $^2\mathrm{S}_{1/2}$.

另外，因为 $\mu_\mathrm{B}=\frac{h\nu}{gB}=\frac{\hbar e}{2mg}=\frac{he}{4\pi mg}$，所以可得电子的荷质比 $\frac{e}{m}=\frac{4\pi\nu}{gB}$.

2.71 一个顺磁性原子体系，每个原子的磁矩 $\mu_J=1.0\times10^{-23}$J/T，磁矩的方向只能是上下取向. 在无外磁场时，由于热运动，上下取向的磁矩平均数相等. 为了做原子散射试验，希望在外加强度为 $B=5.0$T 的磁场后，使正向平行磁场的磁矩数至少是反向数目的 2.5 倍. 试问：

(1) 在室温下能否达到上述要求？

(2) 在什么温度下才能达到此要求？

解 (1) 由于顺磁性物质的原子($J\neq0$)具有磁矩，当它处在磁场中时，受磁场的作用而得到的附加能量为

$$U=-\boldsymbol{\mu}_J\cdot\boldsymbol{B}=-\boldsymbol{\mu}_J\cdot B\cos\alpha$$

由题意，$\cos\alpha=\pm1$，即 $\boldsymbol{\mu}_J$ 与 $\boldsymbol{B}$ 平行时，$U_1=-\mu_J B$；$\boldsymbol{\mu}_J$ 与 $\boldsymbol{B}$ 反平行时，$U_2=\mu_J B$.

原子在热平衡条件下处在各种不同能量状态的原子数服从玻尔兹曼分布，即处在能量为 E 的状态的原子数为

$$N=N_0\mathrm{e}^{-\frac{E-E_0}{kT}}$$

式中，E_0 为无磁场时原子的能量，N_0 是能量为 E_0 状态的原子数. 因此 $\boldsymbol{\mu}_J$ 与 $\boldsymbol{B}$ 平行和反平行时的原子数目之比为

$$\eta=\frac{N_1}{N_2}=\frac{N_0\mathrm{e}^{-\frac{(E_0+U_1)-E_0}{kT}}}{N_0\mathrm{e}^{-\frac{(E_0+U_2)-E_0}{kT}}}=\mathrm{e}^{\frac{2\mu_J B}{kT}}$$

于是可得

$$\frac{2\mu_J B}{kT}=\ln\frac{N_1}{N_2}\geqslant\ln2.5=0.92 \tag{1}$$

在室温下，$T=300$K，故

$$kT=8.62\times10^{-5}\times300\approx2.6\times10^{-2}(\mathrm{eV})$$

而

$$2\mu_J B=2\times1.0\times10^{-23}\times5.0=1\times10^{-22}(\mathrm{J})\approx6.3\times10^{-4}(\mathrm{eV})$$

所以

$$\frac{2\mu_J B}{kT}=2.4\times10^{-2}<0.92$$

上述结果不满足(1)式要求，可见室温条件下不能达到题意要求.

(2) 由(1)式可以解出

$$T\leqslant\frac{2\mu_J B}{k\ln2.5}=\frac{6.3\times10^{-4}}{8.62\times10^{-5}\times0.92}=7.9(\mathrm{K})$$

即只有当温度低于 7.9K 时，才能达到题意要求. 显然做极化实验必须在超低温下进行.

2.72 有一种原子钟以氢原子的 21cm 基态超精细跃迁为基础. 低压原子态氢被限制在一个球形小瓶($r\ll\lambda=21$cm)内，瓶壁覆盖一层聚四氟乙烯. 由于器壁涂层为磁中性物质，以及氢原子在壁上的停留时间很短，因而氢原子碰到壁时，自旋态几乎没有受到扰动. 将外场屏蔽掉，然后把瓶置于沿特定方向的均匀可控磁场中，通过对 21cm 射频的吸收率的测量，或者将气体容器接收一辐射脉冲后，观察相干再发射能量，可以得到气体的

共振频率.

(1) 这些超精细态的塞曼效应很重要.画出能级图,给出基态的作为磁场强度的函数的超精细塞曼效应形式(包括弱场和强场区域).

(2) 如何用强场区域的能级分裂测量质子的 g 因子?

(3) 在弱场区域,有一个能级的跃迁几乎不会受到磁场的影响,指出是哪一个,对最大的磁场强度作一估计,使共振频率的移动 $\Delta\nu=10^{-20}\nu$.

(4) 共振线没有出现多普勒加宽,为什么?

解　(1) 在考虑了超精细结构及相应的塞曼效应时,氢原子的哈密顿量增加了两项:

$$H_{\text{hf}} = A\boldsymbol{I}\cdot\boldsymbol{J}\quad (A>0)$$

$$H_{\text{B}} = -\boldsymbol{\mu}\cdot\boldsymbol{B}$$

对氢原子基态,$I=1/2$ 为质子的自旋,$J=1/2$ 为电子的总角动量.

氢原子的总磁矩为

$$\boldsymbol{\mu} = -g_{\text{e}}\frac{e\hbar}{2m_{\text{e}}c}\frac{\boldsymbol{J}}{\hbar}+g_{\text{p}}\frac{e\hbar}{2m_{\text{p}}c}\frac{\boldsymbol{I}}{\hbar}$$

下面取$\hbar=1$,记$\dfrac{e\hbar}{2m_{\text{e}}c}=\mu_{\text{B}}$,$\dfrac{e\hbar}{2m_{\text{p}}c}=\mu_{\text{N}}$,则

$$\boldsymbol{\mu} = -g_{\text{e}}\mu_{\text{B}}\boldsymbol{J}+g_{\text{p}}\mu_{\text{N}}\boldsymbol{I}$$

① 在弱磁场中,$\langle H_{\text{hf}}\rangle \gg \langle H_{\text{B}}\rangle$,因此,将 $\boldsymbol{I}$,$\boldsymbol{J}$ 耦合成 $\boldsymbol{F}=\boldsymbol{I}+\boldsymbol{J}$,然后把 H_{B} 当成微扰项在$\{\hat{\boldsymbol{F}}^2,\hat{\boldsymbol{I}}^2,\hat{\boldsymbol{J}}^2,\hat{\boldsymbol{F}}_z\}$表象中解出.

$$H_{\text{hf}} = \frac{A}{2}[\hat{\boldsymbol{F}}^2-\hat{\boldsymbol{I}}^2-\hat{\boldsymbol{J}}^2] = \frac{A}{2}\left[\hat{\boldsymbol{F}}^2-\frac{1}{2}\times\frac{3}{2}-\frac{1}{2}\times\frac{3}{2}\right]=\frac{A}{2}\left[\hat{\boldsymbol{F}}^2-\frac{3}{2}\right]$$

于是

$$\Delta E_{\text{hf}} = \begin{cases}-\dfrac{3}{4}A & (F=0)\\ \dfrac{1}{4}A & (F=1)\end{cases}$$

在$\{\hat{\boldsymbol{F}}^2,\hat{\boldsymbol{F}}^2\}$子空间中,由维格纳-埃卡特定理,得

$$\langle\boldsymbol{\mu}\rangle = \frac{(-g_{\text{e}}\mu_{\text{B}}\boldsymbol{J}+g_{\text{p}}\mu_{\text{N}}\boldsymbol{I})\cdot\boldsymbol{F}}{F^2}\boldsymbol{F}$$

利用 $I=J=1/2$,由

$$\boldsymbol{J}\cdot\boldsymbol{F} = \frac{1}{2}(\hat{\boldsymbol{F}}^2+\hat{\boldsymbol{J}}^2-\hat{\boldsymbol{I}}^2) = \frac{1}{2}\hat{\boldsymbol{F}}^2$$

$$\boldsymbol{I}\cdot\boldsymbol{F} = \frac{1}{2}(\hat{\boldsymbol{F}}^2+\hat{\boldsymbol{I}}^2-\hat{\boldsymbol{J}}^2) = \frac{1}{2}\hat{\boldsymbol{F}}^2$$

因此得

$$\langle\boldsymbol{\mu}\rangle = -\frac{g_{\text{e}}\mu_{\text{B}}-g_{\text{p}}\mu_{\text{N}}}{2}\boldsymbol{F}$$

又因为

$$H_{\text{B}} = -\boldsymbol{\mu}\cdot\boldsymbol{B} = \frac{g_{\text{e}}\mu_{\text{B}}-g_{\text{p}}\mu_{\text{N}}}{2}B\hat{F}_z$$

故

$$\Delta E_{\mathrm{B}}=\begin{cases}E_1 & (F_z=1)\\ 0 & (F_z=0)\\ -E_1 & (F_z=-1)\end{cases}$$

其中

$$E_1=\frac{g_{\mathrm{e}}\mu_{\mathrm{B}}-g_{\mathrm{p}}\mu_{\mathrm{N}}}{2}B$$

② 强磁场中，$\langle H_{\mathrm{hf}}\rangle\ll\langle H_{\mathrm{B}}\rangle$，因此将 H_{B} 当成主项而 H_{hf} 当作微扰. 力学量完全集取 $\{\hat{\boldsymbol{I}}^2,\hat{\boldsymbol{J}}^2,\hat{\boldsymbol{I}}_z,\hat{\boldsymbol{J}}_z\}$，子空间的基为 $|++\rangle$，$|+-\rangle$，$|-+\rangle$，$|--\rangle$，(其中 $|++\rangle$ 表示 $J=+1/2$，$I=+1/2$ 等).

$$\langle H_{\mathrm{hf}}+H_{\mathrm{B}}\rangle=\langle AI_zJ_z\rangle+g_{\mathrm{e}}\mu_{\mathrm{B}}B\langle J_z\rangle-g_{\mathrm{p}}\mu_{\mathrm{N}}\langle I_z\rangle$$

故

$$\Delta E_{\mathrm{B}}=\begin{cases}E_1+\dfrac{A}{4},\text{对 }|++\rangle\\ E_2-\dfrac{A}{4},\text{对 }|+-\rangle\\ -E_2-\dfrac{A}{4},\text{对 }|-+\rangle\\ -E_1+\dfrac{A}{4},\text{对 }|--\rangle\end{cases}$$

其中

$$E_1=\frac{g_{\mathrm{e}}\mu_{\mathrm{B}}-g_{\mathrm{p}}\mu_{\mathrm{N}}}{2}B,\quad E_2=\frac{g_{\mathrm{e}}\mu_{\mathrm{B}}+g_{\mathrm{p}}\mu_{\mathrm{N}}}{2}B$$

由①、②我们不难得到弱场及强场区域的子能级图和量子数(图 1.34)：

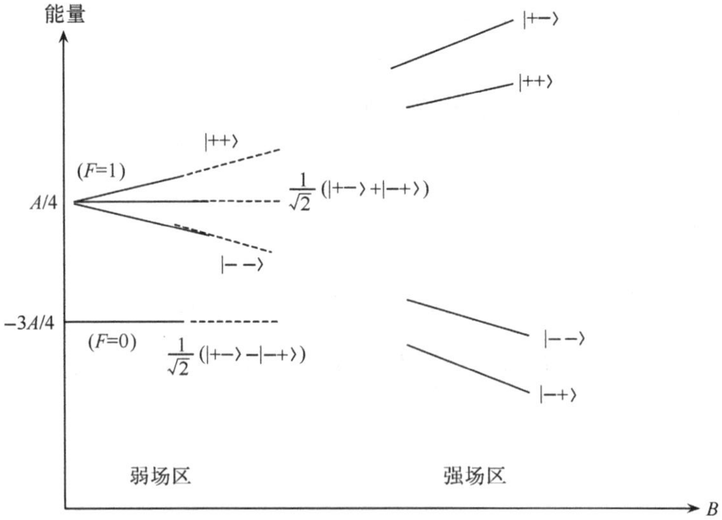

图 1.34

量子数：(F,J,I,F_z)，　　(J,I,J_z,I_z)

亚状态：$\left(1,\frac{1}{2},\frac{1}{2},1\right)$，　　$\left(\frac{1}{2},\frac{1}{2},\frac{1}{2},-\frac{1}{2}\right)$

$\left(1,\frac{1}{2},\frac{1}{2},0\right)$，　　$\left(\frac{1}{2},\frac{1}{2},\frac{1}{2},\frac{1}{2}\right)$

$\left(1,\frac{1}{2},\frac{1}{2},-1\right)$，　　$\left(\frac{1}{2},\frac{1}{2},-\frac{1}{2},-\frac{1}{2}\right)$

$\left(0,\frac{1}{2},\frac{1}{2},0\right)$，　　$\left(\frac{1}{2},\frac{1}{2},-\frac{1}{2},\frac{1}{2}\right)$

(2) 在强场区域，$|+-\rangle$与$|++\rangle$态能级随 B 变化的斜率有如下关系比：

$$\frac{\frac{\Delta E_{|+.tif,+\rangle}}{\Delta B}-\frac{\Delta E_{|+,-\rangle}}{\Delta B}}{\frac{\Delta E_{|+,-\rangle}}{\Delta B}+\frac{\Delta E_{|+.tif,+\rangle}}{\Delta B}}=\frac{g_{\mathrm{p}}\cdot\mu_{\mathrm{N}}}{g_{\mathrm{e}}\cdot\mu_{\mathrm{B}}}$$

由于需要的量为能量随 B 变化的斜率，测量能量的系统误差可以消除，所以用此可测出质子的 g 因子.

(3) 在弱场区，$|F=1,F_z=0\rangle$与$|F=0,F_z=0\rangle$这两个态近似不受磁场影响，因而这两态之间的跃迁亦不受影响.

上述结论是在弱场($A\gg E_1$)情况下考虑一阶效应而得出的，因而我们可以估计到，磁场对这两个态的影响最多出现在(E_1/A)的二阶量上，故近似设这两能量对 B 的依赖为

$$\left(\frac{E_1}{A}\right)^2\cdot A=\frac{E_1^2}{A}$$

$$\frac{\Delta\nu}{\nu}=\frac{\Delta E}{E}\approx\frac{\frac{E_1^2}{A}}{\frac{A}{4}-\left(-\frac{3A}{4}\right)}=\frac{E_1^2}{A^2}\approx\left(\frac{g_{\mathrm{e}}\mu_{\mathrm{B}}B}{2A}\right)^2\quad(\text{略去 } g_{\mathrm{p}}\mu_{\mathrm{N}})$$

要求$\frac{\Delta\nu}{\nu}<10^{-10}$及 21cm 线近似取

$$E=\frac{1}{4}A-\left(-\frac{3}{4}A\right)=h\nu=\frac{2\pi\hbar c}{\lambda}\approx\frac{2\pi\times2\times10^{-5}}{21}\approx5.8\times10^{-6}(\mathrm{eV})$$

则

$$B\leqslant\left(\frac{2A}{g_{\mathrm{e}}\mu_{\mathrm{B}}}\right)^2\times10^{-10}=\left(\frac{2\times5.8\times10^{-6}}{2\times6\times10^{-9}}\right)\times10^{-10}\approx10^{-7}(\mathrm{T})$$

在弱场和强场作用下能级分裂示意图见图 1.34.

(4) 由于共振的能量很小，放出光子时，核的反冲带走的能量 ΔE 与光子能量 E 之比$\frac{\Delta E}{E}\ll1$，因而由反冲造成的多普勒加宽可以忽略.

2.73　如图 1.35，B、D 是分束器，A、C 为反射镜，E 是中子探测器，图中所有拐角均为直角，分束器和反射镜对中子自旋无影响. 一束中子(质量 m)以非相对论速度 v 入射，在 B 处分束，于 D 处干涉会合.

(1) 在这个问题中,假设系统位于垂直面(即重力平行于 AB 和 DC),已知系统水平放置时中子强度为 I_0. 求探测器探测到的中子强度 I_g.

(2) 假定系统水平放置,并且在 BC 间虚线包围着的区域有一均匀磁场,磁场方向垂直纸面向外,入射中子自旋沿 BA 方向极化(图 1.35),中子经过磁场时其自旋将产生进动,进动速度依赖于场强. 设进动转过的角度为 θ,探测器测到的强度为 $I(\theta)$ 的表达式. 已知 $I(\theta=0)=I_0$.

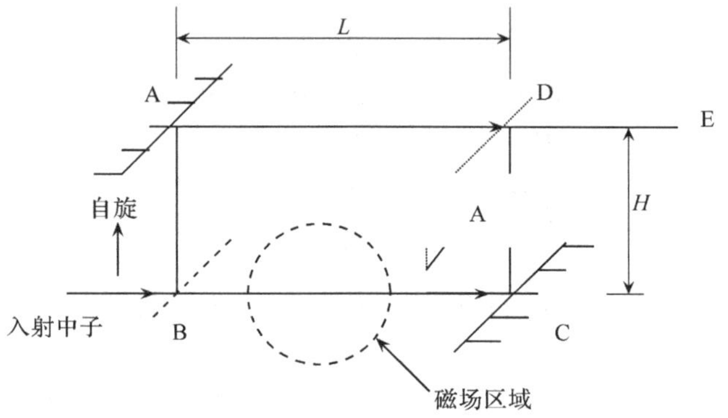

图 1.35

解 (1) 假设到达 D 处的两束中子强度相同,这样每束中子波函数的振幅均为 $\sqrt{I_0}/2$. BA和 CD 在问题中动力学等效,可不考虑.

中子在 AD 段的速度 v_1 及在 BC 段的速度 v 有以下关系:

$$\frac{1}{2}mv^2 = \frac{1}{2}mv_1^2 + mgH$$

即

$$v_1 = \sqrt{v^2 - 2gH}$$

在 D 处两束中子合成,波函数为

$$\psi = \left[\frac{\sqrt{I_0}}{2}\exp\left(\mathrm{i}\,\frac{mv_1}{\hbar}L\right) + \frac{\sqrt{I_0}}{2}\exp\left(\mathrm{i}\,\frac{mv}{\hbar}L\right)\right]\cdot \exp\left(-\mathrm{i}\,\frac{Et}{\hbar}\right)\exp(\mathrm{i}\delta)$$

强度为

$$I_g = |\psi|^2 = \frac{I_0}{2} + \frac{I_0}{2}\cos\left[\frac{mL(v-v_1)}{\hbar}\right] = I_0\cos^2\left[\frac{mL(v-v_1)}{2\hbar}\right]$$

如果$\frac{1}{2}mv^2 \geqslant mgH$,则 $v_1 \approx v - \frac{gH}{v}$,于是有

$$I_g \approx I_0\cos^2\left[\frac{mgHL}{2\hbar v}\right]$$

(2) 取 BA 方向为 z 方向,下面的计算在(s^2, s_z)表象中进行,沿 BAD 路径的中子在 D 点的自旋态为$\begin{pmatrix}1\\0\end{pmatrix}$,而沿 BCD 路径到达 D 处的中子的自旋态为$\begin{pmatrix}\cos\frac{\theta}{2}\\ \sin\frac{\theta}{2}\end{pmatrix}$,于是 D 处的合

成波函数为

$$\psi=\frac{\sqrt{I_0}}{2}\exp\left(-\mathrm{i}\frac{Et}{\hbar}\right)\exp(\mathrm{i}\delta)\left[\begin{pmatrix}1\\0\end{pmatrix}+\begin{pmatrix}\cos\frac{\theta}{2}\\ \sin\frac{\theta}{2}\end{pmatrix}\right]$$

$$=\frac{\sqrt{I_0}}{2}\exp\left(-\mathrm{i}\frac{Et}{\hbar}\right)\exp(\mathrm{i}\delta)\begin{pmatrix}1+\cos\frac{\theta}{2}\\ \sin\frac{\theta}{2}\end{pmatrix}$$

故

$$I(\theta)=|\psi|^2=\frac{I_0}{4}\left[\left(1+\cos\frac{\theta}{2}\right)^2+\sin^2\frac{\theta}{2}\right]=I_0\cos^2\frac{\theta}{4}$$

3　多电子原子

3.1　对一总自旋为零的状态，交换两个电子的空间坐标　(　　)

(A) 波函数变号　(B) 波函数不变

(C) 波函数变成了完全不同的另一种函数　(D) 都不是

解　总自旋为零的自旋波函数是反对称的，要求空间波函数必须是对称的. 因此交换空间坐标后波函数不变.

答案为(B).

3.2　图 1.36 表示氦原子的基态和前四个激发态.

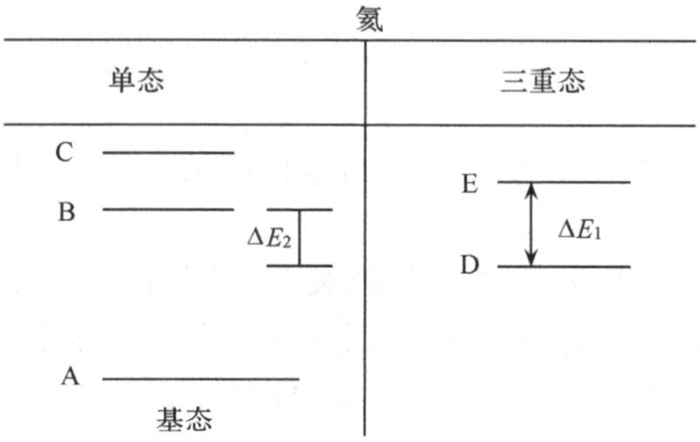

图 1.36

(1) 写出每个能级的电子组态和光谱符号；

(2) 指出允许的电偶极跃迁，在图中用箭头表示出来，并列出这些能级间可能的双光子跃迁；

(3) 定性说明为何能级 B 低于能级 C；

(4) 解释 ΔE_1 和 ΔE_2 劈裂的原因；

(5) 什么原因使得氦原子中出现两套独立的能级系统；

(6) 能量足够大的电子与基态氦原子碰撞会使哪些能级出现较多的电子？

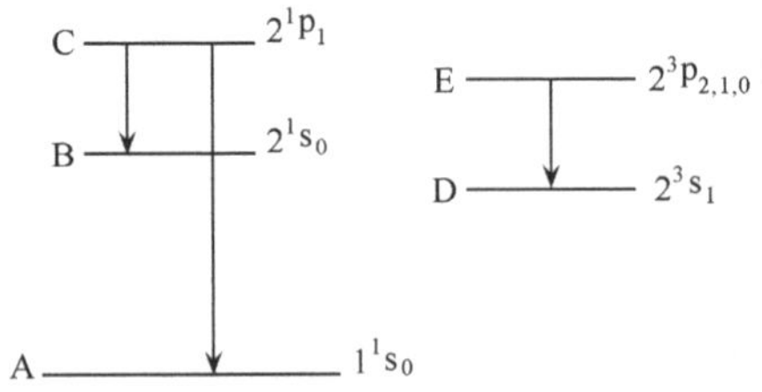

图 1.37

解　(1) $1s^2$ 构成 1^1s_0；1s2s 构成 2^1s_0 和 2^3s_1；1s2p 构成 2^1p_1 和 $2^3p_{2,1,0}$. 标于图 1.37.

(2) 允许的电偶极跃迁如图 1.37 所示. 双光子跃迁的选择定则为：

① 宇称守恒；

② $\Delta j=0,\pm 2$.

故可能的双光子跃迁有

$$(1s2s)\ ^1s_0 \to (1s^2)\ ^1s_0$$

本来$(1s2s)^3s_1$ 通过双光子跃迁到$(1s^2)^1s_0$ 也是可能的，跃迁速率在 $10^{-9}\sim 10^{-3}\,s^{-1}$，但 Gabriel 和 Jordan 指出(Gabriel，A. H. & Jordan，C. 1969，*Nature*，Lond. 221，947)，氦的 2^3S_1 能级以 $1.27\times 10^{-4}\,s^{-1}$的速率用磁偶极辐射方式跃迁到 1^1S_0，这种跃迁被归因于对磁偶极算符的与自旋有关的相对论修正，从而可不满足 $\Delta S=0$ 定则.

(3) 在 C 态中有一个电子被激发到 2p 轨道，该轨道的能量比 2s 轨道高，主要原因是处于 2p 轨道的电子受到内层电子的电荷屏蔽效应比对 2s 轨道更大.

(4) ΔE_1 是相同的 S，不同电子组态之间的能量差别，2^3s 由(1s2s)组态构成，^3p 态由 1s2p 组态构成，也就是有一个电子处于 2p 轨道，其能量比 2s 轨道要高，主要是由原子实对 s，p 电子的屏蔽效应的差别引起的，即内层电子对 p 组态的电子的电荷屏蔽效应更大些.

ΔE_2 是同一电子组态中相同 L，不同 S 能级间的劈裂，其本质是由交换库仑能引起的. 由于电子波函数的交换反对称性及泡利原理的限制，自旋单态($S=0$)时的两电子空间波函数重叠的概率比自旋三态($S=1$)时大，因而两电子间的库仑作用能也大(正的)，所以其总能量$^1S_0$ 比$^3S_1$ 高.

(5) 由于 L-S 耦合得电子的总自旋 $S=1$ 和 $S=0$，在它们之间的电偶极跃迁是禁戒的，因此形成两套能级.

(6) $(1s2s)^1S_0$ 与$(1s2s)^3S_1$ 为亚稳态，故碰撞的结果是，除基态外这两个能级上也出现较多的电子.

3.3　示意画出 He 原子 $n=1,2,3$ 的能级图，指出电子组态并给出这些能级的光谱符号. 画出一些允许的发射跃迁，指出吸收跃迁及一些禁戒的跃迁.

解　He 原子的一个电子被激发至 $n=2,3$ 能级，如图 1.38 所示.

根据电偶极跃迁的选择定则，$\Delta l=\pm 1,\Delta S=0,\Delta L=0,\pm 1,\Delta J=0,\pm 1(0\to 0$ 除外)，容许的发射跃迁有(共 32 条，见图 1.38)：

$3^3D_3\to 3^3P_2$；　$3^3D_2\to 3^3P_{2,1}$；　$3^3D_1\to 3^3P_{2,1,0}$；　$3^3D_3\to 2^3P_2$；　$3^3D_2\to 2^3P_{2,1}$；

$3^3D_1\to 2^3P_{2,1,0}$；　$3^3P_{2,1,0}\to 3^3S_1$；　$3^3P_{2,1,0}\to 2^3S_1$；　$3^3S_1\to 2^3P_{2,1,0}$；

$2^3P_{2,1,0}\to 2^3S_1$；　$3^1D_2\to 3^1P_1$；　$3^1D_2\to 2^1P_1$；　$3^1P_1\to 3^1S_0$；　$3^1P_1\to 2^1S_0$；

$3^1P_1\to 1^1S_0$；　$3^1S_0\to 2^1P_1$；　$2^1P_1\to 2^1S_0$；　$2^1P_1\to 1^1S_0$

注意：$(1s3d)^3D_{3,2,1}$的三个能级的间隔很小，可只画一条线，故图中只画出 26 条谱线.

从原理上讲，相反的跃迁均为允许的吸收跃迁. 只要入射光子的能量合适，都可以观察到相应的吸收谱线. 但实际上由于在通常情况下，氦原子处在基态，若入射光子通过氦

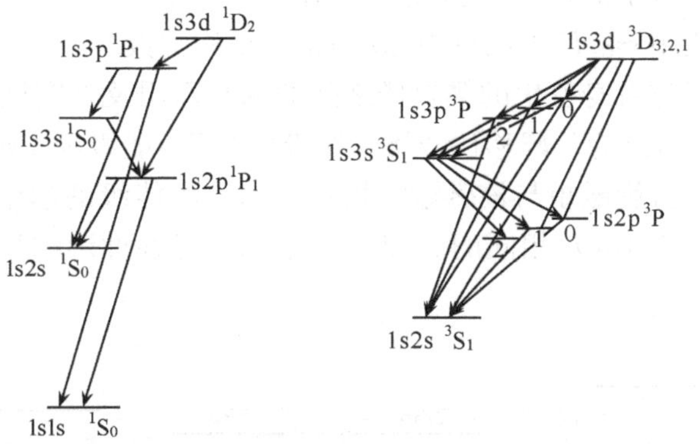

图 1.38

蒸气，只能观察到$(1s1s)^1S_0 \to (1snp)^1P_1$跃迁．只有在温度很高时（高于 1.5×10^5K，对应于氦原子第一激发态的能量，约 20eV）才可能观察到从 1s2s 到高能态的跃迁．

禁戒跃迁有：$2^3S_1 \to 1^1S_0$，$2^1P_1 \to 2^3S_1$．

3.4　(1) 在非相对论近似下画出并定性说明氦原子 $n=1,2$ 的能级图；

(2) 画出并讨论氢原子类似的能级图。包括实际上存在的所有能级劈裂．

解　(1) 对于氦原子基态($n=1$)，两个电子都处在能量最低的 1s 状态．由泡利原理可知，这两个电子的自旋相互反平行，所以基态是自旋单态．由于电子之间的静电排斥能 e^2/r_{12}，氦原子的基态能量比只考虑核与两个电子间的库仑作用能高，

$$2Z^2E_0 = 8E_0,\quad 其中\ E_0 = -\frac{me^4}{2\hbar} = -13.6\text{eV},\quad 氢原子的基态能$$

对 $n=2$ 的激发态，其中一个电子被激发到较高的外壳层，另一电子仍保留在 1s 壳层．此时两个电子的自旋可以相互平行或相互反平行，于是形成了两套不同的能级(单态、三重态)．对于单态，两自旋相互反平行的电子靠近的概率大，斥力也大，所以能级就较高，而相应的三重态的能级就要稍低一些(图 1.39)．

(2) 如果仅考虑核与电子之间库仑相互作用，那么氢原子的能量由玻尔能级给出，

$$E_0 = -\frac{m_e e^4}{2\hbar^2 n^2}$$

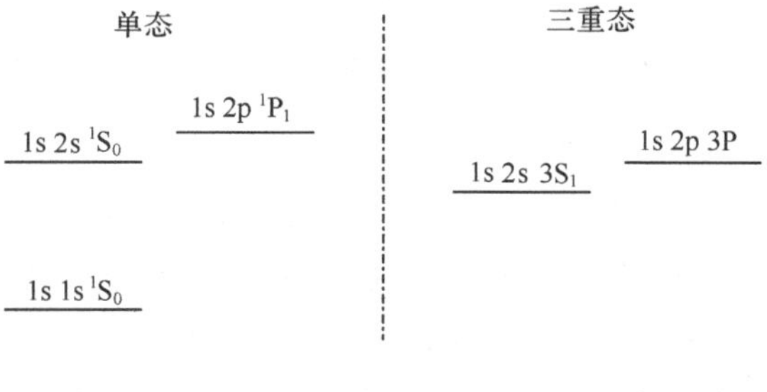

图 1.39

能级只与主量子数 n 有关．

相对论效应以及电子的自旋-轨道相互作用使氢原子的能级产生精细结构，此时$n=2$的能级劈裂为两个相距$\approx\alpha^2E_2$的子能级，α为精细结构常数.

进一步考虑电子与自身发生的辐射场之间的相互作用及真空极化，前面简并的$2S_{1/2}$和$2P_{1/2}$态将产生分裂，此为兰姆移位，$2^2S_{1/2}$能级比$2^2P_{1/2}$能级高$\alpha^5m_e\approx10^{-6}$eV.

此外，电子轨道、自旋磁矩与核磁矩的相互作用产生能级的超精细结构，能级分裂的量级约为兰姆移位的1/10(对相同的n而言). 考虑上述各种影响后，氢原子能级示意图如图1.40所示.

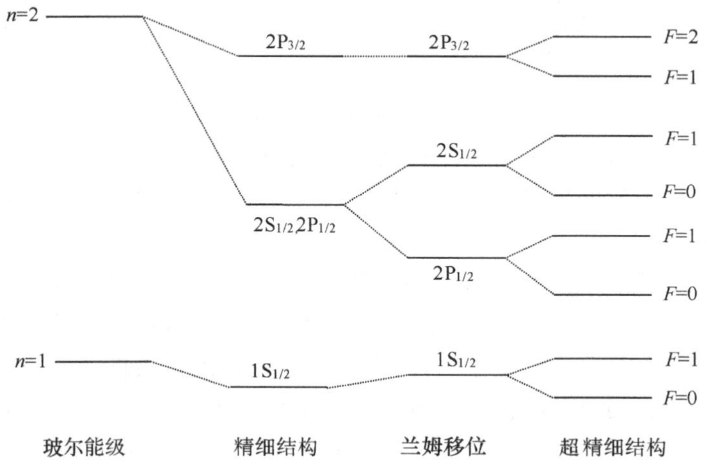

图 1.40

3.5 对于处在1s3d电子组态的氦原子，试画出考虑下列作用时的能级系列图：

(1) 只考虑各电子与核的库仑引力；

(2) 考虑各电子间的静电排斥；

(3) 计入自旋-轨道耦合；

(4) 外加弱磁场的影响.

解 上述各种作用对原子能级的影响，如图1.41所示.

3.6 对He原子，光谱学上感兴趣的是至少有一个电子在基态上的态. 可以证明，近似波函数可由如下形式的正交轨道波函数构成：

$$\Psi_{\pm(1,2)}=\frac{1}{\sqrt{2}}[\Phi_{1s}(1)\,\Phi_{nlm}(2)\pm\Phi_{nlm}(1)\,\Phi_{1s}(2)]\times\text{自旋波函数}$$

仲态对应“+”号，而正态对应“−”号.

(1) 正态或相应的仲态中哪个态能量低？(即能量更负)

(2) 提出一个论证，表明当n取大数时，相应的正态和仲态之间的能差变小.

解 (1) 由于电子是费米子，总波函数必须是反对称的.

如果氦原子的两个电子都在1s轨道，泡利不相容原理要求它们的自旋必须是反平行的，即总的自旋波函数必须是反对称的，那么空间波函数必须是对称的，则这个态就是仲态(单态)1^1S_0. 如果一个电子在1s轨道，另一个电子在nlm态($n\neq1$)，它们的自旋可以平

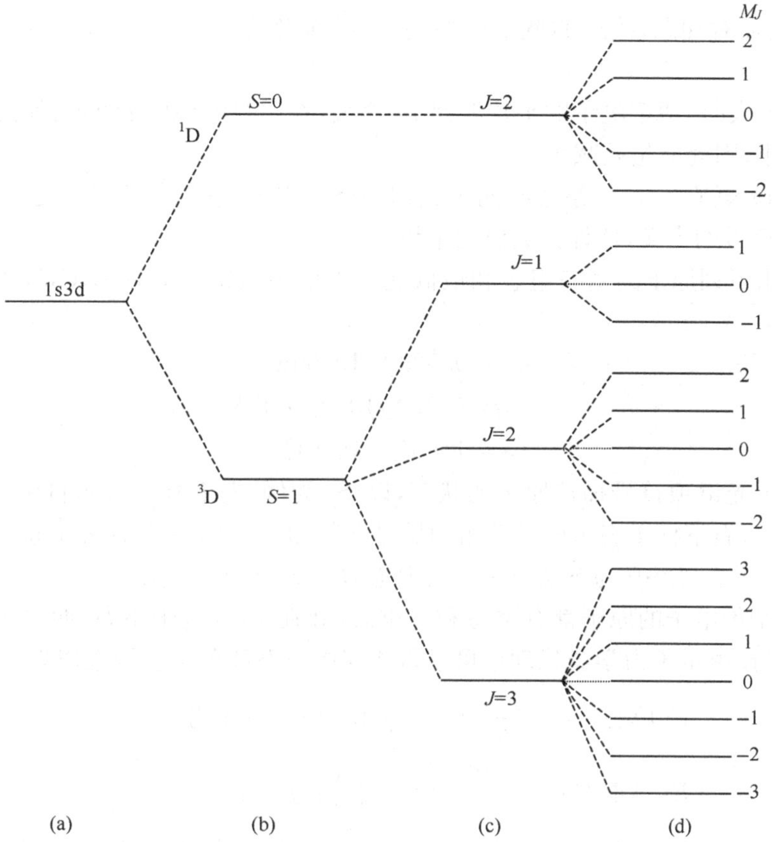

图 1.41

(a)库仑引力；(b)交换库仑引力；(c)L-S 耦合；(d)外磁场影响

行或反平行，那么空间波函数分别为

$$\Psi_{\mp(1,2)} = \frac{1}{\sqrt{2}}[\Phi_{1s}(1)\ \Phi_{nlm}(2) \mp \Phi_{nlm}(1)\ \Phi_{1s}(2)]$$

忽略磁相互作用，只考虑电子间的库仑斥力，取微扰项 $H' = e^2/r_{12}$，r_{12}是两电子间的距离，则相应的能量是

$$\begin{aligned} W'_{\mp} = & \frac{1}{2}\iint[\Phi^*_{1s}(1)\ \Phi^*_{nlm}(2) \mp \Phi^*_{nlm}(1)\ \Phi^*_{1s}(2)] \\ & \times \frac{e^2}{r_{12}}[\Phi_{1s}(1)\ \Phi_{nlm}(2) \mp \Phi_{nlm}(1)\ \Phi_{1s}(2)]\mathrm{d}\tau_1\mathrm{d}\tau_2 \\ = & J \mp K \end{aligned}$$

其中

$$J = \iint \frac{e^2}{r_{12}}\ |\Phi_{1s}(1)\ \Phi_{nlm}(2)|^2\mathrm{d}\tau_1\mathrm{d}\tau_2$$

$$K = \iint \frac{e^2}{r_{12}}\Phi^*_{1s}(1)\ \Phi_{nlm}(1)\ \Phi^*_{nlm}(2)\ \Phi_{1s}(2)\ \mathrm{d}\tau_1\mathrm{d}\tau_2$$

所以正态(三态)(对应上式中的“－”号)的能量相对较低. 这样仲态 1^1S_0 是基态，而正态

2^3S_1 的能量比相应的仲态 2^1S_0 要低. 这时两个电子处于同一位置的概率，即两个电子接近的概率少，而对仲态，接近的概率要多些. 所以前者的库仑排斥势能比后者小，能量更低些.

(2) 当 n 大时，两个电子的平均距离 r_{12} 增大，在(1)中所提及的正、仲两种状态的差别 $2K$ 将减小，因此能量差减小.

3.7 (1) 氦原子 1s2s 组态有两个光谱项 $^3S_1$ 和 $^1S_0$，它们位于基态之上约 20eV 处，解释光谱项符号的意义，估计分裂值的量级.

(2) 列出下列原子的基态组态和最低能量光谱项：He，Li，Be，B，C，N，O，F，A. 可能用到的数据：

$$a_0 = 0.529 \times 10^{-8}\,\text{cm}$$

$$\mu_B = 9.27 \times 10^{-24}\,\text{J} \cdot \text{T}^{-1}$$

$$e = 1.602 \times 10^{-19}\,\text{C}$$

解 (1) 光谱项符号描述原子的状态，以 $^3S_1$ 为例，左上标 3 表示自旋三重态 $3=2S+1$(即 $S=1$)；右下标 1 表示原子总角动量量子数，$J=S+L=1$；S 表示轨道角动量量子数 $L=0$ 的量子态($L=0$ 为 S 态，$L=1$ 为 P 态，$L=2$ 为 D 态等).

具有两个价电子的原子都有单态和三重态，处在 1s2s 电子组态，两电子的自旋可以平行或反平行. 由量子力学微扰理论可求得相应的三态和单态能量近似为

$$E(\text{单态}) = -\frac{Z^2e^2}{2a_0}\left(1+\frac{1}{2^2}\right) + J + K(\text{参考 3.6 题}).$$

$$E(\text{三重态}) = -\frac{Z^2e^2}{2a_0}\left(1+\frac{1}{2^2}\right) + J - K$$

其中，J 为电子云间的平均库仑作用能量，K 为交换能. 它们之间的裂矩为

$$\Delta E = 2K$$

而

$$\begin{aligned}
K &= e^2\iint \frac{1}{r_{12}}\Psi_{100}^*(r_1)\Psi_{200}(r_1)\Psi_{100}(r_2)\Psi_{200}^*(r_2)\,\mathrm{d}\tau_1\,\mathrm{d}\tau_2 \\
&= \frac{4Z^6e^2}{a_0^6}\left[\int_0^\infty r_1^2\left(1-\frac{Zr_1}{2a_0}\right)\exp\left(-\frac{3Zr_1}{2a_0}\right)\mathrm{d}r_1\right]^2 \\
&\approx \frac{2^4Ze^2}{3^6a_0} = \frac{2^5 \cdot me^4}{3^6\hbar^2} \\
&= \frac{2^5}{3^6}\left(\frac{e^2}{\hbar c}\right)^2 mc^2 \\
&= \frac{2^5}{3^6}\left(\frac{1}{137}\right)^2 \times 0.511 \times 10^6 = 1.2(\text{eV})
\end{aligned}$$

故

$$\Delta E = 2K \approx 2.4\text{eV}$$

(2) 所列原子基态的电子组态和光谱项如下：

原子	基态电子组态	最低能量的光谱项
He	$1s^2$	$^1S_0$
Li	$1s^2 2s^1$	$^2S_{1/2}$
Be	$1s^2 2s^2$	$^1S_0$
B	$1s^2 2s^2 2p^1$	$^2P_{1/2}$
C	$1s^2 2s^2 2p^2$	$^3P_0$
N	$1s^2 2s^2 2p^3$	$^4S_{3/2}$
O	$1s^2 2s^2 2p^4$	$^3P_2$
F	$1s^2 2s^2 2p^5$	$^2P_{3/2}$
A	$1s^2 2s^2 2p^6 3s^2 3p^6$	$^1S_0$

3.8　若忽略相对论效应并假设质子是点电荷，画出主量子数 $n=1,2,3$ 时氢原子的能级图，同时画出只有一个电子被激发的氦原子的能级图，指出并解释这两个能级图的相似之处和差别.

解　氢原子的能级为

$$E_n = -\frac{(13.6\text{eV})}{n^2} \quad (n=1,2,\cdots)$$

氢原子的能级图和只有一个电子被激发的氦原子的能级图如图 1.42 所示.

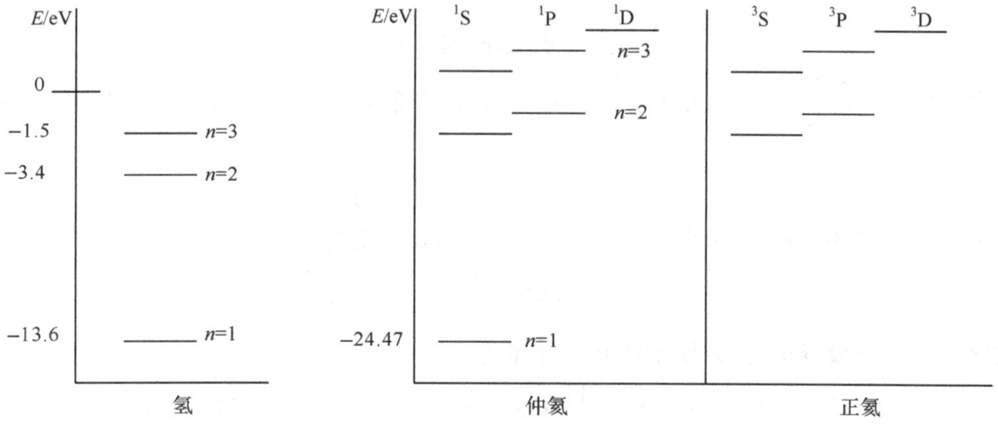

图 1.42

当不考虑电子间的相互作用时，单电子激发的氦原子的能级应该与氢原子的能级相同，只是核电荷 $Z=2$. 然而，电子间的相互作用使其发生改变：最强的相互作用是电子间的库仑排斥力 e^2/r_{12}，其大小可由 e^2/r_{12} 在未扰动的电子的波函数间的期待值定性给出. 只有涉及统计性时才考虑电子的自旋效应.

不考虑电子间的库仑斥力时($n=2,l=0$)的能级(即一个电子在 $n=1,l=0$ 的能级，另一个电子在 $n=2,l=0$ 的能级)有两个简并态 $S=1$(正氦)和 $S=0$(仲氦)，库仑斥力解除了这两个能级简并，能级发生了移动，变成$(J+K)$，$(J-K)$(参考 3.6 题)，其中

$$J=\int d^3r_1d^3r_2u_{10}(r_1)u_{20}(r_2)\left(\frac{e^2}{r_{12}}\right)u_{10}(r_1)u_{20}(r_2)$$

$$K=\int d^3r_1d^3r_2u_{10}(r_1)u_{20}(r_2)\left(\frac{e^2}{r_{12}}\right)u_{10}(r_2)u_{20}(r_1)$$

$(J+K)$相应于空间波函数对称的单态$(S=0)$，而$(J-K)$相应于空间波函数反对称的三态$(S=1)$. 因为$K>0$，所以三态能量较低. 其物理原因是：自旋三态对应的空间波函数反对称，两个电子靠近的概率较小，因而库仑斥力能量较小(正的)，总能量低. P 态的分裂与此类似. 同样可得到$n=3$的态等.

3.9 利用变分法和微扰法估计 He 原子的下列特性：

(1) 将两电子从基态电离所需的最小能量；

(2) 将一个电子从最低的 F 态$(L=3)$电离所需的最小能量；

(3) He 电子原子基态的电极化率(最低 P 单态的能量比基态能量高 21eV).

解 (1) 用微扰法.

氦原子哈密顿量为

$$H=\frac{p_1^2}{2m_e}+\frac{p_2^2}{2m_e}-\frac{2e^2}{r_1}-\frac{2e^2}{r_2}+\frac{e^2}{r_{12}}=H_0+\frac{e^2}{r_{12}}$$

其中，$H_0=\frac{p_1^2}{2m_e}+\frac{p_2^2}{2m_e}-\frac{2e^2}{r_1}-\frac{2e^2}{r_2}$，是未微扰时的哈密顿量. 将两个电子间的库仑排斥能$H'=\frac{e^2}{r_{12}}$看作微扰，于是基态的零级近似波函数为

$$\Psi=\Psi_{100}(\boldsymbol{r}_1)\Psi_{100}(\boldsymbol{r}_2)$$

其中，$\Psi_{100}(r)=\frac{1}{\sqrt{\pi}}\left(\frac{2}{a_0}\right)^{3/2}\exp\left(-\frac{2r}{a_0}\right)$($a_0$为玻尔半径)，零级近似(未微扰修正)能量为

$$E^{(0)}=2\left(-\frac{2^2e^2}{2a_0}\right)=-\frac{4e^2}{a_0}$$

其中，因子 2 是因为有 2 个电子. 由此得到一级近似的能量

$$E^{(1)}=e^2\int\Psi_{100}^2\frac{1}{r_{12}}d\tau_1d\tau_2=\frac{5e^2}{4a_0}$$

因此在计及一级修正时，氦原子的基态能量为

$$E=-\frac{4e^2}{a_0}+\frac{5e^2}{4a_0}=-\frac{11}{2}\cdot\frac{e^2}{2a_0}=-\frac{11}{2}\times 13.6=-74.8(\text{eV})$$

由此可知，将两电子从基态电离所需的最小能量约为

$$E_I=-E=74.8(\text{eV})$$

用变分法，取试探波函数为

$$\Psi=\frac{\lambda^3}{\pi a^3}\exp\left(-\frac{\lambda(r_1+r_2)}{a_0}\right)$$

则系统的平均能量为

$$\bar{E}=\langle\hat{H}\rangle=\iint\Psi^*\left(-\frac{\hbar^2}{2m_e}\nabla_1^2-\frac{\hbar^2}{2m_e}\nabla_2^2-\frac{2e^2}{r_1}-\frac{2e^2}{r_2}+\frac{e^2}{r_{12}}\right)\Psi d\tau_1d\tau_2$$

$$=\left(2\lambda^2-\frac{27}{4}\lambda\right)E_H$$

其中

$$E_{\mathrm{H}}=\frac{e^2}{2a_0}=13.6(\mathrm{eV})$$

基态能量 E_0 为 $\langle\hat{H}\rangle$ 的极小值. 由 $\frac{\partial\langle\hat{H}\rangle}{\partial\lambda}=0$ 得 $\lambda=\frac{27}{16}$，于是基态能量 E_0 为

$$E_0=\frac{27}{16}\left(\frac{27}{8}-\frac{27}{4}\right)E_{\mathrm{H}}\approx-77.5(\mathrm{eV})$$

电离能 $E_{\mathrm{I}}=-E=77.5\mathrm{eV}$，与用微扰法得到的结果符合得很好.

(2) 对 F 态，因为在 $l=3$ 轨道上的电子离原子核较远，因此可以将 1s 电子和核看作一个带电荷 $+e$ 的整体. 于是这个高激发态原子可看作一个类氢原子，此时 $n=4$，于是最小电离能 E_{I} 为

$$E_{\mathrm{I}}=-E=\frac{Ze^2}{2a_0 4^2}=\frac{1}{16}\left(\frac{e^2}{2a_0}\right)=\frac{13.6}{16}=0.85(\mathrm{eV})$$

(3) 我们求出氦原子受到微扰后的能量的普遍表达式：

(i) 先求微扰能量和微扰波函数.

若 u 为微扰势，则基态的准确到一阶微扰波函数和准确到二阶微扰的能量分别为

$$\Psi=\Psi_0+\sum_{n\neq0}\frac{u_{n0}}{E_0-E_n}\Psi_n,\quad E=E_0+u_{n0}+\sum_{n\neq0}\frac{(u_{n0})^2}{E_0-E_n}$$

其中，Ψ_0、E_0 分别为未微扰的波函数和能量，$u_{n0}\equiv\langle0|u|n\rangle$ 为 u 的矩阵元，写作

$$\begin{aligned}\sum_{n\neq0}u_{n0}\Psi_n&=\sum_{n=0}u_{n0}\Psi_n-u_{00}\Psi_0\\&=u\Psi_0-u_{00}\Psi_0\end{aligned}$$

利用 $u\Psi_0=\sum_{n=0}u_{n0}\Psi_n$，那么

$$\Psi\approx\Psi_0\left(1+\frac{u-u_{00}}{E'}\right)$$

其中，E' 是 E_0-E_n 的平均值.

(ii) 用变分法求电子的平均动能 $\langle\hat{T}\rangle$.

选用 $\Psi=(1+\lambda u)\Psi_0$ 为尝试波函数

$$\langle\hat{T}\rangle=\frac{\int\Psi_0^*(1+\lambda u)\hat{T}\Psi_0(1+\lambda u)\mathrm{d}\tau}{\int\Psi_0^*\Psi_0(1+\lambda u)^2\mathrm{d}\tau}$$

其中

$$\hat{T}=\frac{1}{2m_{\mathrm{e}}}(p_1^2+p_2^2)=-\frac{\hbar^2}{2m_{\mathrm{e}}}(\nabla_1^2+\nabla_2^2)$$

或用原子单位($a_0=\hbar=e=1$)，$\hat{T}=-\frac{1}{2}\sum_{i=1}^{2}\nabla_i^2$，$i$ 为电子编号. 这样

$$\begin{aligned}\langle\hat{T}\rangle&\propto-\frac{1}{2}\sum_{i=1}^{2}\frac{1}{2}\int\{\Psi_0^*(1+\lambda u)\nabla_i^2(1+\lambda u)\Psi_0+\Psi_0(1+\lambda u)\nabla_i^2(1+\lambda u)\Psi_0^*\}\mathrm{d}\tau\\&=-\frac{1}{2}\sum_{i=1}^{2}\frac{1}{2}\int\{\Psi_0^*(1+\lambda u)^2\nabla_i^2\Psi_0+\Psi_0(1+\lambda u)^2\nabla_i^2\Psi_0^*\end{aligned}$$

$$+2\lambda\Psi_0\Psi_0^*(1+\lambda u)\nabla_i^2 u+2\lambda(1+\lambda u)\nabla_i(\Psi_0\Psi_0^*)\nabla_i u\}\mathrm{d}\tau$$

根据高斯定理和$-\nabla_i u$表示两个电子间的相互排斥力有

$$\sum_i\int\nabla_i\cdot[\Psi_0\Psi_0^*(1+\lambda u)\nabla_i u]\mathrm{d}\tau=\oint_s\Psi_0\Psi_0^*(1+\lambda u)\sum_i\nabla_i u\cdot\mathrm{d}\boldsymbol{S}=0$$

由于

$$\begin{aligned}&\nabla_i[\Psi_0^*\Psi_0(1+\lambda u)\nabla_i u]\\&=\Psi_0^*\Psi_0(1+\lambda u)\nabla_i^2 u+(1+\lambda u)\nabla_i(\Psi_0^*\Psi_0\cdot\nabla_i u)+\lambda\Psi_0^*\Psi_0(\nabla_i u\cdot\nabla_i u)\end{aligned}$$

我们可以写成

$$\begin{aligned}&\int\{\Psi_0^*\Psi_0(1+\lambda u)\nabla_i^2 u+(1+\lambda u)[\nabla_i(\Psi_0\Psi_0^*)\cdot\nabla_i u]\}\mathrm{d}\tau\\&=-\lambda\int\Psi_0\Psi_0^*(\nabla_i u\cdot\nabla_i u)\mathrm{d}\tau\end{aligned}$$

所以

$$\begin{aligned}\langle\hat{T}\rangle\propto&-\frac{1}{2}\sum_{i=1}^{2}\frac{1}{2}\int[\Psi_0^*(1+\lambda u)^2\nabla_i^2\Psi_0+\Psi_0(1+\lambda u)^2\nabla_i^2\Psi_0^*]\mathrm{d}\tau\\&+\frac{\lambda^2}{2}\sum_{i=1}^{2}\int\Psi_0^*\Psi_0(\nabla_i u\cdot\nabla_i u)\mathrm{d}\tau\end{aligned}$$

(iii) 总能量E可以用类似的方法由总的哈密顿量$\hat{H}=\hat{H}_0+\hat{T}+u$求出.因为$\hat{H}$和$(1+\lambda u)$对易,所以有

$$\langle\hat{H}\rangle=\frac{\frac{1}{2}\int(1+\lambda u)^2(\Psi_0^*\hat{H}\Psi_0+\Psi_0\hat{H}\Psi_0^*)\mathrm{d}\tau+\frac{1}{2}\lambda^2\sum_{i=1}^{2}\int\Psi_0^*\Psi_0(\nabla_i u\cdot\nabla_i u)\mathrm{d}\tau}{\int(1+\lambda u)^2\Psi_0^*\Psi_0\mathrm{d}\tau}$$

因为$\hat{H}_0\Psi_0=E_0\Psi_0$,所以有

$$\begin{aligned}\langle\hat{H}\rangle&=E_0+\frac{\int\Psi_0^*u(1+\lambda u)^2\Psi_0\mathrm{d}\tau+\frac{1}{2}\lambda^2\sum_{i=1}^{2}\int\Psi_0^*\Psi_0(\nabla_i u\cdot\nabla_i u)\mathrm{d}\tau}{\int\Psi_0^*\Psi_0(1+\lambda u)^2\mathrm{d}\tau}\\&=E_0+\frac{(u)_{00}+2\lambda(u^2)_{00}+\lambda^2(u^3)_{00}+\frac{1}{2}\lambda^2\sum_{i=1}^{2}[\nabla_i u\cdot\nabla_i u]_{00}}{1+2\lambda(u)_{00}+\lambda^2(u^2)_{00}}\end{aligned}$$

其中,$(u)_{00}=\int\Psi_0^*u\Psi_0\mathrm{d}\tau$,$(u^2)_{00}=\int\Psi_0^*u^2\Psi_0\mathrm{d}\tau$等.略去三级项:$(u^3)_{00}$,$(u)_{00}^3\cdots$,即可求得能量修正

$$\Delta E\approx(u)_{00}+2\lambda(u^2)_{00}-2\lambda(u)_{00}^2+\frac{1}{2}\lambda^2\sum_{i\neq1}^{2}[(\nabla_i u\cdot\nabla_i u)]_{00}$$

用变分法取ΔE最小值

$$\frac{\mathrm{d}\Delta E}{\mathrm{d}\lambda}=0$$

$$2(u^2)_{00}-2(u)_{00}^2+\lambda\sum_{i=1}^{2}[(\nabla_i u)\cdot(\nabla_i u)]_{00}=0$$

于是得到

$$\lambda = 2\frac{(u)_{00}^2 - (u^2)_{00}}{\sum_{i=1}^{2}[(\nabla_i u \cdot \nabla_i u)]_{00}}$$

最后得到

$$\Delta E = (u)_{00} - 2\frac{[(u)_{00}^2 - (u^2)_{00}]^2}{\sum_{i=1}^{2}[(\nabla_i u \cdot \nabla_i u)]_{00}}$$

如果 He 原子处在沿 z 轴方向的电场 ε 中，则有

$$u = -\varepsilon(z_1 + z_2) = -\varepsilon z$$

因为球对称原子的矩阵元 $(u)_{00}$ 为零，于是有

$$\Delta E \approx -\frac{2[(z^2)_{00}]^2\varepsilon^4}{2\varepsilon^2} \approx -\varepsilon^2[(z^2)_{00}]^2$$

所以相对于电场 ε，能量修正为 $\Delta E = -\frac{1}{2}\alpha\varepsilon^2$，其中 α 为极化率，则极化率为

$$\alpha = 2[(z^2)_{00}]^2 = 2\langle(z_1 + z_2)^2\rangle^2$$

因为 $$\langle z_1^2\rangle = \langle z_2^2\rangle \approx a'^2 = \frac{a_0^2}{Z^2}, \quad \langle z_1 z_2\rangle = 0$$

其中，a_0 为玻尔半径，对于 He 原子 $Z=2$，所以

$$\alpha = \frac{8\hbar^2}{e^2 m_e} \cdot \frac{a_0^4}{2^4} \approx \frac{1}{2}a_0^3$$

3.10　真实氦原子的基态当然是非简并的，但不妨考虑一个假想的氦原子，其中两个电子为两个全同的、自旋为 1 的带单位负电荷的粒子所取代. 忽略与自旋有关的力，那么对这个假想的原子，基态的简并度是多少？给出理由.

解　对玻色子，总波函数必须是交换对称的，由于基态的空间波函数是对称的，所以要求自旋波函数也对称.

对于两个自旋为 1 的粒子，总自旋为 2，1 或 0. 显然，总自旋为 2 或 0 的自旋波函数是对称的，而总自旋为 1 的自旋态是反对称的，不符合要求. 可见，基态的简并度为

$$(2\times 2 + 1) + (2\times 0 + 1) = 6$$

3.11　考虑一个假设的宇宙，其中的电子自旋是 3/2 而不是 1/2.

(1) 在无外场时，画出氢原子 $n=3$ 的能级图. 以光谱符号标记每一个态并指出哪些态有相同的能量(忽略超精细结构).

(2) 定性讨论双电子 He 的能级，尤其指出与自旋 $\frac{1}{2}$ 的电子的 He 之差别.

(3) 此时周期表中头两个惰性气体元素的原子序数是多大？

解　(1) 对电子自旋为 $\frac{3}{2}$ 的氢原子，$n=3$ 时，各量子数可能的取值如表 1.3 所示：

如果不考虑精细结构，则这些态是简并的，能量 $E_n = -\frac{RhcZ^2}{n^2}$ ($Z=1$，$n=3$，R 为里德伯常量，c 为光速). 计及相对论效应及自旋-轨道耦合作用，能量变为 $E = E_0 + \Delta E$，此时简并消除，不同的态具有不同的能量.

表 1.3

N	L	J
3	0	3/2
	1	5/2, 3/2, 1/2
	2	7/2, 5/2, 3/2, 1/2

① $l=0$ 时，$j=\dfrac{3}{2}$，这时只存在相对论效应引起的修正 ΔE_{r}：

$$\Delta E=\Delta E_{\mathrm{r}}=-A\left(\frac{1}{l+\frac{1}{2}}-\frac{3}{4n}\right)=-\frac{7}{4}A$$

其中，$A=Rhc\alpha^2Z^4/n^3$，α 为精细结构常数.

② $l\neq 0$ 时，除相对论效应引起的修正 ΔE_r 外，还有自旋-轨道耦合作用引入的修正 ΔE_{ls}：

$$\begin{aligned}\Delta E&=\Delta E_r+\Delta E_{ls}\\&=-A\left(\frac{1}{l+\frac{1}{2}}-\frac{3}{4n}\right)+A\frac{1}{l\left(l+\frac{1}{2}\right)(l+1)}\cdot\frac{j(j+1)-l(l+1)-s(s+1)}{2}\end{aligned}$$

(i) $l=1$ 时，$\Delta E=\left[\dfrac{1}{6}j(j+1)-\dfrac{11}{8}\right]A$，这样

$$j=\frac{5}{2},\quad \Delta E=\frac{1}{12}A$$

$$j=\frac{3}{2},\quad \Delta E=-\frac{3}{4}A$$

$$j=\frac{1}{2},\quad \Delta E=-\frac{5}{4}A$$

(ii) $l=2$ 时，$\Delta E=\left[\dfrac{1}{30}j(j+1)-\dfrac{19}{40}\right]A$，这样

$$j=\frac{7}{2},\quad \Delta E=\frac{1}{20}A$$

$$j=\frac{5}{2},\quad \Delta E=-\frac{11}{60}A$$

$$j=\frac{3}{2},\quad \Delta E=-\frac{7}{20}A$$

$$j=\frac{1}{2},\quad \Delta E=-\frac{9}{20}A$$

估计以上计算结果，容易得到氢原子 $n=3$ 能级，如图 1.43 所示.

(2) 表 1.4 给出了 He$\left(\text{电子自旋 } S=\dfrac{3}{2}\right)$和 He$\left(\text{电子自旋 } S=\dfrac{1}{2}\right)$的单电子激发能级.

图 1.43

表 1.4

		He($s=3/2$)	He($s=1/2$)
$n_1=1$ $n_2=1$ $l=0$	电子总自旋	$S=0,2$	$S=0$
	能级	${}^1S_0, {}^5S_2$	${}^1S_0$
$n_1=1$ $n_2=2$ $l=0,1$	电子总自旋	$S=0,1,2,3$	$S=0,1$
	能级	$l_2=0$: ${}^1S_0, {}^3S_1, {}^5S_2, {}^7S_3$ $l_2=1$: ${}^1P_1, {}^3P_{2,1,0}, {}^5P_{3,2,1}, {}^7P_{4,3,2}$	$l_2=1$: ${}^1P_1, {}^3P_1$ $l_2=0$: ${}^1S_0, {}^3S_1$

(3) 若电子自旋 $s=\dfrac{3}{2}, m_s=\pm\dfrac{1}{2}, \pm\dfrac{3}{2}$，对应每个 l 值，最多可容纳的电子数为 $4(2l+1)$，所以头两个惰性气体元素的原子序数分别为 4 和 20.

3.12　氦、氖、氩原子的基态都是　(　　)

(A) ${}^1S_0$　(B) ${}^2S_{1/2}$　(C) ${}^3S_1$　(D) ${}^1P_1$

解　氦、氖、氩为惰性元素，均为满壳层结构，总角量子数 L、总自旋量子数 S 均为 0，从而 J 也为 0，所以基态为 ${}^1S_0$.

答案为(A).

3.13　满壳层外面加一个 d 电子的原子的可能状态是　(　　)

(A) ${}^3D_{5/2}$　(B) ${}^4D_{3/2}$　(C) ${}^2D_{1/2}$　(D) ${}^2D_{5/2}$

解　原子基态由最外层电子决定. 题中原子只有一个 d 电子，$l=2$，所以总轨道角动量量子数 $L=2$，总自旋量子数 $S=1/2$. $J=L+S, L+S-1, \cdots, |L-S|$，可取值为 5/2，3/2. 因此原子基态可表示为 ${}^2D_{5/2}$ 或 ${}^2D_{3/2}$.

答案为(D).

3.14　有关稀土元素，下面哪种说法是对的?　(　　)

(A) 整个 d 层都充满了电子

(B) 因为它们的价电子都填充在 4f 层，所以很难用化学方法鉴别

(C) 它们都是 II 族元素

(D) 它们是半导体

解　稀土元素：元素周期表的第六周期中，从^{58}Ce 到^{71}Lu 共十四种元素的价电子陆续填充 4f 壳层，而 5s、5p 和 6s 保持不变，具有相似的化学性质，组成稀土元素族.

答案为(B).

3.15　(1) 求给定 S,L 后原子能级的简并度；

(2) 试计算电子组态的简并度.

解　(1) 给定 S,L 后，J 的所有取值为 $J=L+S, J=L+S-1,\cdots,|L-S|$，共有 $2L+1$ 或 $2S+1$ 个，取数值较小的一个. 对一个 J 值，$M_J=-J,-J+1,\cdots,J$，有 $2J+1$ 个，即为能级的简并度. 对于所有的 J 值其能级简并度为

$$\begin{aligned}N&=\sum(2J+1)=[2(L+S)+1]+[2(L+S-1)+1]\\&\quad+[2(L+S-2)+1]+\cdots+[2(L-S)+1]\\&=[(L+S)+(L-S)](2S+1)+(2S+1)\\&=(2L+1)(2S+1)\end{aligned}$$

(2) 对一个确定的轨道量子数 l，每个电子可以有 $y=2(2l+1)$ 个可能的态，这 y 个不同的态可以有 $y!$ 个不同的排列方式.

如果在 l 支壳层有 ν 个电子，有 $(y-\nu)$ 个空穴，受泡利不相容原理和微观粒子不可分性质的限制，每两个电子交换有 $X!$ 种排列，每两个空穴交换有 $(y-\nu)!$ 种排列，都不产生新的态，所以，$(n)^\nu$ 个电子可能的排列方式有

$$G=\frac{y!}{\nu!(y-\nu)!}$$

即 X 个电子可能的状态数.

可见：① 对于满支壳层，即 $\nu=y, G=1$. 只能有一种状态；② 在一个支壳层上有 ν 个电子和有 $(y-\nu)$ 个电子可形成的状态数相同. 例如，$n\mathrm{p}^2$ 和 $n\mathrm{p}^4$ 可形成的状态数相同，它们是互补的，状态数都是 $G=\frac{6!}{2!\ (6-2)!}=\frac{6!}{4!\ (6-4)!}=15$.

将电子所在各支壳层中的简并度相乘，就得到电子组态的总简并度.

例如，碳的基态电子组态 $1\mathrm{s}^2 2\mathrm{s}^2 2\mathrm{p}^2$ 的简并度 G 由 $1\mathrm{s}^2: \nu=2, y=2, g_1=1$；$2\mathrm{s}^2: g_2=1$；$2\mathrm{p}^2: \nu=2, y=6, g_3=15$，则 $G=g_1g_2g_3=1\times1\times15=15$.

若一个激发态的电子组态是 $1\mathrm{s}^2 2\mathrm{s}^2 2\mathrm{p}^2 3\mathrm{p}^1$，其简并度为 $G=90$.

3.16　元素周期表中前三个元素的电离能 E_I 如表 1.5.

表 1.5

原子序数 Z	元素	电离能 E_I
1	H	13.6eV
2	He	24.6eV
3	Li	5.4eV

(1) 定性解释从 H、He 到 Li 电离能 E_I 的差别；

(2) 试求 He 原子的第二电离能，即在一个电子被移走之后，余下的一个电子的电

离能；

(3) 忽略自旋，钠的价电子 $n=3$ 的态的能级如图 1.44. 为什么能级与量子数 l 有关？

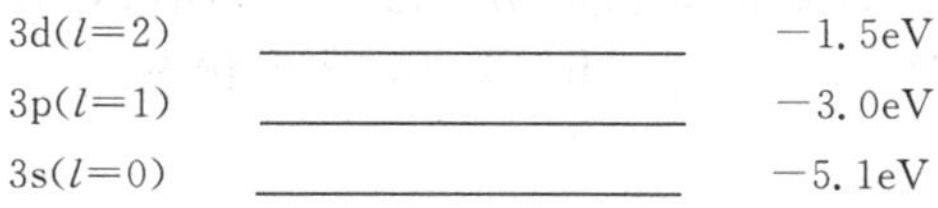

图 1.44

解　(1) 从表 1.5 中可以看出 He 的电离能比 H 原子大得多，这主要是核电荷增大的结果，电子的势能更低了. 而 Li 的电离能比 H 的小，原因在于内壳层电子对核的屏蔽效应，对最外层电子而言，有效核电荷减小，势能增大，所以电离能减小.

(2) 根据类氢原子能级公式

$$E_n=-\frac{Z^2}{n^2}\times 13.6\text{eV}$$

因为

$$Z=2,\quad n=1$$

得到

$$E_1=4\times 13.6=54.4\text{eV}$$

(3) 价电子的 l 越小，说明其运动轨道偏心率越大，而使内部的原子实极化，轨道贯穿效应也增大，从而使电子的势能降低. 因此 l 不同的态，能量也不同.

3.17　写出钠原子的基态电子组态和原子态，如果价电子被激发到 3d 态，问向基态跃迁时可能发射出几条光谱线？试画出能级跃迁图(考虑精细结构)，并说明之.

解　钠的 $Z=11$，基态电子组态为 $1s^2 2s^2 2p^6 3s^1$；原子基态为 $3^2S_{1/2}$.

考虑精细结构时，其 S 能级是单能级，其余各能级 P、D、F 等都是双层的. 这里 D 态精细结构是倒序. 受跃迁选择定则 $\Delta l=\pm 1$，$\Delta j=0,\pm 1$ 的限制，允许的跃迁只有 5 种，可以发出 5 条谱线，能级跃迁图如图 1.45 所示.

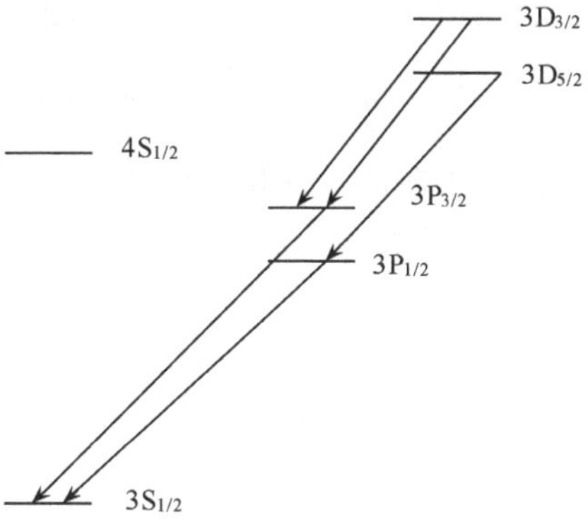

图 1.45

3.18　设某原子具有两个价电子(pd)，分别用 L-S 和 j-j 耦合模型求可能的原子态.

解　① 用 L-S 耦合法：由 $l_1=2$，$l_2=1$ 得总轨道角动量 $L=3,2,1$；再由 $s_1=\frac{1}{2}$，

$s_2=\frac{1}{2}$得总自旋$S=1,0$；最后，由$S=0$和$L=1,2,3$得到总角动量$J=1,2,3$；可组成的原子态为：$^1P_1, ^1D_2, ^1F_3$.

由$S=1$和$L=1,2,3$，分别得到总角动量：$J=0,1,2;1,2,3;2,3,4$.

可形成的原子态为$^3P_{2,1,0}, ^3D_{3,2,1}, ^3F_{4,3,2}$，共12个状态.

② 用j-j耦合法：

由$l_1=2, s_1=\frac{1}{2}$得$j_1=\frac{5}{2},\frac{3}{2}$；

由$l_2=1, s_2=\frac{1}{2}$得$j_2=\frac{3}{2},\frac{1}{2}$；

再由$j_1=\frac{5}{2}$与$j_2=\frac{3}{2},\frac{1}{2}$分别得$J=4,3,2,1$和$J=3,2$；

由$j_1=\frac{3}{2}$与$j_2=\frac{3}{2},\frac{1}{2}$分别得$J=3,2,1,0$和$J=2,1$.

总的表示为$\left(\frac{5}{2},\frac{3}{2}\right)_{4,3,2,1}$，$\left(\frac{5}{2},\frac{1}{2}\right)_{3,2}$，$\left(\frac{3}{2},\frac{3}{2}\right)_{3,2,1,0}$，$\left(\frac{3}{2},\frac{1}{2}\right)_{2,1}$，共12个状态.

可见对相同的电子组态j-j耦合与L-S耦合得到的状态数相等，总角动量也相等. 但状态的分类不同. L-S耦合得到的状态按量子数L、S、J分类，这时相同的L、S，不同J的能级相近，可看成一组. 而j-j耦合得到的状态按量子数j_1、j_2、J分类，这时j_1、j_2相同，不同J的能级相近，可看成一组.

3.19　已知原子的电子组态为p^3，用L-S耦合，求所有可能的原子态.

解　由3.15题知道，这三个等效电子可形成的状态数

$$G=C_y^\nu=\frac{y!}{\nu!(y-\nu)!}=\frac{6!}{3!3!}=2$$

其中，y为满壳层电子数，ν为价电子数. 已知$s_1=s_2=s_3=\frac{1}{2}$，$l_1=l_2=l_3=1$，每个电子可能有六种状态

$$m_l=1,\quad m_l=0,\quad m_l=-1$$
$$m_s=\pm\frac{1}{2},\quad m_s=\pm\frac{1}{2},\quad m_s=\pm\frac{1}{2}$$

根据泡利不相容原理，三个电子只能在这六种状态中取三种不同的态进行组合. 组合得到的总的轨道磁量子数和总的自旋磁量子数分别为

$$M_L=\sum_{i=1}^{3}m_{li},\quad M_S=\sum_{i=1}^{3}m$$

因为M_L和M_S的任何负值都不能给出新的量子态，可以略去. 得到的M_L和M_S的相对应的值为

$$M_L=2,\quad 1,\quad 0,\quad 1,\quad 0,\quad 0$$
$$M_S=\frac{1}{2},\ \frac{1}{2},\ \frac{1}{2},\ \frac{1}{2},\ \frac{1}{2},\ \frac{3}{2}$$

最后得到允许存在的原子态为$^2D_{5/2,3/2}, ^2P_{3/2,2/1}, ^4S_{3/2}$.

3.20　求np^2和np^4电子组态所形成的原子态.

解　(1) 根据泡利不相容原理，列出两个等效 p 电子的所有可能的磁量子数 m_l 和 m_s 的配置，见表 1.6.

表 1.6

np^2															
m_l	m_s														
1	↑↓			↑	↑		↑	↑		↓	↓		↓	↓	
0		↑↓		↑		↑	↓		↑	↑		↓	↓		↓
−1			↑↓		↑	↑		↓	↓		↑	↑		↓	↓
M_L	2	0	−2	1	0	−1	1	0	−1	1	0	−1	1	0	−1
M_S	0	0	0	1	1	1	0	0	0	0	0	0	−1	−1	−1

(2) 根据磁量子数的取值规律，按 M_L 值大小次序取出配套，得出量子数 L 和 S，从而求出原子态.

$$\begin{cases} M_L = 2,1,0,-1,-2; L = 2 \\ M_S = 0,0,0,0,0; S = 0 \end{cases}$$

得 $^1D_2$.

$$\begin{cases} M_L = 1,0,-1;1,0,-1;1,0,-1; L = 1 \\ M_S = 1,1,1;0,0,0;-1,-1,-1; S = 1 \end{cases}$$

得 $^3P_{2,1,0}$.

$$\begin{cases} M_L = 0; L = 0 \\ M_S = 0; S = 0 \end{cases}$$

得 $^1S_0$.

对于只有两个价电子的电子组态，也可直接由波函数的交换对称性推出：空间波函数的交换对称性由 $(-1)^L$ 确定，自旋波函数的交换对称性由 $(-1)^{S+1}$ 确定，电子的总波函数是交换反对称的，因此，由两个等效电子构成的原子态的量子数 $(L+S)$ 必定是偶数. 这样对于 np^2 电子组态，$L=2,1,0$；$S=1,0$. 容许组成的原子态只能是 $^1D_2$，$^3P_{2,1,0}$，$^1S_0$.

对于 nd^2 的电子组态，总轨道角动量量子数为：$L=4,3,2,1,0$，总自旋角动量量子数为 $S=1,0$，它能形成的原子态只能是 $^1G_4$，$^3F_{4,3,2}$，$^1D_2$，$^3P_{2,1,0}$，$^1S_0$.

对于 np^4 中的四个等效电子，由于 M_L 和 M_S 的负值不能给出任何新的原子态，所用 m_s 和 m_l 的可能组合如表 1.7. 得到可能的原子态为 $^1D_2$，$^3P_{2,1,0}$，$^1S_0$. 比较上述结果可知，np^4 与 np^2 组态形成的原子态相同. 这是等效电子的互补同项原理.

表 1.7

np^4								
m_l	m_s							
1	↑↓	↑↓	↑↓	↑↓	↑↓	↑	↑	↓
0	↑↓		↑	↑	↓	↑↓	↑↓	↑↓
−1		↑↓	↑	↓	↑	↑	↓	↑
M_L	2	0	1	1	1	0	0	0
M_S	0	0	1	0	0	1	0	0

3.21　(1) 写出电子组态 2p3p 在 L-S 耦合下组成的光谱项，画出能级图并说明能级分裂的原因.

(2) 这些谱项之间电偶极跃迁的选择定则是什么?

(3) 由一个不属于 2p3p 电子组态的一个 $^3P_1$ 态通过电偶极将跃迁到本题禁戒项中的哪些项?

解　(1) 电子组态 2p3p 在 L-S 耦合下形成的光谱项可用下述方法得出：

由 $l_1=l_2=1$，$s_1=s_2=\frac{1}{2}$，可以得到

$$S=0,1,\quad L=2,1,0$$

对 $S=0$：$L=2$，则 $J=2$，得 $^1D_2$；$L=1$，则 $J=1$，得 $^1P_1$；$L=0$，则 $J=0$，得 $^1S_0$.

对 $S=1$：$L=2$，则 $J=3,2,1$，得 $^3D_{3,2,1}$；$L=1$，则 $J=2,1,0$，得 $^3P_{2,1,0}$；$L=0$，则 $J=1$，得 $^3S_1$.

所以这些光谱项为

单态	$^1S_0$	$^1P_1$	$^1D_2$
三态	$^3S_1$	$^3P_{2,1,0}$	$^3D_{3,2,1}$

图 1.46 给出 2p3p 组态在 L-S 耦合下的能级图，但未画出不同 J 值能级的分裂.

不同 S 谱项之间的分裂是由电子之间的交换效应引起的. 同一 S，不同 L 谱项之间的分裂则是由直接库仑排斥引起的. 具有相同 L，S 的谱项，不同的 J 所导致的分裂是由自旋-轨道耦合即磁相互作用引起的.

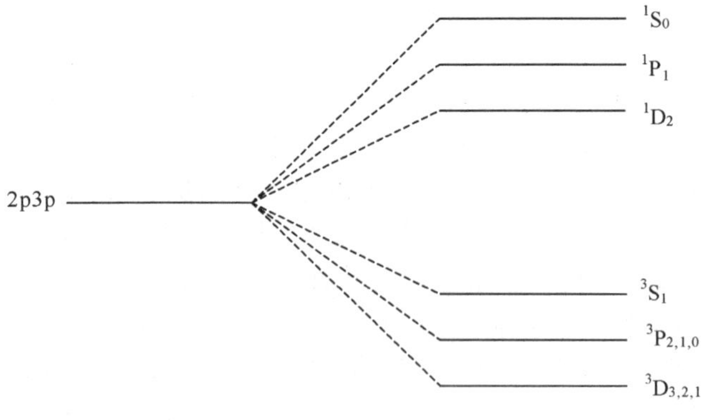

图 1.46

(2) 电偶极跃迁选择定则：① 宇称守恒定律要求跃迁前后原子态宇称变号：偶↔奇，即要求 $\Delta(\Sigma l_i)=\pm1$；② 角动量守恒要求满足以下条件：

$$\begin{cases}\Delta S=0\\ \Delta L=0,\pm1\\ \Delta J=0,\pm1\quad (J=0\rightarrow J=0\text{ 除外})\end{cases}$$

本题的谱项属于同一电子组态，具有相同的宇称，所以这些谱项之间没有电偶极跃迁.

(3) 因为(2)中的禁戒谱项具有偶宇称 $P=(-1)^{(l_1+l_2)}=(-1)^2=+1$，如果题中所给

$^3P_1$ 态具有偶宇称，则不能发生跃迁. 若谱项 $^3P_1$ 具有负宇称（如电子组态为 2p3d），则能跃迁到(1)中的谱项 $^3S_1$，$^3P_{2,1,0}$，$^3D_{2,1}$.

3.22　铅蒸气原子的基态的电子组态为 $6s^26p^2$.

(1) 假设 L-S 耦合，列出这一组态各能级的量子数；

(2) 说明这些能级之间的跃迁是否是光学允许的，即是否属于电偶极型跃迁，给出理由；

(3) 确定在磁场 $\boldsymbol{B}$ 中的能级总数；

(4) 确定和磁场 $\boldsymbol{B}$ 一起再加一弱电场 $\boldsymbol{E}$ 时的能级总数.

解　(1) 一对同科 p 电子所能构成的状态为 $^1S_0$，$^3P_{2,1,0}$，$^1D_2$，共有 5 个能级（参考第 3.20 题）.

(2) 上述各耦合态形成的能级是属于同一电子组态的，它们具有相同的宇称，它们之间的电偶极跃迁是禁戒的.

(3) 在外磁场 $\boldsymbol{B}$ 存在的情况下，每一个总角动量量子数为 J 的能级分裂成 $2J+1$ 个具有不同 M_J 的子能级. 由此可知，$^1S_0$，$^3P_0$ 均不分裂，而 $^3P_1$ 分裂成 3 个能级，$^3P_2$，$^1D_2$ 分别都劈裂为 5 个能级，这样能级总数可达 15 个.

(4) 外加电场 $\boldsymbol{E}$ 将影响(3)中分裂出来的各个子能级，但由于这时各能级已完全非简并，故外加电场只能使能级移动并不造成新的能级分裂，能级总数还是 15.

3.23　考虑一个多电子原子，其电子组态为 $1s^22s^22p^63s^23p^63d^{10}4s^24p4d$：

(1) 这个原子是否处于基态？如果不是基态，那么基态的电子组态又是什么样的？

(2) 考虑原子的 L-S 耦合，试画出一个粗略的能级图：先画出无微扰时的单一能级，再依重要次序画出微扰，给出微扰项并估计劈裂大小，注意在不同阶段以适当的光谱项符号标明劈裂项；

(3) 此状态如果有向基态的允许跃迁，是哪些？

解　(1) 不是基态. 基态最外层电子组态是 $4p^2$，相应原子态有 $^1D_2$，$^3P_{2,1,0}$，$^1S_0$，其中 $^3P_0$ 能量最低.（参考第 3.20 题）

(2) L-S 耦合能量修正可写成

$$\begin{aligned}\Delta E &= a_1\boldsymbol{s}_1\cdot\boldsymbol{s}_2 + a_2\boldsymbol{l}_1\cdot\boldsymbol{l}_2 + A\boldsymbol{L}\cdot\boldsymbol{S}\\ &= \frac{a_1}{2}[S(S+1)-s_1(s_1+1)-s_2(s_2+1)]\\ &\quad+\frac{a_2}{2}[L(L+1)-l_1(l_1+1)-l_2(l_2+1)]\\ &\quad+\frac{A}{2}[J(J+1)-L(L+1)-S(S+1)]\end{aligned}$$

式中，系数 a_1，a_2，A 可为正值或负值，具体的能级标绘分三步，即依次对 S，L，J 引起的劈裂作图（图 1.47）.（可参阅 B. 凯格纳克，J. C. 裴贝-裴罗拉著《近代原子物理学》下册第 82，83 页.）

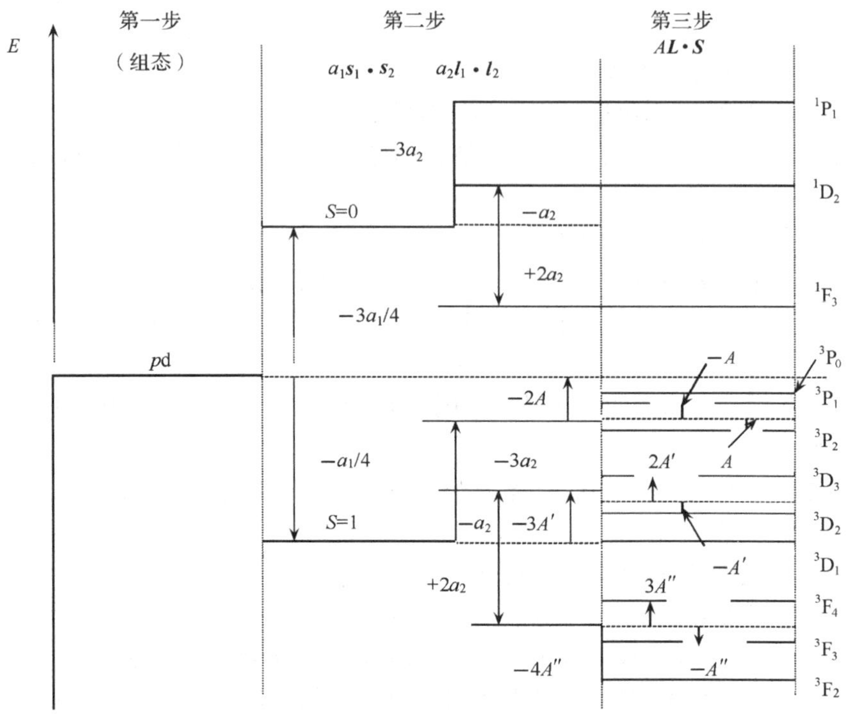

图 1.47

(3) 电偶极跃迁选择定则为

(i) $\Delta S = 0$;

(ii) $\Delta L = 0, \pm 1$, $\sum_i \Delta l_i = \pm 1$;

(iii) $\Delta J = 0, \pm 1(0 \to 0$ 除外).

由此可知,下列跃迁都是允许的:

$$(4p4d)\ ^3P_1 \to (4p^2)\ ^3P_0, \quad (4p4d)\ ^3P_1 \to (4p^2)\ ^3P_1$$
$$(4p4d)\ ^3P_1 \to (4p^2)\ ^3P_2, \quad (4p4d)\ ^3P_2 \to (4p^2)\ ^3P_1$$
$$(4p4d)\ ^3P_2 \to (4p^2)\ ^3P_2, \quad (4p4d)\ ^3P_0 \to (4p^2)\ ^3P_1$$
$$(4p4d)\ ^3D_1 \to (4p^2)\ ^3P_1, \quad (4p4d)\ ^3D_1 \to (4p^2)\ ^3P_2$$
$$(4p4d)\ ^3D_2 \to (4p^2)\ ^3P_1, \quad (4p4d)\ ^3D_2 \to (4p^2)\ ^3P_2$$
$$(4p4d)\ ^3D_3 \to (4p^2)\ ^3P_2, \quad (4p4d)\ ^1P_1 \to (4p^2)\ ^1S_0$$
$$(4p4d)\ ^1P_1 \to (4p^2)\ ^1D_2, \quad (4p4d)\ ^1D_2 \to (4p^2)\ ^1D_2$$
$$(4p4d)\ ^1F_3 \to (4p^2)\ ^1D_2.$$

3.24　铍(Be)的基态有两个 1s 电子和两个 2s 电子,最低的激发态是其中一个 2s 电子被激发到 2p 态而形成的.

(1) 列出这些态,并给出每个态的角动量量子数;

(2) 按能量增大的次序排列这些态,指出简并情况,从物理上说明这样排列的原因,并估算不同态之间的能量劈裂大小.

解　(1) 基态的电子组态为 $1s^2 2s^2$，泡利原理要求 $S=0$. 对于基态，$L=0$，$S=0$，故 $J=0$，光谱项为 $^1S_0$. 最低的激发态的电子组态为 $1s^2 2s^1 2p^1$，总自旋量子数可取 $S=0$ 或 1，而 $L=1$. 当 $S=0$ 时，$J=1$，从而构成单态 $^1P_1$. 当 $S=1$ 时，$J=2,1,0$，构成三重态 $^3P_{2,1,0}$.

(2) 各个态按能量增大的排列次序是

$$^1S_0 < {}^3P_0 < {}^3P_1 < {}^3P_2 < {}^1P_1$$

其中，$^3P_2$ 是 5 度简并，$^3P_1$ 和 $^1P_1$ 都是 3 度简并. 以上各态的排列顺序，不难从洪德定则得出，因为在同一电子组态构成的具有相同 L 值的能级中，自旋多重数最高（S 值最大）的能级最低.

$^1S_0$ 与 $^1P_1$ 之间的能量差为 eV 量级，三重态和单态之间的能量差也是 eV 量级，但三重态中各个态之间的裂距很小，$10^{-5} \sim 10^{-4}$ eV.

3.25　(1) 试就元素 H，He，Li，Be，B，C 和 N 列一张原子基态表，以光谱学符号标出这些态.

(2) 陈述洪德定则并说明其物理基础.

解　(1) 根据洪德定则得到的原子基态的光谱符号如下：

元素：	H	He	Li	Be	B	C	N
光谱符号：	$^2S_{1/2}$	$^1S_0$	$^2S_{1/2}$	$^1S_0$	$^2P_{1/2}$	$^3P_0$	$^4S_{3/2}$

(2) 洪德定则：对于 L-S 耦合，① 一个电子组态有多个光谱项时，总自旋角动量 S 最大的谱项能量最低；② 对于相同 S 的谱项不止一个时，其中 L 最大的谱项能量最低；③ 当壳层不足半满时，上述最低能量谱项中以总角动量 J 最小的能量最低，超过半满时，J 最大者能量最低.

洪德定则是在总结了若干实验结果后得到的经验规律，因此它的适用范围受到很多限制. 首先它只适用于 L-S 耦合，另外只能定出最低能态，至于严格的能级顺序，定则在许多场合并不适用. 例如，对于碳的 $1s^2 2s^2 p^3$ 组态，实验测得谱项的顺序是

$$^5S < {}^3D < {}^1D < {}^3S < {}^1P$$

虽然 ^3S 有较高的重数，它却在 ^1D 谱项之上.

对于能量较高的激发态，定则也不一定适用. 例如，镁原子，当一个电子被激发到 d 轨道时，^1D 态的能量比 ^3D 态低（见褚圣麟《原子物理学》p. 148 图 5.2）. 不过，洪德定则对决定除重元素外的原子基态是可靠的.

洪德定则可以大致解释如下：由于泡利原理的限制，自旋相同的同科电子倾向于彼此回避，从而使它们之间的库仑排斥最小. 所以平行自旋数目最多的态（即 S 最大），其能量将是最低的. 至于 L 值取最大的说法，物理原因尚不能直观说明.

3.26　什么是朗德间隔定则？试证明之.

证明　朗德间隔定则的内容是在一个多重态精细结构中，相邻能级的间隔与它们中较大的 J 成正比.

在 L-S 耦合情况下，$\boldsymbol{L}+\boldsymbol{S}=\boldsymbol{J}$，则有

$$\boldsymbol{L} \cdot \boldsymbol{S} = \frac{1}{2}[J(J+1) - L(L+1) - S(S+1)]\hbar^2$$

而自旋-轨道相互作用能为

$$\Delta E = -\boldsymbol{\mu}_S \cdot \boldsymbol{B}$$

其中，$-\boldsymbol{\mu}_S \propto \boldsymbol{S}, \boldsymbol{B} \propto \boldsymbol{L}$ 所以

$$\Delta E = A'(\boldsymbol{L} \cdot \boldsymbol{S}) = \frac{A}{2}[J(J+1) - L(L+1) - S(S+1)]$$

式中 A 是比例常数.

由于一个给定的多重态，L 与 S 均为一确定值，故同一多重态中相邻能级的间隔为

$$\Delta E_{J+1} - \Delta E_J = \frac{A}{2}[(J+1)(J+2) - L(L+1) - S(S+1)]$$
$$- \frac{A}{2}[J(J+1) - L(L+1) - S(S+1)] = A(J+1)$$

这就是朗德间隔定则的论断.

3.27　惰性气体原子结构的一个典型特征是最高 p 壳层是满的. 例如，氖的电子组态为 $1s^2 2s^2 2p^6$. 这种封闭壳层组态的总角动量 $\boldsymbol{J}$、总轨道角动量 $\boldsymbol{L}$ 及总自旋角动量 $\boldsymbol{S}$ 都为零.

(1) 氖的最低一组激发态相对于一个 2p 电子激发到 3s 轨道. 原子实($2p^5$)的轨道角动量、自旋角动量和被移走的电子的相对应的量大小相等而方向相反. 于是，对于它与激发电子的相互作用，原子实可作为 p 波电子处理. 假定取 L-S(罗素-桑德斯)耦合，计算这组激发态的量子数(L,S,J).

(2) 氖的 $1s^2 2s^2 2p^5 3p^1$ 电子组态很难用 L-S 耦合来描述. 一个较好的描述是“对耦合”图式. 这里，最外层电子的轨道角动量 $\boldsymbol{l}_2$ 与原子实的总角动量 $\boldsymbol{J}_c$ 耦合，所得矢量 $\boldsymbol{K}$($\boldsymbol{K} = \boldsymbol{J}_c + \boldsymbol{l}_2$)再与最外层电子的自旋 $\boldsymbol{s}_2$ 耦合而得到的原子的总角动量 $\boldsymbol{J}$. 计算 $1s^2 2s^2 2p^5 3p$ 电子组态的各能级的量子数 J_c, K, J.

解　(1) 激发态($2p^5$)($3s^1$)与($2p^1$)($3s^1$)互补，形成的原子态相同，由于 $s_1 = s_2 = \frac{1}{2}$，所以 $S=0,1$；而 $l_1=1, l_2=0$，所以 $L=1$. 对 $S=0, L=1$，则 $J=1$；对 $S=1, L=1$，则 $J=2,1,0$. 总之，这组激发态的(L,S,J)分别为：(1,0,1)，(1,1,2)，(1,1,1)，(1,1,0). 对应的原子态为 $^1P_1$，$^3P_2$，$^3P_1$，$^3P_0$.

(2) 原子实($2p^5$)(等效于一个 p 电子)与外层 p 电子耦合. 由 $l_c=1, s_c=\frac{1}{2}$，得 $j_c=\frac{3}{2}, \frac{1}{2}$.

对 $j_c=\frac{3}{2}$ 与 $l_2=1$ 耦合，可得 $K=\frac{5}{2}, \frac{3}{2}, \frac{1}{2}$.

K 与 $s_2=\frac{1}{2}$ 耦合得 J 值：当 $K=\frac{5}{2}$ 时，得 $J=3,2$；当 $K=\frac{3}{2}$ 时，得 $J=2,1$；当 $K=\frac{1}{2}$ 时，得 $J=1,0$.

对 $j_c=\frac{1}{2}$ 与 $L_2=1$，可得 $K=\frac{3}{2}, \frac{1}{2}$：

当 $K=\frac{3}{2}$ 时，得 $J=2,1$；当 $K=\frac{1}{2}$ 时，得 $J=1,0$.

得到的总角动量量子数 $J=3,2;2,1;1,0;2,1;1,0$. 与用 L-S 耦合得到的 J 值相同.

3.28　写出碳原子基态的电子组态，用光谱学符号表示基态并说明原因. 根据洪德定则决定能级次序.

解　碳原子基态的电子组态为 $1s^2 2s^2 2p^2$，能够形成的原子态为 $^1S_0$，$^3P_{0,1,2}$，$^1D_2$. 根据洪德定则，原子基态的总自旋 S 应取最大，并在此前提下总轨道角动量 L 也取最大值，又因为 p 轨道电子数不足半满，所以总角动量 J 应取最小值. 根据洪德定则，能级次序(由低至高)为：$^3P_0$，$^3P_1$，$^3P_2$，$^1D_2$，$^1S_0$.

下面给出 p 轨道电子填充情况：

$$\begin{array}{cccc} m_l: & 1 & 0 & -1 \\ m_s: & \uparrow & \uparrow & \end{array}$$

m_l 和 m_s 分别表示轨道角动量和自旋角动量的磁量子数，$\uparrow$ 表示 $m_s=1/2$，由此可知

$(m_l)_{\max}=1$，$(m_s)_{\max}=1$，所以 $L=1$，$S=1$，$J=0$，因此原子基态光谱符号为：$^3P_0$.

3.29　试用 L-S 耦合法给出电子组态 $1s^2 2s^2 2p^5 3p^1$ 所有的原子态，并用相应的光谱符号表示之.

解　这个电子组态可以看成是组态 $1s^2 2s^2 2p^5$ 外加一个 3p 电子构成，于是可先求 $1s^2 2s^2 2p^5$ 形成的原子态，然后与 3p 电子耦合.

由于 $2p^5$ 与 $2p^1$ 互补，故电子组态 $1s^2 2s^2 2p^5$ 形成的谱项与电子组态 $1s^2 2s^2 2p^1$ 是相同的，因此下面转化为考虑组态 $1s^2 2s^2 2p^1 3p^1$. 不难得到，该电子组态在 L-S 耦合下形成的原子态为

$$^3S_1, {}^3P_{2,1,0}, {}^3D_{3,2,1}, {}^1S_0, {}^1P_1, {}^1D_2$$

这也就是 $1s^2 2s^2 2p^5 3p^1$ 组态所形成的原子态.

3.30　钪原子基态的电子组态为 $1s^2 2s^2 2p^6 3s^2 3p^6 3d4s^2$.

(1) 该电子组态可形成哪些原子态?

(2) 该电子态包含哪些多重态? 试用光谱学符号表示之. 这些态能量大小的顺序如何?

(3) 该基态多重态中的两个最低能级间的分裂间距为 168cm^{-1}，求温度为 2000K 时这两个能级上粒子的相对分布.

解　(1) 这个电子组态形成光谱项完全由 3d 电子决定，在 L-S 耦合下可形成的光谱项为 $^2D_{5/2}$，$^2D_{3/2}$.

(2) ^2D 包含的多重态为 $^2D_{3/2}$ 和 $^2D_{5/2}$，其中以 $^2D_{3/2}$ 能量较低.

(3) 两能级上粒子数之比为 $\dfrac{g_1}{g_2}\exp\left(-\dfrac{\Delta E}{kT}\right)$，其中 $g_1=(2J_1+1)=2\times\dfrac{3}{2}+1=4$ 为 $^2D_{3/2}$ 能级的简并度，$g_2=(2J_2+1)=2\times\dfrac{5}{2}+1=6$ 为 $^2D_{5/2}$ 能级的简并度，ΔE 为能级间距.

$$\Delta E = h\Delta\nu = hc\Delta\tilde{\nu} = 1240\times10^{-7}\times168\approx2.1\times10^{-2}(\text{eV})$$

于是得到两能级上粒子数之比

$$\frac{g_1}{g_2}\exp\left(-\frac{\Delta E}{kT}\right)=\frac{2}{3}\exp\left(-\frac{2.1\times10^{-2}}{8.62\times10^{-5}\times2000}\right)\approx0.059$$

3.31　分别用下面两种不同方法，耦合一个 p 态和一个 s 态的电子：

(1) 由 L-S 耦合；

(2) j-j 耦合：用适当的量子数表征耦合态.

对于每一种情况，试画出能级图并表示出当自旋-轨道耦合增强时哪个能级变到了哪个能级？

解 $s_1=s_2=\frac{1}{2},l_1=0,l_2=1$

(1) 由 L-S 耦合：$L=1;S=1,0.$

当 $S=1$ 时，$J=2,1,0$，耦合态为 $^3P_{2,1,0}$.

当 $S=0$ 时，$J=L=1$，耦合态为 $^1P_1$.

(2) 由 j-j 耦合：$j_1=\frac{3}{2},\frac{1}{2}$；$j_2=\frac{1}{2}$.

耦合态为：$\left(\frac{3}{2},\frac{1}{2}\right)_2$，$\left(\frac{3}{2},\frac{1}{2}\right)_1$，$\left(\frac{1}{2},\frac{1}{2}\right)_1$，$\left(\frac{1}{2},\frac{1}{2}\right)_0$.

可见用两种方法得到的原子态的数目相同，总角动量量子数也相同，只是原子态的表示方式不同，能级间隔也不同.

上述各耦合态及其变化关系示意图如图 1.48.

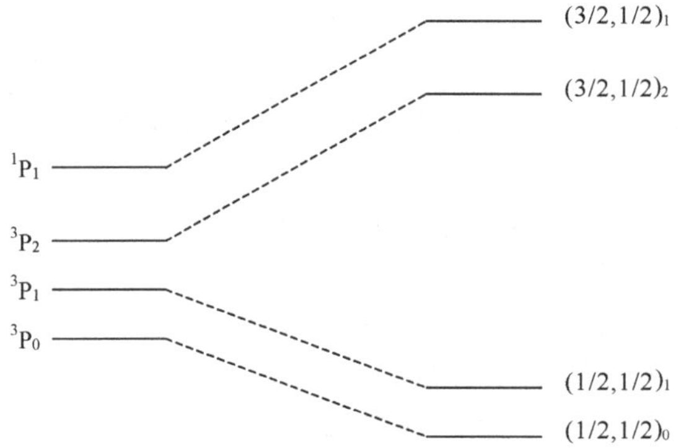

图 1.48

3.32 (1) 试写出铝原子($Z=13$)基态的电子组态；

(2) 给出铝原子基态的光谱学符号，并解释各符号的含义；

(3) 当外加一个很强的磁场(Paschen-Back 区域)时，用能级图表示所发生的分裂现象；标出所有能级的量子数及能级的相对间隔.

解 (1) 铝原子基态的电子组态为 $1s^2 2s^2 2p^6 3s^2 3p^1$.

(2) 铝原子基态的光谱学符号为 $^2P_{1/2}$，左上角标 2 为自旋多重数，右下角标 1/2 为总角动量量子数 J，P 代表总轨道角动量量子数 $L=1$.

(3) 在 Paschen-Back 区域的磁场作用下，L-S 耦合将被破坏，自旋磁矩和轨道磁矩分别和外磁场相互作用，其附加能量为

$$\Delta E=-(\boldsymbol{\mu}_l+\boldsymbol{\mu}_s)\cdot\boldsymbol{B}=(m_l+2m_s)\mu_B B$$

其中，$m_l=1,0,-1$；$m_s=\frac{1}{2},-\frac{1}{2}$.

可见 ^2P 能级分裂成 5 个次能级，相邻间隔均为 $\mu_B B$，各能级的量子数(L,S,M_L,M_s)

已标于图 1.49 上.

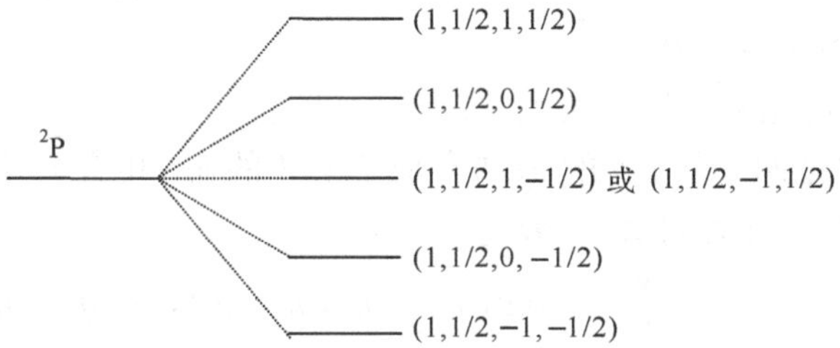

图 1.49

3.33 Nb($Z=41$)原子的两个 2p 态的电子的束缚能分别是 2370eV 和 2465eV,而 Pb($Z=82$)原子两个 2p 态电子的束缚能分别是 13035eV 和 15200eV. 2p 态的束缚能粗略地与$(Z-a)^2$ 成正比. $2P_{1/2}$与 $2P_{3/2}$态的裂矩与$(Z-a)^4$ 成正比. 试解释这种现象并给出常数 a 的合理数值.

解 重原子外层电子可以看成是在被内层电子屏蔽的中心力场中运动,类似于碱金属原子. 考虑到有效核电荷数为 $Z-a$,并计入精细结构,且 $Rhc=13.6\text{eV}$,$\alpha=\frac{1}{137}$,可得 2p 电子能量为

$$E=-\frac{1}{4}Rhc(Z-a_1)^2+\frac{1}{8}Rhc\alpha^2(Z-a_2)^4\cdot\left(\frac{3}{8}-\frac{1}{j+\frac{1}{2}}\right)$$

$$=-3.4(Z-a_1)^2+9.06\times10^{-5}(Z-a_2)^4\cdot\left(\frac{3}{8}-\frac{1}{j+\frac{1}{2}}\right)$$

第一项正比于$(Z-a_1)^2$,是能量的主要部分,粗略地决定了 2p 态的束缚能. 第二项导致 $2P_{1/2}$与 $2P_{3/2}$态的分裂,形成精细结构,裂距$\propto(Z-a_2)^4$. a_1 和 a_2 一般是不相同的. 根据所给的 Nb 和 Pb 原子 2p 态束缚能大小,不难求出 a_1,a_2 值:将 $j=3/2$ 和 $j=1/2$ 分别代入上式中求出 $E_{3/2}$和 $E_{1/2}$,

$$\Delta E=E_{3/2}-E_{1/2}=4.53\times10^{-5}(Z-a_2)^4$$

对 Nb:$\Delta E=2465-2370=95(\text{eV})$,得 $a_1=14.7$,$a_2=2.9$.

对 Pb:$\Delta E=15200-13035=2165(\text{eV})$,得 $a_1=21.4$,$a_2=-1.2$.

3.34 写出碳原子的三个最低光谱项,忽略自旋-轨道耦合写出这三个光谱项的波函数.

解 碳原子有 6 个电子,泡利不相容原理要求其基态的电子组态为 $1s^22s^22p^2$,p 态的两个电子可以耦合成:$S=0,1$ 和 $L=0,1,2$. 自旋为 0 的态是交换反对称的,自旋为 1 的态是对称的;而对空间波函数,$L=0,2$ 是交换对称的,而 $L=1$ 是反对称的;总波函数必须是反对称的,所以容许的态是:$L=2,S=0$ 的$^1D_2$ 态,$L=1,S=1$ 的$^3P_{0,1,2}$态,$L=S=0$ 的$^1S_0$ 态.

根据洪特规则:① S 取最大;② 当 S 相同时 L 取最大;③ 当 S、L 相同,J 取最小时能

量最低. 由此可以得到原子的最低态. 前两项规则使两电子的库仑斥力最小，最后一项使轨道自旋耦合能最小. 若暂不考虑后者，可忽略^{3}P 三个态间的能量差，按能量降低的次序，三个最低项是：$^1S_0$，$^1D_2$，^3P.

下面求其波函数：先考虑轨道波函数：

对于D态，需要把两个 $l=1$ 的态耦合成 $L=2$ 的态. 共有 5 个波函数分别对应于 $m_L=0,\pm1,\pm2$ 的五个可能的值，一般地

$$|2m_L\rangle=\sum_{m_1+m_2=m_L}C\langle 2,m_L\mid m_1,m_2\rangle\varphi(1,m_1)\psi(1,m_2)$$

其中，φ，ψ 是单粒子波函数，C 为叠加系数.

$L=2$ 的波函数必须是对称的，所以

$$|22\rangle=\varphi(1,1)\psi(1,1)$$

$$|2-2\rangle=\varphi(1,-1)\psi(1,-1)$$

$$|21\rangle=\frac{1}{\sqrt{2}}[\varphi(1,0)\psi(1,1)+\varphi(1,1)\psi(1,0)]$$

$$|2-1\rangle=\frac{1}{\sqrt{2}}[\varphi(1,0)\psi(1,-1)+\varphi(1,-1)\psi(1,0)]$$

为了得到余下的态我们用下降算符：

$$L_-\mid J,M+1\rangle=\sqrt{J(J+1)-M(M+1)}\mid J,M\rangle$$

作用在$|2,1\rangle$上得

$$|20\rangle=\frac{1}{\sqrt{6}}\varphi(1,1)\psi(1,-1)+\sqrt{\frac{2}{3}}\varphi(1,0)\psi(1,0)+\frac{1}{\sqrt{6}}\varphi(1,-1)\psi(1,1)$$

自旋单态波函数是

$$\frac{1}{\sqrt{2}}[\alpha(1)\beta(2)-\alpha(2)\beta(1)]$$

在不考虑 L-S 耦合时，只要把它与轨道波函数简单地相乘就是总波函数.

对P态可以用同样的方法重复运算. 因为轨道波函数必须是反对称的，我们必须使 $l=1$和$l=1$相加得到了 $L=1$，即有 $m_L=1,0,-1$，所以

$$|11\rangle=\frac{1}{\sqrt{2}}[\varphi(1,0)\psi(1,1)-\varphi(1,1)\psi(1,0)]$$

$$|10\rangle=\frac{1}{\sqrt{2}}[\varphi(1,1)\psi(1,-1)-\varphi(1,-1)\psi(1,1)]$$

$$|1-1\rangle=\frac{1}{\sqrt{2}}[\varphi(1,0)\psi(1,-1)-\varphi(1,-1)\psi(1,0)]$$

注意：因为在建立波函数的过程中无法采用 $\varphi(1,0)\psi(1,0)$的态而同时维持反对称特征，所以在构建$|1,0\rangle$态时我们没有利用 $\varphi(1,0)$态.

因为$|0,0\rangle$必须是对称的，可以写作

$$|00\rangle=a\varphi(1,1)\psi(1,-1)+b\varphi(1,0)\psi(1,0)+a\varphi(1,-1)\psi(1,1)$$

$|00\rangle$也必须与$|20\rangle$正交，这就得到 $b=-a$. 因此

$$|00\rangle=\frac{1}{\sqrt{3}}[\varphi(1,1)\psi(1,-1)+\varphi(1,0)\psi(1,0)+\varphi(1,-1)\psi(1,1)]$$

$|0,0\rangle$态与 $S=0$ 的自旋单态波函数结合形成 $^1S_0$ 态波函数.

三个 P 态波函数必须与下面三个自旋三态波函数耦合成总波函数：

$$|11\rangle=\alpha(1)\alpha(2)$$

$$|10\rangle=\frac{1}{\sqrt{2}}[\alpha(1)\beta(2)-\alpha(2)\beta(1)]$$

$$|1-1\rangle=\beta(1)\beta(2)$$

3.35　写出氮原子的三个最低光谱项.

解　氮原子(N)基态的电子组态是 $1s^22s^22p^3$，由三个 p 电子组成不同的光谱项. 每个电子具有 $l=1(m_l=0,\pm1)$ 及 $s=1/2(m_s=\pm1/2)$，它们可能处在六个态中的任何一个，用 m_l,m_s 标记，这六个态是

$$a=\left(1,\frac{1}{2}\right),\quad b=\left(1,-\frac{1}{2}\right),\quad c=\left(0,\frac{1}{2}\right)$$

$$d=\left(0,-\frac{1}{2}\right),\quad e=\left(-1,\frac{1}{2}\right),\quad f=\left(-1,-\frac{1}{2}\right)$$

在保证不相容原理要求的没有两个态具有完全相同的量子数的条件下选取其中三个态组成容许的原子态(光谱项)，其量子数为 $(M_L,M_S)=(\Sigma m_l,\Sigma m_s)$，得到

$$a+b+c=\left(2,\frac{1}{2}\right),\quad a+c+d=\left(1,\frac{1}{2}\right),\quad a+c+e=\left(0,\frac{3}{2}\right)$$

$$a+b+e=\left(1,\frac{1}{2}\right),\quad a+d+e=\left(0,\frac{1}{2}\right)$$

$$b+c+e=\left(0,\frac{1}{2}\right)$$

$$a+c+f=\left(0,\frac{1}{2}\right)$$

因为 M_L,M_S 为负值的态不能给出新的波函数，被省略.

由于不存在更高的 M_L,M_S 值，所以(2,1/2)表示 ^2D 光谱项，与之相联系的态的量子数为(1,1/2)和(0,1/2)；另外的(1,1/2)和(0,1/2)属于 ^2P 项，剩下的(0,3/2)，(0,1/2)属 ^4S 项. 洪德定则表明 $E(^2P)>E(^2D)>E(^4S)$.

3.36　给出锆($Z=40$)和铪($Z=72$)的电子组态，解释为什么用化学方法分离它们非常困难.

解　每个单电子能级都由主量子数 n 和角量子数 l 标记，$l=1,2,3,\cdots,n-1$，有 n 个值. 由于泡利不相容原理的限制每个角量子数 l 最多可容纳 $2(2l+1)$ 个电子，由此可建立原子的结构. 所给原子的电子组态分别为：Zr：$1s^22s^22p^63s^23p^64s^23d^{10}4p^65s^24d^2$；Hf：$1s^22s^22p^63s^23p^64s^23d^{10}4p^65s^24d^{10}5p^66s^24f^{14}5d^2$. 两种元素的未满壳层都有 2 个电子，因为它们的能级结构相似，所以其化学性质也相似，因此用化学分离它们就非常困难.

3.37　在氢原子中当电子波函数从 ψ_1 变到 ψ_2 辐射一个光子的跃迁是禁戒时，则 ψ_1 和 ψ_2　(　　)

(A) 具有相反的宇称　　(B)互相正交

(C)在原子核中心它们都为 0　　(D)都是球对称的

解　由 ψ_1 和 ψ_2 为球对称可知，二者角量子数均为 $j=0$，而跃迁选择定则要求跃迁前后 $\Delta j=0,\pm1(j_i=0\rightarrow j_f=0$ 除外)，所以是禁戒跃迁.(参考第 3.56 题)

答案为(D).

3.38　原子由激发态发出光子，下面所列选择定则哪些与电偶极辐射不相容？(　　)

(A) $\Delta l=\pm1$　　(B) $\Delta m_l=0,\pm1$　　(C) $\Delta s=\pm1$　　(D) $\Delta j=0,\pm1$

解　电偶极辐射的跃迁选择定则为：① 宇称改变；② $\Delta l=\pm1$；③ $\Delta j=0,\pm1$；④ $\Delta s=0$. 而 $\Delta s=\pm1$ 不符合电偶极辐射选择定则.

答案为(C).

3.39　如果把一个幅度为 E 的弱电场加在一个原子的基态上(斯塔克效应)，原子能级的改变量为　　(　　)

(A) 正比于 E　　(B) 正比于 E^2　　(C) 正比于 E^3　　(D) 正比于 E^4

解　对存在固有电偶极矩的量子态，在弱外电场的作用下，原来对轨道量子数 l 简并的能级将分裂，裂矩正比于电场强度，这就是线性斯塔克效应. 但是，值得注意的是，像碱金属原子的能级由于轨道贯穿和极化等效应的影响，它的能级对 l 是不简并的，这些能级相应状态的固有电偶极矩为零，因此不存在线性斯塔克效应. 而在外加电场的作用下，有二级斯塔克效应，或平方斯塔克效应.

答案为(A).

3.40　在多电子情况下，为什么选择定则 $\Delta L=0$ 不违背拉波特(Laporte)定则？

答　以两个电子为例，对于有 l_1 和 l_2 的两个电子的原子，由于相互作用，总轨道角动量为 $\boldsymbol{L}=\boldsymbol{l}_1+\boldsymbol{l}_2$，$L=l_1+l_2+1,\cdots,l_1-l_2$，一系列值. 由于原子的宇称由 l_1+l_2 的奇偶性决定，因而由 l_1 和 l_2 得到的所有 L 隶属于同一宇称. 由此可知，对于多电子原子，$L=0,1,2,3,\cdots$的数字的奇偶不再表征宇称的奇偶，它们都同样具有由 Σl_i 所确定的奇宇称或偶宇称，即 $\Delta L=0$ 并不意味着违背跃迁时宇称必须改变这一根本原则，是容许的.

3.41　试说明选择定则 $\Delta J=0(J_i=0\rightarrow J_f=0$ 除外)的物理内涵.

答　该选择定则的意思是 $J_i=0$ 到 $J_f=0$ 的跃迁是禁戒的，也就是说一个处在球对称激发态的原子(即 $J_i=0$)不可能通过发射一个光子衰变到另一个也是球对称的状态($J_f=0$). 因为在电磁辐射过程中必须遵从角动量守恒定律，即旋转对称性守恒. 从 $J_i=0$ 到 $J_f=0$ 的跃迁意味着原子的初态和末态都是球对称的，那么要求所发射的电磁波也必须是球对称的，即没有方向性. 然而这种电磁波根本就不存在，所以这种跃迁就根本不可能发生. 很清楚：因为电偶极子(或磁偶极子)都有确定的方向，不可能存在任何球对称的电(或磁)偶极辐射波. 在一个给定的时刻和一个给定的空间位置，电场总是垂直于矢径方向，电场的图示不可能是球对称的，所以也不可能存在任何其他球对称的多极波.

另外，由角动量守恒定律知：在从 $J_i=0$ 到 $J_f=0$ 的跃迁过程中发射的光子的总角动量等于 0，然而光子的自旋为 1，而且总是纵向极化的，又因为电矢量总是垂直于电磁波的传播方向，也就是说轨道角动量总是垂直于自旋方向. 所以光子的自旋角动量与轨道角动量耦合不可能为 0，所以这种跃迁不可能发生.

3.42　简要描述下列效应：

(1) 俄歇效应；

(2) 反常塞曼效应；

(3) 兰姆位移.

解　(1) 俄歇效应：当原子的内壳层(如K壳层)上的一个电子被电离后，能量较高壳层(如L壳层)上的电子向电离电子留下的空位跃迁，与此同时并不发射X射线，而是把能量直接传递给外层电子，引起高层电子(如L电子)的电离，这就是俄歇效应. 俄歇效应是原子的无辐射跃迁过程. 由俄歇效应产生的电子称为俄歇电子，俄歇电子是单能的，其能量仅与原子能级有关(忽略化学位移). 例如，设w_K，w_L，w_M…分别为K，L，M…电子的结合能，当K层电子被电离后，可产生的俄歇电子的能量为$E_{eL}=w_K-w_L-w_L$，或$E_{eM}=w_K-w_L-w_M$….

(2) 反常塞曼效应：1896年塞曼(Zeeman)发现，在弱磁场中激发态的原子退激发发射的光谱分裂成间隔相等的三条谱线，洛伦兹根据经典电磁理论作出了满意的解释，后被称作正常塞曼效应. 然而他很快又发现：更一般地，光谱的分裂条数多于三条，且间隔也不相等，这种现象在发现电子具有自旋以前无法解释，故被称作反常塞曼效应. 事实上由于电子具有自旋，一般情况下电子的总自旋不为0，总角动量为半整数，而呈现反常塞曼效应. 正常塞曼效应只是电子的总自旋为0，总角动量为整数的特例.

(3) 兰姆位移：在考虑精细结构但忽略超精细结构后，用量子力学计算表明氢原子的能级对轨道角动量量子数l是简并的，而仅仅取决于总角动量量子数j. 但兰姆在实验中发现氢的$2^2s_{1/2}$比$2^2p_{1/2}$高出0.033cm^{-1}，这就是所谓的兰姆移位，它是由电子与其辐射场之间的相互作用引起的，须用量子电动力学解释.

3.43　光照在钠原子上，估计原子从基态激发到第一激发态(对应于熟知的黄线)的共振截面，同时估计共振的宽度. 若记得适当的启发性证据，可不必从基本原理推起.

解　吸收截面的定义：$\sigma_A=P_\omega/I_\omega$，其中$P_\omega d\omega$是原子在单位时间内由频率间隔$d\omega$吸收的能量，$I_\omega d\omega$是单位时间内由频率间隔$d\omega$射入单位面积的能量，总的能量吸收为

$$P=\int P_\omega d\omega=\hbar\omega B_{12}N_\omega$$

其中，B_{12}为爱因斯坦系数，代表单位时间内处于状态1的原子吸收能量为$\hbar\omega$的光子跃迁到状态2的概率，$N_\omega d\omega$代表单位体积内处于频率间隔$\omega\to\omega+d\omega$中的能量密度，N_ω和I_ω之间有如下关系：

$$I_\omega=cN_\omega\quad(c\text{ 是光速})$$

根据爱因斯坦关系可得

$$B_{12}=\frac{\pi^2c^3}{\hbar\omega^3}\cdot\frac{g_1}{g_2}A_{21}$$

其中，g_1、g_2分别为状态1、2的简并度，$A_{12}=1/\tau$为状态2的自发辐射系数. 设τ为激发态2的寿命，Γ为该能级的自然展宽，利用不确定性关系$\Gamma\tau\sim\hbar$，得

$$B_{12}=\frac{\pi^2c^3}{\hbar\omega^3}\cdot\frac{g_1}{g_2}\cdot\frac{1}{\tau}=\frac{\pi^2c^3}{\hbar^2\omega^3}\cdot\frac{g_1}{g_2}\Gamma$$

最后得到

$$P_\omega = \frac{\pi^2 c^2}{\hbar\,\omega^2} \cdot \frac{g_1}{g_2} \Gamma I_\omega$$

若引入形状因子 $g(\omega)$，并把 ω 和 I_ω 理解为在 $g(\omega)$ 的带宽内的平均值，上式可写作

$$P_\omega = \frac{\pi^2 c^2}{\hbar\,\omega^2} \cdot \frac{g_1}{g_2} \Gamma I_\omega g(\omega)$$

我们取 $g(\omega)$ 为 Lorentz 线型：

$$g(\omega) = \frac{\hbar}{2\pi} \frac{\Gamma}{(E_2 - E_1 - \hbar\,\omega)^2 + \frac{\Gamma^2}{4}}$$

共振时 $E_2 - E_1 = \hbar\,\omega$，所以 $g\left(\omega = \frac{E_2 - E_1}{\hbar}\right) = \frac{2\hbar}{\pi\Gamma}$，于是

$$\sigma_A = \frac{\pi^2 c^2}{\hbar\,\omega^2} \cdot \frac{g_1}{g_2} \cdot \frac{2\hbar}{\pi} = \frac{2\pi c^2}{\omega^2} \cdot \frac{g_1}{g_2}$$

对于钠黄线（D 线），$g_1 = 2, g_2 = 6, \lambda = 589.3\text{nm}$，得

$$\sigma_A(\mathrm{D}) = \frac{2}{6} \cdot \frac{2\pi c^2}{\omega^2} = \frac{2\pi}{3} \cdot \frac{1}{(2\pi)^2 \tilde{\nu}^2}$$

$$= \frac{1}{6\pi \times (1.7 \times 10^4)^2} \approx 1.84 \times 10^{-10}(\mathrm{cm}^2)$$

半宽高度可利用线型函数求得 $\Delta\omega_{1/2} = \Gamma$. 对于 D 线，$\tau \approx 10^{-8}\mathrm{s}, \Gamma \approx \hbar/\tau \approx 6.6 \times 10^{-8}(\mathrm{eV})$. 因为

$$\Gamma = \Delta E = \hbar\,\Delta\omega = 2\pi\hbar\,\Delta\tilde{\nu}$$

用波数表示吸收宽度

$$\Delta\tilde{\nu} = \frac{\Gamma}{2\pi\hbar\,c} \approx \frac{1}{2\pi\tau c} = 5.3 \times 10^{-4}(\mathrm{cm}^{-1})$$

3.44 某原子 A 能级电子的碰撞激发截面 $\sigma_A = 1.4 \times 10^{-20}\mathrm{cm}^2$，能级的寿命 $\tau \approx 2 \times 10^{-8}\mathrm{s}$，其中 10%的时间是 A→B 的跃迁，90%的时间是 A→C 的跃迁，如图 1.50 所示.

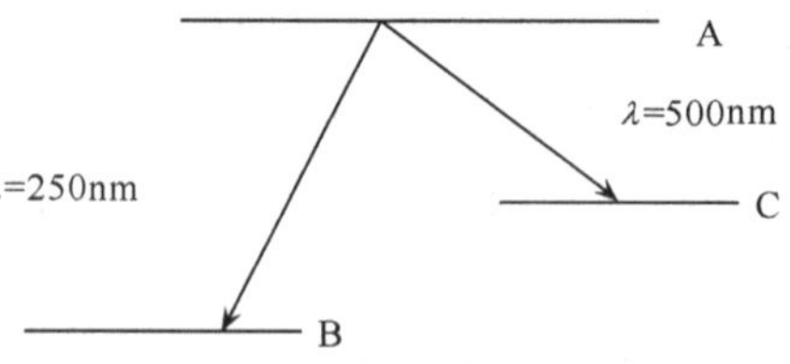

图 1.50

(1) 计算 $5\mathrm{mA/cm}^2$ 的电子束通过压强为 0.05Torr 的这种原子气体时，每 cm^3 中原子处于能级 A 的平衡布居数.

(2) 计算每 cm^3 气体在 A→B 跃迁中发出的光强度，以 W/sr 为单位表示.

解 (1) 仿照爱因斯坦关系，可知单位时间内 B,C→A 跃迁的原子数（产生率）为

$$\frac{\mathrm{d}N_{\mathrm{BC}\to\mathrm{A}}}{\mathrm{d}t} = n_0 \sigma_A N_{\mathrm{BC}} \tag{1}$$

单位时间内 A→B,C 的原子数(衰变率)为

$$\frac{dN_{A\to BC}}{dt}=\left(\frac{1}{\tau}+n_0\sigma_A\right)N_A \tag{2}$$

在上面两式中,N_{BC}和 N_A 分别表示占据 B,C 和 A 能级的原子数,n_0 是单位时间内通过单位面积的电子数. 达到平衡时,

$$\frac{dN_{BC\to A}}{dt}=\frac{dN_{A\to BC}}{dt}$$

于是

$$N_A=\frac{n_0\sigma_A N_{BC}}{\frac{1}{\tau}+2n_0\sigma_A}\approx n_0\sigma_A N\tau \quad (N=N_A+N_{BC})$$

因为 $n_0=5\times10^3/(1.6\times10^{-19})\approx3.1\times10^{16}(\text{cm}^{-2}/\text{s})$,及 $1/\tau\gg2n_0\sigma_A$,故当 $T=300\text{K}$ 时单位体积中处于能级 A 的原子数为

$$\begin{aligned}n&=\frac{N_A}{V}=\frac{\tau n_0\sigma_A N}{V}=\frac{\tau n_0\sigma_A p}{kT}\\&=2\times10^{-8}\times\frac{5\times10^{-3}}{1.6\times10^{-19}}\times1.4\times10^{-20}\times\frac{0.05\times1.333\times10^4}{1.38\times10^{-16}\times300}\\&=1.4\times10^5(\text{cm}^{-3})\end{aligned}$$

(2) 原子从 A→B 的衰变率为

$$\lambda_1=\frac{0.1}{\tau}$$

于是

$$4\pi I=\frac{nhc\lambda_1}{\lambda_B}$$

其中,I 为所求的光强度,已知 $\lambda_B=500\text{nm}$,为 A→B 的跃迁辐射波长,故

$$\begin{aligned}I&=\frac{nhc}{40\pi\tau\lambda_B}=\frac{1.4\times10^5\times6.63\times10^{-27}\times10^{10}}{40\times3.14\times2\times10^{-8}\times500\times10^{-7}}\\&=0.22(\text{erg}/(\text{s}\cdot\text{sr}))=2.2\times10^{-8}(\text{W/sr})\end{aligned}$$

3.45 一个原子可存在两种状态:质量为 M 的基态和质量为 $M+\Delta$ 的激发态. 假如初态静止的原子吸收一个光子从基态跃迁到激发态,求在实验室坐标系中的光子频率.

解 设光子频率为 ν,激发态原子动量为 p,由能量、动量守恒得

$$Mc^2+h\nu=[(M+\Delta)^2c^4+p^2c^2]^{1/2} \tag{1}$$

$$\frac{h\nu}{c}=p \tag{2}$$

由式(2)得 $h\nu=pc$,代入式(1)后,平方得

$$M^2c^4+(h\nu)^2+2Mc^2h\nu=M^2c^4+\Delta^2c^4+2M\Delta c^4+(h\nu)^2$$

于是

$$\nu=\frac{\Delta c^2}{h}\left(1+\frac{\Delta}{2M}\right)$$

3.46 (1) 一受激原子的电子在下列自发辐射中放出光子:$2P_{1/2}\to1S_{1/2}$,$2S_{1/2}\to$

$1S_{1/2}$，$2D_{3/2}\to 2S_{1/2}$，$2P_{3/2}\to 2P_{1/2}$，$3D_{3/2}\to 2P_{1/2}$，请指出这些跃迁的主要级次[如 E1(电偶极)，E2，E3，…，M1，M2，M3，…].

(2) 估计(1)中第一个跃迁的速率，以光子的频率 ω，原子的半径 a 及其他必要的物理常数表示之，并就典型原子粗略估计这种跃迁速率的数值.

(3) 估计(1)中的其他跃迁的速率与第一个跃迁的速率的比值，表达式中所用的参量与(2)中的相同.

解　(1) 在自发辐射的多极跃迁中，角动量守恒要求 $|J_i-J_f|\leqslant L\leqslant J_i+J_f$，$L$ 是光子的总角动量，2^L 代表跃迁的多极性. 宇称守恒要求

$$\Delta P=(-1)^L,\quad \text{对电多极跃迁}$$

$$\Delta P=(-1)^{L+1},\quad \text{对磁多极跃迁}$$

因为 L 越小，多极跃迁概率越大，所以有

$2P_{1/2}\to 1S_{1/2}$：$\Delta P=-$，$\Delta L=1$，是 E1 跃迁；

$2S_{1/2}\to 1S_{1/2}$：$\Delta P=+$，$\Delta L=1$，是双光子偶极跃迁；

$2D_{3/2}\to 2S_{1/2}$：$\Delta P=+$，$\Delta L=1,2$，是 M1 或 E2 跃迁；

$2P_{3/2}\to 2P_{1/2}$：$\Delta P=+$，$\Delta L=1,2$，是 M1 或 E2 跃迁；

$3D_{3/2}\to 2P_{1/2}$：$\Delta P=-$，$\Delta L=1$，是 E1 跃迁.

(2) 从 $2P_{1/2}$(1 态)到 $1S_{1/2}$ 的自发跃迁速率为

$$A_{E1}=\frac{e^2\omega^3}{3\pi\varepsilon_0\hbar c^3}|\boldsymbol{r}_{12}|^2=\frac{4}{3}\alpha\omega^3\left(\frac{|\boldsymbol{r}_{12}|}{c}\right)^2$$

式中，$\alpha=\dfrac{e^2}{4\pi\varepsilon_0\hbar c}=\dfrac{1}{137}$为精细结构常数，$\omega$ 为光子频率. 由于 $|\boldsymbol{r}_{12}|\approx a$($a$ 为原子半径)，所以

$$A_{E1}\approx\frac{4}{3}\alpha\omega^3\left(\frac{a}{c}\right)^2$$

若取 $a\approx 10^{-10}\,\text{m}$，$\omega\approx 10^{16}\,\text{s}^{-1}$，则有 $A_{E1}\approx 10^9\,\text{s}^{-1}$.

(3) 在(1)中其他跃迁的概率 A 与 A_{E1} 的比值分别为

$$\frac{A(2S_{1/2}\to 1S_{1/2})}{A_{E1}}\approx 10\left(\frac{\hbar}{mca}\right)^2$$

$$\frac{A(3D_{3/2}\to 2S_{1/2})}{A_{E1}}\approx (ka)^2$$

$$\frac{A(2P_{3/2}\to 2P_{1/2})}{A_{E1}}\approx (ka)^2$$

$$\frac{A(3D_{3/2}\to 2P_{1/2})}{A_{E1}}\approx (ka)^2$$

其中，$k=\omega/c$ 为光子波数.

$$\frac{A(3D_{3/2}\to 2P_{1/2})}{A_{E1}}\approx\left(\frac{\omega(3D_{3/2}\to 2P_{1/2})}{\omega(2P_{1/2}\to 2S_{1/2})}\right)^3$$

3.47　(1) 经典的 β 衰变中，中微子能量的量级是多少？

(2) 在 H，He^+，Li^{++} 等类氢原子中 2P 态自发衰变的平均寿命与原子序数 Z 的关系是什么？

解 (1) 经典的 β 衰变中中微子的能量 $E_\nu \approx 1\text{MeV}$.

(2) 2P→1S 自发跃迁的概率(参考第 3.46 题)为

$$A \propto |\boldsymbol{r}_{12}|^2 \omega^3$$

其中

$$|r_{12}|^2 = |\langle 1S(Zr)|\boldsymbol{r}|2P(Zr)\rangle|^2$$

$|1S(Zr)\rangle$和$|2P(Zr)\rangle$是核电荷数为 Z 的类氢原子的径向波函数,且

$$\omega = \frac{1}{\hbar}(E_2 - E_1)$$

$$|1S(Zr)\rangle = \left(\frac{Z}{a_0}\right)^{3/2} 2\exp\left(-\frac{Zr}{a_0}\right)$$

$$|2P(Zr)\rangle = \left(\frac{Z}{2a_0}\right)^{3/2} \frac{Zr}{a_0\sqrt{3}} \exp\left(-\frac{Zr}{2a_0}\right)$$

a_0 是常数,对于 $Z>1$,$|\boldsymbol{r}_{12}|^2 \propto Z^{-2}$,$\omega^3 \propto Z^6$,故 $A \propto Z^4$. 因而寿命为

$$\tau \propto \frac{1}{A} \propto Z^{-4}$$

3.48 假设由于小的宇称破坏力,氢原子的 $2^2S_{1/2}$ 能级有少量 P 波混杂:$\psi(n=2, j=1/2) = \psi_S(n=2, j=1/2, l=0) + \varepsilon\psi_P(n=2, j=1/2, l=1)$. 何种第一级辐射能使此态退激发? 衰变矩阵元的形式如何? 当 $\varepsilon \to 0$ 时会怎样,为什么?

解 可通过电偶极辐射 $\psi_P(n=2, j=1/2, l=1) \to \psi_S(n=2, j=1/2, l=0)$ 使此混合态的 P 波部分退激发,而 $\psi_S(n=2, j=1/2, l=0)$ 作为亚稳态将不能通过电-偶极辐射发生衰变. 衰变矩阵即 T 矩阵为

$$T = \langle \psi_f | T | \psi_i \rangle = \int \psi_f^* V(\boldsymbol{r}) \psi_i \mathrm{d}^3 r$$

对电偶极辐射,有

$$V(r) = -(e\boldsymbol{r}) \cdot \boldsymbol{E} = erE\cos\theta$$

假设电场在 z 方向偏振,有

$$\langle \psi_f | T | \psi_i \rangle = \varepsilon eE \int R_{20} R_{21} Y_{00} Y_{10} z \mathrm{d}^3 r = \varepsilon eE \int R_{20} r R_{21} r^2 \mathrm{d}r \int Y_{00} Y_{10} \cos\theta \mathrm{d}\Omega$$

$$= \frac{\varepsilon eE}{4\sqrt{5}a^3} \int_0^\infty r^4 \left(1 - \frac{r}{2a}\right) \exp\left(-\frac{r}{a}\right) \mathrm{d}r \int Y_{00} Y_{10} \cos\theta \mathrm{d}\Omega$$

$$= \frac{\sqrt{3}}{3} \varepsilon eaE \int_\Omega Y_{00} Y_{10} \cos\theta \mathrm{d}\Omega$$

因为

$$Y_{10}\cos\theta = \sqrt{\frac{4}{15}} Y_{20} + \sqrt{\frac{1}{3}} Y_{00}$$

则

$$\int_\Omega Y_{00} Y_{10} \cos\theta \mathrm{d}\Omega = \frac{1}{\sqrt{3}}$$

得

$$\langle \psi_f | T | \psi_i \rangle = \varepsilon eaE$$

当 $\varepsilon\to 0$ 时，偶极跃迁矩阵元 $\langle\psi_f|T|\psi_i\rangle\to 0$，此时激发态仅为 $\psi_S(n=2,j=1/2,l=0)$ 亚稳态，它既不能通过电偶极跃迁到基态（因不满足 $\Delta l=\pm 1$），也不能通过磁偶极或电四极跃迁来退激发，只允许 $2^2S_{1/2}\to 1^2S_{1/2}$ 的双光子跃迁，其概率是很小的.

3.49　在射电天文学中观察到氢原子高激发态之间的跃迁，例如从 $n=109$ 到 $n=108$ 的跃迁.

（1）试求这种跃迁辐射的波长及频率；

（2）激发态的氦原子亦有这样的跃迁，估算氦原子与氢原子这种跃迁的波长比；

（3）为什么在实验室难以观察到这种跃迁？

解　（1）氢原子能级 $E_n=-\dfrac{13.6}{n^2}\text{eV}$. 对于高激发态 $n=109$ 及 $n=108$ 之间的跃迁，有

$$h\nu=-\frac{13.6}{109^2}+\frac{13.6}{108^2}$$

于是

$$\nu=5.15\times 10^9\,\text{Hz}$$

$$\lambda=c/\nu=0.058\text{m}=5.8\text{cm}$$

（2）对氦原子，就如此高的激发态来说，轨道上的电子所感受到的有效核电荷近似为一个质子电荷，所以氦原子跃迁辐射波长近似等于氢原子同一跃迁辐射的波长.

（3）处于这么高激发态的电子，极易与其他原子碰撞而电离，同时电子在高激发态间跃迁的概率也非常小. 在实验室中难以创造条件既使碰撞电离的可能性很小，同时又有足够多的高激发态电子，从而产生强的辐射强度. 但是强激光条件建立后，利用多光子激发，可以获得高激发态原子即里德伯原子.

3.50　一个炉子里有温度为 2000K 的低压钠原子，现只考虑钠的下列三个能级：

$$1s^22s^22p^63s,\quad {}^2S,\quad 0（基态）$$

$$1s^22s^22p^63p,\quad {}^2P,\quad 2.10\text{eV}$$

$$1s^22s^22p^64s,\quad {}^2S,\quad 3.18\text{eV}$$

（1）出现在发射谱中的光子能量是多少？它们的相对强度为多大？（给出适当的表达式，估计一下近似值）

（2）如果具有平坦谱的连续辐射穿过这个炉子，并观察其吸收谱，那么能观察到哪些吸收谱线？求出它们的相对强度.

解　（1）根据题设

$$E_0=0\text{eV},\quad E_1=2.10\text{eV},\quad E_2=3.18\text{eV}$$

共有两个电偶极跃迁：$4^2S\to 3^2P$，$3^2P\to 3^2S$，跃迁能量为

$$E_{10}=2.10\text{eV},\quad E_{21}=1.08\text{eV}$$

由能级 k 至能级 i 的跃迁概率为

$$A_{ik}=\frac{e^2\omega_{ki}^3}{3\hbar c^3}\frac{1}{g_k}\sum_{m_k,m_i}|\langle im_i|\boldsymbol{r}|km_k\rangle|^2$$

式中，$\omega_{ki}=(E_k-E_i)/\hbar$，而 i,k 可理解为总角动量，m_i 和 m_k 为相应的磁量子数，g_k 为 k 态的简并度，谱线强度为

$$I_{ik} \propto N_k \hbar \omega_{ki} A_{ik}$$

其中，$N_k \propto g_k \exp\left(-\frac{E_i}{KT}\right)$是 k 能级上的粒子数；对于^{2}P 来说有两个值，即 $J=3/2,1/2$. 若认为两个跃迁矩阵元及其自旋权重因子近似相等，则这两条谱线的强度比为

$$\frac{I_{10}}{I_{21}} = \left(\frac{\omega_{10}}{\omega_{21}}\right)^4 \exp\left(\frac{E_{21}}{kT}\right) = \left(\frac{2.10}{1.08}\right)^4 \exp\left(\frac{1.08}{8.6\times 10^{-5}\times 2000}\right) \approx 7.6\times 10^3$$

(2) 吸收谱线强度公式

$$I_{ik} \propto B_{ik} N_{k\rho}(\omega_{ik}) \hbar \omega_{ik}$$

其中，$B_{ik} = \frac{8\pi^2 e^2}{3\hbar^2} \cdot \frac{1}{g_k} \sum_{m_k, m_i} |\langle i m_i | \boldsymbol{r} | k m_k \rangle|^2$ 是爱因斯坦系数.

根据假设，入射光具有平坦谱，即 $\rho(\omega)$ 为常量. 而吸收谱线有两条：E_0-E_1 和 E_1-E_2，于是得到吸收强度比

$$\frac{I_{10}}{I_{21}} = \frac{B_{10} N_0 \hbar \omega_{10}}{B_{21} N_1 \hbar \omega_{21}} \approx \left(\frac{\omega_{10}}{\omega_{21}}\right) \exp\left(\frac{E_{10}}{kT}\right) = \left(\frac{2.10}{1.08}\right) \exp\left(\frac{2.10}{8.62\times 10^{-5}\times 2000}\right) \approx 4\times 10^5$$

3.51 (1) 画出镁原子($Z=12$)能级示意图，包括基态和由一个价电子处于 3s 轨道，另一个价电子处在 $n=3,4, l=0,1$ 轨道所形成的激发态. 标明各能级在 L-S 耦合下光谱符号.

(2) 在能级图上画出五种允许跃迁，两种禁戒跃迁，一条相互组合线(如果存在的话)及一个正常塞曼效应和一个反常塞曼效应的能级跃迁图.

解 (1) 镁原子相应的能级及能级跃迁见图 1.51.

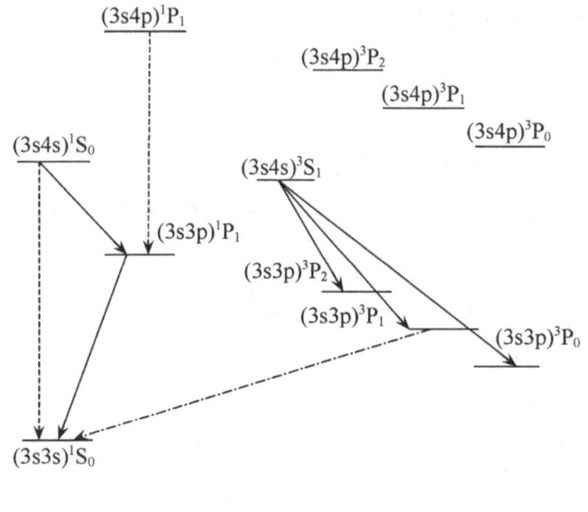

图 1.51

(2) ① $(3s3p)^1P_1 \rightarrow (3s3s)^1S_0$，$(3s4s)^3S_1 \rightarrow (3s3p)^3P_{0,1,2}$ 等都是允许跃迁，如图中实线所示.

② $(3s4p)^1P_1 \rightarrow (3s3p)^1P_1$，$(3s4s)^1S_0 \rightarrow (3s3s)^1S_0$ 是禁戒跃迁.

③ $(3s3p)^3P_1 \rightarrow (3s3s)^1S_0$ 是相互组合线.

④ 在磁场中，$(3s3p)^1P_1 \rightarrow (3s3s)^1S_0$ 的跃迁只产生三条谱线，因为这两个态的总自旋都是 0，$g=1$，其子能级的间距为 $\mu_B B$，跃迁为正常塞曼效应，如图 1.52(a)所示. ${}^3P_1$ 的

g 因子为 $g=3/2$ 和 2,各子能级间距为$\frac{3}{2}\mu_B B$,$(3s4s)^3S_1$ 的 $g=2$,各子能级间距为 $2\mu_B B$,那么$(3s4p)^3P_1 \to (3s4s)^3S_1$ 的跃迁产生六条谱线,是反常塞曼效应,如图 1.52(b)所示.

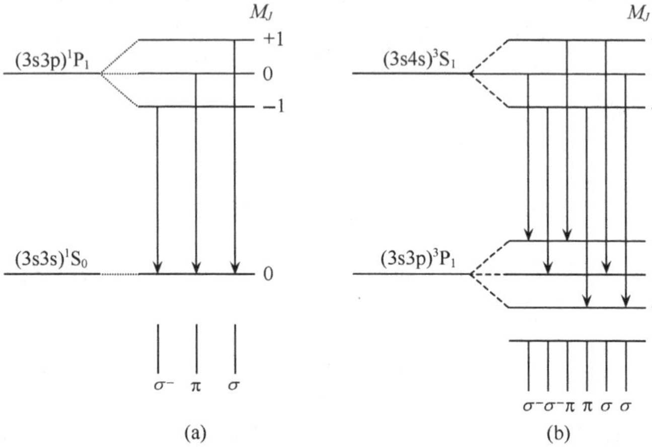

图 1.52

3.52 指出下列原子辐射跃迁哪些是电偶极允许跃迁,哪些是禁戒跃迁,并说明禁戒跃迁所违背的选择定则:

(1) $(1s1p)^1P_1 \to (1s^2)^1S_0$

(2) $(1s^2 2s^2 2p3s)^3P_1 \to (1s^2 2s^2 2p^2)^3P_0$

(3) $(1s^2 2s^2 2p3s)^3P_0 \to (1s^2 2s^2 2p^2)^3P_0$

(4) $(1s^2 2s^2 2p^6 4d)^2D_{5/2} \to (1s^2 2s^2 2p^6 3p)^2P_{1/2}$

(5) $(1s2p)^3P_1 \to (1s^2)^1S_0$

解 单电子电偶极跃迁的选择定则为

$$\Delta l = \pm 1,\ \Delta j = 0, \pm 1 \quad (J=0 \to J=0\ 除外)$$

多电子电偶极跃迁的选择定则为

$\Delta\Sigma(l_i) = \pm 1,\ \Delta S = 0,\ \Delta L = 0, \pm 1,\ \Delta J = 0, \pm 1 \quad (J=0 \to J=0\ 除外)$

(1) 电偶极辐射,是允许跃迁.

(2) 电偶极辐射,是允许跃迁.

(3) 禁戒跃迁,因为总角动量 J 由 0 到 0 的跃迁是电偶极跃迁禁戒的.

(4) 禁戒跃迁,因为违背 $\Delta J=0,\pm 1$ 选择定则.

(5) 禁戒跃迁,违背条件 $\Delta S=0$ 选择定则.

3.53 假设钠原子的最低光谱项的数值分别为(用 cm^{-1} 表示):

3s: $^2S_{1/2}$ 41448; 3p: $^2P_{1/2,3/2}$ 24484;

3d: $^2D_{3/2,5/2}$ 12274;

4s：$^2S_{1/2}$　15705；　4p：$^2P_{1/2,3/2}$　11180；

4d：$^2D_{3/2,5/2}$　6897；

4f：$^2F_{5/2,7/2}$　6858；

5s：$^2S_{1/2}$　8246；　5p：$^2P_{1/2,3/2}$　6407.

若用下列条件激发，可获得哪些跃迁？

（1）用 412.3nm 的光照射；

（2）如果钠原子处在 3s 态，用 3.3eV 的电子轰击.

解　（1）波长为 412.3nm 的光子的波数为 $\tilde{\nu}=\frac{1}{\lambda}=\frac{1}{412.3\text{nm}}\approx 24254\text{cm}^{-1}$. 因为用光激发原子时，光子只能作为一个整体被吸收，即必须满足条件 $\Delta E=h\nu$，所以这里不存在原子激发.

（2）3.3eV 的电子的波数是（用 cm^{-1} 表示）$E/hc=26613\text{cm}^{-1}$. 电子可以释放部分能量，可发生 3s→3p 及 3s→4s 跃迁. 没有足够的能量跃迁到更高的激发态.

3.54　一个基态氚原子通过 β 衰变成为 He^+.

（1）衰变后瞬间，He^+ 处在基态的概率是多少？

（2）在 2S 态呢？

（3）在 2P 态呢？（忽略自旋）

解　在氚核 β 衰变瞬间电子波函数不变，它在 He^+ 核的静电场中处于 He^+ 的 1s、2s、2p 态的概率幅分别为 a_1, a_2, a_3 即

$$|1S\rangle_H = a_1 |1S\rangle_{He^+} + a_2 |2S\rangle_{He^+} + a_3 |2P\rangle_{He^+} + \cdots$$

其中

$$|1S\rangle = R_{10}(r)Y_{00}$$
$$|2S\rangle = R_{20}(r)Y_{00}$$
$$|2P\rangle = R_{21}(r)Y_{10}$$

而

$$R_{10} = \left(\frac{Z}{a}\right)^{3/2} 2\exp\left(-\frac{Zr}{a}\right)r$$

$$R_{20} = \left(\frac{Z}{2a}\right)^{3/2}\left(2-\frac{Zr}{a}\right)\exp\left(-\frac{Zr}{2a}\right)$$

$$R_{21} = \left(\frac{Z}{2a}\right)^{3/2}\frac{Z}{\sqrt{3}a}\exp\left(-\frac{Zr}{2a}\right),\quad a=\frac{\hbar^2}{me^2}\ \text{为玻尔半径.}$$

（1）
$$a_1 = {}_{He^+}\langle 1S | 1S\rangle_H$$
$$= \int_0^\infty \frac{2}{a^{3/2}}\exp\left(-\frac{r}{a}\right)\cdot 2\left(\frac{2}{a}\right)^{3/2}\exp\left(-\frac{2r}{a}\right)\cdot r^2 dr\int Y_{00}^2 d\Omega = \frac{16\sqrt{2}}{27}$$

于是 He^+ 处在基态的概率为

$$W(1S) = |a_1|^2 = \frac{512}{729}$$

（2）
$$a_2 = {}_{He^+}\langle 2S | 1S\rangle_H = \int_0^\infty \frac{2}{a^{3/2}}\exp\left(-\frac{r}{a}\right)\cdot\frac{1}{\sqrt{2}}\left(\frac{2}{a}\right)^{3/2}\left(1-\frac{r}{a}\right)$$

$$\times \exp\left(-\frac{r}{a}\right)\cdot r^2 \mathrm{d}r \int Y_{10} Y_{00} \mathrm{d}\Omega = -\frac{1}{2}$$

故 He^+ 处于 2S 态的概率为

$$W(2S) = |a_2|^2 = \frac{1}{4}$$

$$(3)\ a_3 = {}_{He^+}\langle 2P | 1S\rangle_H = \int_0^\infty \frac{2}{a^{3/2}} \exp\left(-\frac{r}{a}\right)\cdot \frac{1}{2\sqrt{6}}\left(\frac{2}{a}\right)^{3/2} \frac{2r}{a}\cdot \exp\left(-\frac{r}{a}\right)$$

$$\times r^2 \mathrm{d}r \int Y_{10} Y_{00} \mathrm{d}\Omega = 0$$

所以 He^+ 在 2P 态的概率为

$$W(2P) = |a_3|^2 = 0$$

3.55　在一个比较粗糙的图像中，金属被看作是自由电子束缚在一个深度为 V_0 的势阱中的系统(图 1.53). 由于热激发，具有足够大能量的电子将逃出势阱，计算并讨论从金属上发射的电流密度.

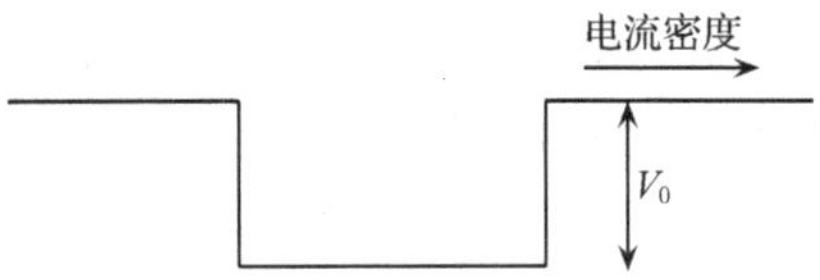

图 1.53

解　在动量空间体积元 $\mathrm{d}p_x\mathrm{d}p_y\mathrm{d}p_z$ 中的状态数为 $\mathrm{d}N=\frac{2}{h^3}\mathrm{d}p_x\mathrm{d}p_y\mathrm{d}p_z$，电子能量为 ε，费米能为 μ，每个 ε 态的简并度为 $\exp\left(-\frac{\varepsilon-\mu}{kT}\right)$，显而易见，只有那些满足条件 $p_z>(2mV_0)^{1/2}$ 的电子才可以逃逸(取 z 方向垂直金属表面向外). 对于上述动量空间体积元中的电子，在 $\mathrm{d}t$ 时间内离开金属的数目为

$$\mathrm{d}N' = Av_z \mathrm{d}t \frac{2}{h^3}\mathrm{d}p_x\mathrm{d}p_y\mathrm{d}p_z \exp\left(-\frac{\varepsilon-\mu}{kT}\right)$$

式中，v_z 代表电子速度的 z 方向分量，满足条件 $mv_z>(2mV_0)^{1/2}$，A 为金属表面面积. 于是单位时间从单位金属表面上发射的电子数为

$$N=\int_{p_z=(2mV_0)^{1/2}}^{+\infty}\int_{p_y=-\infty}^{+\infty}\int_{p_x=-\infty}^{+\infty}\frac{2\nu_z}{h^3}\exp\left(-\frac{\varepsilon-\mu}{kT}\right)\mathrm{d}p_x\mathrm{d}p_y\mathrm{d}p_z$$

$$=\frac{2}{mh^3}\exp\left(\frac{\mu}{kT}\right)\int_{(2mV_0)^{1/2}}^{+\infty}p_z\exp\left(-\frac{p_z^2}{2mkT}\right)\mathrm{d}p_z\int_{-\infty}^{+\infty}\exp\left(-\frac{p_y^2}{2mkT}\right)\mathrm{d}p_y\int_{-\infty}^{+\infty}\exp\left(-\frac{p_x^2}{2mkT}\right)\mathrm{d}p_x$$

$$=\frac{4\pi mk^2T^2}{h^3}\exp\left(\frac{\mu-V_0}{kT}\right)$$

因此，由热电子发射引起的电流密度为

$$J=-eN=-\frac{4\pi mek^2T^2}{h^3}\exp\left(\frac{\mu-V_0}{kT}\right)$$

这就是著名的理查森公式.

3.56　原子的磁超精细哈密顿量为 $H=A\hbar \boldsymbol{I}\cdot\boldsymbol{J}$，其中 A 为常数，$\boldsymbol{I}$ 是核的自旋，$\boldsymbol{J}$ 电子的总角动量. 考虑一个基态为 g、激发态为 e 的原子，在超精细相互作用下每个能级都要劈裂. 基态 g 和激发态 e 的角动量都是 $J=1/2$，核的自旋都是 $I=1/2$. 当 $t=0$ 时，一束无限短的激光脉冲把原子从基态 g 激发到激发态 e，激光是圆极化的而且其线宽比超精细劈裂大得多，激光的传播方向为量子化轴，激光过后，激发态的波函数可以给出：

$$\psi(0)=\frac{1}{\sqrt{2}}\cdot\left|J_e=\frac{1}{2},m_J=\frac{1}{2}\right\rangle\left(\left|I=\frac{1}{2},m_I=-\frac{1}{2}\right\rangle+\left|I=\frac{1}{2},m_I=\frac{1}{2}\right\rangle\right)$$

然后原子从激发态 e 跃迁到基态 g，其平均寿命为 τ. 计算与激发激光具有相同手征性的圆极化发射的强度对时间的依赖关系.

解　为求出激发态的时间演变，我们需要知道哈密顿量的本征态，题中给出的激发态 $\psi(0)$不是超精细哈密顿量的本征态，这个本征态要用总角动量 $\boldsymbol{F}=\boldsymbol{I}+\boldsymbol{J}$ 的量子数 F 表征，F 的 Z 分量用 m_F 表示，为此，可简单地写出：$\boldsymbol{I}\cdot\boldsymbol{J}=(\boldsymbol{F}^2-\boldsymbol{I}^2-\boldsymbol{J}^2)/2$，然后用 $I=1/2$，$J=1/2$ 的值代入，我们得到

$$H_{\text{hyp}}=\frac{A\hbar}{2}\left(F(F+1)-\frac{6}{4}\right)\tag{1}$$

很明显，H_{hyp}在$|I,J,F,m_F\rangle$ 基矢下是对角的，其缩写为$|F,m_F\rangle$. 因此，超精细哈密顿量按另一种方式把四个简并激发态分裂成一个三重态($F=1$)和一个单态($F=0$). 基态也产生同样的分裂. 我们分别用$|F\ m_F\rangle_e$和$|F\ m_F\rangle_g$表示激发态和基态，总哈密顿量在这些态上的作用是

$$H\mid F\ m_F\rangle_e=\left[E'+\frac{A\hbar F(F+1)}{2}\right]\mid F\ m_F\rangle_e\equiv E_F\mid F\ m_F\rangle_e\tag{2}$$

$$H\mid F\ m_F\rangle_g=\left[E^0+\frac{A\hbar F(F+1)}{2}\right]\mid F\ m_F\rangle_g\tag{3}$$

其中，E^0 和 E'是与 F 无关的能量部分. E_F 如式(2)定义. 为方便起见，假设 $E^0=0$.

把初始波函数 $\psi(0)$写成以$|JM_J\rangle|Fm_F\rangle$为基矢的形式，简写为$|M_J,m_F\rangle$，把$|M_J,m_F\rangle$在四个本征态$|F\ m_F\rangle$下展开给出：

$$\begin{aligned}&\left|\frac{1}{2}\ \frac{1}{2}\right\rangle=|1\ 1\rangle, &&\left|\frac{1}{2}\ -\frac{1}{2}\right\rangle=\frac{1}{\sqrt{2}}(|1\ 0\rangle+|0\ 0\rangle)\\&\left|-\frac{1}{2}\ \frac{1}{2}\right\rangle=\frac{1}{\sqrt{2}}(|1\ 0\rangle-|0\ 0\rangle), &&\left|-\frac{1}{2}\ -\frac{1}{2}\right\rangle=|1\ -1\rangle\end{aligned}\tag{4}$$

把 $\psi(t)$在能量本征态下展开得

$$\psi(t)=\sum_{F,m_F}C_{F,m_F}\mid F\ m_F\rangle\exp(-\mathrm{i}E_Jt/\hbar)\exp(-t/2\tau)\tag{5}$$

其中，$C_{11}=(1/2)^{1/2}$，$C_{10}=1/2$，$C_{1-1}=0$，$C_{00}=1/2$. 在上面的表示式中包含了一个唯象因子 $\exp(-t/2\tau)$，即给出了激发态按指数规律衰变，τ 为激发态的平均寿命.

现在我们可以论述发光的时间依赖性. 由费米黄金规则知衰变率正比于$|\langle\psi(t)|\boldsymbol{\varepsilon}\cdot\boldsymbol{D}|\psi_g\rangle|^2$，其中 $\boldsymbol{\varepsilon}$ 是发射光的极化度，$\boldsymbol{D}$ 是偶极算符. 电偶极辐射的选择定则为：$\Delta F=0$，±1，($F=0\to F=0$ 除外)及 $\Delta m_F=0,\pm1$. 因为当引起激发跃迁的激光束的 m_J 增加 1 时，激发态衰变时 m_F 将减少 1，使发射光与激发的激光具有相同的手征性. 换句话说如果$\hat{\boldsymbol{\varepsilon}}_+$是入射束的极化矢量，那么我们需考虑算符 $\boldsymbol{D}\cdot\hat{\boldsymbol{\varepsilon}}_+$，它只能与 $\Delta M_F=-1$ 的状态相关.

因为以上我们只观察光的极化度，而没有考虑能量，所以我们不能鉴别是从$|1\ 1\rangle_e$ 衰变到$|1\ 0\rangle_g$ 态，还是从$|1\ 1\rangle_e$ 衰变到$|0\ 0\rangle_g$，因此我们必须对所有可能的衰变($\Delta m_F=-1$)增加一个矩阵元，并对结果平方计算出具有相同手征性的辐射率. 综合式(5)并只利用符

合选择定则的末态对出现在费米黄金定律中的矩阵元，我们得到

$$
\begin{aligned}
M = e^{-t/2\tau}[&C_{11\mathrm{e}}\langle 11 \mid \boldsymbol{D}\cdot\hat{\boldsymbol{\varepsilon}}_{+} \mid 10\rangle_{\mathrm{g}}\mathrm{e}^{\mathrm{i}(E'+A\hbar)t/\hbar}\mathrm{e}^{-\mathrm{i}At} \\
&+C_{11\mathrm{e}}\langle 11 \mid \boldsymbol{D}\cdot\hat{\boldsymbol{\varepsilon}}_{+} \mid 00\rangle_{\mathrm{g}}\mathrm{e}^{\mathrm{i}(E'+A\hbar)t/\hbar} \\
&+C_{10\mathrm{e}}\langle 10 \mid \boldsymbol{D}\cdot\hat{\boldsymbol{\varepsilon}}_{+} \mid 1-1\rangle_{\mathrm{g}}\mathrm{e}^{\mathrm{i}(E'+A\hbar)t/\hbar}\mathrm{e}^{-\mathrm{i}At} \\
&+C_{00\mathrm{e}}\langle 00 \mid \boldsymbol{D}\cdot\hat{\boldsymbol{\varepsilon}}_{+} \mid 1-1\rangle_{\mathrm{g}}\mathrm{e}^{\mathrm{i}E't/\hbar}\mathrm{e}^{-At}]
\end{aligned} \tag{6}
$$

这里假定我们已经从(2)式和(3)式计算出了各态的能量.

算符 $\boldsymbol{D}\cdot\hat{\boldsymbol{\varepsilon}}_{+}$ 只作用在电子的角动量 J 上而不作用在核的自旋上. 如果我们定义

$$
{}_{\mathrm{e}}\left\langle J=\frac{1}{2},m_J=\frac{1}{2}\right|\boldsymbol{D}\cdot\hat{\boldsymbol{\varepsilon}}_{+}\left|J=\frac{1}{2},m_J=-\frac{1}{2}\right\rangle_{\mathrm{g}} \equiv \sqrt{2}k \tag{7}
$$

然后用式(4)给出的基矢变换的逆变换，可以解出出现在式(6)中的矩阵元，得到

$$
\begin{aligned}
{}_{\mathrm{e}}\langle 11 \mid \boldsymbol{D}\cdot\hat{\boldsymbol{\varepsilon}}_{+} \mid 10\rangle_{\mathrm{g}} &= k \\
{}_{\mathrm{e}}\langle 11 \mid \boldsymbol{D}\cdot\hat{\boldsymbol{\varepsilon}}_{+} \mid 00\rangle_{\mathrm{g}} &= -k \\
{}_{\mathrm{e}}\langle 10 \mid \boldsymbol{D}\cdot\hat{\boldsymbol{\varepsilon}}_{+} \mid 1-1\rangle_{\mathrm{g}} &= k \\
{}_{\mathrm{e}}\langle 00 \mid \boldsymbol{D}\cdot\hat{\boldsymbol{\varepsilon}}_{+} \mid 1-1\rangle_{\mathrm{g}} &= k
\end{aligned} \tag{8}
$$

把这些值代入 M 的表达式(6)且平方得到

$$
|M|^2 \propto (3+\sqrt{2}\cos At-\sqrt{2}\cos 2At)\mathrm{e}^{-t/\tau} \tag{9}
$$

这里重要的是要了解在加上振幅并平方时我们假设了这些态之间是相干的，如果不相干那么 $|M|^2$ 的表达式将适合所有单个原子，但当其平均值超过原子系统的总能量时，公式将给出简单的指数衰减形式. 式(9)中给出的振荡强度实验中已观测到并归因于量子碰撞节拍.

可见，如果我们测量光子的能量，就能鉴别衰变 $\Delta F=0$，$\Delta F=+1$ 和 $\Delta F=-1$，从而简单地得到 $|M|^2\propto\mathrm{e}^{-t/\tau}$. 从形式上看，在这种条件下，没有量子碰撞，由平方项加上每种衰变的矩阵元就可以得出结果，从而区分衰变的形式. 事实上为了以某些确定性测量光子是来自 $\Delta F=0$，$\Delta F=+1$ 和 $\Delta F=-1$，还是通过精确测量光子的能量和海森伯不确定性关系，我们必定在大于 $1/A$ 的时间内观察到光子. 这种观测效应将舍弃式(9)中矩阵元平方中的余弦项.

3.57　火焰中原子的光谱线的多普勒展宽为　　(　　)

(A)10^6 Hz　　(B)10^9 Hz　　(C)10^{13} Hz　　(D)10^{16} Hz

解　利用公式 $\frac{1}{2}m\bar{v}^2=\frac{3}{2}kT$，取 m 为氢原子质量，设火焰温度 $=3000\mathrm{K}$，可估算出 $v=10^{-4}c$，而可见光频率 $\nu_0\approx 10^{14}\,\mathrm{Hz}$，于是多普勒展宽为

$$
\Delta\nu=\nu_0\frac{v}{c}\approx 10^9\sim 10^{10}(\mathrm{Hz})
$$

答案为(B)

3.58　估计氩原子($A=40$，$Z=18$)在 $T=300\mathrm{K}$ 时发射的 $\lambda=500\mathrm{nm}$ 光谱线的多普勒展宽的数量级.

解　根据能量均分定理，原子的平均动能为

$$
\frac{1}{2}m\bar{v}^2=\frac{3}{2}kT
$$

于是

$$\bar{v}\approx\sqrt{\bar{v}^2}=\sqrt{\frac{3kT}{m}}$$

将 $m\approx 40\times 938\text{MeV}/c^2$，$kT=8.6\times 10^{-5}\times 300\approx 0.0258(\text{eV})$，代入上式，得到 $v\approx 431\text{m}\cdot\text{s}^{-1}$，故谱线的多普勒展宽为

$$\Delta\lambda=\frac{2\bar{v}}{c}\lambda=\frac{2\times 431}{3\times 10^8}\times 500\approx 1.44\times 10^{-3}(\text{nm})$$

3.59　^{12}C 离子的一个电子跃迁发射波长 $\lambda=500\text{nm}(h\nu=2.5\text{eV})$左右的光子. 离子处于热平衡状态，温度 $kT=20\text{eV}$，密度 $n=10^{24}\text{m}^{-3}$，并处于一个非均匀磁场中，场强变化范围可达 $B=1\text{T}$. 简要讨论光谱的展宽机制. 利用所需参数估算这些机制引起的谱线的展宽 $\Delta\tilde{\nu}$.

解　通常原子的激发能级寿命 τ 有限，由海森伯不确定性关系限制了能级有一定的宽度，能级跃迁发射的光谱频率分布也有相应的展宽——称为自然展宽(谱线固有的). 在观测谱线时仪器分辨率的限制(如透镜的相差、衍射等)使谱线展宽. 另外，外界变化的电场、磁场、原子、分子间的碰撞，热运动都会引起谱线展宽.

(i) 热运动引起的多普勒效应：在温度 $T>0\text{K}$ 时原子或分子总是处于不规则的热运动状态，有些原子会跑向观测者，有些会离开，这样原子发射的光谱会由于多普勒效应而增宽. 由于原子速度有一定的分布，原子发射的光波频率移动也应有相应的分布.

根据能量均分定理，原子或分子的平均动能为

$$\frac{1}{2}m\bar{v}^2=\frac{3}{2}kT \tag{1}$$

于是

$$\bar{v}\approx\sqrt{\bar{v}^2}=\sqrt{\frac{3kT}{m}} \tag{2}$$

若原子相对于观测者的速度为 v_x(接近时为正，离开时为负)，低速情形(原子运动速度大小 $v\ll c$). 光多普勒效应忽略横向多普勒效应，与机械波的多普勒效应相同，只决定于原子相对于观测者的速度分量 v_x. 从而辐射频率为

$$\nu=\nu_0\frac{c}{c-v_x} \tag{3}$$

ν_0 为原子静止时发射的光的频率，根据麦克斯韦速度分布定律以及式(3)或(7)有

$$\mathrm{d}n\propto\exp\left(-\frac{mv_x^2}{2kT}\right)\mathrm{d}v_x\propto\exp\left[-\frac{mc^2}{2kT}\left(\frac{\Delta\nu}{\nu_0}\right)^2\right]\mathrm{d}(\Delta v) \tag{4}$$

辐射强度随频率的分布应具有相同的关系，则强度分布最大值的半宽度为

$$\Delta\nu=\nu_0\sqrt{\frac{(\ln 2)2kT}{mc^2}} \tag{5}$$

则谱线的展宽为

$$\Gamma_{\text{D}'}=2\Delta\tilde{\nu}=\frac{1}{\lambda_0}\sqrt{\frac{(\ln 2)2kT}{mc^2}}=\frac{1.67}{5\times 10^{-7}}\sqrt{\frac{2\times 20}{12\times 938\times 10^6}}=199\text{m}^{-1}\approx 2(\text{cm}^{-1}) \tag{6}$$

另一种处理，当 $v_x \ll c$ 时，多普勒频移为

$$\Delta\nu = \nu - \nu_0 = \frac{c}{c - v_x}\nu_0 - \nu_0 \approx \frac{v_x}{c}\nu_0 \tag{7}$$

则谱线的展宽为

$$\begin{aligned}\Gamma_{\mathrm{D}} &= 2\Delta\tilde{\nu} = \frac{2\Delta v_x}{c}\nu_0 \approx \frac{1}{\lambda_0}\sqrt{\frac{3kT}{mc^2}} \\ &= \frac{1}{5\times 10^{-7}}\sqrt{\frac{3\times 20}{12\times 938\times 10^6}} = 145(\mathrm{m}^{-1}) = 1.45(\mathrm{cm}^{-1})\end{aligned} \tag{8}$$

可见两者相差不大.

(ii) 碰撞展宽：由于原子与周围的原子、分子或电子间存在着相互作用力，这些作用力将对辐射原子的能级展宽，导致谱线增宽，这种展宽与原子或分子的密度有关，叫压力展宽，也叫碰撞展宽.

设 d 是辐射体的有效直径，可用 $nl\pi d^2 = 1$ 来定义辐射体的平均自由程 l，由(i)可知辐射体的平均速度为 $\bar{v} \approx \sqrt{\frac{3kT}{m}}$，则两次碰撞之间的平均时间为

$$t = \frac{l}{\bar{v}} = \frac{1}{n\pi d^2}\sqrt{\frac{m}{3kT}} \tag{9}$$

利用海森伯不确定性关系 $\Delta Et \approx \hbar$ 得到能量的不确定度 ΔE. 取 $d = 2a_0$，a_0 为玻尔半径，若碳蒸气的压强为一个大气压，原子的数密度为

$$n = \frac{N_{\mathrm{A}}}{V} = \frac{6.02\times 10^{23}}{2.24\times 10^4} = 2.68\times 10^{19}(\mathrm{cm}^{-3}) \tag{10}$$

可以得到辐射频率的展宽为

$$\begin{aligned}\Gamma_{\mathrm{c}} &= 2\Delta\tilde{\nu}_{\mathrm{c}} = \frac{1}{2\pi tc} = \frac{1}{2}nd^2\sqrt{\frac{3kT}{mc^2}} \\ &= \frac{1}{2}\times 2.68\times 10^{19}\times 0.53^2\times 10^{16}\times\sqrt{\frac{3\times 20}{12\times 938\times 10^6}} \\ &= 2.5\times 10^{-2}(\mathrm{cm}^{-1})\end{aligned} \tag{11}$$

可见：通常碰撞展宽比多普勒展宽小得多. 当压强增加到近一百个大气压时，碰撞展宽才可能与多普勒展宽相比.

(iii) 不均匀外磁场与原子磁矩发生作用引起原子状态改变，导致谱线的展宽.

若 $B = 1\mathrm{T}$，其量级估算如下：

$$\Delta\tilde{\nu} \approx \frac{\mu_{\mathrm{B}}B}{h} = \frac{5.7\times 10^{-5}}{1240\times 10^{-7}} \approx 0.46(\mathrm{cm}^{-1}) \tag{12}$$

(iv)若考虑共振电偶极作用，则有

$$\Delta\omega = 4\pi n\left(\frac{2e^2 f_{ik}}{4\pi\varepsilon_0 M\omega_0}\right) \tag{13}$$

式中，n 为粒子数密度，ε_0 为真空介电常数，f_{ik} 为 $i\to k$ 能级跃迁概率. 取 $f_{ik} \approx 10^{-1}$，则

$$\Delta\omega = 10^{24}\times\left(\frac{2\times 1.6^2\times 10^{-38}\times 10^{-1}}{8.85\times 10^{-12}\times 1.36\times 10^{-28}\times 12\times 3.8\times 10^{14}}\right) \approx 10^{-2}$$

3.60　一个镍靶(Ni,$Z=28$)被快电子轰击，能产生KX射线的电子的最小动能最接近　(　　)

(A)10 eV　(B)100 eV　(C)1keV　(D)10keV

解　作为估算，对于KX线系，可用氢原子能级公式估算

$$E=-\frac{\mu c^2}{2}\left(\frac{e^2}{4\pi\hbar c}\right)^2\frac{Z^2}{n^2}\approx-13.6\frac{Z^2}{n^2}(\text{eV})$$

对于Ni,$Z=28$,$n=1$,约为10keV.

更精确的计算可用莫塞莱(Morsley)公式：

$$\tilde{\nu}_K=R(Z-1)^2\left(\frac{1}{1^2}-\frac{1}{2^2}\right)=\frac{3}{4}\times27^2R$$

$$E_K=hc\tilde{\nu}_K=\frac{3}{4}\times27^2Rhc=\frac{3}{4}\times27^2\times1.097\times10^7\times1240\times10^{-9}=7.4(\text{keV})$$

答案为(D).

3.61　已知铅的K吸收限为0.0141nm,K线系各谱线的波长分别为0.0167nm(K_α);0.0146nm(K_β);0.0142nm(K_γ).

(1) 根据这些数据绘出有关铅的X射线能级简图；

(2) 计算激发L线系所需的最小能量及L_α线的波长.

解　(1) 铅原子的X射线能级简图如图1.54所示.

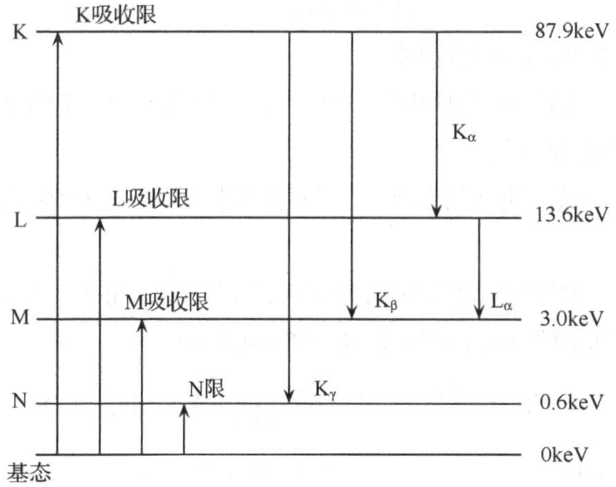

图1.54

K层电子的吸收限能量为

$$\varepsilon_K=\frac{hc}{\lambda_K}=\frac{1.24\text{keV}\cdot\text{nm}}{0.0141\text{nm}}\approx87.9\text{keV}$$

由能级图可知，L、M、N各壳吸收限的能量可分别由以下各式求得

$$\varepsilon_L=\frac{hc}{\lambda_L}=\frac{hc}{\lambda_K}-\frac{hc}{\lambda_{K_\alpha}}=87.9-74.3=13.6(\text{keV})$$

$$\varepsilon_M = \frac{hc}{\lambda_M} = \frac{hc}{\lambda_K} - \frac{hc}{\lambda_{K_\beta}} = 87.9 - 84.9 = 3.0(\text{keV})$$

$$\varepsilon_N = \frac{hc}{\lambda_N} = \frac{hc}{\lambda_K} - \frac{hc}{\lambda_{K_\gamma}} = 87.9 - 87.3 = 0.6(\text{keV})$$

这些数值(等于相应壳层电子的结合能)都标在相应壳层电离态能级的右边.

(2) 由于泡利不相容原理的限制,要产生标识 LX 射线,必须先使 L 层产生空位. 由于铅原子 L 层的外层 M,N 层是充满电子的,这样要使 L 层产生空位,就需将 L 层的一个电子电离出去. 而 L 层电子的结合能为 13.6keV,因此激发 L 线系所需的能量至少为 13.6keV,L_α 线是 M 层的电子跃迁到 L 层的空位产生的,由能级图可知,$\frac{hc}{\lambda_{L_\alpha}} = \frac{hc}{\lambda_{K_\beta}} - \frac{hc}{\lambda_{K_\alpha}}$,即得 $\lambda_{L_\alpha} = 0.16\text{nm}$.

3.62 在锌($Z=30$)中,K 和 L 壳层的电离能分别为 9.659keV 和 1.021keV,试求出 K_αX 射线引起的从 L 壳层发射出来的俄歇电子的动能.

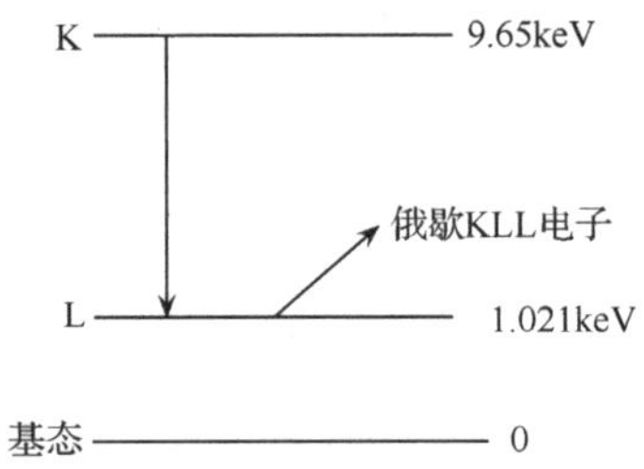

图 1.55

解 由能级图 1.55 知,所发射出来的俄歇电子为 KLL 电子,其动能为

$$E_A = \varepsilon_K - \varepsilon_L - \varepsilon_L = 9.659 - 2 \times 1.021 = 7.617(\text{keV})$$

3.63 钨的 K 吸收限为 0.0178nm,K 线系的平均波长 λ_{K_α} 为 0.0211nm,λ_{K_β} 为 0.0184nm,λ_{K_γ} 为 0.0179nm.

(1) 试画出钨的 X 射线能级简图;

(2) 若用高压为 80kV 的 X 射线管产生的辐射照在钨上,利用能级图计算从 K、L 和 M 壳层击出的电子的最大动能;

(3) 若用 80keV 的光子照射钨,则从 N 壳层到 $n=\infty$ 之间各层击出的电子的动能范围为多大?

解 设 K,L,M,…能级的能量分别为 $E_1, E_2, E_3, \cdots$,而 $E_\infty = 0$.

(1) K 吸收限为 0.0178nm,可知 K 电子的电离能

$$|E_1| = \frac{hc}{\lambda_1} = \frac{1.24\text{keV}\cdot\text{nm}}{0.0178\text{nm}} \approx 69.7\text{keV}$$

所以 $E_1 = -69.7\text{keV}$,由 $\lambda_{K_\alpha} = 0.0211\text{nm}$ 可知 K,L 能级的间距为

$$E_2 - E_1 = \frac{hc}{\lambda_{K_\alpha}} = \frac{1.24}{0.0211} = 58.8(\text{keV})$$

所以

$$E_2 = E_1 + 58.8 = -10.9(\text{keV})$$

同理

$$E_3 = E_1 + hc/\lambda_{K_\beta} = -69.7 + 1.24/0.0184 \approx -2.3(\text{keV})$$

$$E_4 = E_1 + hc/\lambda_{K_\gamma} = -69.7 + 1.24/0.0179 \approx -0.4(\text{keV})$$

据此即可作出钨的X射线能级图如图1.56.

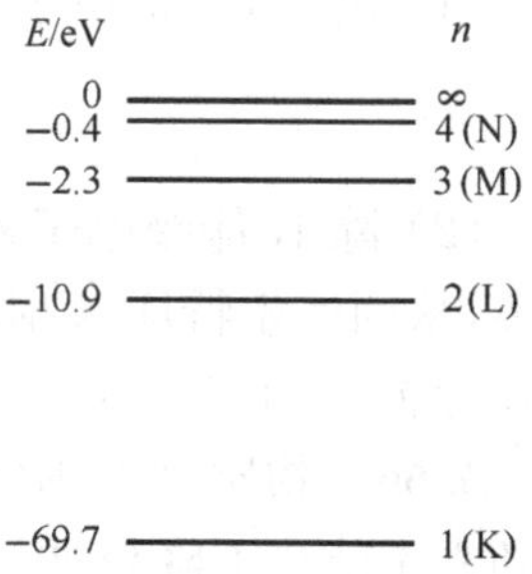

图1.56

(2) 当加速电压 V=80kV时,出射的连续谱光子的最大能量为

$$E_\gamma = e \cdot V = 80\text{keV}$$

因而从各个壳层击出的光电子最大动能分别是

K层:$E_{e_1}=E_\gamma-|E_1|=80-69.7=10.3(\text{keV})$

L层:$E_{e_2}=E_\gamma-|E_2|=80-10.9=69.1(\text{keV})$

M层:$E_{e_3}=E_\gamma-|E_3|=80-2.3=77.7(\text{keV})$

(3) 同理从N壳层击出的光电子动能

$$E_{e_1} = E_\gamma - |E_4| = 80 - 0.4 = 79.6(\text{keV})$$

当 n 很大时,电子的结合能忽略不计,光电子的动能近似为

$$E_e(n=\infty) = E_\gamma = 80(\text{keV})$$

所以从N层以外各层击出的光电子动能范围为79.6~80keV.

3.64　以钼(Z=42)为靶子的X射线管产生的连续X光谱的短波限为0.040nm,试问能否观察到其K系特征X射线?

解　由连续谱短波限公式

$$\lambda_{\min}=\frac{1.24}{V(\text{kV})}$$

可求得入射电子到达靶时的动能

$$E_K = e \cdot V = \frac{1.24}{\lambda_{\min}} = \frac{1.24}{0.040} = 31(\text{keV})$$

欲产生K系特征X射线,需满足 $E_K > E_{电离}$,且取 $\sigma \approx 1$,

$$E_{电离} = E_\infty - E_1 = \frac{Rhc(Z-\sigma)^2}{1^2} \approx \frac{13.6\times 41^2}{1} \approx 23(\text{keV})$$

故可观察到K系特征X射线.

3.65　对于锌(Zn),X射线吸收限有下列值(以keV为单位):K:9.67,L_{I}:1.21,L_{II}:1.05,L_{III}:1.03.试确定 K_α 线的波长.如果用5keV电子轰击Zn,求:

(1) 最短X射线波长;

(2) 可能发射的最短特征X射线波长.

(注:K能级相应于 n=1,三个L能级相应于 n=2的不同子能级.吸收限是指从某能级打出一个电子所需吸收的X射线的最小能量,K_α 线对应于从最低L能级到K能级).

解　K_α 线包括两条线:$K_{\alpha1}(L_{\text{III}}\to K)$,$K_{\alpha2}(L_{\text{II}}\to K)$

$$E_{K_{\alpha1}} = (E_{L_{\text{III}}} - E_K) = 9.67 - 1.03 = 8.64(\text{keV})$$

$$E_{K_{\alpha2}} = (E_{L_{\text{II}}} - E_K) = 9.67 - 1.05 = 8.62(\text{keV})$$

故

$$\lambda_{K_{\alpha1}} = \frac{hc}{E_{K_{\alpha1}}} = \frac{1.241}{8.64} \approx 0.1436(\text{nm})$$

$$\lambda_{K_{\alpha2}} = \frac{hc}{E_{K_{\alpha2}}} = \frac{1.241}{8.62} \approx 0.1440(\text{nm})$$

(1) 用 5keV 的电子轰击原子产生的 X 射线的最短波长为

$$\lambda_{\min} = \frac{hc}{E_{\max}} = \frac{1.241}{5} \approx 0.248(\text{nm})$$

(2) 除 K 能级电子外，其他能级上的电子都有可能因为 5keV 电子轰击而被激发或电离，从而产生特征 X 射线. 显然，特征 X 射线的最大能量为 $0-E_{L_{\text{II}}}=1.21\text{keV}$，对应的波长为 $\lambda_{\min}=1.025\text{nm}$.

3.66 物质对 X 射线区域的吸收截面除了在某些光子能量有尖锐的下降外，基本上是随光子能量下降单调增加的，对锌($Z=30$)来说，尖锐下降的光子能量为 9.678keV，1.236keV，1.047keV 和 1.024keV.

(1) 指出 X 射线吸收截面尖锐下降处所对应的跃迁；

(2) 求锌的能量高于 5keV 的 X 射线能量，并指出相应的跃迁；

(3) 计算 Zn^{+29} 的电离能(Zn^{+29} 表示锌原子被移去 29 个电子)；

(4) 为什么(3)中的结果与 9.678keV 相差甚大?

解 (1) 因为 K 层电子是单能级，没有精细结构，而 L 层的 2p 态有精细结构，所以分析得知：能量 9.678keV 对应于一个 1s 电子电离；1.236keV 对应于一个 2s 电子电离；1.047keV 和 1.024keV 对应于一个 2p 电子电离. 取 $n\to\infty$ 时，$E=0$，则 1S，2S，$2P_{1/2}$，$2P_{3/2}$ 态的能量分别为 −9.678keV，−1.236keV，−1.047keV 和 −1.024keV.

(2) 显然，锌的能量高于 5keV 的 X 射线只能是其他壳层电子跃迁到 K 壳层时发射的，其能量是跃迁前后态的能量差值. 对应 L 壳层电子跃迁到 K 壳层，发射的 X 射线能量为

$$K_{\alpha 1}: E = -1.024-(-9.678) = 8.654(\text{keV})(L_{\text{III}}\to K)$$
$$K_{\alpha 2}: E = -1.047-(-9.678) = 8.631(\text{keV})(L_{\text{II}}\to K)$$

(3) 把 Zn^{+29} 看成类氢原子，其电离能为

$$E_{Zn} = Z^2 \times 13.6 = 11.44(\text{keV})$$

(4) 能量 9.678keV 对应于中性 Zn 原子 1s 电子的电离能，由于核外其他电子的库仑屏蔽作用，有效核电荷数 $Z^* < 30$，并且离开核越远，有效核电荷数 Z^* 越小，故中性 Zn 原子 1s 电子的电离能比 Zn^{+29} 电离能小.

3.67 (1) 用 100keV 电子轰击钨靶($Z=74$)，试画出由此产生的 X 射线谱对 $1/\lambda$ 的示意图，并标出 KX 射线.

(2) 对 KX 射线，推导 λ 与 Z 的近似关系式，证明莫塞莱图线($\lambda^{-1/2}\approx Z$)近似为一直线；

(3) 证明莫塞莱图线中 K_α 线与 K_β 线(即 K 线系中两条波长最大的线)的斜率之比为 $\sqrt{27/32}$.

解 (1) X 射线谱分为两部分：连续谱和特征谱. 连续谱最短波长由入射电子的能量(即等于 X 射线的最大能量)决定：

$$\lambda_{\max} = \frac{hc}{E} = \frac{1.24}{100} = 0.0124(\text{nm})$$

而钨的 KX 射线最大能量为 $13.6\times 74^2\text{eV}\approx 74.5\text{keV}$，其波长为 $\lambda=\dfrac{hc}{E_X}=\dfrac{1.24}{74.5}=$

0.0166(nm)，根据莫塞莱定律，钨的 K_α 射线的能量为

$$E_{K_\alpha}=hcR\left(1-\frac{1}{2}\right)(Z-1)^2$$
$$=13.6\left(1-\frac{1}{2}\right)(74-1)^2=54.36(\text{keV})$$

相应的波长为

$$\lambda_{K_\alpha}=\frac{hc}{E_{K_\alpha}}=\frac{1.24}{54.36}\approx 0.0228(\text{nm})$$

故 KX 射线叠加在连续谱上，如图 1.57 所示.

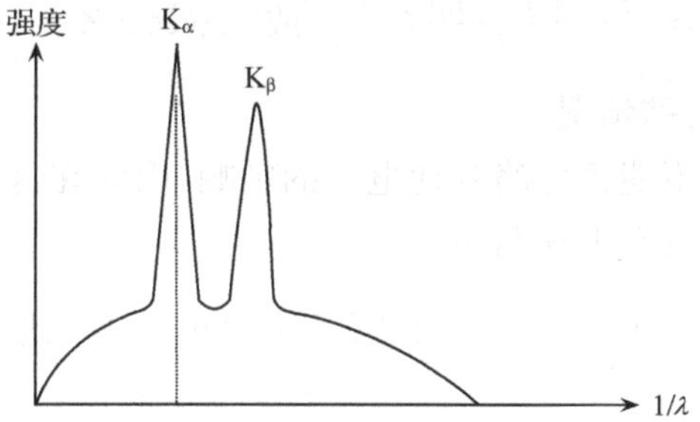

图 1.57

(2) 钨原子能级为 $E_n=-\frac{RhcZ^{*2}}{n^2}$，其中 Z^* 为有效核电荷数，R 为里德伯常量. KX 射线由不同能级 n 向 $m=1$ 的能级跃迁产生，所以有

$$\frac{hc}{\lambda}=-\frac{RhcZ^{*2}}{n^2}+RhcZ^{*2}$$

得到

$$\lambda=\frac{n^2}{(n^2-1)RZ^{*2}}$$

或者

$$\lambda^{-1/2}=\sqrt{\frac{n^2-1}{n^2}R}Z^*\approx\sqrt{\frac{n^2-1}{n^2}R}Z\quad(n=2,3,\cdots)$$

故 $\lambda^{-1/2}$ 与 Z 的关系曲线近似为一直线.

(3) K_α 线为 $n=2$ 到 $m=1$ 的跃迁谱线，K_β 线为 $n=3$ 到 $m=1$ 的跃迁谱线. 在莫塞莱图线中，K_α 线斜率为 $\sqrt{\frac{3}{4}R}$，而 K_β 线斜率为 $\sqrt{\frac{8}{9}R}$，两者之比为

$$\sqrt{\frac{3}{4}}\Big/\sqrt{\frac{8}{9}}=\sqrt{\frac{27}{32}}$$

3.68　根据莫塞莱定律，K_α 射线的频率 ν 与元素的原子序数 Z 有下面的函数关系：$\sqrt{\nu}=aZ-b$.

(1) 试用基本常数给出 a 的近似公式；

(2) 说明为什么 X 射线的频率随不同元素的变化有一简单规律，而光谱线的频率却

没有这样的简单关系.

解 (1) 将公式$\sqrt{\nu}=aZ-b$与关系式$h\nu=E_f-E_i=(Z-1)^2Rhc\left(1-\frac{1}{2^2}\right)$加以比较，便求得

$$a=\frac{1}{2}\sqrt{3Rc}=\frac{\pi e^2}{4\pi\varepsilon_0 h}\sqrt{\frac{3m}{2h}}$$

(2) 在大原子序数Z的原子里，除了1s电子外，其他电子到原子核的距离一般比1s电子到原子核的距离远得多. 因此，1s电子的能级几乎与其他所有电子都不存在时的能级一样. 如果取$E(1\text{s})\propto(Z-1)^2$和$E(2\text{p})\propto(1/2^2)(Z-1)^2$，便得

$$\nu=\frac{E(2\text{p})-E(1\text{s})}{h}\quad 或\quad \nu\propto(Z-1)^2$$

这是莫塞莱定律的一个特殊情况.

在光谱分析中，我们不能再忽略其他电子的影响，因为在这种情况下讨论的正是电子在较高能态上的跃迁，故没有上述简单关系.

3.69 莫塞莱发现，原子序数为Z的原子所发出的K_α线能量是$13.6\times\left(1-\frac{1}{4}\right)\times(Z-1)^2\text{eV}$.

(1) 解释该表达式中的各个因子；

(2) K_α线的精细结构如何？相应的量子数是什么？

(3) 一些原子可通过放出俄歇电子退激发，试描述这种过程.

解 (1) 13.6eV是氢原子基态能量，也就是单位核电荷对一个1s电子的束缚能. $\left(1-\frac{1}{4}\right)$是$n=2$到$m=1$的跃迁因子，即$\left(\frac{1}{1^2}-\frac{1}{2^2}\right)$，$(Z-1)$是有效核电荷数.

(2) K_α线具有双线结构. 由于相对论效应和L-S耦合，$n=2$能级劈裂为三个次能级：$^2\text{S}_{1/2}$，$^2\text{P}_{1/2}$，$^2\text{P}_{3/2}$，但$m=1$的能级仍是单一的$^2\text{S}_{1/2}$. 根据选择定则：$\Delta l=\pm1$，$\Delta L=0,\pm1$，$\Delta J=0,\pm1$（$J=0\to J=0$除外)，可知允许跃迁为

$$\text{K}_{\alpha1}: 2^2\text{P}_{3/2}\to 1^2\text{S}_{1/2}$$

$$\text{K}_{\alpha2}: 2^2\text{P}_{1/2}\to 1^2\text{S}_{1/2}$$

即为K_α谱线的精细结构$\text{K}_{\alpha1}$和$\text{K}_{\alpha2}$.

(3) 俄歇过程的机制是：当某原子内壳层上的一个电子被电离以后，在该壳层留下一个空位，随后外层电子跃迁到这个空位时并不发射X射线，而是使另一个外层电子电离. 这样发射出来的电子称为俄歇电子. 俄歇电子的动能是一定的，例如，由K壳层打出一个电子后，L壳层上的电子跃迁到K壳层上，同时L壳层发射出另一个电子，后者便是俄歇电子，其动能为

$$E_\text{e}=E_\text{K}-2E_\text{L}$$

其中，E_K和E_L分别表示K、L壳层电子的电离能. 俄歇电子的动能完全由电子的结合能决定，所以测量俄歇电子的能谱是研究原子能级的一种有效方法.

3.70 (1) 详细描述在X射线发射中确定特征谱线波长的实验安排；

(2) 通过测量一系列元素的 X 射线谱，莫塞莱能确定每一个元素的原子序数，试解释之；

(3) 从某一固定靶中发出的特征谱线一般不能为相同材料的物质所吸收，例如，重元素吸收谱中 K_α 线是观测不到的，为什么？

(4) 当一靶受到某种能量的电子轰击时，解释发出连续 X 射线谱的原因，这个谱的哪些方面与经典电磁理论不一致？

解　(1) 可利用晶体衍射方法进行测量. 实验原理如图 1.58 所示，X 射线经窄缝 S_1、S_2 准直成细束射到晶体 C 表面上，P 为照相底片，围成圆弧形，晶体 C 位于中心并绕垂直于纸面的中心轴转动. 当满足衍射条件 $2d\sin\theta=n\lambda$ 时，在照片 A 处得到衍射线. 其中 d 为晶格常数. 容易看出，转动晶体时，在与 A 对称的 A' 处将出现另一衍射线，于是 4θ(弧度) $=\mathrm{arc}\,\dfrac{AA'}{CA}$. 利用得到的 θ，结合已知的晶体参量(晶格常数、衍射面指数等)，便可由衍射条件 $2d\sin\theta=n\lambda$ 直接确定 X 射线波长 λ.

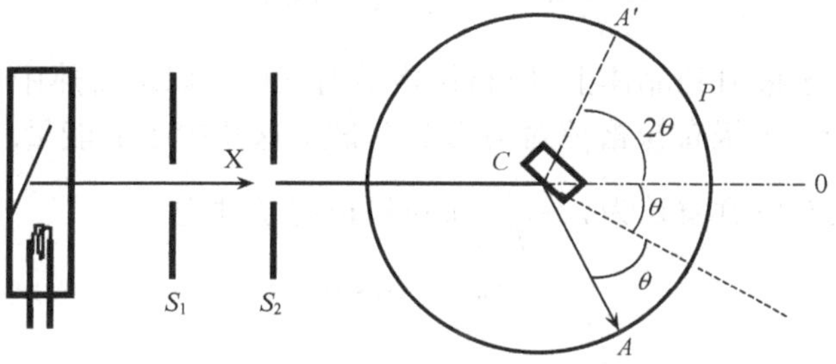

图 1.58

(2) 1906 年巴克拉发现每一种元素都有一套特征 X 射线谱，波长最短的是 K 线系，其次是 L、M 线系等，而且还有精细结构. 1913 年莫塞莱经研究发现各元素的 K 线系有相似结构，只是波长不同. 他用 $\sqrt{\dfrac{\tilde{\nu}}{R}}$ 对原子序数 Z 作图，得到的结果近似为线性关系，他还给 K_α 线-L_β 线列出了公式(莫塞莱公式)：

$$\tilde{\nu}_K = R(Z-1)^2\left(\frac{1}{1^2}-\frac{1}{2^2}\right)$$

$$\tilde{\nu}_L = R(Z-7.4)^2\left(\frac{1}{2^2}-\frac{1}{3^2}\right)$$

显然只要找到某种元素的 K_α 线，并测定其频率(或波长)，即可确定原子序数 Z.

(3) 因为 K_α 线等代表着原子 K、L 壳层之间的能量差，对于较重的元素，这些能级均已被电子占据，所以不可能利用能量等于这些能级差的射线激发彼此间的跃迁，而只能用更高能量的 X 射线或电子将内壳层的电子直接电离或激发到更高能级. 于是只能观察到吸收限，而观察不到吸收线.

(4) 电子在靶中受阻减速，发生韧致辐射，从而产生连续 X 射线谱. 连续谱的短波极限由电子最大动能确定，也即由 X 射线管的加速电压确定，需要用到量子论的公式 $\lambda_{min}=$

$\frac{hc}{E_e}$计算，而在经典电磁理论中电子的动能只能影响出射线的强度，而不影响波长.

3.71　(1) 波长为0.210nm的X射线在NaCl晶体的天然晶面上"反射"，当掠射角为21°50′时产生一级衍射极大. 试确定该晶体的晶格常数d.

(2) 根据求得的d值和NaCl的密度($\rho=2.163\mathrm{g/cm^3}$)，试计算阿伏伽德罗常量. 已知Na的原子量为22.99，Cl的原子量为35.45.

解　(1) 根据布拉格公式，一级衍射加强的条件为：$2d\sin\theta=\lambda$，代入已知数据，则得NaCl晶体的晶格常数

$$d=\frac{\lambda}{2\sin\theta}=0.282\mathrm{nm}$$

(2) NaCl晶体是正立方晶体，故边长为1cm的正立方体内所含的分子量为$(A_{\mathrm{Na}}+A_{\mathrm{Cl}})$，因此每克NaCl所含的原子总数为

$$\frac{N}{\rho}=\frac{1}{\rho d^3}=\frac{2N_{\mathrm{A}}}{A_{\mathrm{Na}}+A_{\mathrm{Cl}}}$$

所以阿伏伽德罗常量$N_{\mathrm{A}}=\frac{A_{\mathrm{Na}}+A_{\mathrm{Cl}}}{2\rho d^3}=6.02\times10^{23}\mathrm{mol^{-1}}$.

3.72　把热中子束射到晶体上，由布拉格衍射图样可以求得热中子的能量. 若晶体的原子间距为0.18nm，一级布拉格掠射角为30°，试求这些中子的能量.

解　中子的德布罗意波长为$\lambda=\frac{h}{p}$，布拉格衍射条件为

$$k\lambda=2d\sin\theta$$

中子的动能为

$$\begin{aligned}E_{\mathrm{kn}}&=\frac{h^2}{2m_{\mathrm{n}}\lambda^2}=\frac{k^2h^2}{2m_{\mathrm{n}}4d^2\sin^2\theta}=\frac{k^2(hc)^2}{8(m_{\mathrm{n}}c^2)d^2\sin^2\theta}\\&=\frac{1240^2\mathrm{eV^2\cdot nm^2}}{8\times939.6\mathrm{MeV}\times0.18^2\times10^{-18}\mathrm{m^2}\times\sin^2 30^\circ}\\&=0.025(\mathrm{eV})\end{aligned}$$

3.73　与银的单晶表面平行的原子层间距为0.20388nm，试计算对波长为0.17892nm的X射线发生衍射的布拉格角. 如果这是一个用来测量X射线波长的实验，那么为了保证波长的最后一位数字的有效性，测量布拉格角的精确度必须为多少?

解　利用布拉格条件，可得

$$\sin\theta=\frac{n\lambda}{2d}=\frac{n\times0.17892}{2\times0.20388}\approx0.43879n$$

可取$n=1,2$，于是有$\theta_1=26°2''$和$\theta_2=61°21''$.

对上式取微分，可得

$$\cos\theta\mathrm{d}\theta=\frac{n}{2d}\mathrm{d}\lambda$$

将$\frac{n}{2d}=\frac{\sin\theta}{\lambda}$代入上式，即得

$$\mathrm{d}\theta=\tan\theta\frac{\mathrm{d}\lambda}{\lambda}$$

按题意要求，波长最后一位数字精确，即要求$\frac{d\lambda}{\lambda}\approx 2\times 10^{-5}$，因此测量 θ 的精确度分别为 0.04″和 0.13″.

3.74　当 X 射线管两端电压连续增加到 9120V 时，其发射的 X 射线以掠射角 14°入射到晶格常数为 0.281nm 的岩盐晶体的天然晶面上，此时第一次观察到它的一级衍射谱线. 试求普朗克常量 h 之值.

解　当 X 射线管两极电压为 V 时，其连续谱短波限为

$$\lambda_{\min}=\frac{hc}{eV}$$

此 X 射线经晶体衍射后，首先出现第一极大($n=1$)，布拉格公式变为

$$\lambda = 2d\sin\theta$$

而 $\lambda_{\min}=\lambda$，由上两式解得

$$h=\frac{2eVd\sin\theta}{c}=\frac{2\times 1.60\times 10^{-19}\times 9120\times 2.81\times 10^{-10}\times 0.2419}{3.00\times 10^{8}}$$
$$=6.61\times 10^{-34}(\mathrm{J\cdot s})$$

3.75　氯化钠是立方晶体结构，每个晶胞包含 4 个 Na 原子和 4 个 Cl 原子. Na 和 Cl 的原子量分别是 23.0 和 35.5，NaCl 的密度 ρ 为 2.16g/cm³.

(1) 计算能够产生布拉格衍射的 X 射线最大波长；

(2) 对于波长为 0.4nm 的 X 射线，试给出各级布拉格衍射的级次和角度.

解　(1) 立方晶胞的体积为

$$V=\frac{4A}{\rho N_{\mathrm{A}}}=\frac{4\times(23.0+35.5)}{2.16\times 6.022\times 10^{23}}\approx 1.80\times 10^{-22}(\mathrm{cm}^3)$$

式中，A 为 NaCl 的分子量，N_{A} 为阿伏加德罗常量.

晶胞边长为

$$d=\sqrt[3]{V}=5.6\times 10^{-8}(\mathrm{cm})=0.56(\mathrm{nm})$$

由布拉格公式 $2d\sin\theta=n\lambda$ 可知，能产生布拉格衍射的最大波长

$$\lambda_{\max}=2d=1.12\mathrm{nm}$$

(2) 对于 $\lambda=0.4\mathrm{nm}$ 的 X 射线，有

$$\sin\theta=n\frac{\lambda}{2d}=0.357n$$

于是，当 $n=1$ 时，$\sin\theta=0.357$，$\theta=20.9°$；

当 $n=2$ 时，$\sin\theta=0.714$，$\theta=45.6°$；

当 $n\geqslant 3$ 时，$\sin\theta>1$，故只有 $n=1,2$ 两级布拉格衍射.

3.76　已知铜和锌的 $\mathrm{K_\alpha}$X 射线的波长分别为 0.1539nm 和 0.1434nm，镍的 K 吸收限为 0.1489nm，它对铜和锌的 $\mathrm{K_\alpha}$X 射线的质量吸收系数分别为 48cm²/g 和 325 cm²/g. 试问：为了使铜的 $\mathrm{K_\alpha}$ 射线与锌的 $\mathrm{K_\alpha}$ 射线的相对强度之比从 1 提高到 10 倍，需用多厚的镍吸收片？

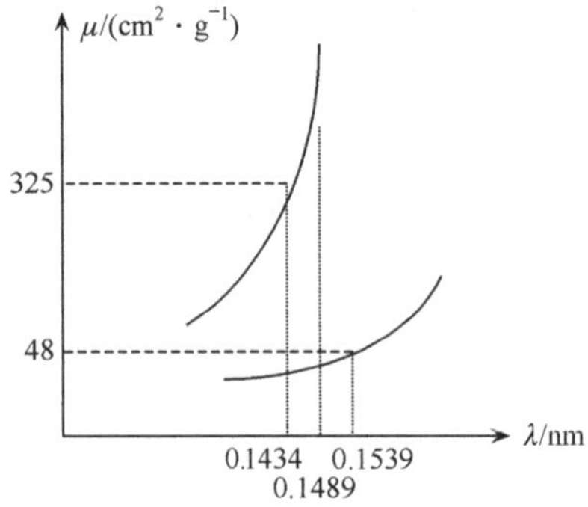

图 1.59

解　镍片对铜和锌的 K_αX 射线的吸收不同，如图 1.59 所示. X 射线经过吸收体后的强度服从指数衰减规律，即对铜有 $I=I_0e^{-\mu_m\rho x}$；对锌有 $I'=I_0e^{-\mu_m'\rho x}$，于是有 $\frac{I}{I'}=e^{(\mu_m'-\mu_m)\rho x}$，将 $\frac{I}{I'}$ 代入，并取对数可得

$$\rho_x=\frac{\ln 10}{\mu_m'-\mu_m}=\frac{2.303}{325-48}\approx 8.31\times 10^{-3}(\mathrm{g/cm^2})$$

因镍的密度 $\rho=8.9\mathrm{g\cdot cm^{-3}}$，故算得镍的厚度为 $9.3\mu\mathrm{m}$.

3.77　(1) 连续辐射通过某气体后，其出射谱通常称为吸收谱. 在可见光及紫外区出现吸收线，而在 X 射线区域出现吸收边. 为什么会出现这种差别，这两种差别的物理根源是什么？

(2) 氢原子基态电离能为 13.6eV，试问四价硼离子($Z=5$，带电荷$+4e$)从 $n=2$ 态跃迁到 $n=1$ 态的辐射能量 E 是多大？

(3) 中性硼原子的 K_α 线能量为 E_α，E_α是大于、等于还是小于(2)中的 E？ 为什么？

(4) 中性硼原子的 K 吸收边能量 E_K 是大于、等于还是小于(3)中的 E_α？ 为什么？

解　(1) 可见光与紫外线能量较小，它只能引起气体原子外层电子从基态跃迁到激发态，表现在吸收谱上为吸收线. 而 X 射线区域光子能量较高，可引起原子内层(如 K 层)电子跃迁，但由于原子的 L，M，…层都充满了电子，泡利原理限制这些内层电子不可能跃迁到 L，M，…层，只能跃迁到外层的空轨道上或者电离，即产生光电效应，而不能产生吸收线. 产生光电效应的截面 σ 随着 X 射线能量的增加而减小，但当 X 射线的能量等于电子的结合能时，σ 有极大值，这样在 σ 随 X 射线能量的变化曲线上就出现了吸收边. 例如，有 K 吸收边，L 吸收边，M 吸收边，它们分别对应不同壳层的吸收. 而且 L 吸收边又精细地分成 L_{I}，L_{II}，L_{III}，M 吸收边分成 5 个，它们分别对应 L 壳层、M 壳层能级的精细结构.

(2) 类氢原子能级公式为

$$E_n=-Rhc\frac{Z^2}{n^2}=-E_0\frac{Z^2}{n^2}$$

其中，E_0 为氢原子的电离能，由此可得从 $n=2$ 跃迁到 $m=1$ 辐射的能量为

$$E=E_2-E_1=-E_0Z^2\left(\frac{1}{2^2}-\frac{1}{1^2}\right)=13.6\times 25\times\frac{3}{4}=255(\mathrm{eV})$$

(3) 对中性硼，当 $n=1$ 层出现空位时，因为电子对核的屏蔽作用，在 $n=2$ 层中的电子感受到的是$(Z-1)$个正电荷的吸引，所以 K_α 射线的能量遵从莫塞莱经验公式

$$E_\alpha=\hbar c\nu^2=\hbar cR(Z-1)^2\left(\frac{1}{1^2}-\frac{1}{2^2}\right)$$

显然中性硼原子的 K_α 线能量 E_α 小于(2)中的 E.

(4) K 吸收边能量 E_K 对应于 K 壳层电子的电离能(即 $n=\infty$)，故此时 E_K 大于(3)中的 E_α.

3.78　叙述 X 射线产生的若干新机制.

解　近年来，在粒子碰撞、固体物理、天体物理，特别是重离子碰撞的研究中，发现了许多有关产生 X 射线的新机制，现就以下几个方面作一简要介绍：

(1) 逆康普顿辐射(inverse Compton radiation)：当高能相对论性带电粒子与低能光子相互作用时，高能粒子将其能量的一部分传递给低能光子，使其频率升高，波长变短，而形成 X 光子，由这种机制产生的辐射称为逆康普顿辐射，是获得高能光子流的重要方法之一. 这些低能光子可从高能电子的同步辐射产生.

(2) 二次电子的韧致辐射(secondary electron bremsstrahlung，SEB)：在高能重离子碰撞中，重离子核外电子常被抛出，该电子与其他电子或靶原子发生碰撞而发出韧致辐射. 另外，被抛出的电子还常与靶周围的物质(如腔壁等)碰撞而发出韧致辐射. 因此，SEB 还与试验环境的几何现状有关. 通常 SEB 产额是较小的.

(3) 渡越辐射(transition radiation)：当高能带电粒子(GeV)穿过折射率不同的两种介质的界面时，由于该介面存在势能梯度，会发生高能带电粒子与介面碰撞而产生的 X 射线. 近年来的研究表明，该辐射可用介电常数不同的多层靶材料记录并鉴别超高能带电粒子，还有可能制成可调谐的 X 射线源.

(4) 两个电子一个光子的原子跃迁(two-electron-one-photon atomic transition)，简称 TET：当重离子碰撞时，若某个离子的 K 壳层损失两个电子，则该离子通常是经过连续两次辐射 X 射线而退激发. 第一次辐射是由于超伴线跃迁(K_α^h 或 K_β^h)，第二次辐射是由于正常的伴线跃迁. 但若高壳层上的两个电子同时跃迁到空的 K 壳层而辐射一个单光子，则称之为双电子一个光子的跃迁(TET).

(5) 沟道效应 X 辐射(channeling X-radiation)：在固体物理的研究中发现，对沿着原子面的周期库仑势前进的沟道化粒子而言，当该粒子本身产生的场与晶体场相互耦合，造成粒子在晶面横截面势阱内所存在的分立能级之间跃迁时，将产生准单色 X 光子. 试验时，该谱总是叠加在未沟道化的粒子所生成的连续背景之上，故称为沟道 X 辐射.

(6) 核-核韧致辐射(nucleus-nucleus bremsstrahlung，NNB)：NNB 是入射原子的核与靶核相互作用产生的 X 射线，它通常发生在不对称的体系中. 有关 NNB 角向分布的实验证明，在被测量的强度中，电偶极和电四极相互作用占据重要地位. 在非对称碰撞体系的高频率光子区，NNB 能构成大的背景源.

(7) 辐射性电子俘获(radiative electron capture，REC)：在重离子撞击靶的过程中，束缚较弱的靶电子被内壳层具有空位的撞击离子俘获，从而发出 X 射线，该过程叫辐射电子俘获. 目前，人们利用 REC X 射线谱的较明锐的峰来探测靶原子最外层电子能级数据和固体中电子的动量分布.

(8) 同步辐射(synchrotron radiation)：当相对论性带电粒子(通常是电子)作曲线运动(如在均匀磁场中作圆周运动，波荡器周期磁场中作扭摆运动等)时，产生电磁辐射. 由于最早是在同步辐射加速器上被观察到的，因而得名.

同步辐射为人们提供了一种高度准直并可连续调谐的强光光源. 特别是在真空紫外和 X 射线波段，尚无可用的激光器与之匹敌. 近年来，许多国家用同步加速器来进行光化学、生物学、固体、表面、材料学、光子散射、非线性光学、X 射线全息、X 射线显微学、X 射线光刻等多方面的研究和应用.

同步辐射是天体物理学中一种重要辐射机制. 目前普遍认为,很多具有幂律谱和偏振的非热宇宙射电辐射来源于高能粒子的同步辐射. 这类射电源中最著名的例子是中国《宋史》记载的蟹状星云中心 1054 年爆发的超新星遗迹.

以上这些 X 射线产生的新机制,极大地丰富了 X 射线光谱学,开辟了利用 X 射线的新的广阔前景,也推动了人们对微观世界的进一步探讨. 随着科学研究的进一步深入,可能发现更多的产生 X 射线的新机制.

3.79　就下列三个波谱学问题,即连续电子自旋共振、脉冲核磁共振和穆斯堡尔谱.

(1) 画出为完成波谱学测量所需的设备框图;

(2) 简述这台仪器的工作原理;

(3) 描述实验结果,说明从实验的结果可得到哪些定量的结论并说明这些结论的物理意义.

解　1) 连续电子自旋共振.

当具有未成对的电子的物质(顺磁物质)处于外磁场中时,由于电子的自旋磁矩与外磁场的相互作用,电子的能级会产生塞曼分裂,裂距为 $\Delta E=-g\mu_B B$,如果在垂直于磁场方向再加一频率为 ν 的微波段电磁波,当电磁波的能量与塞曼能级裂距相等时,即 $h\nu=g\mu_B B$,物质就会从电磁波吸收能量产生共振吸收,称之为顺磁共振,也叫电子自旋共振.

(1) 测量 ESR 设备简单框图如图 1.60 所示.

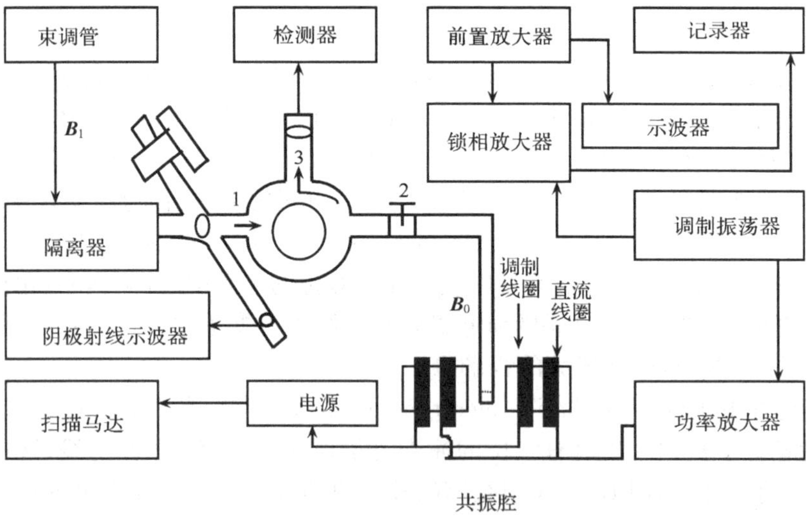

图 1.60

(2) 仪器工作原理:样品放在共振腔内,共振腔置于静磁场 $\boldsymbol{B}_0$ 中. 由束调管产生频率固定的微波场 $\boldsymbol{B}_1$($\boldsymbol{B}_1\perp\boldsymbol{B}_0$)输送到 T 桥,当微波功率在臂 1 和臂 2 间均衡分配时,检波器上没有信号. 对 $\boldsymbol{B}_0$ 进行扫描,当满足共振条件时,样品吸收微波功率,臂 1 和臂 2 之间的均衡受到扰动. 吸收信号通过臂 3 到达检波器,最后被显示或记录.

(3) 实验结果:显示器上的图形(参见图 1.61)为微分图线,有高斯型和洛伦兹型两种. 从图线可以得到以下信息:

(i) g 因子:从图线中心位置的 B_0 值和微波频率可求得 g 因子($h\nu=g\mu_B B_0$);

(ii) 线宽:由微分信号峰-峰值 ΔB_{PP}确定共振谱线半宽度;

(iii) 弛豫时间 T_1 和 T_2:利用饱和法可以测量 T_2 和 T_1(洛伦兹线型):

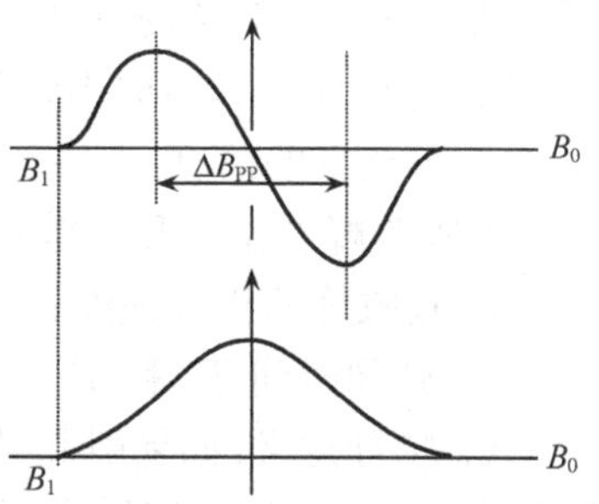

图 1.61

$$T_2=\frac{1.3131\times10^{-7}}{g\Delta B_{PP}^0}$$

$$T_1=\frac{0.9848\times10^{-7}\Delta B_{PP}^0}{gB_1^2}\cdot\left(\frac{1}{s}-1\right)$$

这里,g 是朗德因子,ΔB_{PP}^0为饱和峰-峰值(以高斯为单位),B_1'相应于谱线端点的磁场,s 是饱和因子.

(iv) 相对强度.

(v) 物理意义:将测得的结果和标准谱比较,可以由 g 因子的数值判断离子的价态;由线型查明这个谱是属于何种顺磁原子的,比较强度能够探知原子的绝对含量. 如果一个样品中含有数种顺磁原子,则可以由谱线的强度比,确定它们的相对含量. 根据谱线的精细结构还可以得知核自旋 I 的值,例如,Mn^{++} 的 ESR 谱上叠加六个小峰,由此推知其核自旋 $I=5/2$. 用 ESR 可以研究顺磁中心的结构和演变,对阐明化学反应的机理或弄清材料的性质与结构的关系具有很大意义. 广泛应用于研究光合作用、催化原理、化学交换反应的中间产物、聚合过程、辐射效应及致癌机理等.

2) 脉冲核磁共振.

(1) 图 1.62 是一个带有傅里叶变换的核磁共振谱仪的简单框图.

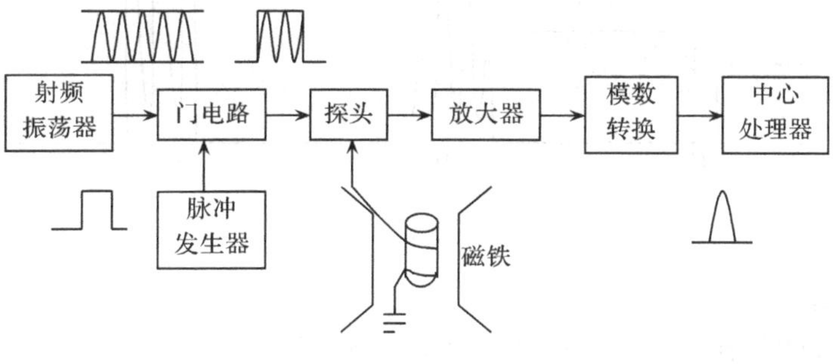

图 1.62

(2) 工作原理:与顺磁共振吸收类似,核磁共振的原理就是令核的自旋态在均匀外磁场中劈裂,并在垂直于静磁场的方向加上一射频场,当射频场的能量等于劈裂的能级差时,即 $h\nu=g_I\mu_N B$,核将吸收射频场发生共振跃迁,其中 g_I是核的朗德因子,$\mu_N=\frac{\hbar}{2m_P}$是核磁子，脉冲谱是令射频场以脉冲方式加入，也就是说，如图所示截取射频场中的一段波列．吸收的信号由同一线圈取出，经过放大和傅里叶变换使得一个个吸收峰呈现在显示屏上．

(3) 可获得的信息：

(i) 吸收峰的位置和个数；

(ii) 吸收峰的积分强度；

(iii) 弛豫时间 T_1 和 T_2；

(iv) 物理意义：如果引起共振吸收的外磁场为 $B_{外}$，由 $B_{外}$ 引起核外电子产生诱导磁矩(与 $B_{外}$ 方向相反)，使得作用在核上的磁场减小为 $B_{外}(1-\sigma)$，σ 为屏蔽系数，同一种原子核在不同的化学环境中 σ 值可能不同．如果使标准原子核引起核磁共振的外场为 $B_{外标}$，则使处在不同化学环境中的该核引起共振的外场 $B_{外}$ 与 $B_{外标}$ 有一定的偏离，定义 $\delta=\frac{B_{外标}-B_{外}}{B_{外标}}\times 100\%$，$\delta$ 称为化学位移．同一原子由于与其他原子结合方式不同，δ 值不同，吸收峰的位置标志谱线的化学位移．由 δ 的大小可以确定原子的化学状态．峰的个数与原子核间的耦合有关，谱线的积分强度和原子数成正比，因此由强度比能够确定结合方式之间的原子比．所以，由核磁共振吸收谱可以确定化合物的结构．

核磁共振技术在物理、化学、材料和医学方面都有广泛的应用．

例如，乙醇中的 H 的核磁共振谱示意图如图 1.63 所示．我们测量的是 H 原子的核磁共振谱，最左边的峰是 H 和 O 的结合，只有一个峰．中间一组有四个峰，是 CH_2 中 H 的核磁共振谱线，最右边一组有三个峰，是 CH_3 中 H 的核磁共振谱线，CH_2 和 CH_3 之间有耦合，谱线的形状及峰的数目就是核耦合的结果．图中标有 1 的水平线是基线，2，3，4 水平线相当于基线的高度即是三组谱线的积分强度，正好是 1∶2∶3．

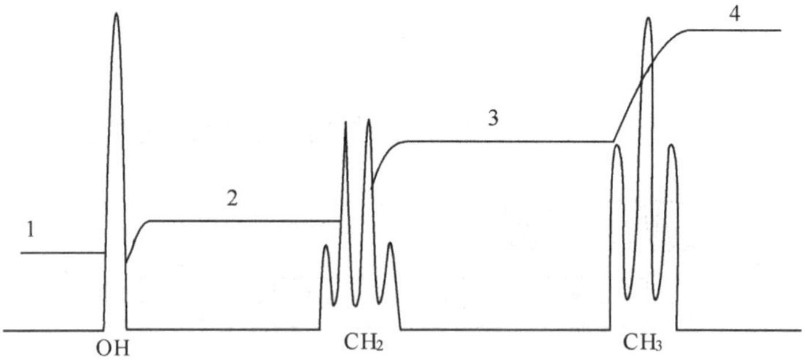

图 1.63

3) 穆斯堡尔谱．

由于 γ 射线能量比较大，在发射和吸收 γ 光子的过程中核自身的反冲也比较大，$E_R=\frac{E_\gamma}{2mc^2}$，$m$ 为核的质量．若 E_0 为核的能级差，则发射和吸收的 γ 光子的能量分别为 $E_\gamma=E_0-E_R$ 和 $E_\gamma=E_0+E_R$，E_R 比原子核的能级宽度 Γ 大得多．例如，^{57}Fe 核发射 14keV 的 γ 射线，$E_R=2.0\times 10^{-3}$ eV，$\Gamma=4.7\times 10^{-9}$ eV，$E_R/\Gamma=4.3\times 10^5$．显然，在通常情况下，发射谱和吸收谱不可能重合，很难实现共振吸收．如果把原子核固定在晶格中，使反冲质

量 $m\to\infty$，$E_R\to 0$，实现 γ 射线的共振吸收，这就是穆斯堡尔效应，即无反冲 γ 共振吸收.

(1) 穆斯堡尔谱仪主要由速度驱动装置、探测器、数据采集系统、放射源和待测样品组成. 另外，可根据不同要求，如低温、高温、变温、磁场、电场、高压等不同条件使用相应的辅助设备. 典型的实验装置简图如图 1.64 所示.

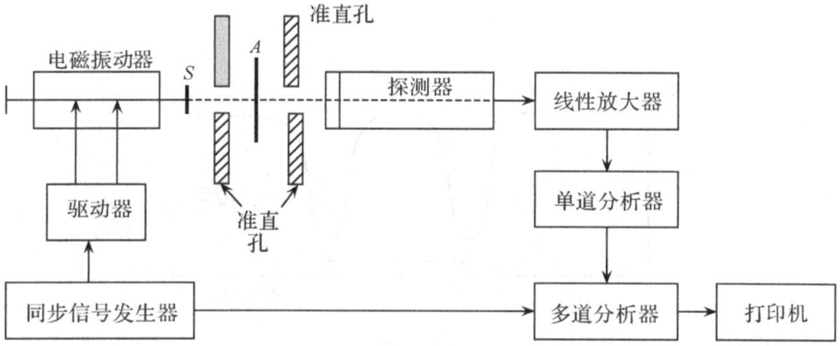

图 1.64

(2) 工作原理：图 1.64 所示的实验装置中，将放射性原子核 S 嵌入无磁性的固体晶格中，以增加反冲质量进而增加无反冲 γ 共振吸收的概率，它被固定在电磁驱动器的硬杆一端.

靶 A 为吸收体-待测样品，若测量散射式穆斯堡尔谱，可直接用样品作散射体. 若测量透射式穆斯堡尔谱，样品要制成一定厚度的薄片，吸收体的位置固定.

速度驱动装置：由同步信号发生器、驱动器和电磁驱动线圈（连在硬杆上并放在永久磁场中）组成. 同步信号发生器产生的同步信号一路通入多道分析器作为扫描的起始信号；另一路送驱动器，经积分放大后送入驱动线圈，驱动线圈在磁场中受力，带动硬杆上的放射源运动，提供放射源与吸收核之间的相对速度. 产生共振吸收时，位于吸收体后的 γ 射线探测器将输出一个脉冲信号，这个信号被储存于多道分析器中，用同步信号将脉冲在多道分析器中的位置和速度 v 建立对应关系，从而得到共振吸收曲线.

(3) 实验结果：从穆斯堡尔谱可以得到以下一些信息（图 1.65）：

(i) 吸收峰位置 δ（或称同质异能移）；

(ii) 吸收峰的积分强度 A；

(iii) 峰的半高宽 Γ.

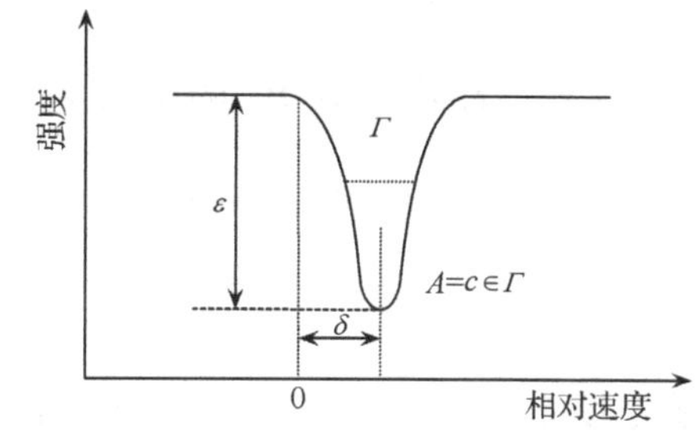

图 1.65

原子核的能级除与内部核子间的相互作用有关外，还受到外围电子、临近原子以及晶体结构等因素的影响，这在穆斯堡尔谱上表现为同质异能移 δ，随着元素化学环境的不同而变化，例如，在 Sn^{2+}，Sn^{4+} 和金属锡（β-Sn）中，δ 值以 Sn^{2+} 为最大，β-Sn 次之，Sn^{4+} 最小. 当核磁矩与外场作用时，会产生能级劈裂，测量穆斯堡尔谱线分裂的数目和间距可以了解核磁矩和周围环境磁场的微观信息.

根据不确定性关系 $\Gamma\tau\geqslant\hbar$，利用峰的半高宽 Γ 可以求出核激发态的寿命.

某些元素的穆斯堡尔谱还会出现电四极分裂Δ，如图 1.66 所示. 核四电极矩 Q 与外界梯度电场作用时会产生能级劈裂，$\Delta E=\frac{1}{2}eQV_{zz}$ 测量穆斯堡尔谱线分裂的数目和裂距，可以获得核的电荷分布即周围电场分布不对称的信息. 从中可以推知核的电四极矩 $Q=2\Delta/e^2q$，其中 q 为核所在位置的电场梯度，$e=1.6\times10^{-19}$C.

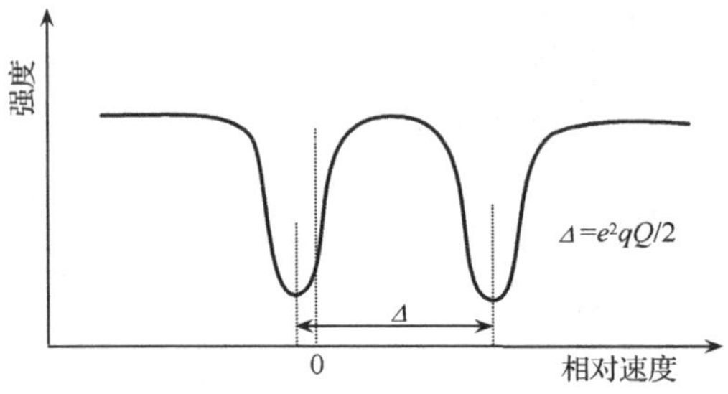

图 1.66

3.80　在自旋回波实验中，一个含质子的液体样品(如甘油)放在稳定但空间不均匀的磁场中，磁场强度为数千高斯. 在垂直于稳定磁场的方向加一个几高斯的强脉冲(几个微秒)射频场，于是在样品周围的线圈上就能立即得到一个射频信号. 不过，除非采取特殊措施使得磁场的空间均匀性极好，从而信号可以持续较长时间，否则信号将在不到一毫秒的时间内消失. 如果在某个时间间隔，比如说 15ns 后施加第二个较长的射频脉冲，那么从第二个脉冲起再过 15ns 就能观察到一个射频信号(回波).

(1) 如何计算射频脉冲的合适频率？

(2) 对于稳定场的空间均匀性有何要求？

(3) 解释回波的形成；

(4) 怎样计算第一个射频脉冲的合适宽度？

解　(1) 对射频脉冲频率的要求是它能引起核磁共振.

$$\hbar\omega=\gamma_p\hbar B_0(\boldsymbol{r})$$
$$\omega=\gamma_p\langle B_0(\boldsymbol{r})\rangle$$

其中，γ_p 为质子旋磁比.

(2) 设样品内各处 $\boldsymbol{B}_0$ 的最大差值为 $(\Delta B)_m$，可以证明衰减时间为 $\frac{1}{\gamma_p(\Delta B)_m}$，要求 $\frac{1}{\gamma_p(\Delta B)_m}>\tau$，其中 τ 为两次脉冲之间的时间间隔，于是要求

$$(\Delta B)_m<\frac{1}{\gamma_p\tau}$$

取稳定场 $\boldsymbol{B}_0$ 的沿 z 轴方向. $t=0$ 时，磁矩取向与 $\boldsymbol{B}_0$ 平行(图 1.67(a))，沿 x 轴方向加入第一次射频脉冲 $\boldsymbol{B}_1$，将导致磁矩偏离 z 方向(图 1.67(b))，磁矩转过的角度 θ 可通过改变射频脉冲宽度进行控制，在(图 1.67(c))中，假定 $\theta=\pi/2$.

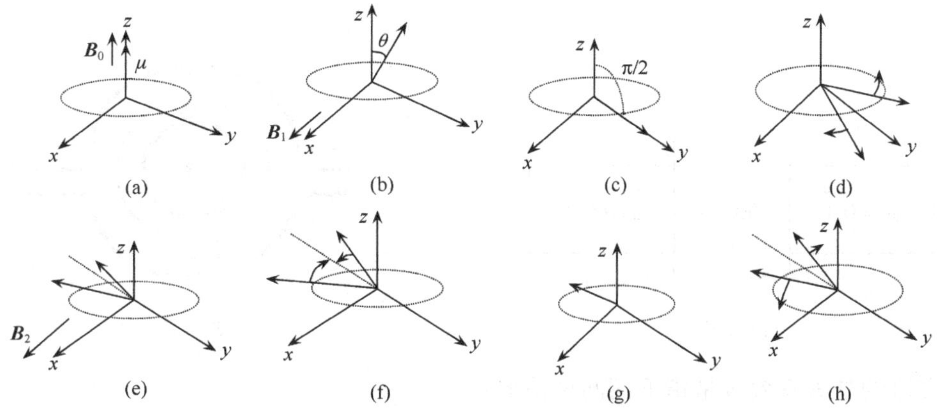

图 1.67

(3) 磁矩同时还要绕 $\boldsymbol{B}_0$ 方向做进动，稳定场 $\boldsymbol{B}_0$ 的空间不均匀性，使各处进动的角速度 $\omega=\gamma_{\mathrm{p}}\langle B_0(\boldsymbol{r})\rangle$互不相同，所以各处磁矩逐渐散开呈扇形，如图 1.67(d)所示. 如果在 $t=\tau$(如 15ms)，沿 x 轴方向加入第二次较宽的射频脉冲 $\boldsymbol{B}_2$，使所有磁矩绕 x 轴方向转过 180°(图 1.67(e))，此时各磁矩绕 $\boldsymbol{B}_0$ 旋进的先后顺序恰与原先相反(图 1.67(f))，在 $t=2\tau$ 时，所有磁矩方向将重新达到一致(图 1.67(g))，此刻总磁矩及其变化率达到最大，从而产生一共振信号，形成回波(图 1.68). 随后，磁矩再次散开，信号消失，如图 1.67(h)所示.

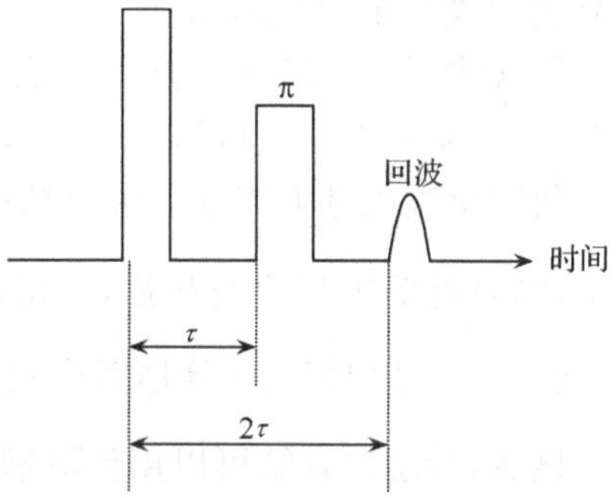

图 1.68

(4) 第一个射频脉冲导致磁矩绕 x 轴转过 θ 角，为使回波效果显著，应取旋转后的磁矩垂直于 $\boldsymbol{B}_0$ 为好，即 $\theta\approx\frac{\pi}{2}$，于是

$$\gamma_{\mathrm{p}}B_1t\approx\frac{\pi}{2}$$

即第一个射频脉冲长度可取

$$t_\omega\approx\frac{\pi}{2\gamma_{\mathrm{p}}B_1}$$

3.81 对(1) 约瑟夫森效应；(2) 霍尔效应和电导率. 回答以下问题：该效应(如电子自旋共振)是怎么回事？如何进行观测，测量哪些值？通过观测这种效应可以测量到样品的何种性质或物理常数？简要介绍由直接测量的量所得到的结果的推理环节.

解 (1) 约瑟夫森效应：在适当条件下，超导电子对从一个超导体穿过一极薄的绝缘层进入另一超导体的隧道贯穿现象，称为约瑟夫森效应(图 1.69)，分直流约瑟夫森效应和交流约瑟夫森效应两种.

所谓直流约瑟夫森效应，是指不存在任何电场或磁场时，有直流电流通过约瑟夫森结的现象，在结中产生射频电流密度为 $J_{\mathrm{s}}=J_{\mathrm{C}}\sin\varphi$，其中 J_{C} 是约瑟夫森结所能通过的最大电流密度，φ 是绝缘层两侧超导体中波函数的相位差.

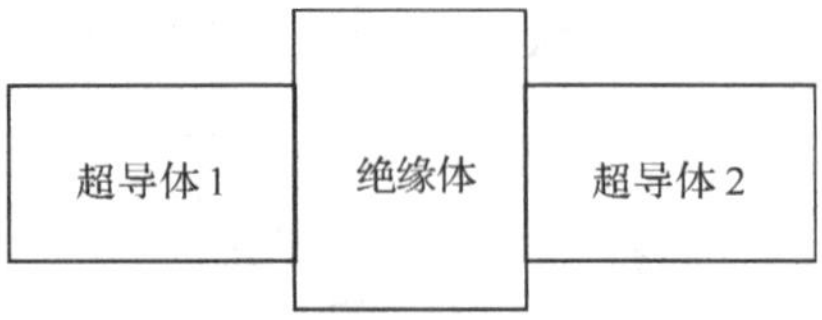

图 1.69

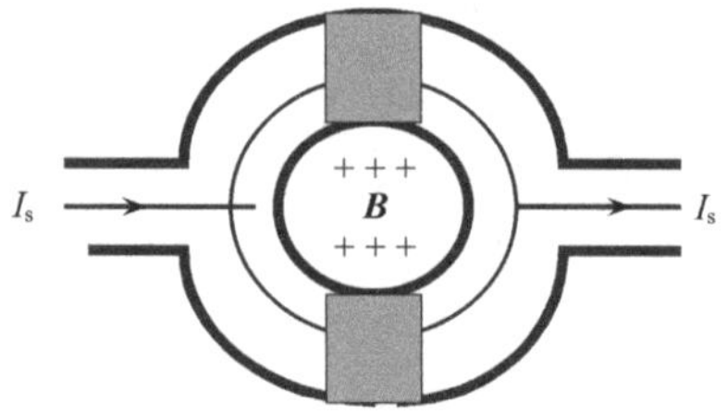

图 1.70

交流约瑟夫森效应是指下面两种情形：

① 当直流电压加在约瑟夫森结两端时，在结中产生射频电流 $J_s=J_C\sin\left(\frac{2}{\hbar}Vt\varphi_0\right)$，其中 V 为结两端的直流电压.

② 对加有偏压 V 的约瑟夫森结，如再用频率为 ω 的微波照射，则每当直流偏压满足条件 $V=n\hbar\omega/2e(n=1,2,3,\cdots)$时，在结中出现直流成分的超导电流.

利用交流约瑟夫森效应可以精确测定 $e/\hbar$值. 实验时，用固定频率的微波照射约瑟夫森结，同时对偏压 V 进行扫描，于是在 I-V 曲线上出现电流阶梯，由 $\Delta V=\frac{\hbar\omega}{2e}$可得出 $e/\hbar$ 值，其中 ΔV 是相邻两阶梯所对应的偏压之差.

显然，约瑟夫森结可以用作灵敏微波探测器. $\Delta V=\frac{\hbar\omega}{2e}$还能作为电压基准.

利用磁场对结电流的调制效应，可以测量微扰的磁场. 对于图 1.70 所示的由两个约瑟夫森结并联组成的环状结构(双结量子干涉仪)，可证总电流为

$$I_s = 2I_{s0}\sin\varphi_0\cos\left(\frac{\pi\Phi}{\Psi_0}\right)$$

其中，I_{s0}为单个约瑟夫森结所能通过的最大超导电流，$\Psi_0=\frac{h}{2e}$为磁通量子，Φ 为超导环所包围的磁通量. 这种量子干涉仪作为磁场计用时，可以检测出 10～15T 的磁场.

(2) 霍尔效应：将通有电流的金属或半导体样品置于均匀磁场中，使磁场与电场方向互相垂直，则在样品内垂直于电流和磁场方向上形成稳定的横向电流，这就是霍尔效应. 均匀磁场 $\boldsymbol{B}$、电流密度 $\boldsymbol{j}$、霍尔电场 $\boldsymbol{E}$ 之间有简单的关系：$\boldsymbol{E}=R_H\boldsymbol{B}\times\boldsymbol{j}$，其中 R_H 称为霍尔系数.

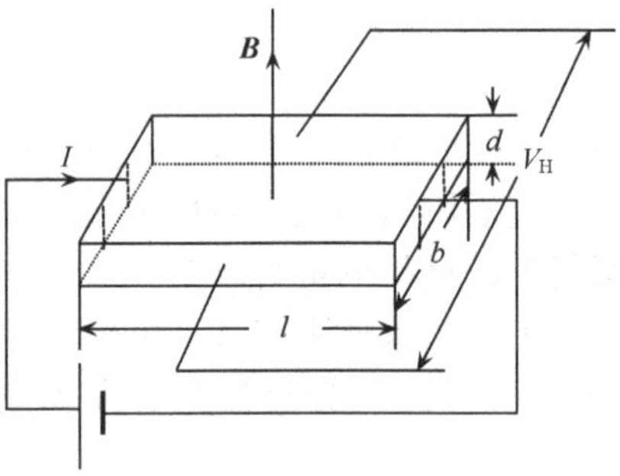

图 1.71

如图 1.71 所示，将通电的长方体薄片状样品置于均匀磁场 $\boldsymbol{B}$ 中，测量霍尔电压 V_H 和磁场 B、电流 I 和样品的尺寸得到霍尔系数和电导率 σ 为

$$R_H = \frac{V_H d}{IB}, \quad \sigma = \frac{Il}{Ubd}$$

式中，U 为电源电压.

利用测得的 R_H、σ 值，可以推知半导体样品的导电类型，截流子浓度 N 及迁移率 μ.

因为霍尔效应是运动着的截流子在磁场中受到洛伦兹力作用发生偏转所致，达到稳定时，霍尔电场对截流子的作用与洛伦兹力相抵消，此时有

$$q\boldsymbol{E} = q\boldsymbol{v} \times \boldsymbol{B}$$

于是

$$\boldsymbol{E}=\boldsymbol{v}\times\boldsymbol{B}=\frac{1}{Nq}\boldsymbol{j}\times\boldsymbol{B}$$

即 $R_H=\frac{1}{Nq}$（q 为截流子所带电荷，$|q|=e$）. 可见，利用 R_H 的正负可判断半导体是 P 型或 N 型，截流子浓度 $N=\frac{1}{qR_H}$，截流子的迁移率为 $\mu=\frac{\sigma}{Ne}=\sigma|R_H|$.

3.82　简述下列实验及其在原子物理学发展过程中的重要性.(1) 法拉第(Faraday)电解实验；(2) 本生(Bunsen)和基尔霍夫(Kirchhoff)的光谱实验；(3) 汤姆孙(J. J. Thomson)关于阴极射线中粒子的 e/m 实验；(4) 盖革(Geiger)和马斯登(Marsden)的 α 粒子散射实验；(5) 巴克拉(Barkla)的 X 射线散射实验；(6) 弗兰克(Frank)-赫兹(Hertz)实验；(7) 施特恩(Stern)-格拉赫(Gerlach)实验；(8) 康普顿散射实验；(9) 兰姆(Lamb)-雷瑟福(Retherford)实验.

解　(1) 法拉第电解实验发现了电解定律：在电解时，对一定的物质，析出的质量与通过电解液的电量成正比；对不同物质，通过的电量相同，析出的质量摩尔数相同，这个实验首次从实验上证明存在一个最小的电荷单位 e，任何带电体所带电荷都是 e 的整数倍($e=F/N_A$)，其中 F 为法拉第常数(电解 1mol 质量所需的电量)，N_A 是阿伏加德罗常量. 把电解定律与物质的原子论结合起来导出电荷不连续的概念，对电子的发现起先导作用.

(2) 本生和基尔霍夫用光谱仪分析了日光光谱中的夫琅禾费线，指出夫琅禾费线乃因阳光中某些波长的光被太阳大气中的气体和蒸汽吸收(有些是被地球大气吸收)，即吸收谱线. 他们的工作奠定了光谱学的基础，两人由光谱的分析还发现了元素铯和铷.

(3) 汤姆孙通过对阴极射线 e/m 值的测量，认为阴极射线是高速运动的粒子流. 汤姆孙用于测量阴极射线荷质比的放电管如图 1.72 所示. 阴极射线从阴极放出之后通过狭缝 A、B 成一狭窄束流，穿过两片平行的金属板 D、E 间的空间最后到右端的荧光屏 P_1 点. D、E 间加电场 E，射线由 P_1 点偏到 P_2 点，由此可知阴极射线带负电. 再加一个方向与纸面垂直向外的磁场，使束流从 P_2 再回到 P_1，即使磁力和电力大小相等，方向相反，由此可计算出离子的荷质比 e/m，而且他用不同阴极材料，放电管内充不同气体，得到的 e/m 值都相同，说明这种粒子是各种元素的原子都有的，共同的. 而它的荷质比比氢离子的荷质比约大 1000 倍. 他后来用云雾室测量了该粒子的电荷电量与氢离子电荷相同，符号相反，由此得到该粒子的质量为氢原子质量的 1/1836，这就是电子. 这是我们了解原子结构的开端.

(4) 盖革和马斯登在 α 粒子散射实验中发现：经金箔散射后，绝大多数 α 粒子偏转角度小于 2°，约有 1/8000 的 α 粒子的散射角大于 90°，甚至有极少数散射角接近 180°. 结果显示原子内部十分空旷，中间有个带正电荷的硬心，而且原子的质量绝大部分都集中在该硬心上，示意图见图 1.73. 这是卢瑟福提出原子核式结构模型的实验基础.

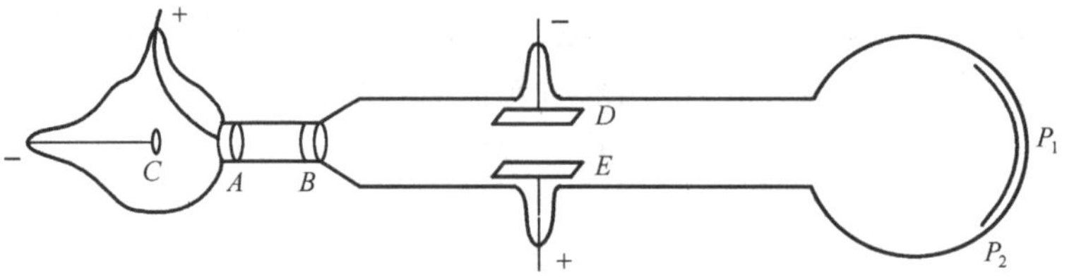

图 1.72

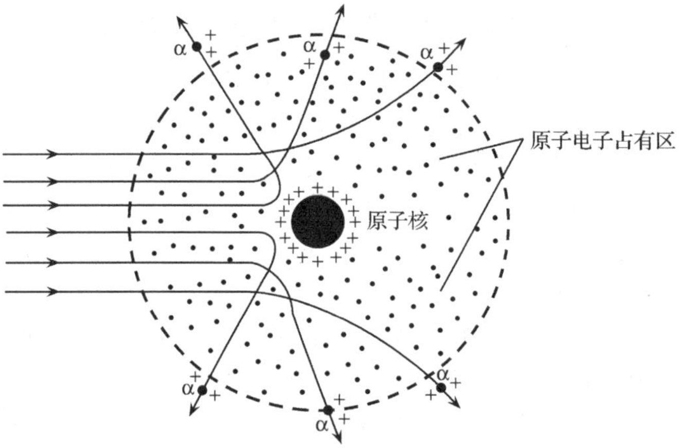

图 1.73

(5) 巴克拉的 X 射线散射实验(1906 年)证明了当 X 射线被轻的原子散射时，二次辐射的波长与原入射 X 射线的波长相同，而当照射到重的原子上时，这些原子发射比原入射波长较长的标识辐射. 发现了每种元素都有自己特有的结构相似的 X 射线标识谱，他观察到:从任何给定元素中发出的标识谱包含若干个系列，按贯穿能力递减的次序可标以 K,L,M,…等字母；在 K 系列中又含有 K_α,K_β;L 系列中包含有 L_α,L_β,L_γ,…. 莫塞莱后来发现标识谱没有周期性的变化，与元素的化学状态无关，只与元素的原子序数有关，这说明标识谱是由原子内层电子跃迁产生的. 所以标识谱是各原子特有的，成为研究原子内层电子结构的重要手段. 巴克拉实验还证明了 X 射线具有偏振性.

(6) 弗兰克-赫兹实验. 1914 年弗兰克和赫兹用电子与原子直接碰撞的办法直接证实了玻尔的原子能态量子化理论，同时还提供了一种测量原子量子态能量差的重要方法. 实验装置如图 1.74 所示，在玻璃容器中充满汞蒸气(提供用电炉加热到 200℃，使汞蒸发)，包括阴极 K，栅极 G 和阳极 A. 由阴极 K 发射的热电子受到 K、G 间电场的作用加速向栅极 G 运动，在 G 和接收极 A 之间有一很小的减速电场，用以阻止小能量电子到达接收极. 从实验结果发现，开始时接收极上的电流随着加速电压 V 的增加而增加，当电压达到 4.1V 时，电流突然下降，不久又上升. 以后在 9.0V、13.9V 处又观测到类似的现象，也就是说加速电压每增加 4.9V 时，电流突然下降(第一次 4.1V 是由仪器上的接触电势差引起的). 这反映出 4.9V 是汞原子的第一激发电势，当电子能量是 4.9eV 倍数时，它与汞原子可经历一次或多次非弹性碰撞，失去能量使之无法克服 G、A 间的减速电场，从而导致电流大幅度下降. 以后，弗兰克和赫兹将仪器作了些改进，观察到了原子较高的激发电势.

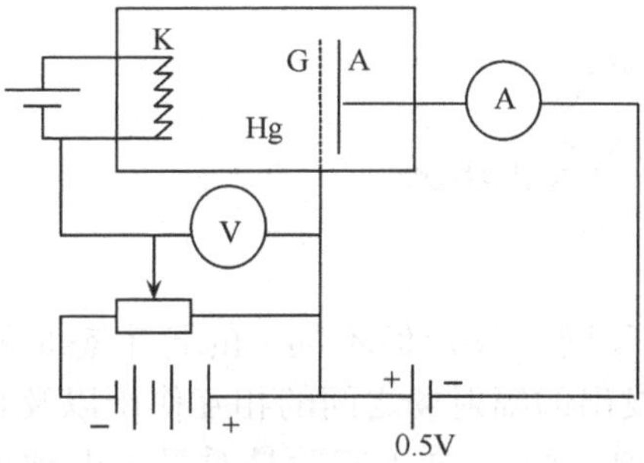

图 1.74

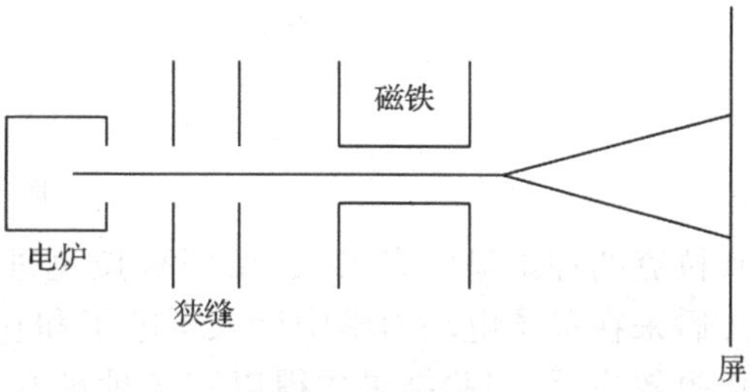

图 1.75

(7) 施特恩-格拉赫实验. 在该实验中，中性银原子束通过与束流方向垂直的非均匀磁场后分裂成两束.

施特恩和格拉赫于 1921 年完成这个实验，当时被测的是银原子. 原理图如图 1.75，从高温炉中蒸发出来的银原子经过准直形成细束(速度约为 $500\mathrm{m\cdot s^{-1}}$)，然后通过一不均匀的磁场区域(磁场方向垂直于原子束，梯度约为 $10^3\mathrm{T\cdot m^{-1}}$，纵向范围约为 4cm)，出磁场后约飞行 10cm，最后打在照相底片上. 由于磁矩在磁场方向的分量 μ_z 与磁场梯度间的作用力 $F_z=\mu_z\dfrac{\partial B_z}{\partial z}$，引起束流偏转，偏转幅度依赖于 μ_z. 施特恩-格拉赫在显影后的相片上发现两条黑斑，这表明银原子经过不均匀磁场后已分为两束，而不仅仅是展宽. 实验结果证实了原子角动量的空间取向是量子化的. 因为轨道角动量量子数是整数，若只考虑轨道角动量的作用，束流应分裂为奇数条，而不是偶数条. 显然还应该有一个新的具有两分量的量子数. 这是提出电子自旋假设的实验依据之一. 它是第一次量度原子基态性质的实验，并进一步开辟了原子束和分子束实验的新领域.

另外，根据束流裂距的大小推算出电子的朗德因子 $g=2$.

后来，狄拉克建立了电子的相对论量子力学，可直接得到电子的朗德因子 $g=2$.

(8) 康普顿效应. 康普顿的实验装置如图 1.76 所示. 从 X 射线管发出的 X 射线被石墨散射后，经过准直狭缝系统，到达测量器的晶体上，通过测定布拉格衍射角可以得到散射后 X 射线的波长. 康普顿发现单色 X 射线被靶散射后由两种成分组成，除波长不变的成分外，还有波长变长的成分，并且这两个波长之差 $\Delta\lambda$，只与散射角 θ 有关，而与入射 X 射线的波长及散射材料无关. 1923 年康普顿首先对此观察提出解释，他根据爱因斯坦的光量子假说，将能量与动量守恒定律同时应用于光量子与电子间的碰撞，得到 $\Delta\lambda=\dfrac{h}{mc}(1-\cos\theta)$，该式与观测到的实验结果符合得极好. 由此，康普顿效应首次直接用实验证实了爱因斯坦的光量子理论.

(9) 兰姆-雷瑟福实验. 由氢原子能级的精细结构公式知道，氢原子的 $2s_{1/2}$ 和 $2p_{1/2}$ 能级重合，兰姆和卢瑟福于 1947 年在用射频方法精密测量氢原子光谱时发现，属于同一 (nj) 值的能级实际上还有微小的分裂. 如 $2s_{1/2}$ 能级比 $2p_{1/2}$ 能级高 $\Delta E=4.37\times10^{-6}\mathrm{eV}$，这

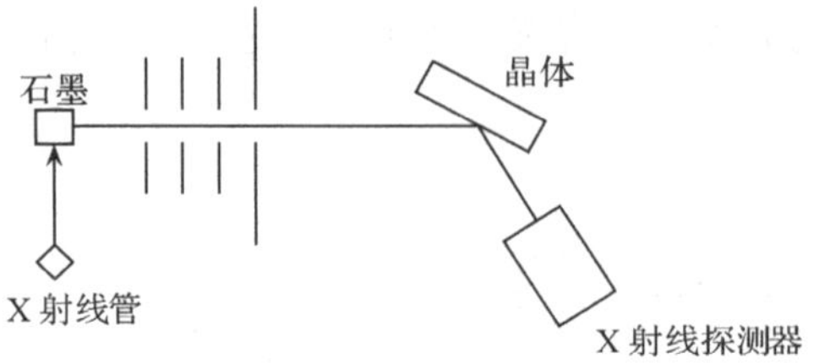

图 1.76

与狄拉克的理论显然有出入(按照狄拉克理论,属于同一(nj)但不同 l 的各个态是简并的). 后来在量子电动力学中计入了电子和它自己发出的辐射场之间的相互作用以及真空极化等效应后,实验结果才得以完美地解释. 所以说兰姆-雷瑟福实验是对量子电动力学的有力验证.

实验装置如图 1.77 所示. 将氢气输入温度约为 2500K 的炉子中,大约有 64%的分子被离解,出射的氢气的平均速度为 $8\times10^3\text{m}\cdot\text{s}^{-1}$. 原子在 B 处受到能量略高于 10.2eV 的横向电子束的撞击,从而被激发到 $2^2S_{1/2}$, $2^2P_{1/2}$, $2^2P_{3/2}$态,P 态原子很快自发跃迁到基态 $1^2S_{1/2}$,而 $2^2S_{1/2}$是一个亚稳态,不能自发跃迁到基态,所以不久只剩下 $2^2S_{1/2}$和 $1^2S_{1/2}$态原子一起前进,最后撞在钨板 P 上. 钨的脱出功小于 10.2eV,所以 $2^2S_{1/2}$态氢原子将导致电子从钨板中逸出到达金属板 A,在 P、A 之间产生电流,这个电流经放大后可以被测出. 电流强度代表着 $2^2S_{1/2}$态原子的数量.

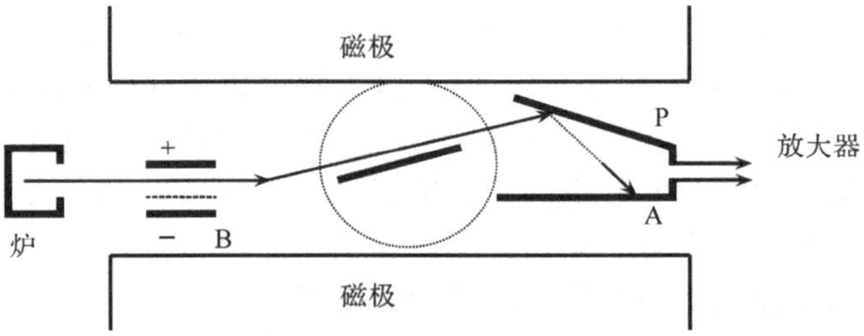

图 1.77

若在 $2^2s_{1/2}$态原子生成后再用一射频电磁波激发,使其跃迁到 P 态,然后退激发到基态,则 P、A 之间的电流将因 $2^2s_{1/2}$态原子数的减少而减小,电流最小时的射频电磁波能量即为 $2^2s_{1/2}$态和 $2^2p_{1/2}$态之间的能量差. 实验测得的频率为(1057.77±0.10)MHz,即 4.37×10^{-6}eV.

3.83　估算下列值并说明你是如何得到这些估算的:

(1) 微波炉的辐射频率;

(2) 质量为 30kg 铀核的裂变弹裂变时放出的能量;

(3) 直径为 10m 的陨石与地球碰撞时放出的能量;

(4) 太阳的温度;

(5) 60W 灯泡的灯丝温度;

(6) 在标准状态(STP)下氦气中的声速;

(7) 人体中血管的总长度；

(8) 使氢分子的热容量从每个分子(3/2)K 变到(5/2)K 的温度.

解　对本题的每个小题，都可以有许多近似的探讨. 这里只给出一种典型的解，读者可以根据自己的知识背景得到另外的近似解.

(1) 微波炉的典型尺寸为 35cm，微波辐射的波长应是这个长度的 1/4，即 $\lambda=35/4\approx 9(\text{cm})$，这样才能有适当数目的波反复通过炉子并均匀加热食物. 9cm 波长相应的频率为

$$\nu=\frac{c}{\lambda}\approx 3(\text{GHz})$$

(2) 这个裂变炸弹中的铀原子数为 $n=\dfrac{m}{A}N_{\text{A}}=\dfrac{30000}{235}\times 6.02\times 10^{23}\approx 7.6\times 10^{25}$，一个铀原子核裂变放出的典型能量值约为 200MeV. 在一次大爆炸中大约只有 10%的材料发生裂变，那么放出的总能量为

$$E\approx 7.6\times 10^{25}\times 200\times 10\%=2\times 10^{27}(\text{MeV})=2\times 10^{14}(\text{J})$$

它等效于 60 千吨 TNT. 大约是第二次世界大战中在日本广岛所投核弹能量的三倍.

(3) 释放的能量依赖于碰撞时的相对速度. 地球轨道速度大约是 30km/s(因为每年它走过直径为 8 光分的圆形轨道). 用它作为典型的相对速度，我们假设陨石的密度大约等于冰的密度 1g/cm^3，这样陨石与地球碰撞时放出的能量约为

$$E\approx\frac{1}{2}mv^2\approx\frac{1}{2}\left[\frac{4\pi}{3}\left(\frac{10}{2}\right)^3(10^3)(30\times 10^3)^2\right]\approx 2\times 10^{14}(\text{J}).$$

这与(2)中的结果相同.

(4) 太阳在地球表面的能流密度为(太阳常数)$F_r=0.14\text{W/cm}^2$，地球运动轨道半径为 8 光分，太阳半径 $R\approx 2$ 光秒，这样太阳表面辐射的能流为

$$F_R\approx F_r\left(\frac{r}{R}\right)^2=0.14\times\left(\frac{60\times 8}{2}\right)^2\approx 8\times 10^3(\text{W/cm}^2)$$

太阳非常接近于黑体，利用斯特藩-玻尔兹曼定律 $F=\sigma_{\text{B}}T^4$，其中 $\sigma_{\text{B}}\approx 6\times 10^{-12}\ \text{m/(cm}^2\cdot\text{K}^4)$，我们可以得到太阳的温度为 $T=6000\text{K}$.

(5) 假设灯丝像黑体一样辐射，可以用维恩位移定律 $T\lambda_{\max}=0.29\text{cm}\cdot\text{K}$ 估算灯泡谱峰的波长. 为提高发光效率要求辐射的光谱为可见光，假设光谱峰位在可见光和红外线之间，取 $\lambda_{\max}=1\mu\text{m}$，则灯丝温度的最小值为 $T_{\min}=\dfrac{0.29\times 10^4}{\lambda_{\max}}=\dfrac{0.29\times 10^4}{1}=2900(\text{K})$(钨的熔点为 3700K).

(6) 气体中的声速为 $v\approx\left(\dfrac{\gamma P}{\rho}\right)^{1/2}$，其中 P 和 ρ 分别为气体的压强和密度，$\gamma=c_p/c_V$(c_p 和 c_V 分别为气体的定压和定积比热容量)，已知声音在空气中的速度 340m/s，空气的成分主要是氮分子和氧分子，若用氮分子计算，忽略氮气和氦气两种气体中 γ 值的差别，我们可估算声音在氦气中的速度. 设 m 是气体分子质量，对于给定的压强，$v\approx 1/(m)^{1/2}$. 则氦气中的声速为

$$v(\text{He})\approx v(\text{空气})\sqrt{\frac{m(\text{N}_2)}{m(\text{He})}}\approx 340\sqrt{\frac{28}{4}}\approx 899(\text{m/s})$$

实验值大约是 965m/s.

(7) 假设人平均有 4L 血，在给定的时间内，有一半在毛细血管中，那么毛细血管的总体积大约为 2L 或 $V=2\times10^{-2}\text{m}^3$. 一个血液细胞的大小约为 $1\mu\text{m}$，我们从常识中知道，毛细血管的直径应比血细胞大，但大得不多，我们假定血管的直径为 $d\approx3\mu\text{m}$，这样血管的总长度为

$$L\approx\frac{V}{d^2}=\frac{2\times10^{-2}}{\pi(3/2)^2\times(10^{-6})^2}\approx3\times10^9(\text{m})\quad(\text{这大约是地球到月球距离的一半})$$

(8) 在 $c_V=(3/2)k$ 这个温度范围内，氢分子激发模式只与三维空间平移有关，但温度较高足以激发氢分子的转动模式时才可能跃迁到 $(5/2)k$ 的状态. 氢分子是轴对称的，它只有两个转动模式. 另外由于氢分子的镜像对称性，当 J 为奇数时跃迁过程禁戒，所以低转动态只能发生在 $J=2$ 的态，$J=2$ 时分子的转动能为

$$E_R\approx\frac{J(J+1)\hbar^2}{2I}\approx\frac{6\hbar^2}{2Ma^2}$$

其中，I 是系统的转动惯量，M 是总质量，a 是氢原子间的距离，若取 $a\approx0.1\text{nm}$，$M\approx2\times940\text{MeV}$，$\hbar c\approx197\text{MeV}\cdot\text{fm}$，室温下 $kT\approx1/40\text{eV}$，我们得到 $T\approx74\text{K}$，测量值是它的两倍.

3.84 对原子进行“激光冷却”的原理是：在一真空室内，一束非常准直的 ^{23}Na 原子束（样品在 10^3K 高温下蒸发产生）受一束高强度的激光正面照射. 选定激光频率 ν，使速度为 v_0 的钠原子对激光发生共振吸收，并跃迁到能量为 E、能级宽度为 Γ 的第一激发态，如图 1.78 所示. 其速度改变量 $\Delta\boldsymbol{v}_1=\boldsymbol{v}_1-\boldsymbol{v}_0$，尔后该原子又发射光子并回到基态，此过程中原子的速度改变量为 $\Delta\boldsymbol{v}'=\boldsymbol{v}'_1-\boldsymbol{v}_1$，运动方向偏转角为 φ，如图 1.79 所示，这一先吸收后发射的过程可以进行多次. 如果只考虑 $\varphi=0$ 的情况，即吸收和发射过程始终沿直线进行，则原子的速度的总改变量达到某量 $\Delta\boldsymbol{v}$ 后，便不再对频率为 ν 的激光发生共振吸收，须改变频率使原子在新的速度下共振吸收，继续减慢其速度，直到速度几乎降为零. 作为一级近似，假设只考虑原子的吸收和发射，忽略其他过程，并假设激光很强，原子在基态停留的时间可忽略不计.

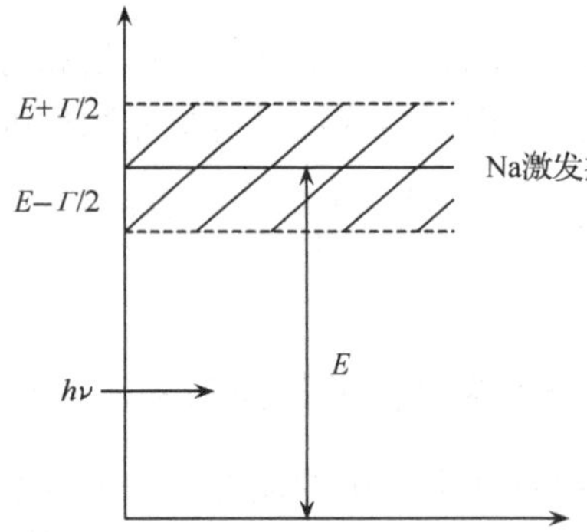

图 1.78

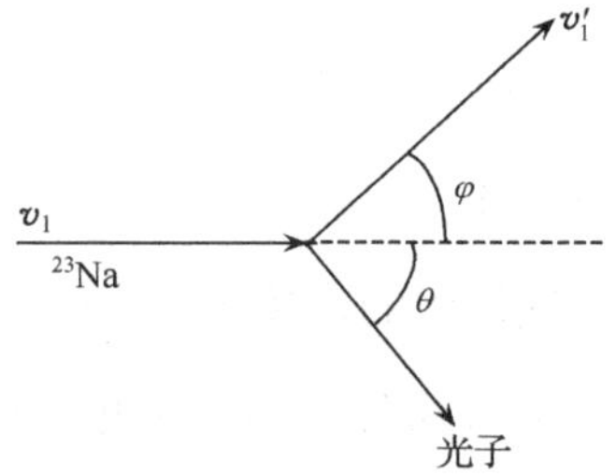

图 1.79

已知 $E=3.36\times10^{-19}\text{J}$，$\Gamma=7.0\times10^{-27}\text{J}$，$m_P=1.67\times10^{-27}\text{kg}$，$h=6.62\times10^{-34}\text{J}\cdot\text{s}$，$k=1.38\times10^{-23}\text{J}\cdot\text{K}^{-1}$. 试回答下列问题：

(1) 在真空管后部平均速度为 v_0 的原子的共振吸收频率 ν 为多大？经第一次吸收后，原子的速度改变量 Δv_1 为多少？

(2) 多大速度间隔 Δv_0 内的原子可以吸收(1)中算出的频率为 ν 的光子？

(3) 经过一次光子发射后原子的最大偏转角 φ_{max} 多大？

(4) 若保持频率 ν 不变，原子速度减少量 Δv_1 的最大值是多少？

(5) 为使初速度为 v_0 沿直线运动的原子按(1)中所述的方式减速，最后速度降到几乎为零，问需经过多少次吸收？

(6) 若每次吸收后有一次发射，但不考虑发射引起的速度变化，问完成(5)中所要求的减速过程共需多少时间？这期间原子走过的路程 Δs 为多长？

解　(1) 真空室内原子的平均速度满足

$$\frac{1}{2}mv_0^2=\frac{3}{2}kT$$

故

$$v_0=\sqrt{\frac{3kT}{m}}=\sqrt{\frac{3\times1.38\times10^{-23}\times10^3}{23\times1.67\times10^{-27}}}=1.04\times10^3(\mathrm{m/s})$$

可见 $v_0\ll c$，故不必考虑相对论效应.

由动量和能量守恒有(为简单起见假设钠原子吸收光子前后速度方向不变)

$$\begin{cases}\dfrac{1}{2}mv_0^2+h\nu=\dfrac{1}{2}mv_1^2+E\\ mv_0-\dfrac{h\nu}{c}=mv_1\end{cases}$$

即

$$\begin{cases}\dfrac{1}{2}m(v_1^2-v_0^2)=\dfrac{1}{2}m(v_1+v_0)(v_1-v_0)=h\nu-E\\ \Delta v_1=(v_1-v_0)=-\dfrac{h\nu}{mc}\end{cases}$$

由于 $h\nu\ll mc^2$，故 $v_1\approx v_0$，$v_1+v_0\approx2v_0$，代入上式得

$$\begin{cases}mv_0\Delta v_1=h\nu-E\\ \Delta v_1=(v_0-v_1)=\dfrac{h\nu}{mc}\end{cases}$$

解之得

$$\nu=\frac{E/h}{1+v_0/c}\approx5.0\times10^{14}(\mathrm{Hz})$$

$$\Delta v_1=\frac{E}{mc(1+v_0/c)}=3.0\times10^{-2}(\mathrm{m/s})$$

可得 $\dfrac{|\Delta v_1|}{v_0}\sim10^{-4}$，所以上述近似是合理的，故 $v_1+v_0=2v_0+\Delta v_1\approx2v_0$.

(2) 对一确定的频率 ν，由上述 v 的表达式得

$$v_0=c\left(\frac{E}{h\nu}-1\right)$$

因为 E 有一定的宽度 Γ，相应的 v_0 也将有一定的范围 Δv_0：

$$\Delta v_0=\frac{c\Gamma}{h\nu}=\frac{c\Gamma(1+v_0/c)}{E}\approx\frac{c\Gamma}{E}=6.25(\mathrm{m/s}).$$

因此，光子可被速度在 $\left(v_0\pm\frac{\Delta v_0}{2}\right)$ 范围的原子吸收.

(3) 由能量和动量守恒有(参见图 1.79)

$$\begin{cases}\frac{1}{2}mv_1^2+E=\frac{1}{2}mv'^2_1+h\nu' \\ mv_1=mv'_1\cos\varphi+\frac{h\nu'}{c}\cos\theta \\ 0=mv'_1\sin\varphi-\frac{h\nu'}{c}\sin\theta\end{cases}$$

式中，ν' 为发射光子的频率. 因为 $v'_1=v_1+\Delta v'$，$\nu'_1=\nu_1+\Delta\nu'$，变化很小，可忽略. 因此，在 $\theta=\pi/2$ 时原子的偏转角 φ 最大，即

$$\begin{cases}mv_1=mv'_1\cos\varphi_{\mathrm{m}} \\ \frac{h\nu'}{c}=mv'_1\sin\varphi_{\mathrm{m}}\end{cases}$$

得

$$\tan\varphi_{\mathrm{m}}=\frac{h\nu'}{mv_1c}=\frac{E}{mv_1c}$$

$$\varphi_{\mathrm{m}}=\arctan\frac{E}{mv_1c}\approx\arctan\frac{E}{mv_0c}\approx5\times10^{-5}(\mathrm{rad}).$$

(4) 随着钠原子速度的降低，为共振吸收所需的光的频率按下式增加：

$$\nu=\frac{E/h}{1+v_0/c}$$

在保持 ν 不变后，只要 Δv 满足下式，即使速度下降到 $(v_0-\Delta v)$，吸收仍可在能级的最低部位发生，

$$h\nu=\frac{E-\Gamma/2}{1+(v_0-\Delta v)/c}=\frac{E}{1+v_0/c}$$

即

$$\Delta v=\frac{c\Gamma}{2E}\left(1+\frac{v_0}{c}\right)=3.12(\mathrm{m/s})$$

其实由题意即可判断，此处的 Δv 应为(2)中所求的 Δv_0 的一半.

(5) 如果在每次吸收过程中，原子速度改变近似为 $\Delta v_1\approx\frac{E}{mc}$，那么速度从 v_0 降到零，共需吸收次数为

$$N=\frac{v_0}{|\Delta v_1|}=\frac{mcv_0}{E}\approx3.56\times10^4$$

(6) 因吸收几乎是瞬时的，过程所经过的时间由原子的激发辐射决定，原子激发态的平均寿命为

$$\tau=\frac{h}{\Gamma}$$

故碰撞 N 次所需时间为

$$\Delta t = N\tau = \frac{Nh}{\Gamma} = \frac{mchv_0}{E\Gamma} \approx 3.37\times10^3(\mathrm{s})$$

假设运动是匀减速的，则这段时间内经过的路程为

$$\Delta s = \frac{1}{2}v_0\Delta t = \frac{1}{2}\frac{mchv_0^2}{E\Gamma} = 1.75(\mathrm{m})$$

4　分子物理

4.1　氢分子中两个氢原子核的间距约为　(　　)

(A) 0.001nm　(B) 0.01nm　(C) 0.1nm　(D) 1nm

解　两原子间的精确距离为 0.074nm. 作为估计，氢原子的玻尔半径约为 0.05nm，而两原子之间距离为与这个值数量级相同，大约为该值的两倍. 答案为(C).

4.2　原子间的力起因于　(　　)

(A) 不同原子间相互的静电极化　(B) 原子核间的力

(C) 原子间光子的交换　(D) 电子与原子核间的作用力

解　答案为(A).

4.3　下列哪种能级的间距最小?　(　　)

(A) 分子转动能级　(B) 分子振动能级

(C) 分子电子能级　(D) 原子的电子能级

解　答案为(A)，$\Delta E_{电} > \Delta E_{振} > \Delta E_{转}$.

4.4　由饱和力把分子结合在一起的宏观样品的性质与由非饱和力把分子结合在一起的物质的性质不同，前一种宏观样品的性质是　(　　)

(A) 总相互作用能(结合能)正比于它的质量

(B) 总相互作用能(结合能)正比于它的质量的平方

(C) 分子间只有吸引力　(D) 分子间只有核力

解　饱和力意味着分子只受到近邻分子的约束，其结合能近似为常数，故总结合能正比于总质量. 答案为(A).

4.5　(1) 假定 H_2^+ 的两个质子固定在正常间距 0.106nm，示意画出电子势能沿贯穿两个质子的轴线上的变化.

(2) 示意画出 H_2^+ 两个最低能级的波函数，粗略指出它们和氢原子波函数的关系，哪个波函数相应于 H_2^+ 的基态? 为什么?

(3) 在将两个质子分开很远的极限情形下，H_2^+ 的两个最低能级将如何变化?

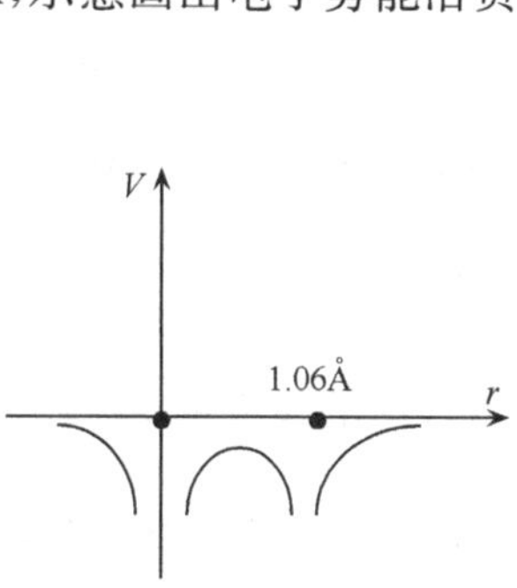

图 1.80

解　(1) 设一个质子位于原点，另一个质子的坐标为 0.106nm，电子势能为

$$V(r_1, r_2) = -\frac{e^2}{r_1} - \frac{e^2}{r_2}$$

其中，r_1 和 r_2 分别是电子到两个质子的距离，如图 1.80 所示.

(2) 根据简单的分子轨道理论，H_2^+ 的分子轨道可以构成如下：

$$\Psi_S = \frac{1}{\sqrt{2}}[\Phi_{1s}(1) + \Phi_{1s}(2)]$$

$$\Psi_A = \frac{1}{\sqrt{2}}[\Phi_{1s}(1) - \Phi_{1s}(2)]$$

其中，$\Phi(i)$表示电子与第二个质子属第 i 个形成的原子态. 注意 Ψ_S的能量比 Ψ_A的能量低，因此 H_2^+ 的基态为 Ψ_S，第一激发态为 Ψ_A. Ψ_S和 Ψ_A是由两个氢原子的 1s 的轨道波函数线性组合而成的，如图 1.81 所示.

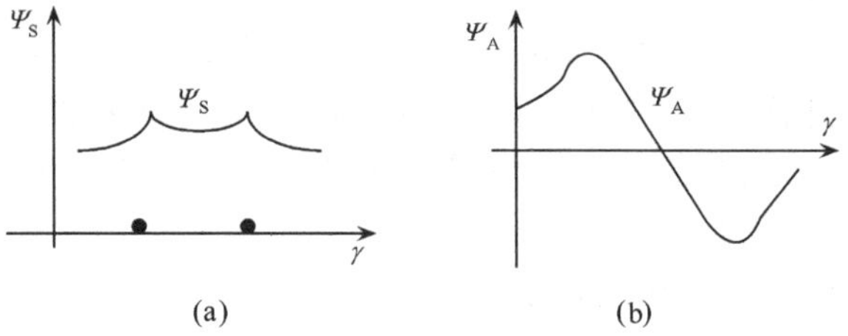

图 1.81

由波函数示意图可以看到，具有对称性质的 Ψ_S态在两个原子之间的电子云交叠较大，结合强，所以系统的能量低些，称为成健态；而具有反对称性质的 Ψ_A称为反健态.

(3) 假设第一个质子固定，第二个质子移到无穷远，即 $r_2 \to \infty$，则 $\Phi(2) \to e^{-r/a} \to 0$，而 $\Psi_S = \Psi_A = \Phi(1)$，则系统离解为一个氢原子及一个与之无相互作用的质子.

4.6 H_2 分子的离解能为 4.46eV，而 D_2 分子的离解能为 4.54eV，求 H_2 分子的零点能.

解 双原子分子的能量可以写成 $E = -A + \hbar\omega\left(v + \frac{1}{2}\right) + BJ(J+1) +$ 高次项，离解能是分子基态($v=0, J=0$)的能量与两个没有相互作用的原子的能量之差，这样离解能为 $E' = A - \frac{\hbar\omega}{2}$. A 仅依赖于两个核的间距和相应的电荷. 实际上，在绝热近似下，可以忽略核的运动，与核的质量无关. 且 H_2 和 D_2 只是核的质量不同，得到 $A(H) = A(D)$，因此 D_2 和 H_2 的离解能之差为

$$\Delta E = E'(D) - E'(H) = -\frac{1}{2}\hbar[\omega(D) - \omega(H)]$$

角频率 $\omega = (k/\mu)^{1/2}$，其中 k 是力常数，μ 是两核的折合质量，所以

$$\Delta E = \frac{1}{2}\hbar\omega(H)\left[1 - \frac{\omega(D)}{\omega(H)}\right] = \frac{1}{2}\hbar\omega(H)\left[1 - \frac{1}{\sqrt{2}}\right] = 4.54 - 4.46 = 0.08(\text{eV})$$

所以，H_2 的零点能 $E_0 = \frac{1}{2}\hbar\omega(H) = 0.27(\text{eV})$.

4.7 量子力学得出分子的振动能 $E = \left(v + \frac{1}{2}\right)h\nu$，而普朗克的谐振动能量量子化条件为 $E = nh\nu$，以 W 的值表示位能曲线的深度. 按普朗克的量子论，则 $E_v = W$ 是分子离解时的能量. 按量子力学，分子基态能量 $E_0 = \frac{1}{2}h\nu_0$，则离解能 $E_d = W - \frac{1}{2}h\nu_0$. 通过对 E_d 的

测量，可检验零点能是否存在. 试提出检测方案.

解　由分子的离解能公式 $E_d = W - \frac{1}{2}h\nu_0 = W - \frac{h}{2}\left(\frac{1}{2\pi}\sqrt{\frac{k}{\mu}}\right)$ 知，电性质相同而折合质量不同的分子（如 H_2、HD 和 D_2）的离解能也不同（参见 4.6 题），因此可通过测量这些分子的离解能检测零点能是否存在.

H_2、HD 和 D_2 分子的电性质相同，因而势能曲线、k 和 W 也相同，只是 μ 不同. 且 $\mu(D_2)=2\mu(H_2)$，$\mu(HD)=(3/2)\mu(H_2)$，已知 $k=3550\text{eV/nm}^2$，则得 $W=4.749\text{eV}$. 由此分别算得分子 H_2，HD 和 D_2 的离解能 E_d 分别为 4.476eV、4.526eV、4.556eV. 此与实验测得的离解能值一致，从而确认了零点能的存在. 零点能的存在，正是海森伯不确定性关系所要求的.

4.8　(1) 利用氢原子基态波函数（包括电子自旋波函数）写出满足泡利不相容原理的氢分子波函数. 略去两个电子绕一个核运动的项，用总自旋将波函数进行分类.

(2) 假定哈密顿量的势能项是源于库仑力，试定性讨论当两核相距正常及相距很远时，上面各态的能量.

(3) "交换力"是什么意思?

解　(1) 设在氢分子中两个氢核和两个电子的位置如图 1.82 所示. 为方便起见，下面将采用原子单位：a_0（玻尔半径）$=e=\hbar=1$.

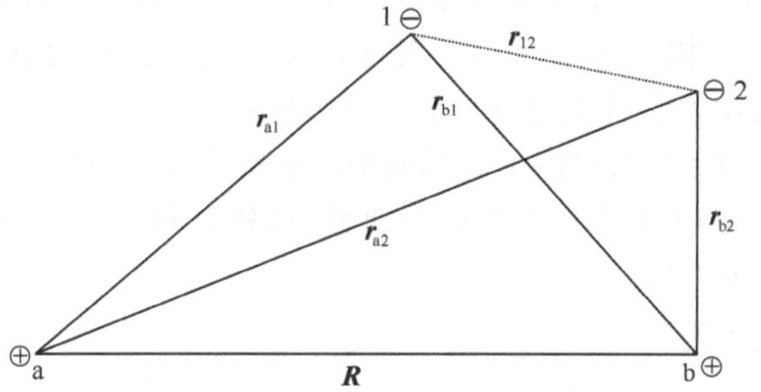

图 1.82

因为电子不可分并依据泡利不相容原理，氢分子波函数可写成

$$\Psi_S = \frac{1}{\sqrt{2}}[\Psi(\boldsymbol{r}_{a1})\Psi(\boldsymbol{r}_{b2}) + \Psi(\boldsymbol{r}_{a2})\Psi(\boldsymbol{r}_{b1})]\chi_0$$

$$\Psi_A = \frac{1}{\sqrt{2}}[\Psi(\boldsymbol{r}_{a1})\Psi(\boldsymbol{r}_{b2}) - \Psi(\boldsymbol{r}_{a2})\Psi(\boldsymbol{r}_{b1})]\chi_1$$

式中，χ_1，χ_0 分别为自旋三态和自旋单态的波函数，$\Psi(r)=\frac{\lambda^{3/2}}{\sqrt{\pi}}\cdot e^{-\lambda r}$，当 $\lambda=1$ 时即为氢原子基态空间波函数.

(2) 由题设，氢分子的哈密顿量可写为

$$\hat{H} = -\frac{1}{2}(\nabla_1^2 + \nabla_2^2) + \frac{1}{r_{12}} - \left(\frac{1}{r_{a1}} + \frac{1}{r_{a2}} + \frac{1}{r_{b1}} + \frac{1}{r_{b2}}\right) + \frac{1}{R}$$

当分子中两核相距为正常距离时（对 H_2，$R=1.5a_0$），对自旋单态（$S=0$），泡利原理要求

H_2 中电子的空间波函数交换对称. 此时两个电子在空间靠近的概率较大，即比较集中在两个核之间势能较低的区域，两个电子与两个质子间的吸引作用补偿并超过两个质子间的排斥力作用，使 H_2 的能量最低，形成稳定的 H_2 分子. 所以 H_2 基态波函数为 Ψ_S态. 对自旋三态($S=1$)，空间波函数交换反对称，两电子在空间靠近的概率小，分子的能量高，处于不稳定状态.

当两核相距很远时，粒子变得可以分辨. 此时 Ψ_S 和 Ψ_A 态的差别逐渐消失，分子的能量简单地等于两个原子的能量之和.

(3) 由于电子系统的波函数必须是反对称的，电子间自旋的相对取向使电子的空间波函数交换对称或反对称. 当自旋波函数为对称时，空间波函数是反对称的，两个电子空间靠近的概率大，犹如电子间具有"吸引力"；而当自旋波函数是对称时，空间波函数必须是反对称的，两个电子空间靠近的概率小，犹如电子间具有"排斥力". 这种"交换电子云密度"分布 $\rho_{ab}(1)=\Psi^*(\boldsymbol{r}_{a1})\Psi(\boldsymbol{r}_{b1})$与 $\rho_{ab}(2)=\Psi^*(\boldsymbol{r}_{b1})\Psi(\boldsymbol{r}_{a1})$之间的库仑排斥力叫作"交换力". 在氢分子结合能的贡献中，这种交换积分为

$$\varepsilon=\iint \mathrm{d}\tau_1\mathrm{d}\tau_2\,\frac{1}{r_{12}}\Psi^*(\boldsymbol{r}_{a1})\Psi(\boldsymbol{r}_{b1})\Psi(\boldsymbol{r}_{a2})\Psi^*(\boldsymbol{r}_{b2})$$

当两核相距很远时，由于粒子可分辨，全同粒子的交换对称或反对称性就不必考虑，因而就不会出现"交换力"，可见，交换力纯属量子效应.

4.9　${}^{14}_{7}$N 核的自旋为 $I=1$. 假设双原子分子 N_2 在常温下没有振动且忽略电子运动，试求 N_2 中正氮及仲氮的相对丰度(正氮:对称自旋态；仲氮:反对称自旋态). 当温度降到绝对零度时，相对丰度发生了什么变化？证明你的结论.

解　${}^{14}_{7}$N 核是自旋 $I=1$ 的玻色子，交换两个氮核时波函数要求是对称的. 因此，对于自旋态是对称的正氮，转动量子数 J 必须取偶数，这样才可使总波函数对称. 而对自旋态是反对称的仲氮，J 应为奇数.

N_2 分子的转动能级为

$$E=\frac{\hbar^2}{2H}J(J+1),\quad J=0,1,2,\cdots$$

其中，H 为转动惯量. 按统计物理，我们有

$$\frac{\text{正氮丰度}}{\text{仲氮丰度}}=\frac{\sum\limits_{J_{\text{偶}}}(2J+1)\exp\left[-\frac{\hbar^2}{2HkT}J(J+1)\right]}{\sum\limits_{J_{\text{奇}}}(2J+1)\exp\left[-\frac{\hbar^2}{2HkT}J(J+1)\right]}\cdot\frac{I+1}{I}$$

如果$\hbar^2/HkT\ll 1$，则可以近似地把上式中的求和通过积分算出：当 $J=2m$，$x=2m(2m+1)$时，

$$\begin{aligned}&\sum_{J_{\text{偶}}}(2J+1)\exp\left[-\frac{\hbar^2}{2HkT}J(J+1)\right]\\&=\sum_{m=0}^{\infty}(4m+1)\exp\left[-\frac{\hbar^2}{2HkT}2m(2m+1)\right]\\&=\frac{1}{2}\int_0^{\infty}\exp\left(-\frac{\hbar^2x}{2HkT}\right)\mathrm{d}x=\frac{HkT}{\hbar^2}\end{aligned}$$

当 $J=2m+1, y=(2m+1)(2m+2)$ 时，

$$\begin{aligned}&\sum_{J_{奇}}(2J+1)\exp\left[-\frac{\hbar^2}{2HkT}J(J+1)\right]\\&=\sum_{m=0}^{\infty}(4m+3)\exp\left[-\frac{\hbar^2}{2HkT}(2m+1)(2m+2)\right]\\&=\frac{1}{2}\int_0^{\infty}\exp\left(-\frac{\hbar^2 y}{2HkT}\right)\mathrm{d}y=\frac{HkT}{\hbar^2}\end{aligned}$$

由上述计算结果，得到

$$\frac{\text{正氮丰度}}{\text{仲氮丰度}}=\frac{I+1}{I}=2:1$$

当 $T\to 0$ 时，$\frac{\hbar^2}{HkT}\gg 1$，于是在下面对 m 的求和可均只取 $m=0$ 项有：

$$\begin{aligned}&\sum_{J_{偶}}(2J+1)\exp\left[-\frac{\hbar^2}{2HkT}J(J+1)\right]\\&=\sum_{m=0}^{\infty}(4m+1)\exp\left[-\frac{\hbar^2}{2HkT}2m(2m+1)\right]\approx 1\\&\sum_{J_{奇}}(2J+1)\exp\left[-\frac{\hbar^2}{2HkT}J(J+1)\right]\\&=\sum_{m=0}^{\infty}(4m+3)\exp\left[-\frac{\hbar^2}{2HkT}(2m+1)(2m+3)\right]\approx 3\exp\left(-\frac{3\hbar^2}{HkT}\right)\end{aligned}$$

因此

$$\frac{\text{正氮丰度}}{\text{仲氮丰度}}\approx\frac{I+1}{3I}\exp\left(\frac{\hbar^2}{HkT}\right)\to\infty$$

也即温度降到绝对零度时，N_2 全部变成正氮.

4.10　动能为 1eV 的处于激发态的氢分子束沿 z 轴运动，在运动中这些分子退激发并离解成为两个氢原子. 现测得垂直于 z 轴运动的离解出的氢原子动能为 0.8eV，试计算氢分子在离解过程中释放出的能量.

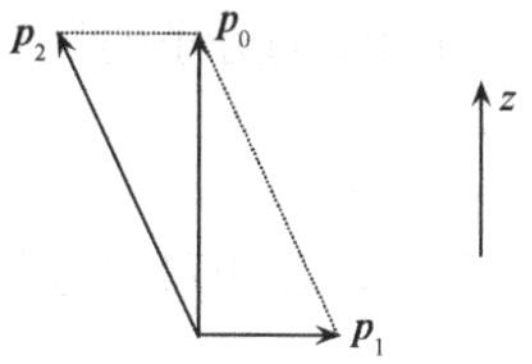

图 1.83

解　设沿 z 方向运动的动能为 $E_0=1\text{eV}$ 的氢分子的动量为 $\boldsymbol{p}_0$，离解后的一个沿垂直于 z 方向运动的动能 $E_1=0.8\text{eV}$ 的氢原子的动量为 $\boldsymbol{p}_1$，第二个氢原子的动量为 $\boldsymbol{p}_2$，动能为 E_2. 由动量守恒知 $\boldsymbol{p}_0=\boldsymbol{p}_1+\boldsymbol{p}_2$，其矢量图如图 1.83 所示. 垂直于 z 轴运动的氢原子动量为

$$\begin{aligned}p_1&=\sqrt{2m(\mathrm{H})E_1(\mathrm{H})}\\&=\sqrt{2\times 938\times 10^6\times 0.8}=3.87\times 10^4(\mathrm{eV}/c)\quad（c\text{ 为光速}）\end{aligned}$$

氢分子动量为

$$p_0=\sqrt{2m(\mathrm{H_2})E_0(\mathrm{H_2})}$$

$$= \sqrt{2 \times 2 \times 938 \times 10^6 \times 1} = 6.13 \times 10^4 (\mathrm{eV}/c) \quad (c\text{ 为光速})$$

当离解出的一个氢原子垂直于 z 轴运动时，另一个离解出的氢原子动量为

$$p_2 = \sqrt{p_0^2 + p_1^2} = 7.23 \times 10^4 (\mathrm{eV}/c)$$

相应的动能为

$$E_2 = \frac{p_2^2}{2m(\mathrm{H})} = 2.80(\mathrm{eV})$$

所以，氢分子在离解过程中释放出的能量为

$$E_\mathrm{d} = E_1 + E_2 - E_0 = 0.8 + 2.8 - 1.0 = 2.6(\mathrm{eV})$$

4.11 钾原子的第一电离能为 4.34eV，氯原子的电子亲和能为 3.82eV，KCl 分子的平衡间距为 0.279nm，计算 KCl 分子分解为 K 原子和 Cl 原子所需的能量.

解 将 KCl 分子离解为 K 与 Cl 原子所需能量为将其分解为 K^+ 与 Cl^- 能量减 K^+ 吸收一个电子变 K 原子的能量，即钾的第一电离能，再加上 Cl^- 失去一个电子的能量，即氯原子的亲和能，得到

$$\begin{aligned} E_{\mathrm{KCl}} &= \frac{e^2}{4\pi\varepsilon_0 r_0} - E_{\mathrm{K}^+} + E_{\mathrm{Cl}^-} \\ &= \frac{1.44\mathrm{eV \cdot nm}}{0.279\mathrm{nm}} - 4.34\mathrm{eV} + 3.83\mathrm{eV} \\ &\approx 4.65\mathrm{eV} \end{aligned}$$

4.12 μ^- 子的电荷与电子相同而质量大约是电子质量的 200 倍，已知 μ^- 氢原子可能存在，这个原子结合一个质子形成 $H_2^+(\mu)$ "分子"，它由 $p^+ p^+ \mu^-$ 组成. 假设 μ^- 子的作用类似 H_2^+ 中的电子，估算 $H_2^+(\mu)$"分子"的两核间的平衡距离，分子的零点能和结合能.（已知 H_2^+ 的两核间的平衡距离为 0.1nm，分子的零点能为 0.14eV 和结合能为 2.7eV.）

解 精确解该问题不容易，这里我们仅用量纲来讨论. 在双原子分子中核被静电力结合在一起，这保证核间距离与原子的半径的尺度相同，用玻尔模型估计得到

$$\frac{r(\mu)}{r(\mathrm{e})} = \frac{m_\mathrm{e}}{m_\mu} \approx \frac{1}{200}$$

$r(\mu)$ 与通常的分子的尺寸相比的确很小. 与此类似，原子的能量之比为

$$\frac{E_{\mathrm{el}}(\mu)}{E_{\mathrm{el}}(\mathrm{e})} = \frac{m_\mu}{m_\mathrm{e}} \approx 200$$

分子的振动能级可以近似地用力常数 $k = e^2/r^3$ 表示，因此

$$\frac{k(\mu)}{k(\mathrm{e})} = \left(\frac{r(\mathrm{e})}{r(\mu)}\right)^3 = 8 \times 10^6$$

它们的零点能之比为

$$\frac{E_0(\mu)}{E_0(\mathrm{e})} = \left(\frac{k(\mu)}{k(\mathrm{e})}\right)^{1/2} = 2.84 \times 10^3$$

这样，$r(\mu) = r(\mathrm{e})/200 = 5 \times 10^{-4}\mathrm{nm}$，$E_0(\mu) = 2.84 \times 10^3 \times 0.14 = 398\mathrm{eV}$，$H_2^+$ 的能谱为

$$U = -A(\mathrm{e}) + E_0(\mathrm{e})(2\nu + 1) + \text{更小的项}$$

$$A(\mathrm{e}) = 2.7\mathrm{eV}, \quad E_0(\mathrm{e}) = 0.14\mathrm{eV}$$

因为 $A(\mathrm{e})$ 起因于电子运动的能量，且包含电子在两个核的场中的能量（类似两个核间的

库仑斥力.)我们有 $A(\mu)/A(\mathrm{e})\approx 200$,$A(\mu)=200\,A(\mathrm{e})=200\times 2.7=540\mathrm{eV}$,那么 $H_2^+(\mu)$ 分子的能谱为

$$U=-A(\mu)+E_0(\mu)(2v+1)$$

最后的结合能为

$$D(\mu)=A(\mu)-E_0(\mu)=168(\mathrm{eV})$$

4.13　G. Zweig 讨论了用夸克(如果它们存在的话)催化的氘核聚变反应,在通常的负氘核分子(ded)中两个氘核由一个电子结合在一起,电子始终在两核之间运动.原则上,一个中子可由一个质子隧穿至另一个质子,成为氚+质子+能量,但由于两氘核之间距离很大,以至于这种隧穿概率几乎为零.假如电子被一个很重的夸克(带电 $-4e/3$)代替,则两氘核间距变小,隧穿速率可变大,反应以后,夸克逃离并俘获另一氘核组成(dQ)原子(电荷 $-e/3$),接着这原子衰变到基态,再俘获另一氘核于 n 值很大的轨道上并再次衰变到基态,然后很快发生聚变,夸克又一次逃离.

(1) 假设夸克质量比氘核质量大得多,在(dQd)分子处于基态时,两氘核之间的距离是多少?

(2) (dQ)原子俘获一个氘核于 n 值很大的轨道上,试写出其衰变到基态所需时间的表达式,无须估计数值.

(3) 试写出在氘核中,中子和质子之间距离 $r\geqslant r_0$ ($r_0\gg 10^{-13}\,\mathrm{cm}$)的概率表达式,此处需要引入氘核的束缚能等,但不必估计表达式的数值.

(4) 作为隧道贯穿的一个简单模型假说,如果中子与质子间的距离达到 $r\geqslant r_0$ 时它立刻被另一个氘核捕获,写出 dQd 寿命的大小的表达式.

解　(1) 可把 dQd 分子类比于 H_2^+ 原子,只是把电子的质量 m_e 换成氘的质量 m,核电荷 e 换成夸克电荷 $-4e/3$.与 H_2^+ 类比,dQd 分子的哈密顿量可以写作

$$H=\frac{p_1^2}{2m}+\frac{p_2^2}{2m}-\frac{4e^2}{3r_1}-\frac{4e^2}{3r_2}+\frac{e^2}{r_{12}}$$

其中,$r_{12}=|\boldsymbol{r}_1-\boldsymbol{r}_2|$,$\boldsymbol{r}_1$、$\boldsymbol{r}_2$ 分别为两个氘核到重夸克的径向矢量.

假设基态波函数可以写成

$$\Psi(\boldsymbol{r}_1,\boldsymbol{r}_2)=\psi_{100}(\boldsymbol{r}_1)\,\psi_{100}(\boldsymbol{r}_2)$$

式中

$$\psi_{100}(\boldsymbol{r})=\frac{1}{\sqrt{\pi}}a^{-3/2}\exp\left(-\frac{r}{a}\right),\quad a=\frac{3\hbar^2}{4me^2}=10.8\mathrm{fm}$$

则基态时两个氘核间的平均距离为

$$\bar{r}_{12}=\frac{1}{\pi^2a^6}\iint \mathrm{d}\boldsymbol{r}_1\mathrm{d}\boldsymbol{r}_2\,r_{12}\exp\left[-\frac{2(r_1+r_2)}{a}\right]=\frac{8}{5}a=17.3\mathrm{fm}$$

(2) 核电荷为 Ze 的类氢原子的能量为 $-\dfrac{Z^2e^4m_e}{2\hbar^2n^2}$,与此类比 dQd 分子基态能量为

$$E_0=-2\times\left(\frac{4}{3}\right)^2\frac{me^4}{2\hbar^2}+\frac{e^2}{r_{12}}=-2\times\frac{4e^2}{6a}+\frac{5e^2}{8a}=-\frac{17}{24}\frac{e^2}{a}$$

当 n 很大时,可把 dQd 类比成类氢原子,dQ 看作电荷为 $-\dfrac{4}{3}e+e=-\dfrac{1}{3}e$ 的核,第二个氘

核代替轨道电子(电荷$=e$)，于是有

$$E_n=-\frac{4}{6}\frac{e^2}{a}-\left(\frac{1}{3}\right)^2\frac{me^4}{2\hbar^2n^2}=-\frac{4e^2}{6a}-\frac{e^2}{6a'}\cdot\frac{1}{n^2}$$

其中，$a'=\frac{3\hbar^2}{me^2}$. 所以，当系统衰变到基态时，辐射能量为

$$\Delta E=E_n-E_0=-\frac{4e^2}{6a}+\frac{17e^2}{24a}-\frac{e^2}{6a'n^2}\approx\frac{e^2}{24a}=\hbar\omega$$

故

$$\omega=\frac{\Delta E}{\hbar}\approx\frac{e^2}{24\hbar a}$$

而单位时间的跃迁概率为

$$A_{n1}=\frac{4e^2\omega^3}{3\hbar c^3}\mid\boldsymbol{r}_{1n}\mid^2$$

于是氘被俘获到基态的时间为

$$\tau=\frac{1}{A_{n1}}=\frac{3\hbar c^3}{4e^2\omega^3\mid\boldsymbol{r}_{1n}\mid^2}$$

受俘获的氘核波函数为 ψ_{nlm}，则激发态氘核部分波函数为

$$\Psi_{\pm}=\frac{1}{\sqrt{2}}[\psi_{100}(\boldsymbol{r}_1)\psi_{nlm}(\boldsymbol{r}_2)\pm\psi_{100}(\boldsymbol{r}_2)\psi_{nlm}(\boldsymbol{r}_1)]$$

因为

$$\langle\psi_{100}\mid\boldsymbol{r}_1\mid\psi_{100}\rangle=0$$

故

$$\boldsymbol{r}_{1n}=\frac{1}{\sqrt{2}}\langle\psi_{nlm}|\boldsymbol{r}_1-\boldsymbol{r}_2|\psi_{100}\rangle$$

$$\tau=\frac{3\hbar c^3}{2e^2\omega^3\mid\langle\psi_{nlm}\mid\boldsymbol{r}_1-\boldsymbol{r}_2\mid\psi_{100}\rangle\mid^2}$$

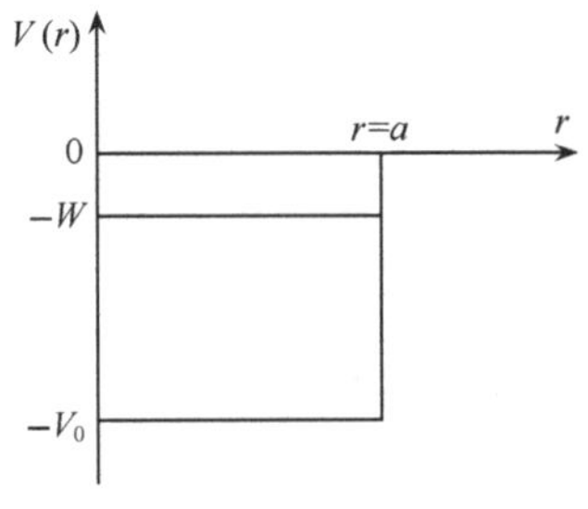

图 1.84

(3) 在氘核中，质子与中子之间的作用势可近似地用图 1.84 表示，W 是结合能. $a\approx10^{-13}$cm. 径向波函数 R 满足方程

$$R''+\frac{1}{r}R'+\frac{M}{\hbar^2}[-W-V(r)]R=0$$

其中 M 是中子质量. 令 $rR=u$，则上面的方程变为

$$u''-\frac{M}{\hbar^2}[W+V(r)]u=0$$

因 $V=-V_0(0\leqslant r\leqslant a)$，其余 $V=0$，于是

$$\begin{cases}u''-\frac{M}{\hbar^2}[W-V_0]u=0 & (r\leqslant a)\\ u''-\frac{MW}{\hbar^2}u=0 & (r>a)\end{cases}$$

由边界条件 $u|_{r=0}=0$，$u|_{r\to\infty}$ 有限，可知方程解为

$$u=\begin{cases}A\sin k_1r & (r\leqslant a)\\ B\exp(-k_2r) & (r>a)\end{cases}$$

其中，$k_1^2=\frac{M}{\hbar^2}(V_0-W)$，$k_2^2=\frac{MW}{\hbar^2}$. 由波函数在 $r=a$ 处的连续性，得

$$u=\begin{cases}A\sin k_1 r & (r\leqslant a)\\ A\sin k_1 a\cdot\exp[-k_2(a-r)] & (r>a)\end{cases}$$

再由波函数在 $r=a$ 处一阶导数连续，得 $\cot k_1 a=-k_2/k_1$，利用了条件 $a\approx10^{-13}\text{cm}$，$r_0=10^{-13}\text{cm}$，即 $r_0=a$. 于是 $r>r_0$ 时的概率为

$$P=\frac{\int_{r_0}^{\infty}r^2R^2(r)\mathrm{d}r}{\int_0^{\infty}r^2R^2(r)\mathrm{d}r}=\frac{\sin^2(k_1a)\cdot\exp[2k_2(a-r_0)]}{ak_2-\frac{k_2}{2k_1}\sin(2k_1a)+\sin^2(k_1a)}\approx\frac{\sin^2(k_1a)}{ak_2}\exp(-2k_2r_0)$$

本题也可以近似求解，u 用 $c\cdot\exp(-k_2r)$ 替代，则

$$P=\frac{\int_{r_0}^{\infty}\exp(-2k_2r)\mathrm{d}r}{\int_0^{\infty}\exp(-2k_2r)\mathrm{d}r}=\exp(-2k_2r_0)$$

(4) 中子在势阱中的径向速度为

$$v=\frac{p}{M}=\sqrt{\frac{2(V_0-W)}{M}}$$

单位时间内穿越的概率为

$$\lambda=\frac{vp}{a}$$

因此 dQd 的平均寿命为

$$\tau=\frac{1}{\lambda}=\frac{a}{vp}\approx a\sqrt{\frac{M}{2(V_0-W)}}\exp(2k_2r_0)$$

4.14　若一个中子与氧分子碰撞并激发其转动能级，试计算该中子必须具备的最小能量. 已知氧分子键长为 0.12nm.

解　氧分子的转动惯量为

$$I=\mu r^2=\frac{m}{2}r^2$$

式中，r 为氧分子键长，m 为氧原子质量.

分子的转动能级为

$$E_J=\frac{h^2}{8\pi^2I}J(J+1),\quad J=0,1,2,\cdots$$

若要激发氧分子转动能级，氧分子需吸收的最小能量为

$$E_{\min}=E_1-E_0=\frac{h^2}{4\pi^2I}=\frac{h^2}{2\pi^2mr^2}=\frac{2(\hbar c)^2}{mc^2r^2}$$

$$=\frac{2\times(197.32)^2\text{eV}^2\cdot\text{nm}^2}{16\times938\times10^6\times(0.12)^2\text{eV}\cdot\text{nm}^2}=3.6\times10^{-4}(\text{eV})$$

由于中子质量远小于氧分子质量，故所求中子的最小动能近似为 3.6×10^{-4}eV.

4.15　HBr 的远红外光谱由一系列相隔 17cm^{-1} 的谱线组成. 计算 HBr 的核间距.

解　远红外光谱是转动谱，转动能量为 $E_J=\frac{\hbar^2J(J+1)}{mr^2}$，其中 m 是质子质量.

谱线间隔为$\frac{\hbar^2}{mr^2}=2\pi\hbar c\Delta\tilde{\nu}$，从而得到

$$r=\left(\frac{\hbar}{2\pi mc\Delta\tilde{\nu}}\right)^{1/2}=\left(\frac{\hbar c}{2\pi mc^2\Delta\tilde{\nu}}\right)^{1/2}=\left(\frac{197\times10^{-13}}{2\pi\times938\times17}\right)^{1/2}=1.4\times10^{-8}(\text{cm})$$

4.16 试计算与回答下述问题：

(1) 假定$^{23}Na^{35}Cl$和$^{23}Na^{37}Cl$两种同位素分子的核间距相等，一台光谱仪恰能分辨这两种同位素的转动光谱，求这一光谱仪的分辨率$\Delta\lambda/\lambda$；

(2) 若这两种同位素分子的力常数相等，试问这台光谱仪是否也能分辨这两种分子的振动光谱？

解 (1) 因为分子的转动能级为

$$E_J=\frac{\hbar^2}{2\mu r^2}J(J+1),\quad J=0,1,2,\cdots$$

且r相等，所以两个分子的转动光谱的差别只与它们的折合质量有关. 令^{23}Na、^{35}Cl和^{37}Cl的质量分别为m_1、m_2和m_3. 那么要求光谱仪的分辨率为

$$\frac{\Delta\lambda}{\lambda}=\frac{\Delta E}{E}=\frac{\Delta\mu}{\mu}=1-\frac{\mu_1}{\mu_2}=1-\frac{m_2(m_1+m_3)}{m_3(m_1+m_2)}$$
$$=1-\frac{35\times(23+37)}{37\times(23+35)}\approx0.021$$

(2) 分子的振动能级为

$$E_v=\left(v+\frac{1}{2}\right)h\nu_0=\left(v+\frac{1}{2}\right)\frac{1}{2\pi}\sqrt{\frac{k}{\mu}}$$

当两分子的力常数相等时，光谱的移动仅与折合质量μ有关

$$\frac{\Delta\lambda_v}{\lambda_v}=\frac{\Delta E_v}{E_v}=\frac{\frac{1}{2}\mu^{-3/2}\Delta\mu}{\mu^{-1/2}}=\frac{1}{2}\frac{\Delta\mu}{\mu}$$

所以这台光谱仪不能分辨这两种分子的振动光谱.

4.17 假设$^1H^{35}Cl$分子近似为一刚性哑铃，两核距1.29×10^{-10} m，计算其远红外谱线的频率间隔($h=6.6\times10^{-34}$ J·s，1原子质量单位$=1.67\times10^{-27}$ kg).

解 因为分子为刚性哑铃，所以不必考虑分子的振动. 分子的转动惯量为

$$I=\mu r^2=\frac{m_{Cl}m_H}{m_{Cl}+m_H}r^2=\frac{35}{36}\times1.67\times10^{-27}\times(1.29\times10^{-10})^2$$
$$=2.7\times10^{-47}(\text{kg}\cdot\text{m}^2)$$

对远红外谱即转动光谱，频率为

$$\nu=\frac{hcBJ(J+1)-hcBJ(J-1)}{h}=2cBJ$$

其中，$B=\hbar^2/(2Ihc)$，于是

$$\nu=\frac{\hbar^2}{Ih}J$$

频率间隔为

$$\Delta\nu=\frac{\hbar^2}{Ih}=\frac{h}{4\pi^2I}=\frac{6.6\times10^{-34}}{4\pi^2\times2.7\times10^{-47}}$$

$$= 6.2 \times 10^{11}(\text{Hz})$$

4.18　考虑同核双原子分子$^{14}N_2$. 已知氮核的自旋 $I=1$，试由此导出氮分子光谱中两相邻转动谱线的强度比.

解　因氮核的自旋 $I=1$，因此氮分子的总波函数必须是对称的. 两核交换时波函数出现因子$(-1)^J$，这样转动量子数 J 为偶数的转动态必定是自旋对称态，J 为奇数的转动态必定是自旋反对称态，则

$$\frac{\text{自旋对称态简并度}}{\text{自旋反对称态简并度}} = \frac{(I+1)(2I+1)}{I(2I+1)} = \frac{I+1}{I} = 2:1$$

由于同核双原子分子只有拉曼谱，选择定则为 $\Delta J=0,\pm 2$，在跃迁中自旋波函数的对称性不变，于是得到相邻谱线的强度比为 2∶1.

4.19　(1) 考虑一哑铃分子的基态，每个核的质量为 1.7×10^{-24}g，平衡时核间距是 0.075nm. 视核为不可分辨的，试计算前两个转动能级的能量差. $\hbar=1.05\times 10^{-27}$erg · s.

(2) 当氢原子形成氢分子时，75%的分子处于正氢态，其余处于仲氢态，这两个态的差别是什么？75%又来自哪里？

解　(1) 分子的转动惯量为

$$I = \mu r^2 = \frac{1}{2}mr^2 \quad (r\text{ 为核间距})$$

转动能级

$$E_J = \frac{\hbar^2}{2H}J(J+1)$$

其中

$$J = \begin{cases} 0,2,4,\cdots & (\text{仲氢}) \\ 1,3,5,\cdots & (\text{正氢}) \end{cases}$$

所以前两个转动能级($J=0,1$)的能量差为

$$\Delta E_{0,1} = \frac{\hbar^2}{2I}[J_1(J_1+1) - J_0(J_0+1)] = \frac{\hbar^2}{I} = \frac{2(\hbar c)^2}{mc^2r^2} = \frac{2\times(197.3)^2}{938\times 10^6\times(0.075)^2}$$

$$= 1.48\times 10^{-2}(\text{eV})$$

(2) 氢核即质子的自旋 $S=1/2$，氢分子中两核的总自旋 $S'=0,1$.

核总自旋 $S'=1$ 是自旋对称态，即正氢态；

核总自旋 $S'=0$ 是自旋反对称态，即仲氢态.

正氢和仲氢的分子数之比来自于这两个态的自旋态简并度之比：

$$\frac{\text{正氢态自旋简并度}}{\text{仲氢态自旋简并度}} = \frac{S+1}{S} = \frac{1/2+1}{1/2} = 3:1$$

4.20　某双原子分子的折合质量为 μ，两核之间的距离为 r_0. 当分子处于第 J 个转动能级时，试求其转动的角频率. 若分子是 HCl，原子核间距为 0.129nm，试求它处于第一激发转动能级时的角频率和第 5 条($J'=5$)转动光谱线的波长，以及它辐射这一谱线后，角动量数值的改变. H 和 Cl 的原子量分别为 1.008u 和 35.45u.

解　分子的转动能量为

$$E_r = \frac{1}{2}I\omega^2 = \frac{h^2}{8\pi^2 I}J(J+1)$$

其中 I 为分子的转动惯量.

当分子处于第 J 个转动能级时，其角频率为

$$\omega=\frac{\hbar}{I}\sqrt{J(J+1)}=\frac{\hbar}{\mu r_0^2}\sqrt{J(J+1)}$$

对于 HCl 分子，

$$I=\mu r_0^2=\frac{m_{\mathrm{H}}m_{\mathrm{Cl}}}{m_{\mathrm{H}}+m_{\mathrm{Cl}}}r_0^2=2.69\times10^{-47}(\mathrm{kg\cdot m^2})$$

当 HCl 分子处于第一激发转动能级时，$J=1$，它的转动角频率为

$$\omega=\frac{\sqrt{2}\,\hbar}{I}=5.52\times10^{12}(\mathrm{s^{-1}})$$

双原子分子纯转动光谱的波数为

$$\tilde{\nu}_r=\frac{1}{\lambda_r}=2BJ',\quad J'=1,2,\cdots$$

其中转动常数 $B=\frac{h}{4\pi Ic}$. 对于 HCl，$B=1036\mathrm{m^{-1}}$. 所以 $J'=5$ 时，

$$\lambda_{r5}=\frac{1}{2BJ'}=96.52(\mu\mathrm{m})$$

因为转动量子数 J 的选择定则为

$$\Delta J=J'-J=\pm1$$

所以下能级的转动量子数为 $J=J'-1=4$，故分子角动量的变化为

$$\Delta P=\sqrt{J'(J'+1)}\,\hbar-\sqrt{J(J+1)}\,\hbar=1.01\,\hbar$$

4.21　已知 NaCl 分子远红外纯转动光谱相邻谱线的波数差为 $0.28\mathrm{cm^{-1}}$，求在 300K 温度下，NaCl 分子处于基态与第一、二转动激发态分子数布局的比例. 已知 $k=8.617\times10^{-5}\mathrm{eV\cdot K^{-1}}$，$hc=1240\mathrm{eV\cdot nm}$.

解　当 $T=300\mathrm{K}$ 时，

$$kT=8.617\times10^{-5}\times300\mathrm{eV}=0.0258\mathrm{eV}$$

能级的简并度

$$g_J=2J+1$$

分子转动能级的间隔为

$$\Delta E_J=hcBJ(J+1)=\frac{1}{2}hc\Delta\tilde{\nu}J(J+1)$$

当 $J=1$ 时，

$$\Delta E_1=hc\Delta\tilde{\nu}=1240\times10^{-7}\times0.28=0.347\times10^{-4}(\mathrm{eV})$$

当 $J=2$ 时，

$$\Delta E_2=3hc\Delta\tilde{\nu}=1.04\times10^{-4}(\mathrm{eV})$$

处在不同能级上的分子数，$N\propto g\exp(-\Delta E/kT)$，$g_0=1$，$g_1=3$，$g_2=5$. 所以所求比例为

$$\begin{aligned}N_0:N_1:N_2&=1:3\exp(-\Delta E_1/kT):5\exp(-\Delta E_2/kT)\\&=1:3\exp(-0.347\times10^{-4}/0.0258):5\exp(-1.04\times10^{-4}/0.0258)\end{aligned}$$

$\approx 1:2.96:4.80$

4.22　证明双原子分子转动能级中具有分子最大布居数的能级满足 $J=\sqrt{\frac{kT}{2Bhc}}-\frac{1}{2}$.

解　双原子分子转动能级分子布居数 N_J 满足

$$N_J \propto (2J+1)\exp[-hcBJ(J+1)/kT]$$

当 $\frac{dN_J}{dJ}=0$ 时，N_J 取极大，则有

$$2 = hcB(2J+1)^2/kT$$

由此解得

$$J=\sqrt{\frac{kT}{2Bhc}}-\frac{1}{2}$$

4.23　设氢分子中两氢原子的平衡距离为 $r_0=0.074\text{nm}$，且力常数 k 满足 $e^2/(4\pi\varepsilon_0 r_0^2)=kr_0$，求氢分子 H_2 的振动能级间距.($hc=1.24\times10^3\text{eV}\cdot\text{nm}$，$u=931\text{MeV}/c^2$，H 原子量为 1.008，$e^2/(4\pi\varepsilon_0)=1.44\text{eV}\cdot\text{nm}$)

解　分子的振动能级为

$$E_v=\left(v+\frac{1}{2}\right)h\nu_0$$

振动能级间距

$$\Delta E_{振}=h\nu_0=\frac{h}{2\pi}\sqrt{\frac{k}{\mu}},$$

其中，$\mu=\frac{m_H}{2}$ 为氢分子的折合质量. 由 $\frac{e^2}{4\pi\varepsilon_0 r_0^2}=kr_0$，得

$$k=\frac{e^2}{4\pi\varepsilon_0 r_0^3}$$

所以

$$\Delta E_{振}=\frac{hc}{2\pi}\left(\frac{2e^2}{4\pi\varepsilon_0 r_0^3 m_H c^2}\right)^{1/2}=\frac{1.24\times10^3}{2\pi}\left(\frac{2\times1.44}{0.074^3\times1.008\times931\times10^6}\right)^{1/2}$$

$$\approx 0.543(\text{eV})$$

4.24　示意画出 HF 分子的势能随核间距变化的曲线 $V(r)$，在图上标出离解能.

(1) 为估计振动能级，在 $V(r)$ 最小值附近可作何种简单近似？如果 HF 的零点能为 0.26eV，试用所作的近似估算 DF 分子的零点能(D-氘，$F={}^{19}F$)；

(2) 在上述近似下，叙述 HF 分子中振动能级间电磁跃迁的选择定则，并简要说明理由. 这些跃迁中光子能量多大？

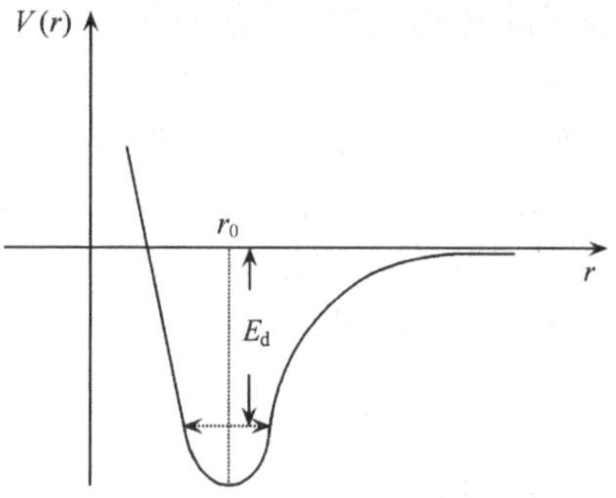

图 1.85

解　$V(r)$ 曲线如图 1.85 所示，图中 E_d 表示

离解能.

(1) $V(r)$在最小值附近作简谐近似为$V(r)\approx\frac{1}{2}k(r-r_0)^2$，这样分子在 r_0 附近做简谐振动，可估算出振动能级. 分子的零点能为 $E_0=\frac{1}{2}\hbar\omega_0=\frac{\hbar}{2}\sqrt{\frac{k}{\mu}}$，$\mu$ 为振动体系的折合质量.

DF 与 HF 相比只是氘取代了氢，它们的电学性质相同，因此两者有近似相同的势能曲线，即 $k(\mathrm{DF})\approx k(\mathrm{HF})$，但它们的折合质量不同.

$$\mu(\mathrm{DF})=\frac{m(\mathrm{D})m(\mathrm{F})}{m(\mathrm{D})+m(\mathrm{F})}\approx 1.8\mathrm{u}$$

$$\mu(\mathrm{HF})=\frac{m(\mathrm{H})m(\mathrm{F})}{m(\mathrm{H})+m(\mathrm{F})}\approx 0.95\mathrm{u}$$

式中 u 为核子质量. 于是

$$\frac{E_0(\mathrm{HF})}{E_0(\mathrm{DF})}\approx\sqrt{\frac{\mu(\mathrm{DF})}{\mu(\mathrm{HF})}}$$

则 DF 分子的零点能为

$$E_0(\mathrm{DF})\approx\sqrt{\frac{\mu(\mathrm{HF})}{\mu(\mathrm{DF})}}E_0(\mathrm{HF})=\sqrt{\frac{0.95}{1.81}}\times 0.26\approx 0.193(\mathrm{eV})$$

(2) 在简谐近似下，振动能级为

$$E_v=(v+1/2)\hbar\omega,\quad v=0,1,2,3,\cdots$$

这些能级间电磁跃迁的选择定则为

$$\Delta v=\pm 1,\pm 2,\pm 3,\cdots$$

而这些能级间电偶极跃迁的选择定则为

$$\Delta v=\pm 1$$

选择定则由跃迁矩阵元及宇称变化决定. 电磁辐射中包括所有的电磁跃迁极性，故对宇称变化没有要求，因此选择定则为 $\Delta v=\pm1,\pm2,\pm3,\cdots$. 而对电偶极跃迁，跃迁前后宇称应发生变化，又跃迁矩阵元只在 $\Delta v=\pm1$ 时才不为零，故选择定则为 $\Delta v=\pm1$.

纯振动能级间跃迁放出的光子能量近似为 ω_0，0.1～1eV.

4.25 HCl 分子有一个近红外光谱带，其相邻的几条谱线的波数是 $\tilde{\nu}_1=2925.78\mathrm{cm}^{-1}$、$\tilde{\nu}_2=2906.25\mathrm{cm}^{-1}$、$\tilde{\nu}_3=2865.09\mathrm{cm}^{-1}$、$\tilde{\nu}_4=2843.56\mathrm{cm}^{-1}$ 和 $\tilde{\nu}_5=2821.49\mathrm{cm}^{-1}$，H 和 Cl 的原子量分别是 1.008 和 35. 试计算这个谱带的基线波数 $\tilde{\nu}_0$ 和这种分子的转动惯量，并估计两核之间的距离. 已知$\hbar=6.58\times10^{-22}\mathrm{MeV\cdot s}$，$\mathrm{u}=1.66\times10^{-27}\mathrm{kg}$.

解 $\tilde{\nu}_1$、$\tilde{\nu}_2$、$\tilde{\nu}_3$、$\tilde{\nu}_4$、$\tilde{\nu}_5$ 相邻谱线之间的间隔分别为 $19.53\mathrm{cm}^{-1}$、$41.16\mathrm{cm}^{-1}$、$21.53\mathrm{cm}^{-1}$、$22.07\mathrm{cm}^{-1}$. 对振转谱线而言，P 支谱线之间，或 R 支谱线之间，相邻谱线的波数差为 $2B$，但 P 支与 R 支之间相差 $4B$. 所以上述谱线中 $\tilde{\nu}_1$、$\tilde{\nu}_2$ 为 R 支，$\tilde{\nu}_3$、$\tilde{\nu}_4$、$\tilde{\nu}_5$ 为 P 支.

这个谱带的基线的波数

$$\tilde{\nu}_0=\frac{1}{2}(\tilde{\nu}_2+\tilde{\nu}_3)=2885.67\mathrm{cm}^{-1}$$

分子的转动惯量

$$I=\frac{\hbar}{2\pi c\Delta\tilde{\nu}}=\frac{6.58\times10^{-22}}{2\times3\times10^{10}\times19.53}=2.87\times10^{-47}(\mathrm{m^2\cdot kg})$$

两核之间的间距

$$r=\sqrt{\frac{m_1+m_2}{m_1m_2}I}=1.29\times10^{-10}(\mathrm{m})$$

若用平均值

$$\Delta\tilde{\nu}=2B=(2925.78-2821.49)/5=20.86(\mathrm{cm}^{-1})$$

则

$$I=2.68\times10^{-47}(\mathrm{kg\cdot m^2})$$

4.26 中心力场 $V(r)$ 的薛定谔方程的径向部分为

$$-\frac{\hbar^2}{2\mu}\frac{1}{r^2}\frac{\mathrm{d}}{\mathrm{d}r}\left(r^2\frac{\mathrm{d}\Psi(r)}{\mathrm{d}r}\right)+\left[V(r)+\frac{l(l+1)\hbar^2}{2\mu r^2}\right]\Psi(r)=E\Psi(r)$$

考虑一个双原子分子，两个核的质量分别为 m_1 和 m_2，分子中原子之间相互作用势能的一个较好的近似是

$$V(r)=-2V_0\left(\frac{1}{\rho}-\frac{1}{2\rho^2}\right)$$

其中，$\rho=r/a$，a 是一个特征常数.

(1) 把薛定谔方程在最小有效势附近展开，证明若 B 值很小，波动方程将退化成为一个谐振子方程，其频率为

$$\omega=\left[\frac{2V_0}{\mu a^2(1+B)^3}\right]^{\frac{1}{2}}，这里\ B=\frac{l(l+1)\hbar^2}{2\mu a^2V_0}$$

(2) 设 $\frac{\hbar^2}{2\mu}=a^2V_0$，求出振动、转动及转动-振动能级(只考虑小振动).

解 (1) 分子的有效势为

$$V_{\mathrm{eff}}=V(r)+\frac{l(l+1)\hbar^2}{2\mu r^2}=-2V_0\left[\frac{a}{r}-\frac{a^2}{2r^2}(B+1)\right]$$

由 $\frac{\partial V_{\mathrm{eff}}}{\partial r}=0$，得 $r=(1+B)a\equiv r_0$，此时 V_{eff} 取最小值. 将 V_{eff} 在 $r=r_0$ 附近展开，并忽略 $\left(\frac{r-r_0}{a}\right)^2$ 以上的高次项，则有

$$V_{\mathrm{eff}}\approx-\frac{V_0}{1+B}+\frac{V_0}{(1+B)^3a^2}\cdot[r-(1+B)a]^2$$

代入径向方程，得到

$$-\frac{\hbar^2}{2\mu}\frac{1}{r^2}\frac{\mathrm{d}}{\mathrm{d}r}\left(r^2\frac{\mathrm{d}\Psi(r)}{\mathrm{d}r}\right)+\left\{-\frac{V_0}{1+B}+\frac{V_0}{(1+B)^3a^2}\cdot[r-(1+B)a]^2(r)\right\}\Psi(r)$$
$$=E\Psi(r)$$

令 $\Psi(r)=\frac{1}{r}\chi(R)$，$R=r-r_0$，则

$$-\frac{\hbar^2}{2\mu}\frac{\mathrm{d}^2}{\mathrm{d}R^2}\chi(R)+\frac{V_0}{(1+B)^3a^2}R^2\chi(R)=\left(E+\frac{V_0}{1+B}\right)\chi(R)$$

显然，这是一个谐振子方程，角频率为

$$\omega=\left[\frac{2V_0}{\mu a^2(1+B)^3}\right]^{\frac{1}{2}}$$

（2）当$\frac{\hbar^2}{2\mu}\gg a^2V_0$时

$$B=\frac{l(l+1)\hbar^2}{2\mu a^2V_0}\gg 1,\quad r_0\approx Ba$$

$$\omega=\sqrt{\frac{2V_0}{\mu a^2B^3}}$$

由上述谐振子方程容易得到振动能级为

$$E_v=\left(v+\frac{1}{2}\right)\hbar\omega,\quad v\approx 0,1,2,\cdots$$

转动能级为

$$E_r=\frac{l(l+1)\hbar^2}{2\mu r_0}\approx\frac{l(l+1)\hbar^2}{2\mu Ba}$$

转动-振动能级为

$$E=E_v+E_r=\left(v+\frac{1}{2}\right)\hbar\omega+\frac{l(l+1)\hbar^2}{2\mu Ba}$$

4.27　（1）氢核自旋为1/2，氘核自旋是1，试确定H_2，D_2和HD分子的自旋态.

（2）分别对H_2、D_2和HD分子讨论各核自旋态允许的转动态.

（3）估计H_2前两个转动能级的能量差.核动能贡献的近似量值为多少？两个核自旋相互作用及核自旋与轨道运动相互作用贡献多少？

（4）用(3)的结果求出H_2、D_2及HD在温度为1K时核自旋态的分布.

解　（1）因为$S(\mathrm{P})=1/2$，$S(\mathrm{D})=1$，所以，H_2的自旋可为1或0；D_2的自旋可为2，1或0；HD的自旋可为1/2或3/2.

（2）H_2、D_2中两核为全同粒子，总波函数在交换下分别为反对称和对称，而HD无此要求.总的波函数可以写成$\Psi_T=\Psi_e\Psi_v\Psi_r\Psi_s$，其中$\Psi_e$、$\Psi_v$、$\Psi_r$和$\Psi_s$分别为电子波函数、核的振动波函数、核的转动波函数和核的自旋波函数.对于基态，Ψ_e，Ψ_v是交换对称的.对于H_2和D_2的转动态，在两核交换时出现因子$(-1)^J$，J是转动角动量量子数，由波函数对称性的要求给出下面的结果：

H_2：当$S=1$时（Ψ_s对称），$J=1,3,5,\cdots$，Ψ_r必须是交换反对称的；

　　当$S=0$时（Ψ_s反对称），$J=0,2,4,\cdots\Psi_r$必须是交换对称的.

D_2：当$S=0,2$时，$J=0,2,4,\cdots$；

　　当$S=1$时，$J=1,3,5,\cdots$.

HD：当$S=\frac{1}{2},\frac{3}{2}$，$J=1,2,3,\cdots$无限制.

（3）(i)对H_2，核间距近似取$a=2a_0\approx 0.1\mathrm{nm}$，$a_0=\frac{\hbar^2}{m_e e^2}$为玻尔半径，转动惯量$I=2m_pa_0^2=\frac{1}{2}m_pa^2$，则前两个转动能的能量差

$$\Delta E=\frac{\hbar^2}{2I}\times[1\times(1+1)-0\times(0+1)]\approx\frac{2\hbar^2}{m_pa^2}\approx\frac{m_e}{m_p}E_c$$

其中，$E_c=\frac{2\hbar^2}{m_e a^2}=\frac{e^2}{2a_0}$是基态氢原子的电离能.

(ii) 核的动能除转动外，还有振动能，作为估算，令 $\Delta E_v\approx\hbar\,\omega$. 核间力 $f\approx e^2/a^2$，梯度 $K=|\nabla f|\approx 2e^2/a^3$，故

$$\Delta E_0=\hbar\,\omega\approx\sqrt{\frac{k}{m_p}}=\sqrt{\frac{2e^2\hbar^2}{m_p a^3}}=\frac{\hbar}{a^2 m_p}\sqrt{\frac{m_p}{m_e}}=\sqrt{\frac{m_e}{m_p}}\frac{e^2}{2a_0}\approx\sqrt{\frac{m_e}{m_p}}E_0$$

所以核动能贡献的数量级为$\sqrt{\frac{m_e}{m_p}}E_0$.

(iii) 核自旋之间相互作用能

$$\Delta E\approx\frac{\mu_N^2}{a^3}\approx\left(\frac{e\hbar}{2m_p c}\right)^2\frac{1}{8a_0^3}=\frac{1}{16}\left(\frac{\hbar}{m_p c}\right)^2\left(\frac{m_e e^2}{\hbar^2}\right)^2\left(\frac{e^2}{2a_0}\right)$$

$$=\frac{1}{16}\left(\frac{m_e}{m_p}\right)^2\left(\frac{e^2}{\hbar c}\right)^2E_0=\frac{1}{16}\left(\frac{m_e}{m_p}\right)^2\alpha^2E_0$$

其中，$\alpha=\frac{e^2}{\hbar c}$为精细结构常数.

(iv) 核自旋与电子轨道运动的相互作用为

$$\Delta E\approx\frac{\mu_N\mu_B}{a^3}\approx\frac{1}{2}\alpha^2\left(\frac{m_e}{m_p}\right)E_0$$

(4) 对 H_2，转动惯量 $I=\mu a^2=\frac{1}{2}m_p a^2\approx 2m_p a_0^2$，故 $l=0$ 与 $l=1$ 转动态能量差为

$$\Delta E_{H_2}=\frac{\hbar^2}{2I}\times(2-0)=\frac{2m_e}{m_p}E_0$$

对 D_2，因核质量比 H_2 大一倍，故

$$\Delta E_{D_2}=\frac{1}{2}\Delta E_{H_2}=\frac{m_e}{m_p}E_0$$

因为 $\Delta E=\frac{E_0}{2000}=\frac{13.6}{2000}=6.8\times10^{-3}$，当 $T=1\text{K}$ 时，$kT=8.7\times10^{-5}$(eV). 从而

$$\Delta E=E_0/2000=0.8\times10^{-3}\text{eV}\gg kT$$

于是对 H_2 和 D_2 均有 $\exp(-\Delta E/kT)\approx0$(其中 $T=1\text{K}$)，由玻尔兹曼分布律，可知 H_2 和 D_2 都处于基态.

自旋态简并度：对 H_2，$g_{s=1}:g_{s=0}=3:1$；对 D_2，$g_{s=2}:g_{s=1}:g_{s=0}=5:3:1$；对 HD，$g_{s=2/3}:g_{s=1/2}=2:1$. 因此在 $T=1\text{K}$ 时，根据布居数之比 g_2/g_1，可知 H_2 全部处在自旋单态($S=0$)；D_2 处在 $S=2$ 态或 $S=1$ 态，相对比例是 5∶1；HD 处于 $S=3/2$ 态或 $S=1/2$ 态，相对比例是 2∶1.

4.28 实验观测到 HCl 的一系列吸收线，波数(cm^{-1})分别是 83.03，103.73，124.30，145.03，165.51 和 185.86. 这些谱线是振动还是转动跃迁产生的？如果是前者，特征频率是多少？如果是后者，相应的量子数 J 值是多大？在此情况下估计核间距.

解 振动能级相邻振动线之间的间距一般约为 10^{-1}eV，即 10^3cm^{-1}的量级，根据题设，谱线的间距平均为 20.57cm^{-1}，由此判定上述谱线乃系转动能级之间的跃迁所致.

转动能级的能量为

$$E_J=\frac{\hbar^2}{2I}J(J+1)$$

其中，J 是转动量子数，I 为转动惯量，

$$I=\mu R^2=\frac{m_{\mathrm{Cl}}m_{\mathrm{H}}}{m_{\mathrm{Cl}}+m_{\mathrm{H}}}R^2=\frac{35}{36}m_{\mathrm{H}}R^2$$

R 为两核间的平均距离，μ 为两个核的折合质量.

在 $J'\to J'-1$ 的跃迁中，我们有

$$\frac{hc}{\lambda}=\frac{\hbar^2}{2I}[J'(J'+1)-J'(J'-1)]=\frac{\hbar^2}{I}J'$$

或者

$$\tilde{\nu}=\frac{1}{\lambda}=\frac{\hbar J'}{2\pi Ic}$$

则相邻谱线的间隔为

$$\Delta\tilde{\nu}=\frac{\hbar}{2\pi cI}=\frac{36\hbar}{2\pi c\cdot 35m_{\mathrm{H}}R^2}$$

所以

$$R=\left[\frac{36\hbar c}{2\pi 35m_{\mathrm{H}}c^2\Delta\tilde{\nu}}\right]^{1/2}=\left[\frac{197.3\times 36}{2\pi 35\times 938\times 10^6\times 20.57\times 10^{-7}}\right]^{1/2}=0.129(\mathrm{nm})$$

因为 $J'=\frac{\tilde{\nu}}{\Delta\tilde{\nu}}$，所以跃迁相应的转动角动量量子数为 $J'=4,5,6,7,8,9$.

4.29 图 1.86 示出在室温下 HCl 蒸气的透射率随波数的变化情形，从左到右是波数减小的方向，解释透射谱的所有特征，并给出关于 HCl 的定量知识. 示意画出标有量子数的能级图以帮助你的解释.

注：不考虑 $\tilde{\nu}<2900\mathrm{cm}^{-1}$ 时上基线的缓慢下降，并假设上基线代表 100% 的透射率，吸收线的相对大小是正确的.

解 图 1.86 中的吸收谱是 Cl 的两种同位素 ^{35}Cl 和 ^{37}Cl 的化合物 H^{35}Cl、H^{37}Cl 的振动-转动谱，跃迁能量为

$$E_{v,J}=\left(v+\frac{1}{2}\right)h\nu_0+\frac{\hbar^2 J(J+1)}{2I}$$

其中，v，J 分别为振动和转动量子数，ν_0 为特征频率，I 为转动惯量.

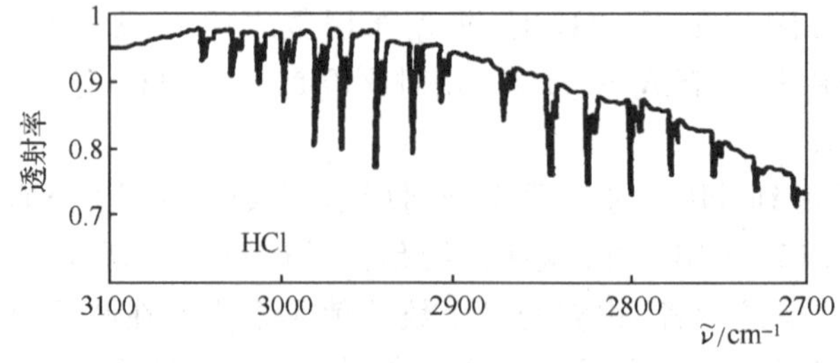

图 1.86

跃迁的选择定则为 $\Delta v=\pm 1$，$\Delta J=\pm 1$.

光谱中间所缺少的一条吸收线相应于 $J=0\to J'=0$，因它是禁戒的，如图 1.87 所示.

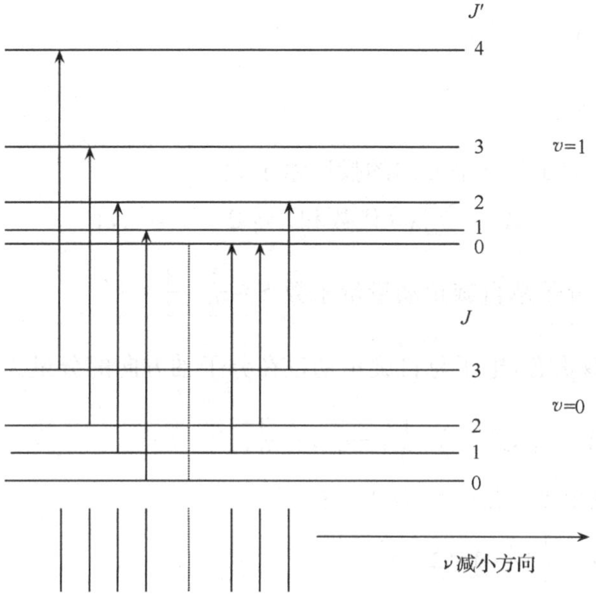

图 1.87

这条被禁戒的吸收线位于 $\tilde{\nu}=890\text{cm}^{-1}$ 处，即 $\nu_0=\lambda^{-1}=8.67\times10^{13}\text{s}^{-1}$（$c$ 为光速）.

$$\nu_0=\frac{1}{2\pi}\sqrt{\frac{k}{\mu}}$$

其中，k 为作用力常数，μ 为 HCl 分子折合质量.

$$\mu=\frac{35}{36}m_{\text{H}}=1.62\times10^{-24}(\text{g})$$

从而求得 $k=4.8\times10^5\text{erg}\cdot\text{cm}^{-2}=3000\text{eV}\cdot\text{nm}^{-2}$.

图 1.88 是 HCl 分子中两原子间相互作用势的大致形状，力常数 k 就等于 $\left.\frac{1}{2}\frac{\text{d}^2V(r)}{\text{d}r^2}\right|_{r=r_0}$（小振动近似）. 从图 1.86 转动谱线的间距可确定

$$\Delta\tilde{\nu}=20.50\text{cm}^{-1}$$

$$r_0=\left[\frac{37}{2\pi\cdot36m_{\text{H}}c^2\Delta\tilde{\nu}}\right]^{1/2}=0.13(\text{nm})$$

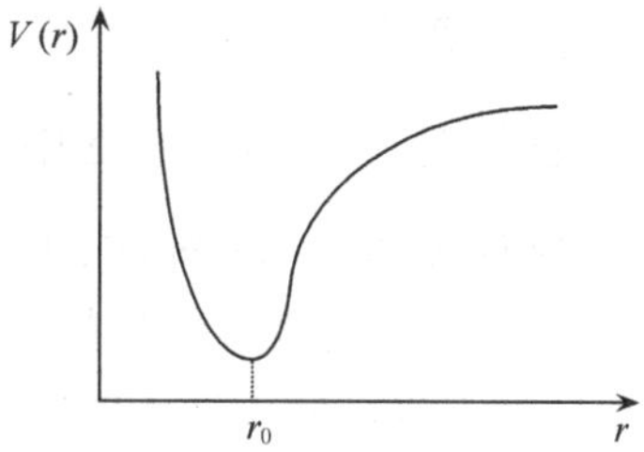

图 1.88

从图 1.86 中两套谱线的强度比可以推知样品中 Cl 同位素的丰度比. 对于 H^{35}Cl，$\mu=\frac{35}{36}m_{\text{H}}$；而对于 H^{37}Cl，$\mu=\frac{37}{38}m_{\text{H}}$，故 H^{37}Cl 所对应的谱线波数较小. 从图中可以看出两套谱线的强度比约为 3∶1，所以 ^{35}Cl 和 ^{37}Cl 的丰度比约为 3∶1.

4.30　某双原子分子的电子壳层由 σ、π 和 δ 三个电子组成，试确定此分子的电子状态可能有的谱项类型，其间有几种可能跃迁？

解　σ 电子：$\lambda_1=0, s_1=\frac{1}{2}$；

π 电子：$\lambda_2=1, s_2=\frac{1}{2}$；

δ 电子：$\lambda_3=2, s_3=\frac{1}{2}$.

分子总轨道角动量在分子轴方向的投影量子数

$$\Lambda=\sum_i \lambda_i(\text{代数和})=2\pm 1=3,1$$

分别为 Φ 态和 Π 态. 分子总自旋角动量量子数 $S=\frac{1}{2}, \frac{3}{2}$.

当 $S=\frac{1}{2}$ 时，为双重态，电子总自旋角动量在分子轴方向的分量为 $\Sigma=\frac{1}{2}, -\frac{1}{2}$；

当 $S=\frac{3}{2}$ 时，为 4 重态，$\Sigma=\frac{3}{2}, \frac{1}{2}, -\frac{1}{2}, -\frac{3}{2}$.

分子轴方向的总角动量量子数为 $\Lambda+\Sigma$.

当 $\Lambda=1, \Sigma=\frac{1}{2}, -\frac{1}{2}$ 时，$\Lambda+\Sigma=\frac{3}{2}, \frac{1}{2}$；

当 $\Lambda=1, \Sigma=\frac{3}{2}, \frac{1}{2}, -\frac{1}{2}, -\frac{3}{2}$ 时，$\Lambda+\Sigma=\frac{5}{2}, \frac{3}{2}, \frac{1}{2}, -\frac{1}{2}$；

当 $\Lambda=3, \Sigma=\frac{1}{2}, -\frac{1}{2}$ 时，$\Lambda+\Sigma=\frac{7}{2}, \frac{5}{2}$；

当 $\Lambda=3, \Sigma=\frac{3}{2}, \frac{1}{2}, -\frac{1}{2}, -\frac{3}{2}$ 时，$\Lambda+\Sigma=\frac{9}{2}, \frac{7}{2}, \frac{5}{2}, \frac{3}{2}$.

所以分子的电子态依次为 ${}^2\Pi_{3/2,1/2}$，${}^4\Pi_{5/2,3/2,1/2,-1/2}$，${}^2\Phi_{7/2,5/2}$，${}^4\Phi_{9/2,7/2,5/2,3/2}$. 根据双原子分子电子能级跃迁的选择定则

$$\Delta\Lambda=0, \pm 1$$
$$\Delta S=0$$

知，其间无跃迁.

说明：对于 ${}^4\Pi$ 态，$\Lambda+\Sigma$ 中有 $+\frac{1}{2}$ 和 $-\frac{1}{2}$. 从角动量看，都是 $\frac{1}{2}h$，所以 $\Omega=\frac{1}{2}$；但从能量看，这代表两个不同能级，因此必须分别标出. 故在分子中，对一个 $\Lambda(\neq 0)$ 值，不论 Λ 小于还是大于 S，能级多重数都是足额的，即都是 $2S+1$ 层. 这与原子中情况不同.

4.31　假设分子处于非常好的热平衡状态，且假定 kT 非常大，可以不考虑由于玻尔兹曼因子引起的密度的变化，计算下列分子的电子带谱中线密度之比. (a) ${}^1H_2$；(b) ${}^2H_2$；(c) ${}^3He_2$；(d) ${}^4He_2$.

解　每个分子都是同种核双原子分子，这些核具有整数（半整数）自旋，服从玻色（费米）统计，在两核交换时核的总波函数对称（反对称），转动波函数和自旋波函数的乘积必须是对称（反对称）的，因为波函数的振动部分只是核间距离的函数，所以它总是对称的.

当核自旋为整数时：若核的总自旋 $N=0,2,4,\cdots$，核总波函数对称，为使分子的总波函数对称要求转动角动量 $J=0,2,4,\cdots$. 类似地，总自旋 $N=1,3,5,\cdots$ 的核波函数是反对

称的，要求 $J=1,3,5,\cdots$. $(2I+1)^2$ 的核自旋态中 $(2I+1)(I+1)$ 是对称的，$I(2I+1)$ 是反对称的. 转动角动量为 J 的态的简并度是 $(2J+1)$，且强度正比于简并度（即 $e^{-E_J/kT}\approx 1$），我们得到不同跃迁的强度比：

$$\frac{\text{强度}(2J\rightarrow 2J-2)}{\text{强度}(2J-1\rightarrow 2J-3)}=\frac{(I+1)(4J+1)}{I(4J-1)}$$

对半整数自旋态的处理方法完全类似，得到

$$\frac{\text{强度}(2J-1\rightarrow 2J-3)}{\text{强度}(2J\rightarrow 2J-2)}=\frac{I(4J+1)}{(I+1)(4J-1)}$$

在高温下会出现很大的 J 值，这些比值将分别减小到 $\frac{(I+1)}{I}$ 和 $\frac{I}{(I+1)}$.

对应所列分子的谱线密度之比为：

(a) $^1H_2$：质子的自旋 $I=1/2$. 比值：1∶3

(b) $^2H_2$：氘核的自旋 $I=1$. 比值：2∶1

(c) $^3He_2$：^3He 的自旋 $I=1/2$. 比值：1∶3

(d) $^4He_2$：^4He　（α 粒子）的自旋 $I=0$.

这里没有核的反对称的波函数，只有 $I=0,2,4,\cdots$. 这样光谱中的其他谱线消失了.

4.32　(1) 分子中的电子被局限在经典分子大小的体积内，利用这一事实估计电子激发态的能量间隔 E_e；

(2) 由于分子中核运动，引起电子波函数变化，进而导致电子能量的改变. 核在能量最小的平衡位置附近振动，这个能量是电子的能量加上核间的库仑排斥能. 假设核处于一个谐振子势中，估计振动频率及其能量 E_v；

(3) 估计核对平衡位置的偏离；

(4) 估计转动能量 E_r；

(5) 估计比值 $E_e : E_v : E_r$，将结果用电子的质量 m_e 和核的质量 m_N 表示出来.

解　(1) 用不确定性关系 $pd\approx\hbar$ 可知激发态间能级间隔为 $E_e=\frac{p^2}{2m_e}\approx\frac{\hbar^2}{2m_e d^2}$，式中 d 是分子线度的大小，与玻尔半径 $a_0=\frac{\hbar^2}{m_e e^2}$ 同数量级.

(2) 平衡时，核间库仑斥力 $f\approx\frac{e^2}{d^2}$，斥力的梯度（谐振子势的力常数）$k\approx\frac{f}{d}\approx\frac{e^2}{d^3}$，核将在平衡位置附近振动，其振荡频率为

$$\omega=\sqrt{\frac{k}{\mu}}\approx\sqrt{\frac{m_e}{\mu}}\cdot\frac{\hbar}{2m_e d^2}$$

其中，μ 为原子核的折合质量. 于是

$$E_v=\hbar\,\omega\approx\sqrt{\frac{m_e}{\mu}}E_e$$

(3) 由 $E_v=\frac{1}{2}\mu\omega^2(\Delta x)^2=\hbar\,\omega$，可知

$$\Delta x\approx 4\sqrt{\frac{m_e}{\mu}}\cdot d$$

(4) 转动能量 $E_r \approx \frac{\hbar^2}{2I}$，而 $I \approx \mu d^2$，故

$$E_r \approx \frac{m_e}{\mu} E_e$$

(5) 作为估计，因为 $\mu \approx m_N$，m_N 为核的质量，有

$$E_e : E_v : E_r \approx 1 : \sqrt{\frac{m_e}{\mu}} : \frac{m_e}{\mu}$$

4.33　双原子分子(如 HBr)的激发能量来自于电子、振动及转动的贡献.

(1) 作粗略近似，估计上述三项对能量贡献的大小，用基本物理常数表示，例如 M，m_e，e，…，其中 M 是核的质量.

(2) 在本小题及以下各小题中都假定分子处在电子基态，试问辐射跃迁的选择定则是什么？给出理由.

(3) HBr 气体的红外吸收谱如图 1.89 所示(红外吸收不包括电子跃迁)，试由此决定 HBr 的转动惯量 I 和振动频率 ω_0.

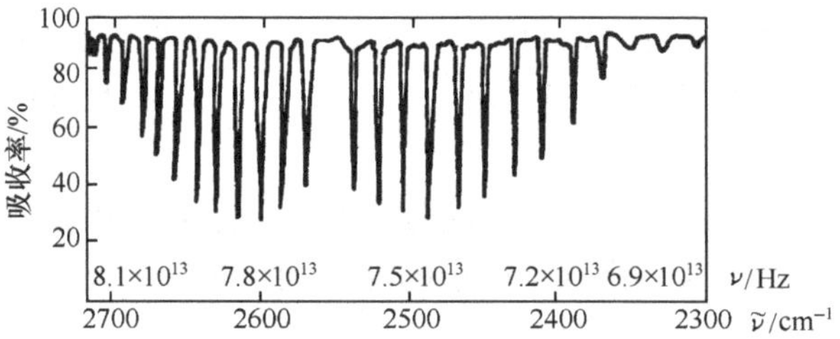

图 1.89

(4) 仔细观察可发现两相邻吸收线间的距离随能量的增加而减小，为什么？

(5) 这个吸收谱与同核分子(如 H_2 或 D_2)的吸收谱有何不同？

解　(1) 用 a 表示双原子分子线度. 由于价电子在线度为 a 的空间区域中运动，动量的不确定度 $\Delta p \approx \hbar / a$，因此电子的零点能(或相邻电子能级之能量差)量级为

$$E_e \approx \frac{(\Delta p)^2}{m_e} \approx \frac{\hbar^2}{m_e a^2}$$

用质量为 M，力常数为 k 的谐振子作为核振动的模型. 核间距离改变的数量应该引起电子波函数显著失真，即应与能量改变的数量级 E_e 相联系：$ka^2 \approx E_e$，故

$$E_v \approx \hbar\, \omega \approx \hbar \sqrt{\frac{k}{M}} = \sqrt{\frac{m_e}{M}} \cdot \sqrt{\frac{\hbar^2}{m_e a^2}} \cdot \sqrt{ka^2} \approx \sqrt{\frac{m_e}{M}} E_e$$

分子转动能级可以当作转动惯量 $I \approx ma^2$ 的转子能级来处理，于是

$$E_r \approx \frac{\hbar^2}{I} \approx \frac{m_e}{M} \frac{\hbar^2}{m_e a^2} \approx \frac{m_e}{M} E_e$$

(2) 由于电子处于基态，没有电子态的跃迁，只有转动和振动能级间的跃迁. 辐射跃迁的选择定则为 $\Delta J = \pm 1$，$\Delta v = \pm 1$，其中 J 是转动量子数，v 为振动量子数.

(3) 由图 1.89 可决定相邻吸收线间的距离(近似看作等间距) $\Delta\tilde{\nu} = 18\text{cm}^{-1}$，利用 $\Delta\tilde{\nu} = 2B$ 以及 $B = \frac{h}{8\pi^2 Ic}$，可得转动惯量为

$$I=\frac{\hbar}{2\pi c\Delta\tilde{\nu}}=3.1\times10^{-40}(\mathrm{g\cdot cm^2})$$

又由谱线的基线 $\tilde{\nu}_0$(吸收谱的中间缺少那条谱线)可得到振动频率

$$\nu_0=c\,\tilde{\nu}_0=3\times10^{10}\times2560=7.7\times10^{13}(\mathrm{Hz})$$

(4) 实际上,双原子分子并不是严格的简谐振子,随着振动能级增高,平均核间距要稍稍增大,所以 B 值要略微减小为

$$B_{\mathrm{v}}=B_{\mathrm{e}}-\left(v+\frac{1}{2}\right)\alpha_{\mathrm{e}}$$

这里 B_{e} 是相应于平衡距离的 B 值,$\alpha_{\mathrm{e}}>0$ 为一常数. 从能级 E 跃迁到 $E'(E<E')$时,产生的吸收谱线的波数为

$$\begin{aligned}\tilde{\nu}&=\frac{E'-E}{hc}=\frac{1}{hc}[(E'_{振}+E'_{转})-(E_{振}+E_{转})]\\&=\tilde{\nu}_0+B'J'(J'+1)-BJ(J+1)\end{aligned}$$

式中,$B'<B$. 对于 R 支,$J'=J+1$,于是

$$\tilde{\nu}_{\mathrm{R}}=\tilde{\nu}_0+(B'+B)J'+(B'-B)J'^2$$

谱线间距为

$$\Delta\tilde{\nu}=(B'+B)J'+(B'-B)(2J'+1)$$

其中,$J'=1,2,3,\cdots$. 当谱线能量增大时,即 J 值减小,从而 $\Delta\tilde{\nu}$ 减小.

(5) H_2 或 D_2 是同核双原子分子,它们没有电偶极矩,这些分子的振动、转动并不涉及电偶极子的吸收或辐射,因此它们对整个红外区是透明的.

4.34 当波长为 632.8nm 的激光入射到 HCl 样品上时,在散射光中出现 532.1nm 和 780.5nm 两种波长的谱线. 这两种谱线来自振动跃迁的拉曼散射,并满足选择定则 $\Delta v=\pm1$(v 是振动量子数). 若不考虑非简谐振动的影响,则 HCl 分子的振动频率是多大?

解 因为

$$\lambda_0=632.8\mathrm{nm},\quad \tilde{\nu}_0=15803\mathrm{cm^{-1}}$$

$$\lambda_1=532.1\mathrm{nm},\quad \tilde{\nu}_1=18793\mathrm{cm^{-1}}$$

$$\lambda_2=780.5\mathrm{nm},\quad \tilde{\nu}_2=12812\mathrm{cm^{-1}}$$

且 $\tilde{\nu}_1,\tilde{\nu}_2$ 来自振动跃迁,它们与入射谱线的波数差等于振-转光谱的带心波数,不考虑非简谐效应时,即等于分子振动波数. 所以

$$\tilde{\nu}_{振}=\tilde{\nu}_1-\tilde{\nu}_0=\tilde{\nu}_0-\tilde{\nu}_2=2990\mathrm{cm^{-1}}$$

所以

$$\nu_{振}=c\,\tilde{\nu}_{振}=8.97\times10^{13}\,\mathrm{Hz}$$

4.35 已知入射光的波数为 $20000\mathrm{cm^{-1}}$,试计算它在 HCl 分子中产生拉曼散射时可能出现的散射线的波数. 已知 HCl 分子的振动频率为 9×10^{13} Hz,转动常数 B 为 $10.59\mathrm{cm^{-1}}$.

解 拉曼线波数为

$$\tilde{\nu}=\tilde{\nu}_0\pm\tilde{\nu}_i,\quad \tilde{\nu}_i=\frac{f}{c}=3\times10^3\,\mathrm{cm^{-1}}$$

因为 $\tilde{\nu}_0=20000\text{cm}^{-1}$，故有

$$\text{反斯托克斯线：}\tilde{\nu}_+=\tilde{\nu}_0+\tilde{\nu}_i=23000\text{cm}^{-1}$$

$$\text{斯托克斯线：}\tilde{\nu}_-=\tilde{\nu}_0-\tilde{\nu}_i=17000\text{cm}^{-1}$$

$$\text{小拉曼线波数：}\tilde{\nu}_n=\tilde{\nu}_0{}^i\pm(6+4n)B$$

上式中 $B=10.59\text{cm}^{-1}$，$\tilde{\nu}_0{}^i=\tilde{\nu}_0,\tilde{\nu}_+,\tilde{\nu}_-$，$n=0,1,2,3,\cdots$，所以

$$\tilde{\nu}_{n_1}=[20000\pm(6+4n)\times10.59]\text{cm}^{-1}$$

$$\tilde{\nu}_{n_2}=[23000\pm(6+4n)\times10.59]\text{cm}^{-1}$$

$$\tilde{\nu}_{n_3}=[17000\pm(6+4n)\times10.59]\text{cm}^{-1}$$

4.36　当首次测到氮（$^{14}N^{14}N$）的拉曼谱时（在查德维克 1932 年发现中子之前），发现氮核的自旋 $I=1$，这使许多科学家困惑不解. 试解释：

（1）他们怎样从拉曼谱发现核自旋 $I=1$？

（2）为什么他们会对发现氮核 $I=1$ 表示惊奇？（1932 年以前，人们认为原子核包含质子和电子）

解　（1）$^{14}N^{14}N$ 的拉曼谱反映了转动能级的结构. 对于一个像 $^{14}N_2$ 这样的同核双原子分子，如果其核自旋为 I，它的自旋态分成对称的和反对称的两组，其比例为$\frac{I+1}{I}$. 由于两个氮核是全同玻色子，其总波函数要求是对称的. 当转动波函数为对称（此时转动量子数 J 取偶数）时，自旋波函数亦为对称. 反之 J 是奇数时，自旋态只能取反对称态. 根据拉曼跃迁的选择定则 $\Delta J=0,\pm2$，这将造成拉曼谱中谱线强度按$\frac{I+1}{I}$的比例交替变化，由实验测得的强度比可定出 $I=1$.

（2）根据当时的观点，氮原子核由 14 个质子和 7 个电子构成，核自旋应是半整数，这与实验结果不一致. 另外，如果 ^{14}N 原子核由 7 个质子和 7 个中子组成，则核的自旋应为整数.

4.37　一分子具有一个简正模式，简正坐标为 Q，频率为 Ω，分子极化率是 $a(Q)$，处于一外加入射场 $E=E_0\cos\omega_0 t$ 中. 把该分子考虑为一个经典谐振子：

（1）证明该分子能散射出频率为 ω_0（瑞利散射）和 $\omega_0=\Omega$（一级拉曼散射）的辐射；

（2）对于图 1.90 所示的 $a(Q)$ 有无一级拉曼散射？

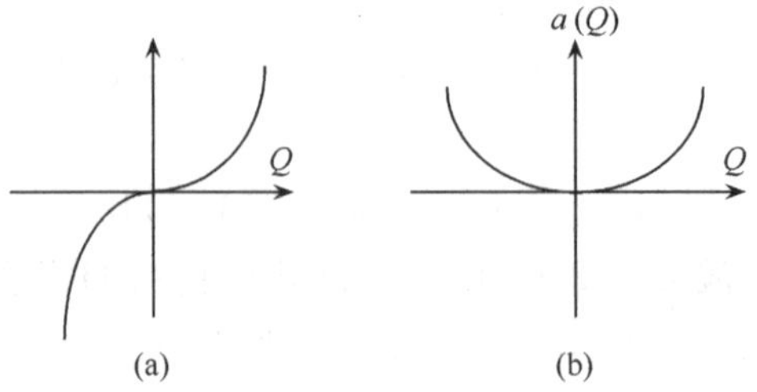

图 1.90

（3）氧分子 O_2 会显示一级拉曼效应吗？O_2 会有一级红外吸收带吗？作简要解释.

解　（1）将 $a(Q)$ 在 $Q=0$ 附近展开：

$$a(Q)=a_0+\left(\frac{\mathrm{d}a}{\mathrm{d}Q}\right)_{Q=0}Q+\frac{1}{2}\left(\frac{\mathrm{d}^2a}{\mathrm{d}Q^2}\right)_{Q=0}Q^2+\cdots$$

考虑其中的前两项，偶极矩近似为

$$\begin{aligned}P=\alpha E&=\left[a_0+\left(\frac{\mathrm{d}a}{\mathrm{d}Q}\right)_{Q=0}Q\cos\Omega t\right]E_0\cos\omega_0 t\\&=a_0E_0\cos\omega_0 t+QE_0\left(\frac{\mathrm{d}a}{\mathrm{d}Q}\right)_{Q=0}\cdot\frac{1}{2}[\cos(\omega_0+\Omega)t+\cos(\omega_0-\Omega)t]\end{aligned}$$

振荡偶极子的辐射频率与其振荡频率相同，P 的振荡频率有 ω_0、$\omega_0\pm\Omega$，所以分子的散射也有这些频率.

(2) 如果有上述的一级拉曼效应，这要求 $\left(\frac{\mathrm{d}a}{\mathrm{d}Q}\right)_{Q=0}\neq0$，故图 1.90(a)所示的情况有一级拉曼效应. 而图 1.90(b)的情形没有一级拉曼效应.

(3) 氧分子 O_2 会显示一级拉曼效应，因为它的极化率会随简正坐标改变，即 $\left(\frac{\mathrm{d}a}{\mathrm{d}Q}\right)_{Q=0}\neq0$. 但 O_2 没有一级红外吸收带，这是因为 O_2 的电荷分布完全对称，固有电偶极矩为零，振动和转动也不产生电偶极矩变化.

4.38 光在 HF 分子上组合散射使某谱线产生波长为 267.0nm 和 343.0nm 两条伴线. 试由此计算该分子的振动频率和两原子间的恢复力常数. 已知 H 和 F 的原子量分别为 1.008 和 19.00.

解 设两条伴线的波数分别为 $\tilde{\nu}'_1$ 和 $\tilde{\nu}'_2$，则

$$\tilde{\nu}'_1=\tilde{\nu}_0+\tilde{\nu}_1$$
$$\tilde{\nu}'_2=\tilde{\nu}_0-\tilde{\nu}_1$$

式中，$\tilde{\nu}_0$ 为原谱线的波数，$\tilde{\nu}_1$ 为振动谱带基线的波数. 两式相减，得 HF 分子 $v=1\rightarrow v=0$ 间的振动谱带基线的波数

$$\tilde{\nu}_1=\frac{1}{2}(\tilde{\nu}'_1-\tilde{\nu}'_2)$$

由于分子中两原子间的作用力可近似看作准弹性力，因此两相邻振动能级间的跃迁所发射的光的频率，等于分子的固有振动频率，即有

$$\begin{aligned}\nu_1=c\tilde{\nu}_1&=\frac{c}{2}\left(\frac{1}{\lambda'_1}-\frac{1}{\lambda'_2}\right)=\frac{2.998\times10^8}{2}\left(\frac{1}{2670\times10^{-10}}-\frac{1}{3430\times10^{-10}}\right)\\&=1.244\times10^{-14}(\mathrm{s}^{-1})\end{aligned}$$

由 $\nu_1=\frac{1}{2\pi}\sqrt{\frac{k}{\mu}}$ 得两原子间的恢复力常数

$$k=(2\pi\nu_1)^2\mu=(2\pi\nu_1)^2\frac{m_\mathrm{H}m_\mathrm{F}}{m_\mathrm{H}+m_\mathrm{F}}=9.703\times10^2(\mathrm{N\cdot m^{-1}})$$

4.39 用一束可调谐的相干红外光源($\lambda\approx1\sim10\mu$m)激励在锶(Sr，$Z=38$)上的拉曼散射，原子吸收一个能量为$\hbar\omega_\mathrm{p}$ 的泵浦光子(可见光)，从基态$|g\rangle$跃迁到激发态$|I\rangle$的虚拟跃迁(图 1.91)，结果辐射一个能量为$\hbar\omega_\mathrm{s}$ 的信号光子并使原子处在$|f\rangle$态.

(1) 假设在长为 l 的原子蒸气室的输入端的信号密度 $I_\mathrm{S}(0)$ 比泵浦束流密度 $I_\mathrm{P}(0)$小得多. 若泵浦束流沿 z 轴方向，出射密度的增长由下式给出：

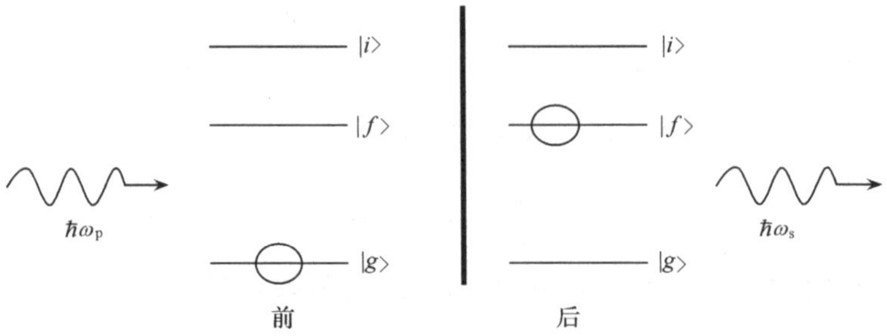

图 1.91

$$\frac{\mathrm{d}}{\mathrm{d}z}I_S(z)=gI_P(z)I_S(z) \tag{1}$$

其中，$I_P(z)$是泵浦束流密度，g 是拉曼增益，求出用 $I_S(0)$和 $I_P(0)$表示的 $I_S(z)$的表达式. 证明在小信号极限下表达式具有相干形式. 也就是说，在这种情况下，泵浦束流通过后绝大多数原子仍处在基态.

(2) 解释在什么条件下辐射信号可调谐.

(3) $|g\rangle$，$|I\rangle$，$|f\rangle$态的宇称是什么. 对锶原子这些合适的态是什么？

解 (1) 每产生一个新的信号光子就要损失一个泵浦光子，这样光子总数是守恒的，即

$$\frac{I_P(0)}{\omega_P}\approx\frac{I_S(z)}{\omega_S}+\frac{I_P(z)}{\omega_P}$$

我们应用初始条件 $I_P(0)\gg I_S(0)$，解出 $I_P(z)$并代入信号增长公式(1)，得到

$$\frac{1}{I_S(z)}\frac{\mathrm{d}}{\mathrm{d}z}I_S(z)=g\left[I_P(0)-\frac{\omega_P}{\omega_S}I_S(z)\right]$$

利用分部积分解出 $I_S(z)$，

$$I_S(z)=\frac{\omega_S}{\omega_P}I_P(0)I_S(0)\mathrm{e}^{I_P(0)gz}\left(\frac{\omega_S}{\omega_P}I_P(0)-I_S(0)+I_S(0)\mathrm{e}^{I_P(0)gz}\right)^{-1}$$

取极限 $I_S(z)\ll I_P(z)$，忽略分母中所含的 $I_S(0)$，得到

$$I_S(z)\approx I_S(0)\mathrm{e}^{I_P(0)z}$$

即达到饱和前的指数增益.

(2) $|i\rangle$态是虚态，原子处在上面“极短”的时间 Δt，不确定原理限制我们不可能精确测量其能量，满足不确定性关系 $\Delta E\Delta t\geqslant\hbar$. 虚态$|i\rangle$的能量(这样输出信号的能量)依赖于入射的泵浦光子的能量，由$|i\rangle$到$|f\rangle$态的跃迁频率依赖于泵浦光子的频率(近似单色). 这样输出信号频率可调谐.

(3) 假设是偶极跃迁，这样$|i\rangle$态的宇称必须与$|f\rangle$和$|g\rangle$态的宇称相反. 锶原子最外层有两个电子，其电子组态为$(5s)^2$，基态$|g\rangle$具有偶宇称，这样要求$|i\rangle$具有奇宇称，电子组态可以是(5s)(5p)，终态$|f\rangle$必须具有偶宇称，且能量比$|i\rangle$低，合适的电子组态为(5s)(4d)，原子态可以是为$^3D_{1,2,3}$.

第二篇　原子核物理

5　原子核的基本性质

5.1　列举四种证据，说明原子核内不可能存在电子.

解　第一种：统计性. 原子核的统计性质，可以从双原子分子的转动光谱来分析确定. 若认为原子核是由 A 个质子、$A-Z$ 个电子构成，那么奇奇核或奇偶核的自旋与实验结果不符，例如，奇奇核 ^{14}N，偶数个质子耦合成整数自旋，奇数个电子耦合成半整数自旋. ^{14}N 的总自旋应是半整数，即为费米子，这与实验不符合，说明核不是由质子和电子组成.

第二种：从能量考虑，电子是不参与强作用的轻子，若核内存在电子，则是库仑相互作用产生的束缚态，束缚能的数量级为

$$E \approx -\frac{Ze^2}{r}$$

其中，r 是核电磁半径，设 $r=1.2\,A^{1/3}\,\text{fm}$，代入上式

$$E \approx -Z \cdot \left(\frac{e^2}{c\hbar}\right) \cdot \frac{c\hbar}{1.2A^{1/3}} = -Z \cdot \frac{\alpha c\hbar}{1.2A^{1/3}}$$

$$\approx -Z \cdot \frac{197}{137 \times 1.2A^{1/3}} = -1.20 \cdot \frac{Z}{A^{1/3}}(\text{MeV})$$

式中，常数 $c\hbar \approx 197\text{MeV}\cdot\text{fm}$，精细结构常数 α 为

$$\alpha = \frac{e^2}{c\hbar} = \frac{1}{137}$$

对于中等质量的核，如 $A\approx 125$，$Z\approx A/2$，得到

$$E \approx -15\text{MeV}$$

$$r \approx 1.2 \times 125^{1/3} = 6(\text{fm})$$

电子的约化德布罗意波长 $\bar{\lambda}$ 为

$$\bar{\lambda} = \hbar/p = c\hbar/cp \approx 197/15 = 13(\text{fm})$$

因为电子的德布罗意波长 $\lambda = 2\pi \times 13 = 82(\text{fm}) \gg r$，这样的电子是不可能束缚在核内的.

第三种：核磁矩. 若核由中子和质子组成，核磁矩应为两种核子磁矩的共同贡献(不同耦合形式会有些差异)，即核磁矩应是核磁子 μ_N 的量级；若核是由质子和电子构成的，则它应是玻尔磁子 μ_e 的量级. 但是，$\mu_e \approx 1800\mu_N$，两者相差三个多量级. 实验结果支持前者，与后者相差很大.

第四种：β 衰变. 原子核发生 β 衰变时放出电子，若核内只有质子和电子，则放射性核放出电子并剩下子核，应为二体衰变，由能量、动量守恒可知，衰变电子应该是单能谱. 实际测量到的是 β 连续谱，证明在 β 衰变中，除电子和子核外，还伴随发射第三个中性的粒子，这与核内只有质子和电子的假设矛盾.

上述四条证据说明核内不存在电子.

[思考]请读者考虑从不确定性关系的角度来论证. 另是否还有其他的论证方式?

5.2 实验测量得到某元素特征 X 射线的能量 $E(\mathrm{K}_\alpha)=18.25\mathrm{keV}$，试求该元素的原子核电荷数,已知莫塞莱定律的两个常数分别为 $a=5.2\times10^7\mathrm{s}^{-1/2}$，$b=1.5\times10^8\mathrm{s}^{-1/2}$，$h=6.626\times10^{-34}\mathrm{J\cdot s}$，$1\mathrm{eV}=1.602\times10^{-19}\mathrm{J}$.

解 由 $E=h\nu$,得到

$$\sqrt{\nu}=\sqrt{\frac{E}{h}}=\sqrt{\frac{18.25\times1.6\times10^{-16}}{6.626\times10^{-34}}}=2.1\times10^9(\mathrm{s}^{-\frac{1}{2}})$$

根据莫塞莱定律

$$\sqrt{\nu}=aZ-b$$

可求得

$$Z=\frac{\sqrt{\nu}+b}{a}=\frac{2.10\times10^9+1.5\times10^8}{5.2\times10^7}\gg43$$

5.3 为什么说表征原子核基本性质的物理量以质量数 A 和电荷数 Z 最为重要? 试以核的各种基本性质分别说明之,由此得出什么结论?

解 原子核的许多基本性质与质量数 A 和电荷数 Z 有密切关系:

(1) 原子核的大小:核半径 $R=R_0A^{1/3}$，即核的大小与质量数 A 有关.

(2) 原子核的结合能和核子的平均结合能都与质量数 A、电荷数 Z 有关:

核的结合能和平均结合能分别为

$$\Delta E=[ZM_\mathrm{H}+(A-Z)m_\mathrm{n}-M(A,Z)]c^2$$
$$\varepsilon=(\Delta E/A)$$

它们都与 A 有关.

(3) 原子核自旋和核磁矩:实验给出:当 A 为偶数时,核自旋量子数 I 为整数;当 A 为奇数时,I 为半整数. 而核的磁矩 $\mu_\mathrm{N}=gI\mu_\mathrm{N}$,即核的自旋和磁矩与 A 有关.

(4) 核的统计性:A 为奇数的核是费米子,服从费米统计定律;A 为偶数的核是玻色子,服从玻色统计定律.

由上可见,由于 A 和 Z 决定了核的组成和性质,原子核的 A 和 Z 数值决定着核的主要性质.

5.4 原子核的大小可以通过以下方法确定:

(1) 电子散射;

(2) 原子的能级;

(3) 同位旋多重态的基态的能量.

讨论以上三个实验过程中,测量了什么物理量? 它是如何与核半径相联系的?

解 (1) 在电子散射实验中测量原子核的形状因子,即

$$|F(\boldsymbol{q}^2)|^2=\frac{(\mathrm{d}\sigma)_\mathrm{exp}}{(\mathrm{d}\sigma)_\mathrm{pit}}$$

$(\mathrm{d}\sigma)_\mathrm{exp}$是微分截面实验值,$(\mathrm{d}\sigma)_\mathrm{pit}$是把核看成点粒子的微分截面理论值,$\boldsymbol{q}^2$ 是动量传递的平方,$\boldsymbol{q}^2=(\boldsymbol{p}-\boldsymbol{p}')^2$,$\boldsymbol{p}$ 和 $\boldsymbol{p}'$分别是电子散射前、后的动量.

在 Born 一级近似下有

$$F(\boldsymbol{q}^2)=\int\rho(\boldsymbol{r})e^{i\boldsymbol{q}\cdot\boldsymbol{r}/\hbar}d^3\boldsymbol{r}$$

$\rho(\boldsymbol{r})$为归一化的密度函数，即

$$\int\rho(\boldsymbol{r})d^3\boldsymbol{r}=1$$

假设 $\rho(\boldsymbol{r})=\rho(r)$，且 $\boldsymbol{r}\cdot\boldsymbol{q}\ll 1$，对 $e^{i\boldsymbol{q}\cdot\boldsymbol{r}}$ 展开，$(\boldsymbol{q}\cdot\boldsymbol{r})$的奇次项积分为零，略去高次项，有

$$\begin{aligned}F(\boldsymbol{q}^2)&\approx\int\rho(r)\left[1+\frac{1}{2}\left(\frac{i\boldsymbol{q}\cdot\boldsymbol{r}}{\hbar}\right)^2\right]d^3r\\&=1-\frac{1}{2\hbar^2}\int\rho(r)(\boldsymbol{q}\cdot\boldsymbol{r})^2d^3r\\&=1-\frac{q^2}{6\hbar^2}\langle r^2\rangle\end{aligned}$$

其中，$\langle r^2\rangle=\int\rho(\boldsymbol{r})r^2d^3\boldsymbol{r}$ 为均方半径.

实验测量弹性散射电子的角分布，并对实验曲线拟合，给出 $F(\boldsymbol{q}^2)$值，从而推导出电荷分布函数 $\rho(\boldsymbol{r})$随 $\boldsymbol{r}$ 值变化的规律. 联系实验测量截面和理论出发点的锁链表示如下：

实验　　　　　　比较　　　　　　　　　理论

$$\frac{d\sigma}{d\Omega}\rightarrow|F_{实验}(\boldsymbol{q}^2)|\Leftrightarrow F_{理论}(\boldsymbol{q}^2)\leftarrow\rho(\boldsymbol{r})\leftarrow\psi(\boldsymbol{r})\leftarrow 薛定谔方程$$

当考虑到电子和核的自旋相互作用时，问题更复杂. 这时，核的形状因子可分为电形状因子 $F(\boldsymbol{q}^2)_E$和磁形状因子 $F(\boldsymbol{q}^2)_M$两部分，这里就不再详述.

(2) 对 μ 原子，测量其激发态和基态的能量差，因为 μ 子的质量 $m_\mu\approx 210m_e$，所以 μ 原子的轨道半径是电子的玻尔半径的 1/210 倍，即 $a_\mu\approx\frac{1}{210}a_0$，$a_0$ 为玻尔半径. 由于 μ 原子的轨道半径更小，μ 原子的能级对核的半径大小更灵敏，以 μ 原子的 s 态为例，其哈密顿量 H 为

$$H=-\frac{1}{2m_\mu}\nabla^2+V(r)$$

式中，r 是 μ 子到原子核中心的距离. 设原子核为点电荷，则势函数为

$$V(r)=V_0(r)=-\frac{e^2}{r}$$

若认为核电荷均匀分布在半径为 R 的球内，它的势函数为

$$V(r)=\begin{cases}-\dfrac{e^2}{2R^3}(3R^2-r^2), & 0<r\leqslant R\\-\dfrac{e^2}{r}, & r>R\end{cases}$$

由于核有一定大小，引起的基态能量改变 ΔE，可用微扰理论求得

$$\begin{aligned}H'&=H-H_0=V(r)-V_0(r)\\&=\begin{cases}-\dfrac{e^2}{2R^3}(3R^2-r^2)+\dfrac{e^2}{r}, & 0<r\leqslant R\\0, & r>R\end{cases}\end{aligned}$$

$$\Delta E = \langle \varphi_0 \mid H' \mid \varphi_0 \rangle = \int |\varphi_0|^2 H' \mathrm{d}^3 \boldsymbol{r} = \int |\varphi_0|^2 4\pi r^2 H' \mathrm{d}\boldsymbol{r}$$

其中，$R=10^{-12}\mathrm{cm}$，$a_\mu=10^{-10}\mathrm{cm}$. 波函数$\varphi_0$ 为

$$\varphi_0 = \left(\frac{1}{\pi a_\mu^3}\right)^{1/2} \mathrm{e}^{-\frac{r}{a_\mu}}$$

a_μ为 μ 原子基态的半径. 因为$\dfrac{R}{a_\mu}\ll 1$，所以有近似式

$$\mathrm{e}^{-\frac{2r}{a_\mu}} \approx \left(1-\frac{2r}{a_\mu}\right)$$

代入上式，略去高次项，我们得到

$$\Delta E = \frac{2e^2}{5a_\mu} \cdot \left(\frac{R}{a_\mu}\right)^2$$

实验上测量从第一激发态到基态发射的 X 射线能量

$$E_X = (E_1 - E_0) - \frac{2e^2}{5a_\mu} \cdot \left(\frac{R}{a_\mu}\right)^2$$

E_1 和 E_0 为 H_0 的本征值. E_1 为第一激发态的能级，E_0 为基态能级. 当测得 E_X并和理论值(E_1-E_0)比较，即可求得 R 的大小.

(3) 同一同位旋多重态的核素，认为它们的原子核内部结构是相同的，核的质量差是由电磁作用及中子与质子的质量差引起的，即

$$\begin{aligned}\Delta E &= [M(Z,A) - M(Z-1,A)]c^2 \\ &= \Delta E_c - (m_n - m_H)c^2 \\ &= \frac{3e^2}{5R}[Z^2 - (Z-1)^2] - (m_n - m_H)c^2 \\ &= \frac{3e^2}{5R}(2Z-1) - (m_n - m_H)c^2\end{aligned}$$

测得 ΔE，即可得到 R 值.

$R=R_0A^{1/3}$，R_0 为常数，实验上给出的数值为 $R_0\approx 1.2\sim 1.4\mathrm{fm}$.

5.5　为研究核的大小、形状和密度分布，常用电子、质子和中子作为探针.

(1) 选择探针的标准是什么?

(2) 比较上述探针的优缺点.

(3) 你认为光子作探针如何?

解　(1) 选择探针的基本条件是入射粒子的约化德布罗意波长小于或等于被研究目标的线度，对研究核的大小，设 d_N为核的线性长度，则有

$$\lambda\!\!\!^{-} = \frac{\hbar}{p} = d_N$$

由此得到

$$p \geqslant \frac{\hbar}{d_N}$$

(2) 用电子作探针来研究核的电磁半径和核内电荷分布是较理想的. 因为电子不参与强相互作用，它与原子核的作用主要是电磁相互作用，物理机制比较单纯；另一方面，我们也容易获得所需要能量的高质量电子束. 通过电子和核的散射实验，可以获得原子核的

电荷分布半径以及电荷分布的许多细节，这是其他方法很难做到的，实验结果也容易分析. 实际上，核的电磁结构的很多重要结果，都是从电子和核的散射实验上得到的. 但是，实验需要较高的电子能量. 例如，对一般的核，有 $d_N \approx 10^{-12} \sim 10^{-13}$ cm，令 $d_N \approx 10^{-13}$ cm，得到

$$p_e = \frac{\hbar}{d_N}$$

$$E_e \approx p_e c = \frac{c\hbar}{d_N} \approx 200\text{MeV}$$

式中，用了近似值 $c\hbar \approx 200\text{MeV} \cdot \text{fm}$.

由于质子和中子的质量远大于电子，对于相同的动量，对于质子所需要的动能明显较低，可以用非相对论近似来估计. 对质子，所需的动能约为

$$T_p = \frac{p^2}{2m_p} = \frac{(c\hbar)^2}{2m_p c^2 d_N^2} \approx \frac{200^2}{2 \times 10^3} = 20(\text{MeV})$$

利用质子束和核的相互作用，研究核的大小、形状和分布，其优点是很容易得到高通量、参数好的质子束；缺点是质子与原子核有电磁相互作用和强相互作用两部分，实验结果分析比较复杂. 中子作探针，中子的电磁相互作用一般很弱，可以忽略，原则上只需要考虑强相互作用，它比质子作探针“干净”，分析起来也比较简单. 但是，获得高能、高性能参数的中子束，远比获得质子束困难，且对中子的探测也远比探测质子困难得多.

(3) γ 光子与原子核发生电磁相互作用，因此适当能量的 γ 光子可以用来研究原子核的电荷和电流分布. 但是，实验上难以得到合适的 γ 光子束，所以 γ 光子一般不宜用来研究原子核的大小、形状和密度分布.

5.6　考虑一个变形核(椭球形，长轴比短轴长 10%)，如果把核视为点电荷来计算第一玻尔半径处的电势，其精度如何？做合理的估计(不涉及积分).

解　设核内电荷是均匀分布，且是椭球、有轴对称性，核的电偶极矩为零. 核电荷的势能为

$$V = V_p + V_q = \frac{Q}{r} + \frac{MQ}{r^3}$$

其中，$V_p = \dfrac{Q}{r}$ 为点电荷产生的势，$V_q = \dfrac{MQ}{r^3}$ 为电四极矩产生的势，M 为核的电四极矩.

对椭球，设长轴为 $a = (1+\varepsilon)R$，短轴 $b = (1-\dfrac{\varepsilon}{2})R$，$\varepsilon$ 为变形参数，R 为核的半径. 题设 $\dfrac{a}{b} = 1.1$，有 $3.1\varepsilon = 0.2$，$\varepsilon \approx \dfrac{0.2}{3}$，由此得到

$$M = \frac{2}{5}(a^2 - b^2) \approx \frac{6}{5}R^2\varepsilon \approx \frac{0.4}{5}R^2$$

R 为核半径. 对中等核，如 $A = 125$，$R = 1.4A^{1/3} = 7\text{fm}$，则电四极矩产生的势为

$$V_q = \frac{MQ}{r^3} = \frac{0.4QR^2}{5r^3}$$

当原子核为点电荷时，电四极矩产生的势为零. 所以，在距离核的中心点为 r 处，椭球形核与把核作为点电荷时引起的势能相对变化为

$$\Delta V=\frac{V_q}{V_p}=\left(\frac{0.4QR^2}{5r^3}\right)\Big/\frac{Q}{r}=\frac{0.4R^2}{5r^2}$$

代入玻尔半径 $r=0.53\times10^{-8}$ cm，核半径 $R\approx7\times10^{-13}$ cm，得

$$\Delta V=\frac{0.4}{5}\left(\frac{7\times10^{-13}}{0.53\times10^{-8}}\right)^2\approx1.4\times10^{-9}$$

若把原子核视为点电荷来计算，在玻尔半径 $r=0.53\times10^{-8}$ cm 处，引起的电势相对误差约为 10^{-9} 量级.

5.7 $^{11}_{5}$B、$^{12}_{6}$C、$^{13}_{7}$N 是 ( )

(A)同位素 (B)同量异位素 (C)同中子异荷素 (D)同质异能素

解 $^{11}_{5}$B、$^{12}_{6}$C 和 $^{13}_{7}$N 核内中子数都相同而质子数不同. 答案为(C).

5.8 核的半径可表示为 ( )

(A)$R=R_0A^{1/3}$ (B)$R=R_0A^{2/3}$ (C)$R=R_0A$ (D)$R=\frac{4\pi}{3}A^3$

解 目前实验结果认为核内的核物质密度是常数，核的体积 V 与 A 成正比，核的半径 $R=R_0A^{1/3}$. 答案为(A).

5.9 原子的大小和原子核的大小相比，其 $R_{原子}/R_{核}$ 数量级为 ( )

(A)10^3 (B)10^{-3} (C)10^5 (D)10^{-5}

解 原子的大小为 $\sim10^{-8}$ cm，核的大小为 $\sim10^{-13}$ cm，有 $R_{原子}/R_{核}\sim10^5$. 答案为(C).

5.10 原子核的半径 $R=R_0A^{1/3}$，由此得到 ( )

(A)各种原子核的密度是不相同的 (B) 各种原子核的密度是相同的

(C)各种原子核的体积是相等的 (D) 各种原子核的结合能是相等的

解 原子核的半径 $R=R_0A^{1/3}$ 表示，核的体积 $V=\frac{4\pi R^3}{3}=\frac{4\pi AR_0^3}{3}$，质量正比于它的体积，即各种原子核的密度是相同的. 答案为(B).

5.11 半径为 ^{189}Os 原子核半径的 $\frac{1}{3}$ 的稳定原子核是 ( )

(A)^{14}N (B)^{7}Li (C)^{27}Al (D)^{16}O

解 $\frac{R_1}{R_2}=\left(\frac{A_1}{A_2}\right)^{1/3}=\frac{1}{3}$，$A_1=\frac{A_2}{3^3}=\frac{189}{27}=7$. 答案为(B).

5.12 典型核激发能的量级是 ( )

(A)10^{-2} MeV (B)10^1 MeV (C)10^3 MeV (D)10^5 MeV

解 典型核激发能的量级是 10^1 MeV. 答案为(B).

5.13 原子核在地磁场中的进动频率是 ( )

(A)10^{-1} s^{-1} (B)10^1 s^{-1} (C)10^3 s^{-1} (D)10^5 s^{-1}

解 质量为 m_N，电荷为 e 的核子在磁场强度为 B 的场中的进动频率是

$$\omega=\frac{geB}{2m_Nc}$$

对于 $g=1$，$e=4.8\times10^{-10}$ esu，$c=3\times10^{10}$ cm/s，轻核 $m_N\approx10^{-23}$ g，$B\approx0.5$G，

$$\omega=\frac{4.8\times0.5\times10^{-10}}{2\times10^{-23}\times3\times10^{10}}\approx0.4\times10^3\,(\text{s}^{-1})$$

答案是(C).

5.14　非变形原子核的角动量(核自旋)I 是　(　　)

(A)核内所有核子的自旋角动量的矢量和

(B)核内所有核子的轨道角动量的矢量和

(C)核内所有核子的自旋和轨道角动量的矢量和

(D)原子核外壳层电子的总角动量

解　根据单粒子壳模型理论,原子核的角动量 I 是指核内所有核子的自旋和轨道角动量的矢量和.实际上,核内中子和质子都有成对的趋势,成对的两个中子(或质子)组成自旋 $\boldsymbol{S}=0$ 和轨道角动量 $\boldsymbol{L}=0$ 的核子对,它们对核的总角动量和自旋的贡献为 0.所以,核的总角动量由少数未成对的核子的自旋和轨道角动量矢量和决定.对于变形核,还要加上集体振动角动量和转动角动量.答案为(C).

5.15　原子核的角动量 I 随质量数 A 的变化规律是　(　　)

(A)偶偶核 I 为 0,奇奇核 I 为整数,奇 A 核 I 为半整数

(B)偶偶核 I 为整数,奇奇核 I 为 0,奇 A 核 I 为半整数

(C)偶偶核 I 为 0,奇奇核 I 为半整数,奇 A 核 I 为整数

(D)偶偶核 I 为整数,奇奇核 I 为半整数,奇 A 核 I 为 0

解　核的总角动量由少数未成对的核子的自旋和轨道角动量矢量和决定,偶偶核 I 为 0;奇奇核两个自旋为$\frac{1}{2}$的未成对的核子组成自旋为整数、轨道角动量也为整数,I 必定为整数;奇 A 核 I 由未成对的一个自旋$\frac{1}{2}$和轨道角动量为 L 的核子决定,I 必须是半整数.答案为(A).

5.16　某原子的核外壳层电子轨道角动量为 $L=2$,自旋量子数 $S=0$;核的角动量量子数 $I=\frac{3}{2}$,则该原子的总角动量量子数可取为　(　　)

(A)$\frac{7}{2},\frac{5}{2},\frac{3}{2},\frac{1}{2}$　　(B)$\frac{7}{2},\frac{5}{2},\frac{3}{2},\frac{1}{2},-\frac{1}{2}$

(C)$\frac{7}{2},\frac{5}{2},\frac{3}{2},\frac{1}{2},0$　　(D)$\frac{7}{2},-\frac{7}{2},\frac{5}{2},-\frac{5}{2}$

解　原子的总角动量 $\boldsymbol{J}=\boldsymbol{I}+\boldsymbol{j}$,$\boldsymbol{I}$ 是核的总自旋,$\boldsymbol{j}$ 是核外壳层电子的总角动量,题设 $j=L+S=2+0=2$,$I=3/2$.$\boldsymbol{J}=\boldsymbol{I}+\boldsymbol{j}$ 的可能值是 $2+\frac{3}{2},2+\frac{3}{2}-1,2+\frac{3}{2}-2,\cdots,2-\frac{3}{2}$,即$\frac{7}{2},\frac{5}{2},\frac{3}{2},\frac{1}{2}$.答案为(A).

5.17　实验测量得到原子核${}^{94}_{41}\mathrm{Nb}$ 的磁矩为 $\mu=6.167\mu_N$,已知该核的角动量 $I=\frac{9}{2}$,则该核的 g 因子为　(　　)

(A)$g=0.37$　　(B) $g=1.37$　　(C) $g=0.17$　　(D) $g=1.17$

解　核的磁矩是 $\mu=gI\mu_N=6.167\mu_N$,$g=\frac{6.167}{I}=6.167\times\frac{2}{9}=1.37$.答案为(B).

5.18　实验上给出的核磁矩是　(　　)

(A)$\mu=gI\mu_B$　　(B)$\mu=gI\mu_N$

(C)$\mu=g\sqrt{I(I+1)}\mu_B$　　　　(D)$\mu=g\sqrt{I(I+1)}\mu_N$

解　根据定义,核磁矩是$\boldsymbol{\mu}=g\boldsymbol{I}\mu_N$.答案为(B).

5.19　根据表2.1中给出的关于轻核的一组数据.

表2.1

核素	J^π(自旋宇称)	核质量(u)	核磁矩(μ_N)
^{1}H	$\left(\frac{1}{2}\right)^+$	1.00783	+2.79
^{2}H	1^+	2.01410	+0.86
^{3}H	$\left(\frac{1}{2}\right)^+$	3.01605	—
^{3}He	$\left(\frac{1}{2}\right)^+$	3.01603	—
^{4}He	0^+	4.02603	0
^{6}Li	1^+	6.01512	—

(1) 求中子、^{3}H、^{3}He和^{6}Li磁矩的近似值.

(2) 求^{3}H到^{3}He β衰变放出电子的最大能量.

(3) ^{3}H和^{3}He,^{2}H和^{4}He发生聚变反应,哪个聚变反应放出的能量大?

解　(1)核磁矩可以写成

$$\boldsymbol{\mu}=g\mu_N\boldsymbol{J}$$

其中,$\boldsymbol{J}$为核素自旋,g为朗德因子,μ_N为玻尔核磁矩.由给出的数据得

$$g(^1\text{H})=2\times2.79=5.58$$

$$g(^2\text{H})=0.86$$

$$g(^4\text{He})=0$$

设相对运动轨道角动量为零,朗德因子分别为g_1和g_2的两个粒子组成一个新粒子,新粒子的g因子为

$$g=g_1\frac{J(J+1)+j_1(j_1+1)-j_2(j_2+1)}{2J(J+1)}+g_2\frac{J(J+1)+j_2(j_2+1)-j_1(j_1+1)}{2J(J+1)}$$

其中,J为新粒子的自旋,j_1和j_2分别为组成新粒子的两个粒子的自旋.

^{2}H可以看成由中子与^{1}H组成,有

$$J=1,\quad j_1=j_2=1/2$$

$$g(^2\text{H})=g(^1\text{H})/2+g(\text{n})/2$$

故中子的朗德因子为

$$g_n=2g(^2\text{H})-g(^1\text{H})=2\times0.86-5.58=-3.86$$

中子的磁矩为

$$\mu(\text{n})=g_n\mu_N I_n=-1.93\mu_N$$

由单粒子壳模型可知,^{3}H和^{3}He是由最后一个不配对的核子贡献它的磁矩.

对^{3}H,未配对的核子为质子,量子数为

$$j=\frac{1}{2},\quad l=0,\quad S=\frac{1}{2}$$

和质子的参数一样，有

$$g(^{3}\mathrm{H}) = g(^{1}\mathrm{H})$$
$$\mu(^{3}\mathrm{H}) = 2.8\mu_{\mathrm{N}}$$

对^{3}He，未配对的核子为中子，量子数为

$$j = \frac{1}{2},\quad l = 0,\quad S = \frac{1}{2}$$

和中子的参数一样，有

$$g(^{3}\mathrm{He}) = g(\mathrm{n})$$
$$\mu(^{3}\mathrm{He}) = -1.93\mu_{\mathrm{N}}$$

对^{6}Li，可以看成由^{4}He与^{2}H组成，故

$$J = 1,\quad j_1 = 0,\quad j_2 = 1$$
$$g = \left(\frac{2-2}{2\times 2}\right)g_1 + \left(\frac{2+2}{2\times 2}\right)g_2 = g_2$$
$$g(^{6}\mathrm{Li}) = g(^{2}\mathrm{H}) = 0.86$$
$$\mu(^{6}\mathrm{Li}) = g(^{6}\mathrm{Li})\mu_{\mathrm{N}} = 0.86\mu_{\mathrm{N}}$$

(2) ^{3}H 和^{3}He的β衰变，衰变方式为

$$^{3}\mathrm{H} \to {}^{3}\mathrm{He} + \mathrm{e}^{-} + \bar{\nu}_{\mathrm{e}}$$

质量差 Δm 和衰变能 Q 分别为

$$\Delta m = m(^{3}\mathrm{H}) - m(^{3}\mathrm{He}) = 3.01605 - 3.01603 = 0.00002(\mathrm{u})$$
$$Q = \Delta mc^2 = 2\times 10^{-5}\times 938\times 10^{3} = 18.6(\mathrm{keV})$$

(3)^{3}H 和^{3}He的聚变反应为

$$^{3}\mathrm{H} + {}^{3}\mathrm{He} \to {}^{6}\mathrm{Li}$$

释放的能量为

$$\Delta m = m(^{3}\mathrm{H}) + m(^{3}\mathrm{He}) - m(^{6}\mathrm{Li}) = 0.01696\mathrm{u}$$
$$Q = \Delta mc^2 = 0.01696\times 938\times 10^{3} = 15.8(\mathrm{MeV})$$

^{2}H 和^{4}He的聚变反应为

$$^{2}\mathrm{H} + {}^{4}\mathrm{He} \to {}^{6}\mathrm{Li}$$

释放出的能量为

$$\Delta m = m(^{2}\mathrm{H}) + m(^{4}\mathrm{He}) - m(^{6}\mathrm{Li}) = 0.02501\mathrm{u}$$
$$Q = \Delta mc^2 = 0.0250\times 938 = 23.5(\mathrm{MeV})$$

^{2}H 和^{4}He聚变反应放出的能量较^{3}H到^{3}He聚变反应放出的能量大.

5.20　已知^{59}Co的原子基态光谱项为 $4\mathrm{F}_{9/2}$，原子谱项的超精细结构分裂成 8 个成分，试确定^{59}Co核的自旋的大小.

解　原子核自旋$\boldsymbol{P}_I$的数值大小为$P_I = \sqrt{I(I+1)}\hbar$，与电子总角动量$\boldsymbol{P}_J$耦合而成的原子的总角动量$\boldsymbol{P}_F$为

$$\boldsymbol{P}_F = \boldsymbol{P}_L + \boldsymbol{P}_J$$

式中，$\boldsymbol{P}_F$的大小为$P_F = \sqrt{F(F+1)}\hbar$，F 可取下列数值：$F = J+I, J+I-1, \cdots, |J-I|$.

当 $J>I$ 时，P_F 有 $2I+1$ 个可能值；当 $J<I$ 时，P_F 有 $2J+1$ 个可能值.

对于 ^{59}Co 基态 $4F_{\frac{9}{2}}$，其 $J=\frac{9}{2}$. 根据上面的分析，若 $J>I$，则有 $2I+1=8$，$I=\frac{7}{2}$；若 $J<I$，则有 $2J+1=8$，$J=\frac{7}{2}$，这与 $J=\frac{9}{2}$ 不符. 由此确定 ^{59}Co 核的自旋为

$$I=\frac{7}{2}$$

5.21　^{209}Bi 原子的谱项 $2D_{\frac{3}{2}}$ 的超精细分裂有 4 个成分，并且相邻成分分裂的间隔之比等于 4∶5∶6，试求该原子核的自旋量子数.

解　给定谱项的成分由 $2J+1$ 决定，故得到 $2J+1=4$，$J=\frac{3}{2}$. 由于电子磁矩与核磁矩相互作用能为 $\Delta E=-\boldsymbol{\mu}_J\cdot\boldsymbol{B}_N=c_1(\boldsymbol{J}\cdot\boldsymbol{I})$，式中 c_1 是比例常数.

根据 $F=J+I$，可得

$$\boldsymbol{J}\cdot\boldsymbol{I}=\frac{1}{2}[F(F+1)-I(I+1)-J(J+1)]\hbar^2$$

注意：所有的子能级 I 和 J 相同，得到相邻子能级间的间隔为

$$\Delta E_{J+1}-\Delta E_J=c_1(F+1)$$

这说明由量子数 $F, F+1, \cdots$ 表征的相邻子能级的间隔之比等于 $F+1 : F+2 : \cdots$.

依题意有 $4:5:6=(F+1):(F+2):(F+3)$，由此可得 $F=3$. 即超精细分裂的 4 个能级相对应于原子总角动量量子数 $F=3$、4、5 和 6. 利用 $F=I-J$ 得到

$$3=I-\frac{3}{2}$$

$$I=\frac{9}{2}$$

5.22　要贯穿轻核的库仑势垒，质子必须具有的最小能量的量级为　　(　　)

(A)10GeV　　(B)1 GeV　　(C)1 MeV　　(D)keV

解　轻核的库仑势垒为

$$V=\frac{Q_1Q_2}{r}$$

令 $Q_1=Q_2=e$，$r=1\text{fm}$，代入上式

$$V=\frac{e^2}{r}=\frac{e^2}{c\hbar}\cdot\frac{c\hbar}{r}=\frac{197}{1\times137}=1.44(\text{MeV})$$

答案为(C).

5.23　核物质的密度是多少(t/cm^3)？　　(　　)

(A)0.004　　(B)400　　(C)10^9　　(D) 10^{15}

解　核子尺寸为 10^{-13} cm，每个核子体积约为 10^{-39} cm^3. 一个核子的质量近似为 $10^{-24}\text{g}=10^{-30}\text{t}$，$\rho=m/V\approx\frac{10^{-30}}{10^{-39}}=10^9\text{ t/cm}^3$. 答案为(C).

5.24　(1) 计算半径为 R，电荷为 Q 的均匀带电球体的静电能.

(2) $^{27}_{14}$Si 和 $^{27}_{13}$Al 是一对镜像核，除了电荷以外，它们的基态是相同的. 它们的质量差为 6MeV. 忽略中子、质子之间的质量差，估计它们的半径.

解　(1)电场随 r 的变化为

$$E(r)=\begin{cases}\dfrac{Qr}{R^3}, & r\leqslant R\\ \dfrac{Q}{r^2}, & r>R\end{cases}$$

静电能为

$$\begin{aligned}W&=\int_0^{\infty}\frac{1}{8\pi}E^2\mathrm{d}\boldsymbol{r}\\&=\frac{Q^2}{8\pi}\left[\int_0^R\left(\frac{r}{R^3}\right)^2 4\pi r^2\mathrm{d}r+\int_R^{\infty}\left(\frac{1}{r^2}\right)^2 4\pi r^2\mathrm{d}r\right]\\&=\frac{Q^2}{2}\left[\int_0^R\frac{r^4}{R^6}\mathrm{d}r+\int_R^{\infty}\frac{1}{r^2}\mathrm{d}r\right]\\&=\frac{Q^2}{2}\left(\frac{1}{5R}+\frac{1}{R}\right)\\&=\frac{3Q^2}{5R}\end{aligned}$$

(2)^{27}Si 和^{27}Al 的质量差可以看成静电能之差

$$\Delta W=\frac{3}{5R}(Z_1^2-Z_2^2)e^2$$

所以,^{27}Si 和^{27}Al 的半径为

$$\begin{aligned}R&\approx\frac{1}{\Delta W}\cdot\frac{3e^2}{5}(14^2-13^2)=\frac{3c\hbar}{5\Delta W}\cdot\frac{e^2}{c\hbar}(14^2-13^2)\\&\approx\frac{3\times 197}{5\times 6\times 137}(14^2-13^2)\approx 3.88(\mathrm{fm})\end{aligned}$$

5.25　$^{27}_{14}$Si 核通过正电子发射,衰变到它的"镜像"核$^{27}_{13}$Al. 正电子的最大能量为 3.48MeV. 假设两原子核之间的质量差是由库仑能引起的,设核是带电均匀球,电荷为 Ze,半径为 $R=R_0A^{1/3}$,从上述数据求 R_0.

解　衰变方程为

$$^{27}_{14}\mathrm{Si}\rightarrow {}^{27}_{13}\mathrm{Al}+\beta^++\nu_e$$

若忽略核的反冲能,正电子的最大能量近似两核的质量差减去 $2m_ec^2$. 对均匀球带电体,其库仑能为

$$W=\frac{3e^2Z^2}{5R}=\frac{3e^2}{5R_0}Z^2A^{-1/3}$$

给出$^{27}_{14}$Si 和$^{27}_{13}$Al 核的能量差为

$$\Delta W=\frac{3e^2}{5R_0}\times 27^{-1/3}\times(14^2-13^2)=\frac{27e^2}{5R_0}$$

由 β^+ 衰变中正电子的最大能量,给出$^{27}_{14}$Si 和$^{27}_{13}$Al 核的质量差为

$$\Delta E=3.48+1.02=4.5(\mathrm{MeV})$$

题设,两原子核之间的质量差是由于库仑能引起的,所以

$$\frac{27e^2}{5R_0}=4.5\mathrm{MeV}$$

$$R_0 = \frac{27e^2}{5\times 4.5} = \frac{27\alpha\cdot c\hbar}{5\times 4.5} \approx \frac{27\times 197}{5\times 4.5\times 137} \approx 1.73(\text{fm})$$

5.26 $^{90}_{40}Zr_{50}$的结合能为 783.916MeV,$^{90}_{39}Y_{51}$的结合能为 782.410MeV. 估计^{90}Zr的同位旋 $T=6$ 的最低激发能.

解 两同位旋多重态之间的能量差,主要由库仑能以及中子和质子质量差决定

$$\Delta E = E(A,Z+1) - E(A,Z) = \Delta E_c - (m_n - m_H)c^2$$
$$\approx \frac{3e^2}{5R}(2Z+1) - 0.78 = \frac{3(2Z+1)c\hbar\alpha}{5R} - 0.78$$
$$= \frac{3(2\times 39+1)\times 197}{5\times 1.4\times 90^{1/3}\times 137} - 0.78 = 10.08(\text{MeV})$$

其中,$R=R_0A^{1/3}$, 取 $R_0\approx 1.4$fm.

^{90}Zr 的 $T=6$ 的激发态能量为

$$E = -782.410 + 10.08 + 783.916 = 11.59(\text{MeV})$$

5.27 一组同量异位素组成同位旋多重态,它们的质量算符可写成

$$M = a + bT_z + cT_z^2$$

其中,a、b、c 是常数,T_z 是同位旋 z 分量算符.

(1) 推导出该公式.

(2) 必须多大的同位旋值,才能对上述公式进行检验.

解 (1)对同位旋多重态. 由于结构上的相似性,有共同的 J^π. 其质量差主要由库仑能和中子质子之间的质量差决定,令 A 为核的质量数

$$M = \frac{3e^2Z^2}{5Rc^2} + (m_p - m_n) + M_0 = B\left(\frac{A}{2} + T_z\right)^2 + CT_z + M_0$$
$$= \frac{BA^2}{4} + BAT_z + BT_z^2 + CT_z + M_0 = M_0 + \frac{BA^2}{4} + (C+BA)T_z + BT_z^2$$
$$= a + bT_z + cT_z^2$$

其中,$a=M_0+\frac{BA^2}{4}$,$b=C+BA$,$c=B$. 式中,线性项由中子、质子质量差和库仑项贡献,二次方项主要是库仑项贡献.

(2) 公式有三个待定常数(a,b 和 c). 故需三个独立的线性相关的方程,对同位旋为 T 的多重态,共有$(2T+1)$个成员,在实验上检验该式,至少需要选 $T=1$ 的同位旋多重态.

5.28 核$^{14}_{7}N$ 和$^{12}_{6}C$, 基态都是同位旋 $T=0$ 的态. 最低的 $T=1$ 的激发能在$^{14}_{7}N$ 是 2.3MeV, 而在$^{12}_{6}C$ 却有 15MeV. 为什么会有这样明显的差别? 并指出可以把这些核态按 T 划分的基础.(考虑 $T=1$ 的其他三重态成员,通过系统的核性质来解释它们的关系).

解 $^{12}_{6}C$ 的 $T=1$ 的激发态的同位旋三重态是:$^{12}_{5}B$、$^{12}_{6}C$ 和$^{12}_{7}N$. 对$^{12}_{5}B$ 和$^{12}_{7}N$ 而言,$|T_3|$最小为 1,故$^{12}_{5}B$ 和$^{12}_{7}N$ 的同位旋三重态是基态. 而$^{14}_{6}C$、$^{14}_{8}O$ 的基态和$^{14}_{7}N$ 激发态组成另一组 $T=1$ 的同位旋多重态. 查得结合能 $M-A$ 如表 2.2 所示.

同位旋多重态核素之间的能级差由下式给出:

表 2.2

元素	$(M-A)c^2$/MeV
${}^{12}_{6}C$	0
${}^{12}_{5}B$	13.370
${}^{14}_{7}N$	2.864
${}^{14}_{6}C$	3.020

$$\begin{aligned}\Delta E &= [M(Z,A)-M(Z-1,A)]c^2 \\ &= \frac{3c\hbar}{5R_0A^{1/3}}\left(\frac{e^2}{c\hbar}\right)(2Z-1)-0.78 \\ &= \frac{3\times 197}{5R_0A^{1/3}\times 137}(2Z-1)-0.78(\text{MeV})\end{aligned}$$

设 $R_0=1.4\text{fm}$，有

$$M({}^{14}\text{N},\ T=1)-M({}^{14}\text{C},\ T=1)\approx 2.5\text{MeV}/c^2$$

$$M({}^{12}\text{C},\ T=1)-M({}^{12}\text{B},\ T=1)\approx 2.2\text{MeV}/c^2$$

$$\begin{aligned}&M({}^{14}\text{N},\ T=1)-M({}^{14}\text{N},\ T=0)\\ =&M({}^{14}\text{N},\ T=1)-M({}^{14}\text{C},\ T=1)+M({}^{14}\text{C},\ T=1)-M({}^{14}\text{N},T=0)\\ =&2.5+3.02-2.86=2.66(\text{MeV}/c^2)\\ &M({}^{12}\text{C},\ T=1)-M({}^{12}\text{C},\ T=0)\\ =&M({}^{12}\text{C},\ T=1)-M({}^{12}\text{B},\ T=1)+M({}^{12}\text{B},\ T=1)-M({}^{12}\text{C},\ T=0)\\ =&2.2+13.37\approx 15.6(\text{MeV}/c^2)\end{aligned}$$

这些值与实验值 $2.3\text{MeV}/c^2$ 和 $15.0\text{MeV}/c^2$ 相近，${}^{12}\text{C}$ 和 ${}^{14}\text{N}$ 的激发能值的很大差异是因为基态 ${}^{12}\text{C}$ 是 α 集团结构，结合能较大，其基态能量低.

同位旋多重态的核，具有类似的结构，具有相同的 J^π 值，且同位旋多重态之间的能级差别由库仑能及中子、质子质量差决定，由此可判定同位旋多重态. 如上所述，${}^{14}\text{O}$、${}^{14}\text{N}^*$、${}^{14}\text{C}$ 为同一同位旋多重态，$J^\pi=0^+$，${}^{14}\text{C}$ 和 ${}^{14}\text{O}$ 为基态，${}^{14}\text{N}^*$ 为 0^+ 的激发态；${}^{12}\text{C}^*$、${}^{12}\text{N}$、${}^{12}\text{B}$ 是 $J^\pi=1^+$ 的又一个同位旋多重态，其中 ${}^{12}\text{N}$，${}^{12}\text{B}$ 是基态，${}^{12}\text{C}^*$ 是 $J^\pi=1^+$ 的激发态.

5.29　(1)在表 2.3 中，填上指定原子核基态性质的遗漏项，质量过剩是这样定义的：

$$\Delta M_{Z,A}c^2 = M_{Z,A}c^2 - A\times 931.5\text{MeV}$$

其中，$M_{Z,A}$ 是原子的质量，A 是质量数. T 和 T_Z 是总的同位旋量子数和同位旋的第三分量的量子数，试确定 T_z.

表 2.3

同位素	Z	T_z	T	J^π	质量过剩/MeV
n	0				8.07
${}^{1}\text{H}$	1				7.29
${}^{4}\text{He}$	2				2.43
${}^{77}\text{Se}$	34			$1/2^-$	−74.61
${}^{77}\text{Br}$	35			$3/2^-$	−73.24
${}^{77}\text{Kr}$	36			$7/2^+$	−70.24
${}^{80}\text{Br}$	35			1^+	−76.89
${}^{80}\text{Kr}$	36				−77.90
${}^{81}\text{Br}$	35			$3/2^-$	−77.98
${}^{81}\text{Kr}$	36			$7/2^+$	−77.65
${}^{81}\text{Rb}$	37			$3/2^-$	−77.39

(2) 在^{81}Kr的激发态中，^{81}Br的同量异位素相似态(IAS)的波函数，可以用同位旋升算子T^+作用到^{81}Br基态波函数来得到.

①^{81}Kr的激发态中，^{81}Br的同量异位素相似态(IAS)的J^π，T和T_z是多少?

②估计在^{81}Kr的激发态中，^{81}Br的同量异位素相似态(IAS)的激发能.

③估计在^{81}Kr的激发态中，^{81}Br的IAS可能的衰变能，它适宜于通过发射下列粒子的衰变：

中子，γ射线，α粒子，β^+射线.

④假设对③中的每种衰变模式来说都有足够的衰变能，指出有哪些选择定则或其他因素，可能阻止某种模式的衰变.

(3) 考虑^{80}Kr的中子共振吸收，导致^{81}Kr的IAS有5×10^{-21} s的寿命，以及80%的中子衰变的分支比，计算这一反应的共振吸收截面.

解　(1) 填好的表见表2.4.

(2)①同质异位素相似态(IAS)是指有相同质量数A、相同的自旋和宇称以及相同的同位旋T的高激发态，其不同的Z由同位旋第三分量表示.

对^{81}Br

$$|T,T_z\rangle = \left|\frac{11}{2},-\frac{11}{2}\right\rangle$$

则^{81}Kr的IAS的量子数

$$|T,T_z\rangle = \left|\frac{11}{2},-\frac{9}{2}\right\rangle$$

$$J^\pi(^{81}\mathrm{Kr(IAS)}) = J^\pi(^{81}\mathrm{Br}) = \left(\frac{3}{2}\right)^-$$

表2.4

同位素	Z	T_z	T	J^π	质量过剩/MeV
n	0	−1/2	1/2	$1/2^+$	8.07
^{1}H	1	1/2	1/2	$1/2^+$	7.29
^{4}He	2	0	0	0^+	2.43
^{77}Se	34	−9/2	9/2	$1/2^-$	−74.61
^{77}Br	35	−7/2	7/2	$3/2^-$	−73.24
^{77}Kr	36	−5/2	5/2	$7/2^+$	−70.24
^{80}Br	35	−5	5	1^+	−76.89
^{80}Kr	36	−4	4	0^+	−77.90
^{81}Br	35	−11/2	11/2	$3/2^-$	−77.98
^{81}Kr	36	−9/2	9/2	$7/2^+$	−77.65
^{81}Rb	37	−7/2	7/2	$3/2^-$	−77.39

②^{81}Br和^{81}Kr(IAS)的质量差，是由两核的库仑能差和中子与质子之间的质量差引起的

$$\Delta M_{81_{\mathrm{Kr(IAS)}}}c^2 = \Delta M_{81_{\mathrm{Br}}}c^2 + \frac{3}{5}\times\frac{(2Z-1)e^2}{R_0A^{1/3}} - [m(\mathrm{n}) - M(^1\mathrm{H})]c^2$$
$$= \Delta M_{81_{\mathrm{Br}}}c^2 + 0.719\left(\frac{2Z-1}{A^{1/3}}\right) - 0.78$$

其中，$Z=36$，$R_0=1.2\mathrm{fm}$，$A=81$，$m(\mathrm{n})-M(^1\mathrm{H}) = 0.78\mathrm{MeV}/c^2$，$\Delta M_{81_{\mathrm{Br}}}c^2 \approx -77.98$ MeV.

代入上式，我们得到

$$\Delta M_{81_{\mathrm{Kr(IAS)}}}c^2 \approx -67.28\mathrm{MeV}$$

$^{81}\mathrm{Kr(IAS)}$相对于$^{81}\mathrm{Kr}$的基态的激发能

$$\Delta E = -67.28 - (-77.65) = 10.37(\mathrm{MeV})$$

③对$^{81}\mathrm{Kr(IAS)}$的发射中子过程

$$^{81}\mathrm{Kr(IAS)} \to \mathrm{n} + {}^{80}\mathrm{Kr}$$

反应能

$$Q_1 = [\Delta M_{81_{\mathrm{Kr(IAS)}}} - \Delta(\mathrm{n}) - \Delta M_{80_{\mathrm{Kr}}}]c^2 = -67.28 - 8.07 + 77.90 = 2.55(\mathrm{MeV})$$

对于$^{81}\mathrm{Kr(IAS)}$的 γ 跃迁

$$^{81}\mathrm{Kr(IAS)} \to {}^{81}\mathrm{Kr} + \gamma$$
$$Q_2 = (\Delta M_{81_{\mathrm{Kr(IAS)}}} - \Delta M_{80_{\mathrm{Kr}}})c^2 = -67.28 - (-77.65) \approx 10.37(\mathrm{MeV})$$

对于$^{81}\mathrm{Kr(IAS)}$的 α 衰变

$$^{81}\mathrm{Kr(IAS)} \to \alpha + {}^{77}\mathrm{Se}$$
$$Q_3 = (\Delta M_{81_{\mathrm{Kr(IAS)}}} - \Delta M_\alpha - \Delta M_{77_{\mathrm{Se}}})c^2$$
$$= -67.28 - (-74.61) - 2.43 = 4.90(\mathrm{MeV})$$

对于$^{81}\mathrm{Kr(IAS)}$的 β^+ 衰变

$$^{81}\mathrm{Kr(IAS)} \to {}^{81}\mathrm{Br} + \beta^+ + \nu_e$$
$$Q_4 = (\Delta M_{81_{\mathrm{Kr(IAS)}}} - \Delta M_{81_{\mathrm{Br}}} - 2M_e)c^2 = 9.67\mathrm{MeV}$$

④对发射中子过程，是强相互过程

$$^{81}\mathrm{Kr(IAS)} \to {}^{80}\mathrm{Kr} + \mathrm{n}$$

$$\text{同位旋 } T: \quad \frac{11}{2} \to 4 \quad \frac{1}{2}$$

强作用过程要求 T 和 T_z 守恒，该过程 $\Delta T \neq 0$，是禁戒的.

对 γ 衰变

$$^{81}\mathrm{Kr(IAS)} \to {}^{81}\mathrm{Kr} + \gamma$$
$$J^\pi: \quad \frac{3}{2}^- \quad \frac{7}{2}^+$$

$\Delta J = \left|\frac{3}{2} - \frac{7}{2}\right| = 2$，$\Delta\pi = -1$，该过程为 E3 或 M2 跃迁.

对 α 衰变

$$^{81}\mathrm{Kr(IAS)} \to {}^{77}\mathrm{Se} + \alpha$$

$$\text{同位旋 } T: \quad \frac{11}{2} \qquad \frac{9}{2} \quad 0$$

$$T_z: \quad -\frac{9}{2} \qquad -\frac{9}{2} \quad 0$$

同位旋不守恒，是禁戒的.

对 β^+ 衰变

$$^{81}\text{Kr(IAS)} \to {}^{81}\text{Br} + \beta^+ + \nu_e$$

$$J^\pi: \qquad \frac{3}{2}^- \qquad \frac{3}{2}^-$$

是允许型 β 衰变，F 型和 G-T 型混合跃迁.

(3)对于过程

$$^{80}\text{Kr} + \text{n} \to {}^{81}\text{Kr(IAS)}$$

在共振峰时，其反应截面应为

$$\sigma_{\text{CN}} \approx 4\pi\lambda\!\!\!^{-2} \frac{\Gamma_n}{\Gamma}$$

式中，约化康普顿波长 $\lambda\!\!\!^{-}$ 为

$$\lambda\!\!\!^{-} = \frac{\hbar}{\sqrt{2\mu E_d}} \approx \frac{197}{\sqrt{2 \times M_n c^2 \cdot E_d}}$$

$$= \frac{197}{\sqrt{2 \times 940 \times 2.55}} \approx 2.8(\text{fm})$$

$$\frac{\Gamma_n}{\Gamma} = 0.8$$

$$\sigma_{\text{CN}} \approx 4\pi\lambda\!\!\!^{-2} \frac{\Gamma_n}{\Gamma} = 4\pi \times (2.8 \times 10^{-13})^2 \times 0.8$$

$$= 0.79 \times 10^{-24}(\text{cm}^2) = 0.79(\text{b})$$

5.30 ^{17}N 衰变到^{17}O* 的一个激发态，发射的 β 最大能量为 3.72MeV. ^{17}O* 的这个激发态通过发射中子衰变. ^{17}F 则通过发射正电子衰变到稳定核，正电子的最大能量为 1.72MeV，不存在级联衰变. 它们的质量差不同，为

$$m(\text{n}) - m(^1\text{H}) = 0.78\text{MeV}/c^2$$

$$m(^{17}\text{N}) - m(^{17}\text{O}) = 8.8\text{MeV}/c^2$$

$$m(^{16}\text{O}) + m(^1\text{H}) - m(^{17}\text{F}) = 0.59\text{MeV}/c^2$$

^{16}O 激发态能级为 6.05MeV、6.13MeV、6.97MeV、7.1MeV 和更高的能级.

(1)用上述数据，计算在实验室系，发射中子的能级.

(2)给出 $A=17$ 的所有核的能级图. 在这些能级中，哪些能级是与电荷无关假设相符合的？你用与电荷无关假设还可能预言哪些能级？

解 (1)对于题设^{17}N、^{17}F 衰变

$$^{17}\text{N} \to {}^{17}\text{O}^* + \beta^- + \bar{\nu}_e$$

$$^{17}\text{O}^* \to {}^{16}\text{O}^* + \text{n}$$

$$^{17}\text{F} \to {}^{17}\text{O} + \beta^+ + \nu_e$$

实验数据给出

$$m(^{17}\text{N})c^2 = m(^{16}\text{O}^*)c^2 + m_\text{n}c^2 + T_\text{n} + 3.72\text{MeV}$$

$$m(^{17}\text{F})c^2 - m(^{17}\text{O})c^2 = 1.72 + 1.02 = 2.74(\text{MeV})$$

其中,忽略了核的反冲能. $^{16}\text{O}^*$ 可能是^{16}O 的激发态,要知道中子的能量,从反应式和给出的粒子质量差求出发射中子的激发态$^{17}\text{O}^*$ 能级

$$\begin{aligned} E^*(^{17}\text{O}) &= m(^{17}\text{N})c^2 - m(^{17}\text{O})c^2 - 3.72 \\ &= 8.8 - 3.72 = 5.08(\text{MeV}) \end{aligned}$$

$$\begin{aligned} m(^{17}\text{O}^*)c^2 &= [m(^{16}\text{O}^*) + m(\text{n})]c^2 + T_\text{n} \\ &= m(^{17}\text{F})c^2 - 2.74 + 5.08 \\ &= [m(^{16}\text{O}) + m(^1\text{H})]c^2 - 0.59 + 2.34 \\ &= [m(^{16}\text{O}) + m(^1\text{H})]c^2 + 1.75 \end{aligned}$$

我们得到

$$\begin{aligned} T_\text{n} &= [m(^{16}\text{O}) - m(^{16}\text{O}^*) + m(^1\text{H}) - m(\text{n})]c^2 + 1.75 \\ &= 0.97 - [m(^{16}\text{O}^*) - m(^{16}\text{O})] \end{aligned}$$

因为 $m(^{16}\text{O}^*)c^2 - m(^{16}\text{O})c^2 \geqslant 6.05\text{MeV}$,所以$^{17}\text{O}^*$ 激发态只可能发射能量为 0.97MeV 的中子,衰变到^{16}O 基态.

(2) 根据电荷无关的假设,一组核的结构相似,核力相互作用也一样,质量不同是库仑能引起的.图 2.1 给出了它们的能级,^{17}F 基态仅比^{17}O 的基态高 2.74MeV,它们是电荷无关的同位旋二重态,质量差主要是由库仑能引起的,Z 大的核^{17}F 的能级高.

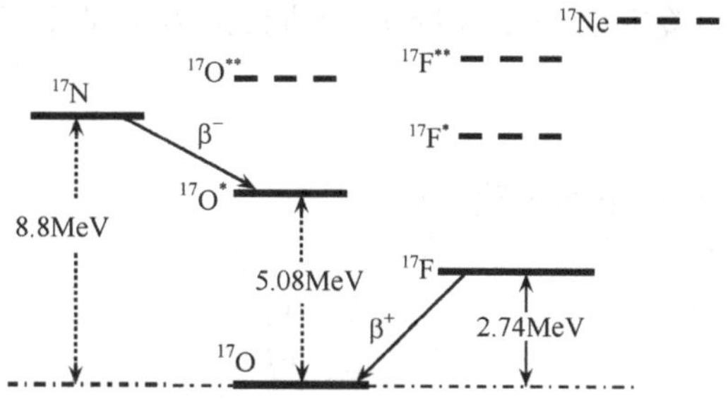

图 2.1

对应$^{17}\text{O}^*$ 的 5.08MeV 激发态,预言一个激发态$^{17}\text{F}^*$,如图 2.1 中虚线所示,它的能量约为 $E(^{17}\text{F}^*) - E(^{17}\text{O}^*) \approx 2.74\text{MeV}$,$^{17}\text{O}^*$ 和$^{17}\text{F}^*$ 组成同位旋二重态.

N^{17} 的基态能量较高,比^{17}O 基态能量高 8.8MeV,这是因为它的组成 $N-Z=3$,中子比质子多 3 个,偏离稳定线,核的结合能较小,^{17}N 的基态 $T_3 = -\dfrac{3}{2}$,$T = |T_3| = \dfrac{3}{2}$,预言可存在激发态$^{17}\text{O}^{**}$、$^{17}\text{F}^{**}$ 及基态^{17}Ne,^{17}N 基态、$^{17}\text{O}^{**}$、$^{17}\text{F}^{**}$ 和基态^{17}Ne 组成 $T = \dfrac{3}{2}$ 的同位旋四重态,它们的能量分别比 N^{17} 的基态高出约 2.74MeV、5.48MeV 和8.22MeV.

5.31 磁偶极矩的同位旋结构. 自由中子和自由质子的磁偶极矩分别为$-1.9137\mu_N$和$+2.793\mu_N$. 将核考虑成中子和质子的集合体,每个核子带有其自由磁矩:

(1)写出有A个核子的原子核的磁矩算子.

(2)引入同位旋概念,决定同位旋标量和矢量算符,其相对大小如何?

(3)证明两个$T=\frac{1}{2}$镜像核的磁矩之和(以核磁子为单位)为

$$\mu = J + \left(\mu_p + \mu_n - \frac{1}{2}\right)\left\langle \sum_{i=1}^{A} \sigma_Z^{(i)} \right\rangle$$

其中,J为总核自旋,$\sigma_z^{(i)}$为核子的泡利自旋算符.

解 (1)对A个核子的原子核的磁矩算子为

$$\begin{aligned}\boldsymbol{\mu} &= \sum_{i=1}^{N} 2\mu_n \boldsymbol{S}_i + \sum_{i=1}^{Z} (\boldsymbol{l}_i + 2\mu_p \boldsymbol{S}_i) \\ &= \sum_{i=1}^{A} (g_{l_i} \boldsymbol{l}_i + g_{s_i} \boldsymbol{S}_i)\end{aligned}$$

对中子:$g_{l_i}=0, g_{s_i}=2\mu_n$;对质子:$g_{l_i}=1, g_{s_i}=2\mu_p$;$\mu_n=-1.913$,$\mu_p=2.793$,$\boldsymbol{\mu}$的单位是核磁子$\mu_N$,$\boldsymbol{S}=\frac{\boldsymbol{\sigma}}{2}$是自旋算符.

(2) 实验发现,忽略库仑相互作用时,核力是与核子的电荷无关的,可把中子和质子当作核子N的两种状态来处理,为了描述核子的两种状态,引入了同位旋算符T(电荷空间),并将它和自旋为$\frac{1}{2}$的粒子的两种自旋态来类比. 在同位旋空间,中子和质子具有相同的同位旋$T=\frac{1}{2}$,而同位旋空间的z分量T_z不同,则表示是中子还是质子,$T_z=\frac{1}{2}$为质子,$T_z=-\frac{1}{2}$为中子.

在同位旋空间中存在如下四个独立算子:

标量算子:单位矩阵

$$I=\begin{pmatrix}1 & 0\\ 0 & 1\end{pmatrix}$$

矢量算子:泡利矩阵

$$\tau_1 = \begin{pmatrix}0 & 1\\ 1 & 0\end{pmatrix}, \quad \tau_2 = \begin{pmatrix}0 & -\mathrm{i}\\ \mathrm{i} & 0\end{pmatrix}, \quad \tau_3 = \begin{pmatrix}1 & 0\\ 0 & -1\end{pmatrix}$$

假设,质子和中子的波函数分别为$\Psi_p=\begin{pmatrix}1\\0\end{pmatrix}$,$\Psi_n=\begin{pmatrix}0\\1\end{pmatrix}$. 令$\tau_+$和$\tau_-$为$\tau_\pm=\tau_1\pm \mathrm{i}\tau_2$,$T=\tau/2$,则有

$$\begin{aligned}T_3\Psi_p &= \frac{1}{2}\Psi_p, & \tau_3\Psi_p &= \Psi_p\\ T_3\Psi_n &= -\frac{1}{2}\Psi_n, & \tau_3\Psi_n &= -\Psi_n\\ T_+\Psi_n &= \Psi_p, & T_-\Psi_p &= \Psi_n\end{aligned}$$

引入同位旋算符后,原子核的磁矩算符可写成

$$\begin{aligned}\boldsymbol{\mu} &= \sum_{i=1}^{A}\frac{1}{2}(1+\tau_{3_i})\boldsymbol{l}_i + \sum_{i=1}^{A}(1-\tau_{3_i})\mu_n\boldsymbol{S}_i + \sum_{i=1}^{A}(1+\tau_{3_i})\mu_p\boldsymbol{S}_i \\ &= \sum_{i=1}^{A}\frac{1}{2}(\boldsymbol{l}_i+\boldsymbol{S}_i) + \left(\mu_p+\mu_n-\frac{1}{2}\right)\sum_{i=1}^{A}\boldsymbol{S}_i + \sum_{i=1}^{A}\tau_{3_i}[\boldsymbol{l}_i+(\mu_p-\mu_n)\boldsymbol{S}_i] \\ &= \frac{1}{2}\boldsymbol{J} + \left(\mu_p+\mu_n-\frac{1}{2}\right)\sum_{i=1}^{A}\boldsymbol{S}_i + \sum_{i=1}^{A}\tau_{3_i}[\boldsymbol{l}_i+(\mu_p-\mu_n)\boldsymbol{S}_i]\end{aligned}$$

其中,前两项为同位旋标量项,最后一项为同位旋矢量项.其相对大小取决于原子核的性质.例如,当原子核的总角动量为零时,第一项就没有贡献.由于 μ_n 和 μ_p 的符号相反,所以有 $\left(\mu_n+\mu_p-\frac{1}{2}\right)<\mu_p-\mu_n$.但是,$\tau_3$ 作用在质子和中子波函数上,得到的符号相反,因此第三项的贡献取决于原子核中的中子数和质子数之差.

(3) 观测磁矩值为

$$\begin{aligned}\mu &= \langle\mu_z\rangle = \langle J, J_z=J, T, T_3 \mid \mu_z \mid J, J_z=J, T, T_3\rangle \\ &= \left\langle J,J,T,T_3 \left| \begin{Bmatrix} \frac{1}{2}J_z + \frac{1}{2}\left(\mu_p+\mu_n-\frac{1}{2}\right)\sum_{i=1}^{A}\sigma_{z_i} \\ +\sum_{i=1}^{A}\tau_{3_i}[l_{z_i}+(\mu_p-\mu_n)S_{z_i}] \end{Bmatrix} \right| J,J,T,T_3 \right\rangle \\ &= \frac{1}{2}J + \frac{1}{2}\left(\mu_p+\mu_n-\frac{1}{2}\right)\left\langle\sum_{i=1}^{A}\sigma_{z_i}\right\rangle + \left\langle\sum_{i=1}^{A}\tau_{3_i}[l_{z_i}+(\mu_p-\mu_n)S_{z_i}]\right\rangle\end{aligned}$$

对镜像核,核 1 的同位旋量子数为 $\left(\frac{1}{2},\frac{1}{2}\right)$,核 2 的同位旋量子数为 $\left(\frac{1}{2},-\frac{1}{2}\right)$.两核的质子和中子互换.前两项相等,后一项数值相等,符号相反,所以两个核的磁矩之和为

$$\mu = \mu_1+\mu_2 = J + \left(\mu_p+\mu_n-\frac{1}{2}\right)\left\langle\sum_{i=1}^{A}\sigma_z^{(i)}\right\rangle$$

6　原子核的结合能,裂变和聚变

6.1　原子核的质量 $M(A,Z)$ 有一个半经验公式,将它与原子量 A 和原子序数 Z 联系起来,写出这个公式的近似表达式,解释和证实每一项,并给出式中常数或系数的大概数值.

解　核素的原子质量的半经验公式为

$$M(A,Z) = ZM(^1\text{H}) + (A-Z)m_n - B(Z,A)/c^2$$

其中,$B(Z,A)$ 是原子核的结合能,表达式为

$$\begin{aligned}B(Z,A) &= B_v + B_s + B_c + B_a + B_p = a_vA - a_sA^{2/3} \\ &\quad - a_cZ^2A^{-1/3} - a_a(A/2-Z)A^{-1} + a_p\delta A^{-1/2}\end{aligned}$$

式中,B_v,B_s 和 B_c 分别是液滴模型中核的体积能,表面能和静电能(质子之间的库仑能).由于核的半径可写成 $R=R_0A^{-1/3}$,所以 B_v 与核的 A 成正比,B_s 与 $A^{2/3}$ 成正比,而库仑能与 Z^2/R 成正比,即与 $Z^2A^{-1/3}$ 成正比.

第四项 B_a称为对称能，因为在核内质子和中子有对称相处的趋势，不然结合能降低，这是一项量子效应.

第五项是对能项 $B_p = a_p \delta A^{-1/2}$，中子和质子本身还有成对相处的趋势，同类核子成对相处时结合能增大. δ 的取值为

$$\delta = \begin{cases} 1, & \text{偶偶核} \\ 0, & \text{奇偶核} \\ -1, & \text{奇奇核} \end{cases}$$

式中的系数由试验给出，魏茨泽克给出的一组数据如下：

$$a_v = 15.835\ \text{MeV}, \quad a_s = 18.33\ \text{MeV}, \quad a_c = 0.714\text{MeV},$$
$$a_a = 92.80\ \text{MeV}, \quad a_p = 11.20\text{MeV}$$

6.2　原子核的结合能由经验公式近似给出：

$$E_B = a_1 A - a_2 A^{2/3} - a_3 Z^2 / A^{1/3} - a_4 (A - 2Z)^2 A^{-1}$$

(1)解释公式中的各项；

(2)自然界存在的原子核，对一组同量异位素，说明 A 和 Z 的关系；

(3)使用费米气体模型，估计 a_4的值，假设 $A \neq 2Z$，原子核的半径 $R = R_0 A^{1/3}$.

解　(1)各项的意义依次为体积能、表面能、库仑能和对称能. ($a_a = 4a_4$)

(2) 对同量异位素. A 相同，Z 不同. 稳定核应满足

$$\frac{\partial \text{B. E}}{\partial Z} = -2A^{-1/3} a_3 Z + 4a_4 A^{-1}(A - 2Z) = 0$$

$$Z = \frac{2a_4 A}{4a_4 + a_3 A^{2/3}} = \frac{A}{2 + \frac{a_3}{2a_4} A^{2/3}}$$

代入 $a_3 = 0.714\text{MeV}$，$a_4 = 23.20\text{MeV}$，得到

$$Z \approx \frac{A}{2 + 0.0154 A^{2/3}}$$

(3) 费米气体模型的基本思想是，在温度很低时，把原子核看作是核子的简并费米气体，核子在核内自由运动. 由于不相容原理的限制，质子和中子分别从最小的能级填充，直到最大的费米能级 $E_{\max}$. 对于体积为 V 的核内，在动量空间，中子的能态数为

$$n = \frac{V}{(2\pi\hbar)^3} \int_0^{p_{\max}} \mathrm{d}^3 \boldsymbol{p} = \frac{V}{(2\pi\hbar)^3} \frac{4\pi}{3} p_{\max}^3 = \frac{V}{6\pi^2 \hbar^3} p_{\max}^3$$

对于每个能态，可容纳自旋相反的两个中子(质子也一样)，中子数为

$$N = 2n = \frac{V}{3\pi^2 \hbar^3} p_n^3$$

核的体积为 $V = \frac{4\pi R^3}{3} = \frac{4\pi R_0^3 A}{3}$，中子的最大动量为

$$p_n = \frac{\hbar}{R_0} \left(\frac{9\pi N}{4A} \right)^{1/3}$$

同理，质子的最大动量为

$$p_p = \frac{\hbar}{R_0} \left(\frac{9\pi Z}{4A} \right)^{1/3}$$

中子和质子的动能，在非相对论时，分别为 $E_i=\dfrac{p_i^2}{2m}$，最大动能分别为

$$E_{\mathrm{n}}=\frac{p_{\mathrm{n}}^2}{2m_{\mathrm{n}}}=\frac{\hbar^2}{2m_{\mathrm{n}}R_0^2}\left(\frac{9\pi N}{4A}\right)^{2/3}$$

$$E_{\mathrm{p}}=\frac{p_{\mathrm{p}}^2}{2m_{\mathrm{p}}}=\frac{\hbar^2}{2m_{\mathrm{p}}R_0^2}\left(\frac{9\pi Z}{4A}\right)^{2/3}$$

对于自轭核，$N=Z=\dfrac{A}{2}$，$R_0=1.1\mathrm{fm}$，可得到费米能

$$E_{\mathrm{p}}=E_{\mathrm{n}}=\frac{p_{\mathrm{n}}^2}{2m_{\mathrm{n}}}=\frac{\hbar^2}{2m_{\mathrm{n}}R_0^2}\left(\frac{9\pi}{8}\right)^{2/3}=\frac{(c\hbar)^2}{2m_{\mathrm{n}}c^2R_0^2}\left(\frac{9\pi}{8}\right)^{2/3}$$

$$\approx\frac{197^2}{2\times940\times1.1^2}\left(\frac{9\pi}{8}\right)^{2/3}\approx40(\mathrm{MeV})$$

每个中子和质子的平均能量分别为

$$\langle E_{\mathrm{n}}\rangle=\frac{\int_0^{p_{\mathrm{n}}}E_{\mathrm{n}}\mathrm{d}^3\boldsymbol{p}}{\int_0^{p_{\mathrm{n}}}\mathrm{d}^3\boldsymbol{p}}=\frac{3}{5}\left(\frac{p_{\mathrm{n}}^2}{2m_{\mathrm{n}}}\right)=\frac{3}{10m_{\mathrm{n}}}p_{\mathrm{n}}^2$$

$$=\frac{3}{10m_{\mathrm{n}}}\frac{\hbar^2}{R_0^2}\left(\frac{9\pi N}{4A}\right)^{2/3}$$

$$\langle E_{\mathrm{p}}\rangle=\frac{3}{10m_{\mathrm{p}}}p_{\mathrm{p}}^2=\frac{3}{10m_{\mathrm{p}}}\frac{\hbar^2}{R_0^2}\left(\frac{9\pi Z}{4A}\right)^{2/3}$$

设 $m_{\mathrm{n}}\approx m_{\mathrm{p}}\approx m$，每个核的总的平均动能

$$\langle E(Z,N)\rangle=N\langle E_{\mathrm{n}}\rangle+Z\langle E_{\mathrm{p}}\rangle=\frac{3}{10m}(Np_{\mathrm{n}}^2+Zp_{\mathrm{p}}^2)$$

$$=\frac{3\hbar^2}{10mR_0^2}\cdot\frac{N^{5/3}+Z^{5/3}}{A^{2/3}}\cdot\left(\frac{9\pi}{4}\right)^{2/3}$$

$$=C\frac{N^{5/3}+Z^{5/3}}{A^{2/3}}$$

C 为常数，其数值为

$$C=\frac{3\hbar^2}{10mR_0^2}\cdot\left(\frac{9\pi}{4}\right)^{2/3}=\frac{3c^2\hbar^2}{10mc^2R_0^2}\left(\frac{9\pi}{4}\right)^{2/3}$$

$$\approx\frac{3\times197^2}{10\times940\times1.1^2}\left(\frac{9\pi}{4}\right)^{2/3}=37.7(\mathrm{MeV})$$

对于一个给定的 A 值，当中子数和质子数相等时，$\langle E(Z,N)\rangle$ 有一个极小值. 设 $Z-N=\varepsilon$，则有

$$Z=\frac{A}{2}\left(1+\frac{\varepsilon}{A}\right)$$

$$N=\frac{A}{2}\left(1-\frac{\varepsilon}{A}\right)$$

在 $Z=N$ 附近，$\dfrac{\varepsilon}{A}\ll1$，对上式在 $Z=N$ 附近展开

$$\left(1+\frac{\varepsilon}{A}\right)^{5/3}=1+\frac{5\varepsilon}{3A}+\frac{5\varepsilon^2}{9A^2}+\cdots$$

$$\left(1-\frac{\varepsilon}{A}\right)^{5/3}=1-\frac{5\varepsilon}{3A}+\frac{5\varepsilon^2}{9A^2}+\cdots$$

$$N^{5/3}+Z^{5/3}\approx 2\left(\frac{A}{2}\right)^{5/3}\left(1+\frac{5\varepsilon^2}{9A^2}\right)$$

$$\langle E(Z,N)\rangle \approx C\frac{A}{2^{2/3}}\left(1+\frac{5\varepsilon^2}{9A^2}\right)=\frac{C}{2^{2/3}}\left[A+\frac{5}{9}\cdot\frac{(Z-N)^2}{A}\right]$$

第二项对应于 $a_4(N-Z)^2A^{-1}$，由此可求出 a_4 值为

$$a_4=\frac{5C}{9}\times 2^{-2/3}=\frac{5}{9\times 2^{2/3}}\times 37.7\approx 13.2(\text{MeV})$$

与题 6.1 给出的 23.20MeV 相差近一倍，这是由于模型太简单粗糙.实际上，核子之间的作用很复杂，在上面的推导中作了很多简化，例如，同类核子之间的平均相互作用小于中子和质子之间的相互作用，泡利原理通过禁戒某些两体态的存在而削弱了同类粒子之间的相互作用.但质子和中子之间的相互作用在所有的态上都是允许的，这些都会引起相互作用势阱深度的变化.

6.3 计算核素 ^{4}He、^{40}Ca 和 ^{56}Fe 的结合能和平均结合能.这些核素的原子质量分别为 4.002603u、39.962590u、55.934934u，^{1}H 原子的质量为 1.007825u，中子的质量为 $m_n=1.008665$u.

解 原子核的结合能为

$$E_B=[ZM_H+Nm_n-M(Z,A)]c^2$$

平均结合能为 $\varepsilon=\frac{E_B}{A.}$

^{4}He: $E_B=28.296$ MeV, $\varepsilon=E_B/A_1=28.296/4=7.074(\text{MeV})$

^{40}Ca: $E_{B'}=342.1$ MeV, $\varepsilon=E_{B'}/A_2=342.1/40=8.55(\text{MeV})$

^{56}Fe: $E_{B''}=492.31$ MeV, $\varepsilon=E_{B''}/A_3=492.31/56=8.79(\text{MeV})$

6.4 在 ^{56}Fe 附近的核，每个核子的平均结合能最大，而在 ^{238}U 附近的要小得多.按照核结合能的半经验理论解释之，说出半经验结合能公式(不必给出各个系数的值).

解 核(A,Z) 结合能的半经验公式为

$$\begin{aligned}B(Z,A)&=B_v+B_s+B_c+B_a+B_p\\&=a_vA-a_sA^{2/3}-a_cZ^2A^{-1/3}-a_a\left(\frac{A}{2}-Z\right)^2A^{-1}+a_pA^{-1/2}\delta\end{aligned}$$

其中，各个系数 a 为正.

B_v、B_s 和 B_c 分别是核的体积能、表面能和库仑能，这是把核看成荷电液滴的结果.另外，核子间有中子、质子对称相处的趋势，即出现对称能 B_a.还有中子、质子各自成对相处的趋势，则出现对能项 B_p.

每个核子平均结合能为

$$\varepsilon=a_v-a_sA^{-1/3}-a_cZ^2A^{-4/3}-a_a\left(\frac{A}{2}-Z\right)^2A^{-2}+a_pA^{-3/2}\delta$$

可见，在 ε 的五项中，对能项主要在相同 A 而不同 Z、N 的核素表现出差异；体积能项 a_v 是常数，是不随 A 变化的正值；表面能项是负值，绝对值随 A 增大而减小；库仑能项是负值，绝对值随 A 增大而增大. 这是因为 β 稳定线上的核素，粗略地有 $Z\sim A$，所以绝对值近似与 $A^{2/3}$ 成正比；对称能项也是负值，由于 $\dfrac{Z}{A}$ 值随 A 增大而变小，该项绝对值随 A 增大而增大，对能项由原子核内质子和中子的奇偶性决定：对于奇 A 核，对能为零；对于偶偶核，对能为正值；而对于奇奇核，则对能为负值，但其绝对值随 A 增加而减少. 综合这几项值随 A 变化可得到，平均结合能随 A 增大而开始增大，然后又变小，在 $A\sim 56$ 处极大. 如图 2.2 的趋势所示.

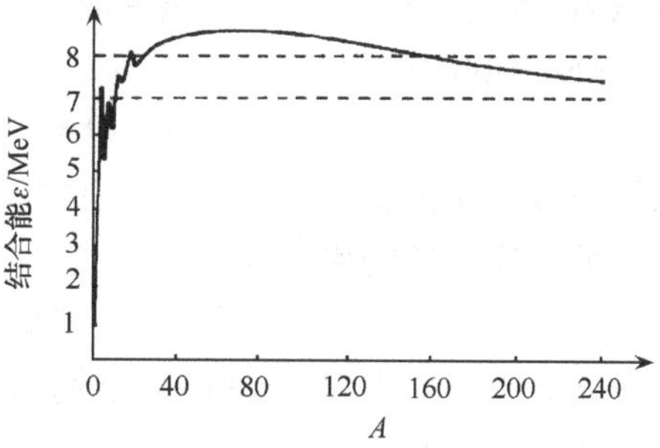

图 2.2

6.5　作一曲线，显示核子的平均结合能为原子质量数的函数的大致趋势. 以 MeV 为单位给出每个核子的结合能. 用核子间作用力的性质解释曲线的形状. 利用该曲线，说明核裂变和核聚变中释放出来的能量.

解　(1)曲线在 $A<30$ 段是上升的，但中间有较大的起伏. 这是因为在核子数较少时，核子间的作用力还未达到饱和，所以随着原子序数的增加，平均结合能增加. 由于总的核子数较少，对能和对称能对平均结合能的影响较大. 造成曲线的较大起伏(图 2.2).

(2)$A>30$，平均结合能趋近于 8MeV，A 继续增大时，曲线缓慢下降. 这是因为核子数增加后，一方面，核子间作用力达到饱和的比例越来越大，原因是球体越大，表面核子所占的比例越小，这种趋势使结合能增加. 另一方面，核子数增加后，核电荷数也相应增大，使库仑排斥作用增加而结合能减小，因而平均结合能保持在 8MeV 左右. 随着核子数 A 的继续增加，库仑能和对能的变化(使结合能减小)超过表面能的变化(使结合能增加)，这时，平均结合能随 A 增加反而减小，平均结合能曲线缓慢下降.

核裂变是一个重核裂变成两个中等质量的核，从曲线中可以看出，核子的平均结合能增加，故释放出能量. 轻核聚变同样也是平均结合能增加，从而释放能量.

6.6　核素的结合能更接近于与 A 还是与 A^2 成正比？涉及的系数的值是什么(给出单位)？如何理解它依赖于 A？这意味着核子间的作用力的一个重要性质，该性质叫做什么？为什么束缚在核中的中子是稳定的不会衰变，而超核中的 Λ 粒子却不是这样？

解　核的结合能更接近于与 A 成正比，其系数为 15.6MeV. 这是因为核力的饱和性，一个核仅与一定个数的其他核子相互作用，所以结合能与核子数成正比.

衰变的根本原因是系统要处于能量更低的稳定状态. 自由中子衰变大约释放 0.78MeV的能量，若中子处于核中，设核为 $^{A}X_{N}$，中子衰变后生成 $^{A}X_{N-1}$，若 $^{A}X_{N-1}$ 的结合能比 $^{A}X_{N}$ 小，并且差值超过 0.78MeV. 那么，衰变反而使系统能量增加，这种衰变就不会发生. 所以，在许多非 β^- 放射性的核内，中子是稳定的. 而 Λ 粒子的衰变能为 37.75MeV，大于核的结合能之差，所以核中 Λ 粒子仍要衰变.

6.7　图 2.2 为原子核中每个核子的平均结合能 ε 与原子核质量数 A 的关系曲线. 质

量数 A_0（质量 M_0）的原子核裂变成质量数为 A_1 和 A_2（质量分别为 M_1 和 M_2）的两个原子核，释放出的能量为

$$Q=(M_0-M_1-M_2)c^2$$

试用 $\varepsilon(A)$ 和 A 表示 Q. 估算 $A_0=240$ 原子核对称裂变的 Q 值.

解　原子核的质量为

$$M=Zm_{\mathrm{p}}+(A-Z)m_{\mathrm{n}}-B/c^2$$

Z 为核素所带电荷数，m_{p} 和 m_{n} 分别为质子、中子质量，B 为结合能. 利用 $Z_0=Z_1+Z_2$，$A_0=A_1+A_2$，得到

$$Q=(M_0-M_1-M_2)c^2=B_1+B_2-B_0$$

而结合能 B 与平均结合能 ε 及质量数 A 的关系为

$$B=\varepsilon(A)\times A$$

所以有

$$Q=B_1+B_2-B_0=A_1\varepsilon(A_1)+A_2\varepsilon(A_2)-A_0\varepsilon(A_0)$$

对于 $A_0=240$ 时，对称裂变有 $A_1=A_2=120$，查 $\varepsilon(A)\sim A$ 曲线得

$$\varepsilon(120)\approx 7.6\mathrm{MeV},\qquad \varepsilon(240)\approx 6.7\mathrm{MeV}$$

所以，裂变释放的能量为

$$Q\approx 120\times 7.6\times 2-240\times 6.7=216(\mathrm{MeV})$$

6.8　(1) 给出核的质量半经验公式中体积能、表面能和库仑能项对核的 A 和 Z 依赖关系. 它们的系数分别用 a_{v}、a_{s} 和 a_{c} 表示.

(2) 估计 a_{c} 的值，用 MeV 表示.

(3) 对称能项的贡献可写成 $a_{\mathrm{a}}\dfrac{(A-2Z)^2}{A}$，粗略解释这一项. 考虑自然界存在 β 稳定核 $^{125}_{52}\mathrm{Te}$，由此 $A=125$ 的最小质量情况，给出比值 $\dfrac{a_{\mathrm{a}}}{a_{\mathrm{c}}}$.

(4) $^{264}_{100}\mathrm{Fm}$ 对称自发裂变成两个相同核的基态，设它们是球形核，给出 a_{v}、a_{s}、a_{c} 和 a_{a} 各项对释放能量的贡献. 裂变能主要是强作用还是电磁作用？（设 $a_{\mathrm{v}}\approx a_{\mathrm{s}}\approx 17\mathrm{MeV}$）

解　(1)核的体积能项正比于核的体积；表面能项由液滴模型给出，它正比于核的表面积且使结合能减少；库仑能项正比于核的电荷平方，反比于核的半径. 核的体积、表面积和半径分别正比于核的 A、$A^{2/3}$ 和 $A^{1/3}$. 这三项给出的总结合能为

$$E_{\mathrm{b}}\propto a_{\mathrm{v}}A-a_{\mathrm{s}}A^{2/3}-a_{\mathrm{c}}Z^2A^{-1/3}$$

(2) 一个球形带电体的电荷为 Ze，半径为 $r=1.1\mathrm{A}^{1/3}$，它的自能是

$$E_{\mathrm{c}}=\frac{3(Ze)^2}{5r}=\frac{3Z^2}{5\times 1.1A^{1/3}}\frac{e^2c\hbar}{c\hbar}=\frac{3c\hbar\alpha Z^2}{5\times 1.1A^{1/3}}$$

$$=\frac{3\times 197}{5\times 137\times 1.1}\cdot\frac{Z^2}{A^{1/3}}=\frac{Z^2}{A^{1/3}}\times 0.78(\mathrm{MeV})$$

由此得到 $a_{\mathrm{c}}=0.78\mathrm{MeV}$，实验测量值 $a_{\mathrm{c}}\approx 0.7\mathrm{MeV}$，两者基本吻合.

(3) 由泡利不相容原理，我们可粗略地估计对称能项，对于质量数为 A 的核，有 $Z=N$ 趋势，即 $N-Z=A-2Z=0$. 因为中子比质子多，还是质子比中子多，它们贡献给对称能项的数值应是相似的，所以对称能项必须正比于$(A-2Z)^2$. 再考虑一个极端不对称的

情况，$Z=0$，对称能项的贡献应正比于核的质量数 A，我们得到

$$E_a \propto -\frac{a_a(A-2Z)^2}{A}$$

根据在 $A=125$ 时，存在β稳定核 ${}^{125}_{52}\mathrm{Te}$ 的情况，结合能有极值，即

$$\frac{\partial E_B}{\partial Z}\Big|_{A=125,Z=52} = -\frac{2a_c Z}{A^{1/3}} - \frac{-4a_a(A-2Z)}{A}$$

$$= -\frac{2\times 52}{125^{1/3}}a_c + \frac{4(125-2\times 52)}{125}a_a = 0$$

得到

$$\frac{a_a}{a_c} \approx 31$$

(4) ${}^{264}_{100}\mathrm{Fm}$ 对称自发裂变成两个相同核的基态，两个子核的 $A_1=A_2=A/2$，$Z_1=Z_2=Z/2$. 总结合能的变化 $\Delta E_B = E_B(A,Z)-2E_B(A/2,Z/2)$，各项结合能的变化为

$$\Delta E_v \approx a_v\left(A-2\times\frac{A}{2}\right)=0$$

$$\Delta E_s = -a_s\left[A^{2/3}-2\left(\frac{A}{2}\right)^{2/3}\right] \approx -0.26a_sA^{2/3} = 10.7a_s$$

$$\Delta E_c = -a_c\left[\frac{Z^2}{A^{1.3}}-2\left(\frac{Z}{2}\right)^2\left(\frac{2}{A}\right)^{1/3}\right] \approx -0.37a_c\frac{Z^2}{A^{1/3}} = -577a_c$$

$$\Delta E_a = a_a\left[\frac{(A-2Z)^2}{A}-2\left(\frac{1}{2}\cdot\frac{(A-2Z)^2}{A}\right)\right]=0$$

代入 $a_c=0.78\mathrm{MeV}$，$a_s\approx 17\mathrm{MeV}$，得到

$$\Delta E_s = 10.7a_s = 17\times 10.7 = 182(\mathrm{MeV})$$

$$\Delta E_c = -577a_c = -577\times 0.78 = -450(\mathrm{MeV})$$

裂变放出的能量即为结合能的减少，即

$$\Delta E = -\Delta E_B = -(\Delta E_s+\Delta E_c) \approx 450-182 = 268(\mathrm{MeV})$$

从上面的结果可知，裂变放出的能量是库仑能项，即电磁作用起主导作用.

6.9 (1) 绘出用来解释核裂变的相对分离能曲线，定性地讨论曲线与液滴模型的关系.

(2) 重核裂变时放出的裂变能从何而来？

(3) 什么原因阻止比铁重但比铅轻的那些元素自发裂变？

解 (1) 用来解释核裂变的曲线是比结合能与原子核质量数 A 的曲线(图 2.2). 液滴模型很好地解释了这条曲线(详见题 6.4)，中间高，两端低，变化平稳，在定量上也符合得较好，在很大范围内 $\varepsilon\approx 8\mathrm{MeV}$/核子. 实际上，$\varepsilon$-$A$ 曲线表明了核力的饱和特性，是液滴模型的实验依据.

(2)由于重核裂变时分裂成两个中等质量的原子核，比结合能由小变大，从而放出核能. 其大小为裂变前后结合能之差

$$Q = A_1\varepsilon(A_1)+A_2\varepsilon(A_2)-A\varepsilon(A)$$

A、A_1 和 A_2 分别为裂变前后的核质量数，$\varepsilon(A_i)$为核 A_i 的比结合能. 题 6.8 的讨论表明，结合能的变化主要由库仑能和表面能的变化引起的，而起主导作用的是库仑能的变化.

(3) 对于比铁重但比铅轻的元素，虽然从比结合能方面考虑裂变会有能量放出，但由于这些核的裂变势垒较高，穿透裂变势垒的概率很小，库仑势垒阻止了这些核的自发裂变发生.

6.10 稳定核的 Z 和 N 标绘点近似位于 $N=Z$ 的一条直线.

(1) 定性地讨论曲线形状的因素；

(2) 重核的质子数小于中子数，请解释；

(3) ^{14}O($Z=8$, $N=6$)的寿命为 71s，给出^{14}O 衰变的末态粒子.

图 2.3

解 (1) 原子核结合能中的对称能贡献决定了这条曲线(图 2.3). 根据泡利不相容原理，在质子、中子对称相处的情况下，能填充的单粒子能级更低些，这些核就较稳定，因而稳定原子核分布在 $Z=N$ 的直线附近.

稳定核结合能的条件(见题 6.2)

$$Z=\frac{A}{2+0.0154A^{2/3}}$$

因为 $A=N+Z$，代入上式

$$N=Z(1+0.0154A^{2/3})$$

对轻核，第 2 项可略去，$N\approx Z$，对 A 很大时，第二项起作用，有 $N>Z$.

(2) 对重核，由于核内质子较多，库仑排斥作用增大，而库仑力与短程的核力不同，它是长程力，即核内的每一个质子与所有其他质子都有相互作用，所以库仑能与质子数 Z 的平方成正比. 为了构成稳定核，就需要更多的中子以抵消库仑排斥作用，这与质子、中子对称项贡献相竞争，为克服质子间的库仑作用，使得稳定核中，中子数与质子数之比随 A 增加而增大，即重核中质子数小于中子数.

(3) 对^{14}O，由于质子数比中子数多，其寿命为 71s，^{14}O 衰变为 β^+ 衰变，衰变方程为

$$^{14}O\rightarrow{}^{14}N+e^++\nu_e$$

衰变产物为^{14}N、正电子和电子中微子. 另外的竞争过程是电子俘获. 由于^{14}O 的衰变能很大($E_{max}>4MeV$)，电子俘获的分支比很小.

6.11 稳定的轻核中，质子数和中子数是基本相等的，然而稳定的重核中，中子数比质子数大得多. 对轻核，从核中移去一个质子和移去一个中子所需要的能量基本上是相同的，而对重核，移去一个质子比一个中子需要更多的能量. 假设所有核子对间的核力完全相同，解释上述事实.

解 从稳定核中分离一个质子和一个中子所需能量分别为

$$S_p=B(Z,A)-B(Z-1,A-1)$$

$$S_n=B(Z,A)-B(Z,A-1)$$

$$S_p-S_n=B(Z,A-1)-B(Z-1,A-1)$$

这里 B 是核素结合能，液滴模型给出

$$B=a_vA-a_sA^{2/3}-a_cZ^2A^{-1/3}-a_a(A/2-Z)^2A^{-1}+a_p\delta A^{-1/2}$$

得到

$$S_p - S_n = -a_c Z^2 (A-1)^{-1/3} - a_a \left(\frac{A-1}{2} - Z\right)^2 (A-1)^{-1}$$

$$+ a_c (Z-1)^2 (A-1)^{-1/3} + a_a \left(\frac{A-1}{2} - Z + 1\right)^2 (A-1)^{-1}$$

$$= a_c (A-1)^{-1/3} (1-2Z) + a_a (A-2Z)(A-1)^{-1}$$

对于稳定核

$$Z \approx \frac{A}{2 + \frac{2a_c}{a_a} A^{2/3}} \approx \frac{A}{2}\left(1 - \frac{a_c}{a_a} A^{2/3}\right)$$

所以有

$$S_p - S_n \approx \frac{a_c}{A-1}\left[A^{5/3} - (A-1)^{5/3} + \frac{a_c}{a_a} A^{5/3} (A-1)^{2/3}\right]$$

对于 $A>1$，有 $S_p - S_n > 0$，即移走一个质子比移走一个中子需要更多的能量. 对于 $A \gg 1$ 的核，$(A-1)$ 用 A 代替，$a_c = 0.714\text{MeV}$，$a_a = 92.80\text{MeV}$，得到

$$S_p - S_n \approx \frac{a_c^2 A^{4/3}}{a_a} \approx 5.5 \times 10^{-3} A^{4/3}$$

$S_p - S_n$ 随 A 的增加而增加，即从重核中移一个质子比移一个中子需要更多的能量.

6.12　由于质子间的库仑排斥作用，所有重的自发辐射核都是不稳定的，它们减小尺寸的机制是 α 衰变. 为什么 α 衰变比其他分解更优先（如质子衰变、氘核衰变，或氚发射，或裂变）？从以下方面简要地讨论：

（1）释放的能量；

（2）所穿透的库仑位垒.

解　（1）一个核要发生某种衰变，首先要求衰变能必须大于零. 而对于重核，其质子衰变、氘核衰变和氚核发射的衰变能通常小于零. 以 $^{238}_{95}\text{Am}$ 的同位素和同中子异荷素为例，Am 的十种同位素的质子衰变能均在 $-3.9 \sim -5.6\text{MeV}$ 之间，氘核衰变的衰变能均在 $-7.7 \sim -9.1\text{MeV}$ 之间. 而 α 衰变的衰变能在 $5.2 \sim 6.1\text{MeV}$. 对于 $^{238}_{95}\text{Am}$ 的三种同中子异荷素，其质子衰变、氘核衰变和氚核衰变的衰变能也都小于零，而它们的 α 衰变能大于零. 所以重核的 α 衰变比质子、氘核、氚核优先. 重核发生裂变的概率也小于 α 衰变概率，因为它的库仑位垒穿透概率太小.

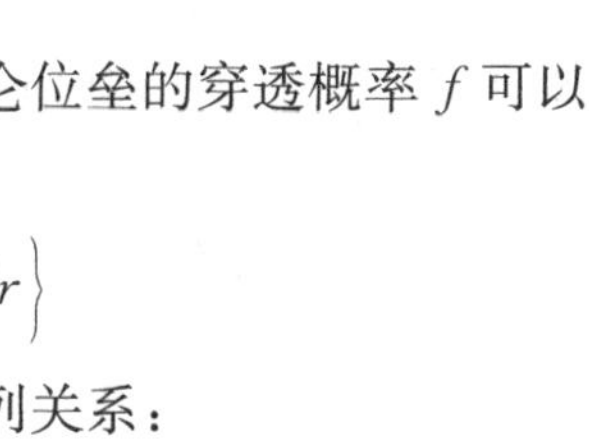

图 2.4

（2）如图 2.4 所示，对于分裂成电荷为 Z_1 和 Z_2 的裂变，库仑位垒的穿透概率 f 可以用 WKB 近似来处理，有

$$f = \exp\left\{-\frac{2}{\hbar}\int_R^{R_c}\left[2\mu\left(\frac{Z_1 Z_2 e^2}{r} - E_d\right)\right]^{1/2} dr\right\}$$

式中，μ 为系统的折合质量. 令 $f = \exp[-G]$，而 R_c 与 E_d 满足下列关系：

$$E_d = \frac{Z_1 Z_2 e^2}{R_c}$$

首先计算积分

$$\int_R^{R_c}\sqrt{\frac{R}{r}-1}\,\mathrm{d}r = R_c\int_1^{\frac{R_c}{R}}\frac{1}{p^2}\sqrt{p-1}\,\mathrm{d}p$$
$$= R_c\left[-\frac{1}{p}\sqrt{p-1}+\arctan^{-1}\sqrt{p-1}\right]^{R_c/R}$$
$$= R_c\left[\frac{\pi}{2}-2\left(\frac{R}{R_c}\right)^{1/2}\right],\qquad \frac{R_c}{R}\gg 1$$

类似地，可求得 G 为

$$G=\frac{2}{\hbar}\int_R^{R_c}\left[2\mu\left(\frac{Z_1Z_2e^2}{r}-E_d\right)\right]^{1/2}\mathrm{d}r$$
$$\approx\frac{2R_c\sqrt{2\mu E_d}}{\hbar}\left[\frac{\pi}{2}-2\left(\frac{R}{R_c}\right)^{1/2}\right]$$
$$\approx\frac{2Z_1Z_2e^2\sqrt{2\mu}}{\hbar\sqrt{E_d}}\left[\frac{\pi}{2}-2\left(\frac{R}{R_c}\right)^{1/2}\right]$$

对于$^{238}_{95}$Am 裂变，其裂变能比 α 衰变大 40 倍，但其折合质量也大了约 15 倍，设裂变成 Z 为 47 和 48 的两个核，则 Z_1、Z_2 也比 α 衰变时的 $2(Z-2)$ 大. 一个很粗略的估计

$$\frac{Z_1Z_2}{2(Z-2)}=\frac{47\times 48}{2\times(95-2)}=\frac{47\times 48}{2\times 93}\approx 12$$

$$G_{裂变}\approx 12\times\sqrt{\frac{15}{40}}G_\alpha\approx 7.3G_\alpha$$

$$\lambda_\alpha/\lambda_{裂变}\approx \mathrm{e}^{7.3}\approx 1554$$

所以，穿透裂变势垒概率比 α 衰变概率小得多.

6.13 原子核的放射性在重核表现为常见的 α 衰变，而质子放射性不存在. 尽可能定量地解释这一显著的差别.

解 从能量角度很容易解释这一点，重核素(N,Z)发生 α 衰变的质能关系为

$$E_\alpha = M(N,Z)-M(N-2,Z-2)-M(2,2)$$
$$=-B(N,Z)+B(N-2,Z-2)+B(2,2)>0$$

式中，B 为结合能. 由液滴模型得到

$$E_\alpha = a_s[A^{2/3}-(A-4)^{2/3}]+a_c[Z^2A^{-1/3}-(Z-2)^2(A-4)^{-1/3}]$$
$$+a_a\left[\left(\frac{A}{2}-Z\right)^2A^{-1}-\left(\frac{A-4}{2}-Z+2\right)^2(A-4)^{-1}\right]+B(4,2)-4a_v$$

对重核，$\frac{2}{Z}\ll 1$，$\frac{4}{A}\ll 1$，上式可写成

$$E_\alpha\approx\frac{8}{3}a_sA^{-1/3}+4a_cZA^{-1/3}\left(1-\frac{Z}{3A}\right)-a_a\left(1-\frac{2Z}{A}\right)^2+28.3-4a_v$$
$$=48.88A^{-1/3}+2.856ZA^{-1/3}\left(1-\frac{Z}{3A}\right)-92.80\left(1-\frac{2Z}{A}\right)^2-35.04\mathrm{MeV}$$

对 β 稳定线上核素作图(图 2.5 中虚线). 从图 2.5 可见，对 $A\geqslant 150$ 核，E_α才大于零，E_α随 A 增大而增大，重核才有 α 衰变性. 实际的 E_α值在图中用实线标明，与 $E_\alpha=0$ 交线移到 $A=140$ 处. 实验上确实发现了如$^{147}_{62}$Sm、$^{144}_{60}$Nd 等 α 放射性同位素.

重核不能有质子衰变,可以从衰变能说明,注意到

$$M(N,Z)-M(0,1)-M(N,Z-1)$$
$$=-B(N,Z)+B(0,1)+B(N,Z-1)$$
$$=-B(N,Z)+B(N,Z-1)\approx-\varepsilon<0$$

式中,ε是比结合能,在重核时为7MeV左右,衰变能小于零,故不能自发衰变.值得注意的是,这些重核是在β稳定线附近的普通核素,对于某些远离β稳定线的核素,中质比远小于稳定核素的中质比,最后一个质子的结合能小于零,这时会出现质子放射性.与发射中子不同,质子发射不是瞬发过程.而与α衰变类似,由于库仑位垒阻挡,有一定半衰期.由于质子质量比α粒子小,库仑位垒也低一半左右,故半衰期比α短得多.具有质子衰变的元素,都同时具有β^+放射性和轨道电子俘获,半衰期与这些竞争过程的衰变概率有关.实验已找到原子核的同质异能态产生质子放射性的事例.

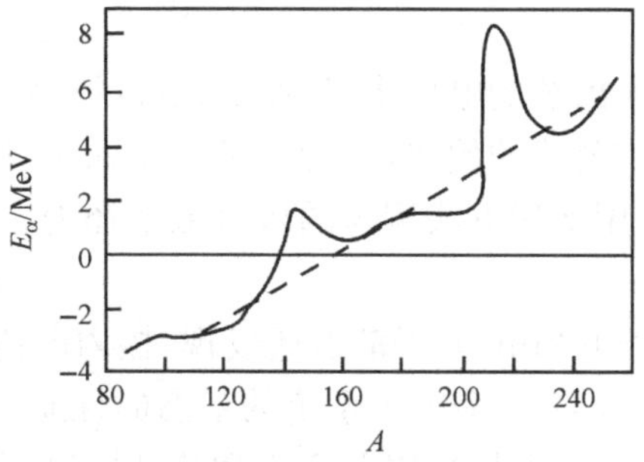

图 2.5

6.14　(1) 讨论重核有α衰变,但不是发射中子,解释原因.

(2) 讨论用什么方法和论据确定核的半径?

(3) 核子系统的基态由哪些性质决定?讨论非经典性质.

(4) 表2.5数据是铀同位素($Z=92$)热中子裂变截面数据.二者同位素的快中子裂变截面数量级为若干靶恩(b),奇偶周期性很少有大变化,试解释之.

表 2.5

铀同位素	σ/b
^{230}U	20
^{231}U	300
^{232}U	76
^{233}U	530
^{234}U	0
^{235}U	580
^{236}U	0

注:$1\text{b}=10^{-28}\text{m}^2$.

解　(1) 重核有α衰变,且只有重核才有α衰变,其原因见题6.12和题6.13.对β稳定线附近的原子核,中子的结合能大于零,所以不能有中子放射性.而对远离β稳定线的丰中子同位素,最后一个中子的结合能可能小于零,这时会自发发射中子.由于中子没有库仑势垒,这是一个瞬发过程.同时,某些β^-衰变形成的核激发态,也可以发射中子,因为这种激发态是β^-衰变过程形成的,然后发射中子,又称为缓发中子,缓发中子的半衰期,实际上就是β衰变母核的半衰期.

(2) 测量核半径的方法有两大类:利用核力的强相互作用来测定核物质的半径,它实际上是测量核力的作用范围,这种方法有中子、质子和α粒子对核的散射,中能中子全截面的测量,目前对核力作用范围给出的核半径为

$$R=R_0A^{-1/3}$$
$$R_0=1.2\sim1.5\text{fm}$$

另一类是利用带电粒子与核的库仑相互作用,或核内的库仑相互作用,得到的是核的电磁半径.如利用高能电子和核的散射求出核的形状因子,从而得到核的电磁半径.利用镜像核之间的质量差异,设它们的内部结构相同,只有库仑能差和中子与质子质量不同引起.由镜像核基态的能量差公式

$$\Delta E = \frac{3e^2}{5R}(2Z-1) - (m_n - M_H)c^2$$

可求出核的电磁半径 R. 更精确的测定核的电磁半径的方法是研究 μ 原子对简单氢原子玻尔公式的偏离,因为 μ 原子的玻尔半径远小于氢原子半径,故它对核的电磁半径很灵敏. 用上述方法测得的核电磁半径为

$$R = R_0 A^{-1/3}$$

$R_0 \approx 1.2\text{fm}$. 电子散射还发现,核内电荷分布不是完全均匀的.

(3) 一个核子系统的基态的性质,包括原子核的电荷、质量、核的半径、自旋、同位旋、磁矩、电四极矩以及宇称和统计性等. 我们只讨论其中非经典的性质,如自旋、宇称和同位旋等量子数的决定. 核子系统的自旋、宇称是由最后未成对的一个或两个核子的自旋和宇称决定. 对偶偶核基态,$J^\pi = 0^+$;对奇偶核,核的自旋和宇称由最后一个核子决定;对奇奇核的基态自旋和宇称,由最后两个核子的自旋和轨道角动量耦合而成. 核基态的同位旋 $I = \frac{|N-Z|}{2}$.

(4)这是因为 U 的裂变有一个大约为 6MeV 的裂变势垒,自发裂变困难,需诱发裂变. 同时核内中子有成对的趋势,即对于偶中子的核,有较大的结合能,当奇中子数的 U 同位素俘获一个中子变成偶中子数 U 同位素,核放出较大的能量,足够克服裂变势垒而产生裂变,而由偶中子数的 U 同位素俘获一个中子变成奇中子数的 U 同位素,这时复合核的激发能小于核的裂变势垒,故有很小的裂变截面,这就是热中子裂变截面有周期性变化的原因. 例如,$^{235}\text{U} + \text{n} \rightarrow {}^{236}\text{U}^*$,它的激发能为 6.42MeV,而^{236}U 的裂变势垒高度为 5.9MeV,故有较大的裂变概率. 而$^{238}\text{U} + \text{n} \rightarrow {}^{239}\text{U}^*$,它的激发能为 4.8MeV,而^{239}U 的裂变势垒为 6.2MeV,故^{239}U 不易裂变. 这种核又称为有阈裂变,即当中子能量超过一定值时,裂变截面才很快增加.

对热中子,由于它的波长很长,核俘获热中子的截面很大,故热中子诱发裂变截面对奇中子 U 同位素可达几百靶恩. 快中子若能被 U 同位素俘获,即有足够的激发能引起裂变,但快中子被核俘获的截面远小于热中子,所以快中子诱发 U 同位素裂变的截面,没有明显地随中子数的偶奇变化,均为若干靶恩的量级.

6.15　由于核形变对半经验质量公式的影响,建议对核^A_ZX 的结合能写成下列形式:

$$B(A,\ Z) = \alpha A - \beta A^{2/3}\left(1 + \frac{2\varepsilon^2}{5}\right) - \gamma Z^2/A^{1/3}\left(1 - \frac{\varepsilon^2}{5}\right)$$

α, β, γ 分别为 14MeV、13MeV、0.6 MeV,ε 为偏心率.

(1) 考虑$^{240}_{94}$Pu 作为一例子,简单解释这一公式并找出瞬时自发裂变包括 A 和 Z 在内的条件.

(2) 裂变同质异能态的发现和对重同位素基态瞬时裂变的探测,表明核的势能是一个更为复杂的函数 $V(\varepsilon)$. 什么样的简单核激发可以解释图 2.6 的两组能级,讨论这两组能级之间的异同. 由此对 $V(\varepsilon)$ 做出推断,并画出 $V(\varepsilon)$ 的草图.

解　(1)公式中第一项为体积能,第二项为表面能,其中 $2\varepsilon^2/5$ 一项是对变形核表面能修正,第三项为库仑能,其中 $\varepsilon^2/5$ 项也是由核形变引起的修正,考虑核形变后,结合能是变形参数 ε 的函数. 极限条件是

$$\frac{\mathrm{d}(B\cdot E)}{\mathrm{d}\varepsilon}=0$$

$$\frac{\mathrm{d}(B\cdot E)}{\mathrm{d}\varepsilon}=-\frac{4\beta}{5}A^{2/3}\varepsilon+\gamma\frac{Z^2}{A^{1/3}}\cdot\frac{2}{5}\varepsilon$$

$$=\frac{2}{5}\varepsilon A^{2/3}\left(\frac{\gamma Z^2}{A}-2\beta\right)$$

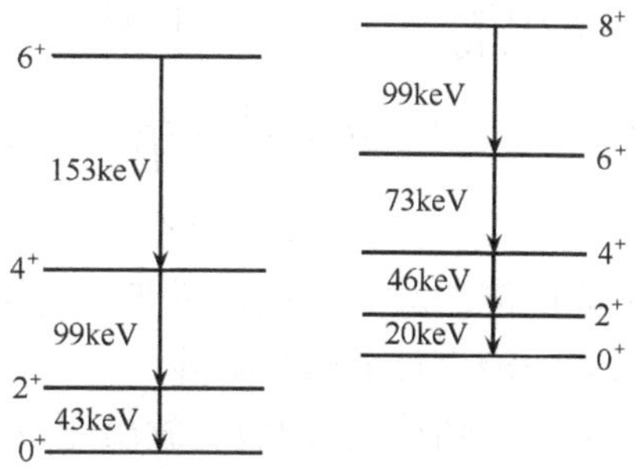

$T_{1/2}=1.4\times10^{11}$ a　$T_{1/2}=4\times10^{-9}$ s

图 2.6

当$\frac{\mathrm{d}(B\cdot E)}{\mathrm{d}\varepsilon}>0$ 时，表明结合能随 ε 的增加而增加，即变形使核的结合能增加，这时核是不稳定的.

当$\frac{\mathrm{d}(B\cdot E)}{\mathrm{d}\varepsilon}\leqslant0$ 时，表明 ε 增加时，结合能反而减小，这时候核继续向 ε 减小的方向发展，核是稳定的.

最后得到瞬时裂变限制条件

$$\frac{Z^2}{A}\geqslant\frac{2\beta}{\gamma}=43.3$$

当$(Z^2/A)>43.3$ 时，核瞬时自发裂变有可能发生. 对^{240}Pu，$Z^2/A=36.8<43.3$，故^{240}Pu 不可能产生瞬时自发裂变. 它的自发裂变有一定寿命.

(2) ^{240}Pu 的两组能级(图 2.6)可用变形核的集体转动激发来解释. 因为它们的两组能谱都满足转动能谱关系，对 $K=0$ 的转动带，有

$$E_I=\frac{\hbar^2}{2J}I(I+1)$$

J 为变形核的转动惯量，I 为转动角动量，E_I 为转动能量. 它们都具有上述偶偶核转动谱的特点，只是两个转动带对应不同的转动惯量，对第一组有$\frac{\hbar^2}{2J_1}\approx7$keV；对第二组有$\frac{\hbar^2}{2J_2}\approx$ 3.3keV. 不同的转动惯量说明其形变不同. 根据核的液滴模型和壳层修正，可以给出双峰势垒形式 $V(\varepsilon)$，用来解释这两种转动谱的存在. 寿命较长的一组对应于基态的转动带，最低能级处于双峰势垒的第一个极小值，当核处于此态时，称为基态. 它要穿透较厚的势垒才能使核裂变，因此基态有较长的寿命(对^{240}Pu，$T_{1/2}=1.4\times10^{11}$a). 另一转动带的最低能级相当于核处在第二个极小值处，核处在此态时，需要穿透势垒的厚度较薄，因而寿命较短(对^{240}Pu，$T_{1/2}=4\times10^{-9}$s).

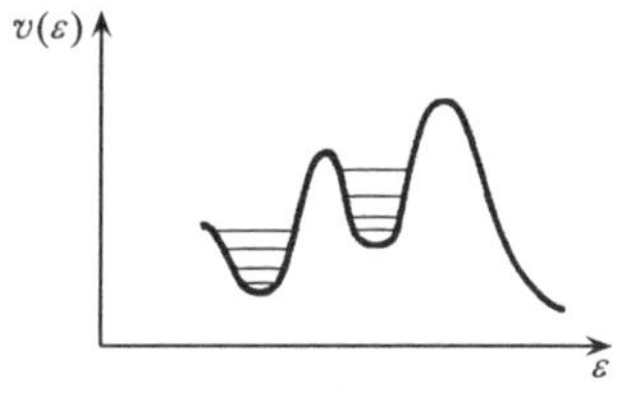

图 2.7

两转动带的区别在于由核形变不同而引起，又称为形状同质异能转动带. 裂变的双峰势垒如图 2.7 所示.

6.16　假定一个铀核自发分裂为两个大致相同的部分，估计核的静电能的减少. 它与总能量改变是什么关系？(设电荷均匀分布；核半径为 $1.2\times10^{-13}A^{1/3}$cm)

解　对于铀核 $Z_0=92$，$A_0=236$，它的半径 $R_0=1.2\times10^{-13}A_0^{-1/3}$cm. 分裂为两块后，对于每一块有 $Z=Z_0/2$，$A=A_0/2$，$R=1.2\times10^{-13}A^{1/3}$cm，而每一个带电荷 Q 的均匀球的

静电能为$\frac{3Q^2}{5R}$，R为半径，所以对于铀核这样的裂变，静电能的释放为

$$\Delta E=\frac{3}{5}\left[\frac{(Z_0e)^2}{R_0}-2\times\frac{(Ze)^2}{R}\right]=\frac{3\times Z_0^2e^2}{5}\frac{1}{R_0}\left(1-\frac{1}{2^{2/3}}\right)$$

$$\approx 0.72Z_0^2A_0^{-1/3}(1-2^{-2/3})=364(\text{MeV})$$

这项静电能的减少是铀核裂变释放能量的来源，但实际释放的能量还要考虑其他因素，如表面能的增大部分的扣除等.

6.17　估计1g铀裂变放出能量对1g TNT爆炸放出能量的比的数量级.

解　裂变与核力作用有关，强度约1MeV/核，TNT爆炸与电磁相互作用有关，强度约为1eV/TNT分子. 考虑到1g铀核和1g TNT分子数同数量级，可知此比例约为10^6. 上述粗略估计数量级是可以的，详细计算1g TNT炸药放出能量

$$E_{\text{TNT}}\approx 2.61\times 10^{22}\,\text{eV}$$

1g铀裂变能为

$$E_{\text{U}}\approx 6.023\times 10^{23}\times 210\times 10^6/238\approx 5.3\times 10^{29}(\text{eV})$$

由此可得到该比值约为5×10^6.

6.18　在核裂变^{235}U(n. f)反应中，放出两个中子且碎片又经β衰变成为$^{95}_{42}$Mo和$^{139}_{57}$La，试计算该核反应放出的总能量. 已知：$M(^{235}\text{U})=235.043915\text{u}$，$M(^{95}\text{Mo})=94.905839\text{u}$，$m_e=5.4858\times 10^{-4}\text{u}$，$M(^{139}\text{La})=138.906140\text{u}$，$m_n=1.008665\text{u}$.

解　裂变方程式为

$$^{235}_{92}\text{U}+^{1}_{0}\text{n}\rightarrow ^{236}\text{U}^*\rightarrow \text{X}+\text{Y}+2(^1_0\text{n})+Q_0$$

$$\text{X}\rightarrow ^{95}_{42}\text{Mo}+k_1\beta+Q_1$$

$$\text{Y}\rightarrow ^{139}_{57}\text{La}+k_2\beta+Q_2$$

式中，k_1、k_2代表β衰变的次数，核反应释放的总能量为

$$Q=Q_0+Q_1+Q_2$$

能量-质量守恒要求

$$Q_0=[M(^{235}\text{U})+m_n-M(\text{X})-M(\text{Y})-2m_n]c^2$$

注意到X、Y都是β^-衰变，则有

$$Q_1=[M(\text{X})-M(\text{Mo})]c^2$$

$$Q_2=[M(\text{Y})-M(\text{La})]c^2$$

将X、Y代入上式中，则得到

$$Q=[M(^{235}\text{U})-m_n-M(^{95}\text{Mo})-M(^{139}\text{La})]c^2$$

在本题中$k_1+k_2=42+57-92=7$，即有7次β衰变，所放出的总能量为

$$Q=Q_0+Q_1+Q_2=[M(^{235}\text{U})-m_n-M(^{95}\text{Mo})-M(^{139}\text{La})]c^2=208(\text{MeV})$$

6.19　一块^{235}U内的中子密度满足下列微分方程：

$$\frac{\partial\rho(x,t)}{\partial t}=A\,\nabla^2\rho(x,t)+B\rho(x,t)$$

其中，A和B为正的常数. 考虑一个边长为L的^{235}U立方块. 假定到达边缘的中子立刻离开立方体，所以^{235}U立方体表面的中子密度为0.

(1) 简单描述产生 $A\nabla^2\rho$ 和 $B\rho$ 项的物理过程，特别要解释 A 和 B 为什么都是正数.

(2) ^{235}U 立方块的边长有一个临界长度 L_0. 当 $L>L_0$ 时，立方体中的中子密度是不稳定的，并随时间指数增长而产生爆炸. 当 $L<L_0$ 时，中子密度随时间减小则不爆炸，根据 A 和 B，找出临界长度 L_0.

解　(1) 正比于中子密度的项 $B\rho(x,t)$ 描写的是核裂变使中子密度的增加，$B\rho(x,t)$ 代表 x 处体积元内，t 时刻的中子密度由核裂变引起的时间增长率，它正比于诱发裂变的中子密度，由于 ^{235}U 裂变的过程，是使中子增殖的过程，所以 B 一定是正数. $A\nabla^2\rho(x,t)$ 项描写的是由中子分布不均匀而引起的中子宏观运动，因为宏观上，中子总是从密度大的地方向密度小的地方运动，所以 A 也是正数.

(2) 解方程

$$\frac{\partial\rho(x,t)}{\partial t}=A\nabla^2\rho(x,t)+B\rho(x,t)$$

取立方块的一个顶点为原点，三条边分别为 x,y,z 轴，并设

$$\rho(x,t)=f(x,y,z)e^{-\alpha t}$$

代入上式，得到

$$A\nabla^2 f(x,y,z)+(\alpha+B)f(x,y,z)=0$$

边界条件为

$$f(x,y,z)\big|_{i=0,L}=0,\qquad i=x,\ y,\ z$$

方程解的一个形式为

$$f(x,y,z)=X(x)Y(y)Z(z)$$

微分方程改写成

$$\frac{1}{X}\frac{d^2X}{dx^2}+\frac{1}{Y}\frac{d^2Y}{dy^2}+\frac{1}{Z}\frac{d^2Z}{dz^2}+k_x^2+k_y^2+k_z^2=0$$

$$k_x^2+k_y^2+k_z^2=\frac{\alpha+B}{A}$$

边界条件为

$$X(x)=0,\qquad x=0,L$$
$$Y(y)=0,\qquad y=0,L$$
$$Z(z)=0,\qquad z=0,L$$

微分方程可写成三个分离的方程

$$\frac{d^2X}{dx^2}+k_x^2X=0$$

$$\frac{d^2Y}{dy^2}+k_y^2Y=0$$

$$\frac{d^2Z}{dz^2}+k_z^2Z=0$$

它们的解分别为

$$X = X(x) = C_x \sin(k_x x) = C_x \sin\left(\frac{n_x \pi}{L} x\right), \qquad k_x = \frac{n_x \pi}{L}$$

$$Y = Y(y) = C_y \sin(k_y y) = C_y \sin\left(\frac{n_y \pi}{L} y\right), \qquad k_y = \frac{n_y \pi}{L}$$

$$Z = Z(z) = C_z \sin(k_z z) = C_z \sin\left(\frac{n_z \pi}{L} z\right), \qquad k_z = \frac{n_z \pi}{L}$$

$n_x, n_y, n_z = \pm 1, \pm 2, \pm 3, \cdots$；$C_x, C_y, C_z$ 为任意常数

从而

$$f(x,y,z) = C_{xyz} \sin\left(\frac{n_x \pi}{L} x\right) \sin\left(\frac{n_y \pi}{L} y\right) \sin\left(\frac{n_z \pi}{L} z\right)$$

式中

$$C_{xyz} = C_x C_y C_z$$

$$n_x^2 + n_y^2 + n_z^2 = \frac{L^2}{\pi^2} \frac{\alpha + B}{A}$$

当 $\alpha < 0$ 时，中子密度随时间增加指数上升，所以 L 的临界条件 L_0 是

$$\alpha = \frac{A\pi^2}{L^2}(n_x^2 + n_y^2 + n_z^2) - B = 0$$

$$L_0 = \pi \sqrt{\frac{A}{B}(n_x^2 + n_y^2 + n_z^2)}$$

对于 $n_x = n_y = n_z = 1$，得到

$$L_0 = \pi \sqrt{\frac{3A}{B}}$$

6.20　在一个 100MW 的反应堆中每秒的裂变数为　　(　　)

(A) 10^6　　(B) 10^{12}

(C) 10^{18}　　(D) 10^{24}

解　一个铀核裂变释放的总能量 $E \approx 10^2\,\text{MeV} = 320 \times 10^{-13}\,\text{J}$，所以 100MW 的反应堆中每秒的裂变数为

$$N = \frac{W}{E} = \frac{10^2 \times 10^6 \times 10^{13}}{3.2 \times 10^2} \approx 3 \times 10^{18} \approx 10^{18}$$

答案为(C).

6.21　简单叙述增殖反应堆的运行、裂变过程，什么物理常数是可能增殖的前提？在选择反应堆材料时要考虑什么重要的因素？水可以用来做减速剂吗？

解　增殖反应堆是这样一类反应堆，它产生的燃料比它损耗的燃料还要多，故称为增殖反应堆. 若反应堆中加入增殖性核素，当这种核素吸收中子后，其最终产物成为可以裂变核素. 例如，用 ^{239}Pu 作燃料，^{238}U 作增殖性核素. 其增殖可能的前提是，一个裂变核平均放出的中子数 N_n 比较高，例如，对 ^{239}Pu，$N_n = 2.91$，其中一个中子可维持链式裂变过程，其余的中子可使 ^{238}U 核变成 ^{239}Pu：

$$\text{n} + {}^{238}\text{U} \rightarrow {}^{239}\text{U} + \gamma$$

$${}^{239}\text{U} \xrightarrow{\beta^-} {}^{239}\text{Np} \xrightarrow{\beta^-} {}^{239}\text{Pu}$$

这样的堆在 7～10 年内，^{239}Pu 可增殖一倍. 这种堆利用快中子裂变，因此在选择反应堆材料时，要保证不使中子慢化，故不能利用水来作慢化剂. 然而，由于快中子裂变截面远比热中子小，所以需要用较高浓度的裂变材料，才能更好地利用中子，通常选用^{239}Pu 作为堆芯材料而不采用^{235}U，这是因为^{239}Pu 每吸收一个中子所产生的中子数较多. 除了快中子增殖堆外，还有一种是热中子增殖堆，这种堆使用^{233}U—^{232}Th 循环，使其获得的燃料与消耗的燃料相当或更多，这种增值堆需要用水作为慢化剂和冷却剂，但不能用中子“毒物”，如镉棒作为控制部件，而是利用浓缩度比平均值高的燃料组件在堆芯的进、出来实现对反应堆的控制. 这样避免了控制棒“毒物”所造成的中子损失，使可转换核钍吸收的中子增加了.

6.22　(1) 简单描述核裂变反应的反应类型.

(2) 为什么能释放能量？每个反应释放的能量约有多少？

(3) 为什么反应产物是放射性的？

(4) 为什么需要“减速剂”？轻元素还是重元素适于做减速剂？为什么？

解　(1) 核裂变反应就是重核分裂为两个中等质量核的反应. 反应堆的裂变反应类型是诱发裂变，如

$$n+{}^{235}U \to X+Y+n+\cdots$$

(2) 重核的比结合能约为 7.6MeV/核子，中等质量核的比结合能约为 8.5MeV/核子. 所以，当发生裂变时，有一部分结合能会释放出来. 例如，(1)中 n+^{235}U，每个反应释放的能量为(8.5～7.6)×236≈213MeV.

(3) 裂变过程释放大量能量，其中一部分转化为碎片的激发能，因此，裂变碎片一般具有较高的激发能，是不稳定的原子核，会放出各种射线；另一方面，裂变碎片中的中质比和裂变核相似，远大于相同质量的稳定核，因此它们是丰中子同位素，是不稳定的，具有很强的放射性.

(4) 对^{235}U，裂变主要是由热中子引起的，而反应放出的是快中子，所以要用“减速剂”减速. 比较而言，轻元素比重元素适于做减速剂，因为中子与轻原子核的弹性散射截面远大于吸收截面，而且每次弹性散射损失的能量要比中子与重核碰撞时损失的能量多，即轻元素减速效率高，适合做减速剂.

6.23　在反应堆中为使快中子变为慢中子，所采用的减速剂为　(　　)

(A)镉和硼　(B)水、重水、石墨和氧化铍等

(C)水、重水和铅　(D)水、重水和混凝土等

解　中子与慢化剂中的核发生弹性碰撞，中子损失能量，每次碰撞后中子的能量 E_1 和碰撞之前的能量 E 的比为

$$\frac{E_1}{E}=\frac{(m_n^2+m^2+2m_n m\cos\theta)}{(m_n+m)^2}$$

其中，m_n和 m 是中子和慢化核的质量，θ 是质心系中中子的散射角. 令

$$\alpha=\frac{(m-m_n)^2}{(m+m_n)^2}=\frac{(A-1)^2}{(A+1)^2}$$

$$\frac{E_1}{E}=\frac{1}{2}[(1+\alpha)+(1-\alpha)\cos\theta]$$

当 $\theta=180°$ 时，中子损失能量最多，$\frac{E_1}{E}=\alpha$. 很显然，慢化核越重，α 越大，中子损失能量越少，慢化效果越差. 中子慢化剂一般选用轻核，且对中子的吸收截面要小. 答案为(B).

6.24　反应堆的控制棒所用材料为　(　　)

(A)石墨和氧化铍等　(B)铁、铅等　(C)镉和硼　(D)钢筋混凝土等

解　控制棒是用于调节堆内中子密度的，要选择对中子吸收截面大的材料. 答案为(C).

6.25　目前利用核聚变来解释太阳能的形成有两种机制，即碳-氮循环和氢-氢循环. 它们真正消耗的聚变物质为　(　　)

(A)碳、氮、氢　(B)碳、氮、氦、氢　(C)氦、氢　(D)氢

解　太阳内部的热核反应链主要有两种.

第一个为质子-质子反应链

$$p+p\rightarrow D+e^{+}+\nu_e$$
$$D+p\rightarrow {}^{3}He+\gamma$$
$${}^{3}He+{}^{3}He\rightarrow {}^{4}He+2p$$

总反应为

$$4p\rightarrow {}^{4}He+2e^{+}+2\nu_e+2\gamma+26.7MeV$$

第二个为碳-氮反应链

$${}^{12}C+p\rightarrow {}^{13}N+\gamma$$
$${}^{13}N\rightarrow {}^{13}C+e^{+}+\nu_e$$
$${}^{13}C+p\rightarrow {}^{14}N+\gamma$$
$${}^{14}N+p\rightarrow {}^{15}O+\gamma$$
$${}^{15}O\rightarrow {}^{15}N+e^{+}+\nu_e$$
$${}^{15}N+p\rightarrow {}^{12}C+{}^{4}He+\gamma$$

总反应为

$$4p\rightarrow {}^{4}He+2e^{+}+2\nu_e+4\gamma+26.7MeV$$

即两个反应链真正消耗的聚变物质都为氢. 答案为(D).

6.26　为实现可控热核反应，对磁约束装置，在等离子体的温度为 $kT=10keV$ 时，等离子密度 D 和放电持续时间 t 组成的劳森判据应大于　(　　)

(A)$10^{14}s/cm^3$　(B)$10^{10}s/cm^3$　(C)$10^{14}s\cdot cm^3$　(D)$10^{10}cm^3/s$

解　在一个可持续运行的热核装置中，热核反应放出的能量加上它的转换效率，即有效产生能量，大于装置在运行中由辐射等引起的能量损失. 要求装置在启动时，等离子的温度、密度和约束持续时间达到一定的数值，即劳森判据. 理论计算得到，对于磁约束的点火条件是：$kT=10keV$，$n\tau=10^{14}s/cm^3$. 答案为(A).

6.27　D-T 聚变和铀的裂变时，每个核子平均放出的能量相比，前者约为后者的　(　　)

(A)2 倍　(B)4 倍　(C)2×10^2 倍　(D)4×10^2 倍

解 D + T→^{4}He + n + 17.59MeV,每个核子放出能量~4 MeV,裂变核的每个核子的平均结合能从母核的约 7MeV 到子核的约 8MeV. 每个核子平均放出能量约为 1MeV. 答案为(B).

6.28 氘核每个核子的平均结合能为 1.11MeV,氦核的平均结合能为 7.07MeV,反应式^{2}H+^{2}H→^{4}He 放出的能量为 ( )

(A)23.84MeV (B) −23.84MeV (C)5.96MeV (D)−5.96MeV

解 $Q=-1.11\times4-(-7.07\times4)=23.84(\mathrm{MeV})$. 答案为(A).

6.29 给出三个通常认为是受控制核聚变的核反应,哪个截面最大?给出反应中释放的大致能量,如何利用产生的中子?

解

$$\mathrm{D}+\mathrm{D}\rightarrow{}^3\mathrm{He}+\mathrm{n}+3.27\mathrm{MeV}$$
$$\mathrm{D}+\mathrm{D}\rightarrow\mathrm{T}+\mathrm{p}+4.04\mathrm{MeV}$$
$$\mathrm{D}+\mathrm{T}\rightarrow{}^4\mathrm{He}+\mathrm{n}+17.59\mathrm{MeV}$$

第三个反应截面最大. 反应中产生的中子可以用于裂变过程,做成裂变-聚变堆. 或用中子与^{6}Li 再次聚变释放能量,

$$^6\mathrm{Li}+\mathrm{n}\rightarrow{}^4\mathrm{He}+\mathrm{T}+4.07\mathrm{MeV}$$

6.30 讨论热核反应,给出在太阳内部、氢弹和受控聚变试验中一些重要反应的例子,粗略估算每个反应放出的能量,说明这些反应中最重要的核力特征.

解 太阳内部的热核反应主要是质子-质子反应链反应,即

$$\mathrm{p}+\mathrm{p}\rightarrow\mathrm{D}+\mathrm{e}^++\nu_\mathrm{e}$$
$$\mathrm{D}+\mathrm{p}\rightarrow{}^3\mathrm{He}+\gamma$$
$$^3\mathrm{He}+{}^3\mathrm{He}\rightarrow{}^4\mathrm{He}+2\mathrm{p}$$

总反应为

$$4\mathrm{p}\rightarrow{}^4\mathrm{He}+2\mathrm{e}^++2\nu_\mathrm{e}$$

此反应放出的能量近似为

$$Q=[4M(^1\mathrm{H})-M(^4\mathrm{He})]c^2\approx26.7\mathrm{MeV}$$

氢弹中的爆炸材料主要是氘、氚和锂的某种凝聚态物质. 氢弹爆炸是一种不可控的热核反应,在爆炸瞬间释放出巨大能量,反应方程式为

$$^6\mathrm{Li}+\mathrm{n}\rightarrow{}^4\mathrm{He}+\mathrm{T}$$
$$\mathrm{D}+\mathrm{T}\rightarrow{}^4\mathrm{He}+\mathrm{n}$$

总反应

$$^6\mathrm{Li}+\mathrm{D}\rightarrow2\,{}^4\mathrm{He}$$

每个反应释放的总能量为

$$Q=[M(^6\mathrm{Li})+M(^2\mathrm{H})-2M(^4\mathrm{He})]c^2=22.4\mathrm{MeV}$$

受控聚变反应利用的反应较多,现举一例:

$$\mathrm{T}+\mathrm{D}\rightarrow{}^4\mathrm{He}+\mathrm{n}$$

释放的能量为

$$Q=[M(^3\mathrm{H})+M(^2\mathrm{H})-M(^4\mathrm{He})-M(\mathrm{n})]c^2=17.59\mathrm{MeV}$$

这些反应说明了核力的一个重要特征：核力的饱和性，也就是说，核子只与它附近的核子发生作用，处在核内部的核子受到的核力作用达到饱和时，比处在表面的核子受到的核力作用大，由于轻核处在表面的核子与处在核内部的核子数之比要比重核大，故轻核的每个核子平均结合能比较重的核小，即轻核结合得松，而很重的核由于库仑能影响使平均结合能也小于中等核.

6.31 近几年来，R. 维斯和他的合作者一直在探索太阳中微子，在他的著名的实验中，用一个置于地下的霍姆斯特克矿井中，充 C_2Cl_4 的大容器作探测器. 其想法是观察由逆 β 衰变的反应 $^{37}Cl(\nu,e^-)^{37}Ar$ 产生的氩原子(^{37}Ar). 这一反应由于有阈效应，对于低能中微子相对地不灵敏. 而低能中微子是构成预期的太阳中微子的主要成分. 这一反应是对应于预期的太阳中微子中的一个较小部分的高能中微子. 太阳常数(地球上的辐射能流)约为 $1kW/(m^2\cdot s)$.

(1) 描述被认为是产生太阳能量的核反应的主要反应链，哪个反应是链中的慢环节？估计在这个反映链中产生的中微子的平均能量. 太阳中微子主要成分在地球上的预计通量是多少？

(2) 描述次要过程反应链，它被认为是产生中微子能谱中的高能部分，即上述实验所探测的部分，简单讨论实验本身及结果，并给出数据.

解 (1)产生太阳能量的主要反应链是

① $p+p\to D+e^++\nu_e \quad (E_\nu=0\sim0.42MeV)$ 占 99.75%

$p+e^-+p\to D+\nu_e \quad (E_\nu=1.44MeV)$ 占 0.25%

② $D+p\to{}^3He+\gamma$

③ $^3He+{}^3He\to{}^4He+2p$

总的效果是

$$4p\to{}^4He+2e^++2\nu+26.7(MeV)$$

其中①为慢环节. 反应中放出的中微子的能量绝大部分在 0～0.42MeV 连续分布，平均能量约为 0.21MeV.

$$E_\nu\approx\frac{1}{2}\times(26.7-25)\approx0.85(MeV)$$

在地球上，大约每 26.5MeV 能流将伴随有 2 个 pp 反应产生的中微子，所以地球表面 pp 反应产生的中微子通量约为

$$I=\frac{2\times10^3}{26.5\times1.6\times10^{-13}}=4.7\times10^{14}(m^{-2}\cdot s^{-1})$$

(2) 太阳能量的核反应链中的次要过程为

① $^3He+{}^4He\to{}^7Be+\gamma+1.59MeV$

② $^7Be+e^-\to{}^7Li+\nu_e+0.862\ MeV$, $E_\nu=0.478MeV\ (12\%)$, $0.862\ MeV\ (88\%)$

③ $^7Li+p\to2{}^4He+17.35MeV$

④ $^7Be+p\to{}^8B+\gamma+0.14MeV$

⑤ $^8B\to{}^8Be+e^++\nu_e+14.06MeV$, $E_\nu\approx0\sim14.06\ MeV$

$^8Be\to2{}^4He+2.9MeV$

其中，^8B 衰变产生的高能中微子即为被测量的中微子.

戴维斯和他的同事所做的探测中微子的实验，是将一装有 390000L C_2Cl_4 的容器放在地下 1.5km 深处的矿井里，其目的是减小宇宙线本底. 太阳中微子与 Cl 发生反应

$$\nu_e + {}^{37}Cl \rightarrow e^- + {}^{37}Ar$$

其阈值能为 0.814MeV. pp 反应产生的中微子是测量不到的，因为它的最大能量仅为 0.42MeV，低于阈值能为 0.814MeV. pe^-p 反应产生的中微子能量是 1.442MeV，^{37}Cl 对此能量的中微子反应的截面为 $1.5\times10^{-45}cm^2$. ^7Be 产生的中微子有两支：一支约占 88%，其能量为 0.862 MeV；另一支占 12%，其能量较低. 此反应刚好可测量到 0.862 MeV 的一支，^{37}Cl 对此能量的中微子反应的截面仅为 2.4×10^{-46} cm^2. ^8B 的中微子最大能量是 14.06MeV的连续谱，^{37}Cl 对此能量的中微子反应的平均截面为 $1.1\times10^{-42}cm^2$. 所以，用^{37}Cl 作探测器，主要是探测^8B 的中微子. 产生的 Ar 气会通过电子俘获而衰变，

$$e^- + {}^{37}Ar \rightarrow {}^{37}Cl + \nu$$

伴随这一过程，所发射的俄歇电子的能量为 2.8keV. Ar 衰变的半衰期为 35 天，产生的^{37}Ar在容器中积累数个月后，将^{37}Ar 取出，用正比计数器测量其放射性. 实验结果为理论预期值的三分之一，这就是有名的“太阳中微子失踪”之谜. 当然，这里有很多可能，或实验是错误的；或太阳理论模型有问题；也有可能是中微子“振荡”等.

6.32　中微子源.

给出下列原子质量盈余(MeV)：

^1n	^1H	^2H	^4He
8.071	7.289	13.136	2.425

天文学：在地球轨道上，太阳亮度＝$1.4kW/m^2$.

地质学：地球的温度梯度＝30K/km. 花岗岩的热传导率＝2.8kcal/(m·h·K).

(1) 设太阳的能量来自氢聚变成氦：

①求在地球表面，太阳中微子的通量；

②给出中微子能谱，也就是中微子通量与中微子能量的关系；

③给出中微子带走太阳能量的百分比.

(2) 地球同样通过重核的辐射衰变产生能量，所以它有一个熔岩地核：

①它产生的是什么类型的中微子？

②估计在地球表面，地球中微子的通量.

(3) 考虑一个大裂变反应堆：

①它产生的又是什么类型的中微子？

②估计在距反应堆 100m 处中微子的通量.

解　(1)①太阳内部的聚变反应链为

$$p + p \rightarrow d + e^+ + \nu_e + Q_1$$

$$D + p \rightarrow {}^3He + \gamma + Q_2$$

$$^3He + {}^3He \rightarrow {}^4He + 2p + Q_3$$

其中，d 是氘核，对于整个反应链过程的总平衡方程式是

$$4p \rightarrow {}^4He + 2e^+ + 2\nu_e + Q_{总}$$

太阳内产生的是电子中微子. 用题中给出的质量盈余,得到反应总能量的数值为

$$Q_{tot} = 4[m({}^1H) - m_e]c^2 - [m({}^4He) - 2m_e]c^2 - 2m_{e^+}c^2$$
$$= 4\times(7.289 - 0.511) - (2.425 - 1.022) - 1.022 = 24.7(MeV)$$

另外,两个正电子还会与两个电子湮灭,产生约 2 MeV 的能量. 也就是说,太阳内每产生约 26.7MeV 的能量,伴随产生 2 个中微子. 假设,太阳的能量和中微子辐射都是各向同性的,太阳能流在地球轨道是 $1.4kW/m^2 = \frac{1.4}{1.6}\times 10^{22}eV/m^2$. 由此,得到在地球轨道上太阳中微子通量

$$F \approx \frac{1.4\times 10^{22}}{1.6\times 26.7\times 10^6}\times 2 \approx 6.6\times 10^{14}(m^{-2}\cdot s^{-1})$$

②该过程是 β^+ 衰变,末态是 d、e^+ 和 ν_e 三体. 正电子和中微子都应是连续能谱. 根据 β^+ 衰变的费米黄金定律,衰变到中微子能量在 E_ν 和 $E_\nu + dE_\nu$ 之间的概率

$$d\Gamma = \frac{2\pi}{\hbar}|M|^2\left(\frac{d\rho}{dE_\nu}\right)dE_\nu$$

式中,$|M|$ 为跃迁矩阵元,ρ 是末态相空间因子. 我们假设跃迁矩阵元与衰变能量无关,但矩阵元隐含了衰变过程中能量和动量守恒. 因为氘核的质量远大于衰变产生的正电子和中微子的质量,它带走很小的动能,即可使衰变过程满足动量守恒. 所以约化概率和中微子的能量的关系

$$d\Gamma = n_\nu(E_\nu)n_e(E_0 - E_\nu)dE_\nu$$

式中,E_0 等于衰变能 Q_1,n_ν 和 n_e 分别是电子中微子和正电子的态密度. 为求态密度,我们先写出所选粒子在动量 k 空间单位体积中的总态数

$$N = \frac{V}{(2\pi)^3}\cdot\frac{4}{3}\pi k^3$$

对变量 k 微分,得到

$$dN = \frac{V}{(2\pi)^3}\cdot 4\pi k^2 dk$$

对于质量为 0 的中微子,能量与动量的关系有 $E = \hbar ck$,$dE = \hbar c dk$,我们得到

$$n_\nu(E_\nu) = \frac{dN}{dE_\nu} = \frac{V}{(2\pi\hbar c)^3}\cdot 4\pi E_\nu^2$$

对于电子,利用相对论等式

$$E_e^2 = m_e^2c^4 + \hbar^2c^2k_e^2$$
$$E_e dE_e = \hbar^2c^2k_e dk_e$$
$$n_e(E_e) = \frac{dN}{dE_e} = \frac{dN}{dk_e}\frac{dk_e}{dE_e} = \frac{V}{(2\pi\hbar c)^3}\cdot 4\pi E_e^2(E_e^2 - m_e^2c^4)^{1/2}$$

$d\Gamma$ 的表达式中,代入 n_ν、n_e,$E_e = E_0 - E_\nu$,最后得到

$$\frac{d\Gamma}{dE_\nu} \propto E_\nu^2(E_0 - E_\nu)[(E_0 - E_\nu)^2 - m_e^2c^4]^{1/2}$$

③计算中微子带走太阳能量的百分比. 从反应 $p + p \rightarrow D + e^+ + \nu_e + Q_1$,可得到中微子的最大能量 $Q_1 = 0.42MeV$. 如果中微子平均能量是最大能量的一半,每产生 26.7MeV,

伴随产生 2 个中微子,中微子带走太阳能量的百分比是

$$\eta = \frac{2 \times 0.21}{26.7} = 1.6\%$$

(2)①在重元素的辐射衰变中,使本来中子数就大于质子数的重元素,在 α 衰变中,子核的中子和质子数之比又增大,产生的丰中子元素通过 β 衰变,即核内一个中子衰变成质子,

$$n \rightarrow p + e^- + \bar{\nu}_e$$

地球内部产生的是反电子中微子 $\bar{\nu}_e$和电子.

②从地质学给出的地球内部温度梯度 dT/dz 和花岗岩的热传导率λ,得到热流量

$$J_Q = \lambda \frac{dT}{dz} = 2.8 \times 30 = 84[\text{cal}/(\text{m}^2 \cdot \text{h})]$$
$$= 2.2 \times 10^{15}(\text{MeV}/(\text{m}^2 \cdot \text{h}))$$

假设,地核内的能量来源主要是重元素$^{232}_{90}$Th 通过系列衰变到$^{208}_{82}$Pb,其中 6 次 α 衰变和 4 次 β 衰变,十次衰变放出能量约 40MeV,共产生 4 个反中微子. 每产生约 10MeV 能量就有一个反中微子产生,反中微子通量

$$F \approx \frac{2.2 \times 10^{15}}{10} = 2.2 \times 10^{14}(\text{m}^{-2} \cdot \text{h}^{-1}) = 2.4 \times 10^{10}(\text{m}^{-2} \cdot \text{s}^{-1})$$

(3)①重核裂变成两个中等的子核,但它的中质比和重核相等,是丰中子同位素,具有 β 衰变,产生反电子中微子.

②设反应堆的转换效率为 10%,输出功率为 1GW,反应堆内核裂变产生的功率是

$$W \approx 10\text{GW} = 6 \times 10^{22}\text{MeV/s}$$

每次裂变约产生 200MeV 的能量和 10 个左右的反中微子,即每 20MeV 的能量产生一个反中微子,在距反应堆 100m 处,由反应堆产生的反中微子通量为

$$F' = \frac{6 \times 10^{22}}{20} \times \frac{1}{4\pi \times 100^2} \approx 2.4 \times 10^{16}(\text{m}^{-2} \cdot \text{s}^{-1})$$

6.33 考虑一个用同位素$^7_3$Li 丰度较高的大量样品,研究太阳中微子,测量半衰期为 53 天的$^7_4$Be 同位素的产生、分离和衰变的过程. 图 2.8 给出了两个核最低的能级,$^7_4$Be 的基态能级比$^7_3$Li 的基态高 0.86 MeV.

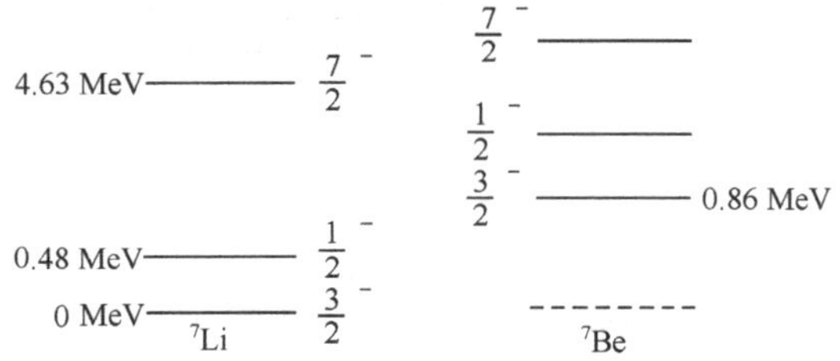

图 2.8

(1) 讨论$^7_4$Be 基态的电子俘获,并估计分支比和相对衰变概率(ft 比率);

(2) 为标定探测器,用一个单能的点状中微子源,它放出单能 1.5 MeV 的中微子,强度为 10^{17}s^{-1},把它放在 1t 重的锂球中心,估计在平衡时$^7_4$Be 的衰变率.

$$g_V = 1.42 \times 10^{-49}\ \text{erg}\cdot\text{cm}^3 (1\text{erg} = 10^{-7}\text{J})$$
$$g_A = 1.60 \times 10^{-49}\ \text{erg}\cdot\text{cm}^3$$
$$\rho_{Li} = 0.53\ \text{g/cm}^3$$

解　(1) 发生电子俘获过程有两种可能：

$\frac{3}{2}^- \to \frac{3}{2}^-$，$\Delta J=0$，$\Delta\pi=+$，是 F 和 G-T 型的混合跃迁；

$\frac{3}{2}^- \to \frac{1}{2}^-$，$\Delta J=1$，$\Delta\pi=+$，是纯 G-T 型跃迁.

${}^7_3$Li 和${}^7_4$Be 是镜像核，同位旋 $T=\frac{1}{2}$，$T_z({}^7_3\text{Li})=-\frac{1}{2}$和 $T_z({}^7_4\text{Be})=\frac{1}{2}$.

对于$\frac{3}{2}^- \to \frac{3}{2}^-$的 F 型的跃迁，因为是镜像核之间的跃迁，有

$$|M_F|^2 = T(T+1) - T_{iz}T_{fz} = \frac{1}{2}\left(\frac{1}{2}+1\right)+\frac{1}{2}\times\frac{1}{2} = 1$$

对于$\frac{3}{2}^- \to \frac{3}{2}^-$的 G-T 型的跃迁，有

$$|M_{G\text{-}T}|^2 = \frac{J_f+1}{J_f} = \frac{3/2+1}{3/2} = \frac{5}{3}$$

对于$\frac{3}{2}^- \to \frac{1}{2}^-$的纯 G-T 型的跃迁，从 $l+\frac{1}{2}$跃迁到 $l-\frac{1}{2}$，$l=1$. 单粒子模型给出

$$\langle M_{G\text{-}T}\rangle^2 = \frac{4l}{2l+1} = \frac{4}{3}$$

对电子俘获，$\lambda_K(M^2, W_\nu)=|M|^2W_\nu^2$，$W_\nu$为衰变能. 所以

$$\frac{\lambda_K\left[\frac{3}{2}^- \to \frac{3}{2}^-\right]}{\lambda_K\left[\frac{3}{2}^- \to \frac{1}{2}^-\right]} = \frac{\langle M_{G\text{-}T}\rangle_{3/2}^2 + \frac{g_V^2}{g_A^2}\langle M_F\rangle^2}{\langle M_{G\text{-}T}\rangle_{1/2}^2} \times \frac{W_{\nu_1}^2}{W_{\nu_2}^2}$$

$$= \frac{\frac{5}{3}+\left(\frac{1.42}{1.60}\right)^2}{\frac{4}{3}} \times \frac{0.86^2}{(0.86-0.48)^2}$$

$$= \frac{(0.79\times 3+5)\times 0.86^2}{4\times(0.86-0.48)^2} = 9.43$$

分支比

$$B\left[\frac{3}{2}^- \to \frac{3}{2}^-\right] = 90.4\%$$

$$B\left[\frac{3}{2}^- \to \frac{1}{2}^-\right] = 9.6\%$$

两跃迁过程的 ft 比率为

$$\frac{(ft)_{3/2^-}}{(ft)_{1/2^-}} = \frac{\langle M_{G\text{-}T}\rangle_{1/2}^2}{\langle M_{G\text{-}T}\rangle_{3/2}^2 + \frac{g_V^2}{g_A^2}\langle M_F\rangle^2} = \frac{4}{3\times 0.79+5} = 0.543$$

(2) 当中微子照射^{7}Li 时，^{7}Li 俘获中微子变成^{7}Be. 另一方面，^{7}Be 又衰变到^{7}Li. 先考

虑在锂球的半径为 r,厚度为 $\mathrm{d}r$ 的薄层内的锂原子的数目为

$$\frac{4\pi r^2 \rho n \mathrm{d}r}{A}$$

对^{7}Li 核,式中,ρ 为密度,A 为原子量,n 为阿伏伽德罗常量. 在 r 处,中微子的通量为 $\frac{I_0}{4\pi r^2}$. 设 σ 为^{7}Li 对中微子的俘获截面,a 为^{7}Li 在样品中的丰度,^{7}Li 在中微子照射时,单位时间内俘获中微子变成^{7}Be 的数目为 ΔN_1,

$$\Delta N_1 = \int_0^R \frac{I_0}{4\pi r^2} \cdot \rho n a \sigma \cdot 4\pi r^2 \mathrm{d}r \cdot \frac{1}{A} = \frac{I_0 \rho n a \sigma R}{A}$$

代入 $a=0.925$,$\rho=0.53\mathrm{g/cm^2}$,$A=7$,$n=6.023\times10^{23}$,$\sigma\approx10^{-43}\mathrm{cm}^2$,

$$R = \left(\frac{3\times10^6}{4\pi\rho}\right)^{1/3} = 76.7(\mathrm{cm})$$

$$\Delta N_1 = \frac{10^{17}\times0.53\times6.023\times10^{23}\times10^{-43}\times0.925\times76.7}{7} = 3.2\times10^{-2}(\mathrm{s}^{-1})$$

由于中微子照射产生的^{7}Be 数目,相对于 1t 的^{7}Li 是如此之少,可以认为在照射中^{7}Li 的数目不变. 在平衡时,产生^{7}Be 数目应等于^{7}Be 衰变成^{7}Li 的数目,即^{7}Be 衰变率为 $3.2\times10^{-2}\mathrm{s}^{-1}$.

6.34　假设用铊(^{205}Tl,天然矿含铊 70%)作靶物质,探测地质太阳中微子,铊通过中微子俘获到铅(^{205}Pb)(半衰期 $T=1.4\times10^7$a).

(1) 图 2.9 给出了 $A=205$ 的态观测到的能级结构,用单粒子模型解释这些态.

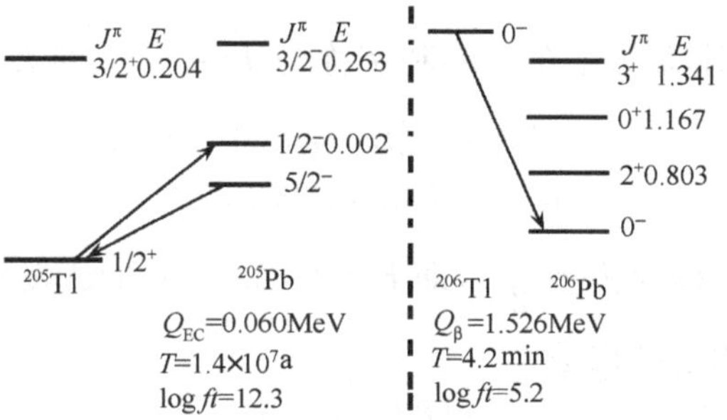

图 2.9

(2) 为了确定^{205}Pb 的$\frac{1}{2}^-$态对中微子俘获截面,首先看给出的 $A=206$ 的态,观测到的能级结构如图 2.9 所示,同样,用单粒子模型解释这些态.

(3) 假设^{205}Tl 的基态有 10%是中子$(2f_{5/2})^{-2}(3p_{1/2})^2$ 组态混合态. 用所提供的这些信息,计算 1g^{205}Tl 矿中,由于太阳中微子俘获到^{205}Pb 的$\frac{1}{2}^-$态,在平衡时,^{205}Pb 的原子数目. 近似认为单个中微子的能量是 $E_\nu=0.26$MeV.

壳模型:

p: $1h_{11/2}$　$2d_{3/2}$　$3s_{1/2}$　(82)　$1h_{9/2}$　$1i_{13/2}$

n: $3p_{3/2}$　$2f_{5/2}$　$3p_{1/2}$　(126)　$2g_{9/2}$　$1j_{15/2}$

太阳常数＝0.14W/cm^2.

$$4p \rightarrow {}^4He + 2e^+ + 2\nu + 26.74MeV$$

解 (1) ^{205}Tl 基态是质子和中子的组合态

$$p[82](3s_{1/2})^{-1}$$
$$n[126](3p_{1/2})^{-2}$$

其中，括号〔 〕表示满壳层，k 表示满壳层内核子的数目，$(\cdots)^{-1}$表示壳层内的空穴为 1. 2 个中子空穴将成对，它们的组合波函数是自旋为 0、宇称为正的态. 所以，基态的性质由单个的质子空穴决定，它的轨道角动量 $l=0$，自旋为$\frac{1}{2}$，宇称 $\pi=(-1)^l=+1$，有 $J^\pi=\frac{1}{2}^+$.

激发态是 $3s_{1/2}$空穴激发到 $2d_{3/2}$空穴，也就是 $2d_{3/2}$壳层上的一个质子激发到 $3s_{1/2}$壳层，其 $l=2$，宇称也是正，有 $J^\pi=\frac{3}{2}^+$，即 $E=0.204$MeV 的激发态.

^{205}Pb 的基态，质子是满壳层，中子的结构为

$$n[126](2f_{5/2})^{-1}(3p_{1/2})^{-2}$$

同样的，$3p_{1/2}$空穴对贡献自旋为 0，宇称为正，基态的性质由未成对的 $2f_{5/2}$壳层的中子空穴决定，$l=3$，宇称为负，即 $J^\pi=\frac{5}{2}^-$.

它有很多可能的激发态，一个激发态是 $3p_{1/2}$壳层的一个空穴激发到 $2f_{5/2}$壳层，有

$$n[126](2f_{5/2})^{-2}(3p_{1/2})^{-1}$$

这样，$2f_{5/2}$壳层空穴成对，激发态的自旋和宇称为 $J^\pi=\frac{1}{2}^-$，即 $E=0.002$MeV 的激发态. 显然，我们能激发 $2f_{5/2}$壳层空穴到 $3p_{3/2}$壳层，给出中子的组态为

$$n[126](3p_{3/2})^{-1}(3p_{1/2})^{-2}$$

得到激发态的自旋和宇称为 $J^\pi=\frac{3}{2}^-$，即 $E=0.263$MeV 的激发态.

(2) ^{206}Tl 基态的组态结构是

$$p[82](3s_{1/2})^{-1}$$
$$n[126](3p_{1/2})^{-1}$$

对于一个 $l=0$ 的质子空穴 $l=0$ 和 $l=1$ 的中子空穴耦合，宇称为 $\pi=-1$，像奇奇核系统有如此多的变化，自旋的耦合值是很难预言的. 当然，两个自旋为$\frac{1}{2}$态耦合成总自旋为 0 的态似乎是较合理的，$J^\pi=0^-$，和图 2.9 中的值一致.

^{206}Pb 的基态的组态结构应是质子为满壳层，中子为

$$n[126](3p_{1/2})^{-2}$$

基态的性质由外壳层的两个中子空穴组态决定，$J^\pi=0^-$.

如果我们激发一个空穴到 $2f_{5/2}$壳层，有 $J=\frac{5}{2}$和 $J=\frac{1}{2}$两个中子空穴态将可能耦合为总自旋 $J=2$ 和 $J=3$ 的两个态，两个态的宇称均为＋1，即 $E=0.803$MeV 和 $E=1.341$MeV的两个激发态. 如果我们同时激发壳层的两个中子空穴到 $2f_{5/2}$壳层，则得到

$J^{\pi}=0^{+}$，$E=1.167\text{MeV}$ 的激发态. 所以，所有试验观测到的能级性质，都可以用壳层模型得到合理的描述.

(3) 对于反应过程

$$^{205}_{81}\text{Tl}+\nu_e \rightarrow ^{205}_{82}\text{Pb}+e^-$$

如果中微子的密度为 1，一个核的俘获率由费米黄金定律给出

$$\Gamma=\frac{2\pi}{\hbar}|H_{ij}|^2\rho(E)$$

$\rho(E)$是末态粒子的相空间因子，E 是末态粒子的能量，$|H_{ij}|^2$ 是初、末态之间相互作用哈密顿量跃迁矩阵元. 对于一个中微子通量为 j_ν，每一个^{205}Tl 原子的俘获率 Γ_{cap} 为

$$\Gamma_{cap}=j_\nu\sigma=j_\nu\frac{\Gamma}{c}=j_\nu\frac{2\pi}{\hbar c}|H_{ij}|^2\rho(E)$$

式中，中微子的速度为 c，所以有中微子俘获截面 $\sigma=\Gamma/c$.

计算跃迁矩阵元 H_{ij} 是很困难的，因为它包含了初态一个中微子及^{205}Tl 核和末态一个电子及^{205}Pb 之间复杂的算符. 我们用$|M|^2_{205}$表示$|H_{ij}|^2$，用已有的数据来计算它. 我们首先考察^{206}Tl 的 β 衰变过程

$$^{206}\text{Tl}\rightarrow ^{206}\text{Pb}+e^-+\bar{\nu}_e$$

它是典型的 β 衰变，其衰变半衰期有计算公式

$$ft=\frac{2\pi^3\hbar^7\ln 2}{|M|^2_{206}m_e^5c^4}$$

给出的数据是 $\log ft=5.2$，用上面的公式，可以计算出$|M|^2_{206}$，然后用它来计算$|M|^2_{205}$.

$$|M|^2_{206}=\frac{2\pi^3\hbar^7\ln 2}{10^{5.2}\times m_e^5c^4}=\frac{2\pi^3\times(c\hbar)^7\ln 2}{10^{5.2}\times(m_e^5c^{10})c}$$

最简单也最重要的是单个质子或中子的衰变，它发射一个 β 粒子和一个中微子，在衰变的过程中，质子或中子或许被激发到一个不同的核的轨道，换句话说，相互作用是一个单粒子算符.

如果我们比较^{205}Tl 的基态组态

$$\text{p}[82](3\text{s}_{1/2})^{-1}$$
$$\text{n}[126](3\text{p}_{1/2})^{-2}$$

以及^{205}Pb 的 $1/2^-$ 激发态的组态

$$\text{p}[82]$$
$$\text{n}[126](2\text{f}_{5/2})^{-2}(3\text{p}_{1/2})^{-1}$$

我们看到的是一个 $\text{f}_{5/2}$壳层的中子俘获一个中微子，并把质子激发到 $3\text{s}_{1/2}$ 轨道壳层. 再把一个中子激发到 $3\text{p}_{1/2}$ 轨道壳层轨道上. 因为这是两个粒子的相互作用过程，其矩阵元就会很小，该过程的反应率小得可以忽略.

题设^{205}Tl 的基态还有 10%的混合组态

$$\text{p}[82](3\text{s}_{1/2})^{-1}$$
$$\text{n}[126](2\text{f}_{5/2})^{-2}$$

从这个组态中 $3\text{p}_{1/2}$ 轨道壳层的一个中子，俘获一个中微子，激发质子到 $3\text{s}_{1/2}$ 轨道壳层，这

个俘获过程在俘获反应率中占主导地位.

现在我们来比较^{205}Tl→^{205}Pb*俘获过程(*表示激发态)

$$p[82](3s_{1/2})^{-1} \rightarrow [82]$$
$$n[126](2f_{5/2})^{-2} \rightarrow [126](2f_{5/2})^{-2}(3p_{1/2})^{-1}$$

和^{206}Tl→^{206}Pb衰变过程

$$p[82](3s_{1/2})^{-1} \rightarrow [82]$$
$$n[126](3p_{1/2})^{-1} \rightarrow [126](3p_{1/2})^{-2}$$

两者都是$3p_{1/2}$轨道壳层的一个中子衰变到$3s_{1/2}$轨道壳层的一个质子,所有其他核子不受影响.所以,我们认为它们应有近似相同的跃迁矩阵元.^{205}Tl的基态仅有10%的混合组态参与中微子俘获反应,^{205}Tl的跃迁矩阵元仅是^{206}Tl的跃迁矩阵元的10%,

$$|M|^2_{205} = 0.1|M|^2_{206}$$

计算太阳中微子的通量,太阳的能流是$0.14\text{W/cm}^2 = 8.8\times10^{11}\text{MeV/(cm}^2\cdot\text{s)}$,每13.1MeV能流有一个太阳中微子,中微子的通量为

$$j_\nu = \frac{8.8\times10^{11}}{13.1} = 6.7\times10^{10}(\text{cm}^{-2}\cdot\text{s}^{-1})$$
$$= 6.7\times10^{-16}(\text{fm}^{-2}\cdot\text{s}^{-1})$$

另一个计算量是相空间因子,因为铅核的质量远大于电子的质量,可以近似忽略核的反冲能.同时,把出射电子近似看作平面波.在动量空间,单位空间$(2\pi\hbar)^3$有一个态,相空间因子为

$$\rho(E)\text{d}E = \frac{\text{d}^3p}{(2\pi\hbar)^3} = \frac{4\pi p^2\text{d}p}{(2\pi\hbar)^3} = \frac{E\sqrt{E^2-m^2c^4}\,\text{d}E}{2\pi^2\hbar^3c^3}$$

式中,E是电子的能量,动量用能量的相对论表达式.假设中微子的能量是0.26MeV,电子的总能量是中微子能量加电子的静止质量,减去Q_{EC}和激发态^{205}Pb*能级的差,即

$$E = (0.26 - 0.06 - 0.002 + 0.511)\text{MeV} \approx 0.71\text{MeV}$$

利用此值代入相空间因子表达式,得到

$$\rho(E) = 1.8\times10^{-2}(c\hbar)^{-3}(\text{MeV}^2)$$

由此,我们可计算出一个^{205}Tl原子的中微子俘获率

$$\Gamma_{\text{cap}} = j_\nu \times \frac{2\pi}{\hbar c} \times |M|^2_{205} \times \rho(E)$$
$$= 6.7\times10^{-16}\frac{2\pi}{(c\hbar)^2} \times |M|^2_{205} \times 1.8\times10^{-2}(c\hbar)^{-3}$$
$$= 1.5\times10^{-36}(\text{s}^{-1})$$

^{205}Tl原子俘获中微子到^{205}Pb,从^{205}Pb的半衰期,得到一个^{205}Pb衰变到^{205}Tl的概率为

$$\Gamma_{\text{Pb}} = \frac{1}{\tau} = \frac{\ln2}{1.4\times10^7\times3\times10^7} \approx 1.7\times10^{-15}(\text{s}^{-1})$$

在平衡时,^{205}Tl原子俘获中微子产生的^{205}Pb的数目应等于^{205}Pb的衰变数目,即

$$\Gamma_{\text{cap}}N_{\text{Tl}} = \Gamma_{\text{Pb}}N_{\text{Pb}}$$

1g ^{205}Tl的原子数为

$$N_{\mathrm{Tl}}=6.023\times10^{23}/205\approx2.9\times10^{21}$$

$$N_{\mathrm{Pb}}=\frac{\Gamma_{\mathrm{cap}}N_{\mathrm{Tl}}}{\Gamma_{\mathrm{Pb}}}=\frac{2.9\times10^{21}\times1.5\times10^{-36}}{1.7\times10^{-15}}=2.6$$

在每克^{205}Tl 中，平衡时约有 2.6 个^{205}Pb 原子.

6.35　作为一个粗略的，但非无道理的近似，中子星几乎全部由中子构成，并形成非相对论的费米气，费米气的压力由万有引力平衡：

(1) 估计质量 10^{33}g 的中子星的半径. 由于只要求数量级估计，可以做些近似，如假设均匀密度、估计积分值等.

(2) 实验室里，中子不稳定，以 $n\to p+e+\bar{\nu}_e+1\text{MeV}$ 衰变，寿命为 1000s. 简单解释(定性但要准确)为什么可以假定中子星是全由中子构成而不是质子和电子.

解　(1) 设星球的半径是 R，质量为 M，球内物质均匀分布，密度为 ρ，星球的引力势能

$$\begin{aligned}V_{\mathrm{p}}&=-\int_0^R4\pi r^2\mathrm{d}r\cdot\rho\cdot\left(\frac{4\pi}{3}\rho r^3\right)\frac{G}{r}\\&=-\int_0^R\frac{(4\pi)^2\rho^2}{3}\cdot Gr^4\mathrm{d}r=-\frac{(4\pi)^2R^5\rho^2G}{5\times3}\\&=-\frac{3}{5}\frac{GM^2}{R}\end{aligned}$$

当星球的 R 发生微小变化 ΔR 时，势能变化为

$$\Delta V_{\mathrm{p}}=\frac{3}{5}\frac{GM^2}{R^2}\Delta R$$

费米压力对外做功为

$$\Delta W=P\cdot4\pi R^2\cdot\Delta R$$

P 为费米压强，由 $\Delta V_p=\Delta W$ 得到

$$P=\frac{3GM^2}{20\pi R^4}=\frac{GM\rho}{5R}$$

根据费米气体模型，其费米压强 P 为

$$P=\frac{2}{5}NE_{\mathrm{f}}$$

$N=\rho/M_{\mathrm{n}}$为中子密度，M_{n}为中子质量，E_{f}为极限能量，

$$E_{\mathrm{f}}=\frac{\hbar^2}{2M_{\mathrm{n}}}\left(\frac{9\pi}{4}\frac{M}{M_{\mathrm{n}}R^3}\right)^{2/3}$$

$$\frac{GM\rho}{5R}=\frac{2}{5}\cdot\frac{\rho}{M_{\mathrm{n}}}\frac{\hbar^2}{2M_{\mathrm{n}}}\left(\frac{9\pi}{4}\frac{M}{M_{\mathrm{n}}R^3}\right)^{2/3}$$

$$\begin{aligned}R&=\left(\frac{9\pi}{4}\right)^{2/3}\cdot\frac{\hbar^2}{GM_{\mathrm{n}}^3}\cdot\left(\frac{M_{\mathrm{n}}}{M}\right)^{1/3}\\&=\left(\frac{9\pi}{4}\right)^{2/3}\times\frac{(1.05\times10^{-34})^2}{6.67\times10^{-11}\times(1.67\times10^{-27})^3}\times\left(\frac{1.67\times10^{-27}}{10^{30}}\right)^{1/3}\\&\approx1.56\times10^4(\mathrm{m})\end{aligned}$$

(2) 首先计算在中子星内，中子之间的距离 d，由近似式

$$\frac{M}{(2R)^3} = \frac{M_n}{d^3}$$

得到中子之间的质心距离为

$$d = 2 \times R\left(\frac{M_n}{M}\right)^{1/3} = 2 \times 1.56 \times 10^4 \times \left(\frac{1.67 \times 10^{-27}}{10^{30}}\right)^{1/3}$$

$$= 3.7 \times 10^{-15}(\mathrm{m}) = 3.7(\mathrm{fm})$$

d 的量级是核内距离的大小，电子若能存在于此星体内，电子的平均自由程也应该是 d 的量级，电子的约化康普顿波长也应为 d 的量级，即

$$d = \frac{\hbar}{p} = \frac{c\hbar}{pc}$$

$$E_e \approx cp = \frac{c\hbar}{d} \approx 53\mathrm{MeV}$$

我们知道，每个中子衰变给出约 1MeV 的能量，而中子本身的动能 T_n 小于 $E_f \approx 21\mathrm{MeV}$，若在中子星中遵守能量和动量守恒定律，则不可能存在由中子衰变出的、如此高能的电子；另一方面，中子星内中子之间如此靠近，即使有一个中子衰变出来的质子和电子，也会立刻再复合成中子，故中子星内不可能存在质子和电子，由纯中子组成，称"中子星".

7 氘　　核

7.1 假设汤川秀树(Yukawa)为解释核力所建议的重介子存在，根据测不准原理，给出核力的力程和该介子的质量的关系，估计该介子的质量.

解 根据测不准原理，一个粒子的位置 x 和它的动量 p 是不能同时完全被确定的，有关系式

$$\Delta x \cdot \Delta p \approx \hbar$$

当一个核子发射和吸收介子时，其位置不确定性是它的作用力程 r，介子的动量不确定为

$$r \cdot \Delta p \approx \hbar$$

$$\Delta p \approx mc$$

$$mc^2 \approx \frac{c\hbar}{r}$$

设 $r = 1\mathrm{fm}$，则 $mc^2 \approx 200\mathrm{MeV}$.

7.2 对于核力的性质，下列哪种说法是对的？　　(　　)

(A)核力具有饱和性的交换力　　(B)核力大小与电荷有关

(C)核力仅仅具有心力　　(D)μ 子是核力场中的量子

解 核力是短程力，有饱和性，与核子的电荷无关，即核子只与其周围的核子相互作用. 答案为(A).

7.3 如果核力与电荷无关，而且一个中子和质子可以组成束缚态，为什么两个中子没有束缚态？这给出了核子-核子相互作用的什么知识？

解 一个中子和一个质子的体系，可以处于自旋单态，也可以处于自旋三重态. 束缚态只有三重态，单态的能量比三重态高，不能形成束缚态. 两个中子在同一能级的体系，只

能有自旋单态,因而没有束缚态. 由此给出了核力的自旋相关性.

7.4　质量为M,结合能为$B(B\ll Mc^2)$的氘核吸收能量为E_γ的光子离解成中子和质子,求离解反应能够发生的$E_\gamma-B$最小值.

解　$E_\gamma-B$最小就是求最小E_γ值,显然阈能反应时E_γ最小. 在阈能反应时,末态粒子在质心系中处于静止状态,因此要求入射道光子与氘核质心系中的能量E^*与质子和中子的静止质量和相等,即$E^*=(m_n+m_p)c^2$. 入射道的不变质量

$$S=(E_\gamma+Mc^2)^2-c^2p_\gamma^2=M^2c^4\left(1+\frac{2E_\gamma}{Mc^2}\right)$$

$$M^2c^4\left(1+\frac{2E_\gamma}{Mc^2}\right)=(m_n+m_p)^2c^4$$

利用

$$B=(m_n+m_p-M)c^2$$

$$M^2c^4\left(1+\frac{2E_\gamma}{Mc^2}\right)=B^2+M^2c^4+2BMc^2$$

$$2Mc^2(E_\gamma-B)=B^2$$

$$E_\gamma-B=\frac{B^2}{2Mc^2}$$

最后,给出$E_\gamma-B$最小值为$\frac{B^2}{2Mc^2}$.

7.5　按简单的图像,氘核中质子和中子相互作用是通过一个方势阱,宽度为$b=1.9\times10^{-15}$m,深为$V_D=40$MeV,氘核处于$l=0$的态.

(1) 计算质子运动到中子力程内的概率,利用下列近似:

$$m_n=m_p=M,\quad kb=\frac{\pi}{2},\quad k=\sqrt{\frac{M(V_D-\varepsilon)}{\hbar^2}}$$

ε是氘核的结合能.

(2) 计算氘核的均方半径值.

解　两体相互作用,约化质量为$\mu=\frac{M}{2}$, r为中子和质子之间的距离. 位能为

$$V(r)=\begin{cases}V_D, & r<b\\ 0, & r>b\end{cases}$$

体系能量$E=-\varepsilon$,对于$l=0$,令波函数$\Psi=\frac{u(r)}{r}$,这时,薛定谔方程为

$$u''+\frac{2\mu}{\hbar^2}(E-V)u=0$$

可以分别写成

$$u''+k^2u=0,\qquad r<b$$
$$u''-k_1^2u=0,\qquad r>b$$

式中

$$k=\sqrt{\frac{M(V_D-\varepsilon)}{\hbar^2}},\qquad k_1=\sqrt{\frac{M\varepsilon}{\hbar^2}}$$

利用边界条件：$r=0,\Psi=0$ 和 $r=\infty,\Psi$ 有限，可得到

$$u(r)=A\sin kr,\qquad r<b$$
$$u(r)=Be^{-k_1(r-b)},\qquad r>b$$

根据连续性条件，在 $r=b$ 处，波函数和它的一阶微商连续，有

$$A\sin(kb)=B$$
$$kA\cos(kb)=-k_1B$$
$$\cot(kb)=-\frac{k_1}{k}=-\sqrt{\frac{\varepsilon}{V_D-\varepsilon}}$$

假设 $kb\approx\frac{\pi}{2}$，有 $A\approx B,\cot(kb)\approx 0$，也就是 $V_D\gg\varepsilon$．其归一化为

$$\int_0^{\infty}|\Psi|^2 4\pi r^2\mathrm{d}r=4\pi A^2\int_0^b\sin^2(kr)\mathrm{d}r+4\pi B^2\int_b^{\infty}e^{-2k_1(r-b)}\mathrm{d}r$$
$$\approx 2\pi A^2 b\left(1+\frac{1}{bk_1}\right)$$
$$A\approx B\approx\left[2\pi b\left(1+\frac{1}{k_1b}\right)\right]^{-1/2}$$

（1）质子运动在中子力程内的概率 P 为

$$P=4\pi A^2\int_0^b\sin^2 kr\,\mathrm{d}r=\left(1+\frac{1}{bk_1}\right)^{-1}$$
$$k=\frac{\sqrt{M(V_D-\varepsilon)}}{\hbar}\approx\frac{\pi}{2b}$$

代入得到

$$\varepsilon\approx V_D-\frac{1}{Mc^2}\left(\frac{\pi\hbar c}{2b}\right)^2=40-\frac{1}{940}\left(\frac{\pi\cdot 197}{2\times 1.9}\right)^2=11.8(\mathrm{MeV})$$
$$k_1=\frac{\sqrt{Mc^2\cdot\varepsilon}}{\hbar c}=\frac{\sqrt{940\times 11.8}}{197}=0.53(\mathrm{fm}^{-1})$$

得到质子运动到中子力程内的概率

$$P=\frac{k_1b}{k_1b+1}=\frac{1.9\times 0.53}{1.9\times 0.53+1}=0.50$$

（2）氘核的均方半径值为

$$\langle\overline{r^2}\rangle=\langle\Psi|r^2|\Psi\rangle_{r<b}+\langle\Psi|r^2|\Psi\rangle_{r>b}$$
$$=\frac{b^2}{1+\frac{1}{k_1b}}\left[\left(\frac{1}{3}+\frac{4}{\pi^2}\right)+\frac{1}{k_1b}+\frac{1}{(k_1b)^2}+\frac{1}{2(k_1b)^3}\right]$$
$$\approx\frac{b^2}{2}\left(\frac{1}{3}+\frac{4}{\pi^2}+2.5\right)=5.8(\mathrm{fm}^2)$$

7.6　（1）中子和质子能发生辐射俘获反应，即

$$p+n\rightarrow d+\gamma$$

求辐射放出 γ 光子的能量（设中子、质子静止）．氘核的反冲重要吗？

（2）如果俘获辐射以较大的概率发生在 p 态（$l=1$），且质子静止，估算入射中子的能

量. 氘核半径 $a=4\times10^{-13}$cm.

$$m_p=1.00783\text{u},\quad m_n=1.00867\text{u},\quad m_d=2.01410\text{u}$$

$$1\text{u}=1.66\times10^{-24}\text{g}=931\text{MeV}/c^2$$

$$1\text{MeV}=1.6\times10^{-13}\text{J}=1.6\times10^{-6}\text{erg}$$

$$\hbar=1.05\times10^{-27}\text{erg}\cdot\text{s}$$

解　(1) 俘获辐射发出的能量为 Q,有

$$\Delta M=(m_p+m_n-m_d)=(1.00783+1.00867-2.01410)=0.0024(\text{u})$$

$$Q=\Delta Mc^2\approx0.0024\times931=2.234(\text{MeV})$$

设光子动量为 $\boldsymbol{p}$,则反冲核的动量为 $-\boldsymbol{p}$,

$$pc+\frac{p^2}{2m_d}=Q$$

$$(pc)^2+2m_dc^2(pc)-2m_dc^2Q=0$$

解得

$$pc=m_dc^2\left(-1+\sqrt{1+\frac{2Q}{m_dc^2}}\right)$$

因为,$Q/m_dc^2\ll1$,上式可展开,

$$p=m_dc\left(-1+\sqrt{1+\frac{2Q}{m_dc^2}}\right)\approx\frac{Q}{c}$$

$$E_\gamma=pc\approx Q=2.24\text{MeV}$$

$$E_{反}=\frac{p^2}{2m_d}\approx\frac{Q^2}{2m_dc^2}=\frac{2.24^2}{2\times2.0141\times931}=1.34\times10^{-3}(\text{MeV})$$

$$\frac{E_{反}}{E_\gamma}\approx\frac{E_{反}}{Q}=\frac{1.34\times10^{-3}}{2.24}\approx6.0\times10^{-4}$$

由此可见,氘核反冲对入射光子的能量影响是很小的,约为 10^{-4} 量级.

(2) 设中子和质子的坐标分别为 $\boldsymbol{r}_1$ 和 $\boldsymbol{r}_2$,这时在中子和质子组成的质心系中,可以看成一个粒子的运动,其粒子的质量为 $\mu=\dfrac{m_n\cdot m_p}{m_n+m_p}$,位置 $\boldsymbol{r}=\boldsymbol{r}_1-\boldsymbol{r}_2$,动量为 $\boldsymbol{p}'=\mu\dot{\boldsymbol{r}}$,动能为 $T'=\dfrac{p'^2}{2\mu}$. 在实验室系,中子的动能为

$$T=T'+\frac{1}{2}(m_p+m_n)\dot{R}^2$$

式中

$$\dot{\boldsymbol{R}}=\frac{(m_n\dot{\boldsymbol{r}}_1+m_p\dot{\boldsymbol{r}}_2)}{(m_n+m_p)}$$

为质心运动的速度. 一个很好的近似是 $m_n\approx m_p$,初始值 $\dot{r}_2=0$,这时简化成 $\dot{R}=\dfrac{1}{2}\dot{\boldsymbol{r}}$,$T=\dfrac{m_n}{2}\dot{r}_1=\dfrac{\boldsymbol{p}^2}{2m_n}$,其中 $\boldsymbol{p}=m_n\dot{\boldsymbol{r}}_1$ 为中子在实验室系的动量. 能量方程可写为

$$\frac{p^2}{2m_n}=\frac{p'^2}{m_n}+\frac{p^2}{4m_n}$$

$$p^2 = 4p'^2$$

中子被俘获为 p 态，这时的角动量本征态为 $\sqrt{1(1+1)}\hbar=\sqrt{2}\hbar$，令氘核的半径等于它的轨道半径，即 $p'a=\sqrt{2}\hbar$，由此得到

$$T=\frac{p^2}{2m_n}=\frac{2p'^2}{m_n}=\frac{2}{m_n}\left(\frac{\sqrt{2}\hbar}{a}\right)^2=\frac{4}{m_nc^2}\left(\frac{c\hbar}{a}\right)^2=\frac{4}{940}\times\left(\frac{197}{4}\right)^2=10.32(\text{MeV})$$

7.7　考虑中子质子俘获产生氘核和光子的反应

$$n+p\to d+\gamma$$

假设初始核子未极化，且质心系热运动动能很小，对这个过程的实验研究，可提供有关 S 波 n-p 散射的信息. 尤其是单态散射长度 $a_s$$\left(\text{定义为：当 } k\to 0 \text{ 时}, k\cot\delta=\frac{1}{a_s}\right)$，假设氘核处于纯$^3S_1$ 态.

(1) 指出反应的多极性并说明原因.

(2) 说明低能俘获发生于初态的$^1S_0$ 而不是$^3S_1$.

(3) 令 B 为氘核的结合能，且 $m=m_p=m_n$为核子的质量，当 n 与 p 之间的距离 r 很大时，氘核的 ψ_d与 r 的变化怎样?

(4) 在质子-中子力是短程力的近似下，截面 σ 依赖于 B、T、a_s、m 和普适常数，它具有形式

$$\sigma=\sigma_0(T,B,m)f(a_s,B,m)$$

其中，当 $a_s=0$ 时，$f=1$，计算 $a_s\neq 0$ 时的因子 f.

解　(1) n-p 系统：由题设，质心系动能很小，只发生在 S 波俘获，$l=0$，$s_p+s_n=0$ 为$^1S_0$ 态，$\pi(^1S_0)=+$，即 $J^\pi=0^+$；$s_p+s_n=1$ 为$^3S_1$ 态，$\pi(^3S_1)=+$，即 $J^\pi=1^+$. 末态氘核，$J^\pi=1^+$，$s=1$，$l=0,2$. 所以，有两种可能的跃迁，即 $\Delta l=0$ 或 2，宇称不变. 显然，这是典型的 M1 或 E2 跃迁.

(2) 考虑下述两种跃迁过程.

$$^1S_0\to {^3S_1}$$
$$^3S_1\to {^3S_1}$$

因为两种跃迁过程的初、末态的 $l\equiv 0$，因此只有包含自旋的哈密顿相互作用项，才能使跃迁发生. 这样的算符，要使跃迁矩阵元不为零，核子系统之一的初、末态自旋应有变化，而

$$^3S_1\to {^3S_1},\qquad \Delta l=0,\qquad \Delta S=0$$
$$^1S_0\to {^3S_1},\qquad \Delta l=0,\qquad \Delta S\neq 0$$

满足条件的只有自旋单态 n-p 系统的$^1S_0$ 态.

(3)设中子-质子系统的相互作用范围是 a，这时的径向部分薛定谔方程，仅考虑 S 波时，

$$\frac{d^2u}{dr^2}+\frac{2\mu}{\hbar^2}(T-V)u=0$$

式中，$u=rR(r)$，$R(r)$是径向空间波函数，折合质量 $\mu\approx\frac{1}{2}m_n$，V 可近似地用宽度为 a、深度为 B 的势阱表示为

$$V=\begin{cases}-B, & 0\leqslant r\leqslant a\\ 0, & a<r\end{cases}$$

在很大的 r 区域,氘核的空间波函数为

$$R(r)=\frac{A}{r}\sin(kr+\delta)$$

式中,$k=\frac{\sqrt{mT}}{\hbar}$,$A$ 和 δ 为常数.

(4) 对薛定谔方程,S 波径向的解为

$$u=\begin{cases}A\sin(kr+\delta), & k=\frac{\sqrt{mT}}{\hbar}, \quad r>a\\ A'\sin(Kr+\delta), & K=\frac{\sqrt{m(T+B)}}{\hbar}, \quad r\leqslant a\end{cases}$$

波函数在 $r=a$ 处连续,由此得出

$$\tan(ka+\delta)=\frac{k}{K}\tan(Ka)$$

$$\delta=\arctan\left[\frac{k}{K}\tan(Ka)\right]-ka$$

散射截面为

$$\sigma=\frac{4\pi}{k^2}\sin^2\delta$$

设 $k\to 0$ 时,有 $\delta\to\delta_0$,$K\to K_0=\frac{\sqrt{mB}}{\hbar}$,定义参数 $a_s=-\frac{\tan\delta_0}{k}$.

当 $k\to 0$ 时,有

$$ka+\tan\delta_0\approx\frac{k}{K_0}\tan K_0a(1-ka\tan\delta_0)\approx\frac{k}{K_0}\tan K_0a$$

或者写成

$$ka-ka_s\approx\frac{k}{K_0}\tan K_0a$$

$$a_s\approx -a\left(\frac{\tan K_0a}{K_0a}-1\right)$$

若 $a_s=-\frac{\tan\delta_0}{k}\to 0$,$k$ 是有限值,故有 $\delta_0\to 0$,这时,散射截面

$$\sigma_0=\frac{4\pi}{k^2}\sin^2\delta_0\approx\frac{4\pi}{k^2}\delta_0^2\approx\frac{4\pi}{k^2}k^2a_s^2=4\pi a^2\left(\frac{\tan K_0a}{K_0a}-1\right)^2$$

$$f(a_s,B,m)=\frac{\sigma}{\sigma_0}\approx\frac{\sin^2\left[\arctan\left(\frac{k}{K}\tan ka-ka\right)\right]}{k^2a^2\left(\frac{\tan K_0a}{K_0a}-1\right)^2}$$

$$\approx\frac{\sin^2\left[\arctan\left(\frac{k}{K}\tan ka-ka\right)\right]}{k^2a_s^2}$$

7.8　自然界中,存在两核子基态组态时,总动量 $J=1$、束缚能为 -2.2MeV 的唯一的氘核. 仅从以上信息,证明 n-p 力是自旋相关的.

(1) 写出在 L-S 耦合项中,氘核的所有可能角动量. 这些态的什么样的线性组合是可

以的？试解释之.

(2) 在(1)中的哪些态，又因氘核四极矩的存在而被排除？试解释之. 另外，如果氘核有纯同位旋 $T=0$，哪些态将被排斥在外？

(3) 用(1)中允许的态，计算氘核的磁矩，并与观测值 $\mu_d = 0.875\mu_N$ 比较.

注意：$\mu_p = 2.793\mu_N$，$\mu_n = -1.913\mu_N$，μ_N是核磁子.

下列 Clebsch-Gordan 系数 $\langle J_1M_1\ J_2M_2 \mid J_{TOT}M_{TOT}\rangle$ 也许有用：

$$\langle 22,1-1 \mid 11\rangle = \sqrt{\frac{3}{5}} \qquad \langle 21,10 \mid 11\rangle = -\sqrt{\frac{3}{10}} \qquad \langle 20,11 \mid 11\rangle = \sqrt{\frac{1}{10}}$$

解 (1) 氘核自旋 $J=1$，由 $\boldsymbol{J}=\boldsymbol{s}_p+\boldsymbol{s}_n+\boldsymbol{l}_p$，可推出氘核所处的态.

$$S = s_p + s_n = 1, \quad l = 0,1 \text{ 或 } 2 \qquad \text{可能的态为}{}^3S_1, {}^3P_1 \text{ 和}{}^3D_1 \text{ 态}$$

$$S = s_p + s_n = 0, \quad l = 1 \qquad \text{可能的态为}{}^1P_1 \text{ 态}$$

但是，自然界未见 n-p 自旋反平行，$l=0$ 的单态 ${}^1S_0$，说明 n-p 耦合成 $S=0$ 和 $S=1$ 的态时，相互作用力是不一样的，即核力自旋相关性.

在 L-S 耦合的情况下，有以下的组合态存在：${}^3S_1$，${}^3D_1$ 和 ${}^3P_1$，${}^1P_1$. 因氘核有确定的宇称，故只有相同宇称的态之间才能混合，所以有

$$\Psi(n,p) \approx a\,{}^3S_1 + b\,{}^3D_1 \text{ 或 } c\,{}^3P_1 + d\,{}^1P_1$$

a,b,c 和 d 为混合常数.

(2) $l=1$ 的 P 态，只能给出质心的平移，不能给出电四极矩项. 由氘核存在电四极矩，可排除 P 态混合态的存在；由推广的泡利原理，中子和质子组成的系统总波函数

$$\Psi(n,p) = \Psi_l(n,p)\Psi_s(n,p)\Psi_T(n,p)$$

必须是反对称的. 同位旋 $T=0$，同位旋波函数是反对称的，要求空间和自旋部分的波函数必须是交换对称的，即 $l=0$ 或 2，$S=1$ 和 $l=1$，$S=0$. $S\neq 0$，要求不存在 ${}^3P_1$ 态. 综合电四极矩和同位旋要求，氘核应为 ${}^3S_1$ 和 ${}^3D_1$ 的混合态.

(3) 对 ${}^3S_1$ 态，$l=0$，轨道部分对磁矩无贡献，仅有自旋部分. $s=1$ 即 n 和 p 自旋平行，这时

$$\mu_{{}^3S_1} = \mu_p + \mu_n = (2.793 - 1.913)\mu_N = 0.88\mu_N$$

对 ${}^3D_1$ 态，$m=1$ 时，磁矩在 z 方向投影将会给出磁矩值，将总角动量 $|1,1\rangle$ 展开成各种 D 态的组合为

$$|11\rangle = \sqrt{\frac{3}{5}}\,|22,1-1\rangle - \sqrt{\frac{3}{10}}\,|21,10\rangle + \sqrt{\frac{1}{10}}\,|20,11\rangle$$

由此可求出 D 态的磁矩贡献. 由于中子对轨道磁矩无贡献，质子贡献了全部轨道磁矩，但只贡献了轨道角动量的一半. 于是有 $g_L = 1/2$

$$\begin{aligned}
\mu_{{}^3D_1} &= \left[\frac{3}{5}(g_l m_{l1} + g_s m_{s1}) + \frac{3}{10}(g_l m_{l2} + g_s m_{s2}) + \frac{1}{10}(g_l m_{l3} + g_s m_{s3})\right]\mu_N \\
&= \left[\left(\frac{3}{5}m_{l1} + \frac{3}{10}m_{l2} + \frac{1}{10}m_{l3}\right)\times\frac{1}{2} + \left(\frac{3}{5}m_{s1} + \frac{3}{10}m_{s2} + \frac{1}{10}m_{s3}\right)\times 0.88\right]\mu_N \\
&= \left(\frac{1}{2}\times\frac{3}{2} - 0.44\right)\mu_N = 0.31\mu_N
\end{aligned}$$

由 $\mu_d^{exp}=0.857\mu_N$ 可知，d 核为 S 和 D 的混合态，令 D 态为 x，S 态为 $1-x$，则有

$$(1-x)\times 0.88+0.31x=0.857$$

$$x\approx 0.04$$

即 $^3D_1$ 态占 4%，$^3S_1$ 态占 96%.

7.9　考虑非相对论的两核子系统，假设相互作用是电荷无关的，并且宇称守恒.

(1) 利用上面的假设和泡利原理，证明两核子自旋的平方 S^2 是好量子数.

(2) 氘核的同位旋是多少？证明你的回答.

(3) 确定两中子系统的所有角动量 $J\leqslant 2$ 的态. 利用 $^{2S+1}X_j$ 的记号，这里 X 代表轨道角动量.

解　(1) 设体系总的电荷交换算符为

$$P=P'P_{12}$$

P' 为空间交换算符，或称宇称算符，P_{12} 为自旋交换算符，

$$P_{12}=\frac{1}{2}(1+\boldsymbol{\sigma}_1\cdot\boldsymbol{\sigma}_2)=S^2-1$$

式中，令 $\hbar=1$，$\sigma_i=2s_i(i=1,2)$，$\boldsymbol{S}=\boldsymbol{s}_1+\boldsymbol{s}_2$.

由泡利原理给出 $[P,H]=0$；由宇称守恒给出 $[P',H]=0$，所以

$$\begin{aligned}0&=[P,H]=[P'P_{12},H]\\&=P'[P_{12},H]+[P',H]P_{12}\\&=P'[P_{12},H]=P'[S^2-1,H]\\&=P'[S^2,H]\end{aligned}$$

即 $[S^2,H]=0$，故 S^2 量子数是好量子数.

(2) 原子核基态同位旋总是取其可能的最小值，对氘核

$$T=T_p+T_n$$

$$T_z=T_{p_z}+T_{n_z}=\frac{1}{2}-\frac{1}{2}=0$$

所以，氘核基态 $T=0$.

(3) 由 $S=s_1+s_2$，$s_1=s_2=\dfrac{1}{2}$，故 S 量子数可为 1 或 0. 对 $J\leqslant 2$，可能的态有

$$\begin{aligned}&s=0,\quad l=0:\quad {}^1S_0\\&s=0,\quad l=1:\quad {}^1P_1\\&s=0,\quad l=2:\quad {}^1D_2\\&s=1,\quad l=0:\quad {}^3S_1\\&s=1,\quad l=1:\quad {}^3P_2,{}^3P_1,{}^3P_0\\&s=1,\quad l=2:\quad {}^3D_2,{}^3D_1\\&s=1,\quad l=3:\quad {}^3F_2\end{aligned}$$

双中子系统，需要满足交换反对称性，即 $(-1)^{l+s+1}=-1$，或 $l+s=$偶数. 可能的态有

$${}^1S_0,{}^1D_2,{}^3P_2,{}^3P_1,{}^3P_0,{}^3F_2$$

7.10　考虑两核子之间的势，忽略速度有关项，导出与适用的守恒律相一致的、最广

泛的势的形式，包括同位旋守恒. 请列出每一守恒律，并指出它对势的影响.

解 (a) 动量守恒——空间平移不变性. 这要求势函数与两核子的相对位置 $\boldsymbol{x}=\boldsymbol{x}_1-\boldsymbol{x}_2$ 有关(1,2 分别代表两个核子).

(b)角动量守恒——空间转动不变性. 即 $\boldsymbol{x}'=\hat{R}\boldsymbol{x}$，$\boldsymbol{J}^{(i)\prime}=\hat{R}\boldsymbol{J}^{(i)}$，$i=1$ 或 2. $\hat{R}$ 为转动算符.

转动变换 $\hat{R}$ 不变的量为：1，$\boldsymbol{x}^2$，$\boldsymbol{J}^{(i)}\cdot\boldsymbol{x}$，$\boldsymbol{J}^{(1)}\cdot\boldsymbol{J}^{(2)}$，$(\boldsymbol{J}^{(1)}\times\boldsymbol{J}^{(2)})\cdot\boldsymbol{x}$. 由于 $\boldsymbol{J}_i\boldsymbol{J}_j=\delta_{ij}+i\varepsilon_{ijk}\boldsymbol{J}_k$，任何高于 $\boldsymbol{J}^{(1)}$ 或 $\boldsymbol{J}^{(2)}$ 一阶的项均可降阶. 同样地

$$(\boldsymbol{J}^{(1)}\times\boldsymbol{x})\cdot(\boldsymbol{J}^{(2)}\times\boldsymbol{x})=(\boldsymbol{J}^{(1)}\times\boldsymbol{x})\times\boldsymbol{J}^{(2)}\cdot\boldsymbol{x}=(\boldsymbol{J}^{(1)}\cdot\boldsymbol{J}^{(2)})\boldsymbol{x}^2-(\boldsymbol{J}^{(1)}\cdot\boldsymbol{x})(\boldsymbol{J}^{(2)}\cdot\boldsymbol{x})$$

(c) 宇称守恒——空间反射不变性. $\boldsymbol{x}'=-\boldsymbol{x}$，$\boldsymbol{J}^{(i)\prime}=\boldsymbol{J}^{(i)}$，$i=1,2$. 由于 $\boldsymbol{x}$ 是唯一极矢量，所以，势中只能含有 $\boldsymbol{x}$ 的偶次项. 剩下的不变量为

$$1,\boldsymbol{x}^2,\boldsymbol{J}^{(i)}\cdot\boldsymbol{x},\boldsymbol{J}^{(1)}\cdot\boldsymbol{J}^{(2)},(\boldsymbol{J}^{(1)}\cdot\boldsymbol{x})(\boldsymbol{J}^{(2)}\cdot\boldsymbol{x})$$

(d)同位旋守恒——同位旋空间转动不变性.

$$\boldsymbol{I}^{(i)\prime}=R_J\boldsymbol{I}^{(i)},\qquad i=1,2$$

不变量为 $1,\boldsymbol{I}^{(1)}\cdot\boldsymbol{I}^{(2)}$.

(e) 概率守恒——哈密顿量是厄密的，$V^+=V$，这意味着势函数的系数是实数，即 $V_{sk}(\boldsymbol{r})$ 为实数，$r=|\boldsymbol{x}|$

$$V(\boldsymbol{x}_1,\boldsymbol{x}_2,\boldsymbol{J}^{(1)},\boldsymbol{J}^{(2)},\boldsymbol{I}^{(1)},\boldsymbol{I}^{(2)})=V_a+\boldsymbol{I}^{(1)}\cdot\boldsymbol{I}^{(2)}V_b$$

其中，V_a 和 V_b 的形式为

$$V_0(r)+V_1(r)\boldsymbol{J}^{(1)}\cdot\boldsymbol{J}^{(2)}+V_2(r)\frac{(J^{(1)}\cdot\boldsymbol{x})(J^{(2)}\cdot\boldsymbol{x})}{\boldsymbol{x}^2}$$

各个系数 $V_{sk}(s=a,b$ 和 $k=0,1,2)$ 为实函数.

(f) 时间反演不变性，要求

$$V=U^{-1}V^*U$$
$$U^{-1}\boldsymbol{J}^*U=-\boldsymbol{J}$$

这对 V 没有新的限制.

注意到，实函数对于两个核子的相互变换 $1\leftrightarrow2$ 也是不变的.

7.11 氘核是一个质子和一个中子形成的束缚态，其总动量 $J=1$，已知它主要为 S 态($l=0$)，也有少量的 D 态 ($l=2$) 混合.

(1) 解释为何不能出现 P 态.

(2) 解释为何不能出现 G 态.

(3) 计算总角动量 $J=1$ 的 n-p 系统纯 D 态的磁矩，假定 n 和 p 自旋耦合形成总自旋 $\boldsymbol{S}$，再与轨道角动量 $\boldsymbol{L}$ 耦合形成总角动量 $\boldsymbol{J}$. 试将结果用核磁子表示. 质子和中子的磁矩分别为 2.79 和 −1.91 核磁子.

解 (1) P 态与 S 态、D 态的宇称相反，由于强相互作用宇称守恒，故宇称相反的态不能混合.

(2) G 态轨道角动量量子数 $l=4$，与两个$\frac{1}{2}$自旋耦合，不可能得到 $J=1$. 因此，不存在 G 态.

(3)计算总角动量 $J=1$、纯 D 态 n-p 系统的磁矩

$$\boldsymbol{J}=\boldsymbol{L}+\boldsymbol{S}$$

$$\boldsymbol{\mu}=\frac{(g_L\boldsymbol{L}+g_S\boldsymbol{S})\cdot\boldsymbol{J}}{J(J+1)}\boldsymbol{J}\mu_N$$

式中，μ_N 为核磁矩.

我们需求出 g_L 和 g_S. 首先，计算 g_S，类似上式，有

$$\boldsymbol{S}=\boldsymbol{s}_p+\boldsymbol{s}_n$$

$$\boldsymbol{\mu}_S=\frac{(g_p\boldsymbol{s}_p+g_n\boldsymbol{s}_n)\cdot\boldsymbol{S}}{S(S+1)}\boldsymbol{S}\mu_N=g_s\boldsymbol{S}\mu_N$$

得到

$$g_S=\frac{g_p\boldsymbol{s}_p\cdot\boldsymbol{S}+g_n\boldsymbol{s}_n\cdot\boldsymbol{S}}{S(S+1)}$$

因为，$\boldsymbol{s}_n=\boldsymbol{S}-\boldsymbol{s}_p$，$\boldsymbol{s}_n^2=\boldsymbol{S}^2+\boldsymbol{s}_p^2-2\boldsymbol{S}\cdot\boldsymbol{s}_p$，得到

$$\boldsymbol{S}\cdot\boldsymbol{s}_p=\frac{S(S+1)+s_p(s_p+1)-s_n(s_n+1)}{2}=1$$

类似地，$\boldsymbol{S}\cdot\boldsymbol{s}_n=1$，所以，我们得到

$$g_s=\frac{g_p\boldsymbol{s}_p\cdot\boldsymbol{S}+g_n\boldsymbol{s}_n\cdot\boldsymbol{S}}{S(S+1)}=\frac{g_p+g_n}{1\times2}=\frac{g_p+g_n}{2}$$

对于 g_L，由于中子对轨道磁矩无贡献，质子贡献了全部轨道磁矩，但只贡献了轨道角动量的一半，即 $g_L=\frac{1}{2}$. 所以，

$$\boldsymbol{\mu}=\frac{(g_L\boldsymbol{L}+g_S\boldsymbol{S})\cdot\boldsymbol{J}}{J(J+1)}\boldsymbol{J}\mu_N=\frac{1}{2}\left[\frac{(\boldsymbol{L}\cdot\boldsymbol{J})+(g_p+g_n)(\boldsymbol{S}\cdot\boldsymbol{J})}{J(J+1)}\right]\boldsymbol{J}\mu_N$$

$$\boldsymbol{L}\cdot\boldsymbol{J}=\frac{J(J+1)+L(L+1)-S(S+1)}{2}=\frac{1\times2+2\times3-1\times2}{2}=3$$

$$\boldsymbol{S}\cdot\boldsymbol{J}=\frac{J(J+1)+S(S+1)-L(L+1)}{2}=\frac{1\times2+1\times2-2\times3}{2}=-1$$

代入上式

$$\boldsymbol{\mu}=\frac{1}{2}\left(\frac{3}{2}-\frac{g_p+g_n}{2}\right)\boldsymbol{J}\mu_N$$

题设

$$\mu_p=g_ps_p\mu_N=\frac{1}{2}g_p\mu_N=2.79\mu_N$$

$$\mu_n=g_ns_n\mu_N=\frac{1}{2}g_n\mu_N=-1.91\mu_N$$

我们有 $g_n=-3.82$，$g_p=5.58$. 代入上式，给出

$$\mu=\frac{1}{2}\left(\frac{3}{2}-\frac{5.58-3.82}{2}\right)\mu_N=0.31\mu_N$$

7.12 (1) 氘核(^{2}H)的自旋为 1，磁矩($\mu=0.857\mu_N$)近似为质子磁矩($\mu_p=2.793\mu_N$)和中子磁矩($\mu_n=-1.913\mu_N$)之和. 根据这些事实，你能得到中子和质子在氘核中轨道运动和自旋取向怎样的推断？

(2) 怎样解释 μ 与 $\mu_n+\mu_p$ 之间的差别?

(3) 为什么中子会有不为零的磁矩?

解 (1)由于 $\mu\approx\mu_n+\mu_p$,故中子、质子的轨道磁矩对氘核的贡献为零,即质子和中子轨道运动量子数为 $l=0$. 又由于氘核自旋为 1,因此它是由自旋取向平行的中子和质子组成的 $^3S_1$ 态.

(2) μ 与 $\mu_n+\mu_p$ 之间的差别超过了实验误差,一般认为质子与中子并不是处于纯的 $^3S_1$ 态,而是处于 $^3S_1$ 和 $^3D_1$ 的混合态. 理论计算表明大约有 4%的概率处于 $^3D_1$ 态.

(3) 中子总电荷为零,似乎中子磁矩为零,但中子是有结构的,目前夸克模型认为中子是由三个带电夸克组成,这些夸克是带电的,这就使得中子内部电荷分布不是对称的,所以磁矩不为零.

7.13 氘核是中子和质子的束缚态. 质心系中的哈密顿量具有如下形式:

$$H=\frac{\boldsymbol{p}^2}{2\mu}+V_1(r)+\boldsymbol{\sigma}_p\cdot\boldsymbol{\sigma}_n V_2(r)+\left[\left(\boldsymbol{\sigma}_p\cdot\frac{\boldsymbol{x}}{r}\right)\left(\boldsymbol{\sigma}_n\cdot\frac{\boldsymbol{x}}{r}\right)-\frac{1}{3}(\boldsymbol{\sigma}_p\cdot\boldsymbol{\sigma}_n)\right]V_3(r)$$

其中,$\boldsymbol{x}=\boldsymbol{x}_n-\boldsymbol{x}_p$, $r=|\boldsymbol{x}|$,$\boldsymbol{\sigma}_p$ 和 $\boldsymbol{\sigma}_n$ 是质子和中子自旋的泡利矩阵,μ 是约化质量,$\boldsymbol{p}$ 是 $\boldsymbol{x}$ 的共轭动量.

(1) 总角动量$[\boldsymbol{J}^2=J(J+1)]$和宇称是好量子数. 证明:如果 $V_3=0$,则总轨道角动量$[\boldsymbol{L}^2=L(L+1)]$和总自旋$[\boldsymbol{S}^2=S(S+1)]$是好量子数. 这里 $\boldsymbol{S}=\frac{1}{2}(\boldsymbol{\sigma}_p+\boldsymbol{\sigma}_n)$. 又证明:如果 $V_3\neq0$, S 仍然是好量子数.(考虑质子和中子自旋交换可能有帮助)

(2) 氘核具有 $J=1$ 和正宇称,L, S 的可能值是什么?

(3) 假设 V_3 可认为是微扰,证明零级(即 $V_3=0$)波函数(具有角动量 $J_z=+1$)具有形式 $\Psi_0(r)|\alpha,\alpha\rangle$,这里$|\alpha,\alpha\rangle$ 是具有 $s_{p_z}=s_{n_z}=\frac{1}{2}$ 的自旋态. 问 $\Psi_0(r)$满足怎样的微分方程?

(4) 由 V_3 引起的一级能量移动是什么? 假设一级波函数是

$$\Psi_0(r)\,|\,\alpha,\alpha\rangle+\Psi_1(x)\,|\,\alpha,\alpha\rangle+\Psi_2(x)(|\,\alpha,\beta\rangle+|\,\beta,\alpha\rangle)+\Psi_3(x)\,|\,\beta,\beta\rangle$$

其中,$|\beta\rangle$是 $s_z=-\frac{1}{2}$态,Ψ_0 就是(3)中定义的波函数. 通过分离出正比于$|\alpha,\alpha\rangle$并准确到 V_3 一次方的薛定谔方程,找出 $\Psi_1(\boldsymbol{x})$满足的薛定谔方程. 分解出 $\Psi_1(\boldsymbol{x})$的角度部分,写出径向部分满足的薛定谔方程.

解 (1) 式中 $V_2(r)$ 项表示自旋相互作用,$V_3(r)$表示由自旋相互作用引起的张量力,现考虑一些算符的对易关系,我们有$[\boldsymbol{L}^2, V_i(r)]=0$,$[\boldsymbol{S}^2, V_i(r)]=0$,$[\boldsymbol{S}^2,\boldsymbol{p}^2]=0$,$[\boldsymbol{L}^2,\boldsymbol{p}^2]=0$.

对 $V_3(r)=0$,因为

$$\boldsymbol{S}^2=(\boldsymbol{s}_n+\boldsymbol{s}_p)^2=\boldsymbol{s}_n^2+\boldsymbol{s}_p^2+2\boldsymbol{s}_n\cdot\boldsymbol{s}_p=\frac{3}{2}+\frac{1}{2}(\boldsymbol{\sigma}_n\cdot\boldsymbol{\sigma}_p)$$

$$\boldsymbol{\sigma}_p\cdot\boldsymbol{\sigma}_n=2\boldsymbol{S}^2-3$$

得到

$$[\boldsymbol{S}^2,\boldsymbol{\sigma}_p\cdot\boldsymbol{\sigma}_n]=[\boldsymbol{S}^2,2\boldsymbol{S}^2-3]=0$$

$$[\boldsymbol{L}^2, \boldsymbol{\sigma}_p \cdot \boldsymbol{\sigma}_n] = [\boldsymbol{L}^2, 2\boldsymbol{S}^2 - 3] = 0$$

有$[\boldsymbol{L}^2, H]=0$和$[\boldsymbol{S}^2, H]=0$，当$V_3=0$时，总轨道角动量和总自旋是好量子数.

$V_3 \neq 0$时，对氘核，$\boldsymbol{S}=\boldsymbol{s}_p+\boldsymbol{s}_n=1$，$(\boldsymbol{s}_p \cdot \boldsymbol{x})=(\boldsymbol{s}_n \cdot \boldsymbol{x})=(\boldsymbol{S} \cdot \boldsymbol{x})/2$

$$\left[\boldsymbol{S}^2, \left(\boldsymbol{\sigma}_p \cdot \frac{\boldsymbol{x}}{r}\right)\left(\boldsymbol{\sigma}_n \cdot \frac{\boldsymbol{x}}{r}\right)\right] = \left[\boldsymbol{S}^2, \frac{4}{r^2}(\boldsymbol{s}_p \cdot \boldsymbol{x})(\boldsymbol{s}_n \cdot \boldsymbol{x})\right] = \left[\boldsymbol{S}^2, \frac{1}{r^2}(\boldsymbol{S} \cdot \boldsymbol{x})^2\right]$$

所以，有关系式

$$\begin{aligned}
&\left[\boldsymbol{S}^2, \left(\boldsymbol{\sigma}_p \cdot \frac{\boldsymbol{x}}{r}\right)\left(\boldsymbol{\sigma}_n \cdot \frac{\boldsymbol{x}}{r}\right) - \frac{1}{3}\boldsymbol{\sigma}_p \cdot \boldsymbol{\sigma}_n\right] \\
&= \left[\boldsymbol{S}^2, \frac{(\boldsymbol{S} \cdot \boldsymbol{x})^2}{r^2} - \frac{2}{3}\boldsymbol{S}^2 + 1\right] \\
&= \left[\boldsymbol{S}^2, \frac{(\boldsymbol{S} \cdot \boldsymbol{x})^2}{r^2}\right] = \frac{(\boldsymbol{S} \cdot \boldsymbol{x})}{r^2}[\boldsymbol{S}^2, (\boldsymbol{S} \cdot \boldsymbol{x})] + [\boldsymbol{S}^2, (\boldsymbol{S} \cdot \boldsymbol{x})]\frac{(\boldsymbol{S} \cdot \boldsymbol{x})}{r^2} = 0
\end{aligned}$$

$[\boldsymbol{S}^2, H]=0$，即$V_3 \neq 0$时，$\boldsymbol{S}^2$仍是好量子数.

(2) L的可能值是0，2；S的可能值是1.

(3) 如果$V_3=0$，则哈密顿量是中心对称的. 质子和中子间的中心对称势相互作用，可用S态(即$L=0$态)描述. 由于微扰V_3的存在，氘核S态中混有D态.

考虑$V_3=0$的情形，这时$L=0$，$S=1$，$2S^2-3=2\times1\times2-3=1$，且$S_z=1$，所以$J_z=+1$，波函数具有形式$\Psi_0(r)|\alpha,\alpha\rangle$

$$\begin{aligned}
H\Psi_0(r)\mid\alpha,\alpha\rangle &= \left[-\frac{\nabla^2}{2\mu} + V_1(r) + (2S^2-3)V_2(r)\right]\Psi_0(r)\mid\alpha,\alpha\rangle \\
&= \left[-\frac{\nabla^2}{2\mu} + V_1(r) + V_2(r)\right]\Psi_0(r)\mid\alpha,\alpha\rangle \\
&= E_c\Psi_0(r)\mid\alpha,\alpha\rangle
\end{aligned}$$

$$\left[-\frac{\nabla^2}{2\mu} + V_1(r) + V_2(r) - E_c\right]\Psi_0(r)\mid\alpha,\alpha\rangle = 0$$

或

$$-\frac{1}{2\mu}\frac{1}{r^2}\frac{\mathrm{d}}{\mathrm{d}r}[r^2\Psi_0'(r)] + [V_1(r) + V_2(r) - E_c]\Psi_0(r) = 0$$

$$-\frac{1}{2\mu}\Psi''_0(r) - \frac{1}{\mu r}\Psi'_0(r) + [V_1(r) + V_2(r) - E_c]\Psi_0(r) = 0$$

(4) $V_3 \neq 0$时，V_3的系数写作S_{12}，即$S_{12}=\left(\boldsymbol{\sigma}_p \cdot \frac{\boldsymbol{x}}{r}\right)\left(\boldsymbol{\sigma}_n \cdot \frac{\boldsymbol{x}}{r}\right) - \frac{1}{3}(\boldsymbol{\sigma}_n \cdot \boldsymbol{\sigma}_p)$，得到

$$\begin{aligned}
H &= -\frac{\nabla^2}{2\mu} + V_1(r) + (2S^2-3)V_2(r) + S_{12}V_3(r) \\
&= -\frac{\nabla^2}{2\mu} + V_1(r) + V_2(r) + S_{12}V_3(r)
\end{aligned}$$

$$\begin{aligned}
H\Psi &= \left[-\frac{\nabla^2}{2\mu} + V_1 + V_2\right]\Psi_0(r)\mid\alpha,\alpha\rangle + \left(-\frac{\nabla^2}{2\mu} + V_1 + V_2\right)[\Psi_1\mid\alpha,\alpha\rangle \\
&\quad + \Psi_2(\mid\alpha,\beta\rangle + \mid\beta,\alpha\rangle) + \Psi_3\mid\beta,\beta\rangle] + S_{12}V_3\Psi_0(r)\mid\alpha,\alpha\rangle \\
&= E_c\Psi_0(r)\mid\alpha,\alpha\rangle + E_c[\Psi_1\mid\alpha,\alpha\rangle + \Psi_2(\mid\alpha,\beta\rangle + \mid\beta,\alpha\rangle) \\
&\quad + \Psi_3\mid\beta,\beta\rangle] + \Delta E\Psi_0(r)\mid\alpha,\alpha\rangle
\end{aligned}$$

其中

$$\begin{aligned}
&S_{12}V_3\ \Psi_0(r)\ |\ \alpha,\alpha\rangle \\
&=\left[(\sigma_{\mathrm{p}_z}\cos\theta\cdot\sigma_{\mathrm{n}_z}\cos\theta)\ |\ \alpha,\alpha\rangle-\frac{1}{3}\ |\ \alpha,\alpha\rangle\right]V_3\Psi_0(r)+\cdots \\
&=\left(\cos^2\theta-\frac{1}{3}\right)V_3\Psi_0(r)\ |\ \alpha,\alpha\rangle+\cdots
\end{aligned}$$

省略部分是不正比于$|\alpha,\alpha\rangle$的部分.

在薛定谔方程中，挑出正比于$|\alpha,\alpha\rangle$且是V_3的一次方的部分，我们得到

$$\begin{aligned}
&\left(-\frac{\nabla^2}{2\mu}+V_1+V_2\right)\Psi_1(x)+\left(\cos^2\theta-\frac{1}{3}\right)V_3\Psi_0(r) \\
&=E_c\Psi_1(x)+\Delta E\Psi_0(r)
\end{aligned}$$

可知，$\Psi_1(\boldsymbol{x})$依赖于角度的部分是

$$\mathrm{Y}_{20}=3\left(\frac{5}{16\pi}\right)^{\frac{1}{2}}\left(\cos^2\theta-\frac{1}{3}\right)$$

因为，对$|\alpha,\alpha\rangle$ 态，$S_z=1$，$L_z=0$，薛定谔方程的角动量部分必是 Y_{20}. 即 $\Psi_1(\boldsymbol{x})=\Psi_1(r)\mathrm{Y}_{20}$，$l=2$，得到

$$\begin{aligned}
&-\frac{1}{2\mu}\frac{1}{r^2}\frac{\mathrm{d}}{\mathrm{d}r}\left(r^2\frac{\mathrm{d}\Psi_1(r)}{\mathrm{d}r}\right)+V_1(r)\Psi_1(r)+V_2(r)\Psi_1(r) \\
&+\frac{l(l+1)}{r^2}\Psi_1(r)+\frac{1}{3}\sqrt{\frac{16\pi}{5}}V_3\Psi_0(r) \\
&=E_c\Psi_1(r)+\Delta E\Psi_0(r)
\end{aligned}$$

或写成

$$\begin{aligned}
&-\frac{1}{2\mu}\Psi''_1(r)-\frac{1}{\mu r}\Psi'_1(r)+\left[V_1(r)+V_2(r)+\frac{6}{r^2}-E_c\right]\Psi_1(r) \\
&+\left(\frac{1}{3}\sqrt{\frac{16\pi}{5}}V_3-\Delta E\right)\Psi_0(r)=0
\end{aligned}$$

$$\Delta E=\left(\cos^2\theta-\frac{1}{3}\right)V_3$$

8　原子核模型

8.1　核的液滴模型、壳模型和集体模型的主要特点是什么？指出各个模型各可用来说明核的哪些性质并怎样说明.

解　液滴模型把原子核看成是均匀的不可压缩的液滴. 它的主要实验依据是：①每个核子的平均结合能近似为常数，说明核子之间的相互作用力具有饱和性；②原子核的体积近似地正比于核子数，即核物质密度近似为常数. 这些性质与液滴很相似. 根据液滴模型计算得到的原子核的质量、结合能的半经验公式和实验结果符合得很好. 比结合能曲线也反映了实验结果的趋势. 液滴模型给出稳定核 A 和 Z 的关系及 β 稳定线也都与实验结果相符. 根据液滴模型，原子核形变时表面能与库仑能的变化能成功地解释许多裂变现

象.但是,液滴模型对原子核内部结构未作任何说明,也无法解释许多实验事实,特别是无法解释幻核的存在,因而产生了壳层模型.

由于幻数的存在,说明核有内部结构,进而建立与原子类似的壳层模型.单粒子壳层模型作了三点基本假设:原子核中的每个核子在一球对称的平均势场中独立运动.由此得到的原子核壳层结构还不能说明所有幻数存在.于是做出第二个假设,即原子核内部的核子还要受到自旋-轨道耦合势的作用,使原来的能级发生分裂并改变了原来的能级秩序.于是成功地解释了幻数的存在,即幻数对应于满壳层的原子核.为解释原子核的其他性质,又作了第三个假设,即引进了一些经验的耦合规则:①具有偶数个质子和偶数个中子的所有原子核(即偶偶核)基态的自旋为零,宇称为正.实验无例外地证实了这一点.②奇 A 核基态的性质取决于最后一个核子的性质.基态的角动量和宇称一般为最后一个奇核子的角动量和宇称,除少数核有例外,大都与实验符合.利用上述耦合规则,说明偶偶核的基态磁矩和电四极矩均为零,这与实验相符.奇 A 核的磁矩和电四极矩取决于最后一个未成对的核子的性质,但所得到的磁矩和电四极矩只能作定性的解释,定量计算与实验结果有偏差.由壳层模型的能级结构只能解释双满壳层附近某些核的激发态的自旋和宇称.壳模型能很好地解释同质异能素岛的出现.实验指出奇 A 核的 β 衰变的 $\log f\,T_{\frac{1}{2}}$ 值与壳层模型预言的跃迁级次相当符合.为了解释原子核的更多性质,使定量计算尽可能与实验符合,对单粒子模型作了改进,通常采用单粒子模型加组态混合的计算方法.组态混合是一种微扰效应,它不影响壳层模型的基本物理图像,但是有些物理量如磁矩和电四极矩可能变化很大,使得计算结果和实验相符.在满壳层附近,组态混合的计算能得到较好的结果.

当外围核子数很多时,特别是描述远离幻数核区的特性时,壳层模型遇到了困难,它无法解释实验观测到的大的电四极矩、磁矩和电磁跃迁概率以及原子核激发能谱中的振动谱、转动谱和重的偶偶核能谱中的能隙等.

实际情况是一大群核子在核力的作用下形成一个集体,很可能会有集体的运动,因此提出了集体模型的概念.集体模型保留了壳层模型的基本概念,即认为核子在平均核场中独立地运动并形成壳层结构,但原子核是可以形变的,因此平均场是可以非球对称的,由于集体运动,这种平均场是变动的,核子是在变动的平均场中运动的,它受集体运动的影响;反过来,核子的独立运动也影响原子核的集体运动,情况是十分复杂的.在理论处理上,采用绝热近似,即认为单粒子的运动周期比集体运动的周期要短很多,因此在考虑单粒子运动时,可以认为平均场是不变的,即首先考虑在平衡态附近粒子的运动,然后再考虑原子核作为整体的缓慢的集体运动.这样就可以既计算单粒子能级,也可以计算转动能级和振动能级,因此能说明原子核更多的性质.除了包括壳层模型的所有成就以外,还可以解释壳层模型不能解释的一些核的基态的自旋和宇称;初步解释核反应过程;给出了与实验相符的低能激发态的转动能级和振动能级;成功地解释了核具有大的电四极矩、磁矩和 γ 跃迁概率等实验事实;解释了重的偶偶核能谱中能隙的出现等.

8.2　简述核能级壳层模型的主要实验依据.举出一些核,说明这些核具有闭合壳层,并指出闭合的壳层.

解　核壳层模型的实验依据主要是幻数的存在,当组成原子核的质子数或中子数为

2,8,20,28,50,82 和中子数为 126 时,原子核特别稳定,具有这些“幻数”的核素在自然界中含量比附近的核素多;在所有稳定核中,当中子数为 20,28,50 和 82 时同中子素最多,在质子数为 8,20,28,50 和 82 时稳定同位素的数目也比邻近的元素多;当中子数或质子数等于幻数时,实验测得的结合能和用液滴模型计算得到的结合能差别很大,鉴于这些幻数的存在,说明原子核中存在着类似于原子中电子能级的壳层结构.

^4_2He 是双幻核(质子数与中子数均为幻数的核称为双幻核),其质子与中子均填满各自的第一主壳层 $1s_{1/2}$. $^{16}_8O$ 也是一个双幻核,质子和中子均填满到第二主壳层 $1p_{3/2}$, $1p_{1/2}$. $^{208}_{82}Pb$ 也是个双幻核,其质子填满到第五主壳层 $2d_{5/2}$, $1g_{7/2}$, $3s_{1/2}$, $2d_{3/2}$ 和 $1h_{11/2}$,而中子填满第六主壳层 $1h_{9/2}$, $2f_{7/2}$, $2f_{5/2}$, $3p_{3/2}$, $3p_{1/2}$ 和 $1i_{13/2}$. 上述几例都具有闭合壳层.

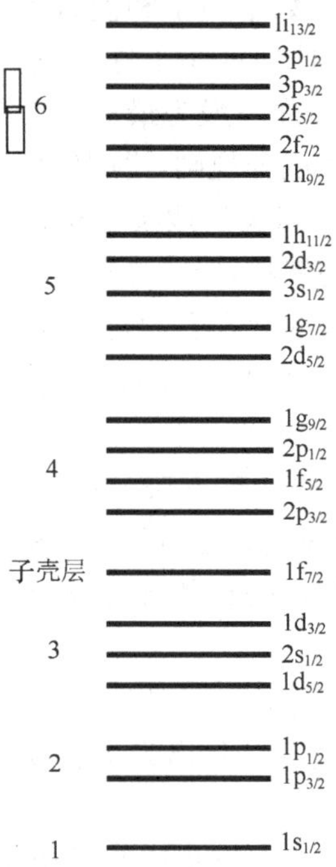

图 2.10

8.3 (1) 讨论典型的原子核壳层模型,尤其是根据描述壳层的单粒子项标记每个能级,即用主量子数 n,总角动量量子数 j 和总轨道角动量量子数 l(光谱标记在这里是有用的,如 $2s_{1/2}$, $1p_{3/2}$ 等). 简单叙述一些支持壳层模型的基本事实.

(2) 考虑一种核能级,它相应于一个封闭壳层上,一个处于角动量量子数为 l 和 j 的态的单个质子. 显然 $j=l\pm1/2$. 设 g_p 为自由质子的回旋磁比率. 计算本题中能级的回旋磁比率. 对于 $j=l+1/2$, $j=l-1/2$ 两种情况.

解 (1)壳模型的基本思想是:首先,认为核子是处于一个平均场中,这一平均场是其他核子对这一核子作用的总和. 对于接近于球形的核,该平均场接近于一个有心力场. 其次,由于泡利原理的限制,它的低能态填满了核子. 核子之间的碰撞,无法造成跃迁而改变核子的状态,使得各核子能够保持其运动状态,即核子在核中独立运动. 因此,我们根据核子间相互作用的性质,可以写出平均场的形式为伍兹-萨克森(Woods-Saxon)势,用量子力学可以求出各能级,再考虑自旋-轨道相互作用,得到单粒子能级(图 2.10). 各核子就在这些能级上逐层填充(表 2.6).

表 2.6

主壳层	壳层结构	同类核子填充数	同类核子总数(幻数)
1	$1s_{1/2}$	2	2
2	$1p_{3/2}$, $1p_{1/2}$	6	8
3	$1d_{5/2}$, $2s_{1/2}$, $1d_{3/2}$	12	20
子壳层	$1f_{7/2}$	8	28
4	$2p_{3/2}$, $1f_{5/2}$, $2p_{1/2}$, $1g_{9/2}$	22	50
5	$2d_{5/2}$, $1g_{7/2}$, $3s_{1/2}$, $2d_{3/2}$, $1h_{11/2}$	32	82
6	$1h_{9/2}$, $2f_{7/2}$, $2f_{5/2}$, $3p_{3/2}$, $3p_{1/2}$, $1i_{13/2}$	44	126

(2)壳模型的主要实验依据是“幻数”的存在. 类似原子核外电子的情况,核中的中子、

质子数取某些“幻数”(8,20,28,50,82)时,原子核特别稳定,其丰度大,稳定同位素多,结合能特别大.根据壳模型,封闭壳层内核子的总角动量之和为零,磁矩亦为零.所以,本题中核的磁矩和角动量取决于那个单独的质子.所以,有

$$\boldsymbol{\mu}_j = \boldsymbol{\mu}_l + \boldsymbol{\mu}_s$$

$$g_j \boldsymbol{j} = g_l \boldsymbol{l} + g_s \boldsymbol{s}$$

$$g_j \boldsymbol{j} \cdot \boldsymbol{j} = g_l \boldsymbol{l} \cdot \boldsymbol{j} + g_s \boldsymbol{s} \cdot \boldsymbol{j}$$

$$\boldsymbol{l} \cdot \boldsymbol{j} = \frac{1}{2}[j(j+1) + l(l+1) - s(s+1)]$$

$$\boldsymbol{s} \cdot \boldsymbol{j} = \frac{1}{2}[j(j+1) + s(s+1) - l(l+1)]$$

$$g_j = g_l \frac{j(j+1) + l(l+1) - s(s+1)}{2j(j+1)} + g_s \frac{j(j+1) + s(s+1) - l(l+1)}{2j(j+1)}$$

对于质子 $g_l=1$, g_s 等于其自由状态的朗道因子 g_{p}(自由状态 $l=0$, $j=s$).因为 $s=\frac{1}{2}$,分别用 $j=l\pm\frac{1}{2}$代入,可求得

$$g_j = \begin{cases} \dfrac{j-1/2}{j} + \dfrac{1}{2j} g_{\mathrm{p}}, & j = l + \dfrac{1}{2} \\ \dfrac{1}{j+1}\left[j + \dfrac{3}{2} - \dfrac{1}{2} g_{\mathrm{p}}\right], & j = l - \dfrac{1}{2} \end{cases}$$

8.4　各向同性三维谐振子能级为

$$E = \left(2n + l + \frac{3}{2}\right)\hbar\,\omega = \left(N + \frac{3}{2}\right)\hbar\,\omega$$

应用于单粒子模型.$\hbar\omega$ 取值为 $44\mathrm{MeV}/A^{1/3}$.

(1) 对壳模型的单粒子能级,考虑谐振子能级中 $N\leqslant 3$ 的修正,画出与没有受到扰动的谐振子能级有关的壳模型能级图;

(2) 应用壳模型,预言下列核的基态自旋和宇称:

$${}^{3}_{2}\mathrm{He}, {}^{17}_{8}\mathrm{O}, {}^{34}_{19}\mathrm{K}, {}^{41}_{20}\mathrm{Ca}$$

(3) 从 5MeV 以下的激发态到基态的电偶极辐射一般观测不到,用单粒子模型解释这一现象,并预言巨偶极共振的激发能.

解　(1) 考虑 L-S 耦合后,谐振子能级劈裂如图 2.11 所示.

(2) ${}^{3}_{2}\mathrm{He}$ 最后一个未成对核子是 s 态的中子,故为 $J^{\pi}=\frac{1}{2}^{+}$.

${}^{17}_{8}\mathrm{O}$:最后未成对的核子为 $1\mathrm{d}_{5/2}$态的中子,$J^{\pi}=\frac{5}{2}^{+}$.

${}^{34}_{19}\mathrm{K}$:最后两个未成对核子是中子为 $2\mathrm{s}_{1/2}$,质子为 $1\mathrm{d}_{3/2}$,由于 $j_{\mathrm{n}}=l_{\mathrm{n}}-1/2, j_{\mathrm{p}}=l_{\mathrm{p}}-1/2$,所以,$J=|j_{\mathrm{n}}-j_{\mathrm{p}}|$,$J^{\pi}=1^{+}$.

${}^{41}_{20}\mathrm{Ca}$:最后一个未成对核子为 $1\mathrm{f}_{7/2}$态的中子,$J^{\pi}=\frac{7}{2}^{-}$.

(3) 电偶极跃迁的选择定则为

$$\Delta J = J_f - J_i = 0 \text{ 或 } 1$$

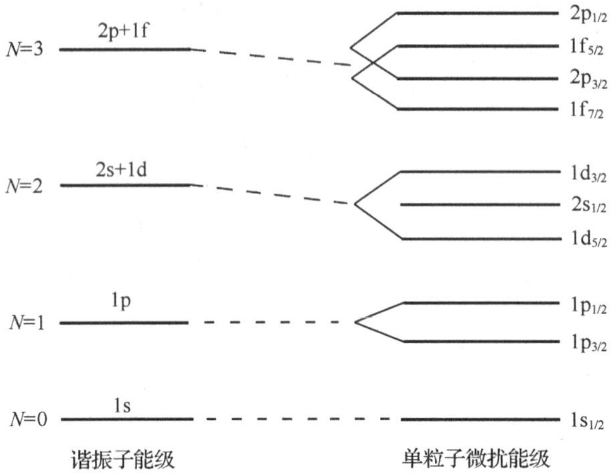

图 2.11

$$\Delta\pi = -1$$

J 为核的自旋，π 为核的宇称. 由于$\hbar\omega = 44\text{MeV}/A^{1/3}$，对一般的核$\hbar\omega > 5\text{MeV}$，当 N 增加 1 时，能级大于 5MeV，5MeV 以下的激发态具有相同的 N，且宇称相同. 但是，对于电偶极辐射，要求 $\Delta\pi = -1$. 上述条件将不能满足，故观测不到电偶极辐射. 当考虑到 L-S 耦合后，不同 N 值的能级差可能很小，特别是对于重核. 此时电偶极跃迁也有可能.

巨偶极共振可以认为是，入射光子引起核内质子和中子分离，位能增加，引起核的振动，当光子频率等于核共振频率时，发生共振吸收. 在这种模型中，把核当作在 γ 光子作用下进行强迫振动的振子. 振子的共振频率为

$$\omega_0 = \sqrt{\frac{k}{m}}$$

其中，k 是弹性系数，m 是振子的质量. 在 γ 的作用下，运动到两边的裸质子和裸中子与核的其余部分相互作用，产生弹性恢复力. 这些裸核子数近似地正比于核的表面，即

$$k \sim R^2$$

R 是核的半径，振子的质量就是核的质量，即 $m \sim R^3$，由此得到

$$\omega_0 = \sqrt{\frac{k}{m}}, \quad \sqrt{\frac{R^2}{R^3}} \propto \frac{1}{A^{1/6}} \approx A^{-0.17}$$

即巨偶极共振的激发能与 $A^{-0.17}$ 成正比.

8.5　核内的中子处于 $2\text{f}_{7/2}$ 态，在该态可填充的中子数最多为　　　　(　　)

(A)4 个　　(B)6 个　　(C)8 个　　(D)10 个

解　可填充的中子数为 $2\times7/2+1=8$. 答案为(C).

8.6　作为近似，一个中等重量的核可以当作一个平底势阱，势阱壁完全刚性. 进一步简化，把核子当作紧闭在一个长度等于核直径的立方盒子里. 考虑一个具有 28 个质子和 28 个中子的 ^{56}Fe 核，估计核子的最大动能，设核直径为 10^{-12} cm.

解　核子的势可写成如下形式：

$$V(x,y,z) = \begin{cases} \infty, & |x|,|y|,|z| \geqslant \dfrac{a}{2} \\ 0, & |x|,|y|,|z| < \dfrac{a}{2} \end{cases}$$

a 为核的直径. 薛定谔方程为

$$-\frac{\hbar^2}{2m}\nabla^2\Psi(x,y,z)+V(x,y,z)\Psi(x,y,z)=E\Psi(x,y,z)$$

令 $\Psi(x,y,z)=\Psi(x)\Psi(y)\Psi(z)$，得到

$$-\frac{\hbar^2}{2m}\frac{\mathrm{d}^2}{\mathrm{d}x_i^2}\Psi(x_i)+V(x_i)\Psi(x_i)=E_i\Psi(x_i)$$

$$V(x_i)=\begin{cases}\infty, & x_i\geqslant\dfrac{a}{2}\\ 0, & x_i<\dfrac{a}{2}\end{cases},\quad x_i=x,y,z$$

解方程得到

$$\Psi(x_i)=A_i\sin(k_ix_i)+B_i\cos(k_ix_i)$$

$$k_i=\frac{\sqrt{2mE_i}}{\hbar}$$

利用边界条件 $\Psi(x_i)|_{x_i=\pm\frac{a}{2}}=0$，得到

$$\Psi(x_i)=\begin{cases}A_i\sin\dfrac{np}{a}x_i, & n\text{ 为偶数}\\ B_i\cos\dfrac{np}{a}x_i, & n\text{ 为奇数}\end{cases}$$

$$E_{x_i}=\frac{\pi^2n_{x_i}^2\hbar^2}{2ma^2},\qquad n_{x_i}=1,2,3,\cdots$$

$$E=E_0(n_x^2+n_y^2+n_z^2)$$

$$E_0=\frac{\pi^2\hbar^2}{2ma^2}=\frac{\pi^2(c\hbar)^2}{2mc^2\cdot a^2}=2.04\mathrm{MeV}$$

据泡利原理，每个态上可容一对中子和一对质子. 这样，可计算态数如表 2.7 所示. 对于 ^{56}Fe 核，$E_{\max}=14E_0=2.04\times14\approx28.6(\mathrm{MeV})$.

表 2.7

(n_x, n_y, n_z)	态 数	可容核子数	E
(1 1 1)	1	4	$3E_0$
(2 1 1) (1 2 1) (1 1 2)	3	12	$6E_0$
(2 2 1) (1 2 2) (2 1 2)	3	12	$9E_0$
(3 1 1) (1 3 1) (1 1 3)	3	12	$11E_0$
(2 2 2)	1	4	$12E_0$
(1 2 3) (1 3 2) (2 3 1) (2 1 3) (3 1 2) (3 2 1)	6	24	$14E_0$

8.7 壳层模型中的轻核.

(1) 利用谐振子壳层模型，写出稳定的轻原子核($A\leqslant 4$)基态的组态，并确定它们的总 L, S, J, T 量子数和宇称.

(2) 对于^{4}He，在谐振子第一激发态附近，它可以处于哪些态中?

(3) 对每一个态可以发生什么模式的辐射?

(4) 对^{4}H，可以处在这些态中的哪些? 对^{4}Be，可以发现这样的态中的哪些?

(5) 在 α 粒子的非弹性散射中，^{4}He 可以激发到这些态中的哪一个态? 在质子非弹性散射中如何?

解 (1)$A=1$:稳定核为^{1}H，组态为$(1s_{1/2})^1$.

$$L=0,\quad S=\frac{1}{2},\quad J^\pi=\frac{1}{2}^+,\quad T=\frac{1}{2}$$

$A=2$:稳定核为^{2}H，组态为 $p(1s_{1/2})^1$, $n(1s_{1/2})^1$.

$$L=0,\quad S=1,\quad J^\pi=1^+,\quad T=0$$

$A=3$:稳定核为^{3}He，组态为 $p(1s_{1/2})^2$，$n(1s_{1/2})^1$.

$$L=0,\quad S=\frac{1}{2},\quad J^\pi=\frac{1}{2}^+,\quad T=\frac{1}{2}$$

$A=4$:稳定核为^{4}He, 组态为 $p(1s_{1/2})^2$，$n(1s_{1/2})^2$:

$$L=0,\quad S=0,\quad J^\pi=0^+,\quad T=0$$

(2) 在谐振子第一激发态附近，由于 p 态的 L-S 耦合作用，分裂成 $1p_{3/2}$ 和 $1p_{1/2}$ 两个能级，同位旋 $T_z=0$，基态 $T=0$，可处的激发态如下:

①当一个质子(或中子)处于 $1p_{3/2}$ 态，另一个质子(或中子)处于 $1s_{1/2}$ 态时，可能耦合的态为 $J^\pi=1^-,2^-(T=0,T=1)$.

②当一个质子(或中子)处于 $1p_{1/2}$ 态，另一个质子(或中子)处于 $1s_{1/2}$ 态时，可组成的态为 $J^\pi=0^-,1^-(T=0,1)$.

因此，可能的激发态为 $T=0$ 时的 0^-，1^- 和 2^- 态，以及 $T=1$ 时的 0^-，1^-，1^-，2^- 态，上述 7 个负宇称激发态都已被实验观测到.

(3) 根据谐振子壳层模型，1p 能级与 1s 能级之间的能量间隔约为

$$44\text{MeV}/A^{1/3}\sim 27.7\text{MeV}$$

远大于核子的分离能，虽然由于自旋-轨道耦合以及组态相互作用产生的能级分裂会降低各激发态之间的能级差，但仍明显大于核子的分离能，所以^{4}He 的各种激发态以发射质子或中子的方式退激发. 各个激发态的衰变方式由表 2.8 中给出.

(4)^{4}H 的同位旋 $T=1$，可处在上述 $T=1$ 的各态中，即 2^-，1^-，0^- 态. ^{4}Be 的 $T\geqslant 2$. 不可能处于上述任何态中.

(5) α-α 粒子散射，是两个全同粒子的散射，末态总波函数交换对称，总角动量守恒.

初态，两 α 粒子空间波函数 $L=0, 2, \cdots$.

末态，两 α 粒子都处于 0^-, $l=0, 2, \cdots$.

故 α 粒子可以把^{4}He 激发到 0^- 态，而质子 p 可以把^{4}He 激发到 2^- 或 0^- 态.

表 2.8

	J^π	T	衰变方式
基态	0^+	0	稳定
激发态	0^-	0	p, n
	2^-	0	p, n
	2^-	1	p, n
	1^-	1	p, n
	0^-	1	p, n
	1^-	1	p, n
	1^-	0	p, n

8.8　核的壳模型是描述核子在一个共同的指数势的作用下运动,如图 2.12 所示,同时有自旋和轨道角动量相互作用的耦合 $-2a\boldsymbol{S}\cdot\boldsymbol{L}$,根据这个模型,预言下列核的自旋和宇称:

(1)$^3_1$H;(2)$^7_3$Li;(3)$^{11}_5$B;(4)$^{15}_7$N.

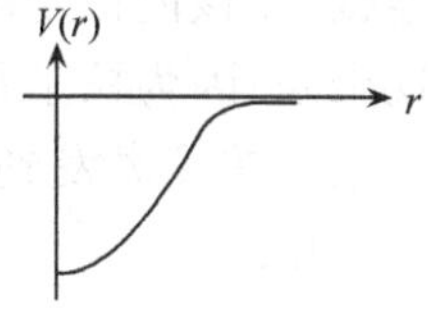

图 2.12

解　对于指数势的低能激发态,可近似用三维谐振子能级

$$E=\hbar\omega\left(m_1+m_2+m_3+\frac{3}{2}\right)$$

基态相对于 $m_1=m_2=m_3=0$ 是球对称的,其轨道角动量 $L=0$. 第一激发态相对于 $m_1+m_2+m_3=1$,它是轨道角动量 $L=1$ 的三重简并态. 当考虑自旋和轨道耦合后,表 2.9 给出最低的几个能级的性质,注意,$P_{3/2}$ 比 $P_{1/2}$ 的能级要低. 中子和质子分别独立地填入相应的能级.

表 2.9

能级	简并度	宇称
$P_{1/2}$	2	−1
$P_{3/2}$	4	−1
$S_{1/2}$	2	1

(1) $^3_1$H,两个中子填满 $S_{1/2}$ 能级,组成 $J_n=0$. 一个质子也填入 $S_{1/2}$ 能级,组成 $J_p=\frac{1}{2}$,所以 $^3_1$H 自旋和宇称为 $J^\pi=\frac{1}{2}^+$.

(2) $^7_3$Li,四个中子的两个在 $1S_{1/2}$ 能级,另两个在 $1P_{3/2}$ 能级,由于同类核子在同一轨道时,有组成自旋相反的对的趋势,这时两核子对的自旋和轨道角动量均为零. 四个中子的 $J_n=0$,而三个质子的两个填入 $1S_{1/2}$ 能级,另一个在 $1P_{3/2}$ 能级,整个核的状态由这个未成对的质子的状态决定,$^7_3$Li 的总角动量和宇称为 $J^\pi=\frac{3}{2}^-$.

(3) $^{11}_5$B,同样,六个中子填满 $1S_{1/2}$ 能级和 $1P_{3/2}$ 能级,组成 $J_n=0$,五个质子中,两个填入 $1S_{1/2}$ 能级,三个填入 $1P_{3/2}$ 能级,$1P_{3/2}$ 能级还有一个空穴,质子的总角动量为 $J_p=\frac{3}{2}$,$^7_3$Li 的角动量和宇称为 $J^\pi=\frac{3}{2}^-$.

(4) $^{15}_{7}N$，它的八个中子分别填满了 $1S_{1/2}$、$1P_{3/2}$和 $1P_{1/2}$能级，故有 $J_n=0$，质子填满了 $1S_{1/2}$、$1P_{3/2}$能级，只有一个在 $1P_{1/2}$能级，$_7N^{15}$的总角动量和宇称为 $J^{\pi}=\frac{1}{2}^-$.

8.9　根据物理原理，试解释下面的说法：

(1) 核内单个核子的运动可以看成是独立于其他核子，尽管核子之间的相互作用是非常强的；

(2) 所有偶偶核都具有 0^+ 的基态；

(3) 核的外壳层部分被奇数个核子填充，核将趋于具有永久的变形.

解　(1) 这种描述是基于把核子之间的相互作用，等效于核子处于其他核子产生的平均场中，核子的相互作用，变成了核子场对核子产生的作用，核子的运动，好像独立于其他核子. 核内核子的密度虽然很大，核子之间的"个别"相互作用，可以认为不能"宏观"表现出来. 因为核子是费米子，基态时，所有低能级都被填满，而核子之间的相互作用，不能使某个核子激发到高一级能态. 我们可以采用相互作用弱的模型，来描述核子之间强的相互作用.

(2) 按壳模型理论，偶偶核中，质子和中子有分别成对的趋势，即每对中子或质子在同一轨道上，且自旋相反. 所以，每对中子或质子的总角动量为零，总自旋也为零. 核的总角动量也为零. 每对中子或质子的宇称为$(-1)^0=+1$，核子的总宇称为正，即 $J^{\pi}=0^+$.

(3) 最外层的核子，可以看成是外层核子绕一个自旋为零的核子系统运动，对于 $l\neq 0$ 的核子，总是做椭圆运动. 核子又具有一定自旋和磁矩，它对核子系统起到"极化"作用，使核趋于永久变形.

8.10　氘核削裂反应实验显示，^{17}O 的基态是由^{16}O 外面的 $l=2$ 轨道上填充一个中子，第一激发态是中子处在 $l=0$ 的轨道上，请给出^{17}O 的基态和第一激发态的自旋和宇称.

解　中子的自旋为$\frac{1}{2}$，轨道角动量为 $l=2$，中子的总角动量为$\frac{3}{2}$或$\frac{5}{2}$. ^{17}O 的基态是由最外层的中子的状态决定，即角动量的可能值为$\frac{3}{2}$或$\frac{5}{2}$；但按壳层模型 $1d_{5/2}$的能级低于 $1d_{3/2}$能级，所以^{17}O 的基态的自旋应为$\frac{5}{2}$. 第一激发态是中子处在 S 波，角动量为$\frac{1}{2}$，即$^{17}O^*$ 第一激发态的自旋为$\frac{1}{2}$.

^{17}O 的宇称、基态和激发态都是由^{16}O 加一个中子，^{16}O 是偶偶核，自旋和宇称为 0^+，中子的波函数的角动量部分有 $Y_{lm}(-\theta)=(-1)^l Y_{lm}(\theta)$，对于 $l=0$ 和 2，宇称均为偶. 所以，^{17}O 基态和激发态$^{17}O^*$ 的宇称均为偶宇称.

8.11　(1) 利用原子核的壳模型预言^{13}B，^{13}C，^{13}N 基态的自旋、宇称和同位旋；(提示：$p_{3/2}$壳层能量低于 $p_{1/2}$壳层能量)

(2) 按质量从小到大，重新排列上述三个同量异位素，并说明原因；

(3) 怎样估计上述原子核中，两个质量最小的核之间的质量差？

解　(1)原子核基态的同位旋 $T=\frac{1}{2}|Z-N|$，其中 N,Z 分别表示原子核的中子数与

质子数. 原子核基态的自旋和宇称，由最后一个未成对的核子的自旋和宇称决定. 所以有

^{13}B：未成对的质子为 $1P_{3/2}$，有 $J^\pi=\frac{3}{2}^-$，$T=\frac{3}{2}$

^{13}C：未成对的中子为 $1P_{1/2}$，有 $J^\pi=\frac{1}{2}^-$，$T=\frac{1}{2}$

^{13}N：未成对的质子为 $1P_{1/2}$，有 $J^\pi=\frac{1}{2}^-$，$T=\frac{1}{2}$

(2) ^{13}B、^{13}C 和 ^{13}N 按质量大小从小到大排列为 ^{13}C，^{13}N 和 ^{13}B.

^{13}C、^{13}N 属同位旋二重态，它们的质量差主要由库仑能差和中子、质子质量差引起，而库仑能差是主要的. ^{13}N 较 ^{13}C 多一个质子，故质量较大. ^{13}B 虽然质子较少，但有较多的中子，远离稳定线，结合较松，也有较大的质量.

(3) 由于 ^{13}C 和 ^{13}N 属同位旋二重态，它们的质量差是由库仑作用能差和中子、质子质量差引起的，库仑作用就可以看作核的静电自能. 若将核看成是均匀带电球体，则静电能为 $W=\frac{3Q^2}{5R}$，R 为原子核半径，$R\approx 1.4A^{1/3}$ fm. 所以，质量差为

$$\Delta mc^2=[m(^{13}_{7}\mathrm{N})-m(^{13}_{6}\mathrm{C})]c^2=\frac{3}{5R}(Q_\mathrm{N}^2-Q_\mathrm{C}^2)-[m_\mathrm{n}-m_\mathrm{H}]c^2$$

$$=\frac{3e^2}{5R}(7^2-6^2)-0.78=0.6\times\frac{197}{137}\times\frac{49-36}{1.4\times 13^{1/3}}-0.78=2.62(\mathrm{MeV})$$

8.12　在原子核壳层模型中，核子按下列次序填充到 $1s_{1/2}$，$1p_{3/2}$，$1p_{1/2}$，$1d_{5/2}$，$2s_{1/2}$，$1d_{3/2}$，….

(1) 两轨道 $p_{3/2}$ 和 $p_{1/2}$ 是由于什么原因分裂的?

(2) 按此模型，^{16}O($Z=8$)是满壳层核，其自旋、宇称为 $J^\pi=0^+$. 那么，此模型预言 ^{15}O 和 ^{17}O 的自旋、宇称为何值?

(3) 对奇奇核，J^π 有一组允许值，求 ^{18}F($Z=9$)的允许值.

(4) 对偶偶原子核(如 ^{18}O)，$J^\pi=0^+$，怎样解释?

解　(1) $p_{3/2}$ 和 $p_{1/2}$ 之间的劈裂，是由核子的自旋轨道耦合引起的.

(2) ^{15}O 的质子组态为 $(1s_{1/2})^2(1p_{3/2})^4(1p_{1/2})^2$，中子组态为 $(1s_{1/2})^2(1p_{3/2})^4(1p_{1/2})^1$. 质子填满两个主壳层，中子没有填满两个主壳层，^{15}O 的自旋宇称决定于 $1p_{1/2}$ 态上的一个中子的角动量和宇称，所以 ^{15}O 的自旋宇称为 $J^\pi=\frac{1}{2}^-$.

^{17}O 质子组态为 $(1s_{1/2})^2(1p_{3/2})^4(1p_{1/2})^2$，中子组态为 $(1s_{1/2})^2(1p_{3/2})^4(1p_{1/2})^2\times(1d_{5/2})^1$. ^{17}O 的自旋宇称决定于 $1d_{5/2}$ 上的一个中子，所以 $J^\pi=\frac{5}{2}^+$.

(3) ^{18}F 的中子组态和质子组态相同，均为 $(1s_{1/2})^2(1p_{3/2})^4(1p_{1/2})^2(1d_{5/2})^1$，自旋宇称的允许值决定于 $1d_{5/2}$ 态上的一个中子与一个质子. $l_\mathrm{n}=2$，$l_\mathrm{p}=2$，所以可能的宇称为 $\pi=(-1)^{l_\mathrm{n}+l_\mathrm{p}}=+1$，$j_\mathrm{n}=\frac{5}{2}$，$j_\mathrm{p}=\frac{5}{2}$，所以可能的自旋为 $J=0,1,2,3,4,5$. ^{18}F 自旋、宇称的可能值为

$$0^+,1^+,2^+,3^+,4^+,5^+(\text{实际上为 }1^+)$$

(4) 对偶偶核，当偶数个核子处于最低能级时，每一能级上所占有的核子数都是偶

数. 由于同一能级中,偶数个核子具有同样大小的角动量,且由于对力的作用,成对的两个核子的 j 的方向总是相反的,因而同一能级的所有核子的角动量之和为零,质子壳层和中子壳层都具有等于零的角动量,偶偶核的自旋为零. 偶偶核中,每一能级的核子数为偶数,因而它的宇称为正.

8.13 图 2.13 给出在 ^{208}Pb 邻近的中子和质子的单粒子能级,利用图上的值,估算下列数值.

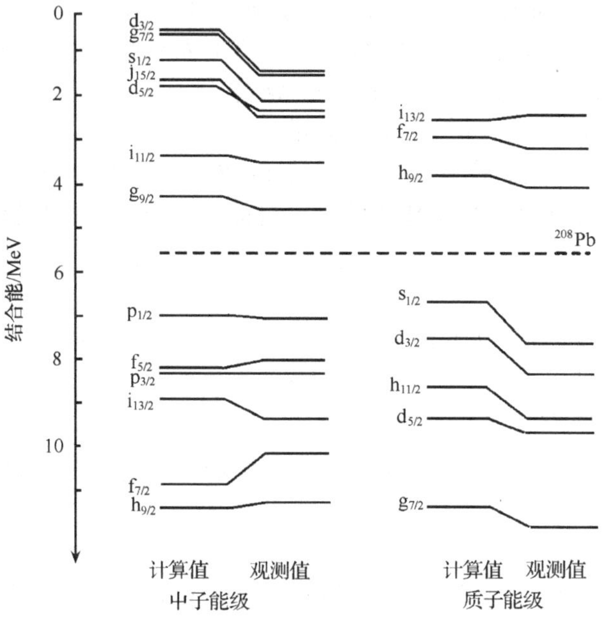

图 2.13

(1) ^{207}Pb 的基态和两个最低激发态的自旋和宇称值.

(2) ^{207}Pb 的基态的电四极矩.

(3) ^{209}Pb 的基态磁矩.

(4) ^{208}Bi 的最低的两个能级的自旋和宇称,^{208}Bi 基态能量相对于^{208}Pb 基态能量是多少?

(5) ^{208}Pb 基态的同位旋相似态^{208}Bi 定义如下:

$$T_+ |^{208}\text{Pb 基态}\rangle$$

其中,$T_+ = \sum t_+(i)$,t_+ 是一个中子变成一个质子. 那么,这一同位旋相似态的自旋、宇称、同位旋和同位旋第三分量是多少? 由库仑相互作用产生的,相对于^{208}Pb 基态的能量,该相似态的能量是多少?

(6) 解释为什么在重核中,人们没有观测到超允许电子或正电子衰变.

解 (1) ^{207}Pb 是满壳层缺 $P_{1/2}$ 能级上的一个中子. 核的基态由 $P_{1/2}$ 上的一个未成对的中子决定,基态为$\frac{1}{2}^-$. 第一激发态为 $f_{5/2}$ 态的一个中子跃迁到 $P_{1/2}$,第一激发态的 J^π 值由 $f_{5/2}$ 态的单个中子决定,故为$\frac{5}{2}^-$. 第二激发态由 $P_{3/2}$ 态的中子直接跃迁到 $P_{1/2}$ 态,核的

第二激发态的 J^π 由 $P_{3/2}$ 态的单个中子决定，为 $\frac{3}{2}^-$.

^{207}Pb 的基态和两个激发态的自旋、宇称 $J^\pi=\frac{1}{2}^-$，$\frac{5}{2}^-$ 和 $\frac{3}{2}^-$.

(2) ^{207}Pb 质子是满壳层，缺一个中子 $P_{1/2}$，电四极矩主要指由中子运动使核心“极化”产生的. 但是，基态 $J=\frac{1}{2}$，故 ^{207}Pb 的电四极矩观测值为零.

(3) ^{209}Pb 是满壳层外的 $g_{9/2}$ 能级上有一个中子，按单粒子壳层模型，$j=l+\frac{1}{2}$，中子轨道对核磁矩无贡献，只有中子磁矩. 即 $\mu(^{209}\text{Pb})=-1.91\mu_N$，$\mu_N$ 为核磁子.

(4) 对 ^{208}Bi，其基态由两个未成对的中子、质子决定. 质子为 $h_{9/2}$，中子为 $p_{1/2}$. 因两核子均和 l 反平行. $J=\frac{1}{2}+\frac{9}{2}=5$. 宇称为 $(-1)^{l_p+l_n}=+$，即 $J^\pi=5^+$. 第一激发态为 $f_{5/2}$ 的中子跃迁到 $P_{1/2}$，自旋宇称由 $f_{5/2}$ 的中子和 $h_{9/2}$ 的质子决定，$J=5/2+9/2=7$. 宇称为 $(-1)^{l_p+l_n}=+$，即 $J^\pi=7^+$. 两个最低态分别为 5^+，7^+.

^{208}Bi 和 ^{208}Pb 的基态能量差，可从图 2.13 粗略给出

$$\Delta E=E(\text{Bi})-E(\text{Pb})\approx 7.2-3.5-\Delta\approx 3.7-0.78=2.92(\text{MeV})$$

式中，$\Delta=m_n-m_H$，即 ^{208}Bi 的基态，比 ^{208}Pb 的基态高 2.92MeV.

(5) T_+ 只改变同位旋第三分量，即

$$T_+\mid T,T_3\rangle=A\mid T,T_3+1\rangle$$

所以，同位旋相似态应有相同的自旋、宇称和同位旋，只有同位旋第三分量不同. 对 ^{208}Pb，$J^\pi=0^+$，$T=22$，$T_3=-22$，^{208}Bi 的 ^{208}Pb 同位旋相似态的 J^π，T 与 ^{208}Pb 相同，只是 $T_3=-21$.

两同位旋相似态之间的能量差

$$\Delta E\approx\frac{6Ze^2}{5R}+(m_H-m_n)c^2=\frac{6Zc\hbar\alpha}{5R}-0.78$$

$$=\frac{6\times 82\times 197}{5\times 137\times 1.2\times 208^{1/3}}-0.78=19.12(\text{MeV})$$

(6) 超容许型费米跃迁的选择定则是：$\Delta J=0$，$\Delta\pi=+$，$\Delta T=0$，即母核和子核波函数很相似，同位旋是好量子数. 超容许型跃迁一般发生在同一同位旋多重态之间的跃迁. 但对于重核，同位旋相似态之间，由库仑能引起的能量差达 10MeV 以上，这时，同位旋相似态多处于高激发态，它可以有发射核子等过程，其衰变概率远大于 β 衰变概率，故看不到 β 衰变.

8.14　对 N 和 Z 在 20～28 的核的最低能级，最简单的低能级模型，认为只包含 $f_{7/2}$ 的核子.

(1) 用这个模型估计 $^{41}_{20}\text{Ca}_{21}$ 和 $^{41}_{21}\text{Sc}_{20}$ 的磁偶极矩，并粗略估计这两个态的电四极矩.

(2) 用这个模型，预计在 $^{42}_{20}$Ca 中有哪些能级. 计算这些高自旋态的磁偶极矩和电四极矩. 画出这些高自旋态的完整的实验衰变纲图.

(3) 图 2.14 给出 $^{43}_{20}\text{Ca}_{23}$ 的第一激发态，它以半衰期为 34ps 衰变到基态，用单粒子模型估计这个态的寿命.

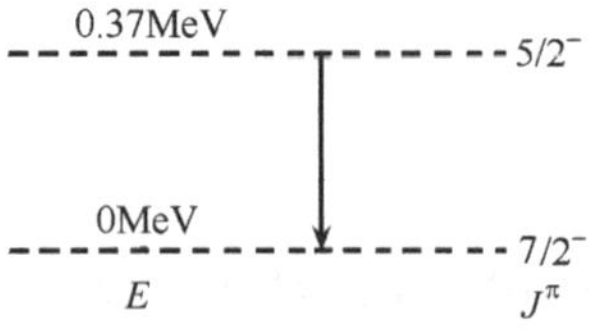

图 2.14

实验值：　$\mu_n = -1.91\mu_N$，$\mu(^{41}Ca) = -1.59\mu_N$

$\mu_p = 2.79\mu_N$，　$\mu(^{41}Sc) = 5.43\mu_N$

解　(1) 求 ^{41}Ca 和 ^{41}Sc 磁偶极矩. 它由最后一个核子的状态决定. 设 j 为总角动量. μ_N 为核磁子，g 为回旋磁比率，又称 g 因子. 对奇 A 核(以 μ_N 为单位)有

$$\mu = \begin{cases} g_l\left(j-\dfrac{1}{2}\right)+\dfrac{1}{2}g_s, & j=l+\dfrac{1}{2} \\ \dfrac{j}{j+1}\left[g_l\left(j+\dfrac{3}{2}\right)-\dfrac{1}{2}g_s\right], & j=l-\dfrac{1}{2} \end{cases}$$

对中子，$g_l=0$，$g_s=g_n=-3.82$. 对质子，$g_l=1$，$g_s=g_p=5.58$.

对 ^{41}Ca，它的一个中子处于 $f_{7/2}$ 态，

$$j=\frac{7}{2}, l=3, j=l+\frac{1}{2}$$

$$\mu(^{41}Ca) = \frac{1}{2}g_n = -1.91\mu_N$$

对 ^{41}Sc，它的一个质子处于 $f_{7/2}$ 态，

$$\mu(^{41}Sc) = (7/2-1/2)+5.58\times 1/2 = 3+2.79 = 5.79(\mu_N)$$

这些值和给出的实验值粗略地符合.

求 ^{41}Sc 和 ^{41}Ca 的电四极矩.

对 ^{41}Sc，它的一个质子处于 $f_{7/2}$ 态，电四极矩为

$$Q(^{41}Sc) = -\langle r^2\rangle \frac{2J-1}{2(J+1)}$$

对质子 $e=1$，$\langle r^2\rangle$ 为径向波函数 R_{njk} 中的 r^2 的平均值，若假设径向波函数 R_{njl}^2 在原子核内部($r\leqslant R$)为常数，即表示原子核内的密度分布是均匀的，则有

$$\langle r^2\rangle = \int R_{njl}^2 r^4 \mathrm{d}r = \frac{3}{R^3}\int_0^R r^4 \mathrm{d}r = \frac{3R^2}{5}$$

令 $R^2=[1.2\times A^{1/3}]^2\,\mathrm{fm}^2$

$$Q(^{41}Sc) = -\langle r^2\rangle \frac{2J-1}{2(J+1)} = -\frac{3}{5}R^2\frac{2J-1}{2(J+1)}$$

$$= -\frac{3}{5}\times\frac{2\times\frac{7}{2}-1}{2\times\left(\frac{7}{2}+1\right)}\times(1.2\times 41^{1/3}\times 10^{-13})^2$$

$$= -6.8\times 10^{-26}(\mathrm{cm}^2)$$

对 ^{41}Ca，它是满壳层外一个中子，电四极矩是由中子相对于核心极化影响而产生的

$$Q(^{41}Ca) \approx \frac{Z}{(A-1)^2}Q(^{41}Sc) \approx 8.5\times 10^{-28}\,\mathrm{cm}^2$$

(2) 如图 2.15 所示，对 ^{42}Ca 的核，基态为 0^+，两个核子均为 $f_{7/2}$ 的中子可耦合成 $J=7,6,5,\cdots,0$ 宇称为正的能级，对全同粒子考虑反对

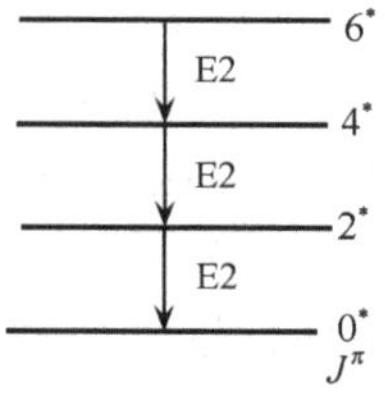

图 2.15

称,可组成 $J=6,4,2,0$.

对两核子系统

$$\mu = gJ\mu_N = (g_1 j_{z1} + g_2 j_{z2})\mu_N$$
$$\boldsymbol{J} = \boldsymbol{j}_1 + \boldsymbol{j}_2$$
$$g\boldsymbol{J}^2 = g_1\boldsymbol{j}_1 \cdot \boldsymbol{J} + g_2\boldsymbol{j}_2 \cdot \boldsymbol{J}$$
$$\boldsymbol{j}_1 \cdot \boldsymbol{J} = \frac{1}{2}(\boldsymbol{J}^2 + \boldsymbol{j}_1^2 - \boldsymbol{j}_2^2)$$
$$\boldsymbol{j}_2 \cdot \boldsymbol{J} = \frac{1}{2}(\boldsymbol{J}^2 + \boldsymbol{j}_2^2 - \boldsymbol{j}_1^2)$$

所以,我们有

$$gJ^2 = \frac{1}{2}(g_1 + g_2)J^2 + \frac{1}{2}(g_1 - g_2)(j_1^2 - j_2^2)$$
$$g = \frac{1}{2}(g_1 + g_2) + \frac{1}{2}(g_1 - g_2)\frac{j_1(j_1+1) - j_2(j_2+1)}{J(J+1)}$$

对^{42}Ca,核子 1 和 2 均为 $j=\frac{7}{2}$的中子,所以

$$g = g_1 = g_2 = -\frac{3.82}{2} = -1.91$$
$$\mu(^{42}\mathrm{Ca}) = gJ\mu_N = -1.91J\mu_N$$

其中,$J=0,2,4,6$.

^{42}Ca 的基态电四极矩 $Q=0$. 激发态的电四极矩可用 γ 跃迁的约化矩阵元来求得

$$B(\mathrm{E2}, 2^+ \to 0^+) = \frac{1}{16\pi}e^2 Q_0^2$$

Q_0 为内禀电四极矩.

对于$^{42}_{20}$Ca,第一激发态(2^+)的能量为 1.524MeV. 由此求得

$$B(\mathrm{E2}, 2^+ \to 0^+) = 81.5e^2\mathrm{fm}^4$$
$$Q_0^2 = 81.5 \times 16\pi\mathrm{fm}^4 = 4097\mathrm{fm}^4$$
$$Q_0 \approx 64\mathrm{fm}^2$$

对其他态的电四极矩,可以用集体模型计算,得出的实验观测到的电四极矩 Q 与内禀电四极矩 Q_0的关系为

$$Q = \frac{J(2J-1)}{(J+1)(2J+3)}Q_0$$

给出 $K=0$,其他态的电四极矩值是

$$J=2: \quad Q = \frac{2\times 3}{3\times 7}Q_0 = \frac{2}{7}Q_0 = \frac{2\times 64}{7} = 18.3(\mathrm{fm}^2)$$
$$J=4: \quad Q = \frac{4\times 7}{5\times 11}Q_0 = \frac{28}{55}Q_0 = \frac{28\times 64}{55} = 32.6(\mathrm{fm}^2)$$
$$J=6: \quad Q = \frac{6\times 11}{7\times 15}Q_0 = \frac{22}{35}Q_0 = \frac{22\times 64}{35} = 40.2(\mathrm{fm}^2)$$

(3) 根据 γ 跃迁选择定则,$\frac{5}{2}^- \to \frac{7}{2}^-$,跃迁的 L 值可取为

$$\left|\frac{5}{2}-\frac{7}{2}\right| \leqslant L \leqslant \frac{5}{2}+\frac{7}{2}$$

L 值可取 1,2,3,4,5,6. 根据宇称守恒,取最低阶的跃迁,因为它的跃迁概率最大. 其跃迁为磁偶极和电四极跃迁,按单粒子模型给出

$$\begin{aligned}\lambda_{\mathrm{M1}} &= \frac{1.9(L+1)}{L[(2L+1)!!]^2}\left(\frac{3}{L+3}\right)^2\left(\frac{E_\gamma}{197}\right)^{2L+1} \times (1.4\times A^{1/3})^{2L-2}\times 10^{21}\\ &= \frac{1.9\times 2}{3^2}\left(\frac{3}{4}\right)^2\left(\frac{0.37}{197}\right)^3 (1.4\times 43^{1/3})^0\times 10^{21}\\ &= 1.57\times 10^{12}(\mathrm{s}^{-1})\end{aligned}$$

$$\begin{aligned}\lambda_{\mathrm{E2}} &= \frac{4.4(L+1)}{L[(2L+1)!!]^2}\left(\frac{3}{L+3}\right)^2\left(\frac{E_\gamma}{197}\right)^{2L+1} \times (1.4\times A^{1/3})^{2L}\times 10^{21}\\ &= \frac{4.4\times 3}{2\times(5\times 3)^2}\left(\frac{3}{L+3}\right)^2\left(\frac{0.37}{197}\right)^5 (1.4\times 43^{1/3})^4\times 10^{21}\\ &= 1.4\times 10^{8}(\mathrm{s}^{-1})\end{aligned}$$

$\lambda_{\mathrm{E2}} \ll \lambda_{\mathrm{M1}}$,略去 E2 的贡献.

$$T_{1/2} = \frac{\ln 2}{\lambda_{\mathrm{M1}}} = \frac{\ln 2}{1.57\times 10^{12}} \approx 4.4\times 10^{-13}(\mathrm{s})$$

用单粒子模型计算的值,约为实验值的 1/20,这是因为集体运动改变引起的 γ 跃迁.

8.15　${}^{164}_{66}\mathrm{Dy}$ 和 ${}^{163}_{67}\mathrm{Ho}$ 核的最低能级可通过研究下面的反应谱得到:

$${}^{165}_{67}\mathrm{Ho}_{98}(\mathrm{d},{}^{3}\mathrm{He}){}^{164}_{66}\mathrm{Dy}_{98}$$

$${}^{165}_{67}\mathrm{Ho}_{98}(\mathrm{p},\mathrm{t}){}^{163}_{67}\mathrm{Ho}_{96}$$

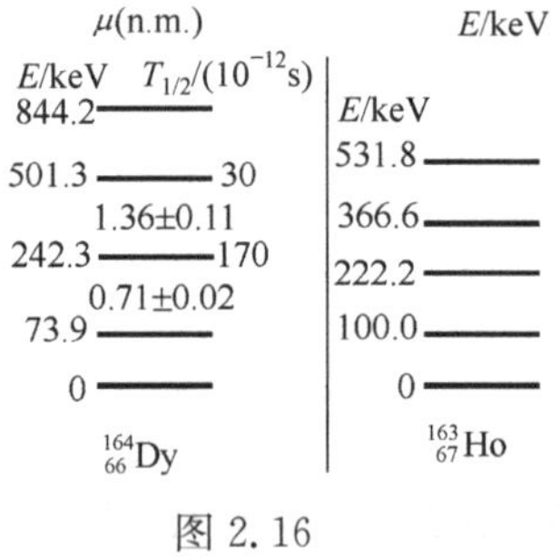

图 2.16

稳定的 ${}^{165}\mathrm{Ho}$(钬)的自旋和宇称是 $J^\pi=\frac{7}{2}^-$,图 2.16 给出了观测到的能级、衰变寿命和磁矩.

(1) 给出每个能级的自旋和宇称,说明你的理由,用能量的数据来验证.

(2) 给出核的一个态的总角动量的矢量图. 包括总角动量 $\boldsymbol{J}$,它的第三分量 M,核的自旋 $\boldsymbol{j}$,集体运动角动量 $\boldsymbol{R}$,以及总角动量在核的对称轴上的分量 K.

(3) 对比测量的磁矩值和寿命的比率并与简单的集体模型预期值比较,估计 ${}^{164}_{66}\mathrm{Dy}$ 的能量为 73.9keV 激发态的寿命.

(4) 完善奇 A 核基态的磁矩公式,式中有集体运动和核的回旋磁比率 g_R 和 g_K,估计 ${}^{163}_{67}\mathrm{Ho}$ 基态的磁矩值.

解　(1) ${}^{164}_{66}\mathrm{Dy}$ 是偶偶核,其基态所有核子都成对,给出总自旋和宇称为 $j^\pi=0^+$. 这样的变形核的特征是具有低能量的集体转动能级,波函数的对称性要求,每个能级的角动量必须是偶数. 激发转动能级的典型能量,远小于激发振动能级或激发核子不同壳层态所需的能量.

定义总角动量 $\boldsymbol{J}=\boldsymbol{R}+\boldsymbol{j}$,$\boldsymbol{R}$ 是核的转动角动量,$\boldsymbol{j}$ 是核的自旋. 对于转动角动量 $R=2n$ 态的能量为

$$E_R = \frac{R^2}{2I} = \frac{2n(2n+1)\hbar^2}{2I}$$

其中，I 是核的转动惯量. 若核的能级是转动能级，则有$\frac{E}{2n(2n+1)}=\frac{\hbar^2}{2I}$应是常数，其中，$n=1,2,3,\cdots$. 从题目给出的能级测量数据，我们检验每个能级的$\frac{E}{2n(2n+1)}$之比

$$\frac{73.9}{2\times3}:\frac{242.3}{4\times5}:\frac{501.3}{6\times7}:\frac{844.2}{8\times9}\approx12.3:12.1:11.9:11.7\approx1:1:1:1$$

它们的比值近似相等，与转动能级预期的一致. 它们应是一个转动能级带，转动参数$\frac{\hbar^2}{2I}\approx$ 12keV. 同一能带的每个能级态宇称相同，各能级的自旋和宇称分别是 0^+、2^+、4^+、6^+ 和 8^+.

对于$^{163}_{67}$Ho 的基态，我们不能简单地得到上述结论. 它是奇 A 核，题设$^{165}_{67}$Ho 基态的 $J^\pi=\frac{7}{2}^-$. 而$^{163}_{67}$Ho 和$^{165}_{67}$Ho 是同位素，后者多一对中子，这对中子贡献自旋和宇称为 $J^\pi=0^+$. 所以同位素$^{163}_{67}$Ho 和$^{165}_{67}$Ho 应具有相同的自旋和宇称，即$^{163}_{67}$Ho 基态的自旋和宇称$J^\pi=\frac{7}{2}^-$.

现在研究$^{163}_{67}$Ho 的低能级态. 若它也是转动能级，各能级的能量正比于转动角动量的平方，即$\langle \boldsymbol{R}^2\rangle=\langle \boldsymbol{J}^2+\boldsymbol{j}^2-2\boldsymbol{J}\cdot\boldsymbol{j}\rangle$. 设$\langle \boldsymbol{J}\cdot\boldsymbol{j}\rangle=K^2\hbar^2$，$K>\frac{1}{2}$. 不同的 R 值给出不同能级带，每一个能级带用 K 来标示. 同一转动带的能级的自旋 $J=K+n$，n 是正整数. 宇称相同，由基态的宇称决定.

$^{163}_{67}$Ho 的最低能级的最大可能值是 $K=\frac{7}{2}^-$. 我们可以用能级的观测值来检验其是否为转动能级带. 对于转动能级带的各态的能量值应为

$$E_J=[J(J+1)-K(K+1)]\hbar^2/2I$$

I 是核的转动惯量. 代入实验观测得到的能级数值和不同的 $n=1,2,\cdots$，得到不同能级的比值

$$c_J=\frac{E_J}{[J(J+1)-K(K+1)]}=\frac{\hbar^2}{2I}$$

$$c_{9/2}:c_{11/2}:c_{13/2}:c_{15/2}=11.11:11.11:11.11:11.08\approx1:1:1:1$$

实验测量值和转动理论预言值一致，说明$^{163}_{67}$Ho 的能级的确是 $K=7/2$ 的转动能级带，转动常数 $c_J=\frac{\hbar^2}{2I}\approx11$keV. 基态和激发态能级的自旋和宇称分别是 $J^\pi=7/2^-$，$9/2^-$，$11/2^-$，$13/2^-$和$15/2^-$.

(2) $^{164}_{66}$Dy 是偶偶核，自旋为 0，总角动量由集体转动给出，即 $\boldsymbol{J}=\boldsymbol{R}$，沿核的对称轴 $\boldsymbol{Z}'$的转动是没有意义的. 所以，转动角动量 $\boldsymbol{R}$ 垂直于 $\boldsymbol{Z}'$轴，它在实验室坐标 $\boldsymbol{Z}$ 轴的投影为 $M\hbar$，M 是好量子数. 角动量矢量图见图 2.17(a).

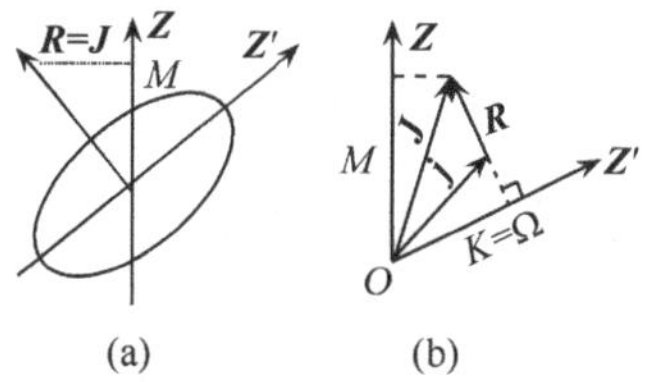

图 2.17

$^{163}_{67}$Ho 的自旋 $j=7/2$，转动角动量为 $\boldsymbol{R}$，总角动量 $\boldsymbol{J}=\boldsymbol{j}+\boldsymbol{R}$. 这时，$\boldsymbol{j}$ 和 $\boldsymbol{R}$ 不再是守恒量，三个守恒量是总角动量 $\boldsymbol{J}$，自旋角动量 $\boldsymbol{j}$ 在核的对称轴$\boldsymbol{Z}'$的分量 $K\hbar$（因为转动角动量 $\boldsymbol{R}$ 垂直于$\boldsymbol{Z}'$轴，它也是总角动

量 $\boldsymbol{J}$ 在对称轴 $\boldsymbol{Z}'$ 的分量)，以及总角动量 $\boldsymbol{J}$ 在实验室坐标 $\boldsymbol{Z}$ 轴的分量 $M\hbar$，即 J、K 和 M. 其矢量角动量图见图 2.17(b).

(3)为了计算 $^{164}_{66}\mathrm{Dy}$ 核激发态的磁矩，我们近似认为核相当于 A 个核子，每个核子具有质量 m_p、电荷 $q=\dfrac{eZ}{A}$，沿着平均半径 r 的轨道运动，速度为 v. 其平均电流是 $I=\dfrac{Aqv}{2\pi r}$，电流包围的面积是 $M=\pi r^2$. 由电动力学可知，环形电流产生的磁矩是

$$\mu=\frac{I}{c}\times M=\frac{Aqv\pi r^2}{2\pi rc}=\frac{eZvr}{2c}$$

转动角动量 $R\hbar=Am_\mathrm{p}vr$，代入上式

$$\mu=\frac{eZ}{A}\cdot\frac{R\hbar}{2m_\mathrm{p}c}=\frac{Z}{A}\mu_\mathrm{N}R=g_R\mu_\mathrm{N}R$$

式中，$\mu_\mathrm{N}=\dfrac{e\hbar}{2m_\mathrm{p}c}$ 为核磁子，$g_R=\dfrac{Z}{A}$. 对于 $^{164}_{66}\mathrm{Dy}$ 核，$\dfrac{Z}{A}\approx 0.4$. 对于激发态，角动量 $J=R=2$ 和 4，磁矩值约为 $0.8\mu_\mathrm{N}$ 和 $1.6\mu_\mathrm{N}$，这与观测值大致吻合.

计算激发态的寿命，各能级之间的辐射跃迁，其角动量的变化为 $\Delta J=2$，宇称不变，应是 E2 跃迁.

对于电 2^L 极跃迁，跃迁概率为

$$\lambda_E(L)=\frac{8\pi(L+1)}{L[(2L+1)!!]^2}\frac{k^{2L+1}}{\hbar}B(\mathrm{EL})$$

式中，$B(\mathrm{EL})$ 是 EL 跃迁的约化跃迁概率，$k\propto E_\gamma$. 对于电四极跃迁，跃迁概率正比于衰变能的 $E_\gamma^5B(\mathrm{EL})$，即

$$\lambda\propto E_\gamma^5B(\mathrm{E2})$$

$B(\mathrm{E2})$ 是 E2 跃迁的约化跃迁概率，根据集体模型计算，对于偶偶核的基带($K=0$)，电四极跃迁为

$$B(\mathrm{E2},J\to J-2)=\frac{5}{16\pi}e^2Q_0^2\frac{3J(J-1)}{2(2J-1)(2J+1)}$$

因此，对于两个相邻能级的 E2 约化跃迁概率之比应为

$$R=\frac{B(\mathrm{E2},J+2\to J)}{B(\mathrm{E2},J\to J-2)}=\frac{(J+2)(J+1)(2J+1)(2J-1)}{J(J-1)(2J+3)(2J+5)}$$

对于 $^{164}_{66}\mathrm{Dy}$，我们有

$$\frac{B(\mathrm{E2},4\to 2)}{B(\mathrm{E2},2\to 0)}=\frac{4\times3\times5\times3}{2\times7\times9}=\frac{10}{7}$$

$$\frac{\lambda_{4\to2}}{\lambda_{2\to0}}=\frac{E_{\gamma_2}^5}{E_{\gamma_1}^5}\times\frac{B(\mathrm{E2},4\to2)}{B(\mathrm{E2},2\to0)}=\frac{(242.3-73.9)^5\times10}{73.9^5\times7}=87.8$$

$$T_{1/2}(2^+)=\frac{\lambda_{4\to2}}{\lambda_{2\to0}}T_{1/2}(4^+)=87.8\times170\times10^{-12}=1.49\times10^{-8}(\mathrm{s})$$

同样，也可用另外一个能级的参数来估计，由

$$\frac{B(\mathrm{E2},6\to4)}{B(\mathrm{E2},2\to0)}=\frac{B(\mathrm{E2},6\to4)}{B(\mathrm{E2},4\to2)}\frac{B(\mathrm{E2},4\to2)}{B(\mathrm{E2},2\to0)}=1.573$$

$$T_{1/2}(2^+)=\frac{\lambda_{6\to4}}{\lambda_{2\to0}}T_{1/2}(6^+)=\frac{1.573\times(501.3-242.3)^5}{73.9^5}\times30\times10^{-12}$$

$$=2.5\times10^{-8}(\mathrm{s})$$

两者在数量级上是一致的.

(4) 为了完善奇 A 核基态的磁矩公式. 我们增加了转动角动量部分, $\boldsymbol{J}=\boldsymbol{R}+\boldsymbol{j}$, 有磁矩

$$\boldsymbol{\mu}=\frac{1}{\hbar}g\mu_{\mathrm{N}}\boldsymbol{J}=\frac{\mu_{\mathrm{N}}}{\hbar}(g_R\boldsymbol{R}+g_K\boldsymbol{j})$$

我们要找到式中的各项用守恒量子数 J、M 和 K 表示. 首先, 偶极算符的期待值应该是在总自旋轴方向, 即椭球核的对称轴方向, 因为它是变形核唯一可以定义的方向. 也就是

$$\langle\boldsymbol{\mu}\rangle=k\langle\boldsymbol{J}\rangle$$

式中的 k 值可估计为

$$\langle\boldsymbol{\mu}\rangle=\frac{\langle\boldsymbol{\mu}\cdot\boldsymbol{J}\rangle}{J(J+1)\hbar^2}\langle\boldsymbol{J}\rangle$$

磁矩 μ 定义为一个 $\boldsymbol{J}_z=\boldsymbol{J}\hbar$ 态的 $\mu_{z'}$ 期望值, 即

$$\boldsymbol{\mu}=\frac{\langle\boldsymbol{\mu}\cdot\boldsymbol{J}\rangle}{(J+1)\hbar}$$

其中, $\langle\boldsymbol{\mu}\cdot\boldsymbol{J}\rangle$ 可由下面得到:

$$\begin{aligned}\langle\boldsymbol{\mu}\cdot\boldsymbol{J}\rangle&=\frac{\mu_{\mathrm{N}}}{2\hbar}\langle[(g_R+g_K)(\boldsymbol{R}+\boldsymbol{j})+(g_R-g_K)(\boldsymbol{R}-\boldsymbol{j})]\cdot\boldsymbol{J}\rangle\\&=\frac{\mu_{\mathrm{N}}}{2\hbar}[(g_R+g_K)J(J+1)\hbar^2+(g_R-g_K)\langle\boldsymbol{R}^2-\boldsymbol{j}^2\rangle]\end{aligned}$$

我们有

$$\langle\boldsymbol{R}^2\rangle=\langle(\boldsymbol{J}-\boldsymbol{j})^2\rangle=[J(J+1)+j(j+1)-2K^2]\hbar^2$$

代入上式, 求得 $\langle\boldsymbol{\mu}\cdot\boldsymbol{J}\rangle$ 的表达式后, 给出磁矩的公式

$$\boldsymbol{\mu}=\boldsymbol{\mu}_{\mathrm{N}}\boldsymbol{J}\left[g_R+(g_K-g_R)\frac{K^2}{J(J+1)}\right]$$

式中, g_R 是集体转动的回旋磁比率, (3) 中给出它的数值是 $g_R=\dfrac{Z}{A}$, 用一个不严格的办法来分析 g_K, 我们设想由核子的角动量产生的核磁矩, 大约和单个自由质子的磁矩相当, 有

$$g_K\mu_{\mathrm{N}}j\approx\mu_{\mathrm{p}}=2.79\mu_{\mathrm{N}}$$

$$g_K\approx\frac{2.79\times2}{7}=0.80$$

对于 $^{163}_{67}\mathrm{Ho}$ 的基态, $J=K=7/2$, $g_R=Z/A\approx0.4$, 我们最后得到 $^{163}_{67}\mathrm{Ho}$ 基态的磁矩值

$$\mu=\mu_{\mathrm{N}}\times\frac{7}{2}\left[0.4+(0.80-0.4)\frac{(7/2)^2}{9\times7/4}\right]=2.49\mu_{\mathrm{N}}$$

8.16 (1) 假设奇 A 核的磁矩由奇数核子决定, $\boldsymbol{\mu}_j=g\mu_{\mathrm{N}}\boldsymbol{j}$, 对于 $j=l\pm1/2$, 给出 g 的表达式(施密特线).

(2) 给出壳层模型得到的能级次序, 直到 $^{56}_{28}\mathrm{Ni}_{28}$.

(3) 利用施密特线, 给出下列核子的磁矩: $^{17}_{8}\mathrm{O}_9$、$^{23}_{11}\mathrm{Na}_{12}$ 和 $^{45}_{21}\mathrm{Sc}_{24}$.

已知: $\mu_{\mathrm{p}}=2.793\mu_{\mathrm{N}}$, $\mu_{\mathrm{n}}=-1.91\mu_{\mathrm{N}}$.

(4) 用单粒子模型计算${}^{15}_{7}N_8$ 和${}^{11}_{5}B_6$原子核的电四极矩 Q,用核的均方半径$\langle r^2\rangle$表示.用适当的$\langle r^2\rangle$值,估计 Q 的数值.

解 (1)根据壳层模型,对于奇 A 核,内壳层的 $A-1$ 个核子都是组成对,每对核子组成轨道角动量和自旋均为 0. 核的自旋由最后一个核子的参数决定,设它的自旋为 $\boldsymbol{s}$,轨道角动量为 $\boldsymbol{l}$,核的总自旋为 $\boldsymbol{j}$,核的磁矩算符为轨道和核子固有磁矩之和. 另外,自旋和轨道角动量的单位为$\hbar$,磁矩以核磁子 $\mu_{\rm N}=\dfrac{e\hbar}{2m_{\rm p}c}$为单位,有关系式

$$\boldsymbol{\mu}_j=\boldsymbol{\mu}_l+\boldsymbol{\mu}_s=g_l\boldsymbol{l}+g_s\boldsymbol{s}=g_j\boldsymbol{j}$$

式中,g_l、g_s 和 g_j 是相应 $\boldsymbol{l}$、$\boldsymbol{s}$ 和 $\boldsymbol{j}$ 的回旋磁比率. 其中,对质子:$g_l=1$,$g_s=5.58$;对中子:$g_l=0$,$g_s=-3.82$. 磁矩是平行于核的总自旋 $\boldsymbol{j}$,为得到回旋磁比率之间的关系,对上式两边同乘以 $\boldsymbol{j}$,得到

$$g_j\boldsymbol{j}\cdot\boldsymbol{j}=g_l\boldsymbol{l}\cdot\boldsymbol{j}+g_s\boldsymbol{s}\cdot\boldsymbol{j}$$

$$\boldsymbol{j}\cdot\boldsymbol{j}=j(j+1)$$

$$\boldsymbol{l}\cdot\boldsymbol{j}=\frac{1}{2}(\boldsymbol{j}^2+\boldsymbol{l}^2-\boldsymbol{s}^2)=\frac{1}{2}[j(j+1)+l(l+1)-s(s+1)]$$

$$\boldsymbol{s}\cdot\boldsymbol{j}=\frac{1}{2}(\boldsymbol{j}^2-\boldsymbol{l}^2+\boldsymbol{s}^2)=\frac{1}{2}[j(j+1)-l(l+1)+s(s+1)]$$

得到

$$\begin{aligned}g_j&=\frac{\boldsymbol{l}\cdot\boldsymbol{j}}{\boldsymbol{j}^2}g_l+\frac{\boldsymbol{s}\cdot\boldsymbol{j}}{\boldsymbol{j}^2}g_s\\&=\frac{[j(j+1)+l(l+1)-s(s+1)]}{2j(j+1)}g_l+\frac{[j(j+1)-l(l+1)+s(s+1)]}{2j(j+1)}g_s\\&=\frac{1}{2}(g_l+g_s)+\frac{1}{2}(g_l-g_s)\frac{l(l+1)-3/4}{j(j+1)}\end{aligned}$$

$$g_j=\begin{cases}g_l+\dfrac{g_l-g_s}{2(j+1)}, & j=l-\dfrac{1}{2}\\ g_l-\dfrac{g_l-g_s}{2j}, & j=l+\dfrac{1}{2}\end{cases}$$

对于奇 A、奇 Z 核,未成对的一个核子为质子,有

$$g_j=\begin{cases}g_l+\dfrac{g_l-g_s}{2(j+1)}=1+\dfrac{1-5.58}{2(j+1)}=1-\dfrac{2.29}{j+1}, & j=l-\dfrac{1}{2}\\ g_l-\dfrac{g_l-g_s}{2j}=1-\dfrac{1-5.58}{2j}=1+\dfrac{2.29}{j}, & j=l+\dfrac{1}{2}\end{cases}$$

对于奇 A、奇 N 核,未成对的一个核子为中子,有

$$g_j=\begin{cases}g_l+\dfrac{g_l-g_s}{2(j+1)}=0+\dfrac{0-(-3.82)}{2(j+1)}=\dfrac{1.91}{j+1}, & j=l-1/2\\ g_l-\dfrac{g_l-g_s}{2j}=0-\dfrac{0-(-3.82)}{2j}=-\dfrac{1.91}{j}, & j=l+1/2\end{cases}$$

对于奇 A 中,无论是奇中子或奇质子的核,核磁矩都有上限和下限,核的实际核磁矩值都在这个范围内,这个磁矩的上下限就是有名的施密特线.

(2) 根据壳层模型,核内核子的能级排列次序是

$$1s_{1/2} \mid 1p_{3/2}1p_{1/2} \mid 1d_{5/2}\ 2s_{1/2}\ 1d_{3/2} \mid 1f_{7/2} \mid \cdots$$

相应的满壳层幻数分别为 2,8,20,28,…. 对于核子处于满壳层的核比邻近核的结合能大,核特别稳定.

(3)$^{17}_{8}O_9$:未成对的核子是处于满壳层外 $1d_{5/2}$壳层的中子,$l=2,j=l+\frac{1}{2}=\frac{5}{2}$. 得到

$$g_j=-\frac{1.91}{j},\qquad \mu(^{17}_{8}O_9)=g_j j\mu_N=-\frac{1.91\times j\mu_N}{j}=-1.91\mu_N$$

$^{23}_{11}Na_{12}$:未成对的核子也是处于 $1d_{5/2}$壳层,但它是质子,$l=2,j=l+\frac{1}{2}=\frac{5}{2}$. 得到

$$g_j=1+\frac{2.29}{j},\qquad \mu(^{23}_{11}Na_{12})=g_j j\mu_N=\left(1+\frac{2.29}{j}\right)j\mu_N=4.79\mu_N$$

$^{45}_{21}Sc_{24}$:未成对的核子是处于 $1f_{7/2}$壳层的一个质子,$l=3,j=l+\frac{1}{2}=\frac{7}{2}$. 得到

$$g_j=1+\frac{2.29}{j},\qquad \mu(^{45}_{21}Sc_{24})=g_j j\mu_N=\left(1+\frac{2.29}{j}\right)j\mu_N=5.79\mu_N$$

(4)根据单粒子壳层模型,奇质子原子核的电四极矩 Q 由最后的奇质子来决定,单粒子的电四极矩的定义是

$$Q_{sp}=\langle jm_j \mid Q_{20} \mid jm_j\rangle_{m_j=j}$$

其中

$$Q_{20}=r^2(3\cos\theta-1)=2\sqrt{\frac{4\pi}{5}}r^2Y_{20}(\theta,\varphi)$$

得到

$$Q_{sp}=\langle r^2\rangle 4\sqrt{\frac{\pi}{5}}\sum_{m_s}\int \Phi^*_{l,\frac{1}{2},j,j}Y_{20}\Phi_{l,\frac{1}{2},j,j}\,d\Omega$$

其中

$$\langle r^2\rangle=\int r^4R^2_{njl}\,dr$$

R_{njl} 为单质子的径向波函数. $\Phi_{l,\frac{1}{2},j,j}$ 由质子的轨道波函数和自旋波函数组成,即

$$\Phi_{l,\frac{1}{2},j,j}=\sum_{m_s}\left\langle l,\frac{1}{2},j-m_s,m_s \mid j,j\right\rangle Y_{l,j-m_s}\chi_{\frac{1}{2},m_s}$$

由于自旋波函数 χ 的正交归一性,我们得到

$$Q_{sp}=\langle r^2\rangle 4\sqrt{\frac{\pi}{5}}\sum_{m_s}\left|\left\langle l,\frac{1}{2},j-m_s,m_s \mid j,j\right\rangle\right|^2\int Y^*_{l,j-m_s}Y_{20}Y_{l,j-m_s}\,d\Omega$$

其中

$$Y_{20}Y_{l,j-m_s}=\sum_{L,M}\sqrt{\frac{5(2l+1)}{4\pi(2L+1)}}\langle l,2,0,0 \mid L,0\rangle\langle l,2,j-m_s,0 \mid L,M\rangle Y_{L,M}$$

代入 Q_{sp}表达式,得到

$$Q_{sp}=2\langle r^2\rangle\langle l,2,0,0 \mid l,0\rangle\sum_{m_s}\left|\left\langle l,\frac{1}{2},j-m_s,m_s \mid j,j\right\rangle\right|^2\langle l,2,j-m_s,0 \mid l,j-m_s\rangle$$

对于 $j=l+\frac{1}{2}$，有

$$\langle l,2,0,0 \mid l,0\rangle = -\frac{l(l+1)}{\sqrt{(2l-1)l(l+1)(2l+3)}}$$

$$\left|\left\langle l,\frac{1}{2},l,\frac{1}{2}\right| l+\frac{1}{2},l+\frac{1}{2}\right\rangle\right|^2 = 1$$

$$\langle l,2,l,0 \mid l,l\rangle = \frac{l(2l-1)}{\sqrt{(2l-1)l(l+1)(2l+3)}}$$

最后得到

$$Q_{\mathrm{sp}} = Q_{l+\frac{1}{2}} = -\langle r^2\rangle \frac{2l(l+1)}{\sqrt{(2l-1)l(l+1)(2l+3)}} \times \frac{l(2l-1)}{\sqrt{(2l-1)l(l+1)(2l+3)}}$$
$$= -\langle r^2\rangle \frac{2l}{2l+3} = -\frac{2j-1}{2j+2}\langle r^2\rangle$$

对于 $j=l-1/2$，上述公式同样成立.

用单粒子模型计算 ${}^{15}_{7}N_8$ 和 ${}^{11}_{5}B_6$ 核子的电四极矩 Q. 首先，看它们的质子的能级组态.

$${}^{15}_{7}N_8: [(1s_{1/2})^2(1p_{3/2})^4(1p_{1/2})^2](1p_{1/2})^{-1}$$
$${}^{11}_{5}B_6: [(1s_{1/2})^2(1p_{3/2})^4](1p_{3/2})^{-1}$$

其中，[…]表示满壳层，$(\cdots)^{-1}$ 表示质子空穴. 假设满壳层核子对电四极矩无贡献，仅由外层未成对的质子的参数决定. 式中的核半径采用近似的典型核半径，即 $r=1.2A^{1/3}\,\mathrm{fm}$. 对于 ${}^{15}_{7}N_8$，未成对的质子为 $(1p_{1/2})^{-1}$ 空洞，$j=1/2$，所以，$Q=0$. 对于 ${}^{11}_{5}B_6$，未成对的质子为 $(1p_{3/2})^{-1}$ 空洞，$j=3/2$，代入 Q 的表达式，$r=1.2A^{1/3}\approx 2.7\mathrm{fm}$，得到

$$Q = -\langle r^2\rangle \frac{2j-1}{2j+2} = -\langle r^2\rangle \frac{2\times\frac{3}{2}-1}{2\times\frac{3}{2}+2} = -\frac{2}{5}\langle r^2\rangle$$
$$= -\frac{3}{5}R^2 \times \frac{2}{5} = -\frac{6}{25}\times 2.7^2$$
$$= -1.75(\mathrm{fm}^2) = -1.75\times 10^{-26}(\mathrm{cm}^2)$$

8.17 图 2.18 给出，单个核子(中子)在核内相互作用的"真实的"位势模型中的结合能.

(1) 对 ${}^{40}_{20}Ca$ 和 ${}^{208}_{82}Pb$ 的中子分离能是多少?

(2) 在 ${}^{40}_{20}Ca$ 和 ${}^{208}_{82}Pb$ 之间最好的中子幻数是多少?

(3) 画出 ${}^{210}_{82}Pb$ 的包括自旋、宇称和近似的相对能级的最低五个能级谱，并给以解释.

(4) 中子的 s 波强度函数 S_0 是这样定义的，它是平均中子衰变宽度 $\langle\Gamma_n\rangle$ 和平均局部能量间隔 $\langle D\rangle$ 之比，即

$$S_0 = \frac{\langle\Gamma_n\rangle}{\langle D\rangle}$$

图 2.19 给出了热中子的 s 波强度函数 S_0 随质量数 A 的变化，解释在 $A=50$ 处的单峰的原因及 $A=160$ 时劈裂峰的原因，即为什么第二个峰是劈裂的?

解　(1) ${}^{40}_{20}Ca$ 的最外层中子是第 20 个中子. 从图 2.18 查得，$A=40$，应处于 $1d_{3/2}$，分离能约为 13MeV.

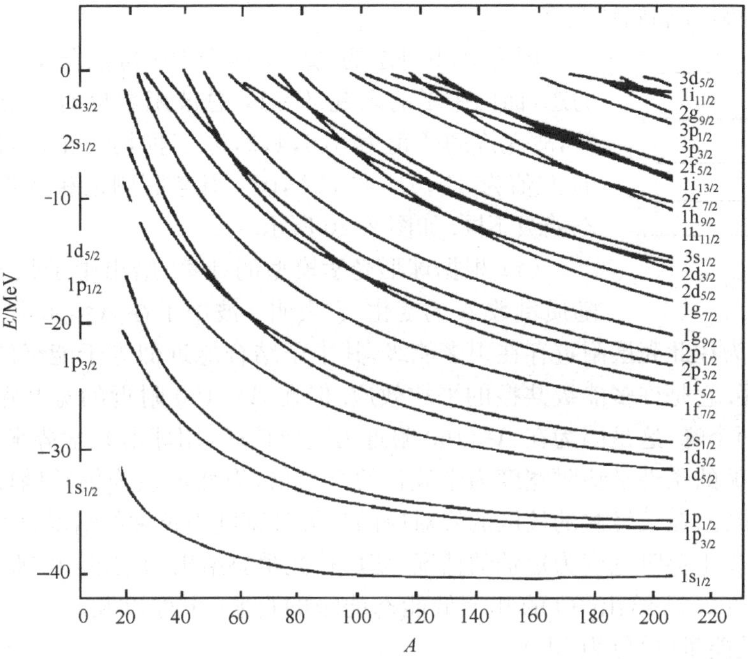

图 2.18

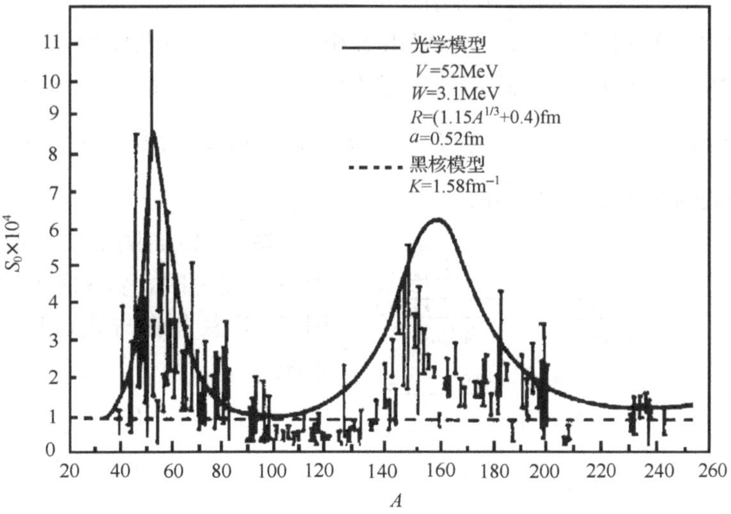

图 2.19

$^{208}_{82}$Pb 是满壳层，最后一对中子是 $3p_{1/2}$，查得 $A=208$ 时分离能约为 7MeV.

(2) $^{40}_{20}$Ca 和 $^{208}_{82}$Pb 之间的中子幻数为 50，82 和 28 三个，对于 $N=Z$ 的核，当中子的幻数为 $N=28$ 时，分离能为 13MeV. 对中子数为 50，分离能约为 13MeV. 中子数为 82 时，分离能约为 12MeV，对重核，中子数大于质子数，即 $A<2N$，考虑这一因素后，对 50 和 82 两个幻数的核，分离能还要小些，还是在 28 的幻数时，分离能最大，即最好的中子幻数.

(3) $^{210}_{82}Pb$ 的最后两个中子是处于双满壳层外的 $2g_{9/2}$ 态上，因这两个核子在同一轨道上，有成对趋势，即偶偶核基态为 0^+.

图 2.20

因为 $^{210}_{82}Pb$ 外层的 $2g_{9/2}$ 态两个中子可耦合成 J 为 9,8,7,…,0 的态，而两中子的系统 $T=1$，总波函数反对称要求 $J+T=$奇数，故允许的 J 值为 8,6,4,2,0. 宇称均为正，即最低的五个态的 J^π 值为 $8^+,6^+,4^+,2^+,0^+$. 当考虑剩余相互作用后，这五个态能级不同. 如图 2.20 所示.

(4) 根据球形光学模型的计算，给出中子强度函数 $\langle \Gamma_n/D\rangle$ 随质量数 A 的变化. 它表明 s 波中子在 $A\approx 50$ 和 160 附近有宽共振，这是因为在此壳层附近存在很多能级，其中子结合能近似等于能级的激发能，因而能出现宽共振. 它是许多能级共振的平均效应. 但在 $A=160$ 附近的宽共振，实验观测到的是分裂成两个峰，这是因为在 $A=160$ 附近为变形核区，用球形光学势来计算就不合适了. 存在宽共振的条件是势阱宽度为半波长的整数倍，当变形核为旋转椭球形状时，存在着两个特征半径，在较轻些的核区的峰对应的是势阱宽度为长轴的情况；而在较重些的核区的峰，则对应于势阱宽度为短轴的情况. 变形核光学势给出的结果和实验更为接近.

8.18 图 2.21 给出 ^{18}O 的几个低能态能级的自旋、宇称以及相对于基态的能量(单位为 MeV).

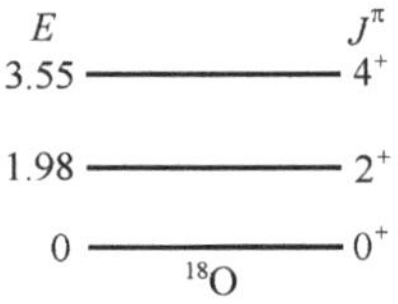

图 2.21

(1) 解释为什么这些能级的 J^π 值和壳模型理论预言的一致.

(2) ^{19}O 的几个低能态的 J^π 值是什么？

(3) 若给出 ^{18}O 的低能级的值，忽略组态相互作用时，用壳模型计算 ^{19}O 的能级是可能的，但是这需要熟悉 Clebsch-Gordon 系数. 为简化问题，考虑一个假想的情况，这时 ^{18}O 的 2^+ 和 4^+ 能级分别为 2MeV 和 $6\dfrac{2}{3}$MeV. 对于这个虚构的世界，计算 ^{19}O 的最低的几个能级的能量.

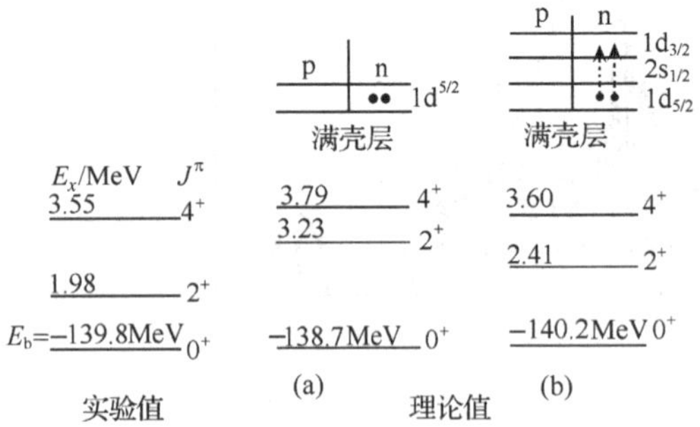

图 2.22

解　(1)如图 2.22 所示. 当用简单的壳模型理论时，忽略核子间的剩余相互作用，只考虑自旋与轨道耦合，对 A 个核子系统

$$H=\sum_i H_i$$

$$H_i=T_i+V_i$$

$$V_i=V_0^i(r)+f(r)\boldsymbol{S}_i\cdot\boldsymbol{l}_i,$$

$$\Psi=\prod_{i=1}^{A}\Psi_i$$

定态方程

$$H_i\Psi_i=E_i\Psi_i$$

当考虑剩余相互作用时，要考虑到同一能级上的核子之间不同组合的能级不同. 对 ^{18}O核，为核满壳层外有两个中子，它们可填充在 $1d_{5/2}$ 和 $2s_{1/2}$ 能级. 当两核子在同一轨道时，系统的总波函数反对称，要求 $T+J=$奇数. 因 $T=1$, $J=$偶数. ^{18}O基态和激发态应

为组态：

$$(1d_{5/2})^2: \quad J^\pi = 0^+, 2^+, 4^+; \quad T=1$$
$$(1d_{5/2}2s_{1/2}): \quad J^\pi = 2^+; \quad T=1$$
$$(2s_{1/2})^2: \quad J^\pi = 0^+; \quad T=1$$
$$(1d_{3/2})^2: \quad J^\pi = 0^+, 2^+; \quad T=1$$

最低三个能级如图 2.21 所示，$J^\pi=0^+, 2^+, 4^+$. 两中子应处于 $(1d_{5/2})^2$ 组态. 但当考虑能级大小时，只考虑$(1d_{5/2})^2$ 组态与实验符合不好，必须考虑 $1d_{5/2}$，$2s_{1/2}$，$1d_{3/2}$等的组态混合，这时，给出的能级大小和实验符合较好.

(2) 对^{19}O 的最低几个能级，用简单的壳模型，不考虑组态相互作用，能级由最后一个未成对的中子所处的能级决定，根据图 2.10，应为 $1d_{5/2}, 2s_{1/2}, 1d_{3/2}$. 基态应为$\frac{5}{2}^+$，第一激发态为$\frac{1}{2}^+$，第二激发态为$\frac{3}{2}^+$.

如果考虑组态相互作用，满壳层外的三个中子可填充 $1d_{5/2}$和 $2s_{1/2}$轨道，这时组成

$$J^\pi = \frac{5}{2}^+ \text{ 组态}: (d_{5/2})^3_{5/2,m}, [(d_{5/2})^2_2 s_{1/2}]_{5/2,m}, [d_{5/2}(s_{1/2})^2_0]_{5/2,m}$$

$$J^\pi = \frac{1}{2}^+ \text{ 组态}: [(d_{5/2})^2_0 s_{1/2}]_{\frac{1}{2},m}$$

$$J^\pi = \frac{3}{2}^+ \text{ 组态}: (d_{5/2})^3_{3/2,m}, [(d_{5/2})^2_2 s_{1/2}]_{3/2,m}$$

另外，还可能组成 $J^\pi=\frac{7}{2}^+, \frac{9}{2}^+$的各种组态.

(3) ^{18}O 的低激发态能级为 $0^+, 2^+, 4^+$，能级分别为 0，2 和 $6\frac{2}{3}$(图 2.23(a))，按这种虚拟的能级. 它正好是偶偶核的转动谱，按转动谱的能级，有

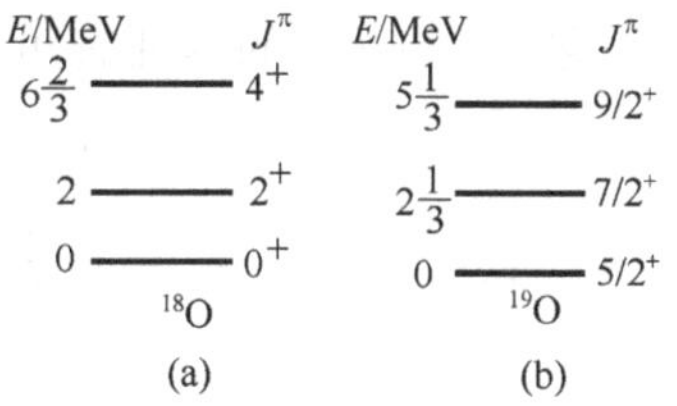

图 2.23

$$\frac{E_2}{E_1} = \frac{J_2(J_2+1)}{J_1(J_1+1)} = \frac{4(4+1)}{2(2+1)} = \frac{6\frac{2}{3}}{2}$$

根据这个假设，可由^{18}O 的转动能级，求出^{18}O 的转动惯量，进一步假设，^{19}O 的激发态也是转动谱，而转动惯量近似等于^{18}O 的值. 从而估计^{19}O 的能级

$$E_j = \frac{\hbar^2}{2I} j(j+1)$$

^{18}O 的转动惯量

$$\frac{\hbar^2}{2I} = \frac{E_j}{j(j+1)} = \frac{2}{2(2+1)} = \frac{1}{3}(\text{MeV})$$

^{19}O 的基态和激发态如图 2.23(b)所示，对基态，$J^\pi=\frac{5}{2}^+$，有

$$E_{\frac{5}{2}^+} = 0$$

$$E_{\frac{7}{2}^+} = \frac{1}{3}\left[\frac{7}{2}\left(\frac{7}{2}+1\right) - \frac{5}{2}\left(\frac{5}{2}+1\right)\right] = 2\frac{1}{3}(\text{MeV})$$

$$E_{\frac{9}{2}^+} = \frac{1}{3\times 4}(9\times 11 - 5\times 7) = 5\frac{1}{3}(\text{MeV})$$

8.19　下面的非相对论的哈氏量，可以用来描述核子系统

$$H_0 = \sum_i \frac{p_i^2}{2m} + \frac{1}{2}m\omega_0^2 r_i^2$$

$$H_1 = H_0 - \sum_i \beta \boldsymbol{l}_i \cdot \boldsymbol{s}_i$$

$$H_2 = H_1 - \sum_i \frac{1}{2}m\omega^2(2z_i^2 - x_i^2 - y_i^2)$$

其中，$\hbar\omega_0 \gg \beta \gg \hbar\omega$.

(1) 对于每一个哈氏量，找出绝对和近似守恒的量子数. 对于每一模型的基态，给出当全同核子 $n = 11, 13$ 和 15 时，最后填充的单粒子轨道量子数.

(2) 当考虑球形核或变形核的低激发态时，还有哪些因素要考虑?

(3) ^{27}Al 的低于 5MeV 的能级如图 2.24 所示，哪些态与球形核和变形核的预期值相对应?

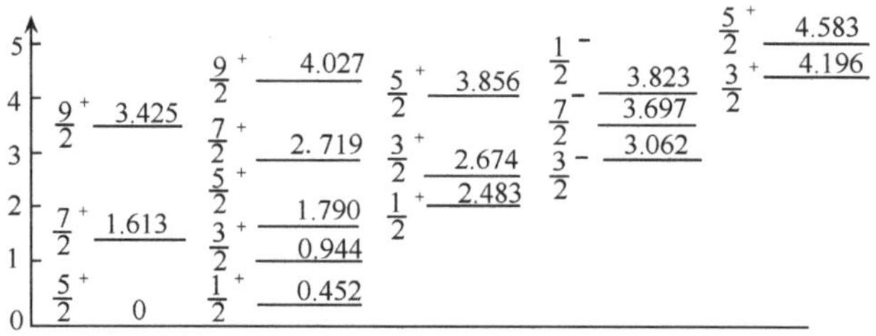

图 2.24

解　(1) H_0 的本征态可表示为 $|Nll_zS_z\rangle$，它满足

$$H_0 \mid Nll_zS_z\rangle = \left(N + \frac{3}{2}\right)\hbar\omega_0 \mid Nll_zS_z\rangle$$

$$l^2 \mid Nll_zS_z\rangle = l(l+1) \mid Nll_zS_z\rangle$$

$$l_z \mid Nll_zS_z\rangle = l_z \mid Nll_zS_z\rangle$$

$$S_z \mid Nll_zS_z\rangle = S_z \mid Nll_zS_z\rangle$$

式中，N 是谐振子量子数，l 和 l_z 是粒子的轨道角动量及它在 Z 轴上的投影，S_z 是自旋量子数. 还可以确定 J_z 的本征值为 $\Omega = l_z + S_z$. 因此，能量 E，轨道角动量 $\boldsymbol{l}$，总自旋 $\boldsymbol{S}$，总角动量 $\boldsymbol{J}$ 及它们在 Z 轴上的分量 l_z 和 S_z 是好量子数，宇称也是好量子数.

H_1 中加上 $\boldsymbol{l} \cdot \boldsymbol{s}$ 耦合项，导致，l_z 和 S_z 不再是好量子数，但 N，l，Ω 仍是好量子数，即能量，轨道角动量，总角动量及其在 Z 轴上的投影 Ω 和宇称等是好量子数. 波函数的基矢为 $|Nlj\Omega\rangle$.

H_2 的绝对守恒量为总能量 E，总角动量的第三分量 Ω 及宇称. 当变形很大时，$\boldsymbol{l} \cdot \boldsymbol{s}$ 耦合可以忽略，这时 l_z 和 S_z 是好量子数，但这是渐近的好量子数，波函数的基矢为 $|Nn_3l_zS_z\rangle$，其中 n_3 为沿 z 轴线性振动谐振子量子数，形变很大时，量子数 N，n_3 和 l_z 可以唯一地确定粒子的态. 这些量子数称为渐近量子数.

对 H_0 是一个各向同性谐振子场，$E_{\rm N} = N + \frac{3}{2}\hbar w$. 最低能态见图 2.11.

$N=0$ 时为基态，记作 $1s_{1/2}$.

$N=1$ 时为 p 态，$1p_{3/2}$ 和 $1p_{1/2}$ 是简并的.

$N=2$ 时为 2s 或 1d 态，$2s_{1/2}$，$1d_{5/2}$ 和 $1d_{3/2}$ 是简并的.

$n=11,13,15$ 时均填充在 $N=2$ 的能级上（$2s_{1/2}$，$1d_{5/2}$ 和 $1d_{3/2}$ 各态是简并的）.

对 H_1 可改写为

$$\begin{aligned}H_1 &= H_0 - \sum_i \beta(\boldsymbol{l}_i \cdot \boldsymbol{s}_i) \\ &= H_0 - \sum_i \frac{1}{2}\beta[j_i(j_i+1) - l_i(l_i+1) - s_i(s_i+1)]\end{aligned}$$

j_i 越大，能量越低，部分简并解除，$1p_{3/2}$ 和 $1p_{1/2}$ 分开. $1d_{3/2}$ 和 $1d_{5/2}$ 也分开. 这时，对 $n=11$ 和 13 的粒子填充到 $1d_{5/2}$ 态，$n=15$ 的核子填充到 $2s_{1/2}$.

对 H_2，也可改写成

$$H_2 = H_1 - \sum_i \frac{1}{2} m\omega^2 r_i^2 (3\cos^2\theta - 1)$$

它是变形核的哈氏量，这时，$1p_{3/2}$，$1d_{3/2}$ 和 $1d_{5/2}$ 能级再次分裂，

$$1d_{5/2}\ 能级分裂成 \frac{1}{2}^+, \frac{3}{2}^+, \frac{5}{2}^+$$

$$1d_{3/2}\ 能级分裂成 \frac{1}{2}^+, \frac{3}{2}^+$$

$$1p_{3/2}\ 能级分裂成 \frac{1}{2}^-, \frac{3}{2}^-$$

设变形参数 ε，能级的分裂秩序与变形参数有关. 根据 $\varepsilon=0.3$（^{27}Al 核的 $\varepsilon=0.3$）时，变形核中的单粒子模型的能级秩序，最后一个核子所处的态为

$$n=11: \frac{3}{2}^+ \left(1d_{5/2}\ 的 \frac{3}{2}^+\right)$$

$$n=13: \frac{5}{2}^+ \left(1d_{5/2}\ 的 \frac{5}{2}^+\right)$$

$$n=15: \frac{1}{2}^+ \ (2s_{1/2})$$

(2) 对球形核，当考虑基态和低激发态时，还必须考虑对效应，组态相互作用. 对于变形核，除上述效应外，还要考虑变形场对单粒子能级的影响及核的集体振动和转动.

(3) ^{27}Al 属于变形核，$\varepsilon=0.3$. 它的 14 个中子和 13 个质子填入球形核的秩序是

$$\mathrm{n}: (1s_{1/2})^2 (1p_{3/2})^4 (1p_{1/2})^2 (1d_{5/2})^6$$

$$\mathrm{p}: (1s_{1/2})^2 (1p_{3/2})^4 (1p_{1/2})^2 (1d_{5/2})^5$$

基态由最后一个未成对的核子 $1d_{5/2}$ 态决定.

考虑到核的形变后，不仅 $1p_{3/2}$，$1d_{5/2}$，$1d_{3/2}$ 等能级分裂，使能级变密，而且能级的秩序也有变化. 严格来说，^{27}Al 的能级是按变形核中的单粒子能级填充的，再加上集体运动，故能级复杂. 从能级图和理论比较，对应于原来球形核的能级是

基态：　$J^\pi = \frac{5}{2}^+, E=0$

激发态：　$J^{\pi}=\frac{1}{2}^{+}, E=2.483\text{MeV}$

$J^{\pi}=\frac{3}{2}^{+}, E=4.196\text{MeV}$

对应于变形核中的单粒子能级是

基态：　$K^{\pi}=\frac{5}{2}^{+}, E=0$

激发态：　$K^{\pi}=\frac{1}{2}^{+}, E=0.452\ \text{MeV}$

$K^{\pi}=\frac{1}{2}^{+}, E=2.483\ \text{MeV}$

$K^{\pi}=\frac{1}{2}^{-}, E=3.823\ \text{MeV}$

$K^{\pi}=\frac{3}{2}^{+}, E=4.196\ \text{MeV}$

而每一个 K^{π} 又对应一个核的集体转动能带. 由下列各式给出能级.

$$E_J=\frac{\hbar^2}{2I}[J(J+1)-K(K+1)]$$

$$K\neq\frac{1}{2};J=K,K+1,\cdots$$

$$E_J=\frac{\hbar^2}{2I}\left[J(J+1)-\frac{3}{4}+a-a(-1)^{J+1/2}\left(J+\frac{1}{2}\right)\right]$$

$$K=\frac{1}{2};J=K,K+1,\cdots$$

例如，对于$\frac{5}{2}^{+}(0)$，$\frac{7}{2}^{+}(1.613)$，$\frac{9}{2}^{+}(3.425)$的转动带，有 $K=\frac{5}{2}$，

$$\frac{\hbar^2}{2I}[(K+1)(K+2)-K(K+1)]=1.613\text{MeV}$$

$$\frac{\hbar^2}{2I}[(K+2)(K+3)-K(K+1)]=3.425\text{MeV}$$

$$\frac{\hbar^2}{2I}\approx0.219\text{MeV}$$

对于 $K=\frac{1}{2}$ 的转动谱，如$\frac{1}{2}^{+}(0.452)$，$\frac{3}{2}^{+}(0.944)$，$\frac{5}{2}^{+}(1.790)$，$\frac{7}{2}^{+}(2.719)$，$\frac{9}{2}^{+}(4.027)$的转动带，有两个参数$\frac{\hbar^2}{2I}$和 a，

$$\frac{\hbar^2}{2I}\approx0.150\text{MeV}$$

$$a\approx-3.175\times10^2$$

对于$\frac{1}{2}^{-}(3.823)$，$\frac{7}{2}^{-}(3.697)$和$\frac{3}{2}^{-}(3.062)$，同样可求出两个参数。这时的$\frac{5}{2}^{-}$已超过 5MeV. 两个参数为

$$\frac{\hbar^2}{2I}\approx0.278\text{MeV}$$

$$a \approx 5.092$$

8.20　研究液滴模型中核的振动激发态，设核的原子量为 A，电荷为 Ze. 包括库仑斥力和表面张力，给出核的稳定极限条件，表面张力用半经验公式中的 $M_s = U_0 A^{2/3}$，$U_0 = 14\text{MeV}$.

解　液滴模型中，液体是不可压缩的，当核变形时，引起表面能和库仑能的变化. 当一个液体核有很小的变形 $h(\boldsymbol{n})$时，相应地表面积变化记作 $\mathrm{d}A$，变形的位能为

$$U = \int T\mathrm{d}A$$

首先，我们计算一个小的变形引起的表面积的变化，立体角和表面积变化的关系可写成

$$\mathrm{d}A = \frac{r^2 \mathrm{d}\Omega}{\hat{\boldsymbol{r}} \cdot \boldsymbol{n}}$$

其中，$\boldsymbol{n}$ 为单位法线矢量，我们选用球坐标，n 可以从下面的核的表面积等式方程得到：

$$f(r,\theta,\varphi) = 常数$$

其中，θ 和 φ 是独立变量，$r=r(\theta,\varphi)$，写出微分方程

$$\nabla f = \frac{\partial f}{\partial r}\hat{\boldsymbol{r}} + \frac{1}{r}\frac{\partial f}{\partial \theta}\hat{\boldsymbol{\theta}} + \frac{1}{r\sin\theta}\frac{\partial f}{\partial \varphi}\hat{\boldsymbol{\varphi}}$$

$$= \frac{\partial f}{\partial r}\left[\hat{\boldsymbol{r}} - \frac{1}{r}\left(\frac{\partial r}{\partial \theta}\right)_{\varphi}\hat{\boldsymbol{\theta}} - \frac{1}{r\sin\theta}\left(\frac{\partial r}{\partial \varphi}\right)_{\theta}\hat{\boldsymbol{\varphi}}\right]$$

$$|\nabla f| = \left|\frac{\partial f}{\partial r}\right|\left[1 + \frac{1}{r^2}\left(\frac{\partial r}{\partial \theta}\right)^2 + \frac{1}{r^2\sin^2\theta}\left(\frac{\partial r}{\partial \varphi}\right)^2\right]^{\frac{1}{2}}$$

又因为$(\hat{\boldsymbol{r}} \cdot \boldsymbol{n})$有以下关系式：

$$(\hat{\boldsymbol{r}} \cdot \boldsymbol{n}) = \left[1 + \frac{1}{r^2}\left(\frac{\partial r}{\partial \theta}\right)^2 + \frac{1}{r^2\sin^2\theta}\left(\frac{\partial r}{\partial \varphi}\right)^2\right]^{-\frac{1}{2}}$$

所以，得到势能的表达式

$$U = \int T\mathrm{d}\Omega[R + h(\boldsymbol{n})]^2\left[1 + \frac{1}{r^2}\left(\frac{\partial r}{\partial \theta}\right)^2 + \frac{1}{r^2\sin^2\theta}\left(\frac{\partial r}{\partial \varphi}\right)^2\right]^{\frac{1}{2}}$$

R 是核的半径. 因为$\left(\frac{\partial r}{\partial \theta}\right)^2 = \left(\frac{\partial h}{\partial \theta}\right)^2$是 h 的二级小量，我们用$\left(\frac{\partial r}{\partial \theta}\right)^2/r^2 = \left(\frac{\partial h}{\partial \theta}\right)^2/R^2$，且开方项用泰勒展开，得到

$$A = A_1 + A_2 + A_3$$

其中

$$A_1 = \int \mathrm{d}\Omega R^2\left\{1 + \frac{1}{2R^2}\left[\left(\frac{\partial h}{\partial \theta}\right)^2 + \frac{1}{\sin^2\theta}\left(\frac{\partial h}{\partial \varphi}\right)^2\right]\right\}$$

$$A_2 + A_3 = \int \mathrm{d}\Omega(2Rh + h^2)$$

把核看作不可压缩的，则应有

$$\int Rh\,\mathrm{d}\Omega = -\int h^2\,\mathrm{d}\Omega$$

又因为

$$A_2 + A_3 = -\int h^2\,\mathrm{d}\Omega$$

我们得到面积的变化

$$\delta A=\int\frac{\mathrm{d}\Omega}{2}\left[\left(\frac{\partial h}{\partial\theta}\right)^2+\frac{1}{\sin^2\theta}\left(\frac{\partial h}{\partial\varphi}\right)^2-2h^2\right]$$

利用分部积分得到

$$\delta A=\frac{\mathrm{d}\Omega}{2}(hL^2h-2h^2)$$

其中

$$-L^2=\frac{1}{\sin\theta}\frac{\partial}{\partial\theta}\sin\theta\frac{\partial}{\partial\theta}+\frac{1}{\sin^2\theta}\frac{\partial^2}{\partial\varphi^2}$$

这是在量子力学中我们熟悉的算符,有

$$L^2\mathrm{Y}_{l,m}=l(l+1)\mathrm{Y}_{l,m}$$

我们得到势能的表达式

$$\begin{aligned}U&=\frac{R^2T}{2}\sum_{l,m}[l(l+1)-2]A_{l,m}A^*_{l,m}\\&=\frac{R^2T}{2}\sum_{l,m}(l-1)(l+2)A_{l,m}A^*_{l,m}\end{aligned}$$

再加上库仑能项和核的动能,得到哈密顿量

$$H=\sum_{l,m}\left\{\frac{\rho_0R^5}{2l}\dot{A}^*_{l,m}\dot{A}_{l,m}+\left[\frac{R^2T}{2}(l+2)(l-1)-\frac{3(Ze)^2(l-1)}{4\pi(2l+1)R}\right]A^*_{l,m}A_{l,m}\right\}$$

这时,$A_{l,m}$的频率应是

$$\omega_l^2=\frac{4\pi l(l-1)}{3Am_\mathrm{p}}\left[T(l+2)-\frac{3(Ze)^2}{2\pi(2l+1)R^3}\right]$$

其中,A 是核的质量数. 对于 $l=2$,m 的取值范围是 -2 到 $+2$ 的整数,最低的模式有 5 个自由度. 所以,$l=2$ 时的能级表示式

$$\begin{aligned}E&=\hbar\,\omega_2\left(n_1+n_2+\cdots+n_5+\frac{5}{2}\right)\\&=\hbar\,\omega_2\left(n+\frac{5}{2}\right)\end{aligned}$$

它相当于 5 维谐振子振荡,振荡频率

$$\hbar\omega_2=\hbar\left\{\frac{8\pi}{3Am_\mathrm{p}}\left[4T-\frac{3(Ze)^2}{10\pi R^3}\right]\right\}^{\frac{1}{2}}$$

要使核的振荡存在足够长时间,ω 必须是实数. 当

$$T(l+2)<\frac{3(Ze)^2}{2\pi(2l+1)R^3}$$

ω 为虚数,它相当于非束缚态的振荡或裂变. 对于不可压缩的核,代入 $R=R_0A^{1/3}$,得到

$$T=\frac{U_0}{4\pi R_0^2}$$

裂变的条件是

$$\frac{3(Ze)^2}{10R_0}>U_0A$$

核有振荡但可稳定的条件是

$$\frac{Z^2}{A}<\frac{10R_0U_0}{3e^2}=\frac{10\times1.2\times14}{3}\times\frac{1}{ac\hbar}=56\times\frac{137}{197}\approx39$$

这个结果和实际情况是一致的,如稳定核^{236}U,它的 $Z^2/A\approx36<39$.

8.21　一个集体模型(collective model):通过玻色子的相互作用来处理原子核. 对于一个系统,可以用S,D玻色子(即自旋可以为0,2)的对称叠加来描写的核态,请回答:

当 $N_d=0,1,2$ 和 3 时,态的自旋为多少? 如果S玻色子的能量为 E_s,D玻色子的能量为 E_d,在D玻色子之间又存在着强度为 α 的剩余相互作用. 问 $N_s+N_d=3$ 态的能谱是什么?

解　当 $N_d=0,1,2$ 和 3 时,态的自旋如下

$$N_d=0,\ 自旋为\ 0$$
$$N_d=1,\ 自旋为\ 2$$
$$N_d=2,\ 自旋为\ 4,2,0$$
$$N_d=3,\ 自旋为\ 6,4,2,0$$

对 $N_s+N_d=3$ 的态,相应能谱如下

$$N_d=0,N_s=3,E=3E_s$$
$$N_d=1,N_s=2,E=E_d+2E_s$$
$$N_d=2,N_s=1,E=E_s+2E_d+\alpha$$
$$N_d=3,N_s=0,E=3E_d+3\alpha$$

8.22　复杂核相互作用的一个简化了的模型,是通过如下形式的哈氏量来确定“对力”的.

$$H=-g\begin{pmatrix}1&1&\cdots&1\\1&1&\cdots&1\\\cdots&\cdots&\cdots&\cdots\\1&1&\cdots&1\end{pmatrix}$$

对在 j 轨道上的两个全同粒子的基态 $(-1)^{j-m}|j,m>|j,-m\rangle$,给出这一相互作用有单独的本征态. 它的自旋是什么? 能量是多少? 其他本征态的自旋和能量是多少?

解　设 H 是 $\left(j+\frac{1}{2},j-\frac{1}{2}\right)$ 的矩阵,本征态可写成下列形式

$$\Psi^{N=2}=\left(j+\frac{1}{2}\right)^{-\frac{1}{2}}\begin{pmatrix}1\\1\\1\\1\\1\end{pmatrix}$$

$$H\Psi^{N=2}=-g\cdot\left(j+\frac{1}{2}\right)\Psi^{N=2}$$

故 $\Psi^{N=2}$ 的能量本征值为 $-g\cdot\left(j+\frac{1}{2}\right)$. 由于对力只作用在 $J=0$ 的态上,故其自旋为零.

由于全部能量本征值之和等于 H 矩阵的迹 $-g\cdot\left(j+\frac{1}{2}\right)$,且 H 是负值,与 $\Psi^{N=2}$ 正

交的本征态，全部能量本征值为 0，它们的角动量依次为 $J=2,4,6,\cdots$.

9　原子核的衰变

9.1　原子核衰变常数的物理意义是　（　　）

(A)该原子核从产生到衰变所经历的时间

(B)某放射性物质衰变到一半所需的时间

(C)单位时间内每个原子核的衰变概率

(D)单位时间内原子核衰变放出的粒子数

解　核的衰变服从统计规律，单位时间内放射性核的衰变数 $\mathrm{d}N$ 正比于放射性核的总数 N，其比例常数为 λ，即 $\mathrm{d}N=-\lambda N$，对于一个放射性核在什么时间衰变则是随机的. 式中当 $N=1$ 时，λ 即为一个核在单位时间内的衰变概率. 答案为(C).

9.2　衰变常数 λ，半衰期 $T_{1/2}$ 和平均寿命 τ，三者的关系是　（　　）

(A)$\tau=\dfrac{0.693}{\lambda}=0.693T_{1/2}$　　(B)$T_{1/2}=\dfrac{0.693}{\lambda}=0.693\tau$

(C)$\lambda=\dfrac{0.693}{\tau}=0.693T_{1/2}$　　(D)$\lambda=0.693\tau=\dfrac{1}{T_{1/2}}$

解　根据核的衰变规律，$N=N_0\mathrm{e}^{-\lambda t}$，$t=(1/\lambda)\ln(N_0/N)$，半衰期为核衰变一半的时间 $T_{1/2}=(\ln 2)/\lambda=0.693/\lambda$，平均寿命是 $\tau=1/\lambda=T_{1/2}/0.693$，得到 $T_{1/2}=0.693/\lambda=0.693\tau$. 答案为(B).

9.3　某放射性核素的半衰期为 20 天，若将 128g 该核素放 120 天，则该核素还有　（　　）

(A)2g　　(B)4g　　(C)8g　　(D)16g

解

$t=\left(\dfrac{120}{20}\right)T_{1/2}=6T_{1/2}$，$m=\dfrac{m_0}{2^6}=\dfrac{128}{64}=2\mathrm{g}$. 答案为(A).

9.4　某放射性核素样品，核素每分钟衰减 20%，该核素的半衰期为　（　　）

(A)2.1min　　(B)3.1min　　(C)4.1min　　(D)5.1min

解

$$t=\left(\frac{1}{\lambda}\right)\ln\left(\frac{N_0}{N}\right)=\left(\frac{1}{\lambda}\right)\ln(1.25)=1$$

$$\lambda=\ln(1.25)=0.223$$

$$T_{1/2}=\frac{0.693}{0.223}=3.1(\mathrm{min})$$

答案为(B).

9.5　$^{224}\mathrm{Ra}$ 的半衰期 $T=3.66$ 天，$1\mu\mathrm{g}$ 的 $^{224}\mathrm{Ra}$ 在第一天和整个十一天中分别衰变了多少份额，以及分别衰变掉了多少原子核？（$N_{\mathrm{A}}=6.023\times10^{23}\mathrm{mol}^{-1}$）

解　$1\mu\mathrm{g}\,^{224}\mathrm{Ra}$ 中的核数目为

$$N=\frac{10^{-6}}{224}\times6.023\times10^{23}=2.69\times10^{15}$$

在一段时间 t 中衰变掉的份额 η 和衰变掉的原子核数 N' 分别表示为

$$\eta = (1 - e^{-\lambda t}) \times 100\% = (1 - e^{-0.693t/T_{1/2}}) \times 100\%$$

$$N' = N - Ne^{-\lambda t} = N(1 - e^{-0.693t/T_{1/2}})$$

在第一天中

$$\eta_1 = (1 - e^{-0.693\times 1/3.66}) \times 100\% = 17.2\%$$

$$N_1' = N(1 - e^{-0.693\times 1/3.66}) = 4.64 \times 10^{14}$$

在整个十一天中

$$\eta_2 = (1 - e^{-0.693\times 11/3.66}) \times 100\% = 87.5\%$$

$$N_2' = N(1 - e^{-0.693\times 11/3.66}) = 2.35 \times 10^{15}$$

9.6　一个含有 ${}^{55}_{24}Cr$ 的样品，每隔 5 分钟测得其放射性活度为 19.2mCi、7.13mCi、2.65mCi、0.99mCi 和 0.37mCi，求 ${}^{55}_{24}Cr$ 的半衰期 $T_{1/2}$.

解　放射性活度

$$I = \lambda N = \lambda N_0 e^{-\lambda t}$$

$$\ln I = \ln(\lambda N_0) - \lambda t$$

可见，$\ln I$ 随时间线性变化，其斜率为 $-\lambda$，将题中给出的数据，列出表 2.10.

表 2.10

t/min	0	5	10	15	20
I/mCi	19.2	7.13	2.65	0.99	0.37
$\ln I$	2.95	1.96	0.974	−0.015	−0.994

将表中数据画成曲线，如图 2.25 所示，从中可求的斜率大小为

$$\lambda = 0.198\text{min}^{-1}$$

所以，$T_{1/2} = \dfrac{\ln 2}{\lambda} = 3.50\text{min}$.

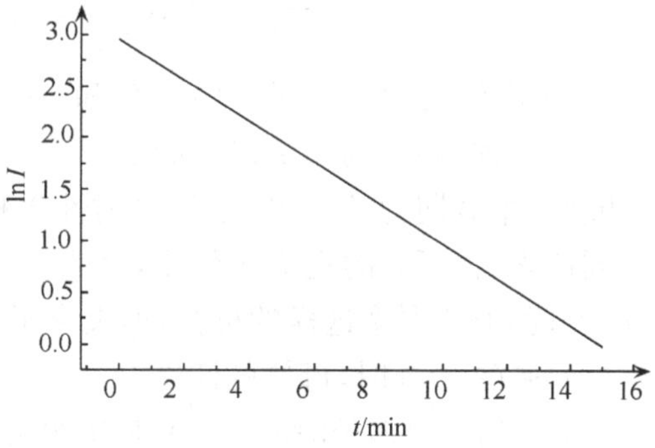

图 2.25

9.7　不稳定核的寿命，由它的产生和衰变两事件的时间间隔决定，测量不稳定核的平均寿命的方法之一是延迟符合测量. 从测量到核产生时的脉冲信号，经过延迟 t 时刻后，送到符合电路，再与测量到核衰变时的脉冲信号符合，测量两个不同延迟时间 t_1 和 t_2 时的计数率. 假设衰变率 λ 的大约值是已知的，$1/\lambda$ 远大于符合线路的分辨时间，没有本底和偶然符合的问题.

你如何用延迟时间 t_1 和 t_2 时得到的计数率 C_1 和 C_2，求出 λ? 如果总实验时间为 T，你又不能同时测量两个不同延迟时间的计数，你怎么安排测量 C_1 和 C_2 的时间与延迟时间 t_1 和 t_2?

解　符合计数率为

$$C=Ae^{-\lambda t},\qquad \lambda=\frac{\ln(C_1/C_2)}{(t_2-t_1)}$$

如果 $T_1(T_2)$是测量 $C_1(C_2)$时所用时间，总计数 $N_1=C_1T_1(N_2=C_2T_2)$，N_1 测量的统计误差 $\sigma_1^2=N_1(\sigma_2^2=N_2)$. 总的误差

$$\sigma^2\left(\frac{C_1}{C_2}\right)=\sigma^2\left(\frac{N_1T_2}{N_2T_1}\right)$$

相对误差为

$$\frac{\sigma^2(C_1/C_2)}{(C_1/C_2)^2}=\frac{1}{N_1}+\frac{1}{N_2}=\frac{1}{C_1T_1}+\frac{1}{C_2T_2}$$

总的实验时间 $T=T_1+T_2$ 为常数，要求相对误差最小，上式对 T_1 微分为 0，得到

$$T_1/T_2=\left(\frac{C_2}{C_1}\right)^{1/2}$$

也就是说，对低计数时 T_2 要测量时间长些. 代入上式有

$$\frac{\sigma^2(C_1/C_2)}{(C_1/C_2)^2}=\frac{1}{T}\left(\frac{1}{\sqrt{C_1}}+\frac{1}{\sqrt{C_2}}\right)^2$$

$$\sigma^2(\lambda)=\frac{1}{T}\left[\frac{\sqrt{C_1}+\sqrt{C_2}}{(t_2-t_1)\sqrt{C_1C_2}}\right]^2$$

对于指数衰变，$C_1=Ae^{-\lambda t_1}$，$C_2=Ae^{-\lambda t_2}$，A 为常数. 当 $t_1=0$ 时，$\sigma^2(\lambda)$最小的条件是

$$\left(\frac{\lambda t_2}{2}-1\right)e^{\frac{\lambda t_2}{2}}=1$$

解此方程，得到 $t_2=2.56/\lambda$. 最后得到

$$\frac{T_1}{T_2}=\left(\frac{C_2}{C_1}\right)^{1/2}=e^{-\lambda t_2/2}=e^{-1.28}=0.28$$

当符合电路延迟时间分别为 $t=0$ 和 $t=2.56/\lambda$，测量时间时分别为 $T_1=0.22T$ 和 $T_2=0.78T$ 时，对 λ 的测量误差最小.

9.8　半衰期为 $T=10^4$ 年的放射性母核，通过一系列级联衰变，最后衰变成一种稳定的同位素. 在所有的衰变子体中，最大的半衰期为 20 年，其他的子体半衰期均小于一年. $t=0$ 时，有 10^{20} 个这样的母核，但没有子体.

(1) 求在 $t=0$ 时，母体的活度.

(2) 大约需要多长时间，半衰期为 20 年的子体核数目才达到它平衡值的 97%？

(3) 在 $t=10^4$年时，有多少半衰期为 20 年的子体核(假设衰变到半衰期为 20 年的子体，没有其他任何分支衰变)？

(4) 设半衰期为 20 年的子体有两种衰变方式：α 衰变，其分支比为 99.5%；β 衰变，其分支比为 0.5%. 在 $t=10^4$ 年时，β 衰变产物的活度是多少？

(5) 在所有的放射性子体中，它们能以比半衰期为 20 年的子体更快或更慢的速度趋向于平衡吗？

解　(1) 母核的衰变常数为

$$\lambda_1=\frac{\ln 2}{T_{1/2}}=6.93\times10^{-5}\ 年^{-1}=2.2\times10^{-12}\,s^{-1}$$

在 $t=0$ 时,母核同位素的活度为

$$A_1(0)=\lambda_1 N_1(t=0)=\frac{2.2\times 10^{-12}\times 10^{20}}{3.7\times 10^7}=5.95(\mathrm{mCi})$$

(2) 设半衰期为 20 年的子体为放射性系列的第 n 代核素,则其核数目随时间的变化为

$$N_n(t)=N_1(0)(h_1 e^{-\lambda_1 t}+h_2 e^{-\lambda_2 t}+\cdots+h_n e^{-\lambda_n t})$$

其中

$$h_1=\frac{\lambda_1\lambda_2\cdots\lambda_{n-1}}{(\lambda_2-\lambda_1)(\lambda_3-\lambda_1)\cdots(\lambda_n-\lambda_1)}$$

$$h_2=\frac{\lambda_1\lambda_2\cdots\lambda_{n-1}}{(\lambda_1-\lambda_2)(\lambda_3-\lambda_2)\cdots(\lambda_n-\lambda_2)}$$

$$\cdots\cdots$$

$$h_n=\frac{\lambda_1\lambda_2\cdots\lambda_{n-1}}{(\lambda_1-\lambda_n)(\lambda_2-\lambda_n)\cdots(\lambda_{n-1}-\lambda_n)}$$

$N_1(0)$是 $t=0$ 时,母核同位素的数目. 要使系列衰变能达到平衡,设 λ_j 是第 j 代放射性核素的衰变常数,显然有

$$\lambda_1\ll\lambda_j,\qquad j=2,3,\cdots,n,\cdots$$

第 n 代有长的半衰期,$\lambda_n=\ln 2/T=3.47\times 10^{-2}/$年. 应有

$$\lambda_n\ll\lambda_j,\qquad j=2,3,\cdots,\quad j\neq n$$

有近似式 $h_1\approx\frac{\lambda_1}{\lambda_n},\cdots,h_n\approx-\frac{\lambda_1}{\lambda_n},\cdots$. 当时间足够长时,体系达到平衡,这时有

$$\lambda_n N_n^*(t)=\lambda_1 N_1^*(t)$$

$$N_n^*(t)=\frac{\lambda_1}{\lambda_n}N_1^*(t)=\frac{\lambda_1}{\lambda_n}N_1(0)e^{-\lambda_1 t}$$

上标 * 表示平衡时的值,在达到平衡之前,接近平衡时

$$N_n(t)\approx N_1(0)\left(\frac{\lambda_1}{\lambda_n}e^{-\lambda_1 t}-\frac{\lambda_1}{\lambda_n}e^{-\lambda_n t}\right)$$

当 $N_n(t)=0.97N_n^*(t)$时,得到

$$N_1(0)\left(\frac{\lambda_1}{\lambda_n}e^{-\lambda_1 t}-\frac{\lambda_1}{\lambda_n}e^{-\lambda_n t}\right)\approx 0.97\frac{\lambda_1}{\lambda_n}N_1(0)e^{-\lambda_1 t}$$

$$t=\frac{\ln 0.03}{\lambda_1-\lambda_n}\approx 101\text{ 年}$$

大约 101 年时半衰期为 20 年的子体同位素将达到它的平衡值的 97%.

(3) 在 $t=10^4$ 时,系统已达到平衡,半衰期为 20 年的子体同位素数目是

$$N_n(t=10^4\text{ 年})=\frac{\lambda_1}{\lambda_n}N_1(0)e^{-\lambda_1 t}=10^{17}$$

(4) 子体系达到平衡后,各代同位素将具有相同的活度. 当 $t=10^4$ 时,母体活度为

$$\begin{aligned}A_1(t=10^4\text{ 年})&=\lambda_1 N_1(0)e^{-\lambda_1 t}=A(0)e^{-\ln 2\cdot 10^4/10^4}\\&=0.5A(0)\approx 2.98\mathrm{mCi}\end{aligned}$$

题设，半衰期为 20 年的同位素的 β 衰变分支比为 0.5%，它的活度为

$$A_\beta = 2.98 \times 0.05 \approx 0.15(\text{mCi})$$

(5) 在半衰期为 20 年的子体前面的子体核数目，比半衰期为 20 年的子体核数目以更快的速度达到平衡值. 而其后面的子体以近似于半衰期为 20 年的子体的速度趋于平衡.

9.9 在 ^{235}U 俘获中子发生的裂变反应中，4.5% 裂变产生 ^{133}Sb，但 ^{133}Sb 同位素是不稳定的，它通过一系列衰变到稳定的同位素 ^{133}Cs.

$$^{133}\text{Sb} \xrightarrow{10\text{min}} {}^{133}\text{Te} \xrightarrow{60\text{min}} {}^{133}\text{I} \xrightarrow{1320\text{min}} {}^{133}\text{Xe} \xrightarrow{5.3\text{d}} {}^{133}\text{Cs}$$

(1) 如 1gU 样品放在反应堆中照射 60min，中子通量为 10^{11} 中子/(cm^2 · s)，计算从反应堆中取出时，Sb、Te 和 I 的原子数目. U 的丰度：^{238}U 为 99.3%，^{235}U 为 0.7%，^{235}U 的中子裂变截面为 500b.

(2) 12h 后，用化学方法将 I 分离出来，设分离过程的分离效率是 75%，可得到多少 I 原子?

解　(1)设在反应堆中每秒钟产生的 Sb 数目为 C

$$C = \sigma N_0 \cdot f \times 4.5\% = \frac{1 \times 0.007}{235} \times 6.023 \times 10^{23} \times 500 \times 10^{-24} \times 10^{11} \times 0.045$$

$$= 4.04 \times 10^7 (\text{s}^{-1})$$

设从反应堆中取出时，Sb、Te 和 I 的原子数目分别为 N_1，N_2 和 N_3，衰变常数为 $\lambda_1 = 1.16 \times 10^{-3}\text{s}^{-1}$，$\lambda_2 = 1.93 \times 10^{-4}\text{s}^{-1}$，$\lambda_3 = 8.75 \times 10^{-6}\text{s}^{-1}$. $t=0$ 时，$N_1 = 0$，$T = 3600$s.

对 Sb：

$$\frac{\text{d}N_1}{\text{d}t} = C - \lambda_1 N_1$$

$t=0$ 时，$N_1 = 0$，

$$N_1(T) = \frac{c}{\lambda_1}(1 - \text{e}^{-\lambda_1 T}) = \frac{4.04 \times 10^7}{1.16 \times 10^{-3}}(1 - \text{e}^{-3600 \times 1.16 \times 10^{-3}}) = 3.43 \times 10^{10}$$

对 Te：

$$\frac{\text{d}N_2}{\text{d}t} = \lambda_1 N_1 - \lambda_2 N_2$$

$t=0$ 时，$N_2 = 0$，

$$N_2(T) = \frac{c}{\lambda_2}\left(1 + \frac{\lambda_2}{\lambda_1 - \lambda_2}\text{e}^{-\lambda_1 T} - \frac{\lambda_1}{\lambda_1 - \lambda_2}\text{e}^{-\lambda_2 T}\right) = 8.38 \times 10^{10}$$

对 I：

$$\frac{\text{d}N_3}{\text{d}t} = \lambda_2 N_2 - \lambda_3 N_3$$

$t=0$ 时，$N_3 = 0$，

$$N_3(T) = \frac{c}{\lambda_3}\left(1 - \frac{\lambda_2\lambda_3\text{e}^{-\lambda_1 T}}{(\lambda_1 - \lambda_2)(\lambda_1 - \lambda_3)} - \frac{\lambda_1\lambda_3\text{e}^{-\lambda_2 T}}{(\lambda_2 - \lambda_1)(\lambda_2 - \lambda_3)}\right)$$

$$+ \frac{c}{\lambda_3}\left(\frac{\lambda_2\lambda_3}{(\lambda_1 - \lambda_2)(\lambda_1 - \lambda_3)} - \frac{\lambda_1\lambda_3}{(\lambda_1 - \lambda_2)(\lambda_2 - \lambda_3)} - 1\right)\text{e}^{-\lambda_3 T}$$

$$=\frac{c}{\lambda_3}\left(1-\frac{\lambda_2\lambda_3 e^{-\lambda_1 T}}{(\lambda_1-\lambda_2)(\lambda_1-\lambda_3)}-\frac{\lambda_1\lambda_3 e^{-\lambda_2 T}}{(\lambda_2-\lambda_1)(\lambda_2-\lambda_3)}-\frac{\lambda_1\lambda_2 e^{-\lambda_3 T}}{(\lambda_3-\lambda_1)(\lambda_3-\lambda_2)}\right)$$

$$\approx\frac{c}{\lambda_3}(1-e^{-\lambda_3 T})=\frac{c}{\lambda_3}(1-0.969)\approx 2.77\times 10^{10}$$

(2) 当样品从反应堆取出以后，Sb 不再生成，其数目逐渐减少，这时

$$N_1(t)=N_1(T)e^{-\lambda_1 t}$$

$$N_2(t)=\frac{\lambda_1}{\lambda_2-\lambda_1}N_1(T)e^{-\lambda_1 t}+\left[N_2(T)-\frac{\lambda_1 N_1(T)}{\lambda_2-\lambda_1}\right]e^{-\lambda_2 t}$$

$$N_3(t)=\frac{\lambda_1\lambda_2 N_1(T)}{(\lambda_2-\lambda_1)(\lambda_3-\lambda_1)}e^{-\lambda_1 t}+\frac{\lambda_2}{\lambda_3-\lambda_2}\left[N_2(T)-\frac{\lambda_1 N_1(T)}{\lambda_2-\lambda_1}\right]e^{-\lambda_2 t}$$
$$+\left[N_3(T)-\frac{\lambda_2}{\lambda_3-\lambda_2}N_2(T)-\frac{\lambda_1\lambda_2 N_1(T)}{(\lambda_1-\lambda_3)(\lambda_3-\lambda_2)}\right]e^{-\lambda_3 t}$$

当 $t=12$ 小时，$t\gg\tau_1$ 和 τ_2，得到

$$N_3(12\text{h})\approx\left[N_3(T)-\frac{\lambda_2}{\lambda_3-\lambda_2}N_2(T)+\frac{\lambda_1\lambda_2 N_1(T)}{(\lambda_1-\lambda_3)(\lambda_2-\lambda_3)}\right]e^{-\lambda_3 t}$$
$$\approx 10^{10}\times(2.77+8.78+3.56)\exp(-8.75\times 10^{-6}\times 12\times 3600)$$
$$\approx 1.04\times 10^{11}$$

设分离效率为 0.75，分离出的 I 原子数目为

$$N=0.75\times 1.04\times 10^{11}=7.8\times 10^{10}$$

9.10　设一个放射性元素是图 2.26 的衰变纲图，设计一个实验，测量辐射的能量，并用实验验证衰变纲图.

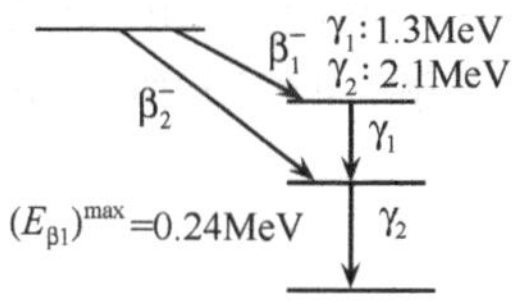

图 2.26

解　为了测量 γ 射线能量，可用高纯锗半导体 γ 谱仪. 为了测量 β_1 和 β_2 的能量，可用高精度的 β 谱仪测量. 也可以用简单的气体探测器加吸收片的方法测量 β 粒子的最大能量. 根据衰变纲图，β_2 的最大能量近似等于 β_1 的最大能量加上 γ_1 的能量. 即

$$E_{\beta_2}^{\max}=E_{\beta_1}^{\max}+E_{\gamma 1}=0.24+1.3=1.54(\text{MeV})$$

为了实验证实衰变纲图，可用 β-γ 符合方法来验证，若衰变纲图正确，则 β_2 和 γ_1 不发生符合，而 β_2 和 γ_2 发生符合. 由于 β_2 的能量比 β_1 的能量大很多，因此，当选择 $E_\beta>E_{\beta1}^{\max}$ 的能区时，探测到的只有 β_2 的贡献. 然后将它与γ谱仪测量得到能量为 $E_{\gamma1}$ 或 $E_{\gamma2}$ 的 γ 射线分别和 β_2 作符合测量，符合计数大得多的一个对应的是 γ_2，没有符合计数或符合计数很小的一个应是 γ_1，这样就可判定衰变纲图是否正确.

9.11　当 14MeV 的中子束通过 2cm 厚的铅(密度 11 mg/cm^3)时，请你快速估计有多大份额的中子从中子束中丢失.

解　因为铅是双幻数核，特别稳定. 所以非弹性散射截面很小，可以忽略. 设主要是弹性散射，且以 S 波为主导. 中子散射截面是 $\sigma\approx 4\pi R^2$，铅核的半径 R 为

$$R=R_0A^{1/3}=1.4\times 10^{-13}(208)^{1/3}\approx 8.3\times 10^{-13}$$

$$\sigma=4\pi R^2=8.3^2\times 4\times 3.1416\times 10^{-26}\approx 8.66\times 10^{-24}$$

靶中单位体积的铅核数目为 $n=\rho N_0/A$，$N_0=6.023\times 10^{23}$，$\rho=11\text{g/cm}^3$. 中子束在通过 2cm 铅后的强度为

$$I = I_0 e^{-nt\sigma} = I_0 e^{-\frac{\rho N_0 t}{A}\sigma} = I_0 e^{-\frac{11\times 6.023\times 10^{23}\times 2\times 8.66\times 10^{-24}}{208}} \approx 0.58 I_0$$

所以，中子束有 42%的中子被靶中的铅核散射而离开中子束，这里忽略了多次散射.

9.12　一个带电粒子在核乳胶中速度从 10^9cm/s 减速到热运动，对于下列粒子，电离密度是增加还是减少？

(1) 电子；

(2) $Z=11$ 的原子核.

解　带电粒子的速度最大值为 10^9cm/s，是光速的三十分之一，表明电离公式可用非相对论近似. 对于电子，随着速度的减小，电离密度不断增加，即

$$-\left(\frac{dE}{dx}\right) = -\frac{4\pi z^2 e^4}{mv^2} NZB$$

其中，ze 和 v 分别是入射粒子的电荷和速度，m 是电子的静止质量，N 是介质中单位体积的原子数，Z 为介质的原子序数，B 称为介质的阻止系数. 在非相对论近似时，对重离子和电子分别为 $B_{重} = \ln\frac{2mv^2}{I}$ 和 $B_e = \ln\frac{0.58mv^2}{I}$. 由此可见，电离密度都与入射粒子的速度平方成反比，与入射粒子的电荷数 Z 的平方成正比. 因此，无论是 $Z=11$ 的原子核或电子，其电离密度都是随速度的减小而迅速增加. $Z=11$ 的原子核产生的电离密度远大于电子. 但是，重离子在通过物质损失能量的过程中，电荷要减小，所以电离密度增长逐渐变慢.

9.13　质量为 0.050g 的锂(^{7}Li)薄膜被热中子照射，形成具有 β 放射性的^{8}Li，其半衰期为 0.85s. ^{7}Li 的热中子俘获截面为 37mb. 当入射中子通量为 3×10^{12} 中子 /($\text{cm}^2\cdot\text{s}$)，求在平衡时，^{8}Li的活度.

解　设^{7}Li 和^{8}Li 的核数目分别为 $N_1(t)$和 $N_2(t)$，在 $t=0$ 时

$$N_1(0) = \frac{0.05}{7}\times 6.023\times 10^{23} = 4.3\times 10^{21}$$

$$N_2(0) = 0$$

在中子照射期间，$N_1(t)$的变化为

$$\frac{dN_1}{dt} = -\sigma I N_1$$

$$N_1(t) = N_1(0)e^{-\sigma I t}$$

$N_2(t)$ 的变化为

$$\frac{dN_2}{dt} = -\frac{dN_1}{dt} - \lambda N_2(t) = N_1(0)\sigma I e^{-\sigma I t} - \lambda N_2(t)$$

$$N_2(t) = \frac{\sigma I N_1(0)}{\lambda - \sigma I}(e^{-\sigma I t} - e^{-\lambda t})$$

式中，$\lambda = \ln 2/0.85 = 0.816\text{s}^{-1}$，$\sigma I = 3.7\times 10^{-26}\times 3\times 10^{12} = 1.11\times 10^{-13}\text{s}^{-1}$.

在平衡时，有$\frac{dN_2}{dt}=0$，求得平衡时间

$$t = \frac{1}{\lambda - \sigma I}\ln\frac{\lambda}{\sigma I} = 36.3(\text{s})$$

平衡时，^{8}Li 的活度为

$$A = \lambda N_2 \approx \frac{\lambda\sigma I N_1(0)}{\lambda - \sigma I} \approx \sigma I N_1(0) = 4.77\times 10^8(\text{Bq}) = 12.9(\text{mCi})$$

9.14　用氘核束轰击^{55}Mn 厚靶，产生放射性元素^{56}Mn，它的半衰期为 $T_{1/2}$，氘核束流为 i，束流面积为 1.0cm^2，靶厚为 l，作用截面为 σ，计算照射时间为 t 时放射性核^{56}Mn 的数目和它的放射性活度：

$i=4.8\times10^{-6}$A　　$T_{1/2}=2.6$h　　$t=5.2$h

$l=110$mg/cm^2　　$\sigma=10^{-25}$cm^{-2}

解　设辐照通量为 $\Phi=i/Se$，其中 e 是氘核电荷，S 是束流面积. ^{56}Mn 的半衰期为 T. $\lambda=\frac{\ln2}{T}$，$N_{56}(t)$是在照射时间为 t 时的^{56}Mn 核数目. 氘核束在它的射程内与靶核^{55}Mn反应产生^{56}Mn 核，在靶内，单位面积^{55}Mn 的靶核总数为 $N_{55}=\frac{N_0 l}{A}$，A 是^{55}Mn 的质量数. 厚度的单位是 mg/cm^2. 首先，考察靶厚度对于束流的影响，设束流通过靶后的强度为 Φ'，则有

$$\Phi'=\Phi e^{-\sigma\frac{N_0 l}{A}}=\Phi e^{-\frac{10^{-25}\times6.023\times10^{23}\times0.11}{55}}=0.99988\Phi\approx\Phi$$

由此可忽略束流在靶中的衰减，^{56}Mn 核的产额为

$$\frac{dN_{56}}{dt}=\Phi\sigma\frac{N_0 l}{A}-\lambda N_{56}=N'-\lambda N_{56}$$

其中，$N'=\Phi\sigma\frac{N_0 l}{A}$，令 $N_1=N_{56}-N'/\lambda$，微分方程变为

$$\frac{dN_1}{dt}=-\lambda N_1$$

初始条件：$N_{56}(t=0)=0$，$N_1(0)=-N'(0)/\lambda=-\frac{N_0 l\Phi\sigma}{\lambda A}$. 解微分方程，得到

$$N_1(t)=N_1(0)e^{-\lambda t}=-\frac{\Phi\sigma N_0 l}{A\lambda}e^{-\lambda t}$$

$$N_{56}(t)=\frac{N'}{\lambda}+N_1=\frac{\Phi\sigma N_0 l}{A\lambda}(1-e^{-\lambda t})$$

其中，具体数值为

$$\Phi=i/e=4.8\times10^{-6}/(1.6\times10^{-19})=3\times10^{13}(s^{-1})$$
$$N_0 l/A=6.023\times10^{23}\times0.11/55=1.2\times10^{21}(cm^{-2})$$
$$\lambda=\ln2/(2.6\times3600)=7.4\times10^{-5}(s^{-1})$$
$$t=5.2\times3600=1.87\times10^4(s)$$
$$\sigma=10^{-25}cm^{-2}$$

代入上式，得到

$$N_{56}(5.2h)=\frac{3\times10^{13}\times10^{-25}\times1.2\times10^{21}(1-e^{-0.74\times1.87})}{7.4\times10^{-5}}$$
$$=3.65\times10^{13}$$

它的放射性活度为

$$A=\lambda N_{56}(5.2h)=0.74\times10^{-4}\times3.65\times10^{13}$$
$$=2.7\times10^9(Bq)=73(mCi)$$

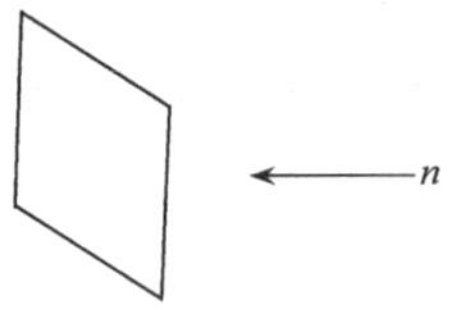

图 2.27

9.15　通量为 10^8 中子/(cm^2·s)的中子束垂直入射到面积为 1cm^2，密度为 10^{22} 原子/cm^3，厚度为 10^{-2}cm 薄片上(图 2.27)，靶核的中子俘获截面为 1b，俘获中子后，靶核具有 β^- 放射性，寿命为 10^4s，在中子照射 100s 后，薄片的放射性活度是多少?

解　设在 t 时，β^- 放射性的不稳定核的数目为 $N_\beta(t)$，靶核的数目为 $N(t)$，由于靶厚为 10^{-2}cm，可以作为薄靶处理，用 I 表示中子通量，σ 表示靶核的中子俘获截面，$\sigma I=10^8\times10^{-24}=10^{-16}\ll1$，所以有

$$\frac{\mathrm{d}N(t)}{\mathrm{d}t}=-\sigma IN(t)$$

$$N(t)=N(0)\mathrm{e}^{-\sigma It}\approx N(0)$$

即放射性核的生成率近似为常数

$$\frac{\mathrm{d}N_\beta(t)}{\mathrm{d}t}=\sigma IN(0)-\lambda N_\beta(t)$$

$$N_\beta(t)=\frac{\sigma IN(0)}{\lambda}(1-\mathrm{e}^{-\lambda t})$$

在 t 时放射性活度为

$$A(t)=\lambda N_\beta(t)=\sigma IN(0)(1-\mathrm{e}^{-\lambda t})$$

当 $t=100$s 时

$$\begin{aligned}A&=\sigma IN(0)(1-\mathrm{e}^{-\lambda t})=10^{-16}\times10^{22}\times10^{-2}\times(1-\mathrm{e}^{-0.01})\\&=10^4(1-\mathrm{e}^{-0.01})\approx10^2(\mathrm{s}^{-1})\end{aligned}$$

9.16　Geiger-Nuttal 定律最初的表示形式为 α 粒子射程(R)和衰变常数(λ)之间的关系. 在天然 α 放射性中，$\ln\lambda$ 和 $\ln R$ 之间有线性关系. 后来，这种线性关系表达为 $\ln\lambda$ 和 α 粒子能量的某次方 $E^x(\alpha)$之间的线性关系. 用量子力学解释这一关系，并说明在通常情形下 λ 对 $E(\alpha)$的敏锐的依赖性.(比如从 $E(\alpha)=5.3$MeV(^{210}Po)到 $E(\alpha)=7.7$MeV(^{214}Po)变化引起 λ 变化为 10^{10}，半衰期从 140d 变成 1.6×10^{-4}s!)

解　α 衰变，可看作 α 粒子对子核的势垒的透射过程(图 2.4)，设 R_c是 α 粒子的库仑排斥势能 $V(R_c)=\dfrac{Zze^2}{R_c}$等于 α 粒子的动能为 E 时的径向坐标值. 在可变库仑势的情况下，透射率近似为

$$T=\mathrm{e}^{-2G}$$

$$G=\frac{1}{\hbar}\int_R^{R_c}(2m\mid E-V\mid)^{1/2}\mathrm{d}x$$

式中，$V=zZe^2/r$，$E=zZe^2/R_c$，$z=2$，Ze 是子核的电荷，m 为 α 粒子的质量. 因为库仑势为三维中心对称势，忽略角动量，积分得到

$$\begin{aligned}G&=\frac{\sqrt{2m}}{\hbar}\int_R^{R_c}\left(\frac{Zze^2}{r}-E\right)^{1/2}\mathrm{d}x\\&=\frac{1}{\hbar}(2mzZe^2R_c)^{1/2}\left[\arccos\left(\frac{R}{R_c}\right)^{1/2}-\left(\frac{R}{R_c}-\frac{R^2}{R_c^2}\right)^{1/2}\right]\end{aligned}$$

当核半径 R 比 R_c小很多，即$\dfrac{R}{R_c}\to0$ 时，$\arccos\left(\dfrac{R}{R_c}\right)\to\dfrac{\pi}{2}$，上式近似为

$$G=\frac{1}{\hbar}(2mzZe^2R_c)^{1/2}\left[\frac{\pi}{2}-2\left(\frac{R}{R_c}\right)^{1/2}\right]$$

假设 α 粒子在核内的速度为 v_0，在单位时间内，α 粒子与势垒碰撞的次数为 v_0/R，所以 α 粒子在单位时间内的衰变概率

$$\lambda=\frac{Tv_0}{R}$$

$$\ln\lambda=-2G+\ln\frac{v_0}{R}=-\frac{\sqrt{2m}BR\pi}{\hbar}\left(E^{-\frac{1}{2}}-\frac{2}{\pi}B^{-\frac{1}{2}}\right)+\ln\frac{v_0}{R}$$

式中，$B=zZe^2/R$ 是与核有关的常数. 这就是所求 α 粒子衰变中的 $\ln\lambda$ 和 $E^{-1/2}(\alpha)$ 的线性关系，第二项是对数项，相对于第一项，变化较小. 上式可近似写成简单的形式

$$\log_{10}\lambda=C-DE_\alpha^{-1/2}$$

式中，C 和 D 是与核有关的常数，该式称作 Geiger-Nuttal 定律.

对 $_{84}\mathrm{Po}$ 的两个同位素，其 α 衰变常数之比的对数值为

$$\begin{aligned}\log_{10}\frac{\lambda(^{214}\mathrm{Po})}{\lambda(^{210}\mathrm{Po})}&=0.434\times\ln\frac{\lambda(^{214}\mathrm{Po})}{\lambda(^{210}\mathrm{Po})}\\&=0.434[\ln\lambda(^{214}\mathrm{Po})-\ln\lambda(^{210}\mathrm{Po})]\\&=0.434\left[\sqrt{2mc^2}zZ\pi\left(\frac{e^2}{c\hbar}\right)\left(\frac{1}{\sqrt{E_{210}}}-\frac{1}{\sqrt{E_{214}}}\right)+\frac{1}{2}\ln\frac{E_{214}}{E_{210}}\right]\\&\approx\frac{0.434\times\sqrt{8\times940}\times2\times(84-2)\pi}{137}\left(\frac{1}{\sqrt{5.3}}-\frac{1}{\sqrt{7.7}}\right)+\frac{0.434}{2}\ln\left(\frac{7.7}{5.3}\right)\\&\approx10.55\end{aligned}$$

即它们的衰变常数相差 10 多个量级.

9.17　在 $^A_Z\mathrm{X}\to{}^{A-4}_{Z-2}\mathrm{Y}+\alpha$ 衰变过程中，衰变能 E_d 与粒子的动能 E_α 的关系为

(A) $E_d=E_\alpha\left(\frac{A}{A-4}\right)$　　(B) $E_d=E_\alpha\left(\frac{A-4}{A}\right)$

(C) $E_d=E_\alpha\left(\frac{A}{Z-2}\right)$　　(D) $E_d=E_\alpha\left(\frac{Z-2}{A}\right)$

解　动量守恒要求在衰变放出一个 α 粒子时，子核有反冲动量

$$p_\alpha=\sqrt{2m_{子核}E_{反}}=p_{反}=\sqrt{2m_\alpha E_\alpha}$$

$$E_d=E_\alpha+E_{反}=\left(1+\frac{m_\alpha}{m_{子核}}\right)E_\alpha\approx\frac{A}{A-4}E_\alpha$$

答案为(A).

9.18　自然界中的 $^{197}\mathrm{Au}$ 是有放射性的，它放出一个能量为 3.3MeV 的 α 粒子，估计 $^{197}\mathrm{Au}$ 的寿命，由此解释为什么金子不会把你的口袋烧一个洞.

解　根据 Geiger-Nuttal 定律，估计 $^{197}\mathrm{Au}$ 的寿命，α 粒子能量 E_α 与衰变常数 λ 的关系为

$$\log_{10}\lambda=C-DE_\alpha^{-1/2}$$

式中，E_α 单位为 MeV，C 和 D 为与 Z 有关的常数，作为最粗略的估计，C，D 可近似地用 Pb 的 C，D 常数代入，$C\sim52$，$D\sim140$，

$$\lambda \approx 10^{[52-140E^{-1/2}]} \approx 10^{-25}(\mathrm{s}^{-1})$$

$$T_{1/2} \approx \frac{1}{\lambda}\ln 2 \approx 6.9\times 10^{24}\,\mathrm{s} \approx 2.2\times 10^{17}\,\mathrm{a}$$

因为半衰期太长，单位时间的衰变数目太少，不会把口袋烧一个洞.

9.19　^{239}Pu 的半衰期可通过下列方法测定：把质量为 120.1g 的^{239}Pu 球置于液氦中，液氦的体积足以阻止所有的 α 粒子，测量液氦的蒸发率，相当于功率为 0.231W，计算^{239}Pu 的半衰期，近似到 10^2 年，α 粒子的能量为 5.1MeV(要计算核的反冲能). 换算系数为

$$1\mathrm{MeV} = 1.60206\times 10^{-13}\,\mathrm{J}$$

$$1\mathrm{u} = 1.66\times 10^{-24}\,\mathrm{g}$$

解　^{239}Pu 的 α 衰变方式为

$$^{239}\mathrm{Pu} \rightarrow \alpha + {}^{235}\mathrm{U}$$

子核^{235}U 的反冲能为

$$E_{\mathrm{u}} = \frac{p_{\mathrm{u}}^2}{2M_{\mathrm{u}}} = \frac{p_{\alpha}^2}{2M_{\mathrm{u}}} = \frac{2M_{\alpha}E_{\alpha}}{2M_{\mathrm{u}}} = \frac{4}{235}E_{\alpha}$$

每一次 α 衰变释放的能量为

$$E = E_{\mathrm{u}} + E_{\alpha} = \frac{239}{235}E_{\alpha} = 5.232\mathrm{MeV}$$

^{239}Pu 的 α 衰变率为

$$\frac{\mathrm{d}N}{\mathrm{d}t} = \frac{0.231}{5.232\times 1.60206\times 10^{-13}} = 2.756\times 10^{11}(\mathrm{s}^{-1})$$

^{239}Pu 的总核子数为

$$N_0 = \frac{120.1}{239\times 1.66\times 10^{-24}} = 3.003\times 10^{23}$$

^{239}Pu 的半衰期为

$$T_{1/2} = \frac{\ln 2}{\lambda} = \frac{N_0\ln 2}{(\mathrm{d}N/\mathrm{d}t)} = \frac{3.003\times 10^{23}\times \ln 2}{2.756\times 10^{11}}$$

$$= 7.55\times 10^{11}(\mathrm{s}) = 2.39\times 10^{4}(\mathrm{a})$$

9.20　在核衰变^{226}Ra→^{222}Rn+α 中，发射出两种能量不同的 α 粒子，并伴随有能量 E_γ=0.189MeV 的 γ 射线发射. 当发射能量为 4.793MeV 的 α_1 粒子后，^{226}Ra 衰变到核^{222}Rn的基态. 试求发射 α_2 粒子的动能并画出衰变纲图.

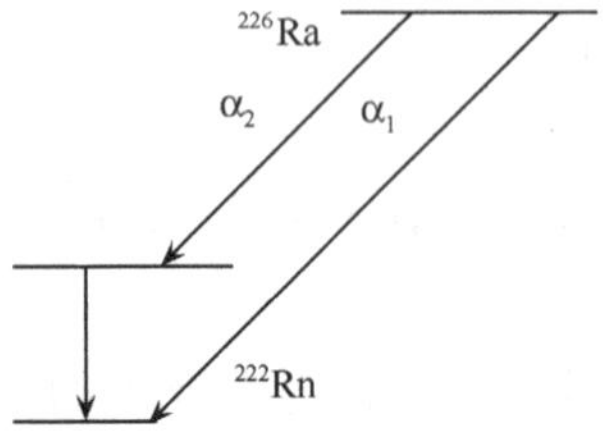

图 2.28

解

$$E_\gamma = 0.189\mathrm{MeV}$$

$$E_{\alpha_1} = 4.793\mathrm{MeV}$$

$$E_{\mathrm{d}_1} = E_{\alpha_1}\frac{A}{A-4} = 4.879\mathrm{MeV}$$

$$E_{\mathrm{d}_2} = E_{\mathrm{d}_1} - E_\gamma = 4.690\mathrm{MeV}$$

$$E_{\alpha_2} = E_{\mathrm{d}_2}\frac{(A-4)}{A} = 4.607\mathrm{MeV}$$

衰变纲图如图 2.28 所示.

9.21　解释下列现象：

(1) ^{3}He 俘获中子(或^{3}H 俘获质子)形成^{4}He，放出束缚能大于 20MeV，但中子或质子都不能被^{4}He 所稳定束缚；

(2) 天然放射性核，如^{232}Th 和^{238}U，通过 α 或 β 发射的递次衰变，最后到铅同位素，^{232}Th和^{238}U 的半衰期大于 10^9 年，而终态核 Pb 同位素是稳定的. 但是中间过程 α 衰变半衰期短到 1h 甚至 1s，并随着接近终态核 Pb 同位素，其半衰期逐渐减小，α 衰变能增大.

解　(1) ^{4}He 是双幻核，即中子和质子壳层是满的，特别稳定，故不能再吸收中子或质子. 并且，当从^{3}He 或^{3}H 俘获中子或质子过渡到^{4}He 时，因结合能很大，就放出很大能量.

(2) ^{232}Th 和^{238}U 放射系，^{232}Th 和^{238}U 的半衰期大于 10^9 年，而终态 Pb 原子核是稳定的，中间过程的 α 衰变的半衰期，随着接近终态同位素而逐渐减小，所放出的 α 粒子能量逐渐增加. 这是因为 α 衰变时，核内 α 粒子和子核之间形成的库仑势垒阻挡 α 粒子衰变，当 α 粒子能量增加时，α 粒子贯穿势垒的概率也变大，因此，当 α 粒子能量大时，它的半衰期短.

量子力学可导出 Geiger-Nuttal 公式

$$\log\lambda = A - BE_{\mathrm{d}}^{-1/2}$$

A，B 为与原子核有关的常数，λ 为衰变常数，E_{d}为 α 衰变能，衰变能改变很小，半衰期可变化很大.

由液滴模型可以推得，α 衰变能 E_{d}随 A 的增加而增加，但实验表明，对于^{232}Th 和^{238}U 放射系，α 衰变能 E_{d}随 A 增加而减小. 这说明液滴模型只能反映结合能随 A、Z 变化的平均趋势，反映不出变化的起伏关系，而这种现象只有用核结构的壳模型来解释. 例如，$^{212}\mathrm{Po} \to {}^{208}\mathrm{Pb} + \alpha$ 的寿命很短，这是因为^{212}Po 原子核是满壳层外多了两个质子和两个中子，它们很容易形成 α 结团而放出能量，使得^{212}Po 的 α 衰变能很高，原子核的寿命很短.

9.22　^{235}U 的半衰期是　(　　)

(A) 10^3 年　　(B) 10^6 年

(C) 10^9 年　　(D) 10^{12} 年

解　因为^{235}U 的半衰期为 $7\times10^8\approx10^9$ 年. 答案为(C).

9.23　我们知道核子之间存在直接的弱相互作用，而在弱相互作用中，宇称是不守恒的. 研究核子 N-N 弱作用的途径之一是 α 衰变，如图 2.29 给出的^{20}Ne 3^+、$T=1$ 和 3^-、$T=0$态衰变的典型例子. 试解释，测量这些态之间弱作用矩阵元$\langle 3^- | H_{\mathrm{w}} | 3^+ \rangle$的一个实验原理.

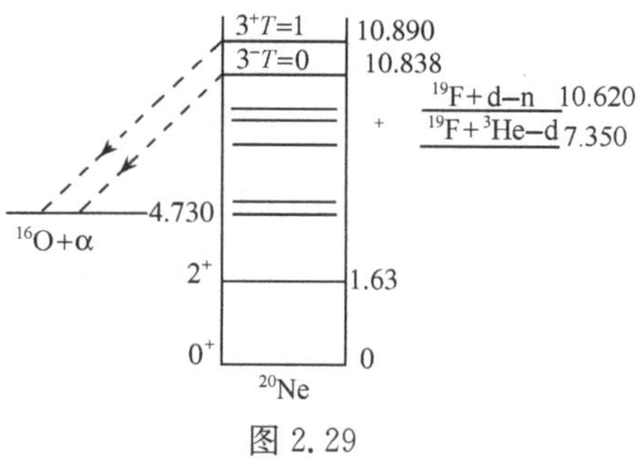

图 2.29

(1) N-N 弱作用包含同位旋标量，同位旋矢量和同位旋张量(即同位旋的秩为 0、1 和 2)的成分，哪一成分对矩阵元$\langle 3^- | H_{\mathrm{w}} | 3^+ \rangle$有贡献？

(2) 给出 α 衰变中，自旋和同位旋的选择定则. 特别要说明，如果 N-N 相互作用中，宇称守恒，^{20}Ne 两个态中的哪一个会衰变到^{16}O+α 态.

(3) 设宇称破坏的矩阵元$\langle 3^- | H_w | 3^+ \rangle$为 eV，估计宇称禁戒跃迁的 α 宽度$\Gamma'_\alpha$用宇称允许跃迁的宽度$\Gamma_\alpha$来表示. 假定$\Gamma_\alpha$与$3^+$和$3^-$态之间的间隔相比是很小的.

(4) 宇称允许跃迁的 α 宽度Γ_α为 45keV，与间隔能量相比已不算小了，预计这个态的有限宽度会影响(3)部分的答案吗？

(5) 直接反应$^{19}F(^3He,d)^{20}Ne^*$的产物中，$^{20}Ne^*$绝大多数处于同一个激发态，你认为是哪一个激发态？为什么？

(6) 在约 11.23MeV 处，存在一个$1^+/1^-$宇称二重态，两个态都有$T=1$：

① 在这种情况下，对 α 衰变哪个态是宇称禁戒的？

② 同(1)的问题一样，N-N 弱作用的哪一个同位旋成分对混合矩阵元有贡献(注意^{20}Ne是自轭核)？测量宇称破坏的 α 宽度，可以决定哪个成分？

解　(1) 对3^+态($T=1$)和3^-态($T=0$)，只有$\Delta T=1$，即同位旋矢量对$\langle 3^+ | H_w | 3^- \rangle$有贡献.

(2) α 衰变是强相互作用，同位旋守恒($\Delta T=0$)，由于 α 粒子的同位旋$T=0$，故子核和母核的同位旋相等，子核^{16}O同位旋$T=0$，只有^{20}Ne的$T=0$态，即3^-态才能发生 α 衰变到^{16}O，衰变前后总角动量守恒，而子核^{16}O和 α 粒子的自旋均为零，要求^{16}O和 α 粒子系统必须为轨道角动量$L=3$的态，这时，宇称为$(-1)^3=-1$，宇称也守恒.

(3) 根据费米的"黄金规则"，单位时间内的一级跃迁概率为

$$\lambda = \frac{2\pi}{\hbar} |V_{fi}|^2 \rho(E_f)$$

V_{fi}为跃迁矩阵元，$\rho(E_f)$为末态密度，因此宇称允许跃迁(3^-，$T=0$ 到$^{16}O+\alpha$)的部分宽度为

$$\Gamma_\alpha = \frac{2\pi}{\hbar} |(V_{3^-} \to {}^{16}O)|^2 \rho(E_f)$$

宇称破坏跃迁(3^+，$T=1$ 到$^{16}O+\alpha$)是一个二级过程，其跃迁概率为

$$\lambda = \frac{2\pi}{\hbar}\left| \sum_{n\neq i} V_{fn} \frac{1}{E_i - E_n + i\varepsilon} V_{ni} \right|^2 \rho(E_f)$$

式中，2ε为中间态的宽度，求和对所有的中间态. 题中，中间态只有(3^-，$T=0$)

$$\begin{aligned}\Gamma'_\alpha &= \frac{2\pi}{\hbar} |(V_{3^-} \to {}^{16}O)|^2 \frac{1}{(E_i - E_n)^2 + \varepsilon^2} |\langle 3^+ | H_w | 3^- \rangle|^2 \rho(E_f) \\ &= \Gamma_\alpha \frac{|\langle 3^+ | H_w | 3^- \rangle|^2}{(\Delta E)^2 + \left(\frac{\Gamma_\alpha}{2}\right)^2}\end{aligned}$$

ΔE是3^+和3^-两态之间的能量差，$\Delta E=0.052\text{MeV}=52\text{keV}$，$\Gamma_\alpha$是宇称允许跃迁的部分宽度，$\langle 3^+ | H_w | 3^- \rangle=1\text{eV}$，题设$\Gamma_\alpha \ll \Delta E$

$$\Gamma'_\alpha = \frac{|\langle 3^+ | H_w | 3^- \rangle|^2}{(\Delta E)^2}\Gamma_\alpha = \frac{1}{52^2 \times 10^6}\Gamma_\alpha \approx 3.7\times 10^{-10}\Gamma_\alpha$$

(4) 当$\Gamma_\alpha=45\text{keV}$时，$\frac{\Gamma_\alpha^2}{4}$就不能忽略，这时有

$$\Gamma'_\alpha = \frac{10^{-6}}{52^2 + (45^2/4)}\Gamma_\alpha \approx 3.1\times 10^{-10}\Gamma_\alpha \approx 1.4\times 10^{-5}(\text{eV})$$

(5) 考虑$^{19}F(^{3}He,d)^{20}Ne^*$反应，设$^{19}F$，$^{3}He$，$^{20}Ne$和d的自旋分别为$\boldsymbol{J}_A$，$\boldsymbol{J}_a$，$\boldsymbol{J}_B$和$\boldsymbol{J}_b$，$^{3}He$和d的轨道角动量分别为$\boldsymbol{L}_a$和$\boldsymbol{L}_b$，被俘的质子的自旋和轨道角动量分别为$\boldsymbol{s}_p$和$\boldsymbol{L}_p$，我们有

$$\boldsymbol{J}_A+\boldsymbol{J}_a+\boldsymbol{L}_a=\boldsymbol{J}_B+\boldsymbol{J}_b+\boldsymbol{L}_b$$
$$\boldsymbol{J}_a=\boldsymbol{J}_b+\boldsymbol{L}_p$$
$$\boldsymbol{L}_a=\boldsymbol{L}_p+\boldsymbol{L}_b$$
$$\boldsymbol{J}_A+\boldsymbol{J}_b+\boldsymbol{J}_p+\boldsymbol{L}_b+\boldsymbol{L}_p=\boldsymbol{J}_B+\boldsymbol{J}_b+\boldsymbol{L}_b$$

我们得到

$$\boldsymbol{J}_A+\boldsymbol{J}_p+\boldsymbol{L}_p=\boldsymbol{J}_B$$

已知$J_A=1/2$，$J_B=3$，$J_p=1/2$. 由于$J_A+J_p=0$或1，所以$L_p=2,3,4$.

宇称守恒要求

$$\pi(^{19}F)\pi(p)(-1)^{L_p}=\pi(^{20}Ne^*)$$

得到

$$\pi(^{20}Ne^*)=(-1)^{L_p}$$

实验得到角分布值符合$L_p=2$，$\pi(^{20}Ne^*)=1$，所以应该是激发$^{20}Ne^*$的3^+态，而不是3^-态.

(6) ①对于11.23MeV处的$1^+(1^-)$两重态，通过α衰变到^{16}O基态，角动量守恒要求

$$\boldsymbol{L}_\alpha+\boldsymbol{J}_\alpha+\boldsymbol{J}_{^{16}O}=\boldsymbol{J}_{^{20}Ne^*}$$

得到$L_\alpha=1$. 衰变后的宇称为

$$\pi_f=\pi(\alpha)\pi(^{16}O)(-1)^{L_\alpha}=-1$$

所以，1^-态的α衰变是允许跃迁，而1^+对α衰变是宇称守恒禁戒的.

②由于^{20}Ne是自轭核，$T_3=0$，$\langle 1,0|1,0,1,0\rangle=0$. 所以，只有$T=0,2$的态有贡献，又因为在弱作用中，$|\Delta T|\leqslant 1$. 只有$\Delta T=0$的项对实验结果有贡献.

9.24　图2.30是^{8}Li的衰变纲图，^{8}Li的基态具有半衰期为0.85s的β衰变，衰变到^{8}Be的2.9MeV激发态，^{8}Be又衰变成两个α粒子，半衰期只有10^{-22}s.

(1) 求^{8}Be的2.9MeV激发态的宇称；

(2) 为什么^{8}Be的2.9MeV激发态的半衰期比^{8}Li的基态的半衰期小很多?

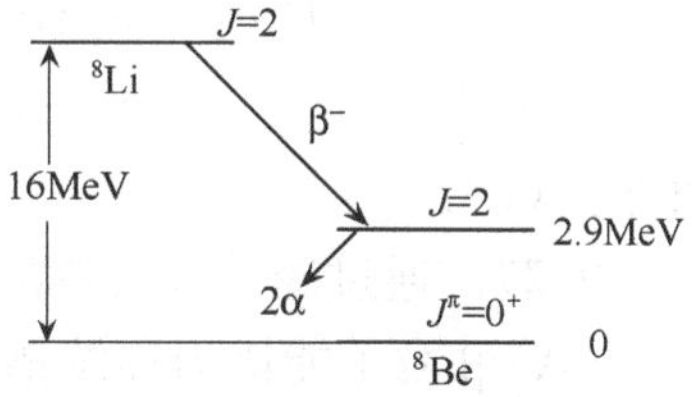

图2.30

(3) 相对于^{8}Be的基态的能量，所期待的^{7}Li俘获中子的阈能在哪里? 为什么?

解　(1)^{8}Be的衰变

$$^{8}Be^*\rightarrow\alpha+\alpha$$

α粒子的自旋和宇称为$J^\pi=0^+$，衰变末态为两个全同玻色子，故要求波函数交换对称，这就要求两个α粒子相对运动轨道角动量L为偶数，末态2α系统的宇称

$$\pi_f=(+1)^2(-1)^L=+$$

由于α衰变是强相互作用过程，宇称守恒，^{8}Be的2.9MeV激发态的宇称为正.

(2) ^{8}Li基态的β衰变是弱作用过程，$^{8}Be^*$的2.9MeV激发态是一个极不稳定的核素，由于它可看作是两个α粒子集团组成的核素，α粒子是双满壳层原子核，结合能很大，两α粒子之间的库仑势垒又很低，α衰变能相对较大，$^{8}Be^*$的2.9MeV激发态的寿命非

常短.

(3) ^{7}Li 俘获中子的阈值,相对于^{8}Be 的基态的能量为

$$[M(^{7}\mathrm{Li})+m(\mathrm{n})-M(^{8}\mathrm{Be})]c^2$$
$$=[M(^{7}\mathrm{Li})+m(\mathrm{n})-M(^{8}\mathrm{Li})+M(^{8}\mathrm{Li})-M(^{8}\mathrm{Be})]c^2$$
$$=S_{\mathrm{n}}(^{8}\mathrm{Li})+16\mathrm{MeV}$$

式中,$S_{\mathrm{n}}(^{8}\mathrm{Li})$是从^{8}Li 离解一个中子时所需的能量,其数值为

$$S_{\mathrm{n}}(^{8}\mathrm{Li})=[(M(^{7}\mathrm{Li})+m(\mathrm{n})-M(^{8}\mathrm{Li})]c^2$$
$$=(7.018223+1.00892-8.025018)c^2$$
$$=(0.002187\mathrm{u})c^2=2.0(\mathrm{MeV})$$

由于^{8}Li 是在偏离 β 稳定线较远的核素,中子的结合能较小,所以中子离解能很小. ^{7}Li 俘获中子的阈值,相对于^{8}Be 的基态的能量高约 18MeV.

9.25　β^- 衰变的子核和母核是　　(　　)

(A)同位素　　(B)同中子素

(C)同质异位素　　(D)同质异能素

解　β^- 衰变中,母核与子核质量数相同,原子序数增加 1,母核与子核是同质异位素. 答案为(C).

9.26　发生 β^+ 衰变的条件是　　(　　)

(A)$M(A,Z)\geqslant M(A,Z-1)$　　(B) $M(A,Z)\geqslant M(A,Z-1)+2m_{\mathrm{e}}$

(C)$M(A,Z)\geqslant M(A,Z-1)+m_{\mathrm{e}}$　　(D) $M(A,Z)\geqslant M(A,Z-1)-2m_{\mathrm{e}}$

解　β^+ 衰变的衰变能

$$E_{\mathrm{d}}(\beta^+)=m(A,Z)-m(A,Z-1)-m_{\mathrm{e}}>0$$

用原子质量表示,忽略结合能的差异,

$$E_{\mathrm{d}}(\beta^+)=M(A,Z)-Zm_{\mathrm{e}}-M(A,Z-1)+(Z-1)\,m_{\mathrm{e}}$$
$$=M(A,Z)-M(A,Z-1)-2m_{\mathrm{e}}>0$$

答案为(B).

9.27　通过测量 β 衰变的 β 粒子能谱,可得到下面的哪一个结论?　　(　　)

(A) β 粒子能谱为连续谱,但最大值不确定,所以与核具有分离能级矛盾

(B) β 粒子能谱为连续谱,有确定的最大值,所以与核具有分离能级矛盾

(C) β 粒子能谱为连续谱,有确定的最大值,但仍可确定核的能级

(D) β 粒子能谱为连续谱,没有确定的最大值,但仍可确定核的能级

解　β 粒子能谱为连续谱,有确定的最大值,当中微子的质量可以忽略,β 粒子能谱的最大值近似为两核的能级差,可确定核的能级. 答案为(C).

9.28　下列核的原子质量已测定(单位为 u):

(1)$^{7}_{3}$Li　7.0182　　(2)$^{13}_{6}$C　13.0076　　(3)$^{19}_{9}$F　19.0045

$^{7}_{4}$Be　7.0192　　$^{13}_{7}$N　13.0100　　$^{19}_{10}$Ne　19.0080

(4)$^{34}_{15}$P　33.9983　　(5)$^{35}_{16}$S　34.9791

$^{34}_{16}$S　33.9978　　$^{35}_{17}$Cl　34.9789

电子的质量为 0.00055u，指出每对核素中，哪个是不稳定核，以及它的衰变方式和放出的能量.

解　根据给出的每对核素，原子序数都相差 1，故其不稳定的核只能通过 β 衰变或通过轨道电子俘获. 用 m_x，m_y 和 m_e 分别表示母核，子核和电子的质量.

对 β^- 衰变，其衰变能为

$$E_d(\beta^-)=[m_x(Z,A)-m_y(Z+1,A)-m_e]c^2$$

用原子质量表示，并忽略电子在原子中的结合能之差异，得到

$$\begin{aligned}E_d(\beta^-)&=[m_x(Z,A)-Zm_e-m_y(Z+1,A)+(Z+1)m_e-m_e]c^2\\&=[M_x(Z,A)-M_y(Z+1,A)]c^2\end{aligned}$$

如果能发生 β^- 衰变，必须是衰变能 $E_d(\beta^-)>0$，即

$$M_x(Z,A)>M_y(Z+1,A)$$

类似地，对于 β^+ 衰变，有下列关系：

$$E_d(\beta^+)=[M_x(Z,A)-M_y(Z-1,A)-2m_e]c^2$$

只有 $E_d(\beta^+)>0$，即

$$M_x-M_y>2m_e=0.0011\text{u}$$

才能发生 β^+ 衰变. 同样地，对轨道电子俘获(一般是 K 俘获)，有关系式

$$E_d(i)=[M_x(Z,A)-M_y(Z-1,A)]c^2-W_i$$

式中，W_i 为电子在原子壳层的结合能，只有 $E_d(i)>0$，即

$$(M_x-M_y)c^2>W_i$$

这时，轨道电子俘获才能发生.

用上述方法判断(1)～(5)每对核素的稳定性和衰变方式.

(1)$^7_3$Li 和$^7_4$Be，质量差 $\Delta=0.001\text{u}<0.0011\text{u}$，$^7_4$Be 是不稳定的，它只会发生轨道电子俘获.

(2)$^{13}_6$C 和$^{13}_7$N，质量差 $\Delta=0.0024\text{u}>0.0011\text{u}$，$^{13}_7$N 是不稳定的，它会发生 β^+ 衰变和轨道电子俘获.

(3)$^{19}_9$F 和$^{19}_{10}$Ne，质量差 $\Delta=0.0035\text{u}>0.0011\text{u}$，$^{19}_{10}$Ne 是不稳定的，它会发生 β^+ 衰变和轨道电子俘获.

(4) $^{34}_{15}$P 和$^{34}_{16}$S，质量差 $\Delta=-0.0005\text{u}$，$^{34}_{15}$P 是不稳定的，它会发生 β^- 衰变.

(5)$^{35}_{16}$S 和$^{35}_{17}$Cl，质量差 $\Delta=-0.0002\text{u}$，$^{35}_{16}$S 是不稳定的，它会发生 β^- 衰变.

9.29　^{34}Cl 通过 β^+ 衰变到^{34}S，给出正电子的动量分布函数，如果中性^{34}Cl 和^{34}S 的质量差为 5.52MeV/c^2，衰变中正电子的最大能量是多少？

解　^{34}Cl 的衰变形式为

$$^{34}\text{Cl}\to{}^{34}\text{S}+e^++\nu_e$$

β^+ 衰变的过程和 β^- 衰变类似，可用相同的理论. 单位时间衰变到动量 p 和 $p+dp$ 之间的数目

$$I(p)\mathrm{d}p=\frac{2\pi}{\hbar}\left|\int\Psi_f^* H\Psi_i\mathrm{d}\tau\right|^2\frac{\mathrm{d}n}{\mathrm{d}E}=\frac{g^2\mid M_{fi}\mid^2}{2\pi^3\hbar^7c^3}(E_0-E)^2p^2\mathrm{d}p$$

式中，E_0 为 β^+ 衰变的正电子能谱的最大值，$I(p)$正比于$(E_0-E)^2p^2$，如图 2.31 所示.

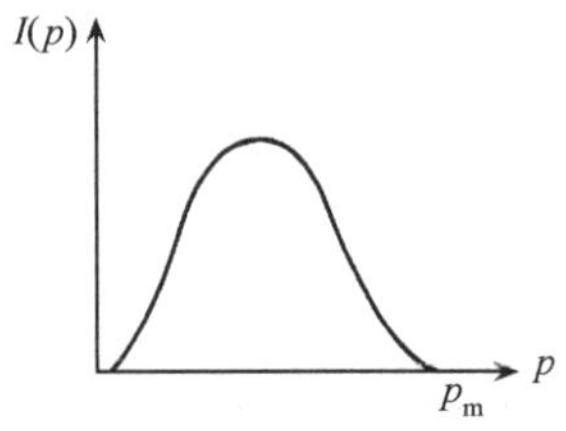

图 2.31

β^+粒子能量的最大值为

$$(E_{\beta^+})_{\max}=[M(^{34}\mathrm{Cl})-M(^{34}\mathrm{S})-2m_e]c^2$$
$$=5.22-1.022=4.5(\mathrm{MeV})$$

9.30 ^{161}Ho 和^{163}Ho 均可通过电子俘获而衰变成为 Dy 同位素，但是 Q_{EC}值分别是 850keV 和 2.5keV（Q_{EC}是子核基态质量加原子的轨道电子质量之和与母核基态质量加原子的轨道电子质量两者之差）. Dy 的轨道电子结合能见表 2.11，对^{161}Ho，$3p_{1/2}$电子俘获率是 3s 电子俘获率的 5%. 对^{163}Ho，计算 $3p_{1/2}$电子俘获率相对于 3s 电子俘获率，如果 Q_{EC}不变，但是中微子的质量由零变为 $50\mathrm{eV}/c^2$，那么^{161}Ho 和^{163}Ho的 $3p_{1/2}$和 3s 电子相对俘获率有何变化?

表 2.11

轨道	结合能/keV
1s	54
2s	9
$2p_{1/2}$	8.6
3s	2.0
$3p_{1/2}$	1.8

解 对^{161}Ho 和^{163}Ho，它们有相同的核电荷，且轨道电子的波函数相同，它们的电子俘获跃迁矩阵元也一样，对 3s 和 $3p_{1/2}$轨道，唯一不同的是衰变末态的相空间.

电子俘获衰变常数为

$$\lambda\approx A\mid M_{fi}\mid^2\rho(E)$$

M_{fi}是电子俘获跃迁矩阵元，A 是常数，$\rho(E)$是末态密度，对电子俘获衰变，每次衰变只放出一个中微子，为两体衰变，中微子是单能的

$$\rho(E)\propto E_\nu^2\approx(Q_{EC}-B)^2$$

B 是轨道电子在 s 或 p 态的结合能. 对^{161}Ho，题设

$$\frac{\lambda(3p_{1/2})}{\lambda(3s)}=\frac{\mid M(3p_{1/2})\mid^2(Q_{EC}-B_p)^2}{\mid M(3s)\mid^2(Q_{EC}-B_s)^2}=0.05$$

所以，有

$$\frac{\mid M(3p_{1/2})\mid^2}{\mid M(3s)\mid^2}=0.05\times\left(\frac{850-2.0}{850-1.8}\right)^2=0.04998$$

对^{163}H 电子俘获，跃迁矩阵元 M_{fi}相同，末态相空间不同，有

$$\frac{\lambda(3p_{1/2})}{\lambda(3s)}=\frac{\mid M(3p_{1/2})\mid^2(Q_{EC}-B_p)^2}{\mid M(3s)\mid^2(Q_{EC}-B_s)^2}=0.04998\left(\frac{2.5-1.8}{2.5-2.0}\right)^2\times100\%\approx9.8\%$$

如果 $m_\nu=50\mathrm{eV}$，$E_\nu^2=p_\nu^2+m_\nu^2$，相空间因子 $\rho(E)$将变为

$$p_\nu^2\frac{\mathrm{d}p_\nu}{\mathrm{d}E_\nu}\approx(E_\nu^2-m_\nu^2)\frac{E_\nu}{p_\nu}=E_\nu\sqrt{E_\nu^2-m_\nu^2}\approx E_\nu^2\left(1-\frac{m_\nu^2}{2E_\nu^2}\right)$$

由于中微子质量的变化，对^{161}Ho 和^{163}Ho 所有衰变道的衰变常数，从 λ_0 改变为 λ

$$\lambda \approx \lambda_0\left(1-\frac{1}{2}\frac{m_\nu^2}{E_\nu^2}\right)$$

$$\frac{\lambda_0-\lambda}{\lambda_0} \approx \frac{1}{2}\frac{m_\nu^2}{E_\nu^2}$$

对^{161}Ho：　3s 态

$$\frac{\lambda_0-\lambda}{\lambda_0} = \frac{1}{2}\times\frac{50^2}{848^2\times 10^6} \approx 1.74\times 10^{-9}$$

$3p_{1/2}$态

$$\frac{\lambda_0-\lambda}{\lambda_0} = \frac{1}{2}\times\frac{50^2}{848.2^2\times 10^6} \approx 1.74\times 10^{-9}$$

对^{163}Ho：　3s 态

$$\frac{\lambda_0-\lambda}{\lambda_0} = \frac{1}{2}\times\frac{50^2}{0.5^2\times 10^6} \approx 5\times 10^{-3}$$

$3p_{1/2}$态

$$\frac{\lambda_0-\lambda}{\lambda_0} = \frac{1}{2}\times\frac{50^2}{0.7^2\times 10^6} \approx 2.25\times 10^{-3}$$

9.31　低原子序数 Z 的元素能够发生 β^+ 衰变，设 p_0 为正电子的最大动量，且 $p_0 \ll mc$（m 为电子质量），Γ_β是 β^+ 衰变的速率. 与此共存的过程是 K 电子俘获，原子核俘获一个 K 壳层电子，同时放出一个中微子，Γ_K为这过程的衰变速率，试计算比值 Γ_K/Γ_β.（可认为 K 壳层的电子和氢原子具有同样的波函数，并忽略电子的结合能.）

解　根据量子力学微扰理论，单位时间发射一个动量在 p 到 $p+dp$ 间 β^+ 粒子的概率为

$$I(p)dp = \frac{2\pi}{\hbar}\left|\int \Psi_f H \Psi_i d\tau\right|^2 \frac{dn}{dE}$$

式中，Ψ_i 为初态波函数，Ψ_f为末态波函数，$\frac{dn}{dE}$是单位末态能量的态数，因为末态有核、电子和中微子三个粒子，假设，末态粒子之间没有相互作用，末态波函数写成 $\Psi_f = u_f\varphi_\beta\varphi_\nu$，$u_f$为末态核的波函数，$\varphi_\beta$和$\varphi_\nu$分别是正电子和中微子的波函数. H 为相互作用算符.

根据费米的 β 衰变理论，H 为常数，令 $H=g$，

$$I(p)dp = \frac{2\pi g^2}{\hbar}\left|\int \Psi_i u_f^* \Psi_\beta^* \Psi_\nu^* d\tau\right|^2 \frac{dn}{dE}$$

我们把正电子和中微子看作自由粒子，用平面波描述

$$\Psi_\beta^* = \frac{1}{\sqrt{V}}e^{-i\boldsymbol{k}_\beta\cdot\boldsymbol{r}}$$

$$\Psi_\nu^* = \frac{1}{\sqrt{V}}e^{-i\boldsymbol{k}_\nu\cdot\boldsymbol{r}}$$

式中，V 是归一化体积，$\boldsymbol{k}_\beta$和 $\boldsymbol{k}_\nu$分别是 β 粒子和中微子的波矢量. 令

$$\boldsymbol{M}_{if} = \int \Psi_i u_f e^{-i(\boldsymbol{k}_\beta+\boldsymbol{k}_\nu)\cdot\boldsymbol{r}} d\tau$$

则有

$$I(p)\mathrm{d}p = \frac{2\pi g^2}{\hbar V^2} \mid \boldsymbol{M}_{\mathrm{if}} \mid^2 \frac{\mathrm{d}n}{\mathrm{d}E}$$

因为末态有三个粒子，$\frac{\mathrm{d}n}{\mathrm{d}E}$为末态核、$\beta^+$粒子和中微子态数的乘积. 对 β^+ 衰变，末态核的态数为 1，β^+ 粒子在体积为 V，动量在 p 到 $p+\mathrm{d}p$ 内的态数

$$\mathrm{d}n_\beta = \frac{4\pi p^2 \mathrm{d}p}{(2\pi\hbar)^3}V$$

同理，中微子的态数

$$\mathrm{d}n_\nu = \frac{4\pi p_\nu^2 \mathrm{d}p_\nu}{(2\pi\hbar)^3}V$$

所以，末态密度为

$$\frac{\mathrm{d}n}{\mathrm{d}E} = \frac{\mathrm{d}n_\beta \mathrm{d}n_\nu}{\mathrm{d}E} = \frac{p^2 p_\nu^2 \mathrm{d}p \mathrm{d}p_\nu}{4\pi^4 \hbar^6 \mathrm{d}E}V^2$$

忽略核的反冲能，β^+ 粒子和中微子的能量之和等于 β^+ 粒子的最大能量 E_0

$$E_0 \approx E + E_\nu$$

假设中微子的质量为零，对给出的 β^+ 粒子的最大能量 E_0 有

$$E_\nu = cp_\nu = E_0 - E$$

$$c\mathrm{d}p_\nu = -\mathrm{d}E$$

$$\frac{\mathrm{d}n}{\mathrm{d}E} = \frac{p^2(E_0 - E)^2 \mathrm{d}p}{4\pi^4 \hbar^6 c^3}V^2$$

β^+ 粒子动量分布函数

$$I(p)\mathrm{d}p = \frac{g^2 \mid M_{\mathrm{if}} \mid^2}{2\pi^3 \hbar^7 c^3}(E_0 - E)^2 p^2 \mathrm{d}p$$

对动量积分得到 β^+ 衰变率 Γ_β，

$$\Gamma_\beta = \int_0^{p_0} I(p)\mathrm{d}p = B\int_0^{p_0}(E_0 - E)^2 p^2 \mathrm{d}p$$

其中，$B = \frac{g^2 |M_{\mathrm{if}}|^2}{2\pi^3 \hbar^7 c^3}$，$p_0$ 为对应的最大能量 E_0 的 β^+ 粒子的最大动量. 题设 $p_0 \ll mc$，近似有 $E \approx \frac{p^2}{2m_\mathrm{e}}$，代入上式得到

$$\begin{aligned}\Gamma_\beta &= \int_0^{p_0} I(p)\mathrm{d}p = B\int_0^{p_0}(p_0^4 + p^4 - 2p_0^2 p^2)p^2 \frac{1}{(2m_\mathrm{e})^2}\mathrm{d}p \\ &= \frac{Bp_0^7}{4m_\mathrm{e}^2}\left[\frac{1}{3} + \frac{1}{7} - \frac{2}{5}\right] \approx 1.9 \times 10^{-2} \frac{Bp_0^7}{m_\mathrm{e}^2}\end{aligned}$$

对于 K 俘获衰变，末态为二体，放出单能中微子，有

$$\Gamma_\mathrm{K} = 2 \times \frac{2\pi}{\hbar}\left|\int \Psi_\mathrm{f}^* H \Psi_\mathrm{i} \mathrm{d}\tau\right|^2 \frac{\mathrm{d}n}{\mathrm{d}E_\nu}$$

因子 2 是考虑到 K 层有两个电子. 末态波函数为子核波函数 u_f^* 和中微子波函数φ_ν^* 的乘积，设中微子的波函数为平面波

$$\Phi_\nu^* = \frac{1}{\sqrt{V}}\mathrm{e}^{-\mathrm{i}\boldsymbol{k}\cdot\boldsymbol{r}}$$

初态波函数可近似为母核的波函数和K壳层波函数的乘积

$$\Phi_{\mathrm{K}}=\frac{1}{\sqrt{\pi}}\left(\frac{Zm_{\mathrm{e}}e^2}{\hbar^2}\right)^{\frac{3}{2}}\mathrm{e}^{-Zm_{\mathrm{e}}e^2r/\hbar^2}$$

代入上式,得到

$$\left|\int\Psi_{\mathrm{f}}^* H\Psi_{\mathrm{i}}\mathrm{d}\tau\right|=\frac{g}{\sqrt{V\pi}}\left(\frac{Zm_{\mathrm{e}}e^2}{\hbar^2}\right)^{\frac{3}{2}}\left|\int u_{\mathrm{f}}^* u_{\mathrm{i}}\mathrm{e}^{-\mathrm{i}\boldsymbol{k}\cdot\boldsymbol{r}}\mathrm{e}^{-Zm_{\mathrm{e}}e^2r/\hbar^2}\mathrm{d}\tau\right|$$

$$\approx\frac{g}{\sqrt{V\pi}}\left(\frac{Zm_{\mathrm{e}}e^2}{\hbar^2}\right)^{\frac{3}{2}}|M_{\mathrm{fi}}|$$

从而

$$\left|\int\Psi_{\mathrm{f}}^* H\Psi_{\mathrm{i}}\mathrm{d}\tau\right|^2=\frac{g^2}{V\pi}\left(\frac{Zm_{\mathrm{e}}e^2}{\hbar^2}\right)^3|M_{\mathrm{fi}}|^2$$

再有

$$\frac{\mathrm{d}n}{\mathrm{d}E_\nu}=\frac{4\pi Vp_\nu^2\mathrm{d}p_\nu}{(2\pi\hbar)^3\mathrm{d}E}=\frac{4\pi V}{(2\pi\hbar)^3}\frac{E_\nu^2}{c^3}$$

忽略核的反冲能,中微子的能量等于衰变能,即

$$E_\nu\approx E_0+2m_{\mathrm{e}}c^2-W_{\mathrm{K}}$$

$$\Gamma_{\mathrm{K}}=\frac{2m_{\mathrm{e}}^3g^2|M_{\mathrm{fi}}|^2}{\pi^2\hbar^7}\left(\frac{Ze^2}{c\hbar}\right)^3E_\nu^2=4\pi m_{\mathrm{e}}^3c^3B\left(\frac{Ze^2}{c\hbar}\right)^3E_\nu^2=4\pi m_{\mathrm{e}}^3c^3B\alpha^3Z^3E_\nu^2$$

式中,$\alpha=\dfrac{e^2}{c\hbar}$为精细结构常数.忽略电子的结合能,题设 $p_0\ll m_{\mathrm{e}}c$,$E_0\ll m_{\mathrm{e}}c^2$,得到

$$E_\nu=E_0+2m_{\mathrm{e}}c^2\approx 2m_{\mathrm{e}}c^2$$

$$\Gamma_{\mathrm{K}}=16\pi m_{\mathrm{e}}^5c^7B\alpha^3Z^3$$

$$\frac{\Gamma_{\mathrm{K}}}{\Gamma_\beta}=\frac{16\pi m_{\mathrm{e}}^5c^7B\alpha^3Z^3}{\left(1.9\times10^{-2}\dfrac{Bp_0^7}{m_{\mathrm{e}}^2}\right)}=\frac{16\pi Z^3\alpha^3}{1.9\times10^{-2}}\left(\frac{m_{\mathrm{e}}c}{p_0}\right)^7$$

$$=1.02\times10^{-3}Z^3\left(\frac{m_{\mathrm{e}}c}{p_0}\right)^7$$

所以,有$\dfrac{\Gamma_{\mathrm{K}}}{\Gamma_\beta}\propto\dfrac{Z^3}{p_0^7}$,比值随 β^+ 粒子的最大动量的增加很快下降,随 Z 的增加而增加.

9.32 同位素 H^3 是具有 β 衰变的元素,半衰期为 12.5 年,一些富含氢气体的样品,包含 0.10g 氚,每小时放热为 21cal.

(1) 用此数值计算 β 衰变时,发射 β 粒子的平均能量.

(2) 测量 β 谱的什么特殊性质,可显示有质量很轻的、中性的附加放射物产生?

(3) 给出一个定量的分析,说明对氚的 β 谱的仔细测量,如何确定电子中微子的质量(或质量上限).

解 (1) 氚的衰变常数

$$\lambda=\frac{\ln2}{T_{1/2}}=\frac{\ln2}{12.5\times365\times24}=6.33\times10^{-6}(\mathrm{h}^{-1})$$

$$\frac{\mathrm{d}N}{\mathrm{d}t}=\lambda N=\frac{0.1\times6.023\times10^{23}}{3}\times6.33\times10^{-6}=1.27\times10^{17}(\mathrm{h}^{-1})$$

β 粒子的平均能量为

$$\overline{E} = \frac{21 \times 4.18}{1.27 \times 10^{17}} = 6.91 \times 10^{-16}(\mathrm{J}) = 4.3(\mathrm{keV})$$

(2) α 衰变和 β 衰变，都是两能态之间的跃迁，但是前者是两体衰变，末态是子核和 α 粒子，根据能量和动量守恒，衰变的 α 粒子是分裂的单能谱. 而 β 衰变是三体衰变，末态是子核、电子(或正电子)加中微子，所以衰变的电子能谱是从零到一个最大值的连续谱，能量最大值近似其衰变能. 即 α 能谱是由分裂的峰组成，而 β 能谱是从零到一个最大值的连续谱(图 2.31)，当测量到 ^{3}H 发射的连续 β 能谱，根据能量和动量守恒，证明了 ^{3}H 在 β 衰变中，一定还有一个中性的未被测量到的粒子与 β 粒子同时产生，它带走了部分能量，使衰变电子能量成为连续谱. 特别是对 β 能谱末端的仔细测量，发现 β 粒子能量的最大值很接近 ^{3}H 的衰变能，证明这个中性粒子质量很小.

(3) β 衰变的过程为

$${}_Z^AX \to {}_{Z+1}^{A}Y + \beta + \tilde{\nu}$$

如图 2.32 所示. 由费米 β 衰变理论得到 β 衰变的电子能谱，满足

$$N(E) \approx pE(E_0 - E)[(E_0 - E)^2 - m_\nu^2]^{1/2}$$

式中，$N(E)$ 为能量 E 到 $E+\Delta E$ 小区间内的电子数目(即反中微子数目)，p 为电子动量，E 和 E_0 分别为电子的能量和最大能量，m_e 是电子的质量. 定义一个量 $K(E)$ 如下：

$$K(E) = \left[\frac{N(E)}{pE}\right]^{1/2} \approx \{(E_0 - E)[(E_0 - E)^2 - m_\nu^2]^{1/2}\}^{1/2}$$

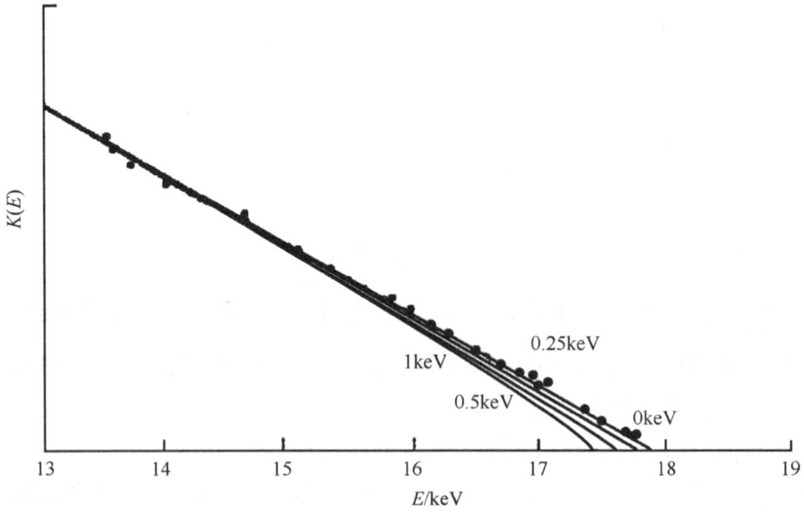

图 2.32

$K(E)$ 和 E 的关系曲线称为居里描绘. 当 $m_\nu=0$ 时，它是一条直线；当 $m_\nu \neq 0$ 时，它在低能部分仍是直线，但在靠近终端能量时，偏离直线而向下弯，如图 2.32 所示. 电子的最大能量为 $E_0 - m_\nu c^2$，所以测量 β 谱的端点能量附近的谱形，可以得到反中微子的质量. 但是，这种测量是很困难的，因为对 m_ν 敏感的能区是与直线有偏离的能区，这一能区大约为 $3m_\nu c^2$ 范围，即从 $E_0 - 3m_\nu c^2$ 到 E_0 之间，而这一区间的面积只占总能谱面积的极小部分，

计数是很少的，这就要求 E_0 相对于 $3m_\nu c^2$ 越小越好. ^{3}H 的 β 衰变是比较理想的，衰变 Q 值只有18. 6keV. 假设 $m_\nu c^2=60$eV，则要测量 18. 6keV－180eV 到 18. 6keV 之间的能谱，并与理论曲线比较以得到 m_ν 值. 由于计数率太低，实际上这样的测量非常困难. 目前实验给出的 $m_\nu c^2$ 上限为 3eV.

9. 33　图 2. 33 是$^{42}_{22}$Sc 和$^{42}_{21}$Ca 的能级图及它们之间的衰变关系. 已知钪 42($^{42}_{22}$Sc)的两个最低的能级自旋为 0^+ 和 7^+，它们分别经正电子衰变到$^{42}_{21}$Ca 的一个 0^+ 和 6^+ 态，正电子的比较半衰期为 $(ft)_{0^+}=3.2\times10^3$s 和 $(ft)_{7^+}=1.6\times10^4$s，没有探测到处于1. 8MeV的 0^+ 态的正电子衰变.

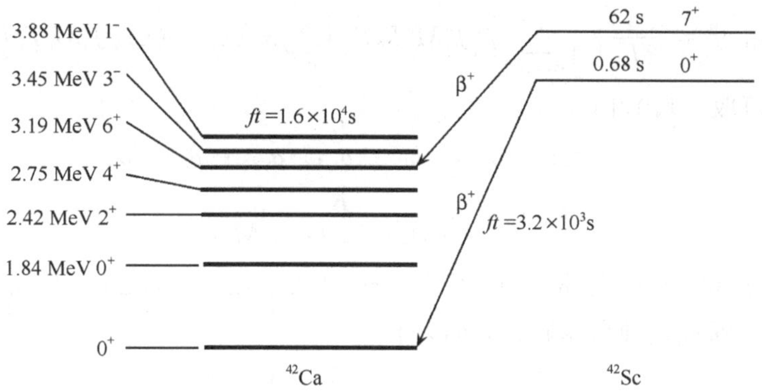

图 2. 33

(1) ^{42}Sc 的两个态，可以通过假设两个价核子处于$(f_{7/2})^2$ 组态而简单地得到. 确定^{42}Sc 的哪些态与这一组态一致，简要说明理由. 假定电荷无关性成立，确定所有$(f_{7/2})^2$ 态的同位旋量子$|T,T_Z\rangle$. 把两个跃迁的性质分类，并解释其理由.

(2) 用^{42}Sc 的$|J,M_J\rangle=|7,7\rangle$和^{42}Ca 的$|J,M_J\rangle=|6,6\rangle$态的恰当的波函数，计算两正电子衰变率之比$\dfrac{(ft)_{7^+}}{(ft)_{0^+}}$的理论值. 当 $J=1+\dfrac{1}{2}$时，有

$$\hat{S}\mid j,j\rangle=\frac{1}{(2j)^{1/2}}\mid j,j-1\rangle+\left(\frac{2j-1}{2j}\right)^{1/2}\mid j-1,j-1\rangle$$

$$\hat{S}_z\mid j,j\rangle=\frac{1}{2}\mid j,j\rangle$$

$$G_V=1.4\times10^{-49}\,\text{erg}\cdot\text{cm}^3$$

$$G_A=1.6\times10^{-49}\,\text{erg}\cdot\text{cm}^3$$

解　(1)对^{42}Sc，$T_Z=\dfrac{1}{2}(Z-N)=$，由于两个核子的角动量取值是 7/2，同位旋是 1/2，根据矢量合成法则，核自旋可以取值 0 到 7，同位旋可取值 0 和 1. 根据推广的泡利不相容原理，总波函数必须是反对称的，这就有 $J+T=$奇数，所以与组态$(f_{7/2})^2$ 一致的态有 $J=0^+,2^+,4^+,6^+,T=1$ 和 $J=1^+,3^+,5^+,7^+,T=0$.

跃迁 $7^+\to6^+$是 Gamow-Teller(G-T)跃迁，这类跃迁的特征是 $\Delta J=0$ 或 $1(J_i=0$ 到 $J_f=0$ 是禁戒的)，$\Delta T=0$ 或 $1,\pi_i=\pi_f$.

跃迁 $0^+\to 0^+$ 是费米跃迁，其特征是 $\Delta J=0,\Delta T=0,\pi_i=\pi_f$.

(2) β 跃迁概率

$$\Gamma(\beta)\sim G_V^2\,|M_F|^2+G_A^2\,|M_{GT}|^2$$

式中，$|M_F|^2$ 和 $|M_{GT}|^2$ 是对自旋平均了的弱作用矩阵元平方，即

$$|M_F|^2=\frac{1}{2J_i+1}\sum_{M_iM_f}\left|\left\langle J_fM_fT_fT_{z_f}\left|\sum_{k=1}^{A}t_{\pm}(k)\right|J_iM_iT_iT_{z_i}\right\rangle\right|^2$$

$$=\left|\left\langle J_fM_fT_fT_{z_f}\left|\sum_{k=1}^{A}t_{\pm}(k)\right|J_iM_iT_iT_{z_i}\right\rangle\right|^2$$

$$|M_{GT}|^2=\frac{1}{2J_i+1}\sum_{m,M_iM_f}\left|\left\langle J_fM_fT_fT_{z_f}\left|\sum_{K=1}^{A}\sigma_m(k)t_{\pm}(k)\right|J_iM_iT_iT_{z_i}\right\rangle\right|^2$$

式中，σ_m 的 m 可取 $-1,0,1$.

$$\sigma_{+1}=\sigma_x+i\sigma_y,\quad \sigma_0=\sigma_z,\quad \sigma_{-1}=\sigma_x-i\sigma_y$$

$$ft=\frac{K}{G_V^2\,|M_F|^2+G_A^2\,|M_{GT}|^2}$$

式中，$K=2\pi^3\hbar^7\ln 2/m^5c^4$ 是常数. 由于($7^+\to 6^+$)跃迁：$\Delta T=1,\Delta J=1,\Delta\pi=1$，是纯 G-T 跃迁. ($0^+\to 0^+$)跃迁是纯费米跃迁，所以有

$$\frac{ft(7^+\to 6^+)}{ft(0^+\to 0^+)}=\frac{G_V^2\,|M_F|_{0^+}^2}{G_A^2\,|M_{GT}|_{7^+}^2}$$

因为

$$|M_F|_{0^+}^2=\left|\left\langle JMTT_{z_f}\left|\sum_{k=1}^{A}t_{\pm}(k)\right|JMTT_{z_i}\right\rangle\right|^2$$

$$=|\langle JMTT_{z_f}\,|T_+|\,JMTT_{z_i}\rangle|^2$$

$$=T(T+1)-T_{z_i}T_{z_f}$$

式中，$T_+=\sum_{k=1}^{A}\tau_{\pm}(k)$. 代入 $T=1$，$T_{z_i}=0$，得到

$$|M_F|^2=2$$

$$|M_{GT}|^2=\frac{1}{2J+1}\sum_m|\langle 66,1-1\,|\,\{\sigma_m(1)t_{\pm}(1)+\sigma_m(2)t_{\pm}(2)\}\,|\,77,00\rangle|^2$$

这里，只考虑了满壳层外的两个核子，它们是完全相同的. 有

$$|M_{GT}|^2=\frac{4}{2J_i+1}|\langle 66,1-1\,|\,\sigma_-\cdot t_+\,|\,77,00\rangle|^2$$

$$=\frac{4}{2J_i+1}\cdot\frac{2J_i-1}{2J_i}\cdot[T(T+1)-T_{Z_i}T_{Z_f}]$$

$$\approx 0.5$$

所以，有

$$\frac{(ft)_{7^+}}{(ft)_{0^+}}=\frac{G_V^2\,|M_F|_{0^+}^2}{G_A^2\,|M_{GT}|_{7^+}^2}\approx\left(\frac{1.4}{1.6}\right)^2\times\frac{2}{0.5}\approx 3.06$$

实验值给出

$$\frac{(ft)_{7^+}}{(ft)_{0^+}} = \frac{1.6\times10^4}{3.2\times10^3} \approx 5$$

两者大致相符.

9.34　有人预言同位素${}^{57}_{29}\mathrm{Cu}$可以通过正电子衰变到${}^{57}_{28}\mathrm{Ni}$,但到现在也未在实验上发现.

(1) 用壳层模型给出两核的基态和第一激发态的自旋和宇称.

(2) 估计从${}^{57}_{29}\mathrm{Cu}$基态衰变到${}^{57}_{28}\mathrm{Ni}$,释放出的正电子的最大能量,估计其衰变寿命的数量级.

(3) 什么是费米和Gamow-Teller跃迁?指出其相应的自旋和宇称选择定则.对上述过程,估计其比率$\frac{\Gamma_{\mathrm{F}}}{\Gamma_{\mathrm{GT}}}$,你能预计从${}^{57}_{29}\mathrm{Cu}$的基态到${}^{57}_{28}\mathrm{Ni}$的第一激发态的跃迁吗?请解释之.

(4) ${}^{58}_{28}\mathrm{Ni}$在自然界存在,简单地描述一个实验装置,用来研究${}^{57}_{29}\mathrm{Cu}$的正电子衰变.

解　(1) ${}^{57}_{29}\mathrm{Cu}$和${}^{57}_{28}\mathrm{Ni}$为镜像核,两者的能级结构应一样,都是双满壳层以外有一个核子,${}^{57}_{29}\mathrm{Cu}$为质子,${}^{57}_{28}\mathrm{Ni}$为中子,而核的基态和第一激发态能级特性也一样.

对基态,最后一个核子为$2\mathrm{p}_{3/2}$态,$J^\pi=\frac{3}{2}^-$;

对第一激发态,核子为$1\mathrm{f}_{5/2}$态,$J^\pi=\frac{5}{2}^-$,$E_1=0.76\mathrm{MeV}$.

(2) ${}^{57}_{29}\mathrm{Cu}$和${}^{57}_{28}\mathrm{Ni}$为镜像核,两者的质量差为

$$\begin{aligned}\Delta E &= M(Z+1,A)c^2 - M(Z,A)c^2\\ &= \frac{3c\hbar}{5R}\left(\frac{e^2}{c\hbar}\right)[2Z+1]-(m_{\mathrm{n}}-M_{\mathrm{H}})c^2\\ &= \frac{3\times197\times(2\times28+1)}{5\times1.2\times57^{1/3}\times137} - 0.78 = 9.87(\mathrm{MeV})\end{aligned}$$

即${}^{57}_{29}\mathrm{Cu}$基态比${}^{57}_{28}\mathrm{Ni}$基态能量高9.87MeV.${}^{57}_{29}\mathrm{Cu}$基态到${}^{57}_{28}\mathrm{Ni}$基态可发生β^+衰变,β^+粒子的最大能量为

$$E_0 = \Delta E - 2m_{\mathrm{e}}c^2 \approx 9.87-1.02\approx 8.85(\mathrm{MeV})$$

因为β^+衰变是$\frac{3}{2}^- \to \frac{3}{2}^-$,$\Delta J=0$,$\Delta\pi=+$,$\Delta T=0$,是超允许型衰变,作为粗略的估计,因为衰变能$E_0\gg 2m_{\mathrm{e}}c^2$,$p^2c^2\approx E^2$,$c\mathrm{d}p=\mathrm{d}E$,得到

$$\begin{aligned}\lambda_{\beta^+} &= \int_0^{p_0} I(p)\mathrm{d}p = B\int_0^{p_0}(E_0-E)^2p^2\mathrm{d}p \approx A\int_0^{E_0}(E_0-E)^2E^2\mathrm{d}E\\ &= AE_0^5\left(\frac{1}{3}+\frac{1}{5}-\frac{1}{2}\right) = \frac{1}{30}AE_0^5\end{aligned}$$

设$|M_{\mathrm{fi}}|^2\approx1$,$g=1.17\times10^{-5}(c\hbar)^3\mathrm{GeV}^{-2}$,常数$A=B/c^3$,数值为

$$\begin{aligned}A &= \frac{g^2|M|^2}{2\pi^3c^6\hbar^7} = \frac{g^2c}{2\pi^3(c\hbar)^7}\\ &\approx \frac{1.17^2\times10^{-10}\times3\times10^{10}\times10^{-12}}{2\pi^3\times197\times10^{-13}}\\ &= 3.36\times10^{-3}(\mathrm{MeV}^{-5}\cdot\mathrm{s}^{-1})\end{aligned}$$

代入上式,得到

$$T_{1/2} = \ln2/\lambda = \frac{30\ln2}{BE_0^5} = \frac{30\ln2}{3.36\times8.85^5}\times10^3 = 0.114(\mathrm{s})$$

(3) 对于镜像核基态$\frac{3}{2}^{-}\to\frac{3}{2}^{-}$之间的$\beta^+$衰变，因初、末态结构相似，为超允许型跃迁，有两种跃迁类型，即费米型和 Gamov-Teller 型，对费米型跃迁的选择定则是$\Delta J=0$，$\Delta\pi=+1$，中微子和电子自旋是反平行；对 Gamov-Teller 型跃迁的选择定则是$\Delta J=0$，±1，$\Delta\pi=+$，中微子和电子的自旋是平行的.

对费米型，$\frac{3}{2}^{-}\to\frac{3}{2}^{-}$跃迁

$$|M_{\mathrm{F}}|^2=T(T+1)-T_{z_i}T_{z_j}=\frac{1}{2}\left(\frac{1}{2}+1\right)+\frac{1}{2}\times\frac{1}{2}=1$$

对 Gamov-Teller 型，$\frac{3^-}{2}\to\frac{3^-}{2}$跃迁

$$|M_{\mathrm{GT}}|^2=\frac{J_{\mathrm{f}}+1}{J_{\mathrm{f}}}=\frac{3/2+1}{3/2}=\frac{5}{3}$$

耦合常数近似为$|g_{\mathrm{GT}}|\approx1.24|g_{\mathrm{F}}|$，代入得到两种跃迁类型的跃迁概率之比

$$\frac{\Gamma_{\mathrm{F}}}{\Gamma_{\mathrm{GT}}}=\frac{g_{\mathrm{F}}^2|M_{\mathrm{F}}|^2}{g_{\mathrm{GT}}^2|M_{\mathrm{GT}}|^2}=\frac{1}{1.24^2\times\frac{5}{3}}=0.39$$

从$^{57}_{29}\mathrm{Cu}$的基态到$^{57}_{28}\mathrm{Ni}$的第一激发态的跃迁，$\Delta J=1$，$\Delta\pi=+$，是一般的允许型跃迁，且是从$2\mathrm{p}_{3/2}$初态跃迁到$1\mathrm{f}_{5/2}$末态，两核的结构相差较大，所以，ft要比超允许型跃迁大2～3个数量级，加上相空间因子

$$\left(\frac{8.85-0.76}{8.85}\right)^5=0.64$$

所以，其分支比很小，很难探测到.

(4) 用质子轰击$^{58}_{28}\mathrm{Ni}$靶，产生下列反应：

$$\mathrm{p}+^{58}_{28}\mathrm{Ni}\to^{57}_{29}\mathrm{Cu}+2\mathrm{n}$$

利用质量亏损$\Delta=(M-A)c^2$，用 MeV 表示：$\Delta(\mathrm{n})=8.071$，$\Delta(^1\mathrm{H})=7.289$，$\Delta(^{58}\mathrm{Ni})=-60.235$和$\Delta(^{57}\mathrm{Cu})=-46.234$. 代入上式

$$\begin{aligned}Q&=\Delta(^{58}\mathrm{Ni})+\Delta(^1\mathrm{H})-2\Delta(\mathrm{n})-\Delta(^{57}\mathrm{Cu})\\&=-60.235+7.289-2\times8.071+46.234\\&=-22.854(\mathrm{MeV})\end{aligned}$$

反应为吸热反应，需要较高能量的质子，可用测量中子来监测$^{57}\mathrm{Cu}$产生，同时用测量β^+粒子相对于中子的时间延迟来研究$^{57}\mathrm{Cu}$的β^+衰变寿命.

9.35　一个超允许费米跃迁的经典例子是图 2.34 给出的，从$^{14}\mathrm{O}$到$^{14}\mathrm{N}$的 2.3MeV 的β衰变.

(1) 给出超允许衰变的初态和末态自旋、宇称J^π和同位旋，并简要说明；

(2) 给出该衰变的跃迁费米矩阵元.

(3) 给出$^{14}\mathrm{N}$基态的自旋、宇称和同位旋，并讨论从$^{14}\mathrm{O}$和$^{14}\mathrm{C}$基态到$^{14}\mathrm{N}$基态的β^+和β^-衰变，比较它们的衰变矩阵元.

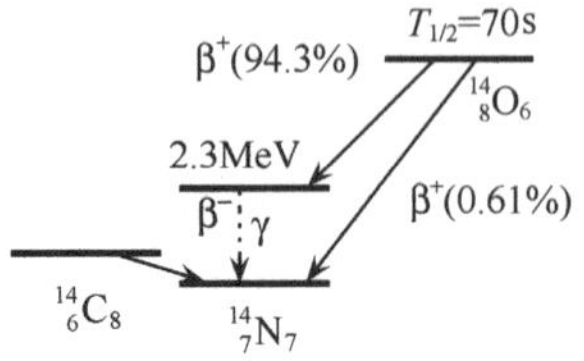

图 2.34

(4) 另外,还存在一些具有超允许纯费米衰变核的质量三重态(实际上是 $A=4n+2$, $n=2,3,4,\cdots$的核),根据半衰期对衰变能的依赖关系以及衰变能对衰变子核原子序数 Z 的关系,给出超允许纯费米衰变核的半衰期 $T_{1/2}$和 A 的关系. 设 $Z\approx A/2$.

(5) 超允许纯费米衰变

$$^{54}_{27}\text{Co}\rightarrow {}^{54}_{26}\text{Fe}+\beta^{+}+\nu$$

实验测量其半衰期为 0.19s. 根据(4)的结果,用^{14}O 的半衰期估计^{54}Co 半衰期并和实验测量值比较.

解 (1)^{14}O 是偶偶核,自旋和宇称应是 $J^{\pi}=0^{+}$,核中有 8 个质子和 6 个中子,同位旋第三分量为

$$T_3=\frac{1}{2}(Z-N)=1$$

因为 $T\geqslant|T_3|$,所以^{14}O 的最低能态是同位旋 $T=1$. 超允许费米衰变的选择定则是

$$\Delta J=\Delta\pi=\Delta T=0$$

^{14}N 的 2.3MeV 激发态的自旋和宇称也是 $J^{\pi}=0^{+}$,同位旋、同位旋第三分量分别是 $T=1$、$T_3=0$.

(2) 根据壳层模型,单个质子超允许费米 β 衰变的跃迁矩阵元平方就是费米常数 G_F^2,^{14}O 的组态是:$(1s_{1/2})^2(1p_{3/2})^4(1p_{1/2})^2$,在^{14}O 的 $1p_{1/2}$轨道有 2 个质子,每个都可能衰变到^{14}N 的 $1p_{1/2}$轨道一个中子,所以^{14}O 核到^{14}N 核的超允许费米 β^+ 衰变的跃迁矩阵元平方为

$$|M|^2=2G_F^2$$

(3)^{14}N 核的未成对的一个质子和中子均是$(1p_{1/2})^1$,其基态自旋、宇称由 $1p_{1/2}$的质子和中子波函数决定,但宇称必须是正,自旋的可能值有 0 或 1. 而^{14}N 的 2.3MeV 激发态和基态之间有 γ 跃迁,$J=0\rightarrow J=0$ 的 γ 跃迁是禁戒的. 所以,^{14}N 核基态自旋和宇称 $J^{\pi}=1^{+}$. ^{14}N 核的质子和中子数相等,$T_3=0$,^{14}N 核基态的同位旋 $T=0$.

^{14}O 核基态到^{14}N 核基态的 β^+ 衰变是 $\Delta J=\Delta T=1$,$\Delta\pi=0$,应是允许 Gamow-Teller 跃迁. 又因为^{14}O 和^{14}C 是镜像核,结构相似,^{14}C 核到^{14}N 核也是一个允许 Gamow-Teller β^- 衰变,而且两个衰变近似有相同的跃迁矩阵元.

(4) 当 $E_0\gg m_e$时,β^+ 衰变的相空间因子正比于 E_0^5,E_0 为衰变正电子的最大动能. 对于 β^+ 衰变,E_0 值由初、末态核的质量差决定,

$$E_0=[M(A,Z)-M(A,Z-1)-2m_e]c^2$$

$M(A,Z)$为质量数为 A、质子数为 Z 的原子的质量. 依据核的质量半经验公式

$$M(A,Z)=Zm_p+Nm_n-a_1A+a_2A^{2/3}+a_3(N-Z)^2A^{-1}+a_4Z^2A^{-1/3}+\delta A^{-1/2}$$

一组近似数值为:$a_1=16\text{MeV}$,$a_2=18\text{MeV}$,$a_3=24\text{MeV}$,$a_4=0.7\text{MeV}$,对偶偶核 $\delta=-11\text{MeV}$;奇偶核 $\delta=0$;奇奇核 $\delta=11\text{MeV}$. 设 $N=Z$,且 A 较大时,由上述常数很容易验证,核的质量差主要由库仑能项决定. 相同 A,Z 个质子和 $Z-1$ 个质子的核,质量差近似是 $2a_4\dfrac{Z}{A^{1/3}}$,如果 Z 正比于 A,则 E_0 正比于 $A^{2/3}$. 我们得到衰变核的衰变率 Γ 与 A 的关系

$$\Gamma\propto E_0^5\propto A^{10/3}$$

其衰变核的半衰期与 A 的关系为

$$T_{1/2} \propto A^{-10/3}$$

(5)题设^{14}O的半衰期$T_{1/2}=70\text{s}$，由(4)的结论，可估计^{54}Co的半衰期

$$T_{1/2}=70\times\left(\frac{14}{54}\right)^{10/3}=0.78(\text{s})$$

粗略估计值约是实验值0.19s的4倍.

9.36　(1)图2.35给出^{13}C和^{13}N的部分能级图.

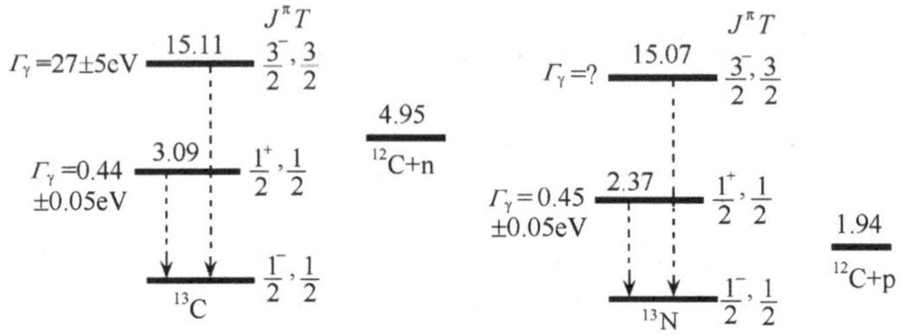

图2.35

①估计^{13}N的15MeV能级的宽度Γ_γ.

②两个核的$\frac{1}{2}^+$态能级相对于基态为什么有如此大的差别?

③两个核的$\frac{1}{2}^-$态能级为什么有相同的宽度？你如何估计这个宽度?

(2) 考虑^{18}F的部分能级如图2.36所示.

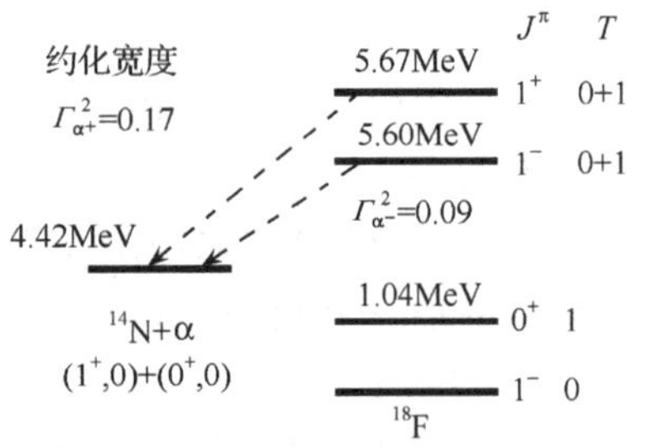

图2.36

①假设1^-能级是两个态的混合，给出混合矩阵元.

②估计两个态到1.04MeV能级的γ跃迁强度之比，以及它们跃迁到基态的强度比.

解　(1)①从15MeV的激发态$|J^\pi=3/2^-,T=3/2\rangle$到基态$|J^\pi=1/2^-,T=1/2\rangle$辐射，总角动量改变$\Delta J=1$，宇称$\pi$不变，是M1或E2跃迁. 为了得到^{13}N的辐射跃迁宽度，我们可以比较相似的^{13}C辐射跃迁，它们是同位旋相似态. 根据单粒子模型，^{13}N的基态的质子组态是

$$(1s_{1/2})^2(1p_{3/2})^4(1p_{1/2})^1$$

这也是^{13}C基态中子的组态. ^{13}N的$|J^\pi=3/2^-,T=3/2\rangle$态是一个质子从$1p_{3/2}$激发到$1p_{1/2}$能级，质子的组态变为

$$(1s_{1/2})^2(1p_{3/2})^3(1p_{1/2})^2$$

很显然，这也是^{13}C的$|J^\pi=3/2^-,T=3/2\rangle$激发态中子的组态. 它们的辐射跃迁是一个质子或中子从$J=L+\frac{1}{2}$到$J=L-\frac{1}{2}$的跃迁，所以，是M1跃迁为主. 衰变宽度是

$$\Gamma_{\gamma^0}\propto|\langle\Psi_f|\boldsymbol{\mu}|\Psi_i\rangle|^2(\Delta E)^3$$

其中，ΔE是衰变能，$\boldsymbol{\mu}$是磁偶极矩，Ψ_i和Ψ_f分别表示质子或中子的初态组态和末态组态.

用纯单粒子模型，磁偶极矩算符是

$$\boldsymbol{\mu} = \mu_{\mathrm{N}}(g_s\boldsymbol{s} + g_L\boldsymbol{L})/\hbar$$

其中，$\boldsymbol{L}$ 和 $\boldsymbol{s}$ 分别是激发核子的轨道角动量和自旋，激发核子对于^{13}C 是中子，$g_s = -3.8$，$g_L = 0$；对于^{13}N 是质子，$g_s = 5.6$，$g_L = 1$. 其跃迁矩阵元为

$$|\langle\Psi_{\mathrm{f}}|\boldsymbol{\mu}|\Psi_{\mathrm{i}}\rangle|^2 \approx |\langle\Psi_{\mathrm{f}}|\frac{\mu_{\mathrm{N}}}{2\hbar}[(g_s+g_L)\boldsymbol{J}+(g_s-g_L)(\boldsymbol{s}-\boldsymbol{l})|\Psi_{\mathrm{i}}\rangle]|^2$$

$$= \left|\frac{\mu_{\mathrm{N}}}{2\hbar}[(g_s-g_L)\langle\Psi_{\mathrm{f}}|(\boldsymbol{s}-\boldsymbol{l})|\Psi_{\mathrm{i}}\rangle]\right|^2$$

式中，用了$\langle\Psi_{\mathrm{f}}|\boldsymbol{J}|\Psi_{\mathrm{i}}\rangle = 0$，矩阵元中$\langle\Psi_{\mathrm{f}}|(\boldsymbol{s}-\boldsymbol{l})|\Psi_{\mathrm{i}}\rangle$对于两个核的激发态跃迁是一样的，仅仅不同的是 g_s和 g_L. 所以，^{13}N 和^{13}C 跃迁矩阵元平方之比是

$$(5.6-1)^2/(-3.8)^2 = 1.47$$

由此，我们用^{13}C 的能级宽度和它们的衰变能，得到^{13}N 的激发态的能级宽度

$$\Gamma_\gamma^{\mathrm{N}} \approx 1.47\times\left(\frac{\Delta E_{\mathrm{N}}}{\Delta E_{\mathrm{C}}}\right)^3\cdot\Gamma_\gamma^{\mathrm{C}} = 1.47\times 27\times\left(\frac{15.07}{15.11}\right)^3 \approx 39(\mathrm{eV})$$

②已知^{13}N 和^{13}C 的基态的质子和中子组态，它们的$\frac{1}{2}^+$的激发态：对^{13}N 是质子从 $1\mathrm{p}_{1/2}$激发到 $2\mathrm{s}_{1/2}$能级；对^{13}C 是中子从 $1\mathrm{p}_{1/2}$激发到 $2\mathrm{s}_{1/2}$能级. 它们的$\frac{1}{2}^+$的激发态的质子或中子组态是

$$(1\mathrm{s}_{1/2})^2(1\mathrm{p}_{3/2})^4(2\mathrm{s}_{1/2})^1$$

它们的能量不同可以直接地解释，对^{13}N 是质子从 $1\mathrm{p}_{1/2}$激发到 $2\mathrm{s}_{1/2}$能级，^{13}N 核内质子电荷的分布改变了，变得分散了，核的库仑能减小. 对^{13}C 是中子从 $1\mathrm{p}_{1/2}$激发到 $2\mathrm{s}_{1/2}$能级，不改变核内电荷分布. 这个现象在相似核中总是存在的. 这也可以从旁边的非束缚态^{12}C+p 的能级看出来，这时质子到核的平均距离更大了，这个效应增强了. 这就是 Thomas-Ehrman 效应.

我们还要指出的是，对于两个 15MeV 的激发态之间，没有类似能量不同，因为它相当于一个质子或中子加一个同位旋为 1 的^{12}C 壳层. 这个态没有在图上画出来，它应在 15MeV 能级的上方几 MeV.

③两个跃迁都是 $\Delta J = 0$，宇称 π 改变，为 E1 跃迁. 跃迁率正比于激发态能量的三次方，如果我们假设两核的相似态的核子分布是相似的，价核子的有效电荷：对质子为 $\left(\frac{N}{A}\right)e$，中子为$-\left(\frac{N}{A}\right)e$，两者也有近似的幅值. 决定跃迁矩阵元的电偶极算符近似相等. 估计衰变宽度之比

$$\frac{\Gamma_\gamma^{\mathrm{N}}}{\Gamma_\gamma^{\mathrm{C}}} \approx \left(\frac{\Delta E_{\mathrm{N}}}{\Delta E_{\mathrm{C}}}\right)^3 \approx \left(\frac{2.37}{3.07}\right)^3 = 0.45$$

实验值近似值为 1，在数量级上是一致的. 但是，根据②的解释，^{13}N 的波函数是变形的，质子有较大的平均半径，电偶极矩的有效值增加，所以衰变率也会增加. 上面的估计未计入这个效应，比实验值偏低.

(2)①这部分的问题是同位旋混合态的库仑相互作用. 我们用$|+\rangle$表示能量为 $E_+ =$

5.67MeV 的态，$|-\rangle$表示能量为 $E_-=5.60\text{MeV}$ 的态，我们可写成

$$|+\rangle = \cos\theta \mid T=0\rangle + \sin\theta \mid T=1\rangle$$
$$|-\rangle = \sin\theta \mid T=0\rangle - \cos\theta \mid T=1\rangle$$

对于两个态的混合，我们可以调整波函数的相，使所有混合矩阵系数是实数. 态$|+\rangle$和$|-\rangle$是哈密顿量 H 的本征态. 我们可写成

$$\langle +|\, H\, |+\rangle = E_+ \qquad \langle -|\, H\, |+\rangle = 0$$
$$\langle +|\, H\, |-\rangle = 0 \qquad \langle -|\, H\, |-\rangle = E_-$$

我们发现混合矩阵元是

$$M = \langle T=0 \mid H \mid T=1\rangle$$

上面态的混合可写成

$$\mid T=0\rangle = \cos\theta\, |+\rangle + \sin\theta\, |-\rangle$$
$$\mid T=1\rangle = \sin\theta\, |+\rangle - \cos\theta\, |-\rangle$$

由此我们得到混合矩阵元

$$M = (E_+ - E_-)\cos\theta\sin\theta = \frac{1}{2}(E_+ - E_-)\sin 2\theta$$

在 α 衰变中同位旋守恒，由于$^{14}N+\alpha$ 的同位旋态为 0，所以，$|+\rangle$和$|-\rangle$中仅有$|T=0\rangle$分量对衰变有贡献. $|+\rangle$态的部分宽度 $\Gamma_\alpha^{e+}=0.17$，$|-\rangle$态的部分宽度 $\Gamma_\alpha^{e-}=0.09$，它们的部分宽度分别正比于 $\cos^2\theta$ 和 $\sin^2\theta$. 若我们忽略相空间和波函数的差异，我们得到

$$\tan^2\theta = \frac{0.09}{0.17} = 0.53$$
$$\tan\theta = 0.73$$
$$\sin 2\theta = 0.95$$

最后得到混合矩阵元

$$M = \frac{1}{2}(E_+ - E_-)\sin 2\theta \approx 0.033(\text{MeV})$$

②由 5.67MeV 的 1^+ 态跃迁到 1.04MeV 的 0^+ 态，$\Delta l=1$，$\Delta\pi=+$，是 M1 跃迁；5.60MeV的 1^- 态跃迁到 1.04MeV 的 0^+ 态，$\Delta l=1$，$\Delta\pi=-$，是 E1 跃迁. 两者都是偶极跃迁，根据同位旋选择定则，$\Delta T=\pm 1$，所以仅有 $T=0$ 的部分能衰变到 1.04MeV 的态. 由于电磁跃迁算符中

$$\mu_{L,M}^{e}:eR^L E^{2L+1}, \qquad \mu_{L,M}^{m}:eR^L E^{2L+1}\left[\frac{\hbar}{m_N cR}\right]$$

其中，$R=1.4\times A^{1/3}\text{fm}$，$|+\rangle$和$|-\rangle$的态衰变到 1.04MeV 的态的部分宽度之比为

$$\frac{\Gamma_\gamma^+}{\Gamma_\gamma^-}(1.04\text{MeV 态}) \approx \cot^2\theta\left(\frac{\Delta E_+}{\Delta E_-}\right)^3\left(\frac{\hbar}{m_N cR}\right)^2$$
$$= \left(\frac{1}{0.75}\right)^2\left(\frac{5.67-1.04}{5.60-1.04}\right)^3\left(\frac{1.97}{980\times 3.7}\right)^2 \approx 0.98\times 10^{-2}$$

类似地，对跃迁到基态，$|+\rangle$衰变是 E1 跃迁，$|-\rangle$是 M1 跃迁，仅有 $T=1$ 的分量才能衰变到基态，它们衰变到基态的部分宽度之比

$$\frac{\Gamma_\gamma^+}{\Gamma_\gamma^-}(\text{基态}) \approx \tan^2\theta\left(\frac{E_+}{E_-}\right)^3\left(\frac{\hbar}{m_N cR}\right)^{-2}$$

$$= (0.75)^2 \times \left(\frac{5.67}{5.60}\right)^3 \times \left(\frac{197}{980 \times 3.7}\right)^{-2} \approx 105$$

9.37 考虑图 2.37 的能级结构，基态和激发态都是同位旋三重态，自旋和宇称都是 0^+，${}^{42}_{21}\text{Sc}$ 的基态通过 β^+ 衰变到 ${}^{42}_{20}\text{Ca}$ 的基态，正电子最大动能为 5.4 MeV.

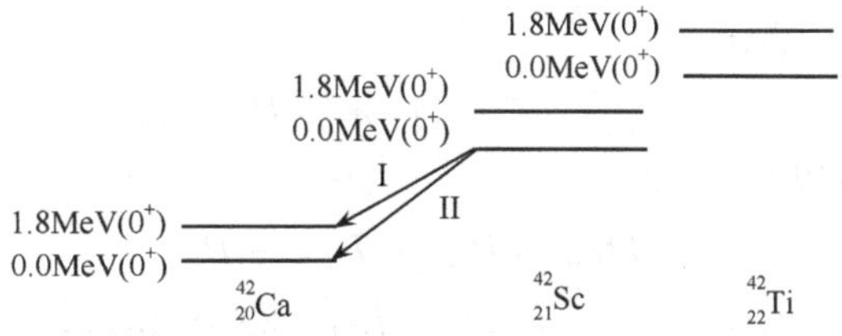

图 2.37

(1) 仅从相空间考虑，计算衰变道 I 和 II 的衰变率之比.

(2) 核的态为纯的同位旋本征态，为什么费米跃迁矩阵元是对 I 禁戒的跃迁算符?

(3) 考虑有电磁作用产生的混合态，一般可写成

$$H_{\text{EM}} = H_0 + H_1 + H_2$$

每项的下标表示同位旋张量的秩，写出分支比 $\frac{\Gamma_{\text{I}}}{\Gamma_{\text{II}}}$，用混合态 H_{EM} 的每一部分的约化矩阵元表示.

(4) 用(1) 和 (3)的结果，忽略 H_2 部分，且有 $\frac{\Gamma_{\text{I}}}{\Gamma_{\text{II}}} = 6 \times 10^{-5}$，计算出混合 ${}^{42}_{20}\text{Ca}$ 的基态和第一激发态的约化矩阵元.

解 (1)只考虑相空间时，对 β^+ 衰变，当 $E_0 \gg m_e c^2$ 时，有近似关系

$$\lambda \sim E_0^5$$

我们得到

$$\frac{\Gamma_{\text{I}}}{\Gamma_{\text{II}}} = \frac{(5.4 - 1.8)^5}{5.4^5} \approx 0.13$$

(2)对于同一同位旋多重态之间的费米跃迁，由于初、末态是同一同位旋多重态，结构相似，故跃迁几率大，称超允许 β 衰变. 对 $0^+ \to 0^+ (T=1)$ 之间，只有费米型 β 衰变，略去费米矩阵元高阶修正，有

$$\langle M_{\text{F}} \rangle^2 = \left\langle \alpha, T_{\text{f}}, T_{3\text{f}} \left| \sum_{k=1}^{A} t_{\pm}(k) \right| \alpha', T_{\text{i}}, T_{3\text{i}} \right\rangle^2 = \left(\delta_{\alpha\alpha'} \delta_{T_{\text{i}} T_{\text{f}}} \sqrt{T(T+1) - T_{3\text{i}} T_{3\text{f}}}\right)^2$$

$$= \begin{cases} T(T+1) - T_{3\text{i}} T_{3\text{f}}, & \alpha = \alpha', T_{\text{f}} = T_{\text{i}} \\ 0, & \text{其他} \end{cases}$$

这里忽略了费米跃迁的高阶矩阵元，式中 α 为该核除了同位旋以外的其他量子数. 由上式可知，II 为同一同位旋多重态之间的跃迁，是超允许型跃迁，I 是不同同位旋多重态之间的跃迁，也就是费米禁戒跃迁.

(3) 用微扰理论来处理，设 ${}^{42}\text{Ca}$ 的基态和激发态分别用 $|1\rangle$ 和 $|2\rangle$ 表示，由于 H_{EM} 相互作用，混合后的两态表示为 $|1\rangle'$ 和 $|2\rangle'$，而且，由 H_{EM} 造成的混合是很小的量

$$H_0 \mid 1\rangle = E_1 \mid 1\rangle$$

$$H_0 \mid 2\rangle = E_2 \mid 2\rangle$$

这里，E_1 和 E_2 是两个态的本征态能量($E_1 \approx E_0$，$E_2 - E_1 = 1.8\text{MeV}$). 假设

$$H = H_0 + E_{EM}$$

式中，$H_{EM}=H_0+H_1+H_2$，下标表示同位旋张量的秩，把 H_0，H_1 和 H_2 用 $P_{0,0}$，$P_{1,0}$ 和 $P_{2,0}$ 表示，定义

$$\langle J_1 m_1 \mid P_{\mu\nu} \mid J_2 m_2 \rangle = C^{J_1 m_1}_{\mu\nu J_2 m_2} \langle J_1 \| P_{\mu\nu} \| J_2 \rangle$$

所以有

$$H_{EM} = P_{0,0} + P_{1,0} + P_{2,0}$$

$$\langle 1 \mid H_{EM} \mid 2 \rangle = \langle \alpha,1,-1 \mid (P_{0,0}+P_{1,0}+P_{2,0}) \mid \alpha',1,-1 \rangle$$

$$= \langle \alpha,1 \| P_0 \| \alpha',1 \rangle - \sqrt{\frac{1}{2}} \langle \alpha,1 \| P_1 \| \alpha',1 \rangle + \sqrt{\frac{1}{10}} \langle \alpha,1 \| P_2 \| \alpha',1 \rangle$$

$$\langle 1 \mid H_{EM} \mid 1 \rangle = \langle 2 \mid H_{EM} \mid 2 \rangle = \langle \alpha,1,-1 \mid (P_{0,0}+P_{1,0}+P_{2,0}) \mid \alpha,1,-1 \rangle$$

$$= \langle \alpha,1 \| P_0 \| \alpha,1 \rangle - \sqrt{\frac{1}{2}} \langle \alpha,1 \| P_1 \| \alpha,1 \rangle + \sqrt{\frac{1}{10}} \langle \alpha,1 \| P_2 \| \alpha,1 \rangle$$

式中，α 和 α' 分别表示除同位旋以外的其他量子数，$\langle \alpha,1 \| P \| \alpha,1 \rangle$ 代表约化矩阵元部分，代入上式，结果为

$$\frac{\Gamma_{\mathrm{I}}}{\Gamma_{\mathrm{II}}} = \frac{E_1^5 \mid M_1 \mid^2}{E_2^5 \mid M_2 \mid^2} = \frac{(5.4 - 1.8 - \langle 2 \mid H_{EM} \mid 2 \rangle)^5}{(5.4 - \langle 1 \mid H_{EM} \mid 1 \rangle)^5} \cdot \frac{(\langle 1 \mid H_{EM} \mid 2 \rangle)^2}{(E_2 - E_1)^2}$$

因为 $\langle 1 | H_{EM} | 1 \rangle$、$\langle 2 | H_{EM} | 2 \rangle \ll E_1, E_2$，即能级修正可以忽略.

$$\frac{\Gamma_{\mathrm{I}}}{\Gamma_{\mathrm{II}}} = \frac{E_{10}^5}{E_{20}^5 (E_2 - E_1)^2} (\langle 1 \mid H_{EM} \mid 2 \rangle)^2 = \frac{(5.4 - 1.8)^5}{5.4^5 \times 1.8^2} \left[\langle 1 \| P_0 \| 2 \rangle - \sqrt{\frac{1}{2}} \langle 1 \| P_1 \| 2 \rangle + \sqrt{\frac{1}{10}} \langle 1 \| P_2 \| 2 \rangle \right]^2$$

我们略去 H_2 的项，设同位旋标量项也不会引起两同位旋态之间的混合，即 $\langle 1 \| P_0 \| 2 \rangle = 0$

$$\frac{\Gamma_{\mathrm{I}}}{\Gamma_{\mathrm{II}}} = \frac{E_{10}^5}{E_{20}^5 (E_2 - E_1)^2} \cdot \frac{1}{2} \mid \langle \alpha,1 \| P_1 \| \alpha',1 \rangle \mid^2$$

(4) 在上述简化的情况下

$$\frac{\Gamma_{\mathrm{I}}}{\Gamma_{\mathrm{II}}} = \frac{(5.4 - 1.8)^5}{5.4^5 \times 1.8^2} \cdot \frac{1}{2} \mid \langle \alpha,1 \| P_1 \| \alpha',1 \rangle \mid^2 = 6 \times 10^{-5}$$

最后得到

$$\mid \langle \alpha,1 \| P_1 \| \alpha',1 \rangle \mid^2 = 49.2 \times 6 \times 10^{-5} = 2.952 \times 10^{-3} (\mathrm{MeV}^2) = 2952 (\mathrm{keV}^2)$$

$$\mid \langle \alpha,1 \| P_1 \| \alpha',1 \rangle \mid = 54.3\mathrm{keV}$$

9.38　一个伴有 γ 放射性的 β 源，测量到它有两组 β 谱，最大能量分别为 0.61MeV 和1.436MeV. 高能成分约是低能成分的四倍，伴随 β 发射，有 γ 射线发射，若在放射源和 β 谱仪之间放一个很薄的银片，β 谱仪测到的光电子能量有五个，见表 2.12.

银的 K 和 L 壳层电子的结合能分别为 25keV 和 4keV. 由上述数据，给出该放射源的衰变纲图.

表 2.12

光电子	E/MeV	强度
A	0.216	强
B	0.237	弱
C	0.801	弱
D	0.822	很弱
E	1.042	很弱

解　由于光电子能量测量的精确度远高于对β谱最大能量的确定，因此子核的能级和伴随的γ射线能量可由光电子能量来推算. 光电子的能量为 $E_e=E_\gamma-W_i$，W_i是银的 i 壳层电子的结合能，由此，得到 $E_\gamma=E_e+W_i$. 对于 E_{γ_2}，有

$$E_{\gamma_2}=E_{e_1}+0.025=0.216+0.025=0.241(\text{MeV})$$

$$=E_{e_2}+0.004=0.237+0.004=0.241(\text{MeV})$$

从两壳层的数据，得到的结果是一致的. 由光电子的最大能量为 1.042MeV，可给出 E_{γ_3} 的值为

$$E_{\gamma_3}=E_{e_5}+0.025=1.042+0.025=1.067(\text{MeV})$$

由此，可推导出 E_{γ_1} 的值为

$$E_{\gamma_1}=E_{\gamma_3}-E_{\gamma_2}=1.067-0.241=0.826(\text{MeV})$$

由 E_{γ_1} 产生的光电子能量分别为

$$E_{e_3}=0.826-0.025=0.801(\text{MeV})$$

$$E_{e_4}=0.826-0.004=0.822(\text{MeV})$$

这与实验测量值完全一致，也与由β谱最大能量差的结果一致，即

$$E_{\gamma_1}+E_{\beta_1}-E_{\beta_2}=1.436-0.61=0.826(\text{MeV})$$

放射源的衰变纲图如图 2.38 所示.

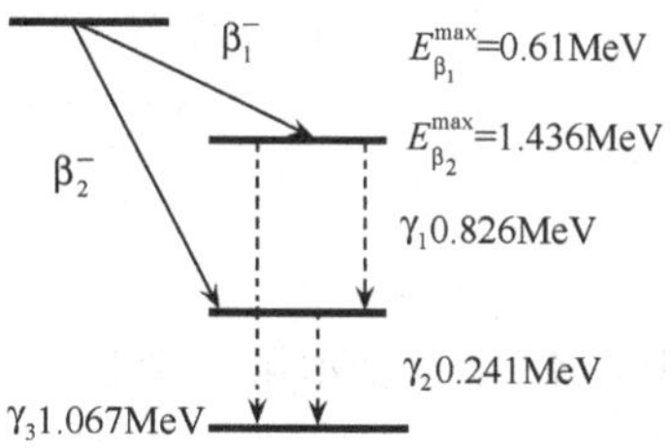

图 2.38

9.39　(1) 设一个核子处在壳层模型的 $|Nl\pi t_z jm\rangle$态，其中前四个量子数分别是振动能级主量子数、轨道角动量量子数、宇称和同位旋第三分量. 给出相应于费米(V)和 Gamow-Teller(A)β跃迁过程的单核子算符，并给出所遵守的选择定则，也就是给出 ΔN、Δl、$\Delta\pi$、Δj 和 Δm.

(2) ^{6}He 和^{6}Li 的两个价核子通过 L-S 耦合 $L=0$ 的基态. ^{6}He 的基态($J^\pi=0^+$)通过允许型β衰变($T_{1/2}=0.8$s)到^{6}Li 的基态($J^\pi=1^-$). 给出描述两个核的基态包含有同位旋的波函数. 计算β衰变过程的矩阵元平方.

(3) 当$|G_A/G_V|^2\approx1.50$ 时，中子的衰变 ft 值约为 1115s，根据(2)的结果，预言^{6}He 的 ft 值.

解　(1) 对于费米(V)β跃迁，通常的非相对论核子算符是

$$O_F=G_V\sum_k\tau_k^{\pm}$$

其中，$\tau_k^+(\tau_k^-)$是归一化的第 k 个核子同位旋升(降)算符，$\tau_k^+|\mathrm{n}\rangle=|\mathrm{p}\rangle$，$|\mathrm{n}\rangle$和$|\mathrm{p}\rangle$分别是中子和质子. 对单个核子求和变成一项. 单个核子从$|Nl\pi t_3 jm\rangle$态到$|N_1 l_1 \pi_1 t_{z1} j_1 m_1\rangle$态的费米(V)β 衰变率正比于两态之间 O_F 的矩阵元平方：

$$\Gamma_V \propto |\langle N_1 l_1 \pi_1 t_{z1} j_1 m_1 \mid \tau^{\pm} \mid Nl\pi t_z jm\rangle|^2$$

所以，有选择定则是

$$\Delta t_z = \pm 1$$

$$\Delta N = \Delta l = \Delta\pi = \Delta j = \Delta m = 0$$

对于 Gamow-Teller(A)β 跃迁，通常的非相对论核子算符是

$$O_{GT} = G_A \sum_k \tau_k^{\pm} \sigma_k$$

式中，$\boldsymbol{\sigma}$ 是泡利自旋矩阵矢量$(\sigma_x,\sigma_y,\sigma_z)$，或等效的$(\sigma^+,\sigma^-,\sigma_z)$. 其中，$\sigma^{\pm}=\dfrac{(\sigma_x \pm \mathrm{i}\sigma_y)}{\sqrt{2}}$. 单个核子从$|Nl\pi t_3 jm\rangle$态到$|\langle N_1 l_1 \pi_1 t_{z1} j_1 m_1\rangle$态的 Gamow-Teller β(A)衰变率为

$$\Gamma_A \propto |\langle N_1 l_1 \pi_1 t_{z1} j_1 m_1 \mid \tau^{\pm}\boldsymbol{\sigma} \mid Nl\pi t_z jm\rangle|^2$$

选择定则是：要使 $\Gamma_A \neq 0$，$\Delta t_z=\pm 1$ 和 $\Delta N=\Delta l=\Delta\pi=0$ 是必须的，$\boldsymbol{\sigma}$ 是矢量算符，$\boldsymbol{j}$ 是总角动量. 允许的 Δj 和 Δm 应是

$$\Delta j = 0, \pm 1;\Delta m = 0, \pm 1;\text{但不能是 } j = 0 \to j_1 = 0$$

这里要说明的是：j 和 m 的这些选择定则，是适用于任何矢量算符作用在角动量空间的，如我们熟悉的电偶极 E1 跃迁以及我们这里的 Gamow-Teller(A) β 衰变.

(2) 当每个核 $L=0$ 时，分析两个核的其他量子数，如总自旋 S、总的同位旋 T 和总角动量 J.

对于^{6}He：两个价核子是中子，每个有 $t_z(\mathrm{n})=-1/2$，$T(^6\mathrm{He})=1$，两个中子的 $S=0$ 或 1，$J=0$ 和 $L=0$，应有 $S=0$. 所以，^{6}He 的波函数是

$$|\Psi_{^6\mathrm{He}}\rangle = |S=0, m_S=0, T_z=-1\rangle$$
$$=\frac{1}{\sqrt{2}}[|\uparrow_1\downarrow_2\rangle - |\downarrow_1\uparrow_2\rangle]\,|\mathrm{n}_1\mathrm{n}_2\rangle$$

式中，$|\uparrow_1\downarrow_2\rangle$表示第一个核子自旋向上和第二个核子自旋向下. $|\mathrm{n}_1\mathrm{n}_2\rangle$表示两个价核子都是中子.

对于^{6}Li：两个价核子，其中一个是质子$\left(t_z(\mathrm{p})=\dfrac{1}{2}\right)$，一个是中子$\left(t_z(\mathrm{n})=-\dfrac{1}{2}\right)$. 核的同位旋值是 $T(^6\mathrm{Li})=0$ 或 1，我们知道 $J=1$ 和 $L=0$. 同位旋最可能的值是 $T(^6\mathrm{Li})=0$. 波函数的反对称要求 $L+S+T=$奇数，^{6}Li 三个波函数的可能形式是

$$|\Psi_{^6\mathrm{Li}}(m_S)\rangle = |T=0, T_z=0, S=1, m_S=(0,\pm 1)\rangle$$
$$=\frac{1}{\sqrt{2}}\begin{bmatrix} |\uparrow_1\uparrow_2\rangle \\ |\downarrow_1\downarrow_2\rangle \\ \dfrac{1}{\sqrt{2}}(|\uparrow_1\downarrow_2\rangle + |\downarrow_1\uparrow_2\rangle) \end{bmatrix}[|\mathrm{n}_1\mathrm{p}_2\rangle - |\mathrm{p}_1\mathrm{n}_2\rangle]$$

^{6}He 到^{6}Li 的 β 衰变核算符是 Garmow-Teller(A)算符. 因为 $\Delta J=-1$ 对费米(V)跃

迁是禁戒的，所以对所有可能的衰变的矩阵元平方求和，得到

$$\sum_i |M_i|^2 = G_A^2 \sum_{m_S=0,\pm1} \left| \langle \Psi_{Li}(m_S) | \sum_{k=1}^{2} \tau_k^+(m_S)\sigma_k | \Psi_{He}\rangle \right|^2$$

我们首先考虑 $\sum_{k=1}^{2} \tau_k^+(m_S)\sigma_k | \Psi_{He}\rangle$，对泡利矩阵是

$$\sigma_x = \begin{pmatrix} 0 & 1 \\ 1 & 0 \end{pmatrix}, \quad \sigma_y = \begin{pmatrix} 0 & -i \\ i & 0 \end{pmatrix}, \quad \sigma_z = \begin{pmatrix} 1 & 0 \\ 0 & -1 \end{pmatrix}$$

$$\sigma^+ = \begin{bmatrix} 0 & \sqrt{2} \\ 0 & 0 \end{bmatrix}, \quad \sigma^- = \begin{bmatrix} 0 & 0 \\ \sqrt{2} & 0 \end{bmatrix}$$

自旋向上和向下的本征态是 $\uparrow = \begin{pmatrix} 1 \\ 0 \end{pmatrix}$ 和 $\downarrow = \begin{pmatrix} 0 \\ 1 \end{pmatrix}$，$\sigma^\pm = \frac{1}{\sqrt{2}}(\sigma_x \pm i\sigma_y)$. 用这些关系式，得到

$$\sigma^+ | \uparrow\rangle = 0, \qquad \sigma^+ | \downarrow\rangle = \sqrt{2} | \uparrow\rangle$$

$$\sigma^- | \uparrow\rangle = \sqrt{2} | \downarrow\rangle, \qquad \sigma^- | \downarrow\rangle = 0$$

注意，这里 $\sigma^\pm$ 和归一化的同位旋算符不同，这里定义 $\tau^+|n\rangle = a|p\rangle$，$a=\sqrt{2}$ 而不是 $a=1$. 我们计算每一个 σ 分量

$$\begin{aligned}
\sum_{k=1}^{2} \tau_k^+\sigma_k^+ | \Psi_{He}\rangle &= \frac{1}{\sqrt{2}}[\sigma_1^+ | \uparrow_1\downarrow_2\rangle - \sigma_1^+ | \downarrow_1\uparrow_2\rangle]\tau_1^+ | n_1n_2\rangle \\
&\quad + \frac{1}{\sqrt{2}}[\sigma_2^+ | \uparrow_1\downarrow_2\rangle - \sigma_2^+ | \downarrow_1\uparrow_2\rangle]\tau_2^+ | n_1n_2\rangle \\
&= \frac{1}{\sqrt{2}}[-\sqrt{2} | \uparrow_1\uparrow_2\rangle \sqrt{2} | p_1n_2\rangle + \sqrt{2} | \uparrow_1\uparrow_2\rangle \sqrt{2} | n_1p_2\rangle] \\
&= \sqrt{2}[-| \uparrow_1\uparrow_2\rangle | p_1n_2\rangle + | \uparrow_1\uparrow_2\rangle | n_1p_2\rangle] \\
&= -\sqrt{2} | S=1, m_S=1, T=0, T_z=0\rangle
\end{aligned}$$

类似地，有

$$\sum_{k=1}^{2} \tau_k^+\sigma_k^- | \Psi_{He}\rangle = \sqrt{2} | S=1, m_S=-1, T=0, T_z=0\rangle$$

最后得到

$$\sum_{k=1}^{2} \tau_k^+(\sigma_z)_k | \Psi_{He}\rangle = \sqrt{2} | S=1, m_S=0, T=0, T_z=0\rangle$$

现在，对 ^{6}Li 波函数的三种可能的分量的每一个求和，得到

$$\sum |M_i|^2 = G_A^2 \sum_{m_s=0,\pm1} \left| \langle \Psi_{Li}(m_S) | \sum_{k=1}^{2} \tau_k^+(m_S)\sigma_k | \Psi_{He}\rangle \right|^2 = 3(\sqrt{2})^2 G_A^2 = 6G_A^2$$

（3）我们从定义可知

$$\frac{1}{ft} = \kappa \sum_j |M_j|^2$$

κ 是与中子衰变及 ^{6}He 的 β 衰变有关的共同常数，不同的只是跃迁矩阵元平方和. 对中子衰变，我们设中子的初态是 $|\uparrow n\rangle$（这种假设是任意的），中子可衰变成 $|\uparrow p\rangle$ 和 $|\downarrow p\rangle$ 两种态，所以，中子衰变包括费米(V)和 Gamow-Teller(A)两种跃迁，矩阵元平方和是

$$\sum |M_i|^2 = G_V^2 |\langle \uparrow p | \tau^+ | \uparrow n \rangle|^2 + G_A^2 [|\langle \uparrow p | \tau^+ \sigma_z | \uparrow n \rangle|^2 + |\langle \downarrow p | \tau^+ \sigma^- | \uparrow n \rangle|^2] = G_V^2 + 3G_A^2 = G_A^2(G_V^2/G_A^2 + 3)$$

最终得到^{6}He 的 β 衰变和中子衰变的 ft 值的比为

$$\frac{(ft)_{He}}{(ft)_n} \approx \frac{G_V^2 + 3G_A^2}{6G_A^2} = \frac{1}{2} + \frac{G_V^2}{6G_A^2} = \frac{1}{2} + \frac{1}{6 \times 1.5} = 0.61$$

$$(ft)_{He} \approx 0.61(ft)_n = 0.61 \times 1115 = 681(s)$$

实验值约为 810s,两者在 20%的误差范围内是吻合的.

9.40 ^{64}Cu 的衰变纲图如图 2.39 所示:

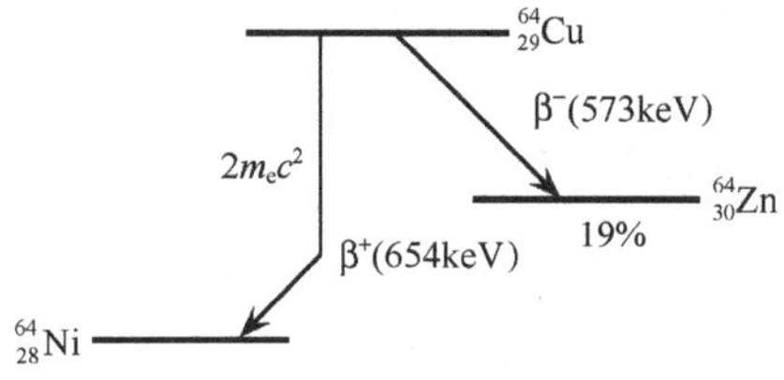

图 2.39

(1) 试求^{64}Cu 和^{64}Zn 的原子质量差;

(2) 求 K 俘获过程中放出中微子 ν_e 的能量(忽略电子在原子中的结合能);

(3) 求 1mg 的^{64}Cu 所放出的 β^+ 的强度.

已知^{64}Cu 的半衰期 $T_{1/2}$=12.7h,N_A=6.023×10^{23}mol^{-1}.

解 (1) ^{64}Cu 和^{64}Zn 的原子质量差与放出的 β^- 的能量 $E_d(\beta^-)$有关,

$$E_d(\beta^-) = \Delta Mc^2 = [M(^{64}Cu) - M(^{64}Zn)]c^2 = 573keV$$

$$\Delta M = M(^{64}Cu) - M(^{64}Zn) = \frac{E_d(\beta^-)}{c^2} = 0.000615u$$

(2) K 俘获过程中忽略反冲动能,则中微子能量为

$$E_\nu = E_d(K)$$

$$E_d(\beta^+) = [M(Z,A) - M(Z-1,A) - 2m_e]c^2$$

$$E_d(K) = [M(Z,A) - M(Z-1,A)]c^2 - \varepsilon_i$$

忽略电子在原子中的结合能 ε_i,则有

$$E_d(K) = E_d(\beta^+) + 2m_ec^2$$

$$E_\nu = E_d(K) = 654keV + 2 \times 511keV = 1676keV$$

(3) 求 1mg 的^{64}Cu 所放出的 β^+ 的强度.

据题设 $T_{1/2}$=12.7×3600s,$m=10^{-3}$g,N_A=6.023×10^{23}mol^{-1},A=64g/mol. 代入上式得到

$$I(\beta^+) = \frac{19}{100}\lambda N = 0.19 \cdot \frac{\ln 2}{T_{1/2}} \cdot \frac{mN_A}{A} = 0.19\frac{\ln 2 \times 10^{-3} \times 6.023 \times 10^{23}}{12.7 \times 3600 \times 64} = 2.7 \times 10^{13}(s^{-1})$$

9.41 (1)简述放射性衰变发射的 α 和 β 粒子的能谱,注意它们的不同,并定性地解释其原因.

(2)画出能测量这些谱之一的仪器简图,给出基本参数的数量级估计.

解　(1) α衰变是两体衰变，α粒子是单能谱，全能峰很突出，理论上是线谱. β粒子的能谱是连续谱，这是由于在β衰变中同时放出的中微子带走了一部分能量，使电子的能量是连续分布的，有一个极大值 E_0，这相当于中微子带走的能量为零.

(2) 图 2.40 是测量α粒子的仪器简图. α衰变中，α粒子动能一般为几 MeV，所以采用薄窗的金硅面垒型半导体探测器，在室温下能量分辨率约为 1%. 由于粒子能量较低，不需要很厚的灵敏层，偏压用几十伏到 100V 左右即可. 为较好地测量α能谱，多道脉冲分析器最好大于 1024 道，这时谱的全能峰的半宽度(FWHM)约为 10 道.

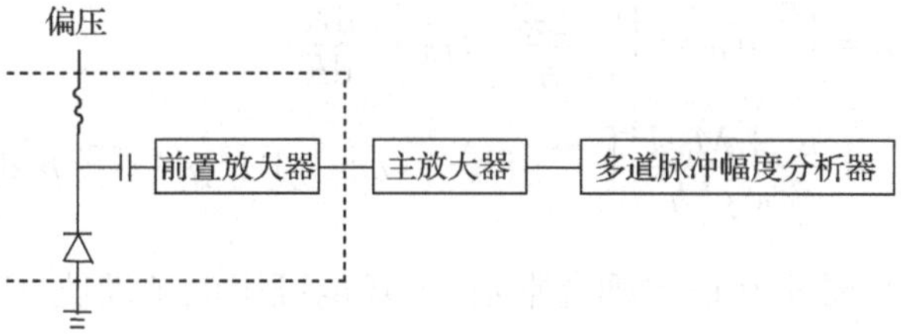

图 2.40

9.42　放射性同位素的半衰期强烈地依赖于衰变时释放的能量，对α和β放射性元素，半衰期和能量的关系不同，详细讨论两种过程的差别.

解　α衰变可看作α粒子对子核的库仑势垒的透射过程，可用量子力学计算给出(见题 9.16). β衰变是与α衰变完全不同的过程，β衰变可看作在核内的一个中子衰变成一个质子、一个电子和一个反中微子. 质子留在核内，放出一个电子和一个反中微子. 费米第一个用类似γ辐射的办法确定β衰变谱的形状. 根据费米黄金定律，单位时间、单位能量间隔的衰变概率

$$\omega = \frac{2\pi}{\hbar} \mid H_{fi} \mid^2 \rho(E)$$

式中，E 是β粒子能量，H_{fi} 是弱相互作用过程跃迁矩阵元，$\rho(E)=\frac{dN}{dE}$ 是单位能量内的末态数目. 对于衰变能量为 E_m，在动量空间，电子动量大小在 p_e 到 p_e+dp_e 的末态数目是

$$dN_e = \frac{V4\pi p^2 dp}{(2\pi\hbar)^3}$$

式中，V 是归一化体积，类似地，对中微子有

$$dN_\nu = \frac{V4\pi p_\nu^2 dp_\nu}{(2\pi\hbar)^3}$$

$$dN = dN_e dN_\nu = \frac{V^2 16\pi^2 p^2 p_\nu^2}{(2\pi\hbar)^6} dp dp_\nu$$

但是，p 和 p_ν 是相关联的，忽略核的反冲能，由

$$E_m = E + E_\nu$$

$$E = \sqrt{p^2c^2 + m_e^2c^4}$$

$$E_\nu = p_\nu c$$

$$p_\nu = \frac{E_m - E_e}{c}$$

对给定的 E_m，有

$$dp_\nu = \frac{dE_\nu}{c} = -\frac{dE}{c}$$

$$\frac{dN}{dE} = \frac{dN_e dN_\nu}{dE} = \frac{16\pi^2 \rho^2 p_\nu^2 dp dp_\nu}{(2\pi\hbar)^6 dE} V^2 = \frac{p^2 p_\nu^2 dp dp_\nu}{4\pi^4 \hbar^6 dE} V^2 = \frac{p^2 (E_m - E)^2 dp}{4\pi^4 \hbar^6 C^3} V^2$$

总衰变率

$$\lambda = \int_0^{E_m} d\omega = \int_0^{E_m} \frac{2\pi}{\hbar} |H_{fi}|^2 \frac{dN}{dE}$$

$$= \frac{g^2 |M_{fi}|^2}{2\pi^3 c^3 \hbar^7} \int_0^{p_{max}} [E_m - (m_e^2 c^4 + c^2 p^2)^{1/2}]^2 p^2 dp$$

式中，$M_{fi} = \frac{VH_{fi}}{g}$，$g$ 是弱相互作用耦合常数. 上式也可用电子动能 T 的函数表示

$$E = T + m_e c^2 = \sqrt{p^2 c^2 + m_e^2 c^4}$$

$$E_m = T_0 + m_e c^2$$

积分部分写成

$$\int_0^{T_0} (T + m_e c^2)(T^2 + 2m_e c^2 T)^{\frac{1}{2}} (T_0 - T)^2 dT$$

上式表示，在 β 衰变中衰变概率

$$\lambda \propto T_0^5$$

而在 α 衰变中，衰变概率与衰变能的关系是

$$\lambda \propto \exp\left(-\frac{c}{\sqrt{E_\alpha}}\right)$$

c 为常数，E_α 为 α 衰变能.

所以，α 衰变和 β 衰变中，衰变概率与衰变能的关系是完全不同的.

9.43 在核的衰变过程中，下列哪些过程可产生俄歇电子？（　　）

(A)K 俘获和内转换　　(B)β^- 衰变和内转换

(C)β^- 衰变和 K 俘获　　(D)β^- 衰变和 γ 跃迁

解 只有在 K 俘获和内转换过程中，原子的内壳层都会出现空穴，当外层电子填充内层空穴时，发射特征 X 射线或发射俄歇电子. 答案为(A).

9.44 γ 衰变前、后的母核和子核是（　　）

(A)同位素　　(B)同量异位素

(C)同质异能素　　(D)同中子异荷素

解 γ 衰变是发生在同一核的不同能级之间的跃迁，母核和子核是同质异能素. 答案为(C).

9.45 γ 衰变中的内转换系数 α（　　）

(A)随衰变能增加而增加，随衰变核的电荷增加而增加

(B)随衰变能增加而减小,随衰变核的电荷增加而增加

(C)随衰变能增加而减小,随衰变核的电荷增加而减小

(D)随衰变能增加而增加,随衰变核的电荷增加而减小

解　理论给出内转换系数 $\alpha_K(EL)\sim Z^3 E_\gamma^{-(L+5/2)}$,$\alpha$ 强烈地依赖于 Z 和 E,随衰变能增加而减小,随衰变核的电荷增加而增加. 答案为(B).

9.46　γ 衰变中的内转换电子产生的原因是　(　　)

(A)核的电磁场与壳层电子的电磁相互作用而释放电子

(B)核 γ 衰变放出的 γ 射线将原子的壳层电子击出

(C)壳层电子跃迁时产生的 γ 射线将壳层中的另一电子击出

(D)与俄歇电子产生的原因相同

解　γ 衰变中的内转换电子的产生,是通过原子核的电磁场和壳层电子相互作用直接把激发能交给壳层电子,没有发射光子的中间过程,而发生内转换的概率可比光电效应的概率大很多. 答案为(A).

9.47　与原子光谱学不同,电偶极 E1 跃迁在头几个核态间不常见到.

(1)对于轻核,根据壳层模型给出支持这一陈述的证据,指出可能出现例外的情况;

(2)给出$^{17}_{9}$F 的能量最低的电偶极跃迁辐射寿命的一个数量级的估计,说明你假设的参数;

(3)证明自轭核($N=Z$),在具有相同的同位旋 T 的两个态之间,观察不到电偶极跃迁.

下面给出的 Clebsch-Gordan 系数也许是有用的:

$$\text{采用记号}\langle J_1M_1\ J_2M_2 \mid J_{\text{tot}}M_{\text{tot}}\rangle,\ \langle J010 \mid J0\rangle = 0$$

解　(1)从壳层模型给出的单粒子能级可以看出,处于同一壳层内的能级,一般具有相同的宇称,特别是前几个壳层,如 1s 壳层,1p 壳层,1d 壳层和 2s 壳层等,对轻核,γ 跃迁主要是单个核子能级之间的跃迁,对相同壳层之内不同能级之间的跃迁,宇称不变. 但是,电偶极跃迁的选择定则是 $\Delta\pi=-1$,$\Delta J=0$ 或 1, 即宇称改变. 所以,不可能是电偶极跃迁. 但是,也有例外,当初、末态处于不同的壳层时,发生宇称改变的跃迁, 如 $1p_{3/2}\to 1s_{1/2}$,$\Delta J=1$,$\Delta\pi=-1$,为典型的电偶极跃迁.

(2)根据单粒子模型,^{17}F 的最低的电偶极跃迁为 $2s_{1/2}\to 1p_{1/2}$之间的跃迁. 电偶极跃迁公式为

$$\lambda \approx \frac{c}{4}\left(\frac{e^2}{c\hbar}\right)\left(\frac{E_\gamma}{c\hbar}\right)^3\langle r\rangle^2 = \frac{c\alpha}{4}\left(\frac{E_\gamma}{c\hbar}\right)^3\langle r\rangle^2$$

式中,E_γ为 γ 跃迁的能量(MeV),$r\sim R=1.4\times10^{-13}A^{1/3}\,\text{cm}$,

$$\lambda \approx \frac{3\times10^{10}\times(1.4\times10^{-13})^2}{4\times137\times(197\times10^{-13})^3}A^{\frac{2}{3}}E_\gamma^3$$

$$=1.4\times10^{14}A^{2/3}E_\gamma^3$$

对^{17}F,$E_\gamma\approx5\text{MeV}$,$A=17$,代入前面两式,即

$$\lambda\approx1.16\times10^{17}(\text{s}^{-1})$$

$$\tau=\lambda^{-1}\approx8.6\times10^{-18}(\text{s})$$

(3) 对轻核或中等核，同位旋是好量子数，一个核的态可写成$|J,m,T,T_z\rangle$，J,m为角动量的量子数，T,T_z是同位旋量子数. 这时，两个不同态之间的电多极跃迁算符为

$$O_E(L,E)=\sum_{K=1}^{A}\left[\frac{1}{2}[1+\tau_z(K)]e_p+\frac{1}{2}[1-\tau_z(K)]e_n\right]r^L(K)Y_{L,M}[\hat{r}(K)]$$

$$=\sum_{K=1}^{A}S(L,M,K)\cdot 1+\sum_{K=1}^{A}V(L,M,K)\tau_z(K)$$

其中，$\boldsymbol{r}(K)$是以核的质量中心为坐标原点的核子位置矢量，$r(K)$为其大小，$\hat{r}(K)$为沿其方向单位矢量. 而

$$S(L,M,K)=\frac{1}{2}(e_p+e_n)r^L(K)Y_{LM}[\hat{r}(K)]$$

$$V(L,M,K)=\frac{1}{2}(e_p-e_n)r^L(K)Y_{LM}[\hat{r}(K)]$$

τ_z是同位旋矩阵的z分量，即$\tau_z\varphi_n=-\varphi_n$，$\tau_z\varphi_p=+\varphi_p$. 第一项与同位旋标量项相关，第二项对应同位旋矢量项. 对于从J_i,T_i,T_z态到J_f,T_f,T_z态的电磁跃迁，可写成

$$B_E(L:J_iT_iT_z\to J_fT_fT_z)=\frac{|\langle J_fT_fT_z|O_E(L)|J_iT_iT_z\rangle|^2}{2J_i+1}$$

$$=\frac{1}{(2J_i+1)(2T_i+1)}\left|\delta_{T_iT_f}\langle J_fT_f|\sum_{K=1}^{A}S(L,K)\cdot 1|J_iT_i\rangle\right.$$

$$\left.+\langle T_iT_z10|T_fT_z\rangle\langle J_fT_f|\sum_{K=1}^{A}V(L,K)\cdot\tau_z(K)|J_iT_i\rangle\right|^2$$

从上式得到，电跃迁的选择定则是$\Delta T\leqslant 1$. $\Delta T=0$，$\delta_{T_iT_f}\neq 0$表示同位旋标量部分；而$\Delta T=1$表明同位旋矢量部分，这时同位旋标量部分为零.

对电偶极跃迁，有

$$\sum_{K=1}^{A}S(L,K)\cdot 1=\sum_{K=1}^{A}\frac{1}{2}(e_p+e_n)r(K)Y_{LM}[\hat{r}(K)]$$

$$=\frac{1}{2}(e_p+e_n)\sum_{K=1}^{A}r(K)Y_{LM}[\hat{r}(K)]$$

求和项$\sum\limits_{K=1}^{A}r(K)Y_{LM}[\hat{r}(K)]$表示核的质量中心的偏离，对球对称或轴对称的核应为零. 所以，同位旋标量项对电偶极跃迁没有贡献，对同位旋矢量项，当$T_i=T_f=T$时

$$\langle T_iT_z10|T_fT_z\rangle=\frac{T_z}{\sqrt{T(T+1)}}$$

对$Z=N$的核，$\Delta T=0$和$T_z=0$两能级之间的跃迁，

$$\langle T_iT_z10|T_fT_z\rangle=0$$

所以，对自轭核，同位旋标量项和矢量项对$T_i=T_f$的两态跃迁均无贡献，即$T_i=T_f$的自轭核两态之间不存在电偶极跃迁.

9.48　原子核^{69}Zn处于能量为436keV的同质异能态时，试求发射γ光子后的反冲能量和发射内转换电子后的反冲能量E_R. 若^{69}Zn处于高激发态，可能发射中子，试求发射436keV中子后的反冲能量E_N. 已知^{69}Zn的K电子结合能为9.7keV.

解　对于发射γ光子，原子核的反冲可用非相对论处理

$$p_\gamma = \frac{E_\gamma}{c} = p_{\rm N} = \sqrt{2ME_{\gamma\rm R}}$$

$$E_{\gamma\rm R} = \frac{E_\gamma^2}{2Mc^2} = 1.48(\rm eV)$$

对于发射内转换电子的情况，有关系式

$$E^2 = p^2c^2 + m^2c^4 = (T + mc^2)^2$$

$$p^2 = \frac{(T+mc^2)^2 - m^2c^4}{c^2} = \frac{(T+2mc^2)T}{c^2}$$

$$= \frac{(E_\gamma - \varepsilon_{\rm k})(E_\gamma - \varepsilon_{\rm k} + 2mc^2)}{c^2} = 2ME_{\rm eR}$$

$$E_{\rm eR} = 4.8(\rm eV)$$

对于发射中子时，核的反冲能为

$$p_{\rm n} = \sqrt{2m_{\rm n}E_{\rm n}} = p_{\rm N} = \sqrt{2ME_{\rm N}}$$

$$E_{\rm N} = \frac{m_{\rm n}}{M}E_{\rm n} = \frac{1}{69-1}\times 436(\rm keV) = 6.4(\rm keV)$$

即发射的粒子越重，核的反冲能越大.

9.49 (1) 解释为什么在电磁跃迁中，最低的多级跃迁占主导地位. 估计在图 2.41 中^{16}O 的几个跃迁之比：

E1 : E2 : E3 : E4 : E5

(2)估计 7.1MeV 态的寿命，并说明你所作的近似.

(3)给出 6.0MeV 态的可能衰变方式.

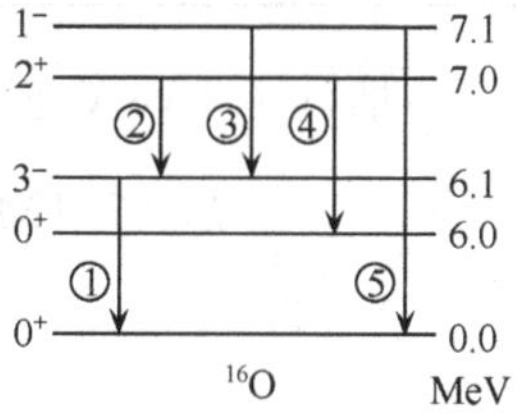

图 2.41

解　(1)在壳层模型理论中，γ 跃迁只是少数核子之间的跃迁，根据单粒子模型，γ 跃迁是由一个质子状态改变所决定的，对 L 级跃迁，跃迁概率上限为

$$\lambda_{\rm E}(L) = \frac{2(L+1)}{L[(2L+1)!!]^2}\left(\frac{3}{L+3}\right)^2\left(\frac{e^2}{\hbar}\right)\cdot k^{2L+1}\cdot\langle r^L\rangle^2$$

式中，$k=\omega/c=E_\gamma/c\hbar$ 为辐射 γ 射线的波数，E_γ是辐射 γ 射线的能量，$\langle r^L\rangle^2\approx R^{2L}$，核的半径 $R=1.4\times10^{-13}A^{1/3}$cm，所以有

$$\lambda_{\rm E}(L) = \frac{2(L+1)}{L[(2L+1)!!]^2}\left(\frac{3}{L+3}\right)^2\left(\frac{e^2}{c\hbar}\right)\left(\frac{E_\gamma c}{c\hbar}\right)\left(\frac{E_\gamma R}{c\hbar}\right)^{2L}$$

$$= \frac{2(L+1)}{L[(2L+1)!!]^2}\left(\frac{3}{L+3}\right)^2\frac{1}{137}\left(\frac{3\times10^{10}E_\gamma}{197\times10^{-13}}\right)\left(\frac{E_\gamma\times1.4\times10^{-13}A^{1/3}}{197\times10^{-13}}\right)^{2L}$$

$$= \frac{4.4(L+1)}{L[(2L+1)!!]^2}\cdot\left(\frac{3}{L+3}\right)^2\left(\frac{E_\gamma}{197}\right)^{2L+1}\times(1.4A^{1/3})^{2L}\times10^{21}(\rm s^{-1})$$

E_γ的单位为 MeV，A 是原子量，对 $E_\gamma\sim1$MeV，有

$$\frac{\lambda_{\rm E}(L+1)}{\lambda_{\rm E}(L)} \approx (kR)^2 = \left(\frac{E_\gamma R}{\hbar c}\right)^2 = \left(\frac{1.4\times10^{-13}\times16^{1/3}}{197\times10^{-13}}\right)^2 \approx 3\times10^{-4}$$

即 L 增加 1，相应的衰变概率减少 3～4 个量级，所以只有最低级的跃迁起主导作用.

对于图 2.41 中，^{16}O 的几个跃迁性质见表 2.13.

$$\lambda_{E1}:\lambda_{E2}:\lambda_{E3}:\lambda_{E4}:\lambda_{E5}$$

$$=\left[\frac{4}{3(7!!)^2}\left(\frac{1}{2}\right)^2\left(\frac{6.1}{197}\right)^7(1.4A^{1/3})^6\right]:\left[\frac{2}{(3!!)^2}\left(\frac{3}{4}\right)^3\left(\frac{0.9}{197}\right)^3(1.4A^{1/3})^2\right]$$

$$:\left[\frac{3}{2(5!!)^2}\left(\frac{3}{5}\right)^2\left(\frac{1}{197}\right)^5(1.4A^{1/3})^4\right]:\left[\frac{3}{2(5!!)^2}\left(\frac{3}{5}\right)^2\left(\frac{1}{197}\right)^5(1.4A^{1/3})^4\right]$$

$$:\left[\frac{2}{(3!!)^2}\left(\frac{3}{4}\right)^2\left(\frac{7.1}{197}\right)^3(1.4A^{1/3})^2\right]$$

$$=1.59\times10^{-12}:1.48\times10^{-7}:1.25\times10^{-12}:1.25\times10^{-12}:7.28\times10^{-5}$$

$$=2.18\times10^{-8}:2.03\times10^{-3}:1.72\times10^{-8}:1.72\times10^{-8}:1$$

即 E5 跃迁概率最大，E2 次之，E1、E3 和 E4 都很小.

表 2.13

跃迁	$\Delta\pi$	ΔL	类型	L	E_γ/MeV
E1	－	3	8 极	3	6.1
E2	－	1	偶极	1	0.9
E3	＋	2	4 极	2	1.0
E4	＋	2	4 极	2	1.0
E5	－	1	偶极	1	7.1

(2)估计 7.1MeV 态的寿命，它有 E5 和 E3 跃迁，但主要是 E5 的跃迁，

$$\lambda_{E5}(7.1\text{MeV})=\frac{4.4\times2}{(3!!)^2}\left(\frac{3}{4}\right)^2\left(\frac{7.1}{197}\right)^3(1.4\times16^{1/3})^2\times10^{21}$$

$$=3.2\times10^{17}(\text{s}^{-1})$$

$$T_{1/2}(7.1\text{MeV})=\frac{\ln2}{\lambda_{E5}}=\frac{\ln2}{3.2\times10^{17}}=2.17\times10^{-18}(\text{s})$$

从(1)的计算可知，略去 7.1(1^-)到 6.0(0^+)的跃迁是合理的，因为

$$\lambda_{E5}(7.1\rightarrow0):\lambda_{E3}(7.1\rightarrow6.0)=1:1.72\times10^{-8}$$

同时，单粒子 γ 跃迁模型，还假设核是球对称的，初、末态核的波函数在核内是常数，在核外为零，这些对 ^{16}O 核都是合理的.

(3)对 ^{16}O 的 6.0MeV 能级到基态的跃迁为 $0^+\rightarrow0^+$ 跃迁，γ 跃迁是禁戒的，但可通过内转换跃迁到基态.

9.50 γ 射线对 ^{142}Nd 核的激发反应总截面为 σ_t(排除电子对产生)，如图 2.42 所示.

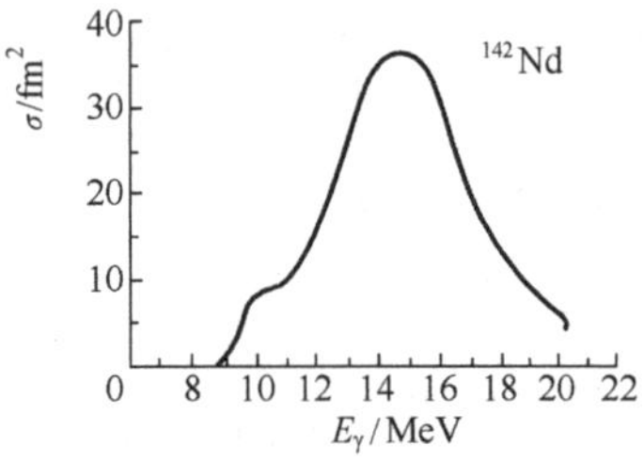

图 2.42

(1)哪一级电或磁多极在总截面中起主导作用?

(2)把核看成简单的类似于两种核子的流体(质子和中子)，定性地解释图中的共振峰.

(3)用简单的谐振子模型，估计共振能量和核子 A 的关系，它与图 2.42 中给出的对 ^{142}Nd 核的观测值符合吗?

(4)讨论剩余核相互作用的两体相互作用在(3)的估计中所起的作用.

(5)与共振宽度相应的物理过程是什么？粗略估计不同机制引起的加宽数量级.

解　(1)有关(γ,n)和(γ,p)反应的激发曲线显示出，在 $E_\gamma=10\sim20\text{MeV}$ 形成宽度为几 MeV 的宽共振，称为光核反应的巨共振. 它可以从核的集体共振吸收来考虑而不能用单粒子模型来解释. γ 射线引起原子核的变形，一方面可以认为，当核激发能量很高时，激发态的密度增加，能级宽度变宽，当能级宽度和能级间隔可以比较时，分离能级连成一片，各种能量的 γ 光子都能使核激发，形成宽共振. 对于 $E_\gamma\approx15\text{MeV}$，它超过了核子的谐振子能量 $\hbar\omega\approx44/A^{1/3}\text{MeV}$，所以可产生电偶极跃迁，用单粒子模型来估计

$$\frac{\Gamma(\text{E2 或 M1})}{\Gamma(\text{E1})}\approx(kR)^2=\left(\frac{15\times1.4\times10^{-13}\times142^{1/3}}{197\times10^{-13}}\right)^2\approx0.31$$

所以，核激发截面主要是电偶极的贡献.

另一方面，从核的集体共振吸收来考虑，γ 射线引起核的变形，当 γ 射线的能量正好等于核集体振动的能级时，产生共振激发，由于 $E_\gamma\approx15\text{MeV}$，对 ^{142}Nd 核，可以引起电偶极、电四极和电八极激发，但更接近电偶极能级，以电偶极激发为主.

(2)把核内质子和中子看成相互渗透又不可压缩的液体，在入射 γ 射线的作用下，所有核内质子和中子分别倾向于一边，使中子的质心和质子的质心分离，核的位能增加，从而产生恢复力，引起偶极振动. 当 γ 光子的频率等于谐振子的共振频率时，即产生共振吸收.

(3) 经典振动理论给出，一个质量为 Am_N，m_N 为核子质量，在 $V=\frac{1}{2}Kx^2$ 的谐振子势中运动，其共振频率为 $f\approx\sqrt{K/M}$，K 是恢复力常数，它正比于核的截面面积，即 $K\propto R^2$，核质量 $M=m_NA\propto R^3$，则

$$f\approx\sqrt{K/M}\propto\sqrt{\frac{R^2}{R^3}}=\sqrt{\frac{1}{R}}\propto A^{-1/6}\approx A^{-0.17}$$

而实验结果为 $E_\gamma\propto A^{-0.19}$，两者相当吻合.

(4)剩余力为非中心力，它引起核的变形，使振动更容易形成. 粗略的理论估计值与实验值的差别，也可以用剩余力来解释，特别对变形的核，甚至会出现双共振峰，已被实验证实.

(5)巨共振的宽度加宽，主要是在 γ 光子作用下，产生核变形和共振，一是变形和恢复力与很多因素有关，形成的“谐振子”质量不高，所以共振宽度较宽；二是 γ 光子能量传给其他核子，形成复合核以及能量重新按自由度分配，最后形成宽度在几个到 10 MeV 的宽共振. 此外，像 Doppler 效应的加宽等，只是 keV 的量级，如对 $A=142$ 的核，由 Doppler 效应引起的 ΔE_D 为

$$\Delta E_D\approx\frac{E_\gamma^2}{Mc^2}=\frac{15^2}{142\times940}\approx1.7\times10^{-3}(\text{MeV})=1.7(\text{keV})$$

9.51　^{137}Cs 的半衰期 $T_{1/2}=30.17$ 年，β^- 衰变到子核 ^{137}Ba 的激发态的分支比为 93.5%，子核激发态 γ 跃迁的内转换系数分别是 $\alpha_K=0.0976$，$\frac{\alpha_K}{\alpha_L}=5.66$，$\frac{\alpha_M}{\alpha_L}=0.260$，试求 10^{-9}kg 的 ^{137}Cs 每秒钟放出多少个 γ 光子.(取 $N_A=6.023\times10^{23}\text{mol}^{-1}$)

解　① 先求 10^{-9}kg 的 ^{137}Cs 的放射性活度 A.

$$\lambda = 0.693/T_{1/2} = 7.2837 \times 10^{-10}\ \text{s}^{-1}$$
$$N = N_A m/A = 4.396 \times 10^{15}$$

活度为

$$A = \lambda N = 3.202 \times 10^{6}(\text{s}^{-1})$$

即每秒有 3.202×10^6 个 ^{137}Cs 核发生 β^- 衰变.

② 求 ^{137}Ba 的 γ 跃迁数目.

由于β分支比为 93.5%，每秒有 $N'=93.5\%A=2.994\times10^6$ 个 ^{137}Cs 核衰变到 ^{137}Ba 的激发态，即每秒有 $N'=2.994\times10^6$ 个 ^{137}Ba 核发生 γ 跃迁.

③ 求 ^{137}Ba 的 γ 跃迁中每秒钟发射的光子数.

在 N' 个 γ 跃迁中，一部分作内转换，另一部分发射 γ 光子，即 $N'=N_e+N_\gamma$. 内转换系数 $\alpha=N_e/N_\gamma$. 由于内转换可以在 K、L、M 等轨道上发生，故 $\alpha=\alpha_K+\alpha_L+\alpha_M$.

题设给出

$$\alpha = \alpha_K + \alpha_L + \alpha_M = \alpha_K + \frac{\alpha_K}{5.66} + \frac{0.26\alpha_K}{5.66} = 0.119$$

于是，每秒钟发射的 γ 光子数为

$$N_\gamma = N'/(1+\alpha) = \frac{2.993\times10^6}{1.119} = 2.674\times10^6(\text{s}^{-1})$$

9.52　^{208}Pb 的基态自旋宇称为 $J^\pi=0^+$，图 2.43 给出 ^{208}Pb 对 γ 射线的吸收总截面曲线. 2.6 MeV 的吸收峰相当于 ^{208}Pb 的 $J^\pi=3^-$ 态，它又通过 γ 衰变到 1.2MeV 的 1^- 态，见图 2.44.

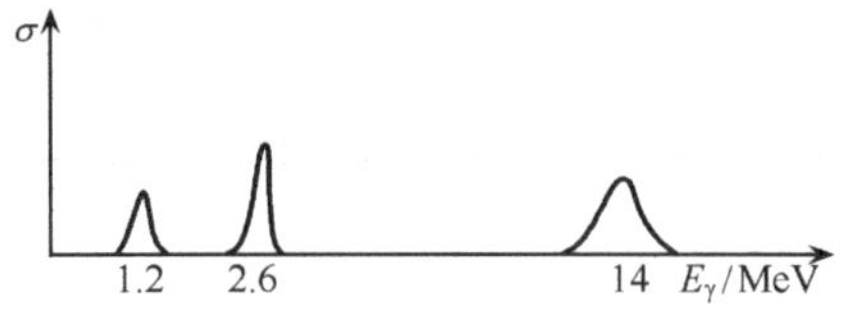

图 2.43

(1) 2.6MeV 到 1.2MeV 能级，可能发生哪些电或磁的多极跃迁？其中哪一种最重要？

(2) 2.6MeV 态的能级宽度小于 1eV，而 14MeV 处的能级宽度为 1MeV，对于这样大的差别，你能提供一种解释吗？什么试验可以证实你的推测？

解　(1)从 2.6MeV 到 1.2MeV 能级之间的跃迁，γ 光子可能带走的角动量 $L=4,3,2$，而宇称改变为 $\Delta\pi=+1$，故可能的多极性跃迁有电十六极 E4、磁八极 M3 和电四极 E2 跃迁，其中最主要的是电四极 E2 跃迁.

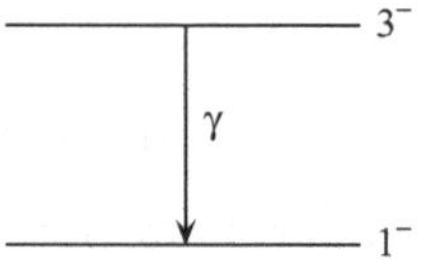

图 2.44

(2) 2.6MeV 能级的宽度小于 1eV，是典型的电磁跃迁衰变宽度，而对 14MeV 共振曲线，它是光核反应的巨偶极共振吸收曲线，它可以用集体偶极振动吸收模型来解释. 若把原子核中所有的质子和中子看作是可以相互渗透和不可压缩的液体，在入射光子的作用下，所有质子倾向于核的一边，而中子则倾向于另一边，结果使质子的质心和中子的质心分离，核的位能增加，从而产生恢复力，引起偶极振动. 当入射光子的频率与这种集体偶极振动的频率相等时，吸收截面最大，激发曲线出现巨共振峰. 由这种模型推得巨共振频率与核的质量有如下关系：

$$\omega_0 \propto A^{-0.17}$$

实验测量巨共振峰的能量与靶核质量数 A 的关系，可以证实这个理论的正确性，而这已得到实验证实. 该共振吸收后形成的激发态,不仅发射 γ 光子,而常常伴随有核子发射等强衰变过程. 不同的吸收能级结构,导致了吸收曲线的很大差异. 实验上,在测量吸收曲线的同时,测量其衰变产物,对 2.6MeV 能级,只测量到 γ 辐射,而对 14MeV 偶极巨共振区,不仅有 γ 辐射,还测到核子发射,证明两者的不同.

9.53 从核的激发态发射的 γ 射线,相对于激发核的自旋方向,通常不是各向同性的,有一个角分布. 由于在非极化的情况下,核的自旋取向是无规则的,因而这种各向异性观察不到. 然而,对于级联发射 γ 射线的核(如图 2.45 所示 ^{60}Ni 的衰变),级联 γ 射线的第一个 γ 射线的方向,可以用作特定核的自旋取向的相关方向. 这样,假定中间态的寿命很短,在发射第二个 γ 射线之前,核的自旋取向来不及变化,测量两个 γ 射线之间不同夹角时的符合率,可以得到角关联函数,它可以用于确定核的自旋.

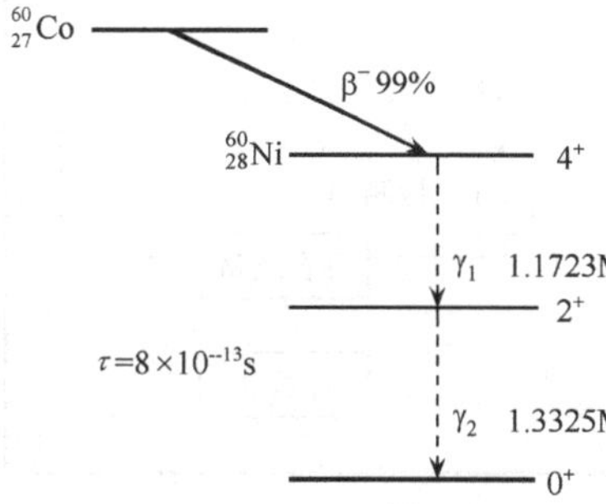

图 2.45

对于^{60}Ni,我们发现这样一个级联,$J^\pi=4^+\to J^\pi=2^+\to J^\pi=0^+$,角关联函数为

$$W(\theta)\approx 1+0.1248\cos^2\theta+0.0418\cos^4\theta$$

(1)跃迁是属于哪一种类型的跃迁?

(2)为什么没有 $\cos\theta$ 的奇次项? 为什么 $\cos^4\theta$ 是最高项?

(3)画一个实验装置方框图,指出所有部件,并说明你将如何进行测量.

(4)描述 γ 射线探测器.

(5)如何确定关联函数的系数,这些系数将证实^{60}Ni 的跃迁为 4→2→0 跃迁?

(6)两个 γ 探测器之间会发生偶然符合,你如何考虑它?

(7)如何用^{22}Na 源来标定探测器和电子学线路?(^{22}Na 发射 β^+ 粒子,它湮灭产生两个 0.511MeV 的 γ 射线)

(8)γ 射线在^{60}Co 源内的康普顿散射将对实验结果有何影响?

解 (1) 两个级联 γ 跃迁的角动量改变都是 2,宇称均不变,所以两个跃迁均属于 E2 型跃迁.

(2) 根据角关联理论,级联跃迁的角关联函数的一般形式是

$$W(\theta)=\sum_{K=0}^{K_{\max}}A_{2K}\mathrm{P}_{2K}(\cos\theta)$$

式中,$0\leqslant K_{\max}\leqslant\min(J_b, L_1, L_2)$,常数 $A_{2K}=F_{2K}(L_1, J_a, J_b)F_{2K}(L_2, J_c, J_b)$. L_1 和 L_2 是两个 γ 光子的角动量,J_a、J_b和 J_c分别是原子核初态、中间态和末态的自旋.

由于 $W(\theta)$只与 $\mathrm{P}_{2K}(\cos\theta)$有关,所以,$W(\theta)$中只有 $\cos\theta$ 的偶次方项. 对于^{60}Ni 的 $4^+\to2^+\to0^+$跃迁,$K_{\max}$的值为 2,涉及的 $\mathrm{P}_4(\cos\theta)$的 $\cos\theta$ 最高次方为 4,所以,$W(\theta)$中 $\cos\theta$ 最高次方为 4.

(3) 图 2.46 是测量级联 γ 跃迁的 γ-γ 角关联的方框图,探测器 1 固定不动,探测器 2 在 1 和 2 探测器及放射源组成的平面内绕放射源转动,使两 γ 探测器在保持到放射源的距离不变的情况下,改变其夹角 θ,测量不同夹角时的两探测器符合计数率,常采用快慢

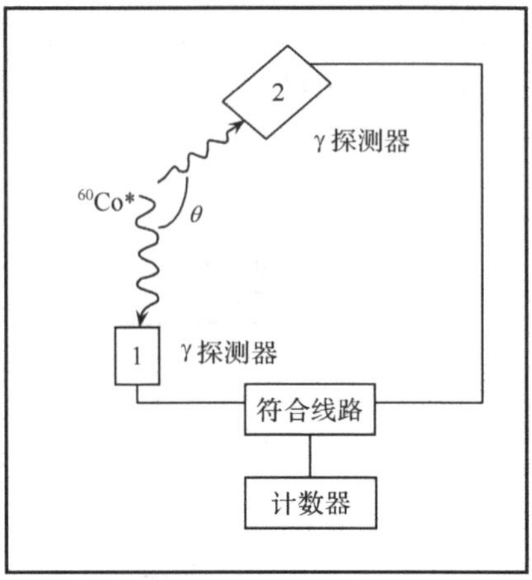

图 2.46

符合法来减少偶然符合及多次散射引起的本底.

(4) 通常的 γ 探测器由闪烁体、光电倍增管和电子学系统(线性放大器、能窗选择、计数器和高压系统等)组成. γ 射线被闪烁体吸收后,在闪烁体内产生荧光,荧光光子被收集到光电倍增管的阴极,光子在阴极上打出光电子,电子在光电倍增管中被多次倍增,最后在阳极产生较大的电流脉冲信号,再由放大电路放大输出. 为精确地选择 γ 射线能量,也可选择半导体探测器.

(5) 改变两 γ 探测器之间的夹角 θ,相对于每一个角度测量符合计数,所得的计数率相应于各个角度的 $W(\theta)$,用角关联函数形式对实验值进行拟合,求出角关联函数的每个系数的实验值.

(6) 在其中一个 γ 探测器的输出后面,接一延迟线路,延迟时间足够大(相对于中间态的寿命和线路的脉冲成型时间),这时两路信号是无关联的,延迟符合计数率就是偶然符合计数率,应从实际测量的计数率中将它扣除.

(7) ^{22}Na 衰变,放出正电子 e^+,e^+ 和电子湮灭时,同时产生两个能量均为 0.511 MeV、方向相反的 γ 光子,可以用来调整两路之间的相对延迟,以获得符合系统的最佳状态.

(8) ^{60}Co 源内的康普顿散射,将改变 γ 光子的方向,增加发射 γ 光子的无序性,减小其各向异性值,从而使测量得到的角关联函数的系数偏小.

9.54 一个质量为 M、处于激发态的核,其激发态能量为 ΔE,这个激发核在退激发到基态时,放出能量为 E_γ 的 γ 射线,为什么 E_γ 不等于激发能 ΔE? 设 $\Delta E \ll Mc^2$,求相对变化

$$\frac{\Delta E - E_\gamma}{\Delta E}$$

解 激发核的衰变是两体衰变,由能量、动量守恒,原子核在放出 γ 射线时,核也获得一个和 γ 射线一样大小的反冲动量,因此在退激发过程中,原子核将从激发能中分得一部分能量,所以 γ 射线能量 E_γ 要比激发能 ΔE 略小.

设原子核的反冲动量为 p,核的总能量为 E,从能量、动量守恒得到

$$p = p_\gamma = E_\gamma / c$$

$$h\nu = E_\gamma = cp_\gamma$$

$$E = \sqrt{p^2c^2 + M^2c^4}$$

$$Mc^2 + \Delta E = E + E_\gamma = \sqrt{E_\gamma^2 + M^2c^4} + E_\gamma$$

$$\Delta E^2 + 2Mc^2(\Delta E - E_\gamma) = 2\Delta E E_\gamma \approx 2\Delta E^2$$

$$2Mc^2(\Delta E - E_\gamma) \approx \Delta E^2$$

$$\frac{\Delta E - E_\gamma}{\Delta E} = \frac{\Delta E}{2Mc^2}$$

9.55 一个静止质量为 m 的粒子通过吸收一个 γ 光子跃迁到激发能为 ΔE 的激发

态，假定 ΔE 可以和 mc^2 比较时，用 γ 光子把这个静止的粒子激发到激发态，所需 γ 光子的共振能量是多少？

解　反应式为

$$\gamma + \mathrm{A} \rightarrow \mathrm{A}^*$$

A^* 为粒子的激发态，要使 A 粒子跃迁到激发态，入射道的质心系能量必须等于激发态的总能量. 设 E_γ 和 p_γ 分别表示 γ 光子的能量和动量，$E_\gamma = p_\gamma c$，入射道总能量的平方为

$$(E_\gamma + mc^2)^2 - p_\gamma^2 c^2 = m^2c^4 + 2mc^2 E_\gamma$$

$$m^2c^4 + 2mc^2 E_\gamma = (mc^2 + \Delta E)^2 = m^2c^4 + \Delta E^2 + 2mc^2\Delta E$$

$$E_\gamma = \Delta E + \frac{\Delta E^2}{2mc^2}$$

即所需 γ 光子的能量比激发态能量 ΔE 高 $\frac{\Delta E^2}{2mc^2}$.

9.56　试说明：考虑到原子或原子核的反冲，当原子在能量 E_1 和 E_2（$E_2 > E_1$）两定态之间跃迁时，发射或吸收的光子所具有的能量 $h\nu$ 分别比 $E_2 - E_1$ 小或大一个数量 $\frac{(E_2-E_1)^2}{2Mc^2}$. 因此，如果定态的能量宽度为 $\Delta E \geqslant \frac{(E_2-E_1)^2}{2Mc^2}$（通常见于原子系统或分子系统中），一个系统发射的光子就能够被另一个同类系统所吸收，即产生了共振吸收；然而，如果 $\Delta E < \frac{(E_2-E_1)^2}{2Mc^2}$（通常见于原子核系统中），不一定发生共振吸收. 由上述结果说明穆斯堡尔效应的基本原理.

解　考虑一个静止原子的发射. 根据动量守恒，因跃迁前，原子的动量为零；跃迁后原子的反冲动量 $\boldsymbol{p}_{\mathrm{a}}$ 与光子的动量 $\boldsymbol{p}_\gamma$ 两矢量等值而方向相反，即

$$\boldsymbol{p}_{\mathrm{a}} + \boldsymbol{p}_\gamma = 0$$

或

$$p_{\mathrm{a}} = p_\gamma = \frac{h\nu}{c}$$

根据能量守恒定律，设跃迁前原子初态能量为 E_2，跃迁后原子末态能量为 E_1，原子的反冲动能为 $\frac{p_{\mathrm{a}}^2}{2M}$，辐射光子的能量为 $h\nu$，应满足

$$E_2 = E_1 + \frac{p_{\mathrm{a}}^2}{2M} + h\nu$$

$$E_2 - E_1 = h\nu\left(1 + \frac{h\nu}{2Mc^2}\right)$$

一般而言，$\frac{h\nu}{2Mc^2}$ 是一个比 1 小得多的量，可以近似为

$$h\nu = (E_2 - E_1)\left(1 + \frac{h\nu}{2Mc^2}\right)^{-1} \approx (E_2 - E_1)\left(1 - \frac{h\nu}{2Mc^2}\right)$$

$$\approx (E_2 - E_1) - \frac{(E_2 - E_1)^2}{2Mc^2}$$

其中，$\frac{(E_2-E_1)^2}{2Mc^2}$ 项是原子的反冲能.

对于吸收过程，同理可得到

$$E_2 = E_1 - \frac{p_a^2}{Mc} + h\nu$$

$$E_2 - E_1 = h\nu\left(1 - \frac{h\nu}{2Mc^2}\right)$$

$$h\nu = (E_2 - E_1)\left(1 - \frac{h\nu}{2Mc^2}\right)^{-1}$$

$$\approx (E_2 - E_1)\left(1 + \frac{h\nu}{2Mc^2}\right)$$

$$\approx (E_2 - E_1) + \frac{(E_2 - E_1)^2}{2Mc^2}$$

在原子和分子跃迁的情况下，$E_2-E_1\sim\text{eV}$，$Mc^2\approx10^{11}\text{eV}$，这时$\frac{(E_2-E_1)^2}{2Mc^2}\approx10^{-10}$，而且能级宽度$\Gamma\geqslant\frac{(E_2-E_1)^2}{2Mc^2}$，可以忽略不计，同一原子辐射和吸收的光子的能谱完全或部分重合，能发生共振吸收. 而在核跃迁的情况下，$E_2-E_1\approx10^5\text{eV}$，$Mc^2\approx10^{11}\text{eV}$. 这时，有$\frac{(E_2-E_1)^2}{2Mc^2}\approx10^{-1}$，$\Gamma<\frac{(E_2-E_1)^2}{2Mc^2}$，核的反冲已不能忽略不计了. 所以，一般情况下，同一原子核辐射和吸收的γ光子的能谱不重合，不能发生共振吸收. 只有在特殊情况下，例如，把发射和吸收γ射线的原子核固定在晶格上，使反冲质量无限大，从而实现无反冲的γ共振吸收，该效应称为 Mössbauer 效应.

9.57　(1) 利用等价原理和狭义相对论计算一个光子经过一段距离 y，垂直落到地面所引起的频移(计算到 y 的一级近似，必须指明符号).

(2) 一个在实验室测量这种频移的方法是利用 Mössbauer 效应. 请描述这样的实验，特别说明什么是 Mössbauer 效应以及它为什么在这里有用. 你将使用什么能量的光子及如何产生它？又如何测量这么小的频移？试估算，为了做一个有意义的测量，需要测量的光子数目.

解　(1)设光子的初始频率为 ν_0，从高度为 y 处垂直落到地面时频率为 ν，光子的等价质量分别为$\frac{h\nu_0}{c^2}$和 $\frac{h\nu}{c^2}$，地球的质量和半径分别为 M 和 R，由能量守恒得到

$$h\nu_0 - G\frac{M\cdot\frac{h\nu_0}{c^2}}{R+y} = h\nu - G\frac{M\cdot\frac{h\nu}{c^2}}{R}$$

在一级近似下

$$\Delta\nu = \nu - \nu_0 = \frac{g\cdot\frac{\nu_0}{c^2}}{1-g\frac{R}{c^2}}y$$

式中，$g=\frac{GM}{R^2}$是当地的重力加速度. $gR\ll c^2$，有

$$\frac{\nu-\nu_0}{\nu_0} \approx \frac{g}{c^2}y = 1.1\times10^{-16}y$$

设 $y=20\text{m}$，

$$\frac{\nu-\nu_0}{\nu_0}\approx 2.2\times10^{-15}$$

(2) 利用 Mössbauer 效应可以测量这个微小的频移，Mössbauer 效应就是 γ 射线的无反冲共振吸收效应. 当放射源和吸收体的原子核都被放在晶体中时，因为反冲体变为整个晶体，反冲体的质量为无穷大，$\frac{\Delta E_0^2}{2Mc^2}\approx0$，即反冲能近似为零. 这时，一种原子核发射的射线，可以被同一种核共振吸收. 由此可见，Mössbauer 效应可以精确地测定 γ 射线的能量的微小差别.

要测量 $\frac{\Delta\nu}{\nu_0}\approx2.2\times10^{-15}$，必须选择自然宽度较窄的 γ 射线源. 例如，^{67}Zn，$E_\gamma=93\text{keV}$，$\frac{\Gamma}{\Delta E}\approx5.0\times10^{-16}$，它小于 $\frac{\Delta\nu}{\nu_0}$. 具体的做法是把 ^{67}Zn 的源和吸收体都做成晶体，当源放在 $y=0$ 和 $y=20\text{m}$ 时，分别用吸收体测量其共振吸收曲线，当 $y=0$ 时，即放射源和吸收体在同一高度，这时源和吸收体都不做运动，即可有共振吸收. 当源放在吸收体上方 20m 处，吸收体不动时，它接收到的 γ 射线频率为 $\nu_0+\Delta\nu$，不能发生共振吸收. 当吸收体向下方运动速度为 v 时，由于 Doppler 效应，吸收体接收到的 γ 射线的频率为

$$\nu=(\nu_0+\Delta\nu)\left(1-\frac{v}{c}\right)$$

当 $\nu=\nu_0$ 时，才能发生共振吸收，这时

$$\nu_0=(\nu_0+\Delta\nu)\left(1-\frac{v}{c}\right)\approx\nu_0+\Delta\nu-\nu_0\left(\frac{v}{c}\right)$$

$$v\approx c\left(\frac{\Delta\nu}{\nu_0}\right)=3\times10^{10}\times2.2\times10^{-15}=6.6\times10^{-5}(\text{cm/s})$$

因为 ^{67}Zn 的激发态能级自然宽度小于 $\frac{\Delta\nu}{\nu_0}$，对计数要求不高，在谱线峰值处，有 5% 的统计误差就可以了，即在峰值处的 γ 射线计数有 400 个即可.

9.58　用于测量年代的放射性同位素是　(　　)

(A) ^{238}U　(B) ^{12}C　(C) ^{14}C　(D) ^{222}Rn

解　答案为(C). 因为 ^{14}C 虽然在大气中含量很小，但由于在宇宙线中不断产生，它在大气中的比例是不变的. 在活的生物体中，由于新陈代谢，碳又是生物代谢的重要成分，生物体与大气之间，连续交换碳以及它的化合物，使 ^{14}C 保持平衡. 生物体内的 ^{14}C 放射性同位素含量和大气中的含量是一样的. 当生物死亡后，这种交换停止，生物体内的 ^{14}C 数目随着衰变而不断减少. 设在大气中的 ^{14}C 含量不随年代变化，测得生物体内 ^{14}C 的含量，知道 ^{14}C 的半衰期，就可求出生物死亡的年代. 另一方面，^{14}C 放射性半衰期为 $T=5500$ 年，与人类感兴趣的年代的数量级是一致的. 所以，利用放射性同位素 ^{14}C 测量年代被广泛应用于考古等领域.

9.59　^{14}C 的半衰期是 5500 年.

(1)简单说明 ^{14}C 发生什么类型的衰变，以及衰变产物是什么.

(2)如果生物死亡以后没有 ^{14}C 再进入体内，现测到一颗死树的 ^{14}C 放射性活度为一

棵活树的 1/3,估计这棵树死了多少年?

解 (1)^{14}C 是丰中子同位素,发生 β^- 衰变,衰变产物为^{14}N、电子和反中微子. 衰变方程式为

$$^{14}\mathrm{C} \rightarrow {}^{14}\mathrm{N} + \mathrm{e}^- + \bar{\nu}_\mathrm{e}$$

(2)生物体在死亡之后,在体内的^{14}C 数目随时间变化的规律是指数形式

$$N(t) = N(0)\mathrm{e}^{-\lambda t}$$

$N(0)$是树死亡时的^{14}C 数目,$N(t)$是现在的数目,λ 是衰变常数. 它的放射性活度为

$$A(t) = \lambda N(t) = A(0)\mathrm{e}^{-\lambda t}$$

所以,这棵树的死亡时间为

$$t = \frac{1}{\lambda}\ln\frac{A(0)}{A(t)} = \frac{T}{\ln 2}\ln\frac{A(0)}{A(t)} = \frac{5500}{\ln 2}\ln 3 \approx 8717(\text{年})$$

9.60 ^{238}Pu(Z=94)作为宇宙飞行器的能源. ^{238}Pu 的 α 衰变半衰期为 90 年(2.7×10^9s).

(1)^{238}Pu 的 α 衰变产物的 Z 和 N 是多少?

(2) 为什么^{238}Pu 是发射 α 粒子而不是氘核?

(3)^{238}Pu 衰变放出 α 粒子的能量为 5.5MeV. 如果有 238g 的^{238}Pu,那么这些^{238}Pu 衰变会放出多大的能量?

(4) 如果(3)中释放出的功率是为保证一套仪器运行所需最小能量的 8 倍,在多长时间内,这个能源能产生足够的功率,以保证仪器的正常运行?

解 (1)一个质量数为 A,质子数为 Z,中子数为 N 的核发生 α 衰变,衰变式为

$$A(N,Z) \rightarrow (A-4)(N-2,Z-2)$$

对^{238}Pu 的 α 衰变子核,A=234,N=142 和 Z=92.

(2) 由于 α 粒子的结合能比氘核的结合能大,α 衰变可放出更多的能量,对^{238}Pu 衰变到 α 粒子和氘核的能量分别是

$$^{238}\mathrm{Pu} \rightarrow {}^{234}\mathrm{U} + \alpha, \qquad Q = 46.161 - 38.143 - 2.425 \approx 5.6(\mathrm{MeV})$$

$$^{238}\mathrm{Pu} \rightarrow {}^{236}\mathrm{Np} + \mathrm{d}, \qquad Q = 46.186 - 43.437 - 13.136 \approx -10.4(\mathrm{MeV})$$

所以,^{238}Pu 衰变到氘核的 $Q<0$,是禁戒的.

(3) 对^{238}Pu 的 α 衰变,一次衰变的能量为

$$E_\mathrm{d} = E_\alpha + E_\mathrm{U} = \frac{p_\alpha^2}{2m_\alpha} + \frac{p_\mathrm{U}^2}{2m_\mathrm{U}} = E_\alpha\left(1+\frac{m_\alpha}{m_\mathrm{U}}\right) = \frac{238}{234}\times 5.5 = 5.6(\mathrm{MeV})$$

其半衰期为 T=87.75 年≈2.8×10^9s,衰变常数为

$$\lambda = \ln 2/T = 2.5\times10^{-10}(\mathrm{s}^{-1})$$

238g 的^{238}Pu 单位时间的衰变能量为

$$\frac{\mathrm{d}E}{\mathrm{d}t} = E_\mathrm{d}\frac{\mathrm{d}N}{\mathrm{d}t} = E_\mathrm{d}\lambda N_0 = 5.6\times2.5\times10^{-10}\times6.022\times10^{23}$$

$$= 8.4\times10^{14}(\mathrm{MeV/s})$$

(4) 当^{238}Pu 的数目随时间减少时,其输出功率也在减少,

$$W(t) = W(0)\mathrm{e}^{-\lambda t}$$

当 $W(t_0)=\dfrac{W(0)}{8}$时，即为^{238}Pu 作为仪器能源的极限时间 t_0，

$$t_0=\frac{\ln 8}{\lambda}=\frac{3\ln 2}{\lambda}=3T_{1/2}\approx 270(\text{年})$$

238g 的^{238}Pu 作为能源，可保证该仪器工作 270 年.

10　核散射和原子核反应

10.1　一个电荷为 q 的粒子在核电荷为 Q 的原子上散射，一个简单的模型给出位能 V 为

$$V=\frac{qQ\mathrm{e}^{-\alpha r}}{r}$$

其中，α^{-1}是原子中电子的屏蔽长度.

(1) 用玻恩近似计算散射截面，散射振幅是

$$f=-\frac{1}{4\pi}\int \mathrm{e}^{-\mathrm{i}\Delta\boldsymbol{k}\cdot\boldsymbol{r}/\hbar}\frac{2m}{\hbar^2}V(\boldsymbol{r})\mathrm{d}^3\boldsymbol{r}$$

(2) α 如何依赖核电荷 Z？

解　(1) 玻恩近似，在一级玻恩近似下，入射粒子和出射粒子可以用平面波来描述，散射振幅为

$$f=-\frac{m}{2\pi\hbar^2}\int \mathrm{e}^{-\mathrm{i}\Delta\boldsymbol{k}\cdot\boldsymbol{r}/\hbar}V(\boldsymbol{r})\mathrm{d}^3\boldsymbol{r}$$

其中，$\Delta\boldsymbol{k}=\boldsymbol{k}-\boldsymbol{k}_0$ 为入射粒子对出射粒子的传递动量. $|\Delta\boldsymbol{k}|=2k_0\sin(\theta/2)$. θ 为散射粒子与入射粒子的夹角，因 $V(\boldsymbol{r})$是球对称的，可以方便地对角度积分，

$$\begin{aligned}f(\theta)&=-\frac{m}{2\pi\hbar^2}\int_0^{\infty}\int_0^{2\pi}\int_0^{\pi}V(r)\mathrm{e}^{-\mathrm{i}\Delta kr\cos\theta'/\hbar}\sin\theta' r^2\mathrm{d}r\mathrm{d}\varphi'\mathrm{d}\theta'\\&=-\frac{2m}{\hbar\,\Delta k}\int_0^{\infty}V(r)\sin(\Delta kr/\hbar)\cdot r\mathrm{d}r\\&=-\frac{2m}{\hbar\,\Delta k}\int_0^{\infty}\frac{qQ\mathrm{e}^{-\alpha r}}{r}\sin(\Delta kr/\hbar)\cdot r\mathrm{d}r\\&=-\frac{2mQq}{\hbar^2\alpha^2+(\Delta k)^2}\end{aligned}$$

微分截面为

$$\mathrm{d}\sigma=|f(\theta)|^2\mathrm{d}\Omega=\frac{4m^2Q^2q^2}{[\alpha^2\hbar^2+(\Delta k)^2]^2}\mathrm{d}\Omega$$

代入 $\Delta k=2k_0\sin(\theta/2)$，得到

$$\mathrm{d}\sigma=\frac{m^2Q^2q^2}{4k_0^4\left(\dfrac{\alpha^2\hbar^2}{4k_0^2}+\sin^2\dfrac{\theta}{2}\right)^2}\mathrm{d}\Omega$$

全截面为

$$\sigma=\int\mathrm{d}\sigma=\frac{m^2Q^2q^2}{4k_0^4}\int_0^{2\pi}\int_0^{\pi}\frac{\sin\theta\mathrm{d}\theta\mathrm{d}\varphi}{\left(\dfrac{\hbar^2\alpha^2}{4k_0^2}+\sin^2\dfrac{\theta}{2}\right)^2}=\frac{\pi m^2q^2Q^2}{\alpha^2\hbar^2(4k_0^2+\hbar^2\alpha^2)}$$

(2) α^{-1} 代表了原子大小的量，当 Z 大时，核外电子的数目会增加，电子靠近核的概率增加，屏蔽效应越明显，故 α 是 Z 的增函数.

10.2　从高能电子与核的散射研究中，发现了许多关于核及核子中的电荷分布的有意义的信息. 我们考虑一种简单的理论，在这种理论中，“电子”被假设为具有零自旋，并假设电荷为 Ze 的核固定在空间中(例如，其质量假设为无限大)，令 $\rho(x)$ 表示核中的电荷密度，假设电荷分布是球对称的，其他条件是任意的.

设 $f_c(\boldsymbol{p}_i, \boldsymbol{p}_f)$ 是一级玻恩近似下，电子与带电 Ze 的点核散射的散射振辐，其中 $\boldsymbol{p}_i$ 和 $\boldsymbol{p}_f$ 是初态和末态的动量. 设 $f(\boldsymbol{p}_i, \boldsymbol{p}_f)$ 也是在一级玻恩近似下的散射振幅，不过是电子与真实的带同样电荷的核的散射振幅. 设 $\boldsymbol{q}=\boldsymbol{p}_i-\boldsymbol{p}_f$ 表示动量传递，由下式定义的量 $F(\boldsymbol{q}^2)$

$$f(\boldsymbol{p}_i, \boldsymbol{p}_f) = F(\boldsymbol{q}^2)\ f_c(\boldsymbol{p}_i, \boldsymbol{p}_f)$$

称为形状因子. 显然，$F(\boldsymbol{q}^2)$ 只通过 $\boldsymbol{q}^2$ 而依赖于 $\boldsymbol{p}_i$ 和 $\boldsymbol{p}_f$.

(1) 形状因子 $F(\boldsymbol{q}^2)$ 和电荷密度 $\rho(x)$ 的傅里叶变换有十分简单的关系，用非相对论薛定谔理论阐述并推导这一关系. 在这里，假定电子是“非相对论的”，可以使问题尽可能简化. 如能仔细考虑，这一假设是无关紧要的，相同的结果也适用于实际的“相对论的”情形. 同样，忽略自旋也不影响问题的讨论.

(2) 图 2.47 表示一些关于质子形状因子的实验结果，可认为我们的理论是适合于这些数据的. 用所给的数据计算质子的均方根(电荷)半径. (提示：注意均方根半径与 $\boldsymbol{q}^2=0$ 处 $F(\boldsymbol{q}^2)$ 对 $\boldsymbol{q}^2$ 的微商有简单的关系，找出这一关系，再进行计算)

解　(1) 证明

$$F(\boldsymbol{q}^2) = \int \mathrm{d}^3\boldsymbol{r}\rho(\boldsymbol{r})\mathrm{e}^{\mathrm{i}\boldsymbol{q}\cdot\boldsymbol{r}/\hbar}$$

在一级玻恩近似下，高能电子的核散射振幅为

$$f(\boldsymbol{p}_i, \boldsymbol{p}_f) = -\frac{m}{2\pi\hbar^2}\int V(\boldsymbol{x})\mathrm{e}^{\mathrm{i}\boldsymbol{q}\cdot\boldsymbol{x}/\hbar}\mathrm{d}^3\boldsymbol{x}$$

对于有一定球对称电荷分布的核来说，如图 2.48 所示，它在 $\boldsymbol{x}$ 处产生的势为

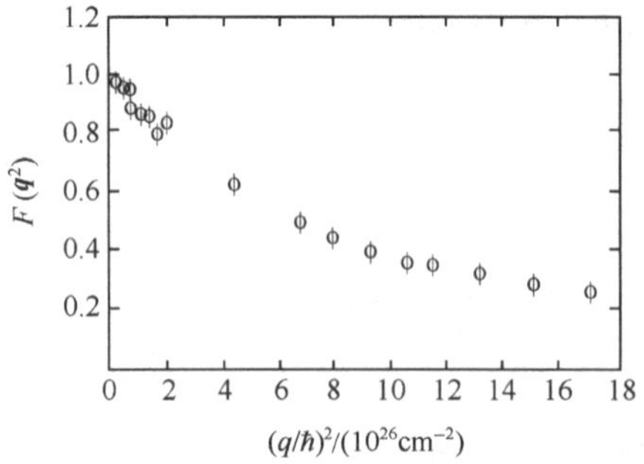

图 2.47

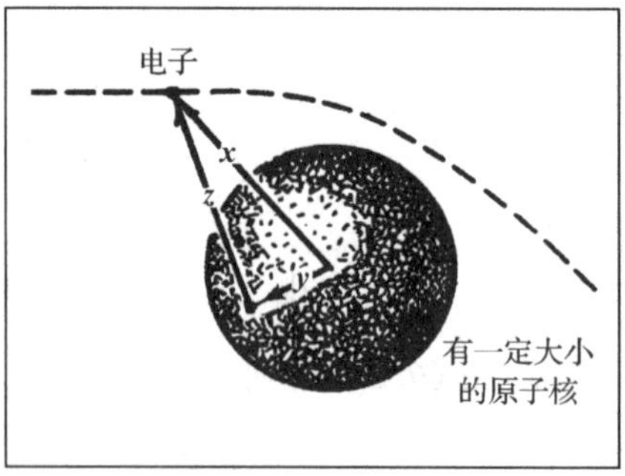

图 2.48

$$V(\boldsymbol{x}) = \int \frac{\rho(\boldsymbol{r})Ze}{z}\mathrm{d}^3\boldsymbol{r} = \int \frac{\rho(\boldsymbol{r})Ze}{|\boldsymbol{x}-\boldsymbol{r}|}\mathrm{d}^3\boldsymbol{r}$$

所以，有

$$f(\boldsymbol{p}_i,\boldsymbol{p}_f)=-\frac{m}{2\pi\hbar^2}\int e^{i\boldsymbol{q}\cdot\boldsymbol{x}/\hbar}d^3\boldsymbol{x}\int\frac{\rho(\boldsymbol{r})Ze}{|\boldsymbol{x}-\boldsymbol{r}|}d^3\boldsymbol{r}$$

$$=-\frac{m}{2\pi\hbar^2}\int e^{i\boldsymbol{q}\cdot\boldsymbol{r}/\hbar}\rho(\boldsymbol{r})d^3\boldsymbol{r}\int\frac{Ze}{|\boldsymbol{x}-\boldsymbol{r}|}e^{i\boldsymbol{q}(\boldsymbol{x}-\boldsymbol{r})/\hbar}d^3\boldsymbol{x},\qquad \boldsymbol{x}'=\boldsymbol{x}-\boldsymbol{r}$$

$$=-\frac{m}{2\pi\hbar^2}\int e^{i\boldsymbol{q}\cdot\boldsymbol{r}/\hbar}\rho(\boldsymbol{r})d^3\boldsymbol{r}\int\frac{Ze}{x'}e^{i\boldsymbol{q}\cdot\boldsymbol{x}'/\hbar}d^3\boldsymbol{x}'$$

而对于点核

$$V(\boldsymbol{x})=\frac{Ze}{x}$$

$$f_c(\boldsymbol{p}_i,\boldsymbol{p}_f)=-\frac{m}{2\pi\hbar^2}\int\frac{Ze}{x}e^{i\boldsymbol{q}\cdot\boldsymbol{x}/\hbar}d^3\boldsymbol{x}$$

比较上面两式，得到

$$f(\boldsymbol{p}_i,\boldsymbol{p}_f)=f_c(\boldsymbol{p}_i,\boldsymbol{p}_f)\int\rho(\boldsymbol{r})e^{i\boldsymbol{q}\cdot\boldsymbol{r}/\hbar}d^3\boldsymbol{r}$$

故有

$$F(\boldsymbol{q}^2)=\int\rho(\boldsymbol{r})e^{i\boldsymbol{q}\cdot\boldsymbol{r}/\hbar}d^3\boldsymbol{r}$$

(2) 当 $\boldsymbol{q}$ 很小时，在 $\boldsymbol{q}\approx0$ 附近展开，奇次项积分为零

$$F(\boldsymbol{q}^2)=\int d^3\boldsymbol{r}\rho(\boldsymbol{r})e^{i\boldsymbol{q}\cdot\boldsymbol{r}/\hbar}$$

$$\approx\int\rho(\boldsymbol{r})\left[1+\frac{i\boldsymbol{q}\cdot\boldsymbol{r}}{\hbar}-\frac{1}{2\hbar^2}(\boldsymbol{q}\cdot\boldsymbol{r})^2\right]d^3\boldsymbol{r}$$

$$=\int\rho(\boldsymbol{r})d^3\boldsymbol{r}-\frac{1}{2\hbar^2}\int[\rho(\boldsymbol{r})q^2r^2\cos^2\theta]r^2\sin\theta drd\theta d\varphi$$

$$=1-\frac{2\pi}{3}\cdot\frac{q^2}{\hbar^2}\int\rho(r)r^4dr$$

$$F(\boldsymbol{q}^2)-F(0)=-\frac{2\pi}{3}\cdot\frac{q^2}{\hbar^2}\int\rho(r)r^4dr$$

定义均方半径 $\langle r^2\rangle$ 为

$$\langle r^2\rangle=\int\rho(r)r^2d^3r=4\pi\int\rho(r)r^4dr$$

$$\langle r^2\rangle=-6\hbar^2\frac{F(q^2)-F(0)}{q^2}\underset{q^2\to0}{=}-6\hbar^2\left(\frac{\partial F}{\partial q^2}\right)_{q^2=0}$$

由图 2.47 得到

$$\hbar^2\left(\frac{\partial F}{\partial q^2}\right)_{q^2=0}\approx\frac{0.8-1.0}{2-0}\times10^{-26}=-0.1\times10^{-26}(\text{cm}^2)$$

$$\langle r^2\rangle=-6\hbar^2\left(\frac{\partial F}{\partial q^2}\right)_{q^2=0}=0.6\times10^{-26}(\text{cm}^2)$$

$$\sqrt{\langle r^2\rangle}=0.77\times10^{-13}(\text{cm})=0.77(\text{fm})$$

即质子的方均根半径约为 0.77fm.

10.3　考虑 1 keV 的质子被氢原子散射.

(1) 角分布会是什么样的?(画图并说明)

(2) 估计总截面,给出以 cm^2、m^2 或者 b($1b=10^{-24}$ cm^2)为单位的数量级的估计.

解　(1) 据题 10.1 的结果,

$$\frac{d\sigma}{d\Omega}=\frac{m^2q^2Q^2}{4k_0^4}\frac{1}{\left[\frac{\hbar^2\alpha^2}{4k_0^4}+\sin^2\left(\frac{\theta}{2}\right)\right]^2}$$

对氢原子,$Q=q=e$,α^{-1}为电子的屏蔽长度,$\alpha^{-1}\approx a_0$,a_0 为氢原子的玻尔半径. 对 1keV 的入射质子有

$$\lambda\!\!\!^-_0=\frac{\hbar}{\sqrt{2\mu E}}=\frac{c\hbar}{\sqrt{2\mu c^2E}}=\frac{197}{\sqrt{10^{-3}\times 938}}\approx 203(\text{fm})$$

式中,$\alpha^{-1}=a_0=5.3\times10^4\,\text{fm}$,$\frac{\hbar^2\alpha^2}{4k_0^2}\ll1$,得到

$$\frac{d\sigma}{d\Omega}\approx\frac{m^2e^4}{4k_0^2}\frac{1}{\sin^4\frac{\theta}{2}}$$

即为 Rurthford 散射公式. 1keV 的质子,对氢原子的散射主要集中在小角度(图 2.49),在大角度(粒子和质子对头碰)的概率是很小的,说明氢原子的原子核很小.

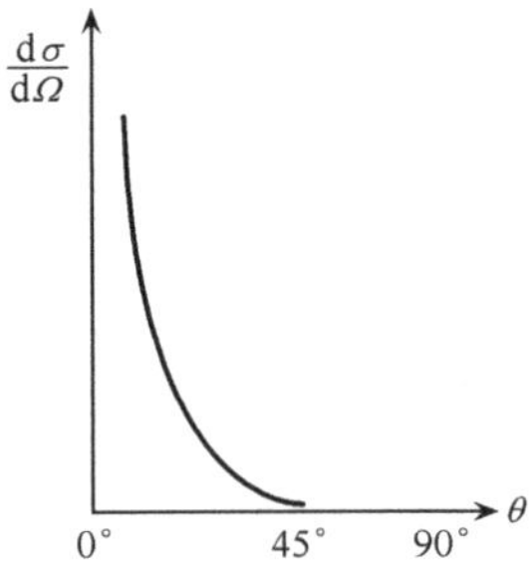

图 2.49

(2) 利用题 10.1 的结果,

$$\begin{aligned}\sigma&=\frac{\pi m^2e^4}{\hbar^2\alpha^2(4k_0^2+\hbar^2\alpha^2)}\approx\frac{\pi m^2e^4}{\hbar^2\alpha^2\cdot4k_0^2}\\&\approx\frac{\pi}{4}\left[\frac{mc^2R_0\lambda\!\!\!^-}{\hbar\,c}\left(\frac{e^2}{c\,\hbar}\right)\right]^2\\&\approx\frac{\pi\times938^2\times5.3^2\times10^8\times203^2}{4\times197^2\times137^2}\\&=1.1\times10^{11}(\text{fm}^2)=1.1\times10^{-15}(\text{cm}^2)\\&=1.1\times10^9\,\text{b}=1.1\times10^{-19}(\text{m}^2)\end{aligned}$$

10.4　粒子在一个势的作用下散射,这个势和散射粒子形成弱的束缚态,给出其低能散射微分截面公式.

解　对于低能散射,仅考虑 s 波,波函数 $\Psi=\frac{u}{r}$,u 满足薛定谔方程

$$u''+(k^2-2mV)u=0$$

如果位势是短程的,在势作用区以外,方程有简单的解 $u=\sin(kr+\delta)$. 若 $V=0$,则 $\delta=0$,表明没有散射. 其散射幅值和微分散射截面分别为

$$f=\frac{e^{2i\delta}-1}{2ik}$$

$$\frac{d\sigma}{d\Omega}=\frac{\sin^2\delta}{k^2}$$

为了研究在束缚态附近的散射效应,将波函数 u 写成如下形式:

$$u=\frac{\varphi(k)\mathrm{e}^{\mathrm{i}kr}-\varphi(-k)\mathrm{e}^{-\mathrm{i}kr}}{2\mathrm{i}}$$

u 取实数要求，$\varphi^*(k)=\varphi(k^*)$. 对于能量为 $-B$ 束缚态，相应的有 $k=\mathrm{i}\sqrt{2mB}=\mathrm{i}\gamma$. 边界条件 $r\to\infty, u\to \mathrm{e}^{-\gamma r}$，要求 $\varphi(-\mathrm{i}\gamma)=0$. 对 $\varphi(-k)$ 在束缚态附近进行泰勒展开

$$\varphi(-k)\approx \mathrm{i}a(-k+\mathrm{i}\gamma)$$

根据 $\varphi(k)=\varphi^*(-k^*)$，$a$ 是实数. 相移因子为

$$\tan\delta=\frac{\mathrm{Im}\varphi(k)}{\mathrm{Re}\varphi(k)}=-\frac{k}{\gamma}$$

对于很小的 k，近似有 $\tan\delta\approx\delta=-\frac{k}{\gamma}$.

定义散射长度 a，使 $\delta=-ka$. 则有 $a=\frac{1}{\gamma}$，散射总截面为

$$\sigma=\frac{4\pi}{k^2}\sin^2\delta=\frac{4\pi}{k^2+a^{-2}}=\frac{4\pi a^2}{k^2a^2+1}$$

10.5　在质心动量 $p=10\mathrm{GeV}/c$ 时，质子-中子相互作用的总截面(弹性＋非弹性)为 $\sigma=40\mathrm{mb}$.

(1) 不考虑核子自旋，给出质心系质子-中子弹性散射朝前的微分截面下限；

(2) 假定实验中找到了一个违反这一界限的事例，这意味着什么？

解　(1) 根据光学定理，质子-中子朝前弹性散射微分截面为

$$\left.\frac{\mathrm{d}\sigma}{\mathrm{d}\Omega}\right|_0=|f(0)|^2\geqslant|I_{\mathrm{m}}f(0)|^2=\left(\frac{k}{4\pi}\sigma_{\mathrm{t}}\right)^2$$

其中，$\boldsymbol{k}$ 为波矢. 由于 $k=p/\hbar$，故

$$\left.\frac{\mathrm{d}\sigma}{\mathrm{d}\Omega}\right|_0\geqslant\left(\frac{cp}{4\pi\hbar c}\sigma_{\mathrm{t}}\right)^2=\left(\frac{10\times10^3\times40\times10^{-27}}{4\pi\times197\times10^{-13}}\right)^2=2.61\times10^{-24}(\mathrm{cm}^2)=2.61(\mathrm{b})$$

(2) 如果实验上发现该限制不成立，这意味着光学定理不成立，也就是 S 矩阵非么正，于是量子力学的概率解释就有错误.

10.6　用 300GeV 的质子轰击氢靶(图 2.50)，在朝前的方向上，弹性散射截面有极大值，但在偏离精确地朝前的方向上，发现截面有第一极小值.

(1) 造成该极小值的原因是什么？估计在实验室坐标系中极小值的角度值.

(2) 如果束流能量增加到 600GeV，求该极小值的位置.

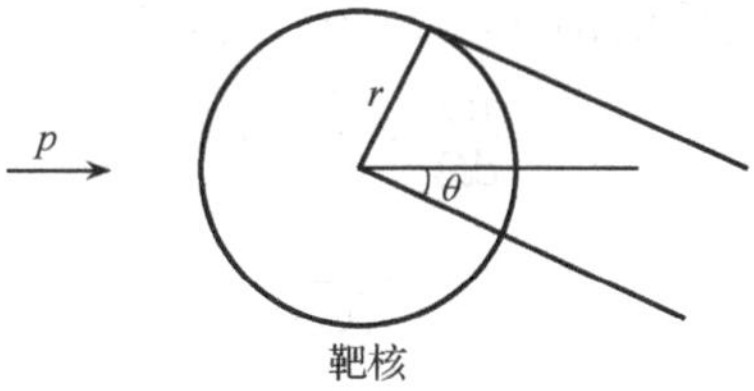

图 2.50

(3) 如果靶是铅而不是氢，极小值位置有何变化？(束流能量为 300GeV)

(4) 对于铅，试预期第二极小值出现在哪一角度.

解　(1) 造成极小值的原因是不同的碰撞参数的散射质子的相消干涉. 入射质子的波长为 $\lambda=\frac{h}{p}$，300GeV 的质子的波长为

$$\lambda = \frac{h}{p} = 2\pi\frac{c\hbar}{cp} \approx 2\pi \cdot \frac{197}{300 \times 10^3}$$
$$= 4.1 \times 10^{-3}(\text{fm})$$

这比靶核质子的尺寸小得多,也比核尺度要小.

设第一衍射极小值位于 $\theta_{\min}$处. 从边缘散射的质子与在中心散射的质子,$\theta_{\min}$的相位差相应于 $\lambda/2$. 所以

$$r\theta_{\min} = \lambda/2 = 2.1 \times 10^{-16}(\text{cm})$$

设 $r \approx 1\text{fm}$,则极值位于 $2.1 \times 10^{-3}\text{rad}$ 处.

(2) 如果束能增加到 600GeV,则波长减小为原来的一半. 故极小值角度 $\theta_{\min}$也减少为原来的一半,即 $1.05 \times 10^{-3}\text{rad}$.

(3) 对 Pb:$A=208$,$r=1.2\times 208^{1/3} \approx 7.1(\text{fm})$,可求得第一极小值的角度为

$$\theta_{\min} \approx 3.0 \times 10^{-4}\text{rad}$$

(4) 对于第二极小值,从边缘处散射相对于中心处散射的相差为一个半波长. 因而得到

$$\theta_{\min} \approx 3 \times 3.0 \times 10^{-4} = 9.0 \times 10^{-4}\text{rad}$$

10.7 (1) 用相移来描述质心系中动能为 5MeV 的中子在某个核上的弹性散射,相移值为 $\delta=30°$,$\delta_1=10°$,假定所有其他相移均可忽略,描绘$\frac{d\sigma}{d\Omega}$作为散射角函数的曲线,严格计算散射角为 30°、45°和 90°时的$\frac{d\sigma}{d\Omega}$. 总截面 σ 是多大?

(2) 相移 δ_2,δ_3,…可以忽略的事实意味着势在什么范围?(尽可能地定量)

解 (1) 微分截面与相移的关系是

$$\frac{d\sigma}{d\Omega} = \frac{1}{k^2}\left|\sum_{l=0}^{\infty}(2l+1)e^{i\delta_l}\sin\delta_l P_l(\cos\theta)\right|^2$$

取主要的前两项 $l=0,1$,得到

$$\frac{d\sigma}{d\Omega} = \frac{1}{k^2}\mid e^{i\delta_0}\sin\delta_0 + 3e^{i\delta_1}\sin\delta_1\cos\theta\mid^2$$
$$= \frac{1}{k^2}[\sin^2\delta_0 + 9\sin^2\delta_1\cos^2\theta + 6\sin\delta_0\sin\delta_1\cos(\delta_1-\delta_0)\cos\theta]$$
$$\approx k^{-2}[0.25 + 0.49\cos\theta + 0.27\cos^2\theta]$$

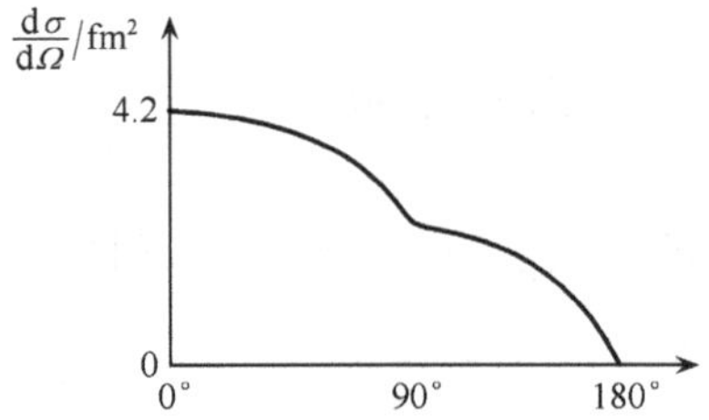

图 2.51

式中,k 为质心系入射中子的波数. 设核质量远大于中子质量 m_n,则有

$$k^2 \approx \frac{2m_n E}{\hbar^2} \approx 2.4 \times 10^{29}\text{m}^{-2} = 2.4 \times 10^{25}\text{cm}^{-2}$$

作图 2.51 并计算结果如表 2.14 所示. 总截面为

$$\sigma = \int \frac{d\sigma}{d\Omega} d\Omega = \frac{2\pi}{k^2} \int_0^{\pi} (0.25 + 0.49\cos\theta + 0.27\cos^2\theta) \sin\theta d\theta$$

$$= \frac{4\pi}{k^2}\left(0.25 + \frac{1}{3} \times 0.27\right) \approx 1.78 \times 10^{-25}(\text{cm}^2) \approx 0.18(\text{b})$$

表 2.14

θ	0°	30°	45°	90°	180°
$k^2(d\sigma/d\Omega)$	1	0.88	0.73	0.25	0
$d\sigma/d\Omega/(10^{-26}\text{cm}^2)$	4.2	3.7	3.0	1.0	0

(2) 计算 l 阶相移的公式为

$$\delta_l = -\frac{2m_n k}{\hbar^2} \int_0^{\infty} V(r) j_l^2(kr) r^2 dr$$

式中，$j_l(x)$是球贝塞尔函数. 因为 $j_l(x)$的极大值出现在 $x=l$ 附近，由于 j_l 在势 $V(r)$的区域内很小，而高阶的相移可以忽略. 也就是说 $\delta_2, \delta_3, \cdots$可以忽略，意味着势的范围在 $R \approx \frac{1}{k}$以内，计算得

$$R \approx 2 \times 10^{-15}(\text{m}) = 2(\text{fm})$$

即势范围约为 2fm.

10.8 动能为 1keV 的中子，入射到碳靶上，如果非弹性散射截面为 $400 \times 10^{-24}\text{cm}^2$，弹性散射截面上下限是多少?

解 因为动能 $T_n = 1\text{keV}$，只涉及 s 波，设相移因子为 δ，由于是非弹性散射过程，必定有一正的虚部，有下列关系：

$$\sigma_e = \pi\lambda\!\!\!^{-2} \mid e^{i2\delta} - 1 \mid^2$$

$$\sigma_{in} = \pi\lambda\!\!\!^{-2} (1 - \mid e^{i2\delta} \mid^2)$$

入射中子能量为 $E = 1\text{keV}$，折合质量

$$\mu = \frac{m_n m_c}{m_c + m_n} \approx \frac{12}{13} m_n$$

$$\lambda\!\!\!^{-} = \frac{\hbar}{\sqrt{2\mu E}} = \frac{197}{\sqrt{2 \times 10^{-3} \times \frac{12}{13} \times 940}} \approx 150(\text{fm})$$

$$\pi\lambda\!\!\!^{-2} = 707 \times 10^{-24}\text{cm}^2$$

$$\sigma_{in} = 400.0 \times 10^{-24}\text{cm}^2$$

$$1 - \mid e^{i2\delta} \mid^2 = 400.0/707 = 0.566$$

$$\mid e^{i2\delta} \mid^2 = 0.434$$

$$e^{i2\delta} = \pm 0.659$$

所以，弹性散射截面为

$$\sigma_e = \pi\lambda\!\!\!^{-2} \mid e^{i2\delta} - 1 \mid^2$$

$$(\sigma_e)_{max} = \pi\lambda\!\!\!^{-2} (-0.659 - 1)^2 = 1946 \times 10^{-24}(\text{cm}^2)$$

$$(\sigma_e)_{\min} = \pi\lambda\!\!\!^{-2}(1-0.659)^2 = 82\times10^{-24}(\text{cm}^2)$$

$$82\times10^{-24}\text{cm}^2 \leqslant \sigma_e \leqslant 1946\times10^{-24}\text{cm}^2$$

10.9　计算正氢和重氢对热中子的散射截面，给出单态和三重态的散射长度的表达式，定出三重态和单态散射长度的相对符号.

解　首先，我们考虑中子对氢原子的散射，当 $k\to0$ 时，散射振幅的极限值为

$$A=-\frac{a_t(3+\boldsymbol{\sigma}_n\cdot\boldsymbol{\sigma}_p)}{4}-\frac{a_s(1-\boldsymbol{\sigma}_n\cdot\boldsymbol{\sigma}_p)}{4}$$

式中，a_t 和 a_s 分别是 n-p 系统三重态和单态的散射长度. σ_n 和 σ_p 是中子和质子的泡利自旋算符，$\boldsymbol{s}=\frac{1}{2}(\boldsymbol{\sigma}_n+\boldsymbol{\sigma}_p)$，$\boldsymbol{\sigma}_n\cdot\boldsymbol{\sigma}_p=2\boldsymbol{s}^2-3$，$\boldsymbol{s}$ 是 n-p 系统的自旋，对于三重态和单态，$\boldsymbol{\sigma}_n\cdot\boldsymbol{\sigma}_p$ 分别等于 1 和 -3. 非极化中子和非极化氢核的散射微分截面是

$$\sigma=\frac{4\pi}{2}\sum_{i,f}\langle f\mid A\mid i\rangle\langle f\mid A\mid i\rangle^*=2\pi\text{Tr}\{AA^+\}$$

其中，求和仅是对所有的初态和末态的中子自旋态. 用下列性质：

$$\text{Tr}[\sigma_n]=0$$

$$\text{Tr}[\sigma_{ni}\sigma_{nj}]=2\delta_{ij}$$

我们可以得到

$$\frac{\sigma}{4\pi}=\frac{(3a_t+a_s)^2}{16}+\frac{3(a_s-a_t)^2}{16}=\frac{3a_t^2+a_s^2}{4}$$

所以，只测量中子与氢核的散射截面，不能给出散射长度 a_t 和 a_s 的相对符号关系. 但是，对分子氢的散射是相干的，因为当 $k\to0$ 时，中子的波长远大于氢分子中核子的距离，忽略反冲效应，由分子中的两个质子引起的相干散射幅值为

$$A_2=-\frac{(3a_t+a_s)}{2}-\frac{(a_t-a_s)\boldsymbol{\sigma}_n\cdot(\boldsymbol{\sigma}_1+\boldsymbol{\sigma}_2)}{4} \tag{1}$$

总散射截面是

$$\frac{\sigma}{4\pi}=\frac{1}{2}\text{Tr}(A_2^+A_2)=\frac{(3a_t+a_s)^2}{4}+\frac{3(a_t-a_s)^2\boldsymbol{S}^2}{4}$$

其中，$\boldsymbol{S}$ 是氢分子中两个质子的核自旋，即

$$\boldsymbol{S}=\frac{(\boldsymbol{\sigma}_1+\boldsymbol{\sigma}_2)}{2}$$

所以，测量正氢($S=1$)和仲氢($S=0$)散射截面，它对于相对符号是灵敏的，因为它们分别由$(3a_t+a_s)^2$ 和$(a_s-a_t)^2$ 决定. 测量正氢($S=1$)和仲氢($S=0$)散射截面，可以确定它们的相对符号. 实际上，式(1)中的散射幅值 A_2 并不是很确切，它忽略了由约化质量效应的影响，而 H_2 分子质量是单个质子的两倍，但我们考虑它们的比值时

$$\frac{\sigma_{正}}{\sigma_{仲}}=1+\frac{2(a_t-a_s)^2}{(3a_t+a_s)^2}$$

这些因子又相互消掉. 我们用 a_t^2 和 a_s^2 对单个质子的低能散射总截面拟合

$$\sigma_{\text{tot}}=\pi\left(\frac{3}{k^2+a_t^{-2}}+\frac{1}{k^2+a_s^{-2}}\right)$$

即可以确定 a_t 和 a_s 的相对符号.

10.10　一个中子被一个中心力束缚，中心力的力程为 $r=10^{-13}$cm，系统的基态结合能是 1 keV，求在能量为零时，这个中心力对中子的散射截面.

解　根据 10.4 题结果，能量趋近于零时，$k\to 0$，有

$$\sigma=\frac{4\pi}{k^2+\gamma^2}\to\frac{4\pi}{\gamma^2}$$

题设，系统的基态结合能是 1 keV，其 γ 值为

$$\gamma^2=\frac{2mE}{\hbar^2}=\frac{2mc^2E}{\hbar^2c^2}=\frac{2\times 940\times 10^{-3}}{197^2\times 10^{-26}}\approx 4.8\times 10^{21}(\text{cm}^{-2})$$

代入上式，得到中子散射截面为

$$\sigma\approx\frac{4\pi}{\gamma^2}=\frac{4\pi}{4.8\times 10^{21}}=2.6\times 10^{-21}(\text{cm}^2)=2600(\text{b})$$

注意，这个解只适用于 $r_0\gamma\ll 1$ 的区域.

10.11　100 keV 的中子束，通过 10g/cm^2 的碳衰减 50%. 由此，你能否得到碳核对中子散射的 S 波相移？

解　对于 100 keV 的中子，只能是 S 波散射. 根据实验数据，可求出散射截面

$$I=I_0\text{e}^{-Nt\sigma}$$

$$\sigma=\frac{1}{Nt}\ln\frac{I_0}{I}=\frac{\ln 2}{Nt}$$

$Nt=6.023\times 10^{23}\times\dfrac{10}{12}=5.02\times 10^{23}$，$\sigma=1.4\times 10^{-24}\text{cm}^2$. 运动参数 k 为

$$k^2=\frac{2mE}{\hbar^2}=\frac{2mc^2E}{\hbar^2c^2}=\frac{2\times 940\times 0.1}{197^2\times 10^{-26}}=4.8\times 10^{23}(\text{cm}^2)$$

代入公式，得到

$$\sigma=\frac{4\pi}{k^2}\sin^2\delta$$

$$\sin^2\delta=\frac{k^2\sigma}{4\pi}=\frac{4.8\times 10^{23}\times 1.4\times 10^{-24}}{4\pi}=0.053$$

$$\sin\delta=\pm 0.23$$

10.12　因为中子有磁矩，它可以被核的库仑场散射. 写出其相互作用哈密顿量，用非相对论玻恩近似，计算自旋平均微分截面.

解　为了方便，采用自然单位制 $c=\hbar=1$，且散射体是静止的，这时，对速度 $\boldsymbol{v}$ 的最低阶哈密顿量为

$$\boldsymbol{H}=-\boldsymbol{\mu}\cdot\boldsymbol{B}$$

其中

$$\boldsymbol{B}=-\boldsymbol{v}\times\boldsymbol{E}$$

中子的核磁矩是 $\boldsymbol{\mu}=\mu_0\boldsymbol{\sigma}$，$\sigma_x$，$\sigma_y$ 和 σ_z 是泡利矩阵. 哈密顿量可改写成

$$\boldsymbol{H}=-\mu_0\boldsymbol{\sigma}\cdot(\boldsymbol{E}\times\boldsymbol{p})/m$$

散射振幅为

$$A=\langle f\mid H\mid i\rangle=\frac{Ze\mu_0}{m}\boldsymbol{\sigma}_{\text{fi}}\cdot\int\text{d}^3\boldsymbol{x}\Psi_{\text{f}}^*\ \nabla\left(\frac{1}{r}\right)\times(-\text{i}\nabla)\Psi_{\text{i}}$$

式中，$\boldsymbol{\sigma}_{\mathrm{fi}}=\langle\chi_{\mathrm{f}}|\boldsymbol{\sigma}|\chi_{\mathrm{i}}\rangle$，$\Psi_{\mathrm{i}}=\mathrm{e}^{\mathrm{i}\boldsymbol{k}_{\mathrm{i}}\cdot\boldsymbol{x}}$，$\Psi_{\mathrm{f}}=\mathrm{e}^{\mathrm{i}\boldsymbol{k}_{\mathrm{f}}\cdot\boldsymbol{x}}$. $|\chi_{\mathrm{i}}\rangle$和$|\chi_{\mathrm{f}}\rangle$是初、末自旋态. A 可以简化成

$$\frac{\mathrm{i}4\pi Ze\mu_0}{m\mid\boldsymbol{k}_{\mathrm{f}}-\boldsymbol{k}_{\mathrm{i}}\mid^2}[\boldsymbol{\sigma}_{\mathrm{fi}}\cdot(\boldsymbol{k}_{\mathrm{f}}\times\boldsymbol{k}_{\mathrm{i}})]$$

定义微分截面$\frac{\mathrm{d}\sigma}{\mathrm{d}\Omega}=\frac{\omega}{\varphi}$，其中，通量 $\varphi=\frac{k_{\mathrm{i}}}{m}$，$\omega$ 是传输到立体角 $\mathrm{d}\Omega$ 的传输率.

$$\omega=2\pi\mid A\mid^2\rho(E)$$

末态密度为

$$\rho(E)=\frac{1}{(2\pi)^3}k_{\mathrm{f}}^2\frac{\mathrm{d}k_{\mathrm{f}}}{\mathrm{d}E}=\frac{mk_{\mathrm{f}}}{(2\pi)^3}$$

散射截面为

$$\frac{\mathrm{d}\sigma}{\mathrm{d}\Omega}=\sum_{\text{自旋}}\left[\frac{2Ze\mu_0}{\mid\boldsymbol{k}_{\mathrm{f}}-\boldsymbol{k}_{\mathrm{i}}\mid^2}\right]^2\mid\boldsymbol{\sigma}_{\mathrm{fi}}\cdot(\boldsymbol{k}_{\mathrm{f}}\times\boldsymbol{k}_{\mathrm{i}})\mid^2$$

求和是对末态自旋. 利用动量传递关系

$$\mid(\boldsymbol{k}_{\mathrm{f}}-\boldsymbol{k}_{\mathrm{i}})\mid^2=2k^2(1-\cos\theta)$$

最后得到

$$\frac{\mathrm{d}\sigma}{\mathrm{d}\Omega}=(Ze\mu_0)^2\times\frac{\cos^2(\theta/2)}{\sin^2(\theta/2)}$$

10.13 设铁原子具有磁偶极矩，单位体积的平均磁偶极矩表示为 $\boldsymbol{\mu}_I g(\boldsymbol{r})$，其中，$\boldsymbol{\mu}_I$ 是铁原子的磁矩，动量为 $\boldsymbol{k}_0$ 的极化热中子被铁原子散射，中子极化沿 $\boldsymbol{\mu}_I$ 方向，$\boldsymbol{k}_0$ 垂直于 $\boldsymbol{\mu}_I$. 注意，其散射包括两部分，即中子和铁核的核力散射和中子与铁原子之间的磁力散射. 比较两者对散射的贡献，并粗略估计自旋翻转和没有自旋翻转的截面，处理散射可按单个铁原子作用来做(磁偶极 $\boldsymbol{\mu}_I$ 的位势写成 $\boldsymbol{A}=\left(\frac{\boldsymbol{\mu}_I\times\boldsymbol{r}}{r^3}\right)$.

解 相互作用哈密顿矩阵元由核的和磁的相互作用两项组成，核散射部分用散射长度 a 来描述. 对于很慢的中子，以 s 波散射为主，是一个很好的近似. 但对于磁散射，要用玻恩近似. 用自然单位制，总散射幅值为($c=\hbar=1$)

$$f(\boldsymbol{q})=a-\left(\frac{m}{2\pi}\right)\int H_{\mathrm{m}}(\boldsymbol{r})\mathrm{e}^{\mathrm{i}\boldsymbol{q}\cdot\boldsymbol{r}}\mathrm{d}^3\boldsymbol{r}$$

其中，动量转移 $\boldsymbol{q}=\boldsymbol{k}_0-\boldsymbol{k}_{\mathrm{f}}$，$H_{\mathrm{m}}(\boldsymbol{r})$是磁相互作用矩阵元，中子的磁矩为 $\boldsymbol{\mu}$，$H_{\mathrm{m}}(\boldsymbol{r})$可写成

$$H_{\mathrm{m}}(\boldsymbol{r})=-\int g(\boldsymbol{r}+\boldsymbol{y})\boldsymbol{\mu}_I\cdot\nabla\times\left[\frac{\boldsymbol{\mu}\times\boldsymbol{y}}{y^3}\right]\mathrm{d}^3\boldsymbol{y}$$

代入上式，积分得到

$$\langle f\mid f(\boldsymbol{q})\mid i\rangle=a\langle f\mid i\rangle+\frac{2m\tilde{g}(\boldsymbol{q})}{q^2}\boldsymbol{\mu}_I\cdot[\boldsymbol{q}\times(\boldsymbol{\mu}_{\mathrm{fi}}\times\boldsymbol{q})]$$

其中

$$\tilde{g}(\boldsymbol{q})=\int g(\boldsymbol{r})\mathrm{e}^{\mathrm{i}\boldsymbol{q}\cdot\boldsymbol{r}}\mathrm{d}^3\boldsymbol{r}$$

$$\boldsymbol{\mu}_{\mathrm{fi}}=\langle f\mid\boldsymbol{\mu}\mid i\rangle$$

中子的初态和末态自旋波函数分别为$|i\rangle$和$|f\rangle$. 因为 $\tilde{g}(0)=1$，而在考虑的区域，$|\boldsymbol{q}|R\ll 1$ (R 为势作用有效区域的尺度)，采用近似值 $\tilde{g}(q)\approx 1$. 自旋反转部分幅值为

$$f=\frac{2m}{q^2}\boldsymbol{\mu}_I\cdot[\boldsymbol{q}\times(\boldsymbol{\mu}_{\mathrm{fi}}\times\boldsymbol{q})]$$

在自旋反转的情况下，有 $\boldsymbol{\mu}_I \cdot \boldsymbol{\mu}_{fi}=0$，则上式等于 $(-2m/q^2)(\boldsymbol{\mu}_I \cdot \boldsymbol{q})(\boldsymbol{\mu}_{fi} \cdot \boldsymbol{q})$，总的自旋反转截面为

$$\sigma_s = \int d\Omega \mid f \mid^2 = \frac{32}{15}\pi(m\mu_I\mu)^2$$

没有自旋反转的幅值为

$$f_{\mu s} = a + \frac{2m\mu_I\mu(\boldsymbol{i}\times\boldsymbol{q})^2}{q^2}$$

$\boldsymbol{i}$ 是 μ_I 方向单位矢量没有自旋反转的总截面为

$$\sigma_{\mu s} = 4\pi\left[a^2 + \frac{4am\mu_I\mu}{3} + \frac{32(m\mu_I\mu)^2}{15}\right]$$

10.14　一个同步加速器产生 200MeV 能量的氘核，当把它打到 Be 靶时，由于剥裂反应（在和靶核碰撞中氘核的质子被靶核俘获，而中子沿原来的方向前进）得到很窄的中子束. 计算由在氘核内部运动引起的中子束流的角分散. 氘核的波函数可用一个近似形式，氘核的结合能为 2.18MeV.

解　设氘核的结合能为 B，质量为 m. 在氘核的中心区域，波函数写作 $\frac{e^{-\gamma r}}{r}$，其中 $\gamma^2 = mB$，在氘核静止的系统，波函数给出了氘核内中子的动量分布，它正比于 $d^3p/(p^2+\gamma^2)^2$，氘核在束流方向的动量 $p_0=(2m\times 200)^{1/2}$，有 $\gamma \ll p_0$，所以，氘核的内部运动引起中子在束流方向的角分散是很小的，当氘核中的质子被削走时，中子带走了原来氘核的动量，中子的横向动量为 p_t，则有 $\theta \approx \frac{p_t}{p_0}$.

从氘核内，中子的动量分布函数为 $\frac{d^3p}{(p^2+\gamma^2)^2}$，对纵向动量积分，可得到横向动量的分布函数

$$\frac{p_t dp_t}{(p^2+\gamma^2)^{3/2}}$$

或写成相应的横向角分布

$$\frac{(\gamma/p_0)\theta d\theta}{(\theta^2+\gamma^2/p_0^2)^{3/2}}$$

对于这样小的角度，近似有 $\theta \approx \sin\theta$，$\theta d\theta = \frac{d\Omega}{2\pi}$，其中，$\Omega$ 是中子横动量引起的增加的立体角. 中子动量在该立体角的概率为

$$dp = \left(\frac{\gamma}{2\pi p_0}\right)\frac{d\Omega}{(\theta^2+\gamma^2/p_0^2)^{3/2}}$$

从该式可知，中子束是一个向前的锥形，张角为 $\delta \approx \frac{\gamma}{p_0}$，代入数值为

$$\delta = \frac{\gamma}{p_0} = \left(\frac{mB}{2m\times 200}\right)^{1/2} = \left(\frac{2.18}{2\times 200}\right)^{1/2} = 0.0738(\text{rad})$$

10.15　中子在氢中的慢化.

(1) 假设中子和质子碰撞在质心系中是球对称的，经过 n 次碰撞，求中子的平均能量.

(2) 如果能量为 E_0 的中子产生率是 $q\text{cm}^{-3}\cdot\text{s}^{-1}$，且散射和吸收截面是能量的函数，给出在稳定时中子的通量的表达式，它应是能量和已知截面的函数.

解　(1) 对于质子和中子的散射，忽略它们的质量差，在非相对论情况下，在质心系中，中子和质子均带有$\frac{E_0}{4}$，散射只改变其角度. 设散射角为 θ_c，在实验室系中，碰撞后中子的速度和能量分别为

$$v'^2=\frac{v_0^2}{2}(1+\cos\theta_c)$$

$$E'=\frac{E_0}{2}(1+\cos\theta_c)$$

当 $\theta_c=0$ 时，中子没有损失能量；当 $\theta_c=\pi$ 时，中子损失全部能量. 设在质心系中，碰撞是各向同性的，中子在一次碰撞后的平均能量为

$$\langle E_1\rangle=\frac{E_0}{8\pi}\int_0^{\pi}\int_0^{2\pi}(1+\cos\theta)\sin\theta\mathrm{d}\theta\mathrm{d}\varphi=\frac{E_0}{2}$$

在 n 次碰撞后，中子的平均能量为

$$\langle E_n\rangle=\frac{1}{2^n}E_0$$

下面考察中子的能量分布函数 $\rho(E)$. 在质心系中各向同性的散射，中子散射到 $\mathrm{d}\Omega$ 的概率为 $\mathrm{d}\Omega/4\pi$，从能量分布来看，它等于$\frac{\mathrm{d}E_1}{E_0}$. 中子散射到 E_1 和 $E_1+\mathrm{d}E_1$ 的概率又可写为 $\rho_1(E)\mathrm{d}E_1$，有 $\rho_1(E)\mathrm{d}E_1=\mathrm{d}E_1/E_0$. 同理，第二次碰撞后 $\rho_2(E)\mathrm{d}E_2=\mathrm{d}E_2/E_1$，…，当 n 次碰撞后，能量密度函数 $\rho_n(E)$ 为

$$\rho_n(E)\mathrm{d}E=\frac{\mathrm{d}E}{E_0}\int\frac{\mathrm{d}E_{n-1}}{E_{n-1}}\cdot\cdots\cdot\frac{\mathrm{d}E_2}{E_2}\cdot\frac{\mathrm{d}E_1}{E_1}$$

积分区是 $E_n\leqslant E_{n-1}\leqslant\cdots\leqslant E_1\leqslant E_0$. 所有积分是 E_n、E_{n-1}、…、E_1 和 E_0 的对称的函数. 当我们把 E_0 分成 $(n-1)!$，每个积分限为 $E_n\leqslant E\leqslant E_0$. 积分得到

$$\begin{aligned}\rho_n(E)&=\frac{1}{(n-1)!}\int_E^{E_0}\frac{\mathrm{d}E_{n-1}}{E_{n-1}}\int_E^{E_0}\frac{\mathrm{d}E_{n-2}}{E_{n-2}}\cdots\int_E^{E_0}\frac{\mathrm{d}E_1}{E_1}\\&=\frac{1}{(n-1)!}\left[\ln\left(\frac{E_0}{E}\right)\right]^{n-1}\end{aligned}$$

(2) 在稳定态时，单位能量间隔的中子数是与时间无关的，所以，单位时间进入能量区 $E+\mathrm{d}E$ 的中子数等于离开该能区的中子数，即

$$N\int_E^{E_0}f(E')\sigma_s(E')\frac{\mathrm{d}E'}{E'}\mathrm{d}E=Nf(E)[\sigma_s(E)+\sigma_a(E)]\mathrm{d}E$$

式中，N 是散射体的密度，$f(E)\mathrm{d}E$ 是在能量间隔 $(E,E+\mathrm{d}E)$ 的中子通量，$\sigma_s(E)$ 和 $\sigma_a(E)$ 分别是能量为 E 的中子弹性散射截面和吸收截面. 简化该式得到

$$\int_E^{E_0}f(E')\sigma_s(E')\frac{\mathrm{d}E'}{E'}=f(E)\sigma_T(E)\tag{1}$$

式中，$\sigma_T=\sigma_s+\sigma_a$，$\sigma_T(E)$是能量为 E 的中子总截面. 问题是计算中子通量 $f(E)$，从而找出与中子产生率 $q\text{cm}^{-3}\cdot\text{s}^{-1}$之间的联系，我们对等式(1)进行微分，得到微分方程

$$\frac{\mathrm{d}}{\mathrm{d}E}[f(E)\sigma_T(E)]+\frac{f(E)\sigma_s(E)}{E}=0$$

$$\frac{\mathrm{d}[f(E)\sigma_{\mathrm{T}}(E)]}{f(E)\sigma_{\mathrm{T}}(E)}=-\frac{\sigma_{\mathrm{s}}(E)}{\sigma_{\mathrm{T}}(E)}\frac{\mathrm{d}E}{E}$$

解微分方程，得到

$$f(E)=\frac{A}{\sigma_{\mathrm{T}}(E)}\exp\left[-\int_{E_0}^{E}\frac{\sigma_{\mathrm{s}}(E')}{\sigma_{\mathrm{T}}(E')}\cdot\frac{\mathrm{d}E'}{E'}\right]$$

根据题设条件，能量为 E_0 的中子产生率为 $q\mathrm{cm}^{-3}\cdot\mathrm{s}^{-1}$. 达到平衡时，其产生率等于由于散射和吸收而损失的中子数，即

$$q=f(E_0)\cdot\sigma_{\mathrm{T}}(E_0)\cdot N$$

$E=E_0$ 时的中子通量为

$$f(E_0)=\frac{A}{\sigma_{\mathrm{T}}(E_0)}$$

由此我们得到，常数 A 为

$$A=\frac{q}{N}$$

在平衡时，能量为 E 的中子通量为

$$f(E)=\frac{q}{\sigma_{\mathrm{T}}(E)N}\exp\left[-\int_{E_0}^{E}\frac{\sigma_{\mathrm{s}}(E')}{\sigma_{\mathrm{T}}(E')}\cdot\frac{\mathrm{d}E'}{E'}\right]$$

10.16　在核反应中的动量守恒，下面正确的描述是　(　　)

(A) 反应前、后体系动量的矢量和均为零

(B) 在质心系守恒，在实验室坐标系不一定守恒

(C) 在实验室坐标系不守恒，在质心系没有意义

(D) 在质心系任何时刻均守恒，且动量的矢量和永远为零

解　任何物理过程中，系统的总动量必须守恒，反应前的系统总动量之和等于反应后的总动量之和，在质心系中，反应前和反应后的系统总动量相等且为 0. 答案为(D).

10.17　1942 年我国物理学家王淦昌进行的 K 俘获实验是

$${}^{7}_{4}\mathrm{Be}+\mathrm{e}^{-}\rightarrow{}^{7}_{3}\mathrm{Li}+\nu$$

若忽略电子结合能，求中微子的能量.

已知：$M({}^{7}\mathrm{Be})=7.016930\mathrm{u}$，$M({}^{7}\mathrm{Li})=7.016005\mathrm{u}$，$1\mathrm{u}=931.5\mathrm{MeV}/c^2$.

解　在 K 俘获中，忽略核的反冲能，发射 ν 的能量等于衰变能，得到

$$E_\nu=M({}^{7}\mathrm{Be})c^2-M({}^{7}\mathrm{Li})c^2=0.862\mathrm{MeV}$$

10.18　在吸热反应中 $E_{阈}>|Q|$，是由于　(　　)

(A) 系统动量必须守恒，反应后系统有动能

(B) 入射粒子必须进入靶核而需要动能

(C) 因为吸能反应需要动能

(D) 某种不清楚的原因

解　在质心系中，吸热反应中 $E_{阈}=|Q|$，这时反应后的产物在质心系中都处于静止态. 但质心在运动，有附加的动能，在实验室系，反应所需的能量 $E_{阈}>|Q|$. 答案为(A).

10.19　核反应中，反应能 $Q=0$ 则表示　(　　)

(A) 不可能发生　(B) 过程为弹性散射

(C) 入射粒子与出射粒子动能相等　(D) 靶核和剩余核都静止

解　反应能 $Q=0$ 则表示,反应前、后没有能量激发参与反应粒子的内部自由度,过程为弹性散射. 答案为(B).

10.20　对(n,p)和(d,p)型反应　(　)

(A) 生成核的荷质比增加　(B) 生成核的荷质比减少

(C) 生成核的荷质比不变　(D) 以上三个结论都错

解　对(n,p)反应,反应前、后生成核内中子数增加1,而质子数减少1;(d,p)反应前、后生成核内中子数增加1,而质子数不变. 两者都使生成核内的中子数增加,质子数减少或不变,生成核的荷质比减少. 答案为(B).

10.21　历史上第一次核反应是卢瑟福发现的,即$^{14}_{7}\mathrm{N}(\alpha,p)^{17}_{8}\mathrm{O}$. 已知:　(　)

$$M(^{14}\mathrm{N}) = 14.003074\mathrm{u};\ M(^{17}\mathrm{O}) = 16.999131\mathrm{u};$$
$$M(^{4}\mathrm{He}) = 4.002603\mathrm{u};\ M(^{1}\mathrm{H}) = 1.007825\mathrm{u}.$$

此核反应为

(A) 放热反应　(B) 重核裂变

(C) 吸热反应　(D) 轻核聚变

解　该反应的质量方程为

$$\begin{aligned}Q &= M(^{14}\mathrm{N}) + M(^{4}\mathrm{He}) - M(^{17}\mathrm{O}) - \mathrm{M}(^{1}\mathrm{H}) \\ &= 14.003074 + 4.002603 - 16.999131 - 1.007825 \\ &= -0.001283(\mathrm{u}) < 0\end{aligned}$$

反应是吸热反应,答案为(C).

10.22　用能量为60MeV的质子,轰击^{54}Fe靶做非弹性散射实验,测量到在40°方向上,微分非弹性散射截面为 $\mathrm{d}\sigma/\mathrm{d}\Omega = 1.3\times10^{-3}$ b/sr (这时^{54}Fe 被激发到能量为1.42 MeV的第一激发态),若探测器窗口面积为$10^{-5}\mathrm{m}^2$,距靶0.1m,Fe靶单位面积的质量为$0.1\mathrm{kg/m^2}$,入射质子束的电流强度为10^{-7}A. 试计算每秒钟记录到的事件.

解　每秒钟记录到的粒子数为

$$\Delta N = N\cdot\frac{\mathrm{d}\sigma}{\mathrm{d}\Omega}\cdot\Delta\Omega\cdot I$$

其中

$$N = \frac{10^{-1}}{54}\times10^{3}\times6.02\times10^{23}\mathrm{m}^{-2}$$

题设

$$\frac{\mathrm{d}\sigma}{\mathrm{d}\Omega} = 1.3\times10^{-3}\mathrm{b/sr} = 1.3\times10^{-31}\mathrm{m^2/sr}$$

$$\Delta\Omega = \frac{\Delta s}{r^2} = \frac{10^{-5}}{10^{-2}}\mathrm{sr} = 10^{-3}\mathrm{sr}$$

$$I = \frac{10^{-7}}{1.6\times10^{-19}}\mathrm{s}^{-1}$$

代入上面的数值,我们得到

$$\Delta N = \frac{6.023}{54\times1.6\times10^{-19}}\times10^{25}\times1.3\times10^{-31}\times10^{-3}\times10^{-7} = 90.6(\mathrm{s}^{-1})$$

每秒我们可探测到 90.6 个事例.

10.23　用 α 粒子打击$^{9}_{4}Be$,产生$^{12}_{6}C$并放出另一个粒子.

(1) 写出核反应方程;

(2) 若 α 粒子的速度 $v_\alpha=1.5\times10^9$ cm/s，放出的新粒子以 4×10^9 cm/s 的速率垂直于粒子前进方向飞出,求$^{12}_{6}C$的速度的大小;

(3) 求这个反应放出的能量以及反应后比反应前质量的增减量.(1MeV=1.602×10^{-6}erg,1u=1.66057×10^{-27}kg,sin56°=0.832).

解　(1) 核反应方程为

$$^{9}_{4}Be+^{4}_{2}He\rightarrow^{12}_{6}C+n$$

根据电荷和质量数守恒,另一个粒子质量数为 1,电荷为 0,应是中子.

(2) 粒子碰撞前后的方向见图 2.52，由动量守恒定律,在 x,y 方向分别得到

$$m_n v_n = m_c v_c \sin\theta$$

$$m_\alpha v_\alpha = m_c v_c \cos\theta$$

由上两式得到

$$\tan\theta=\frac{m_n v_n}{m_\alpha v_\alpha}=\frac{1\times4\times10^9}{4\times1.5\times10^9}=\frac{2}{3}$$

$$\theta\approx34^\circ$$

可得到^{12}C的速度为

$$v_c=\frac{m_\alpha v_\alpha}{m_c\cos\theta}=\frac{4\times1.5\times10^9}{12\times0.832}=6.009\times10^8(\text{cm/s})$$

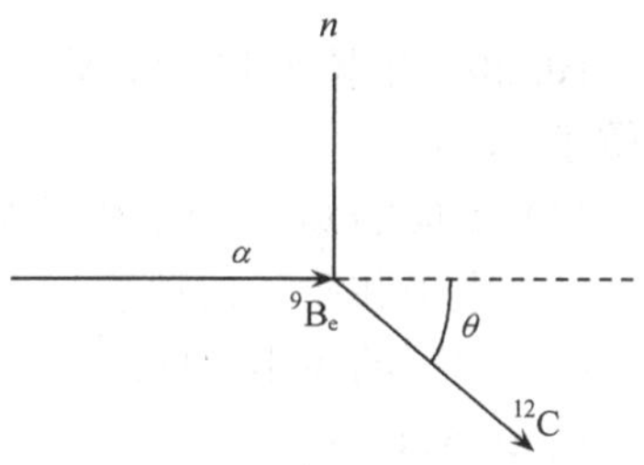

图 2.52

(3) 反应前粒子体系的动能为

$$T_0=\frac{1}{2}m_\alpha v_\alpha^2=7.5\times10^{-6}\text{erg}=4.66\text{MeV}$$

反应后粒子体系的动能为

$$T=\frac{1}{2}m_c v_c^2+\frac{1}{2}m_n v_n^2=10.61\text{MeV}$$

从而反应放出的能量为

$$\Delta T=T-T_0=5.95\text{MeV}$$

$$\Delta m=5.95\times1.783\times10^{-27}=1.061\times10^{-26}(\text{g})$$

反应后能量的增加,表明粒子体系的质量减少了 1.061×10^{-26}g.

10.24　求核反应$^{14}_{7}N+^{4}_{2}He\rightarrow^{17}_{8}O+^{1}_{1}H$的反应能.

$M(^{14}N)=14.003074$u，$M(^{17}O)=16.999133$u，$M(^{4}He)=4.002603$u,$M(^{1}H)=1.007825$u.

解　核反应$^{14}_{7}N+^{4}_{2}He\rightarrow^{17}_{8}O+^{1}_{1}H$的反应能为

$$Q=[M(^{14}N)+M(^{4}He)-M(^{17}O)-M(^{1}H)]c^2$$

$$=-0.00128\times931.5\text{MeV}=-1.193(\text{MeV})$$

负号表示这是吸能反应.

10.25　核反应$^{41}_{19}K+p\rightarrow^{41}_{20}Ca^*+n$过程的产物$^{41}Ca^*$,将发射 β^+ 粒子而衰变成为$^{41}_{19}K$,

其衰变能为 2.5MeV,试求核反应阈能. 已知中子与质子的能量差为 $1.294\text{MeV}/c^2$，$m_e = 0.511\text{MeV}/c^2$.

解　反应式

$$^{41}_{19}\text{K} + \text{p} \rightarrow ^{41}_{20}\text{Ca}^* + \text{n}$$

反应能为

$$Q = [(m_\text{K} + m_\text{p}) - (m_{\text{Ca}^*} + m_\text{n})c^2 = [M(\text{K}) - M(\text{Ca}^*) - (m_\text{n} - m_\text{p}) + m_e]c^2$$

衰变式

$$^{41}\text{Ca}^* \rightarrow ^{41}\text{K} + e^+ + \nu_e$$

衰变能为

$$E_d(\beta^+) = [M(\text{Ca}^*) - M(\text{K}) - 2m_e]c^2$$

$$[M(\text{Ca}^*) - M(\text{K})]c^2 = E_d(\beta^+) + 2m_e c^2$$

代入上式,我们得到

$$\begin{aligned} Q &= -[M(\text{Ca}^*) - M(\text{K})]c^2 - (m_\text{n} - m_\text{p})c^2 + m_e c^2 \\ &= -[E_d(\beta^+) + 2m_e c^2] - (m_\text{n} - m_\text{p})c^2 + m_e c^2 \\ &= -4.305(\text{MeV}) \end{aligned}$$

核反应阈能为

$$E_\text{th} = \frac{A_\text{A} + A_\text{a}}{A_\text{A}} |Q| = 4.41(\text{MeV})$$

10.26　氘核吸收 6MeV 的 γ 射线发生分解,如果在与入射光子成 $90°$ 角方向上探测到质子,求 :

(1) 反应的 Q 值和氘核的结合能;

(2) 中子和质子的动能;

(3) 中子的飞出方向.

已知:$M(^2\text{H}) = 2.014102\text{u}$, $M(^1\text{H}) = 1.007825\text{u}$, $m_\text{n} = 1.008665\text{u}$, $\sin 84.32° = 0.995$.

解　(1) 反应方程式为

$$\gamma + ^2\text{H} = \text{n} + \text{p}$$

反应能为

$$Q = [M(^2\text{H}) - m_\text{n} - M(^1\text{H})]c^2 = -2.24\text{MeV}$$

$$B = -Q = 2.24\text{MeV}$$

(2) 动量守恒要求

$$p_\text{n} \cos\theta = \frac{E_\gamma}{c}$$

$$p_\text{p} = p_\text{n} \sin\theta$$

由能量守恒得到

$$T_\text{p} + T_\text{n} = E_\gamma + Q$$

联合动量守恒和能量守恒得到

$$p_\text{n}^2 = p_\text{p}^2 + \frac{E_\gamma^2}{c^2}$$

$$2m_n(E_\gamma + Q - T_p) = 2m_p T_p + \frac{E_\gamma^2}{c^2}$$

代入上式得到

$$T_p = \frac{m_n}{(m_n + m_p)}(E_\gamma + Q) - \frac{E_\gamma^2}{2(m_n + m_p)c^2} = 1.879(\mathrm{MeV})$$

$$T_n = E_\gamma + Q - T_p = 1.881(\mathrm{MeV})$$

(3) 由动量守恒可知

$$\sin\theta = \frac{p_p}{p_n} = \sqrt{\frac{m_p T_p}{m_n T_n}} = 0.995$$

$$\theta = 84.32^\circ$$

10.27　在核反应$^{10}B + d \rightarrow {}^8Be + \alpha + 17.85\mathrm{MeV}$中，当 d 束能量为 0.6MeV 时，在 90° 方向观测到 4 种能量的 α 粒子，它们分别是 12.2MeV、10.2MeV、9.0MeV、7.5MeV，求^8Be的激发能.

解　题设，核反应的反应能为 $Q=17.85\mathrm{MeV}$，每一种能量的 α 粒子，分别对应于^8Be核的一个能级. 由于 α 粒子的能量是在 90°方向测量的，所以反应 Q 值可以按以下公式计算，即

$$Q = \left(\frac{A_\alpha}{A_{Be}} - 1\right)E_d + \left(\frac{A_d}{A_{Be}} + 1\right)E_\alpha$$

当 $E_\alpha=12.2\mathrm{MeV}$ 时，得到

$$Q = \left(\frac{2}{8} - 1\right)\times 0.6 + \left(\frac{4}{8} + 1\right)\times 12.2 = 17.85(\mathrm{MeV})$$

这个数值刚好等于由静止质量计算得到的反应能，所以，$E_\alpha=12.2\mathrm{MeV}$ 的 α 粒子对应于^8Be核的基态. 同理，对于 10.2MeV、9.0MeV、7.5MeV 能量的 α 粒子对应的反应 Q 值分别为

$$Q_1 = \left(\frac{2}{8} - 1\right)\times 0.6 + \left(\frac{4}{8} + 1\right)\times 10.2 = 14.85(\mathrm{MeV})$$

$$Q_2 = \left(\frac{2}{8} - 1\right)\times 0.6 + \left(\frac{4}{8} + 1\right)\times 9.0 = 13.05(\mathrm{MeV})$$

$$Q_3 = \left(\frac{2}{8} - 1\right)\times 0.6 + \left(\frac{4}{8} + 1\right)\times 7.5 = 10.80(\mathrm{MeV})$$

^8Be核的激发能分别为

$$E_1^* = Q - Q_1 = 3.00\mathrm{MeV}$$

$$E_2^* = Q - Q_2 = 4.80\mathrm{MeV}$$

$$E_3^* = Q - Q_3 = 7.05\mathrm{MeV}$$

10.28　下面给出的是以原子质量单位给出的一些粒子和核的质量($1\mathrm{u}=932\mathrm{MeV}/c^2$).

电子	0.000549	$^{152}_{62}Sm$	151.919 756
中子	1.008665	$^{152}_{63}Eu$	151.921 749
^1_1H	1.007825	$^{152}_{64}Gd$	151.919 794

(1) 反应$^{152}Eu(n,p)\,^{152}Sm$的 Q 值是多少？

(2) ^{152}Eu 能发生哪些类型的弱衰变?

(3) 在(2)中^{152}Eu 的各种衰变中,放出的粒子的最大能量是多少?

解　(1) 反应式为

$$^{152}\mathrm{Eu} + \mathrm{n} \rightarrow {}^{152}\mathrm{Sm} + \mathrm{p}$$

$$\begin{aligned}\Delta m &= [m(^{152}\mathrm{Eu}) + m(\mathrm{n}) - m(^{152}\mathrm{Sm}) - m(\mathrm{p})] \\ &= [M(^{152}\mathrm{Eu}) + m(\mathrm{n}) - M(^{152}\mathrm{Sm}) - M(^{1}\mathrm{H})] \\ &= 0.002833\mathrm{u}\end{aligned}$$

$$Q = \Delta mc^2 = 0.002833 \times 932 = 2.64(\mathrm{MeV})$$

式中,m 是核的质量,M 是原子的质量,计算中,忽略了电子结合能的影响.

(2) 为确定^{152}Eu 的弱衰变类型,须计算其衰变能.

对于^{152}Eu 的 β^- 衰变,衰变式为

$$^{152}\mathrm{Eu} \rightarrow {}^{152}\mathrm{Gd} + \mathrm{e}^- + \bar{\nu}$$

衰变能为

$$E_{\mathrm{d}}(\beta^-) = [M(^{152}\mathrm{Eu}) - M(^{152}\mathrm{Gd})]c^2 = 1.822\mathrm{MeV} > 0$$

对于^{152}Eu 的 β^+ 衰变,衰变式为

$$^{152}\mathrm{Eu} \rightarrow {}^{152}\mathrm{Sm} + \mathrm{e}^+ + \nu$$

衰变能为

$$E_{\mathrm{d}}(\beta^+) = [M(^{152}\mathrm{Eu}) - M(^{152}\mathrm{Sm}) - 2m(\mathrm{e})]c^2 = 0.831\mathrm{MeV} > 0$$

对于^{152}Eu 的轨道电子俘获,衰变式为

$$^{152}\mathrm{Eu} + \mathrm{e}^- \rightarrow {}^{152}\mathrm{Sm} + \nu$$

衰变能为

$$E_{\mathrm{d}}(\mathrm{EC}) = [M(^{152}\mathrm{Eu}) - M(^{152}\mathrm{Sm})]c^2 - W_{\mathrm{j}} = 1.858\mathrm{MeV} - W_{\mathrm{j}}$$

式中,W_{j}是轨道电子在原子中的结合能,下标 j 表示 K,L,M 等电子壳层. 一般情况下,$W_{\mathrm{j}} \ll 1\mathrm{MeV}$,故^{152}Eu 同样能发生轨道电子俘获. 也就是说,^{152}Eu 能发生 β^- 衰变、β^+ 衰变和电子俘获.

(3) 在忽略原子核的反冲能的情况下,对(2)中的各种衰变道,放出粒子的最大能量就是它的衰变能:

^{152}Eu 发生 β^- 衰变时,放出的电子和反中微子的最大能量均为 1.822MeV;

^{152}Eu 发生 β^+ 衰变时,放出的正电子和中微子的最大能量均为 0.831MeV;

^{152}Eu 的轨道电子俘获中,放出的中微子的能量是单能的,它等于^{152}Eu 和^{152}Sm 的质量差减去相应壳层的电子结合能. 例如,对于^{152}Eu 的 K 俘获,$W_{\mathrm{K}} \approx 50\mathrm{keV}$,$E \approx 1.8\mathrm{MeV}$.

10.29　(1) 在下列核反应中:

$$^{1}\mathrm{H} + {}^{A}\mathrm{X} \rightarrow {}^{2}\mathrm{H} + {}^{A-1}\mathrm{X}$$

在^{A}X=^{39}Ca、^{40}Ca 和^{41}Ca 中选择一个做靶核 X,你会选择哪一个核? 为什么?

(2) 用一般的知识,估计产生下列聚变反应所需的温度:

$$^{2}\mathrm{H} + {}^{2}\mathrm{H} \rightarrow {}^{3}\mathrm{He} + \mathrm{n}$$

解　(1) 应该建议用^{41}Ca 作为靶核. 核反应式是拾取反应,即质子从靶核中拾取一个

中子变成氘核. 根据壳层模型，^{41}Ca 在双满壳层外，有一个中子，所以，它的结合能比 ^{40}Ca 和 ^{39}Ca 核内的中子结合能都低，它更容易被质子辍拾形成氘核.

(2) 对于聚变反应

$$^{2}H+{}^{2}H \to {}^{3}He+n$$

两个氘核必须能越过它们的库仑势垒为

$$V(r)=\frac{e^2}{r}$$

式中，r 是两氘核之间的距离，设氘核的半径为 2fm，则 $r_{min}=4fm$ 时，库仑势垒最大，

$$V_{max}=\frac{e^2}{r_{min}}$$

要产生氘核聚变，所需温度必须是 $kT\approx V_{max}$，k 是玻尔兹曼常量，由此我们得到

$$T=\frac{V_{max}}{k}=\frac{e^2}{r_{min}k}=\left(\frac{e^2}{c\hbar}\right)\left(\frac{c\hbar}{r_{min}}\right)\frac{1}{k}$$

$$=\frac{1}{137}\times\left(\frac{197\times10^{-13}}{4\times10^{-13}}\right)\times\frac{1}{8.6\times10^{-11}}\approx 4\times10^{9}(K)$$

要实现氘核的聚变反应，所需温度约 4×10^9K.

10.30　(1) 描述一个测量 ^{13}C 的激发态能级位置的实验，说明所用的靶、反应过程和所采用的探测器.

(2) 在所设计的实验中，如何观测有关激发态的角动量?

解　(1) 用已知能量的氘核来轰击 ^{12}C 靶，在与入射氘束成 90°的方向用金硅面类型半导体探测器来探测 $^{12}C(d,p)^{13}C^*$ 反应中，发射的质子能谱 $E_0>E_1>E_2>E_3>\cdots$，设入射氘核的能量为 E_d，用测量到的数值代入下式：

$$Q_i=\left(\frac{A_d}{A_{^{12}C}}-1\right)E_d+\left(\frac{A_p}{A_{^{13}C}}+1\right)E_i$$

求出相应的 Q_i，$i=0,1,2,3,\cdots$. 若 Q_0 的数值与由静止质量计算的反应 Q 相同，则 ^{13}C 激发态的能级为

$$E_1^*=Q_0-Q_1$$
$$E_2^*=Q_0-Q_2$$
$$E_3^*=Q_0-Q_3$$
$$\cdots$$

^{13}C 激发态的能级，也可以同时用高纯锗(Ge)半导体探测器测量 $^{13}C^*$ 发射的 γ 射线能量，并由此推出 ^{13}C 激发态的能级.

(2) 已知 ^{12}C 的自旋和宇称，测量 $^{12}C(d,p)^{13}C^*$ 反应中出射的质子的角分布，可以确定被俘中子的轨道角动量，在已知靶核自旋和宇称的情况下，可以确定或限制 $^{13}C^*$ 激发态能级的自旋和宇称，若还不能确定时，则可以通过同时测量 $^{13}C^*$ 发射 γ 射线的角分布或 p-γ 角关联来确定某些能级的自旋和宇称值.

10.31　给出原子的质量盈余 $\Delta=(M-A)c^2$，单位为 keV：

$\Delta(^1n)=8071$ keV，$\Delta(^1H)=7289$ keV，$\Delta(^7Li)=14907$ keV，$\Delta(^7Be)=15769$ keV

和 $m_e c^2 = 511\ \mathrm{keV}$.

(1) 反应 $^7\mathrm{Li(p,n)}^7\mathrm{Be}$ 的阈值是多少?

(2) 在阈值时,反应 $^7\mathrm{Li(p,n)}^7\mathrm{Be}$ 出射的中子在实验室系的能量是多少?

解　(1)　$^7\mathrm{Li} + \mathrm{p} \rightarrow {^7\mathrm{Be}} + \mathrm{n} + Q$,反应 Q 为

$$Q = (\Delta M(^7\mathrm{Li}) + \Delta M(^1\mathrm{H}) - \Delta M(^7\mathrm{Be}) - \Delta M(\mathrm{n}))c^2$$
$$= 14907 + 7289 - 15769 - 8071 = -1644(\mathrm{keV})$$

这就是说,在质心系中,$^7\mathrm{Li}$ 和 p 的相对动能必须达到 1644keV,才能产生 $^7\mathrm{Li(p,n)}^7\mathrm{Be}$ 反应. 设质子在实验室系的阈动能为 E,动量为 $\boldsymbol{p}$. 有关系式

$$(E + m_p c^2 + m_{\mathrm{Li}} c^2)^2 - c^2 p^2 = (|Q| + m_p c^2 + m_{\mathrm{Li}} c^2)^2$$

因为 $Q \ll m_p c^2$, $E \ll m_p c^2$, $p^2 = 2m_p E$,代入上式

$$(E + m_p c^2 + m_{\mathrm{Li}} c^2)^2 - (|Q| + m_p c^2 + m_{\mathrm{Li}} c^2)^2 = 2m_p c^2 E$$
$$2(m_p c^2 + m_{\mathrm{Li}} c^2)(E - |Q|) \approx 2m_p c^2 E$$
$$E = \frac{m_p + m_{^7\mathrm{Li}}}{m_{^7\mathrm{Li}}} \times |Q| \approx \frac{1+7}{7} \times 1744 = 1879(\mathrm{keV})$$

当质子在实验室系的动能大于 1879keV 时,反应 $^7\mathrm{Li(p,n)}^7\mathrm{Be}$ 才能发生.

(2) 设 $^7\mathrm{Li}$ 和 p 系统的质心系相对于实验室系的运动速度为 v_c,质子在实验室系的运动速度为 v_p,则有

$$v_c = \frac{m_p}{m_p + m_{\mathrm{Li}}} v_p$$
$$v_p = \frac{\sqrt{2m_p E}}{m_p}$$

在阈值时,反应产物 n 和 $^7\mathrm{Be}$ 在质心系中是静止的,中子在实验室的运动速度就是质心运动的速度,中子在实验室系的动能是

$$E_n = \frac{m_n v_c^2}{2} = \frac{m_n}{2} \frac{2m_p E}{(m_p + m_{^7\mathrm{Li}})^2}$$
$$\approx \frac{m_p^2}{(m_p + m_{^7\mathrm{Li}})^2} E \approx \frac{E}{64} = 29.3(\mathrm{keV})$$

10.32　一个球形核,它的电荷和半径分别为 Z 和 a. 当它在中子和质子的轰击下发生核反应,用经典机制,计算两反应截面之比 $\frac{\sigma_p}{\sigma_n}$.

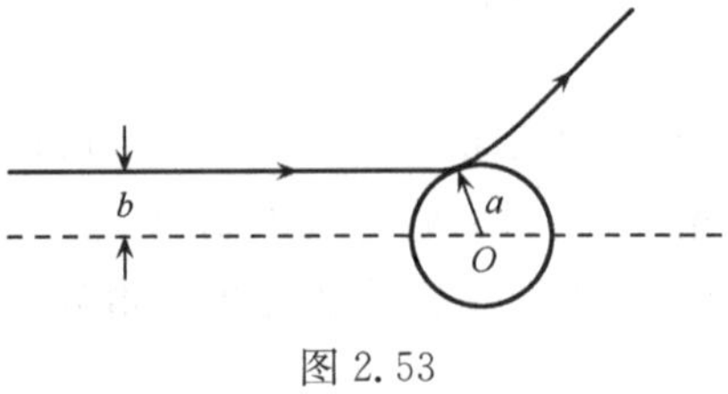

图 2.53

解　中子与球形核的反应截面比较简单,$\sigma_n = \pi a^2$,也就是靶核的横截面的面积,当靶中的中子进入这个面积内,中子就会与靶核发生反应. 但是,对于质子就有很大不同,质子虽然瞄准靶核,由于质子和靶核的库仑斥力,质子打不到靶核上,所以质子与靶核的反应截面要小于 πa^2,如图 2.53 所示,b 是靶核中心到质子运动方向的垂直距离,称瞄准距. 质子的入射能量和动量分别为 E 和 p,由能量守恒,当质子运动到靶核表面时,质子的动能 E_a 为

$$E_a = \frac{mv^2}{2} = E - \left(\frac{Ze^2}{a}\right)$$

其中，Ze^2/a 是库仑势能. 质子与靶核系统的角动量在远处和靶核表面分别是

$$L = pb = b\sqrt{2mE}$$

$$L = a\sqrt{2mE_p}$$

角动量守恒要求

$$a\sqrt{2mE_p} = b\sqrt{2mE}$$

得到关系式

$$b = a\sqrt{1 - \frac{Ze^2}{aE}}$$

质子与靶核的反应截面为

$$\sigma_p = \pi b^2 = \pi a^2\left(1 - \frac{Ze^2}{aE}\right)$$

最后得到

$$\frac{\sigma_p}{\sigma_n} = \begin{cases} 1 - \dfrac{Ze^2}{aE}, & E > \dfrac{Ze^2}{a} \\ 0, & E < \dfrac{Ze^2}{a} \end{cases}$$

10.33　反应 $^{14}\mathrm{N}\,(\mathrm{n}, 2\mathrm{n})^{13}\mathrm{N}$ 的阈值是 10.6MeV. 假设用下列 α 源照射空气中的氮，你预言是否会从反应 $^{14}\mathrm{N}\,(\alpha, \alpha\mathrm{n})^{13}\mathrm{N}$ 得到 $^{13}\mathrm{N}$? α 源有表 2.15 中的级联 α 粒子衰变.

表 2.15

元素代号	半衰期	测量的 α 能量
X	10^{10}s	5.0MeV
Y	1s	没测量
Z	10^3s	10.0MeV

解　仅从动力学考虑，反应式 $^{14}\mathrm{N}\,(\mathrm{n}, 2\mathrm{n})^{13}\mathrm{N}$ 的阈值为 10.6MeV，低能非相对论时，系统在质心系的阈值

$$Q^* = \frac{m_{14}}{m_{14} + m_n}Q \approx \frac{14}{15}Q = 9.9\mathrm{MeV}$$

对于反应式 $^{14}\mathrm{N}\,(\alpha, \alpha\mathrm{n})^{13}\mathrm{N}$，实验室系中，α 粒子的阈值

$$Q' = \frac{m_{14} + m_\alpha}{m_{14}}Q^* = \frac{18}{14}Q^* \approx 12.7\mathrm{MeV}$$

α 源中，元素 X 和 Z 发射的 α 粒子的能量都小于反应式 $^{14}\mathrm{N}\,(\alpha, \alpha\mathrm{n})^{13}\mathrm{N}$ 的阈值，只考虑元素 Y 发射出的 α 粒子的能量，根据 α 衰变理论，核的寿命与 α 粒子的能量的关系为

$$\log_{10}\tau = A + BE^{-1/2}$$

A 和 B 是和衰变核有关的常数，B 正比于原子序数 Z. 因为 α 源是重核的级联 α 衰变，每一次衰变，原子序数 Z 减小 2，Z 变化不大，A 和 B 可近似为不变，由元素 X 和 Z 发射的 α

粒子的能量和寿命求出 A 和 B

$$10 = A + 5^{-\frac{1}{2}}B = A + 0.447\ B$$

$$3 = A + 10^{-\frac{1}{2}}B = A + 0.316\ B$$

得到 $B=53.4$,$A=-13.9$. 代入 $A+BE^{-1/2}=0$,得到元素 Y 发射出的 α 粒子的能量 $E_\alpha=14.76\text{MeV}$,大于反应式 $^{14}\text{N}(\alpha,\ \alpha\text{n})^{13}\text{N}$ 的阈值. 从动力学来看,反应是可能的.

两个反应的另一点不同是,α 粒子与不带电的中子不同,它还必须克服库仑势垒,该势垒值

$$V = \frac{Z_1 Z_2 e^2}{R} \approx \frac{Z_1 Z_2 \alpha c\,\hbar}{R_0 A^{1/3}} = \frac{2\times 7\times 197}{1.2\times 14^{1/3}\times 137} \approx 7(\text{MeV})$$

α 源中,元素 Y 发射出的 α 粒子的能量也超过反应的库仑势垒.

10.34 ^{8}Be 是不稳定的,它会分裂成两个 α 粒子,但核反应实验给出的两个最低能级的性质是:$J=0$,宇称为偶,高于分裂能级~95keV;$J=2$,宇称为偶,高于分裂能级~3MeV. 考虑这些能级的存在,如何影响 α 粒子在氦气中的散射,尤其是:

(1) 对于 $r\to\infty$,用分波展开写出弹性散射波函数;

(2) 定性的描述,相对相移是如何随每一能级附近的能量变化的;

(3) 描述这种变化是如何影响 α 粒子的角分布的.

解 (1) α 粒子与 He 核之间的散射波函数应包括两个相移部分:库仑相互作用的相移 δ_l 及核力相互作用的相移 η_l. 考虑两个 $J=0$ 的全同 α 粒子,空间波函数必须是对称的,l 只能取偶数. 在 $r\to\infty$ 时,其波函数分波展开式为

$$\sum_{l=0}^{\infty} \frac{1+(-1)^l}{2}(2l+1)\mathrm{i}^l \mathrm{e}^{\mathrm{i}(\delta_l+\eta_l)}\ \frac{1}{kr}\times \sin\left(kr-\frac{l\pi}{2}-\gamma\ln(2kr)+\delta_l+\eta_l\right)\mathrm{P}_l(\cos\theta)$$

$k=\dfrac{1}{\lambda}=\dfrac{m'v}{\hbar}$ 是质心系波数,m' 是折合质量,v 是在质心系 α 粒子的相对速度,$\gamma=\dfrac{(2e)^2}{\hbar\,v}$,为索末菲因子.

(2) 核力为短程的引力,$\eta_l>0$,对每个 η_l,核力的作用使 η_l 随质心系的能量增加而缓慢增加. 特别是,当能量接近轨道角动量 l 的不稳定能级附近时,η_l 随质心系的能量增加很快增加到 π,即当质心系的能量增加扫过每个不稳定能级时,η_l 有一个急剧增加过程,例如,对 ^{8}Be,在 $l=0$ 的 95keV 能级附近和在 $l=2$ 的 3MeV 能级附近. 但是,当质心系能量低于库仑势垒时,由于库仑势及离心势垒的作用,在非共振区,核力的作用近似为 0,核力的剩余作用可以忽略;即使在共振区,也只能由量子力学的隧道效应,使 α 粒子贯穿库仑势垒而发生共振散射,η_l 激增,这导致在能级附近的共振极窄. 例如,对每一个 α 粒子的半径 $R\sim1.5\text{fm}$,当两 α 粒子靠在一起时,其库仑能 $B\sim\dfrac{(2e)^2}{2R}\approx 2\text{MeV}$. 所以,$l=0$ 的 95keV 共振能级,由于库仑势垒的抑制而变得宽度极窄,至于 $l=2$ 的 3MeV 能级,由于质心系的能量已超过库仑势垒,因此不受库仑势垒的抑制而发生共振散射,所以 3MeV 能级的宽度较宽.(详见 Phys. Rev. 104(1956)123-135)

(3) 为明显表示出核力对角分布的影响,将波函数写为

$$\sum_{l=0}^{\infty} \frac{1+(-1)^l}{2}(2l+1)\mathrm{i}^l \mathrm{e}^{\mathrm{i}\delta_l}\ \frac{1}{kr}\left\{\sin\left(kr-\frac{l\pi}{2}-\gamma\ln(2kr)+\delta_l\right)\right.$$

$$+\left(\frac{e^{2i\eta_l}-1}{2i}\right)\exp i\left[kr-\frac{l\pi}{2}-\gamma\ln(2kr)+\delta_l\right]\Bigg\}P_l(\cos\theta)$$

式中,第一项为库仑散射的波函数,对 l 求和给出

$$\exp i\{kr\cos\theta-\gamma\ln[kr(1-\cos\theta)]+\delta_0\}$$
$$-\gamma(kr)^{-1}\exp i\ \{kr\cos\theta-\gamma\ln(kr)+\delta_0\}$$
$$\times\frac{1}{\sqrt{2}}\left[\frac{e^{-i\gamma\ln(1-\cos\theta)}}{1-\cos\theta}+\frac{e^{-i\gamma\ln(1+\cos\theta)}}{1+\cos\theta}\right]$$

其中,第二部分是核力的散射波. 它将和库仑散射波干涉,但是,η_l 的值在接近 $n\pi$ 时,相干效应很小. 相应地实验测量这种相干效应,可以求出在低能情况下共振是否产生. (1956年的实验观测,在 300keV 以下的核散射中没有明显的相干效应,在这个能量下,$\eta_0=178°\pm1°$)

10.35　一个 3MV 的 Van de Graaff 静电加速器,用来加速质子、氘核、双电离 $^3\mathrm{He}$ 和 α 粒子,同时,图 2.54 给出一些稳定同位素和相邻的不稳定元素.

(1) 各种粒子能达到的最大能量是多少?

(2) 列出可以产生 $^{15}\mathrm{O}$ 同位素的反应式.

(3) 列出至少 6 个反应式,这些式中 $^{15}\mathrm{N}$ 为复合核.

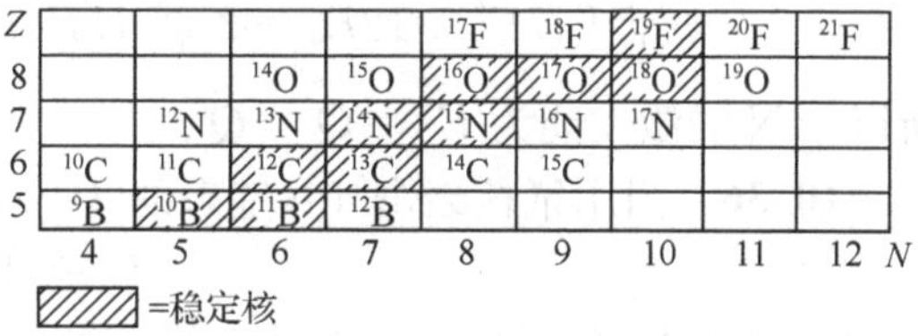

图 2.54

(4) 描述两种类型的反应试验,它们可以利用这个加速器进行,并可确定 $^{15}\mathrm{N}$ 的能级,假设所有质量为已知,导出所有方程.

解　(1) 各种带电粒子的最高加速能量为:

质子和氘核都是 3MeV;

双电离 $^3\mathrm{He}$ 和 α 粒子都是 6MeV.

(2) 主要从能量考虑,产生 $^{15}\mathrm{O}$ 的反应式有

$$p+{}^{14}\mathrm{N}\rightarrow{}^{15}\mathrm{O}+\gamma,\qquad Q=7.292\mathrm{MeV}$$
$$d+{}^{14}\mathrm{N}\rightarrow{}^{15}\mathrm{O}+n,\qquad Q=5.067\mathrm{MeV}$$
$${}^{3}\mathrm{He}+{}^{13}\mathrm{C}\rightarrow{}^{15}\mathrm{O}+n,\qquad Q=6.476\mathrm{MeV}$$

α 粒子产生 $^{15}\mathrm{O}$ 的反应,$Q=-8.35$ MeV,故 α 粒子束是不能产生 $^{15}\mathrm{O}$ 的,因为 α 粒子的结合能大而质量小.

(3) 以 $^{15}\mathrm{N}$ 为复合核的反应有

$$\alpha+{}^{11}\mathrm{B}\rightarrow{}^{15}\mathrm{N}^*\rightarrow{}^{14}\mathrm{N}+n,\qquad Q=0.158\mathrm{MeV}$$
$$\rightarrow{}^{15}\mathrm{N}^*\rightarrow{}^{14}\mathrm{C}+p,\qquad Q=0.874\mathrm{MeV}$$
$$\rightarrow{}^{15}\mathrm{N}^*\rightarrow{}^{15}\mathrm{N}+\gamma,\qquad Q=10.991\mathrm{MeV}$$
$$d+{}^{13}\mathrm{C}\rightarrow{}^{15}\mathrm{N}^*\rightarrow{}^{14}\mathrm{N}+n,\qquad Q=5.325\mathrm{MeV}$$
$$\rightarrow{}^{15}\mathrm{N}^*\rightarrow{}^{11}\mathrm{B}+\alpha,\qquad Q=5.168\mathrm{MeV}$$
$$\rightarrow{}^{15}\mathrm{N}^*\rightarrow{}^{14}\mathrm{C}+p,\qquad Q=5.952\mathrm{MeV}$$

(4) 对反应式 $\alpha+{}^{11}\mathrm{B}\rightarrow{}^{15}\mathrm{N}^*\rightarrow{}^{15}\mathrm{N}+\gamma$,测量 γ 射线产额随入射 α 粒子的能量变化曲

线，在共振峰处，α 粒子的能量对应于$^{15}N^*$ 核的一个能级的位置，由此可推出$^{15}N^*$ 核的能级为

$$E^* = \frac{11}{15}E_\alpha + m(^4\mathrm{He})c^2 + m(^{11}\mathrm{B})c^2 - m(^{15}\mathrm{N})c^2$$

在确定的入射粒子能量时，测定核反应产物中的粒子的能谱，也可以确定$^{15}N^*$ 核的能级，例如

$$^3\mathrm{He} + {}^{14}\mathrm{N} \to {}^{15}\mathrm{N} + \mathrm{d}$$

对应^{15}N 基态，$Q=4.558\mathrm{MeV}$，同时根据入射^3He 的能量 E_0 和出射氘核的能量 E'，以及出射氘核与入射^3He 的夹角 θ，我们得到对应于 E' 的 Q' 值

$$\begin{aligned}Q' &= \left(1 + \frac{m(\mathrm{d})}{m(^{15}\mathrm{N})}\right)E' - \left(1 - \frac{m(^3\mathrm{He})}{m(^{15}\mathrm{N})}\right)E_0 - \frac{2\sqrt{m(^3\mathrm{He})m(\mathrm{d})E_0E'}}{m(^{15}\mathrm{N})}\cos\theta \\ &= \left(1 + \frac{2}{15}\right)E' - \left(1 - \frac{3}{15}\right)E_0 - \frac{2\sqrt{3\times 2E'E_0}}{15}\cos\theta \\ &= \frac{1}{15}(17E' - 12E_0 - 2\sqrt{6E'E_0}\cos\theta)\end{aligned}$$

所以，^{15}N 的激发能为 $E^* = Q_0 - Q'$.

10.36 当用氘核轰击^6Li(基态的 $J=1$，宇称为偶)时，反应式

$$^6\mathrm{Li} + \mathrm{d} \to \alpha + \alpha$$

在 $E_d=0.60\mathrm{MeV}$ 时出现一个共振峰，末态 α 粒子的角分布呈现$(1+A\cos^2\theta)$规律，θ 是出射 α 粒子方向与入射氘核的夹角，氘核的基态是质子和中子处于$^3S_1$ 态，从下述数据，确定复合核的激发态能级、角动量和宇称，试说明氘核的哪个分波(s,p,d,…)对产生这个激发态有效.

有关核子的质量为

$$m_d = 2.0147\ \mathrm{u};\ m_\alpha = 4.003\mathrm{u}$$
$$m_{Li} = 6.0170\ \mathrm{u};\ m_{Be} = 8.0079\mathrm{u}$$

其中，$1\mathrm{u}=938.2\ \mathrm{MeV}$.

解 在反应式 $\mathrm{d}+{}^6\mathrm{Li}\to{}^8\mathrm{Be}^*\to\alpha+\alpha$ 中，复合核的能量为

$$\begin{aligned}E(^8\mathrm{Be}^*) &= [m(^2\mathrm{H}) + m(^6\mathrm{Li}) - m(^8\mathrm{Be})] + \frac{m(^6\mathrm{Li})}{m(^6\mathrm{Li}) + m(^2\mathrm{H})}E_d \\ &= (2.0147 + 6.0170 - 8.0079)\times 938.2 + 0.60\times\frac{6}{8} \\ &= 22.779(\mathrm{MeV})\end{aligned}$$

在$^8\mathrm{Be}^*\to\alpha+\alpha$ 衰变中，α 粒子的 J^π 为 0^+，两 α 粒子系统的总波函数必须是对称的，其轨道角动量 l 必须是偶数，又因为是强衰变过程，宇称守衡，$^8Be^*$ 的 $\pi(^8\mathrm{Be}^*)=(-1)^l(+1)^2=+1$，测量到 α 粒子的角分布不是各向同性，而是$(1+A\cos^2\theta)$，所以 $l=2$，即 $J^\pi(^8\mathrm{Be}^*)=2^+$.

考虑初态 $\mathrm{d}+{}^6\mathrm{Li}$ 系统，必须是 $J_i=2$，因为 $J_i=J_d+J_{Li}+l_i=1+1+l_i$

$$1+1=\begin{cases}0\\1,\\2\end{cases}\qquad l_i\ \text{的可能值为}\ 0,1,2,3\ \text{和}\ 4$$

氘核和^{6}Li的宇称均为+，l_i 必须是偶数，又因为末态角分布不是各向同性的，l_i 不等于零，l_i 的可能值为 2，4，即 d 波起主要作用.

10. 37　快中子打一个 10cm 厚的铬靶，样品的$^{53}_{24}$Cr 原子含量为 10^{21}个/cm^3，千分之一的中子被俘获形成 $I^\pi=0^+$ 的$^{54}_{24}$Cr 激发态. 它的能级图如图 2. 55 所示，求它的中子俘获截面. 9. 2MeV 激发态最可能的 I^π 值及各 γ 射线的多极性.

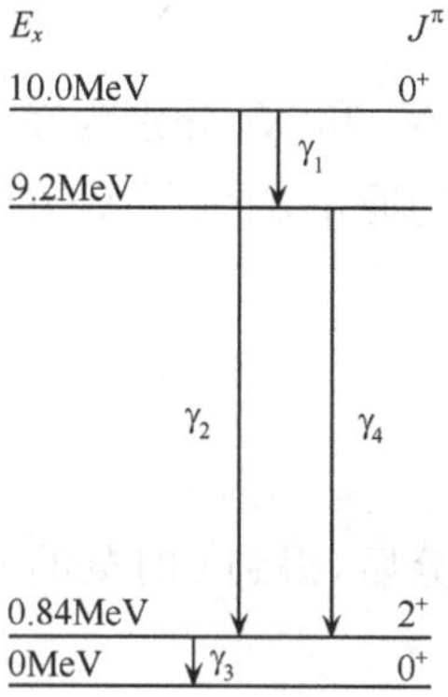

图 2. 55

解　$^{53}_{24}$Cr 的中子俘获截面为

$$\sigma=\frac{\mu}{Nd}=\frac{N_2/N_1}{Nd}=\frac{10^{-3}}{10^{21}\times 10}=10^{-25}(\text{cm}^2)=0.1(\text{b})$$

$^{54}_{24}$Cr 的能级图中，9. 2MeV 能级的自旋和宇称值可以由 γ 跃迁的概率来估算. $^{54}_{24}$Cr 为偶偶核，宇称为正，对于 γ 衰变，而 0→0 跃迁是禁戒的，故 9. 2MeV 能级的 $J\neq 0$，即排除了该能级为 0^+ 或 0^- 的可能性. 表 2. 16 给出 9. 2MeV 能级的自旋和宇称值可能值. 由表可知，9. 2MeV 能级的最可能的自旋和宇称值为 1^-，由于 E1 的跃迁概率较大，所以10. 0MeV能级跃迁到9. 2MeV 能级和 0. 84MeV 能级同时存在，但两者跃迁的 γ 射线能量相差很大.

表 2. 16

假设 J^π	γ	ΔJ	$\Delta\pi$	γ 跃迁类型
1^+	γ_1	1	+	M1
	γ_2	2	+	E2
	γ_3	2	+	E2
	γ_4	1	+	M1(E2)
1^-	γ_1	1	−	E1
	γ_4	1	−	E1
2^+	γ_1	2	+	E2
	γ_4	2	+	E2
2^-	γ_1	2	−	M2(E3)
	γ_4	2	−	M2(E3)

γ_1：$0^+\to 1^-$跃迁，$\Delta I=1$，$\Delta\pi=-$，即 E1 跃迁；

γ_2：$0^+\to 2^+$跃迁，$\Delta I=2$，$\Delta\pi=+$，即 E2 跃迁；

γ_3：$2^+\to 0^+$跃迁，$\Delta I=2$，$\Delta\pi=+$，即 E2 跃迁；

γ_4：$1^-\to 2^+$跃迁，$\Delta I=1$，$\Delta\pi=-$，即 E1 跃迁.

10. 38　一束通量为 $10^{12}\text{cm}^{-2}\cdot\text{s}^{-1}$的热中子轰击厚度为 0. 02cm 的金片，通过反应^{197}Au(n，γ)^{198}Au产生半衰期为 2. 7 天的核素^{198}Au. 金的密度为 19. 3 g/cm^3，反应截面为 97.8×10^{-24} cm^2，金的含量为 100%.

(1) 在金片照射 5min 后，求金片中^{198}Au 的活度为多少？

(2) 在金片中生成^{198}Au 的最大数目是多少(cm^{-2})？

(3) 要使生成^{198}Au的数目达到最大数目的2/3,需要照射多少时间?

解　(1) 照射前,单位面积上的^{197}Au靶核数目是

$$N_1(0)=\frac{0.02\times19.3}{197}\times6.023\times10^{23}=1.18\times10^{21}(\mathrm{cm^{-2}})$$

设N_1和N_2分别为在t时刻^{197}Au和^{198}Au的核数目,σ为(n,γ)反应截面,I是入射中子束的通量,λ为^{198}Au的衰变常数.

$$\frac{\mathrm{d}N_1}{\mathrm{d}t}=-\sigma IN_1$$

$$\frac{\mathrm{d}N_2}{\mathrm{d}t}=\sigma IN_1-\lambda N_2\approx\sigma IN_1(0)-\lambda N_2$$

积分后,得到t时刻的N_1和N_2:

$$N_1=N_1(0)\mathrm{e}^{-\sigma It}$$

$$N_2=\frac{\sigma I}{\lambda-\sigma I}N_1(\mathrm{e}^{-\sigma It}-\mathrm{e}^{-\lambda t})$$

$$\lambda=\frac{\ln2}{2.7\times24\times3600}\approx2.97\times10^{-6}(\mathrm{s^{-1}})$$

$$\sigma I=9.78\times10^{-23}\times10^{12}=9.78\times10^{-11}(\mathrm{s^{-1}})\ll\lambda$$

当t=300s时,$\lambda-\sigma I\approx\lambda$,$\mathrm{e}^{-\sigma It}\approx1$,^{198}Au的活度为

$$\begin{aligned}A(300\mathrm{s})=\lambda N_2&=\frac{\lambda\sigma IN_1(0)}{\lambda-\sigma I}(\mathrm{e}^{-\sigma It}-\mathrm{e}^{-\lambda t})\approx\sigma IN_1(0)(1-\mathrm{e}^{-\lambda t})\\&=9.78\times10^{-11}\times1.18\times10^{21}\times(1-\mathrm{e}^{-2.97\times10^{-6}\times300})\\&=1.03\times10^{8}(\mathrm{cm^{-2}s^{-1}})\end{aligned}$$

(2) 在平衡时,N_2不变,这时,N_2为极大

$$\frac{\mathrm{d}N_2}{\mathrm{d}t}=0$$

$$\lambda N_2=\sigma IN_1\approx\sigma IN_1(0)$$

$$N_2=\frac{\sigma I}{\lambda}N_1(0)=\frac{9.78\times10^{-11}}{2.98\times10^{-6}}\times1.18\times10^{21}=3.89\times10^{16}(\mathrm{cm^{-2}})$$

(3) 放射性活度

$$A=\frac{2}{3}A_{\max}\approx\sigma IN_1(0)(1-\mathrm{e}^{-\lambda t})$$

$$A_{\max}=\lambda N_2=1.16\times10^{11}\mathrm{cm^{-2}\cdot s^{-1}}$$

$$\begin{aligned}t&=-\frac{1}{\lambda}\ln\left(1-\frac{2}{3}\frac{A_{\max}}{\sigma IN_1(0)}\right)\\&=-\frac{1}{\lambda}\ln\left(1-\frac{2}{3}\right)\approx3.70\times10^{5}(\mathrm{s})=4.28(\text{天})\end{aligned}$$

10.39　探测器的表面覆盖着一层自发裂变的重核,探测器的面积为2 cm^2,重核的寿命为$\frac{1}{3}\times10^{9}$年,每秒探测到20个裂变事例.然后把探测器放在通量为10^{11}中子/(cm^2·s)的均匀中子流中,这时探测到的裂变数为120/s,求中子诱发裂变的截面是多少?

解　设重核的数目为 N,则每秒自发裂变的数目为

$$\frac{dN}{dt} = \lambda N = \lambda N_0 e^{-\lambda t} \approx \lambda N_0$$

式中,

$$N_0 = N_{t=0}, \quad \lambda = \tau^{-1} \approx 3/(10^9 \times 3 \times 10^7) = 10^{-16} \ll 1$$

设中子诱发裂变截面为 σ,中子流的通量为 φ,每秒产生的诱发裂变数为 $\sigma N \varphi \approx \sigma N_0 \varphi$,我们得到

$$\frac{\sigma N_0 \varphi + \lambda N_0}{\lambda N_0} = \frac{120}{20}$$

$$\frac{\sigma\varphi}{\lambda} = 5$$

$$\sigma = \frac{5\lambda}{\varphi} = \frac{5 \times 10^{-16}}{10^{11}} = 5 \times 10^{-27}(\text{cm}^2) = 5(\text{mb})$$

10.40　(1) 对于能量很低的中子弹性散射截面随能量变化的曲线如何?

(2) 假设非共振散射,估计热中子和^{3}He 散射的弹性散射截面是多少?

(3) 利用图 2.56 给出的 $A=4$ 的能级,计算^{3}He 对热中子的吸收截面,在这里共振散射较为重要.

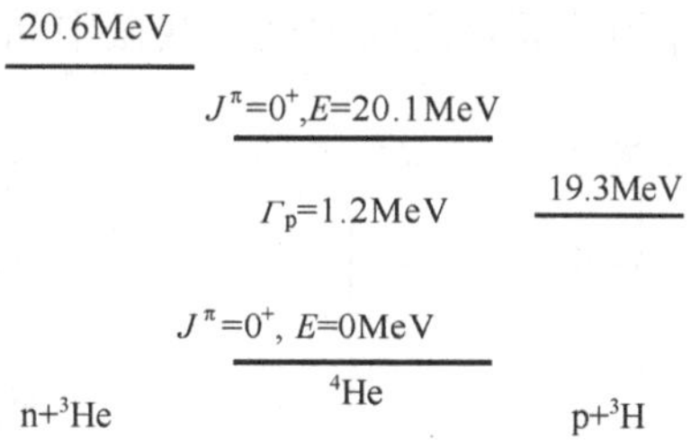

图 2.56

解　(1) 对能量很低的热中子,它和轻核及较轻的核的弹性散射截面与中子的能量无关,在较大的能区是常数. 对较重的核,很小的中子能量可使某些核共振散射,例如,对^{157}Gd,当中子能量为 $E_n=0.044$eV 时,发生共振散射.

(2) 热中子与核的非共振散射截面近似等于 $4\pi R_0^2$,其中 R_0 称道半径,其值为入射粒子和靶核半径之和. 利用核半径的公式

$$R \approx 1.5 \times 10^{-13} A^{1/3}$$

热中子对^{3}He 的散射截面为

$$\begin{aligned}\sigma &= 4\pi R_0^2 \approx 4\pi[1.5 \times 10^{-13}(3^{1/3}+1)]^2 \\ &= 1.7 \times 10^{-24}(\text{cm}^2) = 1.7(\text{b})\end{aligned}$$

(3) 利用 Breit-Wigner 公式

$$\sigma_n = \pi \lambda\!\!\!^{-2} \frac{\Gamma_n \Gamma}{(E-E_0)^2 + \Gamma^2/4}$$

式中,$\lambda\!\!\!^{-}$ 为折合约化波长,E 是入射中子和^{3}He 系统总能量相对于^{4}He 基态能量之差,E_0 为^{4}He 共振峰的能量,Γ 是共振态衰变的总宽度,Γ_n 为共振态分别衰变到中子的部分宽度. 利用该式,可计算出^{3}He 对热中子的共振俘获截面. 对实验室的热中子,$E_n=0.025$ eV,求得

$$\lambda\!\!\!^{-} = \frac{\hbar}{\sqrt{2\mu E_n}} = \frac{\hbar}{\sqrt{2\dfrac{m_n m_{^3\text{He}}}{m_n + m_{^3\text{He}}} E_n}} = \frac{c\hbar}{\sqrt{\dfrac{3}{2} E_n m_n c^2}}$$

$$=\frac{197\times10^{-13}}{\sqrt{1.5\times940\times25\times10^{-9}}}=3.3\times10^{-9}(\text{cm})$$

由于^{4}He 的激发态和基态的自旋和宇称均为 $J^\pi=0^+$，所以，$\Gamma_\gamma=0$，^{4}He 仅有的另一衰变道是衰变到质子，即 $\Gamma=\Gamma_n+\Gamma_p$. 查得 $\Gamma_n\approx150$eV，$\Gamma=\Gamma_n+\Gamma_p\approx\Gamma_p=1.2$MeV，从图 2.56 可知，$E=20.6$MeV，$E_0=20.1$MeV，我们最后得到

$$\begin{aligned}\sigma&=\pi\lambda\!\!\!^{-2}\frac{\Gamma_n\Gamma}{(E-E_0)^2+\Gamma^2/4}\\&=3.1416\times3.3^2\times10^{-18}\times\frac{150\times10^{-6}\times1.2}{(20.6-20.1)^2+1.2^2/4}\\&\approx1\times10^{-20}(\text{cm}^2)=1\times10^4(\text{b})\end{aligned}$$

10.41　低能中子与核的散射截面的数量级为　　(　　)

(A) 10^{-16}cm^2　(B) 10^{-24}cm^2　(C) 10^{-32}cm^2　(D) 10^{-40} cm^2

解　因为核力的作用半径为 $10^{-12}\sim10^{-13}$cm，典型的低能中子与核的散射截面和它们的横截面是同一量级. 答案为(B).

10.42　^{4}He 有一个 $J^\pi=0^+$ 的激发态($E=20.1$MeV，$\Gamma=270$keV)，核反应^{3}He+n→t+p的截面是由通过这个共振中间态占主导的(图 2.57).

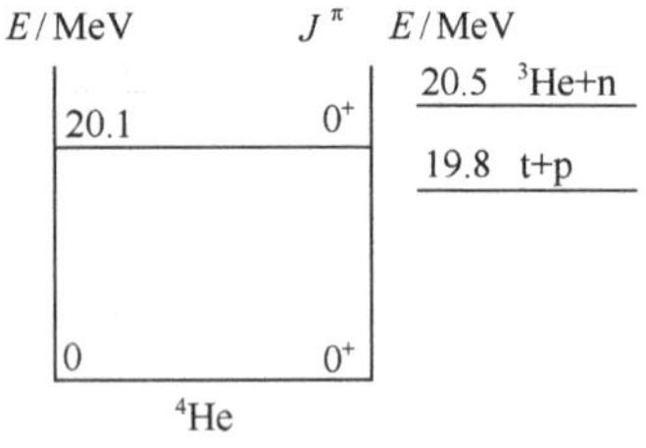

图 2.57

(1) 解释非极化中子束流中哪种螺旋度的中子态更容易被极化的^{3}He 靶吸收，^{3}He 极化是它的自旋沿中子束流轴方向.

(2) 由于这个共振态对低能中子的吸收很厉害，吸收截面的变化是 $\sim1/v$，v 是中子的速度，对这种依赖关系给出简单的解释.

(3) 计算一个未极化的、能量为 1eV 的中子束流通过 6×10^{21}原子/cm^2 的^{3}He 样品后，中子束流的极化度. ^{3}He 样品是极化的，极化是自旋沿束流轴、极化度为 65%. 对于一个非极化束流，在这个能量的吸收截面是 $\sigma=850$b，其他如散射截面等都很小.

解　(1) 我们把^{4}He 的 20 MeV 激发态记作^{4}He*，因为^{3}He+n 的静止质量仅仅高于共振态(激发态^{4}He*)能量的约两倍共振宽度，低能中子引起的核反应^{3}He+n→t+p 过程，主要是通过虚的^{4}He* 中间态产生的，该反应是强作用过程，所以初态^{3}He+n 系统的量子数只有和^{4}He* 的量子数一样时，上述反应才会发生.

初态是两个自旋均为$\frac{1}{2}$的^{3}He 和 n 粒子，总自旋 $S=0$ 或 1. 而^{4}He* 中间态的自旋宇称是 0^+，^{3}He+n 系统的自旋宇称必须是 0^+. ^{3}He 对低能中子的俘获应是 S 波，轨道角动量为 0，^{3}He 和 n 的自旋只有反平行时，才能组成 $J^\pi=0^+$ 的系统，发生反应，因此，只有反平行时，中子才被吸收. 对极化的^{3}He 靶，^{3}He 极化是它的自旋沿中子束流轴方向. 一个非极化的中子束，约有 50%的概率，中子的自旋与极化的^{3}He 核自旋反平行，即中子自旋方向沿中子运动的反方向，这部分中子将通过核反应^{3}He+n→t+p 被吸收，也就是仅仅螺旋性为−1 的中子容易被吸收. 当然其他螺旋性的中子也可以被弹性散射等过程吸收，题中说明这部分吸收很少.

(2) 根据费米黄金规则，$^3He+n \to t+p$ 反应率是

$$\Gamma = \frac{2\pi}{\hbar} |M|^2 \rho(E)$$

式中，M 是描述反应过程的矩阵元，$\rho(E)$ 是末态相空间因子，它正比于末态粒子的动能 E，它等于初、末态静止质量的差再加上中子的动能，这个反应是放热反应，中子的动能远小于它们的质量差，$\rho(E)$ 不依赖于中子的动能. 我们知道 ^3He+n 的静止质量大于共振态 ($^4He^*$) 能量的约两倍共振宽度. 这时，反应截面虽然仍由通过中间共振态 ($^4He^*$) 的反应决定，但是反应截面对中子能量的依赖关系远不如在共振区那样强烈，我们可假设反应率 Γ 也不依赖中子的能量. 反应截面是正比于反应率，而反比于中子通量. 中子通量正比于中子速度 v，中子吸收截面的变化是正比于 $1/v$.

对于放热反应，当入射粒子的动能远小于反应放出的能量时，反应截面正比于 $1/v$ 是一个普遍的规律. 对于反应 A(a,b)B，可以看作是由状态 α(a+A) 到状态 β(b+B) 道的跃迁，根据量子力学散射理论，得到反应截面公式为

$$\sigma_{\alpha\beta} = \frac{1}{\pi \hbar^4} \frac{p_b^2}{v_a v_b} V^2 |H_{\alpha\beta}|^2 (2J_b+1)(2J_B+1)$$

式中，$H_{\alpha\beta}$ 是相互作用矩阵元，V 是归一化体积，p、v 和 J 分别是标号粒子的动量、速度和角动量. 对放热反应，且入射粒子的能量 E_a 远小于反应放出的能量 Q 时，p_b、v_b 和 $H_{\alpha\beta}$ 可看作常数，则有 $\sigma_{\alpha\beta} \sim \frac{1}{v_a}$. v_a 是入射粒子的速度.

(3) 首先，我们定义自旋向上的意思是自旋平行于中子束流方向，自旋向下是指自旋反平行于束流方向，$\sigma_{\uparrow\uparrow}$ 表示 ^3He 和 n 的自旋平行时的反应截面，$\sigma_{\uparrow\downarrow}$ 是它们自旋反平行时的反应截面. 一个未极化的中子束流对它的吸收截面是 $\sigma = \frac{1}{2}(\sigma_{\uparrow\uparrow} + \sigma_{\uparrow\downarrow})$. 题设 $\sigma_{\uparrow\uparrow} = 0$，$\sigma_{\uparrow\downarrow} \approx 2\sigma = 1700\mathrm{b}$.

设 ^3He 靶厚度是均匀的，$n_\uparrow$ 和 $n_\downarrow$ 分别表示单位长度靶核自旋向上和向下的数目. 类似地，$m_\uparrow$ 和 $m_\downarrow$ 分别代表中子束流中自旋向上和自旋向下的中子数. 我们可写出 $m_\uparrow$ 和 $m_\downarrow$ 与 ^3He 靶厚度 x 的微分方程

$$\frac{dm_\downarrow}{dx} = -\sigma_{\uparrow\downarrow} n_\uparrow m_\downarrow = -2\sigma n_\uparrow m_\downarrow$$

$$\frac{dm_\uparrow}{dx} = -\sigma_{\uparrow\downarrow} n_\downarrow m_\uparrow = -2\sigma n_\downarrow m_\uparrow$$

在靶厚为 t 的位置时，中子数减少为

$$m_\downarrow = m_0 e^{-2\sigma n_\uparrow t}$$

$$m_\uparrow = m_0 e^{-2\sigma n_\downarrow t}$$

这时中子的极化度

$$P = \frac{m_\uparrow - m_\downarrow}{m_\uparrow + m_\downarrow} = \frac{e^{-2\sigma n_\downarrow t} - e^{-2\sigma n_\uparrow t}}{e^{-2\sigma n_\uparrow t} + e^{-2\sigma n_\downarrow t}}$$

$$= \frac{1 - e^{-2\sigma n_\uparrow t + 2\sigma n_\downarrow t}}{1 + e^{-2\sigma n_\uparrow t + 2\sigma n_\downarrow t}}$$

题设

$$(n_\uparrow + n_\downarrow)t = 6 \times 10^{21}\,\text{cm}^{-2}$$

靶核的极化度为 65%，即有

$$(n_\uparrow - n_\downarrow)t = 0.65(n_\uparrow + n_\downarrow)t$$

解方程得到

$$n_\uparrow t = 4.95 \times 10^{21}\,\text{cm}^{2}$$

$$n_\downarrow t = 1.05 \times 10^{21}\,\text{cm}^{-2}$$

代入极化的公式，得到非极化的中子束，通过极化度为 65%的 ^{3}He 靶吸收后，中子束的极化度

$$P = \frac{1 - \text{e}^{-3.9\times10^{21}\times1700\times10^{-24}}}{1 + \text{e}^{-3.9\times10^{21}\times1700\times10^{-24}}} = \frac{1 - \text{e}^{-3.9\times1.7}}{1 + \text{e}^{-3.9\times1.7}} = 99.74\%$$

10.43 ^{10}B 的 2.15MeV 态（$J^\pi = 1^+$）是由核反应 ^{11}B(^{3}He, α)^{10}B 产生的. 它通过辐射光子衰变到 1.74MeV（$J^\pi = 0^+$）态，发射光子的角分布是$(3 + \cos^2\theta)$.

(1) 给出辐射跃迁的多极性；

(2) 该能级也可能通过衰变一个自旋和宇称 $J^\pi = 0^-$ 的粒子，求这个粒子相对于束流方向的角分布；

(3) 设由 ^{10}B 更高能量的激发态（$J^\pi = 0^+$）通过 γ 辐射到 2.15MeV 态，给出这个光子与 2.15MeV 态衰变到 1.74MeV 态的光子之间的关联.

解 (1) 辐射光子的多极性要看辐射前、后两能级的角动量和宇称，即

$$|J_\text{i} - J_\text{f}| \leqslant L \leqslant |J_\text{i} + J_\text{f}|$$

J_i 和 J_f 分别是初态和末态的角动量，$J_\text{i} = 1$，$J_\text{f} = 0$. L 是辐射场的多极性. 由此得到 $L = 1$，初态和末态的宇称不变，$\Delta\pi = +$. 它应是 M1 或 E2 跃迁.

(2) 考虑从初态 J_i 到末态 J_f，在一个 L 极辐射场中发射一个光子，这个场的角分布由下式给出：

$$W(\theta) \propto \sum p(m_\text{i})\,|\langle J_\text{i} m_\text{i} \mid J_\text{f} m_\text{f} LM\rangle|^2\,|\boldsymbol{X}_L^M|^2$$

式中，$p(m_\text{i})$是初态中 $J_z = m_\text{i}\hbar$ 态所占有的份额，$\langle J_\text{i} m_\text{i} \mid J_\text{f} m_\text{f} LM\rangle$是描写初态和末态加辐射场之间角动量的 CG 系数（Clebsh-Gordon coefficient）. $\boldsymbol{X}_L^M$ 是描写在总角动量 L、磁量子数 M 的辐射场中，发射光子角分布的矢量球谐函数. 从(1) 中已知，在我们所考虑的跃迁中，只有 $L = 1$，$\Delta\pi = +$是允许型跃迁. 我们得到

$$W(\theta) = a\,|\boldsymbol{X}_1^0|^2 + b\,|\boldsymbol{X}_1^{\pm1}|^2$$

对于，$J_\text{i} = 1$，$J_\text{f} = 0$ 和 $L = 1$，上式的克莱因-高登系数简单为 δ_{M,m_i}，给出

$$a = p(0)$$

$$b = p(+1) + p(-1)$$

题设给出了角分布，我们利用 $L = 1$ 的矢量球谐函数，写出角分布的表达式

$$|\boldsymbol{X}_1^0|^2 = \frac{3}{8\pi}\sin^2\theta$$

$$|\boldsymbol{X}_1^{\pm1}|^2 = \frac{3}{16\pi}(1 + \cos^2\theta)$$

代入角分布表达式，有

$$W(\theta) = a\frac{3}{8\pi}\sin^2\theta + b\frac{3}{16\pi}(1+\cos^2\theta) = 3+\cos^2\theta$$

由此，得到恒等式

$$a\frac{3}{8\pi} + b\frac{3}{16\pi} + \left(b\frac{3}{16\pi} - a\frac{3}{8\pi}\right)\cos^2\theta = 3+\cos^2\theta$$

$$2a + b = 16\pi$$

$$-2a + b = \frac{16\pi}{3}$$

由此解得

$$a = \frac{8\pi}{3} \text{ 和 } b = 4a$$

发射自旋 $J=0$ 的粒子的角分布，有同样的公式，只是矢量球谐函数 $\boldsymbol{X}_L^M$ 由球谐函数 Y_L^M 代替. 因为初态不同，m 的份额是相同的，发射标量粒子的角分布是

$$W(\theta) \propto 4\mid \mathrm{Y}_1^{\pm 1}\mid^2 + \mid \mathrm{Y}_1^0\mid^2 \propto 1+\sin^2\theta$$

(3) 我们分析级联衰变

$$0^+ \xrightarrow{\gamma_1} 1^+ \xrightarrow{\gamma_2} 0^+$$

的角关联. 我们设 z 坐标选择在第一个光子的方向. 因为在 $\theta=0$ 时，$|\boldsymbol{X}_1^0|^2$ 不存在，光子不可能是 $M=0$ 的态，所以，第一个光子的 $M=\pm 1$，根据角动量守恒，中间核态的 $m=\mp 1$，它级联衰变到 0^+ 的光子角分布（相对于 $\theta_1=0$）由 $|\boldsymbol{X}_1^{\pm 1}|^2$ 来描述，即

$$W(\theta) \propto \mid \boldsymbol{X}_1^{\pm 1}\mid^2 \propto (1+\cos^2\theta)$$

本题附录　矢量球谐函数的归一化形式

$$\boldsymbol{X}_{lm} = \frac{1}{l(l+1)}\boldsymbol{L}\mathrm{Y}_{lm}(\theta.\ \varphi)$$

其中，Y_{lm} 为球谐函数，$\boldsymbol{L}$ 为角动量算符（取 $\hbar=1$），在球坐标下

$$\boldsymbol{L} = -\mathrm{i}\left(\boldsymbol{e}_\varphi\frac{\partial}{\partial\theta} - \boldsymbol{e}_\theta\frac{1}{\sin\theta}\frac{\partial}{\partial\varphi}\right)$$

参见 J. D. Jackson，Classical Electrodynamics，J. Wiley，2001，sec. 9. 7.

10. 44　用 26MeV 的氘核轰击 ^{21}Ne，产生 ^{21}Ne(d，^{3}He)^{20}F 反应，^{20}F 有很多激发态，角分布显示直接相互作用机制，且很容易鉴别质子所传递角动量是 $L_p=0,1,2$.

图 2. 58 给出了 ^{21}Ne 的最低能态和 ^{20}F 的低于 4MeV 的激发态（这里略去了 ^{20}F 的很多偶宇称激发态），观察到在（d，^{3}He）反应中，$L_p=1$ 的强度函数为

$$S(1^-) = 0.84$$

$$S(2_1^-) = 0.78$$

$$S(2_2^-) = 0.79$$

$$S(3^-) = 0.00$$

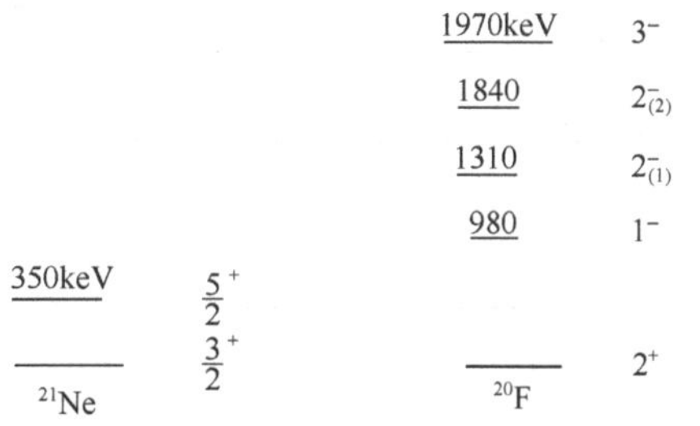

图 2. 58

(1) 如果靶 ^{21}Ne 和末态 ^{20}F 均为(2s－1d)组态，它们都有偶宇称，所以，要求有 $L_p=0$ 和 $L_p=$

2 的反应；另一方面，^{20}F 的负宇称态，是由 $L_p=1$ 激发的，试解释之.

(2) 为解释在^{20}F 中观察到的负宇称态，试图用^{21}Ne 态的空穴弱耦合的耦合模型，在这个模型中，^{21}Ne 核失去一个质子，给出上面的能级图，指出怎样解释^{20}F 的负宇称态.

(3) 弱耦合极限，也就是没有剩余相互作用在空穴和粒子之间存在，四个负宇称态的相对能量是怎样的？

(4) 如果有弱的空穴和粒子相互作用，这个效应是怎样的？根据这种情况，给出四个负宇称态的能量相应的重心.

(5) 弱耦合模型和直接反应理论，给出对末态的相对作用截面(强度函数)的预言值，比较理论预言值和上面给出的观测值. 最后，指出如何得到与(4)预言值符合更好些.

解　(1) 反应过程是强相互作用，宇称守恒要求初、末态宇称的变化等于质子所带走的宇称，即

$$\pi(^{21}\text{Ne}) = \pi(^{20}\text{F})\,\pi(\text{p}) = \pi(^{20}\text{F})\cdot(-1)^{L_p}$$

当^{20}F 和 ^{21}Ne 都为偶宇称时，$(-1)^{L_p}=1$，$L_p=0,2,\cdots$. 由总角动量守恒可知，L_p 可以为 $0,1,2,\cdots$. 上述情况限定 $L_p=0$ 和 2. 同样的道理，对^{20}F 的负宇称态，要求质子所带走的角动量 $L_p=1,2,3,\cdots$. 实际上，角动量守恒要求，对^{20}F 的 1^- 和 2^- 态，$L_p=1$.

(2) 根据弱耦合理论，^{20}F 可看作一个^{21}Ne 和一个质子空穴(p^-)的组合，即^{20}F 由满壳层外的一个中子在 $1d_{3/2}$，$1d_{5/2}$ 或 $2s_{1/2}$ 态和一个质子空穴在 $2s_{1/2}$，$1p_{1/2}$ 或 $1p_{3/2}$ 态的组合决定(图 2.18). 例如，对^{20}F 的 1^- 态，可写成

$$|1M\rangle = |1p_{1/2}^{-1},1d_{3/2},1,M\rangle$$

这里，$1p_{1/2}^{-1}$ 表示质子空穴为 $1p_{1/2}$ 态，$1d_{3/2}$ 表示中子为 $1d_{3/2}$ 态，上式可写成

$$\left|1p_{1/2}^{-1},1d_{3/2},1,M\right\rangle = \sum_{m_1 m_2}\left\langle\frac{1}{2}\frac{3}{2},m_1 m_2\right|1,M\right\rangle\Psi_{1/2m}\Psi_{3/2m}$$

同样地，对 2^- 态，可写成

$$|1p_{1/2}^{-1},1d_{3/2},2,M\rangle \text{ 和 } |1p_{1/2}^{-1},1d_{5/2},2,M\rangle$$

对 3^- 态，写成

$$|1p_{1/2}^{-1},1d_{5/2},3,M\rangle$$

(3) 总哈密顿量可写成 $H = H_p + H_h + V_{ph}$，H_p 和 H_h 分别为核中心部分和质子空穴的哈密顿量，V_{ph} 为质子空穴和核中心的耦合项. 对弱耦合，$V_{ph}=0$，得到

$$H_p\Psi(a_1,j_1,m_1) = E_{a_1,j_1,m_1}\Psi(a_1,j_1,m_1)$$
$$H_h\Psi(a_2,j_2,m_2) = E_{a_2,j_2,m_2}\Psi(a_2,j_2,m_2)$$

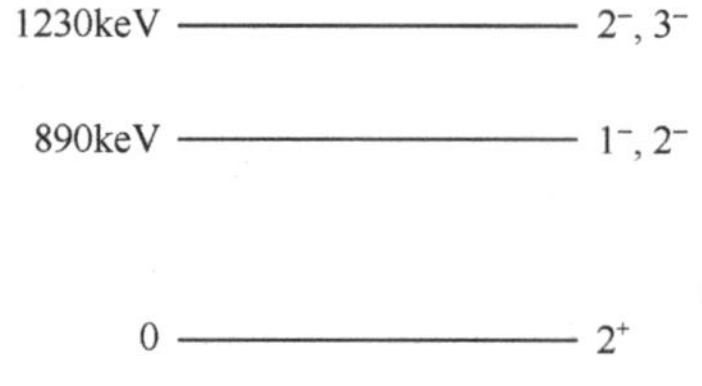

图 2.59

四个负宇称的态，每个态的能量：

$$3^-: E_{3^-} = E_p(1d_{5/2}) + E_h(1p_{1/2})$$
$$2_1^-: E_{2_1^-} = E_p(1d_{5/2}) + E_h(1p_{1/2})$$
$$2_2^-: E_{2_2^-} = E_p(1d_{3/2}) + E_h(1p_{1/2})$$
$$1^-: E_{1^-} = E_p(1d_{3/2}) + E_h(1p_{1/2})$$

所以，有 $E_{3^-}=E_{2_1^-}$，$E_{2_2^-}=E_{1^-}$，如图 2.29 所示，

$$E_{3^-} = E_{2_1^-} = 1230\text{keV}$$

$$E_{2_2^-}=E_{1^-}=890\text{keV}$$

(4) 假设弱耦合存在，即 $V_{ph}\neq 0$，有

$$E_{3^-}=H_p(1d_{5/2})+H_h(1p_{1/2})+\left\langle 1p_{1/2}^{-1},1d_{5/2},3^-\mid V_{ph}\mid 1p_{1/2}^{-1},1d_{5/2},3^-\right\rangle$$

$$E_{1^-}=H_p(1d_{3/2})+H_h(1p_{1/2})+\left\langle 1p_{1/2}^{-1},1d_{3/2},1^-\mid V_{ph}\mid 1p_{1/2}^{-1},1d_{3/2},1^-\right\rangle$$

$$\left\langle 1p_{1/2}^{-1},1d_{5/2},3^-\mid V_{ph}\mid 1p_{1/2}^{-1},1d_{5/2},3^-\right\rangle\approx 0.7\text{MeV}$$

$$\left\langle 1p_{1/2}^{-1},1d_{3/2},1^-\mid V_{ph}\mid 1p_{1/2}^{-1},1d_{3/2},1^-\right\rangle\approx 0.1\text{MeV}$$

$$\left\langle 1p_{1/2}^{-1},1d_{5/2},2^-\mid V_{ph}\mid 1p_{1/2}^{-1},1d_{5/2},2^-\right\rangle\approx 0.45\text{MeV}$$

$$\left\langle 1p_{1/2}^{-1},1d_{3/2},2^-\mid V_{ph}\mid 1p_{1/2}^{-1},1d_{3/2},2^-\right\rangle\approx 0.25\text{MeV}$$

$$\left\langle 1p_{1/2}^{-1},1d_{5/2},2^-\mid V_{ph}\mid 1p_{1/2}^{-1},1d_{3/2},2^-\right\rangle$$

$$=\left\langle 1p_{1/2}^{-1},1d_{3/2},2^-\mid V_{ph}\mid 1p_{1/2}^{-1},1d_{5/2},2^-\right\rangle\approx 0.3\text{MeV}$$

将这些数据代入上面的式中，得到

$$E_{3^-}^1=0.9+0.35+0.7=1.95(\text{MeV})$$

$$E_{1^-}^1=0.9+0.1=1.00(\text{MeV})$$

$E_{2_1^-}^1$ 和 $E_{2_2^-}^1$ 是下列矩阵的本征值：

$$\begin{pmatrix}\langle 1p_{1/2}^{-1},1d_{5/2};2^-\mid H\mid 1p_{1/2}^{-1},1d_{5/2},2^-\rangle & \langle 1p_{1/2}^{-1},1d_{5/2};2^-\mid H\mid 1p_{1/2}^{-1}1d_{3/2},2^-\rangle\\ \langle 1p_{1/2}^{-1},1d_{3/2};2^-\mid H\mid 1p_{1/2}^{-1},1d_{5/2},2^-\rangle & \langle 1p_{1/2}^{-1},1d_{3/2};2^-\mid H\mid 1p_{1/2}^{-1}1d_{3/2},2^-\rangle\end{pmatrix}$$

有特征方程

$$\begin{pmatrix}\lambda-1.95 & -0.3\\ -0.3 & \lambda-1.1\end{pmatrix}=0$$

由此得到结果为

$$E_{2_1^-}^1=\lambda_1=1.80\text{MeV}$$

$$E_{2_2^-}^1=\lambda_2=1.26\text{MeV}$$

图 2.60 给出了其能级图.

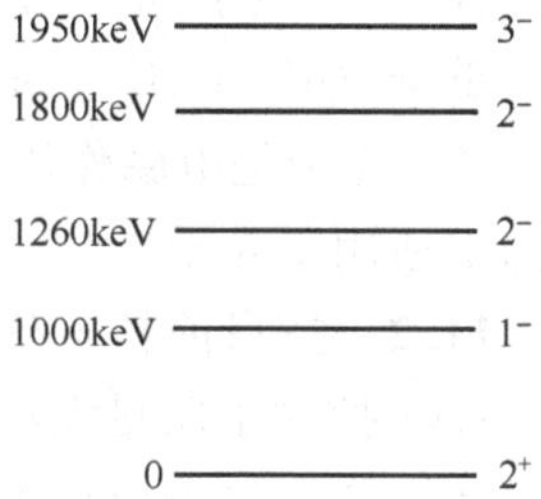

图 2.60

(5) 表 2.17 中给出了不同理论预言的各终态的强度函数的值及实验值. 注意到各种理论对 $S(2_2^-)$ 的预言值都比实验值小很多.

表 2.17

	Nilson 模型	PHF	壳模型	实验值
(1^-)	0.70	0.76	0.59	0.84
$S(2_1^-)$	0.93	0.20	0.72	0.78
$S(2_2^-)$	0.28	0.20	0.23	0.79
$S(3^-)$			0.002	0.00

第三篇　粒 子 物 理

11　粒子的基本性质和守恒律

11.1　(1) 解释下列几个名词:玻色子、费米子、强子、轻子、重子.

(2) 上述各类粒子各举一些例子.

(3) 上述名词哪些适用于光子,哪些不适用于光子.

解　(1) 几个名词的解释:

玻色子:自旋为整数的粒子;

费米子:自旋为半整数的粒子;

强子:参与强相互作用的粒子;

轻子:不参与强相互作用,只参与弱相互作用的粒子(带电荷的轻子,还参与电磁作用);

重子:自旋为半整数的强子.

(2) 举例:

玻色子:如 π 介子;

费米子:如质子、中子;

强子:如质子、中子和 π 介子;

轻子:如电子、μ 子和各种类型的中微子;

重子:如质子、中子和超子.

(3) 光子是电磁作用的传播子,自旋为 1. 玻色子适用于光子. 费米子、强子、轻子、重子都不适用于光子.

11.2　按目前粒子分类,轻子、介子和重子的含义是　　　　(　　)

(A) 按粒子质量大小　　　　(B) 按粒子发现的时间早晚

(C) 按参与的相互作用和它的自旋　　　　(D) 按粒子的带电情况

解　粒子是按它参与的相互作用和它的自旋来分类的,轻子不参与强相互作用;介子和重子参与所有相互作用,自旋为整数的强子称介子,而自旋为半正数的强子叫重子;有质量的粒子有引力相互作用;带电粒子有电磁相互作用. 答案是(C).

11.3　在物质结构的研究历程中,人类首先发现的前三个粒子是　　　　(　　)

(A) 电子,正电子,光子　　　　(B) 电子,质子,中子

(C) 电子,光子,质子　　　　(D) 电子,质子,π 介子

解　因为正电子(1932,C. D. Anderson)、中子(1932,J. Chadwick)和 π 介子(1948,C. F. Powell)是发现比较晚的粒子. 电子(1897,J. J. Thomson)和光子(1900,M. Planck,光量子假设解释黑体辐射)发现得较早. 质子是在 1919 年由卢瑟福(E. Rutherford)用

RaC(^{214}Bi)发射的 α 粒子轰击轻元素^{14}N,实现如下的人工实现核反应:$\alpha+{}^{14}N\rightarrow{}^{17}O+p$,第一次测量到带一个正电荷的质子①,质子被实验确认.答案是(C).

11.4　目前粒子物理中,所谓稳定粒子是指　　(　　)

(A) 不衰变的粒子　　(B) 在没有外界影响时,自身稳定的粒子

(C) 稳定粒子和弱衰变粒子的总称　(D)凡不通过强相互作用衰变的粒子

解　根据目前对稳定粒子的定义:通过强相互作用衰变的短寿命粒子称共振态,凡不通过强相互作用衰变的较长寿命的粒子均叫作稳定粒子.答案是(D).

11.5　一个粒子和其反粒子　　(　　)

(A) 一定有相同的质量　　(B) 质量和电荷一定互不相同

(C) 一定有相同的电荷　　(D) 总可以湮没成两个光子

解　根据对称性(CPT 定理),要求正反粒子质量相同,电荷(等相加量子数)符号相反.答案为(A).

11.6　若有 4.5GeV 的自由能,理论上能产生的最重的同位素是什么?　　(　　)

(A) ^{2}D　　(B) ^{3}He

(C) ^{3}T　　(D) ^{4}He

解　有 4.5GeV 的自由能,为保证重子数守恒,重子必须与反重子同时产生,只可以产生 2.25GeV 以下的重子,所以只能产生同位素^{2}D.答案是(A).

11.7　π 介子在乳胶原子核中产生“爆炸”,故在乳胶片中留下径迹.但是,测量到动能在 5MeV 以下的径迹,仅仅发现 π^- 介子在乳胶中的银核内产生“爆炸”的径迹,为什么未观察到 π^+ 介子在乳胶中产生“爆炸”的径迹?

解　π^- 介子带负电荷,很容易被原子核俘获,形成“奇特介子原子”,π^- 介子在核物质中穿行和核子发生强作用形成“爆炸”的径迹.而 π^+ 介子带正电荷,它和核有很强的库仑排斥作用,它很难接近原子核,特别是低能的 π^+ 介子,不能到达和核发生强相互作用的近距离,故看不到 π^+ 介子在乳胶中产生“爆炸”的径迹,也许有很个别的 π^+ 介子,它通过隧道效应到达核内,但这个概率太小了.所以,未观察到 π^+ 介子在乳胶中产生“爆炸”的径迹.

11.8　某中性粒子衰变后产生 p 和 π^- 介子,已知 p 和 π^- 飞离方向间的夹角 $\theta=60°$,令 $c=1$,它们的动量分别为 450MeV 及 135MeV,静止质量分别为 $m_p=938.3\text{MeV}$,$m_\pi=139.6\text{MeV}$,试求该中性粒子的质量并给出这个粒子的名称.

解　对于反应式

$$X\rightarrow p+\pi^-$$

由 $\theta\neq\pi$ 可知,产物合动量不为 0,故衰变是在飞行中进行的.

由能量和动量守恒知

$$\sqrt{m^2+p^2}=\sqrt{m_p^2+p_p^2}+\sqrt{m_\pi^2+p_\pi^2}$$

$$p^2=p_p^2+p_\pi^2+2p_pp_\pi\cos\theta$$

二式联立得到

①E. Rutherford, Phil. Mag. 37, 581(1919).

$$m^2 = m_p^2 + m_\pi^2 + 2\left[\sqrt{(m_p^2 + p_p^2)(m_\pi^2 + p_\pi^2)} - p_p p_\pi \cos\theta\right]$$

最后得到 X 粒子的质量为

$$\begin{aligned} m &= \sqrt{m_p^2 + m_\pi^2 + 2\left[\sqrt{(m_p^2 + p_p^2)(m_\pi^2 + p_\pi^2)} - p_p p_\pi \cos\theta\right]} \\ &= \sqrt{938.3^2 + 139.6^2 + 2\left[\sqrt{(938.3^2 + 450^2)(139.6^2 + 135^2)} - 450 \times 135/2\right]} \\ &= 1115(\text{MeV}) \end{aligned}$$

X 应为 Λ^0 粒子.

11.9　μ 子的寿命为　　(　　)

(A) 10^9 s　　(B) 10^2 s

(C) 10^{-2} s　　(D) 10^{-6} s

解　$\tau_\mu = (2.19703 \pm 0.00004) \times 10^{-6}\,\text{s} \sim 10^{-6}\,\text{s}$①. 答案为(D).

11.10　(1) 列出所有已发现的轻子.

(2) μ^+ 如何衰变?

(3) 考虑 μ^+ 衰变以及反应 $\nu_\mu + n \to e^- + p$ 是禁戒的这一事实，讨论为了满足量子数守恒定律，可能需要附加的量子数.

(4) 利用中微子 ν_μ，怎样才能产生一种新的“重轻子”?

解　(1) 目前已经发现的轻子有 12 种，它们是 e^-、ν_e、μ^-、ν_μ、τ^-，ν_τ 以及它们的反粒子 e^+、$\bar{\nu}_e$、μ^+、$\bar{\nu}_\mu$、τ^+、$\bar{\nu}_\tau$.

(2) μ^+ 的衰变方程为

$$\mu^+ \to e^+ + \nu_e + \bar{\nu}_\mu$$

(3) 我们可以将此方程写成

$$\bar{\nu}_e + \mu^+ \to e^+ + \bar{\nu}_\mu$$

而反应

$$\nu_\mu + n \to e^- + p$$

是禁戒的. 由这两个截然不同的反应可以看出，能够实现的、有轻子参加的反应，初态中若有某种轻子，其末态中必有相应种类的轻子. 我们定义这样一种轻子量子数(轻子数)，对 ν_e 和 e^-，定义其电子轻子数为+1，即 $L_e = +1$；对 μ^- 和 ν_μ，定义其 μ 子轻子数 $L_\mu = +1$. 它们的反粒子的轻子数相应地改变符号. 由此，附加的量子数守恒定律是：在相互作用过程中，电子轻子数和 μ 子轻子数分别守恒.

(4) 由上述守恒定律可知，产生一种新的带电重轻子，必须满足与此类轻子相应的轻子数守恒定律. ν_μ 和 n 反应可以产生新的带电“重轻子”，

$$\nu_\mu + n \to A^+ + \nu_A + \mu^- + X$$

其中，A^+ 表示新的带正电重轻子(反重轻子)，ν_A 表示此类轻子相应的中微子，X 为重子数为 1 的系统. 例如，A^+ 为 τ^+，则 ν_A 为 ν_τ 等.

11.11　衰变过程 $\mu^- \to e^- + \gamma$ 是禁戒的，因为　　(　　)

(A) 能量和动量不守恒　　(B) 角动量不守恒

①本篇实验数据引自 2004 年 The Review of Particle Physics. S. Eidelman, et al., Physics. Letters. **B**592. 1(2004).

(C) μ 子轻子数和电子轻子数不守恒 (D) 电荷数不守恒

解 在任何相互作用中，μ 子轻子数 L_μ 和电子轻子数 L_e 必须分别守恒，衰变过程：

$$\mu^- \rightarrow e^- + \gamma$$

衰变前、后 μ 子轻子数和电子轻子数都不守恒. 答案是(C).

11.12 在真空中，$\mu^-(\mu^+) \longrightarrow \nu_\mu \bar{\nu}_e e^- (\bar{\nu}_\mu \nu_e e^+)$ 过程的平均寿命为 τ_0。在介质中，μ^--子除本征衰变外，有很大的几率被原子核俘获到“奇特原子”轨道上而被核吸收.

一个合理的假设是，核吸收它的概率正比于 μ 子在核内停留的时间份额. 核吸收它的概率怎么样依赖于原子序数？如果在氢的 K 壳层寿命是 τ_H，求正、负 μ 子在锌($Z=30$)核的平均寿命 τ_+、τ_-.

$$\tau_0 = 2.197 \times 10^{-6}\,\text{s}, \qquad \tau_H = 2.075 \times 10^{-6}\,\text{s}$$

注意，这里忽略了从外壳层到 K 壳层的过渡时间.

解 由题设

$$\frac{1}{\tau_+} = \frac{1}{\tau_0}$$

$$\frac{1}{\tau_-} = \frac{1}{\tau_0} + \frac{1}{\tau_z}$$

其中，有 τ_z 的项是被原子俘获的效应. 此题的详细解需要利用库仑势(在 $r>R$ 的区域)和核内谐振子力，计算核的大小. 一个粗略的估计是，设质子在核内是独立的，核是点粒子，计算 μ 子的波函数，我们得到

$$\frac{1}{\tau_z} \approx \frac{Z^4}{\tau_4}$$

其中，τ_4 是常数. 因子 Z^3 是由“μ^--奇特原子”零点波函数归一化给出的，另一个 Z 是与 μ 子相互作用的质子总数. 由此，得到

$$\frac{1}{\tau_-} = \frac{1}{\tau_0} + \frac{Z^4}{\tau_4}$$

对于氢，有 $\tau_H = 2.075 \times 10^{-6}\,\text{s}$，代入上式，得到

$$\tau_4 = \frac{\tau_- \tau_0}{\tau_0 - \tau_-} = \frac{2.197 \times 2.075}{2.197 - 2.075} \times 10^{-6} = 37.37 \times 10^{-6}(\text{s})$$

代入 $Z=30$ 的锌中，得到

$$\begin{aligned}
\frac{1}{\tau_-}(Z=30) &= \frac{1}{\tau_0} + \frac{Z^4}{\tau_4} = \frac{\tau_4 + \tau_0 Z^4}{\tau_0 \tau_4} \\
&= \frac{37.37 + 2.197 \times 30^4}{2.197 \times 37.37} \times 10^6 \\
&\approx 21.67 \times 10^9(\text{s}^{-1})
\end{aligned}$$

$$\tau_-(Z=30) = 4.61 \times 10^{-11}(\text{s})$$

$$\tau_+(Z=30) = \tau_0 = 2.10 \times 10^{-6}(\text{s})$$

11.13 一个振奋人心的事件是，有报道发现了分支比为 10^{-9} 的 $\mu^+ \rightarrow e^+ + \gamma$ 衰变.

(1) 哪些基本原理导致该衰变是禁戒的？

(2) 实验装置如图 3.1 所示. 包括 μ^+ 束阻止器和两块 NaI 晶体，后者用来探测正电

子或 γ 射线总能量. 实验上,应怎样安排两块晶体与 μ^+ 束阻止器和 μ^+ 束方向的相对位置,晶体中哪些信号表示这种衰变?

(3) 这种衰变的主要背景事例,是没有探测的中微子的 μ^+ 辐射衰变:$\mu^+\to e^++\nu_e+\nu_\mu+\gamma$. 定性地讨论怎样在实验上,从这类本底事例中挑选感兴趣的 $\mu^+\to e^++\gamma$.

解　(1) $\mu^+\to e^++\gamma$ 衰变中,电子轻子数和 μ 子轻子数都不守恒,该衰变是禁戒的.

(2) 由于 $\mu^+\to e^++\gamma$ 是两体衰变,当 μ^+ 子静止衰变时,e^+ 和 γ 方向相反. 因此,两晶体应相对放置,为了减小直射 μ 子的影响,两晶体最好放置在 μ 束的两侧(图 3.1),若 e^+ 信号与 γ 信号符合,则表示是这种衰变,当然,这包括(3)中的本底.

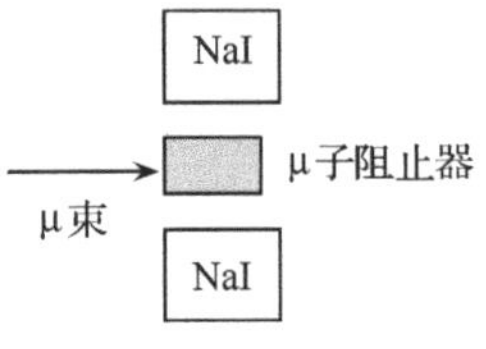

图 3.1

(3) 由于 $\mu^+\to e^++\gamma$ 为两体衰变,而 $\mu^+\to e^++\nu_e+\nu_\mu+\gamma$ 为四体衰变,前者 e^+ 和 γ 的能量都是单值的,而后者 e^+ 和 γ 的能量都是连续的. 实验上可以对两晶体输出信号时间符合的同时,再加上幅度选择,对于 $\mu^+\to e^++\gamma$,两 NaI 晶体中测得的 $(E_e+E_\gamma)=m_\mu c^2$,对于 μ^+ 子静止衰变,e^+ 和 γ 方向相反,又因为 $m_\mu\gg m_e$,所以 $E_e\approx E_\gamma\approx\frac{m_\mu c^2}{2}$. 而 $\mu^+\to e^++\nu_e+\nu_\mu+\gamma$ 衰变事例,由于两个中微子带走一部分能量,则有 $(E_e+E_\gamma)<m_\mu c^2$,在一般情况下,$E_e\neq E_\gamma$. 由此,可排除 $\mu^+\to e^++\nu_e+\nu_\mu+\gamma$ 衰变本底.

11.14　对于下列每个中子衰变道,哪些守恒定律使其禁戒?

$n\to p+e^-$　　　$n\to\pi^++e^-$

$n\to p+\pi^-$　　　$n\to p+\gamma$

解　$n\to p+e^-$　违背了角动量守恒(初态是半整数,末态是整数)和轻子数守恒定律.

$n\to\pi^++e^-$　违背了重子数守恒定律和轻子数守恒定律.

$n\to p+\pi^-$　违背了能量守恒定律.

$n\to p+\gamma$　违背了电荷守恒定律.

11.15　叙述各种 π 介子的性质,详细讨论决定 π 介子自旋、宇称和同位旋的实验.

解　共有三种 π 介子,它们是 π^0、π^+ 和 π^-,π^+ 和 π^- 为正、反粒子,π^0 的反粒子是它自己. 三种 π 组成 $I=1$ 的同位旋三重态,它们的主要性质见表 3.1.

表 3.1　π 介子的性质

π 介子名称	质量/MeV	自旋	宇称	C 宇称	同位旋 I	I_3	G
π^+	139.6	0	−		1	1	−1
π^0	135	0	−	+	1	0	−1
π^-	139.6	0	−		1	−1	−1

π^+ 的自旋测定. 考察可逆反应①:

①T. D. Lee, Particle physics and Introduction to Field Theory, P311 Harwood Academic Publisher. 李政道,粒子物理和场论,上海科学技术出版,2008,P255.

$$\pi^+ + d \Leftrightarrow p + p$$

利用该反应的细致平衡原理来测定 π^+ 的自旋. 由于正、逆反应的跃迁矩阵元不变，有(等式右边因子 2 是末态两质子不可分辨引入的)

$$\sigma(pp \to d\pi^+) = \sigma(d\pi^+ \to pp) \times 2\,\frac{p_\pi^2(2J_\pi+1)(2J_d+1)}{p_p^2(2J_p+1)^2}$$

p_π 和 p_p 分别为质心系中 π 和 p 的动量. 实验上，分别测量 $\sigma(pp\to d\pi^+)$ 和 $\sigma(d\pi^+\to pp)$；同时分别测量入射质子和 π^+ 的动量. 氘核的自旋 J_d 和质子的自旋 J_p 是知道的，最后实验数据给出

$$2J_\pi + 1 = 1.00 \pm 0.01$$

即 π^+ 的自旋为零.

π^- 的自旋测定. π^- 的自旋可以根据 π 原子发射光谱的超精细结构来测定. 从对称性也可知，正反粒子自旋相同，所以，π^- 的自旋应为零.

π^0 的自旋测定. 通过 $\pi^0\to 2\gamma$ 来测定 π^0 的自旋. 首先，自旋为 1 的粒子不可能衰变成 2γ，设自旋为 1，在 2γ 的质心系，2γ 的动量分别为 $-\boldsymbol{k}$ 和 $\boldsymbol{k}$，极化矢量为 $\boldsymbol{\varepsilon}_1$ 和 $\boldsymbol{\varepsilon}_2$. 初态自旋为 1，末态必须是矢量形式. 注意到，实光子只有横向极化，由 $\boldsymbol{k}$、$\boldsymbol{\varepsilon}_1$ 和 $\boldsymbol{\varepsilon}_2$ 三个矢量只能构成如下矢量：$\boldsymbol{\varepsilon}_1\times\boldsymbol{\varepsilon}_2$，$(\boldsymbol{\varepsilon}_1\cdot\boldsymbol{\varepsilon}_2)\boldsymbol{k}$ 和 $[(\boldsymbol{\varepsilon}_1\times\boldsymbol{\varepsilon}_2)\cdot\boldsymbol{k}]\boldsymbol{k}$. 这三种形式，交换 2γ 时，都改变符号. 而 2γ 系统为玻色子系统，二粒子交换是对称的，所以无法给出 2γ 的波函数，由此说明 π^0 的自旋不等于 1. 另外，从 $\pi^- + p\to\pi^0 + n$ 反应来分析，当 π^- 低能入射(S 波)时，π^0 的 $J\geqslant 2$ 反应是禁戒的. 实验测量得到，这种电荷交换反应截面很大，证明 $J_{\pi^0}=0$.

π^- 的宇称测定. 通过反应 $\pi^- + d\to n + n$ 来测定. 低能 π^- 粒子，只能是 S 波入射. 已知 d 的 $J^P=1^+$，所以 $P(\pi^-)=P^2(n)(-1)^l$，l 为两中子角动量，n-n 系统是费米子系统，满足交换反对称，有 $l=1$，$J=1$，所以 $P(\pi^-)=-1$.

用 $\pi^+ + d\to p + p$ 反应，详细分析在低能反应中，反应截面随能量的变化，研究在 S 波入射的情况，同样，可得到 $P(\pi^+)=-1$.

π^0 的宇称是通过 π^0 衰变成 2γ 的极化平面来测定的. 由 $J(\pi^0)=0$，末态两光子交换对称，2γ 衰变振幅的形式为

$$① \quad A\boldsymbol{\varepsilon}_1\cdot\boldsymbol{\varepsilon}_2, \qquad P(\pi^0)=+1$$

$$② \quad B\boldsymbol{k}\cdot(\boldsymbol{\varepsilon}_1\times\boldsymbol{\varepsilon}_2), \qquad P(\pi^0)=-1$$

其中，$\boldsymbol{k}$ 为在 π^0 静止的系统中，一个光子的动量.

① 表示两光子极化平面相互平行的部分占优势.

② 表示两光子极化平面相互垂直的部分占优势.

测量 2γ 的极化平面. 因为 γ 光子产生的电子对在光子的电矢量平面内，所以测量 2γ 的极化转变为测量两对电子分别所在的平面.

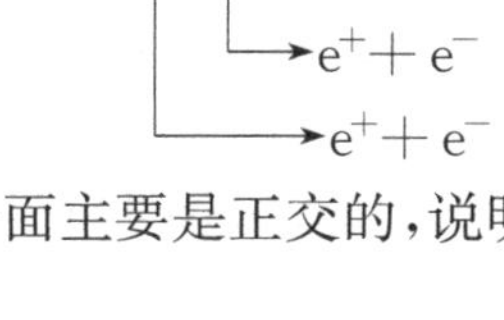

测量结果表明：两电子对的产生平面主要是正交的，说明 π^0 的 2γ 衰变振幅的形式如②表示的，即 π^0 的宇称为负.

π 介子的同位旋测量. 可以用 π 介子和核子散射或其他强作用过程测定,如:

$$n+p\rightarrow d+\pi^0 \text{ 和 } p+p\rightarrow d+\pi^+$$

后者,初态(p+p)系统的同位旋态为 $|1,1\rangle$,末态也为 $|1,1\rangle$. 根据同位旋守恒,它可以100%地到末态($d+\pi^+$). 而(n+p)系统,它的同位旋态是 $\frac{1}{\sqrt{2}}(|1,0\rangle-|0,0\rangle)$. 但是,只有 $|1,0\rangle$ 态,才能到 $|1,0\rangle$ 态的($d+\pi^0$)系统,即只有50%的概率从(n+p)态到($d+\pi^0$)态,若有 $I(\pi)=1$,则有

$$\sigma(pp\rightarrow d\pi^+)=2\sigma(pn\rightarrow d\pi^0)$$

实验结果与上式的预期值相符合,说明 $I(\pi)=1$.

11.16 低能 π^- 介子被氘核俘获并产生强相互作用:$\pi^-+d\rightarrow n+n$,已知,π^- 的自旋为零,d 的自旋为 1,宇称为(+1). 试分析 π^- 介子的内禀宇称.

解 低能时,π^- 被 d 俘获处于 d-π^- 原子的 S 态,故 $l=0$. 因为 d 的自旋为 1,故反应前总角动量 $J=1$.

初态系统的宇称为

$$P_\pi P_d(-1)^0=P_\pi(+1)(-1)^0=P_\pi$$

反应后,两中子总自旋 $S=0$ 或 1. 末态是全同费米子,总波函数必须是反对称的;若 $S=0$,自旋波函数反对称,故空间波函数应对称,l' 为偶,$J'\neq1$,角动量不守恒.

若 $S=1$,自旋波函数对称,故空间波函数反对称,l' 为奇,因为反应前后总角动量守恒,故 l' 只能为 1.

反应后系统的宇称为

$$P(n)^2(-1)^{l'}=(+1)^2(-1)^1=(-1)$$

强相互作用中,宇称守恒,比较反应前后系统的宇称,可得到 $P_\pi=(-1)$.

11.17 假定 π^- 具有 0 自旋及负的内禀宇称,氘核的自旋和宇称为 1^+. 一个氘核从 p 轨道上俘获这样一个 π^- 介子,发生反应

$$\pi^-+d\rightarrow n+n$$

试说明两个中子只能处于单态.

解 反应初态为 π^-d,宇称由两部分组成,即 π^- 和 d 的内禀宇称及 π^- 与 d 核的轨道波函数的宇称. 总宇称为这三部分宇称的乘积

$$P_i=P(\pi^-)P(d)(-1)^l=(-1)\times(+1)\times(-1)^l=+1$$

该反应为强相互作用,因此,反应过程中宇称守恒,末态宇称为+1. 但是,末态两个中子是两个全同费米子,故总波函数必须是交换反对称的. 末态宇称为+1 要求 $l=0$ 或 2,导致了轨道波函数是交换对称的,要求自旋波函数交换反对称,即两个中子处于自旋单态.

11.18 一个带负电荷的 π^- 介子(赝标粒子:零自旋,奇宇称),初始束缚在一个氘核的最低能态库仑波函数(奇特原子). 它被氘核(质子和中子的 $^3S_1$ 束缚态)俘获而变为一对中子:

$$\pi^-+d\rightarrow n+n$$

(1) 中子对的轨道角动量是多少?

(2) 它们的总自旋角动量是多少?

(3) 探测到两个中子的自旋取向都与氘自旋相反的概率是多少?

(4) 如果初态氘核自旋 100%地沿 $\boldsymbol{k}$ 方向极化(图 3.2),一个中子自旋与氘核自旋相反的中子出射的角分布概率(每单位立体角)是多少? 也许下面几个没有归一化的球谐函数是有用的.

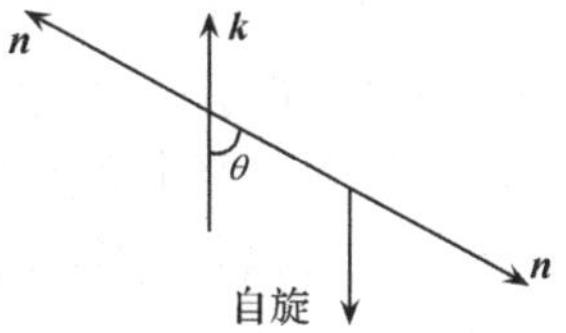

图 3.2

$$Y_0^0 = 1 \qquad Y_1^{\pm1} = \mp \sin\theta e^{\pm i\varphi}$$

$$Y_1^0 = \cos\theta \qquad Y_2^{\pm1} = \mp \sin2\theta e^{\pm i\varphi}$$

解　(1) 氘核的 p 和 n 处于$^3S_1$ 态,$J^P(\mathrm{d})=1^+$,$J^P(\pi^-)=0^-$. π^- 和 d 形成奇特 π 原子最低能态,$l=0$. 初态宇称:$P_i=(-1)^0\cdot P(\pi)\cdot P(\mathrm{d})=-1$. 宇称守恒要求末态宇称 $P_f=P_i=(-1)^{l_f}=-1$,有 l_f=奇数. 初态总角动量 $J_i=0+0+1=1$,即 $J_i=1$. 所以,末态总角动量 $J_f=J_i=1$,$S_f+l_f=1$. 而两中子的自旋耦合 $S_f=0$ 或 1,$l_f\leqslant2$. 又因为 l_f 为奇数,得到 $l_f=1$.

(2) 末态为全同费米子,总波函数应反对称,$l_f=1$,空间波函数反对称. $I=|I_3|=1$,同位旋波函数也是对称的. 因此,自旋波函数应是对称的,必须有 $S_f=1$.

(3) 初态的 $J=1$,以氘核的自旋取向 z 方向,两个中子的自旋取向,都与氘自旋相反,即 $S_{fz}=-\frac{1}{2}-\frac{1}{2}=-1$,$J_z=l_z+S_z=l_z-1$. 对于 p 态,$l_f=1$,$l_z=0$、$\pm1$. 有

$$|\langle 1,l_z-1\,|\,1,1\rangle|^2=0$$

即它不能与 p 态($l_{fz}=1$、0、-1)组合而得到 $J_z=+1$ 的态. 所以,探测到两个中子的自旋取向都与氘自旋相反的概率为 0.

(4) 末态波函数为

$$|1,1\rangle = c_1 Y_1^1 \chi_{10} + c_2 Y_1^0 \chi_{11}$$

式中,c_1、c_2 为归一化常数. $|c_1|^2=|c_2|^2=1/2$,其中

$$\chi_{11}=(\uparrow\uparrow),\quad \chi_{10}=\frac{1}{\sqrt{2}}(\uparrow\downarrow+\uparrow\downarrow)$$

从上面波函数的对称性得到,χ_{10}对应的是中子对中,一个中子自旋和氘核极化方向相反,所以

$$\frac{\mathrm{d}P}{\mathrm{d}\Omega}=|c_1|^2(Y_1^1\chi_{10})^+(Y_1^1\chi_{10})=\frac{1}{2}(Y_1^1)^*Y_1^1=\frac{3}{8\pi}\sin^2\theta$$

11.19　粒子 A 通过强作用或电磁作用衰变到 B 和 C,如果 A 粒子的自旋为$\frac{1}{2}$,尽管粒子 A 是极化的,其衰变也必然是各向同性的.

解　描述初态自旋为$\frac{1}{2}$的粒子的算符为 $\Psi=\begin{pmatrix}\alpha\\ \beta\end{pmatrix}$. 设 $\boldsymbol{n}$ 为单位矢量,则它在 $\boldsymbol{n}$ 方向发射一个粒子的概率,最通常的表示式为

$$P(\boldsymbol{n})=\Psi^* M(\boldsymbol{n})\Psi$$

M 是 2×2 厄米矩阵. 因为概率必须是实数,任何 2×2 矩阵可以表示为单位矩阵和泡利矩阵 $\boldsymbol{\sigma}$ 的组合,即 $M=a+b(\boldsymbol{\sigma}\cdot\boldsymbol{n})$,转动不变性要求 a 和 b 是与 $\boldsymbol{n}$ 无关的实数. 设初态是

沿 z 方向极化的，有 $P(\boldsymbol{n})=a+b\cos\theta$，因为衰变过程是电磁或强相互作用，宇称守恒，$P(\boldsymbol{n})$必须是偶宇称，而宇称变换有 $\boldsymbol{n}\to-\boldsymbol{n}, \boldsymbol{\sigma}\to\boldsymbol{\sigma}, \boldsymbol{n}.\boldsymbol{\sigma}\to-\boldsymbol{n}.\boldsymbol{\sigma}$，得到 $P(\boldsymbol{n})=\Psi^*\boldsymbol{\sigma}\cdot\boldsymbol{n}\Psi$ 是奇宇称，宇称守恒要求系数 b 等于零. 也就是说，衰变是各向同性的. 如果是弱衰变，宇称不守恒，系数 b 可以不为零，就能观察到不对称的衰变，一个典型的例子是弱衰变 $\Lambda\to \mathrm{p}+\pi$.

11.20　衰变式 $\mathrm{p}\to\pi^0+\mathrm{e}^++\mathrm{e}^-$ 是禁戒的，在下列物理量（电荷 Q、重子数 B、自旋 J 和轻子数 L_e）中，哪三个物理量在衰变过程中不守恒？　（　　）

(A) Q, B, L_e　　(B) Q, B, J

(C) B, J, L_e　　(D) Q, B, L_μ

解　衰变前、后电荷 Q 变化为 $\Delta Q=1$，重子数 B 变化为 $\Delta B=1$，衰变前质子的自旋为 $\frac{1}{2}$，衰变产物三个粒子 $\pi^0+\mathrm{e}^++\mathrm{e}^-$ 只能组成总角动量为整数的系统，即该过程电荷 Q、重子数 B 和总自旋 J 均不守恒. 答案是(B).

11.21　反应过程 $\mathrm{p}+\mathrm{n}\to\mathrm{K}^0+\Sigma^+$ 不可能发生，因为反应过程中　（　　）

(A) 电荷数不守恒　　(B) 重子数不守恒

(C) 奇异数不守恒　　(D) 能量、动量不守恒

解　在任何反应过程中，重子数是守恒的，反应过程 $\mathrm{p}+\mathrm{n}\to\mathrm{K}^0+\Sigma^+$ 中，重子数的改变为 $\Delta B=1$. 答案是(B).

11.22　以下是一系列粒子间的相互作用的守恒律（或对称性）. 在每一个后面，用 S、E、W 表示在强、电磁和弱作用中，没有观察到违背这一对称性或守恒律. 对于每个守恒律，给出违背守恒律的实验例子.

(1) 同位旋守恒；

(2) 同位旋 I_3 分量守恒；

(3) 奇异数守恒；

(4) CP 不变性.

解　(1) 同位旋守恒(S). 电磁相互作用中同位旋 I 不守恒的实验，可由 Σ^0 的电磁衰变中观察到

$$\Sigma^0\to\Lambda^0+\gamma$$

衰变前 $I(\Sigma^0)=1$，衰变后 $I(\Lambda^0)=0, \Delta I=1$，同位旋 I 不守恒.

(2) 同位旋 I_3 分量守恒(S,E). 在弱相互作用中同位旋第三分量 I_3 不守恒的实验，可观测衰变过程

$$\pi^-\to\mu^-+\bar{\nu}_\mu$$

$I_3(\pi^-)=-1$，因为 ν 和 μ 是轻子，同位旋 I 和 I_3 对它们不适用，衰变前后 I_3 不同.

(3) 奇异数守恒(S,E). 弱相互作用中奇异数不守恒的例子，可观察奇异粒子的弱衰变，例如

$$\Lambda^0\to\pi^-+\mathrm{p}$$

这时衰变前 $S=-1$，衰变产物 $S=0$，故 $\Delta S=-1$.

(4) CP 不变性（强、电、弱作用中仅在 K_L^0 衰变中发现 CP 破坏）. 目前，实验观察到 CP 守恒破坏，即观测到 $\mathrm{K_L}^0$ 的 2π 衰变，衰变到 2π 的事例数目与衰变到所有带电粒子事

例数目之比近似为2×10^{-3}，实验数据说明，在 K_L^0 衰变中，CP 守恒破坏，但破坏很小.（详见题 12.27～题 12.32）

11.23　由 C 宇称守恒定律，阐述正电子素$^3S_1$ 态不可能衰变为两个光子.

解　正、负电子衰变为两个光子的方程式为

$$e^- + e^+ \rightarrow \gamma + \gamma$$

在电磁相互作用中 C 宇称守恒. 具有确定 L、S 的纯电中性系统的 C 宇称为

$$\eta_c = (-1)^{L+S}$$

对正电子素$^3S_1$ 态

$$L = 0,\quad S = 1,\quad \eta_c = (-1)^{L+S} = -1$$

单个光子的 C 宇称为 $\eta_c = -1$，对双光子系统 C 宇称为

$$\eta_c(2\gamma) = (-1)^2 = 1$$

系统反应前后 C 宇称不守恒，此过程不能实现.

11.24　为什么质子有宇称而 μ 子没有？（　　）

(A) 宇称在电磁作用中不守恒

(B) 人们对质子更熟悉

(C) 宇称是从相互关联的反应中定义的，它对质子有意义，而对 μ 子没有意义

(D) 质子有结构，而 μ 子没有结构

解　宇称是从相互关联的反应中定义的，轻子不参与强相互作用，中性轻子只参与弱相互作用，而在弱相互作用中，宇称不守恒，所以，宇称对轻子没有意义. 答案为(C).

11.25　若一个粒子系统其内禀宇称为 P，轨道宇称为 $P_l = (-1)^L$，则体系的总宇称为（　　）

(A) $P + P_l$　　(B) P^{P_l}

(C) $P + (-1)^{P_l}$　　(D) $P \cdot P_l$

解　宇称是相乘量子数，即系统总宇称等于粒子的内禀宇称和轨道宇称相乘. 答案是(D).

11.26　(1) G 宇称算符是什么？

(2) 为什么粒子物理中引入 G 算符？

(3) G 对 π 介子的本征值及对 n 个 π 介子的本征值如何？

(4) ρ、ω、φ、η^0 的 G 值是多少？

解　(1) G 宇称算符定义为 $G = Ce^{i\pi I_2}$，G 变换相当于在同位旋空间的空间反演.

(2) 因为 C 宇称只有对纯中性粒子或纯中性粒子系统才有本征值. 定义 G 宇称后，带电粒子也可能是 G 宇称的本征态. 在强作用中，G 宇称守恒. 它反映为强相互作用中的一种对称性，即同位旋空间反演不变性. 对于有纯中性粒子成员的同一同位旋多重态，G 宇称算符的本征值为

$$G = C(-1)^I$$

C 为纯中性粒子的电荷共轭 C 宇称值，I 为同位旋.

(3) 对于 π 介子，$C(\pi^0) = +1$，$I = 1$，所以 $G = (-1)^1 = -1$，对 n 个 π 介子，$G(n\pi) = (-1)^n$.

(4) ρ、ω、φ、η^0 的 G 值：

对于 ρ 介子，　$C(\rho^0)=-1$，　$I(\rho)=1, G(\rho)=(-1)(-1)^1=+1$

对于 ω 介子，　$C(\omega^0)=-1$，　$I(\omega^0)=0, G(\omega)=(-1)(-1)^0=-1$

对于 φ 介子，　$C(\varphi)=-1$，　$I(\varphi)=0, G(\varphi)=(-1)(-1)^0=-1$

对于 η^0 介子，$C(\eta^0)=+1$，　$I(\eta^0)=0, G(\eta^0)=(+1)(-1)^0=1$

对于 ρ、ω、φ 介子，也可以从衰变中得到 G 值，因为它们的衰变为强衰变，G 字称守恒.

$$\rho^0 \to \pi^+\pi^-, \qquad G(\rho) = G(\pi^+\pi^-) = (-1)^2 = 1$$

$$\omega \to 3\pi, \qquad G(\omega) = G(3\pi) = (-1)^3 = -1$$

$$\varphi \to 3\pi, \qquad G(\varphi) = G(3\pi) = (-1)^3 = -1$$

至于 η^0 衰变是电磁衰变，电磁衰变中 G 不守恒，故不能从 η^0 的衰变中给出 η^0 的 G 宇称.

11.27　粒子 X 有两种衰变模式，其部分衰变速率为 $\Gamma_1(\mathrm{s}^{-1})$ 和 $\Gamma_2(\mathrm{s}^{-1})$.

(1) 求 X 粒子质量的固有不确定量；

(2) X 的一种衰变模式是强作用衰变 $X\to\pi^+ + \pi^+$，对 X 的同位旋，能得出什么结论？

解　(1) X 粒子的总衰变速度为 $\lambda=\Gamma_1+\Gamma_2$，粒子的平均寿命为

$$\tau = \frac{1}{\lambda} = \frac{1}{\Gamma_1+\Gamma_2}(\mathrm{s})$$

设粒子质量的固有不确定量为 Γ，则有

$$\Gamma = \frac{\hbar}{\tau} = \hbar(\Gamma_1+\Gamma_2)(\mathrm{MeV})$$

(2) $X\to\pi^+\pi^+$，由 π^+ 的同位旋 $I=1$ 及同位旋第三分量 $I_3=+1$ 知，末态的同位旋 $I=2$. 强相互作用过程中同位旋守恒，故 X 的同位旋为 2.

11.28　只包含一个奇异粒子的态　　(　　)

(A) 能衰变成一个零奇异数的态　　(B) 能够从一个零奇异数的态强产生

(C) 衰变成一个奇异数的态　　(D) 不可能存在

解　奇异粒子是强产生、弱衰变的. 奇异粒子在强相互作用中产生，奇异数要守恒，故必须成对产生；在弱作用中，奇异数是不守恒的，奇异粒子能衰变成一个零奇异数的态.

答案为(A).

11.29　下列四组粒子中，完全是奇异粒子的一组是　　(　　)

(A) $\Lambda^0, \mathrm{K}^0, \bar{\mathrm{p}}$　　(B) $\nu, \mathrm{K}^-, \Sigma^0$

(C) $\mathrm{n}, \mathrm{K}^0, \Xi^-$　　(D) $\Lambda^0, \mathrm{K}^0, \Sigma^0$

解　奇异粒子是指带有奇异数的粒子，包括 K 介子和超子 Λ^0、Σ、Ξ 和 Ω 粒子等，$\bar{\mathrm{p}}$、ν 和 n 不是奇异粒子. 答案是(D).

11.30　奇异粒子的特点是　　(　　)

(A) 协同产生，单独衰变；慢产生，快衰变

(B) 单独产生，协同衰变；快产生，慢衰变

(C) 单独产生，协同衰变；慢产生，快衰变

(D) 协同产生，单独衰变；快产生，慢衰变

解　奇异粒子在强相互作用中产生，强相互作用过程奇异数守恒，带有正、反奇异粒

子必须同时成对地产生，产生的奇异粒子可单独通过弱衰变到一般粒子，又因是弱衰变，寿命长，是慢衰变. 答案是(D).

11.31 写出下列各粒子的主要衰变方式(分支比大于 5%). 如果在末态中包含中微子，请说明它们的衰变类型：$n,\pi^+,\rho^0,K^0,\Lambda^0,\Delta^{++},\mu^-,\varphi,\Omega^-,J/\Psi$.

解 $n\to p+e^-+\bar{\nu}_e$(~100%)，括号内的数字为分支比(下同).

$\pi^+\to\mu^++\nu_\mu$(99.9877%).

$\rho^0\to\pi^++\pi^-$(~100%).

K^0：$K_s^0\to\pi^++\pi^-$(68.95%)，$\pi^0+\pi^0$(31.05%).

$K_L^0\to3\pi^0$(19.52%)，$\pi^++\pi^-+\pi^0$(12.54%)，$\pi^\pm+\mu^\mp+\nu_\mu$(27.04%)，$\pi^\pm+e^\mp+\nu_e$(40.55%).

$\Lambda^0\to p+\pi^-$(63.9%)，$n+\pi^0$(35.8%).

$\Delta^{++}\to p+\pi^+$(99%).

$\mu^-\to e^-+\bar{\nu}_e+\nu_\mu$(≈100%).

$\varphi\to K^+K^-$(49.1%)，$K_L^0K_S^0$(34.0%)，$\rho\pi+\pi^+\pi^-\pi^0$(15.4%).

$\Omega^-\to\Lambda+K^-$(67.8%)，$\Xi^0+\pi^-$(23.6%)，$\Xi^-+\pi^0$(8.6%).

$J/\Psi\to e^++e^-$(5.93%)，$\mu^++\mu^-$(5.88%)，强子道(共计 87.7%，大部分是通过三个虚胶子或两个虚胶子和 γ 衰变到强子，也有约 17%通过虚光子到强子和轻子对).

如果末态有中微子，则一定是弱衰变.

11.32 下面的粒子中，哪些能衰变成 2π，请说明理由.

$$f^0\quad (J^p,I)=(2^+,0)$$
$$\omega^0\quad (J^p,I)=(1^-,0)$$
$$\eta^0\quad (J^p,I)=(0^-,0)$$

其中，J^p 是内禀自旋和宇称，I 是同位旋，设衰变过程中，自旋、宇称和同位旋守恒.

解 π 介子的同位旋为 1，两 π 的同位旋可能值为 0、1 和 2，只对于同位旋守恒的要求，上述衰变都没有限制.

但是，玻色统计要求交换两个 π，终态总波函数必须是对称的. 对于 $I=0$，交换两个 π，同位旋波函数是对称的. π 介子的自旋为 0，没有自旋波函数，空间波函数必须是对称的，允许衰变的角动量是 $L=0,2$ 和 4 等偶数. 这些态的宇称为 $(-1)^L$，两 π 的内禀宇称为 $(-1)^2=+1$，末态两 π 系统总宇称为 $(-1)^L$，要求初态必须是 $J^p=0^+,2^+$ 的态. 所以，仅有衰变 $f_0\to\pi^++\pi^-$ 是强作用允许型衰变.

如果不考虑同位旋守恒，对于 $\omega^0\to\pi^++\pi^-$ 是允许的，它可以是电磁衰变，因为电磁衰变中，同位旋不守恒. 对于 $\eta^0\to\pi^++\pi^-$，因为它不能同时满足角动量和宇称守恒，是禁戒的.

11.33 考察下列高能反应或粒子衰变：

(1) $\pi^-+p\to\pi^0+n$；

(2) $\pi^0\to\gamma+\gamma+\gamma$；

(3) $\pi^0\to\gamma+\gamma$；

(4) $\pi^+\to\mu^++\nu_\mu$；

(5) $\pi^+\to\mu^++\bar{\nu}_\mu$；

(6) $p+\bar{p}\to\Lambda^0+\Lambda^0$；

(7) $p+\bar{p}\to\gamma$.

对于每个过程指出：

(a) 允许还是禁戒？

(b) 如果是禁戒，是什么原因？

(c) 如果是允许，那么是什么类型的相互作用？（如强作用、弱作用、电磁作用等）

解 (1) $\pi^-+p\to\pi^0+n$，各种量子数均守恒，强作用允许过程.

(2) $\pi^0\to\gamma+\gamma+\gamma$：$C(\pi^0)=1$，$C(\gamma)=-1$，$C(n\gamma)=(-1)^n$，有 $C(3\gamma)=-1$，违反电磁衰变过程 C 宇称守恒定律. 实验值：分支比 $BR<3.1\times10^{-8}(CL=0.90\%)$.

(3) $\pi^0\to\gamma+\gamma$，允许，是典型的电磁衰变. 实验值：分支比 $BR(\pi^0\to\gamma+\gamma)=(98.798\pm 0.032)\%$.

(4) $\pi^+\to\mu^++\nu_\mu$，允许，是弱衰变. 实验值：分支比 $BR(\pi^+\to\mu^++\nu_\mu)=(99.98770\pm 0.00004)\%$.

(5)
$$\begin{array}{cccc} & \pi^+ \to & \mu^+ + & \bar{\nu}_\mu \\ L_\mu: & 0 & -1 & -1 \end{array}$$

左边 $L_\mu=0$，右边 $L_\mu=-2$，μ 轻子数不守恒，禁戒. 实验值：$BR(\pi^+\to\mu^++\bar{\nu}_\mu)<1.5\times10^{-3}$ $(CL=90\%)$.

(6)
$$\begin{array}{cccccc} & p+ & \bar{p} \to & \Lambda^0 + & \Lambda^0 & \\ B & 1 & -1 & 1 & 1 & \Delta B=-2 \\ S & 0 & 0 & -1 & -1 & \Delta S=+2 \end{array}$$

重子数不守恒，$\Delta B=-2$；奇异数不守恒，$|\Delta S|=2$，禁戒.

(7) $p+\bar{p}\to\gamma$，不能使动量和能量同时守恒，禁戒. 例如，设 $c=1$，反应前的不变质量 M 为

$$M^2(p+\bar{p})=-p_\mu p_\mu=(E_p+E_{\bar{p}})^2-(\boldsymbol{p}_p+\boldsymbol{p}_{\bar{p}})^2$$
$$=m_p^2+m_{\bar{p}}^2+2(E_pE_{\bar{p}}-\boldsymbol{p}_{\bar{p}}\cdot\boldsymbol{p}_p)$$

由式 $E^2=p^2+m^2$，$m\neq0$，得到 $E>p$，应有

$$E_pE_{\bar{p}}-\boldsymbol{p}_{\bar{p}}\cdot\boldsymbol{p}_p>0$$
$$M^2(p+\bar{p})>2m_p^2\gg0$$

但是，对反应式的右边，γ 的不变质量 M^2 为

$$M^2(\gamma)=E_\gamma^2-p_\gamma^2\equiv0$$

任何反应和衰变中，不变质量是不变量，该过程中 $M^2(p+\bar{p})\neq M^2(\gamma)$，即此过程禁戒.

11.34 是什么守恒定律、不变性或其他机制使下列过程禁戒？

(1) $p+n\to p+\Lambda^0$；

(2) $K^+\to\pi^++\pi^-+\pi^++\pi^-+\pi^-+\pi^0$；

(3) $\overline{K}^0\to\pi^-+e^++\nu_e$；

(4) $\Lambda^0\to K^0+\pi^0$；

(5) $\pi^+\to e^++\nu_e$（相对于 $\pi^+\to\mu^++\nu_\mu$）；

(6) $K_L^0\to e^++e^-$；

(7) $K^-\to\pi^0+e^-$；

(8) $K^+\to\pi^++\pi^++\pi^0$.

解 (1) $p+n\to p+\Lambda^0$：$\Delta S=1$，$\Delta I_3=-\dfrac{1}{2}$. 违反强作用过程奇异数守恒和同位旋守恒定律.

(2) $K^+\to\pi^++\pi^-+\pi^++\pi^-+\pi^-+\pi^0$：$m(6\pi)>m_K$，违反能量守恒定律和电荷守恒.

(3) $\overline{K}^0 \to \pi^- + e^+ + \nu_e$：$\Delta S=+1$，$\Delta Q=-1$，$\Delta S \neq \Delta Q$. 违反弱作用中初末态强子 S、Q 的选择定则：$|\Delta S|=1$ 时，$\Delta S=\Delta Q$ 的规律.

(4) $\Lambda^0 \to K^0 + \pi^0$：$\Delta B=1$，违反重子数守恒定律.

(5) $\pi^+ \to e^+ + \nu_e$(相对于 $\pi^+ \to \mu^+ + \nu_\mu$)：弱衰变，根据弱作用理论

$$\frac{\lambda(\pi^+ \to e^+ \nu_e)}{\lambda(\pi^+ \to \mu^+ + \nu_\mu)} = 0.965\left(\frac{m_e}{m_\mu}\right)^2\left(\frac{m_\pi^2 - m_e^2}{m_\pi^2 - m_\mu^2}\right)^2 \approx 1.2 \times 10^{-4}$$

实验数据：$BR(\pi^+ \to \mu^+ + \nu_\mu) = (99.98770 \pm 0.00004)\%$

$$BR(\pi^+ \to e^+ + \nu_e) = (1.230 \pm 0.004) \times 10^{-4}$$

其比值为 $1.230/9998.770 \approx 1.23 \times 10^{-4}$，与理论值相符.

(6) $K_L{}^0 \to e^+ + e^-$：$\Delta S=-1$，$\Delta Q=0$，违反弱作用中 $|\Delta S|=1$ 时，$\Delta S=\Delta Q$ 的规律. 实验值：分支比 $BR(K_L{}^0 \to e^+ + e^-) < (9 \pm^6_4) \times 10^{-12}$.

(7) $K^- \to \pi^0 + e^-$：$\Delta L_e=+1$，违反电子轻子数守恒定律.

(8) $K^+ \to \pi^+ + \pi^+ + \pi^0$：$\Delta Q=+1$，违反电荷守恒定律.

11.35　下列反应中哪些破坏了守恒定律？指出这个守恒定律.

(1) $\mu^+ \to e^+ + \gamma$；　(2) $e^- \to \nu_e + \gamma$；

(3) $p + p \to p + \Sigma^+ + K^-$；　(4) $p \to e^+ + \nu_e$；

(5) $p \to e^+ + n + \nu_e$；　(6) $\pi^+ \to \mu^+ + \nu_\mu$；

(7) $n \to p + e^- + \bar{\nu}_e$.

解　(1) $\mu^+ \to e^+ + \gamma$：破坏了轻子数分别守恒的定律. 任何相互作用过程中，轻子数必须分别守恒.

(2) $e^- \to \nu_e + \gamma$ 和(3) $p + p \to p + \Sigma^+ + K^-$：均破坏了电荷守恒定律.

(4) $p \to e^+ + \nu_e$：破坏了重子数守恒定律.

(5) $p \to n + e^+ + \nu_e$：破坏了能量守恒定律.

只有(6) $\pi^+ \to \mu^+ + \nu_\mu$ 和(7) $n \to p + e^- + \bar{\nu}_e$ 两个是允许的弱衰变.

11.36　给定两个角动量 $\boldsymbol{J}_1$ 和 $\boldsymbol{J}_2$(如 $\boldsymbol{L}$ 和 $\boldsymbol{S}$)以及相应的波函数.

(1) 计算 Clebsch-Gordan 系数，对态 $j=\boldsymbol{j}_1+\boldsymbol{j}_2$，$M=m_1+m_2$，其中 $j_1=1$，$j_2=1/2$，$j=\frac{3}{2}$，$M=\frac{1}{2}$时的各种 m_1 与 m_2 的可能值.

(2) 考虑反应：

① $\pi^+ p \to \pi^+ p$；　② $\pi^- p \to \pi^- p$；　③ $\pi^- p \to \pi^0 n$.

这些同位旋守恒的反应，可发生在 $I=\frac{3}{2}$态(Δ 共振)和 $I=\frac{1}{2}$态(N^* 共振). 计算具有 Δ 共振和 N^* 共振能量时，相应的截面比 $\sigma_1 : \sigma_2 : \sigma_3$. 在共振能量时，可忽略其他的同位旋态效应. $I_\pi=1$，$I_N=\frac{1}{2}$.

解　(1) 首先考虑 Δ 共振态

$$\left|\frac{3}{2},\frac{3}{2}\right\rangle = \left|11,\frac{1}{2}\ \frac{1}{2}\right\rangle$$

应用降算符

$$L_- = J_x - \mathrm{i}J_y = (j_{1x} - \mathrm{i}j_{1y}) + (j_{2x} - \mathrm{i}j_{2y}) = L_-^{(1)} + L_-^{(2)}$$

把 L_- 作用到上式，得到

$$L_- \left|\frac{3}{2}\ \frac{3}{2}\right\rangle = L_-^{(1)} \left|11, \frac{1}{2}\ \frac{1}{2}\right\rangle + L_-^{(2)} \left|11, \frac{1}{2}\ \frac{1}{2}\right\rangle$$

因为

$$L_- \mid JM\rangle = \sqrt{J(J+1) - M(M-1)} \mid JM-1\rangle$$

我们得到

$$\sqrt{3}\left|\frac{3}{2}\ \frac{1}{2}\right\rangle = \sqrt{2}\left|10, \frac{1}{2}\ \frac{1}{2}\right\rangle + \left|11, \frac{1}{2} - \frac{1}{2}\right\rangle$$

$$\left|\frac{3}{2}\ \frac{1}{2}\right\rangle = \sqrt{\frac{2}{3}}\left|10, \frac{1}{2}\ \frac{1}{2}\right\rangle + \sqrt{\frac{1}{3}}\left|11, \frac{1}{2} - \frac{1}{2}\right\rangle$$

（2）在同位旋空间，将两个粒子耦合，查 Clebsch-Gordan 系数得到

$$\mid \pi^+ \mathrm{p}\rangle = \left|11, \frac{1}{2}\ \frac{1}{2}\right\rangle = \left|\frac{3}{2}\ \frac{3}{2}\right\rangle$$

$$\mid \pi^- \mathrm{p}\rangle = \left|1-1, \frac{1}{2}\ \frac{1}{2}\right\rangle = -\sqrt{\frac{2}{3}}\left|\frac{1}{2} - \frac{1}{2}\right\rangle + \sqrt{\frac{1}{3}}\left|\frac{3}{2} - \frac{1}{2}\right\rangle$$

$$\mid \pi^0 \mathrm{n}\rangle = \left|10, \frac{1}{2} - \frac{1}{2}\right\rangle = \sqrt{\frac{2}{3}}\left|\frac{3}{2} - \frac{1}{2}\right\rangle + \sqrt{\frac{1}{3}}\left|\frac{1}{2} - \frac{1}{2}\right\rangle$$

强作用电荷无关性，跃迁矩阵元为

$$\left\langle \frac{3}{2}m_J \mid \hat{H} \mid \frac{3}{2}m_i \right\rangle = \left\langle \frac{3}{2} \mid \hat{H} \mid \frac{3}{2} \right\rangle = a_3$$

$$\left\langle \frac{1}{2}m_J \mid \hat{H} \mid \frac{1}{2}m_i \right\rangle = \left\langle \frac{1}{2} \mid \hat{H} \mid \frac{1}{2} \right\rangle = a_1$$

利用正交性（同位旋守恒），有

$$\left\langle \frac{1}{2} \mid \hat{H} \mid \frac{3}{2} \right\rangle = 0$$

由此，得到各个反应道的截面有关的数值

$$\sigma_1(\pi^+ \mathrm{p} \to \pi^+ \mathrm{p}) \propto \left| \left\langle \frac{3}{2}\ \frac{3}{2} \middle| \hat{H} \middle| \frac{3}{2}\ \frac{3}{2} \right\rangle \right|^2 = \mid a_3 \mid^2$$

$$\sigma_2(\pi^- \mathrm{p} \to \pi^- \mathrm{p}) \propto \left| \left[-\sqrt{\frac{2}{3}}\left\langle \frac{1}{2} - \frac{1}{2} \right| + \sqrt{\frac{1}{3}}\left\langle \frac{3}{2} - \frac{1}{2} \right| \right] \hat{H} \left(-\sqrt{\frac{2}{3}}\left| \frac{1}{2} - \frac{1}{2} \right\rangle \right.\right.$$

$$\left.\left. + \sqrt{\frac{1}{3}}\left| \frac{3}{2} - \frac{1}{2} \right\rangle \right) \right|^2 = \left| \frac{2}{3}a_1 + \frac{1}{3}a_3 \right|^2$$

$$\sigma_3(\pi^- \mathrm{p} \to \pi^0 \mathrm{n}) \propto \left| \left[\sqrt{\frac{2}{3}}\left| \frac{3}{2} - \frac{1}{2} \right\rangle + \sqrt{\frac{1}{3}}\left| \frac{1}{2} - \frac{1}{2} \right\rangle \right] \hat{H} \left(-\sqrt{\frac{2}{3}}\left\langle \frac{1}{2} - \frac{1}{2} \right| \right.\right.$$

$$+\sqrt{\frac{1}{3}}\left|\frac{1}{2},-\frac{1}{2}\right\rangle\Big)\Big|^2=\left|-\frac{\sqrt{2}}{3}a_1+\frac{\sqrt{2}}{3}a_3\right|^2$$

当发生 Δ 共振时，$|a_3|\gg|a_1|$，这时可以忽略 a_1 的影响，得到

$$\sigma_1\propto|a_3|^2$$

$$\sigma_2\propto\frac{1}{9}|a_3|^2$$

$$\sigma_3\propto\frac{2}{9}|a_3|^2$$

$$\sigma_1:\sigma_2:\sigma_3=|a_3|^2:\frac{1}{9}|a_3|^2:\frac{2}{9}|a_3|^2=9:1:2$$

当发生 N^* 共振时，有$|a_3|\ll|a_1|$，这时可以略去 a_3 的影响，有

$$\sigma_1\approx 0$$

$$\sigma_2\propto\frac{4}{9}|a_1|^2$$

$$\sigma_3\propto\frac{2}{9}|a_1|^2$$

得到

$$\sigma_1:\sigma_2:\sigma_3=0:2:1$$

11.37　已知质量为 m_1 的粒子以实验室系动能 E_k 轰击质量为 m_2的静止靶粒子后，产生一个新的粒子，求：

(1) 产生的新粒子的静止质量 m_3 及系统的质心系能量 E'.

(2) 若以 $E_k=189.7\text{MeV}$ 的 π^+ 介子轰击质子可产生一个新粒子，求粒子的静止质量及质心系能量. 给出新粒子的名字. 已知 $m_\pi=139.6\text{MeV}$，$m_p=938.3\text{MeV}$. ($c=1$)

解　(1) 由 E^2-p^2 为不变量，得到

$$\left[\sqrt{m_1^2+p^2}+m_2\right]^2-p^2=m_1^2+p^2+m_2^2+2m_2\sqrt{m_1^2+p^2}-p^2=E'^2=m_3^2$$

$$\sqrt{m_1^2+p^2}=E_k+m_1$$

$$E'=\sqrt{m_1^2+m_2^2+2m_2(E_k+m_1)}=\sqrt{(m_1+m_2)^2+2m_2E_k}$$

得到

$$m_3=E'=\sqrt{(m_1+m_2)^2+2m_2E_k}$$

(2) 新粒子的静止质量为

$$m_3=m_\Delta=\sqrt{2\times 938.3\times 189.7+(139.6+938.3)^2}$$
$$=1232(\text{MeV})$$

它应是 Δ 粒子. 在质心系，Δ 粒子是静止的，质心系能量为

$$E'=m_\Delta=1232\text{MeV}$$

11.38　共振态粒子的特点是　　　　(　　)

(A) 强作用衰变，寿命在 $10^{-23}\sim10^{-24}$s

(B) 强作用产生，弱衰变，寿命在 10^{-13}s

(C) 强作用衰变，寿命在 10^{-16}s

(D) 强、弱作用衰变，寿命在 $10^{-23}\sim10^{-24}$ s

解 共振态是指它产生后很快强作用衰变，寿命短，一般在 $10^{-23}\sim10^{-24}$ s. 答案是(A).

11.39 (1) 解释为什么下列反应过程未观察到，尽管入射质子的动能达到 GeV 量级：

① $p+p\to K^{+}+\Sigma^{+}$；　② $p+n\to\Lambda^{0}+\Sigma^{+}$；

③ $p+n\to\Xi^{0}+p$；　④ $p+n\to\Xi^{-}+K^{+}+\Sigma^{+}$.

(2) 解释下列衰变过程为什么也未观测到：

① $\Xi^{0}\to\Sigma^{0}+\Lambda^{0}$；　② $\Sigma^{+}\to\Lambda^{0}+K^{+}$；

③ $\Xi^{-}\to n+\pi^{-}$；　④ $\Lambda^{0}\to K^{+}+K^{-}$；

⑤ $\Xi^{0}\to p+\pi^{-}$.

表 3.2 给出的一些粒子的参数，回答问题时有些是有用的.

表 3.2 一些粒子的参数

粒子	寿命/s	质量/MeV	自　旋	奇异数	同位数
$\pi^{\pm}$	2.55×10^{-8}	139.58	0	0	1
K	1.23×10^{-8}	493.98	0	±1	1/2
p	稳定	938.21	1/2	0	1/2
n	1.0×10^{3}	939.51	1/2	0	1/2
Λ^{0}	2.52×10^{-10}	1115.5	1/2	-1	0
Σ^{+}	0.81×10^{-10}	1189.5	1/2	-1	1
Σ^{0}	$<10^{-14}$	1192.2	1/2	-1	1
Ξ^{-}	1.7×10^{-10}	1321	1/2	-2	1/2
Ξ^{0}	2.9×10^{-10}	1315	1/2	-2	1/2

解 (1) 1～4 反应过程，均是强相互作用过程，强作用过程中，各种守恒定律均成立，若某些量子数不守恒，则该过程被禁戒，实验上观察不到.

① $p+p\to K^{+}+\Sigma^{+}$

重子数 B　1　1　0　1　反应前 $B=2$，反应后 $B=1$，$\Delta B=1$.

同位旋 I　$\frac{1}{2}$　$\frac{1}{2}$　$\frac{1}{2}$　1　反应前 I 为 1，反应后 I 为$\frac{3}{2}$，$\Delta I=-\frac{1}{2}$.

同位旋 I_3　$\frac{1}{2}$　$\frac{1}{2}$　$\frac{1}{2}$　1　反应前 I_3 为 1，反应后 I_3 为$\frac{3}{2}$，$\Delta I_3=-\frac{1}{2}$.

重子数、同位旋及同位旋第三分量均不守恒. 同样的办法，可分析下面的过程：

② $p+n\to\Lambda^{0}+\Sigma^{+}$：奇异数及同位旋第三分量不守恒($\Delta S=2,\Delta I_3=-1$).

③ $p+n\to\Xi^{0}+p$：奇异数及同位旋第三分量不守恒($\Delta S=2,\Delta I_3=-1$).

④ $p+n\to\Xi^{-}+K^{+}+\Sigma^{+}$：奇异数及同位旋第三分量不守恒($\Delta S=2,\Delta I_3=-1$).

(2) 下列衰变过程均为奇异粒子的非轻子弱衰变过程. 衰变前、后，奇异数 S，同位旋 I 和同位旋第三分量 I_3 的改变规律是：$|\Delta S|=1$，$|\Delta I_3|=\frac{1}{2}$，$|\Delta I|=\frac{1}{2}$. 在下面过程中：

① $\Xi^{0}\to\Sigma^{0}+\Lambda^{0}$：能量不守恒，$m(\Xi^{0})<m(\Sigma^{0})+m(\Lambda^{0})$；重子数不守恒，$\Delta B=-1$.

② $\Sigma^+ \rightarrow \Lambda^0 + K^+$：能量不守恒，$m(\Sigma^+) < m(\Lambda^0) + m(K^+)$.

③ $\Xi^- \rightarrow n + \pi^-$：$|\Delta S| = 2 \geqslant 1$，$|\Delta I_3| = 1 > \frac{1}{2}$. 违反奇异粒子的非轻子弱衰变中量子数改变规律. 实验值：分支比 $BR(\Xi^- \rightarrow n + \pi^-) < 1.9 \times 10^{-5}$ 置信度（CL＝90%）.

④ $\Lambda^0 \rightarrow K^+ + K^-$：重子数不守恒，$\Delta B = 1$.

⑤ $\Xi^0 \rightarrow p + \pi^-$：$|\Delta S| = 2 > 1$，$|\Delta I_3| = 1 > \frac{1}{2}$. 违反奇异粒子的非轻子弱衰变中量子数改变规律. 实验值：分支比 $BR(\Xi^0 \rightarrow p + \pi^-) < 4 \times 10^{-5}$（CL＝90%）.

11.40 下面一些衰变过程：

$$p \rightarrow e^+ + \pi^0; \qquad \Omega^- \rightarrow \Xi^0 + K^-;$$
$$\rho^0 \rightarrow \pi^+ + \pi^-; \qquad \pi^0 \rightarrow \gamma + \gamma;$$
$$D^0 \rightarrow K^- + \pi^+; \qquad \Xi^- \rightarrow \Lambda^0 + \pi^-;$$
$$\mu^- \rightarrow e^- + \bar{\nu}_e + \nu_\mu.$$

（1）哪一些自然界不发生？并标明什么守恒定律禁戒它们？

（2）将剩下的按寿命增长的次序排列，写出衰变类型并给出寿命的数量级，对你的回答作简要的解释. 表 3.3 一些粒子的性质对你回答问题可能是有用的.

解 （1）$p \rightarrow e^+ + \pi^0$：轻子数和重子数不守恒，禁戒.

$\Omega^- \rightarrow \Xi^0 + K^-$：能量不守恒，$m_{\Omega^-} < (m_{\Xi^0} + m_{K^-})$，禁戒.

（2）① $\rho^0 \rightarrow \pi^+ + \pi^-$：是强衰变，实验值 $\Gamma = (150.3 \pm 1.6)\text{MeV}$，$\tau \sim 4.37 \times 10^{-24}\text{s}$.

② $\pi^0 \rightarrow \gamma + \gamma$：是电磁衰变，实验值 $\tau = (0.84 \pm 0.06) \times 10^{-16}\text{s}$.

③ $D^0 \rightarrow K^- + \pi^+$：是粲数和奇异数改变的、非轻子弱衰变，实验值 $\tau = (4.103 \pm 0.015) \times 10^{-13}\text{s}$.

④ $\Xi^- \rightarrow \Lambda^0 + \pi^-$：是奇异数改变的非轻子弱衰变，实验值 $\tau = (1.639 \pm 0.015) \times 10^{-10}\text{s}$.

⑤ $\mu^- \rightarrow e^- + \bar{\nu}_e + \nu_\mu$：是轻子的弱衰变，实验值 $\tau = (2.19703 \pm 0.00004) \times 10^{-6}\text{s}$.

表 3.3 一些粒子的性质

粒子名称	质量/(MeV/c^2)	J	B	L	I	S	G
γ	0	1	0	0	0	0	×
ν_e	0	1/2	0	1	0	0	×
ν_μ	0	1/2	0	1	0	0	×
e^-	0.5	1/2	0	1	0	0	×
μ^-	106	1/2	0	1	0	0	×
π^0	135	0	0	0	1	0	−1
K^-	494	0	0	0	1/2	−1	×
ρ^0	770	1	0	0	1	0	+1
p	938	1/2	1	0	1/2	0	×
Λ^0	1116	1/2	1	0	0	−1	×
Ξ^-	1321	1/2	1	0	1/2	−2	×
Ω^-	1672	3/2	1	0	0	−3	×
D^0	1865	0	0	0	1/2	0	×

11.41　为研究反应 $p+p \to H+K^++K^+$ 完成一个实验.

(1) H 粒子的电荷、奇异数和重子数是多少？H 粒子必须含有多少夸克？

(2) 一个理论计算预期，这种状态的 H 粒子的质量为 2150MeV. 为产生这个粒子，入射质子的最小动能是多少？(假设靶是静止的)

(3) 如果质量的预期值是正确的，H 粒子可能的衰变形式是怎样的呢？考虑是弱衰变.

解　(1) H 粒子的电荷数 $Q=0$，奇异数 $S=-2$，重子数 $B=2$，H 粒子至少要含有 6 个夸克(uu ddss) 才能满足上面的性质.

(2) 在反应过程中，不变质量 M^2 = 常数，设一个 p 静止，在阈能时，末态粒子在质心系中是静止的，不变质量的 M(令 $c=1$)为

$$(E_p^{th}+m_p)^2-P_p^{th2}=(m_H+2m_K)^2$$

$$2m_p^2+2m_pE_p^{th}=(m_H+2m_K)^2$$

$$E_p^{th}=\frac{(\Sigma m_f)^2-2m_p^2}{2m_p}=\frac{(m_H+2m_K)^2-2m_p^2}{2m_p}=4.3(\text{GeV})$$

$$p_p^{th}=\sqrt{E_p^{th2}-m_p^2}=\sqrt{4.3^2-0.938^2}=4.2(\text{GeV})$$

(3) 若 H 粒子发生强衰变，$\Delta S=0$，$\Delta B=0$，可能有的衰变

$$H \to \Lambda\Lambda, \Lambda\Sigma, \Xi N$$

但是，能量守恒均不满足，是禁戒的. 若 H 粒子发生弱衰变：

非轻子衰变：$H \to \Lambda+n, \Sigma^0+n, \Sigma^-+p$

半轻子衰变：$H \to \Lambda+p+e^-+\bar{\nu}_e$ 或 $\Sigma^0+p+e^-+\bar{\nu}_e$

11.42　(1) 衰变 $K \to \pi+\gamma$ 为某一守恒定律绝对禁戒的，这一定律被认为是精确成立的，这是哪个守恒定律？

(2) 不存在电荷数为 2 的介子，简单解释为什么.

(3) 说明如何通过观察在 $\pi^0 \to \gamma+\gamma$ 中光子的极化，测出 π 介子的宇称.

(4) 在一个很高的精度内，e^-p 散射截面和 e^+p 散射截面相等，这是守恒定律导致的吗？若是，是哪一个？若不是，解释这一结果，你认为相等到什么程度？

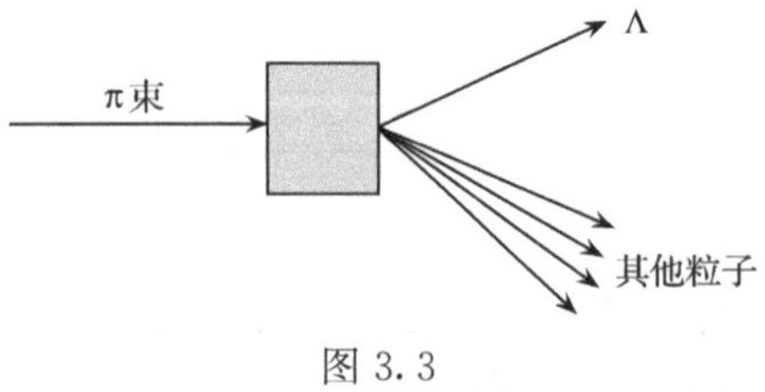

图 3.3

(5) 最近，实验上观察到在单举 Λ 产生中(图 3.3)，如 $\pi+p \to \Lambda+\cdots$，Λ 是高度极化的；你相信这一极化是：① 沿(或逆)入射束的方向，② 沿(或逆)出射束的方向，③ 还是与它们都垂直？

解　(1) $K \to \pi+\gamma$ 为电磁衰变，违反的是在电磁相互作用中奇异数守恒定律.

(2) 目前，公认的强子结构理论是，介子是由夸克和反夸克组成的束缚态，夸克所带电荷的绝对值均不大于$\frac{2}{3}$，因此由 1 个夸克和 1 个反夸克组成的介子的电荷数只能是 0，±1，不可能为 2.

(3) π^0 介子衰变，假设产生的两个光子的波矢为 $\boldsymbol{k}_1$ 和 $\boldsymbol{k}_2$(即动量除以光速)，电场偏振方向为 $\boldsymbol{e}_1$ 和 $\boldsymbol{e}_2$，并且 $\boldsymbol{k}=\boldsymbol{k}_1-\boldsymbol{k}_2$. 由于 π^0 介子自旋为零，可能的衰变振幅的形式将为

$Ae_1 \cdot e_2$ 或 $Bk \cdot (e_1 \times e_2)$. 在空间反射下,前者符号不变,宇称为正;后者改变符号,宇称为负. 这两种情况分别代表光子的两种不同偏振,前者光子偏振以平行为主,后者则以互相垂直为主. 当然,对于高能量(≈70MeV)的光子,很难直接测量它的偏振性. 但是,在 π^0 介子的衰变中,大约有 α^2 部分,两个光子直接变成两对电子偶,我们可以观察两对电子偶产生平面的夹角,来确定光子的偏振. 实验数据倾向于认为,光子的偏振是垂直的,电磁衰变中宇称守恒,因此,π^0 的宇称是负的.

(4) $e^- + p$ 散射截面和 $e^+ + p$ 散射截面相等,不是守恒定律导致的. 在精确到一阶时,电磁流相互作用的概率与入射粒子的电荷符号无关,只有考虑到高阶过程时,电荷符号的效应才显示出来. 因为在电磁相互作用中,每一阶的强度减小为原来的 $1/\alpha^2$. 所以,两者的散射截面,在精确到 $\alpha^2 \approx 5.3\times10^{-5}$ 量级时,会有差别.

(5) Λ^0 的极化方向,垂直于反应事例平面. 因为,该过程是强相互作用. 强相互作用过程中宇称守恒(①②都违背宇称守恒),意味着 $\boldsymbol{\sigma}$ 垂直于产生平面,即 $\boldsymbol{\sigma} \propto \boldsymbol{p}_\pi \times \boldsymbol{p}_\Lambda$.

11.43 已知 Ξ^- 粒子的同位旋 $I=\dfrac{1}{2}$,奇异数 $S=-2$. 在实验中观察到下面的衰变方式:

$$\Xi^- \to \Lambda^0 + \pi^-$$

试分析同位旋和奇异数的守恒情况,并说明这是由哪种相互作用引起的衰变.

解 ① 由盖尔曼-西岛关系式得到 Ξ^- 的 I_3,

$$I_3 = Q - 1/2(B+S) = (-1) - \frac{(1-2)}{2} = -\frac{1}{2}$$

②

$$\begin{array}{lcccl} & \Xi & \to \Lambda^0 & +\pi^- & \\ I: & \frac{1}{2} & 0 & 1 & |\Delta I| = \frac{1}{2} \\ I_3: & -\frac{1}{2} & 0 & -1 & |\Delta I_3| = \frac{1}{2} \\ S: & -2 & -1 & 0 & \Delta S = 1 \end{array}$$

因为过程无轻子参与,根据 I、I_3 和 S 守恒情况,是奇异粒子的弱相互作用引起的衰变.

11.44 已知:Ξ^- 的 $Q=-1, B=1, S=-2$. 人们曾根据这些性质预言,存在另一个 Ξ 粒子. 试说明为什么一定存在另一个 Ξ 粒子,指出该粒子的 Q、B、S、I 和 I_3 等量的值是什么,对该粒子命名.

解 根据盖尔曼-西岛公式

$$Q = I_3 + \frac{1}{2}(B+S)$$

得到,Ξ^- 的同位旋的第三分量为

$$I_3 = Q - \frac{1}{2}(B+S) = -1 - \frac{1}{2}(1-2) = -\frac{1}{2}$$

Ξ^- 的同位旋 $I \geqslant I_3$,最低为双重态. 设它是双重态,必有一个 $I=\dfrac{1}{2}$, $I_3=\dfrac{1}{2}$,且 $B=1$ 和 $S=-2$ 的另一个 Ξ 粒子.

同理,由公式

$$Q = I_3 + \frac{1}{2}(B+S) = \frac{1}{2} + \frac{1}{2}(1-2) = 0$$

得到 Ξ^- 的同位旋双重态的另一个成员——Ξ 粒子的电荷为 $Q=0$，命名为 Ξ^0.

11.45 中性超子 Σ^0 (1915)（质量 m 为 1915 MeV/c^2）具有同位旋 $I=1, I_3=0$. Γ_{K^-p}、$\Gamma_{\overline{K}^0n}$、Γ_{π^-p}和 $\Gamma_{\pi^+\pi^-}$ 分别表示 Σ^0 (1915)→K^-p、$\overline{K}^0n$、π^-p 和 $\pi^+\pi^-$ 的衰变率，求：$\frac{\Gamma_{\overline{K}^0n}}{\Gamma_{K^-p}}$，$\frac{\Gamma_{\pi^-p}}{\Gamma_{K^-p}}$和$\frac{\Gamma_{\pi^+\pi^-}}{\Gamma_{K^-p}}$.（$K^-$、$\pi^-$ 和核子的质量，保证这些衰变在运动学上是可能的，可以忽略同位旋多重态之间的质量差.）

解 n、p 是同位旋二重态，π^+、π^0、π^- 是同位旋三重态，K^+、K^0 是同位旋二重态，K^- 和 $\overline{K}^0$ 是它们的反粒子组，也组成同位旋二重态.

Σ^0 (1915)的同位旋态写成：$|1,0\rangle$；

p 和 n 的同位旋态写成：$|1/2,1/2\rangle$和$|1/2,-1/2\rangle$；

$\overline{K}^0$，K^- 的同位旋态写成：$|1/2,1/2\rangle$和$|1/2,-1/2\rangle$；

$$\Psi(\overline{K}^0n) = \left|\frac{1}{2}\ \frac{1}{2}, \frac{1}{2} - \frac{1}{2}\right\rangle = \sqrt{\frac{1}{2}}(|10\rangle + |00\rangle)$$

$$\Psi(K^-p) = \left|\frac{1}{2} - \frac{1}{2}, \frac{1}{2}\ \frac{1}{2}\right\rangle = \sqrt{\frac{1}{2}}(|10\rangle - |00\rangle)$$

Σ^0(1915)→$\overline{K}^0n$ 和 K^-p 为强衰变，同位旋守恒，Σ^0($|1,0\rangle$)只能衰变到末态中的$|1,0\rangle$，其部分宽度

$$\Gamma_{\overline{K}^0n} \propto |\langle\Psi(\overline{K}^0n)\mid H\mid\Psi(\Sigma^0)\rangle|^2 = \left(\frac{a_1}{\sqrt{2}}\right)^2 = \frac{1}{2}a_1^2$$

$$\Gamma_{K^-p} \propto |\langle\Psi(K^-p)\mid H\mid\Psi(\Sigma^0)\rangle|^2 = \left(\frac{a_1}{\sqrt{2}}\right)^2 = \frac{1}{2}a_1^2$$

其中，$a_1=\langle 1|H|1\rangle$，表明强作用与电荷无关，a_1 只与同位旋 I 有关，而与 I_3 无关. 得到

$$\frac{\Gamma_{\overline{K}^0n}}{\Gamma_{K^-p}} = 1$$

Σ^0(1915)→ $p\pi^-$ 为奇异数改变的弱衰变，有

$$\frac{\Gamma_{\pi^-p}}{\Gamma_{K^-p}} \ll 1$$

Σ^0(1915)→ $\pi^+\pi^-$，重子数不守恒. 是严格禁戒的，有 $\Gamma_{\pi^+\pi^-}=0$，得到

$$\frac{\Gamma_{\pi^+\pi^-}}{\Gamma_{K^-p}} = 0$$

11.46 (1) 下列反应哪些允许？说明禁戒反应的原因.

① $\pi^- + p \to K^- + \Sigma^+$；

② $d + d \to {}^4He + \pi^0$；

③ $K^- + p \to \Xi^- + K^+$.

(2) 在同一质心系下，反应截面比$\frac{\sigma(p+p\to\pi^+ + d)}{\sigma(n+p\to\pi^0+d)}$是多少？

解 (1) ① $\pi^- + p \to K^- + \Sigma^+$，因为 $\Delta I_3 = 1 \neq 0$，$\Delta S = -2 \neq 0$. 同位旋第 3 分量和奇异

数不守恒，对强作用过程是禁戒的.

② $d+d\to {}^4He+\pi^0$，因为 $I(d)=I({}^4He)=0$，$I(\pi^0)=1$，$\Delta I=1$. 同位旋不守恒，对强作用过程是禁戒的.

③ $K^-+p\to\Xi^-+K^+$，反应是典型的强相互作用过程，因为 Q、I、I_3 和 S 都是守恒的，是强作用允许过程.

(2) 反应 $pp\to\pi^+d$ 和 $np\to\pi^0d$ 都是强相互作用过程，两反应的截面差异，仅仅是和同位旋部分相关，将两边的同位旋部分变换到耦合表象，利用同位旋波函数的正交性：

$$|pp\rangle=\left|\frac{1}{2}\ \frac{1}{2},\frac{1}{2}\ \frac{1}{2}\right\rangle=|11\rangle$$

$$|\pi^+d\rangle=|11,00\rangle=|11\rangle$$

$$|np\rangle=\left|\frac{1}{2}-\frac{1}{2},\frac{1}{2}\ \frac{1}{2}\right\rangle=\frac{1}{\sqrt{2}}|10\rangle-\frac{1}{\sqrt{2}}|00\rangle$$

$$|\pi^0d\rangle=|10,00\rangle=|10\rangle$$

$pp\to\pi^+d$ 的矩阵元为

$$\langle\pi^+d|\hat{H}|pp\rangle\propto\langle 11|\hat{H}|11\rangle=\langle 1|\hat{H}|1\rangle=a_1$$

类似地，$np\to\pi^0d$ 的矩阵元为

$$\langle\pi^0d|\hat{H}|np\rangle\propto\frac{1}{\sqrt{2}}\langle 10|\hat{H}|10\rangle-\frac{1}{\sqrt{2}}\langle 10|\hat{H}|00\rangle$$

利用强相互作用中同位旋守恒，且强作用与 I_3 无关. 有 $\langle 0,0|\hat{H}|1,0\rangle=0$（违背同位旋守恒），由上式，可得到如下结果：

$$\langle\pi^0d|\hat{H}|np\rangle\propto\frac{1}{\sqrt{2}}\langle 10|\hat{H}|00\rangle-\frac{1}{\sqrt{2}}\langle 1|\hat{H}|1\rangle=\frac{1}{\sqrt{2}}a_1$$

其中，$a_1=\langle 1|\hat{H}|1\rangle$. 给出比值

$$\frac{\sigma(pp\to\pi^+d)}{\sigma(np\to\pi^0d)}=\frac{|\langle\pi^+d|\hat{H}|pp\rangle|^2}{|\langle\pi^0d|\hat{H}|np\rangle|^2}=\frac{a_1^2}{\frac{1}{2}a_1^2}=2$$

11.47　下面粒子的内禀量子数见表 3.4

表 3.4　Λ、N、π 的性质

多重态	粒子	S	I	I_3
Λ	Λ	−1	0	0
N	p	0	1/2	1/2
	n	0	1/2	−1/2
π	π^+	0	1	1
	π^0	0	1	0
	π^-	0	1	−1

(1) 非轻子弱衰变

$$\Lambda\to N+\pi$$

选择定则为奇异数改变 $\Delta S=1$，同位旋改变 $\Delta I=\frac{1}{2}$，电荷 Q 守恒. 试计算比率

$$A=\frac{R(\Lambda\rightarrow \mathrm{p}\pi^{-})}{R(\Lambda\rightarrow \mathrm{n}\pi^{0})}$$

(2) 强相互作用中 $\boldsymbol{S}$、$\boldsymbol{I}$、I_3 和 Q 守恒，考察下面的反应：

$$\pi+\mathrm{N}\rightarrow \mathrm{K}+\Lambda$$

计算反应率之比

$$B=\frac{R(\pi^{-}\mathrm{p}\rightarrow \mathrm{K}^{0}\Lambda)}{R(\pi^{0}\mathrm{n}\rightarrow \mathrm{K}^{0}\Lambda)}$$

你如何测定 K^0 的同位旋？

解　(1) Λ 的同位旋为 0，同位旋 $I=\frac{1}{2}$ 的核子和同位旋 $I=1$ 的 π 介子组成的系统，根据同位旋(类似于角动量)耦合定则 $1\otimes\frac{1}{2}=\frac{1}{2}\oplus\frac{3}{2}$ 可耦合成同位旋为 $I=\frac{3}{2}$ 和 $I=\frac{1}{2}$ 的态，$\mathrm{p}\pi^-$ 和 $\pi^0\mathrm{n}$ 的线性组合是总同位旋本征态，而 $\mathrm{p}\pi^-$ 和 $\pi^0\mathrm{n}$ 本身并不是 $\boldsymbol{I}^2$ 的本征态. 在 Λ 衰变中，有 $\Delta I=\frac{1}{2}$ 定则，Λ 只能衰变到 $I=\frac{1}{2}$ 的态，即只能衰变到 $\left|\frac{1}{2},-\frac{1}{2}\right\rangle$ 态.

我们可写出 $\mathrm{p}\pi^-$ 和 $\pi^0\mathrm{n}$ 的线性组合态

$$\left|\frac{3}{2}-\frac{1}{2}\right\rangle=a\mid \mathrm{p}\pi^{-}\rangle+b\mid \mathrm{n}\pi^{0}\rangle$$

$$\left|\frac{1}{2}-\frac{1}{2}\right\rangle=b\mid \mathrm{p}\pi^{-}\rangle-a\mid \mathrm{n}\pi^{0}\rangle$$

系数 a 和 b 表示在 $I=\frac{3}{2}$ 和 $I=\frac{1}{2}$ 耦合态中，$\mathrm{p}\pi^-$ 和 $\pi^0\mathrm{n}$ 态的幅值. $I=\frac{3}{2}$ 和 $I=\frac{1}{2}$ 的态是相互正交的，归一化要求 $a^2+b^2=1$，所以，系数可定出它们的衰变率之比. 根据上式得到

$$A=\frac{R(\Lambda\rightarrow \pi^{-}\mathrm{p})}{R(\Lambda\rightarrow \pi^{0}\mathrm{n})}=\frac{\mid b\mid^{2}}{\mid a\mid^{2}}$$

我们假设衰变只与同位旋耦合有关，系数 a 和 b 也只和同位旋性质有关. 为了得到系数之间的关系，我们把 $\mathrm{p}\pi^-$ 和 $\pi^0\mathrm{n}$ 态写成同位旋非耦合形式

$$\mid \mathrm{p}\pi^{-}\rangle=\left|\frac{1}{2}\,\frac{1}{2},1-1\right\rangle$$

$$\mid \mathrm{n}\pi^{0}\rangle=\left|\frac{1}{2}-\frac{1}{2},10\right\rangle$$

代入耦合表象的式中

$$\left|\frac{3}{2},-\frac{1}{2}\right\rangle=a\left|\frac{1}{2}\,\frac{1}{2},1-1\right\rangle+b\left|\frac{1}{2}-\frac{1}{2},10\right\rangle$$

注意，这里系数只是同位旋性质的信息转递，与原来所表述的态无关，例如，系数与我们描述的态是 $|1,-1\rangle$ 或 $\left|\frac{1}{2}-\frac{1}{2},\frac{1}{2}-\frac{1}{2}\right\rangle$ 无关. 我们把 $I=1$ 的态写成两个 $I=1/2$ 态的线性组合

$$|1-1\rangle=\left|\frac{1}{2}-\frac{1}{2},\frac{1}{2}-\frac{1}{2}\right\rangle=\beta(2)\beta(3)$$

$$|10\rangle=\sqrt{\frac{1}{2}}\left[\left|\frac{1}{2}\frac{1}{2},\frac{1}{2}-\frac{1}{2}\right\rangle+\left|\frac{1}{2}-\frac{1}{2},\frac{1}{2}\frac{1}{2}\right\rangle\right]$$

$$=\sqrt{\frac{1}{2}}[\alpha(2)\beta(3)+\beta(2)\alpha(3)]$$

将这些代入上面的式中，我们得到

$$\left|\frac{3}{2}-\frac{1}{2}\right\rangle=a\alpha(1)\beta(2)\beta(3)+\frac{b}{\sqrt{2}}\beta(1)[\alpha(2)\beta(3)+\beta(2)\alpha(3)]$$

式中，数字代表态，α 和 β 分别代表是 $\left|\frac{1}{2},\frac{1}{2}\right\rangle$ 和 $\left|\frac{1}{2},-\frac{1}{2}\right\rangle$. 我们从量子力学知道，当有 n 个自旋为 $\frac{1}{2}$ 的粒子组成总自旋为 $\frac{n}{2}$，第三分量分别为 $\frac{n}{2},\frac{n}{2}-1,\cdots,-\frac{n}{2}$ 的 $2n+1$ 个态，所有 $2n+1$ 态的同位旋波函数都是对称的，即交换两个粒子时总波函数不变号. 这个结论同样可用于同位旋，对于三个同位旋为 $\frac{1}{2}$ 的态，组成总自旋为 $\frac{3}{2}$，第三分量为 $-\frac{1}{2}$ 的态，同位旋波函数必须是对称的. 注意，我们上面写出的 $\left|\frac{3}{2},-\frac{1}{2}\right\rangle$ 表达式中，交换粒子(2,3)是对称的，如果要求交换(1,2)和(1,3)也是对称的，则要有

$$a=b/\sqrt{2}$$

把这两个系数的关系代入 A 的表达式中，我们最后得到

$$A=\frac{R(\Lambda\to\pi^-\mathrm{p})}{R(\Lambda\to\pi^0\mathrm{n})}=\frac{|b|^2}{|a|^2}=\frac{|b|^2}{|b/\sqrt{2}|^2}=2$$

(2) 反应 $\pi^-\mathrm{p}\to\mathrm{K}^0\Lambda$ 和 $\pi^0\mathrm{n}\to\mathrm{K}^0\Lambda$ 均为强相互作用，同位旋守恒，在同位旋耦合表象中，有下面的形式：

$$|\pi^-\mathrm{p}\rangle=\left|1-1,\frac{1}{2}\frac{1}{2}\right\rangle=\sqrt{\frac{1}{3}}\left|\frac{3}{2}-\frac{1}{2}\right\rangle-\sqrt{\frac{2}{3}}\left|\frac{1}{2}-\frac{1}{2}\right\rangle$$

$$|\pi^0\mathrm{n}\rangle=\left|10,\frac{1}{2}-\frac{1}{2}\right\rangle=\sqrt{\frac{2}{3}}\left|\frac{3}{2}-\frac{1}{2}\right\rangle+\sqrt{\frac{1}{3}}\left|\frac{1}{2}-\frac{1}{2}\right\rangle$$

$$|\mathrm{K}^0\Lambda\rangle=\left|\frac{1}{2}-\frac{1}{2},00\right\rangle=\left|\frac{1}{2}-\frac{1}{2}\right\rangle$$

只有初态中同位旋为 1/2 的部分才能到达末态 $\mathrm{K}^0\Lambda$ 反应 $\pi^-\mathrm{p}\to\mathrm{K}^0\Lambda$ 和 $\pi^0\mathrm{n}\to\mathrm{K}^0\Lambda$ 的幅值为 C_1 和 C_2，

$$C_1(\pi^-\mathrm{p}\to\mathrm{K}^0\Lambda)=\langle\mathrm{K}^0\Lambda|M|\pi^-\mathrm{p}\rangle=\sqrt{\frac{2}{3}}M_{1/2}$$

$$C_2(\pi^0\mathrm{n}\to\mathrm{K}^0\Lambda)=\langle\mathrm{K}^0\Lambda|M|\pi^0\mathrm{n}\rangle=\sqrt{\frac{1}{3}}M_{1/2}$$

$$B=\frac{R(\pi^- p\to K^0\Lambda)}{R(\pi^0 n\to K^0\Lambda)}=\left[\frac{C_1(\pi^- p\to K^0\Lambda)}{C_2(\pi^0 n\to K^0\Lambda)}\right]^2=2$$

11.48　考虑下列超子的非轻子弱衰变：$\Lambda^0\to p\pi^-,n\pi^0$；$\Sigma^-\to n\pi^-$；$\Sigma^+\to p\pi^0,n\pi^+$；$\Xi^-\to\Lambda^0\pi^-$；$\Xi^0\to\Lambda^0\pi^0$.

设 $\Delta S=1$ 的弱衰变中，服从 $\Delta I=\frac{1}{2}$ 的规律，这时，求 x,y,z 值. 式中，A 为跃迁振幅.

$$x=\frac{A(\Lambda^0\to p\pi^-)}{A(\Lambda^0\to n\pi^0)}$$

$$y=\frac{A(\Sigma^+\to\pi^+ n)-A(\Sigma^-\to\pi^- n)}{A(\Sigma^+\to\pi^0 p)}$$

$$z=\frac{A(\Xi^0\to\Lambda^0\pi^0)}{A(\Xi^-\to\Lambda^0\pi^-)}$$

解　对超子的非轻子衰变 $\Delta I=\frac{1}{2}$，引入一个“假粒子”a$\left(I=\frac{1}{2},I_3=-\frac{1}{2}\right)$. 在同位旋耦合表象中，超子和 a 粒子耦合，利用同位旋波函数的正交性求出跃迁振幅 A，超子和 a 的耦合为

$$|\Lambda^0 a\rangle=\left|00,\frac{1}{2}-\frac{1}{2}\right\rangle=\left|\frac{1}{2}-\frac{1}{2}\right\rangle$$

$$|\Sigma^- a\rangle=\left|1-1,\frac{1}{2}-\frac{1}{2}\right\rangle=\left|\frac{3}{2}-\frac{3}{2}\right\rangle$$

$$|\Sigma^+ a\rangle=\left|11,\frac{1}{2}-\frac{1}{2}\right\rangle=\sqrt{\frac{1}{3}}\left|\frac{3}{2}\ \frac{1}{2}\right\rangle+\sqrt{\frac{2}{3}}\left|\frac{1}{2}\ \frac{1}{2}\right\rangle$$

$$|\Xi^0 a\rangle=\left|\frac{1}{2}\ \frac{1}{2},\frac{1}{2}-\frac{1}{2}\right\rangle=\sqrt{\frac{1}{2}}\,|10\rangle+\sqrt{\frac{1}{2}}\,|00\rangle$$

$$|\Xi^- a\rangle=\left|\frac{1}{2}-\frac{1}{2},\frac{1}{2}-\frac{1}{2}\right\rangle=|1-1\rangle$$

同样，末态在同位旋表象的波函数写出

$$|\pi^- p\rangle=\sqrt{\frac{1}{3}}\left|\frac{3}{2}-\frac{1}{2}\right\rangle-\sqrt{\frac{2}{3}}\left|\frac{1}{2}-\frac{1}{2}\right\rangle$$

$$|\pi^0 p\rangle=\sqrt{\frac{2}{3}}\left|\frac{3}{2}\ \frac{1}{2}\right\rangle-\sqrt{\frac{1}{3}}\left|\frac{1}{2}\ \frac{1}{2}\right\rangle$$

$$|\pi^+ n\rangle=\sqrt{\frac{1}{3}}\left|\frac{3}{2}\ \frac{1}{2}\right\rangle+\sqrt{\frac{2}{3}}\left|\frac{1}{2}\ \frac{1}{2}\right\rangle$$

$$|\pi^- n\rangle=\left|\frac{3}{2}-\frac{3}{2}\right\rangle$$

$$|\Lambda^0\pi^0\rangle=|10\rangle$$

$$|\Lambda^0\pi^-\rangle=|1-1\rangle$$

$$|\pi^0 n\rangle=\sqrt{\frac{2}{3}}\left|\frac{3}{2}-\frac{1}{2}\right\rangle+\sqrt{\frac{1}{3}}\left|\frac{1}{2}-\frac{1}{2}\right\rangle$$

从而可求得

$$A_1(\Lambda^0 \to n\pi^0) = \sqrt{\frac{1}{3}}M_{1/2}$$

$$A_2(\Lambda^0 \to p\pi^-) = -\sqrt{\frac{2}{3}}M_{1/2}, \qquad 其中 M_{1/2} = \left\langle \frac{1}{2} \middle| H_w \middle| \frac{1}{2} \right\rangle$$

$$A_3(\Sigma^- \to \pi^- n) = M_{3/2}, \qquad 其中 M_{3/2} = \left\langle \frac{3}{2} \middle| H_w \middle| \frac{3}{2} \right\rangle$$

$$A_4(\Sigma^+ \to \pi^0 p) = \frac{\sqrt{2}}{3}(M_{3/2} - M_{1/2})$$

$$A_5(\Sigma^+ \to \pi^+ n) = \frac{1}{3}(M_{3/2} + 2M_{1/2})$$

$$A_6(\Xi^0 \to \Lambda^0\pi^0) = \sqrt{\frac{1}{2}}M_1 \qquad 其中 M_1 = \langle 1 \mid H_w \mid 1 \rangle$$

$$A_7(\Xi^- \to \Lambda^0\pi^-) = M_1$$

我们分别得到 x、y 和 z 值：

$$x = \frac{A_2}{A_1} = -\sqrt{2}$$

$$y = \frac{A_5 - A_3}{A_4} = \frac{M_{3/2} + 2M_{1/2} - 3M_{3/2}}{\sqrt{2}(M_{3/2} - M_{1/2})} = -\sqrt{2}$$

$$z = \frac{A_6}{A_7} = \frac{\sqrt{2}}{2}$$

与实验比较：跃迁概率为 A^2，得到 $x^2 = A_1{}^2/A_2{}^2 = 2$，实验上测量值：其部分宽度之比

$$\mathrm{BR}(\Lambda^0 \to p\pi^-) = (63.9 \pm 0.5)\%$$

$$\mathrm{BR}(\Lambda^0 \to n\pi^0) = (35.8 \pm 0.5)\%$$

$$\Gamma(\Lambda^0 \to p\pi^-)/\Gamma(\Lambda^0 \to n\pi^0) = \frac{63.9}{35.8} = 1.785 \sim 2$$

两者相吻合.

$$z^2 = \frac{A_6{}^2}{A_7{}^2} = \frac{1}{2}$$

$\Gamma(\Xi^- \to \Lambda^0\pi^-) = 100\%$，$\Gamma(\Xi^0 \to \Lambda^0\pi^0) = 100\%$，但是$\frac{\tau_{\Xi^-}}{\tau_{\Xi^0}} = \frac{1.64}{2.9} \approx \frac{1}{2}$，与实验基本符合.

Σ^-、Σ^+ 衰变较复杂，这里从略（详见 K. Nishijima, Fundamental Particles. 1963, p. 278）.

11.49 估计下列衰变率之比，说明所作用的选择定则（“基本的”或唯象的）. 同时，说明每个衰变是强的、弱的，还是电磁的. 如有可能，用基本常数表达结果（如 G，α，θ_c，m_k 等）. 假设，强相互作用具有单位强度.

(1) $\dfrac{K^+ \to \pi^+\pi^0}{K_S^0 \to \pi^+\pi^-}$；　　(2) $\dfrac{\rho^0 \to \pi^0\pi^0}{\rho^0 \to \pi^+\pi^-}$；

(3) $\dfrac{K_L^0 \to \mu^+\mu^-}{K_L^0 \to \pi^0\pi^0}$；　　(4) $\dfrac{K^+ \to \pi^+\pi^+ e^- \bar{\nu}_e}{K^- \to \pi^+\pi^- e^- \bar{\nu}_e}$；

(5) $\frac{\Omega^- \to \Sigma^-\ \pi^0}{\Omega^- \to \Xi^0 \pi^-}$;　　(6) $\frac{\eta^0 \to \pi^+\pi^-}{\eta^0 \to \pi^+\pi^-\pi^0}$;

(7) $\frac{\Lambda^0 \to K^-\pi^+}{\Lambda^0 \to p\pi^-}$;　　(8) $\frac{f_2 \to \pi^+\pi^-\pi^0}{\omega^0 \to \pi^+\pi^-\pi^0}$;

(9) $\frac{\Sigma^- \to \Lambda^0\pi^-}{\Sigma^- \to n\pi^-}$;　　(10) $\frac{\pi^- \to e^-\bar{\nu}_e}{K^+ \to \mu^+\nu_\mu}$.

解　(1) $K^+ \to \pi^+\pi^0$，是弱衰变. 非轻子弱衰变要求 $\Delta I=\frac{1}{2}$. 因 $I(K)=\frac{1}{2}$，所以，2π 系统的 $I=0$ 或 1. 但根据广义全同玻色子变换对称性，π 系统的总波函数必须是对称的，总角动量守恒要求 2π 系统的 $J(\pi^+\pi^0)=J(K)=0$，π 的自旋为零，得到 $l=0$. 空间和自旋部分是对称的，要求同位旋波函数也必须是对称的，$\pi^+\pi^0$ 系统的同位旋 I 的可能值为 0，2. 满足上面两个条件，必须是 $I(\pi^+\pi^0)=0$. 但是，$I_3(\pi^+\pi^0)=1$，$I \geqslant I_3$ 要求 $I(\pi^+\pi^0)\geqslant 1$，即 $K^+ \to \pi^+\pi^0$ 衰变中，不服从 $\Delta I=\frac{1}{2}$ 规则(或者违背广义玻色-爱因斯坦统计)，是禁戒的. 而 $K_S{}^0 \to \pi^+\pi^-$，满足 $\Delta I=\frac{1}{2}$ 的规则，所以

$$\frac{K^+ \to \pi^+\ \pi^0}{K_S^0 \to \pi^+\ \pi^-} \ll 1$$

若设 K 介子衰变中，同位旋的改变有 $\Delta I=\frac{1}{2}$ 和 $\frac{3}{2}$ 两种可能，它们的振幅分别为 A_0 和 A_2. 利用 K 介子衰变，可求 A_0 和 A_2 的相对值，实验给出

$$\frac{\Gamma(K^+ \to \pi^+\ \pi^0)}{\Gamma(K_S^0 \to \pi^+\ \pi^-)} = \frac{3}{4}\left(\frac{A_2}{A_0}\right)^2 \approx 1.5 \times 10^{-3}$$

由此得到

$$\frac{A_2}{A_0} \approx 4.47\%$$

(2) $\rho^0 \to \pi^+\pi^-$，$\pi^0\pi^0$ 均为强衰变. $\rho^0 \to \pi^+\pi^-$ 允许衰变，但对于 $\rho^0 \to \pi^0\pi^0$，$C(\rho^0)=-1$，$C(\pi^0\pi^0)=1$，C 宇称不守恒，且角动量守恒和玻色-爱因斯坦统计不能同时满足. 所以有

$$\frac{\rho^0 \to \pi^0\pi^0}{\rho^0 \to \pi^+\ \pi^-} \approx 0$$

实验值：$BR(\rho^0 \to \pi^+\pi^-) \approx 100\%$，未见到 $\rho^0 \to \pi^0\pi^0$ 衰变事例.

(3) $K_L{}^0$ 并非 CP 本征态，因此 $K_L{}^0 \to \pi^0\pi^0$ 有非零的分支比，而 $K_L{}^0 \to \mu^+\mu^-$ 是二阶弱衰变，概率更小，它是一种改变味道的中性弱流衰变，所以有

$$1 \gg \frac{K_L^0 \to \mu^+\ \mu^-}{K_L^0 \to \pi^0\pi^0} \approx 0$$

实验值：

$$BR(K_L{}^0 \to \pi^0\pi^0) = (9.32 \pm 0.12) \times 10^{-4}$$
$$BR(K_L{}^0 \to \mu^+\ \mu^-) = (7.27 \pm 0.14) \times 10^{-9}$$

其比值近似为 10^{-5}.

(4) $K^+ \to \pi^+\pi^+e^-\bar{\nu}_e$ 为奇异粒子的半轻子弱衰变，应有 $\Delta Q=\Delta S$，ΔQ 为强子电荷的

改变，式中，$\Delta S=-1$，$\Delta Q=+1$，所以 $K^+\to\pi^+\pi^+e^-\bar{\nu}_e$ 衰变为禁戒. 而 $K^-\to\pi^+\pi^-e^-\bar{\nu}_e$ 为允许衰变，有

$$\frac{K^+\to\pi^+\pi^+e^-\bar{\nu}_e}{K^-\to\pi^+\pi^-e^-\bar{\nu}_e}\approx 0$$

实验值：

$$\mathrm{BR}(K^-\to\pi^+\pi^-e^-\bar{\nu}_e)=(4.08\pm0.09)\times10^{-5}$$
$$\mathrm{BR}(K^+\to\pi^+\pi^+e^-\bar{\nu}_e)<1.2\times10^{-8}(\mathrm{CL}=90\%)$$

其比值小于 3.4×10^{-3}.

(5) $\Omega^-\to\Sigma^-\pi^0$ 是弱衰变，奇异粒子弱衰变，要求 $\Delta S=1$，但在 $\Omega^-\to\Sigma^-\pi^0$ 衰变中，$\Delta S=2$，是禁戒的. $\Omega^-\to\Xi^0\pi^-$ 为允许型衰变，故有

$$\frac{\Omega^-\to\Sigma^-\pi^0}{\Omega^-\to\Xi^0\pi^-}=0$$

实验值：$\mathrm{BR}(\Omega^-\to\Xi^0\pi^-)=(23.6\pm0.7)\%$，未见到 $\Omega^-\to\Sigma^-\pi^0$ 衰变事例.

(6) $\eta^0\to\pi^+\pi^-$，η^0 是电磁衰变($\Gamma=0.83\mathrm{keV}$)，$J^P(\eta^0)=0^-$，π^+ 和 π^- 只能组成 0^+，1^- 和 2^+ 的态，电磁衰变中要求 P 宇称守恒，所以上述衰变是禁戒的. $\eta^0\to\pi^+\pi^-\pi^0$ 为电磁衰变，满足守恒律，由此得到

$$\frac{\eta^0\to\pi^+\pi^-}{\eta^0\to\pi^+\pi^-\pi^0}\approx 0$$

实验值：

$$\mathrm{BR}(\eta^0\to\pi^+\pi^-\pi^0)=(28.0\pm0.5)\%$$
$$\mathrm{BR}(\eta^0\to\pi^+\pi^-)<3.3\times10^{-4}(\mathrm{CL}=90\%)$$

其比值小于 1.18×10^{-3}.

(7) $\Lambda^0\to K^-\pi^+$ 是违背重子数守恒的过程，$\Lambda^0\to p\pi^-$ 是非轻子弱衰变，满足 $|\Delta S|=1$，$|\Delta I|=\frac{1}{2}$，$|\Delta I_3|=\frac{1}{2}$ 的规则，所以

$$\frac{\Lambda^0\to K^-\pi^+}{\Lambda^0\to p\pi^-}\approx 0$$

实验值：$\mathrm{BR}(\Lambda^0\to p\pi^-)=(63.9\pm0.5)\%$，未见 $\Lambda^0\to K^-\pi^+$ 事例.

(8) $f_2\to\pi^+\pi^-\pi^0$，f_2 为强衰变($\Gamma=180\mathrm{MeV}$)，f_2 粒子的 $I^GJ^{PC}=0^+2^{++}$. 末态中，$G(\pi)=(-1)$，$G(\pi^+\pi^-\pi^0)=(-1)^3=-1$，而 $G(f_2)=+1$，G 宇称不守恒，故禁戒. $\omega^0\to\pi^+\pi^-\pi^0$，$\omega^0$ 的量子数为 $I^GJ^{PC}=0^-1^{--}$，衰变满足守恒定律，为允许衰变，所以有

$$\frac{f_2\to\pi^+\pi^-\pi^0}{\omega^0\to\pi^+\pi^-\pi^0}\approx 0$$

实验值：$\mathrm{BR}(\omega^0\to\pi^+\pi^-\pi^0)=(89.1\pm0.7)\%$，未见 $f_2\to\pi^+\pi^-\pi^0$ 事例.

(9) $\Sigma^-\to\Lambda^0\pi^-$ 是奇异粒子的弱衰变，要求 $\Delta S=1$. 但是，$\Sigma^-\to\Lambda^0\pi^-$ 衰变中，$\Delta S=0$，是禁戒的. $\Sigma^-\to n\pi^-$ 是允许型非轻子弱衰变，所以有

$$\frac{\Sigma^-\to\Lambda^0\pi^-}{\Sigma^-\to n\pi^-}\approx 0$$

实验值：$\mathrm{BR}(\Sigma^-\to n\pi^-)=(99.848\pm0.005)\%$，未见 $\Sigma^-\to\Lambda^0\pi^-$ 事例.

(10) $\pi^- \to e^- \bar{\nu}_e$ 和 $K^+ \to \mu^+ \nu_\mu$ 均为半轻子两体弱衰变，前者为 $\Delta S=0$，耦合常数为 $G\cos\theta_c$，后者 $\Delta S=1$，为 $G\sin\theta_c$，θ_c 为卡比博混合角，对赝矢量耦合，有

$$W(\varphi \to l\nu) = \frac{f_\varphi^2 m_l^2 (m_\varphi^2 - m_l^2)^2}{4\pi m_\varphi^3}$$

f_φ 为耦合常数($G\cos\theta_c$，$\Delta S=0$ 或 $G\sin\theta_c$，$\Delta s=1$).

对 K^+ 介子衰变到 $\mu^+ \nu_\mu$ 和 π^- 衰变到 $e^- \bar{\nu}_\mu$，取卡比博混合角 $\sin\theta_c \approx 0.221$，则有

$$\begin{aligned}\frac{\pi^- \to e^- \bar{\nu}_e}{K^+ \to \mu^+ \nu_\mu} &= \frac{f_\pi^2 m_e^2 (m_\pi^2 - m_e^2)^2 m_K^3}{f_K^2 m_\mu^2 (m_K^2 - m_\mu^2)^2 m_\pi^3} \\ &= \cot^2\theta_c \frac{m_K^3 m_e^2 (m_\pi^2 - m_e^2)^2}{m_\pi^3 m_\mu^2 (m_K^2 - m_\mu^2)^2} \\ &\approx 1.41 \times 10^{-4}\end{aligned}$$

实验值：　$\tau_{\pi^-} = (2.6033 \pm 0.0005) \times 10^{-8}\,\mathrm{s}$，$\mathrm{BR}(\pi^- \to e^- \bar{\nu}_e) = (1.230 \pm 0.004) \times 10^{-4}$

$\tau_{K^-} = (1.2384 \pm 0.0024) \times 10^{-8}\,\mathrm{s}$，$\mathrm{BR}(K^+ \to \mu^+ \nu_\mu) = (63.43 \pm 0.17)\%$

其比值约为 0.92×10^{-4}，和上述结果基本吻合.

11.50　Σ^* 是一种不稳定的超子，质量为 $m=1385\mathrm{MeV}$，衰变宽度为 $\Gamma=35\mathrm{MeV}$，衰变道 $\Sigma^{*+} \to \pi^+ \Lambda$ 的分支比为 88%．从相同反应式(但不同事例)测量出来的 $\Lambda^0 \pi^-$ 的不变质量谱，出现一个类似的峰．Σ^{*+} 粒子在反应 $K^- p \to \pi^- \Sigma^{*+}$ 中产生，但是，在反应 $K^+ p \to \pi^+ \Sigma^{*+}$ 中，却不能发生.

(1) 给出 Σ^* 的奇异数、超荷和同位旋奇异量子数，用所给的两个反应解释.

(2) 实验证实 Σ^{*+} 产物 $\Lambda^0 + \pi^+$ 中，介子是处于相对轨道角动量的 p 态．Σ^{*+} 可能的自旋角动量多大？它的内禀宇称如何？

(3) Σ^* 是强作用还是弱作用衰变？说明之.

(4) Σ^{*+} 的其他强衰变道(如果还有)是什么？

解　(1) 由于 Σ^{*+} 在反应 $K^- p \to \pi^- \Sigma^{*+}$ 中产生，强相互作用过程中，奇异数守恒，Σ^{*+} 的奇异数与 K^- 的奇异数相同，其值为 -1．反应 $K^+ p \to \pi^+ \Sigma^{*+}$，由于不满足奇异数守恒，故此反应禁戒．这两个反应从表面上看差不多，由于奇异数守恒的要求，一个反应能产生，另一个反应却是禁戒的.

Σ^{*+} 共振态参数：

$$\Gamma = 35\ \mathrm{MeV}$$

$$\tau = \frac{\hbar}{\Gamma} \approx 6.6 \times 10^{-22}/35 \approx 1.9 \times 10^{-23}\,(\mathrm{s})$$

这是典型的强作用寿命．强衰变中，故有奇异数 S、超荷 Y 和同位旋等量子数守恒，有

$$S(\Sigma^{*+}) = S(\Lambda^0) + S(\pi^+) = -1 + 0 = -1$$

$$Y(\Sigma^{*+}) = Y(\Lambda^0) + S(\pi^+) = 0 + 0 = 0$$

$$I(\Sigma^{*+}) = I(\Lambda^0) + I(\pi^+) = 0 + 1 = 1$$

$$I_3(\Sigma^{*+}) = I_3(\Lambda^0) + I_3(\pi^+) = 0 + 1 = 1$$

Σ^{*+} 是同位旋三重态，它的三个成员为 Σ^{*+}、Σ^{*0} 和 Σ^{*-}，$\pi^- \Lambda^0$ 的共振峰对应 Σ^{*-}.

(2) Λ^0 的自旋 $J_\Lambda=\frac{1}{2}$，π^+ 的自旋 $J_\pi=0$，因为 $l=1$，$J_{\Sigma^{*+}}$ 可能值为 $\frac{1}{2}$ 和 $\frac{3}{2}$. Σ^{*+} 的内禀宇称

$$P(\Sigma^{*+}) = P(\pi)P(\Lambda)(-1)^l = 1$$

(3) $\Sigma^{*+}\to\Lambda\pi^+$ 的衰变部分宽度为

$$\Gamma_{\Lambda\pi} = 35\times 0.88 = 30.8(\mathrm{MeV})$$

其相应的部分寿命可给出

$$\tau_{\Lambda\pi}\approx\frac{\hbar}{\Gamma}=\frac{6.62\times 10^{-22}}{30.8}\approx 2.15\times 10^{-23}(\mathrm{s})$$

这是典型的强作用寿命，故 $\Sigma^{*+}\to\Lambda\pi^+$ 是强衰变.

(4) 其他可能的强衰变道有

$$\Sigma^{*+}\to\Sigma^0\pi^+$$

由于 Σ 的宇称为(+1)，而 π 的宇称为(−1). 这些出射粒子也处于相对 P 态

11.51　(1) η^0 粒子由下列反应中的 S 波产生，$\pi^-+p\to\eta^0+n$.（但未发现相对应的 $\pi^-+p\to\eta^-+p$）

(2) η^0 有以下的衰变道，其衰变概率为

$$\eta^0\to 2\gamma(\text{占 }38\%);3\pi(\text{占 }30\%);2\pi(<0.15\%)$$

(3) η^0 的静止质量为 548.8MeV.

描述一个实验测量方法. 由此可确定(1)～(3)的结果. 并由这些事实，给出 η^0 的自旋、宇称、同位旋和电荷.

解　实验可以这样安排：①动量可变的 π^- 束；②氢靶；③对 γ 和带电粒子有较好空间和能量分辨的探测器系统. 当改变 π^- 的动量，在 η^0 产生时，可以得到较多的 2γ 和 3π 事例，这个反应的特点是有阈效应. 令 $c=1$，有关系式

$$(E_\pi^{\mathrm{th}}-m_p)^2-p_\pi^{\mathrm{th}}=(m_\eta+m_n)^2$$

得到 π^- 的阈能和阈动量分别为

$$E_\pi^{\mathrm{th}}=\frac{(m_\eta+m_n)^2-m_p^2-m_\pi^2}{2m_p}=\frac{(548.8+940)^2-938^2-140^2}{2\times 938}=702(\mathrm{MeV})$$

$$p_\pi^{\mathrm{th}}=\sqrt{(E_\pi^{\mathrm{th}})^2-m_\pi^2}\approx 688(\mathrm{MeV})$$

当 p_π 小于 688MeV 时，不会产生 η^0；当 π^- 的动量为 688MeV 时，η^0 开始产生. 这时，质心运动参数为

$$\beta_c=\frac{p_\pi}{m_p+E_\pi}=\frac{688}{702+938}=0.420$$

$$\gamma_c=1.10$$

$$p_\pi^*=\gamma_c(p_\pi-\beta_c E_\pi)\approx 433(\mathrm{MeV})$$

$$\lambda\!\!\!^{-}=1/p_\pi^*=0.45\times 10^{-13}(\mathrm{cm})$$

质子的半径 $r\approx 0.5\times 10^{-13}$cm. 这时，主要是 π^-p 系统的 S 波起作用.

这时，测量末态产物中的 2γ，2γ 不变质量在 548.8 MeV 有峰值. 测 6γ 事例，6γ 中有 3 对 γ 的不变质量为 m_{π^0}，6γ 的不变质量为 548.8 MeV，这都证明有下列反应发生. 当然

也可测 $\pi^+\pi^-\pi^0$ 事例.

$$\pi^- + p \to n + \eta^0$$
$$\qquad\qquad\qquad\llcorner\!\!\to 2\gamma, 3\pi^0, \pi^+\pi^-\pi^0$$

如果有 $\pi^- + p \to p + \eta^-$ 产生，η^- 的衰变应为 $\eta^- \to \pi^+\pi^-\pi^-$. 实验上未发现 $\pi^+\pi^-\pi^-$ 事例，即认为没有 η^- 产生.

根据上述实验结果来确定 η^0 的参数.

自旋：η^0 由 π^- p 系统的 S 波产生，总角动量守恒. 推断 η^0 的自旋为 0 或 1. 但是，自旋为 1 的矢量介子不能衰变成 2γ，得到 $J(\eta^0)=0$.

宇称：从上述衰变分支比，确定 η^0 为电磁衰变，η^0 能衰变成 $3\pi^0$，而衰变成 2π 的概率很小. $P(\eta^0)=P^3(\pi)\cdot(-1)^{l+l'}$，$l$ 和 l' 为两 π 的轨道角动量及第 3 个 π 相对于两 π 的相对轨道角动量，$J(\eta^0)=J(\pi)=0$，总角动量守恒，要求两个轨道角动量矢量 l' 和 l 大小相等、方向相反，$(-1)^{l+l'}=+1$. $P(\eta^0)=P(3\pi)=-1$.

同位旋：因未见 η^-，η^0 属同位旋单态，$I(\eta^0)=0$.

电荷：从电荷守恒可知，$Q(\eta^0)=0$.

C 宇称：从衰变成 2γ 还可以确定 $C(\eta^0)=+1$.

总结：η^0 的参数为 $m(\eta^0)=548.8$ MeV，$I(\eta^0)=0$，$Q(\eta^0)=0$，$J^{PC}(\eta^0)=0^{-+}$. 和 π、K 介子一样，是赝标量介子，但它是同位旋单态.

11.52　中性 K 介子以 CP 本征态 K_1^0 和 K_2^0 的形式衰变，其本征值分别为 +1 和 −1. 我们假设 $p\bar{p}$ 碰撞，在质子和反质子静止的系统，仅组成类似于原子的 S 态，只有 $p\bar{p}\to K_1^0K_2^0$ 存在，不会存在 $p\bar{p}\to 2K_1^0$ 和 $p\bar{p}\to 2K_2^0$ 反应.

解　初态 $p\bar{p}$ 系统的电荷共轭 C 宇称为 $(-1)^{l+s}$，其中，l 是相对轨道角动量，s 是总自旋. 因为质子和反质子的宇称相反，$p\bar{p}$ 系统的空间宇称为 $(-1)^{l+1}$. 初态的 CP 值为

$$(CP)_{p\bar{p}} = (-1)^{2l+s+1} = (-1)^{s+1}$$

对于末态，中性 K^0 系统的总角动量 J，有

$$|l+s| \geqslant J \geqslant |l-s|$$

在 K^0 静止的系统，K_1^0 和 K_2^0 介子的 CP 本征值分别为 +1 和 −1. 所以，对于 $K_1^0K_2^0$ 和 $2K_1^0$、$2K_2^0$ 系统，其 CP 值分别为

$$(CP)_{K_1^0K_2^0} = (+1)(-1)(-1)^J = (-1)^{J+1}$$
$$(CP)_{2K_1^0} = (CP)_{2K_2^0} = (\pm 1)^2(-1)^J = (-1)^J$$

题设，对撞时，$p\bar{p}$ 系统 $l=0$，$J=s$，初态的 CP 值为

$$(CP)_{p\bar{p}} = (-1)^{J+1}, \qquad J = 0, 1$$

所以，末态只有 $K_1^0K_2^0$ 态，而 $2K_1^0$ 和 $2K_2^0$ 态是禁戒的.

当 $l=1$ 时，比较复杂. 对于三重态($s=1$)，总角动量 $J=0$、1 或 2，$(CP)_{p\bar{p}}=1$，$J=0$、2 时，末态为 $2K_1^0$ 和 $2K_2^0$ 态；$J=1$ 时，仅有 $K_1^0K_2^0$ 末态. 对于单态($s=0$)，$(CP)_{p\bar{p}}=-1$，末态仅为 $2K_1^0$ 和 $2K_2^0$ 态.

实验上，在 $p\bar{p}$ 静止的系统，末态观察到的主要是 $K_1^0K_2^0$，证实了 $p\bar{p}$ 系统的 $l=0$. 另一方面，也确实发现在 $p\bar{p}$ 对撞中，有很少量的 P 态出现，这时，$2K_1^0$、$2K_2^0$ 和 $K_1^0K_2^0$ 都会在末

态中出现. 所以，在 $p\bar{p}$ 对撞末态产物中，也发现有很少量的 $2K_1^0$ 和 $2K_2^0$ 态.

11.53 (1) 一束 K^+ 介子从左侧进入泡室(充氘)并按图 3.4 所示衰变，一个均匀磁场($B\approx 12\text{kG}$)垂直于泡室窗平面. 用符号(π^+，π^-，p 等)标出 K^+ 介子在泡室图中所有衰变产物，并完成相应于每个图的 K^+ 衰变方程.

(2) 在泡室中，π^- 介子逐渐停止.(如图 3.5 所示). 用符号标出关系到 K^- 粒子的所有粒子径迹，并用虚线标出中性粒子"径迹". 对于每一个图，给出 K^- 介子相互作用的完整的方程.

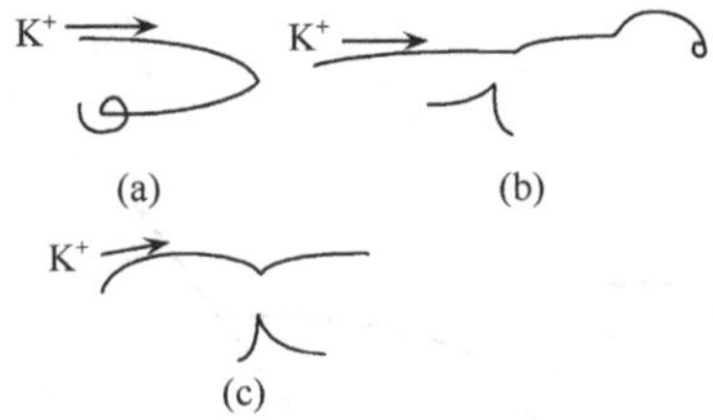

图 3.4

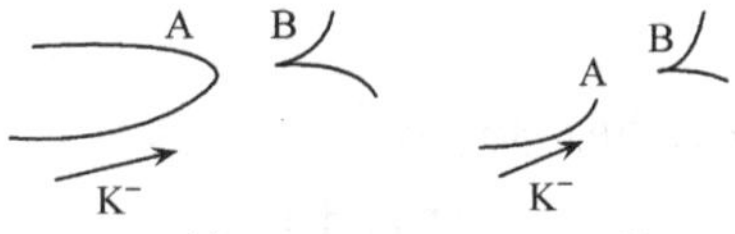

图 3.5

(3) 假设图 3.5(a)和(b)中的所有径迹都处于图平面内，确定中性粒子寿命和它的质量的表达式.

解 (1) K^+ 介子可以有下列主要衰变方式：

$$
\begin{aligned}
K^+ \longrightarrow\ & \mu^+\nu_\mu, && 63.43\% \\
& \pi^+\pi^0, && 21.13\% \\
& \pi^+\pi^+\pi^-, && 5.576\% \\
& \pi^+\pi^0\pi^0, && 1.73\% \\
& \mu^+\nu_\mu\pi^0, && 3.27\% \\
& e^+\nu_e\pi^0, && 4.87\%
\end{aligned}
$$

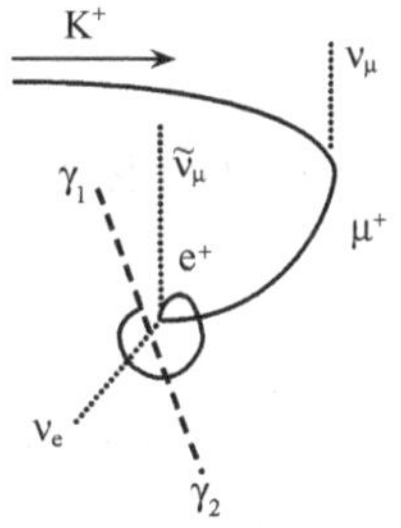

图 3.6

K^+ 的衰变产物中，有三种带正电的粒子 π^+、μ^+ 和 e^+，一种带负电的粒子 π^- 和一些中性的粒子 π^0、γ. 若由 K^+ 衰变到 π^+，则有 $K^+\rightarrow\pi^+\rightarrow\mu^+\rightarrow e^+$ 级联衰变，相应的有四个带正电的粒子径迹，且首尾相连. 对 K^+ 衰变到 μ^+，有 $K^+\rightarrow\mu^+\rightarrow e^+$ 级联衰变，相应的有三个带正电的、首尾相连的粒子径迹. 同时，中性的 π^0，γ 粒子在泡室内没径迹，但是，$\pi^0\rightarrow 2\gamma$，γ 粒子可产生正负电子对，留下痕迹.

由图 3.4(a) 可以看出，K^+ 的衰变产物有一个带正电的粒子和其他中性粒子，所以 K^+ 的衰变在这种情况下只可能是 $\mu^+\nu_\mu$，$\pi^+\pi^0$，$\pi^+\pi^0\pi^0$，$\mu^+\nu_\mu\pi^0$. 而衰变出来的带正电的粒子还要衰变成一个带正电的粒子，而这次的产物不再衰变出带电粒子. 所以，上述衰变方式中，有 π^+ 产物的衰变道是不符合要求的，有 e^+ 产生的 K^+ 的衰变方式也不符合，因为 e^+ 不能再衰变出带正电的粒子，故只剩下 $\mu^+\nu_\mu$ 和 $\mu^+\nu_\mu\pi^0$，$\mu^+\nu_\mu$ 方式的概率较大

$$
\begin{aligned}
K^+ \longrightarrow\ & \mu^+\nu_\mu \\
& \hookrightarrow e^+\bar{\nu}_\mu\nu_e,\ e^+ + e^- \longrightarrow \gamma_1 + \gamma_2
\end{aligned}
$$

e^+ 与泡室中的电子湮灭生成 2 个光子，$e^+ + e^- \longrightarrow \gamma_1 + \gamma_2$. 其衰变如图 3.6 所示.

对图 3.4(b)，类似于(a)中的分析，这里有四个带正电的粒子径迹，可以给出各衰变产物，如图 3.7 所示.

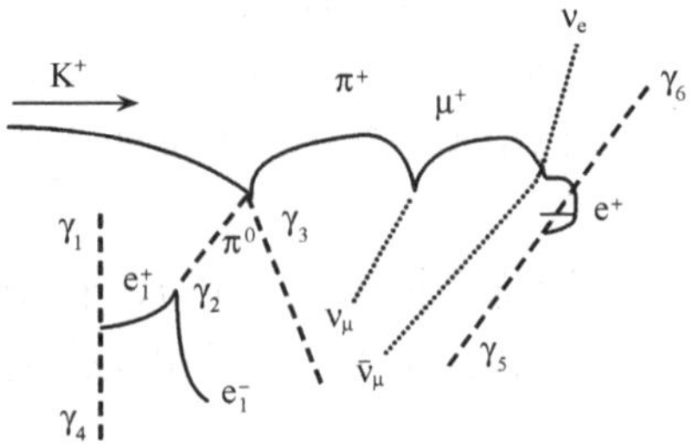

$K^+ \to \pi^0 + \pi^+$

$\pi^+ \to \mu^+ + \nu_\mu$

$\quad \mu^+ \to e^+ + \nu_e + \bar{\nu}_\mu,\ e^+ + e^- \to \gamma_5 + \gamma_6$

$\pi^0 \to \gamma_3 + \gamma_2$

$\quad \to e_1^+ + e_1^-,\ e_1^+ + e^- \to \gamma_1 + \gamma_4$

图 3.7

对图 3.4(c)的径迹,分析如图 3.8 所示.

$K^+ \to \nu_e + e_1^+ + \pi^0$

$\quad \pi^0 \to \gamma_3 + \gamma_4$

$\quad\quad \gamma_4 \to e_2^+ + e^-$

$\quad e_1^+ + e^- \to \gamma_1 + \gamma_2$

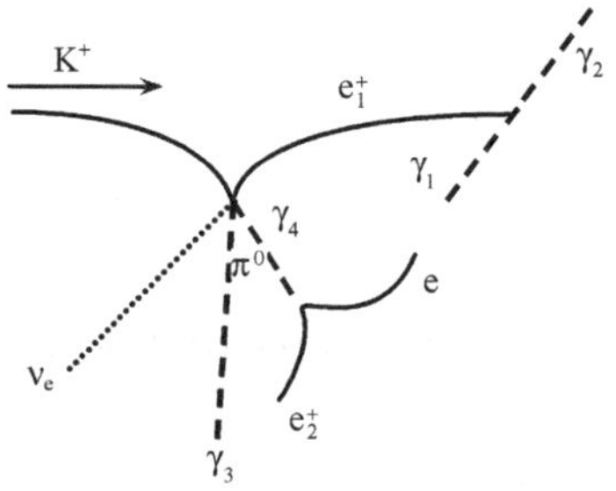

图 3.8

(2) 对于图 3.5(a)和(b)K^-介子的作用末态物及其反应分析如图 3.9 和图 3.10 所示.

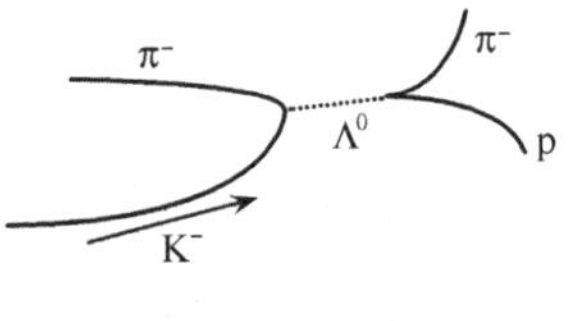

图 3.9

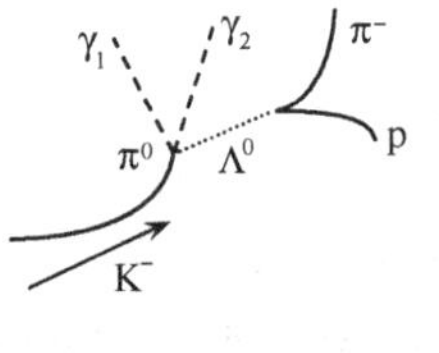

图 3.10

K^-衰变方程分别为

$K^- + n \to \Lambda^0 + \pi^-$

$\quad \Lambda^0 \to p + \pi^-$

$K^- + p \to \Lambda^0 + \pi^0$

$\quad \pi^0 \to \gamma_1 + \gamma_2$(未见径迹)

$\quad \Lambda^0 \to p + \pi^-$

(3) 中性粒子 Λ^0 的质量和寿命测量方法:

① 测量中性粒子径迹(图 3.5(a)和(b)虚线部分)的长度 l 及它和 p、π 粒子的夹角 θ_p、θ_π.

② 测定 p、π^- 径迹的曲率半径 R_p 和 R_π. 由 l、θ_p、θ_π 和 R_p、R_{π^-} 可求出 M_Λ 和 τ_Λ:

$$p_p = 0.3B(\mathrm{T})R_p(\mathrm{m}),\quad p_p \text{ 单位用 GeV 表示}$$

$$p_\pi = 0.3B(\mathrm{T})R_\pi(\mathrm{m}),\quad p_\pi \text{ 单位用 GeV 表示}$$

令 $c=1$，对质子和 π 粒子有

$$E_\mathrm{p} = (p_\mathrm{p}^2 + m_\mathrm{p}^2)^{1/2}$$
$$E_{\pi^-} = (p_\pi^2 + m_\pi^2)^{1/2}$$

对于 Λ 粒子，可得到不变质量为

$$M^2(\Lambda) = (E_\mathrm{p} + E_\pi)^2 - (\boldsymbol{p}_\pi + \boldsymbol{p}_\mathrm{p})^2$$
$$= m_\mathrm{p}^2 + m_\pi^2 + 2E_\mathrm{p}E_\pi - 2p_\pi p_\mathrm{p}\cos(\theta_\mathrm{p} + \theta_\pi)$$
$$M(\Lambda) = \sqrt{m_\mathrm{p}^2 + m_\pi^2 + 2E_\mathrm{p}E_\pi - 2p_\pi p_\mathrm{p}\cos(\theta_\mathrm{p} + \theta_\pi)}$$

Λ 粒子的能量和动量为

$$p_\Lambda = p_\mathrm{p}\cos\theta_\mathrm{p} + p_\pi\cos\theta_\pi$$
$$E(\Lambda) = E_\mathrm{p} + E_\pi$$

Λ 粒子的的径迹长度为 l，Λ 粒子寿命为 τ_0，由于 Λ 粒子在运动，在实验室的寿命为 $\gamma\tau_0$，有关系式

$$l = \gamma\beta\tau_0$$
$$\gamma\beta = \frac{P_\Lambda}{M(\Lambda)}$$

得到 Λ 粒子寿命 τ_0 的表示式

$$\tau_0 = \frac{l}{\gamma\beta} = \frac{l\sqrt{m_\mathrm{p}^2 + m_\pi^2 + 2E_\mathrm{p}E_\pi - 2p_\pi p_\mathrm{p}\cos(\theta_\mathrm{p} + \theta_\pi)}}{p_\mathrm{p}\cos\theta_\mathrm{p} + p_{\pi^-}\cos\theta_{\pi^-}}$$

实验测到 l、p_p、p_π、θ_p 和 θ_π，即可得到 τ_0.

实际上，本题计算的结果是第 i 个 Λ^0 事件的“真实寿命”t_i，不是平均寿命. 平均寿命 τ_0 定义是对大量 Λ^0 衰变事件的统计测量 $t_i(i=1,2,3,4,\cdots,n)$. 对大统计样本的数据，分时间间隔(bin)对“真实寿命”$t_i(i=1,2,3,4,\cdots,n)$出现的频数 $N(t)$做直方图，用公式

$$N(t) = N_0\mathrm{e}^{-\frac{t}{\tau_0}}$$

对直方图拟合，其中 τ_0 才是 Λ^0 的平均寿命.

11.54　对下列问题作粗糙的、定性的或者数量级的回答：

(1) 质心系能量为 20GeV，反应 $\mathrm{e}^+\mathrm{e}^-\to\mu^+\mu^-$ 的截面多大？截面对能量的依赖关系怎样？

(2) 对 100GeV(相对于核子静止系)入射中微子，中微子-核子作用总截面多大？它对能量的依赖关系怎样？根据 Weinberg-Salam 理论，多大能量时，依赖关系将改变？

(3) μ 子的寿命有多长？τ 子呢？如果发现一个质量比 τ 子重十倍的轻子，并假定它以与 μ 子和 τ 子相同的衰变机制衰变，则预期它的寿命多长？

(4) 在加速器能量下，核子-核子作用总截面多大？

(5) 在 π 介子核子散射中，观察到一个很大的前向峰(小角度散射). 在向后方向又观察到一个小的但十分明显的峰(在质心系中近似为 180°散射). 你能解释后向峰吗？在 $\mathrm{K}^+\mathrm{p}$ 弹性散射中，观察到同样的后向峰，而 $\mathrm{K}^-\mathrm{p}$ 散射中却没有观察到，你能解释这种现象吗？

解　(1) $\mathrm{e}^+\mathrm{e}^-\to\mu^+\mu^-$ 反应截面对能量的依赖关系，可以通过下面方法粗略估计：在

高能时，质心系能量$\sqrt{s} \gg m_e, m_\mu, s=(E_{cm})^2$，近似为 $m_e \approx m_\mu \approx 0$. 因为电磁作用最低阶有两个顶点，每一个顶点有耦合常数 α，因此

$$\sigma = f(s)\alpha^2$$

设能量量纲为 M，用量纲分析 $\sigma=[\text{GeV}^{-2}]$，$s=[\text{GeV}^2]$，$\alpha=[o]$. 因此，有

$$f(s) \approx \frac{1}{s}$$

$$\sigma \approx \frac{\alpha^2}{s}$$

用量子电动力学计算，不考虑高阶辐射修正时，有关系式

$$\frac{d\sigma}{d\Omega} = \frac{\alpha^2}{4s}(1+\cos^2\theta)$$

θ 是在质心系中出射粒子与入射粒子之间的夹角. 对末态粒子的角度积分，得到

$$\sigma \approx \frac{4\pi\alpha^2}{3s}, \quad (\hbar c)^2 = 0.389 \times 10^{-27} (\text{GeV} \cdot \text{cm})^2$$

对 $E=20\text{GeV}$

$$\sigma = \frac{4\pi\alpha^2}{3 \times 20^2} = 5.6 \times 10^{-7} \text{GeV}^{-2} \approx 2.2 \times 10^{-34} \text{cm}^2 = 220(\text{pb})$$

(2) 中微子与核子的相互作用总截面，也可用类似的办法估计. 高能时，有$\sqrt{s} \gg m_p$，中微子与核子的相互作用为弱作用，有

$$\sigma \approx G_F{}^2 f(s)$$

从量纲来分析，$G_F=[\text{GeV}^{-2}]$，$s=[\text{GeV}^2]$，$\sigma=[\text{GeV}^{-2}]$，得到 $f(s) \approx s$，代入上式得到

$$\sigma \approx G_F{}^2 s$$

(详细计算见题 12.39，得到 $\sigma=\frac{1}{4\pi}G_F^2 s$.) 设实验室中的中微子能量为 E_ν，则有

$$s = (E_\nu + m_p)^2 - p_\nu^2 = m_p^2 + 2m_p E_\nu \approx 2m_p E_\nu$$
$$\sigma \approx G_F^2 s \approx 2G_F^2 \cdot m_p E_\nu$$

已知 $G_F \approx 10^{-5} m_p^{-2}$，令 $m_p \approx 1\text{GeV}$，E_ν 的单位用 GeV 表示，对 100GeV 的中微子的反应截面为

$$\begin{aligned}\sigma &\approx 2G_F^2 \cdot m_p E_\nu = 2 \times 10^{-10} m_p^{-3} \times 10^2 \approx 2 \times 10^{-8} (\text{GeV}^{-2}) \Rightarrow 2 \times 10^{-8} (\hbar c)^2 \\ &= 2 \times 10^{-8} \times 0.389 \times 10^{-27} \\ &= 7.76 \times 10^{-36} (\text{cm}^2)\end{aligned}$$

根据弱电统一理论，在 $s \approx m_W{}^2$ 附近时，σ 将有较大的变化. m_W 是带电中间玻色子质量.

(3) μ 子的寿命 $\tau_\mu \approx 2.2 \times 10^{-6}$s，$\tau$ 子的寿命 $\tau_\tau \approx 2.86 \times 10^{-13}$s.

如果存在新的重轻子 H，$M_H = 10M_\tau$，且它衰变到电子的分支比与 τ 子相同，它的寿命为 τ_H，则有

$$\tau_H = \left(\frac{M_\tau}{M_H}\right)^5 \tau_\tau \approx 10^{-5} \tau_\tau \approx 2.86 \times 10^{-18} (\text{s})$$

(4) 核子之间为强相互作用. 在现有的加速器能量下(GeV 量级)，核子之间相互作用

截面为

$$\sigma_{NN} \approx \pi R_N{}^2$$

R_N 为核子的半径 $R_N \approx 10^{-13}$cm,

$$\sigma_{NN} \approx 3 \times 10^{-26} \text{cm}^2 = 30 \text{ mb}$$

实验上给出

$$\sigma_{pp} \approx 30 \sim 50\text{mb} \quad (\text{当 } E_p = 5 \sim 10 \times 10^3 \text{GeV})$$

$$\sigma_{np} \approx 30 \sim 50\text{mb} \quad (\text{当 } E_p = 2 \sim 10 \times 10^2 \text{GeV})$$

(5) 类似电磁相互作用的物理图像,强子之间的相互作用可以认为是强子之间交换虚的强子来实现的. 任何强子可以作为交换粒子,也可以被别的强子产生,所有强子是平等的. 一般认为,强作用是交换单个粒子,多粒子交换的影响可以忽略,这就是单粒子交换模型,例如:$\pi^+ p \to \pi^+ p$ 过程. 图 3.11(a) 称为 t 道,$t = -(p_{\pi^+} - p_{\pi'})^2$,为 π^+ 对于 $\pi^{+'}$ 的四动量传递平方. 图 3.11(b)称为 u 散射道,有 $u = -(p_{\pi^+} - p_{p'})^2 = -(p_{\pi^+} + p_{\pi'})^2$ 为 π^+ 对于 p′的四动量转移平方. 设 θ 为入射 π^+ 与出射 π^+ 的夹角. 当$\theta = 0°$时,$|t|$ 很小,当 $\theta = 180°$时,$|u|$很小(微分截面大). 前者相当于 π^+ 向前散射,后者相当于 π^+ 向后散射,由于各顶点量子数守恒,对 t 道,虚交换子应是介子,对 u 道虚交换子应是重子,即有交换重子的散射在后向有峰. 一般散射交换介子的振幅大,所以,朝前向的峰较大. 如 $\pi^+ p$ 散射,有交换重子的 u 道,故有后向散射峰. 在 $K^+ p$ 散射中,交换一个虚的重子 $\Lambda^0(S = -1, B = 1)$. 对 $K^- p$ 散射,若有重子交换项,必须是 $S = 1, B = 1$ 的重子,但是,没有这样的重子存在,所以,$K^- p$ 散射没有向后散射峰.

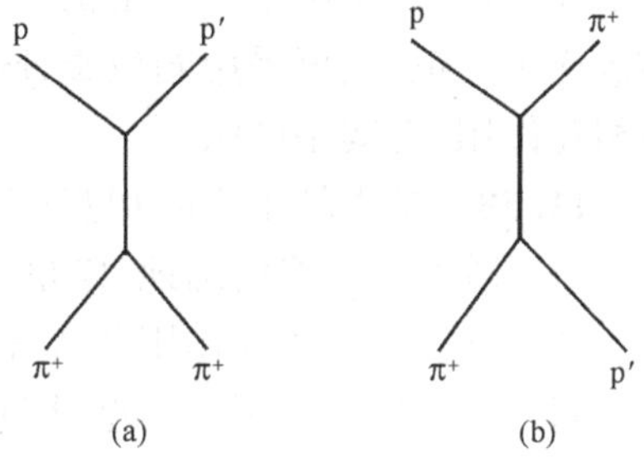

图 3.11

11.55 参与所有四种相互作用的粒子是 ( )

(A) 正、负电子 (B)光子

(C) $\pi^\pm$ (D) 正、反中微子

解 中微子只参与弱相互作用;光子只参与电磁相互作用;正、负电子参与电磁和弱相互作用;强子 $\pi^\pm$ 带电并有质量,参与所有四种相互作用. 答案是(C).

11.56 下列诸力属于四种相互作用中的哪种力?

(1) 行星和太阳间的力;

(2) 原子结合成分子的力;

(3) 电子和原子核结合成原子的力;

(4) 核子结合成原子核的力;

(5) 引起 $n \to p + e^- + \bar{\nu}_e$ 过程的力;

(6) 引起 $\pi^0 \to \gamma + \gamma$ 的力.

解 (1) 行星和太阳间的力是万有引力;

(2) 原子结合成分子的力是电磁相互作用力;

(3) 电子和原子核结合成原子的力也是电磁相互作用力;

(4) 核子结合成原子核的力是强相互作用力;

(5) $n\to p+e^-+\bar{\nu}_e$ 过程是弱衰变,引起衰变的是弱相互作用力;

(6) $\pi^0\to\gamma+\gamma$ 是电磁衰变,引起衰变的是相互作用电磁力.

11.57 从守恒定律的角度来区分强、电磁和弱相互作用,可采用下列哪三个物理量? ( )

(A) 轻子数、重子数和同位旋　　(B) 轻子数、奇异数和宇称

(C) 同位旋第三分量、奇异数和重子数　　(D) 同位旋、同位旋第三分量和奇异数

解 在强相互作用过程中,所有量子数都守恒;在电磁相互作用过程中,同位旋量子数不守恒,但同位旋第三分量仍守恒;在弱相互作用过程中,同位旋、同位旋第三分量和奇异数均不守恒.故可采用同位旋、同位旋第三分量和奇异数三个物理量来区分强、电磁和弱相互作用.答案是(D).

11.58 基本粒子之间相互作用通常按强度递减分为:强、电磁、弱和引力相互作用.

(1) 请你尽可能精确地、定量地解释强度指的是什么?并比较它们的相对强度;

(2) 对前三种相互作用各遵守什么守恒定律?并用证据说明.

解 (1) 相互作用的类型,用它们的耦合常数来区分.耦合常数是和它们的相互作用截面以及相互作用时间有关的无量纲的量,它表示相互作用类型之间的耦合强弱不同.作用强表示相互作用截面大,作用时间短.

电磁相互作用:两个带电荷为 e 的粒子,相距为 r,它们之间的电磁作用势写成

$$V_{\mathrm{em}}(r)=\frac{e^2}{r}=\alpha\cdot c\hbar\cdot\frac{1}{r}$$

式中,$\alpha=\frac{e^2}{c\hbar}=\frac{1}{137}$是一个无量纲的精细结构常数,它表示电磁相互作用的强度.描述电磁作用的精确理论是量子电动力学(QED).

强相互作用:类似于电磁相互作用,两个带有“色荷”为 g_{h},相距为 r 的粒子,其强相互作用势也可类似写成

$$V_{\mathrm{h}}(r)=\frac{g_{\mathrm{h}}^2}{r}\exp\left(-\frac{r}{R}\right)=\alpha_s\cdot c\hbar\cdot\frac{1}{r}\exp\left(-\frac{r}{R}\right)$$

式中,$\alpha_s=\frac{g_{\mathrm{h}}^2}{c\hbar}$也是一个无量纲的量,它表示强相互作用的强度,与电磁相互作用不同的是多了一个指数 $\mathrm{e}^{-r/R}$,它表示强相互作用是短程力,$R\approx\frac{\hbar}{m_\pi c}$为 π 介子的康普顿波长,表示强相互作用的力程,实验证实 α_s 是粒子能量的函数,$\alpha_s<1$.描述强相互作用的是正在发展量子色动力学(QCD).

弱相互作用:用 β 衰变中的费米耦合常数来表示

$$G_{\mathrm{F}}=1.4\times10^{-49}\,\mathrm{erg\cdot cm^3}=1.167\times10^{-5}(c\hbar)^3\,\mathrm{GeV^{-2}}$$

弱作用也是短程力,G_{F} 是有量纲的常数,为便于比较,两粒子之间的弱作用势同样可改写成

$$V_{\mathrm{W}}(r)=\frac{g_{\mathrm{W}}^2}{r}\exp\left(-\frac{r}{R_{\mathrm{W}}}\right)=\alpha_{\mathrm{W}}\cdot c\hbar\cdot\frac{1}{r}\exp\left(-\frac{r}{R_{\mathrm{W}}}\right)$$

式中,g_{W}表示“弱荷”,R_{W} 表示弱相互作用的力程,目前认为 $R_{\mathrm{W}}\leqslant10^{-16}\,\mathrm{cm}$,它比强作用的

力程还小，在低能时，弱相互作用耦合常数 α_W 可写成

$$\alpha_W = \frac{g_W^2}{c\hbar} = \frac{G_F m_p^2 c}{\hbar^3} = \frac{G_F m_p^2 c^4}{(c\hbar)^3} \approx 10^{-5}$$

电磁和弱相互作用，可用一个统一的理论描述，目前最成功的理论为“标准模型”. 弱作用是通过交换很重的中性的玻色子 Z^0（中性流）或带电的玻色子 $W^{\pm}$（带电流），且电磁和弱相互作用有相互干涉效应，实验上已经发现 Z^0 和 $W^{\pm}$，并测量了 Z^0 和 $W^{\pm}$ 性质，与“标准模型”理论符合.

引力相互作用：以两个质子为例，其引力相互作用势为

$$V_G(r) = \frac{G_N m_p^2}{r} = \alpha_G \cdot c\hbar \cdot \frac{1}{r}$$

式中，$\alpha_G = \dfrac{G_N m_p^2}{c\hbar}$，$G_N$ 是引力常数，$G_N = 6.67 \times 10^{-8} \mathrm{cm^3 \cdot s^{-2} \cdot g^{-1}}$，得到

$$\alpha_G = \frac{G_N m_p^2}{c\hbar} \approx 6 \times 10^{-39}$$

因为各种相互作用的耦合常数都是无量纲的，其相互作用强度的不同，直接用它们的耦合常数来比较. 例如，两质子之间的引力和电磁力之比为

$$\frac{\alpha_G}{\alpha} = \frac{G m_p{}^2}{e^2} \approx 10^{-36}$$

在粒子物理中，常常忽略很小的引力相互作用. 表 3.5 给出四种相互作用的性质（质量 Mc^2 用 GeV 表示）.

表 3.5

相互作用	场粒子名称	场粒子自旋	场粒子质量/GeV	力的来源	耦合常数	强度	力程/cm	典型截面/cm²	典型寿命/s
强	胶子	1^-	0	色荷	$\alpha_g = g_h^2/c\hbar$	$\alpha_s \leqslant 1$	10^{-13}	10^{-26}	10^{-23}
电磁	光子	1^-	0	电荷	$\alpha = e^2/c\hbar$	1/137	∞	10^{-29}	$10^{-(16-20)}$
弱	$W^{\pm}, Z^0$	1	80.2, 91.2	弱荷	$\alpha_w = G_F m_p^2/(c\hbar)^3$	1.17×10^{-5}	$\leqslant 10^{-16}$	10^{-35}	10^{-10}
引力	引力子	2^+	0	质量	$\alpha_G = G_N m_p^2/c\hbar$	5×10^{-40}	∞		

（2）强相互作用、电磁相互作用和弱相互作用所遵守的守恒定律见表 3.6，表中“√”为遵守该定律，“×”为该守恒定律被破坏.

表 3.6

守恒量	能量 E	角动量 J	动量 P	电荷 Q	重子数 B	轻子数 L_e (L_μ, L_τ)	同位旋 I	I_3	奇异数 $s(c,b,t)$	P 宇称	C 宇称	时间反演 T	PC	G 宇称	TPC
强相互作用	√	√	√	√	√	√	√	√	√	√	√	√	√	√	√
电磁相互作用	√	√	√	√	√	√	×	√	√	√	√	√	√	×	√
弱相互作用	√	√	√	√	√	√	×	×	×	×	×	×	×	×	√

在强相互作用中，遵守所有的守恒定律. 例如，对强子散射过程，即核子对核子散射和

核子对 π 介子的散射，用同位旋耦合理论计算的结果与实验观测的数据符合得很好.

在电磁相互作用过程中，同位旋不守恒，但同位旋的第三分量 I_3 是守恒的. 例如，Σ^0 的衰变是电磁过程

$$\Sigma^0 \longrightarrow \Lambda^0 + \gamma$$

$I(\Sigma^0)=1, I(\Lambda^0)=0, \Delta I=1$，同位旋不守恒. 但是，$I_3(\Sigma^0)=I_3(\Lambda^0)=0, I_3$ 守恒.

在电磁相互作用过程中，G 不守恒，可用 $\eta(M_\eta c^2=548.8\text{MeV})$ 介子的电磁衰变来证明，η 的主要衰变道有

$$\eta \longrightarrow \gamma\gamma, 3\pi^0, \pi^+\pi^-\pi^0, \pi^+\pi^-\gamma$$

衰变总宽度 $\Gamma=1.31\text{keV}$，衰变过程中，电荷共轭 C 宇称守恒，有 $C(\eta)=+$，G 宇称为

$$G(\eta)=C(\eta)(-1)^0=+$$

末态中，3π 系统的 G 宇称为负，即 η 衰变过程中，G 宇称不守恒.

在弱相互作用过程中，很多守恒定律破坏，包括同位旋 I 守恒，同位旋的第三分量 I_3 守恒，奇异数 s(还有粲数 c，b 数和 t 数)守恒，P 宇称守恒，电荷共轭 C 宇称守恒，G 宇称守恒，时间反演 T 守恒和 CP 联合变换守恒均被破坏. 由吴健雄教授完成的著名的极化 ^{60}Co 的β衰变中，发射电子的不对称性的实验结果，证明了 P 宇称守恒被破坏. 实验上发现 K_L^0 的 2π 衰变道，即

$$K_L^0 \longrightarrow \pi^+\pi^-$$

证明了 PC 联合变换下不守恒，这个破坏量很小，即

$$\frac{N(K_L^0 \to \pi^+\pi^-)}{N(K_L^0 \to \text{所有带电粒子的衰变道})} \approx 2\times 10^{-3}$$

但是，它却震撼了物理界. 因为 TPC 联合变换下的不变性是量子场论的基石之一，PC 联合变换守恒被破坏，意味着时间反演 T 守恒也不成立.

11.59 简述下列物理问题：

(1) J/Ψ 粒子；

(2) 中子电偶极矩；

(3) 协同产生；

(4) β 衰变的费米理论；

(5) 电子和 μ 子的反常磁矩.

解 (1) J/Ψ 粒子.

1974 年，丁肇中和 B. Richter 两个实验组，几乎同时用不同的方法发现了一个重介子，质量 $M\approx 3.1\ \text{GeV}/c^2$. 但它的寿命比同样质量的介子长 3～4 个数量级. 说明它在粒子物理中处在特殊的位置，被命名为 J/Ψ. 研究表明，J/Ψ 是由一种新的、被称为粲夸克 c 及其反夸克组成的束缚态. J/Ψ 主要通过 OZI 规律限制的强衰变到非粲数粒子(通过三胶子或两胶子加光子中间态)，或通过电磁作用衰变成为夸克对或轻子对，故它有较长的寿命，J/Ψ 粒子的基本性质为

$$m(\text{J}/\Psi)=(3096.916\pm 0.011)\text{MeV}, \quad \Gamma=(92.9\pm 2.8)\text{keV}$$

$$I^G(J^P)C=0^-(1^{--})$$

已经详细研究了它的各种衰变性质. J/Ψ 和其他粲介子、粲重子形成粲粒子家族，大大丰富了粒子物理学的内容.

(2) 中子的电偶极矩(EDM).

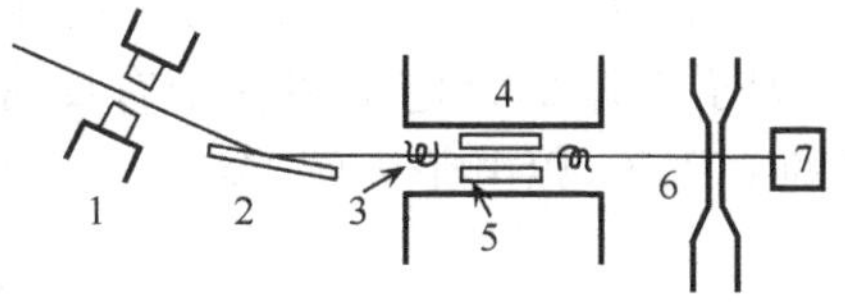

图 3.12

1. 准直器;2. 极化器;3. 射频线圈;4. 永久磁铁;5. 电场电极;6. 磁分析器;7. 中子探测器

中子的电偶极矩测量,一直是人们注重的问题,因为它可直接检验时间反演不变性. 1957 年,史密斯等利用磁、电偶极共振的方法测量中子磁磁电偶极矩,如图 3.12 所示,准直的中子束通过反射型的极化器后,进入均匀磁场 $\boldsymbol{H}$,在这个磁场中,还加了静电场 $\boldsymbol{E}$ 和可调谐的电磁场 $h\nu$,设中子的磁矩为 $\boldsymbol{\mu}_n$,当外加电场关闭时,设定外加磁场 H,调节射频场的频率,使得磁共振发生,记下共振频率 $h\nu_H = g\mu_n H$. 保持 H 不变,加上外电场 E,如果中子存在电偶极矩 P_n,附加的偶极能 $P_n E$ 引起共振频率的精细移动 $\Delta\nu_P = P_n E/h$. 测得共振频率的精细移动,即可以给出中子的电偶极矩. 实验给出:

$$P_n = eD, \quad D = (-1 \pm 4) \times 10^{-21}\,\text{cm}$$

e 是电子电荷,D 是电偶极子电荷之间的距离.

近些年来,人们用低温的冷中子做实验,以提高实验的精度. 当然,实验也复杂了很多. 1976 年雷姆塞等用速度较慢的冷中子做实验,给出 $D = (0.4 \pm 1.1) \times 10^{-24}$ cm. 1999 年,Harris 等给出:$D < 0.63 \times 10^{-25}$ cm(90%CL). 到目前为止,在实验误差范围内,未见中子有电偶极矩.

(3) 协同产生.

1947 年,人们首先在宇宙线中发现一类粒子:它有介子和重子两种,这类粒子的最大特点是强产生和弱衰变. 这类粒子带有奇异数,被称为奇异粒子,在强相互作用产生过程中,由于各种量子数(包括奇异数)守恒,这些带有正、负奇异数的介子 K^+、K^0 和 Λ^0、Σ 配对产生,这种现象称为协同产生;由于奇异粒子是弱衰变,在衰变中,奇异数不守恒,奇异粒子可单独衰变成不带奇异数的粒子. 这类粒子的协同产生和单独衰变特点引起人们很大兴趣,其原因是这类粒子包含有奇异夸克或奇异反夸克.

(4) β 衰变的费米理论.

1934 年费米(Fermi)借鉴电磁跃迁理论,建立起 β 衰变理论,他的基本思想是:电子和中微子是在衰变过程中产生的,正像原子或原子核发射光子一样. 用类似的办法,可以导出 β 衰变中,电子能谱的形状为

$$\left[\frac{\mathrm{d}I(p_e)}{p_e^2 F \mathrm{d}p_e}\right]^{1/2} = C\,|\,M_{if}\,|^2 (E_0 - E_e)$$

式中,p_e、E_e 为电子的动量和能量,$\mathrm{d}I(p_e)$ 为衰变到电子动量为 $p_e \sim p_e + \mathrm{d}p_e$ 的概率,E_0 为电子的最大能量,C 为常数,M_{if} 为弱作用跃迁矩阵元. 该理论可以很好地解释 β 衰变现象. 直到 1956 年发现弱作用中宇称不守恒,费米理论才做了一些修改. 但是,修改后的理论还是十分接近费米原来的论述. 可以说,费米理论是描述弱作用的基本理论.

(5) 电子和 μ 子的反常磁矩.

根据狄拉克理论,自旋为 $\boldsymbol{J}$,质量为 m 的单电荷"狄拉克"粒子,磁矩 $\boldsymbol{\mu}$ 值为

$$\boldsymbol{\mu} = g\left(\frac{e\hbar}{2mc}\right)\boldsymbol{J}$$

对于电子和 μ^-，$g=-2$. 但是，物理粒子不是严格的理论上的狄拉克粒子，电子和 μ 子的 $|g|$ 因子不是 2，即电子和 μ 子有反常磁矩. 理论上可以用量子电动力学计算出电子和 μ 子的 g 因子，以电子为例，令

$$\alpha=\frac{(|g|-2)}{2}$$

理论计算的费曼图如图 3.13 所示，计算结果为

$$\begin{aligned}\alpha_e^{\text{理论}}&=0.5\left(\frac{\alpha}{\pi}\right)-0.32848\times\left(\frac{\alpha}{\pi}\right)^2+1.19\left(\frac{\alpha}{\pi}\right)^3+\cdots\\&=(115965230\pm10)\times10^{-11}\end{aligned}$$

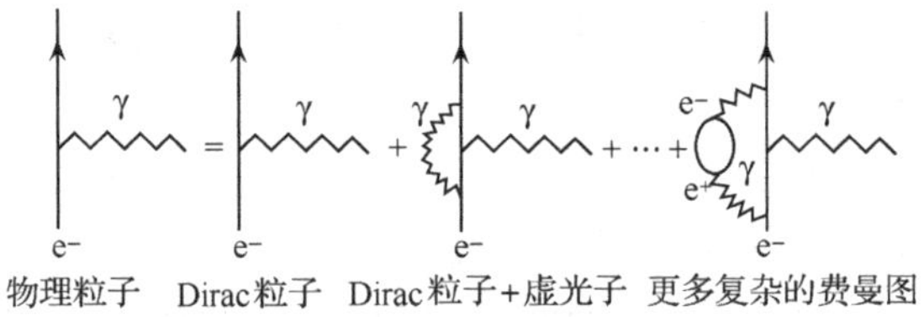

图 3.13

实验上，可以精确测量电子的反常磁矩值. 目前，已测量的精度很高，其值为

$$\alpha_e^{\text{实验}}=(115965219\pm1)\times10^{-11}$$

计算结果和精确测量值两者符合如此之好，这是量子电动力学的最出色的成就之一①.

12　相互作用理论及应用

12.1　地球和月球之间的静电力可以忽略，是（　　）

(A) 因为它比万有引力小得多　　(B) 因为地球和月球都是电中性的

(C) 由于潮汐效应　　(D) 因为地球和月球距离太大

解　静电相互作用的物体，本身必须带电荷. 而地球和月球都是电中性的，所以没有静电作用. 答案为(B).

12.2　自旋为 $\frac{1}{2}$ 的中性 Σ^0 超子的主要衰变道是辐射衰变

$$\Sigma^0\longrightarrow\Lambda^0+\gamma$$

因为中性 Σ 超子和 Λ^0 的 J^P 均为 $1/2^+$，电偶极跃迁违背宇称选择定则，是禁戒的. 衰变是磁偶极辐射，令 $c=\hbar=1$，有效哈密顿量为

$$\boldsymbol{H}=\frac{ge}{(M_\Sigma+M_\Lambda)}\tau_{\Sigma\Lambda}\boldsymbol{\sigma}\cdot\nabla\times\boldsymbol{A}$$

式中，$\tau_{\Sigma\Lambda}$ 是 Σ^0 到 Λ^0 的转换算符，$\frac{ge\boldsymbol{\sigma}}{(M_\Sigma+M_\Lambda)}$ 可认为是在磁场为 $\boldsymbol{B}=\nabla\times\boldsymbol{A}$ 的辐射场作用下的磁动量转移. 发射一个光子平面波的幅值为

①数据选自 D. H. Perkins, Introduction to High Energy Physics, 4th ed. CAMBRIDGE 2000.

$$\boldsymbol{A}=\left(\frac{1}{2\omega V}\right)^{1/2}\varepsilon \mathrm{e}^{\mathrm{i}\boldsymbol{k}\cdot\boldsymbol{x}-\mathrm{i}\omega t}$$

设 $g=1$，粒子质量是 $M(\Sigma^0)=1190\mathrm{MeV}$，$M(\Lambda^0)=1115\mathrm{MeV}$，估计中性 Σ 粒子的寿命.

解　Σ 衰变到 Λ 的矩阵元可写成

$$M=\langle\gamma\Lambda\mid\hat{H}\mid\Sigma^0\rangle=\frac{ge}{M_\Sigma+M_\Lambda}\left[\mathrm{i}\sqrt{\frac{1}{2\omega V}}(\boldsymbol{k}\times\boldsymbol{\varepsilon})\cdot u_\Lambda^+\boldsymbol{\sigma}u_\Sigma\right]$$

对矩阵元平方，对末态 Λ 自旋态求和，得到

$$\sum_{\sigma_\Lambda=\pm1}\mid M\mid^2=\mid\langle\gamma\Lambda\mid\hat{H}\mid\Sigma^0\rangle\mid^2=\frac{g^2e^2}{2\omega V(M_\Sigma+M_\Lambda)^2}$$

$$\sum_{\sigma_\Lambda=\pm1}u_\Sigma^+(\boldsymbol{\sigma}\cdot\boldsymbol{k}\times\boldsymbol{\varepsilon})u_\Lambda u_\Lambda^+(\boldsymbol{\sigma}\cdot\boldsymbol{k}\times\boldsymbol{\varepsilon})u_\Sigma$$

利用自旋算符的关系 $\sum\limits_{\sigma_\Lambda=\pm1}u_\Lambda u_\Lambda^+=1$，下式可说明这个关系式的正确，即

$$\begin{pmatrix}1\\0\end{pmatrix}(1\quad 0)+\begin{pmatrix}0\\1\end{pmatrix}(0\quad 1)=\begin{pmatrix}1&0\\0&1\end{pmatrix}$$

另外，对任何一个矢量 $\boldsymbol{A}$，有 $(\boldsymbol{\sigma}\cdot\boldsymbol{A})^2=\boldsymbol{A}^2$，$\boldsymbol{A}\times\boldsymbol{A}=0$，求和可大大简化

$$\sum_{\sigma_\Lambda=\pm1}\mid M\mid^2=\frac{g^2e^2(\boldsymbol{k}\times\boldsymbol{\varepsilon})^2}{2\omega V(M_\Sigma+M_\Lambda)^2}$$

它是与初态 Σ^0 的极化无关的. 因为 $\boldsymbol{k}\cdot\boldsymbol{\varepsilon}=0$，有 $(\boldsymbol{k}\times\boldsymbol{\varepsilon})^2=k^2=\omega^2$. 末态相空间因子为

$$\rho(E)=\left[\frac{V}{(2\pi)^3}\right]\frac{\mathrm{d}^3p}{\mathrm{d}E}$$

因为衰变是各向同性的，对角度积分，得到相空间因子为

$$\rho(E)=\frac{V\omega^2}{2\pi^2}\frac{\mathrm{d}\omega}{\mathrm{d}E}$$

能量和动量守恒要求

$$\omega=\frac{(M_\Sigma^2-M_\Lambda^2)}{2M_\Sigma}$$

$$\frac{\mathrm{d}\omega}{\mathrm{d}E}=\frac{\mathrm{d}\omega}{\mathrm{d}(M_\Sigma)}=\frac{(M_\Sigma^2+M_\Lambda^2)}{2M_\Sigma^2}$$

黄金定律给出衰变速率为

$$\Gamma=2\pi\rho(E)\sum_{\sigma_{光子},\sigma_\Lambda}\mid M\mid^2$$

利用上面的数据，对 Λ 的自旋和光子两个极化方向求和，得到 Σ^0 粒子的寿命和衰变率

$$\begin{aligned}\Gamma&=2\pi\rho(E)\sum_{\sigma_{光子},\sigma_\Lambda}\mid M\mid^2\\&=\frac{g^2}{4}\cdot\left(\frac{e^2}{4\pi}\right)\cdot\frac{(M_\Sigma^2+M_\Lambda^2)(M_\Sigma^2-M_\Lambda^2)^3}{M_\Sigma^5(M_\Sigma+M_\Lambda)^2}\approx 1.98\times10^{-3}(\mathrm{MeV})\end{aligned}$$

$$\tau=\frac{1}{\Gamma}\approx 505\mathrm{MeV}^{-1}=505\times6.6\times10^{-22}\approx3.03\times10^{-19}(\mathrm{s})$$

目前实验值为 $\tau=(7.4\pm0.7)\times10^{-20}$s. 因为衰变得到的 Λ 粒子的动能仅有 2.5MeV，计算中 Λ 当作非相对论处理，使用了泡利算符，这种处理是合理的.

12.3 (1) 细致平衡原理，是以时间反演不变性为前提，它把反应 $a+b\to c+d$ 的截面与其逆反应 $c+d\to a+b$ 的截面联系起来，设 $\sigma_{\rm I}(W)$ 为反应

$$\gamma+p\longrightarrow\pi^{+}+n$$

在质心系中总能量为 W 时的截面，这个截面已对散射角积分，对末态自旋求和，对初态自旋求平均. $\sigma_{\rm II}(W)$ 为逆反应

$$\pi^{+}+n\longrightarrow\gamma+p$$

同样意义下的截面，设 μ 为 π 介子质量，m 为核子质量(忽略中子与质子质量的微小差别). 给定 $\sigma_{\rm I}(W)$，利用细致平衡原理预言 $\sigma_{\rm II}(W)$.

(2) 反应Ⅰ的阈能多大？当 W 刚超过阈能时，$\sigma_{\rm II}(W)$ 随 W 的变化情况怎么样？

解 (1) 为方便起见，用 α 表示(a,b) 态，用 β 表示(c,d) 态，按题意反应 $a+b\to c+d$ 的截面为 $\sigma_{\alpha\beta}$，其逆反应 $c+d\to a+b$ 的截面为 $\sigma_{\beta\alpha}$. 若时间反演不变性成立，当正、逆反应的入射道具有相同的质心系能量 W 时，$\sigma_{\alpha\beta}$ 和 $\sigma_{\beta\alpha}$ 满足

$$\frac{\sigma_{\alpha\beta}}{\sigma_{\beta\alpha}}=\frac{p_{\beta}^{2}(2s_{c}+1)(2s_{d}+1)}{p_{\alpha}^{2}(2s_{a}+1)(2s_{b}+1)}$$

这就是细致平衡原理. 式中 p_α 为反应 $a+b\to c+d$ 的入射道的相对动量值，p_β 为逆反应入射道的相对动量值，s_a、s_b、s_c、s_d 分别为 a、b、c、d 的自旋.

对反应 $\gamma+p\to\pi^{+}+n$，α 态为(γ,p). 在质心系中，设入射道 γ 的动量为 p_γ，质子能量为 E_p，动量为 $p_p=-p_\gamma$，质量为 m，质心系总能量为 $W=E_p+E_\gamma$，有

$$(W-E_{p})^{2}-E_{\gamma}^{2}=0$$

γ 的静止质量为零，利用 $E_\gamma^2-p_\gamma^2=0$，$E_p^2-p_p^2=m^2$，得到

$$E_{p}=\frac{W^{2}+m^{2}}{2W}$$

相对动量为

$$p_{\alpha}^{2}=p_{\gamma}^{2}=E_{p}^{2}-m^{2}=\left(\frac{W^{2}-m^{2}}{2W}\right)^{2}$$

对逆反应，$\pi^{+}+n\to\gamma+p$，β 态为(π^+,n)，质心系中，π^+ 介子能量为 E_π，动量为 p_π，质量为 m_π；中子的能量为 E_n，动量 $p_n=-p_\pi$，质量近似 m. 质心系总能量 $W=E_n+E_\pi$，有

$$(W-E_{n})^{2}-E_{\pi}^{2}=0$$

利用 $E_\pi^2-p_\pi^2=m_\pi^2$，$E_n^2-p_n^2=m^2$，得到

$$E_{n}=\frac{W^{2}+m^{2}-m_{\pi}^{2}}{2W}$$

$$p_{\beta}^{2}=p_{\pi}^{2}=E_{n}^{2}-m^{2}=\frac{(W^{2}+m^{2}-m_{\pi}^{2})^{2}-4W^{2}m^{2}}{4W^{2}}$$

由 $s_\gamma=1$，$s_p=\frac{1}{2}$，$s_n=\frac{1}{2}$，$s_\pi=0$，但 γ 只有左、右旋两个自由度，代入上式

$$\frac{\sigma_{\rm I}(W)}{\sigma_{\rm II}(W)}=\frac{p_{\beta}^{2}(2s_{\pi}+1)(2s_{n}+1)}{p_{\alpha}^{2}(2s_{\gamma}+1)(2s_{p}+1)}=\frac{1}{2}\cdot\frac{p_{\beta}^{2}}{p_{\alpha}^{2}}$$

$$\sigma_{\mathrm{II}}(W)=2\frac{p_\alpha^2}{p_\beta^2}\sigma_{\mathrm{I}}(W)=\frac{(W^2-m^2)^2}{(W^2+m^2-m_\pi^2)^2-4W^2m^2}\sigma_{\mathrm{I}}(W)$$

(2) $\gamma+p\to\pi^++n$ 阈能反应时，末态粒子在质心系中的动量均为零. 此时，质心系能量 $W^{\mathrm{th}*}=m+m_\pi$. 初态，质子静止，光子能量为 E_γ，则质心系中能量 $W=\sqrt{2mE_\gamma^{\mathrm{th}}+m^2}$，在阈能时，得到

$$\sqrt{2mE_\gamma^{\mathrm{th}}+m^2}=m+m_\pi$$

所以，阈能为

$$E_\gamma=m_\pi\cdot\left(1+\frac{m_\pi}{2m}\right)\approx150(\mathrm{MeV})$$

当 $E_\gamma>E_\gamma^{\mathrm{th}}$ 时，$\sigma(\gamma+p\to\pi^++n)$ 随 E_γ 的增加很快增加；当 $E_\gamma=340\mathrm{MeV}$ 时，出现宽共振峰，这时共振峰能量为

$$E^*=\sqrt{2m_pE_\gamma+m_p^2}\approx1232(\mathrm{MeV})$$

共振峰的宽度约为

$$\Gamma=115\mathrm{MeV}$$

它称为 Δ 粒子，在峰值处 $\sigma\approx280\mu\mathrm{b}$.

12.4　假设有一个粒子，电荷为 e，自旋为 $\frac{1}{2}$，静止质量为 M. 它自发衰变为一个质量为 m 的电子和一个光子. 在它静止的系统中，平均寿命为 τ. 反过来，如果一个电子吸收一定频率的光子，会产生这个粒子. 设电子是静止的，需要光子的频率是多少？设入射光子单位体积和频率间隔 $\mathrm{d}\omega$ 内具有能量 $U(\omega)\mathrm{d}\omega$，一个电子单位时间产生这个粒子的概率是多少？如果这个粒子的自旋不是 $\frac{1}{2}$，而是 $\frac{3}{2}$，对于上面的回答又是怎样的？

解　我们标记质量为 M 的粒子为 μ. 为了得到反应 $e+\gamma\to\mu$ 的阈频率 ω_0，在质心系中，初态的不变质量的平方必须等于 M^2，

$$(\omega_0+m)^2-\omega_0^2=M^2$$

由此得到

$$\omega_0=\frac{M^2-m^2}{2m}$$

关键在于 $e+\gamma\to\mu$ 反应率是时间反演不变的，我们记 $S_{s_\mu,s_e,\varepsilon}(\mu\to e+\gamma)$ 是在 μ 粒子静止的系统中，衰变到电子和光子的矩阵元，μ 粒子极化为 s_μ，电子和光子的极化分别为 s_e 和 ε. 同样，其逆过程的矩阵元为 $S_{s_e,\varepsilon,s_\mu}(e+\gamma\to\mu)$，如图 3.14 所示.

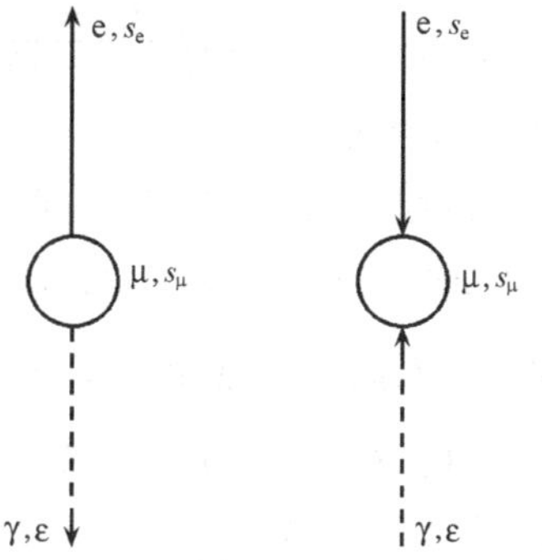

图 3.14

时间反演不变要求

$$\sum_{s_\mu,s_e,\varepsilon}|S_{s_\mu,s_e,\varepsilon}(\mu\to e+\gamma)|^2=\sum_{s_\mu,s_e,\varepsilon}|S_{s_e,\varepsilon,s_\mu}(e+\gamma\to\mu)|^2$$

其 μ 粒子的寿命为

$$\mathrm{d}\Gamma=\frac{2\pi}{(2s_\mu+1)}\sum_{s_\mu,s_e,\varepsilon}|S_{s_\mu,s_e,\varepsilon}(\mu\to e+\gamma)|^2\frac{\mathrm{d}\Omega}{(2\pi)^3}\frac{p^2\mathrm{d}p}{\mathrm{d}E}$$

上式对相空间积分，式中，p 是末态一个粒子的动量. 总能量 $E=M$，即 $E=p+\sqrt{p^2+m^2}$，代入寿命公式，得到

$$\frac{1}{\tau}=\Gamma=\frac{1}{\pi(2s_\mu+1)}\left(\frac{M^2-m^2}{2M}\right)^2\left(\frac{M^2+m^2}{2M^2}\right)\sum_{s_\mu,s_e,\varepsilon}|S_{s_\mu,s_e,\varepsilon}(\mu\to e+\gamma)|^2$$

在 μ 粒子静止的系统中，逆过程产生非极化的 μ 粒子的概率为

$$\Gamma_0=\frac{2\pi}{2(2s_e+1)}\sum_{s_\mu,s_e,\varepsilon}|S_{s_e,\varepsilon,s_\mu}(e+\gamma\to\mu)|^2\frac{\mathrm{d}N}{\mathrm{d}E}$$

其中，$\frac{\mathrm{d}N}{\mathrm{d}E}$是质心系中的初态密度，$E$ 是质心系能量. 有关系式

$$\mathrm{d}N=\sqrt{(1-v)(1+v)}[U(\omega)\mathrm{d}\omega/\omega]$$

式中的约化因子$\sqrt{(1-v)(1+v)}$，是因为光子密度传递到质心系，因为总光子数是洛伦兹变换不变的，很像四度矢量中的第四分量(如多普勒频移). 三维空间坐标中体积微分单元是一个空间转动不变的标量，而在四维空间的体积元是 $\mathrm{d}^4x=\mathrm{d}^3x\mathrm{d}t$，有

$$\frac{\mathrm{d}N}{\mathrm{d}V}\sim\frac{1}{\mathrm{d}V}\sim\frac{\mathrm{d}^4x}{\mathrm{d}V}\sim\mathrm{d}t$$

表明光子密度的变换很像四度矢量中的时间分量. 注意，类似的变换可以用于电荷密度的变换. 设在质心系，光子的频率为 ω，有 $E=\omega'+\sqrt{\omega'^2+m^2}$ 和 $\frac{\mathrm{d}\omega'}{\omega}=\sqrt{(1-v)(1+v)}$，代入上式得到

$$\frac{\mathrm{d}N}{\mathrm{d}E}=\frac{M^2+m^2}{2M^2}\cdot\frac{U(\omega_0)}{\omega_0}$$

$$\Gamma_0=4\pi^2\cdot\frac{2s_\mu+1}{2s_e+1}\cdot\frac{M^2}{(M^2-m^2)^2}\cdot\frac{U(\omega_0)}{\omega_0}\frac{1}{\tau}$$

这是在质心系的产生概率，换算到实验室系，有

$$\Gamma_{\mathrm{Lab}}=\frac{\Gamma_0}{\gamma}=\frac{8\pi^2(2s_\mu+1)M^2m}{(2s_e+1)(M^2-m^2)^2(M^2+m^2)}\cdot\frac{U(\omega_0)}{\omega_0}\frac{1}{\tau}$$

对于 $s_\mu=s_e=\frac{1}{2}$，有$\frac{(2s_\mu+1)}{(2s_e+1)}=1$，当 μ 粒子的自旋从$\frac{1}{2}$变为$\frac{3}{2}$时，$s_e=\frac{1}{2}$不变，则产生概率会增大 1 倍.

对此问题一点联想：研究此问题的意义在于，人们原来的兴趣一直在实验测量 μ 子的电磁衰变 $\mu\to e\gamma$，以此来寻找轻子数守恒的尺度. 现在，我们知道这种衰变是不存在的. 但是，人们对通过光子反应产生高自旋态的重子共振态$\left(\text{自旋大于}\frac{3}{2}\right)$仍很感兴趣.

12.5 设 μ 子衰变成一个电子和两个可区分的中微子，μ 子衰变电子动量在 $p\sim p+\mathrm{d}p$ 的衰变率为

$$\mathrm{d}\Gamma=\frac{2\pi}{\hbar}\left(\frac{g}{V}\right)^2\frac{Vp^2}{2\pi^2}\frac{\mathrm{d}p\mathrm{d}n}{\hbar^3\mathrm{d}W}$$

g 是耦合常数，V 是归一化体积，p 是发射电子的动量，W 是发射三个粒子的总能量.

(1) 计算单位能量间隔的中微子态数 $\mathrm{d}n/\mathrm{d}W$，给出电子动量谱的表示式；(设电子的能量$\approx pc$).

(2) μ 子的寿命是 $\tau=2.2\times10^{-6}\,\mathrm{s}$，$m_\mu=207m_\mathrm{e}$. 由此数据计算 g 值.

解 (1) 末态的态密度，可写成

$$\mathrm{d}n=\frac{V}{(2\pi\hbar)^3}\mathrm{d}^3p$$

要把该式写成与能量有关的形式，设 $|\boldsymbol{p}_{\nu_1}|=p_{\nu_1}$，$|\boldsymbol{p}_\mathrm{e}|=p_\mathrm{e}$，$\cos\theta=\dfrac{\boldsymbol{p}_\mathrm{e}\cdot\boldsymbol{p}_{\nu_1}}{p_\mathrm{e}p_{\nu_1}}$. 动量、能量守恒要求

$$\boldsymbol{p}_\mathrm{e}+\boldsymbol{p}_{\nu_1}+\boldsymbol{p}_{\nu_2}=0$$
$$W=(|\boldsymbol{p}_\mathrm{e}|+|\boldsymbol{p}_{\nu_1}|+|\boldsymbol{p}_{\nu_2}|)c$$

得到

$$\begin{aligned}\frac{\mathrm{d}n}{\mathrm{d}W}&=2\pi V\sin\theta\mathrm{d}\theta p_{\nu_1}^2\frac{\mathrm{d}p_{\nu_1}}{\mathrm{d}W}\\&=2\pi V\sin\theta\mathrm{d}\theta\frac{(Mc)^2}{8c}(Mc-2p_\mathrm{e})^2\left\{\frac{2(Mc-p_\mathrm{e})(p_\mathrm{e}\cos\theta-p_\mathrm{e})+M^2c^2}{(Mc-p_\mathrm{e}+p_\mathrm{e}\cos\theta)^4}\right\}\end{aligned}$$

其中，总衰变能 $W=Mc^2$，M 是 μ 子的质量. 对 θ 积分，代到衰变概率式中，整理得到

$$\begin{aligned}\mathrm{d}\Gamma&=\frac{2\pi}{\hbar}g^2\frac{p^2\mathrm{d}p_\mathrm{e}}{2\pi^2\hbar^3}\frac{1}{(2\pi\hbar)^3}\frac{\pi}{6c}(3M^2c^2-6Mcp_\mathrm{e}+2p_\mathrm{e}^2)\\&=Ap_\mathrm{e}^2(3W^2-6Wp_\mathrm{e}c+2p_\mathrm{e}^2c^2)\mathrm{d}p_\mathrm{e},\quad A=\frac{g^2}{48\pi^3\hbar^7c^3}\end{aligned}$$

即发射电子在动量 $p\sim p+\mathrm{d}p$ 的数目正比于 $p_\mathrm{e}^2(3W^2-6Wp_\mathrm{e}c+2p_\mathrm{e}^2c^2)$，电子的最大动量为$\dfrac{Mc}{2}$.

另一个直观的解法：$n(W)$ 正比于$\int\mathrm{d}^3p_{\nu_1}$，限制条件是

$$\boldsymbol{p}_\mathrm{e}+\boldsymbol{p}_{\nu_1}+\boldsymbol{p}_{\nu_2}=0$$
$$W=(|\boldsymbol{p}_\mathrm{e}|+|\boldsymbol{p}_{\nu_1}|+|\boldsymbol{p}_{\nu_2}|)c$$

即 $n(W)$正比于图 3.15 中椭球的体积，椭球的长轴为 $a=\dfrac{1}{2}(W-p_\mathrm{e}c)$，短轴为 $b=c=\dfrac{1}{2}\sqrt{(W^2-2Wp_\mathrm{e}c)}$，椭球的体积为

$$V=\frac{4\pi}{3}abc=\frac{\pi}{6}(W-p_\mathrm{e}c)(W^2-2Wp_\mathrm{e}c)$$

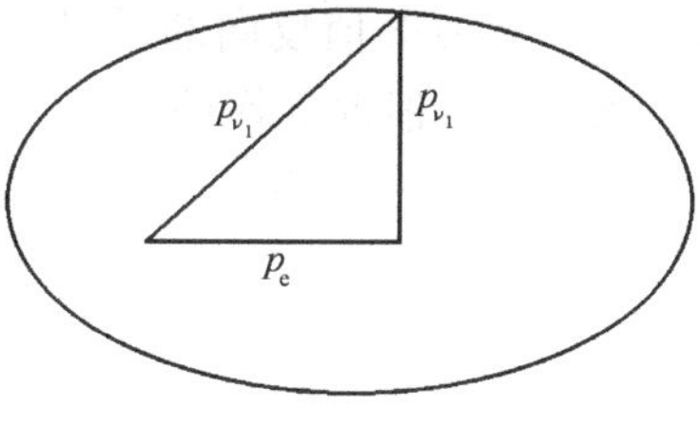

图 3.15

所以，$\dfrac{\mathrm{d}n}{\mathrm{d}W}$正比于

$$\frac{\mathrm{d}}{\mathrm{d}W}[(W-p_\mathrm{e}c)(W^2-2Wp_\mathrm{e}c)]=3W^2-6Wp_\mathrm{e}c+2p_\mathrm{e}^2c^2$$

(2) 对整个动量区积分($0\leqslant p_\mathrm{e}\leqslant W/2c$)得到

$$\frac{1}{\tau}=\Gamma=\int_0^{\frac{Mc}{2}} Ap_e^2(3W^2-6Wp_e c+2p_e^2c^2)\mathrm{d}p_e$$
$$=A\left\{M^2c^4\frac{(Mc)^3}{8}-6Mc^3\frac{1}{4}\left(\frac{Mc}{2}\right)^4+\frac{2c^2}{5}\left(\frac{Mc}{2}\right)^5\right\}$$
$$=A\left(\frac{1}{8}-\frac{3}{32}+\frac{1}{80}\right)M^5c^7=\frac{7M^5c^4g^2}{7680\pi^3\hbar^7}$$
$$g=\sqrt{\frac{7680\pi^3(c\hbar)^7}{7\tau c(Mc^2)^5}}=\sqrt{\frac{7.680\times10^3\times(3.14)^3\times2^7\times10^{14}\times10^{-91}}{7\times2.2\times10^{-6}\times1.06^5\times10^{10}\times3\times10^{10}}}$$
$$=7.02\times10^{-43}(\mathrm{MeV}\cdot\mathrm{cm}^3)=1.10\times10^{-50}(\mathrm{erg}\cdot\mathrm{cm}^3)$$

12.6　一个动能为150MeV的粒子衰变为$2\pi^++\pi^-$，根据照像乳胶中射程的测量得到两个π^+的动能分别为68.6MeV和80.8MeV，π^-的动能为75.5MeV，试求该衰变能Q和该粒子的质量.它是什么粒子？已知$m_\pi=139.6\mathrm{MeV}/c^2$.

解　衰变方程为$X\rightarrow\pi^++\pi^++\pi^-$，衰变能为

$$Q=(E_{\pi_1^+}+E_{\pi_2^+}+E_{\pi^-})-E_X=(68.6+80.8+75.5)-150=74.9(\mathrm{MeV})$$

又因为

$$Q=[m_{X^+}-(2m_{\pi^+}+m_{\pi^-})]c^2$$

可得到

$$m_{X^+}=\left[\frac{Q}{c^2}+(2m_{\pi^+}+m_{\pi^-})\right]=74.9+3\times139.6=493.7(\mathrm{MeV}/c^2)$$

衰变中电荷守恒，要求X粒子的电荷为+1，从质量和电荷分析，该粒子最大的可能是K^+，是弱衰变.

12.7　考虑轻子衰变$\mu^+\rightarrow e^+\nu_e\bar{\nu}_\mu$和$\tau^+\rightarrow e^+\nu_e\bar{\nu}_\tau$，它们都是通过同样的弱作用进行的.

(1) 如果μ^+的平均寿命是2.2×10^{-6}s，估计τ^+的平均寿命.

已知：$\tau^+\rightarrow e^+\nu_e\bar{\nu}_\tau$的实验分支比是16%.

$$M_\mu=106\ \mathrm{MeV}/c^2;\qquad M_\tau=1784\ \mathrm{MeV}/c^2;$$
$$M_e=0.5\ \mathrm{MeV}/c^2;\qquad M_\nu=0\ \mathrm{MeV}/c^2.$$

(2) 如果τ^+是在加速器碰撞束中产生的(如PEP)，$e^+e^-\rightarrow\tau^+\tau^-$，当$E_{cm}=29$ GeV (e^+和e^-具有等值反向的动量)，求τ^+衰变前的平均距离(在实验室系中).

解　(1) 根据弱作用理论，可以算出

$$\lambda_\mu=\tau_\mu^{-1}=\frac{G_\mu^2m_\mu^5}{192\pi^3}$$
$$\lambda_\tau(\tau\rightarrow e\nu\nu)=\frac{G_\tau^2m_\tau^5}{192\pi^3}$$

它们具有同样的弱作用常数：$G_\mu=G_\tau$，$\frac{\lambda_\tau}{\lambda_\mu}=\frac{m_\tau^5}{m_\mu^5}$.而$\tau^+$衰变到$e^+\nu_e\bar{\nu}_\tau$的分支比$R=\lambda_\tau(\tau^+\rightarrow e^+\nu_e\bar{\nu}_\tau)/\lambda$，得到

$$\tau_\tau=\lambda^{-1}=\frac{R}{\lambda_\tau(\tau^+\rightarrow e^+\bar{\nu}_\tau\nu_e)}=\frac{m_\mu^5}{m_\tau^5}R\tau_\mu$$

$$= \left(\frac{106}{1784}\right)^5 \times 0.16 \times 2.2 \times 10^{-6} = 2.6 \times 10^{-13}(\mathrm{s})$$

实验值：$(2.906 \pm 0.011) \times 10^{-13}$s，说明题中给出的早期测量的 M_τ 偏大，τ^+ 衰变到 $e^+\nu_e\bar{\nu}_\tau$ 的分支比偏小，实验值与理论预言值偏离较大. 人们不禁要问，是实验数据有偏离？还是轻子相互作用普适性理论有问题？在北京中科院高能物理研究所正、负电子对撞机(BEPC)上，用北京谱仪(BES)精确测量了 M_τ 值，得到

$$M_\tau = (1776.9 \pm 0.4 \pm 0.3)\mathrm{MeV}$$

其中，第一项为统计误差，第二项为系统误差. 这一结果验证轻子相互作用普适性理论是正确的. 目前，精确测量的世界平均值：

$$M_\tau = (1776.99 \pm 0.28)\mathrm{MeV}$$
$$R = (17.36 \pm 0.06)\%$$
$$\tau_\mu = (2.19703 \pm 0.00004) \times 10^{-6}\mathrm{s}$$
$$M_\mu = (105.658369 \pm 0.000009)\mathrm{MeV}$$

代入上式得到

$$\tau_\tau = 2.83 \times 10^{-13}(\mathrm{s})$$

和实验值接近，验证了轻子弱相互作用的普适性.

(2) 在质心系中，τ^+ 和 τ^- 具有相同的能量，

$$E_\tau = \frac{E_{cm}}{2} = 14.5\mathrm{GeV}$$

$$\gamma = \frac{E_\tau}{m_0} = \frac{14.5 \times 10^3}{1784} = 8.13$$

$$\beta = \sqrt{1-\gamma^{-2}} = \sqrt{1-8.13^{-2}} \approx 0.992$$

$$L = \beta c \gamma \tau = 0.992 \times 3 \times 10^{10} \times 8.13 \times 2.906 \times 10^{-13} = 7.03 \times 10^{-2}(\mathrm{cm})$$

12.8 假设，衰变 $n \to pe^-\bar{\nu}_e$ 和 $\Sigma^- \to \Lambda e^-\bar{\nu}_e$ 是同样的弱作用过程，并且描述衰变的矩阵元是同样的. 估计过程 $\Sigma^- \to \Lambda e^-\bar{\nu}_e$ 的衰变率. 已知自由中子的寿命约为 10^3s. 给出：

$$m_n = 939.57\ \mathrm{MeV}/c^2; \quad m_\Sigma = 1197.35\ \mathrm{MeV}/c^2;$$
$$m_p = 938.28\ \mathrm{MeV}/c^2; \quad m_\Lambda = 1116.058\ \mathrm{MeV}/c^2;$$
$$m_e = 0.51\ \mathrm{MeV}/c^2; \quad m_\nu = 0.$$

解 根据β衰变理论，单位时间的跃迁概率是 $W = 2\pi G^2 |M|^2 \frac{dN}{dE_0}$，总衰变率 $\lambda \propto E_0^5$，其中 E_0 是衰变中微子的最大能量，对于两个衰变矩阵元相同的衰变，比例常数一样.

$$\frac{\lambda_1}{\lambda_2} = \left(\frac{E_{01}}{E_{02}}\right)^5$$

$$\lambda(\Sigma^- \to \Lambda e\bar{\nu}) = \left[\frac{E_0(\Sigma^- \to \Lambda e^-\bar{\nu}_e)}{E_0(n \to pe^-\bar{\nu}_e)}\right]^5 \lambda_n = \left(\frac{m_\Sigma^- - m_\Lambda - m_e}{m_n - m_p - m_e}\right)^5 \cdot \frac{1}{\tau_n}$$

$$= \left(\frac{1197.35 - 1116.058 - 0.511}{939.57 - 938.28 - 0.511}\right)^5 \times 10^{-3} \approx 1.2 \times 10^7(\mathrm{s}^{-1})$$

12.9 尽管弱相互作用耦合的普适性，由于运动学的原因，不同的弱相互作用过程中有着巨大差别的速率.

（1）假定普适的 V-A 作用，计算（或估计）速率比：

$$R=\frac{\Gamma(\pi^-\to\mu^-\bar{\nu}_\mu)}{\Gamma(\pi^-\to e^-\bar{\nu}_\mu)}$$

（2）如果普适的弱相互作用为标量耦合，这个比值怎样改变？对赝标量又怎样？

（3）期望比值 R'（V-A 作用）：$R'=\frac{\Gamma(\Lambda\to p\mu^-\bar{\nu}_\mu)}{\Gamma(\Lambda\to pe^-\bar{\nu}_\mu)}$为多大？这里，只要求一个定性结果. 已知：$J^P(\pi^-)=0^-$，用自然单位制：

$$M_\Lambda=1190\ \text{MeV};\quad M_\mu=105\ \text{MeV};$$
$$M_e=0.5\ \text{MeV};\quad M_P=938\ \text{MeV}.$$

解 （1）弱作用反应速率

$$\Gamma=2\pi G_F^2\mid M\mid^2\frac{dN}{dE_0}$$

式中，$\frac{dN}{dE_0}$为单位能量间隔的终态数目，M 为跃迁矩阵元，G_F 为弱相互作用耦合常数.

π^-粒子的两种衰变：

$$\pi^-\to\mu^-+\bar{\nu}_\mu$$
$$\pi^-\to e^-+\bar{\nu}_e$$

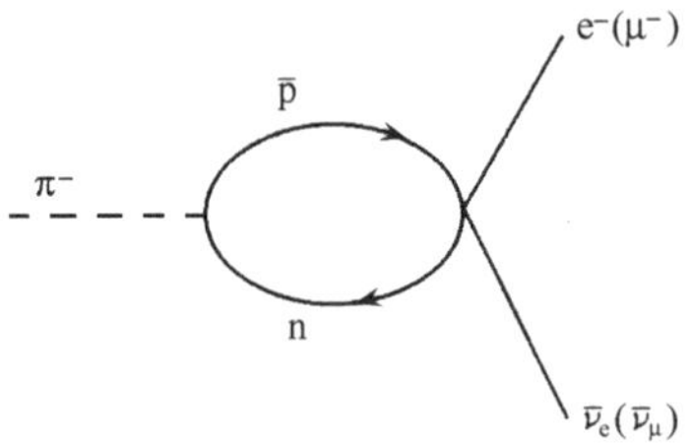

图 3.16

假设衰变为核子-反核子中间态的四个费米子相互作用（图 3.16）

$$\pi^-\xrightarrow{\text{S作用}}\bar{p}+n\xrightarrow{\text{W作用}}e^-+\bar{\nu}_e\ 或\ \mu^-+\bar{\nu}_\mu$$

考虑到宇称、角动量等，根据 V-A 理论，这种耦合为轴矢量耦合（A）. 对于 A 耦合，$M^2\approx1-\beta$，β 为带电轻子速率. 相空间因子

$$\frac{dN}{dE_0}=Bp^2\cdot\frac{dp}{dE_0}$$

其中，B 为常数，p 为带电轻子在 π 介子静止的系统中的动量值. 系统的总能量为

$$E_0=m_\pi=p+\sqrt{p^2+m^2}$$

$$p=\frac{m_\pi^2-m^2}{2m_\pi}$$

式中，m 是轻子的静止质量，中微子的质量为零. 对上式微分，得到

$$dE_0=dp+\frac{p\,dp}{\sqrt{p^2+m^2}}=\frac{E_0\,dp}{E_0-p}=\frac{2m_\pi^2}{m_\pi^2+m^2}dp$$

$$\frac{dp}{dE_0}=\frac{m_\pi^2+m^2}{2m_\pi^2}$$

$$\beta=\frac{p}{\sqrt{p^2+m^2}}=\frac{p}{m_\pi-p}$$

$$1-\beta=1-\frac{p}{m_\pi-p}=\frac{m_\pi-2p}{m_\pi-p}=\frac{2m_\pi^2-2(m_\pi^2-m^2)}{2m_\pi^2-(m_\pi^2-m^2)}=\frac{2m^2}{m_\pi^2+m^2}$$

对于 A 耦合，衰变速率 Γ 为

$$\Gamma \propto (1-\beta)p^2\frac{\mathrm{d}p}{\mathrm{d}E_0}=\frac{1}{4}\left(\frac{m}{m_\pi}\right)^2\left(\frac{m_\pi^2-m^2}{m_\pi}\right)^2$$

比值为

$$R=\frac{\Gamma(\pi^-\to\mu^-\ \bar{\nu}_\mu)}{\Gamma(\pi^-\to e^-\ \bar{\nu}_e)}=\frac{\dfrac{m_\mu^2}{4}\left(1-\dfrac{m_\mu^2}{m_\pi^2}\right)^2}{\dfrac{m_e^2}{4}\left(1-\dfrac{m_e^2}{m_\pi^2}\right)^2}$$

$$=\frac{m_\mu^2(m_\pi^2-m_\mu^2)^2}{m_e^2(m_\pi^2-m_e)^2}=8.13\times10^3$$

(2) 对于标量耦合 $M^2\approx1-\beta$,故比值 R 不变. 对于赝标量耦合 $M^2\approx1+\beta$,衰变率正比于

$$p^2\frac{\mathrm{d}p}{\mathrm{d}E}(1+\beta)=\frac{1}{4}\left(\frac{m_\pi^2-m^2}{m_\pi}\right)^2$$

得到

$$R=\frac{\Gamma(\pi^-\to\mu^-\ \bar{\nu}_\mu)}{\Gamma(\pi^-\to e^-\ \bar{\nu}_e)}=\frac{(m_\pi^2-m_\mu^2)^2}{(m_\pi^2-m_e^2)^2}=0.18$$

实验值：

$$\mathrm{BR}(\pi^-\to\mu^-+\bar{\nu})=(99.98770\pm0.00004)\%$$
$$\mathrm{BR}(\pi^-\to e^-+\bar{\nu})=(1.230\pm0.004)\times10^{-4}$$
$$R_{\mathrm{exp}}\approx8.13\times10^3$$

与轴矢量耦合的预期值相吻合.

(3) 对于 Λ^0 的半轻子衰变的两个衰变道

$$\Lambda^0\to p+\mu^-+\bar{\nu}_\mu;\quad p+e^-+\bar{\nu}_e$$

也可以估计 R'_{th}值

$$R'=\frac{\Gamma(\Lambda\to p\mu^-\ \bar{\nu}_\mu)}{\Gamma(\Lambda\to pe^-\ \bar{\nu}_e)}$$

用同样的方法,得到 V-A 耦合理论计算值为

$$R'_{\mathrm{th}}\approx0.165$$

实验值：

$$R_{\mathrm{exp}'}\approx0.189$$

说明在 Λ 的半轻子衰变中,也与 V-A 耦合理论相符合.

12.10 列出中微子和反中微子的一般性质,最初提出中微子存在假说的物理动机是什么？人们第一次是怎样探测到中微子的？

解 中微子与反中微子都是轻子,它们只参与弱作用. 目前认为,存在三种类型的中微子及其反中微子,即电子中微子,μ 子中微子和 τ 子中微子及其反粒子.

中微子与反中微子的一般性质见表 3.7.

表 3.7

名　称	电　荷	自　旋	螺旋性	轻子数
中微子	0	1/2	−1	+1
反中微子	0	1/2	+1	−1

为解决在β衰变中连续的电子能量与分立的原子核能级的矛盾，1931 年，Pauli 提出了β衰变中放出中微子的假说. 在β衰变中，原子核在放出一个电子的同时，还放出一个中性的、质量很小的中微子，应是三体衰变. 未探测到的中微子带走一部分能量，导致了电子的连续能谱和“过程的能量失踪”.

中微子只参与弱作用，使得中微子直接探测工作极其困难. 莱尼斯(F. Reines)和柯文(C. L. Cowan)于 1953 年开始进行了这方面的实验工作. 他们的实验原理是，利用中子衰变 $n\rightarrow p+e^-+\bar{\nu}_e$ 的逆过程

$$\bar{\nu}_e+p\longrightarrow n+e^+$$

由反应堆出来的 $\bar{\nu}_e$ 轰击质子，若实验能探测到同时产生的中子和正电子，就直接证明了中微子的存在. 实验安排：用镉盐($CdCl_2$)的水溶液作靶，与液体闪烁探测器做成夹层，放在反应堆旁. 从反应堆出来的、能谱连续(约 1MeV)的电子反中微子，在靶中与质子发生作用，产生正电子和中子，正电子在物质中很快被慢化(约 10^{-9}s)后，和电子湮灭为两个能量为 0.511MeV、方向相反的 γ 射线，分别被夹层中的两个液体闪烁探测器测量. 另外，能量约几千电子伏的中子，也被液体慢化，经过约 5μs 后，成为热中子被镉俘获，镉俘获中子后，放出能量约为 9.1MeV 的 γ 射线，同样被液体闪烁探测器测量. 用两个 0.511MeV 的符合信号，延迟 5μs 后，再与液体闪烁探测器测量的 9.1MeV 的 γ 射线的信号符合，给出电子反中微子和质子反应的事例，从时间和能量上双重选择，大大降低了本底. 该实验用了大约六年的时间，给出反中微子被质子俘获的截面为

$$\sigma=(1.10\pm0.25)\times10^{-43}\,\text{cm}^2$$

为了验证试验结果的可靠性，他们还做了一些辅助试验，例如，改变反应堆的功率，发现反中微子俘获计数率与反应堆的功率成正比；把镉盐水溶液中的水换成氘和氚混合水，反中微子俘获计数率就相应的降低；在反应堆和探测器之间增加屏蔽，中子流减弱到原来的 1/10，可是，反中微子俘获计数率不变. 这些辅助试验再次证实中微子存在的实验的可靠性. F. Reinse 以电子反中微子的发现的重要成果(1953 年)分享 1995 年诺贝尔物理学奖，另一位是 Martin L. Perl，他发现了 τ 轻子.

12.11　(1) 目前认为存在几种类型的中微子？中微子的自旋为何值？

(2) 散射过程中，中微子的哪些量守恒？中微子和反中微子有何差别？利用这些性质，补上反应 $\nu_\mu+e^-\rightarrow\mu^-+?$ 中的未知粒子.

(3) 假定中微子质量严格为零，中微子有磁矩吗？中微子自旋取向如何？反中微子的自旋取向又怎样？

(4) 若中微子质量为 0.1eV/c^2，则宇宙中温度为 3K 的中微子速度多大？

解　(1) 目前，已经发现三种类型的中微子，即电子中微子、μ 子中微子和 τ 子中微子及它们的反粒子. 中微子自旋为$\dfrac{1}{2}$.

(2) 在散射过程中,中微子的轻子数是守恒的. 中微子和反中微子的差别,是它们具有相反的轻子数. 如果中微子质量为零,那么中微子与反中微子的螺旋性也是相反的,反应 $\nu_\mu + e^- \rightarrow \mu^- + ?$ 中的未知粒子为 ν_e,即

$$\nu_\mu + e^- \rightarrow \mu^- + \nu_e$$

(3) 若中微子的质量严格为零,则中微子没有磁矩. 中微子的自旋方向,指向其运动的相反方向(左旋),反中微子的自旋方向,指向其运动方向(右旋).

(4) 3K 中微子的热运动的动能为 $E_k = 3kT/2, k = 8.62 \times 10^{-5} \text{eV} \cdot \text{K}^{-1}$,所以中微子的速度为

$$\beta = \sqrt{2E_k/m} = \sqrt{3kT/m} = \sqrt{3 \times 8.62 \times 10^{-5} \times 3/0.1} = 0.088$$
$$v = \beta c = 2.6 \times 10^7 (\text{m/s})$$

12.12 (1) 描述证明存在两种中微子且中微子反应截面很小的实验.

(2) 写出高能中微子与质子、中子反应产生单个 π 介子的反应式.

(3) 定义螺旋性并给出中微子和反中微子的螺旋性数值.

(4) 下列 μ^+ 的衰变能自然产生吗? 为什么?

$\mu^+ \rightarrow e^+ + \gamma$;

$\mu^+ \rightarrow e^+ + e^- + e^+$.

解 (1) 两类中微子:

泡利(W. Pauli)于 1931 年提出中微子假设,用于解释 β 衰变能量丢失和角动量的失配等. 目前已被实验证实,中微子是一种质量很小,自旋为$\frac{1}{2}$的费米子.

实验发现:β 衰变时产生的电子中微子和 π 衰变时产生的 μ 子中微子,是两种不同的中微子. 另外,中微子和反中微子也是两种不同的粒子.

R. Davis 和他的小组完成的中微子吸收实验,证明 ν_e 和 $\bar{\nu}_e$ 不同. 研究下面的过程,^{37}Ar 存在电子俘获过程

$$^{37}\text{Ar} + e^- \longrightarrow {}^{37}\text{Cl} + \nu_e$$

它的逆过程也存在,应有

$$\nu_e + {}^{37}\text{Cl} \longrightarrow {}^{37}\text{Ar} + e^-$$

若 $\bar{\nu}_e$ 和 ν_e 相同,则应有以下过程:

$$\bar{\nu}_e + {}^{37}\text{Cl} \longrightarrow {}^{37}\text{Ar} + e^-$$

在实验中,用 4000L 的 CCl_4 放在反应堆旁,在反应堆中,重核裂变成两个中等质量的核,裂变产物是丰中子同位素,多数具有 β 衰变,放出大量的电子和反中微子 $\bar{\nu}_e$,CCl_4 在反中微子的照射下产生^{37}Ar 气体,^{37}Ar 很容易从 CCl_4 分离出来,可用灵敏的探测器来测量它的 K 俘获过程,如果 $\bar{\nu}_e$ 和 ν_e 相同,理论计算,它的产生截面应为 $\sigma \approx 10^{-43}\text{cm}^2$. 实验显示其截面为

$$\sigma_{\exp} < 0.9 \times 10^{-45}\text{cm}^2$$

实验结果表明:$\bar{\nu}_e$ 照射产生的反应和 ν_e 参与反应的理论预期值是不同的,即 $\bar{\nu}_e$ 和 ν_e 不是同一种中微子.

证明 $\nu_e(\bar{\nu}_e)$和 $\nu_\mu(\bar{\nu}_\mu)$不同的实验,是用 ν_μ 来打靶,比较下列实验反应:

$$\nu_\mu + n \to p + e^-; \qquad \bar{\nu}_\mu + p \to n + e^+;$$
$$\nu_\mu + n \to p + \mu^-; \qquad \bar{\nu}_\mu + p \to n + \mu^+.$$

若 $\nu_e(\bar{\nu}_e)$ 和 $\nu_\mu(\bar{\nu}_\mu)$ 是一种中微子，则用 $\nu_\mu(\bar{\nu}_\mu)$ 做实验，产生的 $e^\mp$ 和 $\mu^\mp$ 应是一样的；若 $\nu_e(\bar{\nu}_e)$ 和 $\nu_\mu(\bar{\nu}_\mu)$ 不同，则产生 $e^\mp$ 的反应是禁戒的. 实验是由 G. Danby 等首先完成的，他们用能量为 15GeV 的质子打 Be 靶，产生大量的 $\pi^\pm$ 和 $K^\pm$ 等次级粒子，用磁铁来选择带负电荷的 π^- 和 K^-，这些 π^- 和 K^- 粒子在衰变中又产生 $\bar{\nu}_\mu$，

$$\pi^- \to \mu^- + \bar{\nu}_\mu$$
$$K^- \to \mu^- + \bar{\nu}_\mu$$

在实验室系，$\bar{\nu}_\mu$ 的运动方向是集中在前方的一个很小的角度内，再通过很厚的吸收体吸收掉带电粒子后，得到较"纯"的 $\bar{\nu}_\mu$ 束，它通过 90 层的铅火花室时，有下列反应：

$$\bar{\nu}_\mu + p \to n + e^+;$$
$$\bar{\nu}_\mu + p \to n + \mu^+.$$

测量反应产物 μ^+ 和 e^+，在 300 小时的测量中，有 51 个 μ^+ 事例，但未见肯定的正电子事例，说明 $\bar{\nu}_e$ 和 $\bar{\nu}_\mu$ 是两类不同的中微子. 也证明了中微子反应截面之小.

(2)
$$\nu_\mu + p \to \mu^- + p + \pi^+$$
$$\nu_\mu + n \to \mu^- + n + \pi^+$$
$$\to \mu^- + p + \pi^0$$

(3) 螺旋性定义为

$$h_\nu = \frac{\boldsymbol{p} \cdot \boldsymbol{\sigma}}{|\boldsymbol{p}||\boldsymbol{\sigma}|}$$

式中，$\boldsymbol{p}$ 和 $\boldsymbol{\sigma}$ 分别为中微子的动量和自旋. 中微子是左旋的，$h_\nu = -1$；反中微子是右旋的，$h_\nu = +1$.

(4) $\mu^+ \to e^+ + \gamma$，$\mu^+ \to e^+ + e^- + e^+$.

这两个反应均不能发生，因为它们违背了电子轻子数和 μ 子轻子数分别守恒的定律.

12.13 测量电子中微子质量的一个灵敏方法是测量 ( )

(A) 电子-中微子散射角分布　　(B) β 衰变中的电子能谱

(C) 太阳的中微子流　　(D) 不能测量

解 β 衰变中的电子能谱在接近最高能端时，由于中微子质量的存在而变化，从居里描绘上看，中微子质量的存在将使描绘的尾部改变. 答案为(B).

12.14 能量为 1GeV、通量 ϕ 为 $10^6\,\text{cm}^{-2}\cdot\text{s}^{-1}$ 的中微子穿过地球时，有多少发生了反应 ($\sigma = 0.7\times10^{-38}\,\text{cm}^2/N$，$N$ 为核子，$R = 6000\text{km}$，$\rho \approx 5\text{g/cm}^2$，$A \approx 20$) ( )

(A) 全部反应　　(B) ≈25

(C) 没有反应　　(D) ≈2500

解 单位体积的核子数为

$$N_N = (\rho N_A / A) \times A = \rho N_A = (5 \times 6.02 \times 10^{23})\text{cm}^3 \approx 3 \times 10^{24}\,\text{cm}^3$$

总反应数为

$$N = \sigma\phi N_N 2R = 0.7 \times 10^{-38} \times 10^6 \times 3 \times 10^{24} \times 2 \times 6 \times 10^8 = 25.2$$

答案为(B).

12.15 中微子反应截面随 E_ν 线性增长，当中微子能量为 1000GeV 时，需要多长的探测器，才能在通量为 10^6 中微子 · cm^{-2} · s^{-1}时，测到 1 个中微子作用事例/cm^2 · s?($\rho\approx 5g/cm^3$，$\langle A\rangle=20$) ( )

(A) 6km (B) 480m

(C) 25m (D) 5m

解 据(11.54 题和 12.14 题)，有 $\sigma'=1000\sigma$，设探测器的长度为 l，有关系式

$$2R\sigma : l\sigma' = 25.2 : 1$$

$$l=\frac{2R}{1000\times 25.2}=\frac{6000\times 2}{1000\times 25.2}=0.476(\text{km})\approx 480(\text{m})$$

答案为(B).

12.16 假设宇宙中充满了重中微子 ν_H(质量为 m_H)，它衰变为一个轻的中微子 ν_L(质量为 m_L)和一个光子，即 $\nu_H\rightarrow\nu_L+\gamma$，其寿命近似宇宙的年龄. 重中微子是在早期高温中产生的，以后就冷却下来. 事实上，它们主要是在静止中衰变.

(1) 产生的光子是单能的，并求出其能量；

(2) 当 $m_L\ll m_H$时，求光子的能量. 目前，实验给出的 $m_H\approx 50eV$，且 $m_L\ll m_H$，用什么特殊方法观测这些光子?

(3) 假设重中微子的寿命短于宇宙年龄，但也是冷下来再衰变，怎样改变你对(2)的回答.

解 (1) 重的中微子冷却后衰变. 因为是静止粒子的两体衰变，所以每个粒子的动量一定. 即光子是单能的，由能动量守恒. 令 $c=1$，重中微子、轻中微子和 γ 的四动量分别为 $p_H=(m_H,0)$、$p_L(E_L,p_L)$ 和 $p_\gamma(E_\gamma,p_\gamma)$. 对光子，质量为零，$p_\gamma=E_\gamma$，有

$$E_L+E_\gamma=m_H$$
$$E_\gamma=p_L$$
$$E_L^2=m_L^2+p_L^2$$

我们得到

$$(m_H-E_\gamma)^2=m_L^2+E_\gamma^2$$
$$E_\gamma=\frac{1}{2m_H}(m_H^2-m_L^2)$$

(2) 当 $m_H\gg m_L$时，$E_\gamma\approx\frac{m_H}{2}$，对于 $m_H=50eV$，$E_\gamma=25eV$，$\lambda\approx 49.6nm$. 对这个波段的光子，探测是相当困难的. 从原则上讲，任何测量真空紫外的方法，都可测量这样的单个光子.

(3) 如果重的中微子寿命远小于宇宙的年龄，它在形成后衰变成轻的中微子，重的中微子存在很少，探测就更困难.

12.17 首次从实验上证实弱相互作用中宇称不守恒的实验是 ( )

(A) τ-θ 之谜，由李政道、杨振宁完成 (B) τ-θ 之谜，由吴健雄完成

(C) 极化^{60}Co β^- 衰变，由吴健雄完成 (D) 极化^{60}Co β^- 衰变，由丁肇中完成

解　虽然李政道、杨振宁提出在弱相互作用中宇称不守恒的理论，是建立在一些实验结果与宇称守恒矛盾的事实，如 τ-θ 之谜等. 但首次从实验上直接证实弱相互作用中宇称不守恒的实验是测量极化 ^{60}Co β^- 衰变中 β^- 粒子相对于极化方向发射的不对称性，是由吴健雄教授完成的. 答案为(C).

12.18　π^+ 的级联衰变

$$\pi^+ \to \mu^+ + \nu_\mu$$
$$\mu^+ \to e^+ + \nu_e + \bar{\nu}_\mu$$

指出了宇称不守恒的证据.

(1) 验证宇称不守恒，需要测量哪个量？画出这个量的分布或给出公式；

(2) 两个衰变过程都破坏守恒吗？为什么？

解　(1) π^+ 介子在飞行中衰变，选择朝前衰变的 μ^+ 子，这种 μ^+ 子停止在碳吸收体内，然后再发生衰变，观察这些 μ^+ 子衰变放出 e^+ 的角分布，可以验证宇称不守恒. 观察相对于 μ^+ 的原运动方向的 e^+ 分布，得到的结果为

$$\frac{dN}{d\Omega} = 1 - \frac{1}{3}\cos\theta$$

空间反射时，$\theta \to \pi - \theta$，有

$$\left(\frac{dN}{d\Omega}\right)_{\pi-\theta} = 1 - \frac{1}{3}\cos(\pi - \theta) = 1 + \frac{1}{3}\cos\theta \neq \left(\frac{dN}{d\Omega}\right)_\theta$$

显然，这个分布不满足空间反射不变性，所以宇称不守恒. π^+ 衰变中，只有左螺旋的中微子.

(2) 两个衰变过程，都破坏宇称守恒，因为这两个过程都是弱相互作用过程，都有中微子放出.

12.19　分析下列衰变：

$$\pi^+ \to \mu^+ + \nu_\mu$$
$$\hookrightarrow e^+ + \nu_e + \bar{\nu}_\mu$$

(1) 如果 π 的动量为 p，μ 子的最大和最小动量是多少？用 m_μ、m_π 和 p 表示. 设中微子零质量，令 $c=1$，$p \gg m_\mu$、m_π. 设 $p=1\text{GeV}$，给出 μ 子的最大和最小动量值；

(2) 如果 π^+ 衰变中，中微子具有负的螺旋性，μ^+ 子的螺旋性是怎样的？

(3) 已知 ν_e 和 $\bar{\nu}_\mu$ 分别具有负的和正的螺旋性，e^+ 的螺旋性是多少？

(4) 什么量子数守恒，显示 ν_μ 和 $\bar{\nu}_\mu(\nu_e)$ 分别和 μ 子及电子相联系？

解　(1) 已知 p，求 π 介子的运动参数，

$$\beta\gamma = \frac{p}{m_\pi}$$

$$\gamma = \frac{\sqrt{p^2 + m_\pi^2}}{m_\pi} \approx \left(1 + \frac{m_\pi^2}{2p^2}\right)\frac{p}{m_\pi}$$

在 π 静止的坐标系中，$\pi^+ \to \mu^+ + \nu_\mu$，能量、动量守恒，得到

$$m_\pi = \sqrt{p_\mu^{*2} + m_\mu^2} + p_\mu^*$$

$$p_\mu^* = p_\nu^* = \frac{m_\pi^2 - m_\mu^2}{2m_\pi}$$

$$E_\mu^* = \sqrt{p_\mu^{*2} + m_\mu^2} = \frac{m_\pi^2 + m_\mu^2}{2m_\pi}$$

换算到实验室系

$$p_\mu \cos\theta = \gamma p_\mu^* \cos\theta^* + \gamma\beta E_\mu^*$$

当 $\theta^* = 0$ 和 $180°$时,p_μ有极值

$$(p_\mu)_{\max} = p \cdot \left(1 + \frac{m_\pi^2}{2p^2}\right)\frac{m_\pi^2 - m_\mu^2}{2m_\pi^2} + p \cdot \frac{m_\pi^2 + m_\mu^2}{2m_\pi^2}$$

$$= p + \frac{m_\pi^2 - m_\mu^2}{4p}, \qquad \theta^* = 0°, \theta = 0$$

$$(p_\mu)_{\min} = -p\left(1 + \frac{m_\pi^2}{2p^2}\right)\frac{m_\pi^2 - m_\mu^2}{2m_\pi^2} + p\frac{m_\pi^2 + m_\mu^2}{2m_\pi^2}$$

$$= \left(\frac{m_\mu^2}{m_\pi^2}\right)p - \frac{m_\pi^2 - m_\mu^2}{4p}, \qquad \theta^* = 180°, \theta = 0$$

当 $p = 1\text{GeV}$ 时,有

$$(p_\mu)_{\max} = 1 + \frac{0.14^2 - 0.106^2}{4} \approx 1.017(\text{GeV})$$

$$(p_\mu)_{\min} = \left(\frac{0.106^2}{0.14^2}\right) - \frac{0.14^2 - 0.106^2}{4} \approx 0.556(\text{GeV})$$

(2) 如果 π^+ 衰变中的中微子具有负螺旋性,由总角动量守恒和动量守恒可知,在 π^+ 静止的坐标系中,μ^+ 一定具有负的螺旋性.

(3) 已知 $\bar{\nu}_\mu$ 和 ν_e 具有正的和负的螺旋性,还不能确 e^+ 的螺旋性. 当 μ 慢化后静止衰变,测量 μ 衰变的电子能谱发现,$E_{\max} = 53\text{MeV}$ 附近有峰结构. 说明电子和 ν_e,$\bar{\nu}_\mu$ 是反向的事件占优势;若 μ 在慢化中不改变极化方向,测量 e^+ 相对于 $\boldsymbol{S}_\mu$ 方向的角分布为

$$\frac{dN_{e^+}}{d\Omega} = 1 - \frac{\alpha}{3}\cos\theta$$

$\alpha \approx 1$,说明 e^+ 携带与 p_μ 同向的自旋沿 p_μ 反方向发射的概率大,即 e^+ 的自旋和运动方向同向占优势,e^+ 的螺旋性为正,即电子是纵向极化的,也说明在 π,μ 衰变中宇称不守恒.

(4) 电子轻子数和 μ 子轻子数分别守恒,把 ν_μ、$\bar{\nu}_\mu$ 和 ν_e 分别和 μ 子及电子联系起来,因 ν_μ、ν_e 和$\bar{\nu}_\mu$ 的电子轻子数分别为 0、1、0. μ 子轻子数分别为 1、0、-1.

12.20 一束未极化的电子: ( )

(A) 可以用一个波函数来描述,波函数是由自旋向上和向下分量相同的两部分构成

(B) 不能用波函数描述

(C) 可用经典力学描述

(D) 以上说法都不对

解 电子的自旋态,可以用一个波函数来描述,波函数的自旋向上和向下分量的归一化系数的平方,分别表示该电子自旋态处于向上和向下的概率. 一束未极化的电子态,可以用一个波函数来描述,波函数由自旋向上和向下分量相同的两部分构成,表示该电子自旋态处于向上和向下的概率相等. 答案为(A).

12.21　$\boldsymbol{s}$ 和 $\boldsymbol{p}$ 分别为一个基本粒子的自旋与动量矢量.

(1) 写出 $\boldsymbol{s}$、$\boldsymbol{p}$ 在宇称变换算符 $\hat{P}$ 和时间反演算符 $\hat{T}$ 下的变换式；

(2) 根据(1)的回答，建议在衰变 $\Lambda\to \mathrm{N}+\pi$ 中观察违背时间反演的现象，给出实验描述和重要假定.

解　(1) 宇称算符 $\hat{P}$ 作用在 $\boldsymbol{s}$ 和 $\boldsymbol{p}$ 上，得到

$$\hat{P}\boldsymbol{s}\hat{P}^{-1}=\boldsymbol{s}$$

$$P\boldsymbol{p}\hat{P}^{-1}=-\boldsymbol{p}$$

时间反演算符 $\hat{T}$ 作用在 $\boldsymbol{s}$ 和 $\boldsymbol{p}$ 上，得到

$$\hat{T}\boldsymbol{s}\hat{T}^{-1}=-\boldsymbol{s}$$

$$\hat{T}\boldsymbol{p}\hat{T}^{-1}=-\boldsymbol{p}$$

(2) 观察极化 Λ 粒子衰变角关联

$$Q=\boldsymbol{s}_{\Lambda}\cdot(\boldsymbol{p}_{\mathrm{N}}\times\boldsymbol{p}_{\pi})$$

$\boldsymbol{s}_{\Lambda}$ 为 Λ 粒子的自旋，$\boldsymbol{p}_{\mathrm{N}}$ 和 $\boldsymbol{p}_{\pi}$ 分别为核子和 π 介子的动量，时间反演给出

$$\hat{T}Q\hat{T}^{-1}=(\hat{T}\boldsymbol{s}_{\Lambda}\hat{T}^{-1})\cdot(\hat{T}\boldsymbol{p}_{\mathrm{N}}\hat{T}^{-1}\times\hat{T}\boldsymbol{p}_{\pi}\hat{T}^{-1})=-\boldsymbol{s}_{\Lambda}[(-\boldsymbol{p}_{\mathrm{N}})\times(-\boldsymbol{p}_{\pi})]=-Q$$

$$\overline{Q}=\langle\alpha\mid Q\mid\alpha\rangle=\langle\alpha\mid\hat{T}^{-1}\hat{T}Q\hat{T}^{-1}\hat{T}\mid\alpha\rangle=-\langle\alpha_T\mid Q\mid\alpha_T\rangle$$

假设，存在时间反演不变性，则 $|\alpha_{\mathrm{T}}\rangle$ 与 $|\alpha\rangle$ 描述同一个态，故有

$$\overline{Q}=\langle\alpha\mid Q\mid\alpha\rangle=-\langle\alpha_T\mid Q\mid\alpha_T\rangle=-\overline{Q}$$

所以，$\overline{Q}=0$.

如图 3.17 所示，实验安排上，测量 π 介子和核子的探测器互相垂直，其平面又与 Λ 粒子自旋垂直，观察 Λ 衰变事例，测量衰变事例数 $N(\uparrow)$，然后使 Λ 反向极化，在相同条件下，观察 Λ 粒子衰变，测量衰变事例数 $N(\downarrow)$. 若 $N(\uparrow)\neq N(\downarrow)$，则表示 $\Lambda\to\pi+\mathrm{N}$ 衰变过程中，时间反演不变性遭到了破坏. 图 3.17(b)是(a)经过时间反演再绕极化方向转动 180°得到的.

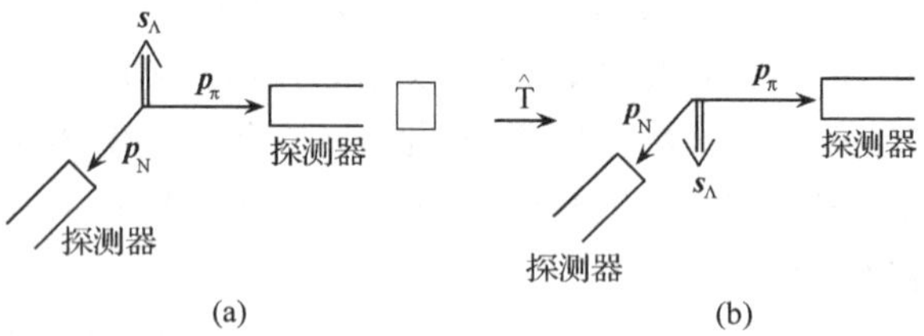

图 3.17

本实验要求 Λ 粒子横向极化.

12.22　考虑衰变 $\Lambda^0\to \mathrm{p}+\pi^-$，描述在这一衰变中对宇称守恒的检验，什么情况影响这种检验的有效性.

解　$\Lambda^0\to \mathrm{p}+\pi^-$ 是非轻子衰变. p 和 Λ^0 都是自旋为$\dfrac{1}{2}$、宇称为正，π^- 的宇称为负，自旋为零. 根据总角动量守恒，末态两粒子系统的轨道角动量可以为 0，1.

若 $l=0$，末态系统的宇称为 $P(\mathrm{p})P(\pi^-)(-1)^0=-1$；

若 $l=1$，末态系统的宇称为 $P(\mathrm{p})P(\pi^-)(-1)^1=+1$.

假设，Λ^0 衰变中宇称守恒，则 $l=0$ 是禁戒的，若 Λ^0 衰变中宇称破坏，上述两种 l 值都是允许的，这时，末态粒子波函数可以写为

$$\Psi=\Psi_s+\Psi_p=a_s Y_{0,0}\left|\frac{1}{2}\ \frac{1}{2}\right\rangle+a_p\left[\sqrt{\frac{2}{3}}Y_{1,1}\left|\frac{1}{2}\ -\frac{1}{2}\right\rangle-\sqrt{\frac{1}{3}}Y_{1,0}\left|\frac{1}{2}\ \frac{1}{2}\right\rangle\right]$$

式中，$\left|\frac{1}{2}\ \frac{1}{2}\right\rangle$ 和 $\left|\frac{1}{2}\ -\frac{1}{2}\right\rangle$ 是质子磁量子数为 $m=\pm\frac{1}{2}$ 的自旋波函数，a_s 和 a_p 分别为 s 波和 p 波的振幅. 代入 $Y_{1,1}$、$Y_{1,0}$、$Y_{0,0}$ 值，得到

$$\Psi^{\dagger}\Psi\propto|a_s-a_p\cos\theta|^2+|a_p|^2\sin^2\theta=|a_s|^2+|a_p|^2-2\mathrm{Re}(a_s a_p{}^*)\cos\theta\propto 1-\alpha\cos\theta$$

其中，$\alpha=\frac{2\mathrm{Re}(a_s a_p{}^*)}{(|a_s|^2+|a_p|^2)}$. 若 Λ^0 是极化的，则 π^- 的分布是 $1-\alpha\cos\theta$ 形式(在 Λ 静止的坐标系中，p 和 π 运动方向相反)；若 Λ^0 非完全极化，极化度为 P，则有 π^- 或 p 的角分布为 $(1-\alpha P\cos\theta)$，θ 为 π^- 运动方向和 Λ^0 的极化方向之间的夹角.

利用协同产生中极化的 Λ^0，进行上述测量. 对下面的反应

$$\pi^-+p\rightarrow\Lambda^0+K^0$$

强相互作用中宇称守恒，要求 Λ^0 是横向极化的，且 Λ^0 的自旋方向垂直于产生平面. 实验上发现，当入射 π^- 的动量稍大于 1GeV/c 时，Λ^0 的极化度近似为 0.7. 我们选定 Λ^0 的产生平面，即由入射 π^- 和 Λ^0 方向决定的平面，K^0 一定在这个平面内，才能满足动量守恒. 测量 Λ^0 衰变的 π^-(或 p) 对这个平面的上半部与下半部(即 $\theta=0\sim\frac{\pi}{2}$ 和 $\theta=\frac{\pi}{2}\sim\pi$)的计数，若计数不同，说明 Λ^0 衰变中宇称不守恒；否则，证明宇称守恒. 1957 年，Eister 用动量为 910～1300MeV/c 的 π^- 做上述实验，这时 Λ^0 的极化度为 $P=0.7$. 实验证明 Λ^0 衰变中宇称不守恒. 上述过程，因为存在极化的 Λ^0，才有 π^- 的不对称性，当 Λ^0 的 $P=0$ 时，上述检验无效.

12.23 Λ 粒子和质子的自旋为$\frac{1}{2}$，π 介子自旋为 0.

(1) 确定静止的 Λ 粒子沿 z 轴极化，并发生衰变 $\Lambda\rightarrow p+\pi^-$. 求 π 介子的角分布. 设这个过程中宇称守恒，则 π 介子角分布将受到什么约束?

(2) 怎样才能产生极化 Λ 粒子 ?

解 (1) 初态 Λ 粒子的自旋态为 $\left|\frac{1}{2}\ \frac{1}{2}\right\rangle$，由角动量守恒，要求末态 πp 体系的轨道角动量量子数 $l=0,1$(见题 12.22).

对 $l=0$，末态波函数为

$$\Psi_s=a_s Y_{00}\left|\frac{1}{2}\ \frac{1}{2}\right\rangle$$

其中，a_s 为衰变中 s 波振幅，$\left|\frac{1}{2}\ \frac{1}{2}\right\rangle$ 为质子状态，Y_{00} 为轨道运动波函数.

对 $l=1$，末态波函数为

$$\Psi_{\mathrm{p}}=a_{\mathrm{p}}\left[\sqrt{\frac{2}{3}}\mathrm{Y}_{11}\left|\frac{1}{2}-\frac{1}{2}\right\rangle-\sqrt{\frac{1}{3}}\mathrm{Y}_{10}\left|\frac{1}{2}\ \frac{1}{2}\right\rangle\right]$$

a_{p} 为 p 波振幅，$\sqrt{\frac{2}{3}}$ 和 $-\sqrt{\frac{1}{3}}$ 为 Clebsh-Gondon 系数. 有 $\mathrm{Y}_{00}=\frac{1}{\sqrt{4\pi}}$，$\mathrm{Y}_{10}=\sqrt{\frac{3}{4\pi}}\cos\theta$，$\mathrm{Y}_{11}=-\sqrt{\frac{3}{8\pi}}\sin\theta e^{\mathrm{i}\varphi}$. 代入上式，得到

$$\Psi_{\mathrm{s}}=\frac{a_{\mathrm{s}}}{\sqrt{4\pi}}\left|\frac{1}{2}\ \frac{1}{2}\right\rangle$$

$$\Psi_{\mathrm{p}}=-\frac{a_{\mathrm{p}}}{\sqrt{4\pi}}\left[\sin\theta\, e^{\mathrm{i}\varphi}\left|\frac{1}{2}-\frac{1}{2}\right\rangle+\cos\theta\left|\frac{1}{2}\ \frac{1}{2}\right\rangle\right]$$

末态总波函数为

$$\Psi=\frac{1}{\sqrt{4\pi}}\left[(a_{\mathrm{s}}-a_{\mathrm{p}}\cos\theta)\left|\frac{1}{2}\ \frac{1}{2}\right\rangle-a_{\mathrm{p}}\sin\theta e^{\mathrm{i}\varphi}\left|\frac{1}{2}-\frac{1}{2}\right\rangle\right]$$

强度分布为

$$\begin{aligned}\Psi^{*}\Psi&\propto|a_{\mathrm{s}}-a_{\mathrm{p}}\cos\theta|^{2}+|a_{\mathrm{p}}\sin\theta|^{2}\\&=|a_{\mathrm{s}}|^{2}+|a_{\mathrm{p}}|^{2}-2\mathrm{Re}(a_{\mathrm{s}}a_{\mathrm{p}}^{*})\cos\theta\end{aligned}$$

因此，π 介子的角分布为

$$I(\theta)=C(1-\alpha\cos\theta)$$

其中 α，C 为常数.

Λ、P、π 粒子的宇称分别为＋、＋、－. 若衰变过程中宇称守恒，$l=0$ 是禁戒的，即 $a_{\mathrm{s}}=0$. π 介子角分布要受到空间反射对称的限制. 此时，π 介子角分布应与产生平面上下对称. 如果实验上测量到 π 介子角分布应与产生平面上下不对称（$\alpha\neq0$，s. p 波混合），证明宇称不守恒.

（2）极化 Λ 粒子，可以用 π 介子轰击质子靶产生：

$$\pi^{-}+\mathrm{p}\rightarrow\Lambda+\mathrm{K}^{0}$$

其极化垂直于产生平面.

12.24　设反应 $\mathrm{p}+\mathrm{p}\rightarrow\pi^{+}+\mathrm{d}$，在质心系能量为 E 时的微分截面为

$$\frac{\mathrm{d}\sigma}{\mathrm{d}\Omega}=A+B\cos^{2}\theta$$

求在同样的能量下逆反应 $\pi^{+}+\mathrm{d}\rightarrow\mathrm{p}+\mathrm{p}$ 的微分截面.

解　对于一个反应 A+B→C+D 和它的逆反应 C+D→A+B，忽略常数因子，有

$$\frac{\mathrm{d}\sigma}{\mathrm{d}\Omega}=\sum_{\text{自旋}}\frac{|M_{\mathrm{if}}|^{2}\delta^{(4)}(\boldsymbol{p}_{\mathrm{A}}+\boldsymbol{p}_{\mathrm{B}}-\boldsymbol{p}_{\mathrm{C}}-\boldsymbol{p}_{\mathrm{D}})\mathrm{d}^{3}p_{\mathrm{C}}\mathrm{d}^{3}p_{\mathrm{D}}}{\text{入射通量}}$$

$|M_{\mathrm{if}}|$ 是跃迁矩阵元，对正反应和逆反应的跃迁矩阵元，应该是在时间反演算符作用下的不变量. 即时间反演算符只是使自旋变号和动量变成反方向. 所以，反应过程

$$(\boldsymbol{p}_{\mathrm{A}},\boldsymbol{p}_{\mathrm{B}},\boldsymbol{s}_{\mathrm{A}},\boldsymbol{s}_{\mathrm{B}})\rightarrow(\boldsymbol{p}_{\mathrm{C}},\boldsymbol{p}_{\mathrm{D}},\boldsymbol{s}_{\mathrm{C}},\boldsymbol{s}_{\mathrm{D}})$$

的幅值 $(M\cdot E)_{\mathrm{T}}$ 等于时间反演过程

$$(-\boldsymbol{p}_{\mathrm{C}},-\boldsymbol{p}_{\mathrm{D}},-\boldsymbol{s}_{\mathrm{C}},-\boldsymbol{s}_{\mathrm{D}})\rightarrow(-\boldsymbol{p}_{\mathrm{A}},-\boldsymbol{p}_{\mathrm{B}},-\boldsymbol{s}_{\mathrm{A}},-\boldsymbol{s}_{\mathrm{B}})$$

的幅值$(M\cdot E)_T$，在截面测量中，并不测量自旋，假设初态束流是非极化的，对末态所有的自旋求和，并对所有的初态自旋求平均. 但这里是对所有的自旋求和，有

$$\sum_{\text{自旋}}|M\cdot E|^2=\sum_{\text{自旋}}|M\cdot E|_{\mathrm{T}}^2$$

因为正、逆反应的截面之比，与反应的细节无关. 对于正反应，入射束流通量为$\left(\frac{p_{\mathrm{A}}}{E_{\mathrm{A}}}+\frac{p_{\mathrm{B}}}{E_{\mathrm{B}}}\right)$，逆反应入射束流通量为$\left(\frac{p_{\mathrm{C}}}{E_{\mathrm{C}}}+\frac{p_{\mathrm{D}}}{E_{\mathrm{D}}}\right)$. 末态相空间因子，对于正反应正比于

$$p_{\mathrm{f}}^2\frac{\mathrm{d}p_{\mathrm{f}}}{\mathrm{d}E}=\frac{(p_{\mathrm{f_1}})^2}{(p_{\mathrm{C}}/E_{\mathrm{C}})+(p_{\mathrm{D}}/E_{\mathrm{D}})},\quad p_{\mathrm{f_1}}=|p_{\mathrm{C}}|=|p_{\mathrm{D}}|$$

类似地，得到逆反应的末态相空间因子

$$p_{\mathrm{f}}^2\frac{\mathrm{d}p_{\mathrm{f}}}{\mathrm{d}E}=\frac{(p_{\mathrm{f_2}})^2}{(p_{\mathrm{A}}/E_{\mathrm{A}})+(p_{\mathrm{B}}/E_{\mathrm{B}})},\quad p_{\mathrm{f_2}}=|p_{\mathrm{A}}|=|p_{\mathrm{B}}|$$

因为对所有初态自旋求平均，所以每个反应末态的自旋自由度应包括在内，得到最后结果

$$\frac{\sigma_{\text{正}}}{\sigma_{\text{逆}}}=\frac{(p_{\mathrm{f_1}})^2(2s_{\mathrm{C}}+1)(2s_{\mathrm{D}}+1)}{(p_{\mathrm{f_2}})^2(2s_{\mathrm{A}}+1)(2s_{\mathrm{B}}+1)}\times\begin{Bmatrix}2,\mathrm{A}\equiv\mathrm{B},\mathrm{C}\neq\mathrm{D}\\ \frac{1}{2},\mathrm{A}\neq\mathrm{B},\mathrm{C}\equiv\mathrm{D}\\ 1,\mathrm{A}\neq\mathrm{B},\mathrm{C}\neq\mathrm{D}\end{Bmatrix}\overset{A\equiv B}{\Rightarrow}\frac{3p_{\pi}^2}{2p_{\mathrm{p}}^2}$$

$$=\frac{3}{2}\left[\frac{(E^2-m_{\pi}^2-m_{\mathrm{d}}^2)^2-4\,(m_{\pi}m_{\mathrm{d}})^2}{E^2(E^2-4\,m_{\mathrm{p}}^2)}\right]$$

12.25 (1) 众所周知，宇称守恒在$\Lambda\to p+\pi^-$过程中遭到破坏，下列事实说明了这个问题. 如果Λ粒子完全极化，比如沿z轴，则质子角分布为

$$\frac{\mathrm{d}\Gamma}{\mathrm{d}\Omega}=A(1+\lambda\cos\theta)$$

给定λ，如果Λ是非极化的，则质子纵向极化如何？

(2) 对于奇异数改变的超子衰变，比如：$\Lambda\to p\pi^-$，$\Lambda\to n\pi^0$，$\Sigma^+\to n\pi^+$，$\Sigma^+\to p\pi^0$，$\Sigma^-\to n\pi^-$，$K^+\to\pi^+\pi^0$，$K_S{}^0\to\pi^+\pi^-$，$K_S{}^0\to\pi^0\pi^0$ 等，大量实验数据显示，存在一个近似成立的$\Delta I=\frac{1}{2}$定则，利用该定则，预言 $K^+\to\pi^+\pi^0$，$K_S{}^0\to\pi^+\pi^-$，$K_S{}^0\to\pi^0\pi^0$ 的相对衰变速率.

解 (1) 在Λ^0衰变中宇称遭到破坏，而且，衰变过程由振幅分别为a_{s}和a_{p}的 s 波和 p 波来描写. 根据衰变的螺旋性理论，一个自旋为$\frac{1}{2}$的静止的超子衰变，沿$\Omega=(\theta,\varphi)$方向发射质子的衰变振幅为

$$f_{\lambda'M}(\theta,\varphi)=(2\pi)^{-\frac{1}{2}}D_{M\lambda'}^{1/2}(\varphi,\theta,0)a_{\lambda'}$$

式中，M和λ'分别表示Λ^0的自旋投影和质子的螺旋性. 我们用a_+和a_-表示两种不同螺旋性衰变的振幅，宇称守恒要求，$a_+=a_-$. 总衰变率为

$$W=|a_+|^2+|a_-|^2$$

沿z轴极化静止Λ^0超子的衰变角分布

$$\frac{\mathrm{d}P}{\mathrm{d}\Omega}=\frac{1}{W}\sum_{\lambda'}|f_{\lambda'1/2}(\theta,\varphi)|^2$$

$$= (2\pi W)^{-1}\sum_{\lambda'} |a_{\lambda'}|^2[d^{1/2}_{1/2,\lambda'}(\theta)]^2$$

$$= (2\pi W)^{-1}\left[|a_+|^2\cos^2\frac{\theta}{2}+|a_-|^2\sin^2\frac{\theta}{2}\right]$$

$$= A(1+\lambda\cos\theta)$$

式中，$d^{1/2}_{1/2,\lambda'}(\theta)=D^{1/2}_{M\lambda'}(\varphi,\theta,0)$，$A=\dfrac{1}{4\pi}$，$\lambda=\dfrac{|a_+|^2-|a_-|^2}{|a_+|^2+|a_-|^2}$. 若宇称守恒，则 $\lambda=0$.

来自未极化 Λ^0 衰变的质子螺旋性的期待值为

$$P=(2W)^{-1}\sum_M\int\left(\frac{1}{2}|f_{1/2,M}|^2-\frac{1}{2}|f_{-1/2,M}|^2\right)\mathrm{d}\Omega$$

$$=(2W)^{-1}\sum_M\int\sum_{\lambda'}\lambda'|f_{\lambda',M}|^2\mathrm{d}\Omega$$

$$=(2W)^{-1}\sum_M\sum_{\lambda'}\lambda'|a_{\lambda'}|^2(2\pi)^{-1}\int|\mathrm{d}^{1/2}_{M\lambda'}(\theta)|^2\mathrm{d}\Omega$$

$$=W^{-1}\sum_{\lambda'}\lambda'|a_{\lambda'}|^2$$

这里我们利用了

$$\sum_{M'}[d^J_{MM'}(\theta)]^2=\sum_{M'}\mathrm{d}^J_{MM'}(-\theta)d^J_{M'M}(\theta)=\mathrm{d}^J_{MM}(\theta)$$

最后得到

$$P=\frac{1}{2}\cdot\frac{|a_+|^2-|a_-|^2}{|a_+|^2+|a_-|^2}=\frac{1}{2}\lambda$$

(2) 对于衰变

$$K^+\to\pi^+\pi^0$$

$$K^0_S\to\pi^+\pi^-$$

$$K^0_S\to\pi^0\pi^0$$

由于末态均为两个广义全同玻色子，总波函数应该是交换对称的. K 介子的自旋为零，末态总角动量为零，π 的自旋为零，末态 $l=0$. 即空间波函数是交换对称的，两玻色子系统，总波函数是交换对称的，要求末态同位旋波函数是变换对称的，$I=0,2$；弱衰变要求 $\Delta I=\dfrac{1}{2}$，故 $I=0,1$. 综合上述，要求 $I=0$.

对 $K^+\to\pi^+\pi^0$，末态 $I_3=1$，$I\geqslant I_3$. 故有末态 $I=2$，违背 $\Delta I=\dfrac{1}{2}$的规则，是禁戒的. 实验上给出

$$\frac{\sigma(K^0_S\to\pi^+\pi^-)}{\sigma(K^+\to\pi^+\pi^0)}\approx 463$$

$K^0_S\to\pi^+\pi^-$ 和 $\pi^0\pi^0$ 都满足 $\Delta I=\dfrac{1}{2}$规则，末态同位旋应是 $|I,I_3\rangle=|0,0\rangle$. 展开后有

$$|I,I_3\rangle=|0,0\rangle=\sqrt{\frac{1}{3}}(|1,1,1,-1\rangle+|1,-1,1,1\rangle-|1,0,1,0\rangle)$$

$$=\sqrt{\frac{1}{3}}(|\pi^+\pi^-\rangle+|\pi^-\pi^+\rangle-|\pi^0\pi^0\rangle)$$

由此,可得到

$$\frac{K_S^0 \to \pi^+\pi^-}{K_S^0 \to \pi^0\pi^0} = 2$$

实验值:$BR(K_S^0\to\pi^+\pi^-)=(68.95\pm0.14)\%$;$BR(K_S^0\to\pi_0^+\pi_0^-)=(31.05\pm0.14)\%$. 其比值

$$\frac{BR(K_S^0 \to \pi^+\pi^-)}{BR(K_S^0 \to \pi_0^+\pi_0^-)} \approx 2.22$$

与理论值相近.

12.26　正、负电子对撞实验,在 ω 的峰值处,反应 $e^+e^-\to\pi^+\pi^-\pi^0$ 截面为 $1.5\mu b$. 设正、负电子对撞机的半径为 10m,正、负电子束都为 10mA,束流横截面为 $0.1cm^2$,正、负电子每周对头碰撞两次,求每小时有多少上述反应事例?

解　一个电流为 10mA 的相对论粒子,在半径为 10m 的圆环内以光速运动,电子每转动一周,等效电荷为 $q=2\pi ri/c$,相当于电子和正电子流是

$$N=\frac{q}{e}=\frac{2\pi ri}{ec}=\frac{2\pi\times10^3\times0.01}{3\times10^{10}\times1.6\times10^{-19}}=1.31\times10^{10}(s^{-1})$$

题设,每一周正、负电子束对撞 $n=2$ 次,每秒电子在环内运行周数为 $f=c/2\pi r$,束流的横截面为 $A=0.1cm^2$,反应率为

$$R=\sigma\left(\frac{N}{A}\right)^2\times Afn\approx1.5\times10^{-30}\times\left(\frac{1.31\times10^{10}}{0.1}\right)^2\times\frac{0.1\times3\times10^{10}\times2}{2\pi\times10^3}$$

$$\approx2.46\times10^{-2}(s^{-1})\approx90(h^{-1})$$

即每小时有约 90 个 $e^+e^-\to\pi^+\pi^-\pi^0$ 反应事例.

12.27　若 τ、θ 粒子的自旋均为 $J=0$,$\theta^\pm\to\pi^\pm+\pi^0$,$\tau^\pm\to\pi^\pm+\pi^\pm+\pi^\mp$,试证明:若 τ、θ 是同一种粒子,则它们的衰变产物有相反的宇称,从而证明必定有一种衰变过程的宇称不守恒.

解　角动量守恒要求衰变后系统总角动量 $J=0$,对于

$$\theta^\pm\to\pi^\pm+\pi^0$$

设衰变后系统轨道角动量为 L. 因为 π 介子的 $J^p=0^-$,故有 $J=L$,θ 粒子的宇称为

$$P_\theta=P_\pi\cdot P_\pi(-1)^L=(-1)(-1)(-1)^J=+1$$

对于

$$\tau^\pm\to\pi^\pm+\pi^\pm+\pi^\mp$$

关键是求出衰变后三个 π 的角动量. 设两个 $\pi^\pm$ 绕其质心 C 运动的轨道角动量为 L^+,然后将两个 $\pi^\pm$ 看成是一个质量集中在质心 C 的粒子,再与 $\pi^\mp$ 的 L' 合成 L,

$$L=L^++L',L^++L'-1,\cdots,|L^+-L'|$$

因为 $\pi^\pm$ 自旋为 0,所以有

$$J=L=L^++L',L^++L'-1,\cdots,|L^+-L'|$$

而 $J=0$,有 $L'=L^+=0$. 从上面分析,我们得到,τ 粒子的宇称

$$P_\tau=P_\pi\cdot P_\pi\cdot P_\pi\cdot(-1)^L\cdot(-1)^{L'}=(-1)^3(-1)^{2L^+}=-1$$

故 P_θ 与 P_τ 的宇称相反,若 τ、θ 是同一种粒子(实际上是 $K^\pm$ 介子),说明支配该粒子衰变的相互作用(弱作用)违背宇称守恒,即衰变为奇偶宇称混合的末态.

12.28 讨论 K 介子的三 π 衰变.

(1) 用 $\Delta I=\frac{1}{2}$规则,给出下面带电和中性的相对三 π 衰变率之比:

$$\Gamma(K_L \to 3\pi^0) = \frac{3}{2}\Gamma(K_L \to \pi^+\pi^-\pi^0)$$

$$\Gamma(K^+ \to \pi^+\pi^+\pi^-) = 4\Gamma(K^+ \to \pi^+\pi^0\pi^0)$$

$$\Gamma(K_L \to \pi^+\pi^-\pi^0) = 2\Gamma(K^+ \to \pi^+\pi^0\pi^0)$$

注意,这些结果是根据三 π 系统处在一个 s 态,任何两 π 子成对处于同位旋对称态,也就是 $I=0$ 或 2. 而第三个 $\pi(I=1)$与这个 π 子对组成 $I=1$、$I_3=1$ 的三 π 态(对 K^+)或 $I=1$、$I_3=0$ 的三 π 态(对 K_L),这是 $\Delta I=\frac{1}{2}$规则所要求的. 我们必须写出三 π 态的波函数,使它们在交换任何两个 π 时,波函数必须是对称的. 例如,$\pi^+\pi^+\pi^-$态,必须写成

$$(++-)=\frac{1}{\sqrt{6}}(\pi_1^+\pi_2^+\pi_3^- + \pi_2^+\pi_1^+\pi_3^- + \pi_3^-\pi_2^+\pi_1^+ + \pi_3^-\pi_1^+\pi_2^+ + \pi_2^+\pi_3^-\pi_1^+ + \pi_1^+\pi_3^-\pi_2^+)$$

对于表达式中的每一项,都会产生一个同位旋 $I=0$ 或 2 的 π 子对,第三个 π 介子 $I=1$,且有相应的耦合 CG 系数(Clebsh-Gordon coefficient).

(2) 如果考虑衰变相空间因子,给出衰变率之比并与实验值比较.

$$R=\frac{\Gamma(K^+ \to \pi^+\pi^0\pi^0)}{\Gamma(K^+ \to \pi^+\pi^+\pi^-)}$$

(3) 在 $K \to 3\pi$ 衰变中,3π 的总能量分别为 E_1、E_2 和 E_3. 证明:乘积 $E_1E_2E_3$ 在 1%的范围内是一个常数.

解 (1) 我们假设三个 π 处于相对 s 态,因为是广义全同玻色子,根据玻色子的对称性,任何 π 介子对必须是同位旋对称态,即 $I=0$ 或 2,它们相应的幅值分别为 B 和 A. 由于 $\Delta I=\frac{1}{2}$规则的要求,可引进假想的、$I=\frac{1}{2}$的粒子和 K 介子耦合,得到 $I=0$ 或 1 的态,但对于上述假设的末态三 π 系统,$I=0$ 是禁戒的. 我们只考虑 $I=1$ 的三 π 系统的态,对带电和不带电的 K 介子可展开三 π 的组合态的形式,分别有

$$|11\rangle = A\left[\sqrt{\frac{3}{5}}\,|22,1\bar{1}\rangle - \sqrt{\frac{3}{10}}\,|21,10\rangle + \sqrt{\frac{1}{10}}\,|20,11\rangle\right] + B\,|00,11\rangle$$

$$|10\rangle = A\left[\sqrt{\frac{3}{10}}\,|21,1\bar{1}\rangle - \sqrt{\frac{2}{5}}\,|20,10\rangle + \sqrt{\frac{3}{10}}\,|2\bar{1},11\rangle\right] + B\,|00,10\rangle$$

其中 $\bar{1}$ 表示-1.

下一步考察同位旋波函数中各种 π 组合. 题设 3π 波函数是内部交换完全对称的

$$(++-)=\frac{1}{\sqrt{6}}(\pi_1^+\pi_2^+\pi_3^- + \pi_2^+\pi_1^+\pi_3^- + \pi_3^-\pi_2^+\pi_1^+ + \pi_3^-\pi_1^+\pi_2^+ + \pi_2^+\pi_3^-\pi_1^+ + \pi_1^+\pi_3^-\pi_2^+)$$

系数$\frac{1}{\sqrt{6}}$是归一化常数,由题设的前两个 π 介子成对,对于$(\pi^+\pi^+\pi^-)$,可得到耦合系数为

$$(\pi^+\pi^+\pi^-)=\sqrt{\frac{3}{5}}A$$

对于$(\pi^+\pi^-\pi^+)$、$(\pi^-\pi^+\pi^+)$,是 $I=1$、$I_3=1$ 和 $I=1$、$I_3=-1$ 耦合到 $I=2$、$I_3=0$ 的系数

应为$\frac{1}{\sqrt{6}}$,耦合到 $I=0$、$I_3=0$ 的系数为$\frac{1}{\sqrt{3}}$,由此得到

$$(\pi^+\ \pi^-\ \pi^+) = (\pi^-\ \pi^+\ \pi^+) = \sqrt{\frac{1}{60}}A + \sqrt{\frac{1}{3}}B$$

对于 3π 的各种组合,按上面的办法去做,最后得到

$$\langle 11\ |++-\rangle = 2\sqrt{\frac{2}{3}}C \qquad C = \sqrt{\frac{4}{15}}A + \sqrt{\frac{1}{3}}B$$

用类似的方法,可得到

$$\langle 11\ |+0\ 0\rangle = -\sqrt{\frac{2}{3}}C$$

$$\langle 10\ |\ 0\ 0\ 0\rangle = -C$$

$$\langle 10\ |+-0\rangle = \sqrt{\frac{2}{3}}C$$

由这些幅值,可计算出衰变宽度

$$\Gamma(K_L \to 3\pi^0) = C^2 = \frac{3}{2}\Gamma(K_L \to \pi^+\ \pi^-\ \pi^0)$$

$$\Gamma(K^+ \to \pi^+\ \pi^+\ \pi^-) = \frac{8}{3}C^2 = 4\Gamma(K^+ \to \pi^+\ \pi^0\pi^0)$$

为了比较($K_L\to\pi^+\pi^-\pi^0$)和($K^+\to\pi^+\pi^0\pi^0$)的衰变率,我们要考虑到中性 K 介子的衰变($K^0\to\pi^+\pi^-\pi^0$),弱衰变中守恒定律要求,只有 CP 本征态为-1 的 K_2^0 或 K_L 才能衰变成 3π,而另一半是 CP 本征态为$+1$ 的 K_1^0 或 K_S,则衰变到 2π. 由此得到

$$\langle K^0\ |\ T\ |\ \pi^+\ \pi^-\ \pi^0\rangle = \sqrt{\frac{1}{2}}\langle K_L\ |\ T\ |\ \pi^+\ \pi^-\ \pi^0\rangle$$

用这个结果,得到

$$\Gamma(K_L \to \pi^+\ \pi^-\ \pi^0) = 2\Gamma(K^0 \to \pi^+\ \pi^-\ \pi^0) = 2\Gamma(K^+ \to \pi^+\ \pi^0\pi^0)$$

(2) 为了考察($K^+\to\pi^+\pi^+\pi^-$)和($K^+\to\pi^+\pi^0\pi^0$)衰变率之比,要计算它们的衰变相空间不同,对于三体衰变,如($K^+\to\pi^+\pi^+\pi^-$),末态为质量完全相同的三个粒子,且衰变能很小,可近似用非相对论处理,在 K 静止的系统,每个 π 介子的动量 p_i、动能 T_i 和总反应能 Q 有下面的关系式:

$$Q = m_K - 3m_\pi = T_1 + T_2 + T_3$$

$$\sum \boldsymbol{p}_i = 0$$

$$T_i = \frac{p_i^2}{2m_\pi}$$

由上述限制条件可得到

$$4T_1T_2 \geqslant (T_3 - T_1 - T_2)^2$$

即边界条件为

$$4T_1T_2 = (T_3 - T_1 - T_2)^2$$

这是一个二次方程,满足该条件的是以 Q 为高的等边三角形的内切圆,圆的半径 $r=\frac{1}{3}Q$,

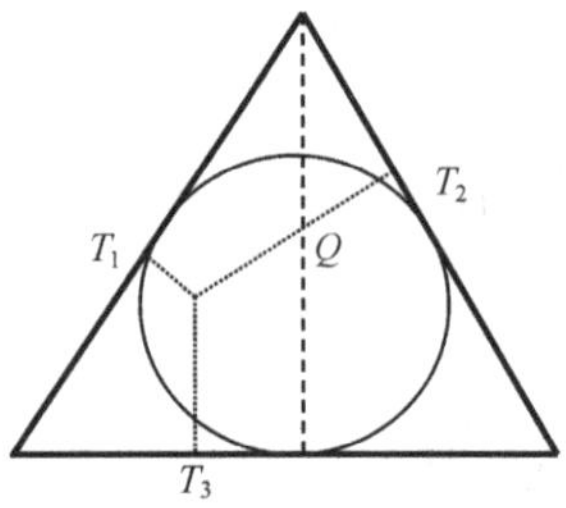

图 3.18

圆内每一点到等边三角形三个边的距离分别为三个 π 的动能 T_i. 如图 3.18 所示，又称为三粒子末态达利兹(Dalitz)图. 末态相空间应正比于圆的面积，即 $\rho \propto Q^2$. 对于 $(K^+ \to \pi^+\pi^+\pi^-)$和$(K^+ \to \pi^+\pi^0\pi^0)$，其 Q 值分别为 75MeV 和 84MeV. 代入数值得到

$$R = \frac{\Gamma(K^+ \to \pi^+\pi^0\pi^0)}{\Gamma(K^+ \to \pi^+\pi^+\pi^-)} \times \left(\frac{84}{75}\right)^2 \times \frac{1}{4} = 0.31$$

实验值为 0.31±0.01. 两者符合得很好.

(3) 设 3π 介子的质量为 m、动能分别为 T_1、T_2 和 T_3，总衰变能为 Q，令

$$x = \frac{Q}{m}$$

第 i 个介子的总能量为 $E_i = m + T_i$.

当 $T_1 = T_2 = T_3 = \frac{1}{3}Q$ 时，即对应于圆心，$E_1E_2E_3$ 有极大值为

$$(E_1E_2E_3)_{\max} = m^3\left(1 + \frac{x}{3}\right)^3 = m^3\left(1 + x + \frac{x^2}{3} + \frac{x^3}{27}\right)$$

当 $T_1 = 0, T_2 = T_3 = \frac{1}{2}Q$ 时，对应于一个切点，$E_1E_2E_3$ 有极小值为

$$(E_1E_2E_3)_{\min} = m^3\left(1 + \frac{x}{2}\right)^2 = m^3\left(1 + x + \frac{x^2}{4}\right)$$

所以，$E_1E_2E_3$ 的最大相对变化值为

$$\varepsilon = \frac{(E_1E_2E_3)_{\max} - (E_1E_2E_3)_{\min}}{(E_1E_2E_3)_{\min}} = \frac{1 + x + \frac{x^2}{3} + \frac{x^3}{27} - 1 - x - \frac{x^2}{4}}{1 + x + \frac{x^2}{4}} \approx \frac{\frac{x^2}{12} + \frac{x^3}{27}}{1 + x + \frac{x^2}{4}}$$

对于 K 介子的 3π 衰变，x 值为

$$x = \frac{Q}{m} = \frac{(m_K - 3m_\pi)}{m_\pi} \approx \frac{75}{140} \approx \frac{1}{2}$$

代入上式，得到

$$\varepsilon \approx 0.016 < 0.02$$

也就是说，在整个衰变达利兹图范围内，乘积 $E_1E_2E_3$ 的相对变化小于±1%，可看作常数.

12.29　讨论 K^0 粒子的衰变问题. 表 3.8 给出一些介子的量子数.

表 3.8

介子	质量/(MeV/c^2)	同位旋 I	同位旋第三分量 I_3	自旋	宇称
K^0	497.7	1/2	−1/2	0	−1
π^+	139.6	1	1	0	−1
π^0	135.0	1	0	0	−1

下面给出一些 Clebch-Gordon 耦合系数$\langle j_1, j_2, m_1, m_2 | J, M\rangle$用于两介子同位旋态的

耦合：

$$\langle 11,1\bar{1} \mid 20\rangle = \sqrt{1/6} \qquad \langle 10,10 \mid 20\rangle = \sqrt{2/3}$$

$$\langle 11,1\bar{1} \mid 10\rangle = \sqrt{1/2} \qquad \langle 10,10 \mid 10\rangle = 0$$

$$\langle 11,1\bar{1} \mid 00\rangle = \sqrt{1/3} \qquad \langle 10,10 \mid 00\rangle = -\sqrt{1/3}$$

(1) 短寿命的 K 介子，通过下列衰变道很快衰变成两 π，即 $K_S^0 \to \pi^+\pi^-$ 和 $K_S^0 \to \pi^0\pi^0$，末态 2π 系统的同位旋是多少？

(2) 为什么衰变道 $K_S^0 \to \pi^+\pi^-$ 的概率约是衰变道 $K_S^0 \to \pi^0\pi^0$ 的概率的两倍？

(3) 中性 K 介子同样衰变成 3π，即 $K^0 \to \pi^+\pi^-\pi^0$ 和 $K^0 \to \pi^0\pi^0\pi^0$. 但是，中性 K 介子衰变成 2π 的概率大约是衰变成 3π 概率的三个数量级，为什么有如此不同？

(4) 中性 K 介子系统的 PC 本征态，是奇异数本征态 $|K^0\rangle$ 和 $|\overline{K}^0\rangle$ 的线性组合，若 $CP|K^0\rangle = |\overline{K}^0\rangle$，$PC$ 的本征态是什么？

(5) 设弱衰变中 CP 是守恒的，$|K_1\rangle$ 和 $|K_2\rangle$ 分别是 CP 为 +1 和 CP 为 −1 的本征态. 在中性 K 介子束流中，$|K_1\rangle$ 和 $|K_2\rangle$ 的衰变率分别为 Γ_1 和 Γ_2. 如果在 $t=0$ 时，产生一个纯束流 K^0，求在 t 时刻 $\overline{K}^0$ 的数目和 K^0 的数目之比.

解　(1) 在 $K^0 \to \pi^+\pi^-$ 和 $K^0 \to \pi^0\pi^0$ 的衰变中，奇异数发生改变，一定是弱衰变. π 介子是同位旋为 1 的粒子，末态 2π 系统同位旋可为 0、1 和 2. 对于一般情况，两个自旋(或同位旋)为 j 的粒子，其自旋(或同位旋)可耦合成 $2j, 2j-1, 2j-2, \cdots$ 的态，这样的态对于 $2j, 2j-2, \cdots$ 满足交换对称，而 $2j-1, 2j-3, \cdots$ 满足交换反对称. 所以，2π 系统耦合的同位旋为 0 或 2 时，同位旋波函数是交换对称的，2π 系统耦合的同位旋为 1 时，则同位旋波函数是交换反对称的.

对于奇异数改变的衰变，遵从 $\Delta I = \frac{1}{2}$ 规则，在衰变过程中，总同位旋的改变为 $\frac{1}{2}$. K 介子的同位旋为 $\frac{1}{2}$，2π 系统同位旋只能为 0 或 1. 初态 K 介子的自旋为 0，在 K 介子静止的系统中，总角动量为 0，末态 2π 系统的总角动量必须是 0，又因为 π 的自旋为 0，末态 2π 系统的轨道角动量也必须是 0，空间波函数是对称的，两个广义全同玻色子系统的总波函数必须是对称的，要求 2π 系统同位旋波函数必须是对称的，所以，2π 系统同位旋只能为 0.

(2) 假设两个衰变道的概率不同，主要是由同位旋空间的耦合不同而引起的，由此可计算出它们的衰变率之比. 它们的衰变概率正比于矩阵元中的同位旋部分，可由 CG 系数(Clebsh-Gordon coefficient)给出. 如(1)所述，只有末态 2π 耦合成 $I=0, I_z=0$ 的态才满足对称性和 $\Delta I = 1/2$ 的要求.

对于 $K_S^0 \to \pi^0\pi^0$ 衰变道为

$$|\langle \pi^0\pi^0 \mid I=0, I_z=0\rangle|^2$$

而对于 $K_S^0 \to \pi^+\pi^-$ 为

$$|\langle \pi^+\pi^- \mid I=0, I_z=0\rangle|^2$$

$\pi^0\pi^0$ 和 $\pi^+\pi^-$，在同位旋空间，有表达式

$$|\pi^0\pi^0\rangle = |1,0,1,0\rangle$$

$$|\pi^+\pi^-\rangle = \frac{1}{\sqrt{2}}(|11,1-1\rangle + |1-1,11\rangle)$$

这里，对$|\pi^+\pi^-\rangle$系统，我们必须写成对称组合的形式，因为它们是玻色子，如答案(1)，静止态的波函数必须是对称的. 假定$\pi^0\pi^0$和$\pi^+\pi^-$态的衰变仅仅是它们的同位旋部分不同而引起的. 我们可利用前面给出的 Clebsch-Gordon 耦合系数，得到两衰变道衰变宽度之比为

$$\frac{\Gamma(\pi^+\pi^-)}{\Gamma(\pi^0\pi^0)} = \frac{\frac{1}{2}|(\langle 11,1-1|00\rangle + \langle 1-1,11|00\rangle)|^2}{|\langle 10,10|00\rangle|^2}$$

$$= \frac{\frac{1}{2}\cdot|2\sqrt{1/3}|^2}{|-\sqrt{1/3}|^2} = 2$$

从式中同位旋耦合公式得到 2 的因子.

(3) 当中性 K 介子(K_L)衰变成三个 π 时，末态三个 π 的总质量近似为 $420\mathrm{MeV}/c^2$，已经很接近 K 介子的质量，其衰变能很小，即末态相空间很小，而对于(K_S)两个 π 的衰变，相空间要大得多，两衰变道的衰变概率差别如此之大，主要是由它们的衰变相空间因子不同决定的.

(4) CP 的本征态是

$$|K_1\rangle = \frac{1}{\sqrt{2}}(|K^0\rangle + |\overline{K}^0\rangle)$$

$$|K_2\rangle = \frac{1}{\sqrt{2}}(|K^0\rangle - |\overline{K}^0\rangle)$$

这时，有 $CP|K_1\rangle = |K_1\rangle$，$CP|K_2\rangle = -|K_2\rangle$.

(5) 中性 K 介子的能量本征态是$|K_1\rangle$和$|K_2\rangle$，任意一个中性介子可用$|K_1\rangle$和$|K_2\rangle$的线性组合表示，即

$$\Psi(0) = c_1|K_1\rangle + c_2|K_2\rangle$$

$$\Psi(t) = c_1|K_1\rangle e^{-im_1t}e^{-\Gamma_1t/2} + c_2|K_2\rangle e^{-im_2t}e^{-\Gamma_2t/2}$$

式中，m_1 和 m_2 分别是 K_1 和 K_2 的质量，Γ_1 和 Γ_2 是 K_1 和 K_2 的衰变宽度，寿命为 $\tau = \Gamma^{-1}$. 题设，在 $t=0$ 时，有一纯的 K^0 束，即

$$\Psi(0) = |K^0\rangle = \frac{1}{\sqrt{2}}(|K_1\rangle + |K_2\rangle)$$

在 t 时刻(作时间平移变换)，该束的波函数为

$$\Psi(t) = \frac{1}{\sqrt{2}}|K_1\rangle e^{-im_1t}e^{-\Gamma_1t/2} + \frac{1}{\sqrt{2}}|K_2\rangle e^{-im_2t}e^{-\Gamma_2t/2}$$

$$= \frac{1}{2}(|K^0\rangle + |\overline{K}^0\rangle)e^{-im_1t}e^{-\Gamma_1t/2} + \frac{1}{2}(|K^0\rangle - |\overline{K}^0\rangle)e^{-im_2t}e^{-\Gamma_2t/2}$$

$$= \frac{1}{2}|K^0\rangle(e^{-im_1t}e^{-\Gamma_1t/2} + e^{-im_2t}e^{-\Gamma_2t/2}) + \frac{1}{2}|\overline{K}^0\rangle(e^{-im_1t}e^{-\Gamma_1t/2} - e^{-im_2t}e^{-\Gamma_2t/2})$$

整理后，可得到在 t 时刻，该中性 K 介子束中，$|\overline{K}^0\rangle$和$|K^0\rangle$的比率为

$$\frac{p(\overline{\mathrm{K}}^0)}{p(\mathrm{K}^0)}=\frac{|\langle\Psi(t)\mid\overline{\mathrm{K}}^0\rangle|^2}{|\langle\Psi(t)\mid\mathrm{K}^0\rangle|^2}=\frac{|\mathrm{e}^{-\mathrm{i}m_1t-\Gamma_1t/2}-\mathrm{e}^{-\mathrm{i}m_2t-\Gamma_2t/2}|^2}{|\mathrm{e}^{-\mathrm{i}m_1t-\Gamma_1t/2}+\mathrm{e}^{-\mathrm{i}m_2t-\Gamma_2t/2}|^2}$$

$$=\frac{\mathrm{e}^{-\Gamma_1t}+\mathrm{e}^{-\Gamma_2t}-2\mathrm{e}^{-\Gamma t}\cos\Delta mt}{\mathrm{e}^{-\Gamma_1t}+\mathrm{e}^{-\Gamma_2t}+2\mathrm{e}^{-\Gamma t}\cos\Delta mt}$$

其中，$\Gamma=\frac{1}{2}(\Gamma_1+\Gamma_2)$，$\Delta m=m_1-m_2$.

12.30　(1) 描述 K^0 衰变中的 CP 不守恒实验，并解释为什么这个实验特别合适？

(2) $10\mathrm{GeV}/c$ 的中性K介子束在飞行20m远后，求短寿命 $\mathrm{K_S}$ 和长寿命 $\mathrm{K_L}$ 的数目之比.($\tau_{\mathrm{K_L}}=5\times10^{-8}\mathrm{s}$，$\tau_{\mathrm{K_S}}=0.86\times10^{-10}\mathrm{s}$)

解　(1) 在1964年，J. W. Cronin 等在 K^0 介子产生又飞行5.7ft① 后，仍发现有极少数 K^0 介子衰变成 2π，由于 $\mathrm{K_S^0}$ 寿命如此之短，以至在距 $\mathrm{K_S^0}$ 粒子产生地点几厘米后，几乎所有的 $\mathrm{K_S}$ 都衰变光了. 在距束流产生点5.7ft处，应为纯的 $\mathrm{K_L^0}$ 衰变，有 2π 衰变产物，这意味着在 K^0 衰变中，CP 守恒破坏，即存在着在空间反演和电荷共轭联合不变性破坏. 用 K^0 的衰变来检验 CP 守恒定律，是因为 K^0 是由 $\eta_{CP}=1$ 的 $\mathrm{K_2^0}$ 和 $\eta_{CP}=-1$ 的 $\mathrm{K_1^0}$ 混合束，$\mathrm{K_1^0}$ 和 $\mathrm{K_2^0}$ 有着不同的 CP 本征值，故它们衰变成 3π 和 2π，表现出不同的寿命，测量值

$$R=\frac{\mathrm{K_L^0}\rightarrow\pi^+\pi^-}{\mathrm{K_L^0}\rightarrow\text{所有粒子}}\approx2\times10^{-3}$$

R 是 CP 破坏的一个量度，因为 $\mathrm{K_L^0}$ 是和具有 $\eta_{cp}=-1$ 的 $\mathrm{K_2^0}$ 相对应，应该只衰变到 3π. 实验上，测到了 $\mathrm{K_L^0}$ 衰变到了 2π，即 $R\neq0$，而 $\eta_{cp}(\pi^+\pi^-)=+1$. 证明 $\mathrm{K_L^0}$ 衰变中有 CP 守恒破坏.

(2) $M_{\mathrm{K}^0}c^2\approx0.5\mathrm{GeV}$，$p_{\mathrm{K}^0}\approx10\mathrm{GeV}/c$. 有

$$\beta\gamma=p_{\mathrm{K}^0}/M_{\mathrm{K}^0}\approx20$$

在 K^0 产生时，长寿的 $\mathrm{K_L^0}$ 和短寿的 $\mathrm{K_S^0}$ 的强度相等，

$$I_{\mathrm{L0}}=I_{\mathrm{S0}}$$

在飞行20m后

$$I_{\mathrm{L}}=I_{\mathrm{L0}}\mathrm{e}^{-t/\gamma\tau_{\mathrm{L}}}=I_{\mathrm{L0}}\mathrm{e}^{-20/\beta\gamma c\tau_{\mathrm{L}}}$$

$$I_{\mathrm{S}}=I_{\mathrm{S0}}\mathrm{e}^{-t/\gamma\tau_{\mathrm{S}}}=I_{\mathrm{S0}}\mathrm{e}^{-20/\beta\gamma c\tau_{\mathrm{S}}}$$

$$\frac{I_{\mathrm{S}}}{I_{\mathrm{L}}}=\mathrm{e}^{-\frac{20}{\beta\gamma c}\left(\frac{1}{\tau_{\mathrm{S}}}-\frac{1}{\tau_{\mathrm{L}}}\right)}\approx\mathrm{e}^{-38.7}\approx1.6\times10^{-17}$$

即在 $L=20\mathrm{m}$ 以后，2π 衰变只可能是由 $\mathrm{K_L^0}$ 产生的.

12.31　忽略不守恒，中性 K^0 介子 $|\mathrm{K}^0\rangle$ 和 $|\overline{\mathrm{K}}^0\rangle$，可由 $|\mathrm{K_L}\rangle$ 和 $|\mathrm{K_S}\rangle$ 态表示，

$$|\mathrm{K}^0\rangle=\frac{1}{\sqrt{2}}(|\mathrm{K_L}\rangle+|\mathrm{K_S}\rangle)$$

$$|\overline{\mathrm{K}}^0\rangle=\frac{1}{\sqrt{2}}(|\mathrm{K_L}\rangle-|\mathrm{K_S}\rangle)$$

$|\mathrm{K_L}\rangle$ 和 $|\mathrm{K_S}\rangle$ 是寿命分别为 $\tau_{\mathrm{L}}=\frac{1}{\Gamma_{\mathrm{L}}}$ 和 $\tau_{\mathrm{S}}=\frac{1}{\Gamma_{\mathrm{S}}}$ 的态，它们的静止质量也不同，即 $m_{\mathrm{L}}\neq m_{\mathrm{S}}$. 设

① ft，英尺，长度单位，非法定，$1\mathrm{ft}=3.048\times10^{-1}\mathrm{m}$.

一个介子在 $t=0$ 时处于 $|\Psi(t=0)\rangle=|K^0\rangle$ 态，若在 t 刻，发现系统在 $|K^0\rangle$ 态概率为 $P_0(t)$，而在 $|\overline{K}^0\rangle$ 态的概率为 $\overline{P}_0(t)$，以 Γ_L，Γ_S，m_L 和 m_S 表示.

解 在 $t=0$ 时，态为

$$\Psi(0)=|K^0\rangle=\frac{1}{\sqrt{2}}(|K_L\rangle+|K_S\rangle)$$

在 t 时，态为

$$\begin{aligned}\Psi(t)&=e^{-iHt}\Psi(0)=e^{-iHt}\frac{1}{\sqrt{2}}(|K_L\rangle+|K_S\rangle)\\&=\frac{1}{\sqrt{2}}[e^{-im_Lt-\Gamma_Lt/2}|K_L\rangle+e^{-im_St-\Gamma_St/2}|K_S\rangle]\\&=\frac{1}{\sqrt{2}}\left\{e^{-im_Lt-\Gamma_Lt/2}\frac{1}{\sqrt{2}}(|K^0\rangle+|\overline{K}^0\rangle)+e^{-im_St-\Gamma_St/2}\frac{1}{\sqrt{2}}(|K^0\rangle-|\overline{K}^0\rangle)\right\}\\&=\frac{1}{2}[(e^{-im_Lt-\Gamma_Lt/2}+e^{-im_St-\Gamma_St/2})|K^0\rangle-(e^{-im_Lt-\Gamma_Lt/2}-e^{-im_St-\Gamma_St/2})|\overline{K}^0\rangle]\end{aligned}$$

$$\langle\Psi(t)|\Psi(t)\rangle=P_0(t)+\overline{P}_0(t)$$

式中，$P_0(t)$ 和 $\overline{P}_0(t)$ 分别为

$$P_0(t)=\frac{1}{4}[e^{-\Gamma_Lt}+e^{-\Gamma_St}+2e^{-(\Gamma_L+\Gamma_S)t/2}\cos(m_L-m_S)t]$$

$$\overline{P}_0(t)=\frac{1}{4}[e^{-\Gamma_Lt}+e^{-\Gamma_St}-2e^{-(\Gamma_L+\Gamma_S)t/2}\cos(m_L-m_S)t]$$

最后，我们得到

$$P_0(t)-\overline{P}_0(t)=e^{-(\Gamma_L+\Gamma_S)t/2}\cos(m_L-m_S)t$$

12.32 (1) 解释下列反应中能产生纯中性 K 束，即不被它的反粒子存在所污染.

$$\pi^-p\rightarrow\Lambda^0+K^0$$

(2) 上述方式产生的纯中性 K 束，反对称因子是多少？电荷反对称因子 δ 由它衰变到 $e^+\pi^-\nu$ 的数目相对衰变到 $e^-\pi^+\bar{\nu}$ 的数目给出：

$$\delta=\frac{N(e^+\pi^-\nu)-N(e^-\pi^+\bar{\nu})}{N(e^+\pi^-\nu)+N(e^-\pi^+\bar{\nu})}$$

(3) 在 CP 守恒的近似下，计算出 δ 相对于时间的函数，并解释怎样利用 δ 与时间的相关性，得到长寿命 K_L^0 和短寿命 K_S^0 的质量差 Δm.

(4) 说明 CP 有微小的不守恒时，对 δ 和时间关系有什么影响？

解 (1) 下面的反应，能得到纯的 K^0 束：

$$\pi^-+p\rightarrow\Lambda^0+K^0$$

该过程为强相互作用，满足各种守恒定律，$\Delta S=0$，$\Delta I_3=0$. 反应中不可能产生 $\overline{K}^0$，因为它会破坏 I_3 守恒，故可得到纯的 K^0 束.

(2) 在 $t=0$ 时，只有纯的 K^0 束，根据弱衰变初末态强子的变换规则：$|\Delta S|=1$，$|\Delta I|=|\Delta I_3|=\frac{1}{2}$，得到

$$K^0\rightarrow\pi^-e^+\nu$$

是允许衰变.

$$K^0 \to \pi^+ e^- \bar{\nu}$$

$\Delta I_3 = \frac{3}{2}$,衰变是禁戒的.所以 $N(e^- \pi^+ \bar{\nu}) = 0$,有

$$\delta(t=0) = \frac{N(e^+ \pi^- \nu) - N(e^- \pi^+ \bar{\nu})]}{N(e^+ \pi^- \nu) + N(e^- \pi^+ \bar{\nu})} = 1$$

(3) 在 $t=0$ 时,

$$|K_L^0(0)\rangle = \frac{1}{\sqrt{2}} |K^0(0)\rangle$$

$$|K_S^0(0)\rangle = \frac{1}{\sqrt{2}} |K^0(0)\rangle$$

在 t 时刻,有

$$|K_L^0(t)\rangle = \frac{1}{\sqrt{2}} |K^0(0)\rangle \cdot e^{-(im_L t + \Gamma_L t/2)}$$

$$|K_S^0(t)\rangle = \frac{1}{\sqrt{2}} |K^0(0)\rangle \cdot e^{-(im_S t + \Gamma_S t/2)}$$

$$|K^0(t)\rangle = \frac{1}{\sqrt{2}}(|K_S^0(t)\rangle + |K_L^0(t)\rangle) = \frac{1}{2} |K^0(0)\rangle \cdot [e^{-(im_S t + \Gamma_S t/2)} + e^{-(im_L t + \Gamma_L t/2)}]$$

$$|\overline{K}^0(t)\rangle = \frac{1}{\sqrt{2}}(|K_S^0(t)\rangle - |K_L^0(t)\rangle) = \frac{1}{2} |K^0(0)\rangle \cdot [e^{-(im_S t + \Gamma_S t/2)} - e^{-(im_L t + \Gamma_L t/2)}]$$

设衰变概率 $N(K^0 \to \pi^- e^+ \nu) = N(\overline{K}^0 \to \pi^+ e^- \bar{\nu})$,得到

$$\delta(t) = \frac{|e^{-(im_S + \Gamma_S/2)t} + e^{-(im_L + \Gamma_L/2)t}|^2 - |e^{-(im_S + \Gamma_S/2)t} - e^{-(im_L + \Gamma_L/2)t}|^2}{|e^{-(im_S + \Gamma_S/2)t} + e^{-(im_L + \Gamma_L/2)t}|^2 + |e^{-(im_S + \Gamma_S/2)t} - e^{-(im_L + \Gamma_L/2)t}|^2}$$

$$= \frac{2e^{-(\Gamma_L + \Gamma_S)t/2}\cos(\Delta m t)}{e^{-\Gamma_L t} + e^{-\Gamma_S t}}$$

测量到 $\delta(t)$,我们可得到 $\Delta m = |m_L - m_S|$.

(4) 若 CP 守恒破坏,但是很小的破坏.设 CP 守恒破坏参数为 ε,有

$$|K^0(t)\rangle = \frac{1}{\sqrt{2}}[(1+\varepsilon) |K_S^0(t)\rangle + (1-\varepsilon) |K_L^0(t)\rangle]$$

$$= \frac{1}{2} |K^0(0)\rangle \cdot [(e^{-(im_S t + \Gamma_S t/2)} + e^{-(im_L t + \Gamma_L t/2)}) + \varepsilon(e^{-(im_S t + \Gamma_S t/2)} - e^{-(im_L t + \Gamma_L t/2)})]$$

$$|\overline{K}^0(t)\rangle = \frac{1}{2} |K^0(0)\rangle \cdot [(e^{-(im_S t + \Gamma_S t/2)} - e^{-(im_L t + \Gamma_L t/2)}) + \varepsilon(e^{-(im_S t + \Gamma_S t/2)} + e^{-(im_L t + \Gamma_L t/2)})]$$

$$\delta(t) = \frac{|\langle K^0(t) | K^0(t)\rangle|^2 - |\langle \overline{K}^0(t) | \overline{K}^0(t)\rangle|^2}{|\langle K^0(t) | K^0(t)\rangle|^2 + |\langle \overline{K}^0(t) | \overline{K}^0(t)\rangle|^2}$$

$$\approx \frac{2e^{-(\Gamma_L + \Gamma_S)t/2}\cos(\Delta m t)}{e^{-\Gamma_L t} + e^{-\Gamma_S t}} + \mathrm{Re}(\varepsilon)$$

12.33 在 Weinberg-Salam 模型中,弱相互作用是由三个重矢量玻色子作为中间交换粒子,它们的质量为

$$M_W^2 = \frac{\pi\alpha}{\sqrt{2} G_F \sin^2\theta}$$

$$M_{Z}^{2}=\frac{M_{W}^{2}}{\cos^{2}\theta}$$

式中，α 是精细结构常数，θ 是弱相互作用混合角，G_F 是费米常数. 电子、正电子和中微子与 Z^0 和 $W^{\pm}$ 之间的相互作用拉格朗日量为

$$L=\frac{\sqrt{\pi\alpha}}{\sin\theta}\left\{\frac{1}{\sqrt{2}}W^{+\mu}\bar{\nu}\gamma_{\mu}(1-\gamma_5)e+\frac{1}{\sqrt{2}}W^{-\mu}\bar{e}\gamma_{\mu}(1-\gamma_5)\nu\right.$$

$$\left.+\frac{1}{2\cos\theta}Z^{\mu}[\bar{\nu}\gamma_{\mu}(1-\gamma_5)\nu-\bar{e}\gamma_{\mu}(1-\gamma_5)e+4\sin^2\theta\bar{e}\gamma_{\mu}e]\right\}$$

其中，ν 和 e 是狄拉克场. 考虑电子反中微子在电子上的散射

$$\bar{\nu}e^{-}\rightarrow\bar{\nu}e^{-}$$

(1) 画出最低阶的费曼图，标出每一条线；

(2) 如果电子反中微子和电子的质量与 M_W 相比是很小的，它们之间的相互作用用四费米子理论的有效拉格朗日量代替，写出正确的有效拉氏量，并化成下列形式：

$$L_{\mathrm{eff}}=\frac{G_F}{\sqrt{2}}[\bar{\nu}\gamma_{\mu}(1-\gamma_5)\nu][\bar{e}\gamma^{\mu}(A-B\gamma_5)e]$$

式中，A 和 B 是 θ 的函数.

说明：如果 ψ_1 和 ψ_2 是反对易狄拉克场，则有

$$[\bar{\psi}_1\gamma^{\mu}(1-\gamma_5)\psi_2][\bar{\psi}_2\gamma_{\mu}(1-\gamma_5)\psi_1]=[\bar{\psi}_1\gamma^{\mu}(1-\gamma_5)\psi_1][\bar{\psi}_2\gamma_{\mu}(1-\gamma_5)\psi_2]$$

(3) 用什么实验能够确定出 A 和 B？

解 (1) $\bar{\nu}$e 弹性散射应包括两部分，交换 Z 和 W，它们的最低阶费曼图见图 3.19.

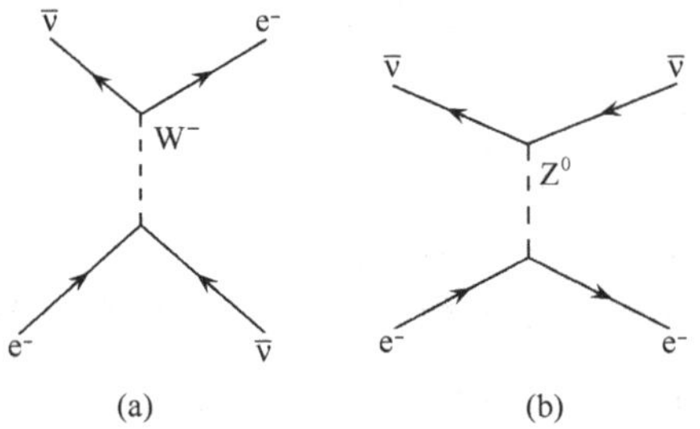

图 3.19

(2) 按题给的拉氏量，可分别写出两图的拉氏量，对于图 3.19(a)，有

$$L(e\bar{\nu}W)=\left(\sqrt{\frac{\pi\alpha}{2}}\frac{1}{\sin\theta}\right)^2\left[\bar{\nu}\gamma^{\mu}(1-\gamma_5)e\cdot\frac{g^{\mu\nu}-(k^{\mu}k^{\nu}/M_W^2)}{M_W^2-k^2}\cdot\bar{e}\gamma_{\nu}(1-\gamma_5)\nu\right]$$

$$=\frac{\pi\alpha}{2\sin^2\theta}\left[\bar{\nu}\gamma^{\mu}(1-\gamma_5)e\cdot\frac{g^{\mu\nu}-(k^{\mu}k^{\nu}/M_W^2)}{M_W^2-k^2}\cdot\bar{e}\gamma_{\nu}(1-\gamma_5)\nu\right]$$

对于低能时，$M_W^2\gg k^2$，上式可简化为

$$L(e\bar{\nu}W)=\frac{\pi\alpha}{2\sin^2\theta M_W^2}[\bar{\nu}\gamma^{\mu}(1-\gamma_5)e][\bar{e}\gamma_{\mu}(1-\gamma_5)\nu]$$

因为 $\bar{\nu}$ 和 e 是狄拉克场，由 Ferzi 换位公式，得到关系式

$$[\bar{\nu}\gamma^{\mu}(1-\gamma_5)e][\bar{e}\gamma_{\mu}(1-\gamma_5)\nu]=[\bar{\nu}\gamma^{\mu}(1-\gamma_5)\nu][\bar{e}\gamma_{\mu}(1-\gamma_5)e]$$

拉氏量可写成下面的形式：

$$L(\mathrm{e}\bar{\nu}\mathrm{W})=\frac{\pi\alpha}{2\sin^2\theta M_{\mathrm{W}}^2}[\bar{\nu}\gamma^{\mu}(1-\gamma_5)\nu][\bar{e}\gamma_{\mu}(1-\gamma_5)e]$$

$$=\frac{G_{\mathrm{F}}}{\sqrt{2}}[\bar{\nu}\gamma^{\mu}(1-\gamma_5)\nu][\bar{e}\gamma_{\mu}(1-\gamma_5)e]$$

式中，$G_{\mathrm{F}}=\frac{\pi\alpha}{\sqrt{2}\sin^2\theta M_{\mathrm{W}}^2}$.

对图 3.19(b)，我们给出其有效拉氏量

$$L(\mathrm{e}\bar{\nu}Z^0)=\frac{\pi\alpha}{\sin^2\theta\cdot 4\cos^2\theta}\left[\bar{\nu}\gamma^{\mu}(1-\gamma_5)\nu\cdot\frac{g^{\mu\nu}-(k^{\mu}k^{\nu}/M_{\mathrm{Z}}^2)}{M_{\mathrm{Z}}^2-k^2}\cdot\bar{e}\gamma_{\nu}(g_{\mathrm{V}}-g_{\mathrm{A}}\gamma_5)e\right]$$

式中，$g_{\mathrm{V}}=-1+4\sin^2\theta$，$g_{\mathrm{A}}=-1$. 当 $M_{\mathrm{Z}}^2\gg k^2$ 时，上式可简化为四费米子直接相互作用

$$L(\mathrm{e}\bar{\nu}Z^0)=\frac{\pi\alpha}{4\sin^2\theta\cos^2\theta M_{\mathrm{Z}}^2}[\bar{\nu}\gamma^{\mu}(1-\gamma_5)\nu][\bar{e}\gamma_{\mu}(g_{\mathrm{V}}-g_{\mathrm{A}}\gamma_5)e]$$

$$=\frac{G_{\mathrm{F}}}{2\sqrt{2}}[\bar{\nu}\gamma^{\mu}(1-\gamma_5)\nu][\bar{e}\gamma_{\mu}(g_{\mathrm{V}}-g_{\mathrm{A}}\gamma_5)e]$$

其中

$$M_{\mathrm{Z}^0}^2=\frac{M_{\mathrm{W}}^2}{\cos^2\theta}=\frac{\pi\alpha}{\sqrt{2}G_{\mathrm{F}}\sin^2\theta\cos^2\theta}$$

总的有效拉氏量应是两项之和

$$L_{\mathrm{eff}}=L(\mathrm{e}\bar{\nu}\ \mathrm{W})+L(\mathrm{e}\bar{\nu}Z^0)$$

$$=\frac{G_{\mathrm{F}}}{\sqrt{2}}[\bar{\nu}\gamma^{\mu}(1-\gamma_5)\nu][\bar{e}\gamma_{\mu}(1-\gamma_5)e]$$

$$+\frac{G_{\mathrm{F}}}{2\sqrt{2}}[\bar{\nu}\gamma^{\mu}(1-\gamma_5)\nu][\bar{e}\gamma_{\mu}(g_{\mathrm{V}}-g_{\mathrm{A}}\gamma_5)e]$$

$$=\frac{G_{\mathrm{F}}}{\sqrt{2}}[\bar{\nu}\gamma^{\mu}(1-\gamma_5)\nu]\left[\bar{e}\gamma_{\mu}\left(1+\frac{g_{\mathrm{V}}}{2}-\gamma_5-\frac{g_{\mathrm{A}}}{2}\gamma_5\right)e\right]$$

$$\frac{G_{\mathrm{F}}}{\sqrt{2}}[\bar{\nu}\gamma^{\mu}(1-\gamma_5)\nu][\bar{e}\gamma_{\mu}(A-B\gamma_5)e]$$

式中，$A=1+\left(\frac{g_{\mathrm{V}}}{2}\right)$，$B=1+\left(\frac{g_{\mathrm{A}}}{2}\right)$.

(3) 可以测定 A 和 B 的实验很多，较好的实验来自中微子散射实验. 如 $\nu_{\mu}\mathrm{e}^-\to\nu_{\mu}\mathrm{e}^-$ 散射实验和 $\mathrm{e}^+\mathrm{e}^-\to\mathrm{l}^+\mathrm{l}^-$ 的轻子电荷不对称性实验，可给出 g_{V} 和 g_{A}，从而给出 A 和 B. 最直接的实验是 CERN 的 $\mathrm{p}\,\bar{\mathrm{p}}$ 和 $\mathrm{e}^+\mathrm{e}^-$ 对撞实验，目前实验给出(PDG2014)：

$$M_{\mathrm{W}}=(80.387\pm0.016)\mathrm{GeV}$$

$$M_{\mathrm{Z}}=(91.1876\pm0.0021)\mathrm{GeV}$$

$$\sin^2\theta(M_{\mathrm{Z}})=0.2299\pm0.0043$$

12.34 W^+ 是传播弱相互作用的中间矢量玻色子，它是首先在 CERN 的 $\mathrm{p}\,\bar{\mathrm{p}}$ 对撞机上发现的，$\mathrm{p}\,\bar{\mathrm{p}}$ 对撞过程为

$$\mathrm{p}+\bar{\mathrm{p}}\to\mathrm{W}^++\mathrm{X}$$

$$W^+ \to e^+ + \nu_e$$

中间矢量玻色子 W^+ 的质量为 $M_W=82\text{GeV}$. 在夸克模型中，基本产生过程是质子中的 u 夸克和反质子中的 $\bar{d}$ 夸克的对撞. 该过程的截面是

$$\sigma^{u\bar{d}\to W\to e\nu}(\hat{s}) = 16\pi \frac{N_W}{N_i} \frac{\Gamma_{u\bar{d}}\Gamma_{e\nu}}{(\hat{s}-M_W^2)^2+M_W^2\Gamma^2}$$

其中，N_W 和 N_i 是末态 W^+ 和初态 $u+\bar{d}$ 的多重因子. Γ 是 W^+ 的总衰变宽度，$\Gamma_{u\bar{d}}$ 和 $\Gamma_{e\nu}$ 是中间玻色子 $W^+\to u+\bar{d}$ 和 $W^+\to e^++\nu_e$ 部分衰变宽度.

(1) N_W 和 N_i 的幅值是多少?

(2) 给出对 $\Gamma_{e\nu}$ 的估计值，用低能过程如 μ 子衰变给出的费米耦合常数 G_F 表示，并用 $\Gamma_{e\nu}$ 表示 $\Gamma_{u\bar{d}}$ 和总衰变宽度 Γ，给出你估算过程中所用的假设，最后给出 W^+ 的寿命.

(3) 如果 $\Gamma \ll M_W$，证明截面公式可近似为

$$\sigma^{u\bar{d}\to W\to e\nu}(\hat{s}) \approx \pi M_W \Gamma\sigma(\hat{s}=M_W^2)\delta(\hat{s}-M_W^2)$$

为给出实际截面值，我们必须研究质子和反质子对撞过程. 设 $u(x_p)=6(1-x_p)^2$ 是 u 夸克所带质子动量份额为 x_p 的概率. $\bar{d}(x_{\bar{p}})=3(1-x_{\bar{p}})^2$ 是 $\bar{d}$ 夸克在反质子动量中占份额为 $x_{\bar{p}}$ 的概率. 给出 $\hat{s}$ 的表达式，用 x_p、$x_{\bar{p}}$ 和 s 表示. 其中，s 是 $p\bar{p}$ 过程的四动量平方.

(4) 在 CERN，上述过程是在 $\sqrt{s}=540\text{GeV}$ 测量的. 求在这个能量时，产生 W^+ 的截面 $\sigma_{tot}(p\bar{p}\to W^+\to e\nu)$. CERN 的 $p\bar{p}$ 对撞机，亮度为 $L\approx 10^{29}\text{cm}^{-2}\cdot\text{s}^{-1}$，假设是满效率的，一年内能得到多少个 $p\bar{p}\to W^+\to e\nu$ 事例? 你如何确认是 W^+ 事例产生?

解 (1) 多重因子主要是自旋和颜色的贡献. 当计算 W^+ 衰变到 u 夸克和 $\bar{d}$ 夸克的衰变宽度 $\Gamma_{u\bar{d}}$ 时，要对所有可能的末态求和，而对产生衰变的 W^+ 的自旋求平均. 反过来，这里，我们要给出两个夸克对撞产生 W^+. 所以，多重态因子，应对初态 u 和 $\bar{d}$ 两个夸克的自旋和颜色自由度求平均，自旋部分为 2^2，颜色部分为 3^2，有 $N_i=2^2\times 3^3=36$. 对末态 W^+ 的自旋求和，$N_W=2J+1=3$.

(2) 带电中间玻色子的衰变

$$W^+ \to e^+ + \nu_e$$

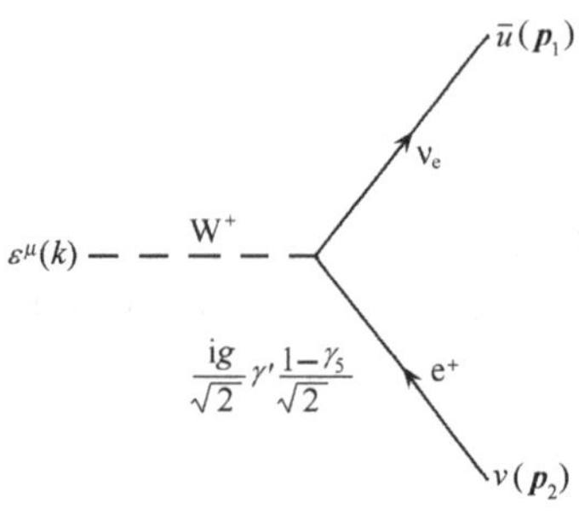

图 3.20

费曼图见图 3.20. 图中，$\varepsilon^\mu(k)$ 为 W^+ 粒子的矢量波函数，$\mu=0,1,2,3$. $v(\boldsymbol{p}_2)$ 和 $\bar{u}(\boldsymbol{p}_1)$ 分别是正电子和中微子的 Dirac 波函数. 相互作用矩阵元及其厄米共轭矩阵元分别为

$$M_{W\to e^+\nu} = \frac{-ig}{\sqrt{2}}\bar{u}(p_1)\gamma_\mu \cdot \frac{1-\gamma_5}{2} \cdot v(p_2) \cdot \varepsilon^\mu(k)$$

$$M^\dagger_{W\to e^+\nu} = \frac{ig}{\sqrt{2}}\bar{v}(p_2)\gamma_\nu \cdot \frac{1-\gamma_5}{2} \cdot u(p_1) \cdot \varepsilon^\nu(k)$$

式中，$\frac{1}{2}(1-\gamma_5)$ 为左手投影算符. 我们得到衰变矩阵元的平方为

$$|M|^2 = MM^\dagger = \frac{g^2}{2}\bar{v}(p_2)\gamma_\nu \cdot \frac{1-\gamma_5}{2} \cdot u(p_1)\bar{u}(p_1)\gamma_\mu \cdot \frac{1-\gamma_5}{2} \cdot v(p_2) \cdot \varepsilon^\mu(k) \cdot \varepsilon^\nu(k)$$

其中

$$u\bar{u} = \not{p} + m$$
$$v\bar{v} = \not{p} - m$$
$$m_\nu \approx m_e \approx 0$$

对非极化的 W^+ 求和，得到

$$\sum_{\lambda=1}^{3} \varepsilon_\lambda^\mu(k)\varepsilon_\lambda^\nu(k) - \varepsilon_0^\mu(k)\varepsilon_0^\nu(k) = - g^{\mu\nu}$$

代入上式

$$|M|^2 = \frac{g^2}{2}(-g^{\mu\nu})\bar{v}(p_2)\gamma_\nu \cdot \frac{1-\gamma_5}{2}\not{p}_1\gamma_u \cdot \frac{1-\gamma_5}{2} \cdot v(p_2)$$
$$= \frac{-g^2}{2}g^{\mu\nu}\bar{v}(p_2)\gamma_\nu \not{p}_1\gamma_\mu \cdot \frac{1-\gamma_5}{2} \cdot v(p_2)$$

其中，$\bar{v}\theta v$ 旋量二次型为一可对易 C 数，所以，可对该数求迹

$$|M^2| = \frac{-g^2}{2}g^{\mu\nu}\mathrm{Tr}\left[\gamma_\nu \not{p}_1\gamma_\mu \cdot \frac{1-\gamma_5}{2} \cdot v\bar{v}\right]$$
$$= \frac{-g^2}{2}g^{\mu\nu}\mathrm{Tr}\left[\gamma_\nu \not{p}_1 \cdot \gamma_\mu \cdot \frac{1-\gamma_5}{2}\not{p}_2\right]$$
$$= \frac{-g^2}{2}g^{\mu\nu}\mathrm{Tr}\left[\gamma_\nu \not{p}_1\gamma_\mu \not{p}_2 \cdot \frac{1+\gamma_5}{2}\right]$$
$$= \frac{-g^2}{4}g^{\mu\nu}[\mathrm{Tr}(\gamma_\nu \not{p}_1\gamma_\mu \not{p}_2) + \mathrm{Tr}(\gamma_5\gamma_\nu \not{p}_1\gamma_\mu \not{p}_2)]$$
$$= -\frac{-g^2}{4}\{4g^{\mu\nu}[p_{1\nu}p_{2\mu} - g_{\mu\nu}(p_1 \cdot p_2) + p_{1\mu}p_{2\nu}] + 4(-\mathrm{i})g^{\mu\nu}\varepsilon_{\nu\sigma\mu\rho}p_1^\sigma p_2^\rho\}$$

这里，$\not{p}=\gamma_\mu p^\mu$，最后一项中，$g^{\mu\nu}$ 是对称的，$\varepsilon_{\nu\sigma\mu\rho}$ 是反对称的，故该项为零. 得到简单关系式

$$|M|^2 = - g^2(2p_1 \cdot p_2 - g^{\mu\nu}g_{\mu\nu}p_1 \cdot p_2)$$

利用关系式

$$k = p_1 + p_2$$
$$(p_1 + p_2)^2 = p_1^2 + p_2^2 + 2p_1p_2 \sim 2p_1p_2 = k^2 = M_W^2$$
$$g^{\mu\nu}g_{\mu\nu} = g_\nu^\nu = \delta_\nu^\nu = 4$$

代入上式，最后得到衰变矩阵元的平方为

$$|M|^2 = 2g^2p_1 \cdot p_2 = g^2M_W^2$$

对于 W^+ 的二体衰变，有

$$\mathrm{d}\Gamma_{e\nu} = \frac{1}{N_W} \cdot \frac{1}{32\pi^2}|M|^2 \cdot \frac{|\boldsymbol{p}_1|}{M_W^2}\mathrm{d}\Omega = \frac{1}{3} \cdot \frac{1}{32\pi^2}g^2M_W^2 \cdot \frac{\left(\frac{M_W}{2}\right)}{M_W^2}\mathrm{d}\Omega = \frac{g^2M_W}{192\pi^2}\mathrm{d}\Omega$$

其中，$N_W=3$ 是 W^+ 对初态自旋求平均的因子. 在 W^+ 静止的系统中，有 $|p_1|=|p_2|=\frac{1}{2}M_W$.

对角度积分得到

$$\Gamma_{e\nu}=\int d\Gamma_{e\nu}=\int_{4\pi}\frac{g^2M_W}{192\pi^2}d\Omega=\frac{g^2M_W}{48\pi}$$

运用关系式

$$\frac{G_F}{\sqrt{2}}=\frac{g^2}{8M_W^2}\Rightarrow g^2=\frac{8G_FM_W^2}{\sqrt{2}}$$

最后得到带电中间玻色子的衰变 $W^+\to e^++\nu_e$ 的部分宽度为

$$\Gamma_{e\nu}=\frac{G_FM_W^3}{6\pi\sqrt{2}}\approx\frac{1.17\times10^{-5}\times82^3}{6\pi\sqrt{2}}\approx0.242(\text{GeV})=242(\text{MeV})$$

当然，我们也可以粗略地用费米理论量纲分析，估计衰变宽度. 首先，理论给出其衰变宽度正比于费米常数 $G_F\approx1.17\times10^{-5}\text{GeV}^{-2}$，在这个能量上，可忽略夸克和轻子的质量，仅有的能量标度就是矢量玻色子的质量 M_W，$\Gamma\approx G_FM_w^x$ 量纲分析：$[G_F]=\text{GeV}^{-2}$，$[\Gamma]=$ M，衰变宽度 $\Gamma_{W\to e\nu}$ 的表达式中，应有正比于矢量玻色子的质量 M_W 的三次方项，即 $x=3$，

$$\Gamma_{W\to e\nu}\approx G_FM_W^3=1.17\times10^{-5}\times82^3\approx6.45(\text{GeV})$$

这只是很粗略的估计，和我们上面计算结果相比丢掉了因子 $6\pi\sqrt{2}\approx26.7$.

实验值：$\Gamma=(2.12\pm0.05)\text{GeV}$，$\Gamma_{e\nu}/\Gamma=0.107\pm0.002$. 由此得到 $\Gamma_{e\nu}\approx227\text{MeV}$. 精确计算的值和目前的实验值较符合，而粗略的估计值和实验值相差较大.

忽略轻子和夸克的质量，我们可得到

$$\Gamma_{u\bar{d}}=\Gamma_{c\bar{s}}\approx3\Gamma_{e\nu}$$

其中，因子 3 是夸克颜色的贡献. 总宽度包括三代夸克和轻子，但顶夸克的质量太重，W^+ 不可能衰变成顶夸克. 两代夸克和三代轻子，即

$$\Gamma=9\Gamma_{e\nu}=9\times242=2178(\text{MeV})$$

W^+ 的寿命为

$$\tau=\Gamma^{-1}\approx\frac{1}{2178}=4.6\times10^{-4}(\text{MeV}^{-1})$$
$$=4.6\times10^{-4}\times6.6\times10^{-22}=3.04\times10^{-25}(\text{s})$$

式中，用了 $\text{MeV}^{-1}=6.6\times10^{-22}\text{s}$.

(3) 由题设给出的共振截面表达式为

$$\sigma^{u\bar{d}\to W\to e\nu}(s)=16\pi\frac{N_W\Gamma_{u\bar{d}}\Gamma_{e\nu}}{N_i}\frac{1}{(s-M_W^2)^2+M_W^2\Gamma^2}$$

当 $s=M_W^2$ 时，有

$$\sigma^{u\bar{d}\to W\to e\nu}(s=M_W^2)=16\pi\frac{N_W\Gamma_{u\bar{d}}\Gamma_{e\nu}}{N_i}\cdot\frac{1}{M_W^2\Gamma^2}=\frac{4\pi}{9}\cdot\frac{\Gamma_{e\nu}}{M_W^2\Gamma}$$

得到表达式

$$\sigma^{u\bar{d}\to W\to e\nu}(s)=\Gamma^2M_W^2\sigma^{u\bar{d}\to W\to e\nu}(s=M_W^2)\frac{1}{(s-M_W^2)^2+M_W^2\Gamma^2}$$

利用复变函数的性质，当 $\Gamma\ll M_W$ 时，即 $\Gamma\sim\varepsilon$，得到

$$\frac{1}{(s-M_W^2)^2+M_W^2\Gamma^2}=\frac{1}{[(s-M_W^2)+iM_W\Gamma][(s-M_W^2)-iM_W\Gamma]}$$

$$= \frac{\dfrac{1}{(s-M_W^2)+iM_W\Gamma} - \dfrac{1}{(s-M_W^2)-iM_W\Gamma}}{(-2iM_W\Gamma)}$$

当 $\Gamma \to 0$ 时，得到

$$\frac{1}{(s-M_W^2)^2+M_W^2\Gamma^2} = \frac{\pi}{M_W\Gamma} \cdot \delta(s-M_W^2)$$

代入上式，有

$$\sigma^{u\bar{d}\to W\to e\nu}(s) = \Gamma^2 M_W^2 \sigma(s=M_W^2) \cdot \frac{1}{(s-M_W^2)^2+M_W^2\Gamma^2}$$

$$= \Gamma^2 M_W^2 \sigma(s=M_W^2) \cdot \frac{\pi}{M_W\Gamma} \cdot \delta(s-M_W^2)$$

$$= \pi\Gamma M_W \sigma(s=M_W^2) \cdot \delta(s-M_W^2)$$

也可将截面写成另外形式

$$\sigma^{u\bar{d}\to W\to e\nu}(s) = \pi\Gamma M_W \cdot \frac{4\pi}{9} \cdot \frac{\Gamma_{e\nu}}{M_W^2\Gamma} \cdot \delta(s-M_W^2)$$

$$= \frac{4\pi^2}{9} \cdot \frac{\Gamma_{e\nu}}{M_W} \cdot \delta(s-M_W^2)$$

在质心系，质子和反质子的能量相同，动量大小相同、方向相反，能量远大于质量，略去质量，有动量 $k \approx E$，质子和反质子的四动量分别为

$$q = k(1, \boldsymbol{n})$$
$$q' = k(1, -\boldsymbol{n})$$

则 u 夸克和 d 夸克的四动量表示为

$$q_u = x_p q = k x_p (1, \boldsymbol{n})$$
$$q_d = x_{\bar{p}} q' = k x_{\bar{p}} (1, -\boldsymbol{n})$$

得到关系式

$$s = (q+q')^2 = 4k^2$$
$$\hat{s} = (q_u+q_d)^2 = (x_p k + x_{\bar{p}} k)^2 - |\boldsymbol{n}|^2 k^2 (x_p - x_{\bar{p}})^2$$
$$= k^2 (x_p + x_{\bar{p}})^2 - k^2 (x_p - x_{\bar{p}})^2$$
$$= 4 x_p x_{\bar{p}} k^2 = x_p x_{\bar{p}} s$$

(4) 因为在质子和反质子中，夸克所带动量是一个随机的，为了得到总截面，必须对夸克所带各种动量概率积分. 得到总的截面

$$\sigma_{tot}^{u\bar{d}\to W\to e\nu} = \int_0^1\int_0^1 \sigma^{u\bar{d}\to W\to e\nu}(\hat{s}) u(x_p) \bar{d}(x_{\bar{p}}) dx_p dx_{\bar{p}}$$

$$= \frac{4\pi^2}{9} \cdot \frac{\Gamma_{e\nu}}{M_W} \int_0^1\int_0^1 \delta(\hat{s}-M_W^2) u(x_p) \bar{d}(x_{\bar{p}}) dx_p dx_{\bar{p}}$$

δ 函数可改写成

$$\delta(\hat{s}-M_W^2) = \delta(x_p x_{\bar{p}} s - M_W^2) = \frac{1}{x_p s} \delta\left(x_{\bar{p}} - \frac{M_W^2}{x_p s}\right)$$

代入 δ 函数和题设的 $\bar{d}(x_{\bar{p}}) = 3(1-x_{\bar{p}})^2$，$u(x_p) = 6(1-x_p)^2$，得到

$$\sigma_{tot}^{u\bar{d}\to W\to e\nu} = \frac{8\pi^2\Gamma_{e\nu}}{sM_W} \int_0^1\int_0^1 \delta\left(x_{\bar{p}} - \frac{M_W^2}{x_p s}\right) \cdot (1-x_p)^2 \cdot (1-x_{\bar{p}})^2 x_p^{-1} dx_p dx_{\bar{p}}$$

积分 x_p 得到

$$\sigma_{tot}^{u\bar{d}\to W\to e\nu}=\frac{8\pi^2\Gamma_{e\nu}}{M_W s}\int_{M_W^2/s}^{1}(1-x_p)^2\left(1-\frac{M_W^2}{x_p s}\right)^2 x_p^{-1}\mathrm{d}x_p$$

展开并积分,得到

$$\begin{aligned}\sigma_{tot}^{u\bar{d}\to W\to e\nu}&=\frac{8\pi^2\Gamma_{e\nu}}{M_W s}\left\{-\left[1+4\times\frac{M_W^2}{s}+\left(\frac{M_W^2}{s}\right)^2\right]\ln\left(\frac{M_W^2}{s}\right)-3+3\left(\frac{M_W^2}{s}\right)^2\right\}\\&=\frac{8\pi^2\Gamma_{e\nu}}{M_W s}\left\{-\left[1+4\times\frac{82^2}{540^2}+\left(\frac{82^2}{540^2}\right)^2\right]\ln\left(\frac{82^2}{540^2}\right)-3+3\left(\frac{82^2}{540^2}\right)^2\right\}\\&\approx\frac{8\pi^2\Gamma_{e\nu}}{M_W s}\{-[1+4\times 0.023+(0.023)^2]\ln(0.023)-3+3(0.023)^2\}\\&\approx 1.12\times\frac{8\pi^2\Gamma_{e\nu}}{M_W s}\approx 8.63\times 10^{-13}\,\mathrm{MeV}^{-2}\approx 3.45\times 10^{-34}\,\mathrm{cm}^2\end{aligned}$$

式中,$\Gamma_{e\nu}=242\mathrm{MeV}$,$\mathrm{MeV}(l)^{-1}\approx 2\times 10^{-11}\,\mathrm{cm}$. 代入对撞机的亮度值,一年可得到的事例数为

$$N=L\sigma t=10^{29}\times 3.45\times 10^{-34}\times 3.16\times 10^{7}\approx 1091\mathrm{y}^{-1}\approx 1100\mathrm{y}^{-1}$$

$W^{\pm}$ 事例是这样选择的:由于 M_W 很重,两夸克对撞产生的 W 粒子,动能很小. 当 W 粒子衰变成 e 和 ν 粒子时,基本上是背对背的,每个粒子的能量(近似为动量值)接近 $\frac{1}{2}M_W$;且中微子 ν 是探测不到的. 但在同时,除了产生 W 粒子的夸克以外,$p\bar{p}$ 对撞中的其他夸克还要在对撞中产生大量的其他粒子(主要是强子),在这样的强本底中,选择出 eν 事例必须小心. 选择条件为:① 选择横动量 $p_{\perp}$ 大于一定值(如 15GeV/c)的孤立电子($p_{\perp}$ 即电子动量在垂直于 $p\bar{p}$ 动量的平面内投影值),孤立电子是指在电子径迹的周围一定的锥角内(如 30°)没有其他带电粒子的径迹;② 同时,在电子径迹的反方向(180°)一定锥角内(如 30°)也没有其他任何带电粒子的径迹;③ 该 $p\bar{p}$ 对撞事例中,产生的所有次级带电粒子的横动量相加之和 $\sum_i p_{\perp}^i\neq 0$,即有横动量(能量)丢失,根据电子径迹方向,可知中微子的方向,丢失横动量换算至在中微子方向的能量损失大小近似于$\frac{1}{2}M_W$,(即中微子带走了这部分动量). 这样的选择条件,才能保证是一个真的 $W^{\pm}$ 产生事例. 图 3.21 给出 CERN 的 UA1 合作组发表的一个实际的 W^+ 事例粒子径迹投影图($W^+\to e^+ + \nu_e$ 事例),该事例共有 66 个带电粒子径迹,右下方箭头指出一个孤立的正电子径迹,横动量 $p_{\perp}$ 为

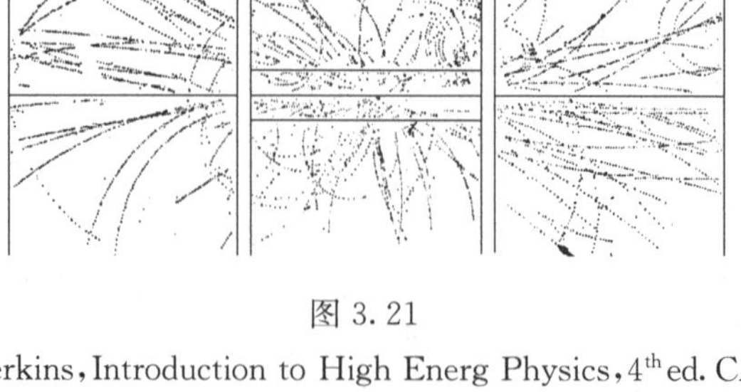

图 3.21

(图片选自 D. H. Perkins, Introduction to High Energ Physics, 4th ed. CAMBRIDGE 2000)

26GeV/c,从径迹的方向,可得到正电子总动量. 在正电子横动量的相反方向,有 24GeV/c 的丢失横动量,正是未探测到的中微子带走的动量值. 其他径迹均成为干扰本底. 估计每年约产生 1100 个 $W^{\pm}$ 事例,产生率本来就很低,再加上强子终态的多重性,给鉴别 eν 事例带来的困难以及探测器不可能做成 4π 立体角,造成对 eν 事例测量效率的降低,在 $p\bar{p}$ 对撞实验上发现 $W^{\pm}$ 事例,的确是很困难的. 所以,CERN 最初的报道,仅测量到几个 $W^{\pm}$ 产生事例.

12.35 预期弱相互作用的传播子 Z^0 质量很大,$M_{Z^0}\geqslant 80\text{MeV}$.

(1) 已知弱相互作用和电磁相互作用的内禀强度大致相同,像统一规范场中的结果那样,并且带电流和中性流强度可比,证明上述的合理性;

(2) 估计 Z^0 粒子的质量和寿命;

(3) 实验上,能否用 e^+e^- 湮灭中的 Z^0 产生,确定 Z 衰变到中微子的分支比? 如果可行的话,给出要测量什么、且怎样用测量值得到所求的分支比.

解 (1) 我们将中间玻色子耦合和低能下相应的唯象流耦合相比较,得到

$$\frac{g_W^2}{8M_W^2}=\frac{G_F}{\sqrt{2}}$$

在 Weinberg-Salam 模型中,Z^0 与中微子和电子的耦合常数为 g_Z,它与电磁耦合常数 g_e 有关系式

$$g_Z=\frac{g_e}{\sin\theta_W\cos\theta_W}$$

而带电流耦合常数也可写成

$$g_W=\frac{g_e}{\sin\theta_W}$$

θ_W 为弱相互作用混合角,又称 Weinberg 角.

$$g_e=\sqrt{4\pi\alpha}$$

α 是精细结构常数. 该模型还给出 W、Z 的质量关系

$$M_W=M_Z\cos\theta_W$$

$$M_Z=\frac{M_W}{\cos\theta_W}=\frac{1}{\sin 2\theta_W}\left(\frac{4\pi\alpha}{\sqrt{2}G_F}\right)^{1/2}$$

费米耦合常数 G_F 能从测量 μ 子的质量和寿命得到,$G_F=1.166\times10^{-5}\text{GeV}^{-2}$. 代入上式得到 Z^0 的质量为

$$M_{Z^0}=\frac{74.6}{\sin 2\theta_W}(\text{GeV})$$

当 $M_Z\geqslant 80\text{GeV}$ 时,$\theta_W\leqslant 34.4°$. 设最低限 $M_Z=80\text{GeV}$,$\theta_W=34.4°$. 我们得到:

电磁相互作用耦合系数: $g_e=\sqrt{4\pi\alpha}=g_W\sin\theta_W=0.6g_W$

中性流弱相互作用耦合系数: $g_Z=\dfrac{g_e}{\sin\theta_W\cos\theta_W}=\dfrac{g_W}{\cos\theta_W}=1.2g_W$

带电流弱相互作用耦合系数: g_W

所以,三种情况下的相互作用耦合系数粗略地认为数量级相同.

(2) Z^0 与费米子 f 的耦合,一般可写成

$$L_{\text{int}}^{Z^0} = -\frac{g_W}{4\cos\theta_W}\bar{f}\gamma^\mu(g_V - g_A\gamma_5)fZ_\mu$$

下面给出一些费米子的 g_V 和 g_A

$$\begin{aligned}
&\nu_e, \nu_\mu, \cdots \qquad && g_V = 1, g_A = 1 \\
&e, \mu, \cdots && g_V = -1 + 4\sin^2\theta_W, g_A = -1 \\
&u, c, \cdots && g_V = 1 - \frac{8}{3}\sin^2\theta_W, g_A = 1 \\
&d, s, \cdots && g_V = -1 + \frac{4}{3}\sin^2\theta_W, g_A = -1
\end{aligned}$$

Z^0 的衰变过程为

$$Z^0(P) \to f(p) + \bar{f}(q)$$

P、p 和 q 分别是 Z^0 和两个费米子的四动量. 衰变幅值 T 为

$$T = -\frac{ig_W}{4\cos\theta_W}\varepsilon_u^v(p)\bar{u}_\sigma(p)\gamma^\mu(g_V - g_A\gamma_5)v_p(q)$$

对费米子的自旋求和,对 Z 的三种极化求平均,对于夸克衰变道,还需对夸克的颜色求和,可得到

$$\begin{aligned}
\sum |T|^2 &= \frac{4n}{3}\left(\frac{g_W}{4\cos\theta_W}\right)^2\left(-g_{\mu\nu} + \frac{p_\mu p_\nu}{M_Z^2}\right) \\
&\quad \times[(g_V^2 + g_A^2)(p^\mu q^\nu + p^\nu q^\mu - g^{\mu\nu}p\cdot q) - (g_V^2 - g_A^2)m^2 g^{\mu\nu}] \\
&= \frac{4n}{3}\left(\frac{g_W}{4\cos\theta_W}\right)^2\left\{(g_V^2 + g_A^2)\left[p\cdot q + \frac{2}{M_Z^2}(P\cdot p)(P\cdot q)\right] + 3(g_V^2 - g_A^2)m^2\right\}
\end{aligned}$$

式中,m 是费米子的质量,n 是颜色数. 在 Z^0 静止的系统,有下列关系:

系统的总能量和总动量:　$E = M_Z$,　$P = 0$

费米子的能量:　$E_p = E_q = \frac{1}{2}M_Z$

费米子的四动量:　$p = (iE_p, \boldsymbol{p}), q = (iE_q, -\boldsymbol{p})$

费米子的动量数值:　$|\boldsymbol{p}| = |\boldsymbol{q}| = \frac{1}{2}(M_Z^2 - 4m^2)^{1/2}$

因此有

$$p\cdot q = \left(\frac{M_Z}{2}\right)^2 + \frac{1}{4}(M_Z^2 - 4m^2) = \frac{1}{2}M_Z^2 - m^2$$

$$(P\cdot q)(P\cdot p) = \left(M_Z\cdot\frac{M_Z}{2}\right)^2 = \frac{M_Z^4}{4}$$

这时,我们得到

$$\sum |T|^2 = \frac{4n}{3}\left(\frac{g_W}{4\cos\theta_W}\right)^2[(g_V^2 + g_A^2)M_Z^2 + 2(g_V^2 - 2g_A^2)m^2]$$

在 Z^0 静止的系统,对两体费米子衰变概率为

$$d\Gamma = \frac{1}{32\pi^2}\frac{|\boldsymbol{p}|}{M_Z^2}\sum |T|^2 d\Omega$$

我们忽略费米子的质量 m,有 $|\boldsymbol{p}| = \frac{M_Z}{2}$,$\int d\Omega = 4\pi$,$\left(\frac{g_W}{4\cos\theta_W}\right)^2 = \frac{G_F}{2\sqrt{2}}M_Z^2$. 代入得到

$$\Gamma(Z^0 \to f\bar{f}) = \frac{nG_F M_Z^3}{24\sqrt{2}\pi}(g_V^2 + g_A^2)$$

代入上面各种费米子的 g_V 和 g_A，代入 $M_Z = 91.1882\text{MeV}$，$\sin^2\theta_W = 0.23$，得到

$$\Gamma(Z^0 \to \nu_e\bar{\nu}_e) = \Gamma(Z^0 \to \nu_\mu\bar{\nu}_\mu) = \frac{G_F M_Z^3}{12\sqrt{2}\pi} \approx 0.166(\text{GeV})$$

$$\Gamma(Z^0 \to e^+ e^-) = \Gamma(Z^0 \to \mu^+ \mu^-) = \frac{G_F M_Z^3}{12\sqrt{2}\pi}(1 - 4\sin^2\theta_W + 8\sin^4\theta_W) \approx 0.084(\text{Gev})$$

$$\Gamma(Z^0 \to u\bar{u}) = \Gamma(Z^0 \to c\bar{c}) = \frac{G_F M_Z^3}{4\sqrt{2}\pi}\left(1 - \frac{8}{3}\sin^2\theta_W + \frac{32}{9}\sin^4\theta_W\right) \approx 0.286(\text{GeV})$$

$$\Gamma(Z^0 \to d\bar{d}) = \Gamma(Z^0 \to s\bar{s}) = \frac{G_F M_Z^3}{4\sqrt{2}\pi}\left(1 - \frac{4}{3}\sin^2\theta_W + \frac{8}{9}\sin^4\theta_W\right) \approx 0.369(\text{GeV})$$

对所有的衰变道求和，Z^0 的总衰变宽度为

$$\Gamma_{Z^0} = \frac{G_F M_Z^3}{12\sqrt{2}\pi} \cdot 8N\left(1 - 2\sin^2\theta_W + \frac{8}{3}\sin^4\theta_W\right)$$

式中，N 是费米子的代数，目前，人们认为是 3 代. 但是，t 夸克质量 $M_t > M_Z$，Z^0 不能衰变到 t 夸克. 得到 Z^0 的总衰变宽度(上式扣除 $Z^0 \to t\bar{t}$ 的分宽度 0.286GeV)

$$\Gamma_{Z^0} = \frac{24G_F M_Z^3}{12\sqrt{2}\pi} \cdot \left(1 - 2\sin^2\theta_W + \frac{8}{3}\sin^4\theta_W\right) - 0.286 \approx 2.427(\text{GeV})$$

Z^0 的寿命为

$$\tau = \frac{1}{\Gamma_{Z^0}} = \frac{1}{2427} = 4.12 \times 10^{-4}(\text{MeV}^{-1})$$

代入

$$\text{MeV}^{-1} = 6.582 \times 10^{-22}\text{s}$$

$$\tau = 4.12 \times 6.582 \times 10^{-26} = 2.71 \times 10^{-25}\text{s}$$

(3)从(2)的结果，考虑到夸克的颜色的贡献，代入 $\sin^2\theta_W \approx 0.23$，我们得到

$$\begin{aligned}\Gamma_{\nu\nu} : \Gamma_{\mu\mu} : \Gamma_{uu} : \Gamma_{dd} = 1 &: (1 - 4\sin^2\theta_W + 8\sin^4\theta_W) \\ &: 3\left(1 - \frac{8}{3}\sin^2\theta_W + \frac{32}{9}\sin^4\theta_W\right) \\ &: 3\left(1 - \frac{4}{3}\sin^2\theta_W + \frac{8}{9}\sin^4\theta_W\right) \\ &\approx 1 : 0.5 : 1.8 : 2.3\end{aligned}$$

如果采用三代轻子和夸克的理论，我们得到 Z^0 衰变到 μ 子对的分支比为

$$B_{\mu\mu} = \frac{\Gamma_{\mu\mu}}{\Gamma_Z} \approx \frac{0.084}{2.427} \approx 3.46\%$$

Z^0 衰变到所有中微子对的总衰变宽度和分支比分别为

$$\sum \Gamma_{\nu\nu} = \Gamma_{\nu_e} + \Gamma_{\nu_\mu} + \Gamma_{\nu_\tau} = \frac{G_F M_Z^3}{4\sqrt{2}\pi}$$

$$B_{\nu\nu} = \frac{\sum \Gamma_{\nu\nu}}{\Gamma_Z} \approx \frac{0.166 \times 3}{2.427} \approx 20.5\%$$

实验值：$\Gamma_{Z^0}=(2.4952\pm0.0026)\mathrm{GeV}$；$\dfrac{\Gamma_{\mu\mu}}{\Gamma_{Z^0}}=(3.367\pm0.008)\%$；$\dfrac{\Gamma_{\nu\nu}}{\Gamma}=(20.02\pm0.06)\%$.理论值和实验值符合得相当好.

根据标准WS模型，轻子的代数是和夸克的代数对应的.如果求出了Γ，就可以求出代数，求出$B_{\mu\mu}$，可得到$\Gamma_{\mu\mu}$.利用N和$\Gamma_{\mu\mu}$，可求出$\Gamma_{\nu\nu}\approx2\Gamma_{\mu\mu}$，$\sum\Gamma_{\nu\nu}=2N\Gamma_{\mu\mu}$.

在e^+e^-对撞产生Z^0的过程中，可直接测量Γ_Z，但是，由于正、负电子的辐射和加速器产生的电子束的能量分散，可能使Γ_Z加宽.这时，可同时测量$\Gamma_{\mu\mu}$和Γ_h，通过测量在共振区产生的μ子事例的数和强子事例的数目$N_{\mu\mu}$和N_h，得到关系式

$$N_h=\int_{\text{共振}}\sigma_h(E)\mathrm{d}E\approx\frac{6\pi^2}{M_Z^2}\frac{\Gamma_h\Gamma_{ee}}{\Gamma_Z}=\frac{6\pi^2}{M_Z^2}\frac{\Gamma_h\Gamma_{\mu\mu}}{\Gamma_Z}$$

$$N_{\mu\mu}=\int_{\text{共振}}\sigma_{\mu\mu}(E)\mathrm{d}E\approx\frac{6\pi^2}{M_Z^2}\frac{\Gamma_{\mu\mu}^2}{\Gamma_Z}$$

$$\frac{N_{\mu\mu}}{N_h}=\frac{\Gamma_{\mu\mu}}{\Gamma_h}$$

对于不同代数N，$\Gamma_{\mu\mu}/\Gamma_h$有不同的值：

$$N=3,\ \Gamma_{\mu\mu}:\Gamma_h\approx0.041$$

$$N=4,\ \Gamma_{\mu\mu}:\Gamma_h\approx0.030$$

$$N=5,\ \Gamma_{\mu\mu}:\Gamma_h\approx0.024$$

测量得到N_μ和N_h，即可得到

$$B_{\nu\nu}=\sum\frac{\Gamma_{\nu\nu}}{\Gamma_Z}=\frac{2N\Gamma_{\mu\mu}}{\Gamma_Z}$$

$$\Gamma_Z=3N\Gamma_{\mu\mu}+\Gamma_h$$

12.36 在美国斯坦福国家实验室(SLAC)的正、负电子直线对撞机SLC，质心系能量可达到Z^0的质量90GeV，用于产生中性矢量玻色子Z^0，Z^0衰变成轻子对或夸克对，Z^0与相关粒子的耦合拉氏量为

$$L_Z=\frac{\mathrm{i}g}{4\cos\theta_W}Z^\mu\{\bar{\nu}\gamma_\mu(1-\gamma_5)\nu+\bar{e}\gamma_\mu[(4\sin^2\theta_W-1)-\gamma_5]e$$
$$+\bar{u}\gamma_\mu\left[\left(1-\frac{8}{3}\sin^2\theta_W\right)+\gamma_5\right]u+\bar{\mathrm{d}}\gamma_\mu\left[\left(\frac{4}{3}\sin^2\theta_W-1\right)-\gamma_5\right]d\Big\}$$

式中，(ν,e)和(u,d)表示轻子和夸克的产生算符，耦合常数的关系为$G_F=\dfrac{g^2\sqrt{2}}{(8M_W^2)}$，其中，$M_W=80\mathrm{GeV}$.

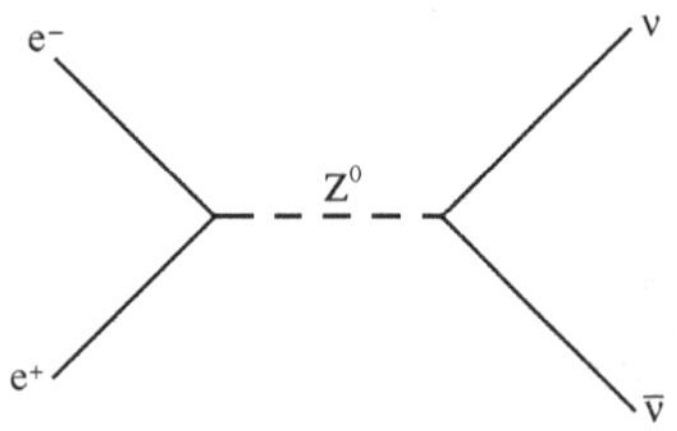

图3.22

(1) 给出Z^0衰变到中微子的部分宽度$\Gamma_{\nu\nu}$和Z^0衰变的总宽度，设中微子有三代，Z^0衰变到夸克的宽度即为衰变到强子的宽度，$\sin^2\theta=0.23$，你可以忽略所有费米子的质量.

(2) 给出如图3.22所示的过程，产生中微子的总截面，即截面是质心系总能量$s=E^2$的函数.

(3) 截面在$s=M_Z^2$处是发散的，因为有因子$(s-$

$M_Z^2)^2$，当然这是非物理的.解决的办法是在 Breit-Wigner 公式中，传播子顶点用$(s-M_Z^2+iM\Gamma)$代替$(s-M_Z^2)$. Γ是共振态衰变总宽度，由此，对于(2)的结果有什么影响？估计正负电子对撞到任何过程的总截面，用能量函数表示.

(4) 在 SLC 达到其设计值亮度为 $L=10^{30}\,\text{cm}^{-2}\cdot\text{s}^{-1}$时，估计每年有多少个 Z^0 事例？

解　(1) 拉氏量可写成对所有费米子求和，有

$$L=\frac{ig}{2\cos\theta_W}\left[\sum_f Z^\mu\bar{f}\gamma_\mu\frac{1}{2}(c_V^f-c_A^f\gamma_5)f\right]$$

式中，c_V 和 c_A 每一个费米子的矢量和轴矢量耦合常数.对于静止的 Z^0 衰变成两个无质量的中微子，在自然单位制中，我们可写成单位立体角的微分衰变率

$$\frac{d\Gamma_{\nu}}{d\Omega}=\frac{|M|_{\nu}^2}{64\pi^2M_Z}$$

其中，$|M|_{\nu}^2$为衰变矩阵元，M_Z 为 Z^0 的质量.为了避开像题 12.35 的旋量计算，我们对矩阵元作出分析.矩阵元的平方近似等于顶点平方乘以费米子能量的平方 E_f^2，其中 $E_f=M_Z/2$. $Z_{\bar{\nu}}$耦合顶点的平方为

$$(g/2\cos\theta_W)^2(c_V^2+c_A^2+2c_V\times c_A\times\text{轴矢量部分})$$

由于末态粒子的角分布是球对称的，所以不变振幅的平方与角度无关，轴矢量部分没有贡献，即 $c_V\times c_A$ 的项为零，$Z_{\bar{\nu}}$耦合顶点的平方为$(g/2\cos\theta_W)^2(c_V^2+c_A^2)$.另外，对 Z^0 自旋求平均和末态自旋求和有因子$\frac{4}{3}$，故$|M|_{\bar{\nu}}^2$可近似写成

$$|M|_{\bar{\nu}}^2\approx\left(\frac{g}{2\cos\theta_W}\right)^2\cdot\frac{4}{3}\cdot(c_V^2+c_A^2)E_f^2$$

衰变宽度通过对整个立体角的积分得到.对于中微子，$c_V=c_A=1$.代入$|M|_{\bar{\nu}}^2$并对立体角积分，得到 Z^0 衰变到中微子的部分宽度

$$\Gamma_{\bar{\nu}}\approx4\pi\left(\frac{g}{2\cos\theta_w}\right)^2\cdot\frac{4}{3}\cdot\frac{2}{64\pi^2M_Z}\cdot\left(\frac{M_Z}{2}\right)^2\approx\frac{g^2M_Z}{96\pi\cos^2\theta_W}$$

这样估计的结果，代入 $g^2=(8G_FM_W^2)/\sqrt{2}$. 其中，$G_F\approx1.2\times10^{-5}\,\text{GeV}^{-2}$ 和 $M_W^2=M_Z^2\cos^2\theta_W$，得到

$$\Gamma_{\bar{\nu}}\approx\frac{g^2M_Z}{96\pi\cos^2\theta_W}=\frac{8G_FM_Z^2\cos^2\theta M_Z}{96\pi\cos^2\theta\sqrt{2}}=\frac{G_FM_Z^3}{12\sqrt{2}\pi}$$

$$\approx\frac{1.2\times10^{-5}\times90^3}{12\sqrt{2}\pi}=0.164(\text{GeV})=164(\text{MeV})$$

为了估计其他费米子的宽度，我们用题 12.35 的 c_V 和 c_A 项的近似值，代入所有矩阵元平方中，τ 子、μ 子和电子为 0.5，u 和 c 夸克为 0.60，d、s 和 b 夸克为 0.75.在加上夸克的颜色自由度 3，有

$$\Gamma\approx\Gamma_{\bar{\nu}}(3+0.5\times3+3\times0.6\times2+3\times0.75\times3)$$
$$=14.85\Gamma_{\bar{\nu}}=2435\text{MeV}$$

这个估计值和实际实验测量值(2495.2±2.6)MeV 很接近.

(2) 我们从衰变宽度表达式，可推导出微分截面公式

$$\frac{d\sigma_{\nu\bar{\nu}}}{d\Omega}=\frac{|M|^2_{e\bar{e}\to Z\to\nu\bar{\nu}}}{64\pi^2 s}$$

从费曼图知，一个传播子有两个衰变顶点，由同样的办法，矩阵元应为两个衰变矩阵元和一个传播子，即

$$|M|_{e\bar{e}\to Z\to\nu\bar{\nu}}=|M_{e\bar{e}}||M_{\nu\bar{\nu}}|\left(\frac{1}{s-M_Z^2}\right)$$

衰变矩阵元可用相应的衰变宽度表示，对$\frac{d\Gamma_{\nu\bar{\nu}}}{d\Omega}$的角度积分，可得到$|M|^2_{\nu\bar{\nu}}$的表达式

$$\Gamma_{\nu\bar{\nu}}=\int d\Gamma_{\nu\bar{\nu}}=\int_{4\pi}\frac{|M|^2_{\nu\bar{\nu}}}{64\pi^2 M_Z}d\Omega=4\pi\times\frac{|M|^2_{\nu\bar{\nu}}}{64\pi^2 M_Z}=\frac{|M|^2_{\nu\bar{\nu}}}{16\pi M_Z}$$

得到

$$|M|^2_{\nu\bar{\nu}}=16\pi M_Z\Gamma_{\nu\bar{\nu}}$$

同理，有

$$|M|^2_{e\bar{e}}=16\pi M_Z\Gamma_{e\bar{e}}$$

$$|M|^2_{tot}=16\pi M_Z\Gamma$$

代入微分截面公式

$$\frac{d\sigma_{\nu\bar{\nu}}}{d\Omega}=\frac{|M|^2_{e\bar{e}}\ |M|^2_{\nu\bar{\nu}}}{64\pi^2 s(s-M_Z^2)^2}=4\left(\frac{M_Z^2}{s}\right)\frac{\Gamma_{e\bar{e}}\Gamma_{\nu\bar{\nu}}}{(s-M_Z^2)^2}$$

对角度积分给出 4π 因子，得到

$$\sigma_{\nu\bar{\nu}}(s)=16\pi\left(\frac{M_Z^2}{s}\right)\frac{\Gamma_{e\bar{e}}\Gamma_{\nu\bar{\nu}}}{(s-M_Z^2)^2}$$

总截面表达式为

$$\sigma_{tot}(s)=16\pi\left(\frac{M_Z^2}{s}\right)\frac{\Gamma_{e\bar{e}}\Gamma}{(s-M_Z^2)^2}$$

(3) 传播子顶点用 $s-M_Z^2-i\Gamma M_Z$ 代替 $s-M_Z^2$，总截面为

$$\sigma_{tot}(s)=16\pi\left(\frac{M_Z^2}{s}\right)\frac{\Gamma_{e\bar{e}}\Gamma}{(s-M_Z^2)^2+M_Z^2\Gamma^2}$$

在共振时，总截面有极大值为

$$\sigma_{tot}^{max}=\sigma_{tot}(s=M_Z^2)=16\pi\frac{\Gamma_{e\bar{e}}}{M_Z^2\Gamma}$$

因为$[(c_V^e)^2+(c_A^e)^2]\approx0.5[(c_V^\nu)^2+(c_A^\nu)^2]$，即 $\Gamma_{ee}=0.5\Gamma_{\nu\nu}$，$\Gamma\approx15\Gamma_{\nu\nu}$，代入得到

$$\sigma_{tot}(s=M_Z^2)=\frac{16\pi}{30M_Z^2}=2.07\times10^{-4}(\mathrm{GeV}^{-2})=2.07\times10^{-10}(\mathrm{MeV}^{-2})$$

利用 $1\mathrm{MeV}^{-2}\approx4\times10^{-22}\mathrm{cm}$，代入上式

$$\sigma_{tot}(s=M_Z^2)\approx2.07\times10^{-10}\times4\times10^{-22}\approx8.28\times10^{-32}(\mathrm{cm}^2)$$

(4) 一年约为 3×10^7 s，SLC 亮度为 $L=10^{30}\mathrm{cm}^{-2}\cdot\mathrm{s}^{-1}$，$Z^0$ 的产额是

$$n=\sigma_{tot}Lt\approx8.28\times10^{-32}\times10^{30}\times3\times10^7\approx2.5\times10^6(\mathrm{y}^{-1})$$

12.37 对现代弱相互作用进行的一种重要的检验是用 μ 中微子对电子的散射

$$\nu_\mu+e^-\to\nu_\mu+e^-$$

在低能时，该过程的有效哈密顿量为

$$H_{\text{eff}}=\frac{G_{\text{F}}}{\sqrt{2}}\bar{\Psi}_{\nu}\gamma^{\alpha}(1+\gamma_5)\Psi_{\nu}\bar{\Psi}_{\text{e}}(g_{\text{V}}\gamma_{\alpha}+g_{\text{A}}\gamma_{\alpha}\gamma_5)\Psi_{\text{e}}$$

式中,G_{F} 是 Fermi 常数,g_{V} 和 g_{A} 是无量纲的参数,令 $\sigma(E)$ 为该过程的反应总截面,E 是质心系总能量,$E\gg m_{\text{e}}$. 假设电子是非极化的.

(1) 从纯量纲考虑,给出 $\sigma(E)$ 怎样依赖于 E;

(2) 令 $\left.\frac{\partial\sigma}{\partial E}\right|_{0^0}$ 表示在质心系中前进方向的微分截面,用 E、G_{F}、g_{V} 和 g_{A} 表示.

(3) 简单地讨论,你认为该过程是怎么通过中性流的中性矢量玻色子作用产生的.

解 (1) 题设 $E\gg m_{\text{e}}$, $m_{\text{e}}\approx 0$. 这时,弱作用截面为

$$\sigma(E)\approx G_{\text{F}}^2E^k$$

k 是常数. 在自然单位制中($c=\hbar=1$). 从量纲来分析,因为$[c\hbar]=[\text{ML}]=1$,$[E]=\text{GeV}$,有$[\sigma]=[L]^2=\text{GeV}^{-2}$,同样,$[G_{\text{F}}]=\left[\frac{(c\hbar)^3}{(Mc^2)^2}\right]=\text{GeV}^{-2}$,$k=-2+4=2$,得到

$$\sigma(E)\approx G_{\text{F}}^2E^2$$

(2) $E\gg m_{\text{e}}$, $m_{\text{e}}\to 0$. 对于 $\nu_\mu \text{e}\to\nu_\mu \text{e}$,最低阶费曼图如图 3.23(a)所示. 图 3.23(b)是投影图,在质心系,设 p_1 和 p_3 是入射 ν 和 e^- 的四动量,p_2 和 p_4 是出射 ν 和 e^- 的四动量,p_1 方向为 z 轴方向,我们得到下面的关系式

$$(p_1+p_3)^2=(p_2+p_4)^2=s$$

$$p_1=\frac{\sqrt{s}}{2}(1,0,0,1)\qquad p_3=\frac{\sqrt{s}}{2}(1,0,0,-1)$$

$$p_2=\frac{\sqrt{s}}{2}(1,\sin\theta,0,\cos\theta)\qquad p_4=\frac{\sqrt{s}}{2}(1,-\sin\theta,0,-\cos\theta)$$

$$\text{d}\sigma=\frac{\text{d}\Omega}{64\pi^2 s}\mid F\mid^2$$

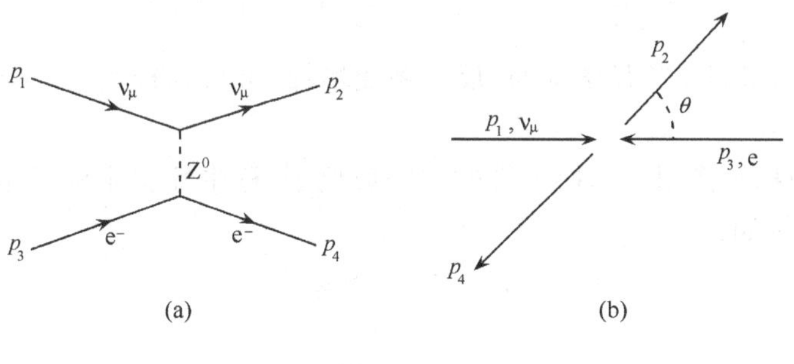

图 3.23

散射幅值的平方为

$$\mid F\mid^2=\frac{G_{\text{F}}^2}{2}\text{Tr}[\not{p}_1\gamma^{\alpha}(1+\gamma_5)\not{p}_2\gamma^{\beta}(1+\gamma_5)]$$

$$\times\frac{1}{2}\text{Tr}[\not{p}_3(g_{\text{V}}\gamma_{\alpha}+g_{\text{A}}\gamma_{\alpha}\gamma_5)\not{p}_4(g_{\text{V}}\gamma_{\beta}+g_{\text{A}}\gamma_{\beta}\gamma_5)]$$

这里，$\not{p}=\gamma_\mu p^\mu$，$\frac{1}{2}$因子是对电子自旋求平均，而中微子只有左旋，不再求平均.

$$\begin{aligned}&\mathrm{Tr}[\not{p}_1\gamma^\alpha(1+\gamma_5)\not{p}_2\gamma^\beta(1+\gamma_5)]=\mathrm{Tr}[\not{k}\gamma^\alpha\not{k}\gamma^\beta(1+\gamma_5)]\\&=4[p_1^\alpha p_2^\beta-(p_1\cdot p_2)g^{\alpha\beta}+p_1^\beta p_2^\alpha+\mathrm{i}\varepsilon^{\sigma\alpha\rho\beta}p_{1\sigma}p_{2\rho}]\end{aligned}$$

类似地，第二项也可以化简为

$$\begin{aligned}&\mathrm{Tr}[\not{p}_3(g_V\gamma_\alpha+g_A\gamma_\alpha\gamma_5)\not{p}_4(g_V\gamma_\beta+g_A\gamma_\beta\gamma_5)]\\&=\mathrm{Tr}[g_V^2\not{p}_3\gamma_\alpha\not{p}_4\gamma_\beta+g_Ag_V\not{p}_3\gamma_\alpha\not{p}_4\gamma_\beta\gamma_5+g_Ag_V\not{p}_3\gamma_\alpha\gamma_5\not{p}_4\gamma_\beta+g_A^2\not{p}_3\gamma_\alpha\gamma_5\not{p}_4\gamma_\beta\gamma_5]\\&=\mathrm{Tr}[g_V^2\not{p}_3\gamma_\alpha\not{p}_4\gamma_\beta+g_A^2\not{p}_3\gamma_\alpha\not{p}_4\gamma_\beta+2g_Ag_V(\not{p}_3\gamma_\alpha\not{p}_4\gamma_\beta\gamma_5)]\\&=4(g_V^2+g_A^2)^2(p_{3\alpha}p_{4\beta}-p_3\cdot p_4g_{\alpha\beta}+p_{3\beta}p_{4\alpha})+2g_Ag_V\cdot\mathrm{i}\varepsilon_{\sigma\alpha\rho\beta}p_3^\sigma p_4^\rho\end{aligned}$$

得到

$$\begin{aligned}|F|^2&=\frac{G_F^2}{2}\cdot\frac{1}{2}\times4\times4(g_V^2+g_A^2)^2\times(p_1^\alpha p_2^\beta-p_1p_2g^{\alpha\beta}+p_1^\beta p_2^\alpha)(p_{3\alpha}p_{4\beta}-p_3p_4g_{\alpha\beta}+p_{3\beta}p_{4\alpha})\\&=\frac{G_F^2}{2}\cdot\frac{1}{2}\times4\times4(g_V^2+g_A^2)^2(2p_1p_4\cdot p_3p_4+2p_1p_3\cdot p_2p_4)\\&=\frac{G_F^2}{2}s^2(g_V^2+g_A^2)^2[4+(1+\cos\theta)^2]\end{aligned}$$

中微子反应截面

$$\mathrm{d}\sigma=\frac{\mathrm{d}\Omega}{64\pi^2s}\frac{G_F^2}{2}s^2(g_V^2+g_A^2)^2[4+(1+\cos\theta)^2]$$

对立体角积分并代入 $s=E^2$，得到

$$\begin{aligned}\sigma&=\frac{G_F^2s}{64\pi}(g_V^2+g_A^2)^2\int_{-1}^{1}[4+(1+\cos\theta)^2]\mathrm{d}\cos\theta\\&=\frac{G_F^2s}{64\pi}(g_V^2+g_A^2)^2\left(8+\frac{8}{3}\right)\\&=\frac{G_F^2s}{6\pi}(g_V^2+g_A^2)^2=\frac{G_F^2}{6\pi}(g_V^2+g_A^2)^2E^2\end{aligned}$$

反应截面与 E^2 成正比，当 E 增加时，反应截面增加，可得到较大的反应截面，即得到较高的事例率.

(3) 这种弱相互作用是交换中性的中间玻色子，称中性弱流相互作用. 类似的中性流过程还有很多，例如：

$$\nu_\mu+\mathrm{N}\longrightarrow\nu_\mu+\mathrm{N}$$
$$\nu_e+\mathrm{N}\longrightarrow\nu_e+\mathrm{N}$$

式中，N 为核子.

12.38　高能 μ 子对核子的散射，可提供质子和中子内部结构的信息. 一个散射事件，可用下列参数描述：μ 子传递给靶的四动量平方 q^2 和在碰撞过程中 μ 子的能量损失 ν. 在夸克模型中，这种相互作用过程可看作 μ 子和夸克的弹性散射过程. 其中，夸克携带核子质量的份额为 x.

(1) 给出用 q^2、ν 和核子质量表示的 x 的函数表达式；

(2) 用一个简单的论据，计算 μ 子-质子散射截面和 μ 子-氘核散射截面比率. 设入射

μ 子的四动量传递平方 $q^2 \approx 100\text{GeV}^2$；

(3) 目前，实验发现 $\mu^+\text{N}$ 和 $\mu^-\text{N}$ 散射截面有小的差别(N 是质子或中子)，且这个差别随 q^2 的增加而增加. 请解释这个现象，并指出对 q^2 的标度是什么？

(4) 对核子结构的测量显示，一个快速运动的核子，仅有一半的动量被散射体 μ 子带走，是谁带走了核子的另外的那部分动量？为什么它又是对 μ 子透明的？

解 (1) μ 子传递给靶中夸克的四动量平方为

$$q^2 = (k_i - k_f)^2$$

k_i 和 k_f 分别是靶中夸克的初态和末态的四动量，在初态夸克静止的坐标系中，这两个四动量可表示为

$$k_i = \begin{pmatrix} m_q \\ 0 \\ 0 \\ 0 \end{pmatrix}, \quad k_f = \begin{pmatrix} m_q + \nu \\ p \\ 0 \\ 0 \end{pmatrix}$$

其中，m_q 是夸克的质量，ν 是末态夸克的动能. 用这些数据代入上式，有等式

$$q^2 = (k_i - k_f)^2 = \nu^2 - p^2 = \nu^2 + m_q^2 - E_q^2$$

$$E_q^2 = m_q^2 + p^2$$

其中，$E_q = \nu + m_q$ 是末态夸克的总能量，消去 E_q，得到

$$q^2 = \nu^2 + m_q^2 - E_q^2 = \nu^2 + m_q^2 - (\nu + m_q)^2 = -2m_q\nu = -2xm_N\nu$$

由此式，可得到下面简单的关系式：

$$x = \frac{-q^2}{2m_N\nu}$$

(2) 我们考虑的是 μ 子和夸克的非相干散射，只需把靶核中各种夸克的散射截面贡献相加即可，因为散射主要是交换光子的散射，散射截面正比于夸克所带电荷的平方. 对于质子，它由两个 u 夸克和一个 d 夸克组成，μ 子和质子的散射截面为

$$\sigma_{\mu\text{-p}} \propto \sum_i Q_i^2 = 2Q_u^2 + Q_d^2 = 2\left(\frac{2}{3}\right)^2 + \left(-\frac{1}{3}\right)^2 = 1$$

其中，Q_i 是第 i 个夸克所带的电荷. 另一方面，氘核的夸克组成为三个 u 夸克和三个 d 夸克，μ 子对于氘核的散射总截面为

$$\sigma_{\mu\text{-D}} \propto \sum_i Q_i^2 = 3Q_u^2 + 3Q_d^2 = 3\left(\frac{2}{3}\right)^2 + 3\left(-\frac{1}{3}\right)^2 = \frac{15}{9} = \frac{5}{3}$$

μ 子对质子散射截面和它与氘核的散射截面之比为

$$R = \frac{\sigma_{\mu\text{-p}}}{\sigma_{\mu\text{-D}}} \approx \frac{1}{5/3} = \frac{3}{5}$$

(3) 散射过程主要是电磁相互作用，即两个带电粒子交换光子的反应. 另外，根据弱电统一理论，还有交换中性中间玻色子 Z 的反应过程，在低 q^2 时，因为交换的中性中间玻色子 Z 质量很大，它出现在传播子中，使该过程受到抑制，故交换 Z 反应的幅值是很小的，但是实验测量的灵敏度足以探测到该过程的贡献.

首先，要计算该过程与电磁作用过程的相干效应，即交换光子相互作用和交换中间玻色子相互作用的相干项. 一个重要的结果是相干增加的项中有一项与入射 μ 子符号有

关，即入射的 μ^- 子束和 μ^+ 子束，表现出散射截面有小的差别. 因为它的表达式中有因子 $\frac{1}{M_Z^2-q^2}$，它随 q^2 的增加而变大. 很显然，对于 q^2 的标度是 M_Z^2.

(4) 其余的动量是被胶子带走，因为胶子只参与强相互作用，而 μ 子是轻子，不参与强相互作用，胶子对于它是透明的.

12.39 高能 μ 子、中微子对核子的散射，靶内中子数和质子数相等. 测量参数为中性流对带电流总截面之比

$$R_\nu=\frac{\sigma_{NC}}{\sigma_{CC}}=0.3$$

由此结果，计算温伯格角. 温伯格角给出电磁相互作用和中性弱流相互作用的关系.

(1) 画出实验中带电流和中性流的费曼图. 设核子仅由 u 和 d 两种夸克组成. 中微子与夸克的散射微分截面是

$$\frac{d\sigma}{dy}=\begin{cases}\dfrac{G_F^2 s}{\pi}(1-y)\,\overline{Q_W^2}, & \text{靶是右旋}\\[2ex] \dfrac{G_F^2 s}{\pi}\,\overline{Q_W^2}, & \text{靶是左旋}\end{cases}$$

s 是质心系能量的平方，y 是中微子传递给强子的能量份额，G_F 是费米耦合常数，Q_W 是夸克带的"弱荷". Q_W^2 数值上面的横杠表示数值是对靶中所有夸克的平均值. 根据 WS 弱电统一理论，弱荷值 $Q_W=L_{CC}$、R_{CC}、L_{NC}和 R_{NC}列表如下：

	左旋费米子	右旋费米子
带电流	$L_{CC}=1$	$R_{CC}=0$
中性流	$L_{NC}=I_3-Q_e\sin^2\theta_W$	$R_{NC}=I_3-Q_e\sin^2\theta_W$

其中，I_3 是弱同位旋第三分量，Q_e 是以电子电荷绝对值为单位夸克所带电荷数，θ_W 为温伯格角.

(2) 用这些信息和上面测量值 R_ν，计算温伯格角 θ_W. 假设仅有两种夸克，忽略夸克之间动量分布的不同.

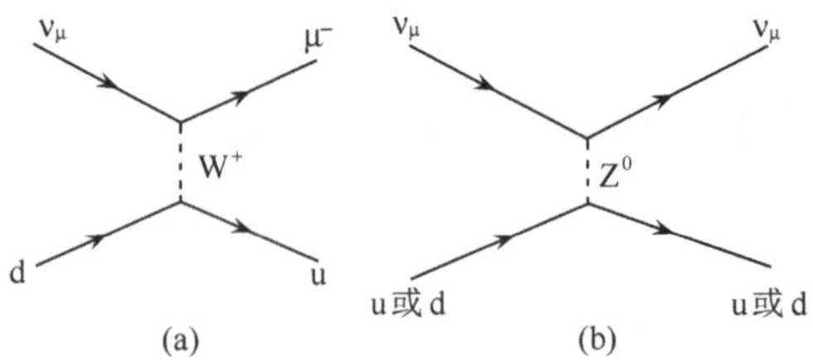

图 3.24

解 (1) 我们认为带电流是入射 μ 子中微子发射正的玻色子 W^+ 和带负电的 μ^- 子. W^+ 仅可能由靶核子中的 d 夸克吸收转换成 u 夸克. 即图 3.24(a)所示的过程. 中性流相互作用是通过中性 Z^0 玻色子，入射中微子和靶核子的夸克都保持它原来的面貌，中微子和 u、d 两种夸克都可以发生散射. 其过程如图 3.24 (b)所示.

(2) 首先我们考察给出的$\frac{d\sigma}{dy}$表示式，在 $0\leqslant y\leqslant 1$ 范围内，总截面为

$$\sigma_{\text{tot}}=\begin{cases}\dfrac{G_F^2 s}{3\pi}\overline{Q_W^2}, & \text{右旋}\\[2mm] \dfrac{G_F^2 s}{\pi}\overline{Q_W^2}, & \text{左旋}\end{cases}$$

现在，先考虑带电流散射. 我们假设靶是非极化的，即左旋和右旋夸克是相等的. 靶中质子和中子数是相等的，也就是 u 和 d 夸克数目相等，因为只有 d 夸克参与带电流的散射，当我们对所有的 u 和 d 夸克弱流平方求平均时，有$\overline{L_{CC}^2}=\dfrac{1}{2}$，总的带电流截面对极化平均得到

$$\sigma_{CC}=\frac{G_F^2 s}{\pi}\cdot\frac{1}{2}\left(\overline{L_{CC}^2}+\frac{1}{3}\overline{R_{CC}^2}\right)=\frac{G_F^2 s}{4\pi}$$

再考察中性流. 我们必须注意，靶粒子的弱同位旋值，对旋量场的左旋分量，u 和 d 夸克的 I_3 分别为$\dfrac{1}{2}$和$-\dfrac{1}{2}$；对于旋量场的右旋分量，I_3 的值都为 0. 虽然 L_{NC}和 R_{NC}的表达式是一样的，但弱荷值是不同的，这是标准模型的基本特性，也是弱相互作用中宇称不守恒的根源. u 和 d 夸克的 Q_e 分别为$\dfrac{2}{3}$和$-\dfrac{1}{3}$. 对于左、右旋费米子，u 夸克的弱荷分别为 $L_{NC}=\dfrac{1}{2}-\dfrac{2}{3}\sin^2\theta_W$ 和 $R_{NC}=-\dfrac{2}{3}\sin^2\theta_W$. 对左、右旋费米子，d 夸克的弱荷分别为 $L_{NC}=-\dfrac{1}{2}+\dfrac{1}{3}\sin^2\theta_W$ 和$R_{NC}=\dfrac{1}{3}\sin^2\theta_W$. 代入左、右旋弱荷，对所有靶核子的夸克求平均得到

$$\overline{L_{NC}^2}=\frac{1}{2}\left[\left(\frac{1}{2}-\frac{2}{3}\sin^2\theta_W\right)^2+\left(-\frac{1}{2}+\frac{1}{3}\sin^2\theta_W\right)^2\right]$$

$$\overline{R_{NC}^2}=\frac{1}{2}\left[\left(\frac{2}{3}\sin^2\theta_W\right)^2+\left(\frac{1}{3}\sin^2\theta_W\right)^2\right]$$

总的中性流截面是左、右旋截面的平均，即有

$$\sigma_{NC}=\frac{1}{2}\cdot\frac{G_F^2 s}{\pi}\left(\overline{L_{NC}^2}+\frac{1}{3}\overline{R_{NC}^2}\right)=\frac{G_F^2 s}{4\pi}\left(\frac{1}{2}-\sin^2\theta_W+\frac{20}{27}\sin^4\theta_W\right)$$

实验测量得到中性流和带电流截面之比 R_ν 值：

$$R_\nu=\frac{\sigma_{NC}}{\sigma_{CC}}=\left(\frac{1}{2}-\sin^2\theta_W+\frac{20}{27}\sin^4\theta_W\right)\approx 0.3$$

得到方程：

$$\sin^4\theta_W-1.35\sin^2\theta_W+0.27=0$$

解此方程，去掉大于 1 的非物理解，得到

$$\sin^2\theta_W\approx 0.24$$

这个数值与目前各种实验结果的平均值 0.221 相近.

12.40　夸克模型中的中微子非弹性散射. 考虑中微子在自由、无质量的夸克上的散射. 为简化问题起见，只讨论奇异数守恒的反应，即只考虑 u 和 d 夸克之间的反应.

(1) 写出 ν 和 $\bar{\nu}$ 在 u、d 夸克以及 $\bar{u}$、$\bar{d}$ 反夸克上可能发生的，带电流非弹性散射(共四种)；

(2) 对其中之一计算其截面. 例如：

$$\frac{d\sigma}{d\Omega}(\nu d \to \mu^- u)$$

（3）利用螺旋性，预言每一个反应的角分布；

（4）假设非弹性散射，ν(或 $\bar{\nu}$)-核子散射截面由上述四种过程截面之和给出，请用夸克模型预言，反中微子-核子和中微子-核子散射总截面之比

$$\sigma^{\bar{\nu}N} : \sigma^{\nu N}$$

（5）实验上测量到

$$\frac{\sigma^{\bar{\nu}N}}{\sigma^{\nu N}} = 0.37 \pm 0.02$$

由此，可得到关于核子的夸克和反夸克结构的什么推断？

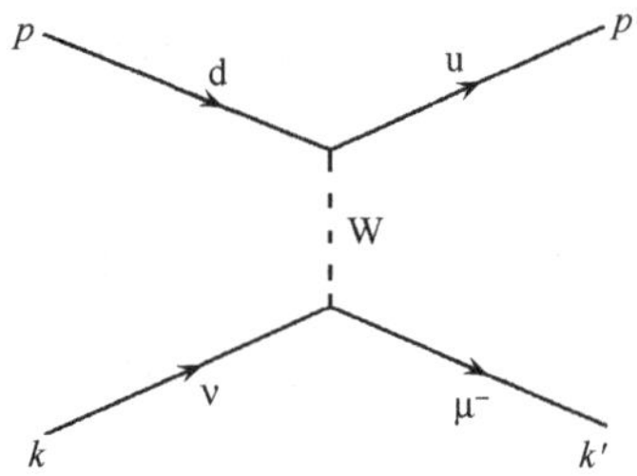

图 3.25

解　（1）四种带电流相互作用（图 3.25）为

$$\nu_\mu d \to \mu^- u$$
$$\bar{\nu}_\mu \bar{d} \to \mu^+ \bar{u}$$
$$\nu_\mu \bar{u} \to \mu^- \bar{d}$$
$$\bar{\nu}_\mu u \to \mu^+ d$$

（2）对于 $\nu_\mu d \to \mu^- u$，当忽略了 m_μ、m_d 和 m_u 时，在质心系中，散射微分截面为

$$\frac{d\sigma}{d\Omega} = \frac{1}{64\pi^2 s}|M|^2$$

式中，s 是不变质量平方，对于上面的反应，有

$$s = (k+p)^2 = 2kp$$

$$|M|^2 = \frac{G_F^2}{2}\mathrm{Tr}[\not{k}'\gamma^\mu(1-\gamma_5)\not{k}\,\gamma^\nu(1-\gamma_5)] \times \frac{1}{2}\mathrm{Tr}[\not{p}'\gamma_\mu(1-\gamma_5)\,\not{p}\gamma_\nu(1-\gamma_5)]\cos^2\theta_c$$

式中，θ_c 为 Cabbibo 混合角，$\frac{1}{2}$因子是对初态 μ 的自旋求平均.

$$\begin{aligned}
&\mathrm{Tr}[\not{k}'\gamma^\mu(1-\gamma_5)\not{k}\gamma^\nu(1-\gamma_5)] \\
&= \mathrm{Tr}[\not{k}'\gamma^\mu\not{k}\gamma^\nu(1-\gamma_5)^2] \\
&= 2\mathrm{Tr}[\not{k}'\gamma^\mu\not{k}\gamma^\nu(1-\gamma_5)] \\
&= 2\mathrm{Tr}[\not{k}'\gamma^\mu\not{k}\gamma^\nu] - 2\mathrm{Tr}[\not{k}'\gamma^\mu\not{k}\gamma^\nu\gamma_5] \\
&= 8\left(k'^\mu k^\nu + k'^\nu k^\mu + \frac{q^2}{2}g^{\mu\nu} - \mathrm{i}\varepsilon^{\mu\nu\gamma\delta}k'_\gamma k_\delta\right)
\end{aligned}$$

类似地，我们得到

$$\mathrm{Tr}[\not{p}'\gamma_\mu(1-\gamma_5)\,\not{p}\gamma_\nu(1-\gamma_5)] = 8\left(p'_\mu p_\nu + p'_\nu p_\mu + \frac{q^2}{2}g_{\mu\nu} - \mathrm{i}\varepsilon_{\mu\nu\alpha\beta}p'^\alpha p^\beta\right)$$

式中，$q^2 = -(k-k')^2 = -2k\cdot k'$是四动量传递的平方. 我们有

$$|M|^2 = 64G_F^2(k\cdot p)(k\cdot p)\cos^2\theta_c = 16G_F^2 s^2\cos^2\theta_c$$

$$\frac{d\sigma}{d\Omega}(\nu_\mu d \to \mu^- u)_{cm} = \frac{16G_F^2 s^2\cos^2\theta_c}{64\pi^2 s} = \frac{G_F^2 s}{4\pi^2}\cos^2\theta_c$$

（3）在强子的弱带电流作用中，只有左旋的 u、d 夸克和 ν_μ^-、μ^- 才对反应有贡献，也只

有右旋的 $\bar{u}$、$\bar{d}$ 和 $\bar{\nu}_\mu$、μ^+ 对反应有贡献. 在质心系中,对反应 $\nu_\mu d \to \mu^- u$ 和 $\bar{\nu}_\mu \bar{d} \to \mu^+ \bar{u}$,如图 3.26 所示,其轨道角动量为零,这时的角分布是各向同性的,反应 $\nu d \to \mu^- u$ 正像上面所求的结果. 对于反应 $\bar{\nu}_\mu \bar{d} \to \mu^+ \bar{u}$,有

$$\frac{d\sigma}{d\Omega}(\bar{\nu}_\mu \bar{d} \to \mu^+ \bar{u})_{cm} = \frac{G_F^2 s}{4\pi^2}\cos^2\theta_c$$

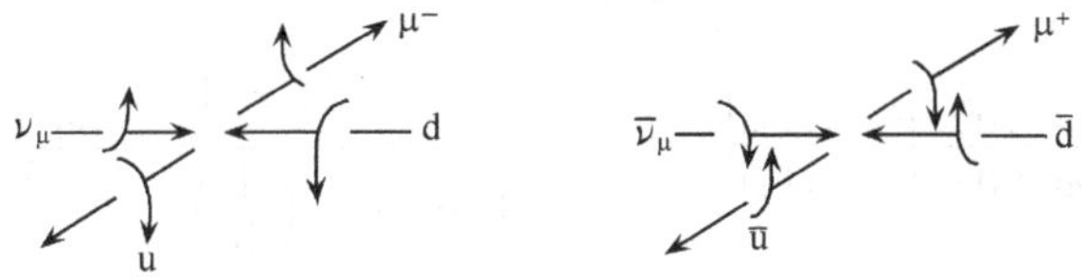

图 3.26

而对于反应 $\nu_\mu \bar{u} \to \bar{d}\mu^-$ 和 $\bar{\nu}_\mu u \to \mu^+ d$,如图 3.27 所示,入射和出射两粒子的总自旋都为 1,这时的角分布为

$$\frac{d\sigma}{d\Omega}(\nu_\mu \bar{u} \to \mu^- \bar{d})_{cm} = \frac{G_F^2 s}{16\pi^2}\cos^2\theta_c(1-\cos\theta)^2$$

$$\frac{d\sigma}{d\Omega}(\bar{\nu}_\mu u \to \mu^+ d)_{cm} = \frac{G_F^2 s}{16\pi^2}\cos^2\theta_c(1-\cos\theta)^2$$

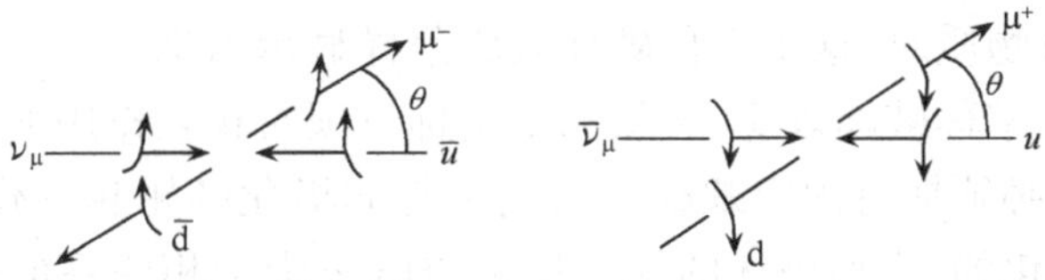

图 3.27

(4) 在夸克模型中,核子主要是由夸克组成,所以中微子主要是与核子内的 d 夸克产生非弹性散射,反中微子主要是和核子内的 u 夸克产生非弹性散射. 中子的夸克组成为 udd,质子的夸克组成为 uud. 对上面的微分截面$\frac{d\sigma}{d\Omega}(\nu_\mu d \to \mu^- u)$和$\frac{d\sigma}{d\Omega}(\bar{\nu}_\mu u \to \mu^+ d)$的立体角 Ω 积分,我们得到总截面

$$\sigma_1 = \sigma(\nu_\mu d \to \mu^- u)_{cm} = \frac{G_F^2 s}{\pi}\cos^2\theta_c$$

$$\sigma_2 = \sigma(\bar{\nu}_\mu u \to \mu^+ d)_{cm} = \frac{G_F^2 s}{3\pi}\cos^2\theta_c$$

所以中微子和中子(n)、质子(p)散射的微分截面分别是

$$\sigma(\nu, n) = 2\sigma_1;\quad \sigma(\nu, p) = \sigma_1$$

反中微子和中子(n)、质子(p)散射的微分截面分别是

$$\sigma(\bar{\nu}, n) = \sigma_2;\quad \sigma(\bar{\nu}, p) = 2\sigma_2$$

假设,靶核素中有相同的中子和质子,平均每个核子有 1.5 个 u 夸克和 d 夸克,我们得到

$$\frac{\sigma(\bar{\nu}N)}{\sigma(\nu N)} = \frac{\sigma(\bar{\nu}p)+\sigma(\bar{\nu}n)}{\sigma(\nu p)+\sigma(\nu n)} = \frac{2\sigma_2+\sigma_2}{\sigma_1+2\sigma_1} = \frac{\sigma_2}{\sigma_1} = \frac{1}{3}$$

(5) 实验值

$$\frac{\sigma^{\bar{\nu}N}}{\sigma^{\nu N}}=0.37\pm0.02$$

非常接近理论值$\frac{1}{3}$,说明核内主要是由夸克组成,反夸克的成分很少.

设核子内反夸克与夸克之比为 α,则有

$$\frac{\sigma(\bar{\nu}N)}{\sigma(\nu N)}=\frac{3\sigma(\bar{\nu}u)+3\alpha\sigma(\bar{\nu}\bar{d})}{3\sigma(\nu d)+3\alpha\sigma(\nu\bar{u})}=\frac{3\times\left(\frac{1}{3}\right)+3\alpha\times1}{3\times1+3\alpha\times\left(\frac{1}{3}\right)}=\frac{3\alpha+1}{3+\alpha}=0.37$$

$$3\alpha+1=1.11+0.37\alpha$$
$$2.63\alpha=0.11$$
$$\alpha\approx4.2\%$$

说明在核内反夸克的确很少.

12.41 宇称守恒:在 SLAC 加速器中心,用极化电子对非极化的质子散射实验显示,与电子耦合的宇称破坏的中性流存在.

(1) 为什么需要极化的电子束?

(2) 估计破坏效应的幅值;

(3) 当光子通过物质时,这个宇称破坏效应怎样显示出来?

解 (1) 要观察宇称破坏效应,必须测量赝标量项对相互作用的贡献.即电子或强子的与旋量有关的项,必须拥有固定螺旋性的电子与非极化的靶相互作用;或相反,靶用极化的;或两者都用极化的.宇称破坏的标志量是与电子旋量相联系的可观测量.如散射截面随旋量变化等,宇称破坏项主要来自弱电相干效应.

(2) 电子与质子的散射,包括电磁散射和弱相互作用散射两部分,即交换光子的散射和交换 Z^0 的散射.假设,它们的幅值分别为 A 和 B,则有

$$\sigma\approx A^2+|A\cdot B|+B^2$$

在此能量标度内,$A^2\gg B^2$,只有相干项对宇称破坏有贡献.因为电磁相互作用中宇称是守恒的,宇称破坏的效应(仅考虑一级效应)为

$$\frac{|A\cdot B|}{A^2+B^2}\approx\frac{|A\cdot B|}{A^2}\approx\frac{|B|}{|A|}\approx\frac{G_F}{e^2}q^2$$

式中,G_F 是费米耦合常数,e^2 为电子电荷的平方,q^2 为四动量传递的平方.代入

$$G_F=1.167\times10^{-5}(c\hbar)^3\mathrm{GeV}^{-2}$$

$$e^2=\frac{e^2}{c\hbar}\cdot c\hbar=\alpha\cdot c\hbar$$

得到

$$\frac{G_F}{e^2/q^2}\approx1.167\times10^{-5}(c\hbar)^2q^2/\alpha\approx6.2\times10^{-5}q^2\mathrm{GeV}^{-2}$$

在 SLAC 的实验中,$E_e\approx20\mathrm{GeV}$,$q^2\approx10\sim20\mathrm{GeV}^2$,宇称破坏幅值为 $10^{-3}\sim10^{-4}$ 量级.实验上,实际测量不同螺旋性的入射电子的散射截面,其不对称性为

$$A_s=\frac{\sigma\left(\lambda=\frac{1}{2}\right)-\sigma\left(\lambda=-\frac{1}{2}\right)}{\sigma\left(\lambda=\frac{1}{2}\right)+\sigma\left(\lambda=-\frac{1}{2}\right)}\approx q^2[a_1+a_2f(y)]$$

其中，a_1 和 a_2 是与(A_eV_Q)和(A_QV_e)有关的项，它们既和质子中夸克的组成有关，又和弱中性流的结构有关. $\sigma(\lambda=\frac{1}{2})$和 $\sigma(\lambda=-\frac{1}{2})$分别是电子的螺旋度为$\frac{1}{2}$和$-\frac{1}{2}$、$y=\frac{E-E'}{E}$时的散射截面，($A_iV_j$)分别是电子($e$)和夸克($Q$)的轴矢流和矢量流的振幅. E 和 E'分别是入射和散射电子的能量. 由实验值 A_s，可求出弱中性流的参数.

(3) 原子过程的宇称破缺问题：同样由于原子电子和原子核夸克的弱中性流的交叉相互作用(A_eV_Q)、(A_QV_e)引入的宇称破缺，它们导致原子辐射过程宇称破缺的效应，如 $M1$ 辐射中混合可观测到的 $E1$ 辐射. 当具有与相应能级频率匹配的右圆偏振($\lambda=1$)和左圆偏振 $\lambda=-1$ 通过该介质时，荧光共振吸收会表现出不对称性，A_s：

$$A_s=\frac{\sigma(\lambda=1)-\sigma(\lambda=-1)}{\sigma(\lambda=1)+\sigma(\lambda=-1)}$$

对通常的磁偶极辐射 $M1$(跃迁矩阵元 μ)，弱中性流引入的电偶极辐射 $E1$(矩阵元ξ_{pv})计算有

$$A_s=\frac{2\mathrm{Im}(\xi_{pv}\mu)}{|\mu|^2+|\xi_{pv}|^2}\sim\frac{2\mathrm{Im}\,\xi_{pv}}{\mu}$$

对典型的磁偶极跃迁，预计$A_s\sim10^{-4}\sim10^{-7}$. 第一次得到原子系统宇称破缺证据是 1979 年，苏联 Novosibirsk 实验组. 他们选择 Bi 原子介质，选择 ($S_{3/2}\to D_{3/2}$) 647nm 的能级，如果存在由中性流引起的 $E1$ 混合(ξ_{pv})，一束 647nm 线偏振的激光通过 Bi 原子介质，在一个吸收长度l_0位置观测极化矢量的转动，可以证明，极化矢量旋转角 ϕ 随激光调谐频率 ω 的变化呈色散曲线状，当 $\omega=\omega_r$时 $\phi=0$，计算给出调谐过程旋转角的变化量正比于ξ_{pv}的虚部：

$$\Delta\varphi_{pv}(l=l_0)=\frac{\mathrm{Im}\,\xi_{pv}}{\mu}\equiv R$$

R 定义为原子过程宇称不守恒的旋转参数，其数值为A_s的两倍. Novosibirsk 实验组(1979)给出的 $R=-(20.6\pm3.2)\times10^{-8}$；几个理论组计算值：$(-17,-13,-11.1)\times10^{-8}$(详细讨论见 P. Q. Hung and J. J. Sakurai, Ann. Nucl. Part. Sci. Vol. 31(1981)p375)

12.42　高能中微子可能通过下面反应产生单个的 π 介子：

(1) $\nu_\mu+p\to\mu^-+\Delta^{++}(\pi^++p)$　　(2) $\nu_\mu+n\to\mu^-+\begin{Bmatrix}\Delta^+(\pi^0+p)\\ \Delta^+(\pi^++n)\end{Bmatrix}$

假设该过程是通过 $\Delta(1236)$，$I=3/2$ 的共振态"弱"产生单个 π. 该过程奇异数改变 $\Delta S=0$ 强子态同位旋改变必须是 $\Delta I=1$. 证明反应率(1)是(2)的三倍. 假设存在 $\Delta I=2$(实验上并没有发现)，则反应率(2)是(1)的三倍.

解　对于 $\Delta I=1$ 规则，类似题 11.48，假设 $I=\frac{1}{2}$的重子与一个同位旋为 1 的假想粒子 a 耦合，给出一个 $I=\frac{3}{2}$、$I_3=\frac{3}{2}$或 $I_3=\frac{1}{2}$的强子终态. 例如，对于过程①，有

$$|\,\mathrm{ap}\rangle=\left|11,\frac{1}{2}\ \frac{1}{2}\right\rangle=\left|\frac{3}{2}\ \frac{3}{2}\right\rangle$$

对于过程②，有

$$|\,\mathrm{an}\rangle=\left|11,\frac{1}{2}-\frac{1}{2}\right\rangle=\sqrt{\frac{1}{3}}\left|\frac{3}{2}\ \frac{1}{2}\right\rangle+\sqrt{\frac{2}{3}}\left|\frac{1}{2}\ \frac{1}{2}\right\rangle$$

如果 πN 系统是纯的同位旋 $I=\dfrac{3}{2}$态，则有

$$A_1=\left\langle \mathrm{ap}\left|H_{\frac{3}{2}}\right|\frac{3}{2}\ \frac{3}{2}\right\rangle=\left\langle\frac{3}{2}\ \frac{3}{2}\left|H_{\frac{3}{2}}\right|\frac{3}{2}\ \frac{3}{2}\right\rangle=M_{\frac{3}{2}}$$

$$A_2=\left\langle \mathrm{an}\left|H_{\frac{3}{2}}\right|\frac{3}{2}\ \frac{1}{2}\right\rangle=\sqrt{\frac{1}{3}}\left\langle\frac{3}{2}\ \frac{1}{2}\left|H_{\frac{3}{2}}\right|\frac{3}{2}\ \frac{1}{2}\right\rangle=\sqrt{\frac{1}{3}}M_{\frac{3}{2}}$$

反应率①和②之比等于耦合系数的平方，即有

$$\frac{\sigma(1)}{\sigma(2)}=\frac{A_1^2}{A_2^2}=\frac{1^2}{(1/\sqrt{3})^2}=3$$

设有 $\Delta I=2$ 规则，假设 $I=\dfrac{1}{2}$的重子与一个同位旋为 2 的假想粒子 $\mathrm{a_1}$ 耦合，给出 $I=\dfrac{5}{2}$、$I=\dfrac{3}{2}$的态，对于反应①和②，分别得到

$$|\,\mathrm{a_1p}\rangle=\left|21,\frac{1}{2}\ \frac{1}{2}\right\rangle=-\sqrt{\frac{1}{5}}\left|\frac{3}{2}\ \frac{3}{2}\right\rangle+\sqrt{\frac{4}{5}}\left|\frac{5}{2}\ \frac{3}{2}\right\rangle$$

$$|\,\mathrm{a_1n}\rangle=\left|21,\frac{1}{2}-\frac{1}{2}\right\rangle=\sqrt{\frac{3}{5}}\left|\frac{3}{2}\ \frac{1}{2}\right\rangle+\sqrt{\frac{2}{5}}\left|\frac{5}{2}\ \frac{1}{2}\right\rangle$$

$$A_3=\left\langle \mathrm{a_1p}\left|H_{\frac{3}{2}}\right|\frac{3}{2}\ \frac{3}{2}\right\rangle=-\sqrt{\frac{1}{5}}\left\langle\frac{3}{2}\ \frac{3}{2}\left|H_{\frac{3}{2}}\right|\frac{3}{2}\ \frac{3}{2}\right\rangle=-\sqrt{\frac{1}{5}}M_{\frac{3}{2}}$$

$$A_4=\left\langle \mathrm{a_1n}\left|H_{\frac{3}{2}}\right|\frac{3}{2}\ \frac{1}{2}\right\rangle=\sqrt{\frac{3}{5}}\left\langle\frac{3}{2}\ \frac{1}{2}\left|H_{\frac{3}{2}}\right|\frac{3}{2}\ \frac{1}{2}\right\rangle=\sqrt{\frac{3}{5}}M_{\frac{3}{2}}$$

对于末态是纯 $I=\dfrac{3}{2}$的态，则有反应率①和②之比等于 $I=\dfrac{3}{2}$耦合系数的平方，即有

$$\frac{\sigma(1)}{\sigma(2)}=\frac{A_3^2}{A_4^2}=\frac{(\sqrt{1/5})^2}{(\sqrt{3/5})^2}=1/3$$

12.43　利用电子和质子的电磁相互作用，一些实验通过电子对质子的散射，研究质子的电荷分布，这是很容易理解的. 考虑类似的过程，用下面的电子和中性 K 介子的散射，来研究中性 K 介子的电荷分布：

$$\mathrm{K^0+e\to K^0+e}\quad（记幅值为 A）$$

（1）忽略 CP 破坏，也用 A 来表示下列过程的幅值：

$$\mathrm{K_L^0+e\to K_L^0+e}\quad（散射，幅值记为 A_S）$$

$$\mathrm{K_L^0+e\to K_S^0+e}\quad（再生，幅值记为 A_R）$$

（2）考虑再生实验：

$$K_L{}^0 + e \rightarrow K_S{}^0 + e$$

其中，K^0 为入射束，电子为靶，在很高能 E_K 的情况下，在正前方散射，散射角为 0^0，这时，$P_{K_L}=P_{K_S}$，微分截面与能量的关系是怎样的，即 $\left(\frac{d\sigma}{d\Omega}\right)_{0^0}$ 随能量的变化是怎样的？说明你对很高能的定义.

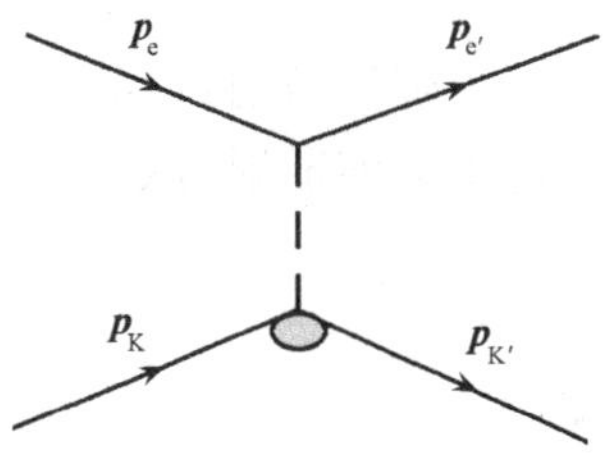

图 3.28

解 考虑费曼图 3.28. $\boldsymbol{p}_K$，$\boldsymbol{p}_{K'}$，$\boldsymbol{p}_e$，$\boldsymbol{p}_{e'}$ 分别是初、末态 K^0 和 e 的动量，并以 M 和 m 表示 K^0 和 e 的质量，则散射 S 矩阵元为

$$S_{fi} = \delta_{fi} - i(2\pi)^4\delta(\boldsymbol{p}_K + \boldsymbol{p}_e - \boldsymbol{p}_{K'} - \boldsymbol{p}_{e'})\frac{t_{fi}}{(2\pi)^6}\sqrt{\frac{m^2}{4E_K E_{K'} E_e E_{e'}}}$$

t_{fi}是不变振幅，其值为

$$t_{fi} = ie^2(2\pi)^3\sqrt{4E_K E_{K'}}\,\bar{u}(p_{e'})\gamma^\mu u(p_e)\frac{1}{q^2}\langle K^0 p_{K'} \mid j_\mu(0) \mid K^0 p_K\rangle \approx A$$

其中，$j_\mu(0)$为流算符.

(1) 已知：

$$\mid K_S^0\rangle = \frac{1}{\sqrt{2}}\left(\mid K^0\rangle + \mid \bar{K}^0\rangle\right)$$

$$\mid K_L^0\rangle = \frac{1}{\sqrt{2}}\left(\mid K^0\rangle - \mid \bar{K}^0\rangle\right)$$

不考虑 CP 破坏，则 K_L^0、K_S^0 和 K^0 有相同的质量. 得到

$$\langle K_L^0 p_{K'} \mid j(0) \mid K_L^0 p_K\rangle = \frac{1}{2}\{\langle K^0 p_{K'} \mid j(0) \mid K^0 p_K\rangle + \langle \bar{K}^0 p_{K'} \mid j(0) \mid \bar{K}^0 p_K\rangle\}$$

$$\langle \bar{K}^0 p_{K'} \mid j_\mu(0) \mid \bar{K}^0 p_K\rangle = \langle \bar{K}^0 p_{K'} \mid C^{-1}Cj_\mu(0)C^{-1}C \mid \bar{K}^0 p_K\rangle = -\langle K^0 p_{K'} \mid j_\mu(0) \mid K^0 p_K\rangle$$

即 $A_S=0$，$A_R=A$.

(2) 对初态电子求平均，对末态电子求和，得微分截面

$$d\sigma = \frac{1}{2v_r}\frac{m^2}{4E_K E_{K'} E_e E_{e'}}(2\pi)^4\delta(\boldsymbol{p}_e + \boldsymbol{p}_K - \boldsymbol{p}_{e'} - \boldsymbol{p}_{K'}) \cdot \sum_{\text{自旋}} |t_{fi}|^2 \frac{dp_{e'}dp_{K'}}{(2\pi)^6}$$

对 $\boldsymbol{p}_{e'}$ 和 $E_{K'}$ 积分，得到微分载面

$$\frac{d\sigma}{d\Omega'} = \frac{m}{32\pi^2} \cdot \frac{p_{K'}}{p_K} \cdot \frac{\sum_{\text{自旋}} |t_{fi}|^2}{m + E_K - (p_K E_{K'}/p_{K'})\cos\theta'}$$

式中，θ'是 $\boldsymbol{p}_{K'}$ 的方向角，同时，动量守恒要求，该式满足

$$\boldsymbol{p}_{e'} + \boldsymbol{p}_{K'} - \boldsymbol{p}_e - \boldsymbol{p}_K = 0$$

由此得到

$$m + \sqrt{M_L^2 + \boldsymbol{p}_K^2} = \sqrt{m^2 + \boldsymbol{p}_e^2} + \sqrt{M_S^2 + \boldsymbol{p}'^2_K}$$

式中，M_L 和 M_S 是 $K_L{}^0$ 和 $K_S{}^0$ 的质量，m 是电子质量，有

$$E_L = \sqrt{M_L^2 + \boldsymbol{p}_K^2} = \sqrt{(M_S + \Delta M)^2 + \boldsymbol{p}_K^2}$$

式中，$\Delta M = M_L - M_S$. 当 $E_L{}^2 \gg M$ 或 $E_L{}^2 \gg \Delta M$ 时，我们可以叫做高能 $K_L{}^0$. 这样，能量守

恒公式变为

$$m+\sqrt{M_{\mathrm{L}}^2+\boldsymbol{p}_{\mathrm{K}}^2}=\sqrt{m^2+\boldsymbol{p}_{\mathrm{e}}^2}+\sqrt{M_{\mathrm{S}}^2+\boldsymbol{p}_{\mathrm{K'}}^2}$$

这是一个弹性散射过程.

对于向前散射，$\boldsymbol{p}_{\mathrm{K}}=\boldsymbol{p}_{\mathrm{K'}}$，$\boldsymbol{p}_{\mathrm{e}}=0$，得到散射截面

$$\left.\frac{\mathrm{d}\sigma}{\mathrm{d}\Omega}\right|_0=\frac{1}{32\pi^2}\sum_{\text{自旋}}|t_{\mathrm{fi}}|^2$$

又知：

$$(2\pi)^3\sqrt{4E_{\mathrm{K}}E_{\mathrm{K'}}}\langle \mathrm{K}^0 p_{\mathrm{K'}}\mid j_\mu(0)\mid \mathrm{K}^0 p_{\mathrm{K}}\rangle=(p_{\mathrm{K}}+p_{\mathrm{K'}})_\mu F_{\mathrm{K}}(p_{\mathrm{K'}}-p_{\mathrm{K}})^2$$

其中，F_{K} 是 K^0 的电磁形状因子，$F_{\mathrm{K}}(q^2)=q^2g(q^2)$，这里，$g(q^2)$ 在 $q^2=0$ 处无奇异，则有

$$\begin{aligned}t_{\mathrm{fi}}&=\mathrm{i}e^2\bar{\mathrm{u}}^+(p_{\mathrm{e'}})\gamma^\mu u(p_{\mathrm{e}})g(p_{\mathrm{K'}}-p_{\mathrm{K}})^2(p_{\mathrm{K'}}+p_{\mathrm{K}})_\mu\\&=\mathrm{i}e^2\bar{\mathrm{u}}^+(p_{\mathrm{e'}}=0)u(p_{\mathrm{e}}=0)\cdot 2E_{\mathrm{K}}g(0)\\&=\begin{cases}\mathrm{i}e^2\cdot 2E_{\mathrm{K}}g(0), & S_{\mathrm{e'}}=S_{\mathrm{e}}\\ 0, & S_{\mathrm{e'}}\neq S_{\mathrm{e}}\end{cases}\end{aligned}$$

式中，S_{e}、$S_{\mathrm{e'}}$ 分别为初、末态电子的自旋. 于是，我们得到向前散射微分截面随能量的变化关系为

$$\left.\frac{\mathrm{d}\sigma}{\mathrm{d}\Omega}\right|_0\propto E_{\mathrm{K}}^2$$

12.44 (1) 按照 Weinberg-Salam 模型，希格斯(Higgs)玻色子 φ 与各种费米子 f 的耦合方式为(f 为夸克或轻子)

$$\frac{em_{\mathrm{f}}}{m_{\mathrm{W}}}\varphi\bar{\mathrm{f}}\mathrm{f}$$

式中，m_{f} 是费米子的质量，e 是电子和 μ 子的电荷，m_{W} 是 W 玻色子的质量. 假设黑格斯玻色子衰变成已知的夸克和轻子，计算其寿命. 用它的质量 m_{H} 表示，假定其质量 m_{H} 比已知的夸克和轻子都重得多.

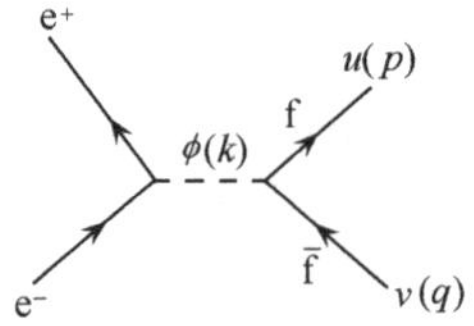

图 3.29

(2) 有理论家认为，希格斯玻色子的质量约为 10GeV，如果真是这样的话，你认为在 $\mathrm{e}^+\mathrm{e}^-$ 对撞机实验(图 3.29)中可以观察到它吗？在黑格斯玻色子的共振区，信号与本底强度之比约为多大？

解 (1) 费米黄金定律给出，一种费米子末态跃迁概率为

$$\Gamma_{\mathrm{f}}=\int\frac{\mathrm{d}^3p}{(2\pi)^3 2p^0}\cdot\frac{\mathrm{d}^3q}{(2\pi)^3 2q^0}\cdot\frac{(2\pi)^4}{2k^0}\delta^4(k-p-q)\mid M\mid^2$$

式中

$$\begin{aligned}\mid M\mid^2&=\mathrm{Tr}\sum_{\mathrm{s,t}}\left[\left(\frac{em_{\mathrm{f}}}{m_{\mathrm{W}}}\right)^2\bar{u}_{\mathrm{s}}(p)v_{\mathrm{t}}(q)\varphi^*\varphi\bar{v}_{\mathrm{t}}(q)u_{\mathrm{s}}(p)\right]\\&=\left(\frac{em_{\mathrm{f}}}{m_{\mathrm{W}}}\right)^2\mathrm{Tr}[(\not{q}-m_{\mathrm{f}})(\not{p}+m_{\mathrm{f}})]\\&=\left(\frac{em_{\mathrm{f}}}{m_{\mathrm{W}}}\right)^2\mathrm{Tr}[\not{q}\cdot\not{p}-m_{\mathrm{f}}^2]\end{aligned}$$

$$= 4\left(\frac{em_{\mathrm{f}}}{m_{\mathrm{W}}}\right)^2 (p \cdot q - m_{\mathrm{f}}^2)$$

其中,有关系式

$$p = \left(\frac{m_{\mathrm{H}}}{2}, \boldsymbol{p}\right), \quad q = \left(\frac{m_{\mathrm{H}}}{2}, -\boldsymbol{p}\right)$$

$$p + q = k = (m_{\mathrm{H}}, 0, 0, 0)$$

$$k^2 = m_{\mathrm{H}}^2 = (p+q)^2 = 2m_{\mathrm{f}}^2 + 2p \cdot q$$

$$p \cdot q = \frac{k^2 - p^2 - q^2}{2} = \frac{m_{\mathrm{H}}^2 - 2m_{\mathrm{f}}^2}{2}$$

我们得到

$$|M|^2 = 4\left(\frac{em_{\mathrm{f}}}{m_{\mathrm{W}}}\right)^2 \left(\frac{m_{\mathrm{H}}^2 - 4m_{\mathrm{f}}^2}{2}\right) = 2\left(\frac{em_{\mathrm{f}}}{m_{\mathrm{W}}}\right)^2 m_{\mathrm{H}}^2 \left(1 - \frac{4m_{\mathrm{f}}^2}{m_{\mathrm{H}}^2}\right)$$

在希格斯玻色子静止的系统中,有

$$\Gamma_{\mathrm{f}} = \int \frac{\mathrm{d}^3 p \mathrm{d}^3 q}{(2\pi)^6 4p^0 q^0} \cdot \frac{(2\pi)^4}{2m_{\mathrm{H}}} \delta^{(4)}(k - p - q) |M|^2$$

式中

$$\begin{aligned}\delta^{(4)}(k-p-q) &= \delta^{(3)}(\boldsymbol{k} - \boldsymbol{p} - \boldsymbol{q}) \delta(k^0 - p^0 - q^0) \\ &= \delta^{(3)}(0 - \boldsymbol{p} - \boldsymbol{q}) \delta(m_{\mathrm{H}} - p^0 - q^0)\end{aligned}$$

$$p^0 = q^0 = \frac{m_{\mathrm{H}}}{2}, \quad |\boldsymbol{p}| = |\boldsymbol{q}| = \sqrt{\left(\frac{m_{\mathrm{H}}}{2}\right)^2 - m_{\mathrm{f}}^2}$$

对 q 积分,且 $|M|^2$ 与 θ 无关,得到

$$\begin{aligned}\Gamma_{\mathrm{f}} &= \frac{1}{(2\pi)^2} \int \frac{\mathrm{d}^3 \boldsymbol{p}}{4p^0 q^0} \cdot \frac{1}{2m_{\mathrm{H}}} \delta(m_{\mathrm{H}} - 2p^0) |M|^2 \\ &= \frac{4\pi}{(2\pi)^2 \cdot 4 \cdot 2m_{\mathrm{H}}} \int \frac{|\boldsymbol{p}|^2}{p^0 q^0} \mathrm{d}|\boldsymbol{p}| \cdot \delta(m_{\mathrm{H}} - 2p^0) |M|^2 \\ &= \frac{1}{8\pi m_{\mathrm{H}}} \int \frac{|\boldsymbol{p}|^2}{p^0 q^0} \frac{\mathrm{d}|\boldsymbol{p}|}{\mathrm{d}k^0} \cdot \delta(m_{\mathrm{H}} - 2p_0) |M|^2 \mathrm{d}k^0 \\ &= \frac{1}{8\pi m_{\mathrm{H}}} \cdot \frac{|\boldsymbol{p}|^2}{p^0 q^0} \cdot \frac{\mathrm{d}|\boldsymbol{p}|}{\mathrm{d}k^0} \cdot |M|^2 \qquad k^0 = m_{\mathrm{H}}\end{aligned}$$

其中

$$\frac{\mathrm{d}k^0}{\mathrm{d}|\boldsymbol{p}|} = \frac{\mathrm{d}p^0}{\mathrm{d}|\boldsymbol{p}|} + \frac{\mathrm{d}q^0}{\mathrm{d}|\boldsymbol{q}|} = \left(\frac{|\boldsymbol{p}|}{p^0} + \frac{|\boldsymbol{q}|}{q^0}\right) = \frac{|\boldsymbol{p}| m_{\mathrm{H}}}{p^0 q^0}$$

代入 $|M|^2$,得到

$$\begin{aligned}\Gamma_{\mathrm{f}} &= \frac{1}{8\pi m_{\mathrm{H}}} \cdot \frac{|\boldsymbol{p}|^2}{p^{02}} \cdot \frac{p^{02}}{|\boldsymbol{p}| m_{\mathrm{H}}} \cdot |M|^2 = \frac{1}{8\pi m_{\mathrm{H}}^2} \cdot |\boldsymbol{p}| \cdot |M|^2 \\ &= \frac{1}{8\pi m_{\mathrm{H}}} \cdot \left[\left(\frac{m_{\mathrm{H}}}{2}\right)^2 - m_{\mathrm{f}}^2\right]^{1/2} \cdot 2\frac{e^2 m_{\mathrm{f}}^2 m_{\mathrm{H}}^2}{m_{\mathrm{W}}^2} \left(1 - \frac{4m_{\mathrm{f}}^2}{m_{\mathrm{H}}^2}\right) = \frac{e^2 m_{\mathrm{f}}^2 m_{\mathrm{H}}}{8\pi m_{\mathrm{W}}^2} \left(1 - \frac{4m_{\mathrm{f}}^2}{m_{\mathrm{H}}^2}\right)^{3/2}\end{aligned}$$

当 $m_{\mathrm{H}} \gg m_{\mathrm{f}}$ 时,近似有

$$\Gamma_{\mathrm{f}} \approx \frac{e^2 m_{\mathrm{f}}^2 m_{\mathrm{H}}}{8\pi m_{\mathrm{W}}^2}$$

$$\Gamma=\frac{e^2 m_{\mathrm{H}}}{8\pi m_{\mathrm{W}}^2}\sum a_{\mathrm{f}} m_{\mathrm{f}}^2$$

对轻子，$a_{\mathrm{f}}=1$；对夸克，$a_{\mathrm{f}}=3$. 假设 $m_{\mathrm{H}}\approx 10\mathrm{GeV}$. 令 $m_{\mathrm{W}}\approx 80\mathrm{GeV}$，$m_{\mathrm{u}}=m_{\mathrm{d}}=0.35\mathrm{GeV}$，$m_{\mathrm{s}}=0.5\mathrm{GeV}$，$m_{\mathrm{c}}=1.5\mathrm{GeV}$，$m_{\mathrm{b}}=4.6\mathrm{GeV}$，$m_{\mathrm{e}}=0.5\times 10^{-3}\mathrm{GeV}$，$m_\mu\approx 0.11\mathrm{GeV}$，$m_\tau=1.8\mathrm{GeV}$. 把这些值代入上式，得到

$$\begin{aligned}\sum a_{\mathrm{f}} m_{\mathrm{f}}^2\left(1-\frac{4m_{\mathrm{f}}^2}{m_{\mathrm{H}}^2}\right)^{3/2} &\approx \sum_{\mathrm{f}\neq\mathrm{b}} a_{\mathrm{f}} m_{\mathrm{f}}^2+3m_{\mathrm{b}}^2\left(1-\frac{4m_{\mathrm{b}}^2}{m_{\mathrm{H}}^2}\right)^{3/2}\\ &=0.0005^2+0.11^2+1.8^2+\end{aligned}$$

$$3\times(0.35^2+0.35^2+0.5^2+1.5^2)+3\times 4.6^2\left[1-\left(\frac{4.6}{10}\right)^2\right]^{3/2}=15.3\mathrm{GeV}^2$$

$$\begin{aligned}\Gamma&=\frac{e^2 m_{\mathrm{H}}}{8\pi m_{\mathrm{W}}^2}\sum a_{\mathrm{f}} m_{\mathrm{f}}^2\left(1-\frac{4m_{\mathrm{f}}^2}{m_{\mathrm{H}}^2}\right)^{3/2}\\ &\approx 15.3\times\frac{1}{8\pi\times 137}\times\frac{10}{80^2}\\ &\approx 6.9\times 10^{-6}(\mathrm{GeV})=6.9\times 10^{-3}(\mathrm{MeV})\end{aligned}$$

$$\tau=\Gamma^{-1}=145\mathrm{MeV}^{-1}\approx 6.6\times 10^{-22}\times 145=9.6\times 10^{-20}(\mathrm{s})$$

(2) 正、负电子对撞实验 $e^+e^-\to f\bar{f}$，有下列过程：

$$e^+e^-\xrightarrow{\mathrm{H}} f\bar{f}\quad 和\quad e^+e^-\xrightarrow{\gamma,Z^0} f\bar{f}$$

在 $\sqrt{s}=10\mathrm{GeV}$ 时，Z^0 交换还可以忽略，对于过程 $e^+e^-\xrightarrow{\gamma} f\bar{f}$，有

$$\sigma_{\mathrm{f}\bar{\mathrm{f}}}\approx\frac{4\pi\alpha^2}{3s}Q_{\mathrm{f}}^2$$

$$\sigma(e^+e^-\xrightarrow{\gamma} f\bar{f})\approx\frac{4\pi\alpha^2}{3s}\sum_{\mathrm{f}} Q_{\mathrm{f}}^2 c_{\mathrm{f}}$$

式中，Q_{f} 为费米子的电荷值. c_{f} 为颜色因子，对轻子，$c_{\mathrm{f}}=1$；对夸克，$c_{\mathrm{f}}=3$. 把电荷数、颜色因子代入上式，得到

$$\sum Q_{\mathrm{f}}^2 c_{\mathrm{f}}=3\times\left(\frac{1}{9}\times 3+\frac{4}{9}\times 2\right)+3\times 1=\frac{20}{3}$$

$$\sigma(ee\xrightarrow{\gamma} f\bar{f})=\frac{4\pi\alpha^2}{3s}\cdot\frac{20}{3}\approx\frac{8\pi\alpha^2}{s}=\frac{8\pi\alpha^2}{m_{\mathrm{H}}^2}$$

考察过程 $e^+e^-\xrightarrow{\mathrm{H}} f\bar{f}$. 从上面的等式，在共振区，对于 $J_{\mathrm{H}}=0$，

$$\sigma(e^+e^-\xrightarrow{\mathrm{H}} f\bar{f})=\pi\lambda\!\!\!^{-2}\frac{\Gamma_{\mathrm{ee}}}{\Gamma}\approx\frac{\pi}{p^{*2}}\cdot\frac{\Gamma_{\mathrm{ee}}}{\Gamma}$$

作为一个近似的估计，有 $\dfrac{\Gamma_{\mathrm{ee}}}{\Gamma}=\dfrac{m_{\mathrm{e}}^2}{\sum\limits_i a_{\mathrm{i}} m_{\mathrm{i}}^2}\approx\dfrac{(0.5\times 10^{-3})^2}{15.3}\approx 1.6\times 10^{-8}$，$p^{*2}\approx\dfrac{m_{\mathrm{H}}{}^2}{4}$. 代入上式，得到

$$\frac{\sigma(e^+e^-\xrightarrow{\mathrm{H}} f\bar{f})}{\sigma(e^+e^-\xrightarrow{\gamma} f\bar{f})}=\left(\frac{4\pi}{m_{\mathrm{H}}^2}\times 1.6\times 10^{-8}\right)\cdot\left(\frac{8\pi\alpha^2}{m_{\mathrm{H}}^2}\right)^{-1}\approx\frac{0.8\times 10^{-8}}{\alpha^2}\approx 1.5\times 10^{-4}$$

在 10GeV 的能区，e^+e^- 湮灭过程，主要是光子湮灭道过程，它是 H^0 共振截面的 10^4 倍，

实际上，在如此强的光子湮灭道中，是很难测量到 H^0 共振信号的.

12.45　标量希格斯粒子与费米子的耦合强度与费米子的质量成正比，如图 3.30 所示.

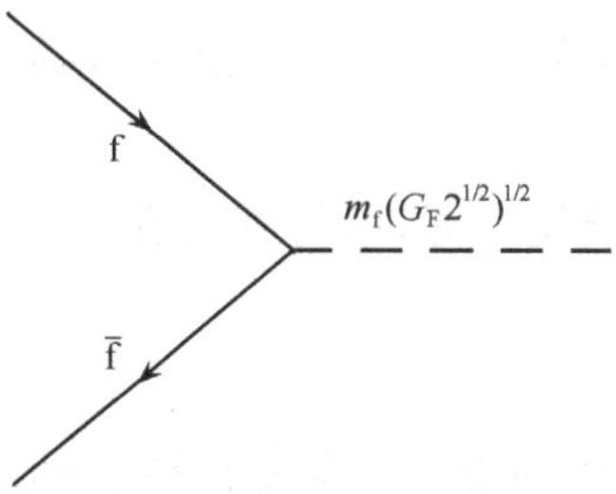

图 3.30

(1) 计算衰变宽度 $\Gamma(H\to f\bar{f})$：设 m_f 是费米子 f 的质量，$m_{ff}\leqslant m_H$，m_H 是希格斯粒子的质量. $m_H=50GeV$①的希格斯粒子衰变成正、负电子对，其寿命是多少？

(2) 考虑反应式

$$e^+e^-\to H\to f\bar{f}$$

设 $m_H=50GeV$，$f\bar{f}$ 主要是 b 夸克和其反夸克对($m_b=5GeV$)，求其共振时的反应截面. 如果正、负电子对撞机的亮度为 $2\times10^{31}cm^{-2}\cdot s^{-1}$，机器运行一年，可得到多少希格斯事例？

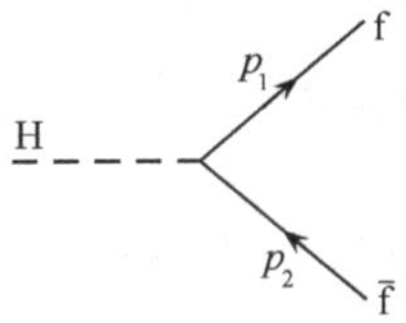

图 3.31

解　(1) 计算 $\Gamma(H\to f\bar{f})$，实际是计算其衰变费曼图. 我们需研究图 3.31 的衰变矩阵元，这里给出了费米子的四动量 p_1 和 p_2. 从费曼图可写出矩阵元

$$M_{ss'}=m_f(\sqrt{2}G_F)^{1/2}\sum_\alpha \bar{u}^s_\alpha(p_1)v^{s'}_\alpha(p_2)$$

这里，函里 $u(p)$ 和 $v(p)$ 分别用了电子和正电子狄拉克方程的平面波解加上四分量旋量. u 和 v 的上标记是自旋，表明螺旋性为 1 或 −1 的费米子. 下标是旋量的分量. 如果我们不测量其衰变费米子自旋，必须对自旋求和

$$|M|^2=\sum_{\text{所有自旋}}|M_{ss'}|^2=\sqrt{2}G_F\sum_{ss'}\sum_{\alpha\beta}m_f^2\bar{u}^s_\alpha(p_1)v^{s'}_\alpha(p_2)\bar{v}^{s'}_\beta(p_2)u^s_\beta(p_1)$$

该式同样可写成求迹的形式

$$|M|^2=\sum_{\text{所有自旋}}|M_{ss'}|^2=\sqrt{2}G_Fm_f^2\mathrm{Tr}[\bar{u}(p_1)v(p_2)\bar{v}(p_2)u(p_1)]$$

利用关系式

$$\sum_s u^s(p)\bar{u}^s(p)=\not{p}+m$$

$$\sum_s v^s(p)\bar{v}^s(p)=\not{p}-m$$

得到简化的形式

$$|M|^2=\sqrt{2}G_Fm_f^2\mathrm{Tr}[(\not{p}_1+m_f)(\not{p}_2-m_f)]$$

这里，只标出旋量的迹. 因为题设 $m_f\ll m_H$，$\not{p}$的分量远大于 m_f，在求迹的表示式中，略去质量项，得到

$$|M|^2=\sqrt{2}G_Fm_f^2\mathrm{Tr}[\not{p}_1\not{p}_2]=4\sqrt{2}G_Fm_f^2p_1\cdot p_2$$

其中，运用了 $\mathrm{Tr}(\not{p}_1\not{p}_2)=4p_1\cdot p_2$. 对于希格斯粒子的衰变，两粒子的四动量为

$$p_1=\frac{m_H}{2}(1,\boldsymbol{n})$$

---

① 希格斯粒子质量目前实验值为 125.7GeV.

$$p_2 = \frac{m_H}{2}(1, -\boldsymbol{n})$$

$\boldsymbol{n}$ 是单位矢量. 代入上式得到

$$|M|^2 = 2\sqrt{2}G_F m_f^2 m_H^2$$

用此矩阵元,可得到其衰变率. 对于两体衰变,有

$$\Gamma_{A\to 1+2} = \frac{p_F}{32\pi^2 m_A^2}\int |M|^2 d\Omega$$

式中,变量 $\boldsymbol{p}_F$ 为末态粒子的动量. 对于 $H\to f\bar{f}$, $m_A^2 = m_H^2$, $p_F = \frac{m_H}{2}$. 对立体角积分,代入 $|M|^2$ 值,得到

$$\Gamma_{f\bar{f}} = \Gamma_{H\to f\bar{f}} = \frac{\sqrt{2}G_F}{8\pi} m_f^2 m_H$$

对于电子,$m_f = 0.5\text{MeV}$, $G_F \approx 10^{-5}\text{GeV}^{-2}$, $m_H = 50\text{GeV}$. 代入上式,得到

$$\Gamma_{ee} = \frac{\sqrt{2}\times 10^{-5}}{8\pi^2}\times(0.5\times 10^{-3})^2\times 50 = 2.24\times 10^{-12}(\text{GeV})$$

$$\tau = \frac{1}{\Gamma_{H\to e^+e^-}} = \frac{1}{2.24}\times 10^9\text{MeV}^{-1} = \frac{6.6\times 10^{-22}}{2.24}\times 10^9 = 2.95\times 10^{-13}(\text{s})$$

式中,用了自然单位制的单位换算,$\text{MeV}^{-1}(l)\approx 6.6\times 10^{-22}\text{s}$.

(2) 根据布赖特-魏格纳共振公式,对于反应过程 $e^+e^-\to H\to f\bar{f}$的截面为

$$\sigma = \left(\frac{4\pi s}{k^2}\right)\left[\frac{2J+1}{(2s_a+1)(2s_b+1)}\right]\frac{\Gamma_{f\bar{f}}\Gamma_{e^+e^-}}{(s-m_H^2)+m_H^2\Gamma^2}$$

其中,Γ 是共振态的总衰变宽度,s_a 和 s_b 是入射粒子的自旋,J 是共振态的自旋,s 是质心系能量的平方,k 是费米子的动量. $s_a = s_b = 1/2$, $J=0$,在共振时,$s = 4k^2 = m_H^2$,得到

$$\sigma = \left(\frac{4\pi}{m_H^2}\right)\frac{\Gamma_{f\bar{f}}\Gamma_{e^+e^-}}{\Gamma^2}$$

因为标量希格斯粒子主要是衰变到 $b\bar{b}$夸克对,$\Gamma = 3\Gamma_{b\bar{b}}$,因子 3 是夸克颜色的贡献. 所以,反应截面为

$$\sigma = \left(\frac{4\pi}{m_H^2}\right)\frac{\Gamma_{e^+e^-}}{\Gamma_{b\bar{b}}} = \left(\frac{4\pi}{m_H^2}\right)\left(\frac{m_e}{m_b}\right)^2\cdot\frac{1}{3} = \frac{4\pi}{3(50\times 10^3)^2}\left(\frac{0.5}{5\times 10^3}\right)^2$$

$$= \frac{4\pi}{3\times 5^2}\times 10^{-16} = 1.68\times 10^{-17}(\text{MeV}^{-2}) = 6.72\times 10^{-39}(\text{cm}^2)$$

代入亮度为 $2\times 10^{31}\text{cm}^{-2}\cdot\text{s}^{-1}$,在一年时间,可得到标量希格斯粒子的事例为

$$N = \sigma L t = 6.72\times 10^{-39}\times 2\times 10^{31}\times 3.16\times 10^7 \approx 4.3(\text{y}^{-1})$$

由此可知,标量希格斯粒子的事例太少了,寻找标量希格斯粒子很困难.

12.46 最近,实验发现 t 夸克,质量很重. 假设有 6 种夸克,它们的质量分别为 $m_d = m_u = m_s = m_c = 0$, $m_b = 5\text{GeV}$ 和 $m_t = 175\text{GeV}$. $m_\mu = 106\text{MeV}$, $\tau_\mu = 2.20\times 10^{-6}\text{s}$.

下面给出了 Kobayash-Maskawa 混合矩阵元和一些有用数据:

$$\begin{bmatrix} d' \\ s' \\ b' \end{bmatrix} = \begin{bmatrix} V_{ud} & V_{us} & V_{ub} \\ V_{cd} & V_{cs} & V_{cb} \\ V_{td} & V_{ts} & V_{tb} \end{bmatrix}\begin{bmatrix} d \\ s \\ b \end{bmatrix} = \begin{bmatrix} 0.973\pm 0.005 & 0.221\pm 0.003 & V_{ub} \\ 0.207\pm 0.024 & 0.66\sim 0.98 & V_{cb} \\ V_{td} & V_{ts} & V_{tb} \end{bmatrix}\begin{bmatrix} d \\ s \\ b \end{bmatrix}$$

$$BR(B^{\pm} \to e^{\pm} + \text{强子}) = 0.12$$

$$\frac{\Gamma(b \to u)}{\Gamma(b \to c)} < 0.08$$

$$\tau_B = 1.4 \times 10^{-12}\,s$$

(1) 估计$|V_{cb}|$；

(2) 用(1)的结果，求出$|V_{ub}|$；

(3) 估计顶夸克的寿命.

解　(1) B^+介子的衰变实际上是$\bar{b}$夸克弱衰变到$\bar{u}$或$\bar{c}$，如图3.32(a)，顶夸克的质量远大于其他夸克，所以$\bar{b}$夸克不可能弱衰变到顶夸克. 在B^+介子的衰变过程中，B^+介子内的u夸克只是一个旁观者，对衰变不起作用. 在$\bar{b}$夸克弱衰变到$\bar{u}$或$\bar{c}$后，u夸克和$\bar{u}$或$\bar{c}$夸克继续碎裂成强子. 我们可以近似为$B^+ \to e^+ +$强子的部分宽度等于$\Gamma(\bar{b} \to \bar{c} + e^+ + \nu_e) + \Gamma(\bar{b} \to \bar{u} + e^+ + \nu_e)$. 题设，$\Gamma(\bar{b} \to \bar{u} + e^+ + \nu_e) \ll \Gamma(\bar{b} \to \bar{c} + e^+ + \nu_e)$. 由此，我们可近似有

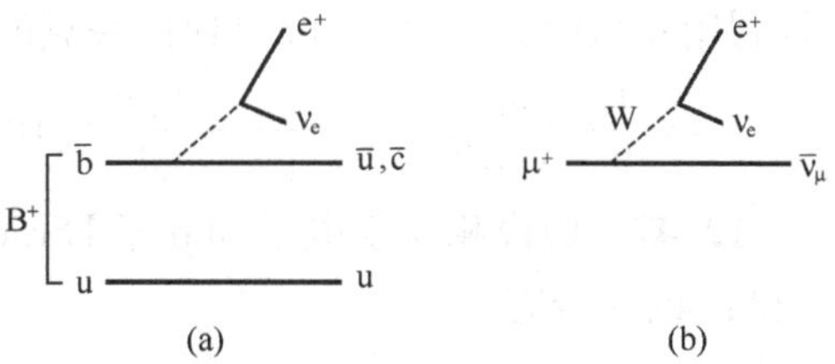

图 3.32

$$\Gamma(\bar{b} \to c + e^+ + \nu_e) \approx \Gamma(B^+ \to e^+ + \nu_e + h) = \frac{1}{\tau_B}BR(B^+ \to e^+ + \nu_e + h)$$

$$= \frac{0.12}{1.4 \times 10^{-12}} = 8.6 \times 10^{10}\,(s^{-1})$$

因为B^+介子的衰变过程和图3.32(b)中μ子的衰变过程很相似，它们应有相同的衰变顶点，只是衰变相空间因子不同，忽略电子质量，μ子的衰变相空间因子为m_μ^5，即有

$$\Gamma(\mu^+ \to e^+ + \nu_e + \bar{\nu}_\mu) = \frac{1}{\tau_\mu} = km_\mu^5$$

k是与衰变顶点等有关的衰变数. 类似地，对b夸克的衰变，有相同的k值

$$\Gamma(\bar{b} \to e^+ + \nu_e + \bar{c}) = |V_{cb}|^2 km_b^5$$

由此，我们可求出混合矩阵元$|V_{cb}|$为

$$|V_{cb}|^2 = \Gamma(\bar{b} \to e^+ + \nu_e + \bar{c})\tau_\mu \left(\frac{m_\mu}{m_b}\right)^5$$

$$= 8.6 \times 10^{10} \times 2.20 \times 10^{-6} \times \left(\frac{0.106}{5}\right)^5$$

$$= 8.10 \times 10^{-4}$$

$$|V_{cb}| = 0.028$$

(2) 题设

$$\frac{\Gamma(b \to u)}{\Gamma(b \to c)} < 0.08$$

从(1)中得到$\Gamma(\bar{b} \to e^+ + \nu_e + \bar{c}) = |V_{cb}|^2 km_b^5$，其中，c换成u，有$\Gamma(\bar{b} \to e^+ + \nu_e + \bar{u}) = |V_{ub}|^2 km_b^5$. 两式相比得到

$$|V_{ub}|^2 \leqslant 0.08\,|V_{cb}|^2 = 0.64 \times 10^{-4}$$

$$|V_{ub}| \leqslant 0.008$$

(3) 由于 KM 混合矩阵归一化的要求，每一列矩阵元的平方和为 1，有

$$|V_{ub}|^2 + |V_{cb}|^2 + |V_{tb}|^2 = 1$$

$$|V_{tb}| \geqslant [1-(1+0.08)\times 8.1\times 10^{-4}]^{1/2} = 0.9996$$

也就是说，顶夸克几乎 99.9%以上衰变到 b 夸克，即 t→b+X，X 为任何可能的粒子. 实际上，顶夸克是衰变成 b 夸克加上通过一个虚的 W 衰变成夸克或轻子. 虚的 W 可能衰变成两类夸克(另有三种颜色)和三族轻子，可能的道数为 2×3+3=9. 而 μ 子只有一个衰变道，利用相似的方法，我们可得到顶夸克的寿命为

$$\tau_t = \frac{1}{9}\tau_\mu\left(\frac{m_\mu}{m_t}\right)^5 \frac{1}{|V_{tb}|^2} \approx \frac{2.2}{9}\times 10^{-6}\times\left(\frac{0.106}{175}\right)^5\times\frac{1}{0.999} \approx 2.16\times 10^{-23}(\text{s})$$

12.47 假设相应于电子和 μ 子 Dirac 中微子，是质量分别为 m_1 和 m_2 的两类中微子 ν_1 和 ν_2 的混合态

$$\nu_e = \nu_1\cos\theta + \nu_2\sin\theta$$

$$\nu_\mu = -\nu_1\sin\theta + \nu_2\cos\theta$$

θ 称为混合角. 其哈密顿量的质量项为

$$H = m_1\bar{\nu}_1\nu_1 + m_2\bar{\nu}_2\nu_2$$

(1) 试用 ν_e 和 ν_μ 表象下的哈密顿矩阵元

$$H = \bar{\nu}_l M_{ll'}\nu_{l'}, \quad l,l' = e,\mu$$

表示定态质量 m_1 和 m_2 及混合角；

(2) 指出在什么情况下有最大混合？什么情况下没有混合？

(3) 假设在 $t=0$ 时，有一纯的电子中微子 ν_e，在 t 时刻发现 μ 子中微子 ν_μ 的概率是多少？

(4) 设中微子的动量 $p\gg m_1$ 和 m_2，求振荡长度；

(5) 如果在反应堆旁的一个探测器测量得到中微子振荡，则振荡参数 $\Delta m^2=|m_1^2-m_2^2|$ 的数量级有多大(估计粒子能量及与探测器的距离).

(6) 如果在 100GeV 的质子加速器实验室中发现中微子振荡，则(5)的结果怎样？

解　(1) 在 ν_e 和 ν_μ 的表象中，哈密顿量为

$$H = \begin{pmatrix} M_{ee} & M_{e\mu} \\ M_{\mu e} & M_{\mu\mu} \end{pmatrix}$$

令 $M_{e\mu}=M_{\mu e}$，哈密顿量的本征值可由如下公式求出：

$$\begin{pmatrix} M_{ee}-m & M_{e\mu} \\ M_{\mu e} & M_{\mu\mu}-m \end{pmatrix} = 0$$

$$m^2-(M_{ee}+M_{\mu\mu})m+(M_{ee}M_{\mu\mu}-M_{\mu e}^2) = 0$$

解方程得到

$$m_1 = \frac{1}{2}\left[(M_{ee}+M_{\mu\mu})-\sqrt{(M_{ee}-M_{\mu\mu})^2+4M_{\mu e}^2}\right]$$

$$m_2 = \frac{1}{2}\left[(M_{ee}+M_{\mu\mu})+\sqrt{(M_{ee}-M_{\mu\mu})^2+4M_{\mu e}^2}\right]$$

假设,在 ν_e 和 ν_μ 表象中,ν_2 的表示式为

$$\nu_2 = \begin{pmatrix} a_1 \\ a_2 \end{pmatrix}$$

则有等式

$$H\nu_2 = m_2\nu_2$$

即

$$\begin{pmatrix} M_{ee} & M_{e\mu} \\ M_{\mu e} & M_{\mu\mu} \end{pmatrix}\begin{pmatrix} a_1 \\ a_2 \end{pmatrix} = m_2\begin{pmatrix} a_1 \\ a_2 \end{pmatrix}$$

归一化条件 $a_1^2+a_2^2=1$,我们得到

$$a_1 = \frac{M_{\mu e}}{\sqrt{M_{\mu e}^2+(m_2-M_{ee})^2}}$$

$$a_2 = \frac{m_2-M_{ee}}{\sqrt{M_{\mu e}^2+(m_2-M_{ee})^2}}$$

利用混合式

$$\nu_e = \nu_1\cos\theta+\nu_2\sin\theta$$

$$\nu_\mu = -\nu_1\sin\theta+\nu_2\cos\theta$$

可把它们改写成

$$\nu_1 = \nu_e\cos\theta-\nu_\mu\sin\theta$$

$$\nu_2 = \nu_e\sin\theta+\nu_\mu\cos\theta$$

因为 $\nu_2=a_1\nu_e+a_2\nu_\mu$,得到

$$\tan\theta = \frac{a_1}{a_2} = \frac{M_{\mu e}}{m_2-M_{ee}} = \frac{2M_{\mu e}}{M_{\mu\mu}-M_{ee}+\sqrt{(M_{ee}-M_{\mu\mu})^2+4M_{\mu e}^2}}$$

$$\theta = \arctan\frac{2M_{\mu e}}{M_{\mu\mu}-M_{ee}+\sqrt{(M_{ee}-M_{\mu\mu})^2+4M_{\mu e}^2}}$$

(2) 当 $M_{\mu\mu}=M_{ee}$时,有最大混合,$\theta=45°$. ν_1 和 ν_2 是一比一混合;当 $M_{\mu e}=0$ 时,$\theta=0$,此时没有混合.

(3) 在 $t=0$ 时,有纯电子中微子 ν_e,它是 ν_1 和 ν_2 的混合态

$$\nu_e = \nu_1\cos\theta+\nu_2\sin\theta$$

在 t 时刻,ν_e 态 $\psi_e(t)$的变化为

$$\begin{aligned}\psi_e(t) &= \nu_1 e^{-iE_1t}\cos\theta+\nu_2 e^{-iE_2t}\sin\theta \\ &= (\nu_e\cos\theta-\nu_\mu\sin\theta)e^{-iE_1t}\cos\theta+(\nu_e\sin\theta+\nu_\mu\cos\theta)e^{-iE_2t}\sin\theta \\ &= (\cos^2\theta e^{-iE_1t}+\sin^2\theta e^{-iE_2t})\nu_e+\sin\theta\cos\theta(e^{-iE_2t}-e^{-iE_1t})\nu_\mu\end{aligned}$$

在 t 时刻,ν_μ 态出现的概率为

$$\begin{aligned}P(\nu_e\to\nu_\mu,t) &= |\langle\nu_\mu\mid\Psi_e(t)\rangle|^2 = \sin^2\theta\cos^2\theta\,|-e^{-iE_1t}+e^{-iE_2t}|^2 \\ &= \frac{1}{2}\sin^2(2\theta)\cdot[1-\cos(E_1-E_2)t] = \sin^2(2\theta)\sin^2\left(\frac{E_1-E_2}{2}t\right)\end{aligned}$$

(4) 当 $p\gg m_1$ 和 m_2 时,利用关系式(假设 $p_1=p_2$)

$$E_1-E_2 = \frac{E_1^2-E_2^2}{E_1+E_2} \approx \frac{1}{2E}[m_1^2+p_1^2-m_2^2-p_2^2] \approx \frac{\Delta m^2}{2E}$$

式中，$\Delta m^2=m_1^2-m_2^2$，我们得到

$$P(\nu_e\rightarrow\nu_\mu,t)=\sin^2(2\theta)\sin^2\left(\frac{\Delta m^2}{4E}t\right)\approx\sin^2(2\theta)\sin^2\left(\frac{\Delta m^2}{4E}l\right)$$

式中，用了 $\beta\approx1, t=\frac{l}{v}\approx l$. 设 l 单位为 m，E 单位为 MeV，Δm^2 单位为 eV^2. 代入上式

$$P(\nu_e\rightarrow\nu_\mu,t)\approx\sin^2(2\theta)\sin^2\left(\frac{\Delta m^2}{4E}l\right)=\sin^2(2\theta)\sin^2\left(1.27\frac{l}{E}\Delta m^2\right)$$

其振荡周期为$\frac{1.27\cdot l\Delta m^2}{E}=2\pi$，不同的条件，振荡周期不同，得到的测量范围不同.

$\frac{\Delta m^2 l}{E}\ll1$ 时，测量不到振荡现象的区域；

$\frac{\Delta m^2 l}{E}\approx1$ 时，测量到明显的振荡现象的区域；

$\frac{\Delta m^2 l}{E}\gg1$ 时，测量到振荡的平均效应的区域.

(5) 对于反应堆中微子实验，如大亚湾中微子实验中微子能量为 $E\approx1\text{MeV}$，实验的距离是 1600m，所以能测量到的 Δm^2 的灵敏度

$$\Delta m^2=\frac{2\pi\cdot E}{1.27\times1600}\sim0.003(\text{eV}^2)$$

(6) 在 100GeV 的加速器上的中微子实验，由次级 π 等衰变得到的中微子，其能量 E_ν 约为几十 GeV，实验室的距离约为几千千米，能测量到的 Δm^2 范围为

$$\Delta m^2\approx\frac{E}{l}\approx10^{-2}\sim10^{-3}(\text{eV}^2)$$

例如，一个具体的实验参数：$E_\nu\approx10\text{GeV}$，$l=10^6\text{m}$，给出的中微子质量差为

$$\Delta m^2=\frac{2\pi\cdot E}{1.27\cdot l}\approx5\times10^{-2}(\text{eV}^2)$$

12.48 现在普遍认为存在三种中微子，可以在中微子的产生和吸收中加以区别，分别为 ν_e、ν_μ 和 ν_τ. 有人推测，中微子有很小且有限的质量，各种中微子的质量可能不同. 假设各类中微子之间没有微扰相互作用时，它们都有相同的非零静止质量 M_0，而现在有微扰相互作用. 设微扰矩阵元对于每两种中微子都具有相同的实值$\hbar\omega$，而对于 ν_e、ν_μ 和 ν_τ 中的每一个都具有零期望值.

(1) 零时刻产生了一个静止的中微子 ν_e，作为时间的函数，中微子在另外两个态的概率是多少？

(2) 现在正进行一个探测"中微子振荡"的实验，中微子的飞行距离为 2000m，能量是 100GeV，实验灵敏度达到了准确地区别出与飞行起点相比 1%的中微子改变态. 假设，$M_0=20\text{eV}$，可以测量到的 $\hbar\omega$ 的最小值是多少？它对 M_0 的依赖关系如何？

解 (1) 设中微子的波函数为

$$|\Psi\rangle=a_1(t)|\nu_e\rangle+a_2(t)|\nu_\mu\rangle+a_3(t)|\nu_\tau\rangle$$

其微扰矩阵为

$$H' = \begin{pmatrix} 0 & \hbar\omega_1 & \hbar\omega_1 \\ \hbar\omega_1 & 0 & \hbar\omega_1 \\ \hbar\omega_1 & \hbar\omega_1 & 0 \end{pmatrix}$$

根据微扰理论,有等式

$$\mathrm{i}\hbar \frac{\partial}{\partial t}\begin{pmatrix} a_1 \\ a_2 \\ a_3 \end{pmatrix} = \hbar\omega_1 \begin{pmatrix} 0 & 1 & 1 \\ 1 & 0 & 1 \\ 1 & 1 & 0 \end{pmatrix}\begin{pmatrix} a_1 \\ a_2 \\ a_3 \end{pmatrix}$$

得到微分方程

$$\begin{cases} \mathrm{i}\dot{a}_1 = \omega_1(a_2 + a_3) & (1) \\ \mathrm{i}\dot{a}_2 = \omega_1(a_1 + a_3) & (2) \\ \mathrm{i}\dot{a}_3 = \omega_1(a_1 + a_2) & (3) \end{cases}$$

由(2)～(3)式得到

$$\mathrm{i}(\dot{a}_3 - \dot{a}_2) = -\omega_1(a_3 - a_2)$$

或写成

$$a_3(t) - a_2(t) = A\mathrm{e}^{\mathrm{i}\omega_1 t}$$

题设:$a_2(0)=a_3(0)=0$,有 $A=0$,$a_2=a_3$. 系统的方程式可改为

$$\begin{cases} \mathrm{i}\dot{a}_1 = 2\omega_1 a_2 & (4) \\ \mathrm{i}\dot{a}_2 = \omega_1(a_1 + a_2) & (5) \end{cases}$$

由微分方程

$$\ddot{a}_2 + \mathrm{i}\omega_1\dot{a}_2 + 2\omega_1^2 a_2 = 0$$

解方程得到

$$a_2 = A_1\mathrm{e}^{\mathrm{i}\omega_1 t} + A_2\mathrm{e}^{-\mathrm{i}2\omega_1 t}$$

因为在 $t=0$ 时,$a_2(0)=0$,有

$$A_1 + A_2 = 0$$

$$a_2 = A_1(\mathrm{e}^{\mathrm{i}\omega_1 t} - \mathrm{e}^{-\mathrm{i}2\omega_1 t})$$

代入等式(4),我们得到

$$\dot{a}_1 = -\mathrm{i}2\omega_1 A_1(\mathrm{e}^{\mathrm{i}\omega_1 t} - \mathrm{e}^{-\mathrm{i}2\omega_1 t})$$

所以有

$$a_1 = -2A_1\mathrm{e}^{\mathrm{i}\omega_1 t} - A_1\mathrm{e}^{-\mathrm{i}2\omega_1 t}$$

因为 $a_1(0)=1$,所以 $A_1=-1/3$. 得到

$$a_2 = a_3 = \frac{1}{3}(\mathrm{e}^{-\mathrm{i}2\omega_1 t} - \mathrm{e}^{\mathrm{i}\omega_1 t})$$

在 t 时刻,中微子在 $|\nu_\mu\rangle$ 或 $|\nu_\tau\rangle$ 的概率为

$$P(|\nu_\mu\rangle) = P(|\nu_\tau\rangle) = |a_2|^2 = \frac{1}{9}(\mathrm{e}^{-\mathrm{i}2\omega_1 t} - \mathrm{e}^{\mathrm{i}\omega_1 t})(\mathrm{e}^{\mathrm{i}2\omega_1 t} - \mathrm{e}^{-\mathrm{i}\omega_1 t}) = \frac{2}{9}[1 - \cos(3\omega_1 t)]$$

(2) 为简化问题,只考虑两类中微子之间的振荡,且混合角最大 $\theta=45°$,题 12.47 给出

$$P(\nu \to \nu, \mathrm{t}) = 1 - \sin^2 2\theta \sin^2\left(\frac{E_1 - E_2}{2}t\right) = 1 - \sin^2\left[1.27\left(\frac{l}{E}\Delta m^2\right)\right]$$

其中，l 的单位是 m，E 的单位是 MeV，Δm^2 的单位是 eV^2. 题设，可测量中微子振荡到其他态的精度为 0.01，即

$$1-P(\nu\rightarrow\nu,t)=\sin^2\left[1.27\left(\frac{l}{E}\Delta m^2\right)\right]\geqslant 0.01$$

所以有

$$\sin\left[1.27\left(\frac{l}{E}\Delta m^2\right)\right]\geqslant 0.1$$

$$\Delta m^2\geqslant\frac{E}{1.27L}\sin^{-1}(0.1)\approx\frac{100\times10^3}{1.27\times2000}\times0.1\approx3.94(eV^2)$$

因为

$$\Delta m^2=(M_0+\hbar\omega_1)^2-M_0^2\approx2M_0\ \hbar\omega_1$$

我们需要

$$\hbar\omega_1\geqslant\frac{\Delta m^2}{2M_0}=\frac{3.94}{2\times20}\approx0.1(eV)$$

即可测到的 $\hbar\omega_1$ 最小值为 0.1eV. 当 $M_0\gg\hbar\omega_1$ 时. 测量的 $\hbar\omega_1$ 最小值与 M_0 成反比.

12.49　在 South Dakota 金矿中，正在进行一个探测太阳中微子的实验，它是利用下述反应：

$$\nu+{}^{37}Cl\longrightarrow{}^{37}Ar+e^-$$

在探测器中，装有 4×10^5 L 的 C_2Cl_4. 估计每天产生的 ^{37}Ar 是多少？列出你的假设. 昼夜产生率是否一样？你如何改进这个实验？

解　中微子在 C_2Cl_4 中与 ^{37}Cl 的反应式为

$$\nu+{}^{37}Cl\longrightarrow{}^{37}Ar+e^-$$

阈值为 0.81MeV. 也就是说，可探测 $E_\nu>0.81$MeV 的中微子，反应产生 Ar，收集和测量 Ar 的放射性强度. 设 CCl_4 的密度 $\rho=1.5g/cm^3$，自然界 ^{37}Cl 的丰度约为 $F=25\%$，CCl_4 的分子量为

$$A=12\times2\times37\times4=172$$

^{37}Cl 核的数目为

$$\begin{aligned}N&=V\rho FA^{-1}\times4\times N_0\\&=4\times10^8\times1.5\times0.25\times4\times6.02\times10^{23}/172=2.1\times10^{30}\end{aligned}$$

一般来讲，中微子与物质相互作用截面是 E_ν 的函数(参见题 12.37)，假设 $\sigma\approx10^{-45}\,cm^2/{}^{37}Cl$，太阳中微子在地球表面的通量与各种太阳模型关系很大. 为简化计算，设太阳的热量流为 $2cal\cdot cm^{-2}\cdot min^{-1}\approx8.8\times10^{11}MeV\cdot cm^{-2}\cdot s^{-1}$，其中，10%为中微子带走的能量，中微子的平均能量为 1MeV，只有 1%的中微子能量超过反应阈值，可以产生上述反应. 能产生反应的中微子的通量为

$$\Phi=\frac{E}{\bar{E}}\times10^{-3}=8.8\times10^8(cm^{-2}\cdot s^{-1})$$

每天产生的中微子反应数为

$$R=\sigma\Phi N=10^{-45}\times8.8\times10^8\times2.1\times10^{30}\approx1.85\times10^{-6}(s^{-1})\approx0.16(d^{-1})$$

因为地球对中微子近似是透明的，反应率不会随昼夜变化.

实验上，由于只测量 $E_\nu>0.81\mathrm{MeV}$ 的中微子，而在太阳内部主要过程为

$$p+p\longrightarrow {}^2H+e^++\nu_e$$

产生中微子的 E_ν 的最大能量只有 0.42MeV，所以实验上观察不到. 改进的方法之一，用 Ga 或 In 作靶，可以测量较低能量的中微子. 例如，反应 $\nu_e+{}^{71}\mathrm{Ga}\rightarrow{}^{71}\mathrm{Ge}+e^-$，其阈值为 0.2MeV，它能探测到 pp 反应产生的中微子.

12.50 超新星 1875A 距地球 170000 光年. 在地球上，1000 吨的水槽中每秒钟观测到 10 个中微子反应事例. 中微子能量从 5MeV 到 20MeV，平均能量为 10MeV. 实验测量了每个中微子反应，包括反冲核子和一个带电轻子.

(1) 什么样的弱作用反应产生中微子？在探测器中如何探测到中微子？

(2) 从观测到的数据，估计中微子质量的上限；

(3) 估计中微子从超新星带走的能量；

(4) 如果中微子是有质量的，则有中微子振荡，a 型中微子在运动中会转变成 b 型中微子. 写出在地球上 a 型中微子转变成 b 型中微子的概率表达式. 混合参数为

$$\sin\theta=\langle\nu_2\mid\nu_1\rangle$$

其中，ν_1 和 ν_2 是中微子质量本征态. 设中微子的振荡长度大于到超新星的距离，推导出 1 型和 2 型中微子的质量差上限.

解 (1) 超新星 1875A 爆发引起中微子产生的过程是

$$e^-+p\longrightarrow n+\nu_e$$

$$e^++n\longrightarrow p+\bar{\nu}_e$$

在地球上的中微子探测器测量中微子，则利用上述反应的逆反应

$$\nu_e+n\longrightarrow e^-+p$$

$$\bar{\nu}_e+p\longrightarrow e^++n$$

在这个实验中，是测量反冲核和轻子，故测量不到反应 $\nu_e+e\rightarrow\nu_e+e$.

(2) 在自然单位制中，我们写出中微子速度 β(以光速为单位)与它的质量 m 和能量 E 的关系

$$\beta=\left(1-\frac{1}{\gamma^2}\right)^{1/2}=\left(1-\frac{m^2}{E^2}\right)^{1/2}\approx1-\frac{m^2}{2E^2}$$

假设，在超新星爆发的瞬间，产生不同能量、但质量相同的中微子，由于速度不同，中微子到达地球的时间差为

$$\Delta t=D\frac{m^2}{2}(E_1^{-2}-E_2^{-2})$$

我们由观测数据，$\Delta t\leqslant 1\mathrm{s}$，$D=1.7\times10^5$ 光年，$E_1=5\mathrm{MeV}$，$E_2=20\mathrm{MeV}$. 代入上式

$$m\leqslant\left(\frac{2\Delta t}{D(E_1^{-2}-E_2^{-2})}\right)^{1/2}=\left(\frac{2}{3.16\times10^7\times1.7\times10^5\times(5^{-2}-20^{-2})}\right)^{1/2}$$

$$=3.15\times10^{-6}(\mathrm{MeV})$$

$$=3.15(\mathrm{eV})$$

(3) 为估计中微子从超新星带走的能量，首先估计超新星发射的中微子数 N，为此，计算地球上中微子的通量 F_ν，由观测数据得到

$$\sigma F_{\nu} N_{ba} = 10$$

其中，σ 为中微子与靶核的相互作用截面，在低能时，中微子的典型截面正比于 $G_F^2 s$，s 是质心系中微子能量的平方. $G_F = 1.17 \times 10^{-5}\text{GeV}^{-2}$. N_{ba} 是靶核的数目，假设是中微子对氢核的反应，因为测量氢核的反冲比测量氧核要容易，氢核数（1000 吨水的氢核）和截面分别为

$$N_{ba} = B \times \left(\frac{2}{18}\right) N_A = 10^9 \times \left(\frac{2}{18}\right) \times 6.023 \times 10^{23} \approx 6.7 \times 10^{31}$$

$$\sigma = G_F^2 s = 1.17^2 \times 10^{-10} \times 0.01^2 = 1.37 \times 10^{-14}(\text{GeV}^{-2})$$
$$\approx 5.5 \times 10^{-42}(\text{cm}^2) = 5.5 \times 10^{-46}(\text{m}^2)$$

式中，B 是靶的质量，计算中用了 $\text{GeV}^{-1}(l) \approx 0.2\text{fm} \approx 2 \times 10^{-14}\text{cm}$. 由此得到，在地球上测量从超新星发出的中微子通量为

$$F_{\nu} = \frac{10}{\sigma N_{ba}} = \frac{10}{5.5 \times 10^{-46} \times 6.7 \times 10^{31}} = 2.7 \times 10^{14}(\text{m}^{-2} \cdot \text{s}^{-1})$$

设新星发射中微子是各向同性的，得到新星发射中微子总数为

$$N_{tot} = F_{\nu}(4\pi D^2) = 2.7 \times 10^{14} \times 4\pi \times 3^2 \times 10^{16} \times 3.16^2 \times 10^{14} \times 1.7^2 \times 10^{10}$$
$$= 8.8 \times 10^{57}(\text{s}^{-1})$$

中微子带走的总能量为

$$E_{tot} = \bar{E} N_{tot} \approx 10 \times 8.8 \times 10^{57} = 8.8 \times 10^{58}(\text{MeV/s}) = 1.4 \times 10^{53}(\text{erg/s})$$

（4）中微子的质量本征态波函数随时间的变化可写成

$$|\nu_1(t)\rangle = |\nu_1\rangle e^{-iE_1 t}$$
$$|\nu_2(t)\rangle = |\nu_2\rangle e^{-iE_2 t}$$

$t=0$ 时刻 a 型和 b 型中微子的波函数用 $|\nu_1\rangle$ 和 $|\nu_2\rangle$ 表示，展开有

$$|\nu_a\rangle = \cos\theta |\nu_1\rangle + \sin\theta |\nu_2\rangle$$
$$|\nu_b\rangle = -\sin\theta |\nu_1\rangle + \cos\theta |\nu_2\rangle$$

在 t 时刻，a 型和 b 型中微子的波函数为

$$|\nu_a(t)\rangle = \cos\theta |\nu_1\rangle e^{-iE_1 t} + \sin\theta |\nu_2\rangle e^{-iE_2 t}$$
$$|\nu_b(t)\rangle = -\sin\theta |\nu_1\rangle e^{-iE_1 t} + \cos\theta |\nu_2\rangle e^{-iE_2 t}$$

在 $t=0$ 时，有一纯 a 型中微子束 $|\nu_a\rangle$，在 t 时刻，a 型和 b 型中微子出现的概率分别为

$$p_a(t) = |\langle \nu_a | \nu_a(t)\rangle|^2 = \cos^4\theta + \sin^4\theta + 2\cos^2\theta\sin^2\theta\cos(\Delta E t)$$
$$= (\cos^2\theta + \sin^2\theta)^2 - 4\cos^2\theta\sin^2\theta\sin^2\left(\frac{1}{2}\Delta E t\right)$$
$$= 1 - \sin^2 2\theta\sin^2\left(\frac{1}{2}\Delta E t\right)$$
$$p_b(t) = 1 - p_a(t) = \sin^2 2\theta\sin^2\left(\frac{1}{2}\Delta E t\right)$$

其中，$\Delta E = E_1 - E_2$. 为进一步分析，我们假定不同质量本征态的中微子有相同的动量和不同的能量. 当然有不同的速度. 其相干长度远大于地球到超新星的距离. 为此，我们把能量写成质量的函数，得到

$$E=\sqrt{p^2+m^2}\approx p+\frac{m^2}{2p}$$

$$\Delta E\approx\frac{m_2^2-m_1^2}{2p}\approx\frac{m_2^2-m_1^2}{2\bar{E}_\nu}$$

因为中微子质量很小，式中用 $\bar{E}_\nu$ 代替 p，用该式代入概率公式，得到

$$p_a(t)=1-\sin^2 2\theta\sin^2\left(\frac{m_2^2-m_1^2}{4\bar{E}_\nu}l\right)$$

$$p_b(t)=\sin^2 2\theta\sin^2\left(\frac{m_2^2-m_1^2}{4\bar{E}_\nu}l\right)$$

其中，l 为飞行距离，设振荡长度 l_0 为

$$l_0=\pi\frac{4\bar{E}_\nu}{m_2^2-m_1^2}$$

我们假设地球到超新星的距离 D 远小于振荡长度 l_0. 如果在地球上没有测量到明显的中微子振荡现象，给出中微子质量平方差上限为

$$\frac{m_2^2-m_1^2}{4\bar{E}_\nu}l_0=\pi$$

$$\Delta m^2=m_2^2-m_1^2<\frac{4\pi\bar{E}_\nu}{D}$$

代入具体数值，我们最后得到

$$\begin{aligned}\Delta m^2<\frac{4\pi\bar{E}_\nu}{D}&=\frac{4\pi\times10^7}{3\times10^{10}\times3.16\times10^7\times1.7\times10^5}\\&\approx0.8\times10^{-15}(\text{eV}\cdot\text{cm}^{-1})\\&\approx1.6\times10^{-20}(\text{eV}^2)\end{aligned}$$

式中，利用了 $\text{cm}^{-1}\approx2\times10^{-11}\text{MeV}=2\times10^{-5}\text{eV}$（自然单位制 $\hbar c\equiv1$）.

12.51 (1) 中子 n 和反中子 $\bar{\text{n}}$ 也像 K^0 和 $\bar{\text{K}}^0$ 一样，是一对互为反粒子的中性粒子. 为什么像 K^0 和 $\bar{\text{K}}^0$ 那样引入 n 和 $\bar{\text{n}}$ 的线性组合是没有意义的，试解释.

(2) 在乳胶和泡室中是怎样区分电子、μ 子和 π 介子的？

解 (1) 中子 n 和反中子 $\bar{\text{n}}$ 互为反粒子，但它们的重子数是不同的，对中子为 1，而对于反中子则为(−1). 在已知的所有相互作用过程中，重子数都是守恒的，也就是说，重子数 B 是强、电磁和弱相互作用的本征态的守恒量子数. 若中子 n 和反中子 $\bar{\text{n}}$ 是 n_1 和 n_2 的线性组合，则 n_1 和 n_2 就不是强、电磁和弱相互作用的本征态，因中子 n 和反中子 $\bar{\text{n}}$ 的 B 不同，这种组合是没有意义的. 若有某种相互作用预言 B 不守恒，这时 n_1 和 n_2 的组合就有意义了. 这就是中子和反中子没有振荡现象的原因.

(2) 单纯用乳胶和泡室，在较宽的能量范围内鉴别 e、μ 和 π 是很困难的，在低能区($E<200\sim300\text{MeV}$)，可用电离密度不同来鉴别它们，电子的速度已接近光速，属最小电离. 而对 π 和 μ，当 E 不同时，速度也不同. 粒子在介质中的能量损失 $-\text{d}E/\text{d}x\approx v^{-2}$，$v$ 为粒子速度. 用乳胶片上的径迹的电离密度，可区分 π 和 μ. 但是，π 和 μ 的质量差别不大，区分也很困难.

在高能区，$E>1\text{GeV}$ 以上，区分它们就更困难了. 可用 π 与核的作用以及电子的簇射来鉴别，但是，乳胶和泡室内物质的 Z 很小，上述过程发生的概率不会很高，往往要加磁

场和簇射量能器等综合来鉴别 e、μ 和 π. 可以直接在泡室中设置簇射介质板，如铅和铁等，这样，利用电子的电磁簇射现象、π 介子的核作用以及 μ 子仅有很弱的电离作用来区分它们.

12.52　中子 n 和反中子 $\bar{\mathrm{n}}$ 的振荡. 如果重子数严格守恒，n 和 $\bar{\mathrm{n}}$ 之间的振荡是禁戒的. 在无磁场的自由空间，实验给出的中子振荡时间的数量级是 $\tau_{\mathrm{n}-\bar{\mathrm{n}}}\geqslant 3\times10^6\,\mathrm{s}$，既然稳定原子核中存在着充足的中子，人们往往天真地认为有可能获得更好的 $\tau_{\mathrm{n}-\bar{\mathrm{n}}}$ 极限. 本问题的目的是弄清楚实验设定的下限很不严格的原因.

设 H_0 表示不存在 n 和 $\bar{\mathrm{n}}$ 相互作用的哈密顿量，那么对于 n 和 $\bar{\mathrm{n}}$ 处于静止的态，有关系式

$$H_0\mid \mathrm{n}\rangle = m_{\mathrm{n}}c^2\mid \mathrm{n}\rangle$$
$$H_0\mid \bar{\mathrm{n}}\rangle = m_{\mathrm{n}}c^2\mid \bar{\mathrm{n}}\rangle$$

设 H' 表示 n 和 $\bar{\mathrm{n}}$ 相互作用中重子数不守恒的哈密顿量，即

$$H'\mid \mathrm{n}\rangle = \varepsilon\mid \bar{\mathrm{n}}\rangle$$
$$H'\mid \bar{\mathrm{n}}\rangle = \varepsilon\mid \mathrm{n}\rangle$$

ε 是实数，H' 不涉及自旋.

(1) $t=0$ 时有一个中子，计算 t 时刻观测到反中子的概率. $\tau_{\mathrm{n}-\bar{\mathrm{n}}}$ 是概率等于 50%时的 t 值. 通过实验给出 $\tau_{\mathrm{n}-\bar{\mathrm{n}}}$，计算出对 ε 的上限($m_{\mathrm{n}}c^2=940\ \mathrm{MeV}$).

(2) 现在，在地磁场($B_0=0.5\mathrm{G}$)中重新考虑此问题. 中子的磁矩为 $\mu_{\mathrm{n}}\approx -6\times10^{-18}\ \mathrm{MeV/G}$，反中子的磁矩符号相反，从 $t=0$ 时的一个中子开始，计算 t 时刻观测到反中子的概率(提示：计算到小量的最低级)，不考虑可能的辐射跃迁.

(3) 有自旋的原子核，存在磁场，利用(2)部分简略及定性的说明，为什么 $\tau_{\mathrm{n}-\bar{\mathrm{n}}}$ 只是限制在 $\tau_{\mathrm{n}-\bar{\mathrm{n}}}\geqslant 3\times10^6\,\mathrm{s}$，在这样的原子核中，中子是如此的稳定.

(4) 无自旋的原子核，平均磁场为零. 简略说明，为什么中子振荡在这样的原子核内仍受到压制.

解　(1) 系统的总哈密顿量为

$$H = H_0 + H'$$

令 $c=\hbar=1$，有

$$H(\mid \mathrm{n}\rangle + \mid \bar{\mathrm{n}}\rangle) = m_{\mathrm{n}}(\mid \mathrm{n}\rangle + \mid \bar{\mathrm{n}}\rangle) + \varepsilon(\mid \mathrm{n}\rangle + \mid \bar{\mathrm{n}}\rangle) = (m_{\mathrm{n}}+\varepsilon)(\mid \mathrm{n}\rangle + \mid \bar{\mathrm{n}}\rangle)$$
$$H(\mid \mathrm{n}\rangle - \mid \bar{\mathrm{n}}\rangle) = m_{\mathrm{n}}(\mid \mathrm{n}\rangle - \mid \bar{\mathrm{n}}\rangle) - \varepsilon(\mid \mathrm{n}\rangle - \mid \bar{\mathrm{n}}\rangle) = (m_{\mathrm{n}}-\varepsilon)(\mid \mathrm{n}\rangle - \mid \bar{\mathrm{n}}\rangle)$$

所以，$|\mathrm{n}\rangle \pm |\bar{\mathrm{n}}\rangle$ 是 H 的本征态，记作 $|\mathrm{n}_{\pm}\rangle$.

当 $t=0$ 时，有波函数

$$\Phi_0\mid \mathrm{n}\rangle = \frac{1}{2}(\mid \mathrm{n}_+\rangle + \mid \mathrm{n}_-\rangle)$$

在 t 时刻的波函数为

$$\begin{aligned}\Phi &= \frac{1}{2}(\mid \mathrm{n}_+\rangle \mathrm{e}^{-\mathrm{i}(m_{\mathrm{n}}+\varepsilon)t} + \mid \mathrm{n}_-\rangle \mathrm{e}^{-\mathrm{i}(m_{\mathrm{n}}-\varepsilon)t}) \\ &= \frac{1}{2}\mathrm{e}^{-\mathrm{i}m_{\mathrm{n}}t}[(\mathrm{e}^{-\mathrm{i}\varepsilon t} + \mathrm{e}^{\mathrm{i}\varepsilon t})\mid \mathrm{n}\rangle + (\mathrm{e}^{-\mathrm{i}\varepsilon t} - \mathrm{e}^{\mathrm{i}\varepsilon t})\mid \bar{\mathrm{n}}\rangle]\end{aligned}$$

$$= e^{-im_n t}[\cos\varepsilon t\ |\ n\rangle - i\sin\varepsilon t\ |\ \bar{n}\rangle]$$

在 t 时刻，观测到反中子的概率为 $P=\sin^2\varepsilon t$，当 $P=\frac{1}{2}$ 时，我们得到

$$\sin^2\varepsilon t_{n-\bar{n}} = \sin^2\varepsilon\tau_{n-\bar{n}} = \frac{1}{2}$$

$$\varepsilon\tau_{n-\bar{n}} = \frac{\pi}{4}$$

所以，ε 的上限为

$$\varepsilon \leqslant \frac{\pi}{4}\cdot\frac{1}{3\times10^6} = 2.62\times10^{-7}(\mathrm{s}^{-1}) \approx 1.73\times10^{-28}(\mathrm{MeV})$$

当 $\varepsilon\to0$ 时 $\tau_{nn}\to\infty$，因此实验设的 τ_{nn} 下限太不严格，失去意义

(2) 当有地磁场时，哈密顿量为

$$H = H_0 + H' - \boldsymbol{\mu}\cdot\boldsymbol{B}$$

$$H\ |\ n\rangle = m_n\ |\ n\rangle + \varepsilon\ |\ \bar{n}\rangle - \boldsymbol{\mu}_n\cdot\boldsymbol{B}\ |\ n\rangle = (m_n - \boldsymbol{\mu}_n\cdot\boldsymbol{B})\ |\ n\rangle + \varepsilon\ |\ \bar{n}\rangle$$

$$H\ |\ \bar{n}\rangle = m_n\ |\ \bar{n}\rangle + \varepsilon\ |\ n\rangle + \boldsymbol{\mu}_n\cdot\boldsymbol{B}\ |\ \bar{n}\rangle = (m_n + \boldsymbol{\mu}_n\cdot\boldsymbol{B})\ |\ \bar{n}\rangle + \varepsilon\ |\ n\rangle$$

我们假设，B 是沿 z 方向，n 和 $\bar{n}$ 是沿 z 方向极化的，即 $S_z(n)=\frac{1}{2}$，$S_z(\bar{n})=\frac{1}{2}$. 此假设对问题的讨论无影响. 设 $a|n\rangle+b|\bar{n}\rangle$ 为 H 的本征态，有

$$(H_0+H'-\boldsymbol{\mu}_n\cdot\boldsymbol{B})(a|n\rangle+b|\bar{n}\rangle)=a(m_n-\boldsymbol{\mu}_n\boldsymbol{B})|n\rangle+a\varepsilon|\bar{n}\rangle)+a(m_n+\boldsymbol{\mu}_n\boldsymbol{B})|\bar{n}\rangle)+b\varepsilon|n\rangle$$

$$=\frac{a(m_n-\mu_n B)+b\varepsilon}{a}a\,|n\rangle+\frac{a(m_n+\mu_n B)+a\varepsilon}{b}b\,|\bar{n}\rangle$$

因为 $(a|n\rangle+b|\bar{n}\rangle)$ 是总哈密顿量的本征态，所以本征值为

$$\lambda=\frac{a(m_n-\mu_n B)+b\varepsilon}{a}=\frac{a(m_n+\mu_n B)+a\varepsilon}{b}$$

根据上面等式：

$$ab(m_n-\mu_n B)+b^2\varepsilon=ab(m_n+\mu_n B)+a^2\varepsilon$$

$$b^2-a^2=\frac{2\boldsymbol{\mu}_n\cdot B}{\varepsilon}ab=Aab$$

其中

$$A=\frac{2\boldsymbol{\mu}_n\cdot\boldsymbol{B}}{\varepsilon}=\frac{6\times10^{-18}}{1.73\times10^{-28}}=3.74\times10^{10}$$

由于 $b^2+a^2=1$，解得

$$\begin{cases}a\approx1\\ b\approx-1/A\end{cases}\quad 或\quad \begin{cases}a\approx1/A\\ b\approx1\end{cases}$$

得到 H 的两个本征态

$$|\ n_+\rangle=\frac{1}{A}\ |\ n\rangle+|\ \bar{n}\rangle$$

$$|\ n_-\rangle=|\ n\rangle-\frac{1}{A}\ |\ \bar{n}\rangle$$

在 $t=0$ 时，一个纯中子态的波函数为

$$\Phi(t=0)=|\mathrm{n}\rangle=\frac{|\mathrm{n}_+\rangle+A|\mathrm{n}_-\rangle}{A+\frac{1}{A}}=\frac{A}{1+A^2}|\mathrm{n}_+\rangle+\frac{A^2}{1+A^2}|\mathrm{n}_-\rangle$$

在 t 时刻,有

$$\Phi(t)=\frac{A}{1+A^2}|\mathrm{n}_+\rangle\mathrm{e}^{-\mathrm{i}E_+t}+\frac{A^2}{1+A^2}|\mathrm{n}_-\rangle\mathrm{e}^{-\mathrm{i}E_-t}$$

式中,$E_+=m_\mathrm{n}-\boldsymbol{\mu}_\mathrm{n}\cdot\boldsymbol{B}+A\varepsilon$,$E_-=m_\mathrm{n}-\boldsymbol{\mu}_\mathrm{n}\cdot\boldsymbol{B}-\varepsilon/A$,代入得到

$$\Phi(t)=\mathrm{e}^{-\mathrm{i}(m_\mathrm{n}-\boldsymbol{\mu}_\mathrm{n}\cdot\boldsymbol{B})t}\left(\frac{A}{1+A^2}|\mathrm{n}_+\rangle\mathrm{e}^{-\mathrm{i}A\varepsilon t}+\frac{A^2}{1+A^2}|\mathrm{n}_-\rangle\mathrm{e}^{\mathrm{i}\varepsilon t/A}\right)$$

$$=\frac{1}{1+A^2}\mathrm{e}^{-\mathrm{i}(m_\mathrm{n}-\boldsymbol{\mu}_\mathrm{n}\cdot\boldsymbol{B})t}\left[(\mathrm{e}^{-\mathrm{i}A\varepsilon t}+A^2\mathrm{e}^{\mathrm{i}\varepsilon t/A})|\mathrm{n}\rangle+(A\mathrm{e}^{-\mathrm{i}A\varepsilon t}-A\mathrm{e}^{\mathrm{i}\varepsilon t/A})|\bar{\mathrm{n}}\rangle\right]$$

在 t 时刻,测量到 $\bar{\mathrm{n}}$ 的概率为

$$P(t)=\frac{A^2}{(1+A^2)^2}|\mathrm{e}^{-\mathrm{i}A\varepsilon t}-\mathrm{e}^{\mathrm{i}\varepsilon t/A}|^2=\frac{A^2}{(1+A^2)^2}\left[2-2\cos\left(A\varepsilon+\frac{\varepsilon}{A}\right)t\right]$$

$$=\frac{4A^2}{(1+A^2)^2}\sin^2\left(\frac{A^2+1}{2A}\varepsilon t\right)\approx\frac{4}{A^2}\sin^2\left(\frac{A}{2}\varepsilon t\right),\quad A\gg 1$$

(3) 有自旋的原子核存在磁场,对于 $\tau_{\mathrm{n}-\bar{\mathrm{n}}}\geqslant 3\times 10^6\,\mathrm{s}$ 或 $\varepsilon\leqslant 1.73\times 10^{-28}\,\mathrm{MeV}$,$A=\frac{2\boldsymbol{\mu}_\mathrm{n}\cdot\boldsymbol{B}}{\varepsilon}$是一个很大的数,所以观测到 $\bar{\mathrm{n}}$ 的概率($\approx 1/A^2$)几乎为零,即中子不会振荡成为反中子,从而使原子核相当稳定.

(4) 无自旋的原子核,平均磁场$\langle\boldsymbol{B}\rangle$为零,但是,原子核是有结构的,$\langle\boldsymbol{B}^2\rangle$不为零,所以,观测到 $\bar{\mathrm{n}}$ 的概率为 $P\approx\frac{1}{\langle A^2\rangle}=\frac{\varepsilon^2}{4\mu_\mathrm{n}^2\langle B^2\rangle}$,仍然是一个小量,几乎为零. 因此,在这样的原子核中,中子振荡仍然受到压制.

12.53 现在,有几个试验在研究质子衰变. 理论上,质子内部的两个夸克,交换一个重介子变成一个反夸克和一个反轻子时,质子发生了衰变. 设这个重介子的自旋为 1,在这个相互作用中,电荷和颜色守恒,且遵守 W-S 模型中 SU(2)×U(1)对称性.

(1) 用四费米子相互作用的有效拉氏量来描述质子衰变,在有效拉氏量中下列各项哪些不可以存在? 对不存在的项,是什么原理,也即什么守恒定律使其禁戒?

① $\mathrm{u_R u_L d_R e_L^-}$　　② $\mathrm{u_R d_R d_L}\nu_\mathrm{L}$

③ $\mathrm{u_R u_L d_L e_R^-}$　　④ $\mathrm{u_L d_L d_L}\nu_\mathrm{L}$

⑤ $\mathrm{u_R u_R d_R e_R^-}$　　⑥ $\mathrm{u_L u_L d_R e_R^-}$

⑦ $\mathrm{u_L d_L d_R}\nu_\mathrm{R}$　　⑧ $\mathrm{u_L u_R d_R}\nu_\mathrm{L}$

所有的费米子都是进入的.

(2) 考虑衰变 $\mathrm{p}\to\mathrm{e^+H}$,H 是奇异数为零的强子态,平均极化度和 H 态无关,极化度的定义为

$$P=\frac{\Gamma(\mathrm{p}\to\mathrm{e_L^+H})-\Gamma(\mathrm{p}\to\mathrm{e_R^+H})}{\Gamma(\mathrm{p}\to\mathrm{e_L^+H})+\Gamma(\mathrm{p}\to\mathrm{e_R^+H})}$$

(3) 假设,自旋为 1 的介子的质量为 $5\times 10^{14}\,\mathrm{GeV}$,像大统一理论预言的一样,该介子和费米子的耦合是电磁耦合强度,那么质子的寿命是多少年?

解　(1) ①、②、③、④、⑤是允许的. ⑥、⑦、⑧是禁戒的. ⑥式中，$u_L u_L$ 不是同位旋单态，⑦式中，没有 ν_R，⑧式中，电荷不为零. 所以，它们是禁戒的.

(2) 描述 $p \to e^+ H$ 过程的相互作用的有效拉氏函数为

$$L_{eff} = [g_1(\bar{d}^c_{\alpha R}\mu_{\beta R})(\bar{\mu}^c_{\gamma L}e_L - \bar{d}^c_{\gamma L}\nu_L) + g_2(\bar{d}^c_{\alpha L}\mu_{\beta L})(\bar{\mu}^c_{\gamma R}e_R)]\varepsilon_{\alpha\beta\gamma}$$

式中，g_1 和 g_2 是等效耦合常数，符号 c 表示电荷共轭，α、β 和 γ 是色指标，$\varepsilon_{\alpha\beta\gamma}$ 是全反对称矩阵. 所以，$p \to e_L^+ H$ 过程的矩阵元正比于 g_1，$e_R^+ H$ 的矩阵元正比于 g_2，并有相同的结构. 所以有

$$P = \frac{|g_1|^2 - |g_2|^2}{|g_1|^2 + |g_2|^2}$$

P 与 H 态的选择无关.

(3) 估计质子的寿命，主要是从量纲分析入手. 重质量的、自旋为 1 的中间介子在衰变矩阵元中贡献一个质量因子 m^{-2}，m 是重粒子的质量. 即衰变矩阵元

$$H \sim m^{-2}$$

设质子的衰变率为 Γ，则有

$$\Gamma \propto H^2 \sim m^{-4}$$

题设，中间介子与费米子的耦合为电磁耦合强度，有

$$\Gamma \sim C\alpha^2 m^{-4}$$

$$\tau = \Gamma^{-1} \sim C^{-1}\alpha^{-2}m^4$$

C 是常数，α 为精细结构常数，而寿命的量纲为

$$[\tau_p] = M^{-1}$$

在自然单位制中，$Et \sim \hbar = 1$，$[t]=[E]^{-1}=M^{-1}$，$[\tau]=M^{-1}=[C]^{-1}[m^4]=[C]^{-1}M^4$，由此得到常数 C 的量纲为$[C]=M^5$，所以，需要一个质量量纲的量，这个量就是质子的质量. 设 $C=m_p^5$，于是得到质子寿命的数量级为

$$\tau_p \approx \frac{M^4}{\alpha^2 m_p^5} \approx \frac{137^2 \times (5\times 10^{17})^4}{938^5} \approx 1.6\times 10^{60}(\text{MeV}^{-1})$$

式中是自然单位制. 换算关系为：$\text{MeV}^{-1} \approx 6.58\times 10^{-22}\text{s}$，代入上式，得到

$$\tau_p = 1.6\times 10^{60}\times 6.58\times 10^{-22} \approx 1.05\times 10^{39}(\text{s}) \approx 3.3\times 10^{31}(\text{年})$$

12.54　有人猜测存在磁单极子，它有磁荷 $g=c\hbar/e$，其质量为 $m_g \approx 10^4\text{GeV}$.

(1) 假设给出一束这样的粒子，你怎样证明该束的确是由磁单极子组成的？尽可能现实；

(2) 磁单极子可能会在宇宙线中产生，设质子和质子对撞产生磁单极子，反应 $p+p \to M+\overline{M}+p+p$ 的阈能是多少？

(3) 鉴别宇宙线事例中磁单极子的实际方法是怎样的？

解　(1) 对磁单极子鉴别，应根据理论上对磁单极子预言的性质来设计.

① 磁单极子有非常强的电离能力，让磁单极子束通过介质时，它的比电离$\dfrac{dE}{dx}$要比单电荷粒子大很多倍，这一特征很容易区分磁单极子和一般带电粒子.

② 电荷束在沿磁场方向运动时不受力，而磁单极子束沿磁场运动时，得到加速或减

速(视磁荷符号而定). 一个磁单极子通过 1kG 的磁场,可得到能量 40 MeV. 若把被鉴别的束通过 10kG 的磁场,可把磁单极子加速到 400MeV,而对带电粒子束,则能量没有变化.

③ 当磁单极子束通过一个环形线圈时,相当于一个很大的磁通量,会在线圈中产生很大的脉冲电流.

④ 当电流束和磁单极子束通过垂直磁场时,两者的偏转是不一样的,前者偏转到垂直于磁场的方向,$\boldsymbol{F}=\frac{q}{c}v\times\boldsymbol{B}$,而后者则沿磁场或逆磁场运动.

上述说明磁单极子有明显的特性,若它存在,可以方便的鉴别它.

(2) 对于过程 $p+p\rightarrow M+\overline{M}+p+p$,设一个质子是静止的,系统的不变质量为($c=1$)

$$s=(E_p+m_p)^2-p_p^2=2Em_p+m_p^2$$

在阈值时,在质心系中,所有粒子都是静止的,则有

$$s=2E_{th}m_p+m_p^2=(2m_g+2m_p)^2$$

$$E_{th}=\frac{4(m_g+m_p)^2-m_p^2}{2m_p}\approx\frac{4\times(10^4+1)^2-1}{2\times1}\approx2\times10^8(\mathrm{GeV})$$

如果是两个质子以具有相同的能量对头碰撞,这时有

$$s=2E_p^{th}=2m_g+2m_p$$

$$E_p^{th}=m_g+m_p\approx10^4\,\mathrm{GeV}$$

(3) 鉴别宇宙线中的磁单极子事例,可用(1)中的方法之一. 一个简便可行的方案是用固体径迹探测器望远镜. 当粒子在固体径迹室中产生很粗的径迹,几个探测器一起可鉴别很重的多电荷离子和磁单极子径迹,前者是速度的函数,后者几乎与速度无关. 如果再加上磁场,利用径迹偏转方向来鉴别,则结果更可靠.

若磁单极子是在宇宙中长期形成的,它在与物质相互作用中很快损失能量. 所以,它在宇宙中产生后,可能会落在地球表面. 利用它在磁场作用下向磁极运动的特性,很容易把它收集到磁极上. 这样,可以在很多样品中收集. 最后,再把收集到的磁单极子转移到磁场更强的磁头上. 同时,在两磁头之间放一个线圈,在磁单极子运动时,在线圈中产生很大的脉冲电流. 更简单的方法是,在用磁头收集磁单极子的同时,在样品和磁头之间加一个环形线圈,如图 3.33 所示. 当样品中的磁单极子向磁头运动时,线圈中即产生脉冲电流.

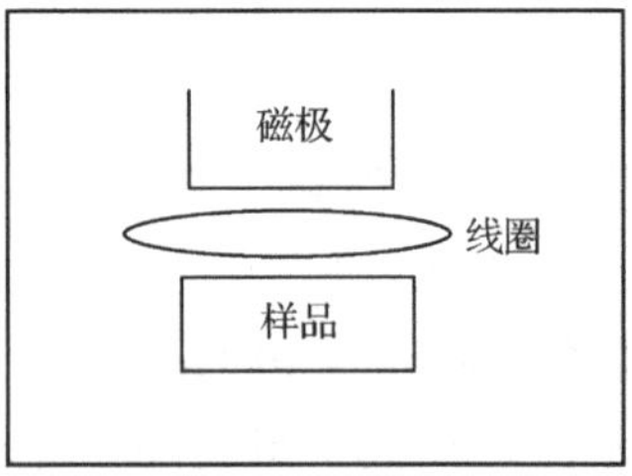

图 3.33

12.55　一个带有磁荷 g 快速运动的磁单极子,被电荷为 Ze 的核散射,计算在小角度时的经典非相对论微分截面. 估计磁单极子通过非磁性样品时的能量损失$\frac{\mathrm{d}E}{\mathrm{d}x}$,样品单位体积内核的数目为 N.

解　在核静止的系统中,有一个电场为

$$\boldsymbol{E}=Ze\frac{\boldsymbol{r}}{r^3}$$

磁单极子的磁荷为 g，所受的力是

$$\boldsymbol{F}=g\left(\boldsymbol{B}-\frac{\boldsymbol{v}}{c}\times\boldsymbol{E}\right)$$

无外磁场($B=0$)时，电场力引起磁单极子的动量变化

$$\frac{\mathrm{d}\boldsymbol{p}}{\mathrm{d}t}=-Zeg\frac{\boldsymbol{v}\times\boldsymbol{r}}{cr^3}$$

对于如图 3.34 所示的小角度散射，令

$$\boldsymbol{v}=(v,0,0)$$

$$\boldsymbol{r}=(vt,b,0)$$

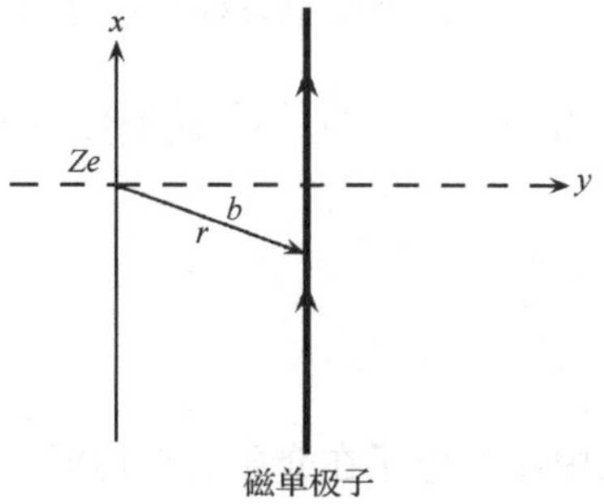

图 3.34

动量变化可写成速度的变化，有

$$\frac{\mathrm{d}v_z}{\mathrm{d}t}=-\frac{Zeg}{m_g c}\frac{bv}{(b^2+v^2t^2)^{3/2}}$$

$$\frac{\mathrm{d}v_x}{\mathrm{d}t}=\frac{\mathrm{d}v_y}{\mathrm{d}t}=0$$

对上式积分，$v_z(-\infty)=0$，得到

$$v_z(t)=\frac{Zeg}{m_g cb}\left(1+\frac{vt}{(b^2+v^2t^2)^{1/2}}\right)$$

$$v_z(\infty)=\frac{2Zeg}{m_g cb}$$

散射角为

$$\theta\approx\frac{v_z(\infty)}{v}=\frac{2Zeg}{m_g cbv}$$

该式给出了碰撞参数 b 和散射角 θ 的关系. 设 f 为入射粒子的通量，粒子数守恒要求

$$f\cdot 2\pi b\mathrm{d}b=-f\frac{\mathrm{d}\sigma}{\mathrm{d}\Omega}2\pi\mathrm{d}\cos\theta$$

其中，左边表示单位时间、在一个半径为 b、厚为 $\mathrm{d}b$ 的环内入射的粒子数，右边则是散射到立体角 $\mathrm{d}\Omega=2\pi\mathrm{d}\cos\theta$ 的散射率. 得到散射截面为

$$\frac{\mathrm{d}\sigma}{\mathrm{d}\Omega}=\frac{b}{\sin\theta}\left|\frac{\mathrm{d}b}{\mathrm{d}\theta}\right|\approx\frac{b}{\theta}\left|\frac{\mathrm{d}b}{\mathrm{d}\theta}\right|=\left(\frac{2Zeg}{m_g cv}\right)^2\frac{1}{\theta^4}=\left(\frac{g}{e}\right)^2\left(\frac{v}{c}\right)^2\left(\frac{\mathrm{d}\sigma}{\mathrm{d}\Omega}\right)_0$$

其中，$\left(\frac{\mathrm{d}\sigma}{\mathrm{d}\Omega}\right)_0$ 是卢瑟福散射截面. 磁单极子在介质中的能量损失和重带电粒子是类似的.

由于电子的质量很小，磁单极子把动量传递给电子的同时，有一个很小的散射角 $\frac{2eg}{cb}$，相对应的能量传递为 $\frac{(\Delta p)^2}{2m_e}=2(eg/cb)^2/m_e$. 在半径 b、厚 $\mathrm{d}b$ 和长 $\mathrm{d}x$ 的圆环桶中电子的数目为 $2\pi NZb\mathrm{d}b\mathrm{d}x$，对 b 积分后，得到能量损失

$$\frac{\mathrm{d}E}{\mathrm{d}x}=-\frac{4\pi NZe^2g^2}{m_e c^2}\ln\left(\frac{b_{\max}}{b_{\min}}\right)$$

为了确定 b 的范围，对于 $b_{\min}$，从经典力学的观点来看，磁单极子与电子对头碰撞时，电子获得最大能量 $2mc^2$. 由每次碰撞电子获得的最大能量，求出 $b_{\min}$，

$$\frac{2}{m_e}\left(\frac{eg}{cb}\right)^2 = 2m_e v^2$$

$$b_{\min} = \frac{eg}{cm_e v}$$

磁单极子作用在电子上的力是以脉冲形式出现的，脉冲时间为 $t=\frac{b}{v}$，如果$\frac{1}{t}$比电子在原子中振动频率要小，这时，电子便不会吸收能量. 当考虑相对论修正时，脉冲时间 $t=\frac{b}{v}$变小为 $t=\left(\frac{b}{v}\right)\sqrt{1-\beta^2}$. 从上述要求

$$\frac{1}{\bar{\nu}} > t = \left(\frac{b}{v}\right)$$

$$b_{\max} = \frac{v}{\bar{\nu}}$$

其中，$\bar{\nu}$ 是电子在介质的平均振动频率. 代入上式得到

$$\frac{\mathrm{d}E}{\mathrm{d}x} = -\frac{4\pi NZe^2g^2}{m_e c^2}\ln\left(\frac{b_{\max}}{b_{\min}}\right) = -\frac{4\pi NZe^2g^2}{m_e c^2}\ln\left(\frac{cm_e v^2}{eg\bar{\nu}}\right)$$

和带电粒子不同，磁单极子在介质中比电离损失和磁荷的平方成正比，和磁单极子的速度 v 的关系不敏感(对数关系).

13　强子结构和夸克模型

13.1　简述下列结论的证据(每个举一例说明)：

(1) 夸克的存在，主要从介子和重子的结构来说明；

(2) 夸克的颜色自由度；

(3) 胶子.

解　(1) 夸克理论的主要依据是高能电子对核子的散射，证明了在质子和中子内部，电荷分布是不均匀的，即核子内部有结构. 1961 年，盖尔曼等提出强子的 SU(3)对称性，进一步揭示了强子内部结构的规律性，由此建立了夸克模型理论. 当时提出有 u、d 和 s 三种夸克，它们是带有适当量子数的粒子，最大的特征是夸克带有分数电荷. 强子是由夸克组成，重子是由三个夸克组成，介子是由正、反夸克组成. 夸克理论很好地解释了强子结构及自旋、宇称等. 而且，还预言了 Ω 粒子，实验上发现 Ω 粒子是对夸克理论的有力支持.

(2) 颜色理论的提出，主要是解释统计性问题. 按夸克模型理论，Δ^{++} 粒子是自旋为 $\frac{3}{2}$，应该由三个 u 夸克组成(“味”交换对称)，且三个夸克的自旋同向(自旋交换对称). 在同一基态上(空间交换对称)，存在三个自旋同向的费米子，这是和 Pauli 原理相违背的. 对于 Ω 粒子的解释也存在同样的困难. 1964 年，Greenberg 提出了夸克的“颜色”自由度的假设，认为每种夸克还有三种颜色，称颜色自由度. 这样，三个夸克虽然处在同一基态上，并且自旋同向，但它们可有不同的颜色(“色”波函数交换反对称)，这就不违背 Pauli

原理. 色自由度的提出也很好地解释了 e^+ e^- 对撞过程，产生强子的相对截面 R 值的问题. 根据 QED 理论预言，在能区 $E_{cm}<3$ GeV，$R=\sum Q_i^2$，Q_i 是第 i 个夸克的电荷，求和是对给出的质心系能量 E_{cm} 区能产生的所有夸克的"味"（即 u. d）. 若不计算颜色自由度，R 为$\frac{2}{3}$，与实验值有矛盾. 如果加上颜色的三个自由度，其 $R=2$，与实验数据符合很好.

(3) 根据量子色动力学(QCD)理论，强相互作用是通过传递胶子来实现的. 理论还预言，夸克存在"硬胶子"辐射现象. 1979 年，在德国汉堡 DESY 的正、负电子对撞机上，包括中国研究小组参加的 MARK J 等四个实验组同时发现，强子末态的空间分布三喷注事例是胶子存在的有力证据. 正、负电子对撞后，首先产生一对正、反夸克，其中一个夸克辐射一个胶子；然后，夸克和胶子各自在其原来的动量方向上碎裂成强子束，形成强子末态的空间三喷注结构. 由三喷注事例数相对于两喷注事例数之比，还可求得强相互作用耦合常数 α_s.

13.2　按 u、d 和 s 三种夸克模型，判断下列哪个粒子应存在　(　　)

(A) 自旋为$\frac{1}{2}$的介子　(B) 电荷为−2 的重子

(C) 电荷为+1、奇异数为−1 的介子　(D) 自旋为 0、奇异数为 0 的介子

解　按 u、d 和 s 三种夸克模型，介子由一个夸克和反夸克组成，两个自旋为$\frac{1}{2}$的夸克不能组成自旋为半整数的介子；重子由三个夸克组成，三种夸克的电荷值均大于或等于$-\frac{1}{3}$，不可能组成电荷为−2 的重子；介子是由夸克和反夸克组成的，奇异数为−1 的奇异夸克，带电荷为$-\frac{1}{3}$，它不可能与反夸克 $\bar{u}(Q=-\frac{2}{3})$ 或 $\bar{d}(Q=\frac{1}{3})$ 组成电荷为+1 的介子. u、d 和 s 三种夸克都可组成自旋为 0、奇异数为 0 的介子，如 $\pi^+(u\bar{d})$、$\pi^-(\bar{u}d)$ 和 $\eta\ \frac{1}{\sqrt{6}}(u\bar{u}+d\bar{d}-2s\bar{s})$.

答案是(D).

13.3　下列论述中，哪一种不能作为支持夸克存在的证据？　(　　)

(A) U(1)群可用来解释夸克模型　(B) 电子-核子弹性散射实验

(C) 电子-核子深度非弹性散射实验　(D) 夸克模型可以解释核子的反常磁矩

解　电子-核子弹性散射实验证实核子的内部有结构，电子-核子深度非弹性散射实验进一步证实核子内部像原子一样，有不均匀的点状"部分子"，夸克模型可以解释中子和质子的磁矩，这些都是支持强子的夸克结构的，它可用建立在 SU(3)群基础上的 QCD 理论来描述而不能用 U(1)群来解释夸克模型. 答案是(A).

13.4　根据夸克模型，解释为什么不存在下列几种粒子.

(1) 自旋为 1 的重子；

(2) 电荷为+2 的反重子；

(3) 电荷为+1，且奇异数为−1 的介子；

(4) 粲数和奇异数相反的介子.

解　(1) 根据夸克模型，一个重子由三个夸克组成，每个夸克的自旋为$\frac{1}{2}$，三个自旋为半整数的费米子，是不可能组成自旋为整数的重子的. 所以，不存在自旋为 1 的重子.

(2) 反重子是由反夸克组成的，要使三个反夸克组成电荷为 2 的反重子，每个反夸克所带的电荷为$+\frac{2}{3}$，在夸克模型中，没有这样的反夸克. 所以，不存在电荷为 2 的反重子.

(3) 介子是由夸克和反夸克组成. 要组成奇异数为-1，电荷数为 1 的介子，需要一个 s 夸克和一个带有电荷为$\frac{4}{3}$的反夸克. 在夸克模型中，也没有这样的反夸克，所以不存在电荷为 1、奇异数为-1 的介子.

(4) 介子是由夸克和反夸克组成. 粲数和奇异数相反的介子，必须是由奇异夸克和反粲夸克、或由反奇异夸克和粲夸克组成. 但是，奇异夸克的奇异数和粲夸克的粲数符号是相反的，即 s 夸克的奇异数为-1，c 夸克的粲数为 1，它们只能组成具有奇异数和粲数相同的介子. 所以，不可能存在粲数与奇异数相反的介子.

13.5　盖尔曼-西岛公式给出了介子和重子的电荷和一些量子数的关系：

$$q = e\left(I_3 + \frac{B}{2} + \frac{S}{2}\right)$$

(1) 区分 I_3、B 和 S，并简述它们在讨论粒子相互作用中的作用；

(2) 列表给出质子和反质子、中子和反中子等量子数.

解　(1) I_3：同位旋的第三分量，它表示在同一同位旋中粒子的电荷态. 在强和电磁相互作用中，I_3 是守恒量，在弱相互作用中，I_3 不守恒.

B：重子数，对介子，$B=0$；对重子，$B=1$. 目前认为，在任何类型的相互作用中，重子数都是守恒的，$\Delta B=0$. 重子数守恒也意味着质子是稳定的.

S：奇异数，它是为了解释奇异粒子协同产生的现象而引进的量子数，在强和电磁相互作用中，S 是守恒量. 所以，奇异粒子在强相互作用中必须成对产生. 在弱相互作用中，奇异数不守恒，故单个奇异粒子可以通过弱衰变到不含奇异数的普通粒子.

(2) 核子的 I_3、B 和 S 见表 3.9.

表 3.9

量子数	p	$\bar{p}$	n	$\bar{n}$
I_3	1/2	$-1/2$	$-1/2$	1/2
B	1	-1	1	-1
S	0	0	0	0

13.6　给出任意 5 个强子的量子数和夸克组成.

解　表 3.10 给出 5 个最普通的强子的量子数.

表 3.10

强子	电荷(Q)	重子数(B)	自旋(J)	同位旋(I)	第三分量 I_3	夸克组成
n	0	1	1/2	1/2	−1/2	udd
p	1	1	1/2	1/2	1/2	uud
π^-	−1	0	0	1	−1	$d\bar{u}$
π^0	0	0	0	1	0	$\frac{1}{\sqrt{2}}(u\bar{u}-d\bar{d})$
π^+	1	0	0	1	1	$u\bar{d}$

13.7 给出一个八重态的例子,写出所有八重态粒子的名称和它们的公共量子数.

解 核子和超子是SU(3)的八重态,如图 3.35 所示.其成员为核子 n、p 及超子 Σ^-、Σ^0、Σ^+、Ξ^-、Ξ^0 和 Λ^0.它们的公共量子数为 $J^p=\frac{1}{2}^+$,$B=1$.

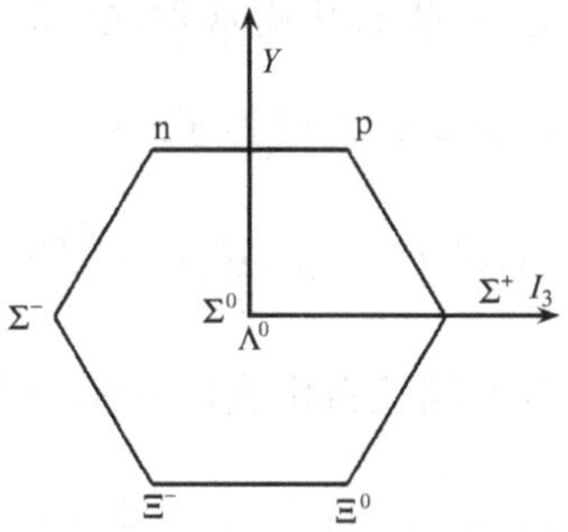

图 3.35

13.8 假定质子一部分时间处于"理想质子"的状态,其磁矩为 $1\mu_N$(核磁子),其余时间处于"理想中子"(磁矩为零)加 π^+ 介子(其磁矩约为电子磁矩的$\frac{1}{270}$)的状态,即 $p\leftrightarrow n+\pi^+$.试由质子磁矩的实验值估算它处于"理想质子"状态的那部分时间.

解 处于"理想中子"$+\pi^+$时的磁矩,已知$\frac{\mu_B}{\mu_N}=\frac{m_N}{m_e}=1836$.

$$\mu_p=\mu_n+\mu_\pi=0+\frac{\mu_B}{270}=\frac{1836}{270}\mu_N\approx 6.8\mu_N$$

实验值 $\mu_p=+2.79\mu_N$.

设处于"理想质子"状态的概率为 ω,则有

$$1\omega+(1-\omega)\times 6.8=2.79$$

$$5.8\omega=6.8-2.79$$

$$\omega = 0.69$$

即“理想质子”状态的概率为 0.69

13.9 计算正、负电子对撞产生强子的相对截面.

$$R = \frac{\sigma(\mathrm{e}^+ \mathrm{e}^- \to \mathrm{h})}{\sigma(\mathrm{e}^+ \mathrm{e}^- \to \mu^+ \mu^-)}$$

（1）在低于粲夸克产生的阈值；

（2）高于粲夸克产生的阈值，但低于 b 夸克产生的阈值.

解 量子电动力学给出正、负电子对撞产生费米子对的截面为

$$\sigma(\mathrm{e}^+ \mathrm{e}^- \to \mathrm{f_i \bar{f}_i}) = \frac{4\pi\alpha^2}{3s} Q_i^2$$

式中，s 是质心系总能量的平方，α 是精细结构常数，Q_i 是费米子的电荷（以 e 为单位），费米子是轻子或夸克，如是夸克，它还要碎裂成强子. 对于产生 μ 子对，有

$$\sigma(\mathrm{e}^+ \mathrm{e}^- \to \mu^+ \mu^-) = \frac{4\pi\alpha^2}{3s}$$

对于产生一对正、反夸克，还要考虑颜色自由度的贡献，即

$$\sigma(\mathrm{e}^+ \mathrm{e}^- \to \mathrm{q}_i \bar{\mathrm{q}}_i \to \mathrm{h}) = 3 \cdot \frac{4\pi\alpha^2}{3s} Q_i^2 = \frac{4\pi\alpha^2}{s} Q_i^2$$

式中，h 表示夸克碎裂的强子，因子 3 为夸克颜色自由度的贡献. 由此得到

$$R = \frac{\sigma(\mathrm{e}^+ \mathrm{e}^- \to \mathrm{h})}{\sigma(\mathrm{e}^+ \mathrm{e}^- \to \mu^+ \mu^-)} = \sum_i \frac{\sigma(\mathrm{e}^+ \mathrm{e}^- \to \mathrm{q}_i \bar{q}_i \to \mathrm{h})}{\sigma(\mathrm{e}^+ \mathrm{e}^- \to \mu^+ \mu^-)} = 3\sum_i Q_i^2$$

求和包括能产生的所有夸克.

（1）在$\sqrt{s}<3\mathrm{GeV}$ 能区，所能产生的夸克为 u、d 和 s. 所以，我们得到

$$R = 3\sum_i Q_i^2 = 3 \times \left(\frac{4}{9} + \frac{1}{9} + \frac{1}{9}\right) = 2$$

（2）在 $4\mathrm{GeV}<\sqrt{s}<9\mathrm{GeV}$ 这时能产生的夸克对又多了 c 夸克，即能产生 u、d、s 和 c 四种夸克. R 值为

$$R = 3\sum_i Q_i^2 = 3 \times \left(\frac{4}{9} + \frac{1}{9} + \frac{1}{9} + \frac{4}{9}\right) = \frac{10}{3} \approx 3.33$$

13.10 （1）一般认为强子是由基本的、参与强相互作用的、自旋为$\frac{1}{2}$的费米子夸克

组成的，简要说明这一假设的证据. 介子和重子的最低态是由 u、d 和 s 三个夸克组成的束缚态. 它们形成一个 SU(3)"味"多重态.

(2) 说明在强相互作用中 Gell Mann-Neeman SU(3)对称的近似意义，这些对称破坏的程度如何？

(3) 构成介子、重子最低态的 SU(3)多重态，给出其夸克组成和相应的 J、P、I、Y、S、B 和 G 量子数.

(4) 引进另外一个量子数"颜色"的证据是什么？它是在强相互作用中严格对称的吗？你认为有几种颜色？哪些数据可决定它？

(5) 已发现存在普适的 SU(3)单态 c 夸克，它带有 $\frac{2}{3}$ 的电荷，且在强相互作用中，显示有新的量子数 C. 构成 $C=1$ 的最低介子和重子态，给出它们的 J、P、I、Y、S 和 B.

(6) $C=1$ 的介子的半轻子衰变模型如何(也就是说，它的衰变终态中有轻子和强子)？

(7) 用 D_s^* 和 D_s 分别表示有奇异数的，且 $J=1$ 和 $J=0$ 的粲介子，设 $m_{D_s^*}>m_{D_s}+m_\pi$(实验上还没有证实)你预测 $D_s^*\to D_s\pi$ 的衰变率和 D_s 的主要衰变模式.

解　(1) 支持夸克模型的证据：

① 电子对核子的深度非弹性散射数据，证实核子有内部结构；

② 强子的 SU(3)超对称性可以用夸克模型来解释；

③ 可以由夸克模型给出强子反应的相对截面即 R 值；

④ 夸克模型可以解释核子的磁矩.

(2) 强相互作用的 SU(3)对称性近似的意义是：具有相同自旋和宇称(J^P)的不同奇异数的各组同位旋多重态之间是有联系的，是能够相互转化的，实际上，它们属同一原粒子 U 的、不同电荷态(I_3)和不同的超荷态(Y)的多重态. 若 SU(3)对称性是完全的，则同一超多重态应具有相同的质量. 实际上，他们的质量差别较大，它反映了超对称性是不完全的. 若用它们的质量差来表征这种超对称性破坏的程度，例如，对 0^- 介子超多重态，$m_{\pi^0}=135\text{MeV}$，$m_K=498\text{MeV}$，可见对称性破坏之大.

(3) 构成介子和重子最低的 SU(3)多重态.

对介子，可组成 0^- 和 1^- 的八重态和单态，它们都是 $l=0$ 的基态，它们的夸克组成和量子数见表 3.11 和图 3.36 的中间一层.

表 3.11　$J^P=0^-,1^-$ 的介子的夸克组成和它们的量子数

	0^-	1^-	夸克组成	I	I_3	Y	B	S	G
	π^+	ρ^+	$\bar{d}u$	1	+1	0	0	0	−1
	π^0	ρ^0	$(u\bar{u}-d\bar{d})/\sqrt{2}$	1	0	0	0	0	−1
	π^-	ρ^-	$\bar{u}d$	1	−1	0	0	0	−1
	K^+	K^{*+}	$\bar{s}u$	1/2	1/2	1	0	1	
八重态	K^-	K^{*-}	$s\bar{u}$	1/2	−1/2	−1	0	−1	
	K^0	K^{*0}	$\bar{s}d$	1/2	−1/2	1	0	1	
	$\bar{K}^0$	$\bar{K}^{*0}$	$s\bar{d}$	1/2	1/2	−1	0	−1	
	$\eta(549)$		$(u\bar{u}+\bar{d}d-2\bar{s}s)/\sqrt{6}$	0	0	0	0	0	+1
		$\omega(783)$	$\dfrac{u\bar{u}+d\bar{d}}{\sqrt{2}}$	0	0	0	0	0	−1
单态	$\eta(958)$		$(u\bar{u}+\bar{d}d+\bar{s}s)/\sqrt{3}$	0	0	0	0	0	+1
		$\phi(1020)$	$\bar{s}s$	0	0	0	0	0	−1

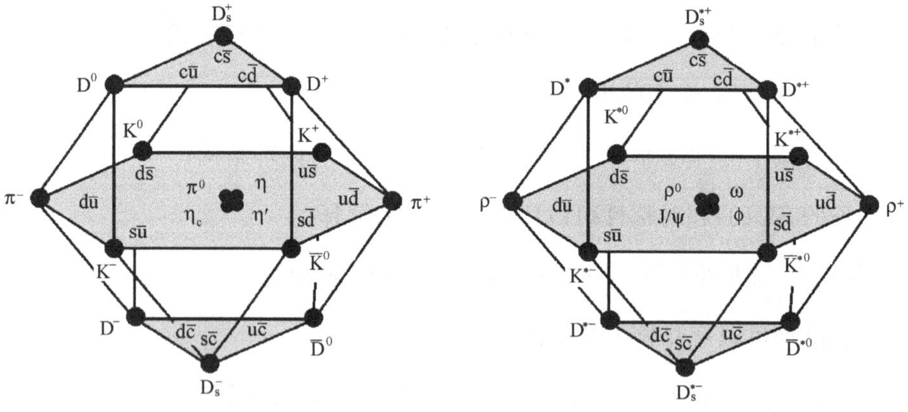

(a)　　　　(b)

图 3.36

对重子，由三个夸克组成最低的重子态为 $J^P=\dfrac{1}{2}^+$ 的八重态和 $J^P=\dfrac{3}{2}^+$ 的十重态. 它们都是 $l=0$ 的基态，其性质见表 3.12 和图 3.37(a)和(b)的第一层.

表 3.12　$J^P=\frac{1}{2}^+$ 和 $\frac{3}{2}^+$ 的重子八重态和十重态的夸克组成及它们的性质

J^P	粒子	夸克组成	I	I_3	Y	B	S	Q
	p	uud	1/2	1/2	1	1	0	1
	n	udd	1/2	−1/2	1	1	0	0
	Σ^+	uus	1	1	0	1	−1	1
$\frac{1}{2}^+$	Σ^0	$s(ud+du)/\sqrt{2}$	1	0	0	1	−1	0
	Σ^-	dds	1	−1	0	1	−1	−1
	Ξ^0	uss	1/2	1/2	−1	1	−2	0
	Ξ^-	dss	1/2	−1/2	−1	1	−2	−1
	Λ^0	$s(du-ud)/\sqrt{2}$	0	0	0	1	−1	0
	Δ^-	ddd	3/2	−3/2	1	1	0	−1
	Δ^0	ddu	3/2	−1/2	1	1	0	0
	Δ^+	duu	3/2	1/2	1	1	0	1
	Δ^{++}	uuu	3/2	3/2	1	1	0	2
$\frac{3}{2}^+$	Σ^{-*}	sdd	1	−1	0	1	−1	−1
	Σ^{0*}	sdu	1	0	0	1	−1	0
	Σ^{+*}	suu	1	1	0	1	−1	1
	Ξ^{-*}	ssd	1/2	−1/2	−1	1	−2	−1
	Ξ^{0*}	ssu	1/2	1/2	−1	1	−2	0
	Ω^-	sss	0	0	−2	1	−3	−1

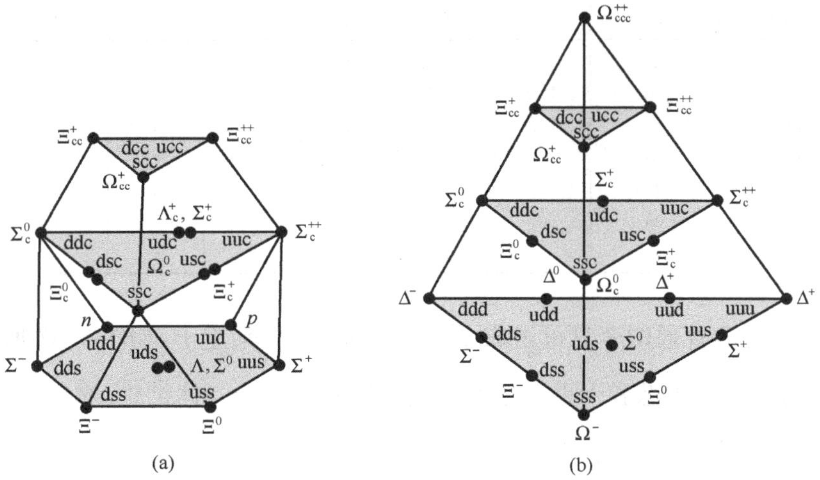

图 3.37

(4) 颜色自由度的引入，是为了解释夸克模型统计上的困难. 在夸克模型中，夸克是费米子，自旋为$\frac{1}{2}$，应遵守费米统计. 结论之一是重子的波函数对于夸克交换是反对称的，但是，存在如夸克成分为 sss(Ω)和 uuu(Δ^{++})的重子，且它们的自旋同向，这些粒子交换夸克是对称的. 为了解释这一矛盾，引入一个新的自由度"颜色". 夸克有三种颜色，而在 e^+e^- 对撞试验中，也证实产生强子和 μ 子对的截面之比 R 值和有颜色自由度的假设很好符合.

(5) 一个 $c(\bar{c})$夸克和一个普通的反夸克(或夸克)组成粲介子. 它们也有 0^- 和 1^- 两组. 如图 3.36(a)和(b)所示，原来不含 c 夸克的八重态平面图变成立体结构，含 c 夸克介子分别在上、下层. 表 3.13 给出含 c 夸克介子的夸克组成和量子数. 普通介子中的 $u(\bar{u})$ 夸克由 $c(\bar{c})$夸克代替，对于 $C=1$ 的介子态，共有 D^+、D^0、D_s^+、D^{*+}、D^{0*} 和 D_s^{+*} 等. 目前，已在实验上测量到的 $J^P=0^-$ 的有 $D^{\pm}$(1870)、D^0(1865)、$D_s^{\pm}$(1970)和 η_c. $J^P=1^-$ 的有 D^{0*}(2007)和 $D^{\pm *}$(2010). 表 3.13 给出它们的质量.

表 3.13　粲介子的夸克组成和量子数

J^P	粒子	夸克组成	I	I_3	Y	S	C	B	质量/MeV
0^-	D^0	$\bar{u}c$	1/2	−1/2	1	0	1	0	1864.6
	$\bar{D}^0$	$\bar{c}u$	1/2	1/2	−1	0	−1	0	1864.6
	D^+	$\bar{d}c$	1/2	1/2	1	0	1	0	1869.4
	D^-	$\bar{c}d$	1/2	−1/2	−1	0	−1	0	1869.4
	$D_s^+(F^+)$	$\bar{s}c$	0	0	2	1	1	0	1968.3
	$D_s^-(F^-)$	$\bar{c}s$	0	0	−2	−1	−1	0	1968.3
	η_c	$\bar{c}c$	0	0	0	0	0	0	2979.6
1^-	D^{*0}	$\bar{u}c$	1/2	−1/2	1	0	1	0	2006.7
	$\bar{D}^{*0}$	$\bar{c}u$	1/2	1/2	1	0	−1	0	2006.7
	D^{*+}	$\bar{d}c$	1/2	1/2	1	0	1	0	2010.0
	D^{*-}	$\bar{c}d$	1/2	−1/2	−1	0	−1	0	2010.0
	$D_s^{*+}(F^{*+})$	$\bar{s}c$	0	0	2	1	1	0	
	$D_s^{*-}(F^{*-})$	$\bar{c}s$	0	0	−2	−1	−1	0	
	J/Ψ	$\bar{c}c$	0	0	0	0	0	0	3096.916

同样，c 夸克和普通的夸克可组成 $J^P=\frac{1}{2}^+$ 和$\frac{3}{2}^+$ 的粲重子，如图 3.37 所示. 同样是原来没有 c 夸克的八重态和十重态分别变成三层和四层的立体结构. 对于只包含一个粲夸克的 $J^P=\frac{1}{2}^+$ 或$\frac{3}{2}^+$ 的重子，实验上已经发现不少，如Λ_c 等.

理论上，预言含一个或两个 c 夸克，$J^P=\frac{1}{2}^+$ 的粲重子应该有 9 个，如图 3.37(a) 的第二层和第三层所示，它们的夸克组成和性质列于表 3.14. 目前，已发现的有 $\Lambda_c^+(2285)$、Σ_c^0、Σ_c^+、$\Sigma_c^{++}(2455)$、$\Xi_c^+(2466)$ 和 $\Xi_c^0(2472)$ 等，表 3.14 也给出它们的质量.

相应地存在含一个 c 夸克、$J^P=\frac{3}{2}^+$ 的粲重子如图 3.37(b) 第二层所示，它们应有 6 种这样的粲重子，它们的夸克组成分别为(ddc)、(duc)、(uuc)、(cds)、(css)和(cus). 除 $J=\frac{3}{2}^+$ 外，它们的其他量子数应分别与表 3.14 中的粒子相对应. 目前发现的有 $\Sigma_c^0(m=2519.4\text{MeV})$、$\Sigma_c^+(m=2515.9\text{MeV})$、$\Sigma_c^{++}(m=2517.5\text{MeV})$ 和 $\Xi_c^+(m=2647.4\text{MeV})$，$\Xi_c^0(m=2644.5\text{MeV})$ 等.

表 3.14 $J^P=\frac{1}{2}^+$ 粲重子的夸克组成和量子数

粒子	夸克组成	I	I_3	Y	S	C	B	质量/MeV
Σ_c^{++}	cuu	1	1	2	0	1	1	2452.5
Σ_c^+	$c(ud+du)/\sqrt{2}$	1	0	2	0	1	1	2451.3
Σ_c^0	cdd	1	−1	2	0	1	1	2452.2
Ξ_c^+	$c(us+su)/\sqrt{2}$	1/2	1/2	1	−1	1	1	2466.3
Ξ_c^0	$c(ds+sd)/\sqrt{2}$	1/2	−1/2	1	−1	1	1	2471.8
Ω_c	css	0	0	0	−2	1	1	2607.5
Λ_c^+	$c(ud-du)/\sqrt{2}$	0	0	2	0	1	1	2284.9
Ξ_{cc}^{++}	ucc	3/2	3/2	3	0	2	1	
Ξ_{cc}^+	dcc	3/2	1/2	3	0	2	1	
Ω_{cc}^+	scc	3/2	1/2	2	−1	2	1	

理论上还预言 $c=2$ 和 3 的重子如图 3.37(b) 第三和第四层所示.

(6) $C=1$ 的介子的半轻子衰变模式就是 c 夸克的衰变，

$$c\rightarrow s, l^+, \nu_l, \quad 幅值\sim\cos\theta_c$$

$$c\rightarrow d, l^+, \nu_l, \quad 幅值\sim\sin\theta_c$$

θ_c 为卡皮玻(Cabibbo)混合角. 例如，反应 $D^0\rightarrow K^- e^+ \nu_e$ 是 Cabibbo 允许衰变. 而 $D^0\rightarrow\pi^- e^+ \nu_e$ 则是 Cabibbo 禁戒衰变.

(7) 若 D_s^* 态存在，且 $m_{D_s^*}>m_{D_s}+m_\pi$，则 $D_s^*\rightarrow\pi^0 D_s$ 是主要衰变道，同时它又是强衰变，遵守所有的守恒定律. 例如，对于 D_s^*，$J^P=1^-$，而 D_s 的 $J^P=0^-$，$J^P(\pi)=0^-$. 对于衰变

$$D_s^*\rightarrow\pi^0 D_s$$

$D_s\pi$ 系统的轨道角动量 $l=1$，末态的宇称为 $P(\pi^0)\ P(D_s)(-1)^l=-1$，和初态 $J^P(D_s^*)$ 相同.

D_s^* 另外的可竞争的衰变道是 $D_s^*\rightarrow\gamma+D_s$. 这是电磁辐射衰变，两衰变道的相对大小

由相互作用常数和末态相空间因子决定.

13.11 设想完成一个测量“单举”反应的实验：

$$a+N\longrightarrow \mu^{+}+\mu^{-}+\text{其他粒子}$$

反应式中的 a，可以是 p、π^{+} 或 π^{-}. N 是质子数和中子数相等的核素$^{A}N\left(\frac{A}{2},\frac{A}{2}\right)$组成的靶.

测量给出这三个反应截面作为 μ 子对不变质量 m 和质心系能量平方 s 的函数. 下面的问题是用于考察你用来描述这些过程的 Drell-Yan 正、反夸克对撞模型的理解程度.

(1) 根据最简单的夸克模型(重子由三夸克组成，介子由正、反夸克组成)，给出下列比率的预言值：

$$\frac{\mathrm{d}\sigma_{\mathrm{pN}}(s,m)}{\mathrm{d}m}:\frac{\mathrm{d}\sigma_{\pi^{+}\mathrm{N}}(s,m)}{\mathrm{d}m}:\frac{\mathrm{d}\sigma_{\pi^{-}\mathrm{N}}(s,m)}{\mathrm{d}m}$$

(2) 一个精确的测量显示，上述每一部分都不为零，为解释这一点，怎么修正你对(1)的回答？

(3) 在考虑修正后，请你预期对固定的 s 值，这一比值和 m 的关系是怎样的？

(4) 如果引入颜色的概念，预期的比值有何变化？

(5) Drell-Yan 的一个重要论断是无标度概念，用一个公式或草图解释之；

(6) 在数据中，怎样确定 π^{+} 的夸克组成？

(7) 你怎样估计在质子中的反夸克成分？

解 (1) 根据 Drell-Yan 模型，这类过程是正、反夸克湮灭成轻子对的过程，量子力学可以精确计算. 当两 μ 子对的不变质量 $s_{\mu\mu}\gg m_{\mu}^{2}$、$m_{\mathrm{q}}^{2}$ 时，可以忽略 m_{μ} 和 m_{q} 的影响，有

$$\sigma(\mu^{+}\mu^{-}\rightarrow\gamma\rightarrow \mathrm{q\bar{q}})=\frac{4\pi}{3s_{\mu\mu}}\alpha^{2}Q_{i}^{2}$$

式中，Q_i 是 i 夸克的电荷，α 是精细结构常数，根据细致平衡原理，有

$$\sigma(\mathrm{q}_{i}\bar{\mathrm{q}}_{i}\rightarrow\gamma\rightarrow\mu^{+}\mu^{-})=\frac{4\pi}{3s}\alpha^{2}Q_{i}^{2}=Q_{i}^{2}\sigma_{0}$$

式中，s 是质心系两夸克的总能量的平方，也就是 $s=s_{\mu\mu}=m^{2}$，m 质心系 $\mu^{+}\mu^{-}$ 系统总能量的平方(也是质心系两夸克的总能量的平方). 由简单的图像可得到

$$\sigma(\mathrm{u\bar{u}}\rightarrow\mu^{+}\mu^{-})\approx\frac{4}{9}\sigma_{0}$$

$$\sigma(\mathrm{d\bar{d}}\rightarrow\mu^{+}\mu^{-})\approx\frac{1}{9}\sigma_{0}$$

对于 $\mathrm{pN}\rightarrow\mu^{+}\mu^{-}+\mathrm{X}$，因为在质子和中子内没有反夸克，所以

$$\frac{\mathrm{d}\sigma_{\mathrm{pN}}(s,m)}{\mathrm{d}m}=0$$

对于相同的 s 和 m，由 p、n、π^{+} 和 π^{-} 的夸克组成分别为 uud、udd、$\mathrm{u\bar{d}}$ 和 $\mathrm{\bar{u}d}$，得到

$$\sigma(\pi^{+}\mathrm{N})=\sigma\left[\pi^{+}(\mathrm{u\bar{d}})*\frac{\mathrm{p(uud)+n(udd)}}{2}A\right]=\frac{1}{2}A\sigma(\mathrm{d\bar{d}})(1+2)=\frac{3}{2}A\sigma(\mathrm{d\bar{d}})=\frac{1}{6}A\sigma_{0}$$

$$\sigma(\pi^{-}\mathrm{N})=\sigma\left[\pi^{-}(\mathrm{\bar{u}d})*\frac{\mathrm{p(uud)+n(udd)}}{2}A\right]=\frac{1}{2}A\sigma(\mathrm{u\bar{u}})(2+1)=\frac{3}{2}A\sigma(\mathrm{u\bar{u}})=\frac{2}{3}A\sigma_{0}$$

所以，有比值

$$\frac{d\sigma_{pN}(s,m)}{dm} : \frac{d\sigma_{\pi^+N}(s,m)}{dm} : \frac{d\sigma_{\pi^-N}(s,m)}{dm} = 0 : 1 : 4$$

(2) 实验数据$\frac{d\sigma_{pN}(s,m)}{dm}\neq 0$，证明在质子和中子内有反夸克存在. 设在质子和中子内，反夸克的份额为 α，且 $\alpha\ll 1$，夸克的份额为$(1-\alpha)$. 与(1)类似地分析，

$$\sigma_{pN} = \sigma\left[\alpha\bar{p}(1-\alpha)\frac{A}{2}(p+n)\right] + \sigma\left[(1-\alpha)p\alpha\frac{A}{2}(\bar{p}+\bar{n})\right]$$

$$= \sigma\left\{\alpha 2\bar{u}\frac{A}{2}[2u(1-\alpha)+u(1-\alpha)]\right\} + \sigma\left\{\alpha\bar{d}\frac{A}{2}[(1-\alpha)d+2(1-\alpha)d]\right\}$$

$$+\sigma\left[2(1-\alpha)u\frac{A}{2}(2\alpha\bar{u}+\alpha\bar{u})\right] + \sigma\left[d(1-\alpha)\frac{A}{2}(\alpha\bar{d}+2\alpha\bar{d})\right]$$

$$= 6\alpha(1-\alpha)A\sigma(u\bar{u}) + 3\alpha(1-\alpha)A\sigma(d\bar{d})$$

$$= 3\alpha(1-\alpha)[2\sigma(u\bar{u})+\sigma(d\bar{d})] = 3\alpha(1-\alpha)A\sigma_0$$

$$\sigma_{\pi^+N} = \sigma\left[\pi^+ * (1-\alpha)\frac{A}{2}(p+n)\right] + \sigma\left[\pi^+ * \alpha\frac{A}{2}(\bar{p}+\bar{n})\right]$$

$$= \sigma\left\{\bar{d}\frac{A}{2}[(1-\alpha)d+2(1-\alpha)d]\right\} + \sigma\left[u\frac{A}{2}(\alpha 2\bar{u}+\alpha\bar{u})\right]$$

$$= \frac{3A}{2}(1-\alpha)\sigma(d\bar{d}) + \frac{3A}{2}\alpha\quad\sigma(u\bar{u})$$

$$= \frac{3}{2}A\sigma(d\bar{d}) + \frac{3A}{2}\alpha[\sigma(u\bar{u})-\sigma(d\bar{d})] = \frac{A}{6}(1+3\alpha)\sigma_0$$

$$\sigma_{\pi^-N} = \sigma\left[\pi^- * (1-\alpha)\frac{A}{2}(p+n)\right] + \sigma\left[\pi^- * \alpha\frac{A}{2}(\bar{p}+\bar{n})\right]$$

$$= \sigma\left\{\bar{u}\frac{A}{2}[(1-\alpha)u+2(1-\alpha)u]\right\} + \sigma\left[d\frac{A}{2}(2\alpha\bar{d}+\alpha\bar{d})\right]$$

$$= \frac{3A}{2} * (1-\alpha)\sigma(u\bar{u}) + \frac{3A}{2}\alpha\quad\sigma(d\bar{d})$$

$$= \frac{3A}{2} * \sigma(u\bar{u}) + \frac{3A}{2}\alpha[\sigma(d\bar{d})-\sigma(u\bar{u})] = \frac{A}{6}(4-3\alpha)\sigma_0$$

假设 $\alpha=0.01$，则比率变化很大，变成

$$\frac{d\sigma_{pN}(s,m)}{dm} : \frac{d\sigma_{\pi^+N}(s,m)}{dm} : \frac{d\sigma_{\pi^-N}(s,m)}{dm} \approx 0.18 : 1.03 : 3.97$$

可见上述的比值，特别是$\frac{d\sigma_{pN}(s,m)}{dm}$对核子内的反夸克的份额是很灵敏的.

(3) 详细地推导公式是很复杂的，要涉及核子的结构函数(即核子与介子内的夸克分布和夸克的动量分布等)，若考虑核内夸克的动量是等分的，在夸克和反夸克质心系对头碰撞时，有简单的关系

$$\sigma(q_i\bar{q}_i \to \mu^+\mu^-) = \frac{4\pi}{3m^2}\alpha^2 Q_i^2$$

$$\frac{d\sigma}{dm} \sim m^{-3}\alpha^2 Q_i^2$$

式中，m 是 μ 子对的不变质量，σ 正比于 m^{-2}，和实验数据是吻合的.

(4) 引入颜色自由度，对预期的比值不会有变化.

(5) 无标度假设是指在一定能量下可忽略较小能量对物理过程的影响. 例如，当我们考虑二级电磁过程时，$d\sigma_{cm}=\alpha^2 f(s,q^2,m_1)$. 这是公式的一般形式，$s$ 是质心系总能量的平方，q^2 是四动量传递的平方，m_1 是带电粒子的质量. 若 $s\gg m_1{}^2$，$|q^2|\gg m_1^2$，一个很好的近似是 $m_1=0$，这时，近似有

$$d\sigma=\alpha^2 f(s,q^2)$$

也就是 $q_i\bar{q}_i\to\mu^+\mu^-$，若 $m\gg m_\mu$ 和 m_q，合理的近似是 $m_\mu\approx m_q\approx 0$，有

$$\sigma(q_i\bar{q}_i\to\mu^+\mu^-)\propto\frac{\alpha^2 Q_i^2}{m^2}$$

(6) 计算值 $\frac{d\sigma_{\pi^+N}(s,m)}{dm}:\frac{d\sigma_{\pi^-N}(s,m)}{dm}=1:4$ 和实验数据相符，表明介子的夸克组成：$\pi^+(u\bar{d})$ 和 $\pi^-(\bar{u}d)$ 是正确的.

(7) 从(2)的计算，结合实验数据，我们可以给出在质子和中子内反夸克所占份额.

13.12 强子结构的口袋模型认为，强子是由带颜色的夸克、自旋为 $\frac{1}{2}$ 的狄拉克粒子在半径为 R 的球形腔内运动所构成的. 夸克在这一空腔内的禁闭，是由于下列原因：夸克满足狄拉克方程，但其质量与位置有关，$r<R$ 时，$m=0$；$r>R$ 时，$m=\infty$. 夸克的能量算符包含一项 $\int d^3\boldsymbol{r}m(r)\bar{\psi}\psi$，为使能量不出现发散，要求 $m(r)=\infty$ 的地方，即 $r>R$，狄拉克波函数满足 $\bar{\psi}\psi=0$. 这可以选择一个适当的边界条件得到.

(1) 证明这里有两个边界条件：

① $\psi(|r|=R)=0$

② $i\hat{\boldsymbol{r}}\cdot\boldsymbol{\gamma}\psi(|r|=R)=\psi(|r|=R)$

式中，$\hat{\boldsymbol{r}}$ 是以空腔中心为原点的径向单位矢量. 证明两个边界条件都可导致，在 $|r|=R$ 时，$\bar{\psi}\psi=0$. 哪一个是物理上可以成立的?

(2) 自由无质量狄拉克方程的 s 波通解，可写成

$$\psi=N\begin{pmatrix}j_0(kR)\chi\\ i(\boldsymbol{\sigma}\cdot\hat{\boldsymbol{r}})j_1(kR)\chi\end{pmatrix}$$

式中，x 是 2 分量旋量，j_l 是球贝塞尔函数，N 是归一化常数. 我们约定

$$\gamma_0=\begin{pmatrix}I & 0\\ 0 & -I\end{pmatrix}$$

$$\boldsymbol{\gamma}=\begin{pmatrix}0 & \boldsymbol{\sigma}\\ -\boldsymbol{\sigma} & 0\end{pmatrix}$$

$\boldsymbol{\sigma}$ 是泡利矩阵. 从 $|r|=R$ 的边界条件，得出决定 R 和 k 的关系(不必要解出方程).

解 (1) 很显然，条件① $\psi(|r|=R)=0$ 导致 $\bar{\psi}\psi|_{r=R}=0$.

对于条件②，在 $r=R$，我们得到

$$\begin{aligned}\bar{\psi}\psi&=(i\hat{\boldsymbol{r}}\cdot\boldsymbol{\gamma}\psi)^\dagger+\beta(i\hat{\boldsymbol{r}}\cdot\boldsymbol{\gamma}\psi)\\&=(-i\psi^\dagger\hat{\boldsymbol{r}}\cdot\beta\boldsymbol{\gamma}\beta)\beta(i\hat{\boldsymbol{r}}\cdot\boldsymbol{\gamma}\psi)\\&=-\psi^\dagger\beta(\hat{\boldsymbol{r}}\cdot\boldsymbol{\gamma})(\hat{\boldsymbol{r}}\cdot\boldsymbol{\gamma})\psi\end{aligned}$$

因为有关系式

$$(\hat{\boldsymbol{r}}\cdot\boldsymbol{\gamma})(\hat{\boldsymbol{r}}\cdot\boldsymbol{\gamma})=\begin{pmatrix}0 & \boldsymbol{\sigma}\cdot\hat{\boldsymbol{r}}\\ -\boldsymbol{\sigma}\cdot\hat{\boldsymbol{r}} & 0\end{pmatrix}\begin{pmatrix}0 & \boldsymbol{\sigma}\cdot\hat{\boldsymbol{r}}\\ -\boldsymbol{\sigma}\cdot\hat{\boldsymbol{r}} & 0\end{pmatrix}=-1$$

所以有

$$\bar{\psi}\psi=-\psi^{\dagger}\beta\psi=-\bar{\psi}\psi$$
$$\bar{\psi}\psi\,|_{r=R}=0$$

在这两个边界条件中，后者在物理上是成立的，狄拉克方程是由四个偏微分方程构成的，每个方程对坐标的偏微商都是一阶的，所以狄拉克方程需要四个边界条件. 由于在无穷远处波函数应趋于零，这相当于对方程的一半的解作了限制，即相当于两个边界条件. 还需要两个边界条件，$\psi(x=R)=0$ 相当于四个边界条件，而

$$\mathrm{i}\hat{\boldsymbol{r}}\cdot\boldsymbol{\gamma}\psi(r=R)=\psi(r=R)$$

即

$$\mathrm{i}\begin{pmatrix}0 & \boldsymbol{\sigma}\cdot\hat{\boldsymbol{r}}\\ -\boldsymbol{\sigma}\cdot\hat{\boldsymbol{r}} & 0\end{pmatrix}\begin{pmatrix}\alpha\\ \beta\end{pmatrix}=\begin{pmatrix}\alpha\\ \beta\end{pmatrix}$$

也就是

$$\mathrm{i}(\boldsymbol{\sigma}\cdot\hat{\boldsymbol{r}})\beta=\alpha$$

它只有两个方程，它建立了大分量与小分量之间的关系. 因此，条件②才是物理上容许的. 从(2)的解的显式可以看出，由于大小分量包含不同阶的贝塞尔函数，因而不可能同时为零，条件①是不合适的.

(2) 因为 $\alpha=\mathrm{i}(\boldsymbol{\sigma}\cdot\hat{\boldsymbol{r}})\beta$，所以有

$$\mathrm{j}_0(kR)\chi=\mathrm{i}\cdot\mathrm{i}(\boldsymbol{\sigma}\cdot\hat{\boldsymbol{r}})(\boldsymbol{\sigma}\cdot\hat{\boldsymbol{r}})\mathrm{j}_1(kR)\chi$$
$$\mathrm{j}_0(kR)=-\mathrm{j}_1(kR)$$

这就是我们所求的方程.

13.13 强子结构的口袋模型认为，强子是由带颜色的、自旋$\frac{1}{2}$的狄拉克粒子，在一半径 R 的球形空腔内独立运动所构成. 为了得到某一强子的波函数，需把各个夸克“轨道”组合以给出“白色”和恰当的自旋值以及味道量子数(同位旋、电荷和奇异数).

在相当好的近似下，u 和 d 夸克质量为零. 可以很容易得到最低能量(s 波)口袋轨道波函数，用狄拉克旋量表示为

$$\psi=N\begin{pmatrix}\mathrm{j}_0(kR)\chi\\ \mathrm{i}(\boldsymbol{\sigma}\cdot\hat{\boldsymbol{r}})\mathrm{j}_1(kR)\chi\end{pmatrix}$$

式中，χ 是二分量自旋，$k=2.04/R$，j_l 是 l 阶球贝塞尔函数.

(1) 最低态重子(中子和质子)相当于把三个夸克放入这一轨道. 你怎样构造质子和中子的波函数，即放入哪些夸克，什么样的自旋波函数才能给出正确的质子和中子的量子数，且服从泡利原理?

(2) 磁矩算符定义为

$$\boldsymbol{\mu}=\int_{|\boldsymbol{r}|<R}\frac{1}{2}\boldsymbol{r}\times\boldsymbol{J}_{\mathrm{EM}}\mathrm{d}^3\boldsymbol{r}$$

式中，$\boldsymbol{J}_{EM}$是通常的狄拉克电流算符. 把这个算符用夸克组分的自旋算符表示(可以不算出含贝塞尔函数的积分).

(3) 证明:中子磁矩和质子磁矩之比$\frac{\mu_n}{\mu_p}=-\frac{2}{3}$. 计算时，可能需要下列 Clebsch-Gordon 系数:

$$\left\langle\frac{1}{2},\frac{1}{2}\right|1,1,\frac{1}{2},\frac{1}{2}\left.\right\rangle=\sqrt{\frac{2}{3}}$$

$$\left\langle\frac{1}{2},\frac{1}{2}\right|1,0,\frac{1}{2},\frac{1}{2}\left.\right\rangle=-\sqrt{\frac{1}{3}}$$

解 (1) 根据推广的泡利不相容原理，三夸克组成的质子和中子，交换任意两夸克是反对称的，如果颜色自由度是反对称的，不计颜色自由度，最低态重子对于夸克交换是完全对称的. 由于其同位旋第三分量 $I_3=\frac{1}{2}$，可以断定其夸克组成为 uud. 由三个同位旋为$\frac{1}{2}$的粒子，组成一个同位旋$\frac{1}{2}$的系统，对于 u 和 d 夸克交换，不可能完全对称(即不可能有 uud+udu+duu 形式，否则会导致十重态，$I=\frac{3}{2}$). 因此，波函数必有 uud-udu 成分. 但是，前面说过，最低态重子对于夸克交换完全对称. 因此，这一项应乘上一个对交换夸克 2 和夸克 3 反对称的自旋波函数(↑↑↓−↑↓↑)，这样我们就得到了对于交换夸克 2、3 函数对称的形式

$$\mathrm{u}\uparrow(1)\,\mathrm{u}\uparrow(2)\mathrm{d}\downarrow(3)-\mathrm{u}\uparrow(1)\,\mathrm{d}\uparrow(2)\,\mathrm{u}\downarrow(3)$$
$$-\mathrm{u}\uparrow(1)\,\mathrm{u}\downarrow(2)\,\mathrm{d}\uparrow(3)+\mathrm{u}\uparrow(1)\,\mathrm{d}\downarrow(2)\,\mathrm{u}\uparrow(3)$$

式中括号内 1、2、3 表示夸克所在的位置编号. 为了满足对同位旋性质的要求，将该波函数进行对称化，使其对于交换夸克 1、2 和夸克 1、3，波函数也保持不变. 交换夸克 1 和夸克 2(夸克标号由顺序表明)得到

$$\mathrm{u}\uparrow\mathrm{u}\uparrow\mathrm{d}\downarrow-\mathrm{d}\uparrow\mathrm{u}\uparrow\mathrm{u}\downarrow-\mathrm{u}\downarrow\mathrm{u}\uparrow\mathrm{d}\uparrow+\mathrm{d}\downarrow\mathrm{u}\uparrow\mathrm{u}\uparrow$$

交换夸克 1 和夸克 3 得到

$$\mathrm{d}\downarrow\mathrm{u}\uparrow\mathrm{u}\uparrow-\mathrm{u}\downarrow\mathrm{d}\uparrow\mathrm{u}\uparrow-\mathrm{d}\uparrow\mathrm{u}\downarrow\mathrm{u}\uparrow+\mathrm{u}\uparrow\mathrm{d}\downarrow\mathrm{u}\uparrow$$

和原来的波函数相加，并且归一化，得到波函数

$$\frac{1}{\sqrt{18}}(2\mathrm{u}\uparrow\mathrm{u}\uparrow\mathrm{d}\downarrow+2\,\mathrm{u}\uparrow\mathrm{d}\downarrow\mathrm{u}\uparrow+2\mathrm{d}\downarrow\mathrm{u}\uparrow\mathrm{u}\uparrow-\mathrm{u}\uparrow\mathrm{u}\downarrow\mathrm{d}\uparrow$$
$$-\mathrm{u}\uparrow\mathrm{d}\uparrow\mathrm{u}\downarrow-\mathrm{u}\downarrow\mathrm{u}\uparrow\mathrm{d}\uparrow-\mathrm{u}\downarrow\mathrm{d}\uparrow\mathrm{u}\uparrow-\mathrm{d}\uparrow\mathrm{u}\uparrow\mathrm{u}\downarrow-\mathrm{d}\uparrow\mathrm{u}\downarrow\mathrm{u}\uparrow)$$

颜色函数对交换任意两个夸克反对称，其形式为

$$\frac{1}{\sqrt{6}}(\mathrm{RGB}-\mathrm{RBG}+\mathrm{GBR}-\mathrm{GRB}+\mathrm{BRG}-\mathrm{BGR})$$

记自旋向上和自旋向下的波函数为

$$\psi_{\uparrow}=\begin{pmatrix}\mathrm{j}_0(kr)\chi(\uparrow)\\ \mathrm{i}\mathrm{j}_1(kr)\boldsymbol{\sigma}\cdot\hat{\boldsymbol{r}}\chi(\uparrow)\end{pmatrix},\qquad \chi(\uparrow)=\begin{pmatrix}1\\0\end{pmatrix}$$

$$\psi_{\downarrow} = \begin{bmatrix} j_0(kr)\chi(\downarrow) \\ ij_1(kr)\boldsymbol{\sigma}\cdot\hat{r}\chi(\downarrow) \end{bmatrix}, \qquad \chi(\downarrow) = \begin{pmatrix} 0 \\ 1 \end{pmatrix}$$

为计入轨道波函数(基态 $L=0$),只需将上面表达式中的↑改为 ψ↑,↓改为 ψ↓. 最后得到自旋向上的质子的波函数为

$$\frac{1}{6\sqrt{3}}(\mathrm{RGB}-\mathrm{RBG}+\mathrm{GBR}-\mathrm{GRB}+\mathrm{BRG}-\mathrm{BGR})$$
$$\times(2\mathrm{u}\psi\uparrow\mathrm{u}\psi\uparrow\mathrm{d}\psi\downarrow+2\,\mathrm{u}\psi\uparrow\mathrm{d}\psi\downarrow\mathrm{u}\psi\uparrow+2\mathrm{d}\psi\downarrow\mathrm{u}\psi\uparrow\mathrm{u}\psi\uparrow$$
$$-\mathrm{u}\psi\uparrow\mathrm{u}\psi\downarrow\mathrm{d}\psi\uparrow-\mathrm{u}\psi\uparrow\mathrm{d}\psi\uparrow\mathrm{u}\psi\downarrow-\mathrm{u}\psi\downarrow\mathrm{u}\psi\uparrow\mathrm{d}\psi\uparrow$$
$$-\mathrm{u}\psi\downarrow\mathrm{d}\psi\uparrow\ \mathrm{u}\psi\uparrow-\mathrm{d}\psi\uparrow\mathrm{u}\psi\uparrow\mathrm{u}\psi\downarrow-\mathrm{d}\psi\uparrow\ \mathrm{u}\psi\downarrow\mathrm{u}\psi\uparrow)$$

中子的波函数,可以通过同位旋降算符作用在质子波函数上得到,自旋向上的中子波函数为

$$\frac{1}{6\sqrt{3}}(\mathrm{RGB}-\mathrm{RBG}+\mathrm{GBR}-\mathrm{GRB}+\mathrm{BRG}-\mathrm{BGR})$$
$$\times(2\mathrm{d}\psi\uparrow\mathrm{d}\psi\uparrow\mathrm{u}\psi\downarrow+2\,\mathrm{d}\psi\uparrow\mathrm{u}\psi\downarrow\mathrm{d}\psi\uparrow+2\mathrm{u}\psi\downarrow\mathrm{d}\psi\uparrow\mathrm{d}\psi\uparrow$$
$$-\mathrm{d}\psi\uparrow\mathrm{d}\psi\downarrow\mathrm{u}\psi\uparrow-\mathrm{d}\psi\uparrow\mathrm{u}\psi\uparrow\mathrm{d}\psi\downarrow-\mathrm{d}\psi\downarrow\mathrm{d}\psi\uparrow\mathrm{u}\psi\uparrow$$
$$-\mathrm{d}\psi\downarrow\mathrm{u}\psi\uparrow\ \mathrm{d}\psi\uparrow-\mathrm{u}\psi\uparrow\mathrm{d}\psi\uparrow\mathrm{d}\psi\downarrow-\mathrm{u}\psi\uparrow\ \mathrm{d}\psi\downarrow\mathrm{d}\psi\uparrow)$$

这里只给出自旋向上的质子和中子的波函数,自旋向下的质子和中子波函数可以将上面式中的自旋↑改为↓、自旋↓改为↑得到.

(2) 狄拉克流算符的定义为

$$\boldsymbol{J} = Q\bar{\psi}^*\boldsymbol{\gamma}\psi = Q\bar{\psi}^*\beta\boldsymbol{\alpha}\psi = Q\psi_{\downarrow}^{\dagger}\boldsymbol{\alpha}\psi = Q\psi_{\downarrow}^{\dagger}\begin{pmatrix} 0 & \boldsymbol{\sigma} \\ \boldsymbol{\sigma} & 0 \end{pmatrix}\psi$$

式中,$\boldsymbol{\sigma}$ 泡利矩阵,将 ψ 的形式代入,得到

$$\begin{aligned} \boldsymbol{J}_{\mathrm{EM}} &= QN^{+}N[j_0(kr)x_{\downarrow}^{\dagger}, -ij_1(kr)\chi_{\downarrow}^{\dagger}\boldsymbol{\sigma}\cdot\hat{\boldsymbol{r}}]\times\begin{pmatrix} 0 & \boldsymbol{\sigma} \\ \boldsymbol{\sigma} & 0 \end{pmatrix}\begin{bmatrix} j_0(kr)\chi \\ ij_1(kr)\boldsymbol{\sigma}\cdot\hat{\boldsymbol{r}}\chi \end{bmatrix} \\ &= iQ\,|\,N\,|^2 j_0(kr)j_1(kr)\chi_{\downarrow}^{\dagger}[\boldsymbol{\sigma},\boldsymbol{\sigma}\cdot\hat{\boldsymbol{r}}]\chi \\ &= iQ\,|\,N\,|^2 j_0(kr)j_1(kr)\chi_{\downarrow}^{\dagger}(-2i\boldsymbol{\sigma}\times\hat{\boldsymbol{r}})\chi \\ &= 2Q\,|\,N\,|^2 j_0(kr)j_1(kr)\chi_{\downarrow}^{\dagger}(\boldsymbol{\sigma}\times\hat{\boldsymbol{r}})\chi \end{aligned}$$

我们得到磁矩的表示式

$$\boldsymbol{\mu} = \int_{|\boldsymbol{r}|<R}\frac{1}{2}\boldsymbol{r}\times\boldsymbol{J}_{\mathrm{EM}}\mathrm{d}^3\boldsymbol{r} = \int_{|\boldsymbol{r}|<R}Q\,|\,N\,|^2 j_0(kr)j_1(kr)\chi_{\downarrow}^{\dagger}[r\boldsymbol{\sigma}-(\boldsymbol{\sigma}\cdot\boldsymbol{r})\boldsymbol{r}]\chi\mathrm{d}^3\boldsymbol{r}$$

对整个角度积分,显然,方括号中后一项贡献为零,得到

$$\boldsymbol{\mu} = 4\pi Q\,|\,N\,|^2\left[\int_{r<R}\mathrm{d}r\cdot r^3 j_0(kr)j_1(kr)\right]\chi_{\downarrow}^{\dagger}\boldsymbol{\sigma}\chi$$

(3) 磁矩在一个自旋向上的质子中的期待值为

$$\begin{aligned} \langle \mathrm{p}\uparrow|\boldsymbol{\mu}|\mathrm{p}\uparrow\rangle = \frac{Q}{18}\Big[&4\times\left(\frac{2}{3}+\frac{2}{3}+\frac{1}{3}\right)+4\times\left(\frac{2}{3}+\frac{2}{3}+\frac{1}{3}\right)+4\times\left(\frac{2}{3}+\frac{2}{3}+\frac{1}{3}\right) \\ &+\left(\frac{2}{3}-\frac{2}{3}-\frac{1}{3}\right)+\left(\frac{2}{3}-\frac{2}{3}-\frac{1}{3}\right)+\left(\frac{2}{3}-\frac{2}{3}-\frac{1}{3}\right) \end{aligned}$$

$$+\left(\frac{2}{3}-\frac{2}{3}-\frac{1}{3}\right)+\left(\frac{2}{3}-\frac{2}{3}-\frac{1}{3}\right)+\left(\frac{2}{3}-\frac{2}{3}-\frac{1}{3}\right)\Bigg]$$

$$=\frac{Q}{18}\left(3\times4\times\frac{5}{3}-6\times\frac{1}{3}\right)=Q$$

对一个自旋向上的中子，同样地得到它的磁矩期待值为

$$(\mathrm{n}\uparrow|\boldsymbol{\mu}|\mathrm{n}\uparrow)=\frac{Q}{18}\left[3\times4\times\left(-\frac{1}{3}-\frac{1}{3}-\frac{2}{3}\right)+6\times\left(-\frac{1}{3}+\frac{1}{3}+\frac{2}{3}\right)\right]$$

$$=-\frac{Q}{18}(-4\times4+2\times2)=-\frac{2}{3}Q$$

夸克模型给出的质子和中子的磁矩预期值之比为

$$\frac{m_{\mathrm{n}}}{m_{\mathrm{p}}}=-\frac{2}{3}$$

实验精确测量值为：$\mu_{\mathrm{p}}=2.792847337\pm0.000000029\mu_{\mathrm{N}}$

$$\mu_{\mathrm{n}}=-1.9130427\pm0.0000005\mu_{\mathrm{N}}$$

$$\frac{m_{\mathrm{n}}}{m_{\mathrm{p}}}=-\frac{1.9130427}{2.792847337}=-0.685\sim-\frac{2}{3}$$

这也是夸克模型最成功的范例之一.

13.14　在 e^+、e^- 对撞实验中发现了胶子存在的实验证据.

(1) 根据 SU(3)规范场的量子色动力学理论，什么是胶子？胶子有多少种？它们的电荷是多少？自旋是多少？

(2) 各种类型的夸克或味道称为 u 和 d 夸克等，根据 QCD 理论，每个味道的夸克有几种类型？它们的电荷是多少？QCD 理论对于夸克的数目有限制吗？目前的实验数据表明，实际上有几种味道的夸克？给出其证据. 弱相互作用是否给出目前夸克味道的数目，还是预言有更多？在各种能量下，测量 $e^++e^-\rightarrow$强子的反应过程产生强子的总截面，它和夸克味道数目的关系是怎样的？

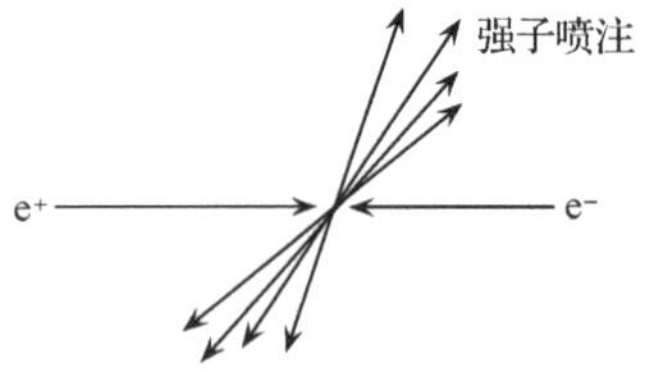

图 3.38

(3) 在较高能区，e^+、e^- 对撞产生的强子，在空间分布上形成两个喷注，令人兴奋. 根据夸克、胶子图像(图 3.38)，怎样解释这一现象？在更高的能区，发现 e^+、e^- 对撞产生强子空间分布上形成三喷注，这更令人兴奋，你又怎样解释这一现象？

解　(1) 根据量子色动力学理论，强子由夸克组成，夸克之间的相互作用是通过交换虚胶子来实现的，类似于光子在电磁过程中的作用一样，胶子是夸克之间强相互作用的传播子. 胶子共有八种，它的电荷为零，自旋为 1，是矢量胶子.

(2) 根据 QCD 理论，每种夸克有三种颜色，同一味道的三种颜色的夸克具有相同的电荷. 夸克的特征之一是带有分数电荷. QCD 理论对夸克的种类数目有弱限制(夸克的数目若超过 16 种，会破坏渐近自由). 弱相互作用也未对夸克的味道有限制. 但是，宇宙学的观测数据要求中微子为 3～4 种，从测量 Z^0 的衰变总宽度给出中微子只有三种. 根据轻子和夸克的对称性，要求夸克最多为 6～8 种味道. 在不同能量下，测量正、负电子对撞产生

强子的相对总截面为

$$R=\frac{\sigma(e^+e^-\to h)}{\sigma(e^+e^-\to\mu^+\mu^-)}=3\sum_i Q_i^2$$

Q_i 是第 i 夸克的电荷，因子 3 是三种颜色的贡献，$\sum$是对该能量下能生产的所有夸克求和.

(3) e^+e^- 对撞产生的强子末态，有二喷注现象，可以用夸克模型来解释. e^+e^- 对撞，首先产生一对正、反夸克，因为能量较高，每个夸克分别带有大小相同、方向相反的动量. 当两个夸克分别碎裂成为强子时，由于动量守恒，每个夸克碎裂的强子的动量在平行于夸克动量方向上的投影之和为 $\sum p_{\parallel}=p$，p 为夸克的动量；而在垂直于夸克动量方向上的投影 $\sum p_{\perp}$ 等于零，即正、反夸克分别碎裂的强子各自形成一个强子束，形象地称为“喷注”. 每一个喷注的轴的方向就是夸克的动量方向. 同时，测量喷注轴相对束流方向的角分布，证明夸克是自旋为$\frac{1}{2}$的费米子.

强子末态的三喷注现象，可用 QCD 理论的硬胶子辐射来解释. 在高能区，类似电子辐射光子一样，夸克辐射一个胶子，这时，胶子和原来的两个夸克各自碎裂成一束强子，形成强子末态的三喷注结构. 从三喷注事例率和两喷注事例率之比，可得到强相互作用的偶合常数 α_s.

13.15　粲夸克的提出是由于下列哪个粒子的发现?　(　　)

(A) 共振态粒子　　(B) Ω^- 粒子

(C) J/ψ 粒子　　(D) $W^{\pm}$、Z^0 粒子

解　粲夸克的提出是由于 1974 年发现 J/ψ 粒子，它的质量为 $3.1\text{GeV}/c^2$，但寿命比相近质量的强子共振态约大 10^3 倍，无法用三夸克理论来解释，认为它是由一种新的带有“粲”量子数的称为粲夸克组成的束缚态，强衰变违背“粲”数守恒而被禁止，所以有较长的寿命. 答案是(C).

13.16　J/ψ 粒子的质量为 3100MeV，自旋为 1，参与强相互作用，所以它是　(　　)

(A) 重子　　(B) 规范粒子

(C) 介子　　(D) 奇异粒子

解　J/ψ 粒子是 1974 年发现的带有粲夸克的新粒子，是自旋为 1 的 $c\bar{c}$ 夸克束缚态，自旋为整数的强子称为介子. 答案是(C).

13.17　发现的两个粒子 $\psi(M=3.1\text{GeV})$ 和 $\psi^*(M=3.7\text{GeV})$，它们的量子数为：

自旋和宇称：$J^P=1^-$；

电荷共轭 C 宇称 $C=-1$；

同位旋 $I=0$；

电荷 $Q=0$.

指出下列衰变中，哪些是强衰变、电磁衰变或弱衰变？哪个是严格禁戒的？如果是强衰变禁戒的，指出选择定则.

$$\psi\to\mu^+\mu^-$$

$$\psi\to\pi^0\pi^0$$

$$\psi^* \to \psi\pi^+\pi^-$$

$$\psi^* \to \psi + \eta'(0.96\text{GeV})$$ 采用自然单位制 $c = \hbar = 1$

解　$\psi \to \mu^+\mu^-$是由电磁相互作用引起的衰变.

$\psi^* \to \psi\pi^+\pi^-$是强相互作用引起的衰变.

$\psi \to \pi^0\pi^0$ 是强相互作用衰变禁戒的，ψ 的 C 宇称为-1，末态两个 π^0 系统的 C 宇称为 1，它破坏了强相互作用衰变中 C 宇称守恒的定则.

$\psi^* \to \psi + \eta'(0.96\text{GeV})$是严格禁戒的，因为 $m(\psi^*) < m(\psi) + m(\eta')$它违反了能量守恒.

13.18　在 SPEAR(e^+e^-对撞束储存环）观察到几个叫 ψ 和 χ 的态，J/ψ、ψ'有光子一样的量子数($J^P=1^-$，$I^G=0^-$)，且有质量为 3.1GeV 和 3.7 GeV. 设已观察到下面的反应

$$e^+e^- \to \psi'(3.7) \to \gamma + \chi$$
$$\hookrightarrow \pi^+\pi^-$$

其中，$E_\gamma^* = 0.29$ GeV. 给出 χ 粒子的质量、自旋、宇称、同位旋、G 宇称和电荷共轭 C 宇称. 假设 γ 是电偶极 E1 跃迁，χ 衰变到 2π 是强衰变.

解　求 χ 的质量：在 ψ'静止的系统，有

$$E_\chi + E_\gamma = m_{\psi'}$$

$$E_\chi = 3.7\ \text{GeV} - 0.29\ \text{GeV} = 3.41\ \text{GeV}$$

动量守恒得到

$$p_\chi = p_\gamma = 0.29\ \text{GeV}$$

$$E_\chi^2 = p_\chi^2 + m_\chi^2$$

$$m_\chi = \sqrt{E_\chi^2 - p_\chi^2} = \sqrt{3.4^2 - 0.29^2} = 3.40(\text{GeV})$$

χ的其他量子数：因为 $\psi'(3.7) \to \gamma + \chi$是 E1 跃迁，选择定则要求 ψ'和 χ 的宇称相反，自旋改变 $\Delta J = 0$ 或± 1. χ的自旋可能值为 $J=0,1,2$；宇称为正.

$\chi \to \pi^+\pi^-$是强衰变，各种量子数守恒. 宇称守恒要求

$$P(\pi^+)P(\pi^-)(-1)^l = (-1)^l = +1$$

所以有 $l=0$ 或 2，即χ的 $J=0$ 或 2. 排除 $J=1$，

$$C(\chi) = (-1)^{l+S} = (-1)^l = +1$$

另外，π 的 G 宇称为正，G 宇称守恒要求

$$G(\chi) = G(\pi^+)G(\pi^-) = +1$$

从介子的 C 宇称、G 宇称和同位旋 I 的关系，得到

$$G(\chi) = (-1)^I C(\chi) = 1$$

有$(-1)^I = +1$，$I=0$ 或 2，但是从未发现 $I=2$ 的介子，所以 $I(\chi)=0$.

χ的所有量子数为

$$m_\chi = 3.40\ \text{GeV}/c^2, I^G(J^{PC}) = 0^+(0^{++}) \text{ 或 } 0^+(2^{++})$$

从测量 γ 光子的角分布，得知$\chi(3.40)$的自旋为 $J=0$.

13.19　在两粒子 $\psi(3095)$和 $\psi'(3684)$之间，存在有三个 $c\bar{c}$束缚态

$$\chi_0(3410) \qquad J^{PC}=0^{++}$$

$$\chi_1(3510) \qquad J^{PC}=1^{++}$$

$$\chi_2(3555) \qquad J^{PC}=2^{++}$$

括号内是以 MeV 表示的粒子质量.

(1) 下列各是什么多极跃迁?

$$\psi' \to \gamma + \chi_{0、1、2}$$

(2) 设 ψ' 是由 e^+e^- 对撞产生, $\psi' \to \gamma + \chi_0$ 中, 光子相对于束流方向的角分布是怎样的?

(3) 对于条件(2), 是否用它来决定 χ_0 态的宇称?

(4) 对于 χ_0 和 χ_1 态, 下面的衰变道是大、是小还是禁戒?

$$\pi^0\pi^0, \gamma\gamma, p\bar{p}, \pi^+\pi^-\pi^0, 4\pi^0, D^0\overline{K}^0, e^+e^-, \psi\eta^0$$

(5) χ 态的强衰变的图像, 是通过一个由少数胶子组成的中间态实现的, 胶子再通过相互作用产生夸克. 如果胶子是无质量的、自旋和宇称为 $J^P=1^-$. 对于 $\chi_{0、1、2}$, 纯胶子中间态最少胶子数是多少? 如何估计上述三个态的相对强子衰变宽度?

解 (1) 因为该电磁跃迁有 $|\Delta J|=0,1$ 和宇称相反, 所以它们是电偶极跃迁.

(2) 对于电偶极跃迁, 其跃迁部分宽度为

$$\Gamma(2\,^3S_1 \to \gamma 1^3P_{J_f}) = \frac{4}{9} \cdot \frac{2J_f+1}{2J_i+1} q_c \alpha k^3 \mid E_{if} \mid^2$$

其中, k 是光子的动量, q_c 是粲夸克的电荷, α 是精细结构常数. J_i、J_f 是初、末态的自旋, E_{if} 偶极跃迁矩阵元: $\int R_{\psi'} r R_\chi r^2 \mathrm{d}r$, R 是径向波函数. 把适当的波函数代入上式可得到辐射跃迁的部分宽度, 一个近似的值为

$$\Gamma(2\,^3S_1 \to \gamma_0\ 1^3P_0) : \Gamma(2\,^3S_1 \to \gamma_1\ 1^3P_1) : \Gamma(2\,^3S_1 \to \gamma_2\ 1^3P_2) \approx k_0^3 : 3k_1^3 : 5k_2^3$$

对于 E1 跃迁, 可以计算其光子相对于束流方向的角分布

$$\psi' \to \gamma_0 + \chi_0, \quad \text{角分布 } 1+\cos^2\theta$$

$$\psi' \to \gamma_1 + \chi_1, \quad \text{角分布 } 1-\frac{1}{3}\cos^2\theta$$

$$\psi' \to \gamma_2 + \chi_2, \quad \text{角分布 } 1+\frac{1}{13}\cos^2\theta$$

(3) 从上面的结果看到, 实验上观察 γ_1、γ_2 和 γ_3 的角分布的不同, 可确定 $\chi_{0、1、2}$ 的自旋. 但是, 它们的其他量子数必须从它们的衰变中确定.

例如 χ_{c0}, 根据辐射产生的角分布可以得到其自旋为 0. 根据其主要强子衰变道 $\chi_{c0} \to 2(\pi^+\pi^-)$(2.26%); $\chi_{c0} \to \pi^+\pi^-K^+K^-$(1.79%); 衰变末态的两对自旋为零玻色子反玻色子的系统的 CP 宇称 $\eta_C(\pi^+\pi^-)=\eta_P(\pi^+\pi^-)=(-1)^L$; $\eta_C(K^+K^-)=\eta_P(K^+K^-)=(-1)^L$, 所以 $(\pi^+\pi^-)$ 或者 (K^+K^-) J^{PC} 的可能取值是 $0^{++}, 1^{--}, 2^{++}\cdots$. $\chi_{c0} \to (\pi^+\pi^-)0^{++} + (\pi^+\pi^-)0^{++}$ 的衰变末态的最概然的 $J^{PC}=0^{++}$; 对于 χ_{c2} 的主要强子末态 $2(\pi^+\pi^-)$ · (1.10%) 和 $(\pi^+\pi^-\pi^0\pi^0)$(2.00%), $\chi_{c2} \to (\pi^+\pi^-)0^{++} + (\pi^+\pi^-)2^{++}$ 或者 $\chi_{c2} \to (\pi^+\pi^-)$ ·

$1^{--}+(\pi^+\pi^-)1^{--}$(上述两个过程中任意一对$\pi^+\pi^-$改为$\pi^0\pi^0$得到的另外4个衰变道也同样)的最概然的$J^{PC}=2^{++}$;至于$\chi_{c1}$其辐射衰变$\chi_{c1}\to\gamma+J$(19.5%)通过辨认电磁辐射的多极性-电偶极(E1)跃迁的宇称选择定则:$\eta_P(\chi_{c1})\eta_P(J)=-1$以及电磁过程$C$宇称守恒$\eta_C(\chi_{c1})=\eta_C(J)\eta_C(\gamma)=+1$确定$J^{PC}=1^{++}$.

(4) $\chi_0,\chi_1\to\pi^0\pi^0$:

$\chi_1\to\pi^0\pi^0$是禁戒的,因为$\pi^0\pi^0$仅能组合成0^+、1^-和2^+态,角动量守恒和宇称守恒不能同时满足.

$\chi_0\to\pi^0\pi^0$是允许的,它遵守所有守恒律.但整个衰变过程是$\Psi'\to\gamma\,\chi_0\to\gamma\pi^0\pi^0\to\gamma\gamma\gamma\gamma\gamma$,同时测量5个光子,且要给出它们的不变质量也要满足上述条件,事例率低,目前只有一个实验组1985年报道$BR(\chi_0\to\pi^0\pi^0)=(3.1\pm0.4\pm0.5)\times10^{-3}$,但该数据未被粒子数据库采用.

$\chi_0,\chi_1\to\gamma\gamma$:

$\chi_1\to\gamma\gamma$是禁戒的,$\chi_0\to\gamma\gamma$是允许跃迁,但是,χ_0有强衰变道与之相竞争,$\chi_0\to\gamma\gamma$的概率很小.实验测量值为:$BR(\chi_0\to\gamma\gamma)=(2.6\pm0.5)\times10^{-4}$.

$\chi_0,\chi_1\to p\bar{p}$:是允许衰变,但是它的末态相空间因子比衰变道$\chi_0\to\pi^0\pi^0$还小很多,所以其衰变分支比也小.实验测量值为:

$$BR(\chi_0\to p\bar{p})=(2.24\pm0.27)\times10^{-4};BR(\chi_1\to p\bar{p})=(0.72\pm0.13)\times10^{-4}$$

$\chi_0,\chi_1\to\pi^+\pi^-\pi^0$,其$G$宇称不守恒,是禁戒的.

$\chi_0,\chi_1\to\pi^0\psi$,其$C$宇称不守恒,是禁戒的.

$\chi_0,\chi_1\to D^0\bar{K}^0$,是弱衰变,其衰变分支比很小.

$\chi_0\to e^+e^-$,是高阶电磁衰变,其衰变分支比很小.

$\chi_1\to e^+e^-$,电磁衰变,C宇称不守恒,禁戒.

$\chi_0,\chi_1\to\eta\psi$,能量不守恒,禁戒.

(5) 胶子的量子数为$J^P=1^-$,是矢量胶子,胶子系统的总波函数是交换胶子对称的.对于两胶子系统,只能组成0^{++}和2^{++}(零质量的胶子不能构成自旋为1的态).所以,χ_0、χ_2是通过两胶子中间态强衰变,而χ_1只能通过两胶子以上的中间态强衰变.因为其衰变概率正比于α_s^n,α_s是强相互作用常数,n是中间态粒子的数目,在J/ψ能区,$\alpha_s\approx0.2$,大约χ_1的强衰变宽度比χ_0、χ_2的强衰变宽度小α_s倍.有人用QCD给出预期值为

$$\Gamma(\chi_0\to\text{强子}):\Gamma(\chi_2\to\text{强子}):\Gamma(\chi_1\to\text{强子})\approx15:4:0.5$$

实验上测量衰变总宽度和它们衰变到强子道的分支比分别为

$$\Gamma(\chi_0)=(10.1\pm0.8)\text{MeV};\ \Gamma(\chi_1)=(0.91\pm0.13)\text{MeV};\ \Gamma(\chi_2)=(2.11\pm0.16)\text{MeV}$$

$$BR(\chi_0\to\text{强子})\approx0.982;BR(\chi_1\to\text{强子})\approx0.684;BR(\chi_2\to\text{强子})\approx0.798$$

实验得到其比值:

$$\Gamma(\chi_0\to\text{强子}):\Gamma(\chi_2\to\text{强子}):\Gamma(\chi_1\to\text{强子})=9.92:1.68:0.622$$
$$=1:0.17:0.063$$

13.20 一些带有新量子数的粲粒子，D^+ 就是其中一个，它是在 e^+e^- 对撞中，质心系能量为 $E=4.03$ GeV 时产生的. 测量 $K^-\pi^+\pi^+$ 系统的不变质量谱，观察到在 $M_{k\pi\pi}=1.87$ GeV 有一峰，三体衰变的 Dalitz 图显示近似均匀.

(1) 用最简单的夸克模型，介子是由正、反夸克组成的，说明 D^+ 不可能是奇异粒子共振态（如 K^{*+}）.

(2) $K\pi\pi$ 终态的自旋和宇称是什么？

(3) 在同一实验中，在 $K^-\pi^+$ 系统的不变质量谱上与 D^+ 质量几乎相同的地方，存在另一粒子 D^0，试问 $K\pi$ 态的 J^P 是什么？

(4) 设这两个粒子是同一同位旋多重态，你认为上述衰变是什么相互作用？

(5) 若认为 $K_S\to\pi^+\pi^-$ 衰变是典型的奇异数改变、粲数守恒的弱衰变，估计 D^0 的寿命. 设分支比 $\dfrac{BR(D^0\to K^-\pi^+)}{BR(D^0\to \text{all})}\sim 4\%$，$K_S$ 的寿命 $\sim 10^{-10}$ s.

解 (1) 根据夸克模型，K 介子是由 $\bar{s}(s)$ 和 $u(\bar{u})$ 或 $d(\bar{d})$ 组成，所有奇异介子都是由 $\bar{s}(s)$ 和一般夸克组成，且奇异夸克只有通过弱衰变到一般味道的夸克. 如果奇异介子的奇异夸克衰变到 u 或 d 夸克，奇异介子就变成一般介子. 因为强和电磁衰变不会改变夸克的味道，上述 $D^+\to K\pi\pi$ 必须是弱衰变，若在 D^+ 粒子内有 $\bar{s}$ 夸克，则它的衰变产物中不应有 K 介子，所以必须有一种新夸克，在弱衰变时，变成 $\bar{s}(s)$ 夸克，才会在衰变产物中出现 K 介子.

(2) 根据 Dalitz 图是均匀的，有 $K\pi\pi$ 系统的 $J=0$，三粒子系统总角动量为零，D^+ 粒子的自旋为零. 设两个 π 系统的轨道角动量为 l，K 相对于两 π 的轨道角动量是 l'，K 和 π 都是自旋为零的介子，$J=l+l'=0$，$l=-l'$，$|l|=|l'|$，所以，有

$$P(K\pi\pi)=(-1)^{l+l'}P^2(\pi)P(K)=(-1)^{2l+1}=-1$$

(3) 对于 $K\pi$ 系统，有

$$P(K\pi)=(-1)^l P(\pi)P(K)=(-1)^l$$

$J^P=0^+,1^-,2^+\cdots$. 若知 $J(D)=0$，则有 $l=0$，$P(K\pi)=+1$. $K\pi$ 系统的 $J^P=0^+$.

(4) 假设 D^+ 和 D^0 是同位旋多重态，它们必须有相同的 J^P 值. 但是，上面的 $K\pi\pi$ 系统和 $K\pi$ 系统的宇称却相反. 只有在弱相互作用衰变时，才会有宇称不守恒. 所以，上述衰变应是弱衰变.

(5) $D^0\to K\pi$ 和 $K_S^0\to\pi^+\pi^-$（$BR\doteq 0.70$）都是味道改变的衰变，可认为它们的相互作用矩阵元是一样的，它们的寿命不同仅是它们衰变的末态相空间不同引起的，对于两体衰变，忽略末态质量的差别，我们得到

$$\Gamma(K_S\to\pi^+\pi^-)=f_K^2\cdot m_K\cdot m_\pi^2\left(1-\frac{m_\pi^2}{m_K^2}\right)^2=f_K^2\cdot\frac{m_\pi^2}{m_K^3}(m_K^2-m_\pi^2)^2$$

$$\Gamma(D^0\to K^-\pi^+)=f_D^2\cdot m_D\cdot m_K^2\left(1-\frac{m_K^2}{m_D^2}\right)^2=f_D^2\cdot\frac{m_K^2}{m_D^3}(m_D^2-m_K^2)^2$$

式中，f_D 和 f_K 是与衰变有关的常数. 又知 $K_S^0\to\pi^+\pi^-$ 的分支比接近 70%，设 $f_D\approx f_K$，我们可估算出 D^0 的寿命值为

$$\frac{\tau_D}{\tau_K}=\frac{\Gamma_K}{\Gamma_D}=\frac{0.04\times\Gamma(K\to 2\pi)}{0.70\times\Gamma(D\to K\pi)}=\frac{m_\pi^2 m_D^3(m_K^2-m_\pi^2)^2}{0.70\times 25 m_K^5(m_D^2-m_K^2)^2}$$

$$\tau_{D^0} \approx \frac{140^2 \times 1870^3}{17.5 \times 494^5} \times \left(\frac{494^2 - 140^2}{1870^2 - 494^2}\right)^2 \times 10^{-10} \approx 1.2 \times 10^{-13}\,(\mathrm{s})$$

目前，实验值为

$$\tau_{D^0} \approx (4.103 \pm 0.015) \times 10^{-13}\,(\mathrm{s})$$

估计值和实验值在数量级上是一致的.

13.21 试证明由粲夸克和反粲夸克 $c\bar{c}$ 组成的介子不可能具有 $J^{PC}=1^{-+}$ 的状态. 已知 $P=(-1)^{L+1}$，$C=(-1)^{L+S}$.

解 夸克自旋为$\frac{1}{2}$，两夸克 $c\bar{c}$态的总自旋 $S=0$ 或 1. 若 $S=0$，$J=L=1$，则有

$$P=(-1)^2=1,$$
$$C=(-1)^1=-1$$
$$J^{PC}=1^{+-}$$

若 $S=1$，有 $J=L+1$、L、$|L-1|$. 对于 $J=1$，应有 $L=0$、1 或 2.

当 $L=0$ 时，有 $P=(-1)^1=-1$，$C=(-1)^1=-1$，为 $J^{PC}=1^{--}$态；

当 $L=1$ 时，有 $P=(-1)^2=1$，$C=(-1)^2=1$，为 $J^{PC}=1^{++}$态；

当 $L=2$ 时，有 $P=(-1)^3=-1$，$C=(-1)^3=-1$，为 $J^{PC}=1^{--}$态.

皆不符合题意，即 $c\bar{c}$ 组成的介子不可能具有 $J^{PC}=1^{-+}$的状态.

13.22 在粒子物理中，发现一些带粲数、没有奇异数的介子，称为 D^+ 和 D^0 以及它们的反粒子，质量是 1870 MeV($c=\hbar=1$).

(1) 给出 D^+ 和 D^0 介子的夸克组成；

(2) D介子衰变成一般介子(π，K). 给出下列衰变分支比的比值.

$$\frac{BR(D^0\to K^+K^-)}{BR(D^0\to K^-\pi^+)};\frac{BR(D^0\to \pi^+\pi^-)}{BR(D^0\to K^-\pi^+)};\frac{BR(D^0\to K^+\pi^-)}{BR(D^0\to K^-\pi^+)}$$

(3) 你怎样说明D介子是弱衰变？

(4) 在对撞束的质心系能量为 4.03 GeV 时，产生一个 D^+ 介子(质量＝1868.3MeV)和一个 D^{*-}介子(质量＝2008.6 MeV). 其中，D^{*-}衰变成一个 $\bar{D}^0$ 介子(质量＝1863.3 MeV)和一个 π^-，在实验室系 D^{*-}和 π^- 的动量是多少？

解 (1) D^+和 D^0 的夸克组成为 D^+：$c\bar{d}$ 和 D^0：$c\bar{u}$.

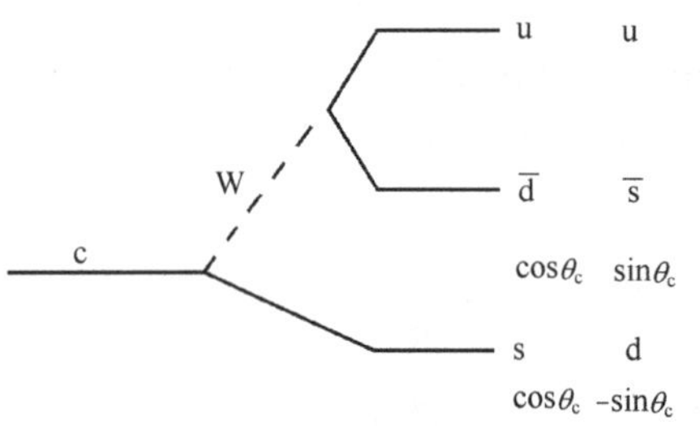

图 3.39

(2) D介子的衰变，实质是介子内的粲夸克改变味道的衰变，D介子的主要衰变方式是由 c 夸克的衰变决定的. 设 θ_c 为混合角，c 夸克衰变到其他味道夸克的幅值为(图 3.39)

① $c\to su\bar{d}$　幅值$\propto\cos^2\theta_c$

② $c\to su\bar{s}$　幅值$\propto\sin\theta_c\cos\theta_c$

③ $c\to du\bar{d}$　幅值$\propto-\sin\theta_c\cos\theta_c$

④ $c\to du\bar{s}$　幅值$\propto-\sin^2\theta_c$

$D^0\to K^-+\pi^+$，相当于模式①，是卡皮玻允许衰变.

$D^0\to K^-+K^+$，相当于模式②，是一级卡皮玻禁戒衰变.

$D^0\to \pi^++\pi^-$，相当于模式③，是一级卡皮玻禁戒衰变.

$D^0\to K^++\pi^-$，相当于模式④，是二级卡皮玻禁戒衰变.

其中,卡皮波混合角 θ_c 由实验给出,$\tan^2\theta_c \approx 0.05$,代入下式,给出

$$\frac{BR(D^0 \to K^+ K^-)}{BR(D^0 \to K^- \pi^+)} = \tan^2\theta_c \approx 0.05$$

$$\frac{BR(D^0 \to \pi^+ \pi^-)}{BR(D^0 \to K^- \pi^+)} = \tan^2\theta_c \approx 0.05$$

$$\frac{BR(D^0 \to K^+ \pi^-)}{BR(D^0 \to K^- \pi^+)} = \tan^4\theta_c \approx 2.5 \times 10^{-3}$$

(3) 在 D^0 衰变中,粲数改变.我们知道,只有在弱相互作用衰变中,夸克的味道量子数才能改变,所以上面讨论的衰变都是弱衰变.

(4) 当两个动量相同、方向相反的束流对撞时,实验室系和质心系是一样的,有

$$E_D^* + \sqrt{p_D^2 + m_D^2} = 4.03$$

$$p_D^* = p_D$$

$$p_D^{*2} + m_D^2 = E_D^{*2} + 4.03^2 - 2 \times 4.03 E_D^*$$

$$E_D^* = \frac{4.03^2 + m_{D^*}^2 - m_D^2}{2 \times 4.03} = 2.08(\mathrm{GeV})$$

$$p_D^* = 0.56\mathrm{GeV}$$

由此,可求出 D^{*-} 粒子在实验室系的运动参数

$$\beta = p/E = 0.26$$

$$\gamma = E/m = 1.04$$

在 D^{*-} 静止的系统,D^{*-} 衰变为 $\bar{D}^0$ 和 π^-,用上面的结果得到

$$E_\pi^* = \frac{m_{D^*}^2 + m_\pi^2 - m_{\bar{D}^0}^2}{2 \times m_{D^*}} = 145(\mathrm{MeV})$$

$$p_\pi^* = \sqrt{E_\pi^{*2} - m_\pi^2} \approx 38(\mathrm{MeV})$$

在实验室系,当 π^- 沿 D^{*-} 运动的方向时,有最大动量

$$(p_\pi)_{\max} = \gamma(p_\pi{}^* + \beta E_\pi{}^*) = 1.04(38 + 0.26 \times 145) \approx 79(\mathrm{MeV})$$

即 D^{*-} 和 π^- 的动量分别是 560 MeV 和 79 MeV.

13.23　最轻的粲介子 $D^0(1865)$是由 $c\bar{u}$ 组成的,它的主要衰变道是 $D \to \mu\nu X$,其中 X 是强子.问题是:

(1) 估计 $D \to \mu\nu X$ 的分支比和 $D^0(1865)$的寿命;

(2) D^0 的反粒子 $\bar{D}^0(=\bar{c}u)$与 D^0 是可区分的,它当然也是中性的.正像 K^0-$\bar{K}^0$ 系统那样,D^0 和 $\bar{D}^0$ 也可能组成 D^0-$\bar{D}^0$ 混合态.但是,它们的寿命太短,人们在实验室测量这个混合态是很困难.现在有一个想法是首先通过强相互作用产生纯的 D^0 初态,然后观测它在半轻子衰变中分别衰变到 μ^+ 子和 μ^- 子的计数.请计算分别衰变到 μ^+ 子和 μ^- 子的概率和总的概率之比 R,

$$R(t \to \infty) = \frac{\int_0^t \sigma(D^0 \to \mu^- + X)\mathrm{d}t}{\int_0^t \sigma(D^0 \to \mu^+ + X)\mathrm{d}t}$$

你可以忽略 CP 破坏.并对 D^0-$\bar{D}^0$ 和 K^0-$\bar{K}^0$ 比较,后者总的概率之比 $R \approx 1$.

解　(1) 考察 D^0 的衰变数量级,我们假设这是一个弱耦合的 $c\bar{u}$ 夸克对束缚态,D^0 的衰变实际上是粲夸克的衰变. 作出 $D\to\mu\nu X$ 的最低阶费曼图,如图 3.40 所示. 其中,前两个费曼图是半轻子衰变,后一个是非轻子衰变. 衰变的夸克最后都要碎裂成强子. 可以粗略地认为,它们的衰变费曼图是等价的,只是末态相空间因子不同. 粲夸克的质量远大于末态粒子的质量,故可忽略末态粒子的质量差别,所以末态相空间也近似相等,只是对于第三个费曼图中的 $u\bar{d}$ 夸克,每个夸克有三种颜色. 所以,衰变到夸克的宽度应是到 μ 子的宽度的 3 倍,加上衰变到正电子的衰变道,即 $D\to\mu\nu X$ 部分宽度近似总宽度的$\frac{1}{5}$,即

$$\mathrm{BR}(D\to\mu\nu X)\approx\frac{1}{5}\approx 20\%$$

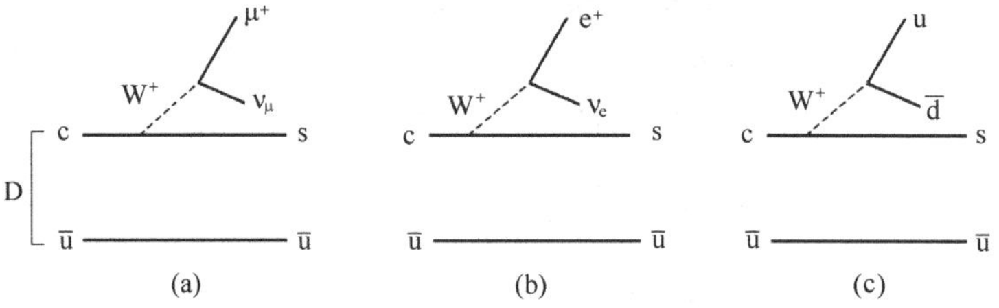

图 3.40

目前,实验值为(6.6±0.8)%.

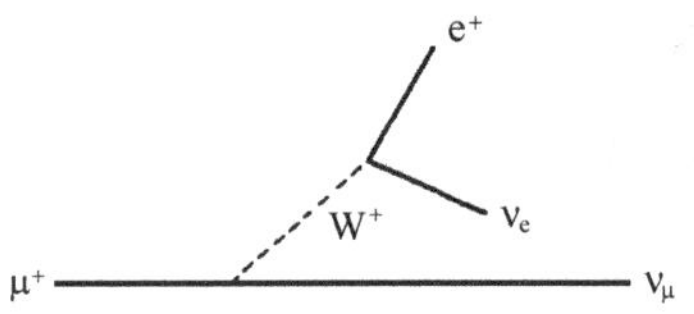

图 3.41

为估计 D^0 的寿命,一个好的办法是和 μ 子衰变比较,μ 子衰变费曼图如图 3.41 所示,它和粲夸克的衰变费曼图很相似,μ 子的质量为 106MeV,寿命为 2.2×10^{-6}s. 对三体衰变,末态相空间因子 $\rho(E)\sim E^5$. μ 子寿命为

$$\frac{1}{\tau_\mu}=K\times(m_\mu)^5$$

式中,K 包括了除相空间以外的所有弱衰变的参数. 因为 μ 子只有一个衰变道,而 D^0 应有类似的 5 个衰变道,同样是忽略末态夸克的质量,故 D^0 的寿命为

$$\frac{1}{\tau_D}=5K\times(m_c)^5$$

取粲夸克的质量近似为 1.5GeV,

$$\tau_D\approx\frac{1}{5}\times\left(\frac{m_\mu}{m_c}\right)^5\tau_\mu=\frac{1}{5}\times\left(\frac{0.106}{1.5}\right)^5\times2.2\times10^{-6}\approx7.75\times10^{-13}(\mathrm{s})$$

目前,实验值为$(4.103\pm0.015)\times10^{-13}$s.

(2) 中性 D 介子 D^0-$\bar{D}^0$ 混合系统中,弱相互作用本征态为 D^0 和 $\bar{D}^0$,D^0 衰变成 μ^+ 子,而 $\bar{D}^0$ 衰变到 μ^- 子. 类似于中性 K 介子,设 D^0 和 $\bar{D}^0$ 不是质量本征态,质量本征态为 D_1 和 D_2,我们把 D_1 和 D_2 的波函数写成 $|D^0\rangle$ 和 $|\bar{D}^0\rangle$ 的组合,有

$$|D_1\rangle=\frac{1}{\sqrt{2}}(|D^0\rangle+|\bar{D}^0\rangle)$$

$$| D_2 \rangle = \frac{1}{\sqrt{2}}(| D^0 \rangle - | \bar{D}^0 \rangle)$$

D_1 和 D_2 是质量为 m_1 和 m_2 的本征态，且有一定的衰变宽度 Γ_1 和 Γ_2. 在 t 时刻有

$$| D_i(t) \rangle = | D_i(0) \rangle e^{-im_i t - \Gamma_i t/2}, \quad i = 1, 2$$

设在 $t=0$ 时有一纯 D^0 态，写成

$$\Psi(t=0) = | D^0 \rangle = \frac{1}{\sqrt{2}}[| D_1(0) \rangle + | D_2(0) \rangle]$$

在 t 时刻，有

$$\begin{aligned}\Psi(t) &= \frac{1}{\sqrt{2}}[| D_1(t) \rangle + | D_2(t) \rangle] \\ &= \frac{1}{2}[(| D^0 \rangle + | \bar{D}^0 \rangle) e^{-im_1 t - \Gamma_1 t/2} + (| D^0 \rangle - | \bar{D}^0 \rangle) e^{-im_2 t - \Gamma_2 t/2}] \\ &= \frac{1}{2}[| D^0 \rangle (e^{-im_1 t - \Gamma_1 t/2} + e^{-im_2 t - \Gamma_2 t/2}) + | \bar{D}^0 \rangle (e^{-im_1 t - \Gamma_1 t/2} - e^{-im_2 t - \Gamma_2 t/2})]\end{aligned}$$

在 t 时刻，态 D^0 和 $\bar{D}^0$ 的幅值分别为

$$A_1 = \langle D^0 | \Psi(t) \rangle = \frac{1}{2}(e^{-im_1 t - \Gamma_1 t/2} + e^{-im_2 t - \Gamma_2 t/2})$$

$$A_2 = \langle \bar{D}^0 | \Psi(t) \rangle = \frac{1}{2}(e^{-im_1 t - \Gamma_1 t/2} - e^{-im_2 t - \Gamma_2 t/2})$$

D^0 衰变成 μ^+ 子，而 $\bar{D}^0$ 衰变到 μ^- 子，所以在 t 时刻，衰变到 μ^+ 子和 μ^- 子的概率为

$$P_{\mu^+}(t) = P_D(t) = A_1^2 = \frac{1}{4}[e^{-\Gamma_1 t} + e^{-\Gamma_2 t} + 2e^{-\Gamma t}\cos\Delta m t]$$

$$P_{\mu^-}(t) = P_{\bar{D}}(t) = A_2^2 = \frac{1}{4}[e^{-\Gamma_1 t} + e^{-\Gamma_2 t} - 2e^{-\Gamma t}\cos\Delta m t]$$

式中，$\Delta m = m_1 - m_2$. $\Gamma = \frac{1}{2}(\Gamma_1 + \Gamma_2)$，在足够长的时间内，衰变到 μ^- 子和 μ^+ 子的概率积分的比值为

$$R(t \to \infty) = \frac{\int_0^\infty P_{\mu^-}(t)\mathrm{d}t}{\int_0^\infty P_{\mu^+}(t)\mathrm{d}t} = \frac{(\Delta m)^2 + (\Delta\Gamma)^2}{2\Gamma^2 + (\Delta m)^2 - (\Delta\Gamma)^2}$$

$\Delta\Gamma = \frac{(\Gamma_1 - \Gamma_2)}{2}$. 对 K^0-$\bar{K}^0$ 系统，$\frac{\Delta m_K}{m_K} \approx 10^{-14}$. D^0-$\bar{D}^0$ 系统，假定 Δm 也是一个很小的量. 另一方面，在 $D^0 - \bar{D}^0$ 系统中，D^0 和 $\bar{D}^0$ 衰变费曼图也很相似，有 $\Gamma_1 \approx \Gamma_2 \approx \Gamma$，$\Delta\Gamma \ll \Gamma$，得到

$$R(t \to \infty) \approx \frac{(\Delta\Gamma)^2}{2\Gamma^2} \approx 0$$

即主要是衰变到 μ^+，而衰变到 μ^- 的数目很少. 这与 K^0-$\bar{K}^0$ 系统有很大不同，在 K^0-$\bar{K}^0$ 系统中，起主导作用的是 $K_S \to 2\pi$，K_L 衰变是受到 CP 抑制的，$\frac{\Delta\Gamma}{\Gamma} \approx 1$，这个比值为

$$R(t \to \infty) \approx 1$$

13.24　因为实验上观察到窄的、长寿命态（J/ψ，ψ'），引进新的粲量子数. 人们又观测

到大质量的态(Υ、Υ′、…,质量 ～ 10 GeV). 实验上是通过它衰变成轻子对发现的. 所以,又引进新的量子数 b(beauty).

(1) 粗略地估计 b 夸克的质量;

(2) 如果这种夸克带有电荷为$-\frac{1}{3}$,你如何改进盖尔曼-西岛(Gellmann-Nishijima)公式,使它包括新的量子数;

(3) 根据带颜色的夸克模型,在能区超过产生 b 夸克阈值以上时,估计强子产生相对总截面为

$$R=\frac{\sigma(e^+e^-\to h)}{\sigma(e^+e^-\to\mu^+\mu^-)}$$

(4) 若 b 夸克所带的电荷不是$-\frac{1}{3}$,而是$+\frac{2}{3}$,在 e^+e^- 对撞上产生 Υ($b\bar{b}$束缚态)的截面有什么变化? 它衰变到轻子对的分支比有什么变化? 在强子对撞中,它的产生截面有何变化?(可以简单地讨论最后的问题)

解 (1) 忽略 b 夸克结合能,b 夸克的质量为

$$m_b=\frac{1}{2}M_\Upsilon\approx 5\text{GeV}$$

(2) 当只有 u、d 和 s 夸克时,盖尔曼-西岛公式写成

$$Q=I_3+\frac{1}{2}(B+S)$$

令粲夸克的 c 量子数为 1,b 夸克的 b 量子数为−1,这时,盖尔曼-西岛公式可改写成

$$Q=I_3+\frac{1}{2}(B+S+c+b)$$

利用该公式,对于 c 夸克,$B_c=\frac{1}{3}$得到

$$Q(c)=\frac{1}{2}(B_c+c)=\frac{1}{2}\times\frac{4}{3}=\frac{2}{3}$$

对于 b 夸克,$B_b=\frac{1}{3}$同样有

$$Q(b)=\frac{1}{2}(B_b+b)=-\frac{1}{2}\times\frac{2}{3}=-\frac{1}{3}$$

(3) 当一种新的夸克产生后,它对 R 值的贡献为

$$R=\frac{\sigma(e^+e^-\to q\bar{q})}{\sigma(e^+e^-\to\mu^+\mu^-)}=3Q^2$$

式中,Q 是这个新夸克所带的电荷. 因子 3 是三种颜色的贡献. 如果质心系的总能量大于产生 b 夸克的阈值,共可产生 u、d、s、c 和 b 五种夸克,所以有

$$R=3\sum_i Q_i^2=3\left[3\times\left(\frac{1}{3}\right)^2+2\times\left(\frac{2}{3}\right)^2\right]=\frac{11}{3}$$

(4) Υ 粒子是自旋 $J=1$ 的矢量介子,它是一种新的、更重的正、反夸克($b\bar{b}$)束缚态. 由能量守恒,它不能衰变到 b 夸克对和含 b 夸克的介子. 但其衰变产物大部分是强子,可能是受 OZI 机制的限制,它类似于粲介子的衰变,主要是通过三胶子及两胶子加光子辐

射衰变,次要过程是 Υ 粒子通过虚光子衰变,虚光子再变成夸克对或轻子对. 所以,有很窄的共振峰. 根据布赖特-维格纳(Breit-Wigner)共振态公式,在共振区附近有

$$\mathrm{d}\sigma(E)=\frac{\pi(2J+1)}{m^2}\cdot\frac{\Gamma_{\mathrm{ee}}\Gamma}{(E-m)^2+\frac{\Gamma^2}{4}}\mathrm{d}E$$

式中,J 和 m 是 Υ 粒子的自旋和质量,Γ 是该共振态的总衰变宽度,Γ_{ee}是它衰变到 $\mathrm{e}^+\mathrm{e}^-$ 的部分宽度. 对共振区积分,利用积分公式$\int_{-\infty}^{\infty}\frac{\mathrm{d}x}{1+x^2}=\pi$,得到

$$\sigma_{共振}=\int\frac{3\pi}{m^2}\cdot\frac{\Gamma_{\mathrm{ee}}\Gamma}{(E-m)^2+\frac{\Gamma^2}{4}}\mathrm{d}E=\frac{6\pi^2}{m^2}\cdot\frac{\Gamma_{\mathrm{ee}}\Gamma_{\mathrm{h}}}{\Gamma}\approx\frac{6\pi^2}{m^2}\Gamma_{\mathrm{ee}}$$

同样,利用轻子相互作用的普适性,$\Gamma_{\mathrm{ee}}=\Gamma_{\mu\mu}$,可以得到共振态产生轻子对的截面.

$$\sigma_{\mathrm{e}^+\mathrm{e}^-}=\sigma_{\mu^+\mu^-}\approx\frac{6\pi^2}{m^2}\frac{\Gamma_{\mathrm{ee}}^2}{\Gamma}$$

从上面的结果可知,在共振区,产生中性矢量介子共振态的总截面和部分截面只与共振态的质量和自旋有关,与组成该束缚态的夸克的电荷无关. 根据 QCD 理论,$\mathrm{b}\,\bar{\mathrm{b}}$束缚态的位势只是保证夸克禁闭和渐进自由,与味道无关. 只有在 E_{cm}大于产生该夸克对的阈能的非共振区,直接通过虚光子产生该夸克对(QED 过程)的截面才与其夸克的电荷有关,即

$$\sigma(\mathrm{e}^+\mathrm{e}^-\to\mathrm{f}_i\,\bar{\mathrm{f}}_i)=\frac{4\pi\alpha^2}{s}Q_i^2$$

这里,需要说明的是,即使在共振能区,产生轻子对的机理应也有两部分,主要的是共振态的轻子衰变,另一部分是 QED 给出的,即

$$\sigma(\mathrm{e}^+\mathrm{e}^-\to\mathrm{l}^+\mathrm{l}^-)=\frac{4\pi\alpha^2}{3s}$$

但是,这部分产额在共振区远小于前者,实验上也发现了两者的相干效应.

用强子对撞产生 Υ 介子的机理,实际上是强子中的正、反夸克对撞产生 Υ 介子,和 $\mathrm{e}^+\mathrm{e}^-$ 对撞机理是类似的,只是不能控制正、反夸克的动量,得到共振曲线. Υ 的产生只能从测量它的衰变产物(如轻子对)的不变质量谱得到. 根据共振公式,它的产生截面和产生它的费米子对的部分宽度 $\Gamma_{\mathrm{f\bar{f}}}$成正比. 产生截面和衰变分支比同样与 b 夸克的电荷无关.

13.25 在 $\mathrm{e}^+\mathrm{e}^-$ 对撞实验中,实验上发现一个很窄的共振态($E_{\mathrm{CM}}=9.5$ GeV). 在两个衰变道

$$\mathrm{e}^+\mathrm{e}^-\to\mu^+\mu^-$$
$$\mathrm{e}^+\mathrm{e}^-\to 强子$$

中都测量到,它的共振宽度小于束流的能量分散,测量到它们在共振区的积分反应截面为

$$\int\sigma_{\mu\mu}(E)\mathrm{d}E=8.5\times10^{-33}\,\mathrm{cm}^2\cdot\mathrm{MeV}$$

$$\int\sigma_{\mathrm{h}}(E)\mathrm{d}E=3.3\times10^{-31}\,\mathrm{cm}^2\cdot\mathrm{MeV}$$

用布赖特-维格纳(Breit-Wigner)共振态公式确定,共振态衰变到 μ 子对和强子末态的部分宽度 $\Gamma_{\mu\mu}$和 Γ_{h}.

解　布赖特-维格纳共振态公式可写成

$$\sigma_{\mathrm{h}}(E)=\frac{\pi(2J+1)}{M^2}\frac{\Gamma_{\mathrm{ee}}\Gamma_{\mathrm{h}}}{(E-M)^2+\frac{\Gamma^2}{4}}$$

$$\sigma_{\mu}(E)=\frac{\pi(2J+1)}{M^2}\frac{\Gamma_{\mathrm{ee}}\Gamma_{\mu\mu}}{(E-M)^2+\frac{\Gamma^2}{4}}$$

其中，M 和 J 分别为共振态的质量和自旋，Γ、Γ_{ee} 和 $\Gamma_{\mu\mu}$ 分别是共振态衰变的总宽度和部分宽度. 同时，有关系式

$$\Gamma=\Gamma_{\mathrm{ee}}+\Gamma_{\tau\tau}+\Gamma_{\mu\mu}+\Gamma_{\mathrm{h}}$$

根据轻子弱相互作用的普适性，有 $\Gamma_{\mathrm{ee}}=\Gamma_{\tau\tau}=\Gamma_{\mu\mu}$，所以

$$\Gamma=3\Gamma_{\mu\mu}+\Gamma_{\mathrm{h}}$$

在共振态的参数为 $M=9.5\ \mathrm{GeV}$，$J=1$. 代入公式，在共振区积分得到

$$\sigma_{\mu\mu}=\int\sigma_{\mu\mu}(E)\mathrm{d}E=\frac{3\pi\Gamma_{\mu\mu}^2}{M^2}\int\frac{\mathrm{d}E}{(E-M)^2+\frac{\Gamma^2}{4}}=\frac{6\pi^2\Gamma_{\mu\mu}^2}{M^2\Gamma}=8.5\times10^{-33}(\mathrm{cm}^2\cdot\mathrm{MeV})$$

$$\sigma_{\mathrm{h}}=\int\sigma_{\mathrm{h}}(E)\mathrm{d}E=\frac{3\pi\Gamma_{\mu\mu}\Gamma_{\mathrm{h}}}{M^2}\int\frac{\mathrm{d}E}{(E-M)^2+\frac{\Gamma^2}{4}}=\frac{6\pi^2\Gamma_{\mu\mu}\Gamma_{\mathrm{h}}}{M^2\Gamma}=3.3\times10^{-31}(\mathrm{cm}^2\cdot\mathrm{MeV})$$

得到

$$\frac{\Gamma_{\mu\mu}}{\Gamma_{\mathrm{h}}}=\frac{\sigma_{\mu\mu}}{\sigma_{\mathrm{h}}}=\frac{8.5}{330}$$

$$\Gamma_{\mathrm{h}}=\frac{330\Gamma_{\mu\mu}}{8.5}=38.8\Gamma_{\mu\mu}$$

所以，有

$$\Gamma=\Gamma_{\mathrm{h}}+3\Gamma_{\mu\mu}=41.8\Gamma_{\mu\mu}$$

最后，给出

$$\begin{aligned}\Gamma_{\mu\mu}&=\frac{M^2}{6\pi^2}\frac{\Gamma}{\Gamma_{\mathrm{h}}}\times3.3\times10^{-31}=\frac{9.5^2\times10^6\times41.8}{6\times3.14^2\times38.8}\times3.3\times10^{-31}\\&=5.42\times10^{-25}(\mathrm{cm}^2\cdot\mathrm{MeV}^3)\\&\approx1.40\times10^{-3}(\mathrm{MeV})=1.40(\mathrm{keV})\end{aligned}$$

式中，利用了单位换算关系 $\mathrm{cm}=197^{-1}\times10^{13}\mathrm{MeV}^{-1}$. 最后给出

$$\Gamma_{\mathrm{h}}=38.8\Gamma_{\mu\mu}=54.32\ \mathrm{keV}$$

$$\Gamma=41.8\Gamma_{\mu\mu}=58.52\ \mathrm{keV}$$

13.26　假设有自旋为 0、电荷为 $Q=-\frac{e}{3}$ 的颜色三重态标量夸克 σ，它的质量是 5GeV.

(1) 求 σ-$\bar{\sigma}$ 低能束缚态的 J^{PC} 值，$\bar{\sigma}$ 是 σ 的反粒子，哪些态可在正负电子对撞中产生？

(2) 设 QCD 位势是一个线性组合的势，$V(r)=ar$，$a=(400\mathrm{MeV})^2$，r 是夸克和反夸克之间的距离，估计其基态的能量，低能级分裂的情况，并求在原点波函数的平方值

$|\Psi(0)|^2$;

(3) 写出描述标量夸克和光子相互作用的规范不变拉格朗日量，给出 $\sigma\text{-}\bar{\sigma}$ 基态衰变到两光子的最低阶费曼图，粗略估计其衰变宽度；

(4) 给出一个实验安排，寻找质量在几个 GeV 的稳定标量夸克.

解　(1) 首先，设 $\sigma\text{-}\bar{\sigma}$ 束缚态是非相对论的，波函数由空间和自旋角动量两部分组成. 标量夸克的自旋为 0，总角动量 $\boldsymbol{J}$ 由轨道角动量 L 决定. 因为标量夸克是玻色子，设内禀宇称为 η_σ. 正、反粒子有相同的内禀宇称，即 $\eta_\sigma\eta_\sigma=+1$，$\sigma\text{-}\bar{\sigma}$ 束缚态的宇称和电荷共轭 C 宇称分别为

$$P=(-1)^L\eta_\sigma\eta_\sigma=(-1)^L$$
$$C=(-1)^{L+S}=(-1)^L$$

所以，最低的几个 $\sigma\text{-}\bar{\sigma}$ 束缚态有 $J^{PC}=0^{++},1^{--},2^{++}\cdots$.

为考察哪些态可以在 e^+e^- 对撞产生，我们先考察一个简单、通常用的电磁湮灭过程，如果仅考虑一阶过程，主要是 e^+e^- 湮灭成一个单光子，光子再转化为标量夸克束缚态. 光子的量子数是 $J^{PC}=1^{--}$，产生的标量夸克束缚态的量子数必须等于光子的量子数，即只能产生 $J^{PC}=1^{--}$ 的标量夸克束缚态. 对于其他的态，可以通过高阶过程产生，如 $J^{PC}=1^{--}$ 态的辐射衰变等. 通过强相互作用过程，如 $p\,\bar{p}$ 对撞产生标量夸克束缚态，但目前还没有实际测量结果.

(2) 首先，我们假设束缚态是非相对论自洽的. 用自然单位制，在质心系写出其薛定谔方程为

$$-\frac{1}{2\mu}\nabla^2\Psi+ar\Psi=E\Psi$$

式中，μ 为折合质量，$\mu=\frac{m_\sigma}{2}=2.5\text{GeV}$，我们可以用标准的方法如 WKB 方法，求出基态的能量. 也可用简单的方法，作合理的近似，像氢原子那样，往往能得到同样的结果. 例如，量纲分析法就是很有用的，我们用维里定理推想，在束缚态中动能和势能大约是相等的，束缚态的平均半径为 r_0，从量纲来分析，基态的动能的幅值应为 $(m_\sigma r_0^2)^{-1}$. 势能也近似等于此值，即有 $ar_0\approx(m_\sigma r_0^2)^{-1}$. 由此可得到

$$r_0\approx\frac{1}{(am_\sigma)^{1/3}}\approx\frac{1}{(400^2\times5000)^{1/3}}\approx10^{-3}(\text{MeV}^{-1})\approx0.2(\text{fm})$$

计算中，用了自然单位制的长度单位 $1\text{MeV}^{-1}(l)\approx200\text{fm}$. 同样，基态总能量等于其动能加势能，应与势能同一量级.

$$E\approx\frac{a}{(m_\sigma a)^{1/3}}\approx\frac{400^2}{10^3}=160(\text{MeV})$$

由此可看出，每个夸克的动能比它的质量小很多，相对论修正是很小的，对于我们考虑的几个最低能级，修正只有百分之几.

考虑态的劈裂，它的能级图一定和电子偶素有很大不同，标量夸克的自旋为 0，它不可能有任何磁偶极矩，所以也不可能有精细和超精细结构，只有相同径向量子数，而不同轨道角动量 L 的态之间的劈裂. 我们来估计它们的动能幅值，对于平均半径为 r_0、角动量

为 $L=m_\sigma r_0^2\omega=\hbar=1$，非相对论时，它的经典转动动能为 $T=\frac{1}{2}m_\sigma r_0^2\omega^2$，我们估计其基态和 $L=1$ 的态之间的劈裂值为

$$\Delta E\approx\frac{m_\sigma r_0^2\omega^2}{2}=\frac{m_\sigma r_0^2}{2}\frac{1}{(m_\sigma r_0^2)^2}=\frac{1}{2m_\sigma r_0^2}=\frac{1}{2\times 5000\times 0.2^2}$$

$$=\frac{1}{400}(\mathrm{MeV}^{-1}\cdot\mathrm{fm}^{-2})\approx 100(\mathrm{MeV})$$

式中，用了 $\mathrm{fm}^{-1}\approx 200\mathrm{MeV}$. 能量劈裂的幅值与基态能量差不多是相同的量级. 这是因为我们都是从量纲分析得到近似值，在数量级上是差不多的.

估计 $|\Psi(0)|^2$，可假设束缚态在 r_0^3 的体积内近似于均匀分布. 有结果为

$$|\Psi(0)|^2\approx\frac{1}{r_0^3}\approx m_\sigma a$$

这个答案和薛定谔氢原子模型的结果，相差一个 π 因子.

(3) 写出系统的规范不变拉格朗日量. 夸克是带电的标量粒子，它必须是完整的标量波函数，这里仅选择动力学项 $(D_\mu\varphi)^*(D_\mu\varphi)$，$D_\mu=\partial_\mu+\mathrm{i}qA_\mu$ 是协变微商. 此外，还要加上质量项 $m_\sigma^2\varphi^*\varphi$ 和光子动力学项 $-\frac{1}{4}F_{\mu\nu}F^{\mu\nu}$，由此得到

$$L=(D_\mu\varphi)^*(D_\mu\varphi)+m_\sigma^2\varphi^*\varphi-\frac{1}{4}F_{\mu\nu}F^{\mu\nu}-V_{\mathrm{int}}$$

其中，V_{int} 是标量夸克的颜色相互作用项. 如果我们展开动力学项，发现有两个顶点，一个是 $-\mathrm{i}q(\varphi A_\mu\partial^\mu\varphi-\varphi\partial_\mu\varphi A^\mu)$，如图 3.42(a)所示，另一个是 $q^2A_\mu A^\mu\varphi^*\varphi$，如图 3.42(b)所示. 单光子过程不能同时满足能量和动量守恒，是禁戒的. 衰变到两个光子的费曼图有两个，第一个如图 3.42(b)所示，第二个有两个顶点，如图 3.42(c)所示. 两个费曼图有相同的幅值.

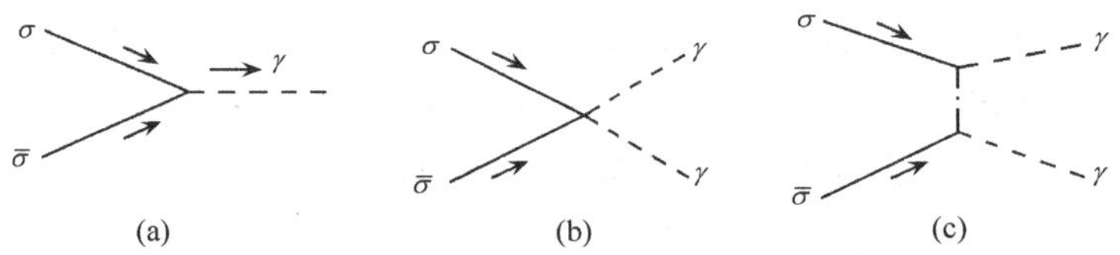

图 3.42

为估计衰变宽度，我们采用 Sakurai 等处理正电子素的近似方法. 首先，考虑入射标量夸克与反夸克的碰撞截面，在低能时，碰撞截面约为 R^2/v，R 是夸克的经典半径，v 是入射夸克的速度. 用估计电子经典半径的办法，我们有 $R=\frac{\alpha}{9m_\sigma}$，其中，增加因子 $\frac{1}{9}$ 是因为标量夸克的电荷为 $\frac{e}{3}$.

对撞率是对撞截面乘以通量，通量是速度乘以波函数在原点的密度 $v|\Psi(0)|^2$，所以衰变率为

$$\Gamma\approx\frac{R^2}{v}\times v\times|\Psi(0)|^2=\frac{\alpha^2a}{81m_\sigma}\approx 2\times 10^{-5}(\mathrm{MeV})$$

$$\tau = \Gamma^{-1} \approx 5 \times 10^4 (\mathrm{MeV}^{-1})$$

代入 $\mathrm{MeV}^{-1}(t) \approx 6.6 \times 10^{-22}\mathrm{s}$，得到

$$\tau = \Gamma^{-1} \approx 5 \times 10^4 \times 6.6 \times 10^{-22} = 3.3 \times 10^{-17}(\mathrm{s})$$

(4) 近几十年来，人们一直在寻找质量在几个 GeV 的标量夸克，实际上，任何带电的粒子一定有电磁相互作用，它可以在正、负电子对撞中产生，就像产生粲夸克和重的 τ 轻子那样. 当然，产生截面的大小是由电磁相互作用的强度来决定的. 产生标量夸克束缚态的截面幅值，与产生粲夸克束缚态应是同一量级. 但是，到现在为止，我们还未发现质量在几个 GeV 的标量夸克存在.

13.27 假设自然界存在一个重质量的、带电的、自旋为 1 的夸克 Q^+ 和反夸克 Q^-. 我们知道，用非相对论粲子素模型，很好地描述了 J/Ψ 粒子家族. 设想用类似的模型预言中性 $\mathrm{Q}\overline{\mathrm{Q}}$共振态的谱，画出它的几个最低能级，标出其自旋和宇称、电荷共轭宇称，并画出相应的电磁多极跃迁.

解 目前流行的处理重夸克素的非相对论粲子素模型，它给出一个强相互作用位势，作为近似，它是一个中心势，所以波函数的角度部分为球谐函数. 考虑夸克禁闭等，一种较好的势被称为康奈尔(Cornell)模型

$$V(r) = -\frac{k}{r} + \frac{r}{a^2}$$

这种库仑势加线性势的含义在于，库仑势暗含渐近自由，线性势包含夸克禁闭. 考虑自旋相关效应后，可利用数值计算方法求出能级秩序. 系统角动量态采用 LS 耦合

$$\boldsymbol{S} = \boldsymbol{s}_1 + \boldsymbol{s}_2$$

$$\boldsymbol{J} = \boldsymbol{S} + \boldsymbol{L}$$

对于 $s_1 = s_2 = 1$，按角动量理论 $\mathrm{Q}\overline{\mathrm{Q}}$自旋耦合得总自旋量子数可以取 $S=0,1,2$. 这种夸克是玻色子，自旋为 1，有 P 宇称，$P(\overline{\mathrm{Q}}) = P(\mathrm{Q})$，所以中性介子的 P 宇称为

$$P(\mathrm{Q}^+\mathrm{Q}^-) = P(\mathrm{Q}^+)P(\mathrm{Q}^-)(-1)^L \approx (-1)^L$$

电荷共轭 C 宇称变换使得 Q^+、Q^- 都变为其反粒子，即各自变为对方. 对轨道角动量态利用其宇称变换性质，对耦合态利用 CG 系数对称性质可得

$$C(\mathrm{Q}^+\mathrm{Q}^-) = (-1)^{L+S}$$

L、S 分别为系统的轨道角动量和总自旋量子数. 由此得到各种态的符号和 L、S 以及 J^{PC} 值如下：

$L=0$，	$S=0$，	n^1S_0	0^{++}
	$S=1$	n^3S_1	1^{+-}
	$S=2$	n^5S_2	2^{++}
$L=1$，	$S=0$	n^1P_1	1^{--}
	$S=1$	n^3P_0	0^{-+}
		n^3P_1	1^{-+}
		n^3P_2	2^{-+}
	$S=2$	n^5P_1	1^{--}
		n^5P_2	2^{--}
		n^5P_3	3^{--}

这里，借用了光谱符号：$n^{2s+1}\mathrm{S}_J$ 态、$n^{2s+1}\mathrm{P}_J$ 态等. n 表示主量子数，$2s+1$ 代表单态、三重态、五重态等，J 为总角动量量子数. 它们的能级秩序如图 3.43 所示. 这里，各种 P 态的秩序和自旋有关，所以这里给出的秩序只是一种可能性，具体情况可以由详细的势来计算. 但是，从上面的能级也可以看出，它比自旋为$\frac{1}{2}$的粲夸克和反夸克组成的粲偶素谱要复杂些，因为它多了${}^5\mathrm{S}_2$ 和${}^5\mathrm{P}_J$ 两组能谱. 根据电磁跃迁的选择定则，可以得到表 3.15 中的各类跃迁(设能级之间的能量差是容许的). 这里，P 态之间的跃迁未计入，因为它们之间的能级秩序不确定. $2\,{}^1\mathrm{S}_0\rightarrow1\,{}^5\mathrm{P}_{2,3}$之间的高阶跃迁也未计入(M2，E3)，另外，${}^5\mathrm{S}_2\rightarrow{}^1\mathrm{S}_0$、$2\,{}^3\mathrm{S}_1\rightarrow{}^5\mathrm{P}_2$ 和${}^1\mathrm{P}_1$ 等均未列入，因为它们是 C 宇称禁戒的.

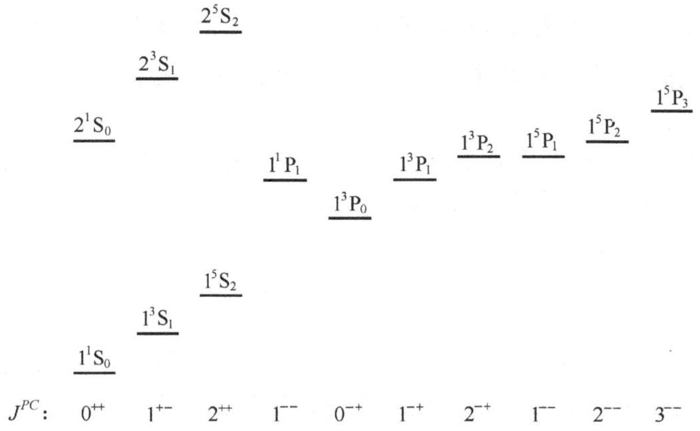

图 3.43　$S=1$ 的夸克和反夸克系统($\mathrm{Q}\overline{\mathrm{Q}}$)能级秩序

表 3.15

跃迁的能级	$\Delta J=J'-J$	P 宇称变否	C 宇称变否	跃迁类型
$2^3\mathrm{S}_1\rightarrow1^3\mathrm{P}_{0,1,2}$	$0,\pm1$	是	是	E1
$1^3\mathrm{P}_{0,1,2}\rightarrow1^3\mathrm{S}_1$	$0,\pm1$	是	是	E1
$2^5\mathrm{S}_2\rightarrow2^3\mathrm{S}_1\rightarrow2^1\mathrm{S}_0$	$-1(-2)$	否	是	M1(E2)
$1^5\mathrm{S}_2\rightarrow1^3\mathrm{S}_1\rightarrow1^1\mathrm{S}_0$	$-1(-2)$	否	是	M1(E2)
$2^5\mathrm{S}_2\rightarrow1^3\mathrm{S}_1\rightarrow1^1\mathrm{S}_0$	$-1(-2)$	否	是	M1(E2)
$2^3\mathrm{S}_1\rightarrow1^1\mathrm{S}_0$	-1	否	是	M1
$2^5\mathrm{S}_2\rightarrow1^5\mathrm{P}_{1,2,3}$	$0,\pm1$	是	是	E1
$1^5\mathrm{P}_{1,2,3}\rightarrow1^5\mathrm{S}_2$	$0,\pm1$	是	是	E1
$2^1\mathrm{S}_0\rightarrow1^1\mathrm{P}_1,1^5\mathrm{P}_1$	1	是	是	E1
$1^1\mathrm{P}_1,1^5\mathrm{P}_1\rightarrow1^1\mathrm{S}_0$	-1	是	是	E1
$2^5\mathrm{S}_2\rightarrow1^1\mathrm{P}_1$	-1	是	是	E1
$1^1\mathrm{P}_1\rightarrow1^5\mathrm{S}_2$	1	是	是	E1

第四篇　实验方法和粒子束

14　射线和物质的相互作用

14.1　高能 μ 子在物质中的能量损失主要是由于与下面哪种粒子碰撞引起的　（　　）

(A) 核子　(B) 核　(C) 电子的碰撞　(D) 夸克

解　因为 μ 子主要通过与物质中的电子碰撞使电子电离或激发到原子的高能态而损失能量．所以，答案是(C).

14.2　一束 μ^- 被物质吸收，因为 μ^- 可以　（　　）

(A) 发射一个光子而变成一个电子

(B) 被一个质子吸收，质子变成激发态

(C) 被一原子俘获，进入围绕核的束缚轨道

(D) 与原子核发生反应

解　μ^- 可以被原子俘获在核外轨道上，形成奇异 μ 原子，其他过程都不能发生．答案为(C).

14.3　一个能量为 1GeV 的电子通过一个辐射长度后失去的能量为　（　　）

(A) 0.368GeV　(B) 0　(C) 0.632GeV　(D) 0.89GeV

解　高能电子通过物质因辐射其能量变化为 $E=E_0\mathrm{e}^{-\lambda x}$，其中 λ 为吸收系数，$x_0=\dfrac{1}{\lambda}$ 定义为辐射长度．高能电子通过一个辐射长度后损失的能量为 $\Delta E=E_0-E_0\mathrm{e}^{-1}=1-0.368=0.632(\mathrm{GeV})$．答案为(C).

14.4　电子的临界能量是　（　　）

(A) 其辐射损失与电离损失相等时的能量

(B) 电子使原子电离时的能量

(C) 可以进行核反应的阈能

(D) 使原子激发的最小能量

解　电子通过介质时，其电离损失随着能量的增加而减少，而辐射损失随能量的增加而增加，当其辐射损失与电离损失相等时的能量定义为临界能量．答案是(A).

14.5　一个相对论质子，穿过 1cm 厚的闪烁体时失去 1.8MeV 的能量，最可能的机制是　（　　）

(A) 电离和激发

(B) 康普顿效应

(C) 电子对效应

(D) 韧致辐射

解　因为质子穿过物质时主要以电离和激发的方式损失能量，对于相对论质子最小电离损失 $dE/dx \approx 1 \sim 2\ \mathrm{MeV/g \cdot cm^{-2}}$，闪烁体的密度为 $\rho \approx 1\mathrm{g \cdot cm^{-3}}$，经过 1cm 后损失能量为

$$dE = (dE/dx)dx \approx 1.8\mathrm{MeV}$$

答案为(A).

14.6　相对论粒子在单位厚度($1\mathrm{g/cm^2}$)的物质中损失的能量约为　　(　　)

(A) 500 eV　(B) 10 keV　(C) 2 MeV　(D) 10 MeV

解　相对论粒子的最小电离损失为 $dE/dx \approx (1 \sim 2)\mathrm{MeV/g \cdot cm^{-2}}$. 答案为(C).

14.7　在低能情况下，重离子束流尺寸的离散主要是由　　(　　)

(A) 有限电离　(B) 多次散射　(C) 电离涨落　(D) 以上都不对

解　多次散射使离子前进方向改变，造成离散．答案是(B).

14.8　费米坪是由下面哪种效应引起的？　　(　　)

(A) 密度效应　(B) 洛伦兹收缩　(C) 相对论质量增加　(D) 切伦科夫效应

解　当洛伦兹因子 $\gamma \approx 3$ 时，带电粒子的平均电离损失最小：$dE/dx \approx (dE/dx)_{\min}$，当 $\gamma > 3$ 后，由于 dE/dx 随能量变化的对数效应，随 γ 的增加而缓慢增加，在固体和液体中当 $\gamma > 10$，在气体中 $\gamma > 100$ 后，由于电子的密度效应，$dE/dx \approx$ 常数．dE/dx 随 E 的变化曲线的坪叫“费米坪”．答案是(A).

14.9　能量为 E，速度为 v 的带电粒子在单次碰撞中，在能量间隔 dE' 中损失能量为 E' 的概率正比于　　(　　)

(A) $E'dE'/E$　(B) EdE'　(C) E^2dE'　(D) $\left(\frac{1}{vE'}\right)^2 dE'$

解　单次碰撞中带电粒子损失的能量只与粒子的速度 v 和碰撞距离 b 有关，$E' = \frac{2z^2e^4}{m_0v^2b^2}$，其中 z 是入射粒子的电荷，m_0 是电子的质量，则有

$$dE' = -\frac{4z^2e^2}{m_0v^2b^3}db = -A\frac{db}{v^2b^3}$$

其中

$$db = \frac{-v^2b^3}{A}dE,\quad A = \frac{4z^2e^4}{m_0}$$

假设介质中电子的密度均匀分布，$b^2 = \frac{A}{v^2}E'$，电子在 b 到 $b+db$ 间的概率为

$$d\sigma = 2\pi b\,|\,db\,| = \frac{2\pi v^2b^3}{A}dE' = \frac{2\pi v^2A^2E'^2}{Av^4}dE = \frac{2\pi A}{v^2E'^2}dE' \propto \frac{dE'}{(vE')^2}$$

答案是(D).

14.10　高能带电粒子在物质中的散射主要是由于与(　　)的作用

(A) 原子和分子　(B) 电子　(C) 核　(D) 夸克

解　高能带电粒子通过介质时与电子和核发生库仑散射，虽然与电子作用的次数非常多，然而每次作用的动量转移却非常小，只有与核碰撞才能引起明显的散射．所以答案是(C).

14.11　带电粒子通过厚度为 x 的物质时，平均散射角随什么增加　（　　）

(A) x^2　(B) $x^{1/2}$　(C) x　(D) x^3

解　带电粒子通过厚度为 x 的物质时，平均散射角为

$$|\bar{\theta}| = \frac{KZ\sqrt{x}}{pV} \propto \sqrt{x}$$

所以答案是(B)

14.12　高能反质子束进入长度为 l 的液氢泡室，σ_e、σ 分别为弹性散射截面和总截面. 设两者都与能量无关. 对入射动量为 $\boldsymbol{p}$ 的反质子，求在泡室中被两次弹性散射而离开泡室的概率 $w_e(l)$.

解　设在泡室中，单位体积内质子的数目为 N，则反质子的吸收长度、弹性散射长度分别为 $\lambda=1/N\sigma$ 、$\lambda_e=1/N\sigma_e$. 反质子在泡室中在 $x_1\sim x_1+dx_1$ 弹性散射的概率为

$$dw_1 = \lambda_e e^{-\lambda x_1} dx_1$$

反质子在一次散射后，在 $x_2\sim x_2+dx_2$ 再一次和质子发生弹性散射，且散射后不再被吸收，跑出泡室外的概率为

$$dw = dw_1 e^{-\lambda(x_2-x_1)}(\lambda_e dx_2)e^{-\lambda(l-x_2)} = e^{-\lambda x_1}(\lambda_e dx_1)e^{-\lambda(x_2-x_1)}(\lambda_e dx_2)e^{-\lambda(l-x_2)} = \lambda_e^2 e^{-\lambda l} dx_1 dx_2$$

式中，$0\leqslant x_1\leqslant l$，$x_1\leqslant x_2\leqslant l$. 对 x_1 和 x_2 积分

$$w_2(l) = \int_0^l\int_{x1}^l \lambda_e^2 e^{-\lambda l} dx_2 dx_1 = \int_0^l \lambda_e^2 e^{-\lambda l}(l-x_1)dx_1 = \lambda_e^2 e^{-\lambda l}\left(l-\frac{l^2}{2}\right) = \frac{l^2}{2}\lambda_e^2 e^{-\lambda l}$$

该式可推广到 n 次弹性散射不被吸收的概率

$$w_n(l) = \frac{\lambda_e^n}{n!}e^{-\lambda l}$$

同样，可推广到反质子在泡室内经过任何次弹性散射，最后不被吸收而跑出泡室的概率为

$$\sum_{n=0}^{\infty} w_n(l) = e^{-(\lambda-\lambda_e)l}$$

14.13　一块厚度为 2cm 的塑料闪烁体直接耦合到增益为 10^6 的光电倍增管光阴极，一个 10GeV 粒子束射入闪烁体[图 4.1(a)]，

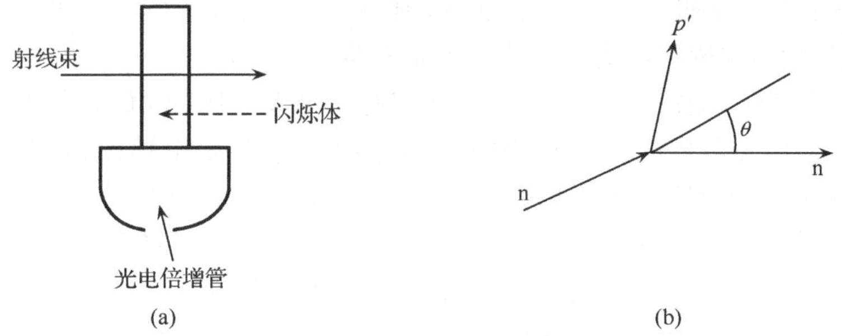

图 4.1

(1) 如果粒子束是 μ 子，估计光电倍增管阳极所收集到的电荷；

(2) 假设可以探测到阳极上小到 10^{-12}C 的信号，如果粒子束是中子，当它能被探测

到时，估计它与闪烁体中的质子弹性散射的最小角度；

(3) 其他条件与(2)相同，只是中子被碳核散射．

解 (1) 从 μ 子的电离损失曲线估计，闪烁体中每 100eV 的能量可产生一个荧光光子，对于 10GeV 的 μ 子在 2cm 的塑料闪烁体中损失的能量大约为 4MeV，所以它在闪烁体中可以产生的光子数为 $N\approx4\times10^4$．假设约有 50%的光子会进入光电倍增管，且约 10%的光子会打出光电子．对于 10^6 的增益，阳极上将有 2×10^9 个电子，电荷量为 $Q=2\times10^9e=3.2\times10^{-10}$(C)．

(2) 如图 4.1(b)所示，在实验室系中，如果中子的散射角 θ 很小，在垂直于它的运动方向上动量的改变为 $p\theta$，即反冲质子获得的动量为 $p\theta$，动能为 $T=\dfrac{p^2\theta^2}{2m_p}$．因为 4MeV 的能量可产生 3.2×10^{-10}C 的电荷，能探测到 10^{-12}C 的电荷相当于 12.5keV 的能量．这么小能量的质子，它的动能将完全损失在闪烁体中．可以认为反冲质子的能量至少为 12.5keV，这样在实验室系中，中子的最小散射角为

$$\theta_{\min}^2=\frac{2m_p}{p_n^2}\times12.5\times10^3=\frac{2\times10^9}{(10^{10})^2}\times12.5\times10^3=2.5\times10^{-7}(\text{rad})^2$$

所以

$$\theta_{\min}=5.0\times10^{-4}\,\text{rad}$$

(3) 如果把质子换成碳核，计算方法类似，其最小散射角为

$$\begin{aligned}\theta_{\min}^2&=\frac{2m_c}{p_n^2}\times12.5\times10^3\\&=\frac{2\times12\times10^9}{(10^{10})^2}\times12.5\times10^3=3.0\times10^{-6}(\text{rad})^2\end{aligned}$$

$$\theta_{\min}(\text{C})=1.73\times10^{-3}(\text{rad})$$

14.14 当高能带电粒子通过透明介质时，如果其运动速度大于光在该介质中的传播速度，就会产生切伦科夫辐射．

(1) 导出粒子速度 $v=\beta c$、介质的折射率 n 及切伦科夫辐射的方向与粒子运动方向的夹角 θ 间的关系式；

(2) 在一个大气压和 20°C 时，氢气的折射率 $n=1+1.35\times10^{-4}$，电子穿过此氢气介质时，能产生切伦科夫辐射所需的最小动能是多少？

(3) 一台切伦科夫辐射探测器是由一条充有一个大气压，20°C 氢气的长管道和一个光学系统组成．该光学系统能探测到辐射光并测出辐射角度 θ(精确到 $\delta\theta=10^{-3}$ rad)．一束动量为 100GeV/c 的带电粒子通过计数器，因为动量已知，所以从效果上讲对切伦科夫辐射角的测量就是对粒子静止质量 m_0 的测量，对质量 $m_0\approx1$GeV 的粒子，用切伦科夫计数器测量的相对误差($\delta m_0/m_0$)是多少？(精确到一级小量)

解 (1) 如图 4.2 所示，当入射粒子在 $\Delta\tau$ 时间内由 A 运动到 B 时，辐射的切伦科夫辐射光的波前到达 $BC(BC\perp AC)$，$AB=v\Delta\tau=\beta c\Delta\tau$，$AC=c\Delta\tau/n$，在△$ABC$ 中，

$$\cos\theta=\frac{AC}{AB}=\frac{c\Delta\tau/n}{\beta c\Delta\tau}=\frac{1}{n\beta}$$

即为切伦科夫辐射的条件．

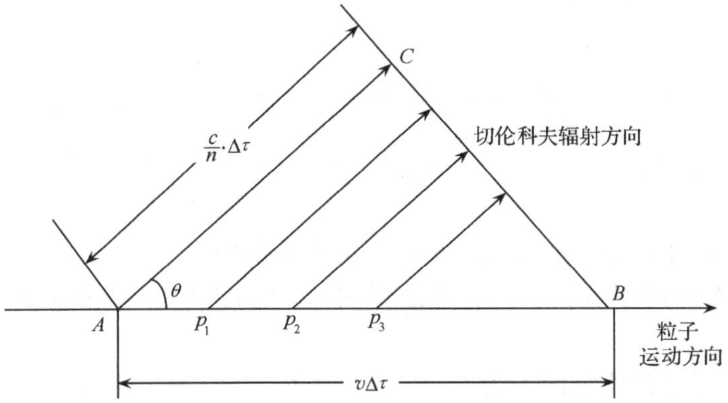

图 4.2

(2) 由于 $\cos\theta\leqslant 1$，得 $\beta\geqslant\frac{1}{n}$，

所以

$$\beta_{\min}=\frac{1}{n}=\frac{1}{1+1.35\times 10^{-4}}\approx 1-1.35\times 10^{-4}$$

这样

$$\gamma_{\min}=\frac{1}{\sqrt{1-\beta^2}}=\frac{1}{\sqrt{(1+\beta)(1-\beta)}}\approx\frac{1}{\sqrt{2\times 1.35\times 10^{-4}}}=60.86$$

电子的最小动能为

$$T=(\gamma_{\min}-1)m_0c^2=(60.86-1)\times 0.511=29.93(\text{MeV})$$

(3) 可以从下式计算粒子的静止质量

$$m_0^2=\frac{p^2}{(\gamma\beta)^2}=\frac{p^2(1-\beta^2)}{\beta^2}=\frac{p^2}{\beta^2}-p^2$$
$$=p^2n^2\cos^2\theta-p^2$$

将上式两边微分

$$2m_0\mathrm{d}m_0=-2p^2n^2\cos\theta\sin\theta\mathrm{d}\theta$$

所以

$$\mathrm{d}m_0=\frac{p^2n^2}{2m_0}\sin 2\theta\mathrm{d}\theta$$

对于 $m_0\approx 1\text{GeV}/c^2$，$p=100\text{GeV}/c$，

$$\gamma=\frac{\sqrt{p^2+m_0^2}}{m_0}=\sqrt{10^4+1}$$

这样

$$\cos\theta=\frac{1}{n\beta}=\frac{\gamma}{n\sqrt{\gamma^2-1}}=\frac{\sqrt{10^4+1}}{(1+1.35\times 10^{-4})\times 10^2}$$
$$\approx\frac{1+0.5\times 10^{-4}}{1+1.35\times 10^{-4}}\approx 1-0.85\times 10^{-4}\approx 1-\frac{\theta^2}{2}$$

所以　$\theta^2 \approx 1.7\times 10^{-4}$，$\theta \approx 1.3\times 10^{-2}$(rad).

因为 θ 非常小，$\sin 2\theta \approx 2\theta$，因此

$$\frac{\mathrm{d}m_0}{m_0} = \frac{p^2 n^2 \theta}{m_0^2}\mathrm{d}\theta \approx 10^4 \times 1.3 \times 10^{-2} \times 10^{-3} = 0.13$$

14.15　一个动量为 1.0GeV/c 的质子穿过高压气体，可以通过改变气压调节气体的折射率.

(1) 质子能产生切伦科夫辐射的最小折射率是多少？

(2) 当气体折射率为 1.6 时，切伦科夫辐射的出射角是多少？(质子的质量是 0.938GeV/c^2.)

解　(1) 质子的洛伦兹因子为

$$\gamma = \frac{\sqrt{p^2 + m^2}}{m} = \frac{\sqrt{1.0^2 + 0.938^2}}{0.938} = 1.46$$

$$\beta = \sqrt{1 - \frac{1}{\gamma^2}} \approx 0.729$$

质子能产生切伦科夫辐射的条件为

$$n \geqslant \frac{1}{\beta} = \frac{1}{0.729} = 1.37$$

(2) 切伦科夫辐射角应满足

$$\cos\theta = \frac{1}{n\beta} = \frac{1}{1.6 \times 0.729} = 0.86$$

所以

$$\theta \approx 31^\circ$$

14.16　具有相同动量 140MeV/c 的 μ 子和 π 介子通过一介质时，仅有 μ 子发出切伦科夫光，已知 $m_\pi c^2 = 140$MeV，$m_\mu c^2 = 106$MeV，求介质的折射系数 n 的可能区域.

解　当带电粒子进入折射系数为 n 的介质时，若粒子在介质中的运动速度大于光在该介质中的相速度，可产生切伦科夫辐射. 对于动量均为 140MeV/c 的 μ 子和 π 介子，μ 子有切伦科夫辐射，而 π 介子没有辐射，折射系数为 n 的范围是 $c/v_\pi > n > c/v_\mu$，即 $\beta_\pi < 1/n < \beta_\mu$.

μ 子和 π 介子的速度 $\beta = pc/E$，有关系式

$$\beta_\pi = \frac{p_\pi c}{\sqrt{p_\pi^2 c^2 + m_\pi^2}} = \frac{140}{\sqrt{140^2 + 140^2}} = \frac{1}{\sqrt{2}} = \frac{1}{1.41}$$

$$\beta_\mu = \frac{p_\mu c}{\sqrt{p_\mu^2 c^2 + m_\mu^2}} = \frac{140}{\sqrt{140^2 + 106^2}} = \frac{1}{1.26}$$

$$\frac{1}{1.41} < \frac{1}{n} < \frac{1}{1.26}$$

所以折射系数的可能区域是

$$1.41 > n > 1.26$$

14.17　计算 50keV 的 X 射线通过 1cm 的人体肌肉组织(无骨)的吸收大约是多少？

解　由于人体绝大部分是水，故计算可以按水处理，即取密度为 $\rho = 1\mathrm{g/cm^3}$，已知

50keV 的 X 射线的吸收系数为 $\mu=0.221\text{cm}^2/\text{g}$，故通过 1cm（质量厚度 $d=\rho x=1\text{g/cm}^3\times1\text{cm}=1\text{g/cm}^2$）的人体 X 射线的吸收为

$$1-\mathrm{e}^{-\mu d}=1-\mathrm{e}^{-0.221}=20\%$$

14.18　能量分别为 0.3eV、3eV、3keV 和 3MeV 的光子与物质发生作用，对于这些不同能量的光子，下列哪种作用最重要？

(a)电子对效应；(b)光电效应；(c)康普顿散射；(d)瑞利散射；(e)电离；(f)喇曼散射．

解　这些能量的光子与物质作用的主要方式如下：

0.3eV——喇曼散射；

3eV——瑞利散射，喇曼散射；

3keV——光电效应；

3MeV——光电效应、康普顿散射，电子对效应．

14.19　讨论能量小于 10MeV 的 γ 光子与物质的相互作用，列出在这一能区的重要相互作用形式；描述每一种作用的物理机制并画出每种相互作用对总截面（作为能量函数）的相对贡献．

解　能量小于 10MeV 的 γ 光子与物质的相互作用形式主要是光电效应、康普顿散射和电子对效应．

① 光电效应：光子把它的全部能量传递给原子中的电子，电子脱离原子核的束缚而逃离，即为光电子，光电子的动能 E_e 等于光子的能量 E_γ 减去电子的结合能 ε($E_e=E_\gamma-\varepsilon$)．为同时满足动量和能量守恒，自由电子不可能全部吸收光子的能量成为光电子，必须有原子核的反冲来保持动量守恒（详 14.24 题）．光电效应主要产生在被原子核束缚较紧密的内层电子（例如，如果光子的能量大于 K 层电子的结合能，则在 K 层产生光电效应的概率约占 80%）．作用截面 $\sigma_{光电}\propto Z^5$，且当 $\varepsilon<E_\gamma<0.511\text{MeV}$ 时，$\sigma_{光电}\propto E^{-7/2}$，$E_\gamma>0.511\text{MeV}$ 时，$\sigma_{光电}\propto E^{-1}$，所以低能光子与高 Z 物质作用光电效应是主要的．

② 康普顿散射（有关康普顿散射的问题详见本卷第一篇第一章 1.12～1.16 题）：光子被自由电子散射（原子的外层电子可近似地被看作是自由的），由能量和动量守恒可以得出（参见 1.13 题）

$$E'_\gamma=E_\gamma\left[1+\frac{E_\gamma}{m_e c^2}(1-\cos\theta)\right]^{-1}$$

$$E_e=E_\gamma\left(1+\frac{m_e c^2}{E_\gamma(1-\cos\theta)}\right)^{-1}$$

其中，E_e 为反冲电子的动能，E_γ，E'_γ 分别为散射前、后光子的能量，θ 为光子的散射角 m_e 为电子质量，由公式可见，对一定的散射角 θ，E'_γ 和 E_e 都是单能的，但在整个立体角范围内却是连续分布的，这对探测 γ 射线带来不利影响．康普顿散射截面 $\sigma_c\propto ZE_\gamma{}^{-1}\ln E_\gamma$ ($E_\gamma>0.5\text{MeV}$)．在几百 keV 到 MeV 的能区，康普顿散射占主导地位．

③ 电子对产生：当 $E_\gamma>2m_e c^2$ 时，光子在核的库仑场中，可产生正负电子对，两个电子的总动能为

$$E_{e^+}+E_{e^-}=E_\gamma-2m_e c^2$$

在能量不太高时，电子对产生截面 $\sigma_{e^+e^-}$ 随 E_γ 的增加而增加，高能时 $\sigma_{e^+e^-}$ 近似为常数．

当 $E_\gamma > 4\text{MeV}$ 时，电子对效应占主导作用．单个光子不能产生电子对(详见 14.24 题)．图 4.3 给出了各种相互作用截面 σ 和 E_γ 的关系．

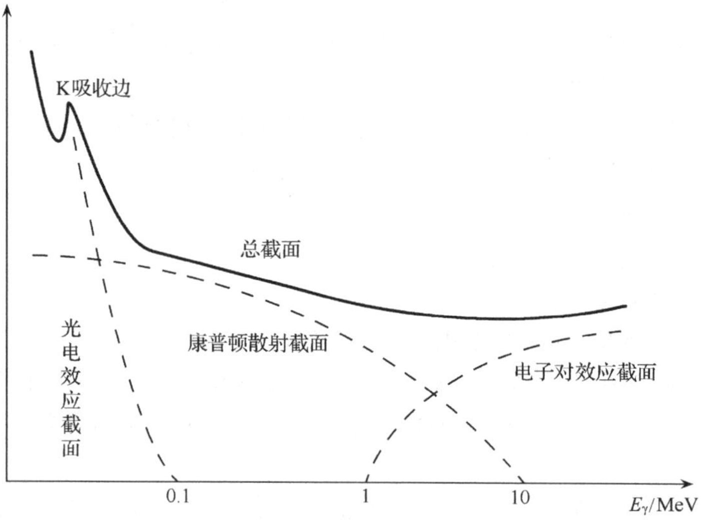

图 4.3

14.20　可以通过观测反冲质子在闪烁体中产生的荧光来探测快中子，假定有一块 5cm 厚的闪烁体，其中碳原子和氢原子的数密度相同，均为 4×10^{22} 原子/cm^3.

(1) 能量约为 5MeV 的中子垂直入射到闪烁体板上，有多大比例通过该板而不与碳或氢发生作用？

(2) 有多比例的入射中子会产生反冲质子？(假定 $\sigma_\text{H}=1.5\text{b}$，$\sigma_\text{C}=1.0\text{b}$，$1\text{b}=10^{-24}\text{cm}^2$)．

解　(1) 设中子数为 N，由于中子与物质的相互作用，当它通过 Δx 厚的物质时，中子数的改变为

$$\Delta N = -N(\sigma_\text{H} n_\text{H} + \sigma_\text{C} n_\text{C})\Delta x$$

通过厚度为 d 的物质时，不发生相互作用的中子数为

$$N = N_0 \exp[-(\sigma_\text{H} n_\text{H} + \sigma_\text{C} n_\text{C})d]$$

所占的比例为

$$\begin{aligned}\eta &= N/N_0 = \exp[-(\sigma_\text{H}+\sigma_\text{C})nd] \\ &= \exp[-(1.5+1.0)\times10^{-24}\times4\times10^{22}\times5] \\ &= \text{e}^{-0.5} = 60.6\%\end{aligned}$$

(2) 与物质发生作用的中子数的份数为 $\eta'=1-\eta=39.5\%$，其中只有和氢作用才有反冲质子，故产生反冲质子的中子份额为

$$\eta'' = \eta' \frac{\sigma_\text{H}}{\sigma_\text{H}+\sigma_\text{C}} = \eta' \cdot \frac{1.5}{1.5+1.0} = \frac{3}{5}\eta' = 23.7\%$$

14.21　快中子在铅中的平均自由程近似为 5cm，求中子与铅作用的总截面(铅的质量数约为 207，密度约为 13g/cm^3)．

解　单位体积中的铅原子数为

$$n = \frac{\rho}{A}N_0 = \frac{13}{207}\times 6.02\times 10^{23} = 2.90\times 10^{22}(\text{cm}^{-3})$$

中子在铅中的平均自由程 $l=1/(n\sigma)$，其中 σ 为中子与铅的作用截面为

$$\sigma = \frac{1}{nl} = \frac{1}{2.90\times 10^{22}\times 5} = 6.90\times 10^{-24}(\text{cm}^2) = 6.90(\text{b})$$

14.22　慢中子束通过镉板后，其强度减弱到原来的 5%，镉对中子的吸收截面为 $\sigma=2500\text{b}$，求所需镉板的厚度(镉的质量数为 $A=112$，镉板的密度为 $\rho=8.7\times 10^3\,\text{kg/m}^3$).

解　中子束通过厚度为 x 的镉板后的强度为 $I(x)=I_0\text{e}^{-n\sigma x}$，其中 I_0 为入射中子的强度，n 为镉板的原子数密度，

$$n = \frac{\rho}{A}N_0 = \frac{8.7}{112}\times 6.02\times 10^{23} = 4.7\times 10^{22}(\text{cm}^{-3})$$

所需镉板的厚度为

$$x = \frac{1}{n\sigma}\ln\frac{I_0}{I(x)} = \frac{1}{4.7\times 10^{22}\times 2500\times 10^{-24}}\ln\frac{1}{0.05} = 0.025(\text{cm})$$

14.23　一束中子通过数密度为 $n=4\times 10^{22}$ 原子/cm^3 的氢靶后被探测器 C 记录(图 4.4). 在恒定中子通量下，空靶时，探测器记录到 $N'=5.0\times 10^5$ 中子事例，当靶中充满氢时，在同样的时间内 C 记录到 $N''=4.6\times 10^5$ 中子事例．估计 n-p 散射截面及其统计误差．

解　设 n-p 散射截面为 σ，N_0 个中子通过厚度为 x 的氢靶后，数量为 $N(x)=N_0\text{e}^{-n\sigma x}$，设探测器 C 对中子的探测效率为 η，则空靶时 C 记录到的事例数为

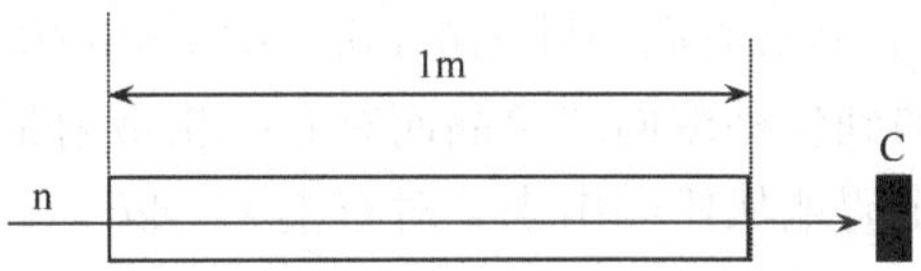

图 4.4

$$N' = \eta N_0$$

有氢靶时 C 记录的事例数为

$$N'' = \eta N(x) = \eta N_0\text{e}^{-n\sigma x} = N'\text{e}^{-n\sigma x}$$

这样

$$N''/N' = \exp^{-n\sigma x}$$

n-p 的散射截面为

$$\sigma = \frac{1}{nx}\ln\frac{N'}{N''} = \frac{1}{4\times 10^{22}\times 100}\ln\frac{5\times 10^5}{4.6\times 10^5} = 2.08\times 10^{-26}(\text{cm}^2) = 20.8(\text{mb})$$

$$\frac{\partial\sigma}{\partial N'} = \frac{1}{nx}(\Delta N'),\ \frac{\partial\sigma}{\partial N''} = \frac{1}{nx}(\Delta N''),\ (\Delta N') = \sqrt{N'},\ (\Delta N'') = \sqrt{N''}$$

则 σ 的统计误差

$$\begin{aligned}(\Delta\sigma)^2 &= \left(\frac{\partial\sigma}{\partial N'}\right)^2(\Delta N')^2 + \left(\frac{\partial\sigma}{\partial N''}\right)^2(\Delta N'')^2\\ &= \frac{1}{(nx)^2}\left[\left(\frac{\Delta N'}{N'}\right)^2 + \left(\frac{\Delta N''}{N''}\right)^2\right]\\ &= \frac{1}{(nx)^2}\left(\frac{1}{N'} + \frac{1}{N''}\right)\end{aligned}$$

$$\Delta\sigma = \frac{1}{(nx)}\sqrt{\frac{1}{N'} + \frac{1}{N''}} = \frac{1}{4 \times 10^{22} \times 100}\sqrt{\frac{1}{4.6 \times 10^5} + \frac{1}{5 \times 10^5}}$$

$$\approx 5 \times 10^{-28}(\mathrm{cm}^2) = 0.5(\mathrm{mb})$$

由此 $\sigma = (2.08 \pm 0.05) \times 10^{-26}(\mathrm{cm}^2) = (20.8 \pm 0.5)\mathrm{mb}$

14.24 一束宽能谱中子沿着一个很长的石墨晶体轴向入射(图 4.5),实验发现快中子都从棒的侧面逃逸,只有慢中子从棒的顶端射出,简单解释并估计从棒的顶端出射的中子的速度的最大值.

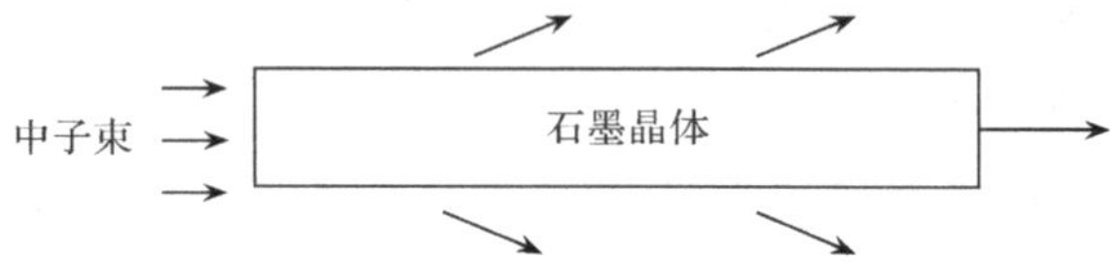

图 4.5

解 石墨晶体是一个冷中子过滤器,高能中子总是与石墨晶体中的核产生弹性碰撞而改变方向,最后逃逸出石墨棒,但由于中子的波动性,当中子的波长与晶体的晶格大小可以相比时,中子在石墨内发生相干散射,满足布拉格公式 $m\lambda = 2d\sin\theta, m = 1, 2, 3, \cdots$,特别是 $\lambda > 2d$ 时,除 $\theta = 0°$,不可能有相干散射,这时中子可以不受偏转地通过晶体,而石墨晶体中的碳核对中子的吸收截面很小,所以 $\lambda > 2d$ 的中子衰减也很少. 石墨棒是一种多晶,晶格方向杂乱无章,高能中子通过弹性散射改变方向最后逃逸出石墨棒,热中子也因遇到各种取向的单晶而有布拉格散射最后也从棒的侧面逃逸. 只有 $\lambda > 2d$ 的冷中子不受阻碍地从棒端出来. 对石墨 $\lambda > 2d = 0.669\mathrm{nm}$.

估计中子的最大速度为

$$v_{\max} = \frac{p}{m_{\mathrm{n}}} = \frac{h}{m_{\mathrm{n}}\lambda} = \frac{hc^2}{\lambda m_{\mathrm{n}}c^2} = \frac{3 \times 10^8 \times 1240}{0.669 \times 939 \times 10^6} = 592(\mathrm{m/s})$$

即从石墨末端出来的中子的最大速度为 592m/s.

14.25 3MeV 的电子中微子在物质中的平均自由程为 ( )

(A) 10 $\mathrm{g/cm^2}$ (B) 10^7 $\mathrm{g/cm^2}$ (C) 10^{17} $\mathrm{g/cm^2}$ (D) 10^{27} $\mathrm{g/cm^2}$

解 此能量的中微子与物质的作用截面 $\sigma \approx 10^{-41}\ \mathrm{cm}^2$,物质的原子密度为 $n \approx 6 \times 10^{23}\ \mathrm{cm}^{-3}$,质量密度 $\rho \approx 1\mathrm{g/cm^3}$,因而中微子在物质中的平均自由程为

$$l = \rho/\sigma n \approx 10^{17}\,\mathrm{g/cm^2}$$

所以答案为(C).

15 探测技术和实验方法

15.1 在气体中由辐射产生一对自由离子的平均能量 ( )

(A) 等于电离电位 (B) 在 20~40eV

(C) 近似等于 11.5Z (D) 近似等于 11.5Z^2

解 产生一对自由离子所需的平均能量大于电离电位,因为还需要部分能量作为离

子的动能．所以答案是(B).

15.2　在$\dfrac{E}{p}$低时(E为电场强度,p为气压),电子在气体中的漂移速度v_{Dr}严格遵守关系式$v_{\mathrm{Dr}}\propto\dfrac{E}{p}$,这可以用下列事实来解释　(　　)

(A) 电子到达的能量$\varepsilon=eE\int\mathrm{d}s$　(B) 电子在与气体分子的非弹性碰撞中完全热化

(C) 反应截面与电子速度无关　(D) 电子与气体分子的碰撞无法计算

解　电子在电场E中得到的平均速度为$\bar{v}=\dfrac{p}{2m_{\mathrm{e}}}=\dfrac{eE}{2m_{\mathrm{e}}}\tau$,$\tau$为二次作用之间的平均时间,当作用截面与电子速度无关时,$\tau=\dfrac{1}{v_{\mathrm{Dr}}}\propto\dfrac{1}{\sigma v_{\mathrm{Dr}}}$,$\sigma$为作用截面,这时有

$$v_{\mathrm{Dr}}=\frac{e\sigma E}{2m_{\mathrm{e}}p}\propto\frac{E}{p}$$

当$\sigma=\sigma(v)$时情况就复杂了,答案为(C).

15.3　分子平均电离势是下述不同能量范围的平均值　(　　)

(A) 原子激发能　(B) 分子的结合能　(C) 电子的壳层能量　(D) 核的激发能

解　平均电离能是产生一对正负离子对所需的平均能量,是分子的结合能的平均值.所以答案为(B).

15.4　正比计数器对带电离子的探测效率最终由下面哪种因素决定　(　　)

(A) 信噪比　(B) 总电离　(C) 初级电离　(D) 说不清楚

解　当初级电离少时,产生的信号小,由于统计涨落,带电粒子有一定的概率因产生初级电离太少不能被记录而失效．答案为(C).

15.5　正比计数器中,在单能X射线谱上经常出现两个峰,这是由于　(　　)

(A) 荧光辐射的逃逸　(B) 俄歇效应　(C) 康普顿散射　(D) 电子逃逸

解　逃逸效应造成两个峰:能量高的是全能峰,能量较低的峰是次级荧光辐射逃逸形成的峰．所以答案为(A).

15.6　限制正比计数器的分辨时间的原因是　(　　)

(A) 放大器的信噪比　(B) 阳极上信号上升时间长

(C) 电离的无规则分布及由此造成的漂移时间不同　(D) 电子学成形时间太长

解　初级电离地点的任意性,使不同位置产生的初级电子到达阳极的时间不同,阳极信号多是由最早到达阳极的电子的雪崩产生的,故引起较大的涨落,使分辨时间变差．所以答案为(C).

15.7　一个盖革计数器,外圆筒直径10mm,接地,中间有一根直径50μm,加2000V高压的阳极丝,丝上的场强为　(　　)

(A) 200^2 V/cm　(B) 150 kV/cm　(C) 1.5×10^9 V/cm　(D) 1.5×10^7 V/cm

解　在计数器中r处的电场强度为

$$E(r)=\frac{V}{r\ln\dfrac{R_{\mathrm{o}}}{R_{\mathrm{i}}}}$$

$R_o=\frac{10}{2}=5(\text{mm})$， $R_i=\frac{50}{2}=25(\mu\text{m})$， $V=2000\text{V}$，

$$E(R_i)=E(R_i)=\frac{2000}{2.5\times10^{-3}\ln(2\times10^2)}=150(\text{kV/cm})$$

所以答案为(B).

15.8　第 15.7 题中筒壁上的电场强度为　(　　)

(A) 0 V/cm　(B) 377 V/cm　(C) 754 V/cm　(D) 1000 V/cm

解

$$E(r)=\frac{V}{r\ln\frac{R_o}{R_i}},\quad E(R_o)=\frac{V}{R_o\ln\frac{R_o}{R_i}}=\frac{2000}{0.5\ln\frac{5000}{25}}=754(\text{V/cm})$$

答案为 (C).

15.9　在自猝灭盖革计数器中，什么机制使得放电扩展？　(　　)

(A) 由紫外光从阴极上打出次级光电子　(B) 在阴极丝附近由紫外光电离气体

(C) 产生亚稳态且接着退激发　(D)倍增电子的扩散

解　答案为(B).

15.10　纯 NaI 晶体是很好的闪烁体吗？　(　　)

(A) 是　(B) 只在很低的温度下才是

(C) 不是　(D) 只在很高的温度下才是

解　答案是(B).

15.11　双晶闪烁体谱仪的优点是什么？　(　　)

(A) 快　(B) 在光探测器中输出幅度高

(C) 价格低　(D) 计数率高

解　双晶闪烁体谱仪的优点在于可以抑制康普顿散射和逃逸峰，增加全能峰的幅度. 答案是(B).

15.12　带电粒子穿过 NaI(Tl)闪烁体，平均电离损失为$\frac{dE}{dx}$，则光输出$\frac{dL}{dx}$　(　　)

(A) 与$\frac{dE}{dx}$成正比

(B) dE/dx 很高时出现饱和

(C) dE/dx 高时出现饱和，dE/dx 低时减小

(D) dE/dx 很低时出现饱和

解　NaI(Tl)不是线性很好的闪烁体，它的光输出与粒子的种类及粒子能量损失有关，在能量损失 dE/dx 很小时光输出偏离直线较大，当 dE/dx 很大时又出现饱和. 答案为(C).

15.13　用 NaI(Tl)闪烁探测器测量单能 γ 射线. 发生在康普顿边沿和光电峰之间的事例　(　　)

(A) 在薄探测器中占优势　(B) 在厚探测器中占优势

(C) 都不会占优势　(D) 都会占优势

解　一般情况下在光电峰和康普顿边沿间发生的事例总是很少，在能谱上呈谷状，在薄和厚的探测器中都不会占优势．所以答案是(C)．

15.14　有机闪烁体发光是由于　　(　　)

(A) 离开原来位置的 σ 电子能级间的跃迁　(B) 分子的振动能级间的跃迁

(C) 分子的转动能级间的跃迁　(D) 分子的振动和转动能级间的跃迁

解　实际上有机闪烁体的发光的快成分是电子由 ${}^0S_1$ 态到离开原来位置的 ${}^1S_0$ 态间的跃迁．所以答案是(A)．

15.15　一个总能量为 1.4GeV 的质子穿过两个相隔 10m 的闪烁计数器，飞行时间是多少？　　(　　)

(A) 300ns　(B) 45ns　(C) 33 ns　(D) 15ns

解　质子的质量 $m_p \approx 0.938\text{GeV}$，总能量为 $E = \gamma m_p$，所以

$$\gamma = \frac{E}{m_p} = \frac{1.4}{0.938} \approx 1.49$$

$$\beta = \sqrt{1 - \frac{1}{\gamma^2}} = 0.74$$

$$t = \frac{l}{\beta c} = \frac{10}{0.74 \times 3 \times 10^8} \approx 45(\text{ns})$$

所以答案是(B)．

15.16　第 16.15 题中的粒子如果是电子，其飞行时间是多少？　　(　　)

(A) 330 ns　(B) 66 ns　(C) 33 ns　(D) 15ns

解　1.4 GeV 的电子，$\beta \approx 1, v \approx c$ 所以

$$t \approx \frac{l}{v} = \frac{10}{c} \approx 33(\text{ns})$$

答案是(C)．

15.17　探测 500MeV 的 γ 射线的最佳选择是　　(　　)

(A) 氢气泡室　(B) 簇射探测器(BGO)　(C) 盖革计数器　(D) 高纯锗探测器

解　500MeV 的 γ 射线在介质中会产生电磁簇射，所以需要用全吸收型的电磁簇射计数器探测。因为 BGO 晶体的密度大，辐射长度短，是电磁簇射计数器的最佳选择．答案是(B)．

15.18　如何测量下列粒子的平均寿命？(1) ${}^{238}\text{U}, \tau = 4.5 \times 10^9 \text{yr}$；(2) Λ^0 超子，$\tau = 2.5 \times 10^{-10}\text{s}$；(3) ρ^0 介子 $\tau \approx 10^{-22}\text{s}$．

解　(1)用比放射性测定 ${}^{238}\text{U}$ 的寿命：$\frac{\mathrm{d}N}{\mathrm{d}t} = \lambda N$，$\frac{\mathrm{d}N}{\mathrm{d}t}$ 是衰变率，可以用计数器直接测量，已知样品的放射性原子核数 N，就可以求出 λ，平均寿命 $\tau = \frac{1}{\lambda}$．

(2) 用径迹法测量 Λ^0 超子的平均寿命：用气泡室拍摄 Λ^0 超子衰变的径迹照片，根据衰变 $\Lambda^0 \to p + \pi^-$，由 p 和 π^- 在强磁场中的径迹的曲率可以计算它们的动量，Λ^0 的动量就是它们动量的矢量和. 已知 Λ^0 的质量，根据 Λ^0 的衰变距离就可以求出 Λ^0 的平均寿命．

(3) 测量 ρ^0 介子寿命要用不变质量法，即从测得的不变质量谱得到其自然宽度 Γ，再

根据不确定性关系 $\Gamma\tau\approx\hbar$ 推算出粒子的平均寿命.

15.19 不稳定核的寿命,由它的产生和衰变两事件的时间间隔决定. 测量不稳定核的平均寿命的方法之一是延迟符合测量. 将测量的核产生时的脉冲信号,经过延迟 t 时刻后,送到符合电路,再与测量到的核衰变时的脉冲信号符合,测量两个不同延迟时间 t_1 和 t_2 时的计数率. 假设已知衰变率 λ 的大约值,$1/\lambda$ 远大于符合线路的分辨时间,没有本底和偶然符合的问题.

(1) 如何用延迟时间是 t_1 和 t_2 时得到的符合计数率 C_1 和 C_2,求出 λ 值?

(2) 如果总实验时间为 T,又不能同时测量两个不同延迟时间的计数,怎样安排测量 C_1 和 C_2 的时间和延迟时间 t_1 和 t_2?

解 (1) 符合计数率为 $C=Ae^{-\lambda t}$,A 为常数,则 $\lambda=\dfrac{\ln\dfrac{C_1}{C_2}}{t_2-t_1}$.

(2) 如果 T_1、T_2 分别是测量 C_1、C_2 所用时间,总计数 $N_1=C_1T_1$,$N_2=C_2T_2$,N_1、N_2 的统计误差分别是 $\sigma_1^2=N_1$ 和 $\sigma_2^2=N_2$. $\dfrac{C_1}{C_2}$的统计误差为

$$\sigma^2\left(\frac{C_1}{C_2}\right)=\sigma^2\left(\frac{N_1}{N_2}\frac{T_2}{T_1}\right)$$

$\dfrac{C_1}{C_2}$相对误差为

$$\delta^2=\frac{\sigma^2\left(\dfrac{C_1}{C_2}\right)}{\left(\dfrac{C_1}{C_2}\right)^2}=\delta_1^2+\delta_2^2=\frac{1}{N_1}+\frac{1}{N_2}=\frac{1}{C_1T_1}+\frac{1}{C_2T_2}$$

总的实验时间为 $T=T_1+T_2$,要求相对误差最小,上式对 T_1 和 T_2 微分为 0,得到

$$\frac{T_1}{T_2}=\left(\frac{C_2}{C_1}\right)^{\frac{1}{2}}$$

也就是说,计数率低时,测量时间要长些. 那么

$$T_1=\left(\frac{C_2}{C_1}\right)^{\frac{1}{2}}\cdot\left(\left(\frac{C_2}{C_1}\right)^{\frac{1}{2}}+1\right)^{-1}T,\quad T_2=\left(\left(\frac{C_2}{C_1}\right)^{\frac{1}{2}}+1\right)^{-1}T$$

代入上式有

$$\delta^2=\frac{\sigma^2\left(\dfrac{C_1}{C_2}\right)}{\left(\dfrac{C_1}{C_2}\right)^2}=\frac{1}{T}\left(\frac{1}{\sqrt{C_1}}+\frac{1}{\sqrt{C_2}}\right)^2$$

$$\sigma^2(\lambda)=\frac{1}{T}\left[\frac{\sqrt{C_1}+\sqrt{C_2}}{(t_2-t_1)\sqrt{C_1C_2}}\right]^2$$

对于指数衰变,$C_1=Ae^{-\lambda t_1}$,$C_2=Ae^{-\lambda t_2}$,当 $t_1=0$ 时,$\sigma^2(\lambda)$最小的条件是

$$\left(\frac{\lambda t_2}{2}-1\right)e^{\lambda t_2/2}=1$$

解此方程,得到 $t_2=2.56/\lambda$.

15.20　设一个放射性核素的衰变纲图如图 4.6 所示．设计一个实验，测量核辐射粒子的能量，并用实验验证衰变纲图．

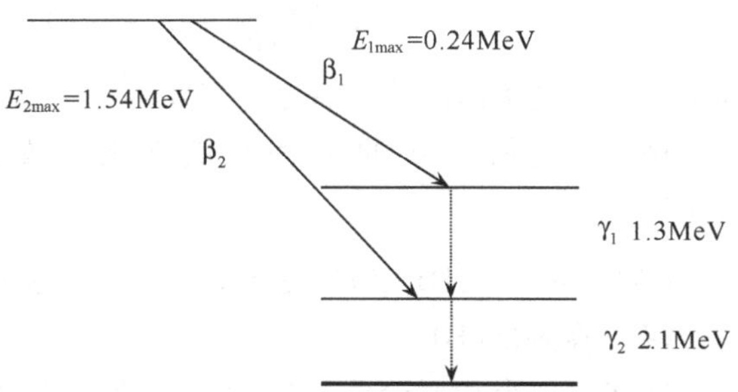

图 4.6

解　一个精确测量上述衰变纲图的实验是用高精度的 β 谱仪测量 β_1 和 β_2 的能谱，得到 E_{1max} 和 E_{2max}，用高纯锗半导体 γ 谱仪测量 γ_1 和 γ_2 的能谱 E_{γ_1}，E_{γ_2}．为了得到衰变纲图的衰变秩序，还必须利用符合方法．因为 γ 衰变的寿命都很短，且是单能的，γ_1 和 γ_2' 容易区别．两个电子的能谱都是连续谱，区分它们的方法是用测量 β_2 和 γ_2(用全能峰信号)的符合及 β 和 γ_1 的符合，来区分是 β_2 或 β_1．是测量 β_2 和 β_1 的本底 β_1 和 γ_2、β_2 和 γ_1 的偶然符合．

简单地测量可用气体探测器加吸收片来测量 β 粒子的最大能量，用闪烁计数器测量 γ 射线的能量，再加上符合方法来区分它们的衰变顺序．

16　误差和统计

16.1　已知精细结构常数 α 的有效位数是　（　）

(A) 4　　(B) 8　　(C) 12　　(D) 20

解　$\alpha=\dfrac{e^2}{4\pi\hbar c}=\dfrac{1}{137.03604(11)}$. 所以有效位数是 8. 答案是(B)

16.2　用重建电子对质量的办法测量了 25 个 $J \longrightarrow e^+ + e^-$ 事例，仪器测量精度 $\Delta m/m=1\%$，平均质量为 3.100GeV. 则质量的误差是　（　）

(A) 6.2MeV　　(B) 1.6MeV　　(C) 15.0MeV　　(D) 44 MeV

解　$\Delta m/m$ 实际上是一次测量的精度，Δm 可以是一次测量的误差，对于 25 次测量，标准偏差为

$$\sigma_D=\sqrt{\frac{1}{25-1}\sum(\Delta m)^2}=\sqrt{\frac{25}{24}}\Delta m\approx\Delta m=31(\mathrm{MeV})$$

则标准偏差的平均值即标准误差为

$$\sigma=\frac{\sigma_D}{\sqrt{25}}=\frac{\Delta m}{5}=6.2(\mathrm{MeV})$$

所以答案是(A).

16.3　最小电离带电粒子穿过 $1\mathrm{mg/cm^2}$ 的气体，能量损失有涨落，能量损失的半高宽除以最可几能量损失即能量分辨率约为　（　）

(A) 100%　　(B) 10%　　(C) 1%　　(D) 25%

解　最小电离带电粒子穿过厚 $1\mathrm{mg/cm^2}$ 的气体的电离损失约为 2 keV，气体平均电离能约为 30eV，所以能量分辨率为

$$\eta = 2.354\left(\frac{\varepsilon F}{E_0}\right)^{1/2} = 2.354\left(\frac{30F}{2000}\right)^{1/2} \approx 29(F)^{1/2}\%$$

其中，$F<1$ 是法诺因子．答案是(B).

16.4　能量为 E 的 X 射线被正比计数器吸收，平均产生 $\bar{n}$ 对离子对，均方根涨落 σ 为　　(　　)

(A) $\sqrt{\bar{n}}$　　(B) $\sqrt{F\bar{n}}(F<1)$　　(C) $\pi\ln\bar{n}$　　(D) $\ln\bar{n}$

解　答案是(B).

16.5　一个相对论质子穿过 1cm 厚的闪烁体损失 1.8MeV 的能量，它平均每损失 100eV 的能量可以产生一个光子，闪烁体由一个传输效率为 10%的光导连接在一个光电倍增管上使光子转换成光电子，其转换效率为 10%，那么光电倍增管输出脉冲高度的涨落 σ 是多少？　　(　　)

(A) 21.2%　　(B) 7.5%　　(C) 2.8%　　(D) 1.0%

解　质子在闪烁体中可产生的光子数为

$$n_0 = \frac{\Delta E}{100} = \frac{1.8\times 10^6}{100} = 1.8\times 10^4$$

在光电倍增管上产生的光电子数为

$$N = 1.8\times 10^4 \times 0.1\times 0.1 = 180$$

相对误差为

$$\sigma = \frac{\sqrt{N}}{N} = \frac{1}{\sqrt{N}} = \frac{1}{\sqrt{180}} = 7.5\%$$

答案是(B).

16.6　假如探测射线每秒钟的平均计数为 4 次，求在 1s 内计数 8 次的概率是多少？

解　对于小数目计数满足泊松分布，所求概率为

$$W(N) = \frac{\overline{N}^N}{N!}e^{\overline{N}} = \frac{4^8}{8!}e^{-4} = 0.03$$

16.7　利用 X 射线和 X 射线探测器可以检测铝质滤光板的均匀性，使 X 射线垂直射向铝板，在铝板不同点进行 6 次测量，6 次计数分别为 1.00×10^4，1.02×10^4，1.04×10^4，1.06×10^4，1.08×10^4，1.1×10^4.

(1) 计算这些测量的标准偏差；

(2) 由这些测量数据，可对铝板的均匀性得出什么结论？

(3) 已知 $N=N_0\exp(-\mu t)$，N 的误差与铝板的厚度 t 的误差有什么关系？

(4) 对应给出的一组测量计数，t 的百分误差是在 t 大时比较大还是在 t 小时比较大？

解　(1) 这些计数的平均值为 $\overline{N} = \frac{1}{n}\sum_1^n N_i = 1.05\times10^4$，则标准偏差为

$$\sigma = \sqrt{\frac{1}{n-1}\sum_1^n (N_i - \overline{N})} = 0.037\times 10^4$$

(2) 如果铝板是均匀的，则计数应服从泊松分布，其标准误差应为

$$\sigma' = \sqrt{N} = \sqrt{1.05\times 10^4} = 0.01\times 10^4$$

但实际标准误差为 0.037×10^4，比此值大得多，所以铝板均匀性不好．

(3) 因为 $N=N_0e^{-\mu t}$，N 的误差与 t 的误差间的关系由误差传递关系连接，$\frac{dN}{N}=-\mu dt$，

$$\frac{\Delta N}{N}=\mu\Delta t$$

所以

$$\frac{\Delta N}{N}=\mu t\left(\frac{\Delta t}{t}\right)$$

(4) 因为 $\frac{\Delta t}{t}=\frac{1}{\mu t}\frac{\Delta N}{N}$，对于给定的一组数据，当 t 小时，t 的百分比误差较大．

16.8　在充一个大气压空气的云室内，5MeV 的 α 粒子显出 4cm 长的径迹，大约需要多少径迹才可能有一次机会发现由于与核碰撞而引起的大角度散射？

解　核半径为 $R=r_0A^{1/3}$，其中 $r_0=1.2\text{fm}$，故核的横截面为

$$\sigma=\pi R^2=\pi(1.2\times10^{-13}\times14.7^{1/3})^2=2.7\times10^{-25}(\text{cm}^2)$$

空气分子的平均质量数 $A=14.7$，密度 $\rho=0.001293\ \text{g}\cdot\text{cm}^{-3}$，云室内原子核数的密度为

$$n=\frac{\rho N_A}{A}=\frac{0.001293\times6.023\times10^{23}}{14.7}=5.3\times10^{19}(\text{cm}^{-3})$$

α 粒子的平均自由程为

$$\lambda=\frac{1}{n\sigma}=7.0\times10^4(\text{cm})$$

故需要观察 $N=\frac{\lambda}{l}=\frac{7.0\times10^4}{4}\approx20000$ 个事例才可能有一次机会观察到由于与核碰撞而产生的大角度散射．

16.9　μ^+ 子衰变为一个正电子和两个中微子 $\mu^+\to e^++\nu_e+\bar{\nu}_\mu$，其平均寿命为 $2\mu s$，若静止的 μ^+ 子沿某坐标系 z 轴的极化率为 P，只观察 μ^+ 子衰变的最高能量的正电子，这些正电子出射的角分布为 $I\cos\theta d\Omega=(1+P\cos\theta)\frac{d\Omega}{4\pi}$，其中 θ 为正电子出射方向与 z 轴的夹角，$d\Omega$ 为正电子出射方向的立体角元．

(1) 假定 $P=+1$，那么在观察到的 6 个正电子中，3 个朝前半球($\cos\theta>1$)，3 个朝后半球($\cos\theta<1$)出射的概率是多少？

(2) 假定 $P\approx1$，但不知其准确值，试设想通过比较正电子向前出射的数目 N_f、向后出射的数目为 N_b 来确定 P 值，需要观察多少次衰变 $N(N=N_f+N_b)$ 才能使测得 P 的精度为 $\pm1\%$？

解　(1) 因为 $d\Omega=2\pi d(\cos\theta)$，对任意 P 值，正电子向前出射的概率为

$$P_f=2\pi\int_0^1\frac{(1+P\cos\theta)d\cos\theta}{4\pi}=\frac{1}{2}\left(1+\frac{P}{2}\right)$$

向后出射的概率为

$$P_b=2\pi\int_{-1}^0\frac{(1+P\cos\theta)d\cos\theta}{4\pi}=\frac{1}{2}\left(1-\frac{P}{2}\right)$$

如果我们得到 N 个正电子，向前出射的数目为 N_f，和向后出射的数目为 N_b，其概率分布满足二项式分布

$$W = \frac{N!}{N_f!N_b!}(P_f)^{N_f}(P_b)^{N_b}$$

对于 $P=1, P_f=3/4, P_b=1/4, N=6, N_f=N_b=3$. 此概率为

$$W = \frac{6!}{3!3!}\left(\frac{3}{4}\right)^3\left(\frac{1}{4}\right)^3 = 20\times\frac{27}{4096} = 0.132$$

(2) 由于 $P_f=\frac{N_f}{N}, P_b=\frac{N_b}{N}$，可得到极化率 P 值为

$$P_f - P_b = \frac{P}{2}$$

即

$$P = 2(P_f - P_b) = 2(2P_f - 1)$$

可得 N_f 的偏差为

$$\Delta N_f = \sqrt{NP_f(1-P_f)}$$

$$\Delta P_f = \frac{\Delta N_f}{N} = \sqrt{\frac{P_f(1-P_f)}{N}}$$

$$\Delta P = 4\Delta P_f = 4\sqrt{\frac{P_f(1-P_f)}{N}}$$

所以

$$N = \frac{16P_f(1-P_f)}{(\Delta P)^2}$$

由于 $P\approx 1, \Delta P\approx 0.01, P=0.01, P_f=3/4$，$N$ 至少为

$$N = \frac{16\times\frac{3}{4}\times\frac{1}{4}}{(10^{-2})^2} = 30000$$

16.10　由于次级宇宙线与大气中的氮相互作用而不断地产生 ^{14}C，使 ^{14}C 在大气 CO_2 中的沉积近似稳定．当一个有机生物体死亡时，它身体中碳里 ^{14}C 的含量之比与大气中相同，但随着时间的流逝，^{14}C 的含量由于放射性衰变而减少，这是用放射性碳测年代技术的基础．在下面的问题中假定大气中 ^{14}C 与 ^{12}C 的含量之比为 10^{-12}，^{14}C 的 β 衰变半衰期为 5730 年．

(1) 现用放射性测年代法测定碳样品的年龄．假定样品年龄为 5000 年，用探测效率为 100％的探测器记录 1 小时，且没有本底，要使年龄的测量精度(标准偏差)为 ±50 年，需要多少克碳样品？

(2) 如果有本底，精确测定本底计数为 4000/h，那么(1)题中的结果是多少？

解　(1) ^{14}C 的衰变规律为

$$N = N_0 e^{-\lambda t}$$

计数率为

$$A=-\frac{\mathrm{d}N}{\mathrm{d}t}=\lambda N_0\mathrm{e}^{-\lambda t}=\lambda N$$

$$\mathrm{d}A=\lambda^2N_0\mathrm{e}^{-\lambda t}=\lambda A_0\mathrm{d}t$$

$$\frac{\Delta A}{A}=\lambda\Delta t$$

由于 $\Delta t=50,\lambda=\frac{\ln 2}{T_{1/2}}=\frac{\ln 2}{5730}=1.21\times10^{-4}\,\mathrm{y}^{-1}$，因为计数率 A 服从泊松分布，所以

$$\frac{\Delta A}{A}=\frac{\sqrt{A}}{A}=\frac{1}{\sqrt{A}}=50\lambda$$

则

$$A=\left(\frac{1}{50\lambda}\right)^2=\left(\frac{1}{50\times1.21\times10^{-4}}\right)^2=2.73\times10^4(\mathrm{h}^{-1})$$

设碳样品的质量为 m 克，则

$$A=\lambda N=\frac{\lambda mN_{\mathrm{A}}}{12}\times10^{-12}\times\exp(-5000\lambda)$$

$$\begin{aligned}m&=\frac{12A\times10^{12}}{\lambda N_{\mathrm{A}}}\times\exp(5000\lambda)\\&=\frac{12\times2.73\times10^4\times365\times24}{1.21\times10^{-4}\times6.023\times10^{23}}\times\exp(5000\times1.21\times10^{-4})\times10^{12}\\&=72.1(\mathrm{g})\end{aligned}$$

(2) 当有本底时，设本底计数率为 A_{B}，则总计数率为 $A'+A_{\mathrm{B}}\pm\sqrt{A'+A_{\mathrm{B}}}$，因为 A_{B} 已精确测定，所以

$$\Delta A_{\mathrm{B}}=0,\quad \Delta(A'+A_{\mathrm{B}})=\Delta A=\sqrt{A'+A_{\mathrm{B}}}$$

相对误差为

$$\frac{\Delta A'}{A'}=\sqrt{\frac{1}{A'}+\frac{A_{\mathrm{B}}}{A'^2}}$$

取 $\frac{\Delta A'}{A'}=\lambda\Delta t=C$，有

$$C^2A'^2-A'-A_{\mathrm{B}}=0$$

因此

$$\begin{aligned}A'&=\frac{1}{2C^2}(1+\sqrt{1+4C^2A_{\mathrm{B}}})\\&=\frac{1}{2}\frac{1}{(2\times1.21\times10^{-4})^2}\left[1+\sqrt{1+4\times4\times10^3\times(1.21\times10^{-4}\times50)^2}\right]\\&=\frac{1}{2}\times2.73\times10^4\times(1+\sqrt{1+16\times10^3\times3.66\times10^{-5}})\\&=3.09\times10^4(\mathrm{h}^{-1})\end{aligned}$$

要求样品的质量为

$$m=\frac{A'}{A}=\frac{3.09\times10^4}{2.73\times10^4}\times72.1=81.4\mathrm{g}$$

16.11　一个切伦科夫辐射探测器，对于每个入射粒子可以产生 20 个光子，光电倍增管的光阴极的转换效率为 10%，管子中一个光电子可以产生一个信号，那么入射 1000 个粒子漏计数约为　　　　(　　)

(A) 0　　(B) 3　　(C) 130　　(D) 300

解　考虑一个粒子：它可以产生 $N_0=20$ 个光子，每个光子产生光电子的概率为 $P=10\%$ 且可以被探测到，粒子被探测到的概率为

$$W(N)=\frac{N_0!}{N!(N_0-N)!}P^N(1-P)^{N_0-N}$$

不产生信号的概率为

$$W(0)=\frac{N_0!}{0!(N_0)!}(1-P)^{N_0}=(1-P)^{N_0}=0.9^{20}=0.122$$

则 1000 个入射粒子的漏计数为 122 个．所以答案是(C).

16.12　一个放射源放出 A 和 B 两种辐射，并通过一个可以区分它们的探测器探测．在确定的时间内，观察到 1000 个 A 计数和 2000 个 B 计数．设产生 A 和 B 的过程是独立的，那么测量比值 $r=\frac{N_A}{N_B}$ 的统计误差是多少？

解　一个放射源放出 A 和 B 两种彼此独立的辐射，且可以被区分，这相当于两个探测器分别记录 A 和 B，

$$\ln r=\ln N_A-\ln N_B$$

对于该式两边微分得

$$\frac{dr}{r}=\frac{dN_A}{N_A}-\frac{dN_B}{N_B}$$

由于 A，B 的产生是独立的，所以

$$\left(\frac{\Delta r}{r}\right)^2=\left(\frac{\Delta N_A}{N_A}\right)^2+\left(\frac{\Delta N_B}{N_B}\right)^2$$

N_A，N_B 服从泊松分布，则

$$\Delta N_A=\sqrt{N_A},\quad \Delta N_B=\sqrt{N_B}$$

所以

$$\frac{\Delta r}{r}=\sqrt{\frac{1}{N_A}+\frac{1}{N_B}}=\sqrt{\frac{1}{1000}+\frac{1}{2000}}=3.87\%$$

r 的标准误差为

$$\Delta r=r\times\frac{\Delta r}{r}=\frac{1000}{2000}\times 3.87\%=0.020$$

16.13　利用闪烁探测器研究验证 β 放射性同位素样品，该探测器能探测出衰变发出的电子，并且可以精确测量每种单独衰变的平均寿命．

(1) 令 τ 表示平均衰变寿命，样品包含 N 个原子，且 N 值很大，每次衰变被探测到的概率为 ε. 计算计数器的平均计数率．可以假定 τ 比任何测量时间(Δt)长得多．在一个测量 τ 的实验中，1 小时计数为 10 000 次，探测器的效率独立测定为 0.4，$N=10^{23}$. τ 的测量值是多少？其标准误差是多少？

(2) 设闪烁探测器中两个连续事件发生在 $t \sim t+\mathrm{d}t$ 的概率为 $P(t)$，计算 $P(t)$ 的值(以 t, ε, N, τ)表示．

解　(1) 因为 $\tau \gg \Delta t$，N 可以认为是常数，那么计数率为

$$R = \frac{\varepsilon N}{\tau}$$

所以

$$\tau = \frac{\varepsilon N}{R} = \frac{0.4 \times 10^{23}}{10^4} = 0.4 \times 10^{19}(\mathrm{h}) = 4.6 \times 10^{14} \text{ 年}$$

因为计数服从泊松分布

$$\frac{\Delta\tau}{\tau} = \frac{\sqrt{R}}{R} = \frac{1}{\sqrt{R}} = \frac{1}{\sqrt{10^4}} = 0.01$$

$$\Delta\tau = 4.6 \times 10^{12} \text{ 年}$$

(2) 若第一次计数出现在 t 时刻，这意味着在 $0 \sim t$ 时间内没有计数，因为在这期间计数的期待值为 $m = Rt$，则事件出现的概率为

$$\frac{\mathrm{e}^{-m} m^0}{0!} = \mathrm{e}^{-m} = \mathrm{e}^{-Rt}$$

第二次计数可能发生在 $\mathrm{d}t$ 内，因为 $m' = R\mathrm{d}t$，其概率为

$$\frac{\mathrm{e}^{-m'} m'}{1!} = \mathrm{e}^{-Rt} R\,\mathrm{d}t \approx R\,\mathrm{d}t$$

所以

$$P(t)\mathrm{d}t = R\mathrm{e}^{-Rt}\mathrm{d}t$$

或

$$P(t) = \frac{\varepsilon N}{\tau}\exp\left(-\frac{\varepsilon N t}{\tau}\right)$$

17　粒子束和加速器

17.1　位于 Batavia 的 500GeV 的质子加速器的半径为

(A) 10^2m　(B) 10^3m　(C) 10^4m　(D) 10^5m.　(　　)

解　在磁场 B 中质子的回旋半径为 $R = \frac{mv}{eB}$. 能量为 500 GeV 的质子 $v \approx c$，而加速器中的磁场 B 一般为 1～2T，$R \approx 10^3$ m，所以答案为(B).

17.2　地平面上宇宙线的通量约为　(　　)

(A) $1/\text{年} \cdot \mathrm{cm}^{-2} \cdot \mathrm{srd}^{-1}$　(B) $1/\mathrm{min} \cdot \mathrm{cm}^{-2} \cdot \mathrm{srd}^{-1}$

(C) $1/\mathrm{ms} \cdot \mathrm{cm}^{-2} \cdot \mathrm{srd}^{-1}$　(D) $1/\mu\mathrm{s} \cdot \mathrm{cm}^{-2} \cdot \mathrm{srd}^{-1}$

解　在地平面宇宙线总的通量为 $1.1 \times 10^2/(\mathrm{m}^2 \cdot \mathrm{s} \cdot \mathrm{srd})$，其中硬成分为 $0.8 \times 10^2/(\mathrm{m}^2 \cdot \mathrm{s} \cdot \mathrm{sterad})$，软成分为 $0.3 \times 10^2/(\mathrm{m}^2 \cdot \mathrm{s} \cdot \mathrm{trd})$. 所以答案是(A).

17.3　在大的加速器中粒子的通量一般为　(　　)

(A) 10^4 粒子/脉冲　(B) 10^8 粒子/脉冲

(C) 10^{13}粒子/脉冲　(D) 10^{18}粒子/脉冲

解　一个典型的质子加速器的通量为 10^{13}粒子/脉冲．所以答案是(C).

17.4　哪种粒子在磁场中弯转时发射出最强的同步辐射光?　　(　　)

(A) 质子　　(B) μ 子　　(C) 电子　　(D) π 介子

解　由 17.10 题结果得知:粒子在磁场中运动一圈发射的同步辐射能量为

$$\delta E = \frac{4\pi}{3}\frac{e^2}{\rho}\beta^3\gamma^4 = \frac{4\pi}{3}\frac{e^2}{\rho}\beta^3\left(\frac{E}{m}\right)^4$$

其中 m,e 分别为粒子的质量和电荷,ρ 为运动轨道半径,粒子质量越小同步辐射越强,显然答案是(C).

17.5　一个 400GeV 的粒子在 1.5T 的磁场中弯转的曲率半径为　　(　　)

(A) 8.8 km　　(B) 97 m　　(C) 880 m　　(D) 20m

解　粒子的动量 p 与弯转半径 R、磁场 B 的关系为

$$p(\mathrm{GeV}/c) = 0.3B(\mathrm{T})R(\mathrm{m})$$

$$R = \frac{p}{0.3B} = \frac{400}{0.3\times 1.5} = 880(\mathrm{m})$$

所以答案是(C).

17.6　(1) 论述回旋加速器、稳定相加速器(也叫同步回旋加速器)和同步加速器的原理.它们之间的主要不同点是什么?是什么原因限制了每种加速器可获得的最大能量?

(2) 论述直线加速器的基本工作原理.与环形加速器相比,直线加速器的优点和缺点是什么?

(3) 为什么要建造对撞束加速器(交叉储存环)?它和传统的固定靶加速器相比有什么优缺点?

解　(1) 回旋加速器主要由处于恒定磁场中的两块 D 形电极构成,粒子源在两块 D 形电极之间,两块电极上加有频率固定、相位差为 180°的高频电场,使粒子在通过两电极间的间隙时受到加速.粒子在电极内部只受近似恒定的主导磁场的作用做圆周运动,若忽略间隙,粒子的回旋周期可由 $T_c=\frac{2\pi r}{V}=\frac{2\pi rm}{ZeB}$ 来估计.因为 B 不变,随着粒子能量即质量 m 的增加,粒子的回旋周期变长,粒子到达电极间隙时相对于高频场的相位就会改变,多圈这样的相移累积就可能使粒子经过间隙时落入减速区,失去加速作用,这样粒子只能在落入减速区之前的有限圈数里获得加速,而所能实现的高频场的频率自然就限制了粒子所能获得的最大能量.

稳相加速器克服了上述不足,它通过调节高频电场频率的方法使其与粒子的回旋运动同步,这样上述限制能量的因素就不存在.从原理上说,稳相加速器并没有能量上限,但稳相加速器的磁场主要分布在一个圆面上,且是恒定的,这个圆面半径比粒子的最终轨道半径还要大一些,因此磁铁重量很大,差不多与粒子的最终能量的三次方成正比,所以实际上受磁铁重量的限制不可能建造能量很高的稳相加速器.

在同步加速器中使粒子偏转的磁场不再是恒定的,它随粒子能量的改变而同步改变,使粒子围绕一条固定的轨道回旋运动,加速电压的频率和粒子在这条中心轨道上的回旋频率相同或是它的整数倍,以保证谐振加速.它进一步克服了稳相加速器中限制粒子能量的因素,因而可以把粒子加速到很高的能量.例如,欧洲核子研究中心(CERN)的超级

质子同步加速器(SPS)可将质子的能量加速到 450GeV. 由于高能粒子受向心加速度的作用,所以要辐射电磁场,即产生同步辐射(主要是电子),而且同步辐射的功率与粒子能量的四次方成正比,所以当辐射功率达到一定程度后,粒子在一圈中获得的能量将全部辐射出去,这个新的因素限制了同步加速器的能量上限．但同时,同步辐射也成为应用极其广泛的新的光源.

比较这三种加速器可以看到,在回旋加速器中磁场的大小和高频场的频率都是不变的,在稳相加速器中磁场不变,但高频场的频率随粒子的能量同步变化,但粒子的轨迹仍然是类似于螺旋线的轨迹,而在同步加速器中,磁场大小及高频加速场的频率都随粒子能量的增加而同步变化,粒子固定在同一轨道上运动．

(2) 在像 SLAC 那样的大型直线电子加速器中,用一定结构的波导作为加速管,这种结构使其中的微波场的相速度等于光速,这样馈入微波功率后经过初步加速的电子便能和其中的电磁场同步前进,从而不断受到加速场的作用,到另一端时就获得了能量．和环形加速器比较起来,直线加速器有许多优点:电子沿直线轨道运动,粒子的入射和出射都比较容易,同时由于是直线轨道,辐射损失可以忽略不计,尤其适合于把电子加速到很高能量．建造直线加速器可以逐步加长,提高最终能量,灵活性较大．它的缺点是加速器可能会很长,而且与相同能量的回旋式加速器相比,它的造价也高．

(3) 如果用静止质量为 m,能量为 E 的运动粒子来撞击静止的同种粒子,有效作用能为 $E^* = \sqrt{2mE}$,如果是两束同样能量的粒子束对撞,则有效作用能为 $2E$. 显然能量越高,打静止靶的方法有效作用能所占的比例越小. 由于粒子能量的提高有种种困难,所以近年来建造了对撞机,这样在不提高加速器极限能量的情况下,大大增加了有效作用能,这是对撞机的主要优点. 但由于加速器束流强度和密度的限制,对撞机的亮度比打静止靶的亮度要低,这是对撞机的弱点．

17.7　在一座现代质子同步加速器中,保持平衡轨道附近质子的稳定性是由一非均匀磁场实现的,这个磁场常表示为 $B_z = B_0\left(\frac{R}{r}\right)^n$,且与 θ 无关,其中 z 是垂直于平衡轨道平面(即垂直方向)的坐标,在平衡轨道处 $z=0$, B_0 是保持粒子在半径为 R 的轨道上运动所需要的恒定磁场,r 是粒子的实际轨道半径(即 $\rho = r-R$ 是粒子相对平衡轨道的水平偏离),n 是某个常数．对于特定的 n 值推导在水平和竖直方向粒子束流振荡的频率;为保持粒子束在水平和竖直方向上都围绕平衡轨道作稳定的振荡,n 的取值范围是什么?

解　选用柱坐标系(r,θ,z),将粒子的运动方程

$$\frac{\mathrm{d}}{\mathrm{d}t}(m\boldsymbol{v}) = e\boldsymbol{E} + e\boldsymbol{v}\cdot\boldsymbol{B}$$

表示为分量形式

$$\frac{\mathrm{d}}{\mathrm{d}t}\left(m\frac{\mathrm{d}r}{\mathrm{d}t}\right) - mr\left(\frac{\mathrm{d}\theta}{\mathrm{d}t}\right)^2 = eE_r + eB_z r\frac{\mathrm{d}\theta}{\mathrm{d}t} - eB_\theta\frac{\mathrm{d}z}{\mathrm{d}t}$$

$$\frac{1}{r}\frac{\mathrm{d}}{\mathrm{d}t}\left(mr^2\frac{\mathrm{d}\theta}{\mathrm{d}t}\right) = eE_\theta + eB_r\frac{\mathrm{d}z}{\mathrm{d}t} - eB_z\frac{\mathrm{d}r}{\mathrm{d}t}$$

$$\frac{\mathrm{d}}{\mathrm{d}t}\left(m\frac{\mathrm{d}z}{\mathrm{d}t}\right) = eE_z + eB_\theta\frac{\mathrm{d}z}{\mathrm{d}t} - eB_r r\frac{\mathrm{d}\theta}{\mathrm{d}t}$$

在粒子的轨道上电场为 0,磁场与 θ 无关,可以得到

$$E_\theta = E_r = E_z = B_\theta = 0$$

上面的方程可以简化为

$$\frac{\mathrm{d}}{\mathrm{d}t}\left(m\frac{\mathrm{d}r}{\mathrm{d}t}\right) - mr\left(\frac{\mathrm{d}\theta}{\mathrm{d}t}\right)^2 = eB_z r\frac{\mathrm{d}\theta}{\mathrm{d}t} \tag{1}$$

$$\frac{\mathrm{d}}{\mathrm{d}t}\left(m\frac{\mathrm{d}z}{\mathrm{d}t}\right) = -eB_r r\frac{\mathrm{d}\theta}{\mathrm{d}t} \tag{2}$$

在平衡轨道上,$r=R$,(1)式变为

$$mR\left(\frac{\mathrm{d}\theta}{\mathrm{d}t}\right)^2 = -eB_0 R\frac{\mathrm{d}\theta}{\mathrm{d}t}$$

$$\frac{\mathrm{d}\theta}{\mathrm{d}t} = -\frac{eB_0}{m} = -\omega_0$$

其中,ω_0 是粒子旋转的角频率.

实际的轨道在平衡轨道附近起伏.轨道半径可以写成 $r=R+\rho$,这里 ρ 是一个小量,我们只保留一级小量,在平衡轨道附近有

$$B_z(r,z) \approx B_0\left(\frac{B}{r}\right)^n \approx B_0\left(1+\frac{\rho}{R}\right)^{-n} \approx B_0\left(1-\frac{\rho n}{R}\right)$$

因为 $\nabla\times\boldsymbol{B}=0$,考虑旋度的分量有 $\frac{\partial B_r}{\partial z}=\frac{\partial B_z}{\partial r}$,因为当 $\rho=0$ 时,$B=B_z=B_0$,从而得到

$$B_z(\rho,z) \approx B_r(\rho,0) + \left(\frac{\partial B_r}{\partial z}\right)_{z=0} z = 0 + \left(\frac{\partial B_z}{\partial r}\right)_{z=0} z = -\left(\frac{nB_z}{R}\right)_{z=0} z \approx -\frac{nB_0}{R}z$$

考虑 R 的振荡,令 $r=R+\rho$,利用 B_z,B_0 的近似表达式,且只保留一级小量,方程(1)和(2)简化为

$$\frac{\mathrm{d}^2\rho}{\mathrm{d}t^2} = -\omega_0^2(1-n)\rho$$

$$\frac{\mathrm{d}^2 z}{\mathrm{d}t^2} = -\omega_0^2 nz$$

由此方程可以看出,当 $n<1$ 时,只有径向方向有稳定的振荡,其频率为

$$\omega_\rho = \sqrt{1-n}\,\omega_0 = \sqrt{1-n}\,\frac{eB_0}{m}$$

当 $n>0$ 时,只有在竖直方向上有稳定的振荡,其振荡频率为

$$\omega_z = \sqrt{n}\omega_0 = \sqrt{n}\,\frac{eB_0}{m}$$

显然只有在 $0<n<1$ 时,才能在水平和竖直两个方向都围绕平衡轨道作稳定的振荡.

17.8 一台高能加速器产生两束反向运动的质子,这两束质子将对头碰撞,每束的能量都是 30GeV.

(1) 在质心系中碰撞的总能量是多少?

(2) 如果质子轰击一个静止的氢靶,要得到同样的有效能量,那么常规的质子加速器所需要的能量是多少?

(3) 如果质子-质子对撞的速率为 10^4/s,那么在 5m 长的管道中质子与剩余气体的

碰撞率也是这个数值时，管中的真空度需多少？加速器周长为 1000m，质子与空气的碰撞截面为 $\sigma_{pa}=10^{-25}\,\text{cm}^2$，束流面积为 1mm^2.

解　(1) 在质心系中碰撞束的总动量为零，两粒子束几乎是对头碰撞，其不变质量的平方为

$$s=(E_{p_1}+E_{p_2})^2\approx(2E_p)^2,\quad \sqrt{s}=2E_p=60\text{GeV}$$

(2) 在打静止靶时，系统的不变质量平方为

$$\begin{aligned}s&=(E_p+m_p)^2-p_p^2\\&=E_p^2-p_p^2+2E_pm_p+m_p^2\\&=2E_pm_p+2m_p^2\end{aligned}$$

因为 s 是洛伦兹不变的，那么

$$2E_pm_p+2m_p^2=60^2$$

所以要求入射质子的能量为

$$E_p=\frac{60^2/2-m_p^2}{m_p}=\frac{1800-0.938^2}{0.938}=1918(\text{GeV})$$

(3) 设 n 为单束中单位体积内的质子数，s 为每个碰撞束流的横截面，L 为束流长度，ρ，l 分别为残余空气的密度和管道的长度，则对撞机单位时间的碰撞数目为

$$r=\frac{N}{\Delta t}=\frac{N_pN_p\sigma_{pp}}{\frac{L}{c}}=\frac{(nsL)^2c\sigma_{pp}}{L}=n^2s^2Lc\sigma_{pp}$$

质子与管道中的空气的碰撞率为

$$r'=\frac{N'}{\Delta t'}=\frac{N_pN_a\sigma_{pa}}{\frac{L+l}{c}}\approx(nsL)\left(\frac{\rho slN_A}{A}\right)\frac{c\sigma_{pa}}{L}$$

其中，A 为空气分子的质量数，N_A 为阿伏伽德罗常量．

如果 $r=r'$，由上面的两式得到

$$\rho=\frac{A}{N_A}\frac{L}{l}\frac{\sigma_{pp}}{\sigma_{pa}}n$$

因为 $r=10^4\text{s}^{-1}$，有

$$n=\left(\frac{10^4}{s^2Lc\sigma_{pp}}\right)^{1/2}=\left(\frac{10^4}{10^{-4}\times10^5\times3\times10^{10}\times1\times10^{-26}}\right)^{1/2}=1.8\times10^9(\text{cm}^{-3})$$

所以

$$\begin{aligned}\rho&=\frac{29}{6.02\times10^{23}}\frac{1000}{5}\frac{3\times10^{-26}}{10^{-25}}\times1.8\times10^9\\&=5.3\times10^{-12}(\text{g}\cdot\text{cm}^{-3})\end{aligned}$$

已知一个大气压下空气的密度为 $\rho_0=1.3\times10^{-3}\text{g/cm}^3$，可由下式给出管道内残余气体的压强

$$\frac{\rho}{\rho_0}=\frac{5.3\times10^{-12}}{1.3\times10^{-3}}=\frac{p}{1}$$

$$p=4\times10^{-9}\text{atm}$$

17.9　假设在实验室中产生一束能量为 E 的质子($E \gg m_p c^2$)，可以有两种选择：一种是产生一束单能质子束打一固定靶，或是把束流分成两束然后对撞．

(1) 从以下几个方面讨论两种选择的优缺点：(i)产生粒子的阈能；(ii)反应事件率；(iii)产生粒子的角分布及相应的探测装置．

(2) 考虑 p+p 碰撞而获得 Z^0 粒子($Mc^2 \approx 90$GeV)的阈产生．两种机器所需的能量阈值各是多少?

(3) 若质子的能量为 E，两种机器所产生的 π 介子的能量分别是多少?

解　(1) 产生新粒子的反应为

$$\mathrm{p}+\mathrm{p} \longrightarrow \mathrm{M}+\mathrm{p}+\mathrm{p}$$

(i) 当质子打固定质子靶时的阈能为(取 $c=1$)

$$E_L > m_p + 2M + \frac{M^2}{2m_p}$$

当质子-质子对撞时的阈能为

$$E_c \geqslant E \geqslant (m_p + \frac{M}{2})$$

显然当 $M \gg m_p$ 时 $E_L \gg E_c$. 因此就提供能量产生新粒子而言对撞机比固定靶有效得多．详见本篇 14.12 题

(ii) 由于固定靶中有大量的质子，故固定靶装置产生的事例要多得多．

(iii) 在固定靶装置中，绝大多数末态粒子都是朝前出射的，探测器的安排必须考虑这种粒子分布的高度方向性，并要考虑束流粒子产生的本底．在对撞机中由于总动量为0，产生的粒子各方向都有，探测器要尽可能地覆盖 4π 立体角．

(2) 利用(1)(i)中的公式可得($m_p = 0.94$GeV)：

$$E_L^{\mathrm{th}} = m_p + 2M + \frac{M^2}{2m_p} = 0.94 + 2\times 90 + \frac{90^2}{2\times 0.94} = 4489(\mathrm{GeV})$$

$$E_c = m_p + E_c^{\mathrm{th}} = m_p + \frac{M}{2} = 0.94 + \frac{90}{2} = 45.94(\mathrm{GeV})$$

(3) 产生 π 的反应可为 p+p(静止)→p+p+π^0. 对于对撞机，设 p_1、p_2 分别为末态两质子的动量，p_π 为产生的 π 介子的动量．能量守恒要求

$$2E = \sqrt{m_p^2 + p_1^2} + \sqrt{m_p^2 + p_2^2} + \sqrt{m_\pi^2 + p_\pi^2}$$

$$E_\pi = \sqrt{m_\pi^2 + p_\pi^2}$$

动量守恒要求

$$\boldsymbol{p}_1 + \boldsymbol{p}_2 + \boldsymbol{p}_\pi = 0$$

设 α 为 p_1、p_2 间的夹角，则

$$p_\pi^2 = p_1^2 + p_2^2 + 2p_1 p_2 \cos\alpha$$

因为$\frac{\partial p_\pi}{\partial \alpha} = \frac{p_1 p_2}{p_\pi}\sin\alpha$，所以当 $\boldsymbol{p}_1$、$\boldsymbol{p}_2$ 间的夹角 α 为 0 时，p_π 的值最大．这时三个末态粒子必须共线，可以写作

$$\boldsymbol{p}_2 = -(\boldsymbol{p}_1 + \boldsymbol{p}_\pi)$$

能量方程变为

$$2E=\sqrt{m_p^2+p_1^2}+\sqrt{m_p^2+(p_\pi+p_1)^2}+\sqrt{m_\pi^2+p_\pi^2}$$

微分后

$$0=\frac{p_1\mathrm{d}p_1}{\sqrt{m_p^2+p_1^2}}+\frac{(p_\pi+p_1)\mathrm{d}(p_\pi+p_1)}{\sqrt{m_p^2+(p_\pi+p_1)^2}}+\frac{p_\pi\mathrm{d}p_\pi}{\sqrt{m_\pi^2+p_\pi^2}}$$

取$\frac{\mathrm{d}p_\pi}{\mathrm{d}p_1}=0$,可得到

$$-\frac{p_1}{\sqrt{m_p^2+p_1^2}}=\frac{p_\pi+p_1}{\sqrt{m_p^2+(p_\pi+p_1)^2}}$$

所以

$$p_\pi=-2p_1,\quad p_2=p_1$$

这样当 E_π 最大时,

$$2E=2\sqrt{m_p^2+p_1^2}+\sqrt{m_\pi^2+(2p_1)^2}$$

$$\left(2E-\sqrt{m_\pi^2+(2p_1)^2}\right)^2=4(m_p^2+p_1^2)$$

因此

$$4E^2-4E(E_\pi)_{\max}+m_\pi^2+4p_1^2=4m_p^2+4p_1^2$$

因为 $E\gg m_p$, 所以 π 介子的最大能量为

$$(E_\pi)_{\max}=\frac{4E^2+m_\pi^2-4m_p^2}{4E}\approx E$$

对固定靶实验:当 E_π 最大时,两个末态质子是静止的,π 介子带走入射粒子的全部动量,这样

$$E_\pi+2m_p=E+m_p$$

因为 $E\gg m_p$, 所以 $E_\pi=E-m_p\approx E$.

17.10　一个电子(质量为 m,电荷为 e)在一个垂直于匀强磁场的平面内运动,如果忽略辐射能耗,则其运动轨道是半径为 R 的圆．令 E 表示电子的总能量,且 $E=mc^2$.

(1) 用上述参量表示场强 B. 当 $R=30\mathrm{m}$,$E=2.5\times10^9\mathrm{eV}$ 时,计算 B 的数值(以高斯为单位);

(2) 实际上由于磁场 B 的加速,电子要辐射电磁能．假定每周损失的能量 ΔE 与 E 相比为小量,用参数表示比值($\Delta E/E$)的解析表达式,然后就上面给定的 R 和 E 的值估算出它的数值．

解　(1) 设电子的速度为 v,其动量为

$$\boldsymbol{p}=m\gamma\boldsymbol{v}$$

其中

$$\gamma=\left(1-\frac{v^2}{c^2}\right)^{-\frac{1}{2}}$$

牛顿第二运动定律给出

$$\frac{\mathrm{d}\boldsymbol{p}}{\mathrm{d}t}=m\gamma\frac{\mathrm{d}\boldsymbol{v}}{\mathrm{d}t}=e\boldsymbol{v}\times\boldsymbol{B}$$

因为$|\boldsymbol{v}|$是常数,γ 也是常数．且 $\boldsymbol{v}\perp\boldsymbol{B}$,

$$\left|\frac{\mathrm{d}\boldsymbol{v}}{\mathrm{d}t}\right|=\frac{evB}{m\gamma}$$

因为$\left|\frac{\mathrm{d}\boldsymbol{v}}{\mathrm{d}t}\right|=\frac{v^2}{R}$,其中 R 为电子运动的轨道半径,

$$B=\frac{m\gamma v}{eR}$$

或者

$$B=\frac{cp}{eRc}=\frac{\sqrt{E^2-m^2c^4}}{eRc}\approx\frac{E}{eRc}$$
$$=\frac{2.5\times10^9\times1.6\times10^{-19}}{1.6\times10^{-19}\times30\times3\times10^8}=0.28(\mathrm{T})=2.8\times10^3(\mathrm{Gs})$$

(2) 电子在磁场中的辐射功率为

$$W=\frac{e^2}{6\pi\varepsilon_0c^3}\gamma^6\left[v^2-\left(\frac{\boldsymbol{v}\times\dot{\boldsymbol{v}}}{c}\right)^2\right]$$
$$=\frac{e^2v^4}{6\pi\varepsilon_0c^3}\frac{\gamma^4}{R^2}$$

因为 $\boldsymbol{v}\perp\dot{\boldsymbol{v}}$. 每周期电子的能量损失为

$$\Delta E=\frac{2\pi RW}{v}=\frac{4\pi}{3}\frac{e^2}{4\pi\varepsilon_0mc^2R}(\beta\gamma)^3\gamma mc^2$$
$$=\frac{4\pi}{3}\left(\frac{r_0}{R}\right)(\beta\gamma)^3E$$

其中,$\gamma_0=\frac{e^2}{mc^2}=2.8\times10^{-15}\mathrm{m}$ 是经典电子半径,

$$\gamma=\frac{E}{mc^2}=\frac{2.5\times10^9}{0.511\times10^6}=4.9\times10^3$$

所以

$$\frac{\Delta E}{E}=\frac{4\pi}{3}\left(\frac{r_0}{R}\right)(\beta\gamma)^3\approx\frac{4\pi}{3}\times\frac{2.8\times10^{-15}}{30}\times(4.9\times10^3)^3=4.6\times10^{-5}$$

该结果同样可以用其他相应的公式得到.

(1)

$$p(\mathrm{GeV}/c)=0.3BR$$
$$B=\frac{p}{0.3R}=\frac{2.5}{0.3\times30}\approx0.28(\mathrm{T})$$

(2) 电子每运动一周辐射的能量为

$$\Delta E\approx88\,E^4/R$$

所以

$$\frac{\Delta E}{E}=88\cdot\frac{E^3}{R}\times10^{-6}=88\times\frac{2.5^3}{30}\times10^{-6}\approx4.6\times10^{-5}$$

17.11　画出回旋加速器磁铁的剖面图,磁极直径为 1m,并有轭铁和线圈. 如果极间距离为 10cm,所需的场强为 2T=20kGs,求所需的线圈的安匝数. $\mu_0=4\pi\times10^{-7}$ J/(A^2 · m).

解　如图 4.7 所示,通过两极间的磁通量为

$$\varphi = \frac{NI}{R}$$

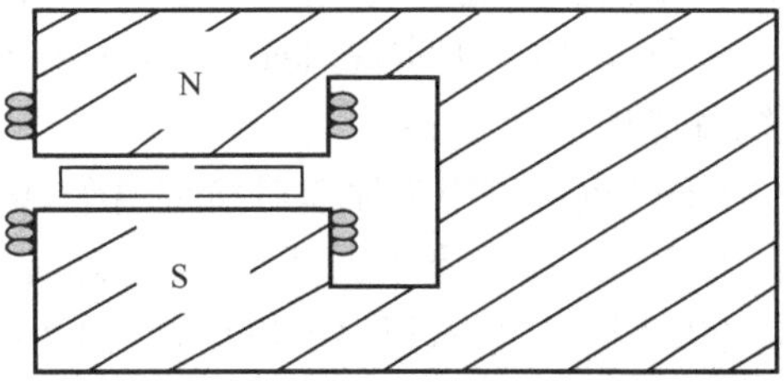

图 4.7

其中，$R=\frac{d}{\mu_0 S}$，d 是磁极的间隙，S 是磁极的面积，根据定义磁感应强度 $B=\frac{\varphi}{S}$，这样

$$NI = \varphi R = \frac{Bd}{\mu_0} = \frac{2\times 10\times 10^{-2}}{4\pi\times 10^{-7}}$$
$$= 1.59\times 10^5(\text{安}\cdot\text{匝})$$

17.12 当产生一束离子或电子束时，一般地在束流内的空间电荷会在束轴与束表面间产生电势差．一束 10mA、50keV 的质子($v=3\times 10^6$m/s)沿一真空管运动，束流的圆形横截面的直径为 1cm，且假设电流密度在粒子束的直径上是均匀的，计算上述电势差．

解 粒子束的电流为

$$I = \int \boldsymbol{j}\cdot \mathrm{d}\boldsymbol{s} = \int_0^R \boldsymbol{j}\cdot 2\pi r\mathrm{d}\boldsymbol{r} = \pi R^2 j = \pi R^2 \rho v$$

其中，j 和 ρ 分别为束流的电流密度和电荷密度，

$$\rho = \frac{I}{\pi R^2 v}$$

在距轴 r 处由高斯通量定理有

$$2\pi r l E = \frac{l\pi r^2 \rho}{\varepsilon_0}$$

得到电场强度

$$E = \frac{r\rho}{2\varepsilon_0} = \frac{r}{2\pi\varepsilon_0}\cdot\frac{I}{vR^2}$$

因为 $E=\frac{\mathrm{d}V}{\mathrm{d}r}$，所求电势差为

$$\Delta V = \int_0^R E(r)\mathrm{d}r = \frac{I}{2\pi\varepsilon_0 vR^2}\int_0^R r\mathrm{d}r = \frac{I}{4\pi\varepsilon_0 v} = \frac{9\times 10^9\times 10\times 10^{-3}}{3\times 10^6} = 30(\mathrm{V})$$

17.13 大型强子对撞机(LHC)简介.

大型强子对撞器，英文名称为 LHC(Large Hadron Collider)，它是现在世界上最大、能量最高的粒子加速器与对撞机，位于瑞士日内瓦近郊欧洲核子研究组织(CERN)，建在瑞士和法国的交界侏罗山地下 50m 到 150m 深，总长 27km 的隧道内，是先前大型电子正子加速器(LEP)所使用隧道的再利用.

加速器通道中，主要是放置两个质子束加速管道. 加速管由超导磁铁包覆，以液态氦来冷却. 两管道中的质子以相反的方向，环绕着整个环型加速器运行.

LHC 加速环的四个碰撞点，分别设有五个探测器. 其中超环面仪器 (ATLAS) 与紧凑渺子线圈(CMS)是通用型的粒子探测器. 其他三个(LHC 底夸克探测器(LHCb)，大型离子对撞器(ALICE)以及全截面弹性散射探测器(TOTEM)则是较小型的特殊目标探测器.

质子束团先由两个直线加速器所构成的质子同步加速器 (PS) 加速到 50 MeV，接着质子同步推进器 (PSB) 提升能量到 1.4GeV，而质子同步加速环可达到 26 GeV 的能量，

超级质子同步加速器(SPS)加速到 450GeV，最后注入到 LHC 加速管内，加速到 7TeV (10^{12}eV)，两质子束实现对撞，总撞击能量达 14 TeV. 整个储存环有 2800 个质子束团，最短碰撞周期为 25ns.

LHC 也可以用来加速对撞重离子，例如铅(Pb)离子可加速到 1150 TeV.

LHC 于 2008 年 9 月 10 日建成运行.

2012 年 7 月，ATLAS 和 CMS 两个探测器同时发现质量为 125GeV 的希格斯粒子，2013 年确定它的自旋为 0，宇称为正.

17.14 散裂中子源简介.

当一个中等能量的质子打到重核(钨、汞等元素)之后会导致重核的不稳定而"蒸发"出 20～30 个中子，这样重核"裂开"并向各个方向"发散"出相当多的中子，大大提高了中子的产生效率，按这种原理工作的装置称为散裂中子源.

用中子散射技术来进行材料科学和生命科学研究，与 X 射线技术以及同步辐射技术相比具有以下特点和优势：

(1) 中子具有同位素识别能力. 中子与核的相互作用可以轻易地识别同位素，如氢、碳、氧，还可以识别原子系数相邻的元素，如铁、钴、镍. 对有机化合物和生物大分子的研究，对有机化合物和生物大分子的研究以及一些合金材料和磁性材料的研究特别有利.

(2) 中子不带电，但有磁矩，它和晶格的磁散射是直接探测物质磁性结构和磁动力学的唯一物理工具，可以用来研究磁性材料的磁结构和磁相互作用，现代磁学就建立在中子散射技术所取得的一些成果上，可以说没有中子散射技术，就没有现代的磁学.

(3) 中子的波长和晶格参数相近，中子的能量和晶格的元激发可比，因此中子可用于研究固体的结构和动力学特征. 中子非弹性散射是研究动力学特征的理想的物理工具. 长波中子小角散射是研究纳米、生物、聚合物大分子的特殊实验工具.

(4) 中子具有较强的穿透力. 因为中子和物质的相互作用没有库仑位垒的影响，同时也不会引起电离，因此它穿透力强，可以观测样品的整体效应，可在高温高压等极端条件下不受容器和装置的影响观察物质结构.

(5) 热中子引起的损伤较小，是一种高度无损的技术. 对生物体的损伤，热中子比 X 射线要小 100 倍，特别适用于实时地研究生物活体(如蛋白质、病毒的生命活动).

散裂中子源与反应堆中子源相比有以下优点：

(1) 它和脉冲时间飞行技术结合后，能使用脉冲散裂中子源产生的中子脉冲里的全部中子，并有极高的能量分辨率，从而使谱仪的样品处的中子通量和核反应堆相比提高了 100 倍以上.

(2) 脉冲技术给出高分辨率和低本底. 脉冲中子源的谱仪具有最高的能量分辨率 (d/dd=0.04%和 0.1meV). 脉冲中含有不同波长的超热、热和冷中子，因此谱仪的频宽大，和核反应堆的谱仪比较，能将能量转移范围扩大 5～10 倍.

(3) 脉冲中子源不用核燃料，不产生核废物，不污染环境. 停电就不再产生质子、中子，绝对安全.

(4) 建造费和运行费较低. 散裂脉冲中子源的配套工程较少(不需要核反应堆必备的庞大的冷却水系统，核废料的储存转运空间，复杂的多层次核反应安全保护系统). 特别要提到的是慢化中子用的慢化器的制冷功率仅 200～300W，比核反应堆用的小 10 倍，制冷系统的投资和运行费用也大约小 10 倍，大大降低了散热和制冷的投资.

散裂中子源的特点是在比较小的体积内可产生比较高的中子通量，每个中子能量沉积比反应堆低 4～8 倍，单位体积的中子强度比裂变堆高 4～8 倍可用较低功率产生与高通量堆相当或更高的平均中子通量. 要达到 1×10^{15} eV/(cm^2 · s)的平均中子通量，散裂源需 5MW 束功率，而高通量堆则需 60MW 热功率. 散裂中子源的脉冲特性是由加速器所决定的，因此它的脉冲化对于中子通量并不造成损失，如果配上飞行时间技术，可以具有很高的时间分辨性能，对于开展材料和生命科学中(包括一些中子核物理)一些动态特性的研究极为关键. 散裂中子源能提供的中子能谱更加宽广，它可以提供从 12 电子伏特到几百兆电子伏特宽广能区的中子，大大地扩展了中子科学研究的范围，拓深了中子科学研究的领域.

中国散裂中子源(China Spallation Neutron Source，CSNS)，由中国科学院和广东省共同建设，选址于广东省东莞市. 建成后，CSNS 将成为发展中国家拥有的第一台散裂中子源，和正在运行的美国、日本与英国散裂中子源一起，构成世界四大脉冲散裂中子源.

2018 年 3 月 25 日 ，中国散裂中子源通过了中国科学院组织的工艺鉴定和验收.

附 基本物理常数表

物理量	符号	数值	不确定度(ppb)
真空中光速	c	$299\ 792\ 458\text{m}\cdot\text{s}^{-1}$	精确值
普朗克常量	h	$6.626\ 068\ 76(52)\times10^{-34}\text{J}\cdot\text{s}$	78
	$\hbar\equiv h/2\pi$	$1.054\ 571\ 596(82)\times10^{-34}\text{J}\cdot\text{s}$ $=6.582\ 118\ 89(26)\times10^{-22}\text{MeV}\cdot\text{s}$	78 39
基本电荷	e	$1.602\ 176\ 462(63)\times10^{-19}\text{C}$ $=4.803\ 204\ 20(19)\times10^{-10}\text{esu}$	39,39
复合常数	$\hbar c$	$197.326\ 960\ 2(77)\text{MeV}\cdot\text{fm}$	39
	$(\hbar c)^2$	$0.389\ 379\ 292(30)\text{GeV}^2\cdot\text{mbarn}$	78
电子质量	m_e	$0.510\ 998\ 902(21)\text{MeV}/c^2$ $=9.109\ 381\ 88(72)\times10^{-31}\text{kg}$	40,79
质子质量	m_p	$938.271\ 998(38)\text{MeV}/c^2$ $=1.672\ 621\ 58(13)\times10^{-27}\text{kg}$	40,79
		$=1.007\ 276\ 466\ 88(13)\text{u}$ $=1836.152\ 667\ 5(39)m_e$	0.13,2.1
氘核质量	m_d	$1875.612\ 762(75)\text{MeV}/c^2$	40
真空介电常数	$\varepsilon_0=1/\mu_0c^2$	$8.854\ 187\ 817\cdots\times10^{-12}\text{F}\cdot\text{m}^{-1}$	精确值
真空电磁率	μ_0	$4\pi\times10^{-7}\text{N}\cdot\text{A}^{-2}=12.566\ 370\ 614\cdots\times10^{-7}\text{N}\cdot\text{A}^{-2}$	精确值
精细结构常数	$\alpha=e^2/4\pi\varepsilon_0\hbar c$	$7.297\ 352\ 533(27)\times10^{-3}$ $=1/137.035\ 999\ 76(50)$	3.7,3.7
电子经典半径	$r_e=e^2/4\pi\varepsilon_0m_ec^2$	$2.817\ 940\ 285(31)\times10^{-15}\text{m}$	11
电子的康普顿波长	$\lambda\!\!\!^-_e=\hbar/m_ec=r_e\alpha^{-1}$	$3.861\ 592\ 642(28)\times10^{-13}\text{m}$	7.3
玻尔半径	$a_\infty=4\pi\varepsilon_0\hbar^2/m_ee^2=r_e\alpha^{-2}$	$0.529\ 177\ 208\ 3(19)\times10^{-10}\text{m}$	3.7
里德伯能量	$hcR_\infty=m_ee^4/2(4\pi\varepsilon_0)^2\hbar^2=m_ec^2\alpha^2/2$	$13.605\ 691\ 72(53)\text{eV}$	39
汤姆孙散射截面	$\sigma_T=8\pi r_e^2/3$	$0.665\ 245\ 854(15)\text{barn}$	22
玻尔磁子	$\mu_B=e\hbar/2m_e$	$5.788\ 381\ 749(43)\times10^{-11}\text{MeV}\cdot\text{T}^{-1}$	7.3
核磁子	$\mu_N=e\hbar/2m_p$	$3.152\ 451\ 238(24)\times10^{-14}\text{MeV}\cdot\text{T}^{-1}$	7.6
电子回旋频率	$\omega_{\text{cycl}}^e/B=e/m_e$	$1.758\ 820\ 174(71)\times10^{11}\text{rad}\cdot\text{s}^{-1}\cdot\text{T}^{-1}$	40
质子回旋频率	$\omega_{\text{cycl}}^p/B=e/m_p$	$9.578\ 834\ 08(38)\times10^{7}\text{rad}\cdot\text{s}^{-1}\cdot\text{T}^{-1}$	40

续表

物理量	符号	数值	不确定度(ppb)
引力常数	G_N	$6.673(10)\times10^{-11}\mathrm{m}^3\cdot\mathrm{kg}^{-1}\cdot\mathrm{s}^{-2}$	1.5×10^6
		$=6.707(10)\times10^{-39}\hbar c(\mathrm{GeV}/c^2)^{-2}$	1.5×10^6
标准重力加速度	g_n	$9.806\ 65\ \mathrm{m}\cdot\mathrm{s}^{-2}$	精确值
阿伏伽德罗常量	N_A	$6.022\ 141\ 99(47)\times10^{23}\mathrm{mol}^{-1}$	79
玻尔兹曼常量	k	$1.380\ 650\ 3(24)\times10^{-23}\mathrm{J}\cdot\mathrm{K}^{-1}$	1700
		$=8.617\ 342(15)\times10^{-5}\mathrm{eV}\cdot\mathrm{K}^{-1}$	1700
理想气体摩尔体积	$N_A k(273.15\mathrm{K})/(101\ 325\ \mathrm{Pa})$	$22.413\ 996(39)\times10^{-3}\mathrm{m}^3\cdot\mathrm{mol}^{-1}$	1700
维恩位移律常数	$b=\lambda_{\max}T$	$2.897\ 768\ 6(51)\times10^{-3}\mathrm{m}\cdot\mathrm{K}$	1700
斯特藩常量	$\sigma=\pi^2k^4/60\hbar^3c^2$	$5.670\ 400(40)\times10^{-8}\mathrm{Wm}^{-2}\cdot\mathrm{K}^{-4}$	7000
费米耦合常量	$G_F/(\hbar c)^3$	$1.166\ 39(1)\times10^{-5}\mathrm{GeV}^{-2}$	9000
$W^{\pm}$ 玻色子质量	m_W	$80.419(56)\mathrm{GeV}/c^2$	7×10^5
Z^0 玻色子质量	m_Z	$91.1882(22)\mathrm{GeV}/c^2$	2.4×10^4
强耦合常数	$\alpha_s(m_Z)$	$0.1185(20)$	1.7×10^7

$\pi=3.141\ 592\ 653\ 589\ 793\ 238$　　$e=2.718\ 281\ 828\ 459\ 045\ 235$　　$\gamma=0.577\ 215\ 664\ 901\ 532\ 861$

1 in≡0.0254m　1G≡10^{-4}T　1eV=$1.602\ 176\ 462(63)\times10^{-19}$J　$kT(300\mathrm{K})=[38.681\ 686(67)]^{-1}$eV

1Å≡0.1nm　1dyne≡10^{-5}N　1 eV/c^2=$1.782\ 661\ 731(70)\times10^{-36}$kg　0℃≡273.15K

1 barn≡$10^{-28}\mathrm{m}^2$　1erg≡10^{-7}J　$2.997\ 924\ 58\times10^9$esu=1C　1atmosphere≡760 Torr≡101 325 Pa